ARCHÄOLOGISCHE BIBLIOGRAPHIE 1989

DEUTSCHES ARCHÄOLOGISCHES INSTITUT

ARCHÄOLOGISCHE BIBLIOGRAPHIE 1989

VON
WERNER HERMANN
UND
RICHARD NEUDECKER

WALTER DE GRUYTER & CO · BERLIN 1990

Verlag: Walter de Gruyter & Co., Berlin 30
Printed in Germany

Datenverarbeitung und Satz:
Satz-Rechen-Zentrum Hartmann + Heenemann KG, Berlin
Druck: H. Heenemann GmbH & Co, Berlin
Buchbinderische Verarbeitung: Lüderitz & Bauer GmbH, Berlin

VORWORT

Dieser Band der Bibliographie enthält wieder, über mehrere Abteilungen verstreut, einige neue Rubriken, deren Einrichtung durch die erscheinende Literatur nahegelegt wurde. Besondere Erwähnung verdient die Untergliederung der Rubriken 'Anatolien' und 'Kypros' in der Abteilung 'Vorgeschichte–Randkulturen'. Zu den Mitarbeitern am Realkatalog Rom und damit an der Bibliographie gehörten von Oktober 1988 bis März 1989 Frau Sabine Rogge und seit Oktober 1989 wiederum Herr Claus Reinholdt. Von April bis September 1989 war Herr Hartmut Leppin mit Sonderarbeiten an der Abteilung 'Epigraphik' betraut, deren Ergebnisse im nächsten Band erscheinen werden. Die allgemeine Betreuung der Bibliographie in Berlin lag wie bisher in den Händen von Frau Jutta Meischner, die EDV-Protokolle korrigierte weiterhin Herr Ulf Buchert. Allen Beteiligten sei hiermit bestens gedankt.

Rom, den 19. Februar 1990

Werner Hermann

INHALTSVERZEICHNIS

BENUTZERHINWEISE

Die Archäologische Bibliographie gliedert sich in Titelteil, Systematische Gliederung und Registerteil. Der Titelteil, der die eigentliche Bibliographie darstellt, ist am Anfang und Ende durch ein grünes Zwischenblatt hervorgehoben; ein weiteres Zwischenblatt trennt die Gliederung von den Registern. Vorangestellt sind die Zeitschriftenverzeichnisse.

Zeitschriftenverzeichnisse: Diese Verzeichnisse enthalten im allgemeinen nur die für die Bibliographie bearbeiteten Zeitschriften, sofern aus diesen seit 1976 Beiträge aufgenommen wurden. Nicht aufgeführt werden Zeitschriften, von denen nur Sonderdrucke (SD) zur Verfügung standen.

Titelteil: Die Titel sind thematisch nach Abteilungen (vgl. das Inhaltsverzeichnis) zusammengefaßt und innerhalb der Abteilungen nach Autoren geordnet. Titel ohne Angaben des Verfassers stehen jeweils am Anfang der Abteilungen.

Bei einigen Abteilungen erfolgt die Anordnung der Titel nicht nach Verfassernamen, sondern alphabetisch nach Stichwörtern, die rechts über dem Titel stehen. Dazu gehören in der Abteilung 'Praxis und Institutionen der Altertumskunde' die Rubriken 'Institute', 'Kongresse und Tagungen', 'Festschriften', 'Personalia', außerdem die Abteilungen 'Topographie' und 'Museen und Sammlungen'. Bei diesen Abteilungen entfällt in der Systematischen Gliederung die Unterteilung. Eine Ausnahme bilden in der Abteilung 'Topographie' die Städte Athen und Rom. Hier wird in der Systematischen Gliederung eine zusätzliche Unterteilung gegeben.

Derselbe Titel kann in den verschiedenen Abteilungen mit unterschiedlicher Titelnummer genannt sein.

Beiträge aus Kongreßberichten und Sammelbänden mehrerer Verfasser werden mit "KB" bzw. "SB" gekennzeichnet, damit sie unmißverständlich als solche erkannt und in der entsprechenden Rubrik identifiziert werden können. Dies gilt auch für Sonderdrucke der Bibliothek Rom ("SD").

Rezensionen sind am Ende des Titelteiles in einer besonderen Abteilung zusammengefaßt. Geordnet ist diese Abteilung alphabetisch nach den Namen der rezensierten Autoren. Bei Werken von zwei oder mehr Autoren wird nur der Name des ersten Autors berücksichtigt. Sucht der Benutzer nach einem bestimmten Rezensenten, ist das 'Register der Rezensenten' zu benutzen.

Systematische Gliederung: Sie entspricht in ihrem Aufbau dem Titelteil, ist aber wesentlich differenzierter durch weitere Aufgliederung in Rubriken, Unterrubriken und gelegentlich Stichwörter. Dabei sind die Abteilungen, welche die griechische und römische Kultur betreffen, feiner als die übrigen gegliedert. Der Grad der Untergliederung ist durch die Anzahl der waagerechten Striche vor den Rubriken kenntlich gemacht.

Die Systematische Gliederung enthält mehrere, verschiedenartige Verweisungen und Erklärungen, die kursiv erscheinen.

Verweisungen 's. laufend' unter einer Rubrik zeigen Zeitschriften an, deren Beiträge zu dem Sachgebiet der betreffenden Rubrik nicht berücksichtigt werden, da deren Erfassung im gegebenen Rahmen unmöglich oder für den Benutzer nicht mehr ergiebig ist. Die meisten Laufend-Verweisungen finden sich in der Abteilung 'Vorgeschichte und Randkulturen' für Zeitschriften überwiegend vorgeschichtlichen Inhalts. Die Verweisungen betreffen nur die der Vorgeschichte des jeweiligen Raumes gewidmeten Beiträge, während Artikel, die Randkultur-Erscheinungen zum Inhalt haben, berücksichtigt werden. Als Randkultur werden hier Phänomene verstanden, in denen Einflüsse oder Anregungen aus dem griechischen oder römischen Kulturkreis erkennbar sind.

Wenn in einem Jahrgang einer bestimmten Rubrik kein Titel zugeordnet ist, wird diese mit dem Vermerk "kN" = "keine Nennung" versehen.

Register der Verfasser und Rezensenten: In den Registern werden nach den Namen die Nummern der entsprechenden Nennungen im Titelteil angegeben. Mehrfachnennungen eines Beitrages erscheinen in Klammern. Bei Autoren, deren Namen in der Literatur Schwankungen aufweisen, bleibt die Nennung des Namens an verschiedenen Stellen des Registers unvermeidlich.

Verfassernamen in kyrillischen Buchstaben werden nach den Regeln der "Preußischen Bibliotheksordnung" transkribiert, griechische Namen dagegen werden Buchstabe für Buchstabe in lateinischer Schrift, d.h. ohne Rücksicht auf die neugriechische Aussprache, transliteriert. Als Zugeständnis an die Phonetik werden jedoch "μπ" und "ντ" im Anlaut als "b" bzw. "d" und "β" stets als "v" wiedergegeben. Erscheinen sie in lateinischen Buchstaben, wird die im Titel verwendete Namensform übernommen. Es kann also eintreten, daß ein Verfassername in unterschiedlicher Transkription an verschiedenen Stellen der Register aufgeführt wird.

Ortsverweisungen: Die Liste gibt Ortsverweisungen des Realkataloges der römischen Bibliothek wieder, auch wenn nicht in jedem Jahrgang der Archäologischen Bibliographie alle Orte vorkommen.

ZEITSCHRIFTENVERZEICHNISSE

1. Nach Abkürzungen geordnet

AA = Archäologischer Anzeiger
AAA = Ἀρχαιολογικὰ ἀνάλεκτα ἐξ Ἀθηνῶν
AAdv = The Archaeological Advertiser
AAel = Archaeologia Aeliana or Miscellaneous Tracts Relating to Antiquity
AAJ = Annual of the Department of Antiquities of Jordan
AarbKøb = Aarbøger for nordisk oldkyndighed og historie
AAS = Annales archéologiques arabes syriennes
AASOR = The Annual of the American Schools of Oriental Research
AAtl = Archaeologia Atlantica
AAusgr = Archäologische Ausgrabungen
AAusgrBadWürt = Archäologische Ausgrabungen in Baden-Württemberg
AAustr = Archaeologia austriaca
ABerYem = Archäologische Berichte aus dem Yemen
AbhBerlin = Abhandlungen der Deutschen Akademie der Wissenschaften zu Berlin
AbhHeidelberg = Abhandlungen der Heidelberger Akademie der Wissenschaften
AbhLeipzig = Abhandlungen der Sächsischen Akademie der Wissenschaften zu Leipzig, Philologisch-historische Klasse
AbhMainz = Abhandlungen der Geistes- und Sozialwissenschaftlichen Klasse, Akademie der Wissenschaften und der Literatur in Mainz
AbhMünchen = Bayerische Akademie der Wissenschaften, Philosophisch-historische Klasse. Abhandlungen
Abr-Nahrain = Abr-Nahrain. An Annual Published by the Department of Middle Eastern Studies, University of Melbourne
ABret = Archéologie en Bretagne. Bulletin d'information
ACambr = Archaeologia Cambrensis
ACamp = Archeologia in Campania. Bollettino di informazioni a cura della Soprintendenza archeologica delle province di Napoli e Caserta
ACant = Archaeologia cantiana
Acme = Acme. Annali della Facoltà di Filosofia e Lettere dell'Università statale
ACors = Archeologia Corsa
ActaAArtHist = Acta ad archaeologiam et artium historiam pertinentia
ActaAcAbo = Acta Academiae Aboensis
ActaACarp = Acta archaeologica carpathica
ActaALov = Acta archaeologica Lovanensia
ActaAntHung = Acta antiqua Academiae scientiarum hungaricae
ActaArch = Acta archaeologica, København
ActaArchHung = Acta archaeologica Academiae scientiarum hungaricae
ActaCl = Acta classica. Proceedings of the Classical Association of South Africa
ActaClDebrec = Acta classica Universitatis scientiarum Debreceniensis
ActaInstRomFin = Acta Instituti romani Finlandiae
ActaMusNapoca = Acta Musei Napocensis
ActaMusPorol = Acta Musei Porolissensis
ActaNum = Acta numismatica
ActaOrHung = Acta orientalia Academiae scientiarum Hungaricae
ActaPrHistA = Acta praehistorica et archaeologica
ActaTorunA = Acta Universitatis Nicolai Copernici. Archaeologia
ActaTorunHist = Acta Universitatis Nicolai Copernici. Historia (Torun)
ADelt = Ἀρχαιολογικὸν Δελτίον
Aegaeum = Aegaeum. Annales d'archéologie égéenne de l'Université de Liège
AegHelv = Aegyptiaca helvetica
Aegyptus = Aegyptus. Rivista italiana di Egittologia e di Papirologia
AEphem = Ἀρχαιολογικὴ Ἐφημερίς
AeR = Atene e Roma
AEsp = Archivo español de arqueología
Aevum = Aevum. Rassegna di Scienze storiche, linguistiche e filologiche
AevumAnt = Aevum antiquum
AfO = Archiv für Orientforschung
Africa = Africa. Institut national d'Archéologie et d'Art, Tunis
AGeo = Archaeologia geographica
AHistStAlex = Archaeological and Historical Studies. The Archaeological Society of Alexandria
AInf = Archäologische Informationen. Mitteilungen zur Ur- und Frühgeschichte
AIPhOr = Annuaire de l'Institut de philologie et d'histoire orientales et slaves
AJ = The Archaeological Journal
AJA = American Journal of Archaeology
AJahrBay = Das archäologische Jahr in Bayern
AJPh = American Journal of Philology
AJug = Archaeologia jugoslavica
AKorrBl = Archaeologisches Korrespondenzblatt
Alba Regia = Alba Regia. Annales Musei Stephani Regis
Allgäuer Geschichtsfreund = Allgäuer Geschichtsfreund
AlmanachWien = Almanach der Wiener Akademie der Wissenschaften
Almogaren = Almogaren. Jahrbuch des Institutum Canarium Hallein/Austria
Altamura = Altamura. Bolletino dell'archivio-biblioteca-museo civico
Altertum = Das Altertum
AltorF = Altorientalische Forschungen

AltThür = Alt-Thüringen

AlzeyGeschBl = Alzeyer Geschichtsblätter

AM = Mitteilungen des Deutschen Archäologischen Instituts, Athenische Abteilung

Amaltheia = Ἀμάλθεια.Τριμηνιαῖο ἱστορικὸ καὶ λαογραφικὸ περιοδικὸ τῆς Ἱστορικῆς – λαογραφικῆς ἑταιρίας νομοῦ Λασιθίου

AMBad = Archäologische Mitteilungen aus Baden

AMediev = Archeologia medievale. Cultura materiale, insediamenti, territorio

AMédiévCaën = Archéologie Médiévale

AMethTh = Advances in Archaeological Method and Theory

AMI = Archäologische Mitteilungen aus Iran

AmJAncHist = American Journal of Ancient History

AMNordwestD = Archäologische Mitteilungen aus Nordwestdeutschland

AMold = Arheologia Moldovei

Ampurias = Ampurias. Revista de arqueología, prehistoria y etnología

ANachrBad = Archäologische Nachrichten aus Baden

Anadolu = Anadolu (Anatolia), Ankara

AnadoluAraş = Anadolu Arastırmaları. Jahrbuch für kleinasiatische Forschung

AnadoluYıl = Anadolu medeniyetleri müzesi yıllığı

Anagennesis = Anagennesis. A Papyrological Journal

AnalBolland = Analecta Bollandiana

AnalRom = Analecta romana Instituti Danici

Anatolica = Anatolica. Annuaire international pour les civilisations de l'Asie antérieure

AnatSt = Anatolian Studies

ANaturWiss = Archäologie und Naturwissenschaften

AncSoc = Ancient Society

AncWorld = The Ancient World

AnDubrovnik = Anali Historijskog instituta u Dubrovniku

AnEcSoc = Anuario de historia económica y social

ANews = Archaeological News

AnGerona = Anales del Instituto de estudios gerundenses

AnHistDer = Anuario de historia del derecho español

ANilMoy = Archéologie du Nil Moyen

AnInstCluj = Anuarul Institutului de istorie şi arheologie Cluj-Napoca

AnMunFaro = Anais do município de Faro

AnMurcia = Anales de prehistoria y arqueología. Universidad de Murcia

AnnAcEtr = Annuario. Accademia etrusca di Cortona

AnnAcTorino = Annuario della Accademia delle scienze di Torino

AnnAStorAnt = Annali del Seminario di studi del mondo classico, Sezione di archeologia e storia antica, Napoli

AnnBari = Annali della Facoltà di lettere e filosofia, Università di Bari

AnnBenac = Annali Benacensi

AnnByzConf = Annual Byzantine Studies Conference. Abstracts of Papers

AnnCagliari = Annali delle Facoltà di lettere, filosofia e magistero dell'Università di Cagliari

AnnCagliariMag = Annali della Facoltà di magistero dell'Università di Cagliari

AnnEconSocCiv = Annales. Economies, sociétés, civilisations

AnnEgBibl = Annual Egyptological Bibliography

AnnFaina = Annali della Fondazione per il museo "Claudio Faina"

AnnHistALor = Annuaire de la Société d'histoire et d'archéologie de la Lorraine

AnnIstItNum = Annali. Istituto italiano di numismatica

AnnLecce = Annali dell'Università di Lecce. Facoltà di lettere e filosofia e di magistero

AnnLeedsUnOrSoc = The Annual of Leeds University Oriental Society

AnnLux = Annales de l'Institut archéologique du Luxembourg (Arlon)

AnnMacerata = Annali della Facoltà di lettere e filosofia, Università di Macerata

AnnNap = Annali della Facoltà di lettere e filosofia, Università di Napoli

AnnNormandie = Annales de Normandie

AnnOrNap = Annali. Istituto orientale di Napoli

AnnPerugia = Annali della Facoltà di lettere e filosofia, Università degli studi di Perugia

AnnPisa = Annali della Scuola normale superiore di Pisa

AnnRepCypr = Annual Report of the Department of Antiquities, Republic of Cyprus

AnnRepFoggArtMus = Annual Report, Fogg Art Museum, Harvard University

AnnUnBud = Annales Universitatis scientiarum Budapestinensis de Rolando Eötvös nominatae. Sectio classica

AnnWorcArtMus = Annual (Report). Worcester Art Museum

Der Anschnitt = Der Anschnitt. Zeitschrift für Kunst und Kultur im Bergbau

Antaeus = Antaeus. Mitteilungen des Archäologischen Instituts der Ungarischen Akademie der Wissenschaften

AntAfr = Antiquités africaines

AntCl = L'antiquité classique

Anthropologie = L'Anthropologie (Paris)

AnthropologieBrno = Anthropologie (Brno)

Anthropologika = Ἀνθρωπολογικά. Περιοδικὴ ἔκδοση θεωρίας καὶ πρακτικῆς

Anthropos = Ἄνθρωπος. Ὄργανο τῆς Ἀνθρωπολογικῆς Ἑταιρίας Ἑλλάδος

Antichthon = Antichthon. Journal of the Australian Society for Classical Studies

Antiqua = Antiqua. Rivista per la conoscenza, la tutela e la valorizzazione dei Beni culturali

Antiquity = Antiquity. A quarterly Review of Archaeology

AntJ = Antiquaries Journal

AntK = Antike Kunst

AntNat = Antiquités nationales. St-Germain-en-Laye

AntPis = Antichità Pisane

AnzAW = Anzeiger für die Altertumswissenschaft

AnzGermNatMus = Anzeiger des Germanischen Nationalmuseums

AnzWien = Anzeiger. Österreichische Akademie der Wissenschaften

Apollo = Apollo. Bollettino dei Musei provinciali del Salernitano

ApolloLond = Apollo. The Magazine of the Arts

APolona = Archaeologia Polona

APolski = Archeologia Polski

APort = O Arquéologo português
APregl = Arheološki pregled. Arheološko društvo Jugoslavije
Apulum = Apulum. Acta Musei Apulensis
Aquileia chiama = Aquileia chiama
AquilNost = Aquileia nostra
Aquitania = Aquitania. Une revue inter-régionale d'archéologie
ARadRaspr = Arheološki radovi i rasprave
ArbBlRest = Arbeitsblätter für Restauratoren
ArbejdsmarkKøb = Nationalmuseets Arbejdsmark
ArbFBerSächs = Arbeits- und Forschungsberichte zur sächsischen Bodendenkmalpflege
Archäographie = Archäographie. Archäologie und elektronische Datenverarbeitung
Archaeologia = Archaeologia or Miscellaneous Tracts Relating to Antiquity Published by the Society of Antiquaries of London
Archaeology = Archaeology. A magazine dealing with the Antiquity of the World
Archaeometry = Bulletin of the Research Laboratory for Archaeology and the History of Art, Oxford University
Archaeonautica = Archaeonautica
Archaiognosia = 'Αρχαιογνωσία
ArchBegriffsGesch = Archiv für Begriffsgeschichte
ArchCl = Archeologia classica
ArcheionEubMel = 'Αρχεῖον Εὐβοικῶν μελετῶν
Archeo = Archeo. Attualità del passato
ArcheogrTriest = Archeografo triestino
ArcheologiaParis = Archeologia. Trésors des âges
ArcheologiaWarszawa = Archeologia. Rocznik Instytutu historii kultury materialnej Polskiej akademii nauk
ArcheologijaKiiv = Archeologija. Akademija nauk Ukrains'koi RSR, Institut archeologii
ArcheologijaSof = Archeologija. Organ na Archeologičeskija institut i muzej pri B'lgarskata akademija na naukite
ArchErt = Archaeologiai értesitő
Architectura = Architectura. Zeitschrift für Geschichte der Baukunst
ArchPF = Archiv für Papyrusforschung und verwandte Gebiete
ArchPrHistLev = Archivo de prehistoria levantina
ArchStorCalabria = Archivio storico per la Calabria e la Lucania
ArchStorPatria = Archivio della Società romana di storia patria
ArchStorPugl = Archivio storico pugliese
ArchStorSicilia = Archivio storico per la Sicilia orientale
ArchSuissesAnthrop = Archives suisses d'anthropologie générale, Genève
Arctos = Arctos. Acta philologica Fennica
ARepLondon = Archaeological Reports
Arethusa = Arethusa
Argo = Argo. Information Bulletin for Archaeology, History of Art and Museology
Arion = Arion. A quarterly Journal of Classical Culture
ArOr = Archiv orientální
ARozhl = Archeologické rozhledy
ArqBeja = Arquivo de Beja. Boletim, estudos, arquivo
Arqueología = Arqueología. Memoria de las actuaciones programadas en el ano 19..
Arrabona = Arrabona. A Győri Xántus János múzeum évkönyve
Arsberättelse = Årsberättelse. Kungl. Humanistiska Vetenskapssamfundet i Lund
Arse = Arse. Boletín del Centro arqueológico saguntino
ArtAs = Artibus Asiae
ArtB = The Art Bulletin
ArtJ = Art Journal
ArtVirg = Arts in Virginia
ASAE = Annales du Service des antiquités de l'Égypte
ASAtene = Annuario della Scuola archeologica di Atene e delle Missioni italiane in Oriente
ASbor = Archeologičeskij sbornik. Gosudarstvennyj ordena Lenina Ermitaž
ASchw = Archäologie der Schweiz. Mitteilungsblatt der Schweizerischen Gesellschaft für Ur- und Frühgeschichte
ASoloth = Archäologie des Kantons Solothurn
Assaph = Assaph. Studies in Art History
AssyrMisc = Assyriological Miscellanies
AthenaeumPavia = Athenaeum. Studi periodici di letteratura e storia dell'antichità, Università di Pavia
'Atiqot = 'Atiqot. Journal of the Israel Department of Antiquities
Atlal = Atlal. The Journal of Saudi Arabian Archeology
AttiAcPontan = Atti della Accademia Pontaniana
AttiAcTorino = Atti della Accademia delle scienze di Torino
AttiCAntCl = Atti. Centro ricerche e documentazione sull'antichità classica
AttiCItRom = Atti. Centro studi e documentazione sull'Italia romana
AttiMemBologna = Atti e memorie. Deputazione di storia patria per le province di Romagna
AttiMemFirenze = Atti e memorie dell'Accademia toscana di scienze e lettere 'La Colombaria'
AttiMemModena = Atti e memorie. Deputazione di storia patria per le antiche provincie modenesi
AttiMemSocIstriana = Atti e memorie della Società istriana di archeologia e storia patria
AttiMGrecia = Atti e memorie della Società Magna Grecia
AttiMusTrieste = Atti dei civici musei di storia ed arte di Trieste
AttiPalermo = Atti della Accademia di scienze, lettere e arti di Palermo
AttiRovigno = Atti. Centro di ricerche storiche, Rovigno
AttiSocFriuli = Atti della Società per la preistoria e protostoria della regione Friuli-Venezia Giulia
AttiSocTiburtina = Atti e memorie della Società tiburtina di storia e d'arte
AttiVenezia = Atti. Istituto veneto di scienze, lettere ed arti
AuA = Antike und Abendland
Augster Museumshefte = Augster Museumshefte
AulaOr = Aula orientalis. Revista de estudios del Próximo Oriente antiguo
Ausa = Ausa (Vic)
AusgrFu = Ausgrabungen und Funde. Nachrichtenblatt für Vor- und Frühgeschichte
AusgrFuWestf = Ausgrabungen und Funde in Westfalen-Lippe

AVen = Archeologia veneta

AVes = Arheološki vestnik. Ljubljana

AW = Antike Welt. Zeitschrift für Archäologie und Kulturgeschichte

AW = Antike Welt. Zeitschrift für Archäologie und Kulturgeschichte

AyasofyaMüzYıl = Ayasofya Müzesi Yıllığı. Annual of Ayasofya Museum

AzerbAkHeberleri = Azerbajdžan SSR Elmler akademijasynyn heberleri. Izvestija Akademii nauk Azerbajdžanskoj SSR

BAAlger = Bulletin d'archéologie algérienne

BABarcel = Butlletí informatiu de l'Institut de prehistòria i arqueologia de la Diputació provincial de Barcelona

BABesch = Bulletin antieke beschaving. Annual Papers on Classical Archaeology

BAcHist = Boletín de la Real Academia de la historia

BACopt = Bulletin de la Société d'archéologie copte

Baetica = Baetica. Estudios de arte, geografía e historia

BajoAr = Bajo Aragón, prehistoria

Balcanica = Balcanica. Annuaire du Comité interacadémique de Balkanologie du Conseil des Académies des Sciences et des Arts de la R.S.F.Y. et de l'Institut des Etudes Balkaniques

Balcanoslavica = Balcanoslavica

BALiège = Bulletin de l'Institut archéologique Liégeois

BalkSt = Balkan Studies

BALux = Bulletin d'archéologie luxembourgeoise

BaM = Baghdader Mitteilungen

BAMaroc = Bulletin d'archéologie marocaine

BAmPrHistRes = Bulletin of the American School of Prehistoric Research

BAmSocP = The Bulletin of the American Society of Papyrologists

BAnalytHistRom = Bulletin analytique d'histoire romaine

BANarb = Bulletin de la Commission archéologique de Narbonne

Banatica = Banatica. (Reşiţa)

BAncOrMus = Bulletin of the Ancient Orient Museum (Tokyo)

BAngers = Bulletin du Centre de recherches et d'enseignement de l'antiquité, Angers

BAnnMusFerr = Bollettino annuale. Musei ferraresi

BAntFr = Bulletin de la Société nationale des antiquaires de France

BAntLux = Bulletin des antiquités luxembourgeoises

BAParis = Bulletin archéologique du Comité des travaux historiques et scientifiques

BAProv = Bulletin archéologique du Provence

BAriège = Bulletin de la Société préhistorique de l'Ariège

BArtTournus = Bulletin des amis des arts et des sciences de Tournus

BASard = Nuovo Bullettino archeologico sardo

Baselbieter Heimatbuch = Baselbieter Heimatbuch

BASOR = Bulletin of the American Schools of Oriental Research

BAssBudé = Bulletin de l'Association Guillaume Budé

BAssMosAnt = Bulletin d'information de l'Association internationale pour l'étude de la mosaique antique

BAssProAventico = Bulletin de l'Association Pro Aventico

BASudEstEur = Bulletin d'Archéologie sud-est européenne

BATarr = Boletín arqueológico. R. Sociedad arqueológica tarragonense

BAur = Boletín Auriense

BAVexin = Bulletin archéologique du Vexin français

BayVgBl = Bayerische Vorgeschichtsblätter

BBasil = Bollettino storico della Basilicata

BBelArt = Boletín de bellas artes, Sevilla

BBelgAnthrop = Bulletin de la Société royale belge d'anthropologie et de préhistoire

BBurgos = Boletín de la Institución Fernán Gonzáles, Burgos

BCamunoStPrIstor = Bollettino del Centro Camuno di studi preistorici

BCASic = Beni culturali e ambientali, Sicilia

BCeltSt = The Bulletin of the Board of Celtic Studies

BCercleNum = Bulletin. Cercle d'études numismatiques

BCH = Bulletin de correspondance hellénique

BCircNumNap = Bollettino del Circolo numismatico napoletano

BCl = Bollettino dei classici

BClevMus = The Bulletin of the Cleveland Museum of Art

BClGrLat = Bollettino dei classici

BCord = Boletín de la Real Academia de Córdoba de ciencias, bellas Letras y nobles artes

BCStStorArchit = Bollettino del Centro di studi per la storia dell'architettura

BdA = Bollettino d'arte

BediKart = Bedi Kartlisa. Revue de kartvélologie

BEgNewYork = Bulletin of the Egyptological Seminar (New York)

BeitrAllgA = Beiträge zur allgemeinen und vergleichenden Archäologie

BeitrNamF = Beiträge zur Namenforschung

BeitrSudanF = Beiträge zur Sudanforschung

BékésKözl = A Békés Megyei Múzeumok Közleményei

Bellas Artes = Bellas Artes (Madrid)

Belleten = Belleten. Türk tarih kurumu

BerBayDenkmPfl = Bericht der Bayerischen Bodendenkmalpflege

Berceo = Berceo (Logroño)

BerkshireAJ = The Berkshire Archaeological Journal

BerlBeitrArchäom = Berliner Beiträge zur Archäometrie

BerlBeitrOr = Berliner Beiträge zum Vorderen Orient

BerlNumZ = Berliner numismatische Zeitschrift

BerOudhBod = Berichten van de Rijksdienst voor het oudheidkundig bodemonderzoek

BerRGK = Bericht der Römisch-Germanischen Kommission

BerRijksdOudhBod = Berichten van de Rijksdienst voor het Oudheidkundig Bodemonderzoek

BerSaarland = Bericht der staatlichen Denkmalpflege im Saarland

Berytus = Berytus. Archaeological Studies

BEspA = Boletín de la Asociación española de amigos de la arqueología

BEspOr = Boletín de la Asociación española de orientalistas

BEtOr = Bulletin d'études orientales

BFilGrPadova = Bollettino dell'Istituto di filologia greca, Università di Padova

BFilLingSic = Bollettino. Centro di studi filologici e linguistici siciliani
BFoligno = Bollettino storico della città di Foligno
BGroupNevers = Bulletin (périodique) de liaison du "Groupe Nivernais de Recherche archéologique"
BGroupSeineMarne = Bulletin du groupement archéologique de Seine-et-Marne
BHesbaye-Condroz = Bulletin du Cercle archéologique Hesbaye-Condroz
BiblA = The Biblical Archaeologist
BIBulg = Izvestija na Arheologičeskija institut. Bulletin de l'Institut archéologique bulgare
BICS = Bulletin. Institute of Classical Studies, University of London
BIFAO = Bulletin de l'Institut français d'archéologie orientale
BIllWall = Bulletin illustré de la Wallonie
BInstALondon = Bulletin of the Institute of Archaeology, University of London
BInstArlon = Bulletin trimestriel de l'Institut archéologique du Luxembourg
BInstEstHel = Boletín del Instituto de estudios helénicos. Universidad de Barcelona, Facultad de filosofía y letras
BInstHistBelgRom = Bulletin de l'Institut historique belge de Rome
BiOr = Bibliotheca orientalis
BJaén = Boletín del Instituto de estudios giennenses
BJb = Bonner Jahrbücher des Rheinischen Landesmuseums in Bonn und des Vereins von Altertumsfreunden im Rheinlande
BJeunFr = Bulletin de la jeunesse préhistorique et géologique de France
BLaborMusLouvre = Bulletin du laboratoire du Musée du Louvre
BLazioMerid = Bollettino dell'Istituto di storia e di arte del Lazio meridionale
BLezoux = Bulletin du comité archéologique de Lezoux
BlickMus = Blick ins Museum. Mitteilungen aus den staatlichen wissenschaftlichen Museen Dresden
BLikUm = Bulletin Razreda za likovne umjetnosti Jugoslavenske akademije znanosti i umjetnosti
BLimousin = Bulletin de la Société archéologique et historique du Limousin
BLugo = Boletín de la Comisión provincial de monumentos históricos y artísticos de Lugo
BMetrMus = Bulletin. The Metropolitan Museum of Art
BMon = Bulletin monumental
BMonMusPont = Bollettino. Monumenti, musei e gallerie Pontificie
BMorbihan = Bulletin mensuel de la Société polymatique de Morbihan
BMusArt = Bulletin des Musées royaux d'art et d'histoire, Bruxelles
BMusBeyr = Bulletin du Musée de Beyrouth
BMusCádiz = Boletín del Museo de Cádiz
BMusFA = Bulletin. Museum of Fine Arts, Boston
BMusHongr = Bulletin du Musée hongrois des beaux-arts
BMusMadrid = Boletín del Museo arqueológico nacional
BMusMonaco = Bulletin du Musée d'anthropologie préhistorique de Monaco
BMusMonLyon = Bulletin des musées et monuments Lyonnais
BMusMulhouse = Bulletin du Musée historique de Mulhouse
BMusNaturVerona = Bollettino del Museo civico di storia naturale di Verona
BMusPadova = Bollettino del Museo civico di Padova
BMusVars = Bulletin du Musée national de Varsovie
BMusZaragoza = Museo de Zaragoza. Boletín
BNumParis = Bulletin de la Société française de numismatique
BNumRoma = Bollettino di numismatica
BodDenkmPflMecklenb = Jahrbuch der Bodendenkmalpflege in Mecklenburg
BollMC = Bollettino dei Musei comunali di Roma
BonnHefteVg = Bonner Hefte zur Vorgeschichte
Boreas = Boreas. Münstersche Beiträge zur Archäologie
BPasdeCalais = Bulletin de la Commission départementale de monuments historiques du Pas-de-Calais
BPeintRom = Bulletin de liaison. Centre d'études des peintures murales romaines
BPérigord = Bulletin de la société historique et archéologique du Périgord
BPI = Bullettino di paletnologia italiana
BPrHistFr = Bulletin de la Société préhistorique française. Etudes et travaux
BProvidence = Bulletin of the Rhode Island School of Design. Museum Notes
Brabants Heem = Brabants Heem
BracAug = Bracara Augusta. Revista cultural de Camara municipal de Braga
BremABl = Bremer archäologische Blätter
BRethel = Bulletin archéologique, historique et folklorique. Musée du Rethélois et du Porcien
Brigantium = Brigantium. Museo arqueológico e histórico
BristolASoc = Bristol and Gloucestershire Archaeological Society
Britannia = Britannia. A Journal of Romano-British and Kindered Studies
BrMusYearbook = The British Museum Yearbook
BSA = The Annual of the British School at Athens
BSiena = Bullettino senese di storia patria
BSocAChamp = Bulletin de la Société archéologique champenoise
BSocAude = Bulletin de la Société d'études scientifiques de l'Aude
BSocBiblReinach = Bulletin de liaison de la Société des amis de la Bibliothèque Salomon–Reinach
BSocVosg = Bulletin de la société philomatique vosgienne
BSR = Papers of the British School at Rome
BStLat = Bollettino di studi latini
BStorArt = Bollettino della Unione storia ed arte
BTextilAnc = Bulletin de liaison du Centre international d'étude des textiles anciens
BTorino = Bollettino della Società piemontese di archeologia e di belle arti
BudRég = Budapest régiségei
Bündner Monatsblatt = Bündner Monatsblatt
BullCom = Bullettino della Commissione archeologica comunale di Roma
Bulletin de liaison = Bulletin de liaison. Centre d'études des peintures murales romaines
BurgenlHeimBl = Burgenländische Heimatblätter

BVallad = Boletín del Seminario de estudios de arte y arqueología, Universidad de Valladolid

BVitoria = Boletín de la Institución "Sancho el Sabio"

BWPr = Winckelmannsprogramm der Archäologischen Gesellschaft zu Berlin

Byzantina = Βυζαντινά. Ἐπιστημονικὸν ὄργανον Κέντρου βυζαντινῶν ἐρευνῶν Φιλοσοφικῆς σχολῆς Ἀριστοτελείου πανεπιστημίου Θεσσαλονίκης

Byzantino-Bulgarica = Byzantino-Bulgarica

Byzantinoslavica = Byzantinoslavica

Byzantion = Byzantion. Revue internationale des Etudes byzantines

ByzF = Byzantinische Forschungen. Internationale Zeitschrift für Byzantinistik

ByzJb = Byzantinisch-neugriechische Jahrbücher

ByzZ = Byzantinische Zeitschrift

Caesaraugusta = Caesaraugusta. Publicaciones del Seminario de arqueología y numismática

Caesarodunum = Caesarodunum

CahAls = Cahiers alsaciens d'archéologie, d'art et d'histoire

CahArméeRom = Cahiers du groupe de recherches sur l'armée romaine et les provinces

CahASubaqu = Cahiers d'archéologie subaquatique

CahBerry = Cahiers d'archéologie et d'histoire du Berry

CahByrsa = Cahiers de Byrsa

CahCérEg = Cahiers de la céramique égyptienne

CahDelFrIran = Cahiers de la Délégation française en Iran

CahKarnak = Cahiers de Karnak

CahLig = Cahiers ligures de préhistoire et d'archéologie

CahMariemont = Les Cahiers de Mariemont

CahMusChampollion = Cahiers du Musée Champollion. Histoire et archéologie

CahNordEst = Cahiers d'archéologie du Nord-Est

CahNum = Cahiers numismatiques

CahPEg = Cahiers de recherches de l'Institut de papyrologie et d'égyptologie de Lille. Sociétés urbaines en Egypte et au Soudan

CahQuentovic = Les Cahiers de Quentovic

CahRhodBord = Cahiers rhodaniens

CahTun = Cahiers de Tunisie

CalifStClAnt = California Studies in Classical Antiquity

CArch = Cahiers archéologiques

CarnuntumJb = Carnuntum-Jahrbuch. Zeitschrift für Archäologie und Kulturgeschichte des Donauraumes

Carpica = Carpica (Bacău)

Carrobbio = Il Carrobbio. Rivista di studi bolognesi

ČasSlMuz = Časopis Slezského Muzea

CEDAC = CEDAC. Bulletin. Centre d'études et de documentation archéologique de la Conservation de Carthage

CercNum = Cercetări numismatice. Muzeul de istorie

Chiron = Chiron. Mitteilungen der Kommission für alte Geschichte und Epigraphik des Deutschen Archäologischen Instituts

ChrEg = Chronique d'Egypte

ChronAAssCul = Chronique archéologique. Association culturelle du groupe total

Ciceroniana = Ciceroniana

CinArtB = The Cincinnati Art Museum Bulletin

CivClCrist = Civiltà classica e cristiana

ClanciBosn = Clanci i Grada za kulturnu istoriju istocne Bosne

ClAnt = Classical Antiquity

Clio = Clio. Revista do Centro de história da Universidade de Lisboa

ClJ = The Classical Journal

ClMediaev = Classica et mediaevalia. Revue danoise de philologie et d'histoire

ClPh = Classical Philology

ClQu = The Classical Quarterly

ClRev = The Classical Review

CMatAOr = Contributi e materiali di archeologia orientale

Coin Hoards = Coin Hoards. The Royal Numismatic Society, London

ColloquiSod = Colloqui del sodalizio

CommunicAHung = Communicationes archaeologicae Hungaricae

CommunicReiCretRomFaut = Communicationes. Rei cretariae romanae fautores

CongrAFr = Congrès archéologique de France

Conimbriga = Conimbriga

Conoscenze = Conoscenze. Rivista annuale della Soprintendenza archeologica e per i beni ambientali, architettonici, artistici e storici del Molise

Contrebis = Contrebis. A Bulletin of Archaeology for Lancastershire and the North West

Corduba = Corduba. Museo arqueológico nacional

CornA = Cornish Archaeology

CRAI = Comptes rendus des séances de l'Académie des inscriptions et belles-lettres

CretSt = Cretan studies

Crisia = Crisia

CronAStorArt = Cronache di archeologia e di storia dell'arte

CronErcol = Cronache ercolanesi

CronPomp = Cronache pompeiane

CuadABarcel = Cuadernos de arqueología e historia de la ciudad, Barcelona (= Quaderns d'arqueologia i història de la ciutat)

CuadCastellon = Cuadernos de prehistoria y arqueología Castellonense

CuadFilCl = Cuadernos de filología clásica

CuadGallegos = Cuadernos de estudios gallegos

CuadGranada = Cuadernos de prehistoria de la Universidad de Granada

CuadPrHistA = Cuadernos de prehistoria y arqueología

CuadRom = Cuadernos de trabajos de la Escuela española de historia y arqueología en Roma

Cumania = Cumania. Bács-Kiskun Megyei Múzeumok Közleményei

Cumidava = Cumidava (Braşov)

Current Archaeology = Current Archaeology

Cypsela = Cypsela (Girona)

Dacia = Dacia. Revue d'archéologie et d'histoire ancienne

Dacoromania = Dacoromania. Jahrbuch für östliche Latinität

DaM = Damaszener Mitteilungen
DArch = Dialoghi di archeologia
DebrecMuzEvk = A Debreceni Déri múzeum évkönyve
Dédalo = Dédalo. Revista de arte e arqueologia
DeltChrAEtair = Δελτίον τῆς Χριστιανικῆς ἀρχαιολογικῆς Ἑταιρείας
DenkmPflBadWürt = Denkmalpflege in Baden-Württemberg
DenkPflRheinPfalz = Denkmalpflege in Rheinland-Pfalz
DenkschrWien = Österreichische Akademie der Wissenschaften, Philosophisch-historische Klasse. Denkschriften
Diadora = Diadora. Glasilo Arheološkoga Muzeja u Zadru
DialHistAnc = Dialogues d'histoire ancienne
Dioniso = Dioniso. Trimestrale di studi sul teatro antico
DKuDenkmPfl = Deutsche Kunst und Denkmalpflege
DLZ = Deutsche Literaturzeitung
DocAlb = Documenta Albana
DocAMérid = Documents d'archéologie méridionale
DocBeniAEmRom = Documenti. Istituto per i beni artistici, culturali, naturali della regione Emilia-Romagna
DocCharleroi = Documents et rapports de la Société paléontologique et archéologique de l'arrondissement judicaire de Charleroi
Dodone = Δωδώνη. Ἰωάννινα
DOP = Dumbarton Oaks Papers
DossAlet = Les dossiers du Centre régional archéologique d'Alet
DossAParis = Histoire et archéologie. Les dossiers
DürGeschBl = Dürener Geschichtsblätter
Durius = Durius. Boletín castellano de Estudios clásicos

EastWest = East and West
Eburodunum = Eburodunum. Recueil de travaux publiés par l'Institut d'archéologie yverdonnoise
EcAntNîmes = Ecole antique de Nîmes. Bulletin annuel
EchosCl = Echos du monde classique. Classical Views
EgVicOr = Egitto e Vicino Oriente
Eirene = Eirene. Studia Graeca et Latina
Eiszeitalter u. Gegenwart = Eiszeitalter und Gegenwart
Elenchos = Elenchos. Rivista di studi sul pensiero antico
Emerita = Emerita. Boletín de Linguística y Filología clásica
EmiliaPrRom = Emilia preromana
Empúries = Empúries
Enchoria = Enchoria. Zeitschrift für Demotistik und Koptologie
Eos = Eos. Commentarii Societatis Philologae Polonorum
EpetEtairByzSpoud = Ἐπετηρὶς Ἑταιρείας βυζαντινῶν σπουδῶν
EpetEtairKyklMel = Ἐπετηρὶς Ἑταιρείας κυκλαδικῶν μελετῶν
EpigrAnat = Epigraphica Anatolica. Zeitschrift für Epigraphik und historische Geographie Anatoliens
Epigraphica = Epigraphica. Rivista italiana di Epigrafia
EpistEpetAth = Ἐπιστημονικὴ ἐπετηρὶς τῆς Φιλοσοφικῆς σχολῆς τοῦ πανεπιστημίου Ἀθηνῶν
EpistEpetPolytThess = Ἐπιστημονικὴ ἐπετηρίδα τῆς Πολυτεχνικῆς σχολῆς, Ἀριστοτέλειο πανεπιστήμιο Θεσσαλονίκης, τμῆμα ἀρχιτεκτόνων
EpistEpetThess = Ἐπιστημονικὴ ἐπετηρὶς τῆς Φιλοσοφικῆς σχολῆς Ἀριστοτελείου πανεπιστημίου Θεσσαλονίκης
Eranos = Eranos. Acta philologica suecana
EranosJb = Eranos Jahrbuch
ErIsr = Eretz-Israel
EstAAlava = Estudios de arqueología alavesa
EstMad = Estudios de prehistoria y arqueología madrileñas
EstZaragoza = Estudios del Seminario de prehistoria, arqueología e historia antigua de la Facultad de filosofía y letras de Zaragoza
EtBalk = Etudes balkaniques
EtCl = Les Etudes classiques
EtClAix = Etudes classiques. Faculté des lettres et sciences humaines d'Aix
EthnogrAZ = Ethnographisch-archäologische Zeitschrift
Ethnos = Ethnos. Revista do Instituto português de arqueologia, história e etnografia
EtLoire = Etudes préhistoriques et protohistoriques des pays de la Loire
EtP = Etudes de papyrologie
EtPézenas = Etudes sur Pézenas et l'Herault
EtPrHist = Etudes préhistorique
EtTrav = Etudes et travaux. Studia i prace. Travaux du Centre d'archéologie méditerranéenne de l'Académie des sciences polonaise
Euphrosyne = Euphrosyne. Revista de filología clásica
Expedition = Expedition. Bulletin of the University Museum of the University of Pennsylvania
ExtremA = Extremadura arqueológica

Faventia = Faventia. Facultat de letres, Barcelona
FBuc = Forschungen zur Volks- und Landeskunde. (Bucureşti)
FelRav = Felix Ravenna
FicheInfMosel = Association des amis de l'archéologie Mosellane. Fiche d'information
FichEpigr = Ficheiro epigráfico. Suplemento de Conimbriga
Figlina = Figlina. Documents du Laboratoire de céramologie de Lyon
FinTid = Finska Tidskrift
FoggArtMusAcqu = Fogg Art Museum. Acquisitions...
FolArch = Folia archaeologica
FolOr = Folia orientalia
Fonaments = Fonaments. Prehistòria i mon antic als Paisos Catalans
Fondamenti = Fondamenti. Rivista quadrimestrale di cultura
FontAPos = Fontes archaeologici posnanienses
Fornvännen = Fornvännen. Tidskrift för svensk antikvarisk forskning
Francia = Francia. Forschungen zur westeuropäischen Geschichte
FrühMitAltSt = Frühmittelalterliche Studien. Jahrbuch des Instituts für Frühmittelalterforschung der Universität Münster
FuB = Forschungen und Berichte. Staatliche Museen zu Berlin
FuBerBadWürt = Fundberichte aus Baden-Württemberg
FuBerHessen = Fundberichte aus Hessen
FuBerÖ = Fundberichte aus Österreich
FynMind = Fynske Minder

GacNum = Gaceta numismática (Barcelona)

Gades = Gades. Revista del Colegio universitario de filosofía y letras

Gallaecia = Gallaecia (Santiago de Compostela)

Gallia = Gallia. Fouilles et Monuments archéologiques en France métropolitaine

GalliaPrHist = Gallia préhistoire

GaR = Greece and Rome

GazBA = Gazette des beaux-arts

Genava = Genava. Bulletin du Musée de Genève

Geo-archeologia = Geo-archeologia. Periodico dell'Associazione geo-archeologica italiana

Gerión = Gerión (Madrid)

Germania = Germania. Anzeiger der Röm.-Germ. Kommission des Deutschen Archäol. Instituts

Geschichte am Obermain = Geschichte am Obermain

Gesta = Gesta. International Center of Medieval Art

GettyMusJ = The J. Paul Getty Museum Journal

GGA = Göttingische gelehrte Anzeigen

GiornFilFerr = Giornale filologico ferrarese

GiornItFil = Giornale italiano di filologia

GiornStorLunig = Giornale storico della Lunigiana

GlasgowAJ = Glasgow Archaeological Journal

GlMSar = Glasnik Zemaljskog muzeja Bosne i Hercegovine u Sarajevu

Glotta = Glotta. Zeitschrift für griechische und lateinische Sprache

Gnomon = Gnomon. Kritische Zeitschrift für die gesamte klassische Altertumswissenschaft

GodBalkIsp = Godišnjak. Centar za Balkanološka ispitivanja

GodSofUn = Godisnik na Sofijskija Universitet

GodZborSkopje = Godišen zbornik na Filozofskiot fakultet na Universitetot vo Skopje

GöttMisz = Göttinger Miszellen. Beiträge zur ägyptologischen Diskussion

GorLet = Goriški letnik. Zbornik Goriškega muzeja

GraRaspr = Grala i rasprave. Arheološki muzej Istre, Pula

GrazBeitr = Grazer Beiträge

GrLatPrag = Graecolatina Pragensia

GrRomByzSt = Greek, Roman and Byzantine Studies

Gymnasium = Gymnasium. Zeitschrift für Kultur der Antike und humanistische Bildung

Habis = Habis. Arqueología. Filología clásica

HambBeitrA = Hamburger Beiträge zur Archäologie

HambBeitrNum = Hamburger Beiträge zur Numismatik

HandGent = Handelingen der Maatschappij voor Geschiedenis en Oudheidskunde te Gent

Handlingar = Kungl. Vitterhets historie och antikvitets Akademiens Handlingar. Antikvariska serien

HarvSt = Harvard Studies in Classical Philology

HarvTheolR = The Harvard Theological Review

HefteABern = Hefte des Archäologischen Seminars der Universität Bern

Helike = Helike. Universidad nacional de educación a distancia, Centro regional de Elche

Helikon = Helikon. Rivista di tradizione e cultura classica

Helinium = Helinium. Revue consacrée à l'archéologie des Pays-Bas, de la Belgique et du Grand-Duché de Luxembourg

Hellenika = Ἑλληνικά. Φιλολ., ἱστορ. καὶ λαογρ. Περιοδικὸν Σύγγραμμα τῆς Ἑταιρείας Σπουδῶν

HellenikaJb = Hellenika. Jahrbuch für die Freunde Griechenlands

HelvA = Helvetia archaeologica

Hémecht = Hémecht

Hephaistos = Hephaistos. Kritische Zeitschrift zur Theorie und Praxis der Archäologie und angrenzender Wissenschaften

Hermes = Hermes. Zeitschrift für klassische Philologie

HertfordA = Hertfordshire Archaeology

Hesperia = Hesperia. Journal of the American School of Classical Studies at Athens

Hispania = Hispania. Revista española de historia

HispAnt = Hispania antiqua. Revista de historia antigua

Historia = Historia. Zeitschrift für alte Geschichte

HistriaA = Histria archaeologica

HistSprF = Historische Sprachforschung

HistVerStraubing = Historischer Verein für Straubing und Umgebung

Horos = Ὅρος. Ἕνα ἀρχαιογνωστικὸ περιοδικό

HuelvaA = Huelva arqueológica

Humanitas = Humanitas. Faculdade de letras da Universidade de Coimbra

HumBild = Humanistische Bildung

HZ = Historische Zeitschrift

Ilerda = Ilerda. Instituto de estudios ilerdenses (Lérida)

Iliria = Iliria

IllinClSt = Illinois Classical Studies

ILN = The Illustrated London News

Index = Index. Quaderni camerti di studi romanistici

IndogermF = Indogermanische Forschungen

IndUnArtB = Indiana University Art Museum Bulletin

InfA = Información arqueológica

InsFulc = Insula Fulcheria

IntJNautA = International Journal of Nautical Archaeology and Underwater Exploration

InvLuc = Invigilata lucernis. Rivista dell'Istituto di Latino. Università di Bari

Ipek = Jahrbuch für prähistorische und ethnographische Kunst

IrAForum = Irish Archaeological Research Forum

Iran = Iran. Journal of the British Institute of Persian Studies

IrAnt = Iranica antiqua

Iraq = Iraq, published by the British School of Archaeology in Iraq

IsrExplJ = Israel Exploration Journal

IsrMusJ = The Israel Museum Journal

IsrMusN = The Israel Museum News

IsrNumJ = Israel Numismatic Journal

IstMitt = Istanbuler Mitteilungen

Italica = Italica. Cuadernos de trabajos de la Escuela Española de historica y arqueología en Roma

IzvBurgas = Izvestija na Narodnija muzej Burgas

IzvMusJužBălg = Izvestija na muzeite ot Južna Bălgarija. Bulletin des musées de la Bulgarie du Sud

IzvVarna = Izvestija na Narodnija Muzej Varna

Jábega = Jábega. Revista de la Diputación provincial de Málaga

JadrZbor = Jadranski zbornik. Prilozi za povijest Istre, Rijeke i Hrvatskog primorja

JanPanEvk = A Janus Pannonius Múzeum évkönyve

JAntIre = Journal of the Royal Society of Antiquaries of Ireland

JARCE = Journal of the American Research Center in Egypt

JAScien = Journal of Archaeological Science

JbAChr = Jahrbuch für Antike und Christentum

JbBerlMus = Jahrbuch der Berliner Museen

JbBernHistMus = Jahrbuch des Bernischen historischen Museums

JberAugst = Jahresbericht aus Augst und Kaiseraugst

JberHistGesGraub = Jahresbericht der Historisch-Antiquarischen Gesellschaft von Graubünden

JberInstVgFrankf = Jahresbericht des Instituts für Vorgeschichte der Universität Frankfurt a. M.

JberMusHan = Jahresbericht Kestner-Museum Hannover

JberProVindon = Jahresbericht. Gesellschaft Pro Vindonissa

JberZürich = Jahresbericht. Schweizerisches Landesmuseum Zürich

JbGött = Jahrbuch der Akademie der Wissenschaften in Göttingen

JbHambKuSamml = Jahrbuch der Hamburger Kunstsammlungen

JbKlF = Jahrbuch für kleinasiatische Forschung

JbKSWien = Jahrbuch der Kunsthistorischen Sammlungen in Wien

JbKuGewHamb = Jahrbuch des Museums für Kunst und Gewerbe Hamburg

JbKuSammlBadWürt = Jahrbuch der Staatlichen Kunstsammlungen in Baden-Württemberg

JbLiechtenstein = Jahrbuch des historischen Vereins für das Fürstentum Liechtenstein

JbMainz = Jahrbuch. Akademie der Wissenschaften und der Literatur

JbMünchen = Jahrbuch. Bayerische Akademie der Wissenschaften

JbMusLinz = Jahrbuch des Oberösterreichischen Musealvereines

JbÖByz = Jahrbuch der österreichischen Byzantinistik

JbPreussKul = Jahrbuch Preussischer Kulturbesitz

JBrAAss = The Journal of the British Archaeological Association

JbSchwGesUrgesch = Jahrbuch der Schweizerischen Gesellschaft für Ur- und Frühgeschichte

JbStiftPreussKulBes = Jahrbuch (der Stiftung) preussischer Kulturbesitz

JbVorarlberg = Jahrbuch des Vorarlberger Landesmuseumsvereins

JbWels = Jahrbuch des Musealvereines Wels

JbZMusMainz = Jahrbuch des Römisch-Germanischen Zentralmuseums, Mainz

JCunSt = Journal of Cuneiform Studies

JdI = Jahrbuch des Deutschen Archäologischen Instituts

JEA = The Journal of Egyptian Archaeology

JEOL = Jaarbericht van het Vooraziatisch-egyptisch Genootschap Ex Oriente Lux

JFieldA = Journal of Field Archaeology

JGS = Journal of Glass Studies

JHS = Journal of Hellenic Studies

JJurP = Journal of Juristic Papyrology

JMedA = Journal of mediterranean archaeology

JMedAnthropA = Journal of Mediterranean Anthropology and Archaeology

JNES = Journal of Near Eastern Studies

JNG = Jahrbuch für Numismatik und Geldgeschichte

JPrehistRel = Journal of prehistoric religion

JRomA = Journal of Roman archaeology

JRS = The Journal of Roman Studies

JSav = Journal des savants

JSchrVgHalle = Jahresschrift für mitteldeutsche Vorgeschichte

JSemSt = Journal of Semitic Studies

Jura = Jura. Rivista internazionale di diritto romano e antico

JWaltersArtGal = The Journal of the Walters Art Gallery

JWCI = Journal of the Warburg and Courtauld Institutes

Kadmos = Kadmos. Zeitschrift für vor- und frühgriechische Epigraphik

Kairos = Kairos. Zeitschrift für Religionswissenschaft und Theologie

Karthago = Karthago. Revue d'archéologie africaine

KazakAkHabarlary = Kazak SSR Gylym akademijasynyn habarlary (Izvestija Akademii nauk Kazachskoj SSR)

KentAR = Kent Archaeological Review

Kernos = Kernos. Revue internationale et pluridisciplinaire de religion grecque antique

Klearchos = Klearchos. Bolletino dell'Associazione amici del Museo nazionale di Reggio Calabria

Klio = Klio. Beiträge zur alten Geschichte

Kobie = Kobie. Grupo espeleológico vizcaíno (Bilbao)

KölnDombl = Kölner Domblatt

KölnJbVFrühGesch = Kölner Jahrbuch für Vor- und Frühgeschichte

Koinonia = Koinonia

Kokalos = Κώκαλος. Studi pubbl. dall'Istituto di storia antica dell'Università di Palermo

KollBlNeuburg = Neuburger Kollektaneenblatt

KraSoob = Kratkie soobščenija o dokladach i polevych issledovanijach Institua archeologii

Kratylos = Kratylos

Ktema = Ktema. Civilisations de l'Orient, de la Grèce et de Rome antiques

Kuml = Kuml. Årbog for Jysk Arkæologisk Selskab

Die Kunde = Die Kunde. Mitteilungen des niedersächsischen Landesvereins für Urgeschichte

KuOr = Kunst des Orients

KurtrierJb = Kurtrierisches Jahrbuch

KuWeltBerlMus = Kunst der Welt in den Berliner Museen
KwarHistKulMat = Kwartalnik Historii Kultury Materialnej
KypSpoud = Κυπριακαὶ σπουδαί

Labeo = Labeo. Rassegna di diritto romano
Lampas = Lampas. Tijdschrift voor nederlandse classici
LandKunVierJBl = Landeskundliche Vierteljahrsblätter, Trier
LandLoon = Het oude land van Loon. Jaarboek van de Federatie der Geschied- en oudheidkundige kringen van Limburg
Latinitas = Latinitas. Commentarii linguae latinae excolendae
Latomus = Latomus. Revue d'études latines
De Leiegouw = De Leiegouw
Lemouzi = Lemouzi. Histoire, archéologie, lettres et traditions Limousines
LettreInf = Lettre d'Information
Levant = Levant. Journal of the British School of Archaeology in Jerusalem
LF = Listy filologické
LibSt = Libyan studies
LibyaAnt = Libya antiqua
LietIstMetraštis = Lietuvos istorijos Metraštis (Vilnius)
Limburg = Limburg
LinzAF = Linzer archäologische Forschungen
LondA = The London Archaeologist
Lucentum = Lucentum. Anales de la Universidad de Alicante. Prehistoria, arqueología e historica antigua
L'Urbe = L'Urbe. Rivista romana

MacActaA = Macedoniae Acta archaeologica
MAGesGraz = Mitteilungen der Archaeologischen Gesellschaft Graz
Maia = Maia. Rivista di letterature classiche
Mainake = Mainake. Estudios de arqueología malagueña
MAInstUngAk = Mitteilungen des Archäologischen Instituts der Ungarischen Akademie der Wissenschaften
MainzZ = Mainzer Zeitschrift
Makedonika = Μακεδονικά
Mannus = Mannus. Deutsche Zeitschrift für Vor- und Frühgeschichte
MAnthropGesWien = Mitteilungen der Anthropologischen Gesellschaft in Wien
MarbWPr = Marburger Winckelmann-Programm
Mari = Mari. Annales de recherches interdisciplinaires
Marisia = Marisia. Studii şi materiale. Arheologie, istorie, etnografie
Mark og Møntre = Mark og Møntre fra Sydvestjydske Museer
Marsyas = Marsyas. Studies in the History of Art
MascaJ = Masca Journal. Museum Applied Science Center for Archaeology, University of Pennsylvania
MatA = Materiały archeologiczne
MatASevPrič = Materialy po archeologii Severnogo Pričernomor'ja
MatStar = Materiały starożytne i wczesnosredniowieczne
MatTestiCl = Materiali e discussioni per l'analisi dei testi classici
MatZachPomor = Materiały Zachodniopomorskie
MBerlGesAnthrop = Mitteilungen der Berliner Gesellschaft für Anthropologie, Ethnologie und Urgeschichte
MCArh = Materiale şi cercetări arheologice
MDAVerb = Mitteilungen des Deutschen Archäologen-Verbandes e.V.
MDIK = Mitteilungen des Deutschen Archäologischen Instituts, Abteilung Kairo
MDOG = Mitteilungen der Deutschen Orient-Gesellschaft zu Berlin
MedA = Mediterranean archaeology
MeddelelsGlyptKøb = Meddelelser fra Ny Carlsberg Glyptotek
MeddelelsThor = Meddelelser fra Thorvaldsens Museum
MeddelLund = Meddelanden från Lunds Universitets Historiska Museum
MededRom = Mededelingen van het Nederlands Historisch Instituut te Rome
MedelhavsMusB = Medelhavsmuseet. Bulletin (Stockholm)
MedHistR = Mediterranean Historical Review
MedievA = Medieval Archaeology
MEFRA = Mélanges de l'Ecole française de Rome, Antiquité
MelBeyrouth = Mélanges de l'Université Saint Joseph
MelCasaVelazquez = Mélanges de la Casa de Velazquez
MemAccLinc = Memorie. Atti della Accademia nazionale dei Lincei, Classe di scienze morali, storiche e filologiche
MemAcInscr = Mémoires de l'Académie des inscriptions et belles-lettres
MémAlpesMarit = Mémoires de l'Institut de Préhistoire et d'Archéologie
MemAmAc = Memoirs of the American Academy in Rome
MemAnt = Memoria antiquitatis. Acta Musei Petrodavensis. Revista Muzeului arheologic Piatra Neamt
MemBarcelA = Memoria. Universidad de Barcelona, Instituto de arqueología y prehistoria
MemBologna = Atti della Accademia delle Scienze dell'Istituto di Bologna. Memorie
MémCôted'Or = Mémoires de la Commission des Antiquités du Département de la Côte-d'Or
MemCreuse = Mémoires de la société des sciences naturelles et archéologiques de la Creuse
MemHistAnt = Memorias de historia antigua, Universidad de Oviedo
MemInstNatFr = Mémoires de l'Institut national de France
MemNap = Memorie dell'Accademia di archeologia, lettere e (belle) arti di Napoli
MemPontAcc = Memorie. Atti della Pontificia Accademia romana di archeologia
MemSocAF = Mémoires de la Société nationale des antiquaires de France
MémSocAMidi = Mémoires de la Société archéologique du Midi de la France
MemSocChalon = Mémoires de la Société d'histoire et d'archéologie de Chalon-sur-Saône
MemStorFriuli = Memorie storiche forogiuliesi
Mesopotamia = Mesopotamia. Rivista di archeologia
MetrMusJ = Metropolitan Museum Journal
MGesSalzb = Mitteilungen der Gesellschaft für Salzburger Landeskunde

MHistVerPfalz = Mitteilungen des historischen Vereins der Pfalz

MIA = Materialy i issledovanija po archeologii SSSR

Minia = Minia (Braga)

Minos = Minos. Revista de filología egea

MIO = Mitteilungen des Instituts für Orientforschung

MiscAMataró = Miscellánies arqueològiques sobre Mataró i el Maresme

MiscStLCristAnt = Miscellanea di studi di letteratura cristiana antica

MKuHistFlorenz = Mitteilungen des Kunsthistorischen Instituts Florenz

MLauriacum = Mitteilungen des Museumsvereins "Lauriacum" Enns

MM = Madrider Mitteilungen

Mnemosyne = Mnemosyne. Bibliotheca Classica Batava

MÖNumGes = Mitteilungen der Österreichischen numismatischen Gesellschaft

MÖUrFrühGesch = Mitteilungen der Österreichischen Arbeitsgemeinschaft für Ur- und Frühgeschichte

MonAnt = Monumenti antichi

MonmouthAnt = The Monmouthshire Antiquary

MonPiot = Monuments et mémoires. Fondation E. Piot

Monumentet = Monumentet

MoravNumZpr = Moravské numismatické Zprávy

MPrHistKomWien = Mitteilungen der Prähistorischen Kommission der Österreichischen Akademie der Wissenschaften

MüJb = Münchner Jahrbuch der bildenden Kunst

MünchStSprWiss = Münchener Studien zur Sprachwissenschaft

MünstBeitr = Münstersche Beiträge zur antiken Handelsgeschichte

Munibe = Munibe. Sociedad de ciencias naturales Avanzadi. San Sebastian.

Murcia = Murcia. Boletín informativo de la Excma. Diputación provincial

MusAfr = Museum Africum. West African Journal of Classical and Related Studies

MusCrit = Museum criticum

Muse = Muse. Annual of the Museum of Art and Archaeology, University of Missouri/Col.

Muséon = Le Muséon. Revue d'études orientales

MuseumUnesco = Museum. A Quarterly Review Published by Unesco

MusGallt = Musei e gallerie d'Italia

MusHaaretz = Museum Haaretz, Tel-Aviv. Yearbook

MusHelv = Museum helveticum

MusKöln = Museen in Köln. Bulletin

MusNotAmNumSoc = Museum Notes. The American Numismatic Society

MusPontevedra = El Museo de Pontevedra

MusTusc = Museum Tusculanum. København

MuzEvkMiskolc = A Hermann Ottó múzeum évkönyve

MuzEvkSzeged = A Móra Ferenc múzeum évkönyve

MuzNat = Muzeul naţional. Bucureşti

MuzPamkul = Muzei i pametnici na kulturata

NachrAkGött = Nachrichten der Akademie der Wissenschaften in Göttingen

NachrGiessen = Nachrichten der Giessener Hochschulgesellschaft

NAHisp = Noticiario arqueológico hispánico

NapNobil = Napoli nobilissima

NassAnn = Nassauische Annalen

Natur und Mensch = Natur und Mensch. Jahresmitteilungen der Naturhistorischen Gesellschaft Nürnberg

NEphemSemEpigr = Neue Ephemeris für semitische Epigraphik

NewsletterPotTech = Newsletter. Department of pottery technology, University of Leiden

Nikephoros = Nikephoros. Zeitschrift für Sport und Kultur im Altertum

NMagHanau = Neues Magazin für Hanauische Geschichte

NomChron = Νομισματικὰ χρονικά

Norba = Norba. Revista de arte, geografía e historia (Cáceres)

NorfolkA = Norfolk Archaeology

NorthampA = Northampton Archaeology

Northern History = Northern History. A Review of the History of the North of England

NorwAR = Norwegian Archaeological Review

NotAHisp, Prehistoria = Noticiario arqueológico hisphánico, Prehistoria

NotAllumiere = Notiziario. Museo civico ed Associazione archeologica di Allumiere

NotALomb = Notiziario. Soprintendenza archeologica della Lombardia

NotMilano = Notizie dal Chiostro del Monastero maggiore. Rassegna di studi del Civico museo archeologico e del Civico gabinetto numismatico di Milano

Novaensia = Novaensia. Badania Ekspedycji archeologicznej Uniwersytetu Warszawskiego w Novae

Nové Obzory = Nové Obzory. Spoločenskovedný Zbornik Východného Slovenska [Prešov]

NSc = Notizie degli scavi di antichità

NubChr = Nubia Christiana

Numaga = Numaga. Tijdschrift Gewijd aan Heden en Verleden van Nijmegen en Omgeving

NumAntCl = Numismatica e Antichità classiche, Quaderni Ticinesi

Numantia = Numantia. Investigaciones arqueológicas en Castilla y León

NumChron = The Numismatic Chronicle

Numen = Numen. International Review for the History of Religions

NumEpigr = Numizmatika i epigrafika

Numisma = Numisma. Revista de la Sociedad ibero-americana de Estudios numismáticos

Numismatičar = Numismatičar (Beograd)

NumKözl = Numizmatikai Közlöny

NumListPraha = Numismatické Listy

Nummus = Nummus. Sociedale portuguesa de numismatica

NumNachrBl = Numismatisches Nachrichtenblatt

NumZ = Numismatische Zeitschrift

NumZbor = Numismatický Sbornik

OA = Oriens antiquus

OccasPublClSt = Occasional Publications in Classical Studies

ÖJh = Jahreshefte des Österreichischen archäologischen Institutes in Wien

Offa = Offa. Berichte und Mitteilungen des Museums vorgeschichtlicher Altertümer in Kiel

Oikumene = Oikumene. Studia ad historiam antiquam classicam et orientalem pertinentia

OLZ = Orientalistische Literaturzeitung

OpAth = Opuscula atheniensia

OpRom = Opuscula romana

Opus = Opus. Rivista internazionale per la storia economica e sociale dell'antichità

OpuscFin = Opuscula Instituti Romani Finlandiae

OrChr = Oriens christianus

OrChrPer = Orientalia christiana periodica

Orient = Orient. The Reports of the Society for Near Eastern Studies in Japan

Orientalia = Orientalia. Commentarii periodici Pontificii Instituti Biblici

Origini = Origini. Preistoria e protostoria delle civiltà antiche

Orpheus = Orpheus. Rivista di umanità classica e cristiana

Die Ortenau = Die Ortenau

OsjZbor = Osjecki zbornik

OstbGrenzm = Ostbairische Grenzmarken

OudhMeded = Oudheidkundige mededelingen uit het Rijksmuseum von oudheden te Leiden

OxfJA = Oxford Journal of Archaeology

OxfStPhilos = Oxford Studies in Ancient Philosophy

Oxonensia = Oxonensia. A Journal Dealing with the Archaeology, History and Architecture of Oxford and its Neighbourhood

Pact = Pact. Revue du Groupe européen d'études pour les techniques physiques, chimiques et mathématiques appliquées à l'archéologie

Padusa = Padusa. Bollettino del Centro polesano di studi storici, archeologici ed etnografici, Rovigo

Paideuma = Paideuma. Mitteilungen zur Kulturkunde

Palaeohistoria = Palaeohistoria

Palladio = Palladio. Rivista di storia dell'architettura

Pallas = Pallas. Annales publiées par la Faculté des lettres et sciences humaines de Toulouse

PamA = Památky archeologické

Pan = Pan. Studi dell'Istituto di filologia latina

Pantheon = Pantheon. Internationale Zeitschrift für Kunst

PaysGaumais = Le Pays gaumais. La terre et les hommes. Revue régionale

PEQ = Palestine Exploration Quarterly

Persica = Persica. Jaarboek van het Genootschap Nederland-Iran

Peuce = Peuce. Studii şi comunicări de istorie şi arheologie

Pfälzer Heimat = Pfälzer Heimat

Philologus = Philologus. Zeitschrift für klassische Philologie

PhoenixExOrLux = Phoenix. Bulletin uitgegeven door het Vooraziatisch-egyptisch Genootschap Ex Oriente Lux

PhoenixToronto = Phoenix. The Classical Association of Canada

Phronesis = Phronesis. A Journal for Ancient Philosophy

Picus = Picus. Studi a ricerche sulle Marche nell'antichità

Platon = Πλάτων. Δελτίον τῆς Ἑταιρείας ἑλλήνων Φιλολόγων

PomorAnt = Pomorania Antiqua

PompHercStab = Pompeii, Herculaneum, Stabiae. Bollettino. Associazione internationale Amici di Pompei

Pontica = Pontica. Studii şi materiale de istorie, arheologie şi muzeografie, Constanţa

Portugalia = Portugalia

PP = La parola del passato

PraceA = Prace archeologiczne

PraceMatLodz = Prace i materiały muzeum archeologicznego i etnograficznego w Lodzi

Prakt = Πρακτικὰ τῆς ἐν Ἀθήναις Ἀρχαιολογικῆς Ἑταιρείας

PraktAkAth = Πρακτικὰ τῆς Ἀκαδημίας Ἀθηνῶν

PreistAlp = Preistoria alpina. Museo tridentino di scienze naturali

PriloziZagreb = Prilozi. Centar za provijesne znanosti Sveučilišta u Zagrebu, Odjel za arheologiju

PrincViana = Principe de Viana

ProcAfrClAss = The Proceedings of the African Classical Associations

ProcCambrAntSoc = Proceedings of the Cambridge Antiquarian Society

ProcCambrPhilSoc = Proceedings of the Cambridge Philological Society

ProcDorsetSoc = Dorset Natural History and Archaeological Society. Proceedings

ProcHampSoc = Proceedings of the Hampshire Field Club and Archaeological Society

ProcIrishAc,Section C = Proceedings of the Royal Irish Academy. Section C – Archaeology, Celtic Studies, History, Linguistics, Literature

ProcPrHistSoc = Proceedings of the Prehistoric Society

ProcSocAntScotl = Proceedings of the Society of Antiquaries of Scotland

ProcSuffInstA = Proceedings of the Suffolk Institute of Archaeology

Prometheus = Prometheus. Rivista quadrimestrale di studi classici

Prospettiva = Prospettiva. Rivista d'arte antica e moderna

Prospezioni = Prospezioni. Bollettino di informazioni scientifiche

ProvHist = Provence historique

PrzeglA = Przegląd archeologiczny

PtujZbor = Ptujski Zbornik

PublHistLux = Publications de la section historique de l'Institut Gr.-D. de Luxembourg

Pulpudeva = Pulpudeva. Semaines philippopolitaines de l'histoire et de la culture thrace

Puteoli = Puteoli. Studi di storia antica

Pyrenae = Pyrenae. Crónica arqueológica

PZ = Prähistorische Zeitschrift

QuadACal = Quaderni del Dipartimento delle arti, Università della Calabria
QuadALibia = Quaderni di archeologia della Libia
QuadAPiem = Quaderni della Soprintendenza archeologica del Piemonte
QuadAReggio = Quaderni d'archeologia reggiana
QuadAVen = Quaderni li archeologia del Veneto
QuadCat = Quaderni catanesi di studi classici e medievali
QuadChieti = Quaderni dell'Istituto di archeologia e storia antica, Università di Chieti
QuadErb = Quaderni erbesi. Civico museo archeologico di Erba
QuadEstMediev = Quaderns d'estudis medievals
QuadIstFilGr = Quaderni dell'Istituto di filologia greca
QuadIstLat = Quaderni dell'Istituto di lingua e letteratura latina, Università di Roma
QuadLecce = Quaderni. Istituto di lingue e letterature classiche, Facoltà di magistero, Università degli studi, Lecce
QuadMusPontecorvo = Museo civico Pontecorvo. Quaderni
QuadProtost = Quaderni di protostoria
QuadStLun = Quaderni. Centro studi lunesi
QuadStor = Quaderni di storia
QuadUrbin = Quaderni urbinati di cultura classica
Quartär = Quartär. Jahrbuch für Erforschung des Eiszeitalters und der Steinzeit

RA = Revue archéologique
RAArtLouvain = Revue des archéologues et historiens d'art de Louvain
RACFr = Revue archéologique du Centre consacrée aux antiquités nationales
RAComo = Rivista archeologica dell'antica provincia e diocesi di Como
RACrist = Rivista di archeologia cristiana
Radiocarbon = Radiocarbon. Published by the American Journal of Science
RadoviZadar = Radovi Instituta Jugoslavenske akademije znanosti i umjetnosti u Zadru
RadVojMuz = Rad Vojvodanskich Muzeja
RAE = Revue archéologique de l'Est et du Centre-Est
RAlicante = Revista. Instituto de estudios alicantinos
RANarb = Revue archéologique de Narbonnaise
RAOise = Revue archéologique de l'Oise
RArchBiblMus = Revista de Archivos, Bibliotecas y Museos
RArchéom = Revue d'archéometrie
RassAPiomb = Rassegna di archeologia. Associazione archeologica piombinese
RassStorSalern = Rassegna storica salernitana
RAssyr = Revue d'assyriologie et d'archéologie orientale
Ratiariensia = Ratiariensia. Studi e materiali mesici e danubiani
Raydān = Raydān. Journal of Ancient Yemeni Antiquities and Epigraphy
RBibl = Revue biblique
RBNum = Revue belge de numismatique et de sigillographie
RBPhil = Revue belge de philologie et d'histoire
RCulClMedioev = Rivista di cultura classica e medioevale

RdA = Rivista di archeologia
RDAC = Report of the Department of Antiquities, Cyprus
REA = Revue des études anciennes
REByz = Revue des études byzantines
RechACrac = Recherches archéologiques. Institut d'archéologie de l'Université de Cracovie
RechAlb = Recherches albanologiques
RecordsBuck = Records of Buckinghamshire
REG = Revue des études grecques
RégDolg = Régészeti Dolgozatok az Eötvös Lóránd Tudományegyetem Régészeti lutézetéböl
RégFüz = Régészeti füzetek
REgypt = Revue d'égyptologie
ReiCretRomFautActa = Rei cretariae romanae fautorum acta
REL = Revue des études latines
RendAccNapoli = Rendiconti della Accademia di archeologia, lettere e belle arti, Napoli
RendBologna = Atti della Accademia delle scienze dell'Istituto di Bologna, Rendiconti
RendIstLomb = Rendiconti. Istituto lombardo, Accademia di scienze e lettere
RendLinc = Atti dell'Accademia nazionale dei Lincei, Rendiconti
RendPontAcc = Rendiconti. Atti della Pontificia accademia romana di archeologia
RepEgExplSoc = Report for the Year..., Egypt Exploration Society
RepMalta = Report on the Working of the Museum Department for the Year..., Malta, Department of Information
Reppal = Reppal. Centre d'études phéniciennes-puniques et des antiquités libyques, Tunis
RepSocLibSt = The Society of Libyan Studies. Annual Report
REtArm = Revue des études arméniennes
RevNum = Revue numismatique
RevPhil = Revue de philologie, de littérature et d'histoire anciennes
RGéorgCauc = Revue des études géorgiennes et caucasiennes
RGirona = Revista de Girona
RGuimar = Revista de Guimarães
RHA = Revue hittite et asianique
RheinMusBonn = Das Rheinische Landesmuseum Bonn
RheinViertJbl = Rheinische Vierteljahrsblätter
RHistArd = Revue historique ardennaise
RHistRel = Revue de l'histoire des religions
RhM = Rheinisches Museum für Philologie
RIA = Rivista dell'Istituto nazionale d'archeologia e storia dell'arte
RicStBrindisi = Ricerche e studi. Museo provinciale Francesco Ribezzo, Brindisi
RIngIntem = Rivista Ingauna e Intemelia
RIntDroitsAnt = Revue internationale des droits de l'antiquité
RivFil = Rivista di filologia e d'istruzione classica
RivItNum = Rivista italiana di numismatica e scienze affini
RivScPr = Rivista di scienze preistoriche
RivStLig = Rivista di studi liguri
RivStOr = Rivista degli studi orientali
RLouvre = La revue du Louvre et des musées de France

RM = Mitteilungen des Deutschen Archäologischen Instituts, Römische Abteilung

RMontceau = Revue périodique de "La Physiophile". Société d'études des sciences naturelles et historiques de Montceau-les-Mines

RNord = Revue du Nord

RoczBiał = Rocznik Białostocki

RoczMuzWarsz = Rocznik Muzeum Narodowego w Warszawie

RömÖ = Römisches Österreich. Jahresschrift der Österreichischen Gesellschaft für Archäologie

RömQSchr = Römische Quartalschrift für christliche Altertumskunde und Kirchengeschichte

Romana contact = Romana Contact. Organe Trimestriel de la Société d'Archéologie

Romanobarbarica = Romanobarbarica. Contributi allo studio dei rapporti culturali tra il mondo latino e mondo barbarico

RPorto = Revista da Faculdade de letras, serie de historia, Universidade do Porto

RRoumHist = Revue roumaine d'Histoire

RSaintonge = Revue de la Saintonge et de l'Aunis

RStBizNeoell = Rivista di studi bizantini e neoellenici

RStFen = Rivista di studi fenici

RStMarch = Rivista di studi marchigiani

RStorAnt = Rivista storica dell'antichità

RStorCalabr = Rivista storica Calabrese

RStPomp = Rivista di studi pompeiani

Rudiae = Rudiae. Ricerche sul mondo classico

SaalbJb = Saalburg-Jahrbuch. Bericht des Saalburg-Museums

Saeculum = Saeculum. Jahrbuch für Universalgeschichte

SaggFen = Saggi fenici

Saguntum = Saguntum. Papeles del Laboratorio de arqueología de Valencia

Saitabi = Saitabi. Noticiario de historia, arte y arqueología de Levante

SammelBlIngolstadt = Sammelblatt des historischen Vereins Ingolstadt

Sandalion = Sandalion. Quaderni di cultura classica, cristiana e medievale

Sargetia = Sargetia. Acta Musei devensis

SBBerlin = Sitzungsberichte der Deutschen Akademie der Wissenschaften zu Berlin, Klasse für Sprachen, Literatur und Kunst

SBHeidelberg = Sitzungsberichte der Heidelberger Akademie der Wissenschaften, philosophisch-historische Klasse

SBLeipzig = Sitzungsberichte der Sächsischen Akademie der Wissenschaften zu Leipzig

SBMünchen = Bayerische Akademie der Wissenschaften, Philosophisch-historische Klasse. Sitzungsberichte

SborBrno = Sborník prací Filosofické fakulty Brněnské university

SborPraha = Sborník Národního muzea v Praze

SBWien = Sitzungsberichte. Österreichische Akademie der Wissenschaften

SchildStei = Schild von Steier. Beiträge zur Steirischen Vor- und Frühgeschichte und Münzkunde

Der Schlern = Der Schlern

SchwMbll = Schweizer Münzblätter

SchwNR = Schweizerische numismatische Rundschau

SciAnt = Scienze dell'antichità. Storia, archeologia, antropoligia

ScotAForum = Scottish Archaeological Forum

ScrHieros = Scripta Hierosolymitana. Publications of the Hebrew University, Jerusalem

ScrMed = Scripta mediterranea. Bulletin of the Society for Mediterranean Studies

Septentrion = Septentrion. Revue archéologique trimestrielle

SetúbalA = Setúbal arqueológica

Sibrium = Sibrium. Collana di studi e documentazioni

SicA = Sicilia archeologica

SicGymn = Siculorum gymnasium

Sileno = Sileno. Rivista di studi classici e cristiani

Skalk = Skalk (Højbjerg)

SlovA = Slovenská archeológia

SlovNum = Slovenská numizmatika

SMEA = Studi micenei ed egeo-anatolici

SocGeoAOran = (Bulletin trimestriel de la) Société de géographie et d'archéologie (de la province) d'Oran

SomANaturHist = Somerset Archaeology and Natural History

SoobErmit = Soobščenija Gosudarstvennogo ordena Lenina Ermitaža

SOsl = Symbolae osloenses

SovArch = Sovetskaja archeologija

SpNov = Specimina nova dissertationum ex Instituto historico Universitatis Quinqueecclesiensis de Iano Pannonio nominatae

Spoletium = Spoletium

SprawA = Sprawozdania archeologiczne

StA = Studia archaeologica

Stadion = Stadion. Zeitschrift für Geschichte des Sports und der Körperkultur

StädelJb = Städel-Jahrbuch

StAeg = Studia aegyptiaca. Budapest

StAltägKul = Studien zur altägyptischen Kultur

StAnt = Studi di antichità. Università di Lecce

Starinar = Starinar

StAWarsz = Studia archeologiczne. Uniwersytet Warszawski, Instytut archeologii

StBiFranc = Studium biblicum franciscanum. Liber annuus

StCIstor = Studii şi cercetări de istorie veche şi Arheologie

StClas = Studii clasice. Societatea de studii clasice din Republica socialistă România

StClOr = Studi classici e orientali

StCNum = Studii şi cercetări de numismatică

StDocA = Studi e documenti di archeologia

StDocHistIur = Studia et documenta historiae et iuris

StEbla = Studi eblaiti

StEgAntPun = Studi di egittologia e di antichità puniche

SteMat = Studi e materiali di storia delle religioni

StEpigrLing = Studi epigrafici e linguistici sul Vicino Oriente antico

StEtr = Studi etruschi

StGenuensi = Studi genuensi

StiftHamburgKuSamml = Stiftung zur Förderung der Hamburgischen Kunstsammlungen. Erwerbungen...

StIt = Studi italiani di filologia classica

StLatIt = Studi latini e italiani

StMagreb = Studi magrebini

StMatFirenze = Studi e materiali. Soprintendenza ai beni archeologici per la Toscana

StOffenbach = Studien und Forschungen (Stadt- und Landkreis Offenbach a. M.)

StOr = Studia orientalia, Helsinki

StPapyr = Studia papyrologica

StrennaRom = Strenna dei Romanisti

StRicLat = Studi e ricerche dell'Istituto di latino (Università di Genova)

StRom = Studi romani

StRomagnoli = Studi Romagnoli

StSalent = Studi salentini

StSard = Studi sardi

StStorRel = Studi storico-religiosi

StTrentStor = Studi trentini di scienze storiche. Sezione seconda

StUrbin = Studi urbinati

Sumer = Sumer. A Journal of Archaeology and History in Iraq

SurreyAColl = Surrey Archaeological Collections

SussexAColl = Sussex Archaeological Collections

Sylva Mala = Sylva Mala. Bollettino del Centro studi archeologici di Boscoreale, Boscotrecase e Trecase

Syria = Syria. Revue d'art oriental et d'archéologie

SyrMesopSt = Syro-Mesopotamian Studies

Talanta = Τάλαντα. Proceedings of the Dutch Archaeological and Historical Society

Taras = Taras. Rivista di archeologia

Teiresias = Teiresias. A Review and Continuing Bibliography of Boiotian Studies

TelAvivJInstA = Tel Aviv. Journal of the Tel Aviv University, Institute of Archaeology

Teruel = Teruel. Instituto de estudios turolenses

TextilAnc = Textiles anciens. Bulletin du Centre international d'étude des textiles anciens

TheolRu = Theologische Rundschau

Thessalonike = Ἡ Θεσσαλονίκη

Thracia = Thracia

Thraco-Dacica = Thraco-Dacica

Tibiscus = Tibiscus. Istorie, arheologie. Muzeul Banatului Timişoara

TiLeón = Tierras de León

TrabAntropEtnol = Trabalhos de Sociedade Portuguesa de Antropologia e Etnologia

TrabPrHist = Trabajos de prehistoria

Traditio = Traditio. Studies in Ancient and Medieval History, Thought and Religion

TransactAmPhilAss = Transactions and Proceedings of the American Philological Association

TransactCumbAnt = Transactions of the Cumberland and Westmorland Antiquarian and Archaeological Society

TransactDumfries = Transactions of the Dumfriesshire and Galloway Natural History and Antiquarian Society

TransactEssex = Essex Archaeology and History. The Transactions of the Essex Archaeological Society

TransactLond = Transactions of the London and Middlesex Archaeological Society

TransactSouthStafford = Transactions of the South Staffordshire Archaeological and Historical Society

TransactWorc = Transactions of the Worcestershire Archaeological Society

TravLorient = Travaux de la société Lorientaise d'archéologie

TravMem = Travaux et mémoires. Centre de recherche d'histoire et civilisation byzantine. Paris

TravToulouse = Travaux de l'Institut d'art préhistorique, Université de Toulouse-Le Mirail

TréMonét = Trésors monétaires

TrudyErmit = Trudy Gosudarstvennogo Ermitaža

TrWPr = Trierer Winckelmannsprogramme

TrZ = Trierer Zeitschrift für Geschichte und Kunst des Trierer Landes und seiner Nachbargebiete

TürkAD = Türk arkeoloji dergisi

Tuy = Tuy. Museo y archivo histórico diocesano

Tyche = Tyche. Beiträge zur Alten Geschichte, Papyrologie und Epigraphik

UgaritF = Ugarit-Forschungen. Internationales Jahrbuch für die Altertumskunde Syrien-Palästinas

Uni-HH-Forschung = Uni-HH-Forschung. Wissenschaftsberichte aus der Universität Hamburg

Unsere Heimat = Unsere Heimat. Zeitschrift des Vereines für Landeskunde von Niederösterreich und Wien

VarSpom = Varstvo Spomenikov

Vekove = Vekove. Dvumesecno spisanic. Balgarsko istoricesko druzestvo

VerAmstMeded = Vereniging van vrienden Allard Pierson museum Amsterdam. Mededelingenblad

Verbanus = Verbanus. Rassegna per la cultura, l'arte, la storia del lago

VerhHistNiedBay = Verhandlungen des historischen Vereins für Niederbayern

VerhHistOberpfalz = Verhandlungen des Historischen Vereins für Oberpfalz und Regensburg

VeröffMusPotsdam = Veröffentlichungen des Museums für Ur- und Frühgeschichte Potsdam

VeröffÖUrFrühGesch = Veröffentlichungen der österreichischen Arbeitsgemeinschaft für Ur- und Frühgeschichte

VesciAkBSSR = Vesci Akademii navuk BSSR

VesDrevIstor = Vestnik drevnej istorii

VeszprémKözl = Veszprém Megyei Múzeumok Közleményei

VeteraChr = Vetera Christianorum

Vichiana = Vichiana. Rassegna di studi filologici e storici

VicOr = Vicino Oriente

VigChr = Vigiliae christianae
VijesZagreb = Vijesti muzealaca i konservatora
VisRel = Visible Religion
VizVrem = Vizantijskij vremennik
VjesAMuzZagreb = Vjesnik Arheološkog muzeja u Zagrebu
VjesDal = Vjesnik za arheologiju i historiju dalmatinsku. Bulletin d'archéologie et d'histoire dalmates

Wad-Al-Hayara = Wad-Al-Hayara. Revista de estudios de la Institución provincial de cultura "Marqués de Santillana" de Guadalajara
Westerheem = Westerheem. Tweemaandelijks Orgaan van de Archeologische Werkgemeenschap voor Nederland
WettGeschBl = Wetterauer Geschichtsblätter
WiadA = Wiadomości archeologiczne. Bulletin archéologique polonais
WiltANatHistMag = The Wiltshire Archaeological and Natural History Magazine
WissMBosn = Wissenschaftliche Mitteilungen des Bosnisch-Herzegowinischen Landesmuseums. A. Archäologie
WissZBerl = Wissenschaftliche Zeitschrift der Humboldt-Universität zu Berlin, Gesellschafts- und sprachwissenschaftliche Reihe
WissZGreifswald = Wissenschaftliche Zeitschrift der Ernst-Moritz-Arndt-Universität Greifswald
WissZHalle = Wissenschaftliche Zeitschrift. Martin-Luther-Universität Halle-Wittenberg
WissZJena = Wissenschaftliche Zeitschrift der Friedrich-Schiller-Universität Jena
WissZRostock = Wissenschaftliche Zeitschrift der Universität Rostock
WO = Die Welt des Orients
WorldA = World Archaeology
WSt = Wiener Studien
WürzbJbAltWiss = Würzburger Jahrbücher für die Altertumswissenschaft
WZKM = Wiener Zeitschrift für die Kunde des Morgenlandes

Xenia = Xenia. Semestrale di antichità

YaleClSt = Yale Classical Studies
YaleUnivB = Yale University Art Gallery Bulletin
YorkshAJ = The Yorkshire Archaeological Journal

ZA = Zeitschrift für Assyriologie und vorderasiatische Archäologie
ZAachGeschVer = Zeitschrift des Aachener Geschichtsvereins
ZÄS = Zeitschrift für ägyptische Sprache und Altertumskunde
ZAW = Zeitschrift für die alttestamentliche Wissenschaft
ZBayLandGesch = Zeitschrift für bayerische Landesgeschichte
ZborMuzBeograd = Zbornik Narodnog Muzeja
ZborRadBeograd = Zbornik radova Vizantološkog instituta. Recueil des travaux de l'Institut d'études byzantines, Beograd
ZborSlovMuz = Zbornik Slovenského Národného Múzea
ZBreisgauGeschVer = Zeitschrift des Breisgau-Geschichtsvereins ("Schau-ins-Land")
ZDMG = Zeitschrift der Deutschen morgenländischen Gesellschaft
ZDPV = Zeitschrift des Deutschen Palästina-Vereins
Zephyrus = Zephyrus. Crónica del Seminario de prehistoria, arqueología y de la Sección arqueológica del Centro de estudios Salmantinos
ZEthnol = Zeitschrift für Ethnologie
ZfA = Zeitschrift für Archäologie
ZHistSchwab = Zeitschrift des historischen Vereins für Schwaben
ŽivaAnt = Živa antika. Antiquité vivante
ZKuGesch = Zeitschrift für Kunstgeschichte
ZNW = Zeitschrift für die neutestamentliche Wissenschaft und die Kunde der älteren Kirche
ZPE = Zeitschrift für Papyrologie und Epigraphik
ZprávČeskSpolA = Zprávy Československé společnosti archeologické pri Československé akademii ved.
ZSav = Zeitschrift der Savigny-Stiftung für Rechtsgeschichte
ZSchwArch = Zeitschrift für schweizerische Archäologie und Kunstgeschichte
ZVerglSprF = Zeitschrift für vergleichende Sprachforschung

2. Nach Titeln geordnet

Aarbøger for nordisk oldkyndighed og historie = AarbKøb

Abhandlungen der Deutschen Akademie der Wissenschaften zu Berlin = AbhBerlin

Abhandlungen der Geistes- und Sozialwissenschaftlichen Klasse, Akademie der Wissenschaften und der Literatur in Mainz = AbhMainz

Abhandlungen der Heidelberger Akademie der Wissenschaften = AbhHeidelberg

Abhandlungen der Sächsischen Akademie der Wissenschaften zu Leipzig, Philologisch-historische Klasse = AbhLeipzig

Abr-Nahrain. An Annual Published by the Department of Middle Eastern Studies, University of Melbourne = Abr-Nahrain

Acme. Annali della Facoltà di Filosofia e Lettere dell'Università statale = Acme

Acta Academiae Aboensis = ActaAcAbo

Acta antiqua Academiae scientiarum hungaricae = ActaAntHung

Acta ad archaeologiam et artium historiam pertinentia = ActaAArtHist

Acta archaeologica Academiae scientiarum hungaricae = ActaArchHung

Acta archaeologica carpathica = ActaACarp

Acta archaeologica, København = ActaArch

Acta archaeologica Lovanensia = ActaALov

Acta classica. Proceedings of the Classical Association of South Africa = ActaCl

Acta classica Universitatis scientiarum Debreceniensis = ActaClDebrec

Acta Instituti romani Finlandiae = ActaInstRomFin

Acta Musei Napocensis = ActaMusNapoca

Acta Musei Porolissensis = ActaMusPorol

Acta numismatica = ActaNum

Acta orientalia Academiae scientiarum Hungaricae = ActaOrHung

Acta praehistorica et archaeologica = ActaPrHistA

Acta Universitatis Nicolai Copernici. Archaeologia = ActaTorunA

Acta Universitatis Nicolai Copernici. Historia (Torun) = ActaTorunHist

Advances in Archaeological Method and Theory = AMethTh

Aegaeum. Annales d'archéologie égéenne de l'Université de Liège = Aegaeum

Aegyptiaca helvetica = AegHelv

Aegyptus. Rivista italiana di Egittologia e di Papirologia = Aegyptus

Aevum antiquum = AevumAnt

Aevum. Rassegna di Scienze storiche, linguistiche e filologiche = Aevum

Africa. Institut national d'Archéologie et d'Art, Tunis = Africa

Alba Regia. Annales Musei Stephani Regis = Alba Regia

Allgäuer Geschichtsfreund = Allgäuer Geschichtsfreund

Almanach der Wiener Akademie der Wissenschaften = AlmanachWien

Almogaren. Jahrbuch des Institutum Canarium Hallein/Austria = Almogaren

Alt-Thüringen = AltThür

Altamura. Bolletino dell'archivio-biblioteca-museo civico = Altamura

Das Altertum = Altertum

Altorientalische Forschungen = AltorF

Alzeyer Geschichtsblätter = AlzeyGeschBl

Ἀμάλθεια.Τριμηνιαῖο ἱστορικὸ καὶ λαογραφικὸ περιοδικὸ τῆς Ἱστορικῆς – λαογραφικῆς ἑταιρίας νομοῦ Λασιθίου = Amaltheia

American Journal of Ancient History = AmJAncHist

American Journal of Archaeology = AJA

American Journal of Philology = AJPh

Ampurias. Revista de arqueología, prehistoria y etnología = Ampurias

Anadolu (Anatolia), Ankara = Anadolu

Anadolu Arastırmaları. Jahrbuch für kleinasiatische Forschung = AnadoluAraş

Anadolu medeniyetleri müzesi yıllığı = AnadoluYıl

Anagennesis. A Papyrological Journal = Anagennesis

Anais do município de Faro = AnMunFaro

Analecta Bollandiana = AnalBolland

Analecta romana Instituti Danici = AnalRom

Anales del Instituto de estudios gerundenses = AnGerona

Anales de prehistoria y arqueología. Universidad de Murcia = AnMurcia

Anali Historijskog instituta u Dubrovniku = AnDubrovnik

Anatolian Studies = AnatSt

Anatolica. Annuaire international pour les civilisations de l'Asie antérieure = Anatolica

Ancient Society = AncSoc

The Ancient World = AncWorld

Annales archéologiques arabes syriennes = AAS

Annales. Economies, sociétés, civilisations = AnnEconSocCiv

Annales de l'Institut archéologique du Luxembourg (Arlon) = AnnLux

Annales de Normandie = AnnNormandie

Annales du Service des antiquités de l'Égypte = ASAE

Annales Universitatis scientiarum Budapestinensis de Rolando Eötvös nominatae. Sectio classica = AnnUnBud

Annali Benacensi = AnnBenac

Annali della Facoltà di lettere e filosofia, Università di Macerata = AnnMacerata

Annali della Facoltà di lettere e filosofia, Università di Bari = AnnBari

Annali della Facoltà di lettere e filosofia, Università degli studi di Perugia = AnnPerugia

Annali della Facoltà di lettere e filosofia, Università di Napoli = AnnNap

Annali delle Facoltà di lettere, filosofia e magistero dell'Università di Cagliari = AnnCagliari

Annali della Facoltà di magistero dell'Università di Cagliari = AnnCagliariMag
Annali della Fondazione per il museo "Claudio Faina" = AnnFaina
Annali. Istituto italiano di numismatica = AnnIstItNum
Annali. Istituto orientale di Napoli = AnnOrNap
Annali della Scuola normale superiore di Pisa = AnnPisa
Annali del Seminario di studi del mondo classico, Sezione di archeologia e storia antica, Napoli = AnnAStorAnt
Annali dell'Università di Lecce. Facoltà di lettere e filosofia e di magistero = AnnLecce
Annuaire de l'Institut de philologie et d'histoire orientales et slaves = AIPhOr
Annuaire de la Société d'histoire et d'archéologie de la Lorraine = AnnHistALor
The Annual of the British School at Athens = BSA
Annual Byzantine Studies Conference. Abstracts of Papers = AnnByzConf
Annual of the Department of Antiquities of Jordan = AAJ
Annual Egyptological Bibliography = AnnEgBibl
The Annual of Leeds University Oriental Society = AnnLeedsUnOrSoc
The Annual of the American Schools of Oriental Research = AASOR
Annual Report of the Department of Antiquities, Republic of Cyprus = AnnRepCypr
Annual Report, Fogg Art Museum, Harvard University = AnnRepFoggArtMus
Annual (Report). Worcester Art Museum = AnnWorcArtMus
Annuario della Accademia delle scienze di Torino = AnnAcTorino
Annuario. Accademia etrusca di Cortona = AnnAcEtr
Annuario della Scuola archeologica di Atene e delle Missioni italiane in Oriente = ASAtene
Der Anschnitt. Zeitschrift für Kunst und Kultur im Bergbau = Der Anschnitt
Antaeus. Mitteilungen des Archäologischen Instituts der Ungarischen Akademie der Wissenschaften = Antaeus
Anthropologie (Brno) = AnthropologieBrno
L'Anthropologie (Paris) = Anthropologie
'Ανθρωπολογικά. Περιοδική ἔκδοση θεωρίας καὶ πρακτικῆς = Anthropologika
῎Ανθρωπος. ῎Οργανο τῆς 'Ανθρωπολογικῆς 'Εταιρίας 'Ελλάδος = Anthropos
Antichità Pisane = AntPis
Antichthon. Journal of the Australian Society for Classical Studies = Antichthon
Antike und Abendland = AuA
Antike Kunst = AntK
Antike Welt. Zeitschrift für Archäologie und Kulturgeschichte = AW
Antike Welt. Zeitschrift für Archäologie und Kulturgeschichte = AW
Antiqua. Rivista per la conoscenza, la tutela e la valorizzazione dei Beni culturali = Antiqua
Antiquaries Journal = AntJ
L'antiquité classique = AntCl
Antiquités africaines = AntAfr
Antiquités nationales. St-Germain-en-Laye = AntNat
Antiquity. A quarterly Review of Archaeology = Antiquity
Anuario de historia del derecho español = AnHistDer
Anuario de historia económica y social = AnEcSoc
Anuarul Institutului de istorie şi arheologie Cluj-Napoca = AnInstCluj
Anzeiger für die Altertumswissenschaft = AnzAW
Anzeiger des Germanischen Nationalmuseums = AnzGermNatMus
Anzeiger. Österreichische Akademie der Wissenschaften = AnzWien
Apollo. Bollettino dei Musei provinciali del Salernitano = Apollo
Apollo. The Magazine of the Arts = ApolloLond
Apulum. Acta Musei Apulensis = Apulum
Aquileia chiama = Aquileia chiama
Aquileia nostra = AquilNost
Aquitania. Une revue inter-régionale d'archéologie = Aquitania
Arbeits- und Forschungsberichte zur sächsischen Bodendenkmalpflege = ArbFBerSächs
Arbeitsblätter für Restauratoren = ArbBlRest
Archäographie. Archäologie und elektronische Datenverarbeitung = Archäographie
Archaeologia Aeliana or Miscellaneous Tracts Relating to Antiquity = AAel
Archaeologia Atlantica = AAtl
Archaeologia austriaca = AAustr
Archaeologia Cambrensis = ACambr
Archaeologia cantiana = ACant
Archaeologia geographica = AGeo
Archaeologia jugoslavica = AJug
Archaeologia or Miscellaneous Tracts Relating to Antiquity Published by the Society of Antiquaries of London = Archaeologia
Archaeologia Polona = APolona
Archaeologiai értesitő = ArchErt
The Archaeological Advertiser = AAdv
Archaeological and Historical Studies. The Archaeological Society of Alexandria = AHistStAlex
The Archaeological Journal = AJ
Archaeological News = ANews
Archaeological Reports = ARepLondon
Archäologie des Kantons Solothurn = ASoloth
Archäologie und Naturwissenschaften = ANaturWiss
Archäologie der Schweiz. Mitteilungsblatt der Schweizerischen Gesellschaft für Ur- und Frühgeschichte = ASchw
Archäologische Ausgrabungen = AAusgr
Archäologische Ausgrabungen in Baden-Württemberg = AAusgrBadWürt
Archäologische Berichte aus dem Yemen = ABerYem
Archäologische Informationen. Mitteilungen zur Ur- und Frühgeschichte = AInf
Das archäologische Jahr in Bayern = AJahrBay
Archäologische Mitteilungen aus Baden = AMBad
Archäologische Mitteilungen aus Iran = AMI
Archäologische Mitteilungen aus Nordwestdeutschland = AMNordwestD
Archäologische Nachrichten aus Baden = ANachrBad
Archäologischer Anzeiger = AA
Archaeologisches Korrespondenzblatt = AKorrBl

Archaeology. A magazine dealing with the Antiquity of the World = Archaeology

Archaeonautica = Archaeonautica

'Αρχαιογνωσία = Archaiognosia

'Αρχαιολογικὰ ἀνάλεκτα ἐξ 'Αθηνῶν = AAA

'Αρχαιολογικὴ 'Εφημερίς = AEphem

'Αρχαιολογικὸν Δελτίον = ADelt

'Αρχεῖον Εὐβοικῶν μελετῶν = ArcheionEubMel

Archeo. Attualità del passato = Archeo

Archeografo triestino = ArcheogrTriest

Archeologia in Campania. Bollettino di informazioni a cura della Soprintendenza archeologica delle province di Napoli e Caserta = ACamp

Archeologia classica = ArchCl

Archeologia Corsa = ACors

Archeologia medievale. Cultura materiale, insediamenti, territorio = AMediev

Archeologia Polski = APolski

Archeologia. Rocznik Instytutu historii kultury materialnej Polskiej akademii nauk = ArcheologiaWarszawa

Archeologia. Trésors des âges = ArcheologiaParis

Archeologia veneta = AVen

Archeologičeskij sbornik. Gosudarstvennyj ordena Lenina Ermitaž = ASbor

Archeologické rozhledy = ARozhl

Archéologie du Nil Moyen = ANilMoy

Archéologie en Bretagne. Bulletin d'information = ABret

Archéologie Médiévale = AMédiévCaën

Archeologija. Akademija nauk Ukrains'koi RSR, Institut archeologii = ArcheologijaKiiv

Archeologija. Organ na Archeologičeskija institut i muzej pri B'lgarskata akademija na naukite = ArcheologijaSof

Architectura. Zeitschrift für Geschichte der Baukunst = Architectura

Archiv für Begriffsgeschichte = ArchBegriffsGesch

Archiv orientální = ArOr

Archiv für Orientforschung = AfO

Archiv für Papyrusforschung und verwandte Gebiete = ArchPF

Archives suisses d'anthropologie générale, Genève = ArchSuissesAnthrop

Archivio della Società romana di storia patria = ArchStorPatria

Archivio storico per la Calabria e la Lucania = ArchStorCalabria

Archivio storico pugliese = ArchStorPugl

Archivio storico per la Sicilia orientale = ArchStorSicilia

Archivo español de arqueología = AEsp

Archivo de prehistoria levantina = ArchPrHistLev

Arctos. Acta philologica Fennica = Arctos

Arethusa = Arethusa

Argo. Information Bulletin for Archaeology, History of Art and Museology = Argo

Arheologia Moldovei = AMold

Arheološki pregled. Arheološko društvo Jugoslavije = APregl

Arheološki radovi i rasprave = ARadRaspr

Arheološki vestnik. Ljubljana = AVes

Arion. A quarterly Journal of Classical Culture = Arion

Arqueología. Memoria de las actuaciones programadas en el ano 19.. = Arqueología

O Arquéologo português = APort

Arquivo de Beja. Boletim, estudos, arquivo = ArqBeja

Arrabona. A Győri Xántus János múzeum évkönyve = Arrabona

Årsberättelse. Kungl. Humanistiska Vetenskapssamfundet i Lund = Årsberättelse

Arse. Boletín del Centro arqueológico saguntino = Arse

The Art Bulletin = ArtB

Art Journal = ArtJ

Artibus Asiae = ArtAs

Arts in Virginia = ArtVirg

Assaph. Studies in Art History = Assaph

Association des amis de l'archéologie Mosellane. Fiche d'information = FicheInfMosel

Assyriological Miscellanies = AssyrMisc

Atene e Roma = AeR

Athenaeum. Studi periodici di letteratura e storia dell'antichità, Università di Pavìa = AthenaeumPavìa

'Atiqot. Journal of the Israel Department of Antiquities = 'Atiqot

Atlal. The Journal of Saudi Arabian Archeology = Atlal

Atti dell'Accademia nazionale dei Lincei, Rendiconti = RendLinc

Atti della Accademia Pontaniana = AttiAcPontan

Atti della Accademia delle Scienze dell'Istituto di Bologna. Memorie = MemBologna

Atti della Accademia delle scienze dell'Istituto di Bologna, Rendiconti = RendBologna

Atti della Accademia delle scienze di Torino = AttiAcTorino

Atti della Accademia di scienze, lettere e arti di Palermo = AttiPalermo

Atti. Centro di ricerche storiche, Rovigno = AttiRovigno

Atti. Centro ricerche e documentazione sull'antichità classica = AttiCAntCl

Atti. Centro studi e documentazione sull'Italia romana = AttiCItRom

Atti dei civici musei di storia ed arte di Trieste = AttiMusTrieste

Atti. Istituto veneto di scienze, lettere ed arti = AttiVenezia

Atti e memorie dell'Accademia toscana di scienze e lettere 'La Colombaria' = AttiMemFirenze

Atti e memorie. Deputazione di storia patria per le antiche provincie modenesi = AttiMemModena

Atti e memorie. Deputazione di storia patria per le province di Romagna = AttiMemBologna

Atti e memorie della Società istriana di archeologia e storia patria = AttiMemSocIstriana

Atti e memorie della Società Magna Grecia = AttiMGrecia

Atti e memorie della Società tiburtina di storia e d'arte = AttiSocTiburtina

Atti della Società per la preistoria e protostoria della regione Friuli-Venezia Giulia = AttiSocFriuli

Augster Museumshefte = Augster Museumshefte

Aula orientalis. Revista de estudios del Próximo Oriente antiguo = AulaOr

Ausa (Vic) = Ausa

Ausgrabungen und Funde in Westfalen-Lippe = AusgrFuWestf

Ausgrabungen und Funde. Nachrichtenblatt für Vor- und Frühgeschichte = AusgrFu

Ayasofya Müzesi Yıllığı. Annual of Ayasofya Museum = AyasofyaMüzYıl

Azerbajdžan SSR Elmler akademijasynyn heberleri. Izvestija Akademii nauk Azerbajdžanskoj SSR = AzerbAkHeberleri

Baetica. Estudios de arte, geografía e historia = Baetica

Baghdader Mitteilungen = BaM

Bajo Aragón, prehistoria = BajoAr

Balcanica. Annuaire du Comité interacadémique de Balkanologie du Conseil des Académies des Sciences et des Arts de la R.S.F.Y. et de l'Institut des Etudes Balkaniques = Balcanica

Balcanoslavica = Balcanoslavica

Balkan Studies = BalkSt

Banatica. (Reşiţa) = Banatica

Baselbieter Heimatbuch = Baselbieter Heimatbuch

Bayerische Akademie der Wissenschaften, Philosophisch-historische Klasse. Abhandlungen = AbhMünchen

Bayerische Akademie der Wissenschaften, Philosophisch-historische Klasse. Sitzungsberichte = SBMünchen

Bayerische Vorgeschichtsblätter = BayVgBl

Bedi Kartlisa. Revue de kartvélologie = BediKart

Beiträge zur allgemeinen und vergleichenden Archäologie = BeitrAllgA

Beiträge zur Namenforschung = BeitrNamF

Beiträge zur Sudanforschung = BeitrSudanF

A Békés Megyei Múzeumok Közleményei = BékésKözl

Bellas Artes (Madrid) = Bellas Artes

Belleten. Türk tarih kurumu = Belleten

Beni culturali e ambientali, Sicilia = BCASic

Berceo (Logroño) = Berceo

Bericht der Bayerischen Bodendenkmalpflege = BerBayDenkmPfl

Bericht der Römisch-Germanischen Kommission = BerRGK

Bericht der staatlichen Denkmalpflege im Saarland = BerSaarland

Berichten van de Rijksdienst voor het oudheidkundig bodemonderzoek = BerOudhBod

Berichten van de Rijksdienst voor het Oudheidkundig Bodemonderzoek = BerRijksdOudhBod

The Berkshire Archaeological Journal = BerkshireAJ

Berliner Beiträge zum Vorderen Orient = BerlBeitrOr

Berliner Beiträge zur Archäometrie = BerlBeitrArchäom

Berliner numismatische Zeitschrift = BerlNumZ

Berytus. Archaeological Studies = Berytus

The Biblical Archaeologist = BiblA

Bibliotheca orientalis = BiOr

Blick ins Museum. Mitteilungen aus den staatlichen wissenschaftlichen Museen Dresden = BlickMus

Boletín arqueológico. R. Sociedad arqueológica tarragonense = BATarr

Boletín de la Asociación española de amigos de la arqueología = BEspA

Boletín de la Asociación española de orientalistas = BEspOr

Boletín Auriense = BAur

Boletín de bellas artes, Sevilla = BBelArt

Boletín de la Comisión provincial de monumentos históricos y artísticos de Lugo = BLugo

Boletín de la Real Academia de Córdoba de ciencias, bellas Letras y nobles artes = BCord

Boletín del Museo arqueológico nacional = BMusMadrid

Boletín del Museo de Cádiz = BMusCádiz

Boletín de la Institución Fernán Gonzáles, Burgos = BBurgos

Boletín de la Institución "Sancho el Sabio" = BVitoria

Boletín del Instituto de estudios giennenses = BJaén

Boletín del Instituto de estudios helénicos. Universidad de Barcelona, Facultad de filosofía y letras = BInstEstHel

Boletín de la Real Academia de la historia = BAcHist

Boletín del Seminario de estudios de arte y arqueología, Universidad de Valladolid = BVallad

Bollettino annuale. Musei ferraresi = BAnnMusFerr

Bollettino d'arte = BdA

Bollettino del Centro Camuno di studi preistorici = BCamunoStPrIstor

Bollettino. Centro di studi filologici e linguistici siciliani = BFilLingSic

Bollettino del Centro di studi per la storia dell'architettura = BCStStorArchit

Bollettino del Circolo numismatico napoletano = BCircNumNap

Bollettino dei classici = BClGrLat

Bollettino dei classici = BCl

Bollettino della Unione storia ed arte = BStorArt

Bollettino di numismatica = BNumRoma

Bollettino dell'Istituto di filologia greca, Università di Padova = BFilGrPadova

Bollettino dell'Istituto di storia e di arte del Lazio meridionale = BLazioMerid

Bollettino. Monumenti, musei e gallerie Pontificie = BMonMusPont

Bollettino dei Musei comunali di Roma = BollMC

Bollettino del Museo civico di Padova = BMusPadova

Bollettino del Museo civico di storia naturale di Verona = BMusNaturVerona

Bollettino della Società piemontese di archeologia e di belle arti = BTorino

Bollettino storico della Basilicata = BBasil

Bollettino storico della città di Foligno = BFoligno

Bollettino di studi latini = BStLat

Bonner Hefte zur Vorgeschichte = BonnHefteVg

Bonner Jahrbücher des Rheinischen Landesmuseums in Bonn und des Vereins von Altertumsfreunden im Rheinlande = BJb

Boreas. Münstersche Beiträge zur Archäologie = Boreas

Brabants Heem = Brabants Heem

Bracara Augusta. Revista cultural de Camara municipal de Braga = BracAug

Bremer archäologische Blätter = BremABl

Brigantium. Museo arqueológico e histórico = Brigantium

Bristol and Gloucestershire Archaeological Society = BristolASoc

Britannia. A Journal of Romano-British and Kindered Studies = Britannia

The British Museum Yearbook = BrMusYearbook

Budapest régiségei = BudRég

Bündner Monatsblatt = Bündner Monatsblatt
Bulletin of the American School of Prehistoric Research = BAmPrHistRes
Bulletin of the American Schools of Oriental Research = BASOR
The Bulletin of the American Society of Papyrologists = BAmSocP
Bulletin des amis des arts et des sciences de Tournus = BArtTournus
Bulletin analytique d'histoire romaine = BAnalytHistRom
Bulletin of the Ancient Orient Museum (Tokyo) = BAncOrMus
Bulletin antieke beschaving. Annual Papers on Classical Archaeology = BABesch
Bulletin des antiquités luxembourgeoises = BAntLux
Bulletin d'archéologie algérienne = BAAlger
Bulletin d'archéologie luxembourgeoise = BALux
Bulletin d'archéologie marocaine = BAMaroc
Bulletin d'Archéologie sud-est européenne = BASudEstEur
Bulletin archéologique du Comité des travaux historiques et scientifiques = BAParis
Bulletin archéologique, historique et folklorique. Musée du Rethélois et du Porcien = BRethel
Bulletin archéologique du Provence = BAProv
Bulletin archéologique du Vexin français = BAVexin
Bulletin de l'Association Guillaume Budé = BAssBudé
Bulletin de l'Association Pro Aventico = BAssProAventico
The Bulletin of the Board of Celtic Studies = BCeltSt
Bulletin du Centre de recherches et d'enseignement de l'antiquité, Angers = BAngers
Bulletin du Cercle archéologique Hesbaye-Condroz = BHesbaye-Condroz
Bulletin. Cercle d'études numismatiques = BCercleNum
The Bulletin of the Cleveland Museum of Art = BClevMus
Bulletin du comité archéologique de Lezoux = BLezoux
Bulletin de la Commission archéologique de Narbonne = BANarb
Bulletin de la Commission départementale de monuments historiques du Pas-de-Calais = BPasdeCalais
Bulletin de correspondance hellénique = BCH
Bulletin de liaison. Centre d'études des peintures murales romaines = BPeintRom
Bulletin d'études orientales = BEtOr
Bulletin du groupement archéologique de Seine-et-Marne = BGroupSeineMarne
Bulletin illustré de la Wallonie = BIllWall
Bulletin d'information de l'Association internationale pour l'étude de la mosaique antique = BAssMosAnt
Bulletin de l'Institut archéologique Liégeois = BALiège
Bulletin de l'Institut français d'archéologie orientale = BIFAO
Bulletin de l'Institut historique belge de Rome = BInstHistBelgRom
Bulletin of the Institute of Archaeology, University of London = BInstALondon
Bulletin. Institute of Classical Studies, University of London = BICS
Bulletin de la jeunesse préhistorique et géologique de France = BJeunFr
Bulletin du laboratoire du Musée du Louvre = BLaborMusLouvre
Bulletin de liaison. Centre d'études des peintures murales romaines = Bulletin de liaison
Bulletin de liaison du Centre international d'étude des textiles anciens = BTextilAnc
Bulletin de liaison de la Société des amis de la Bibliothèque Salomon–Reinach = BSocBiblReinach
Bulletin mensuel de la Société polymatique de Morbihan = BMorbihan
Bulletin. The Metropolitan Museum of Art = BMetrMus
Bulletin monumental = BMon
Bulletin du Musée d'anthropologie préhistorique de Monaco = BMusMonaco
Bulletin du Musée de Beyrouth = BMusBeyr
Bulletin du Musée historique de Mulhouse = BMusMulhouse
Bulletin du Musée hongrois des beaux-arts = BMusHongr
Bulletin du Musée national de Varsovie = BMusVars
Bulletin des musées et monuments Lyonnais = BMusMonLyon
Bulletin des Musées royaux d'art et d'histoire, Bruxelles = BMusArt
Bulletin. Museum of Fine Arts, Boston = BMusFA
Bulletin of the Egyptological Seminar (New York) = BEgNewYork
Bulletin of the Research Laboratory for Archaeology and the History of Art, Oxford University = Archaeometry
Bulletin (périodique) de liaison du "Groupe Nivernais de Recherche archéologique" = BGroupNevers
Bulletin Razreda za likovne umjetnosti Jugoslavenske akademije znanosti i umjetnosti = BLikUm
Bulletin of the Rhode Island School of Design. Museum Notes = BProvidence
Bulletin de la Société archéologique champenoise = BSocAChamp
Bulletin de la Société archéologique et historique du Limousin = BLimousin
Bulletin de la Société d'archéologie copte = BACopt
Bulletin de la Société d'études scientifiques de l'Aude = BSocAude
Bulletin de la Société française de numismatique = BNumParis
Bulletin de la société historique et archéologique du Périgord = BPérigord
Bulletin de la Société nationale des antiquaires de France = BAntFr
Bulletin de la société philomatique vosgienne = BSocVosg
Bulletin de la Société préhistorique de l'Ariège = BAriège
Bulletin de la Société préhistorique française. Etudes et travaux = BPrHistFr
Bulletin de la Société royale belge d'anthropologie et de préhistoire = BBelgAnthrop
Bulletin trimestriel de l'Institut archéologique du Luxembourg = BInstArlon
(Bulletin trimestriel de la) Société de géographie et d'archéologie (de la province) d'Oran = SocGeoAOran
Bullettino della Commissione archeologica comunale di Roma = BullCom
Bullettino di paletnologia italiana = BPI
Bullettino senese di storia patria = BSiena
Burgenländische Heimatblätter = BurgenlHeimBl
Butlletí informatiu de l'Institut de prehistòria i arqueologia de la Diputació provincial de Barcelona = BABarcel

Βυζαντινά. Ἐπιστημονικὸν ὄργανον Κέντρου βυζαντινῶν ἐρευνῶν Φιλοσοφικῆς σχολῆς Ἀριστοτελείου πανεπιστημίου Θεσσαλονίκης = Byzantina

Byzantinisch-neugriechische Jahrbücher = ByzJb

Byzantinische Forschungen. Internationale Zeitschrift für Byzantinistik = ByzF

Byzantinische Zeitschrift = ByzZ

Byzantino-Bulgarica = Byzantino-Bulgarica

Byzantinoslavica = Byzantinoslavica

Byzantion. Revue internationale des Etudes byzantines = Byzantion

Caesaraugusta. Publicaciones del Seminario de arqueología y numismática = Caesaraugusta

Caesarodunum = Caesarodunum

Cahiers alsaciens d'archéologie, d'art et d'histoire = CahAls

Cahiers d'archéologie du Nord-Est = CahNordEst

Cahiers d'archéologie et d'histoire du Berry = CahBerry

Cahiers d'archéologie subaquatique = CahASubaqu

Cahiers archéologiques = CArch

Cahiers de Byrsa = CahByrsa

Cahiers de Karnak = CahKarnak

Cahiers de la céramique égyptienne = CahCérEg

Cahiers de recherches de l'Institut de papyrologie et d'égyptologie de Lille. Sociétés urbaines en Egypte et au Soudan = CahPEg

Cahiers de la Délégation française en Iran = CahDelFrIran

Cahiers du Musée Champollion. Histoire et archéologie = CahMusChampollion

Cahiers du groupe de recherches sur l'armée romaine et les provinces = CahArméeRom

Cahiers ligures de préhistoire et d'archéologie = CahLig

Les Cahiers de Mariemont = CahMariemont

Cahiers numismatiques = CahNum

Les Cahiers de Quentovic = CahQuentovic

Cahiers rhodaniens = CahRhodBord

Cahiers de Tunisie = CahTun

California Studies in Classical Antiquity = CalifStClAnt

Carnuntum-Jahrbuch. Zeitschrift für Archäologie und Kulturgeschichte des Donauraumes = CarnuntumJb

Carpica (Bacău) = Carpica

Il Carrobbio. Rivista di studi bolognesi = Carrobbio

Časopis Slezského Muzea = ČasSlMuz

CEDAC. Bulletin. Centre d'études et de documentation archéologique de la Conservation de Carthage = CEDAC

Cercetári numismatice. Muzeul de istorie = CercNum

Chiron. Mitteilungen der Kommission für alte Geschichte und Epigraphik des Deutschen Archäologischen Instituts = Chiron

Chronique archéologique. Association culturelle du groupe total = ChronAAssCul

Chronique d'Egypte = ChrEg

Ciceroniana = Ciceroniana

The Cincinnati Art Museum Bulletin = CinArtB

Civiltà classica e cristiana = CivClCrist

Clanci i Grada za kulturnu istoriju istocne Bosne = ClanciBosn

Classica et mediaevalia. Revue danoise de philologie et d'histoire = ClMediaev

Classical Antiquity = ClAnt

The Classical Journal = ClJ

Classical Philology = ClPh

The Classical Quarterly = ClQu

The Classical Review = ClRev

Clio. Revista do Centro de história da Universidade de Lisboa = Clio

Coin Hoards. The Royal Numismatic Society, London = Coin Hoards

Colloqui del sodalizio = ColloquiSod

Communicationes archaeologicae Hungaricae = CommunicAHung

Communicationes. Rei cretariae romanae fautores = CommunicReiCretRomFaut

Comptes rendus des séances de l'Académie des inscriptions et belles-lettres = CRAI

Congrès archéologique de France = CongrAFr

Conimbriga = Conimbriga

Conoscenze. Rivista annuale della Soprintendenza archeologica e per i beni ambientali, architettonici, artistici e storici del Molise = Conoscenze

Contrebis. A Bulletin of Archaeology for Lancastershire and the North West = Contrebis

Contributi e materiali di archeologia orientale = CMatAOr

Corduba. Museo arqueológico nacional = Corduba

Cornish Archaeology = CornA

Cretan studies = CretSt

Crisia = Crisia

Cronache di archeologia e di storia dell'arte = CronAStorArt

Cronache ercolanesi = CronErcol

Cronache pompeiane = CronPomp

Cuadernos de arqueología e historia de la ciudad, Barcelona (= Quaderns d'arqueologia i història de la ciutat) = CuadABarcel

Cuadernos de prehistoria y arqueología Castellonense = CuadCastellon

Cuadernos de estudios gallegos = CuadGallegos

Cuadernos de filología clásica = CuadFilCl

Cuadernos de prehistoria de la Universidad de Granada = CuadGranada

Cuadernos de prehistoria y arqueología = CuadPrHistA

Cuadernos de trabajos de la Escuela española de historia y arqueología en Roma = CuadRom

Cumania. Bács-Kiskun Megyei Múzeumok Közleményei = Cumania

Cumidava (Braşov) = Cumidava

Current Archaeology = Current Archaeology

Cypsela (Girona) = Cypsela

Dacia. Revue d'archéologie et d'histoire ancienne = Dacia

Dacoromania. Jahrbuch für östliche Latinität = Dacoromania

Damaszener Mitteilungen = DaM

A Debreceni Déri múzeum évkönyve = DebrecMuzEvk

Dédalo. Revista de arte e arqueologia = Dédalo

Δελτίον τῆς Χριστιανικῆς ἀρχαιολογικῆς Ἑταιρείας = DeltChrAEtair
Denkmalpflege in Baden-Württemberg = DenkmPflBadWürt
Denkmalpflege in Rheinland-Pfalz = DenkPflRheinPfalz
Deutsche Kunst und Denkmalpflege = DKuDenkmPfl
Deutsche Literaturzeitung = DLZ
Diadora. Glasilo Arheološkoga Muzeja u Zadru = Diadora
Dialoghi di archeologia = DArch
Dialogues d'histoire ancienne = DialHistAnc
Die Ortenau = Die Ortenau
Dioniso. Trimestrale di studi sul teatro antico = Dioniso
Documenta Albana = DocAlb
Documenti. Istituto per i beni artistici, culturali, naturali della regione Emilia-Romagna = DocBeniAEmRom
Documents d'archéologie méridionale = DocAMérid
Documents et rapports de la Société paléontologique et archéologique de l'arrondissement judicaire de Charleroi = DocCharleroi
Δωδώνη. Ἰωάννινα = Dodone
Dorset Natural History and Archaeological Society. Proceedings = ProcDorsetSoc
Les dossiers du Centre régional archéologique d'Alet = DossAlet
Dürener Geschichtsblätter = DürGeschBl
Dumbarton Oaks Papers = DOP
Durius. Boletín castellano de Estudios clásicos = Durius

East and West = EastWest
Eburodunum. Recueil de travaux publiés par l'Institut d'archéologie yverdonnoise = Eburodunum
Echos du monde classique. Classical Views = EchosCl
Ecole antique de Nîmes. Bulletin annuel = EcAntNîmes
Egitto e Vicino Oriente = EgVicOr
Eirene. Studia Graeca et Latina = Eirene
Eiszeitalter und Gegenwart = Eiszeitalter u. Gegenwart
Elenchos. Rivista di studi sul pensiero antico = Elenchos
Emerita. Boletín de Linguística y Filología clásica = Emerita
Emilia preromana = EmiliaPrRom
Empúries = Empúries
Enchoria. Zeitschrift für Demotistik und Koptologie = Enchoria
Eos. Commentarii Societatis Philologae Polonorum = Eos
Ἐπετηρὶς Ἑταιρείας βυζαντινῶν σπουδῶν = EpetEtairByzSpoud
Ἐπετηρὶς Ἑταιρείας κυκλαδικῶν μελετῶν = EpetEtairKyklMel
Epigraphica Anatolica. Zeitschrift für Epigraphik und historische Geographie Anatoliens = EpigrAnat
Epigraphica. Rivista italiana di Epigrafia = Epigraphica
Ἐπιστημονικὴ ἐπετηρὶς τῆς Φιλοσοφικῆς σχολῆς Ἀριστοτελείου πανεπιστημίου Θεσσαλονίκης = EpistEpetThess
Ἐπιστημονικὴ ἐπετηρὶς τῆς Φιλοσοφικῆς σχολῆς τοῦ πανεπιστημίου Ἀθηνῶν = EpistEpetAth
Ἐπιστημονικὴ ἐπετηρίδα τῆς Πολυτεχνικῆς σχολῆς, Ἀριστοτέλειο πανεπιστήμιο Θεσσαλονίκης, τμῆμα ἀρχιτεκτόνων = EpistEpetPolytThess

Eranos. Acta philologica suecana = Eranos
Eranos Jahrbuch = ErанosJb
Eretz-Israel = ErIsr
Essex Archaeology and History. The Transactions of the Essex Archaeological Society = TransactEssex
Estudios de arqueología alavesa = EstAAlava
Estudios de prehistoria y arqueología madrileñas = EstMad
Estudios del Seminario de prehistoria, arqueología e historia antigua de la Facultad de filosofía y letras de Zaragoza = EstZaragoza
Ethnographisch-archäologische Zeitschrift = EthnogrAZ
Ethnos. Revista do Instituto português de arqueologia, história e etnografia = Ethnos
Etudes balkaniques = EtBalk
Les Etudes classiques = EtCl
Etudes classiques. Faculté des lettres et sciences humaines d'Aix = EtClAix
Etudes de papyrologie = EtP
Etudes sur Pézenas et l'Herault = EtPézenas
Etudes préhistorique = EtPrHist
Etudes préhistoriques et protohistoriques des pays de la Loire = EtLoire
Etudes et travaux. Studia i prace. Travaux du Centre d'archéologie méditerranéenne de l'Académie des sciences polonaise = EtTrav
Euphrosyne. Revista de filología clásica = Euphrosyne
Expedition. Bulletin of the University Museum of the University of Pennsylvania = Expedition
Extremadura arqueológica = ExtremA

Faventia. Facultat de letres, Barcelona = Faventia
Felix Ravenna = FelRav
Ficheiro epigráfico. Suplemento de Conimbriga = FichEpigr
Figlina. Documents du Laboratoire de céramologie de Lyon = Figlina
Finska Tidskrift = FinTid
Fogg Art Museum. Acquisitions... = FoggArtMusAcqu
Folia archaeologica = FolArch
Folia orientalia = FolOr
Fonaments. Prehistòria i mon antic als Paisos Catalans = Fonaments
Fondamenti. Rivista quadrimestrale di cultura = Fondamenti
Fontes archaeologici posnanienses = FontAPos
Fornvännen. Tidskrift för svensk antikvarisk forskning = Fornvännen
Forschungen und Berichte. Staatliche Museen zu Berlin = FuB
Forschungen zur Volks- und Landeskunde. (Bucureşti) = FBuc
Francia. Forschungen zur westeuropäischen Geschichte = Francia
Frühmittelalterliche Studien. Jahrbuch des Instituts für Frühmittelalterforschung der Universität Münster = FrühMitAltSt
Fundberichte aus Baden-Württemberg = FuBerBadWürt
Fundberichte aus Hessen = FuBerHessen
Fundberichte aus Österreich = FuBerÖ
Fynske Minder = FynMind

'Η Θεσσαλονίκη = Thessalonike
Gaceta numismática (Barcelona) = GacNum
Gades. Revista del Colegio universitario de filosofía y letras = Gades
Gallaecia (Santiago de Compostela) = Gallaecia
Gallia. Fouilles et Monuments archéologiques en France métropolitaine = Gallia
Gallia préhistoire = GalliaPrHist
Gazette des beaux-arts = GazBA
Genava. Bulletin du Musée de Genève = Genava
Geo-archeologia. Periodico dell'Associazione geo-archeologica italiana = Geo-archeologia
Gerión (Madrid) = Gerión
Germania. Anzeiger der Röm.-Germ. Kommission des Deutschen Archäol. Instituts = Germania
Geschichte am Obermain = Geschichte am Obermain
Gesta. International Center of Medieval Art = Gesta
The J. Paul Getty Museum Journal = GettyMusJ
Giornale filologico ferrarese = GiornFilFerr
Giornale italiano di filologia = GiornItFil
Giornale storico della Lunigiana = GiornStorLunig
Glasgow Archaeological Journal = GlasgowAJ
Glasnik Zemaljskog muzeja Bosne i Hercegovine u Sarajevu = GlMSar
Glotta. Zeitschrift für griechische und lateinische Sprache = Glotta
Gnomon. Kritische Zeitschrift für die gesamte klassische Altertumswissenschaft = Gnomon
Godišen zbornik na Filozofskiot fakultet na Universitetot vo Skopje = GodZborSkopje
Godisnik na Sofijskija Universitet = GodSofUn
Godišnjak. Centar za Balkanološka ispitivanja = GodBalkIsp
Göttinger Miszellen. Beiträge zur ägyptologischen Diskussion = GöttMisz
Göttingische gelehrte Anzeigen = GGA
Goriški letnik. Zbornik Goriškega muzeja = GorLet
Ηοροϛ "Ενα ἀρχαιογνωστικὸ περιοδικό = Horos
Grala i rasprave. Arheološki muzej Istre, Pula = GraRaspr
Graecolatina Pragensia = GrLatPrag
Grazer Beiträge = GrazBeitr
Greece and Rome = GaR
Greek, Roman and Byzantine Studies = GrRomByzSt
Gymnasium. Zeitschrift für Kultur der Antike und humanistische Bildung = Gymnasium

Habis. Arqueología. Filología clásica = Habis
Hamburger Beiträge zur Archäologie = HambBeitrA
Hamburger Beiträge zur Numismatik = HambBeitrNum
Handelingen der Maatschappij voor Geschiedenis en Oudheidskunde te Gent = HandGent
Harvard Studies in Classical Philology = HarvSt
The Harvard Theological Review = HarvTheolR
Hefte des Archäologischen Seminars der Universität Bern = HefteABern
Helike. Universidad nacional de educación a distancia, Centro regional de Elche = Helike
Helikon. Rivista di tradizione e cultura classica = Helikon
Helinium. Revue consacrée à l'archéologie des Pays-Bas, de la Belgique et du Grand-Duché de Luxembourg = Helinium
Hellenika. Jahrbuch für die Freunde Griechenlands = HellenikaJb
'Ελληνικά. Φιλολ., ἱστορ. καὶ λαογρ. Περιοδικὸν Σύγγραμμα τῆς 'Εταιρείας Σπουδῶν = Hellenika
Helvetia archaeologica = HelvA
Hémecht = Hémecht
Hephaistos. Kritische Zeitschrift zur Theorie und Praxis der Archäologie und angrenzender Wissenschaften = Hephaistos
A Hermann Ottó múzeum évkönyve = MuzEvkMiskolc
Hermes. Zeitschrift für klassische Philologie = Hermes
Hertfordshire Archaeology = HertfordA
Hesperia. Journal of the American School of Classical Studies at Athens = Hesperia
Hispania antiqua. Revista de historia antigua = HispAnt
Hispania. Revista española de historia = Hispania
Histoire et archéologie. Les dossiers = DossAParis
Historia. Zeitschrift für alte Geschichte = Historia
Historische Sprachforschung = HistSprF
Historische Zeitschrift = HZ
Historischer Verein für Straubing und Umgebung = HistVerStraubing
Histria archaeologica = HistriaA
"Ηορος. "Ενα ἀρχαιογνωστικὸ περιοδικό = Horos
Huelva arqueológica = HuelvaA
Humanistische Bildung = HumBild
Humanitas. Faculdade de letras da Universidade de Coimbra = Humanitas

Ilerda. Instituto de estudios ilerdenses (Lérida) = Ilerda
Iliria = Iliria
Illinois Classical Studies = IllinClSt
The Illustrated London News = ILN
Index. Quaderni camerti di studi romanistici = Index
Indiana University Art Museum Bulletin = IndUnArtB
Indogermanische Forschungen = IndogermF
Información arqueológica = InfA
Insula Fulcheria = InsFulc
International Journal of Nautical Archaeology and Underwater Exploration = IntJNautA
Invigilata lucernis. Rivista dell'Istituto di Latino. Università di Bari = InvLuc
Iran. Journal of the British Institute of Persian Studies = Iran
Iranica antiqua = IrAnt
Iraq, published by the British School of Archaeology in Iraq = Iraq
Irish Archaeological Research Forum = IrAForum
Israel Exploration Journal = IsrExplJ
The Israel Museum Journal = IsrMusJ
The Israel Museum News = IsrMusN
Israel Numismatic Journal = IsrNumJ
Istanbuler Mitteilungen = IstMitt
Italica. Cuadernos de trabajos de la Escuela Española de historica y arqueología en Roma = Italica

Izvestija na Arheologičeskija institut. Bulletin de l'Institut archéologique bulgare = BIBulg
Izvestija na muzeite ot Južna Bălgarija. Bulletin des musées de la Bulgarie du Sud = IzvMusJužBălg
Izvestija na Narodnija muzej Burgas = IzvBurgas
Izvestija na Narodnija Muzej Varna = IzvVarna

Jaarbericht van het Vooraziatisch-egyptisch Genootschap Ex Oriente Lux = JEOL
Jábega. Revista de la Diputación provincial de Málaga = Jábega
Jadranski zbornik. Prilozi za povijest Istre, Rijeke i Hrvatskog primorja = JadrZbor
Jahrbuch der Akademie der Wissenschaften in Göttingen = JbGött
Jahrbuch. Akademie der Wissenschaften und der Literatur = JbMainz
Jahrbuch für Antike und Christentum = JbAChr
Jahrbuch. Bayerische Akademie der Wissenschaften = JbMünchen
Jahrbuch der Berliner Museen = JbBerlMus
Jahrbuch des Bernischen historischen Museums = JbBernHistMus
Jahrbuch der Bodendenkmalpflege in Mecklenburg = BodDenkmPflMecklenb
Jahrbuch des Museums für Kunst und Gewerbe Hamburg = JbKuGewHamb
Jahrbuch des Deutschen Archäologischen Instituts = JdI
Jahrbuch für prähistorische und ethnographische Kunst = Ipek
Jahrbuch der Hamburger Kunstsammlungen = JbHambKuSamml
Jahrbuch des historischen Vereins für das Fürstentum Liechtenstein = JbLiechtenstein
Jahrbuch für kleinasiatische Forschung = JbKlF
Jahrbuch der Kunsthistorischen Sammlungen in Wien = JbKSWien
Jahrbuch des Musealvereines Wels = JbWels
Jahrbuch für Numismatik und Geldgeschichte = JNG
Jahrbuch des Oberösterreichischen Musealvereines = JbMusLinz
Jahrbuch der österreichischen Byzantinistik = JbÖByz
Jahrbuch Preussischer Kulturbesitz = JbPreussKul
Jahrbuch des Römisch-Germanischen Zentralmuseums, Mainz = JbZMusMainz
Jahrbuch der Schweizerischen Gesellschaft für Ur- und Frühgeschichte = JbSchwGesUrgesch
Jahrbuch der Staatlichen Kunstsammlungen in Baden-Württemberg = JbKuSammlBadWürt
Jahrbuch (der Stiftung) preussischer Kulturbesitz = JbStiftPreussKulBes
Jahrbuch des Vorarlberger Landesmuseumsvereins = JbVorarlberg
Jahresbericht aus Augst und Kaiseraugst = JberAugst
Jahresbericht. Gesellschaft Pro Vindonissa = JberProVindon
Jahresbericht der Historisch-Antiquarischen Gesellschaft von Graubünden = JberHistGesGraub
Jahresbericht des Instituts für Vorgeschichte der Universität Frankfurt a. M. = JberInstVgFrankf
Jahresbericht Kestner-Museum Hannover = JberMusHan
Jahresbericht. Schweizerisches Landesmuseum Zürich = JberZürich
Jahreshefte des Österreichischen archäologischen Institutes in Wien = ÖJh
Jahresschrift für mitteldeutsche Vorgeschichte = JSchrVgHalle
A Janus Pannonius Múzeum évkönyve = JanPanEvk
Journal of Archaeological Science = JAScien
The Journal of the British Archaeological Association = JBrAAss
Journal of Cuneiform Studies = JCunSt
The Journal of Egyptian Archaeology = JEA
Journal of Field Archaeology = JFieldA
Journal of Glass Studies = JGS
Journal of Hellenic Studies = JHS
Journal of Juristic Papyrology = JJurP
Journal of Mediterranean Anthropology and Archaeology = JMedAnthropA
Journal of mediterranean archaeology = JMedA
Journal of Near Eastern Studies = JNES
Journal of the American Research Center in Egypt = JARCE
Journal of prehistoric religion = JPrehistRel
Journal of Roman archaeology = JRomA
The Journal of Roman Studies = JRS
Journal of the Royal Society of Antiquaries of Ireland = JAntIre
Journal des savants = JSav
Journal of Semitic Studies = JSemSt
The Journal of the Walters Art Gallery = JWaltersArtGal
Journal of the Warburg and Courtauld Institutes = JWCI
Jura. Rivista internazionale di diritto romano e antico = Jura

Kadmos. Zeitschrift für vor- und frühgriechische Epigraphik = Kadmos
Kairos. Zeitschrift für Religionswissenschaft und Theologie = Kairos
Karthago. Revue d'archéologie africaine = Karthago
Kazak SSR Gylym akademijasynyn habarlary (Izvestija Akademii nauk Kazachskoj SSR) = KazakAkHabarlary
Kent Archaeological Review = KentAR
Kernos. Revue internationale et pluridisciplinaire de religion grecque antique = Kernos
Klearchos. Bollettino dell'Associazione amici del Museo nazionale di Reggio Calabria = Klearchos
Klio. Beiträge zur alten Geschichte = Klio
Kobie. Grupo espeleológico vizcaíno (Bilbao) = Kobie
Kölner Domblatt = KölnDombl
Kölner Jahrbuch für Vor- und Frühgeschichte = KölnJbVFrühGesch
Koinonia = Koinonia
Κώκαλος. Studi pubbl. dall'Istituto di storia antica dell'Università di Palermo = Kokalos
Kratkie soobščenija o dokladach i polevych issledovanijach Institua archeologii = KraSoob
Kratylos = Kratylos

Ktema. Civilisations de l'Orient, de la Grèce et de Rome antiques = Ktema
Kuml. Årbog for Jysk Arkæologisk Selskab = Kuml
Die Kunde. Mitteilungen des niedersächsischen Landesvereins für Urgeschichte = Die Kunde
Kungl. Vitterhets historie och antikvitets Akademiens Handlingar. Antikvariska serien = Handlingar
Kunst des Orients = KuOr
Kunst der Welt in den Berliner Museen = KuWeltBerlMus
Kurtrierisches Jahrbuch = KurtrierJb
Kwartalnik Historii Kultury Materialnej = KwarHistKulMat
Κυπριακαὶ σπουδαί = KypSpoud

Labeo. Rassegna di diritto romano = Labeo
Lampas. Tijdschrift voor nederlandse classici = Lampas
Landeskundliche Vierteljahrsblätter, Trier = LandKunVierJBl
Latinitas. Commentarii linguae latinae excolendae = Latinitas
Latomus. Revue d'études latines = Latomus
De Leiegouw = De Leiegouw
Lemouzi. Histoire, archéologie, lettres et traditions Limousines = Lemouzi
Lettre d'Information = LettreInf
Levant. Journal of the British School of Archaeology in Jerusalem = Levant
Libya antiqua = LibyaAnt
Libyan studies = LibSt
Lietuvos istorijos Metraštis (Vilnius) = LietIstMetraštis
Limburg = Limburg
Linzer archäologische Forschungen = LinzAF
Listy filologické = LF
The London Archaeologist = LondA
Lucentum. Anales de la Universidad de Alicante. Prehistoria, arqueología e historica antigua = Lucentum
L'Urbe. Rivista romana = L'Urbe

Macedoniae Acta archaeologica = MacActaA
Madrider Mitteilungen = MM
Maia. Rivista di letterature classiche = Maia
Mainake. Estudios de arqueología malagueña = Mainake
Mainzer Zeitschrift = MainzZ
Μακεδονικά = Makedonika
Mannus. Deutsche Zeitschrift für Vor- und Frühgeschichte = Mannus
Marburger Winckelmann-Programm = MarbWPr
Mari. Annales de recherches interdisciplinaires = Mari
Marisia. Studii şi materiale. Arheologie, istorie, etnografie = Marisia
Mark og Møntre fra Sydvestjydske Museer = Mark og Møntre
Marsyas. Studies in the History of Art = Marsyas
Masca Journal. Museum Applied Science Center for Archaeology, University of Pennsylvania = MascaJ
Materiale şi cercetări arheologice = MCArh
Materiali e discussioni per l'analisi dei testi classici = MatTestiCl
Materialy po archeologii Severnogo Pričernomor'ja = MatASevPrič
Materialy i issledovanija po archeologii SSSR = MIA
Materiały archeologiczne = MatA
Materiały starożytne i wczesnosredniowieczne = MatStar
Materiały Zachodniopomorskie = MatZachPomor
Meddelanden från Lunds Universitets Historiska Museum = MeddelLund
Meddelelser fra Ny Carlsberg Glyptotek = MeddelelsGlyptKøb
Meddelelser fra Thorvaldsens Museum = MeddelelsThor
Mededelingen van het Nederlands Historisch Instituut te Rome = MededRom
Medelhavsmuseet. Bulletin (Stockholm) = MedelhavsMusB
Medieval Archaeology = MedievA
Mediterranean archaeology = MedA
Mediterranean Historical Review = MedHistR
Mélanges de la Casa de Velazquez = MelCasaVelazquez
Mélanges de l'Ecole française de Rome, Antiquité = MEFRA
Mélanges de l'Université Saint Joseph = MelBeyrouth
Mémoires de la Commission des Antiquités du Département de la Côte-d'Or = MémCôted'Or
Mémoires de l'Académie des inscriptions et belles-lettres = MemAcInscr
Mémoires de l'Institut de Préhistoire et d'Archéologie = MémAlpesMarit
Mémoires de l'Institut national de France = MemInstNatFr
Mémoires de la Société archéologique du Midi de la France = MémSocAMidi
Mémoires de la société des sciences naturelles et archéologiques de la Creuse = MemCreuse
Mémoires de la Société d'histoire et d'archéologie de Chalon-sur-Saône = MemSocChalon
Mémoires de la Société nationale des antiquaires de France = MemSocAF
Memoirs of the American Academy in Rome = MemAmAc
Memoria antiquitatis. Acta Musei Petrodavensis. Revista Muzeului arheologic Piatra Neamt = MemAnt
Memoria. Universidad de Barcelona, Instituto de arqueología y prehistoria = MemBarcelA
Memorias de historia antigua, Universidad de Oviedo = MemHistAnt
Memorie dell'Accademia di archeologia, lettere e (belle) arti di Napoli = MemNap
Memorie. Atti della Accademia nazionale dei Lincei, Classe di scienze morali, storiche e filologiche = MemAccLinc
Memorie. Atti della Pontificia Accademia romana di archeologia = MemPontAcc
Memorie storiche forogiuliesi = MemStorFriuli
Mesopotamia. Rivista di archeologia = Mesopotamia
Metropolitan Museum Journal = MetrMusJ
Minia (Braga) = Minia
Minos. Revista de filología egea = Minos
Miscellanea di studi di letteratura cristiana antica = MiscStLCristAnt
Miscellànies arqueològiques sobre Mataró i el Maresme = MiscAMataró

Mitteilungen der Anthropologischen Gesellschaft in Wien = MAnthropGesWien

Mitteilungen der Archaeologischen Gesellschaft Graz = MAGesGraz

Mitteilungen der Berliner Gesellschaft für Anthropologie, Ethnologie und Urgeschichte = MBerlGesAnthrop

Mitteilungen des Archäologischen Instituts der Ungarischen Akademie der Wissenschaften = MAInstUngAk

Mitteilungen des Deutschen Archäologen-Verbandes e.V. = MDAVerb

Mitteilungen des Deutschen Archäologischen Instituts, Abteilung Kairo = MDIK

Mitteilungen des Deutschen Archäologischen Instituts, Athenische Abteilung = AM

Mitteilungen des Deutschen Archäologischen Instituts, Römische Abteilung = RM

Mitteilungen der Deutschen Orient-Gesellschaft zu Berlin = MDOG

Mitteilungen der Gesellschaft für Salzburger Landeskunde = MGesSalzb

Mitteilungen des historischen Vereins der Pfalz = MHistVerPfalz

Mitteilungen des Instituts für Orientforschung = MIO

Mitteilungen des Kunsthistorischen Instituts Florenz = MKuHistFlorenz

Mitteilungen des Museumsvereins "Lauriacum" Enns = MLauriacum

Mitteilungen der Österreichischen Arbeitsgemeinschaft für Ur- und Frühgeschichte = MÖUrFrühGesch

Mitteilungen der Österreichischen numismatischen Gesellschaft = MÖNumGes

Mitteilungen der Prähistorischen Kommission der Österreichischen Akademie der Wissenschaften = MPrHistKomWien

Mnemosyne. Bibliotheca Classica Batava = Mnemosyne

The Monmouthshire Antiquary = MonmouthAnt

Monumentet = Monumentet

Monumenti antichi = MonAnt

Monuments et mémoires. Fondation E. Piot = MonPiot

A Móra Ferenc múzeum évkönyve = MuzEvkSzeged

Moravské numismatické Zprávy = MoravNumZpr

Münchener Studien zur Sprachwissenschaft = MünchStSprWiss

Münchner Jahrbuch der bildenden Kunst = MüJb

Münstersche Beiträge zur antiken Handelsgeschichte = MünstBeitr

Munibe. Sociedad de ciencias naturales Avanzadi. San Sebastian. = Munibe

Murcia. Boletín informativo de la Excma. Diputación provincial = Murcia

Muse. Annual of the Museum of Art and Archaeology, University of Missouri/Col. = Muse

Museen in Köln. Bulletin = MusKöln

Musei e gallerie d'Italia = MusGallt

Museo civico Pontecorvo. Quaderni = QuadMusPontecorvo

El Museo de Pontevedra = MusPontevedra

Museo de Zaragoza. Boletín = BMusZaragoza

Le Muséon. Revue d'études orientales = Muséon

Museum. A Quarterly Review Published by Unesco = MuseumUnesco

Museum Africum. West African Journal of Classical and Related Studies = MusAfr

Museum criticum = MusCrit

Museum Haaretz, Tel-Aviv. Yearbook = MusHaaretz

Museum helveticum = MusHelv

Museum Notes. The American Numismatic Society = MusNotAmNumSoc

Museum Tusculanum. København = MusTusc

Muzei i pametnici na kulturata = MuzPamkul

Muzeul național. București = MuzNat

Nachrichten der Akademie der Wissenschaften in Göttingen = NachrAkGött

Nachrichten der Giessener Hochschulgesellschaft = NachrGiessen

Napoli nobilissima = NapNobil

Nassauische Annalen = NassAnn

Nationalmuseets Arbejdsmark = ArbejdsmarkKøb

Natur und Mensch. Jahresmitteilungen der Naturhistorischen Gesellschaft Nürnberg = Natur und Mensch

Neuburger Kollektaneenblatt = KollBlNeuburg

Neue Ephemeris für semitische Epigraphik = NEphemSemEpigr

Neues Magazin für Hanauische Geschichte = NMagHanau

Newsletter. Department of pottery technology, University of Leiden = NewsletterPotTech

Nikephoros. Zeitschrift für Sport und Kultur im Altertum = Nikephoros

Νομισματικὰ χρονικά = NomChron

Norba. Revista de arte, geografía e historia (Cáceres) = Norba

Norfolk Archaeology = NorfolkA

Northampton Archaeology = NorthampA

Northern History. A Review of the History of the North of England = Northern History

Norwegian Archaeological Review = NorwAR

Noticiario arqueológico hispánico = NAHisp

Noticiario arqueológico hisphánico, Prehistoria = NotAHisp, Prehistoria

Notiziario. Museo civico ed Associazione archeologica di Allumiere = NotAllumiere

Notiziario. Soprintendenza archeologica della Lombardia = NotALomb

Notizie dal Chiostro del Monastero maggiore. Rassegna di studi del Civico museo archeologico e del Civico gabinetto numismatico di Milano = NotMilano

Notizie degli scavi di antichità = NSc

Novaensia. Badania Ekspedycji archeologicznej Uniwersytetu Warszawskiego w Novae = Novaensia

Nové Obzory. Spoločenskovedný Zbornik Východného Slovenska [Prešov] = Nové Obzory

Nubia Christiana = NubChr

Numaga. Tijdschrift Gewijd aan Heden en Verleden van Nijmegen en Omgeving = Numaga

Numantia. Investigaciones arqueológicas en Castilla y León = Numantia

Numen. International Review for the History of Religions = Numen

Numisma. Revista de la Sociedad ibero-americana de Estudios numismáticos = Numisma
The Numismatic Chronicle = NumChron
Numismatica e Antichità classiche, Quaderni Ticinesi = NumAntCl
Numismatičar (Beograd) = Numismatičar
Numismatické Listy = NumListPraha
Numismatický Sbornik = NumZbor
Numismatische Zeitschrift = NumZ
Numismatisches Nachrichtenblatt = NumNachrBl
Numizmatika i epigrafika = NumEpigr
Numizmatikai Közlöny = NumKözl
Nummus. Sociedale portuguesa de numismatica = Nummus
Nuovo Bullettino archeologico sardo = BASard

Occasional Publications in Classical Studies = OccasPublClSt
Österreichische Akademie der Wissenschaften, Philosophisch-historische Klasse. Denkschriften = DenkschrWien
Offa. Berichte und Mitteilungen des Museums vorgeschichtlicher Altertümer in Kiel = Offa
Oikumene. Studia ad historiam antiquam classicam et orientalem pertinentia = Oikumene
Opus. Rivista internazionale per la storia economica e sociale dell'antichità = Opus
Opuscula atheniensia = OpAth
Opuscula Instituti Romani Finlandiae = OpuscFin
Opuscula romana = OpRom
Oriens antiquus = OA
Oriens christianus = OrChr
Orient. The Reports of the Society for Near Eastern Studies in Japan = Orient
Orientalia christiana periodica = OrChrPer
Orientalia. Commentarii periodici Pontificii Instituti Biblici = Orientalia
Orientalistische Literaturzeitung = OLZ
Origini. Preistoria e protostoria delle civiltà antiche = Origini
Orpheus. Rivista di umanità classica e cristiana = Orpheus
Osjecki zbornik = OsjZbor
Ostbairische Grenzmarken = OstbGrenzm
Het oude land van Loon. Jaarboek van de Federatie der Geschied- en oudheidkundige kringen van Limburg = LandLoon
Oudheidkundige mededelingen uit het Rijksmuseum von oudheden te Leiden = OudhMeded
Oxford Journal of Archaeology = OxfJA
Oxford Studies in Ancient Philosophy = OxfStPhilos
Oxonensia. A Journal Dealing with the Archaeology, History and Architecture of Oxford and its Neighbourhood = Oxonensia

Pact. Revue du Groupe européen d'études pour les techniques physiques, chimiques et mathématiques appliquées à l'archéologie = Pact
Padusa. Bollettino del Centro polesano di studi storici, archeologici ed etnografici, Rovigo = Padusa
Paideuma. Mitteilungen zur Kulturkunde = Paideuma
Palaeohistoria = Palaeohistoria
Palestine Exploration Quarterly = PEQ
Palladio. Rivista di storia dell'architettura = Palladio
Pallas. Annales publiées par la Faculté des lettres et sciences humaines de Toulouse = Pallas
Památky archeologické = PamA
Pan. Studi dell'Istituto di filologia latina = Pan
Pantheon. Internationale Zeitschrift für Kunst = Pantheon
Papers of the British School at Rome = BSR
La parola del passato = PP
Le Pays gaumais. La terre et les hommes. Revue régionale = PaysGaumais
Persica. Jaarboek van het Genootschap Nederland-Iran = Persica
Peuce. Studii şi comunicări de istorie şi arheologie = Peuce
Pfälzer Heimat = Pfälzer Heimat
Philologus. Zeitschrift für klassische Philologie = Philologus
Phoenix. Bulletin uitgegeven door het Vooraziatisch-egyptisch Genootschap Ex Oriente Lux = PhoenixExOrLux
Phoenix. The Classical Association of Canada = PhoenixToronto
Phronesis. A Journal for Ancient Philosophy = Phronesis
Picus. Studi a ricerche sulle Marche nell'antichità = Picus
Πλάτων. Δελτίον τῆς Ἑταιρείας ἑλλήνων Φιλολόγων = Platon
Pomorania Antiqua = PomorAnt
Pompeii, Herculaneum, Stabiae. Bollettino. Associazione internazionale Amici di Pompei = PompHercStab
Pontica. Studii şi materiale de istorie, arheologie şi muzeografie, Constanţa = Pontica
Portugalia = Portugalia
Prace archeologiczne = PraceA
Prace i materiały muzeum archeologicznego i etnograficznego w Lodzi = PraceMatLodz
Prähistorische Zeitschrift = PZ
Πρακτικὰ τῆς Ἀκαδημίας Ἀθηνῶν = PraktAkAth
Πρακτικὰ τῆς ἐν Ἀθήναις Ἀρχαιολογικῆς Ἑταιρείας = Prakt
Preistoria alpina. Museo tridentino di scienze naturali = PreistAlp
Prilozi. Centar za provijesne znanosti Sveučilišta u Zagrebu, Odjel za arheologiju = PriloziZagreb
Principe de Viana = PrincViana
The Proceedings of the African Classical Associations = ProcAfrClAss
Proceedings of the Cambridge Antiquarian Society = ProcCambrAntSoc
Proceedings of the Cambridge Philological Society = ProcCambrPhilSoc
Proceedings of the Hampshire Field Club and Archaeological Society = ProcHampSoc
Proceedings of the Prehistoric Society = ProcPrHistSoc
Proceedings of the Royal Irish Academy. Section C – Archaeology, Celtic Studies, History, Linguistics, Literature = ProcIrishAc,Section C
Proceedings of the Society of Antiquaries of Scotland = ProcSocAntScotl
Proceedings of the Suffolk Institute of Archaeology = ProcSuffInstA

Prometheus. Rivista quadrimestrale di studi classici = Prometheus

Prospettiva. Rivista d'arte antica e moderna = Prospettiva

Prospezioni. Bollettino di informazioni scientifiche = Prospezioni

Provence historique = ProvHist

Przegląd archeologiczny = PrzeglA

Ptujski Zbornik = PtujZbor

Publications de la section historique de l'Institut Gr.-D. de Luxembourg = PublHistLux

Pulpudeva. Semaines philippopolitaines de l'histoire et de la culture thrace = Pulpudeva

Puteoli. Studi di storia antica = Puteoli

Pyrenae. Crónica arqueológica = Pyrenae

Quaderni di archeologia della Libia = QuadALibia

Quaderni d'archeologia reggiana = QuadAReggio

Quaderni catanesi di studi classici e medievali = QuadCat

Quaderni. Centro studi lunesi = QuadStLun

Quaderni della Soprintendenza archeologica del Piemonte = QuadAPiem

Quaderni dell'Istituto di archeologia e storia antica, Università di Chieti = QuadChieti

Quaderni dell'Istituto di lingua e letteratura latina, Università di Roma = QuadIstLat

Quaderni del Dipartimento delle arti, Università della Calabria = QuadACal

Quaderni erbesi. Civico museo archeologico di Erba = QuadErb

Quaderni li archeologia del Veneto = QuadAVen

Quaderni dell'Istituto di filologia greca = QuadIstFilGr

Quaderni. Istituto di lingue e letterature classiche, Facoltà di magistero, Università degli studi, Lecce = QuadLecce

Quaderni di protostoria = QuadProtost

Quaderni di storia = QuadStor

Quaderni urbinati di cultura classica = QuadUrbin

Quaderns d'estudis medievals = QuadEstMediev

Quartär. Jahrbuch für Erforschung des Eiszeitalters und der Steinzeit = Quartär

Rad Vojvodanskich Muzeja = RadVojMuz

Radiocarbon. Published by the American Journal of Science = Radiocarbon

Radovi Instituta Jugoslavenske akademije znanosti i umjetnosti u Zadru = RadoviZadar

Rassegna di archeologia. Associazione archeologica piombinese = RassAPiomb

Rassegna storica salernitana = RassStorSalern

Ratiariensia. Studi e materiali mesici e danubiani = Ratiariensia

Raydān. Journal of Ancient Yemeni Antiquities and Epigraphy = Raydān

Recherches albanologiques = RechAlb

Recherches archéologiques. Institut d'archéologie de l'Université de Cracovie = RechACrac

Records of Buckinghamshire = RecordsBuck

Régészeti Dolgozatok az Eötvös Lóránd Tudományegyetem Régészeti lutézetéböl = RégDolg

Régészeti füzetek = RégFüz

Rei cretariae romanae fautorum acta = ReiCretRomFautActa

Rendiconti della Accademia di archeologia, lettere e belle arti, Napoli = RendAccNapoli

Rendiconti. Atti della Pontificia accademia romana di archeologia = RendPontAcc

Rendiconti. Istituto lombardo, Accademia di scienze e lettere = RendIstLomb

Report of the Department of Antiquities, Cyprus = RDAC

Report on the Working of the Museum Department for the Year..., Malta, Department of Information = RepMalta

Report for the Year..., Egypt Exploration Society = RepEgExplSoc

Reppal. Centre d'études phéniciennes-puniques et des antiquités libyques, Tunis = Reppal

Revista de Archivos, Bibliotecas y Museos = RArchBiblMus

Revista da Faculdade de letras, serie de historia, Universidade do Porto = RPorto

Revista de Girona = RGirona

Revista de Guimarães = RGuimar

Revista. Instituto de estudios alicantinos = RAlicante

Revue archéologique = RA

Revue archéologique du Centre consacrée aux antiquités nationales = RACFr

Revue archéologique de l'Est et du Centre-Est = RAE

Revue archéologique de Narbonnaise = RANarb

Revue archéologique de l'Oise = RAOise

Revue des archéologues et historiens d'art de Louvain = RAArtLouvain

Revue d'archéometrie = RArchéom

Revue d'assyriologie et d'archéologie orientale = RAssyr

Revue belge de numismatique et de sigillographie = RBNum

Revue belge de philologie et d'histoire = RBPhil

Revue biblique = RBibl

Revue d'égyptologie = REgypt

Revue des études anciennes = REA

Revue des études arméniennes = REtArm

Revue des études byzantines = REByz

Revue des études géorgiennes et caucasiennes = RGéorgCauc

Revue des études grecques = REG

Revue des études latines = REL

Revue de l'histoire des religions = RHistRel

Revue historique ardennaise = RHistArd

Revue hittite et asianique = RHA

Revue internationale des droits de l'antiquité = RIntDroitsAnt

La revue du Louvre et des musées de France = RLouvre

Revue du Nord = RNord

Revue numismatique = RevNum

Revue périodique de "La Physiophile". Société d'études des sciences naturelles et historiques de Montceau-les-Mines = RMontceau

Revue de philologie, de littérature et d'histoire anciennes = RevPhil

Revue roumaine d'Histoire = RRoumHist

Revue de la Saintonge et de l'Aunis = RSaintonge

Das Rheinische Landesmuseum Bonn = RheinMusBonn
Rheinische Vierteljahrsblätter = RheinViertJbl
Rheinisches Museum für Philologie = RhM
Ricerche e studi. Museo provinciale Francesco Ribezzo, Brindisi = RicStBrindisi
Rivista di archeologia = RdA
Rivista di archeologia cristiana = RACrist
Rivista archeologica dell'antica provincia e diocesi di Como = RAComo
Rivista di cultura classica e medioevale = RCulClMedioev
Rivista di filologia e d'istruzione classica = RivFil
Rivista Ingauna e Intemelia = RIngIntem
Rivista dell'Istituto nazionale d'archeologia e storia dell'arte = RIA
Rivista italiana di numismatica e scienze affini = RivItNum
Rivista di scienze preistoriche = RivScPr
Rivista storica Calabrese = RStorCalabr
Rivista storica dell'antichità = RStorAnt
Rivista di studi bizantini e neoellenici = RStBizNeoell
Rivista di studi fenici = RStFen
Rivista di studi liguri = RivStLig
Rivista di studi marchigiani = RStMarch
Rivista degli studi orientali = RivStOr
Rivista di studi pompeiani = RStPomp
Rocznik Białostocki = RoczBiał
Rocznik Muzeum Narodowego w Warszawie = RoczMuzWarsz
Römische Quartalschrift für christliche Altertumskunde und Kirchengeschichte = RömQSchr
Römisches Österreich. Jahresschrift der Österreichischen Gesellschaft für Archäologie = RömÖ
Romana Contact. Organe Trimestriel de la Société d'Archéologie = Romana contact
Romanobarbarica. Contributi allo studio dei rapporti culturali tra il mondo latino e mondo barbarico = Romanobarbarica
Rudiae. Ricerche sul mondo classico = Rudiae

Saalburg-Jahrbuch. Bericht des Saalburg-Museums = SaalbJb
Saeculum. Jahrbuch für Universalgeschichte = Saeculum
Saggi fenici = SaggFen
Saguntum. Papeles del Laboratorio de arqueología de Valencia = Saguntum
Saitabi. Noticiario de historia, arte y arqueología de Levante = Saitabi
Sammelblatt des historischen Vereins Ingolstadt = SammelBlIngolstadt
Sandalion. Quaderni di cultura classica, cristiana e medievale = Sandalion
Sargetia. Acta Musei devensis = Sargetia
Sborník Národního muzea v Praze = SborPraha
Sborník prací Filosofické fakulty Brněnské university = SborBrno
Schild von Steier. Beiträge zur Steirischen Vor- und Frühgeschichte und Münzkunde = SchildStei
Der Schlern = Der Schlern
Schweizer Münzblätter = SchwMbll
Schweizerische numismatische Rundschau = SchwNR
Scienze dell'antichità. Storia, archeologia, antropoligia = SciAnt
Scottish Archaeological Forum = ScotAForum
Scripta Hierosolymitana. Publications of the Hebrew University, Jerusalem = ScrHieros
Scripta mediterranea. Bulletin of the Society for Mediterranean Studies = ScrMed
Septentrion. Revue archéologique trimestrielle = Septentrion
Setúbal arqueológica = SetúbalA
Sibrium. Collana di studi e documentazioni = Sibrium
Sicilia archeologica = SicA
Siculorum gymnasium = SicGymn
Sileno. Rivista di studi classici e cristiani = Sileno
Sitzungsberichte der Deutschen Akademie der Wissenschaften zu Berlin, Klasse für Sprachen, Literatur und Kunst = SBBerlin
Sitzungsberichte der Heidelberger Akademie der Wissenschaften, philosophisch-historische Klasse = SBHeidelberg
Sitzungsberichte. Österreichische Akademie der Wissenschaften = SBWien
Sitzungsberichte der Sächsischen Akademie der Wissenschaften zu Leipzig = SBLeipzig
Skalk (Højbjerg) = Skalk
Slovenská archeológia = SlovA
Slovenská numizmatika = SlovNum
The Society of Libyan Studies. Annual Report = RepSocLibSt
Somerset Archaeology and Natural History = SomANaturHist
Soobščenija Gosudarstvennogo ordena Lenina Ermitaža = SoobErmit
Sovetskaja archeologija = SovArch
Specimina nova dissertationum ex Instituto historico Universitatis Quinqueecclesiensis de Iano Pannonio nominatae = SpNov
Spoletium = Spoletium
Sprawozdania archeologiczne = SprawA
Stadion. Zeitschrift für Geschichte des Sports und der Körperkultur = Stadion
Städel-Jahrbuch = StädelJb
Starinar = Starinar
Stiftung zur Förderung der Hamburgischen Kunstsammlungen. Erwerbungen... = StiftHamburgKuSamml
Strenna dei Romanisti = StrennaRom
Studi şi cercetări de numismatică = StCNum
Studi classici e orientali = StClOr
Studi di antichità. Università di Lecce = StAnt
Studi di egittologia e di antichità puniche = StEgAntPun
Studi e documenti di archeologia = StDocA
Studi e materiali. Soprintendenza ai beni archeologici per la Toscana = StMatFirenze
Studi eblaiti = StEbla
Studi epigrafici e linguistici sul Vicino Oriente antico = StEpigrLing
Studi etruschi = StEtr
Studi genuensi = StGenuensi
Studi italiani di filologia classica = StIt
Studi latini e italiani = StLatIt
Studi magrebini = StMagreb

Studi e materiali di storia delle religioni = SteMat
Studi micenei ed egeo-anatolici = SMEA
Studi e ricerche dell'Istituto di latino (Università di Genova) = StRicLat
Studi Romagnoli = StRomagnoli
Studi romani = StRom
Studi salentini = StSalent
Studi sardi = StSard
Studi storico-religiosi = StStorRel
Studi trentini di scienze storiche. Sezione seconda = StTrentStor
Studi urbinati = StUrbin
Studia aegyptiaca. Budapest = StAeg
Studia archaeologica = StA
Studia archeologiczne. Uniwersytet Warszawski, Instytut archeologii = StAWarsz
Studia et documenta historiae et iuris = StDocHistIur
Studia orientalia, Helsinki = StOr
Studia papyrologica = StPapyr
Studien zur altägyptischen Kultur = StAltägKul
Studien und Forschungen (Stadt- und Landkreis Offenbach a. M.) = StOffenbach
Studii şi cercetări de istorie veche şi Arheologie = StCIstor
Studii clasice. Societatea de studii clasice din Republica socialistă România = StClas
Studium biblicum franciscanum. Liber annuus = StBiFranc
Sumer. A Journal of Archaeology and History in Iraq = Sumer
Surrey Archaeological Collections = SurreyAColl
Sussex Archaeological Collections = SussexAColl
Sylva Mala. Bollettino del Centro studi archeologici di Boscoreale, Boscotrecase e Trecase = Sylva Mala
Symbolae osloenses = SOsl
Syria. Revue d'art oriental et d'archéologie = Syria
Syro-Mesopotamian Studies = SyrMesopSt

Τάλαντα. Proceedings of the Dutch Archaeological and Historical Society = Talanta
Taras. Rivista di archeologia = Taras
Teiresias. A Review and Continuing Bibliography of Boiotian Studies = Teiresias
Tel Aviv. Journal of the Tel Aviv University, Institute of Archaeology = TelAvivJInstA
Teruel. Instituto de estudios turolenses = Teruel
Textiles anciens. Bulletin du Centre international d'étude des textiles anciens = TextilAnc
Theologische Rundschau = TheolRu
Thracia = Thracia
Thraco-Dacica = Thraco-Dacica
Tibiscus. Istorie, arheologie. Muzeul Banatului Timişoara = Tibiscus
Tierras de León = TiLeón
Trabajos de prehistoria = TrabPrHist
Trabalhos de Sociedade Portuguesa de Antropologia e Etnologia = TrabAntropEtnol
Traditio. Studies in Ancient and Medieval History, Thought and Religion = Traditio
Transactions of the Cumberland and Westmorland Antiquarian and Archaeological Society = TransactCumbAnt
Transactions of the Dumfriesshire and Galloway Natural History and Antiquarian Society = TransactDumfries
Transactions of the London and Middlesex Archaeological Society = TransactLond
Transactions and Proceedings of the American Philological Association = TransactAmPhilAss
Transactions of the South Staffordshire Archaeological and Historical Society = TransactSouthStafford
Transactions of the Worcestershire Archaeological Society = TransactWorc
Travaux de l'Institut d'art préhistorique, Université de Toulouse-Le Mirail = TravToulouse
Travaux et mémoires. Centre de recherche d'histoire et civilisation byzantine. Paris = TravMem
Travaux de la société Lorientaise d'archéologie = TravLorient
Trésors monétaires = TréMonét
Trierer Winckelmannsprogramme = TrWPr
Trierer Zeitschrift für Geschichte und Kunst des Trierer Landes und seiner Nachbargebiete = TrZ
Trudy Gosudarstvennogo Ermitaža = TrudyErmit
Türk arkeoloji dergisi = TürkAD
Tuy. Museo y archivo histórico diocesano = Tuy
Tyche. Beiträge zur Alten Geschichte, Papyrologie und Epigraphik = Tyche

Ugarit-Forschungen. Internationales Jahrbuch für die Altertumskunde Syrien-Palästinas = UgaritF
Uni-HH-Forschung. Wissenschaftsberichte aus der Universität Hamburg = Uni-HH-Forschung
Unsere Heimat. Zeitschrift des Vereines für Landeskunde von Niederösterreich und Wien = Unsere Heimat

Varstvo Spomenikov = VarSpom
Vekove. Dvumesecno spisanic. Balgarsko istoricesko druzestvo = Vekove
Verbanus. Rassegna per la cultura, l'arte, la storia del lago = Verbanus
Vereniging van vrienden Allard Pierson museum Amsterdam. Mededelingenblad = VerAmstMeded
Verhandlungen des historischen Vereins für Niederbayern = VerhHistNiedBay
Verhandlungen des Historischen Vereins für Oberpfalz und Regensburg = VerhHistOberpfalz
Veröffentlichungen des Museums für Ur- und Frühgeschichte Potsdam = VeröffMusPotsdam
Veröffentlichungen der österreichischen Arbeitsgemeinschaft für Ur- und Frühgeschichte = VeröffÖUrFrühGesch
Vesci Akademii navuk BSSR = VesciAkBSSR
Vestnik drevnej istorii = VesDrevIstor
Veszprém Megyei Múzeumok Közleményei = VeszprémKözl
Vetera Christianorum = VeteraChr
Vichiana. Rassegna di studi filologici e storici = Vichiana
Vicino Oriente = VicOr
Vigiliae christianae = VigChr

Vijesti muzealaca i konservatora = VijesZagreb
Visible Religion = VisRel
Vizantijskij vremennik = VizVrem
Vjesnik Arheološkog muzeja u Zagrebu = VjesAMuzZagreb
Vjesnik za arheologiju i historiju dalmatinsku. Bulletin d'archéologie et d'histoire dalmates = VjesDal

Wad-Al-Hayara. Revista de estudios de la Institución provincial de cultura "Marqués de Santillana" de Guadalajara = Wad-Al-Hayara
Die Welt des Orients = WO
Westerheem. Tweemaandelijks Orgaan van de Archeologische Werkgemeenschap voor Nederland = Westerheem
Wetterauer Geschichtsblätter = WettGeschBl
Wiadomości archeologiczne. Bulletin archéologique polonais = WiadA
Wiener Studien = WSt
Wiener Zeitschrift für die Kunde des Morgenlandes = WZKM
The Wiltshire Archaeological and Natural History Magazine = WiltANatHistMag
Winckelmannsprogramm der Archäologischen Gesellschaft zu Berlin = BWPr
Wissenschaftliche Mitteilungen des Bosnisch-Herzegowinischen Landesmuseums. A. Archäologie = WissMBosn
Wissenschaftliche Zeitschrift der Ernst-Moritz-Arndt-Universität Greifswald = WissZGreifswald
Wissenschaftliche Zeitschrift der Friedrich-Schiller-Universität Jena = WissZJena
Wissenschaftliche Zeitschrift der Humboldt-Universität zu Berlin, Gesellschafts- und sprachwissenschaftliche Reihe = WissZBerl
Wissenschaftliche Zeitschrift. Martin-Luther-Universität Halle-Wittenberg = WissZHalle
Wissenschaftliche Zeitschrift der Universität Rostock = WissZRostock
World Archaeology = WorldA
Würzburger Jahrbücher für die Altertumswissenschaft = WürzbJbAltWiss

Xenia. Semestrale di antichità = Xenia

Yale Classical Studies = YaleClSt
Yale University Art Gallery Bulletin = YaleUnivB
The Yorkshire Archaeological Journal = YorkshAJ

Zbornik Narodnog Muzeja = ZborMuzBeograd
Zbornik radova Vizantološkog instituta. Recueil des travaux de l'Institut d'études byzantines, Beograd = ZborRadBeograd
Zbornik Slovenského Národného Múzea = ZborSlovMuz
Zeitschrift des Aachener Geschichtsvereins = ZAachGeschVer
Zeitschrift für ägyptische Sprache und Altertumskunde = ZÄS
Zeitschrift für Archäologie = ZfA
Zeitschrift für Assyriologie und vorderasiatische Archäologie = ZA
Zeitschrift für bayerische Landesgeschichte = ZBayLandGesch
Zeitschrift des Breisgau-Geschichtsvereins ("Schau-ins-Land") = ZBreisgauGeschVer
Zeitschrift der Deutschen morgenländischen Gesellschaft = ZDMG
Zeitschrift des Deutschen Palästina-Vereins = ZDPV
Zeitschrift für die alttestamentliche Wissenschaft = ZAW
Zeitschrift für Ethnologie = ZEthnol
Zeitschrift des historischen Vereins für Schwaben = ZHistSchwab
Zeitschrift für Kunstgeschichte = ZKuGesch
Zeitschrift für die neutestamentliche Wissenschaft und die Kunde der älteren Kirche = ZNW
Zeitschrift für Papyrologie und Epigraphik = ZPE
Zeitschrift der Savigny-Stiftung für Rechtsgeschichte = ZSav
Zeitschrift für schweizerische Archäologie und Kunstgeschichte = ZSchwArch
Zeitschrift für vergleichende Sprachforschung = ZVerglSprF
Zephyrus. Crónica del Seminario de prehistoria, arqueología y de la Sección arqueológica del Centro de estudios Salmantinos = Zephyrus
Živa antika. Antiquité vivante = ŽivaAnt
Zprávy Československé společnosti archeologické pri Československé akademii ved. = ZprávČeskSpolA

TITELVERZEICHNIS

(NR 1–11903)

Allgemeines

Praxis und Institutionen der Altertumskunde

Bibliographien

1
Archäologie in Basel. Fundstellenregister und Literaturverzeichnis. Jubiläumsheft zum 25jährigen Bestehen der Archäologischen Bodenforschung Basel-Stadt.— (Basel 1988) 179 S., Abb.

2
Association des amis de l'archéologie mosellane. Fiches d'information. Bibliographie selective, analytique et critique.—
BALux 19, 1988, 46–76

3
Bibliografia topografica della colonizzazione greca in Italia e nelle isole tirreniche, 6. Opere di carattere generale 1981–1985. Addenda 1972–1980.
ed. G. Panessa.— (Pisa 1987) XII, 115 S.

4
Bibliographie zur Vor- und Frühgeschichte in der Bundesrepublik Deutschland und Berlin (West). Das Schrifttum der Jahre 1980 und 1981.
ed. F. Stein.— (Stuttgart 1987) 157 S.

5
Bibliographie 1985, Nachtrag. Bibliographie 1986.—
BeitrSudanF 3, 1988, 167–221

6
Bibliography of works on Jewish history in the Persian, hellenistic and Roman periods. Publications of the years 1981–1985.
ed. D. Dimant.— (Jerusalem 1987) 129 S.

7
Index des Archeologické Rozhledy, années 31–40.—
ARozhl 40, 1988, 601–738

8
Kommentierte Bibliographie zur Archäologie der Kelten, 4, 1. 1981, 1982, 1983.
ed. U. Müller.— (Marburg 1989) 101 S.
(Vorgeschichtliches Seminar der Philipps-Universität Marburg)

9
Dix ans de recherches (1975–1985) sur l'Adriatique antique, IIIe siècle av. J. C. – IIe siècle ap. J. C., 2, 3. L'Adriatique romaine.—
MEFRA 100, 1988, 983–1088

10
Zeitschrift für Papyrologie und Epigraphik. Autoren- und Titelverzeichnis Band 51 (1983) – Band 75 (1988).— (Bonn 1989) 46 S.

11
Baffi Guardata, F.; Baldacci, M.; Pomponio, F.: Bibliografia eblaita, 2.—
StEpigrLing 6, 1989, 145–158

12
Bélis, A.: L'organologie des instruments de musique de l'antiquité. Chronique bibliographique.—
RA 1989, 127–142, Abb.

13
Brandes, W.: Die byzantinische Stadt Kleinasiens im 7. und 8. Jahrhundert. Ein Forschungsbericht.—
Klio 70, 1988, 176–208

14
Chauney, M.; Rougemont, C.: Tables 1970–1974, 1975–1979, 1980–1984.—
RAE suppl. 8, 1988, 1–38, 1–40

15
Cociş, S.; Paki, A.: Bibliografia Daciei romane, 1949–1965.—
ActaMusNapoca 22–23, 1985–86, 569–588

16
De Juliis, E. M.: Bilancio degli studi e delle conoscenze attuali sulla civiltà daunia.—
VeteraChr 25, 1988, 661–676

17
Decker, W.: Bibliographie zum Sport im alten Ägypten. Für die Jahre 1984 und 1985 nebst Nachträgen aus früheren Jahren.—
Nikephoros 1, 1988, 245–268

18
Ferreiro, A.: The Visigoths in Gaul and Spain. A.D. 418–711. A bibliography.— (Leiden 1988) LXII, 822 S.

19
Holt, F. L.: Hellenistic Bactria. Beyond the mirage (select bibliography).—
AncWorld 15, 1987, 3–15

20
Kacharava, D.; Tolordava, V.: La colchide antique. Bibliography. Georgian archaeological literature in 1976–1986.—
DialHistAnc 13, 1987, 275–304, Taf.

21
Lange, M.; Schutkowski, H.; Hummel, S.; u. a.: Leichenbrand-Bibliographie.—
Pact 16, 1987, 3–168

22
Laubenheimer, F.: Des amphores et des hommes 1988.—
DialHistAnc 14, 1988, 366–380

23
Lesenne, M.: Répertoire bibliographique des sites et trouvailles archéologiques de la province du Hainaut (depuis la préhistoire au VIIIe siècle après J.C., arrondissement de Soignies).— (Bruxelles 1987) XXXIII, 67 S., Taf.
(Répertoires archéologiques. Série A, 14.)

24
Marengo, S. M.: Bibliografia epigrafica delle Marche. 1970–1985.—
AnnMacerata 19, 1986, 517–576

25
North, R.: Elenchus of Biblica 1986.— (Roma 1989) 969 S.
(Elenchus of biblical bibliography, 2)

26
Oleson, J. P.: Bronze age, Greek and Roman technology. A select, annotated bibliography.— (New York 1986) XVI, 515 S.
(Bibliographies of the history of science and technology, 13)

27
Pepe, L.; Scivoletto, N.; Zurli, L.: Indice generale degli anni 1948–1987.—
GiornItFil 39, 1987, 255–308

28
Peréx Agorreta, M. J.: Estado actual de las investigaciones sobre historia antigua de Navarra.— Actas. 1er Congreso peninsular de historia antigua, 2 (Santiago de Compostela 1988) 467–479
KB Santiago de Compostela 1986

29
Piccioni, E.: Roma bibliografica. Trent'anni di bibliografia romana. 1959–1988.— (Roma 1989) VIII, 634 S.
(Ricerche bibliografiche, 1)

30
Sabbah, G.; Corsetti, P. P.; Fischer, K. D.: Bibliographie des textes médicaux latins. Antiquité et haut moyen-âge.— (Saint-Etienne 1988) 174 S.
(Centre Jean-Palerne. Mémoires, 6)

31
Schultz, S.: Literaturüberblicke der griechischen Numismatik. Kilikien.—
Chiron 18, 1988, 91–170, Abb.

32
Silberstein Trevisani, S.: Indici dei volumi 1–30 e dei supplementi.—
AnnIstItNum 31–35, 1988, Nr. 1–2, S. I–X, 1–184; 1–188

33
Tsaravopoulos, A.: Συλλογή βιβλιογραφίας για την αρχαία Χίο και τα Ψαρά μετά το 1936.—
Horos 5, 1987, 175–202

34
Woude, A. S. van der: Fünfzehn Jahre Qumranforschung, 1974–1988.—
TheolRu 54, 1989, 221–261

35
Zea, C.: Indices de Cuadernos de prehistoria de la Universidad de Granada, 1–10.—
CuadGranada 10, 1985, 469–492

Handbücher

36
Die Bibel und ihre Welt. Eine Enzyklopädie zur Heiligen Schrift in drei Bänden.
ed. G. Cornfeld.— (Bergisch Gladbach 1988) 1590 S., Abb.

37
The Cambridge Ancient History. Plates to volume 3. The Middle East, the Greek world and the Balkans to the sixth century B.C. New ed.
ed. J. Boardmann.— (Cambridge 1984) XIV, 299 S., Abb.

38
Griechenland. Lexikon der historischen Stätten. Von den Anfängen bis zur Gegenwart.
ed. S. Lauffer.— (München 1989) 775 S., Taf.

39
Griechische und lateinische Quellen zur Frühgeschichte Mitteleuropas bis zur Mitte des 1. Jahrtausends u. Z., 1. Von Homer bis Plutarch (8. Jh. v. u. Z. bis 1. Jh. u. Z.).— (Berlin 1988) 657 S., Taf.
(Schriften und Quellen der alten Welt, 37,1)

40
International directory of arts. 19.ed. 1989/90. 2 Bde.— (Frankfurt a. M. 1989) 1055 S., Abb.; 752 S.

41
Reclams Bibellexikon. 4. Aufl.
ed. K. Koch.— (Stuttgart 1987) 581 S., Abb. Taf.

42
Repertorium nominum gentilium et cognominum latinorum.
ed. H. Solin.— (Hildesheim 1988) X, 474, S.
(Alpha-Omega. Reihe A, 80)

43
Bell, R. E.: Place-names in classical mythology. Greece.— (Santa Barbara 1989) XIII, 350 S.

44
Bocian, M.; u. a.: Lexikon der biblischen Personen.— (Stuttgart 1989) VIII, 510 S.
(Kröners Taschenausgabe, 460)

45
Carpenter, T. H.: Beazley addenda. Additional references to ABV, ARV^2 and Paralipomena. 2. ed.— (Oxford 1989) LI, 481 S., Taf.

46
Hunger, H.: Lexikon der griechischen und römischen Mythologie mit Hinweisen auf das Fortwirken antiker Stoffe und Motive in der bildenden Kunst, Literatur und Musik des Abendlandes bis zur Gegenwart. 8. ed.— (Wien 1988) XI, 557 S., Abb.

47
Mazal, O.: Handbuch der Byzantinistik.— (Graz 1989) 279 s.

48
Montevecchi, O.: La papirologia. 2. ed.— (Milano 1988) XVI, 620 S., Taf.
(Trattati e manuali)

49
Prevot, F.; Barral i Altet, X.: Topographie chrétienne des cités de la Gaule des origines au milieu du VIIIe siècle, 6. Province ecclésiastique de Bourges (Aquitania Prima).— (Paris 1989) 91 S., Abb.

50
Schmitt, H. H.; Vogt, E.: Kleines Wörterbuch des Hellenismus.— (Wiesbaden 1988) XIII, 745 S., Taf.

51
Spitzing, G.: Lexikon byzantinisch-christlicher Symbole. Die Bilderwelt Griechenlands und Kleinasiens.— (München 1989) 344 S., Abb Taf.

52
Travlos, J.: Bildlexikon zur Topographie des antiken Attika.— (Tübingen 1988) XVI, 486 S., Abb.

53
Trendall, A. D.: Red figure vases of South Italy and Sicily. A handbook.— (London 1989) 288 S., Abb.

Geschichte der Altertumskunde

54
100 ans de recherches en Grande Grèce.—
ArcheologiaParis 1989, Nr. 244, 30–35, Abb.

55
Bengtson, H.: Hundert Jahre Handbuch der Altertumswissenschaft.— Der Aquädukt. 1763–1988 (München 1988) 256–265
SB

56
Benoit, P.: French archaeologists.— Benchmarks in time and culture. Dedicated to J. A. Callaway (Atlanta 1988) 63–86

57
Borbein, A. H.: Klassische Archäologie.— (Wissenschaften in Berlin. Begleitband zur Ausstellung 'Der Kongreß denkt', 2. Disziplinen. Berlin 1987, 103–107)
SD

58
Calzavara Capuis, L.: Iscrizioni venetiche nel Museum Veronense, Scipione Maffei e l'"etruscheria'.— Nuovi studi Maffeiani (Verona 1985) 57–69, Abb. Taf.
KB Verona 1983

59
Catling, H. W.: The Society of Antiquaries and the British School at Athens, 1886–1986. The cemeteries of Knossos and Mycenae.—
AntJ 67, 1987, 223–236

60
Cesaretti, M. P.: L'egittologia a Bologna tra Ottocento e Novecento.—
StEgAntPun 2, 1987, 19–39

61
Chippindale, C.: The invention of words for the idea of 'prehistory'.—
ProcPrHistSoc 54, 1988, 303–314

62
Davies, G. I.: British archaeologists.— Benchmarks in time and culture. Dedicated to J. A. Callaway (Atlanta 1988) 37–62

63
Dewachter, M.: Le paradoxe des 'papiers Salvolini' de la Bibliothèque nationale (Mss NAF 20450–20454) et la question des manuscrits des frères Champollion.—
REgypt 39, 1988, 215–227, Abb.

64
Di Vasto, F.: L'antico e l'alba dell'archeologia a Castrovillari.—
(Daedalus 1, 1988, 11–38, Abb.)
SD

65
Fino, L.: Ercolano e Pompei. Vedute neoclassiche e romantiche.—
(Napoli 1988) 191 S., Abb.

66
Freitag, M.: Expeditionszeichnungen als Zeugnisse der Kunst und der Wissenschaft.— Karl Richard Lepsius, 1810–1884 (Berlin 1988) 167–184, Taf.
KB Halle 1984

67
Goring, E.: A mischievous pastime. Digging in Cyprus in the nineteenth century. With a catalogue of the exhibition 'Aphrodite's island. Art and archaeology of ancient Cyprus' held in the Royal Museum of Scotland, Edinburgh from 14 April to 4 September 1988.— (Edinburgh 1988) X, 98 S., Abb.

68
Gorini, G.: Cento anni della Rivista italiana di numismatica.—
RivItNum 90, 1988, XIX–XXIX, Abb.

69
Gran-Aymerich, E.; Gran-Aymerich, J.: Les Phéniciens et la recherche archéologique française.—
ArcheologiaParis 1988, Nr. 240, 74–79, Abb.

70
Gran-Aymerich, E.; Gran-Aymerich, J.: Visions de la Gaule indépendante au XIXe siècle. Mythe historique et réalité archéologique.—
Caesarodunum 23, 1988, 109–119

71
Guidi, A.: The development of prehistoric archaeology in Italy. A short review.—
ActaArch 58, 1987, 237–247, Abb.

72
Habicht, C.: Zur Situation der klassischen Studien in Deutschland um 1763.— Der Aquädukt. 1763–1988 (München 1988) 285–291
SB

73
Heilmeyer, W. D.: Arte antica e produzione artistica. Lo studio delle officine nell'archeologia classica.—
QuadUrbin 28, 1988, 7–26, Taf.

74
Karageorghis, V.: The archaeology of Cyprus. The ninety years after Myres.— (London 1987) 15 S., Taf.
(J. L. Myres memorial lecture, 13)

75
King, P. J.: American archaeologists.— Benchmarks in time and culture. Dedicated to J. A. Callaway (Atlanta 1988) 15–35

76
Kmieciński, J.: Die Übernahme der marxistischen Theorie der Gesellschaftsentwicklung in die polnische Archäologie und Urgeschichte.— Familie, Staat und Gesellschaftsformation (Berlin 1988) 665–670
KB Dresden 1984

77
Le Glay, M.: L'épigraphie latine.—
CRAI 1988, 623–628

78
Marcenaro, M.: Alfredo D'Andrade e il mosaico del battistero di Albenga. Un restauro scientifico del primo Novecento.—
RACrist 63, 1987, 203–243, Abb. Taf.

79
Melucco Vaccaro, A.: Archeologia e restauro. Tradizione e attualità.— (Milano 1989) 336 S., Abb. Taf.

80
Mertens, D.: Jacob Spons Parthenonbild. Kanon. Festschrift E. Berger.—
AntK 15. Bh, 1988, 46–53, Abb. Taf.

81
Miller, J. M.: Antecedents to modern archaeology.— Benchmarks in time and culture. Dedicated to J. A. Callaway (Atlanta 1988) 3–14

82
Papadimitriou, V.: The anastylosis of the ancient monuments on the acropolis of Lindos. Past and present attempts.— Archaeology in the Dodecanese (Copenhagen 1988) 169–171, Abb.
KB København 1986

83
Pietri, C.: L'épigraphie chrétienne.—
CRAI 1988, 629–634

84
Pinon, P.; Amprimoz, F. X.: Les envois de Rome (1778–1968). Architecture et archéologie.— (Rome 1988) XII, 458 S., Taf.
(Collection de l'Ecole française de Rome, 110)

85
Polychronidou-Loukopoulou, L: Ἀρχαιότητες καὶ ἀρχαιολογία τῆς νοτιοανατολικῆς Θράκης.— Η ιστορική, αρχαιολογική και λαογραφική έρευνα για τη Θράκη (Θεσσαλονίκη 1988) 127–137
KB Xanthe 1985

86
Pouilloux, J.: L'épigraphie grecque.—
CRAI 1988, 618–622

87
Ridley, R. T.: The monuments of the Roman Forum. The struggle for identity.—
Xenia 17, 1989, 71–90, Abb.

88
Shedd, M.: Phidias at the Universal Exposition of 1855. The Duc de Luynes and the 'Athena Parthenos'.—
GazBA 108, 1986, 123–134, Abb.

89
Shedd, M.: Phidias in Paris. Félix Ravaisson's Musée Grec at the Palais de l'Industrie in 1860.—
GazBA 105, 1985, 155–170, Abb.

90
Tuena, F. M.: Un bando del 1572 per la regolamentazione degli scavi in Roma.—
Xenia 17, 1989, 91–94, Abb.

91
Weippert, M.; Weippert, H.: German archaeologists.— Benchmarks in time and culture. Dedicated to J. A. Callaway (Atlanta 1988) 87–108

92
Wildung, D.: Prioritäten der Ägyptologie 1884–1984.— Karl Richard Lepsius, 1810–1884 (Berlin 1988) 213–215
KB Halle 1984

93
Wrede, H.: Die 'opera de' pili' von 1542 und das Berliner Sarkophagcorpus. Zur Geschichte von Sarkophagforschung, Hermeneutik und klassischer Archäologie.—
JdI 104, 1989, 373–414, Abb.

Methode und Grundsatzfragen

94
Archeologia e restauro dei monumenti. I Ciclo di lezioni sulla ricerca applicata in archeologia. Certosa di Pontignano, Siena, 28 settembre – 10 ottobre 1987.— (Firenze 1988) 476 S., Abb. Taf.
(Quaderni del Dipartimento di archeologia e storia delle arti, Università di Siena, 12–13)

95
Adams, W. Y.: From pottery to history. The dating of archaeological deposits by ceramic statistics.— Studia meroitica 1984 (Berlin 1989) 423–446, Taf.
KB Roma 1984

96
Agbunov, M. V.: Antičnaja archeologija i paleogeografija. (Russ.) [Archäologie und Paläogeographie.].—
KraSoob 1987, Nr. 191, 3–6

97
Aitchison, N. B.: Roman wealth, native ritual. Coin hoards within and beyond Roman Britain.—
WorldA 20, 1988, 270–284

98
R.-Alföldi, M.: Einleitung. Die Forschungsmethoden der antiken Numismatik.— Methoden der antiken Numismatik (Darmstadt 1989) 1–41
SB

99
Alföldi, M. R.: Sammlung und Sichtung römischer Fundmünzen.—
(Spektrum der Wissenschaft, Juli 1986, 23–24, Abb.)
SD

100
As, A. van: Towards a corpus of Mesopotamian pottery.— A knapsack full of pottery. Archaeo-ceramological miscellanea dedicated to H. J. Franken (Leiden 1987) 29–38, Abb.

101
Bádenas, P.; Olmos, R.: La nomenclatura de los vasos griegos en castellano. Propuestas de uso y normalización.—
AEsp 61, 1988, 61–75, Taf.

102
Bakalakes, G.: Αρχαιολογικά προβλήματα του νομού Έβρου.— Η ιστορική, αρχαιολογική και λαογραφική έρευνα για τη Θράκη (Θεσσαλονίκη 1988) 187–202
KB Xanthe 1985

103
Balista, C.; Ruta Serafini, A.: La necropoli Ricovero di Este. Primi elementi connotativi e linee di approccio metodologico allo scavo.—
AquilNost 57, 1986, 25–44, Abb.

104
Barker, G.; Rasmussen, T.: The archaeology of an Etruscan polis. A preliminary report on the Tuscania project (1986 and 1987 seasons).—
BSR 56, 1988, 25–42, Abb. Taf.

105
Barker, P.: Understanding archaeological excavation.— (New York 1986) 190 S., Abb.

106
Barral, L.; Bussière, J. F.; Simone, S.: Partition des produits de débitage. Lames et éclats.—
BMusMonaco 31, 1988, 83–90, Abb.

107
Bass, G. F.: The great tradition looks ahead.—
Archaeology 42, 1989, Nr. 1, 50–55; 102–103, Abb.

108
Bellezza, A. F.: Caratterizzazione epigrafica ed articolazione storiografica.— La terza età dell'epigrafia (Faenza 1988) 89–95
KB Bologna 1986

109
Bierbrauer, V.: Situazione della ricerca sugli insediamenti nell'Italia settentrionale in epoca tardo-antica e nell'alto medio evo, V–VII sec., Fonti, metodo, prospettive.—
AMediev 15, 1988, 501–515

110
Bintliff, J.; Gaffney, V.: The ager Pharensis-Hvar project 1987.— Recent developments in Yugoslav archaeology (Oxford 1988) 151–156, Taf.
SB

111
Boerma, J. A. K.: Landevaluation in prehistoric perspective. Some observations.— To the Euphrates and beyond. Archaeological studies in honour of M. N. van Loon (Rotterdam 1989) 17–20

112
Boraas, R. S.: Publication of archaeological reports.— Benchmarks in time and culture. Dedicated to J. A. Callaway (Atlanta 1988) 325–333

113
Borowski, O.: Ceramic dating.— Benchmarks in time and culture. Dedicated to J. A. Callaway (Atlanta 1988) 223–233, Abb.

114
Bottazzi, G.; Calzolari, M.: Le ricerche archeologiche di superficie in area padana. Considerazioni sul metodo impiegato dai topografi dell'antichità.—
Padusa 23, 1987, 37–47, Taf.

115
Bouzek, J.: Climatic changes and the pattern of interaction in bronze age Europe.—
PamA 79, 1988, 461–466

116
Dorchester on Thames.—
OxfJA 7, 1988, 271–289, Abb.

117
Bradley, R.: Hoarding, recycling and the consumption of prehistoric metalwork. Technological change in western Europe.—
WorldA 20, 1988, 249–260, Abb.

118
Bradley, R.: Status, wealth and the chronological ordering of cemeteries.—
ProcPrHistSoc 54, 1988, 327–329

119
Braemer, F.: Images datées et datables de l'Occident romain. Méthodes de recherche.—
Caesarodunum 23, 1988, 87–98, Abb. Taf.

120
Bruneau, P.: Philologie mosaïstique.—
JSav 1988, 3–73, Abb.

121
Bruzzi, G.: Prospezioni geofisiche nella zona della basilica di S. Cristoforo 'ad Aquilam'.— Atti del VI Congresso nazionale di archeologia cristiana (Firenze 1986) 433–441, Abb.
KB Pesaro-Ancona 1983

122
Carlton, R.: An ethnoarchaeological study of pottery production. The Dalmatian island of Iž.— Recent developments in Yugoslav archaeology (Oxford 1988) 101–114, Taf.
SB

123
Caselitz, P.; Michl, R. B.: Zur formalen Klassifikation von Gefäßen. Eine Studie zur Gruppierungstechnik am Beispiel des eisenzeitlichen Urnengräberfeldes von Wetzen, Kr. Harburg.—
ZfA 22, 1988, 37–63, Abb.

124
Caselitz, P.: Zur Klassifikation der prädynastischen Keramik von Heliopolis, Unterägypten.—
StAltägKul 15, 1988, 27–52, Abb.

125
Cazzella, A.: Manuale di archeologia. Le società della preistoria.—
(Bari 1989) XI, 334 S., Abb.
(Manuali Laterza, 2)

126
Cerrillo Martín de Cáceres, E.: Arqueología de campos y ciudades en Hispania romana.— Actas. 1er Congreso peninsular de historia antigua, 2 (Santiago de Compostela 1988) 325–331, Abb.
KB Santiago de Compostela 1986

127
Chapman, J.; Shiel, R.: The Neothermal Dalmatia Project. Archaeological survey results.— Recent developments in Yugoslav archaeology (Oxford 1988) 1–17, Taf.
SB

128
Christ, K.: Alte Geschichte und antike Numismatik. Gedanken zu den Entwicklungen in Deutschland.— Studi per L. Breglia, 1 (Roma 1987) 39–48

129
Coindoz, M.: Le Cheval de Troie. Archéologie et b.d.—
ArcheologiaParis 1988, Nr. 239, 52–65, Abb.

130
Contreras Cortés, F.: Clasificación y tipología en arqueología. El camino hacia la cuantificación.—
CuadGranada 9, 1984, 327–385, Abb.

131
Curti, S.: Note di metodologia interpretativa dei dati funerari. Una necropoli dell'età del ferro laziale ed il metodo simbolico-contestuale.—
SciAnt 1, 1987, 121–142

132
Czerner, R.; Wagner, K.: Die Anwendung mathematischer Verfahren zur Überprüfung der chronologischen Ordnung am Beispiel einer jungbronzezeitlichen Höhensiedlung in Tilleda (Kyffhäuser).—
ZfA 22, 1988, 13–36, Abb.

133
Dack, E. van't: Les phénicisants et nous.— Phoenicia and the East Mediterranean in the first millennium B.C. (Leuven 1987) 1–18
KB Louvain 1985

134
De Guio, A.: Analisi della sopravvivenza. Dalle scienze biomediche all'archeologia.—
AquilNost 57, 1986, 101–128, Abb.

135
Dever, W. G.: Impact of the 'new archaeology'.— Benchmarks in time and culture. Dedicated to J. A. Callaway (Atlanta 1988) 337–352

136
Dueñas, J. A.; Freixa, A.; Moreno, V.; u. a.: Estímulos endógenos y exógenos en el desarrollo de la jerarquización de la Laietania Oriental en época ibérica.— Actas. 1er Congreso peninsular de historia antigua, 2 (Santiago de Compostela 1988) 39–49, Taf.
KB Santiago de Compostela 1986

137
Dunnell, R. C.: Hope for an endangered science.—
Archaeology 42, 1989, Nr. 1, 63–65; 104–105, Abb.

138
Eakins, J. K.: The future of biblical archaeology.— Benchmarks in time and culture. Dedicated to J. A. Callaway (Atlanta 1988) 441–454

139
Edis, J.; MacLeod, D.; Bewley, R.: An archaeologist's guide to classification of cropmarks and soilmarks.—
Antiquity 63, 1989, 112–126, Abb.

140
Eggert, M. K. H.: Riesentumuli und Sozialorganisation. Vergleichende Betrachtungen zu den sogenannten Fürstenhügeln der späten Hallstattzeit.—
AKorrBl 18, 1988, 263–274

141
Eisner, M.: Zukunftsperspektiven archäologischer Wissensdarstellung auf dem Computer.— Bathron. Beiträge zur Architektur und verwandten Künsten für H. Drerup (Saarbrücken 1988) 115–120

142
Eschbaumer, P.; Faber, A.: Die südgallische Reliefsigillata. Kritische Bemerkungen zur Chronologie und zu Untersuchungsmethoden.—
FuBerBadWürt 13, 1988, 223–247

143
Eustratiou, N.: Η ζωντανή αρχαιολογία της ορεινής Ροδόπης. Ένα παράδειγμα.— Η ιστορική, αρχαιολογική και λαογραφική έρευνα για τη Θράκη (Θεσσαλονίκη 1988) 159–165, Taf.
KB Xanthe 1985

144
Filippi, G.: La definizione dei confini municipali con il sistema dei poligoni di Thiessen.— Γεωγραφία (Roma 1988) 55–75, Abb.
KB Macerata 1985

145
Gaitzsch, W.: Geländeprospektion und Flächenstruktur römischer Siedlungen im Hambacher Forst, Kreis Düren.—
AKorrBl 18, 1988, 373–387, Abb.

146
Gallay, A.: Logicism. A French view of archaeological theory founded in computational perspective.—
Antiquity 63, 1989, 27–39, Abb.

147
Gasche, H.: Réflexions sur une archéologie.— A knapsack full of pottery. Archaeo-ceramological miscellanea dedicated to H. J. Franken (Leiden 1987) 25–28

148
Gates, M. H.: Dialogues between ancient Near Eastern texts and the archaeological record. Test cases from bronze age Syria.—
BASOR 1988, Nr. 270, 63–91, Abb.

149
Genévrier, L.: Les apports des collections étrangères à la connaissance du monnayage en Illyrie méridionale.— L'Illyrie méridionale et l'Epire dans l'antiquité (Clermont-Ferrand 1987) 221–222
KB Clermont-Ferrand 1984

150
Ginatempo, M.: Corpi e uomini tra scienza e storia. Studi di osteo-archeologia umana per l'Italia medievale.—
AMediev 15, 1988, 7–64

151
Giuliano, A.: Studi sul ritratto romano editi dal Consiglio nazionale delle ricerche.—
Xenia 17, 1989, 95–98, Abb.

152
Glock, A. E.: Where to draw the line. Illustrating ceramic technology.— A knapsack full of pottery. Archaeo-ceramological miscellanea dedicated to H. J. Franken (Leiden 1987) 93–100, Abb.

153
Göbl, R.: Eckhelianum I. Die Krise der Numismatik.— Studi per L. Breglia, 1 (Roma 1987) 19–37

154
Guey, J.; Carcassonne, C.: A propos des tétradrachmes à la Gorgone, c.545 – c.510 av. J. C.—
RevNum 30, 1988, 257–267, Abb.

155
Guzzo, P. G.: Schema per la categoria interpretativa del 'santuario di frontiera'.—
SciAnt 1, 1987, 373–379

156
Guzzo, P. G.: Per una storia della ricerca sull'archeologia dei Brezi.— Per un'identità culturale dei Brettii (Napoli 1988) 171–175
SB

157
Hackens, T.: L'apport de la numismatique à l'histoire économique.— Histoire économique de l'antiquité (Louvain-la-Neuve 1987) 151–169
KB Antwerpen 1985

158
Härke, H.: Die anglo-amerikanische Diskussion zur Gräberanalyse.—
AKorrBl 19, 1989, 185–194

159
Harding, A. F.; Tait, W. J.: The beginning of the end. Progress and prospects in Old World chronology.—
Antiquity 63, 1989, 147–152

160
Hausmann, U.: Über Inhalt und Zweck archäologischer Handbücher.— (Der Aquädukt 1763–1988. Ein Almanach aus dem Verlag C. H. Beck im 225. Jahr seines Bestehens. München [1988], 265–271)
SD

161
Heilmeyer, W. D.: Arte antica e produzione artistica. Lo studio delle officine nell'archeologia classica.—
QuadUrbin 28, 1988, 7–26, Taf.

162
Heiner, R.: Siedlungskeramik einmal anders. – Kleine Schriften aus dem Vorgeschichtlichen Seminar Marburg, 27.— (Marburg 1989) 43–62, Abb.

163
Hodder, I.: Material culture texts and social change. A theoretical discussion and some archaeological examples.—
ProcPrHistSoc 54, 1988, 67–75

164
Hodder, I.: La arqueología en la era post-moderna.—
TrabPrHist 44, 1987, 11–26

165
Hole, F.: Themes and problems in Iranian archaeology.— The archaeology of Western Iran (Washington 1987) 19–27
SB

166
Jones, A. K. G.; Hutchinson, A. R.; Nicholson, C.: The worms of Roman horses and other finds of intestinal parasite eggs from unpromising deposits.—
Antiquity 62, 1988, 275–276

167
Kautz III, J. R.: Archaeological surveys.— Benchmarks in time and culture. Dedicated to J. A. Callaway (Atlanta 1988) 209–222

168
Kendall, T.: Ethnoarchaeology in Meroitic studies.— Studia meroitica 1984 (Berlin 1989) 625–733, Taf.
KB Roma 1984

169
Klápště, J.: Poznámky k některým tendencím v současném vývoji archeologické pramenné základny. (Tschech. m. dtsch. Res.) Bemerkungen zu einigen Tendenzen in der Entwicklung der archäologischen Quellenbasis.—
ARozhl 41, 1989, 75–84, Abb.

170
Kobyliński, Z.: The settlement structure and the settlement process. The identification of the continuity and change in a sociocultural system in time.—
APolona 25–26, 1987, 121–155

171
Kohl, P.: The ancient economy, transferable technologies and the bronze age world-system. A view from the northeastern frontier of the ancient Near East.— Centre and periphery in the ancient world (Cambridge 1987) 13–24, Abb.
SB

172
Korobkova, G. F.: El análisis experimental y las huellas de uso en el estudio de la economía de las sociedades antiguas.—
CuadGranada 9, 1984, 305–325, Abb.

173
Künzl, E.: Archäologische Beiträge zur Medizingeschichte. Methoden, Ergebnisse, Ziele.— Etudes de médecine romaine (Saint-Etienne [1989]) 61–73, Taf.
SB

174
LaBianca, Ø. S.: Sociocultural anthropology and Syro-Palestinian archaeology.— Benchmarks in times and culture. Dedicated to J. A. Callaway (Atlanta 1988) 369–387

175
Leonardi, G.: Procedure di stratigrafia processuale. La necropoli paleoveneta del Piovego a Padova.—
AquilNost 57, 1986, 209–236, Abb.

176
Lordkipanidze, O. D.: 'Ėllinizm', 'ėllinističeskij mir', 'ėllinističeskaja kul'tura'. (Russ. m. engl. Res.) [Hellenism, hellenistic world, hellenistic culture.].— The Black Sea littoral in the hellenistic times (Tbilisi 1985) 8–34
KB Cchaltubo 1982

177
Masson, V. M.: Modern Soviet archaeology. Organization, methodology and politics on the past.—
ActaArch 58, 1987, 201–206, Abb.

178
Mattingly, G. L.: Settlement patterns and sociocultural reconstruction.— Benchmarks in time and culture. Dedicated to J. A. Callaway (Atlanta 1988) 389–415, Abb.

179
Mazar, A.: Israeli archaeologists.— Benchmarks in time and culture. Dedicated to J. A. Callaway (Atlanta 1988) 109–128, Abb.

180
Mazzoni, S.: 'Problèmes et questions ouvertes' nell'archeologia orientale.—
VicOr 7, 1988, 59–69

181
Metzger, H.: Une nouvelle approche de l'image.— Πρακτικά του XII Διεθνούς συνεδρίου κλασικής αρχαιολογίας, 2 (Αθήνα 1988) 146–151
KB Athenai 1983

182
Miari, M.: La documentazione dei siti archeologici dei bacini del Fiora e dell'Albegna. Criteri di classificazione e analisi dei modelli di insediamento dell'età del bronzo.—
Padusa 23, 1987, 113–133, Taf.

183
Molinos Molinos, M.; Ruiz Rodríguez, A. C.; Nocete Calvo, F.: El poblamiento ibérico de la campiña del Alto Guadalquivir. Proceso de formación y desarrollo de la servidumbre territorial.— Actas. 1er Congreso peninsular de historia antigua, 2 (Santiago de Compostela 1988) 79–88, Abb.
KB Santiago de Compostela 1986

184
Moscati, S.: Fenicio o punico o cartaginese.—
RStFen 16, 1988, 3–13

185
Müller-Karpe, H.: Weltarchäologie.— Der Aquädukt. 1763–1988 (München 1988) 272–275
SB

186
Nandris, J.: Ethnoarchaeology and latinity in the mountains of the southern Velebit.— Recent developments in Yugoslav archaeology (Oxford 1988) 125–142, Taf.
SB

187
Nandris, J. G.: The r- and K-strategy societies of Lepenski Vir in early neothermal perspective.—
RdA 12, 1988, 5–13, Abb.

188
Nocete Calvo, F.: Jefaturas y territorio. Una visión crítica.—
CuadGranada 9, 1984, 289–304

189
Ollich i Castanyer, I.: De Laplace a Harris. L'exemple experimental del jaciment de L'Esquerda.— Arqueología medieval española, 2 (Madrid 1987) 59–68, Abb.
KB Madrid 1987

190
Pasotti, M.: Inversione di rilievo e problemi di datazione nell'arte rupestre.— Benaco '85. La cultura figurativa rupestre (Torino 1986) 117–122, Abb.
KB Torri del Benaco 1985

191
Pryor, F.: 'Look what we've found'. A case study in public archaeology.—
Antiquity 63, 1989, 51–61, Abb.

192
Rainey, A. F.: Historical geography.— Benchmarks in time and culture. Dedicated to J. A. Callaway (Atlanta 1988) 353–368

193
Rausing, G.: The Elgin Marbles syndrome.—
Fornvännen 83, 1988, 109–111

194
Reece, R.: Interpreting Roman hoards.—
WorldA 20, 1988, 261–269

195
Renfrew, C.: Progressi nell'archeologia dell'interazione. La questione dei megaliti.—
SciAnt 1, 1987, 497–512

196
Roncuzzi Fiorentini, I.: Esame scientifico di alcuni mosaici pavimentali in Ancona.— Atti del VI Congresso nazionale di archeologia cristiana (Firenze 1986) 621–626
KB Pesaro-Ancona 1983

197
Rosen, A. M.: Cities of clay. The geoarcheology of tells.— (Chicago 1986) XIX, 167 S., Abb.
(Prehistoric archeology and ecology)

198
Rowlands, M.: Centre and periphery. A review of a concept.— Centre and periphery in the ancient world (Cambridge 1987) 1–11
SB

199
Rudolph, W.: Workshops. Some reflections and some pots.— Proceedings of the 3rd Symposium on ancient Greek and related pottery (København 1988) 524–535, Abb.
KB København 1987

200
Ruiz Zapatero, G.: La recensión de publicaciones arqueológicas. 'S.O.S.'.—
TrabPrHist 44, 1987, 313–321

201
Salmon, P.: Les insuffisances du matériel épigrafique sur la mortalité dans l'antiquité romaine.— La mort, les morts et l'au-delà dans le monde romain (Caen 1987) 99–112
KB Caen 1985

202
Samuel, D.: Plant remains from the northwest tell at Buṣrā.—
Berytus 34, 1986, 83–96, Abb.

203
Sanders, G.: La perennité du message épigraphique. De la communauté chrétienne élitaire du Bas-Empire au corps professoral de l'université médiévale de Bologne.— La terza età dell'epigrafia (Faenza 1988) 349–414
KB Bologna 1986

204
Šašel, J.: La montagna romana. Problemi e metodi della ricerca.—
Sestinum (Rimini 1989) 211–218
KB Sestino 1983

205
Schilling, R.: Qu'est-ce que l'humanisme? Ses sources grecques, ses sources latines.— Dans le sillage de Rome (Paris 1988) 245–257

206
Schneider, A.: 'Αρχαιολογέω. Some comments on methods and sources in music archaeology.— Second conference of the ICTM Study Group on Music Archaeology, 1 (Stockholm 1986) 195–224, Abb.
KB Stockholm 1984

207
Schuring, J.: Terra sigillata africana from the San Sisto Vecchio in Rome. Aspects of fabric characterization. A preliminary assessment.— A knapsack full of pottery. Archaeo-ceramological miscellanea dedicated to H. J. Franken (Leiden 1987) 54–73

208
Sherratt, A.; Sherratt, S.: The archaeology of Indo-European. An alternative view.—
Antiquity 62, 1988, 584–595, Abb.

209
Slapšak, B.: The 1982–1986 ager Pharensis survey. Potentials and limitations of 'wall survey' in karstic environments.— Recent developments in Yugoslav archaeology (Oxford 1988) 145–149
SB

210
Stemberger, G.: Aufgaben und Ziele der Judaistik.— Der Aquädukt. 1763–1988 (München 1988) 312–317
SB

211
Strange, J. F.: Computers and archaeological research.— Benchmarks in time and culture. Dedicated to J. A. Callaway (Atlanta 1988) 307–324

212
Tabaczyński, S.: Die ersten archäologischen Zeugnisse für die soziale Differenzierung in Mitteleuropa.— Familie, Staat und Gesellschaftsformation (Berlin 1988) 300–306
KB Dresden 1984

213
Thomas, C.: The voice of the inarticulate.—
ArchCl 38–40, 1986–88, 181–196

214
Török, L.: Meroitic art. Informations and illusions.— Studia meroitica 1984 (Berlin 1989) 535–548
KB Roma 1984

215
Voigtländer, W.: Teichiussa im zweiten Jahrtausend.— Kolloquium zur ägäischen Vorgeschichte (Mannheim 1987) 133–137
KB Mannheim 1986

216
Vries, G. J. de: Psychohistorical vistas.—
Mnemosyne 41, 1988, 373–375

217
Weiner, J.: Praktische Versuche zur Herstellung und Verwendung von Birkenpech.—
AKorrBl 18, 1988, 329–334

Archäologische Techniken

218
Archäologie und neue Technologien.
ed. C. Steckner.— (Freiburg 1988) 170 S., Abb.
(Schriften des Deutschen Archäologen-Verbandes, 10)

219
Archeologia e informatica. Analisi delle metodologie e delle tecnologie dell'informazione in archeologia, con particolare riferimento alla cartografia, allo scavo, alla catalogazione ed agli aspetti museali e didattici. Atti del convegno, Roma 3–5 marzo 1988.— (Roma 1988) 191 S., Abb.
(Quaderni dei dialoghi di archeologia, 4)

220
Archeologia e restauro dei monumenti. I Ciclo di lezioni sulla ricerca applicata in archeologia. Certosa di Pontignano, Siena, 28 settembre – 10 ottobre 1987.— (Firenze 1988) 476 S., Abb. Taf.
(Quaderni del Dipartimento di archeologia e storia delle arti, Università di Siena, 12–13)

221
Capolavori e restauri. [Catalogo della mostra] Firenze, Palazzo Vecchio, 14 dicembre 1986 – 26 aprile 1987.— (Firenze 1986) 485 S., Abb.

222
Classical marble. Geochemistry, technology, trade. Proceedings of the NATO Advanced Research Workshop on Marble in ancient Greece and Rome. Geology, quarries, commerce, artifacts. Il Ciocco (Lucca) May 9–13, 1988.— (Dordrecht 1988) XVI, 482 S., Abb.
(NATO Advanced Science Institutes series, E, 153)

223
Computer and quantitative methods in archaeology 1988. 2 Bde.
ed. S. P. Q. Rahtz.— (Oxford 1988) XXII, IX, 550 S., Abb.
(British archaeological reports. International series, 446)

224
Dalla battaglia delle Egadi per un'archeologia del Mediterraneo. 2º Convegno internazionale di archeologia subacquea del Mediterraneo, Favignana 28 maggio 1985.
ed. G. D'Angelo.— (Trapani 1988) 167 S., Taf.

225
Etruria meridionale. Conoscenza, conservazione, fruizione.— Atti del convegno, Viterbo 29–30 novembre – 1 dicembre 1985 (Roma 1988) 267 S., Abb. Taf.
(Regione Lazio. Assessorato alla cultura)

226
'From the depths of the sea.' Psalms 68,22. Cargoes of ancient wrecks from the Carmel coast [Catalogue of the exhibition] The Israel Museum, Jerusalem [1985].— (Jerusalem 1985) 45 S., Abb. Taf.

227
Marbres helléniques de la carrière au chef-d'oeuvre. Exposition Bruxelles, 18 décembre 1987 au 13 mars 1988.— (Bruxelles 1987) 191 S., Abb.

228
Memorabilia. Il futuro della memoria. Beni ambientali architettonici archeologici artistici e storici in Italia, 1–3.
ed. F. Perego.— (Bari 1987) XXX, 488 S., Abb.; XXX, 653 S., Abb.; XI, 484 S., Abb.
(Grandi opere)

229
Mikrocomputer in der Archäologie. Steinförde-Tagung, 14. bis 18. April 1986.—
WissZBerl 37, 1988, 201–311, Abb.

230
Le moulage. Actes du Colloque international, [Paris] 10–12 avril 1987.— (Paris 1988) 240 S., Abb.

231
Museo della civiltà romana. Guida.
ed. A. M. Liberati Silverio.— (Roma 1987) 133 S., Taf.

232
New aspects of archaeological science in Greece. Proceedings of a meeting held at the British School at Athens, January 1987.
ed. R. E. Jones.— (Athens 1988) VII, 60 S., Abb.

233
Pompei. L'informatica al servizio di una città antica. Analisi delle funzioni urbane. Fotopiani e piante. Textbd.; Beil. im Schuber.— (Roma 1988) 184 S., Abb.; 10 S.

234
Ricerca storica e prospezione archeologica. Atti dell'incontro di studio Università – Gruppi archeologici friulani, [Udine] 15–16 dicembre 1984.— (Udine 1985) 202 S., Taf.
(Istituto di storia dell'Università di Udine. Serie monografica di storia moderna e contemporanea, 10)

235
Scanning electron microscopy in archaeology.
ed. S. L. Olsen.— (Oxford 1988) IX, 408 S., Abb.
(British archaeological reports. International series, 452)

236
Science and archaeology, Glasgow 1987. Proceedings of a conference on the application of scientific techniques to archaeology, Glasgow September 1987. 2 Bde.
ed. E. A. Slater.— (Oxford 1988) XI, 667 S., Abb.
(British archaeological reports. British series, 196)

237
I siti archeologici. Un problema di musealizzazione all'aperto.
ed. B. Amendolea.— Primo seminario di studi, Roma febbraio 1988 (Roma 1988) 276 S., Abb. Taf.

238
Alebo, L.: Manufacturing of drumskins and tendon strings for prehistoric musical instruments.— Second conference of the ICTM Study Group on Music Archaeology, 1 (Stockholm 1986) 41–48, Abb.
KB Stockholm 1984

239
Alteri, G.: Le collezioni di calchi del medagliere della Bibliotheca Apostolica Vaticana.— Miscellanea Bibliothecae Apostolicae Vaticanae, 1 (Città del Vaticano 1987) 7–26, Abb. Taf.
SB

240
Arias, C.: L'archeomagnetismo.— Archeologia e restauro dei monumenti (Firenze 1988) 455–476, Abb.
KB Siena 1987

241
Arnoldus Huyzenveld, A.; Maetzke, G.: L'influenza dei processi naturali nella formazione delle stratificazioni archeologiche. L'esempio di uno scavo al Foro Romano.—
AMediev 15, 1988, 125–175, Abb.

242
Attas, M.: The fineness of Tarentine didrachmas.— Συνεισφορά McGill, 1. Papers in memory of C. D. Gordon (Amsterdam 1987) 99–115, Abb.

243
Bahn, B. W.: Bodendenkmalpflege als Bestandteil von Landschaftspflegeplänen.—
AusgrFu 33, 1988, 217–221

244
Barbin, V.; Chamay, J.; Decrouez, D.; u. a.: A la recherche de l'origine des marbres blancs utilisés dans l'antiquité.—
AntK 32, 1989, 155–158, Taf.

245
Barker, P.: Understanding archaeological excavation.— (New York 1986) 190 S., Abb.

246
Beek, G. W. van: Excavation of tells.— Benchmarks in time and culture. Dedicated to J. A. Callaway (Atlanta 1988) 131–167, Abb.

247
Berg, J. M. van den: Sarcofaag in restauratie.—
VerAmstMeded 43, 1988, 8–11, Abb.

248
Bertacchi, L.; D'Angela, D.; Longinelli, A.; u. a.: L'origine dei marmi di Aquileia alla luce di uno studio geochimico-isotopico.—
AquilNost 56, 1985, 421–440, Abb.

249
Bettini, C.: La pittura tarquiniese. Problematiche conservative e metodologie d'intervento.— Tarquinia. Ricerche, scavi e prospettive (Milano 1987) 43–57, Taf.
KB Milano 1986

250
Biers, W. R.; u. a.: Non-destructive extraction studies of Corinthian plastic vases. Methods and problems. A preliminary report.— Proceedings of the 3rd Symposium on ancient Greek and related pottery (København 1988) 33–50, Abb.
KB København 1987

251
Bingöl, I.: Augustus tapınağındaki tahribata ilişkin gözlemler. (Türk.) [Beobachtungen der Schäden am Augustus-Tempel.].—
AnadoluYıl 1986, 34–37, Abb.

252
Blot, J. Y.: Archéologie sous-marine.— (Paris 1988) 253 S., Abb.

253
Borger, H.: Aufgaben und Aspekte der Stadtarchäologie.—
DenkmPflBadWürt 18, 1989, 32–44, Abb.

254
Born, H.: Zum derzeitigen Stand der Restaurierung antiker Bronzen und zur Frage nach zeitgenössischen polychromen Oberflächen.— Griechische und römische Statuetten und Großbronzen (Wien 1988) 175–180, Abb.
KB Wien 1986

255
Bourgeois, B.: La conservation des céramiques archéologiques. Etude comparée de trois sites chypriotes.— (Lyon 1987) 100 S., Abb. Taf.
(Collection de la Maison de l'Orient méditerranéen, 18. Série archéologique, 10)

256
Bowden, M.: Priority scores for archaeological evaluation.—
Antiquity 62, 1988, 286–288

257
Brachert, T.: Die Reise nach Arkadien. Eine Kritik archäologischer Wiedererrichtungen.— (Zeitschrift für Kunsttechnologie und Konservierung 2, 1988, 315–328, Abb.)
SD

258
Bresciani, E.; u. a.: Tomba di Bakenrenef (L. 24). Attività del cantiere scuola 1985–1987.— (Pisa 1988) 87 S., Abb.
(Saqqara, 4)

259
Bronitsky, G.: A computer-based system for measurement of thermal properties of archaeological ceramics.— A knapsack full of pottery. Archaeo-ceramological miscellanea dedicated to H. J. Franken (Leiden 1987) 87–92

260
Buchholz, H. G.; u. a.: Archäologische Holzfunde aus Tamassos, Zypern.—
ActaPrHistA 20, 1988, 75–157, Abb.

261
Bühl, H.; Sticher, H.; Barmettler, K.: Die Bodenkunde im Dienst der Archäologie.—
JbSchwGesUrgesch 72, 1989, 215–228, Abb.

262
Burnand, Y.: Une expérience de déconcentration en Lorraine. Les 'antennes archéologiques' de la Direction des antiquités historiques.—
Latomus 47, 1988, 340–347, Abb.

263
Carter, G. F.: Zinc content of Neronian semisses and quadrantes and the relative value of zinc and copper in the coins of Nero.—
MusNotAmNumSoc 33, 1988, 91–106

264
Castelletti, L.: Dendrocronologia.— Archeologia e restauro dei monumenti (Firenze 1988) 421–454, Abb.
KB Siena 1987

265
Cavanagh, W. G.; Hirst, S.; Litton, C. D.: Soil phosphate, site boundaries, and change point analysis.—
JFieldA 15, 1988, 67–83, Abb.

266
Chalkias, S.; Vavelidis, M.; Schmitt-Strecker, S.; u. a.: Geologische Interpretation der Blei-Isotopen-Verhältnisse von Erzen der Insel Thasos, der Ägäis und Nordgriechenlands.— Antike Edel- und Buntmetallgewinnung auf Thasos (Bochum 1988) 59–74, Abb.
SB

267
Coates, J.: The replica of the Greek trieres.— Local boats, 1 (Oxford 1988) 11–22, Abb.
KB Porto 1985

268
Cordischi, D.: Identificazione della provenienza di marmi mediante la tecnica di risonanza di spin elettronico. Analisi dei frammenti della 'Venere' di Cannicella.—
AnnFaina 3, 1987, 41–45, Abb.

269
Corfield, M.: The reshaping of archaeological metal objects. Some ethical considerations.—
Antiquity 62, 1988, 261–265

270
Cristofani, M.; Nardi, G.; u. a.: Caere, 1. Il parco archeologico.— (Roma 1988) 115 S., Abb. Taf.
(Consiglio nazionale delle ricerche)

271
Cuomo di Caprio, N.: Techniche analitiche applicate a campioni ceramici di Tarquinia.— Tarquinia. Ricerche, scavi e prospettive (Milano 1987) 111–127, Taf.
KB Milano 1986

272
Çurri, O.: Ecuri në ruajtjen dhe restaurimin e mozaikëve. (Alban. m. franz. Res.) Evolution au processus de la sauvegarde et de la restauration des mosaïques.—
Monumentet 36, 1988, 103–106, Abb.

273
Davis, J. J.: Excavation of burials.— Benchmarks in time and culture. Dedicated to J. A. Callaway (Atlanta 1988) 179–208, Abb.

274
Dell'Anna, A.: Applicazione dell'analisi mineralogica allo studio della ceramica impressa di Corno San Matteo, Chiantinelle (FG).—
Taras 6, 1986, 97–103, Taf.

275
Di Filippo Balestrazzi, E.; Maddalena, A.; Principi, G.: Officine di lucerne di Aquileia. Caratterizzazione fisico-chimica.— Vita sociale artistica e commerciale di Aquileia romana, 2 (Udine 1987) 467–477, Abb.
KB Aquileia 1985

276
Dodinet, M.; Leblanc, J.; Vallat, J. P.: Utilisations de moyens informatiques en archéologie du paysage.—
DialHistAnc 13, 1987, 315–343, Taf.

277
Duerden, P.: PIXE-PIGME analysis of a series of Byzantine painted bowls from Northern Jordan.—
MedA 1, 1988, 96–111, Abb.

278
Eddy, M. R.: Heritage conservation in the Canary Islands, Spain. The Guayadeque archaeological park and other proposed parks.—
Antiquity 63, 1989, 127–131, Abb.

279
Eggert, G.: Eine einfache Feldmethode zum qualitativen Bleinachweis.—
AKorrBl 18, 1988, 417–420

280
Einaudi, R.: Una ipotesi progettuale sul centro antico di Napoli.—
Neapolis (Taranto [1988]) 165–177, Taf.
KB Taranto 1985

281
Eisner, M.: ARBOR. Eine Sprache zur Beschreibung und ein Programmpaket zur Verarbeitung hierarchischer Datenobjekte der klassischen Archäologie und Kunstgeschichte.— (Sankt Augustin 1989) 64 S., Abb.
(GMD-Studien, 159)

282
Eluère, C.; Raub, C. J.; Weiss, H.: Eine moderne Anwendung des Probiersteines bei der Analyse antiker Edelmetallfunde.—
AKorrBl 18, 1988, 275–277, Abb. Taf.

283
Erder, C.: Kültürel varlıkların korunmasında bilim ve teknoloji. (Türk.) [Wissenschaft und Technologie des Schutzes von Kulturgütern.].—
Anadolu 21, 1978–80 [1987], 113–119

284
Fabre, P.: Chalain. Cité lacustre.—
ArcheologiaParis 1988, Nr. 240, 62–65, Abb.

285
Fancelli, P.: Rimozione delle macchie nere dai reperti di scavo. Una scoperta nel restauro archeologico.—
Antiqua 14, 1989, Nr. 1, 44–50, Abb.

286
Fernández, V. M.: Searching for structure within a Meroitic cemetery.— Studia meroitica 1984 (Berlin 1989) 469–477, Taf.
KB Roma 1984

287
Filtzinger, P.: Provinzialrömische Luftbildarchäologie in Südwestdeutschland. Kastellforschung.— Zivile und militärische Strukturen im Nordwesten der römischen Provinz Raetien (Heidenheim 1988) 72–91, Abb.
KB Heidenheim 1987

288
Fischer, T.; Polz, W.: Mineralogisch-petrographische Untersuchungen an spätlatènezeitlicher bemalter Keramik aus Bayern.—
AKorrBl 19, 1989, 137–144, Abb. Taf.

289
Gersbach, E.; Hahn, J.: Ausgrabung heute. Methoden und Techniken der Feldgrabung.— (Darmstadt 1989) VII, 166 S., Abb.
(Die Archäologie. Einführungen)

290
Gizzi, S.: Nuove conoscenze e problemi di recupero della villa di Nerone ad Anzio.— Archeologia laziale, 9 (Roma 1988) 495–502, Abb.
KB Roma 1987

291
Glock, A. E.: Where to draw the line. Illustrating ceramic technology.— A knapsack full of pottery. Archaeo-ceramological miscellanea dedicated to H. J. Franken (Leiden 1987) 93–100, Abb.

292
Gonçalves, C.; Melo, M. F.: Estudos de caracterização mineralógica e microestrutural de cerâmicas pré-históricas de estações da área Telões, Chaves.—
Portugalia 6–7, 1985–86, 89–102, Taf.

293
Gowlett, J. A. J.; Hedges, R. E. M.; Law, I. A.: Radiocarbon accelerator (AMS) dating of Lindow Man.—
Antiquity 63, 1989, 71–79

294
Guermandi, M. P.; u. a.: Aladino. Uno strumento per la gestione dei dati di scavo.—
Inserto di IBC-Informazioni 5, 1989, Nr. 2, o. Pagin., Abb.

295
Guerri, M.; Revedin, A.: Elaborazione statistica computerizzata delle industrie litiche preistoriche. Metodo analitico-strutturale G. Laplace 1972–1977.—
RivScPr 40, 1985–86, 3–15, Abb.

296
Gulik, K. van; Bernhardt, B.: Georadar scanning at Valesio.—
BABesch 62, 1987, 103–108, Abb.

297
Guy, M.: Chronologie relative et explications des formes d'anciens rivages d'après leurs images aériennes.— Déplacements des lignes de rivage en Méditerranée d'après les données de l'archéologie (Paris 1987) 45–58, Abb.
KB Aix-en-Provence 1985

298
Harrison, R. J.: Bell beakers in Spain and Portugal. Working with radiocarbon dates in the 3rd millennium BC.—
Antiquity 62, 1988, 464–472, Abb.

299
Harting, D.: Zur Klassifizierung der meroitischen Keramik von Musawwarat es-Sufra mit Verfahren der Clusteranalyse, 2.—
Studia meroitica 1984 (Berlin 1989) 489–500, Taf.
KB Roma 1984

300
Hauptmann, A.; Pernicka, E.; Wagner, G. A.: Untersuchungen zur Prozeßtechnik und zum Alter der frühen Blei-Silbergewinnung auf Thasos.— Antike Edel- und Buntmetallgewinnung auf Thasos (Bochum 1988) 88–112, Abb.
SB

301
Hedges, R. E. M.; Housley, R. A.: Radiocarbon accelerator dating. The work of the Oxford accelerator laboratory.—
RdA 12, 1988, 91–95

302
Heilmeyer, W. D.: Der Bronzekopf von Kythera. Neue Beschreibung.— Griechische und römische Statuetten und Großbronzen (Wien 1988) 57–65, Abb.
KB Wien 1986

303
Heilmeyer, W. D.: Falsche Liebe. Rekonstruktionen von Arretiner Formschüsseln um 1900.—
AA 1989, 261–270, Abb.

304
Heilmeyer, W. D.: Kunstexport, Neuerwerbungen, Leihgaben.—
JbPreussKul 25, 1988, 117–124

305
Helskog, K.; Schweder, T.: Estimating the number of contemporaneous houses from C-14 dates.—
Antiquity 63, 1989, 166–172, Abb.

306
Hesnard, A.; Carre, M. B.; Rival, M.; u. a.: L'épave romaine Grand Ribaud D (Hyères, Var).—
Archaeonautica 8, 1988, 3–180, Abb.

307
Hintze, F.: On mathematical methods in archaeology.— Studia meroitica 1984 (Berlin 1989) 401–421
KB Roma 1984

308
Horowitz, A.: Palynology.— Benchmarks in time and culture. Dedicated to J. A. Callaway (Atlanta 1988) 261–278, Abb.

309
Hunt, P. N.; Griffiths, D. R.: Optical petrology in the field.—
WorldA 21, 1989, 165–172, Abb.

310
Ioppolo, G.: Questioni di metodo in margine all'indagine stratigrafica nell'area di S. Omobono.—
BStorArt 31, 1988, 7–14, Abb.

311
Jaguttis-Emden, M.: Bemerkungen zu Kalibration und Interpretation archäologischer ^{14}C-Standarddatierungen.—
ActaPrHistA 20, 1988, 183–188, Abb.

312
Karageorghis, V.: Pillage du patrimoine culturel chypriote en Chypre occupée. [Communication à la Conférence du Conseil international des musées, Athènes 29 au 31 octobre 1984.].— (Nicosia o. J.) 15 S., Abb.

313
Klenk, G. B.: Geologisch-mineralogische Untersuchungen zur Technologie frühbronzezeitlicher Keramik von Lidar Höyük (Südost-Anatolien).— (München 1987) 64 S., Abb.
(Münchner geowissenschaftliche Abhandlungen. B, 3)

314
Knapp, A. B.; Duerden, P.; Wrigth, R. V. S.; u. a.: Ceramic production and social change. Archaeometric analysis of bronze age pottery from Jordan.—
JMedA 2, 1988, 57–113, Abb.

315
Korres, M.; Toganides, N.; Zampas, K.; u. a.: Μελέτη ἀποκαταστάσεως τοῦ Παρθενῶνος 2a-b.— (Ἀθῆνα 1989) 227 S., Abb. Taf.; 7 S., Taf.

316
Krause, R.: Die endneolithischen und frühbronzezeitlichen Grabfunde auf der Nordstadtterrasse von Singen am Hohentwiel.— (Stuttgart 1988) 350 S., Abb. Taf. Beil.
(Forschungen und Berichte zur Vor- und Frühgeschichte in Baden-Württemberg, 32)

317
Kreindler, H.: The application of SEM for authentication of an important find of 'year five' shekels of the Jewish war.—
IsrNumJ 9, 1986–87, 38–45, Abb. Taf.

318
Kreutle, R.: Berghülen, Asch, Sonderbuch. Zur Entstehung einer archäologischen Fundlandschaft auf der Blaubeurer Alb.— DenkmPflBadWürt 17, 1988, 175–179, Abb.

319
Kuch, H.: Von den Arbeiten zur Restaurierung der Athener Akropolis.—
Altertum 34, 1988, 174–176, Abb.

320
Kühne, H.; Schneider, G.; u. a.: Neue Untersuchungen zur 'metallischen Ware'.—
DaM 3, 1988, 83–139, Abb. Taf.

321
Kyrieleis, H.: Ein klassischer Kopf, erneut betrachtet. Kanon. Festschrift E. Berger.—
AntK 15. Bh, 1988, 108–111, Taf.

322
Lambert, G.; Lavier, C.: Premières études dendrochronologiques dans le centre de la France par le laboratoire de chrono-écologie de Besançon.—
RACFr 27, 1988, Nr. 1, 99–107, Taf.

323
Leenheer, R.: Metal restoration in the field.— To the Euphrates and beyond. Archaeological studies in honour of M. N. van Loon (Rotterdam 1989) 293–299

324
Leonardi, G.; u. a.: Linee di una approccio analitico ai processi formativi dei siti archeologici. La sezione campione di Tortoreto-Fortellezza (Teramo).— (Padova 1988) 57 S., Abb. Taf.
(Saltuarie dal laboratorio del Piovego, 1)

325
Lindahl, A.: Simulated manufacture of prehistoric ceramic drums.— Second conference of the ICTM Study Group on Music Archaeology, 1 (Stockholm 1986) 29–39, Abb.
KB Stockholm 1984

326
Lønborg, B.: Bronzestøbning i dansk jernalder.— (Kuml 1986) 77–94, Abb.

327
Lüning, J.; Brandt, D. v.; Joachim, H. E.: Vom Befund zum Lebensbild. Bandkeramische Besiedlung im Merzbachtal.—
RheinMusBonn 1989, 5–10

328
Mallouchou-Tufano, F.: Interventi di restauro sull'Acropoli di Atene dal 1975 ad oggi.— Archeologia e restauro dei monumenti (Firenze 1988) 205–220, Abb.
KB Siena 1987

329
Mannucci, V.: Ostia antica, regione V, isolati II e III. Una esperienza di restauro conservativo diffuso.— Archeologia laziale, 9 (Roma 1988) 483–487, Abb.
KB Roma 1987

330
McRay, J.: Excavation of low-level settlement sites.— Benchmarks in time and culture. Dedicated to J. A. Callaway (Atlanta 1988) 169–177

331
Medri, M.: La pianta composita nella documentazione e nell'interpretazione dello scavo.— Archeologia e restauro dei monumenti (Firenze 1988) 305–333, Abb.
KB Siena 1987

332
Melucco Vaccaro, A.: Policromie e patinature architettoniche. Antico e medioevo nelle evidenze dei restauri in corso.—
(Arte medievale 2, 1988, Nr. 2, 177–204, Abb.)
SD

333
Melucco Vaccaro, A.: Archeologia e restauro. Tradizione e attualità.— (Milano 1989) 336 S., Abb. Taf.

334
Moltesen, M.: The use of marble analysis in collections of ancient sculpture. Some examples from the Ny Carlsberg Glyptotek.—
Classical marble (Dordrecht 1988) 433–442, Abb.
KB Il Ciocco 1988

335
Monteiro Rodrigues, M. d. C.: A imaginação simbólica na proto-história. Mensagem das pinturas do monumento de Antelas.— Actas. 1er Congreso peninsular de historia antigua, 1 (Santiago de Compostela 1988) 353–380, Abb.
KB Santiago de Compostela 1986

336
Morrison, J.: The second Britsh sea trials of the reconstructed trireme, 20 Juli – 5 August 1988.—
Antiquity 62, 1988, 713–714

337
Neely, J. A.; Storch, P. S.: Friable pigments and ceramic surfaces. A case study from South-West Iran.—
JFieldA 15, 1988, 108–114, Abb.

338
Niemi, T. M.; Finke, E. A. W.: The application of remote sensing to coastline reconstruction in the Argive plain, Greece.— Archaeology of coastal changes (Oxford 1988) 119–136, Abb.
KB Haifa 1986

339
Noble, J. V.: The techniques of painted Attic pottery. Rev. ed.— (London 1988) 216 S., Abb.

340
Parkes, P. A.: Current scientific techniques in archaeology.— (New York 1987) XI, 271 S., Abb.

341
Photos, E.: The question of meteoritic versus smelted nickel-rich iron. Archaeological evidence and experimental results.—
WorldA 20, 1989, 403–421, Abb.

342
Pinatel, C.: Raoul-Rochette et un énigmatique moulage de l'Erechthéion.— Πρακτικά του XII Διεθνούς συνεδρίου κλασικής αρχαιολογίας, 4 (Αθήνα 1988) 166–171, Taf.
KB Athenai 1983

343
Plas, L. van der; Doesburg, J. van: Heavy minerals and feldspars in potsherds.— A knapsack full of pottery. Archaeo-ceramological miscellanea dedicated to H. J. Franken (Leiden 1987) 74–86, Abb.

344
Plisson, H.; Mauger, M.: Chemical and mechanical alteration of microwear polishes. An experimental approach.—
Helinium 28, 1988, 3–16, Abb.

345
Poulter, A. G.: Certain doubts and doubtful conclusions. The lorica segmentata from Newstead and the Antonine garrison.— Military equipment and the identity of Roman soldiers (Oxford 1988) 31–49, Abb.
KB Newcastle 1986

346
Ramseyer, D.: L'analyse des cernes et son apport à l'archéologie préhistorique.—
ZSchwArch 45, 1988, 253–261, Abb.

347
Ravera, P.: Samara. Un nouveau parc archéologique.—
ArcheologiaParis 1988, Nr. 239, 46–51, Abb.

348
Renaud, J. D.: Barque gallo-romaine de Bevaix. Premiers résultats du moulage intégral d'un bateau long de 20 m.—
HelvA 20, 1989, 29–37, Abb.

349
Riederer, J.: Die naturwissenschaftliche Untersuchung eines römischen Bronzearmes.— Griechische und römische Statuetten und Großbronzen (Wien 1988) 158–164, Abb.
KB Wien 1986

350
Riederer, J.: The decay and conservation of marbles on archaeological monuments.— Classical marble (Dordrecht 1988) 465–474, Abb.
KB Il Ciocco 1988

351
Riley, D. N.: Air photography and archaeology.— (London 1987) 151 S., Abb.

352
Rösch, M.: Die Archäobotanik.—
DenkmPflBadWürt 18, 1989, 85–96, Abb.

353
Rosen, A. M.: Cities of clay. The geoarcheology of tells.— (Chicago 1986) XIX, 167 S., Abb.
(Prehistoric archeology and ecology)

354
Roy, C.; Chippindale, C.: Managing for effective archaeological conservation. The example of Salisbury Plain Military Training Area, England.—
JFieldA 15, 1988, 53–65, Abb.

355
Ryan, M.: Irish archaeological legislation.—
Antiquity 62, 1988, 284–285

356
Ryan, N. S.: Fourth-century coin finds from Roman Britain. A computer analysis.— (Oxford 1988) 286 S., Abb.
(British archaeological reports. British series, 183)

357
Serafin Petrillo, P.: Sulla 'valutazione' del vittoriato.— Studi per L. Breglia, 2 (Roma 1987) 39–49, Abb.

358
Sever, T. L.: Remote sensing.— Benchmarks in time and culture. Dedicated to J. A. Callaway (Atlanta 1988) 279–305, Abb.

359
Shell, C. A.; Robinson, P.: The recent reconstruction of the Bush Barrow lozenge plate.—
Antiquity 62, 1988, 248–258, Abb.

360
Somlósi, E.: Restoration of the Csolnok Avar iron sword.—
ActaArchHung 40, 1988, 207–210, Abb.

361
Tabarroni, G.; u. a.: Un vittoriato in rame stagnato senza tracce di argento. Risultati di una ricerca al microscopio elettronico a scansione corredato di dispositive microanalitici.— Studi per L. Breglia, 2 (Roma 1987) 51–68, Abb.

362
Terechova, N. N.; Chomutova, L. S.: Technologičeskoe issledovanie železnych izdelij iz antičnych pamjatnikov bliz Novorossijska. (Russ.) [Technologische Untersuchung eiserner Gegenstände aus antiken Fundstätten bei Novorossijsk.].—
KraSoob 1985, Nr. 182, 28–33, Abb.

363
Tylecote, R. F.; Photos, E.; Earl, B.: The composition of tin slags from the south-west of England.—
WorldA 20, 1989, 434–445, Abb.

364
Vavelidis, M.; Pernicka, E.; Wagner, G. A.: Die Goldvorkommen von Thasos.— Antike Edel- und Buntmetallgewinnung auf Thasos (Bochum 1988) 113–124, Abb.
SB

365
Veprek, S.; Eckmann, C.; Müller, F.: Die Plasmabehandlung. Eine neue Restaurierungsmethode archäologischer Metallfunde.—
ASchw 11, 1988, 136–139, Abb.

366
Vérité, J.: Restauration d'un arc romain en Tunisie.—
ArcheologiaParis 1988, Nr. 240, 52–61, Abb.

367
Volpiano, C.: Alcune osservazioni sulla valorizzazione e sulla conservazione di siti sottoposti a ricerca archeologica e dei materiali reperiti.— Tarquinia. Ricerche, scavi e prospettive (Milano 1987) 271–274, Taf.
KB Milano 1986

368
Weinstein, J. M.: Radiocarbon dating.— Benchmarks in time and culture. Dedicated to J. A. Callaway (Atlanta 1988) 235–259

369
Weiss, M.: Gesteine und Gesteinskunde. Geowissenschaften in der Archäologie, 1.—
RheinMusBonn 1989, 17–21, Abb.

370
Weiss, M.: Geowissenschaften in der Archäologie, 2. Fossilien und Böden.—
RheinMusBonn 1989, 33–35, Abb.

371
Wenig, S.: Die Darstellungen der Gottheiten am Löwentempel von Musawwarat es Sufra. Eine taxonomische Studie.— Studia meroitica 1984 (Berlin 1989) 549–572, Taf.
KB Roma 1984

372
Willcox, T.: Hard times for the Cerne giant. 20th-century attitudes to an ancient monument.—
Antiquity 62, 1988, 524–526, Abb.

373
Williams, N.: The breaking and remaking of the Portland Vase.— (London 1989) 32 S., Abb. Taf.

374
Willkomm, H.: Kalibrierung von Radiokohlenstoff-Daten.—
ActaPrHistA 20, 1988, 173–181, Abb.

375
Zanker, P.: Verhüllte Ruinen.— Der Aquädukt. 1763–1988 (München 1988) 380–389, Abb.
SB

376
Zwicker, U.; Hedrich, D.; Kalsch, E.; u. a.: Untersuchungen über Plattierungen antiker Münzen mit Hilfe der Metallographie, der Spektral- und Mikroröntgenfluoreszenzanalyse.— Methoden der antiken Numismatik (Darmstadt 1989) 353–358, Taf.
SB

Institute

377 Académie de France à Rome
Pinon, P.; Amprimoz, F. X.: Les envois de Rome (1778–1968). Architecture et archéologie.— (Rome 1988) XII, 458 S., Taf.
(Collection de l'Ecole française de Rome, 110)

378 Archäologische Bodenforschung Basel-Stadt
Archäologie in Basel. Fundstellenregister und Literaturverzeichnis. Jubiläumsheft zum 25jährigen Bestehen der Archäologischen Bodenforschung Basel-Stadt.— (Basel 1988) 179 S., Abb.

379 Bibliothèque nationale
Balayé, S.: La Bibliothèque nationale des origines à 1800.— (Genève 1988) X, 546 S., Taf.
(Histoire des idées et critique littéraire, 262)

380 British School at Athens
Catling, H. W.: The Society of Antiquaries and the British School at Athens, 1886–1986. The cemeteries of Knossos and Mycenae.—
AntJ 67, 1987, 223–236

381 British School at Athens
Megaw, A. H. S.: The British School at Athens and Cyprus.—
RDAC 1988, Nr. 2, 281–286, Taf.

382 The British School at Rome
Campbell, A.: The British School at Rome. A valuable asset in cultural diplomacy.—
ApolloLond 129, 1989, 189–191, Abb.

383 Department of Antiquities of Jordan
Zaghloul, M.: The Department of Antiquities of Jordan. Directors and main events.—
AAJ 31, 1987, 15–18, Abb.

384 Ecole suisse d'archéologie en Grèce
Ducrey, P.; Charon, A.; Gex, K.; u. a.: Les activités de l'Ecole suisse d'archéologie en Grèce 1985–1988.—
AntK 32, 1989, 104–116, Abb. Taf.

385 Görres-Gesellschaft
Gatz, E.: Das Römische Institut der Görres-Gesellschaft. 1888–1988.—
RömQSchr 83, 1988, 3–18

386 Institut d'Egypte
Goby, J. E.: Premier Institut d'Egypte. Restitution des comptes rendus des séances.—
MemAcInscr 7, 1987, I–XIX, 1–129, Taf.

387 Instituto de estudios ilerdenses
González Pérez, J. R.: La sección de arqueología del Instituto de estudios ilerdenses. Cuarenta y dos años de arqueología leridana.—
Caesaraugusta 64, 1987, 221–228, Taf.

388 Istituto Veneto di scienze, lettere ed arti
Curuni, S. A.; Donati, L.: Creta veneziana. L'Istituto Veneto e la missione cretese di Giuseppe Gerola. Collezione fotografica 1900–1902.— (Venezia 1988) 459 S., Abb. Taf.

389 Society of Antiquaries
Catling, H. W.: The Society of Antiquaries and the British School at Athens, 1886–1986. The cemeteries of Knossos and Mycenae.—
AntJ 67, 1987, 223–236

390 Universität Leipzig, Institut für Vor- u. Frühgeschichte
Hoffmann, E.: Aus der Geschichte des Leipziger Universitätsinstituts für Vor- und Frühgeschichte.—
SlovA 36, 1988, 85–92

391 Universität Wien, Institut für Numismatik
Göbl, R.: Numismatik von heute an der Universität von heute und das Wiener Modell.—
RivItNum 90, 1988, 373–393

392 Université de Lausanne
Fuchs, M.: L'archéologie à l'Université de Lausanne.—
ArcheologiaParis 1988, Nr. 239, 71–75, Abb.

393 University of London. Institute of Archaeology
University of London. Institute of Archaeology. Golden jubilee.—
BInstALondon 24, 1987, 1–240, Abb. Taf.

Kongresse und Tagungen

394 Acquasparta 1987
La colonizzazione romana tra la guerra latina e la guerra annibalica. [Atti del colloquio Acquasparta 29 e 30 maggio 1987.].—
DArch 6, 1988, Nr. 2, 5–133, Abb.

395 Aix-en-Provence 1985
Déplacements des lignes de rivage en Méditerranée d'après les données de l'archéologie. [Actes du colloque international] Aix-en-Provence, 5–7 septembre 1985.— (Paris 1987) 225 S., Abb.
(Colloques internationaux du Centre national de la recherche scientifique)

396 Ancona 1983
Atti del VI Congresso nazionale di archeologia cristiana, Pesaro-Ancona 19–23 settembre 1983. 2 Bde.— (Firenze 1986) 870 S., Abb.

397 Ancona 1984
Le strade nelle Marche. Il problema nel tempo. Atti del convegno Fano, Fabriano, Pesaro, Ancona 11–14 ottobre 1984. 2 Textbde., Tafelbd., Karten in Schuber.— (Ancona 1987) 1244 S., Abb.

398 Antwerpen 1985
Histoire économique de l'antiquité. Bilans et contributions de savants belges présentés dans une réunion interuniversitaire à Anvers/Antwerpen, Universitaire Fakulteiten Sint-Ignatius [le 30 mars 1985].
ed. T. Hackens.— (Louvain-la-Neuve 1987) 169 S., Abb.
(Université catholique de Louvain)

399 Aquileia 1985
Vita sociale artistica e commerciale di Aquileia romana. 2 Bde. Atti della XVI Settimana di studi aquileiesi, [Aquileia] 20–26 aprile 1985.— (Udine 1987) 539 S., Abb. Taf.
(Antichità altoadriatiche, 29)

400 Aquileia 1986
Aquileia e Roma. E indici dal vol. 21 al 30. Atti della XVII Settimana di studi aquileiesi, [Aquileia] 24–29 aprile 1986.— (Udine 1987) 351 S., Abb. Taf.
(Antichità altoadriatiche, 30)

401 Aquileia 1987
Aquileia e le Venezie nell'alto medioevo. Atti della XVIII Settimana di studi aquileiesi, [Aquileia] 30 aprile – 5 maggio 1987.— (Udine 1988) 480 S., Abb. Taf.
(Antichità altoadriatiche, 32)

402 Aquileia 1987
Giornata di studio in onore di Bruna Forlati Tamaro. Aquileia 27 settembre 1987.— [Venezia 1989] 79 S., Abb.

403 Athenai 1983
Πρακτικά του XII Διεθνούς συνεδρίου κλασικής αρχαιολογίας, Αθήνα 4–10 Σεπτεμβρίου 1983, 4.— (Αθήνα 1988) 315 S., Taf.

404 Athenai 1983
Πρακτικά του XII Διεθνούς συνεδρίου κλασικής αρχαιολογίας, Αθήνα 4–10 Σεπτεμβρίου 1983, 2–3.— (Αθήνα 1988) 277 S., Abb. Taf.; 319 S., Abb. Taf.

405 Athenai 1986
Early Greek cult practice. Proceedings of the Fifth international symposium at the Swedish Institute at Athens, 26–29 June, 1986.
ed. R. Hägg.— (Stockholm 1988) 303 S., Abb.
(Acta Instituti Atheniensis Regni Sueciae, series in 4°, 38)

406 Athenai 1986
Proceedings of the XVIII International congress of papyrology, Athens 25–31 May 1986, 1–2.
ed. B. G. Mandilaras.— (Athens 1988) 491 S., Abb.; 523 S., Abb.

407 Athenai 1987
New aspects of archaeological science in Greece. Proceedings of a meeting held at the British School at Athens, January 1987.
ed. R. E. Jones.— (Athens 1988) VII, 60 S., Abb.

408 Barcelona 1985
La dona en l'antiguitat. La mujer en la antigüedad. La donna nell'antichità. Universidad internacional Menéndez Pelayo. Seminari 'Deesses i heroïnes en les mitologies antigues', Barcelona 9–13 setembre 1985.— (Sabadell o. J.) 141 S.
(Orientalia barcinonensia, 1)

409 Birkenfeld 1987
Bericht über das Symposium 'Die Erforschung der Eisenzeit im Hunsrück'.—
AInf 11, 1988, 83–87

410 Bologna 1986
La terza età dell'epigrafia. Colloquio AIEGL-Borghesi 86, Bologna ottobre 1986.
ed. A. Donati.— (Faenza 1988) 422 S., Abb.
(Epigrafia e antichità, 9)

411 Bologna 1987
Atti del colloquio su Giovanni Kminek-Szedlo, Bologna 7 maggio 1987.—
StEgAntPun 2, 1987, 1–71

412 Bucureşti 1988
Colocviul româno-german cu tema 'Relaţii între imperiul roman şi celelalte popoare în sec. I–IV e. n.'.—
StClstor 39, 1988, 411–412

413 Caen 1985
La mort, les morts et l'au-delà dans le monde romain. Actes du colloque de Caen 20–22 novembre 1985
ed. F. Minard.— (Caen 1987) 375 S., Abb.

414 Caltanissetta 1985
Il cristianesimo in Sicilia dalle origini a Gregorio Magno. Atti del convegno di studi, Caltanissetta 28–29 ottobre 1985.— (Caltanissetta 1987) 254 S.
(Quaderni di presenza culturale, 26)

415 Caorle 1988
Studi caorlesi. Atti delle giornate di studio, Caorle 28–29 maggio 1988.— (Udine 1988) 206 S., Taf.
(Antichità altoadriatiche, 33)

416 Catania 1985
Convegno di studi 'L'archeologia italiana nel Mediterraneo fino alla seconda guerra mondiale'.— Miscellanea greca e romana, 13 (Roma 1988) 1–15
SB

417 Cchaltubo 1982
The Black Sea littoral in the hellenistic times. Materials of the 3rd All-Union symposium on the ancient history of the Black Sea littoral, Tsgaltubo 1982.— (Tbilisi 1985) 735 S., Abb.

418 Chiavari 1987
Giornata di studio in onore di Nino Lamboglia, Chiavari 23. 5. 1987.—
StGenuensi 6, 1988, 3–13

419 Chicago 1985
Ancient Syria. [Papers of the symposium, Chicago November 1985.].—
BASOR 1988, Nr. 270, 1–91, Abb.

420 Clermont-Ferrand 1984
L'Illyrie méridionale et l'Epire dans l'antiquité. Actes du colloque international de Clermont-Ferrand, 22 – 25 octobre 1984.— (Clermont-Ferrand 1987) 274 S., Abb. Taf.

421 Concordia 1986
Rufino di Concordia e il suo tempo. Atti del convegno internazionale di studi, Concordia-Portogruaro 18–21 settembre 1986. 2 Bde.— (Udine 1987) 297 S.; 207 S., Taf.
(Antichità altoadriatiche, 31)

422 Deggendorf 1987
Vorträge des 6. Niederbayerischen Archäologentages, [Deggendorf 1. bis 3. Mai 1987].
ed. K. Schmotz.— (Deggendorf 1988) 201 S., Abb. Taf. Beil.

423 Delphoi 1985
Ancient Greek drama in the contemporary world. International meeting on ancient Greek drama, Delphi, June 10–15, 1985.— (Athens 1987) XIII S., S. 73–332, XIX S., Abb.

424 Dresden 1984
Familie, Staat und Gesellschaftsformation. Grundprobleme vorkapitalistischer Epochen einhundert Jahre nach Friedrich Engels' Werk 'Der Ursprung der Familie, des Privateigentums und des Staats'. [Internationale Tagung Dresden 26.–30. November 1984.].— (Berlin 1988) 729 S., Abb.
(Veröffentlichungen des Zentralinstituts für Alte Geschichte und Archäologie der Akademie der Wissenschaften der DDR, 16)

425 Dumbarton Oaks 1985
Das Reich und die Barbaren. [Symposion, Dumbarton Oaks 3.–5. Mai 1985.].— (Wien 1989) 246 S., Taf.
(Veröffentlichungen des Instituts für österreichische Geschichtsforschung, 29)

426 Favignana 1985
Dalla battaglia delle Egadi per un'archeologia del Mediterraneo. 2° Convegno internazionale di archeologia subacquea del Mediterraneo, Favignana 28 maggio 1985.
ed. G. D'Angelo.— (Trapani 1988) 167 S., Taf.

427 Firenze 1985
Il Congresso internazionale etrusco.—
StEtr 54, 1986, 273–278

428 Gällö 1986
Symposium report 'Experimental archaeology. Method and future', Gällö 24–25 September 1986.—
Fornvännen 83, 1988, 112–114

429 Glasgow 1987
Science and archaeology, Glasgow 1987. Proceedings of a conference on the application of scientific techniques to archaeology, Glasgow September 1987. 2 Bde.
ed. E. A. Slater.— (Oxford 1988) XI, 667 S., Abb.
(British archaeological reports. British series, 196)

430 Groningen 1984
Achaemenid history, 2. The Greek sources. Proceedings of the Groningen 1984 Achaemenid history workshop.
ed. H. Sancisi-Weerdenburg.— (Leiden 1987) XIII, 175 S., Abb.

431 Haifa 1986
Archaeology of coastal changes. Proceedings of the First international symposium 'Cities on the sea. Past and present', Haifa September 22–29, 1986.— (Oxford 1988) 252 S., Abb.
(British archaeological reports. International series, 404)

432 Halle 1984
Karl Richard Lepsius, 1810–1884. Akten der Tagung anläßlich seines 100. Todestages, Halle 10.–12. 7. 1984.
ed. E. Freier.— (Berlin 1988) 334 S., Taf.
(Schriften zur Geschichte und Kultur des alten Orients, 20)

433 Halle 1984
Krise. Krisenbewußtsein. Krisenbewältigung. Ideologie und geistige Kultur im Imperium romanum während des 3. Jahrhunderts. Konferenzvorträge [Halle-Wittenberg 6. bis 8. November 1984].— (Halle 1988) 125 S., Abb.
(Wissenschaftliche Beiträge der Martin-Luther-Universität Halle-Wittenberg 1986/62, C 40)

434 Heidenheim 1987
Zivile und militärische Strukturen im Nordwesten der römischen Provinz Raetien. 3. Heidenheimer Archäologie-Colloquium am 9. und 10. Oktober 1987.— (Heidenheim 1988) 173 S., Abb. Taf.

435 Il Ciocco 1988
Classical marble. Geochemistry, technology, trade. Proceedings of the NATO Advanced Research Workshop on Marble in ancient Greece and Rome. Geology, quarries, commerce, artifacts. Il Ciocco (Lucca) May 9–13, 1988.— (Dordrecht 1988) XVI, 482 S., Abb.
(NATO Advanced Science Institutes series, E, 153)

436 Isola del Liri 1985
Alle origini dell'antropologia italiana. Giustiniano Nicolucci e il suo tempo. Atti del convegno su Giustiniano Nicolucci, Isola del Liri 23–24 febbraio 1985.
ed. F. G. Fedele.— (Napoli 1988) 340 S., Abb.
(Studi di antropologia, 2)

437 Kalyvia 1987
Πρακτικά Γ' Επιστημονικής συνάντησης ΝΑ. Αττικής, Καλύβια Αττικής 5–8 Νοέμβρη 1987.
ed. P. I. Philippou-Angelou.— (Καλύβια 1988) 563 S., Abb.

438 København 1986
Archaeology in the Dodecanese. [Symposium, Copenhagen April 7th to 9th, 1986].
ed. S. Dietz.— (Copenhagen 1988) 260 S., Abb. Beil.

439 København 1987
Proceedings of the 3rd Symposium on ancient Greek and related pottery, Copenhagen August 31 – September 4, 1987.
ed. J. Christiansen.— (København 1988) 683 S., Abb.

440 Komotine 1987
Byzantine Thrace. Image and character. First international symposium for Thracian studies, Komotini May 28th–31th 1987, 1–2.—
ByzF 14, 1989, I–IX, 1–710; I–X, Taf.

441 Larnaka 1986
The history of the Greek language in Cyprus. Proceedings of an international symposium sponsored by the Pierides Foundation, Larnaca 8–13 September 1986.
ed. J. Karageorghis.— (Nicosia 1988) XL, 222 S., Abb.

442 Lecce 1986
Salento. Porta d'Italia. Atti del Convegno internazionale, Lecce 27–30 novembre 1986.— (Galatina 1989) XLI, 286 S., Taf.

443 Liège 1988
Transition. Le monde égéen du Bronze moyen au Bronze récent. Actes de la Deuxième rencontre égéenne internationale de l'Université de Liège, 18–20 avril 1988.—
Aegaeum 3, 1989, 1–267, Abb. Taf.

444 London 1985
Achaemenid history, 3. Method and theory. Proceedings of the London 1985 Achaemenid history workshop.
ed. H. Sancisi-Weerdenburg.— (Leiden 1988) XV, 228 S., Abb.

445 London 1987
The Rogozen treasure. Papers of the Anglo-Bulgarian conference, [London] 12 March 1987.
ed. B. F. Cook.— (London 1989) 111 S., Abb. Taf.

446 Los Angeles 1984
The archaeology of the Olympics. The Olympics and other festivals in antiquity. [Papers of an international symposium, Los Angeles April 5 and 6, 1984.].— (Madison 1988) XIII, 297 S., Abb.
(Wisconsin studies in classics)

447 Louvain 1985
Phoenicia and the East Mediterranean in the first millennium B.C. Proceedings of the conference held in Leuven from the 14th to the 16th of November 1985.— (Leuven 1987) XIII, 449 S., Abb.
(Studia phoenicia, 5)

448 Macerata 1985
Cultura classica e cultura germanica settentrionale. Atti del Convegno internazionale di studi, Macerata 2–4 maggio 1985.— (Macerata o. J.) XI, 449 S., Abb.
(Università di Macerata. Quaderni linguistici e filologici 3)

449 Macerata 1985
Γεωγραφία. Atti del Secondo convegno maceratese su geografia e cartografia antica, Macerata 16–17 aprile 1985.— (Roma 1988) 222 S., Taf.
(Università degli studi di Macerata. Pubblicazioni della Facoltà di lettere e filosofia, 45)

450 Macerata 1987
I Cristiani e l'impero nel IV secolo. Colloquio sul cristianesimo nel mondo antico. Atti del convegno, Macerata 17–18 dicembre 1987.— (Macerata 1988) XX, 244 S., Abb.
(Università degli studi di Macerata. Pubblicazioni della Facoltà di lettere e filosofia, 47)

451 Madrid 1983
Coloquio sobre el puteal de la Moncloa. [Actas del coloquio, Madrid 14 y 15 de noviembre de 1983.]— (Madrid 1986) 225 S., Abb.
(Museo arqueológico nacional. Catálogos y monografías, 10. Estudios de iconografía, 2)

452 [Madrid] 1986
Los asentamientos ibéricos ante la romanización. Coloquio [Madrid], 27–28 febrero 1986.— (Madrid 1987) 171 S., Abb.

453 Madrid 1987
Arqueología medieval española. Bd. 2–3. II Congreso, Madrid 19–24 enero 1987.— (Madrid 1987) 772 S., Abb.; 762 S., Abb.

454 Manduria 1986
Convegno di studi sul tema 'Progetto per un parco archeologico', Manduria, Convento San Francesco 21–22 novembre 1986.—
Taras 6, 1986, 149–162

455 Mannheim 1986
Kolloquium zur ägäischen Vorgeschichte. Mannheim, 20. – 22. 2. 1986. Referate.— (Mannheim 1987) IX, 209 S., Abb.
(Schriften des Deutschen Archäologen-Verbandes, 9)

456 Marburg 1985
Fragen und Probleme der bronzezeitlichen ägäischen Glyptik. Beiträge zum 3. Internationalen Marburger Siegel-Symposium, 5.–7. September 1985.— (Berlin 1989) VI, 353 S., Abb.
(Corpus der minoischen und mykenischen Siegel. Beiheft, 3)

457 Marsala 1986
La statua marmorea di Mozia e la scultura di stile severo in Sicilia.— Atti della giornata di studio, Marsala 1 giugno 1986 (Roma 1988) XVII, 150 S., Abb. Taf.
(Università di Palermo. Studi e materiali, 8)

458 Mesagne 1976
Atti del VII Convegno dei comuni messapici peuceti e dauni, Mesagne 3–4 aprile 1976.— (Bari 1988) X, 261 S., Abb.
(Società di storia patria per la Puglia. Convegni, 19)

459 Milano 1986
Tarquinia. Ricerche, scavi e prospettive. Atti del Convegno internazionale di studie 'La Lombardia per gli Etruschi', Milano 24–25 giugno 1986.
ed. M. Bonghi Jovino.— (Milano 1987) 300 S., Taf.

460 Montpellier 1986
Anthropologie et théâtre antique. Actes du colloque international de Montpellier, 6–8 mars 1986.— (Montpellier 1987) 323 S., Abb.
(Cahiers du GITA, 3)

461 Montpellier 1988
Crónica del coloquio internacional 'Anticomanie? La collection d'antiquités en France aux XVIIème et XIXème siècles', Montpellier 9–12 junio de 1988.—
AEsp 61, 1988, 341–343

462 Moskva 1986
Čekalova, A. A.: Meždunarodnyj simpozium vizantinistov socialističeskich stran, Moskva, 16–20 dekabrja 1986 g. (Russ.) [Das internationale Symposium der Byzantinisten der sozialistischen Länder, Moskau 1986.].—
VizVrem 49, 1988, 252–257

463 Moskva 1986
Olkhovsky, V. S.; Zavyalov, V. I.: The conference 'The economy and culture of pre-class and early class societies', Moscow, 1986. (Russ.).—
SovArch 1988, Nr. 4, 286–292

464 Newcastle upon Tyne 1984
Enclosures and defences in the neolithic of Western Europe. 2 Bde. [Papers of a conference, Newcastle upon Tyne January 6th–8th, 1984].— (Oxford 1988) V, 445 S., Abb.
(British archaeological reports. International series, 403)

465 Newcastle 1986
Military equipment and the identity of Roman soldiers.— Proceedings of the Fourth Roman military equipment conference, [Newcastle 12th–13th April, 1986] (Oxford 1988) XI, 341 S., Abb.
(British archaeological reports. International series, 394)

466 Oliena 1988
I primi uomini in ambiente insulare. Early man in island environments. Congresso internazionale Oliena (Sardegna), 25 settembre – 2 ottobre 1988. Libro-guida delle escursioni, Field-trip book.
ed. F. Martini.— (Nuoro 1988) 254 S., Abb.

467 Orvieto 1984
Santuario e culto nella necropoli di Cannicella. Relazioni e interventi nel convegno del 1984, [Orvieto].—
AnnFaina 3, 1987, 1–136, Abb. Taf.

468 Oxford 1983
Proceedings of the Seventh international congress of Celtic studies, Oxford 10th to 15th July 1983.
ed. D. E. Evans.— (Oxford 1986) X, 324 S.

469 Ozieri 1986–87
La cultura di Ozieri. Problematiche e nuove acquisizioni. Atti del I Convegno di studio, Ozieri gennaio 1986 – aprile 1987.— (Ozieri 1989) 308 S., Abb.

470 Palermo 1984
La Sicilia e la Grecia arcaica fino alla fine del VI secolo a. C. Atti del VI Congresso internazionale di studi sulla Sicilia antica, Palermo 29 aprile – 5 maggio 1984.—
Kokalos 30–31, 1984–85, Nr. 1–2, 1–908, Abb Taf.

471 Paris 1981
Le temps chrétien de la fin de l'antiquité au moyen-âge, IIIe–XIIIe siècles. Actes du colloque, Paris 9–12 mars 1981.— (Paris 1984) 579 S.
(Colloques internationaux du Centre national de la recherche scientifique, 604)

472 Paris 1987
Le moulage. Actes du Colloque international, [Paris] 10–12 avril 1987.— (Paris 1988) 240 S., Abb.

473 Paris 1987
Table ronde on Graeco-Roman cartography, Paris 1987.—
JRomA 1, 1988, 89–94

474 Pesaro 1983
Atti del VI Congresso nazionale di archeologia cristiana, Pesaro-Ancona 19–23 settembre 1983. 2 Bde.— (Firenze 1986) 870 S., Abb.

475 Piazza Armerina 1983
La villa romana del Casale di Piazza Armerina. Atti della IV Riunione scientifica della Scuola di perfezionamento in archeologia classica dell'Università di Catania, Piazza Armerina 28 settembre – 1 ottobre 1983.—
CronA 23, 1984, 1–200, Abb. Taf.

476 Pisa 1988
Le vie del vetro. Egitto e Sudan. Convegno, Pisa 28 e 29 maggio 1988.— (Pisa 1988) 15–85, Abb.

477 Porto 1985
Local boats. Fourth international symposium on boat and ship archaeology, Porto 1985. 2 Bde.
ed. O. Lixa Filgueiras.— (Oxford 1988) 528 S., Abb.
(British archaeological reports. International series, 438)

478 Ravenna 1989
XXXVI Corso di cultura sull'arte ravennate e bizantina, Ravenna 14–22 aprile 1989. Seminario internazionale di studi sul tema 'Ravenna e l'Italia fra Goti e Longobardi'.— (Ravenna 1989) 432 S., Abb.

479 Ravenna 1989
Ravenna e l'Italia fra Goti e Longobardi. XXXVI Corso di cultura sull'arte ravennate e bizantina, Ravenna 14–22 aprile 1989.— (Ravenna 1989) 432 S., Abb.

480 Roma 1984
Ritratto ufficiale e ritratto privato. Atti della II Conferenza internazionale sul ritratto romano, Roma 26–30 settembre 1984.— (Roma 1988) 587 S., Abb.
(Quaderni de 'La ricerca scientifica', 116)

481 Roma 1984
Studia meroitica 1984. Proceedings of the Fifth international conference for Meroitic studies, Rome 1984.
ed. S. Donadoni.— (Berlin 1989) 896 S., Abb. Taf.
(Meroitica, 10)

482 Roma 1984
Transition rites. Cosmic, social and individual order. Proceedings of the Finnish-Swedish-Italian seminar, University of Rome 'La Sapienza' 24th–28th March 1984.— (Roma 1986) XV, 269 S., Abb.
(Storia delle religioni, 2)

483 Roma 1985
Eblaite personal names and Semitic name-giving. Papers of a symposium held in Rome, July 15–17, 1985.
ed. A. Archi.— (Roma 1988) VI, 306 S., Taf.
(Archivi reali di Ebla. Studi, 1)

484 Roma 1985
Momenti precoloniali nel Mediterraneo antico. Questioni di metodo, aree d'indagine, evidenze a confronto. Atti del Convegno internazionale, Roma 14–16 marzo 1985.— (Roma 1988) 297 S., Abb.
(Accademia belgica. Collezione di studi fenici, 28)

485 Roma 1987
Archeologia laziale, 9. Nono incontro di studio del Comitato per l'archeologia laziale. Roma dal 27 al 29 novembre 1987.— (Roma 1988) 517 S., Abb.
(Quaderni del Centro di studio per l'archeologia etrusco-italica, 16)

486 Roma 1987
Rom und der Norden. Symposium im Campo Santo Teutonico vom 14. bis 16. September 1987.—
RömQSchr 83, 1988, 23–210, Abb. Taf.

487 Roma 1988
Archeologia e informatica. Analisi delle metodologie e delle tecnologie dell'informazione in archeologia, con particolare riferimento alla cartografia, allo scavo, alla catalogazione ed agli aspetti museali e didattici. Atti del convegno, Roma 3–5 marzo 1988.— (Roma 1988) 191 S., Abb.
(Quaderni dei dialoghi di archeologia, 4)

488 Roma 1988
[Johann Jakob Bachofen e la discussione sull'origine dello stato. Atti della Giornata di studio. Roma, 2 marzo 1988, villa Maraini.].—
QuadStor 28, 1988, 7–139

489 Roma 1988
I siti archeologici. Un problema di musealizzazione all'aperto.
ed. B. Amendolea.— Primo seminario di studi, Roma febbraio 1988 (Roma 1988) 276 S., Abb. Taf.

490 Rouen 1983
Sociabilité, pouvoirs et société. Actes du colloque de Rouen 24–26 novembre 1983.— (Rouen 1987) 654 S., Abb.
(Publications de l'Université de Rouen, 110)

491 Sackville 1984
The Crake Lectures 1984. A classical symposium, [Sackville] September 27–28, 1984.— (Sackville 1986) IX, 57 S.

492 Salerno 1988
Il convegno dell'A.I.C.C. a Salerno 'Aspetti e momenti della storia del Salernitano nell'antichità'.—
RassStorSalern 6, 1989, 329–334

493 Salzburg 1986
Die Römer in den Alpen. I Romani nelle Alpi. Historikertagung in Salzburg. Convegno storico di Salisburgo 13.–15. XI. 1986.— (Bozen 1989) 447 S., Abb.

494 Samarkand 1986
The First Soviet-French symposium on the problems of the history of Bactrian and Sogdian urban culture. (Russ.).—
SovArch 1989, Nr. 1, 291–293

495 San Antonio 1986
Ancient marble quarrying and trade. Papers from a colloquium held at the annual meeting of the Archaeological Institute of America, San Antonio, Texas, December 1986.
ed. J. C. Fant.— (Oxford 1988) XII, 165 S., Abb.
(British archaeological reports. International series, 453)

496 Santiago de Compostela 1986
Actas. 1er Congreso peninsular de historia antigua, Santiago de Compostela 1–5 julio 1986, 1–3.— (Santiago de Compostela 1988) 381 S., Abb.; 546 S., Abb.; 325 S., Abb.
(Cursos y congresos de la Universidad de Santiago de Compostela, 52)

497 Sassari 1987
L'Africa romana. Atti del V Convegno di studio, Sassari 11–13 dicembre 1987.
ed. A. Mastino.— (Sassari 1988) 527 S., Abb. Taf.

498 Selargius 1986
La Sardegna nel Mediterraneo tra il secondo e il primo millennio a. C. Atti del II Convegno di studi 'Un millennio di relazioni fra la Sardegna e i paesi del Mediterraneo', Selargius-Cagliari 27–30 novembre 1986.— ([Cagliari] 1987) 625 S., Abb.

499 Sestino 1983
Sestinum. Comunità antiche dell'Apennino tra Etruria e Adriatico. Atti del convegno tenuto a Sestino (Arezzo) 18–19 settembre 1983.— (Rimini 1989) 272 S., Abb.
(Collana Volusenus, 2)

500 Sevilla 1986
Estudios sobre la Tabula Siarensis. Actas de las jornadas celebradas en Sevilla en 1986.— (Madrid 1988) 332 S., Abb.
(Anejos de Archivo español de arqueología, 9)

501 Sèvres 1987
Le monde des images en Gaule et dans les provinces voisines. Actes du colloque, Sèvres, 16 et 17 mai 1987.—
Caesarodunum 23, 1988, 1–255, Abb.

502 Siena 1987
Archeologia e restauro dei monumenti. I Ciclo di lezioni sulla ricerca applicata in archeologia. Certosa di Pontignano, Siena, 28 settembre – 10 ottobre 1987.— (Firenze 1988) 476 S., Abb. Taf.
(Quaderni del Dipartimento di archeologia e storia delle arti, Università di Siena, 12–13)

503 Siracusa [1987]
Strutture della commedia greca. Atti dell'XI Congresso internazionale di studi sul dramma antico. Siracusa, 25–28 marzo [1987].—
Dioniso 57, 1987, 1–345, Abb. Taf.

504 Sofia 1987
Masson, O.: Nouvelles de l'Association internationale d'épigraphie grecque et latine.—
Epigraphica 50, 1988, 275–299

505 Southampton 1986
The World archaeological congress. [Southampton 1986]. (Russ.).—
SovArch 1989, Nr. 1, 296–300

506 Steinförde 1986
Mikrocomputer in der Archäologie. Steinförde-Tagung, 14. bis 18. April 1986.—
WissZBerl 37, 1988, 201–311, Abb.

507 Stendal 1985
Die Frau in der Antike. Kolloquium der Winckelmann-Gesellschaft, Stendal 1985.— (Stendal 1988) 99 S.
(Beiträge der Winckelmann-Gesellschaft, 17)

508 Stockholm 1984
Second conference of the ICTM Study Group on Music Archaeology, Stockholm November 19–23, 1984, 1–2.— (Stockholm 1986) 242 S., Abb.; 253 S., Abb.
(Publications issued by the Royal Swedish Academy of Music, 53)

509 Strasbourg 1983
Etudes sur le judaïsme hellénistique. Congrès de Strasbourg 5–9 septembre 1983.— (Paris 1984) 354 S., Taf.
(Lectio divina, 119)

510 Strasbourg 1986
Points de vue sur les Etrusques. [Table ronde, 16 mai 1986.].—
Ktema 10, 1985 [1988], 107–159, Abb. Taf.

511 [Strasbourg] 1986
Tradition et ruptures dans les civilisations antiques, 1. [Journées d'étude, 15 et 16 mai 1986.].—
Ktema 10, 1985 [1988], 3–49, Abb.

512 Strasbourg 1987
L'Arabie préislamique et son environnement historique et culturel.— Actes du colloque de Strasbourg 24–27 juin 1987 (Leiden 1989) 584 S., Abb.
(Université des sciences humaines de Strasbourg. Travaux du Centre de recherche sur le Proche-Orient et la Grèce antiques, 10)

513 Taranto 1979
L'epos greco in Occidente. Atti del Diciannovesimo convegno di studi sulla Magna Grecia, Taranto 7–12 ottobre 1979.— (Taranto 1980 [1989]) 510 S., Abb. Taf.

514 Taranto 1985
Neapolis. Atti del Venticinquesimo convegno di studi sulla Magna Grecia, Taranto 3–7 ottobre 1985.— (Taranto [1988]) 610 S., Abb. Taf.

515 Taranto 1988
100 ans de recherches en Grande Grèce.—
ArcheologiaParis 1989, Nr. 244, 30–35, Abb.

516 Tel Aviv 1982
Egypt, Israel, Sinai. Archaeological and historical relationships in the biblical period. [Studies presented at a public symposium at Tel Aviv University, April 1st 1982.]
ed. A. F. Rainey.— (Tel Aviv 1987) 171 S., Abb.

517 Torri del Benaco 1985
Benaco '85. La cultura figurativa rupestre dalla protostoria ai nostri giorni. Archeologia e storia di un mezzo espressivo tradizionale. Atti del 1° Convegno internazionale di arte rupestre, Torri del Benaco 1985.
ed. F. Gaggia.— (Torino 1986) 245 S., Abb.
(I segni della terra, 4)

518 Torun 1986
The Second international symposium of archaeologists and historians of glass in Torun. (Russ.).—
SovArch 1989, Nr. 1, 293–296

519 Tours 1985
L'antiquité gréco-romaine vue par le siècle des lumières. [Actes du colloque, Tours 30 novembre et 1er décembre 1985.].—
Caesarodunum 22 bis, 1987, 1–510, Abb. Taf.

520 Tours 1987
Présence d'Horace. [Colloque, Faculté des Lettres de Tours 26–27 juin 1987.].—
Caesarodunum 23 bis, 1988, 1–262, Taf.

521 [Udine] 1984
Ricerca storica e prospezione archeologica. Atti dell'incontro di studio Università - Gruppi archeologici friulani, [Udine] 15–16 dicembre 1984.— (Udine 1985) 202 S., Taf.
(Istituto di storia dell'Università di Udine. Serie monografica di storia moderna e contemporanea, 10)

522 Valbonne 1985
Géographie historique au Proche-Orient. Syrie, Phénicie, Arabie, grecques, romaines, byzantines. Actes de la Table ronde, Valbonne 16–18 septembre 1985.— (Paris 1988) 371 S., Abb.
(Notes et monographies techniques, 23)

523 Vandœuvres 1987
L'église et l'empire au IVe siècle. Vandœuvres-Genève 31 août – 3 septembre 1987.— (Genève 1989) 365 S.
(Fondation Hardt pour l'étude de l'antiquité classique. Entretiens, 34)

524 Verona 1983
Nuovi studi Maffeiani. Atti del convegno 'Scipione Maffei e il Museo Maffeiano', Verona 18–19 novembre 1983.— (Verona 1985) 490 S. Abb. Taf.
(Comune di Verona. Direzione musei)

525 Viareggio 1987
Congrès international 'L'âge de cuivre en Europe'. (Bulg.).—
ArcheologijaSof 30, 1988, Nr. 3, 57–58

526 Viareggio 1987
L'età del rame in Europa. Congresso internazionale, Viareggio 15–18 ottobre 1987.—
RassAPiomb 7, 1988, 1–635, Abb.

527 Vidin 1985
Atti del Convegno internazionale sul limes. Decennalia ratiariensia, Vidin 1985.—
Ratiariensia 3–4, 1987, 5–287, Taf.

528 Villetta Barrea 1987
Il territorio del Parco nazionale d'Abruzzo nell'antichità. Atti del I Convegno nazionale di archeologia, Villetta Barrea 1–3 maggio 1987.— (Civitella Alfedena 1988) 251 S., Abb.

529 Viterbo 1985
Etruria meridionale. Conoscenza, conservazione, fruizione.— Atti del convegno, Viterbo 29–30 novembre – 1 dicembre 1985 (Roma 1988) 267 S., Abb. Taf.
(Regione Lazio. Assessorato alla cultura)

530 Washington 1986
Udal'cova, Z. V.; u. a.: XVII Meždunarodnyj kongress vizantinistov v Vašingtone. (Russ.) [Der 17. Internationale Byzantinistenkongreß in Washington.].—
VizVrem 49, 1988, 241–252

531 Wien 1986
Griechische und römische Statuetten und Großbronzen. Akten der 9. Internationalen Tagung über antike Bronzen, Wien 21.–25. April 1986.
ed. K. Gschwantler.— (Wien 1988) 423 S., Abb.

532 Würzburg 1985
XXIII. Deutscher Orientalistentag, Würzburg 16.–20. September 1987.—
ZDMG Suppl. 7, 1989, 1–717, Abb.

533 Xanthe 1985
Η ιστορική, αρχαιολογική και λαογραφική έρευνα για τη Θράκη.— Συμπόσιο Ξάνθη, Κομοτηνή, Αλεξανδρούπολη, 5–9 Δεκεμβρίου 1985. Πρακτικά (Θεσσαλονίκη 1988) 449 S., Abb.
(Ίδρυμα μελετών Χερσονήσου του Αίμου, 217)

Sammelbände

Werke einzelner Verfasser

534
Barbieri, G.: Scritti minori. Raccolti per iniziativa della Scuola di specializzazione in archeologia dell'Università di Roma La Sapienza.— (Roma 1989) XVII, 481 S., Abb.
(Vetera, 3)

535
Beckwith, J.: Studies in Byzantine and medieval Western art.— (London 1989) 362 S., Abb. Taf.

536
Brezzi, P.: Contributi storici dal Tardo Antico all'età moderna.— (Firenze 1988) VI, 262 S.
(Quaderni di storia urbana e rurale, 10)

537
Brunner-Traut, E.: Gelebte Mythen. Beiträge zum altägyptischen Mythos. 3. ed.— (Darmstadt 1988) 124 S., Abb. Taf.

538
Brunt, P. A.: The fall of the Roman republic and related essays.— (Oxford 1988) XI, 545 S.

539
Condurachi, E.: Daco-Romania antiqua. Etudes d'archélogie et d'histoire ancienne.— (Bucureşti 1988) XI, 247 S.

540
Della Corte, F.: Opuscula, 11.— (Genova 1988) 305 S.

541
Devijver, H.: The equestrian officers of the Roman Imperial army.— (Amsterdam 1989) XII, 474 S., Abb.
(Mavors, 6)

542
Drijvers, H. J. W.: East of Antioch. Studies in early Syriac Christianity.— (London 1984) o. Pagin., Taf.
(Collected studies series, 198)

543
Frend, W. H. C.: Archaeology and history in the study of early Christianity.— (London 1988) X, 308 S., Abb. Taf.

544
Giannetti, A.: Notiziario archeologico. Ciociaria e zone limitrofe. 2 Bde.— (Cassino 1988) X, 588 S., Abb.

545
Gjuzelev, V.: Medieval Bulgaria. Byzantine empire. Black Sea, Venice, Genoa.— (Villach 1988) 373 S., Abb.
(Centre culturel du monde byzantin, 1)

546
Henninger, J.: Arabica varia. Aufsätze zur Kulturgeschichte Arabiens und seiner Randgebiete.— (Göttingen 1989) 498 s.
(Orbis biblicus et orientalis, 90)

547
Krautheimer, R.: Ausgewählte Aufsätze zur europäischen Kunstgeschichte.— (Köln 1988) 469 S., Abb.

548
Marcovich, M.: Studies in Graeco-Roman religions and gnosticism.— (Leiden 1988) 195 S.
(Studies in Greek and Roman religion, 4)

549
Musti, D.: Strabone e la Magna Grecia. Città e popoli dell'Italia antica.— (Padova 1988) 312 S.
(Saggi e materiali universitari. Serie di antichità e tradizione classica, 8)

550
Nagel, W.: Altvorderasien in kleinen Schriften. Festschrift Wolfram Nagel.— (Wiesbaden 1988) XXII, 425 S., Abb. Taf.

551
Pippidi, D. M.: Studii de istorie şi epigrafie.— (Bucureşti 1988) 279 S., Abb.

552
Pötscher, W.: Hellas und Rom. Beiträge und kritische Auseinandersetzung mit der inzwischen erschienenen Literatur.— (Hildesheim 1988) XIII, 670 S.
(Collectanea, 21)

553
Robert, L.: Documents d'Asie Mineure.— (Paris 1987) VIII, 568 S., Abb.
(Bibliothèque des Écoles françaises d'Athènes et de Rome, 239 bis)

554
Robert, L.: Opera minora selecta. Epigraphie et antiquités grecques, 5.— (Amsterdam 1989) XXIII, 839 S., Abb. Taf.

555
Schilling, R.: Dans le sillage de Rome. Religion, poésie, humanisme.— (Paris 1988) XII, 281 S.
(Etudes et commentaires, 101)

556
Schuring, J. M.: Experimental studies on Roman and medieval ceramics. Pottery from the San Sisto Vecchio in Rome. Diss. Leiden 1989.— (o. O. o. J.) 208 S., Abb.

557
Seyrig, H.: Scripta numismatica.— (Paris 1986) 490 S., Abb.
(Institut français d'archéologie du Proche Orient. Bibliothèque archéologique et historique, 126)

558
Thompson, H. A.; Thompson, D. B.: Hellenistic pottery and terracottas.— (Princeton 1987) IV, 459 S., Abb. Taf.

559
Van 't Dack, E.: Ptolemaica selecta. Etudes sur l'armée et l'administration lagides.— (Lovanii 1988) XXVII, 409 S., Taf.
(Studia hellenistica, 29)

560
Velkov, V.: Geschichte und Kultur Thrakiens und Mösiens. Gesammelte Aufsätze.— (Amsterdam 1988) 312 S., Abb.

561
Virgilio, B.: Epigrafia e storiografia. Studi di storia antica, 1.— (Pisa 1988) 298 S., Taf.
(Biblioteca di studi antichi, 57)

Festschriften

562 Asmussen
A green leaf. Papers in honour of Professor Jes P. Asmussen.— (Leiden 1988) XXVII, 547 S., Abb. Taf.
(Acta iranica, 28. Hommages et opera minora, 12)

563 Berger
Kanon. Festschrift Ernst Berger zum 60. Geburtstag am 26. Februar 1988 gewidmet. Textbd., Tafelbd.—
AntK 15. Bh, 1988, VIII, 380 S., Abb.

564 Breglia
Studi per Laura Breglia. 3 Bde.— (Roma 1987) 286, 278, 192 S., Abb. Taf.
(BNumRoma, suppl.)

565 Callaway
Benchmarks in time and culture. An introduction to Palestinian archaeology. Dedicated to Joseph A. Callaway.
ed. J. F. Drinkard Jr.— (Atlanta 1988) 487 S., Abb.
(American schools of oriental research. The society of biblical literature. Archaeology and biblical studies, 1)

566 Della Corte
Filologia e forme letterarie. Studi offerti a Francesco Della Corte, 1–5.— (Urbino 1987) LXXXIV, 485 S.; 545 S.; 432 S.; 422 S.; 677 S., jeweils m. Taf.

567 Deller
Ad bene et fideliter seminandum. Festgabe für Karlheinz Deller zum 21. Februar 1987.— (Kevelaer 1988) 333 S., Abb. Taf.
(Alter Orient und Altes Testament, 220)

568 Drerup
Bathron. Beiträge zur Architektur und verwandten Künsten für Heinrich Drerup zu seinem 80. Geburtstag von seinen Schülern und Freunden.— (Saarbrücken 1988) 433 S., Abb. Taf.
(Saarbrücker Studien zur Archäologie und Alten Geschichte, 3)

569 Eggermont
India and the ancient world. History, trade and culture before A.D. 650. Professor P. H. L. Eggermont jubilee volume presented on the occasion of his seventieth birthday.
ed. G. Pollet.— (Leuven 1987) XIV, 241 S., Abb. Taf.
(Orientalia Lovaniensia analecta, 25)

570 Franken
A knapsack full of pottery. Archaeo-ceramological miscellanea dedicated to H. J. Franken on the occasion of his seventieth birthday. July 4, 1987.— (Leiden 1987) 204 S., Abb. Taf.
(Newsletter. Department of pottery technology, Leiden, 5)

571 Franz, H. G.
Orient und Okzident im Spiegel der Kunst. Festschrift Heinrich Gerhard Franz zum 70. Geburtstag.— (Graz 1986) X, 673 S., Abb. Taf.
(Forschungen und Berichte des Institutes für Kunstgeschichte der Karl-Franzens-Universität Graz, 7)

572 Geijer
Opera textilia variorum temporum. To honour Agnes Geijer on her ninetieth birthday 26th October 1988.— (Stockholm 1988) 188 S., Abb. Taf.
(The Museum of National Antiquities, Stockholm. Studies, 8)

573 Gordon
Συνεισφορά McGill, 1. Papers in Greek archaeology and history in memory of Colin D. Gordon.— (Amsterdam 1987) 154 S., Abb.
(Monographies en archéologie et histoire classiques de l'Université McGill, 6)

574 Guglielmi
Per Carla Guglielmi. Scritti di allievi.— (Roma 1989) 177 S., Abb.

575 Himmelmann
Beiträge zur Ikonographie und Hermeneutik. Festschrift für Nikolaus Himmelmann.— (Mainz 1989) VIII, 539 S., Abb. Taf.
(BJb, Beih. 47)

576 Jashemski
Studia pompeiana et classica in honor of Wilhelmina F. Jashemski, 1. Pompeiana. 2. Classica.
ed. R. I. Curtis.— (New Rochelle 1988; 1989) XXI, 324 S., Abb. Taf.; XXI, 271 S., Abb. Taf.

577 Kantor
Essays in ancient civilization presented to Helene J. Kantor.
ed. A. Leonard Jr.— (Chicago 1989) XXXIX, 387 S., Abb. Taf.
(Studies in ancient Oriental civilization, 47)

578 Labrousse
Mélanges offerts à monsieur Michel Labrousse.— (Toulouse 1987) XXVI, 495 S., Abb.
(Pallas, hors-série 1986)

579 Loon
To the Euphrates and beyond. Archaeological studies in honour of N. van Loon.
ed. O. M. C. Haex.— (Rotterdam 1989) VII, 304 S., Abb. Taf.

580 v. Merhart
Gedenkschrift für Gero von Merhart. Zum 100. Geburtstag.— (Marburg 1986) 335 S., Abb. Taf.
(Marburger Studien zur Vor- und Frühgeschichte, 7)

581 Mondésert
Αλεξανδρινά. Hellénisme, judaïsme et christianisme à Alexandrie. Mélanges offerts au P. Claude Mondésert.— (Paris 1987) XVIII, 436 S., Abb. Taf.

582 Müller, C. D. G.
Nubia et Oriens christianus. Festschrift für C. Detlef G. Müller zum 60. Geburtstag.— (Köln 1988) XVIII, 454 S., Abb. Taf.
(Bibliotheca nubica, 1)

583 Opelt
Roma renascens. Beiträge zur Spätantike und Rezeptionsgeschichte. Ilona Opelt von ihren Freunden und Schülern zum 9. 7. 1988 in Verehrung gewidmet.
ed. M. Wissemann.— (Frankfurt a. M. 1988) 450 S., Abb. Taf.

584 Pugliese Carratelli
Studi di storia e di filologia anatolica dedicati a Giovanni Pugliese Carratelli.
ed. F. Imparati.— (Firenze 1988) 310 S., Abb.
(Eothen. Studi sulle civiltà dell'Oriente antico)

585 Roca-Puig
Miscel·lània papirològica Ramon Roca-Puig en el seu vuitantè aniversari.
ed. S. Janeras.— (Barcelona 1987) 349 S., Taf.
(Fundació Salvador Vives Casajuana, 100)

586 Serbat
Etudes de linguistique générale et de linguistique latine offertes en hommage à Guy Serbat, professeur émérite à l'Université de Paris-Sorbonne, par ses collègues et ses élèves.— (Paris 1987) 431 S., Abb. Taf.

587 Skutsch
Vir bonus discendi peritus. Studies in celebration of Otto Skutsch's eightieth birthday.
ed. N. Horsfall.— (London 1988) IX, 188 S., Taf.
(BICS, suppl. 51)

588 Vogt
Aufstieg und Niedergang der römischen Welt, 2, 10,1. [Festschrift Vogt].— (Berlin 1988) X, 1064 S., Abb. Taf.

589 Vogt
Aufstieg und Niedergang der römischen Welt, 2, 18,2. [Festschrift Vogt].— (Berlin 1989) XI, S. 875–1655, Abb. Taf.

590 Walser
Labor omnibus unus. Gerold Walser zum 70. Geburtstag dargebracht von Freunden, Kollegen und Schülern.— (Stuttgart 1989) XVI, 287 S., Abb.
(Historia. Einzelschriften, 60)

591 Webster
Studies in honour of T. B. L. Webster, 2.
ed. J. H. Betts.— (Bristol 1988) XII, 161 S., Abb. Taf.

592 Werner
Festschrift Robert Werner zu seinem 65. Geburtstag dargebracht von Freunden, Kollegen und Schülern.
ed. W. Dahlheim.— (Konstanz 1989) 321 S., Abb. Taf.
(Xenia. Konstanzer althistorische Vorträge und Forschungen, 22)

593 Wirth
Zu Alexander d. Gr. Festschrift G. Wirth zum 60. Geburtstag am 9. 12. 86. 2 Bde.
ed. W. Will.— (Amsterdam 1987) 1322 S., Taf.

594 Zawadzki
Historia testis. Mélanges d'épigraphie, d'histoire ancienne et de philologie offerts à Tadeusz Zawadzki.— (Fribourg 1989) XIV, 265 S., Taf.
(Seges, 7)

Werke mehrerer Verfasser

595
Ambrogio e la cruciforme 'Romana' basilica degli Apostoli nei milleseicento anni della sua storia.— (Milano 1986) 460 S., Abb.

596
Anfiteatro Flavio. Imagine, testimonianze, spettacoli.— (Roma 1988) 162 S., Abb. Taf.
(Soprintendenza archeologica di Roma. Archeologia e storia a Roma)

597
Antičnye drevnosti Severnogo Pričernomor'ja. Sbornik naučnych trudov. (Russ.) [Altertümer des nördlichen Schwarzmeergebietes. Ein Sammelband.].— (Kiev 1988) 214 S., Abb.

598
Antike Edel- und Buntmetallgewinnung auf Thasos.
ed. G. A. Wagner.— (Bochum 1988) 279 S., Abb. Taf.
(Der Anschnitt. Beih. 6)

599
Der antike Roman. Untersuchungen zur literarischen Kommunikation und Gattungsgeschichte.— (Berlin 1989) 248 S., Taf.
(Veröffentlichungen des Zentralinstituts für Alte Geschichte und Archäologie der Akademie der Wissenschaften der DDR, 19)

600
Der Aquädukt. 1763–1988. Ein Almanach aus dem Verlag C. H. Beck im 225. Jahr seines Bestehens.— (München 1988) LIV, 651 S., Abb. Taf.

601
From the archaeological collections of Cracow and Jena.
ed. J. Śliwa.— (Warszawa 1988) 71 S., Abb. Taf.
(Uniwersytet jagielloński. Varia, 234)

602
Archäologie in Württemberg. Ergebnisse und Perspektiven archäologischer Forschung von der Altsteinzeit bis zur Neuzeit.
ed. D. Planck.— (Stuttgart 1988) 558 S., Abb.

603
Archäologie und neue Technologien.
ed. C. Steckner.— (Freiburg 1988) 170 S., Abb.
(Schriften des Deutschen Archäologen-Verbandes, 10)

604
Archäologische Feldforschungen in Sachsen. Fünfzig Jahre Landesmuseum für Vorgeschichte Dresden.— (Berlin 1988) 583 S., Abb.
(Arbeits- und Forschungsberichte zur sächsischen Bodendenkmalpflege, 18)

605
The archaeology of Western Iran. Settlement and society from prehistory to the Islamic conquest.
ed. F. Hole.— (Washington 1987) 332 S., Abb.

606
Art and production in the world of the caesars.— (Milan 1987) 52 S., Abb.

607
Cahiers de Tanis. 1.— (Paris 1987) 188 S., Abb. Taf.
(Mémoire, 75)

608
The Cambridge guide to the arts in Britain, 1. Prehistoric, Roman and early medieval.
ed. B. Ford.— (Cambridge 1988) XII, 308 S., Abb. Taf.

609
Centre and periphery in the ancient world.
ed. M. Rowlands.— (Cambridge 1987) VI, 159 S., Abb.
(New directions in archaeology)

610
Céramiques hellénistiques et romaines, 2.— (Paris 1987) 338 S., Abb.
(Annales littéraires de l'Université de Besançon, 331. Centre de recherches d'histoire ancienne, 70)

611
Computer and quantitative methods in archaeology 1988. 2 Bde.
ed. S. P. Q. Rahtz.— (Oxford 1988) XXII, IX, 550 S., Abb.
(British archaeological reports. International series, 446)

612
Cultes et monuments religieux dans l'Asie centrale préislamique.
ed. F. Grenet.— (Paris 1987) 97 S., Taf.

613
Le donne in Etruria.— (Roma 1989) 262 S., Abb. Taf.
(Studia archaeologica, 52)

614
L'esperimento della perfezione. Arte e società nell'Atene di Pericle.
ed. E. La Rocca.— (Milano 1988) 363 S., Abb.

615
Essays on Anatolian studies in the second millennium B.C.
ed. T. Mikasa.— (Wiesbaden 1988) 85 S., Abb.
(Bulletin of the Middle Eastern Culture Center in Japan, 3)

616
Etudes de médecine romaine.
ed. G. Sabbah.— (Saint-Etienne [1989]) 178 S., Abb.
(Centre Jean Palerne. Mémoires, 8)

617
Etudes homériques.— (Lyon 1989) 106 S.
(Travaux de la Maison de l'Orient, 17)

618
Fortress into city. The consolidation of Roman Britain. First century AD.
ed. G. Webster.— (London 1988) 178 S., Abb.

619
Funde und Ausgrabungen im Bezirk Trier. Aus der Arbeit des Rheinischen Landesmuseums Trier, 20.— (Trier 1988) 50 S., Abb.

620
Geografia e storiografia nel mondo classico.
ed. M. Sordi.— (Milano 1988) VIII, 250 S., Abb. Taf.
(Contributi dell'Instituto di storia antica, 14)

621
Germanische Rest- und Trümmersprachen.
ed. H. Beck.— (Berlin 1989) X, 239 S., Abb. Taf.
(Ergänzungsbände zum Reallexikon der Germanischen Altertumskunde, 3)

622
Gioia. Una città nella storia e civiltà di Puglia, 2.
ed. M. Girardi.— (Fasano 1988) 509 S., Abb.
(Studi e testi gioiesi, 2)

623
Gosudarstvennyj Érmitaž. Skul'ptura v muzee. Sbornik naučnych trudov. (Russ.) [Staatliche Ermitage. Skulptur im Museum. Sammelband.].— (Leningrad 1984) 132 S., Abb.

624
Greece and the hellenistic world.
ed. J. Boardman.— (Oxford 1988) VI, 446 S., Abb. Taf.
(The Oxford history of the classical world, 1)

625
Greek tragedy and political theory.
ed. J. P. Euben.— (Berkeley 1986) XVII, 315 S.

626
Hethitica, 9.— (Louvain-la-Neuve 1988) 179 S., Abb.
(Bibliothèque des cahiers de l'Institut de linguistique de Louvain, 43)

627
Hurriter und hurritisch.— (Konstanz 1988) 318 S., Abb.
(Xenia, 21. Konstanzer altorientalische Symposien, 2)

628
Iliri i Albanci. Serija predavanja održanih od 21. Maja do 4. Juna 1986. godine. Les Illyriens et les Albanais. Série de conférences tenues du 21 mai au 4 juin 1986.
ed. M. Garašanin.— (Beograd 1988) 375 S., Abb.
(Srpska akademija nauka i umetnosti. Naučni skupovi, 39, Odeljenje istorijskih nauka, 10)

629
Italia. Omnium terrarum alumna. La civiltà dei Veneti, Reti, Liguri, Celti, Piceni, Umbri, Latini, Campani e Iapigi.— (Milano 1988) XV, 720 S., Abb.
(Antica madre. Collana di studi sull'Italia antica.)

630
La Jordanie de l'âge de la pierre à l'époque byzantine.— (Paris 1987) 120 S., Abb.
(Rencontres de l'Ecole du Louvre)

631
Josephus, Judaism, and Christianity.
ed. L. H. Feldman.— (Leiden 1987) 448 S.

632
Die Klassische Altertumswissenschaft an der Georg-August-Universität Göttingen. Eine Ringvorlesung zu ihrer Geschichte.— (Göttingen 1989) 248 S., Abb.
(Göttinger Universitätsschriften, Serie A, 14)

633
Kultur und Gedächtnis.
ed. J. Assmann.— (Frankfurt a. M. 1988) 371 S., Abb.
(Suhrkamp Taschenbuch. Wissenschaft, 724)

634
Kul'tura drevnego Rima, 1–2. (Russ.) [Die Kultur des alten Rom.].— (Moskva 1985) 429 S., Abb.; 396 S., Abb.

635
La musica in Grecia.
ed. B. Gentili.— (Bari 1988) XII, 317 S., Abb.
(Storia e società)

636
Lo sport in Grecia.
ed. P. Angeli Bernardini.— (Roma 1988) XXXVII, 262 S., Abb.
(Storia e società)

637
Magna Grecia. Vita religiosa e cultura letteraria, filosofica e scientifica.
ed. G. Pugliese Carratelli.— (Milano 1988) 356 S., Abb.

638
Methoden der antiken Numismatik.
ed. M. R.-Alföldi.— (Darmstadt 1989) VII, 406 S., Abb. Taf.
(Wege der Forschung, 529)

639
Miscellanea Bibliothecae Apostolicae Vaticanae, 1.— (Città del Vaticano 1987) 260 S., Abb.
(Studi e testi, 329)

640
Miscellanea greca e romana, 13.— (Roma 1988) VI, 259 S., Taf.
(Studi pubblicati dall'Istituto italiano per la storia antica, 42)

641
Missione a Malta. Ricerche e studi sulla preistoria dell'arcipelago maltese nel contesto mediterraneo.— (Milano 1988) 241 S., Abb. Taf.
(Di fronte e attraverso, 215)

642
Monnaies gauloises découvertes en fouilles.— (Paris 1987) 268 S., Abb.
(Dossier de protohistoire, 1)

643
Novye issledovanija po archeologii Severnogo Pričernomor'ja. (Russ.) [Neue Forschungen zur Archäologie des nördlichen Schwarzmeergebietes.].— (Kiev 1987) 165 S., Abb. Taf.

644
Il nuraghe S. Antine nel Logudoro-Meilogu.
ed. A. Moravetti.— (Sassari 1988) 441 S., Abb. Taf.

645
Le origini della Valtellina e della Valchiavenna. Contributi di storia sociale dalla preistoria all'alto medioevo.— (Sondrio 1989) 203 S., Abb.

646
The pastmasters. Eleven modern pioneers of archaeology.
ed. G. Daniel.— [London 1989] 176 S., Abb.

647
Patronage in ancient society.— (London 1989) 255 S.
(Leicester-Nottingham studies in ancient society, 1)

648
Pejlinger af hellenismen.
ed. T. Engberg-Pedersen.— (Århus 1989) 70 S., Abb.
(Hellenismestudier, 1)

649
Per pagos vicosque. Torino romana fra Orco e Stura.
ed. G. Cresci Marrone.— (Padova 1988) 235 S., Abb. Beil
(Saggi e materiali universitari. Serie di antichità e tradizione classica, 10)

650
Per un'identità culturale dei Brettii.
ed. P. Poccetti.— (Napoli 1988) 264 S., Taf.

651
Politique dans l'antiquité. Images, mythes et fantasmes.— (Lille 1986) 132 S.
(Université de Lille III. Travaux et recherches.)

652
The prehistory of Jordan. The state of research in 1986. 2 Bde.
ed. A. N. Garrard.— (Oxford 1988) IX, 601 S., Abb.
(British archaeological reports. International series, 396)

653
Problemy antičnoj kul'tury. (Russ.) [Probleme der antiken Kultur].
ed. G. A. Košelenko.— (Moskva 1988) 288 S., Abb. Taf.

654
Recent developments in Yugoslav archaeology.
ed. J. C. Chapman.— (Oxford 1988) XVI, 255 S., Abb.
(British archaeological reports. International series, 431)

655
Rescuing Creusa. New methodological approaches to women in antiquity.— (Lubbock 1987) 175 S., Abb.
(Helios, special issue N. S. 13,2)

656
Rethinking religion. Studies in the hellenistic process.
ed. J. P. Sørensen.— (Copenhagen 1989) 101 S., Abb.
(Opuscula graecolatina, 30)

657
Das römische Wimpfen. Stadtteil Wimpfen im Tal. Ergebnisse der archäologischen Ausgrabungen von 1983–1987.— (Bad Wimpfen 1988) 159 S., Abb. Taf.
(Regia Wimpina, 5)

658
The Roman world.
ed. J. Boardman.— (Oxford 1988) VI, 456 S., Abb. Taf.
(The Oxford history of the classical world, 2)

659
I Romani di Chiusi. Rivisitazione attraverso testimonianze epigrafiche, topografiche, archeologiche
ed. G. Paolucci.— (Roma 1988) 175 S., Abb.

660
Rome and the Brigantes. The impact of Rome on Northern England.— (Sheffield 1980) II, 53 S., Abb.
(University of Sheffield. Department of Prehistory and Archaeology)

661
Satyrspiel.
ed. B. Seidensticker.— (Darmstadt 1989) VI, 423 S., Taf.
(Wege der Forschung, 579)

662
Les savoirs de l'écriture. En Grèce ancienne.— (Lille 1988) 538 S.
(Cahiers de philologie. Série apparat critique, 14)

663
Scanning electron microscopy in archaeology.
ed. S. L. Olsen.— (Oxford 1988) IX, 408 S., Abb.
(British archaeological reports. International series, 452)

664
Semanas de estudios romanos, 3–4.— (Valparaíso 1987) 317 S., Abb. Taf.
(Universidad católica de Valparaíso)

665
I sette castra di Paolo Diacono ed altri studi castellologici.
ed. T. Miotti.— (o. O. 1988) 674 S., Abb.
(Castelli del Friuli, 7)

666
The Seven Wonders of the ancient world.
ed. P. A. Clayton.— (London 1988) XV, 176 S., Abb.

667
Sexualität und Erotik in der Antike.— (Darmstadt 1988) VI, 456 S.
(Wege der Forschung, 605)

668
Società romana e impero tardoantico, 4. Tradizione dei classici trasformazioni della cultura.
ed. A. Giardina.— (Bari 1986) 282 S., Taf.

669
Sozialmaßnahmen und Fürsorge. Zur Eigenart antiker Sozialpolitik.—
GrazBeitr Suppl. 3, 1988, 1–185

670
Storia di Vicenza, 1. Il territorio, la preistoria, l'età romana.
ed. A.Broglio.— (Vicenza 1987) XII, 324 S., Taf. Beil.

671
Studia Tarquiniensia.— (Roma 1988) 121 S., Abb. Taf.
(Archaeologia Perusina, 9)

672
Studies in early Byzantine gold coinage.
ed. W. Hahn.— (New York 1988) 142 S., Abb. Taf.
(Numismatic studies, 17)

673
Studies on the civilization and culture of Nuzi and the Hurrians, 2. General studies. Excavations at Nuzi, 9,1.
ed. D. I. Owen.— (Winona Lake (Ind.) 1987) VIII, 723 S., Abb. Taf.

674
Tappeh Hesār. Reports of the restudy project, 1976.— (Firenze 1989) 151 S., Abb. Taf.
(Monografie di Mesopotamia, 2)

675
Techniques antiques du bronze. Faire un vase, faire un casque, faire une fibule.— (Dijon 1988) 91 S., Abb. Taf.
(Centre de recherches sur les techniques gréco-romaines, 12)

676
Vie romane tra Italia centrale e Pianura Padana. Ricerche nei territori di Reggio Emilia, Modena e Bologna.— (Modena 1988) 206 S., Abb.
(Deputazione di storia patria per le antiche provincie modenesi. Biblioteca, 103)

677
Vom frühen Griechentum bis zur römischen Kaiserzeit. Gedenk- und Jubiläumsvorträge am Heidelberger Seminar für Alte Geschichte.— (Stuttgart 1989) 108 S., Abb. Taf.
(Heidelberger althistorische Beiträge und epigraphische Studien, 6)

678
Winckelmanns Wirkung auf seine Zeit. Lessing, Herder, Heyne.— (Stendal 1988) 220 S., Taf.
(Schriften der Winckelmann-Gesellschaft, 7)

679
[1°] Corso propedeutica archeologica, Correzzola 3–11 settembre 1982.— (o. O. o. J.) 140 S., Abb. Taf.
Provincia di Padova. Assessorato alla pubblica istruzione ed attività culturali)

680
2° Corso di propedeutica archeologica, Correzzola 5–10 settembre 1983.— (o. O. o. J.) 94 S., Abb. Taf.
(Provincia di Padova. Assessorato alla pubblica istruzione ed attività culturali)

Personalia

Allgemein

681
The pastmasters. Eleven modern pioneers of archaeology. ed. G. Daniel.— [London 1989] 176 S., Abb.

682
Fittschen, K.: Von Wieseler bis Thiersch (1839–1939). Hundert Jahre Klassische Archäologie in Göttingen.— Die Klassische Altertumswissenschaft an der Georg-August-Universität Göttingen (Göttingen 1989) 78–97, Abb.
SB

683
Metzger, H.: La correspondance passive d'Osman Hamdi bey.— CRAI 1988, 672–684

Einzelpersönlichkeiten

684 Abd el-Hamid, S. I. M.
El-Sayed Abd el-Hamid Ibrahim Mohammed.—
CahKarnak 8, 1982–85, 4, Abb.

685 Akurgal, E.
Ord. Prof. Dr. Ekrem Akurgal'a ait yayınlar.—
Anadolu 21, 1978–80 [1987], [V–VII]

686 Amiet, P.
Vanden Berghe, L.: Biographie et bibliographie de P. Amiet.—
IrAnt 23, 1988, IX–XXI, Taf.

687 Andrae, W.
Andrae, E. W.; Boehmer, R. M.: Die Orientbilder von Walter Andrae.—
BaM 20, 1989, 1–89, Abb. Taf.

688 Andrieşescu, I.
Berciu, D.: Ioan Andrieşescu şi concepţia tracizantă în istoriografia românească. Cu ocazia împlinirii unui veac de la naşterea sa.—
Thraco-Dacica 9, 1988, 5–8

689 Angelov, N. G.
Slavčev, P.: En mémoire de Nikola Angelov, 1912–1988. (Bulg.).—
ArcheologijaSof 30, 1988, Nr. 4, 62–64

690 Asmussen, J. P.
Biography of Professor Jes Peter Asmussen. Bibliography of the works of Jes P. Asmussen.— A green leaf. Papers in honour of J. P. Asmussen (Leiden 1988) XV–XXVII, Taf.

691 Bachofen
[Johann Jakob Bachofen e la discussione sull'origine dello stato. Atti della Giornata di studio. Roma, 2 marzo 1988, villa Maraini.].—
QuadStor 28, 1988, 7–139

692 Bakalakes
Bakalakes, G.: Βιβλιογραφία 1933–1988.— Η ιστορική, αρχαιολογική και λαογραφική έρευνα για τη Θράκη (Θεσσαλονίκη 1988) 9–10, Taf.
KB Xanthe 1985

693 Baly, A. D.
In memoriam A. Denis Baly, 1913–1987.—
AAJ 31, 1987, 11

694 Baly, A. D.
Tushingham, A. D.: A. Denis Baly, 1913–1987.—
BASOR 1988, Nr. 271, 1–3

695 Barbieri, G.
Leone, E.; Licordari, A.: Bibliografia generale di Guido Barbieri.— Barbieri, G.: Scritti minori (Roma 1989) XV–XVII

696 Barbieri, G.
Panciera, S.: Prefazione.— Barbieri, G.: Scritti minori (Roma 1989) IX–XIII, Taf.

697 Barnea, I.
Diaconu, P.: Profesorul Ion Barnea la 75 de ani.—
StClstor 39, 1988, 391–397, Abb.

698 Barnea, I.
Sâmpetru, M.: Ion Barnea à 75 ans.—
Dacia 32, 1988, 205–214, Abb.

699 Barnett, R.
Wrigth, G. R. H.: Dr. Richard Barnett CBE, FBA, FSA, 23. 1. 1909 – 29. 7. 1986.—
AfO 34, 1987, 248–249, Abb.

700 Beck, H.
Trier, B.: Hans Beck, 1909–1987.—
AusgrFuWestf 5, 1987, [I–II], Abb.

701 Berger
Bibliographie Ernst Berger. Kanon. Festschrift E. Berger.—
AntK 15. Bh, 1988, VII–VIII

702 Blavatskij, V. D.
Spisok pečatnych rabot V. D. Blavatskogo, vyšedšich v 1976 – 1980 gg. i pozdnee. (Russ.) [Liste der in den Jahren 1976 – 1980 und postum erschienenen gedruckten Arbeiten von V. D. Blavatskij.].— Problemy antičnoj kul'tury (Moskva 1986) 283–284
SB

703 Blavatskij, V. D.
Kuziščin, V. I.: Ob izučenii social'no-ėkonomičeskoj istorii drevnego mira v proizvedenijach V. D. Blavatskogo. (Russ.) [Die Erforschung der sozial-wirtschaftlichen Geschichte der antiken Welt in den Schriften von V. D. Blavatskij.].— Problemy antičnoj kul'tury (Moskva 1986) 36–43
SB

704 Breglia, L.
Caruso, T.: Studi di Laura Breglia.— Studi per L. Breglia, 1 (Roma 1987) 11–15

705 Břeň, J.
Hralová, J.: Životní jubileum Jiřího Břeně. (Tschech.).—
ARozhl 41, 1989, 88–91, Abb.

706 Brocchi
Pernigotti, S.: Giambattista Brocchi ad Assuan.—
StEgAntPun 1, 1987, 47–62

707 Brown, F. E.
Scott, R. T.: Frank Edward Brown, 1908–1988.—
AJA 92, 1988, 577–579, Abb.

708 Browne
Piggott, S.: Sir Thomas Browne and antiquity.—
OxfJA 7, 1988, 257–269

709 Brunn, W. A. v.
Schumacher-Matthäus, G.; Wilbertz, O. M.: Wilhelm Albert von Brunn, 1911–1988.—
PZ 64, 1989, 1–4

710 Bunsen, C. C. J. v.
Leclant, J.: Champollion, Bunsen, Lepsius.— Karl Richard Lepsius, 1810–1884 (Berlin 1988) 53–59
KB Halle 1984

711 Burckhardt, J.
Jacob Burckhardt. Briefe, 10.
ed. M. Burckhardt.— (Basel 1986) 699 S., Taf.

712 Burckhardt, J.
Burckhardt, M.: Johann Jakob Bachofen e Jacob Burckhardt.—
QuadStor 28, 1988, 7–16

713 Callaway, J. A.
Drinkard, Jr., J. F.; Gibson, J. M.: Joseph A. Callaway. Select bibliography.— Benchmarks in time and culture. Dedicated to J. A. Callaway (Atlanta 1988) 463–464

714 Callaway, J. A.
Rust, E. C.: Biographical sketch of Joseph A. Callaway. Christian minister, Old Testament professor, and field archaeologist.— Benchmarks in time and culture. Dedicated to J. A. Callaway (Atlanta 1988) 457–461, Taf.

715 Capmartin de Chaupy, B.
Mathieu, N.: Capmartin de Chaupy, découvreur de la maison de campagne d'Horace ou petite promenade archéologique au sujet du domaine d'Horace en Sabine, au XVIIIe siècle.—
Caesarodunum 23 bis, 1988, 177–198, Taf.

716 Carducci, C.
Curto, S.: Carlo Carducci.—
AttiAcTorino 122, 1988, 115–117

717 Cassas
Chevallier, R.; Gilet, A.: Les levés d'antiques de L. F. Cassas (1756–1827).—
RendPontAcc 58, 1985–86, 25–48, Abb.

718 Castagnoli, F.
Sommella, P.: Ferdinando Castagnoli.—
StRom 36, 1988, 350–352, Abb.

719 Caylus
Pomian, K.: Maffei e Caylus.— Nuovi studi Maffeiani (Verona 1985) 187–205, Abb.
KB Verona 1983

720 Champollion, J. F.
Leclant, J.: Champollion, Bunsen, Lepsius.— Karl Richard Lepsius, 1810–1884 (Berlin 1988) 53–59
KB Halle 1984

721 Chittick, N.
Wenig, S.: Neville Chittick.— Studia meroitica 1984 (Berlin 1989) 23
KB Roma 1984

722 Coblenz, W.
Vogt, H. J.: Werner Coblenz zum siebzigsten Geburtstag.—
ArbFBerSächs 31, 1987, 7–10

723 Condurachi, E.
Theodorescu, R.: Note biographique de l'auteur.— Condurachi, E.: Daco-Romania antiqua (Bucureşti 1988) V–XI

724 Condurachi, E.
Theodorescu, R.: Emil Condurachi, 1912–1987.—
Dacia 32, 1988, 237–238, Abb.

725 Crespellani, A.
Rinaldi, G.: La vita e le opere di Arsenio Crespellani.— (Marano s. P. 1987) 70 S., Abb.

726 Čujanová-Jílková
Šaldová, V.; Brychová, J.: Jubileum Evy Čujanové-Jílkové. (Tschech.).—
ARozhl 40, 1988, 572–576, Abb.

727 Dauber
[Dr. Albrecht Dauber zum 80. Geburtstag.].—
FuBerBadWürt 13, 1988, V–VI, Taf.

728 Daux, G.
Georges Daux, 1899–1988. Liste des travaux de Georges Daux à partir de 1974.—
BCH 113, 1989, III–IX, Abb.

729 De Fogolari, G.
Pallottino, M.; Scarfì, B. M.: Presentazione. Bibliografia di Giulia Fogolari.—
AquilNost 57, 1986, 9–24, Taf.

730 Degli Abbati Olivieri Giordani
Brancati, A.: Annibale degli Abbati Olivieri Giordani. Esemplarità di uno studioso del Settecento pesarese.— Atti del VI Congresso nazionale di archeologia cristiana (Firenze 1986) 339–354, Abb.
KB Pesaro-Ancona 1983

731 Devauges, J. B.
Meissonnier, J.: Liste des travaux et études de Jean-Bernard Devauges.— Devauges, J. B.: Entrains gallo-romain (Saint-Herblain 1988) XV–XXIII

732 Devreesse, R.
Ruysschaert, J.: A 50 ans du premier catalogue vatican de Mgr Robert Devreesse. Note bio-bibliographique.— Miscellanea Bibliothecae Apostolicae Vaticanae, 1 (Città del Vaticano 1987) 117–125, Abb.
SB

733 Dimitrov, D. I.
Rachev, R.: Dimităr Iliev Dimitrov, 1927–1988. (Bulg.).—
ArcheologijaSof 30, 1988, Nr. 4, 64–65

734 Dinsmoor Jr., W. B.
Camp II, J. M.: William Bell Dinsmoor Jr., 1923–1988.—
AJA 93, 1989, 233–234, Abb.

735 Drerup
Jung, H.: Bibliographie Heinrich Drerup.— Bathron. Beiträge zur Architektur und verwandten Künsten für H. Drerup (Saarbrücken 1988) 9–12

736 Du Chatellier
Les correspondants de Paul du Chatellier, archéologue finistérien (1854–1911), 1. (1854–1864); 2. (1865–1873); 3. (1873–1875); 4. (25.7. 1875 – 13.11. 1876).—
ABret 41; 42; 43; 44, 1985;1987;1987;1988, 1–43, Abb.; 1–60; 1–52, Abb.; 1–56

737 Dumézil, G.
Schilling, R.: Georges Dumézil et Rome.— Dans le sillage de Rome (Paris 1988) 212–222

738 Dunand
Stucky, R. A.: Maurice Dunand.—
Gnomon 60, 1988, 287

739 Dunham, D.
Wenig, S.: Dows Dunham.— Studia meroitica 1984 (Berlin 1989) 23–24
KB Roma 1984

740 Ebner, P.
Libero Mangieri, G.: Pietro Ebner, 1904–1988.—
RivItNum 90, 1988, 607–609

741 Eggermont, P. H. L.
Pollet, G.: Professor Pierre H. L. Eggermont.— India and the ancient world. P. H. L. Eggermont jubilee volume (Leuven 1987) VII–XII, Taf.

742 Eilers, W.
Eilers, E.: Wilhelm Eilers. Bibliographie W. Eilers 1967–1988.—
AMI 20, 1987, 9–16, Taf.

743 Erman, A.
Rühlmann, G.: Gedanken zu Adolf Ermans Werk 'Ägypten und ägyptisches Leben im Alterum'.—
ZÄS 115, 1988, 157–160

744 Étienne, R.
Mayet, F.: [Hommage au prof. Robert Étienne]. Bibliographie de Robert Étienne.—
REA 88, 1986, 5–18, Taf.

745 Evans
Catling, H. W.: The Society of Antiquaries and the British School at Athens, 1886–1986. The cemeteries of Knossos and Mycenae.—
AntJ 67, 1987, 223–236

746 Eydoux
Nicolai, B.: Henri-Paul Eydoux, 1907–1986.—
ZKuGesch 51, 1988, 296–299

747 Ferrua, A.
L'Accademia Selinuntina di scienze lettere arti di Mazara del Vallo ed il Premio Sélinon 1987.— (Mazara del Vallo 1988) 124 S., Abb. Taf.

748 Florescu, A. C.
Teodor, S.: Adrian C. Florescu.—
Dacia 32, 1988, 231–233, Abb.

749 Forlati Tamaro, B.
Bibliografia di Bruna Forlati Tamaro.—
AquilNost 56, 1985, 479–480

750 Forlati Tamaro, B.
Giornata di studio in onore di Bruna Forlati Tamaro. Aquileia 27 settembre 1987.— [Venezia 1989] 79 S., Abb.

751 Fossey, C.
Chevalier, N.: Hamadan 1913. Une mission oubliée.—
IrAnt 24, 1989, 245–251, Taf.

752 Franke, P. R.
Schriftenverzeichnis Peter Robert Franke.—
JNG 36, 1986, 9–12

753 Franz, H. G.
Ploder, J.: Verzeichnis der wissenschaftlichen Arbeiten von H. G. Franz.— Orient und Okzident im Spiegel der Kunst. Festschrift H. G. Franz (Graz 1986) 477–498

754 Friedell, E.
Friedell, E.: Der Schatten der Antike. Aus dem unvollendeten Teil der 'Kulturgeschichte des Altertums'. Herausgegeben von Heribert Illig.— Der Aquädukt. 1763–1988 (München 1988) 275–284, Abb.
SB

755 Fülep, F.
Kádár, Z.; Nagy, M.: Fülep Ferenc, 1919–1986. Fülep Ferenc régészeti munkássága. Válogatott bibliográfia. (Ung.).—
ArchErt 113, 1986, 257–261, Abb.

756 Fülep, F.
Korek, J.: Dr. Fülep Ferenc, 1919–1986. (Ung.).—
FolArch 37, 1986, 7–10, Abb.

757 Fülep, F.
Nagy, M.: Fülep Ferenc munkássága.—
FolArch 37, 1986, 11–19

758 Fülep, F.
Tóth, E.; Nagy, M.: Ferenc Fülep, 1919–1986.—
ActaArchHung 40, 1988, 315–319, Abb.

759 Gajdukevič, V. F.
Vinogradov, J. A.: V.F. Gajdukevič i issledovanija Mirmekija. (Russ.) [Gajudekevič und die Erforschung von Myrmekion.].— Gajdukevič, V. F.: Antičnye goroda Bospora. Mirmekij (Leningrad 1987) 172–179

760 Galling, K.
Weippert, M.: Kurt Galling, 8. 1. 1900–12. 7. 1987.—
ZDPV 104, 1988, 190–194, Abb.

761 Garrucci, R.
Ferone, C.: Per lo studio della figura e dell'opera di Raffaele Garrucci, 1812–1885.— Miscellanea greca e romana, 13 (Roma 1988) 17–50, Taf.
SB

762 Gjerstad, E.
Styrenius, C. G.: Einar Gjerstad, 30. 10. 1897 – 8. 1. 1988.—
MedelhavsMusB 23, 1988, 3–8, Abb.

763 Gjuzelev
Pistarino, G.: Il professore dott. Vasil Gjuzelev, studioso bulgaro del medioevo europeo.— Gjuzelev, V., Medieval Bulgaria. Byzantine empire. Black Sea, Venice, Genoa (Villach 1988) 3–4

764 Goethe
Neutsch, B.: Goethe e il Museo Maffeiano.— Nuovi studi Maffeiani (Verona 1985) 97–109, Taf.
KB Verona 1983

765 Grevembroch, G.
Favaretto, I.: Le 'antichità profane' di Giovanni Grevembroch. Disegni dall'antico nella Venezia del XVIII secolo.—
AquilNost 57, 1986, 597–616, Abb.

766 Grjaznov
Barkova, L.; Marsadolov, L.: M. P. Grjaznov, 1902–1984. (Russ.).—
SoobErmit 52, 1987, 96–97

767 Groot, J. C.
In memoriam Jennifer C. Groot, 1951–1987.—
AAJ 31, 1987, 13

768 Gross, W. H.
Bleicken, J.: Walter Hatto Gross, 30. März 1913 – 24. Dezember 1984.—
JbGött 1987, 74–79

769 Guasco
Tittoni, M. E.: Francesco Eugenio Guasco e la sua edizione del lapidario dei Musei Capitolini (1775).— Nouvi studi Maffeiani (Verona 1985) 399–407, Abb. Taf.
KB Verona 1983

770 Gunjača
Jurić, R.: Uspomeni akademika Stjepana Gunjače, 1909–1981. (Kroat.).—
Diadora 10, 1988, 227–241, Abb.

771 Harmatta, J.
Töttössy, C.: Harmatta János hetven éves. (Ung.).—
ArchErt 114–115, 1987–88, 124–125, Abb.

772 Hauck
Fleckenstein, J.: Von den Wurzeln Alteuropas. Gruß und Dank an Karl Hauck zum 21. 12. 1986 und 16. 1. 1987.—
FrühMitAltSt 22, 1988, 6–15

773 Hauck
Hauck, K.: Zur Ikonologie der Goldbrakteaten, 40. Zwanzig Jahre Brakteatenforschung in Münster, Westfalen.—
FrühMitAltSt 22, 1988, 17–52, Abb. Taf.

774 Henninger, J.
Die Veröffentlichungen von P. Joseph Henninger S.V.D. 1976–1988.— Henninger, J.: Arabica varia (Göttingen 1989) 477–484

775 Herter
Vogt, E.: Hans Herter.—
Gnomon 60, 1988, 473–479, Taf.

776 Heyne, C. G.
Döhl, H.: Die Archäologievorlesungen Chr. G. Heynes. Anmerkungen zu ihrem Verständnis und ihrer Bedeutung.— Winckelmanns Wirkung auf seine Zeit (Stendal 1988) 123–147, Taf.
SB

777 Heyne, C. G.
Hirsch, E.; **Karl, I.**: Christian Gottlob Heyne zwischen Philanthropismus und Neuhumanismus.— Winckelmanns Wirkung auf seine Zeit (Stendal 1988) 149–159
SB

778 Heyne, C. G.
Irmscher, J.: Christian Gottlob Heyne. Altertumsforscher, Wissenschaftsorganisator, Winckelmannverehrer.— Winckelmanns Wirkung auf seine Zeit (Stendal 1988) 113–122
SB

779 Hildebrand
Planck, D.: Bernhard Hildebrand, 1922–1987.—
FuBerBadWürt 13, 1988, 809–810

780 Honegger
M'charek, A.: Maghrāwa, lieu de provenance des stèles punico-numides dites de la Ghorfa.—
MEFRA 100, 1988, 731–760, Abb.

781 Horn, R.
Zanker, P.: Rudolf Horn, 10. September 1903 – 27. Januar 1984.—
JbGött 1987, 67–73

782 Humann, C.
Dörner, F. K.; **Dörner, E.**: Von Pergamon zum Nemrud Dağ. Die archäologischen Entdeckungen Carl Humanns.— (Mainz 1989) XV, 342 S., Abb. Taf.
(Kulturgeschichte der antiken Welt, 40)

783 Iessen, A. A.
Vasil'eva, R. V.: Ličnyj fond A. A. Iessena. Obzor dokumentov. (Russ.) [Der persönliche Fonds A. A. Iessen. Übersicht der Dokumente.].—
KraSoob 1987, Nr. 192, 99–102

784 Imhoof-Blumer
Zindel, C.: Zur Geschichte des Münzkabinetts Winterthur.—
AntK 31, 1988, 108–114, Taf.

785 Ingholt
Harald Ingholt, 1896–1986.—
Berytus 34, 1986, 5–6, Abb.

786 Ivanov, S. A.
Ninov, L.: En mémoire du prof. Stefan Al. Ivanov, 1908–1987. (Bulg.).—
ArcheologijaSof 30, 1988, Nr. 4, 61–62

787 Ivanov, T.
Dimitrova-Milčeva, A.: Chercheur inspiré de l'archéologie antique en Bulgarie. [Zum 70. Geburtstag von Teofil Ivanov.] (Bulg.).—
ArcheologijaSof 30, 1988, Nr. 3, 58–60, Abb.

788 Jacobsthal, P. F.
Jope, M.: Paul Ferdinand Jacobsthal.— Proceedings of the Seventh international congress of Celtic studies (Oxford 1986) 15–18
KB Oxford 1983

789 Jashemski, W. F.
List of publications by Wilhelmina F. Jashemski.— Studia pompeiana et classica in honor of W. F. Jashemski, 1 (New Rochelle 1988) XIX–XXI

790 Kádár, Z.
Nagy, T.: Kádár Zoltán köszöntése. (Ung.).—
ArchErt 112, 1985, 118, Abb.

791 Kalousek
Podborský, V.: Profesor PhDr. František Kalousek, 1901–1988. (Tschech.).—
SborBrno E 33, 1988, 155–158, Abb.

792 Kantor, H. J.
Jones, C. E.: Bibliography of the publications and communications of Helene J. Kantor, through June 15, 1988.— Essays in ancient civilization presented to H. J. Kantor (Chicago 1989) XXXI–XXXIX

793 Kaván
Rataj, S. J.; **Moucha, V.**: Životní jubileum Jaroslava Kavána. (Tschech.).—
ARozhl 40, 1988, 565–568, Abb.

794 Kirchner, H.
Hänsel, B.; **Kohnke, H. G.**: Horst Kirchner 75 Jahre.—
PZ 63, 1988, 133–134

795 Kminek-Szedlo, G.
Atti del colloquio su Giovanni Kminek-Szedlo, Bologna 7 maggio 1987.—
StEgAntPun 2, 1987, 1–71

796 Koumanoudes
Matthaiou, A. P.: Στέφανος Ν. Κουμανούδης, 1930–1987.—
Horos 5, 1987, 9–13

797 Krautheimer, R.
Bibliographie der Schriften Richard Krautheimers 1925–1987.— Krautheimer, R.: Ausgewählte Aufsätze zur europäischen Kunstgeschichte (Köln 1988) 379–383

798 Krautheimer, R.
Krautheimer, R.: Anstatt eines Vorworts.— Ausgewählte Aufsätze zur europäischen Kunstgeschichte (Köln 1988) 7–37

799 Kreissig, H.
Bibliographie Heinz Kreissig.—
Klio 70, 1988, 302–307

800 Labrousse, M.
Bibliographie.— Mélanges offerts à M. Labrousse (Toulouse 1987) XI–XXVI, Taf.

801 Le Royer de la Sauvagère, F.
Audin, P.: Le Royer de la Sauvagère (1770), archéologue du siècle des lumières.—
Caesarodunum 22 bis, 1987, 1–11

802 Lehner, H.
Merten, J.: Hans Lehners Trierer Jahre.— Funde und Ausgrabungen im Bezirk Trier, 20 (Trier 1988) 42–50, Abb.
SB

803 Lepsius, K. R.
Karl Richard Lepsius, 1810–1884. Akten der Tagung anläßlich seines 100. Todestages, Halle 10.–12. 7. 1984.
ed. E. Freier.— (Berlin 1988) 334 S., Taf.
(Schriften zur Geschichte und Kultur des alten Orients, 20)

804 Leroi-Gourhan, A.
Kubler, G.: Prehistory as art history. André Leroi-Gourhan.—
JPrehistRel 1, 1987, 17–22

805 Loon, M. N. van
Haex, O.: A bibliography of Maurits N. van Loon up to 1988.— To the Euphrates and beyond. Archaeological studies in honour of M. N. van Loon (Rotterdam 1989) 301–304

806 Lukonin
V. G. Lukonin, 1932–1984. (Russ.).—
SoobErmit 52, 1987, 97–98

807 Lurker, M.
Bibliographie der Veröffentlichungen von Manfred Lurker.— Mnemosyne. Festschrift für Manfred Lurker zum 60. Geburtstag (Baden-Baden 1988) 239–245
(Bibliographie zur Symbolik, Ikonographie und Mythologie. Ergänzungsband 2)

808 Maffei
Nuovi studi Maffeiani. Atti del convegno 'Scipione Maffei e il Museo Maffeiano', Verona 18–19 novembre 1983.— (Verona 1985) 490 S. Abb. Taf.
(Comune di Verona. Direzione musei)

809 Magi, F.
Caputo, G.; Stopponi, S.: Filippo Magi.—
StEtr 54, 1986, V–XX

810 Mallowan, B.
[Oates, D.]: Lady Mallowan, O. B. E. Professor D. J. Wiseman, O. B. E., D. Lit., F. B. A.—
Iraq 50, 1988, V–VI, Taf.

811 Mariner Bigorra
Velázquez Soriano, I.: Sebastian Mariner Bigorra.— Antigüedad y cristianismo, 4 (Murcia 1987) 361–374

812 Marinoni, C.
Càssola Guida, P.: Un precursore degli studi di protostoria friulana. Camillo Marinoni.—
AquilNost 57, 1986, 93–100

813 McNicoll, A. W.
Hennessy, J. B.: In memoriam Anthony Walter McNicoll.—
MedA 1, 1988, 4–5, Taf.

814 McNicoll, A. W.
Hosking, J.: Anthony Walter McNicoll. Bibliography.—
MedA 1, 1988, 6–8

815 v. Merhart
Kossack, G.: Gero v. Merhart und sein akademischer Unterricht in Marburg.— Gedenkschrift für G. v. Merhart (Marburg/Lahn 1986) 1–16

816 Messerschmidt, D. G.
Brentjes, B.: Daniel Gottlieb Messerschmidt. Ein Absolvent der Hallischen Universität und ein Entdecker Sibiriens (1720–1727).—
ActaAntHung 31, 1985–88, 101–169, Abb.

817 Mewaldt, J.
Irmscher, J.: Johannes Mewaldt zum Gedenken.—
Helikon 28, 1988, 381–383

818 Mócsy
Pekáry, T.: András Mócsy.—
Gnomon 60, 1988, 285–286

819 Momigliano, A.
Christ, K.: Arnaldo Momigliano.—
Gnomon 60, 1988, 571–575, Taf.

820 Mondésert, C.
Bibliographie de Claude Mondésert.— Αλεξανδρινά. Mélanges offerts à C. Mondésert (Paris 1987) XV–XVIII

821 Montfaucon, B. de
Boriaud, J. Y.: Bernard de Montfaucon, L'antiquité expliquée et représentée en figures.—
Caesarodunum 22 bis, 1987, 13–22

822 Moreau, J.
Schmitthenner, W.: Ein einschneidendes Ereignis in der Geschichte des Heidelberger Seminars für Alte Geschichte. Erinnerung an Hans Schaefer, Jacques Moreau und die anderen Toten des Unglücks von 1961.— Vom frühen Griechentum bis zur römischen Kaiserzeit (Stuttgart 1989) 7–22
SB

823 Morenz, S.
Schefold, K.: Erinnerung an Siegfried Morenz.—
Anadolu 21, 1978–80 [1987], 17–20, Taf.

824 Müller, K. O.
Döhl, H.: Karl Otfried Müllers Reise nach Italien und Griechenland 1839–40.— Die Klassische Altertumswissenschaft an der Georg-August-Universität Göttingen (Göttingen 1989) 51–66, Taf.
SB

825 Müller, K. O.
Nickau, K.: Karl Otfried Müller, Professor der Klassischen Philologie 1819–1840.— Die Klassische Altertumswissenschaft an der Georg-August-Universität Göttingen (Göttingen 1989) 27–50, Abb.
SB

826 Müller, K. O.
Effenberger, A.: Carl Otfried Müller und die Spätantike in seinem Handbuch der Archäologie der Kunst.— Winckelmanns Wirkung auf seine Zeit (Stendal 1988) 203–210
SB

827 Mylonas, G. E.
Moutsopoulos, E.: In memoriam Georges E. Mylonas.—
Kernos 2, 1989, 9–11, Abb.

828 Mylonas, G. E.
Iakovidis, S.: George Emmanuel Mylonas, 1898–1988.—
AJA 93, 1989, 235–237, Abb.

829 Nagel, W.
Jacobs, B.: Geleitwort. Bibliographie.— Nagel, W.: Altvorderasien in kleinen Schriften. Festschrift W. Nagel (Wiesbaden 1988) VII–XXII, Taf.

830 Nemeškalová-Jiroudková
Krumphanzlová, Z.; Brychová, J.: Životní jubileum PhDr. Zdenky Nemeškalové-Jiroudkové, CSc. (Tschech.).—
ARozhl 40, 1988, 568–572, Abb.

831 Nicolucci, G.
Alle origini dell'antropologia italiana. Giustiniano Nicolucci e il suo tempo. Atti del convegno su Giustiniano Nicolucci, Isola del Liri 23–24 febbraio 1985.
ed. F. G. Fedele.— (Napoli 1988) 340 S., Abb.
(Studi di antropologia, 2)

832 Onajko, N. A.
Maslennikov, A. A.: Pamjati N. A. Onajko. (Russ.) [Dem Gedenken an N. A. Onajko.].—
KraSoob 1985, Nr. 182, 93

833 Pârvan
Căpitanu, V.: Contribuţia lui Vasile Pârvan privind localizarea davelor pe Siret.—
Carpica 17, 1985, 197–201

834 Pârvan
Zub, A.: Vasile Pârvan. Dilemele cărturarului.—
Carpica 17, 1985, 189–196

835 Pelikán, O.
Bouzek, J.; Pardyová, M.: Doc. dr. Oldřich Pelikán, DrSc., zemřel. (Tschech.).—
LF 111, 1988, 171–173

836 Phillips Jr., K. M.
De Puma, R. D.; Edlund-Berry, I. E. M.; Meritt, L. S.: Kyle Meredith Phillips Jr., 1934–1988.—
AJA 93, 1989, 239–240

837 Popescu, D.
Dumitrescu, V.: Dorin Popescu, 1904–1987.—
Dacia 32, 1988, 235–236, Abb.

838 Popescu, D.
Morintz, S.: Dorin Popescu, 1904–1987.—
StClstor 39, 1988, 73–78, Abb.

839 Posener, G.
Mekhitarian, A.: Georges Posener, 1907–1988.—
REgypt 39, 1988, I–III

840 Posener, G.
Müller, H. W.: Georges Posener, 12. 9. 1906 – 15. 5. 1988.—
JbMünchen 1988, 225–228, Taf.

841 Posener, G.
Pouilloux, J.: Allocution à l'occasion du décès de Georges Posener.—
CRAI 1988, 357–360

842 Pugliese Carratelli
Levi, D.: Giovanni Pugliese Carratelli. Lo studioso e l'uomo.— Studi di storia e di filologia anatolica dedicati a G. Pugliese Carratelli (Firenze 1988) 9–16

843 Raubitschek, I. K.
Weinberg, G. D.: Isabelle Kelly Raubitschek, 1914–1988.—
AJA 93, 1989, 241

844 Ravaisson
Shedd, M.: Phidias in Paris. Félix Ravaisson's Musée Grec at the Palais de l'Industrie in 1860.—
GazBA 105, 1985, 155–170, Abb.

845 Reusch, W.
Merten, J.: Bibliographie Wilhelm Reusch.—
TrZ 51, 1988, 23–28

846 Riefstahl, E. T.
Bianchi, R. S.: Elizabeth T. Riefstahl, 1889–1986.—
JARCE 24, 1987, 1

847 Robert, L.
Gauthier, P.: Suite de la bibliographie.— Robert, L.: Opera minora selecta, 5 (Amsterdam 1989) XI–XXIII

848 Rostovcev, M.
Andreau, J.: Introduction. Antique, moderne et temps présent. La carrière et l'œuvre de Michel Ivanovič Rostovtseff, 1870–1952.— Rostovtseff, M. I.: Histoire économique et sociale de l'empire romain (Paris 1988) I–LXXXIV

849 Rostovcev, M.
Andreau, J.: Bibliographie des œuvres de Rostovtseff.— Rostovtseff, M. I.: Histoire économique et sociale de l'empire romain (Paris 1988) 645–675

850 Rostovcev, M.
Marcone, A.: Michele Rostovtzeff e l'Istituto archeologico germanico di Roma. La corrispondenza con Christian Hülsen (1894–1927).—
(Critica storica 25, 1988, Nr. 2, 339–350)
SD

851 Rostovcev, M.
Zuyev, V. Y.: M. I. Rostovtsev and the unknown chapters of his book 'Scythia and Bosporus'. (Russ.).—
VesDrevIstor 1989, Nr. 1, 208–210

852 Russu, I. I.
Ardevan, R.: Ion I. Russu, 1911–1985.—
ActaMusNapoca 22–23, 1985–86, 814–817

853 Salamon, A.
Fitz, J.; Fejér, M.: Ágnes Salamon, 1923–1986.—
ActaArchHung 40, 1988, 319–322

854 Salamon, A.
Sós, A.: Salamon Agnes, 1923–1986. (Ung.).—
ArchErt 113, 1986, 262–263, Abb.

855 Salinas, A.
Tusa, V.: Introduzione.— Salinas, A. Scritti scelti, 1 [Palermo 1985] 7–21

856 Šašel, J.
Gabrovec, S.: Jaroslav Šašel, 1924–1988. (Slowen.).—
ŽivaAnt 38, 1988, 99–102

857 Šašel, J.
Susini, G.: Jaroslav Šašel, 1924–1988.—
Epigraphica 50, 1988, 273–274

858 Šašel, J.
Vidman, L.: Jaroslav Šašel, 21. 1. 1924 – 25. 3. 1988 (Tschech.).—
LF 111, 1988, 227–228

859 Schachermeyr, F.
Deger-Jalkotzy, S.: Fritz Schachermeyr, 1895–1987.—
AnzAW 41, 1988, 125–128

860 Schaefer, H.
Schmitthenner, W.: Ein einschneidendes Ereignis in der Geschichte des Heidelberger Seminars für Alte Geschichte. Erinnerung an Hans Schaefer, Jacques Moreau und die anderen Toten des Unglücks von 1961.— Vom frühen Griechentum bis zur römischen Kaiserzeit (Stuttgart 1989) 7–22
SB

861 Schliemann, H.
Korrés, G. S.: Heinrich Schliemanns Iliou Mélathron in Athen.—
Altertum 34, 1988, 164–173, Abb.

862 Schliemann, H.
Mylonas, G.: Ἀνέκδοτος ἐπιστολὴ τοῦ H. Schliemann καὶ ὁ ϑησαυρὸς τοῦ Πριάμου.— (Πρακτικὰ τῆς Ἀκαδημίας Ἀϑηνῶν 61, 1986, 153–174, Abb.)
SD

863 Schliemann, H.
Traill, D. A.: How Schliemann smuggled 'Priam's treasure' from the Troad to Athens.—
Hesperia 57, 1988, 273–277

864 Schliemann, H.
Traill, D. A.: Bloedow on Schliemann's accusers.—
Tyche 3, 1988, 235–239

865 Shiloh
[Yigal Shiloh, 1937–1987].—
IsrExplJ 38, 1988, 92–93

866 Shipton, G. M.
Braidwood, R.; Esse, D.: In memoriam Geoffrey M. Shipton, 1910–1987.—
BASOR 1988, Nr. 272, 1–2, Abb.

867 Simonetta
Chiesa, F.: Bibliografia di Bono Simonetta.—
SchwMbll 38, 1988, 126–128

868 Sorokin
S. S. Sorokin, 1913–1984. (Russ.).—
SoobErmit 52, 1987, 96

869 Strutt, A. J.
Arthur John Strutt, pittore a Roma e archeologo a Lanuvio. [Catalogo della mostra Lanuvio 1988.].
ed. C. Lampe.— (o. O. 1988) 77 S., Abb.

870 Struve, K. W.
Müller, A. v.: Karl Wilhelm Struve, Beiratsmitglied der Acta praehistorica et archaeologica, zum Gedächtnis.—
ActaPrHistA 20, 1988, 7–8, Abb.

871 Struve, V. V.
Berlev, O. D.; Dandamayev, M. A.; Fikhman, I. F.: In memory of academician V. V. Struve, 1889–1989. (Russ.).—
VesDrevIstor 1989, Nr. 1, 244–249, Abb.

872 Szabó
Bóna, I.: János Győző Szabó, 1929–1986.—
ActaArchHung 39, 1987, 347–351, Abb.

873 Szilágyi, J.
Soproni, S.: Szilágyi János, 1907–1988. (Ung.).—
ArchErt 114–155, 1987–88, 123, Abb.

874 Tanucci
Allroggen-Bedel, A.: Tanucci e la cultura antiquaria del suo tempo.— (Bernardo Tanucci. Statista, letterato, giurista. Napoli o. J., 519–536)
SD

875 Tassin, R.
Poulain, C.: Roger Tassin, 1905–1988.—
BSocAChamp 82, 1989, Nr. 1, 8–10, Abb.

876 Tchalenko
Georges Tchalenko, 1905–1987.—
Berytus 34, 1986, 7–9, Abb.

877 Thomas, E.
Freed, R. E.: Elizabeth Thomas, 1907–1986.—
JARCE 24, 1987, 1–2

878 Thompson, H.
Wertime, R. A.: The ingenious Homer Thompson.—
Archaeology 41, 1988, Nr. 6, 36–43, Abb.

879 Thomsen, C. J.
Jensen, J.: Christian Jürgensen Thomsen. An appreciation in the bicentennial of his birth.—
ActaArch 58, 1987, 1–15, Abb.

880 Udal'cova, Z. V.
Samodurova, Z. G.: Z. V. Udal'cova. Tvorčeskij put'. (Russ.) [Z. V. Udal'cova. Ihr wissenschaftliches Curriculum.].—
VizVrem 49, 1988, 3–12, Taf.

881 Van 't Dack, E.
Edmond Van 't Dack. Bibliographie 1947–1988.— Van 't Dack, E.: Ptolemaica selecta (Lovanii 1988) XVII–XXVII

882 Velkov
Kuzmanov, G.: Professor Velizar Velkov à 60 ans. (Bulg.).—
ArcheologijaSof 30, 1988, Nr. 2, 65–66, Abb.

883 Wace
Catling, H. W.: The Society of Antiquaries and the British School at Athens, 1886–1986. The cemeteries of Knossos and Mycenae.—
AntJ 67, 1987, 223–236

884 Walser, G.
Walser-Freudenberg, B.: Ausgewähltes Schriftenverzeichnis von Gerold Walser, 1944–1987.— Labor omnibus unus. G. Walser zum Geburtstag dargebracht (Stuttgart 1989) XII–XVI

885 Ward-Perkins, J. B.
Monna, D.: J. B. Ward-Perkins and the Marble Committee.—
Classical marble (Dordrecht 1988) 3–5
KB Il Ciocco 1988

886 Wheler
Pekić, M.: Whelerovo viđenje Zadra 1675. godine. (Kroat. m. franz. Res.) Zadar en 1675 vu par Sir George Wheler.—
Diadora 10, 1988, 205–225, Abb.

887 Winckelmann, J. J.
Irmscher, J.: Johann Joachim Winckelmann als wissenschaftlicher Schriftsteller.—
Sileno 14, 1988, 31–39

888 Winkler, I.
Ardevan, R.: Iudita Winkler, 1925–1985.—
ActaMusNapoca 22–23, 1985–86, 813–814

889 Wiseman, D. J.
[Oates, D.]: Lady Mallowan, O. B. E. Professor D. J. Wiseman, O. B. E., D. Lit., F. B. A.—
Iraq 50, 1988, V–VI, Taf.

890 Zawadzki, T.
Bibliographie de Tadeusz Zawadzki.— Historia testis. Mélanges offerts à T. Zawadzki (Fribourg 1989) IX–XIV

891 Ziegler, C.
Brandes, M. A.: Zum Gedenken an Charlotte Ziegler, 1902–1988.—
BaM 20, 1989, 349–350, Abb.

Technik und Material

892
Ancient marble quarrying and trade. Papers from a colloquium held at the annual meeting of the Archaeological Institute of America, San Antonio, Texas, December 1986.
ed. J. C. Fant.— (Oxford 1988) XII, 165 S., Abb.
(British archaeological reports. International series, 453)

893
Antike Edel- und Buntmetallgewinnung auf Thasos.
ed. G. A. Wagner.— (Bochum 1988) 279 S., Abb. Taf.
(Der Anschnitt. Beih. 6)

894
Archeologia del legno. Documenti dell'età del bronzo dall'area sudalpina. [Catalogo della mostra] Trento, Castello del Buonconsiglio, settembre–ottobre 1988, aprile–ottobre 1989.— (Trento 1988) 135 S., Abb.
(Quaderni della sezione archeologica Museo provinciale d'arte, 4)

895
Classical marble. Geochemistry, technology, trade. Proceedings of the NATO Advanced Research Workshop on Marble in ancient Greece and Rome. Geology, quarries, commerce, artifacts. Il Ciocco (Lucca) May 9–13, 1988.— (Dordrecht 1988) XVI, 482 S., Abb.
(NATO Advanced Science Institutes series, E, 153)

896
Fornaci e fornaciai in Friuli. [Catalogo della mostra Udine 1987.]
ed. M. Buora.— (Udine 1987) 190 S., Abb.

897
Gli acquedotti di Roma nell'epoca classica. Planimetrie generale nella Campagna romana. Scala 1 : 100 000.
ed. A. M. Liberati.— (Roma 1987)

898
Griechische und römische Statuetten und Großbronzen. Akten der 9. Internationalen Tagung über antike Bronzen, Wien 21.–25. April 1986.
ed. K. Gschwantler.— (Wien 1988) 423 S., Abb.

899
Locri Epizefiri, 3. Cultura materiale e vita quotidiana.— (Firenze 1989) XXVI, 214 S., Taf. Beil.
(Università degli studi di Torino. Studi e materiali di archeologia, 2)

900
Marbres helléniques de la carrière au chef-d'oeuvre. Exposition Bruxelles, 18 décembre 1987 au 13 mars 1988.— (Bruxelles 1987) 191 S., Abb.

901
Per pagos vicosque. Torino romana fra Orco e Stura.
ed. G. Cresci Marrone.— (Padova 1988) 235 S., Abb. Beil
(Saggi e materiali universitari. Serie di antichità e tradizione classica, 10)

902
Vetri dei cesari. [Catalogo della mostra Roma, Musei Capitolini, novembre 1988.]
ed. D. B. Harden.— (Milano 1988) XV, 310 S., Abb.

903
Le vie del vetro. Egitto e Sudan. Catalogo della mostra, Palazzo Lanfranchi, Pisa, 28 maggio – 12 giugno 1988.— (Pisa 1988) 87–108, Taf.

904
Adamesteanu, D.: Riserve d'acqua nei centri indigeni dell'Italia meridionale.— Bathron. Beiträge zur Architektur und verwandten Künsten für H. Drerup (Saarbrücken 1988) 13–19, Abb.

905
Adams, N. K.: Meroitic high fashions. Examples from art and archaeology.— Studia meroitica 1984 (Berlin 1989) 747–752, Taf.
KB Roma 1984

906
Akimova, L.: Bronze working in the context of antique world perception.— Griechische und römische Statuetten und Großbronzen (Wien 1988) 187–190, Abb.
KB Wien 1986

907
Alaimo, R.; Carapezza, M.: Il marmo della statua di Mozia. Caratteri geochimici e possibili aree di provenienza.— La statua marmorea di Mozia (Roma 1988) 29–37, Abb.
KB Marsala 1986

908
Alarcão, J. de; Tavares, A.: A Roman marble quarry in Portugal.— Studia pompeiana et classica in honor of W. F. Jashemski, 2 (New Rochelle 1989) 1–8, Taf.

909
Alekseeva, E. M.: K izučeniju koroplastiki Gorgippii. (Russ.) [Zur Erforschung der Koroplastik von Gorgippia.].—
KraSoob 1987, Nr. 191, 19–27, Abb.

910
Alfaro, C.: El hilado y el tejido antiguos en el simbolismo del puteal.— Coloquio sobre el puteal de la Moncloa (Madrid 1986) 171–180, Abb. Taf.
KB Madrid 1983

911
Allason-Jones, L.; Bishop, M. C.; u. a.: Excavations at Roman Corbridge. The hoard.— (London 1988) 117 S., Abb. Taf. Beil.
(English heritage. Archaeological report, 7)

912
Allen, J. R. L.; Fulford, M. G.: Romano-British settlement and industry on the wetlands of the Severn Estuary.—
AntJ 67, 1987, 237–289, Abb. Taf.

913
Andreev, J. V.: Grecija na poroge železnogo veka. (Russ.) [Griechenland an der Schwelle zur Eisenzeit.].—
KraSoob 1987, Nr. 192, 54–59

914
Anochin, V. A.: O tak nazyvaemych girjach Berezani. (Russ.) [Die sogenannten Gewichte von Berezan'.].— Antičnye drevnosti Severnogo Pričernomor'ja (Kiev 1988) 174–179, Abb.
SB

915
Archontidou-Argyri, A.; Simossi, A.; Empereur, J. Y.: The underwater excavation at the ancient port of Thasos, Greece.—
IntJNautA 18, 1989, 51–59, Abb. Taf.

916
Ariño Gil, E.: Centuriaciones romanas en el Valle medio del Ebro. Provincia de La Rioja.— (Logroño 1986) 104 S., Abb. Taf.
(Instituto de estudios riojanos. Historia, 2)

917
As, A. van; Jacobs, L.: Second millennium B.C. goblet bases from Tell ed-Deir. The relationship between form and technique.— A knapsack full of pottery. Archaeo-ceramological miscellanea dedicated to H. J. Franken (Leiden 1987) 39–53, Abb.

918
As, A. van; Wijnen, M. H.: An exploratory visit to İlipınar, Turkey.—
NewsletterPotTech 6, 1988, 41–46, Abb.

919
As, A. van; Jacobs, L.: Technological research on neolithic pottery from Sesklo (Greece). A preliminary report.—
NewsletterPotTech 6, 1988, 23–34, Abb.

920
As, A. van; Jacobs, L.: Report on the activities of the working group on Mesopotamian pottery during the years 1987 and 1988.—
NewsletterPotTech 6, 1988, 1–22, Abb.

921
Asemenos, K.: Μακεδονική μεταλλοτεχνία και σύσταση κραμάτων της κλασικής εποχής.— Πρακτικά του XII Διεθνούς συνεδρίου κλασικής αρχαιολογίας, 3 (Αθήνα 1988) 283–288
KB Athenai 1983

922
Axboe, M.: Probleme der Brakteatenherstellung. Eine Übersicht über die Forschung.—
FrühMitAltSt 22, 1988, 158–169, Taf.

923
Baatz, D.: Verkleidungsziegel mit Rollstempelmustern aus Südhessen.—
SaalbJb 44, 1988, 65–83, Abb.

924
Badawy, A.: Egyptian colossal monoliths. Why and how were they erected?—
GazBA 109, 1987, 97–105, Abb.

925
Baldacci, O.: Dalla topografia alla geocartografia in età romana.— Γεωγραφία (Roma 1988) 39–53
KB Macerata 1985

926
Baldetti, E.: Centuriazione e viabilità nelle basse valli del Misa e del Cesano.— Le strade nelle Marche (Ancona 1987) 313–324, Taf.
KB Ancona 1984

927
Bammer, A.: Bronzen und Sphyrelata aus dem Artemision von Ephesos.— Griechische und römische Statuetten und Großbronzen (Wien 1988) 244–248, Abb.
KB Wien 1986

928
Bar-Yosef, O.; Alon, D.; u. a.: Naḥal Ḥemar cave.—
'Atiqot, Engl. Ser. 18, 1988, 1–81, Abb. Taf.

929
Barkóczi, L.: Pannonische Glasfunde in Ungarn.— (Budapest 1988) 223 S., Abb. Taf.
(Studia archaeologica, 9)

930
Barruol, G.: Ouvrages routiers antiques à Sainte-Croix-du-Verdon et à Riez (Alpes-de-Haute-Provence).—
RANarb 19, 1986, 133–158, Abb. Taf.

931
Bassiakos, Y.; Demokritos, N. R. C.; Paraskevi, A.: Ancient iron metallurgy in Laconia.— New aspects of archaeological science in Greece (Athens 1988) 55–58, Abb.
KB Athenai 1987

932
Bayley, J.: Non-ferrous metal working. Continuity and change.— Science and archaeology, Glasgow 1987, 1 (Oxford 1988) 193–207, Abb. Taf.
KB Glasgow 1987

933
Bedello Tata, M.; Spada, L.: Stucchi ostiensi. Un approccio ai problemi di conservazione e di studio.— Archeologia laziale, 9 (Roma 1988) 488–494, Abb.
KB Roma 1987

934
Bel, V.; Benoit, J.: Les 'limites' du cadastre B d'Orange. Etude sur les régions de Montélimar et Saint-Paul-Trois-Châteaux.—
RANarb 19, 1986, 79–100, Abb.

935
Bender Jørgensen, L.: Textilfunde aus dem Mittelelbe-Saale-Gebiet. Eisenzeit bis frühes Mittelalter.—
JSchrVgHalle 71, 1988, 91–123, Abb. Taf.

936
Bender Jørgensen, L.: A Coptic tapestry and other textile remains from the royal Frankish graves of Cologne Cathedral.—
ActaArch 56, 1985, 85–100, Abb.

937
Bergh, C. D. van den: Kann ein Gronzegießer dem Archäologen heute noch nützlich sein?— Griechische und römische Statuetten und Großbronzen (Wien 1988) 181–186, Abb.
KB Wien 1986

938
Bergman, I.: The triangular Nubian textiles. How were they produced?— Opera textilia variorum temporum. To honour A. Geijer (Stockholm 1988) 29–32, Abb.

939
Bertacchi, L.: Il ponte romano di Concordia.—
AquilNost 58, 1987, 189–220, Abb.

940
Bertacchi, L.; D'Angela, D.; Longinelli, A.; u. a.: L'origine dei marmi di Aquileia alla luce di uno studio geochimico-isotopico.—
AquilNost 56, 1985, 421–440, Abb.

941
Bessac, J. C.: Influences de la conquête romaine sur le travail de la pierre en Gaule méditerranéenne.—
JRomA 1, 1988, 57–72, Abb.

942
Bessac, J. C.: Carrières antiques du bois des Lens (Gard). Inventaire préliminaire.—
RANarb 19, 1986, 159–182, Abb.

943
Betts, A. V. G.; Helms, S. W.: A water harvesting and storage system at Ibn el-Ghazzi in eastern Jordan. A preliminary report.—
Levant 21, 1989, 3–11, Abb.

944
Biernacka-Lubańska, M.: Wodociągi w rzymskiej twierdzy legionowej w Novae. (Poln.) [Wasserleitungen im römischen Legionärskastell von Novae.].—
Novaensia 1, 1987, 53–73, Abb.

945
Biers, W. R.; u. a.: Non-destructive extraction studies of Corinthian plastic vases. Methods and problems. A preliminary report.— Proceedings of the 3rd Symposium on ancient Greek and related pottery (København 1988) 33–50, Abb.
KB København 1987

946
Bimson, M.; Freestone, I. C.: Some Egyptian glasses dated by royal inscriptions.—
JGS 30, 1988, 11–15, Abb.

947
Biró, M. T.: Gorsium bone carvings.—
Alba Regia 23, 1987, 25–63, Abb. Taf.

948
Biró, T. M.: Bone-carvings from Brigetio in the collection of the Hungarian National Museum.—
ActaArchHung 39, 1987, 153–192, Abb.

949
Blázquez Martínez, J. M.: Aspectos económicos.— (Historia general de España y América, 1, 2. Madrid 1987, 539–566, Abb.)
SD

950
Blétry-Sébé, S.: La maîtrise de l'eau sur les oppida du Languedoc oriental.—
RANarb 19, 1986, 1–29, Abb.

951
Blyth, P. H.: Métallurgie des armes de bronze.— Techniques antiques du bronze (Dijon 1988) 51–58, Taf.
SB

952
Bonello Lai, M.: Pani di piombo rinvenuti in Sardegna.—
StSard 27, 1986–87, 7–39

953
Bonnet, C.; Zoller, G.; Broillet, P.; u. a.: Les premiers ports de Genève.—
ASchw 12, 1989, 2–24, Abb.

954
Bonora Mazzoli, G.: Rapporti tra centruiazione e viabilità nella valle del Tenna.— Le strade nelle Marche (Ancona 1987) 417–430, Taf.
KB Ancona 1984

955
Bookidis, N.: Classicism in clay.— Πρακτικά του XII Διεθνούς συνεδρίου κλασικής αρχαιολογίας, 3 (Αθήνα 1988) 18–21, Taf.
KB Athenai 1983

956
Boschung, D.; Pfanner, M.: Antike Bildhauertechnik. Vier Untersuchungen an Beispielen in der Münchner Glyptothek.—
MüJb 39, 1988, 7–28, Abb.

957
Bottazzi, G.: L'agro centuriato di Tannetum.—
AttiMemModena 11, 1989, 383–405, Abb.

958
Bottazzi, G.: Le vie oblique nelle centuriazioni emiliane.— Vie romane tra Italia centrale e Pianura Padana (Modena 1988) 149–191, Abb.
SB

959
Bousquet, B.; Dufaure, J. J.; Pechoux, P. Y.: Ports antiques et lignes de rivage égéennes.— Déplacements des lignes de rivage en Méditerranée d'après les données de l'archéologie (Paris 1987) 137–154, Abb.
KB Aix-en-Provence 1985

960
Boyer, R.; Mourey, W.: Le trépied à baguettes et l'hydrie en bronze archaïques du Musée archéologique de Nîmes. Nouvel examen et nouvelle restauration.— Techniques antiques du bronze (Dijon 1988) 15–49, Taf.
SB

961
Boyer, R.; u. a.: Vie et mort à Marseille à la fin de l'antiquité. Inhumations habillés des Ve et VIe siècles et sarcophage reliquaire trouvés à l'abbaye de Saint-Victor.— [Paris 1987] 123 S., Abb. Taf.

962
Briant, P.: Alexandre et les 'katarraktes' du Tigre.— Mélanges offerts à M. Labrousse (Toulouse 1987) 11–22

963
Brill, R. H.; Whitehouse, D.: The Thomas panel.—
JGS 30, 1988, 34–50, Abb.

964
Brill, R. H.; Cahill, N. D.: A red opaque glass from Sardis and some thoughts on red opaques in general.—
JGS 30, 1988, 16–27

965
Brinker, W.: Antike Zisternen.—
(Wasser und Boden 12, 1987, 642–646, Abb.)
SD

966
Brodribb, G.: Roman brick and tile.— (Gloucester 1987) XI, 164 S., Abb.

967
Bruneau, P.: Philologie mosaïstique.—
JSav 1988, 3–73, Abb.

968
Buchholz, H. G.; u. a.: Archäologische Holzfunde aus Tamassos, Zypern.—
ActaPrHistA 20, 1988, 75–157, Abb.

969
Buendía Moreno, A.; Higueras Gutiérrez, A.; Raya de Cardenas, M.; u. a.: Hallazgo de hornos romanos en las riberas del río Aguas Blancas, término municipal de Quéntar (Granada).— Actas. 1er Congreso peninsular de historia antigua, 1 (Santiago de Compostela 1988) 231–244, Abb.
KB Santiago de Compostela 1986

970
Büsing, H.: Dorische Türrahmen.— Bathron. Beiträge zur Architektur und verwandten Künsten für H. Drerup (Saarbrücken 1988) 107–114, Abb.

971
Bulté, J.: Fragments de figurines en 'faïence' à pois découvertes à Tanis.— Cahiers de Tanis, 1 (Paris 1987) 163–169, Taf.
SB

972
Busch, U.; Korteweg, W. K.: Ein merowingerzeitliches Kindergrab aus Aulnizeux. Überlegungen zu Bergkristallobjekten aus merowingerzeitlichen Gräbern.—
BSocAChamp 81, 1988, Nr. 4, 9–22, Abb.

973
Callaioli, A.; Giovannini, L.; Paolucci, G.; u. a.: Cisterna romana in località I Forti.— I Romani di Chiusi (Roma 1988) 147–166, Abb.
SB

974
Callot, O.: Eléments d'architecture romaine à Larnaca.—
RDAC 1988, Nr. 2, 219–228, Abb. Taf.

975
Camps, G.; u. a.: Terrina et le terrinien. Recherches sur le chalcolithique de la Corse.— (Rome 1988) VIII, 397 S., Abb. Taf. (Collection de l'Ecole française de Rome, 109)

976
Cantino Wataghin, G.: Due ritratti inediti del Museo di antichità di Torino.— Ritratto ufficiale e ritratto privato (Roma 1988) 229–235
KB Roma 1984

977
Capecchi, G.: Dalla fondazione di Alessandria all'Impero. Vetri egiziani nelle collezioni del Museo archeologico di Firenze.— Le vie del vetro. Egitto e Sudan (Pisa 1988) 36–43, Abb.
KB Pisa 1988

978
Caskey, M.: Τά πήλινα ἀγάλματα ἀπό τήν 'Αγία Εἰρήνη τῆς Κέας.—
Archaiognosia 3, 1982–84, 81–92, Abb. Taf.

979
Caspers, E. C. L. D.: Mackay's ivory figurine from tumulus 12 at 'Ali, Bahrain.—
IrAnt 24, 1989, 159–173, Taf.

980
Chalkias, S.; Vavelidis, M.; Schmitt-Strecker, S.; u. a.: Geologische Interpretation der Blei-Isotopen-Verhältnisse von Erzen der Insel Thasos, der Ägäis und Nordgriechenlands.— Antike Edel- und Buntmetallgewinnung auf Thasos (Bochum 1988) 59–74, Abb.
SB

981
Charre, R.: Une méthode d'approche de l'archéologie des paysages appliquée à l'occupation antique des sols de la région lyonnaise.—
BSocBiblReinach 3, 1985, 39–50, Abb.

982
Christien, J.: Les liaisons entre Sparte et son territoire malgré l'encadrement montagneux.— (Montagnes, fleuves, forêts dans l'histoire. Barrières ou lignes de convergence? [XVI Congrès international des sciences historiques, Stuttgart 1985.] [St. Katharinen] 1989, 18–44, Abb. Taf.)
SD

983
Cipollone, M.: Gubbio (Perugia). Officina ceramica di età imperiale in località Vittorina. Campagna di scavo 1983.—
NSc 38–39, 1984–85, 95–167, Abb.

984
Cisneros Cunchillos, M.: Consideraciones metodológicas para un estudio de las canteras de mármol en Hispania a partir de un texto de Plinio (N.H. III, 3,30).— Actas. 1er Congreso peninsular de historia antigua, 1 (Santiago de Compostela 1988) 259–264
KB Santiago de Compostela 1986

985
Coblenz, W.: Grab eines Bronzegießers von Battaune, Kreis Eilenburg.— Archäologische Feldforschungen in Sachsen (Berlin 1988) 190–194, Abb.
SB

986
Collombier, A. M.: Harbour or harbours of Kition on south-eastern coastal Cyprus.— Archaeology of coastal changes (Oxford 1988) 35–46, Abb.
KB Haifa 1986

987
Cook, B. F.: Parthenon west pediment B-C. The serpent-fragment. Kanon. Festschrift E. Berger.—
AntK 15. Bh, 1988, 4–8, Taf.

988
Cortijo Cerezo, M. L.: La centuriatio Vliense.— Actas. 1er Congreso peninsular de historia antigua, 2 (Santiago de Compostela 1988) 333–341, Taf.
KB Santiago de Compostela 1986

989
Coulton, J. J.: Post holes and post bases in early Greek architecture.—
MedA 1, 1988, 58–65, Abb.

990
Craddock, P. T.; Gale, D.: Evidence for early mining and extractive metallurgy in the British Isles. Problems and potentials.— Science and archaeology, Glasgow 1987, 1 (Oxford 1988) 167–185, Taf.
KB Glasgow 1987

991
Crawford, M. H.: Tableware for Trimalchio.— Art and production in the world of the caesars (Milan 1987) 37–44, Abb.
SB

992
Cristofani, M.: La 'Venere' della Cannicella.—
AnnFaina 3, 1987, 27–39, Taf.

993
Curto, S.: L'uso del vetro nell'artigianato egizio dei gioielli.— Le vie del vetro. Egitto e Sudan (Pisa 1988) 30–35
KB Pisa 1988

994
Czysz, W.: Das römische Töpferdorf Rapis und die Terra-sigillata-Manufaktur bei Schwabegg.—
AJahrBay 1987, 123–132, Abb.

995
Czysz, W.; Endres, W.: Archäologie und Geschichte der Keramik in Schwaben. Ausstellung des Schwäbischen Volkskundemuseums Oberschönenfeld, des Bayerischen Landesamts für Denkmalpflege und der Stadt Neusäss, 25. Juni bis 2. Oktober 1988.— (Neusäss 1988) 291 S., Abb.
(Neusässer Schriften, 6)

996
Dardaine, S.; Waton, M. D.: Un four à tuiles du Ier siècle après J. C. à Saint-Maurice-de-Ventalon (Lozère).—
RANarb 19, 1986, 337–350, Abb.

997
Dawid, M.: Die Elfenbeinfriese von Ephesos.— Πρακτικά του XII Διεθνούς συνεδρίου κλασικής αρχαιολογίας, 2 (Αθήνα 1988) 233–236, Taf.
KB Athenai 1983

998
Deichmann, F. W.; Grossmann, P.: Nubische Forschungen.— (Berlin 1988) XIV, 187 S., Abb. Taf.
(Deutsches Archäologisches Institut. Archäologische Forschungen, 17)

999
Demarolle, J. M.: La logique de l'organisation du décor chez un potier mosellan du IIe siècle.—
Caesarodunum 23, 1988, 99–108, Abb.

1000
Diethelm, I.: Aphanit. Ein pseudowissenschaftlicher Begriff? Eine mineralogisch-petrographische Bilanz.—
JbSchwGesUrgesch 72, 1989, 201–214, Abb.

1001
Dodge, H.: Palmyra and the Roman marble trade. Evidence from the baths of Diocletian.—
Levant 20, 1988, 215–230, Abb.

1002
Dolgorukov, V. S.: Litejnaja forma iz Fanagorii. (Russ.) [Eine Gußform aus Phanagoria.].— Problemy antičnoj kul'tury (Moskva 1986) 145–149, Abb.
SB

1003
Domăneanţu, C.: Archaic Greek faience imports in the Black Sea area.—
Dacia 32, 1988, 21–25, Taf.

1004
Domergue, C.: Catalogue des mines et des fonderies antiques de la péninsule ibérique. 2 Bde.— (Madrid 1987) XI, 585 S., Taf. Beil.
(Publications de la Casa de Velázquez, Série archéologie, 8)

1005
Donato, G.; Seefried, M.: The fragrant past. Perfumes of Cleopatra and Julius Caesar. Exhibition Emory University Museum of Art and Archaeology, Atlanta April 5 – June 25, 1989.— (Roma 1989) 61 S., Abb. Beil.

1006
Driskell, B. N.: Quantitative approaches to Nile Valley basketry. Basketry analysis at Qasr Ibrim.— Studia meroitica 1984 (Berlin 1989) 451–467
KB Roma 1984

1007
Echt, R.: Technologische Untersuchungen an frühlatènezeitlichem Goldschmuck aus Bad Dürkheim (Rheinland-Pfalz).—
AKorrBl 18, 1988, 183–195, Abb. Taf.

1008
Eggert, G.: 'Vitrum sulpuri concoctum fer(r)uminatur in lapidem'. Naturwissenschaftliche Überlegungen zu Plinius' Rezept.—
RheinMusBonn 1988, 40–41, Abb.

1009
Endrei, W.: Über Blöckchendamaste.— Opera textilia variorum temporum. To honour A. Geijer (Stockholm 1988) 23–28, Abb.

1010
Eriksson, K.: Pilgrim flasks. How were they made?—
RDAC 1988, Nr. 1, 177–180, Abb.

1011
Evely, D.: The potters' wheel in Minoan Crete.—
BSA 83, 1988, 83–126, Abb. Taf.

1012
Fabbrini, L.: I corpi edilizi che condizionarono l'attuazione del progetto del palazzo esquilino di Nerone.—
RendPontAcc 58, 1985–86, 129–179, Abb. Taf.

1013
Faure, P.: Parfums et aromates de l'antiquité.— ([Paris] 1987) 357 S., Abb. Taf.
(Nouvelles études historiques)

1014
Fecht, M.: Untersuchungen zur Herstellungstechnik und Gestaltung einer byzantinischen Goldschnalle in der Prähistorischen Staatssammlung München.—
BayVgBl 53, 1988, 309–312

1015
Fedorov, V. N.: Nekotorye osobennosti kreplenija kamennych blokov v zodčestve Chersonesa Tavričeskogo V – II vv. do n. ė. (Russ.) [Besonderheiten der Verdübelung von Steinblöcken im Bauwesen der Taurischen Halbinsel vom 5. bis 2. Jh. v. u. Z.].— Problemy antičnoj kul'tury (Moskva 1986) 201–204, Abb.
SB

1016
Fekete, M.: Adatok a koravaskori ötvösök és kereskedők tevékenységéhez. (Ung. m. dtsch. Res.) Beitrag zur Tätigkeit der früheisenzeitlichen Toreuten und Händler.—
ArchErt 112, 1985, 68–91, Abb.

1017
Ferdière, A.: Les campagnes en Gaule romaine, 1. Les hommes et l'environnement en Gaule rurale, 52 av. J. C. – 486 ap. J. C. 2. les techniques et les productions rurales en Gaule, 52 av. J. C. – 486 ap. J. C.— (Paris 1988) 301 S., Abb.; 284 S., Abb.

1018
Filgis, M. N.: Forschungsgeschichte und archäologische Befunde.— Das römische Wimpfen (Bad Wimpfen 1988) 18–30, Abb. Taf.
SB

1019
Fincker, M.: Technique de construction romaine. La pince à crochet, un système original de mise en œuvre des blocs de grand appareil.—
RANarb 19, 1986, 331–336, Abb.

1020
Fitz, G.: Feinschmiedemodelle des 5. und 6. Jahrhunderts aus Ostösterreich in privaten Sammlungen.—
RömÖ 15–16, 1987–88, 27–57, Taf.

1021
Flury-Lemberg, M.: A recent silk find from Antinoë.— Opera textilia variorum temporum. To honour A. Geijer (Stockholm 1988) 33–40, Abb.

1022
Formigli, E.: Zur Form- und Gußtechnik des Jünglings vom Magdalensberg.— Griechische und römische Statuetten und Großbronzen (Wien 1988) 35–38, Abb.
KB Wien 1986

1023
Foster, G. V.; Kanada, K.; Michaelides, D.: A Roman surgeon's tomb from Nea Paphos, 2. Ancient medicines. By-products of copper mining in Cyprus.—
RDAC 1988, Nr. 2, 229–234, Abb. Taf.

1024
Freiberger V.; Gschwantler, K.; Pacher, A.: Beobachtungen zur Oberfläche des Jünglings vom Magdalensberg.— Griechische und römische Statuetten und Großbronzen (Wien 1988) 28–34, Abb.
KB Wien 1986

1025
Fuchs, G.: Die arabische Wüste (Ägypten) und ihre historische Bedeutung von der Vorgeschichte bis in die Römerzeit.—
AW 19, 1988, Nr. 4, 15–30, Abb.

1026
Fujii, H.; Sakamoto, K.; Ohnuma, K.: Aṭ-Ṭār caves. The 6th excavation at Cave 12 of hill C.—
AfO 34, 1987, 131–140, Abb.

1027
Gäckle, M.; Nitzschke, W.; Wagner, K.: Ein Bronzedepotfund von Fienstedt, Saalkreis. Archäologische und spektralanalytische Bewertung.—
JSchrVgHalle 71, 1988, 57–90, Abb. Taf.

1028
Gaggiotti, M.: Pavimenta poenica marmore numidico constrata.— L'Africa romana (Sassari 1988) 215–221
KB Sassari 1987

1029
Gale, N. H.; Stos-Gale, Z.: Some aspects of Cypriote metallury in the middle and late bronze age.—
Aegaeum 3, 1989, 251–255, Taf.

1030
Galeotti, L.: Il restauro dei bronzi della Civita e osservazioni tecnologiche.— Tarquinia. Ricerche, scavi e prospettive (Milano 1987) 99–105, Taf.
KB Milano 1986

1031
Garlan, Y.: Vin et amphores de Thasos.— (Athènes 1988) 34 S., Abb.
(Ecole française d'Athènes. Sites et monuments, 5)

1032
Gesell, G. C.; Day, L. P.; Coulson, W. D. E.: Excavations at Kavousi, Crete, 1987.—
Hesperia 57, 1988, 279–301, Abb. Taf.

1033
Ghini, G.: Prime indagini archeologiche.— Anfiteatro Flavio (Roma 1988) 101–105, Abb.
SB

1034
Gillis, C.: Production and society.— Proceedings of the 3rd Symposium on ancient Greek and related pottery (København 1988) 186–194, Abb.
KB København 1987

1035
Giorgetti, D.: Res ad topographiam veteris urbis Ratiariae pertinentes. Prolegomeni all'urbanistica della città romana.—
Ratiariensia 3–4, 1987, 33–84, Taf.

1036
Girdwoyń, A.: Celtic glass bracelets from excavations in Poland. A technological study.—
APolona 25–26, 1987, 199–208, Abb. Taf.

1037
Giumlia-Mair, A.: Die phönizischen Kupferlegierungsobjekte aus Morro de Mezquitilla im Vergleich mit Gebrauchsgegenständen anderer Mittelmeerkulturen. Zusammensetzung und Verarbeitung.— Griechische und römische Statuetten und Großbronzen (Wien 1988) 210–213, Abb.
KB Wien 1986

1038
Glodariu, I.: Cariere şi exploatarea pietrei în Dacia preromană.—
ActaMusNapoca 22–23, 1985–86, 91–103, Abb.

1039
Gorelick, L.; Gwinnett, A. J.: Diamonds from India to Rome and beyond.—
AJA 92, 1988, 547–552, Abb.

1040
Gralfs, B.: Metallverarbeitende Produktionsstätten in Pompeji.— (Oxford 1988) 202 S., Abb.
(British archaeological reports. International series, 433)

1041
Granet, J.: Paysages ruraux et histoire rurale en Italie romaine.— Mélanges offerts à M. Labrousse (Toulouse 1987) 23–40

1042
Grewe, K.: Der Römerkanal-Wanderweg. Textbd., Karten im Schuber.— (Köln 1988) 203 S., Abb.
(Führer zu archäologischen Denkmälern im Rheinland, 1)

1043
Grossmann, P.: Abū Mīnā, 1. Die Gruftkirche und die Gruft.— (Mainz 1989) 285 S., Abb. Taf. Beil.
(Archäologische Veröffentlichungen, 44)

1044
Gruben, G.: Fundamentierungsprobleme der ersten archaischen Großbauten.— Bathron. Beiträge zur Architektur und verwandten Künsten für H. Drerup (Saarbrücken 1988) 159–172, Abb.

1045
Gschwantler, K.; **Freiberger, V.**: Technologische Beobachtungen an römischen Blechlampen.—
RömÖ 15–16, 1987–88, 89–106, Abb. Taf.

1046
Guest-Papamanoli, A.: Les carrières de grès dunaire à Malia.—
BCH 113, 1989, 113–122, Abb.

1047
Guidotti, M. C.: Un pendente di vetro del Museo egizio di Firenze.—
EgVicOr 11, 1988, 33–36, Taf.

1048
Hadjidaki, E.: Preliminary report of excavations at the harbor of Phalasarna in West Crete.—
AJA 92, 1988, 463–479, Abb.

1049
Hanel, N.: Die Alpen am Niederrhein. Zu einem Lavezbecher aus dem Zweilegionslager Vetera I.—
RheinMusBonn 1988, 38, Taf.

1050
Hauck, G. F. W.; **Novak, R. A.**: Water flow in the castellum at Nîmes.—
AJA 92, 1988, 393–407, Abb.

1051
Hauptmann, A.; **Pernicka, E.**; **Wagner, G. A.**: Untersuchungen zur Prozeßtechnik und zum Alter der frühen Blei-Silbergewinnung auf Thasos.— Antike Edel- und Buntmetallgewinnung auf Thasos (Bochum 1988) 88–112, Abb.
SB

1052
Hauptmann, A.; **Weisgerber, G.**: Archaeometallurgical and mining-archaeological investigations in the area of Feinan, Wadi 'Arabah (Jordan).—
AAJ 31, 1987, 419–437, Abb. Taf.

1053
Hegemann, H. W.: Das Elfenbein in Kunst und Kultur Europas. Ein Überblick von der Antike bis zur Gegenwart.— (Mainz 1988) 223 S., Abb. Taf.

1054
Heilmeyer, W. D.: Arte antica e produzione artistica. Lo studio delle officine nell'archeologia classica.—
QuadUrbin 28, 1988, 7–26, Taf.

1055
Heilmeyer, W. D.: Der Bronzekopf von Kythera. Neue Beschreibung.— Griechische und römische Statuetten und Großbronzen (Wien 1988) 57–65, Abb.
KB Wien 1986

1056
Heilmeyer, W. D.: Holz und Leder. Reste einer Praenestiner Ciste in Berlin.—
AA 1989, 251–260, Abb.

1057
Heimpel, W.; **Gorelick, L.**; **Gwinnett, A. J.**: Philological and archaeological evidence for the use of emery in the bronze age Near East.—
JCunSt 40, 1988, 195–210, Abb.

1058
Heinz, W.: Straßen und Brücken im römischen Reich.— (Jona 1988) 72 S., Abb.
(AW, Sondernummer)

1059
Heisserer, A. J.: Observations on IG XII 2,10 and 11.—
ZPE 74, 1988, 111–132, Abb. Taf.

1060
Hemelrijk, J. M.: Plakken, lappen en verlakken.—
VerAmstMeded 36, 1986, 1–14, Abb.

1061
Hemelrijk, J. M.: Analyse van twee bronzen koppen.—
VerAmstMeded 43, 1988, 32–34, Abb.

1062
Henderson, J.: Glass production and bronze age Europe.—
Antiquity 62, 1988, 435–451, Abb.

1063
Herklotz, L.; **Stuchly, D.**: Frühslawischer Kastenbrunnen mit Holzfunden aus Eythra, Kreis Leipzig-Land.—
ArbFBerSächs 31, 1987, 219–241, Abb. Taf.

1064
Herrmann, A.: Rhodian red limestone sculptures. Kanon. Festschrift E. Berger.—
AntK 15. Bh, 1988, 244–246, Taf.

1065
Herz, N.: Classical marble quarries of Thasos.— Antike Edel- und Buntmetallgewinnung auf Thasos (Bochum 1988) 232–240, Abb.
SB

1066
Higham, N.: Native settlements west of the Pennines.— Rome and the Brigantes (Sheffield 1980) 41–47, Abb.
SB

1067
Hinkel, F. W.: Examination of Meroitic mortar and plaster.—
Studia meroitica 1984 (Berlin 1989) 827–833, Taf.
KB Roma 1984

1068
Hohlfelder, R. L.: Procopius, 'De aedificiis', 1. 11. 18–20. Caesarea Maritima and the building of harbours in late antiquity.—
MedHistR 3, 1988, 54–62

1069
Hudeczek, E.: Zu den Kleinbronzegießereien in Flavia Solva (Steiermark).— Griechische und römische Statuetten und Großbronzen (Wien 1988) 341–345, Abb.
KB Wien 1986

1070
Hundt, H. J.: Einige Bemerkungen zu den älterbronzezeitlichen Tondüsen.—
SlovA 36, 1988, 99–104, Abb.

1071
Hundt, H. J.: Ein Textilrest aus dem urnenfelderzeitlichen Depotfund von Sublaines.—
AKorrBl 18, 1988, 261, Taf.

1072
Iannelli, M. T.; Lena, G.: Modificazioni dell'antica linea di Costa Tirrenica in territorio di Briatico (Catanzaro). La villa marittima di S. Irene.— Déplacements des lignes de rivage en Méditerranée d'après les données de l'archéologie (Paris 1987) 125–132, Abb. Taf.
KB Aix-en-Provence 1985

1073
Isler, M.: On pyramid building, 2.—
JARCE 24, 1987, 95–112, Abb.

1074
Jackson, D. A.; Tylecote, R. F.; u. a.: Two new Romano-British iron-working sites in Northamptonshire. A new type of furnace?—
Britannia 19, 1988, 275–298, Abb.

1075
Jenkins, I. D.; Middleton, A. P.: Paint on the Parthenon sculptures.—
BSA 83, 1988, 183–207, Abb.

1076
Jones, J. E.: An Athenian silver-mine ergasterion at Agrileza in the Laureotike.— Πρακτικά του XII Διεθνούς συνεδρίου κλασικής αρχαιολογίας, 4 (Αθήνα 1988) 269–272, Taf.
KB Athenai 1983

1077
Josephson, J. A.: An altered royal head of the twenty-sixth dynasty.—
JEA 74, 1988, 232–235, Taf.

1078
Jurriaans Helle, G.: Spartaans, loodzwaar, én charmant.—
VerAmstMeded 43, 1988, 30–31, Abb.

1079
Kabakčieva, G.: Produzione vetraria di Oescus. Note preliminari.—
Ratiariensia 3–4, 1987, 171–176

1080
Karmon, N.; Spanier, E.: Remains of a purple dye industry found at Tel Shiqmona.—
IsrExplJ 38, 1988, 184–186, Abb. Taf.

1081
Kasper, A. S.: Zur Steinmetztechnik des Parthenon-Unterbaues.— Πρακτικά του XII Διεθνούς συνεδρίου κλασικής αρχαιολογίας, 4 (Αθήνα 1988) 95–99, Taf.
KB Athenai 1983

1082
Kaufmann, H.; Fleischer, A.: Weiteres keltisches Einfuhrgut vom Unterlauf der Weißen Elster.—
ArbFBerSächs 30, 1986, 131–138, Abb. Taf.

1083
Kawanishi, H.; Tsujimura, S.; u. a.: Preliminary report. Seventh season of the excavations at the site of Akoris, Egypt, 1987.— (Kyoto 1988) V, 66 S., Abb. Taf.
(The Paleological Association of Japan)

1084
Keramidčiev, A.: The exploatation of marble in antiquity. (Maked. m. engl. Res.).—
MacActaA 7–8, 1981–82 [1987], 109–124, Abb.

1085
Khalil, L. A.: Metallurgy of some bronze utensils from Fara'.—
BInstALondon 23, 1986, 171–178, Abb.

1086
King, D.: Petrology, dating and distribution of querns and millstones. The results of research in Bedfordshire, Buckinghamshire, Hertfordshire and Middlesex.—
BInstALondon 23, 1986, 65–126, Abb.

1087
Kingery, W. D.; Vandiver, P. B.; Prickett, M.: The beginnings of pyrotechnology, 2. Production and use of lime and gypsum plaster in the pre-pottery neolithic Near East.—
JFieldA 15, 1988, 219–244, Abb.

1088
Kleiss, W.: Staudämme bei Qaderabad (Fars) und südwestlich von Kashan.—
AMI 20, 1987, 99–106, Abb. Taf.

1089
Klemm, R.: Vom Steinbruch zum Tempel. Beobachtungen zur Baustruktur einiger Felstempel der 18. und 19. Dynastie im ägyptischen Mutterland.—
ZÄS 115, 1988, 41–51, Abb.

1090
Klenk, G. B.: Geologisch-mineralogische Untersuchungen zur Technologie frühbronzezeitlicher Keramik von Lidar Höyük (Südost-Anatolien).— (München 1987) 64 S., Abb.
(Münchner geowissenschaftliche Abhandlungen. B, 3)

1091
Knapp, A. B.; Muhly, J. D.; Muhly, P. M.: To hoard is human. Late bronze age metal deposits in Cyprus and the Aegean.—
RDAC 1988, Nr. 1, 233–262, Abb.

1092
Knauss, J.: Munich Kopais expedition. Parallel studies at Thisvi 1986–1988 (hydraulic structures research).—
Teiresias 18, 1988, Boeotica, 19–22, Abb.

1093
Knauss, J.: Der Damm im Takka-See beim alten Tegea (Arkadien, Peloponnes).—
AM 103, 1988, 25–36, Abb. Taf.

1094
Knauss, J.: Die Melioration des Kopaisbeckens durch die Minyer im 2. Jt. v. Chr. Kopais 2. Wasserbau und Siedlungsbedingungen im Altertum.— [München 1987] XII, 304 S., Abb. Beil.

1095
Knauss, J.: Die mykenische Talsperre im Becken von Mantinea und ihre Zerstörung während des peloponnesischen Krieges im Jahr 418 v. Chr.—
AA 1989, 107–141, Abb.

1096
Kolling, A.: Erstmals Töpferscheiben aus Ton im römischen Deutschland.—
AKorrBl 18, 1988, 365–371, Abb. Taf.

1097
Korres, M.: Überzählige Werkstücke des Parthenonfrieses. Kanon. Festschrift E. Berger.—
AntK 15. Bh, 1988, 19–27, Abb. Taf.

1098
Korres, M.: Πῶς καὶ γιατὶ ἡ ζωφόρος τοῦ Παρθενῶνος λαξεύτηκε ἐπάνω στὸ κτήριο.— Πρακτικά του XII Διεθνούς συνεδρίου κλασικής αρχαιολογίας, 4 (Αθήνα 1988) 104–107, Taf.
KB Athenai 1983

1099
Koukouli-Chrysanthaki, C.; Weisgerber, G.; Gialoglou, G.; u. a.: Prähistorischer und junger Bergbau auf Eisenpigmente auf Thasos.— Antike Edel- und Buntmetallgewinnung auf Thasos (Bochum 1988) 241–244, Abb.
SB

1100
Krause, R.: Die endneolithischen und frühbronzezeitlichen Grabfunde auf der Nordstadtterrasse von Singen am Hohentwiel.— (Stuttgart 1988) 350 S., Abb. Taf. Beil.
(Forschungen und Berichte zur Vor- und Frühgeschichte in Baden-Württemberg, 32)

1101
Krause, R.: Neue Erkenntnisse zum Kastellvicus von Jagsthausen, Kreis Heilbronn.—
AAusgrBadWürt 1988, 107–111, Abb.

1102
Krzyszkowska, O. H.: Ivory in the Aegean bronze age. Elephant tusk or hippopotamus ivory?—
BSA 83, 1988, 209–234, Abb. Taf.

1103
Krzyszkowska, O. H.: Early Cretan seals. New evidence for the use of bone, ivory and boar's tusk.— Fragen und Probleme der bronzezeitlichen ägäischen Glyptik (Berlin 1989) 111–126, Abb.
KB Marburg 1985

1104
Kyrieleis, H.; Röllig, W.: Ein altorientalischer Pferdeschmuck aus dem Heraion von Samos.—
AM 103, 1988, 37–75, Abb. Taf.

1105
Lahusen, G.; Formigli, E.: Ergebnisse der kunsthistorisch-technischen Analyse von zwei römischen Großbronzen in den Museen des Vatikan.—
BMonMusPont 8, 1988, 21–53, Abb.

1106
Lane, E. N.: Παστός.—
Glotta 66, 1988, 100–123

1107
Lang, J.: Study of the metallography of some Roman swords.—
Britannia 19, 1988, 199–216, Abb. Taf.

1108
Lázaro Damas, M. S.: Un ninfeo romano en Jaén. La fuente de la Magdalena.— Actas. 1er Congreso peninsular de historia antigua, 1 (Santiago de Compostela 1988) 341–351, Abb.
KB Santiago de Compostela 1986

1109
Levy, T. E.; Shalev, S.: Prehistoric metalworking in the southern Levant. Archaeometallurgical and social perspectives.—
WorldA 20, 1989, 352–372, Abb.

1110
Lønborg, B.: Bronzestøbning i dansk jernalder.— (Kuml 1986) 77–94, Abb.

1111
Lorenz, T.: Beobachtungen an der Reiterstatue des Marc Aurel auf dem Kapitolsplatz.— Griechische und römische Statuetten und Großbronzen (Wien 1988) 124–129, Abb.
KB Wien 1986

1112
Lunsingh Scheurleer, R. A.: Faience from Memphis, Egypt. The bowls.— Proceedings of the 3rd Symposium on andient Greek and related pottery (København 1988) 558–567, Abb.
KB København 1987

1113
Macdonald, C. F.; Driessen, J. M.: The drainage system of the domestic quarter in the palace at Knossos.—
BSA 83, 1988, 235–258, Abb. Taf.

1114
Majidzadeh, Y.: An early industrial proto-urban center on the central plateau of Iran. Tepe Ghabristan.— Essays in ancient civilization presented to H. J. Kantor (Chicago 1989) 158–166, Abb. Taf.

1115
Manderscheid, H.: 'Quantum aquarum per gradus cum fragore labentium'. Überlegungen zu Wasserversorgung und Wassernutzung der Caracallathermen.—
AKorrBl 18, 1988, 291–299, Abb. Taf.

1116
Mangin, M.: Les mines et la métallurgie du fer en Gaule romaine. Travaux et recherches.—
Latomus 47, 1988, 74–89

1117
Maniatis, Y.; Mandi, V.; Nikolaou, A.: Identification de marbres antiques à Delphes.—
BCH 113, 1989, 403–416, Abb.

1118
Mannoni, T.: Le rocce e le argille dell'Etruria meridionale.— Etruria meridionale (Roma 1988) 39–42
KB Viterbo 1985

1119
Mari, Z.: I resti della cosiddetta villa dei Coponii sulla Via Empolitana.—
AttiSocTiburtina 61, 1988, 131–144, Abb. Taf.

1120
Martelli, M.: La stipe votiva dell'Athenaion di Jalysos. Un primo bilancio.— Archaeology in the Dodecanese (Copenhagen 1988) 104–120, Abb.
KB København 1986

1121
Martines, G.: Osservazioni sulla Colonna Traiana.— Per C. Guglielmi. Scritti di allievi (Roma 1989) 107–120, Abb.

1122
Matijašić, R.: La produzione ed il commercio di tegole ad Aquileia.— Vita sociale artistica e commerciale di Aquileia romana, 2 (Udine 1987) 495–531, Abb.
KB Aquileia 1985

1123
Mattusch, C. C.: The earliest Greek bronze statues and the lost wax process.— Griechische und römische Statuetten und Großbronzen (Wien 1988) 191–195, Abb.
KB Wien 1986

1124
Mattusch, C. C.: Greek bronze statuary. From the beginnings through the fifth century B.C.— (Ithaca 1988) XVIII, 246 S., Abb.

1125
McDonnell, G.: Iron and its alloys in the fifth to eleventh centuries AD in England.—
WorldA 20, 1989, 373–382, Abb.

1126
McDonnell, J. G.: Ore to artefact. A study of early ironworking technology.— Science and archaeology, Glasgow 1987, 1 (Oxford 1988) 283–293, Abb.
KB Glasgow 1987

1127
Menci, G.: Fabbricazione, uso e restauro antico del papiro. Tre note in margine a Plinio, NH XIII 74–82.— Proceedings of the XVIII International congress of papyrology, 2 (Athens 1988) 497–504
KB Athenai 1986

1128
Meyer, C.: Crown window panes. Constantinian or Justinian?— Essays in ancient civilization presented to H. J. Kantor (Chicago 1989) 213–219

1129
Middleton, P. S.: The pottery industries of Roman Britain. A review.— Céramiques hellénistiques et romaines, 2 (Paris 1987) 251–262, Taf.
SB

1130
Mills, J. S.; White, R.: The identity of the resins from the late bronze age shipwreck at Ulu Burun (Kaş).—
Archaeometry 31, 1989, 37–44, Abb.

1131
Molitor, M. A.: Pots and potters of prehistoric Malta. Diss. Los Angeles 1988.— (Ann Arbor 1989) X, 286 S., Abb.
(University Microfilms International)

1132
Monakhov, S. Y.: The manufacture of amphorae in hellenistic Chersonese. Problems of technology and volume. (Russ. m. engl. Res.).— The Black Sea littoral in the hellenistic times (Tbilisi 1985) 294–306, Abb.
KB Cchaltubo 1982

1133
Moorey, P. R. S.; Curtis, J. E.; Hook, D. R.; u. a.: New analyses of Old Babylonian metalwork from Tell Sifr.—
Iraq 50, 1988, 39–48, Abb. Taf.

1134
Moorey, P. R. S.: The technique of gold-figure decoration on Achaemenid silver vessels and its antecedents.—
IrAnt 23, 1988, 231–246, Taf.

1135
Morel, J.; Castella, D.: Nouvelles données sur l'urbanisme d'Aventicum. Les fouilles 'St-Martin' et 'Mur des Sarrazins' de 1986.—
BAssProAventico 30, 1988, 3–96, Abb. Taf.

1136
Mortimer, C.: Anglo-Saxon copper alloys from Lechlade, Gloucestershire.—
OxfJA 7, 1988, 227–233, Abb.

1137
Moscatelli, U.: Resti di divisione agraria romana nella bassa valle del Chienti.—
AnnMacerata 19, 1986, 377–387, Taf.

1138
Muhly, J. D.; Maddin, R.; Stech, T.: Cyprus, Crete and Sardinia. Copper ox-hide ingots and the bronze age metals trade.—
RDAC 1988, Nr. 1, 281–298, Abb.

1139
Muhly, J. D.: The wider world of lead ingots.—
RDAC 1988, Nr. 1, 263–265

1140
Murray, W. M.: The ancient harbour mole at Leukas, Greece.—
Archaeology of coastal changes (Oxford 1988) 101–118, Abb.
KB Haifa 1986

1141
Nandris, J. G.: The earliest European plaster pyrotechnology. The red floors of Lepenski Vir.—
RdA 12, 1988, 14–15

1142
Needham, S. P.; Hook, D. R.: Lead and lead alloys in the bronze age. Recent finds from Runnymede Bridge.— Science and archaeology, Glasgow 1987, 1 (Oxford 1988) 259–274, Abb.
KB Glasgow 1987

1143
Negahban, E. O.: Mosaic, glass, and frit vessels from Marlik.— Essays in ancient civilization presented to H. J. Kantor (Chicago 1989) 221–227, Abb. Taf.

1144
Neutsch, B.: Ricerche e studi archeologici nella zona del pozzo sacro a Velia, 1979.— L'epos greco in Occidente (Taranto 1980 [1989]) 348–355, Abb. Taf.
KB Taranto 1979

1145
Nikolaenko, G. M.: Meževanie polej Chersonesskoj chory. (Russ.) [Die Feldvermessung der Chora von Chersonesos.].—
KraSoob 1985, Nr. 182, 11–15, Abb.

1146
Nikolov, V.: Das frühneolithische Haus von Sofia-Slatina. Eine Untersuchung zur vorgeschichtlichen Bautechnik.—
Germania 67, 1989, Nr. 1, 1–49, Abb.

1147
Noble, J. V.: The techniques of painted Attic pottery. Rev. ed.— (London 1988) 216 S., Abb.

1148
Northover, J. P.: Copper, tin, silver and gold in the iron age.— Science and archaeology, Glasgow 1987, 1 (Oxford 1988) 223–234
KB Glasgow 1987

1149
Nuber, H. U.: Antike Bronzen aus Baden-Württemberg.— (Stuttgart 1988) 128 S., Abb.
(Schriften des Limesmuseums Aalen, 40)

1150
Oddy, W. A.: Does strip-drawn wire exist from antiquity?—
MascaJ 4,4, 1987, 175–177, Abb.

1151
Oren, E. D.: The 'Ways of Horus' in North Sinai.— Egypt, Israel, Sinai (Tel Aviv 1987) 69–119, Abb.
KB Tel Aviv 1982

1152
Ouertani, N.: Homme couronné.— Ritratto ufficiale e ritratto privato (Roma 1988) 401–407, Abb.
KB Roma 1984

1153
Págo, L.: Spektrálni analýzy bronzových sekeromlatů z Moravy. (Tschech. m. dtsch. Res.) Spektralanalysen der Bronzeäxte aus Mähren.—
PamA 79, 1988, 329–341

1154
Patitucci Uggeri, S.: Evidenze tecniche della produzione ceramica a Spina in età ellenistica.— Proceedings of the 3rd Symposium on ancient Greek and related pottery (København 1988) 624–632, Abb.
KB København 1987

1155
Pellegrino, A.; Petriaggi, R.: Ritrovamenti e ricerche subacquee ad Ostia. La situazione attuale e le nuove prospettive.— Archeologia laziale, 9 (Roma 1988) 171–177, Abb.
KB Roma 1987

1156
Pensabene, P.: L'importazione dei manufatti marmorei ad Aquileia.— Vita sociale artistica e commerciale di Aquileia romana, 2 (Udine 1987) 365–399, Taf.
KB Aquileia 1985

1157
Perez, A. N.: Un cadastre romain de Narbonnaise occidentale.—
RANarb 19, 1986, 117–132, Abb.

1158
Pernicka, E.; Wagner, G. A.: Thasos als Rohstoffquelle für Bunt- und Edelmetalle im Altertum.— Antike Edel- und Buntmetallgewinnung auf Thasos (Bochum 1988) 224–231, Abb.
SB

1159
Pernot, M.; Dubos, J.; Guillaumet, J. P.: Technologies de fibules du Mont-Beuvray.— Techniques antiques du bronze (Dijon 1988) 59–91, Abb. Taf.
SB

1160
Peters, W. J. T.: Römische Bronzestatuetten aus den Niederlanden. Einige Anmerkungen zur Technik ihrer Herstellung.— Griechische und römische Statuetten und Großbronzen (Wien 1988) 219–221, Abb.
KB Wien 1986

1161
Peterson, J. W. M.: Roman cadastres in Britain, 1. South Norfolk A.—
DialHistAnc 14, 1988, 167–199, Abb.

1162
Pfanner, M.: Vom laufenden Bohrer bis zum bohrlosen Stil. Überlegungen zur Bohrtechnik in der Antike.—
AA 1988, 667–676, Abb.

1163
Pfanner, M.: Über das Herstellen von Porträts. Ein Beitrag zu Rationalisierungsmaßnahmen und Produktionsmechanismen von Massenware im späten Hellenismus und in der römischen Kaiserzeit.—
JdI 104, 1989, 157–257, Abb.

1164
Photos, E.: The question of meteoritic versus smelted nickel-rich iron. Archaeological evidence and experimental results.—
WorldA 20, 1989, 403–421, Abb.

1165
Photos, E.: Metallographic investigation of iron artefacts from EIA cemetery at Vergina.—
PZ 64, 1989, 146–149, Abb.

1166
Piccaluga, G.: Flora 'scritta' e scrittura su papiro nel mondo antico.— Proceedings of the XVIII International congress of papyrology, 2 (Athens 1988) 483–495
KB Athenai 1986

1167
Pingel, V.: Zum Beginn der Goldmetallurgie im Westen der Iberischen Halbinsel.— Gedenkschrift für G. v. Merhart (Marburg/Lahn 1986) 193–211, Abb.

1168
Pleket, H. W.: Greek epigraphy and comparative ancient history. Two case studies.—
EpigrAnat 12, 1988, 25–38

1169
Pollini, E.: Stima di massima del lavoro richiesto per la costruzione di alcuni templi megalitici di Malta.— Missione a Malta (Milano 1988) 133–151, Abb.
SB

1170
Pollini, J.: Acrolithic or pseudo-acrolithic sculpture of the mature classical Greek period in the Archaeological Museum of the Johns Hopkins University.— Classical marble (Dordrecht 1988) 207–216, Taf.
KB Il Ciocco 1988

1171
Porten Palange, P.: Frammento di matrice aretina con divinità.—
NumAntCl 16, 1987, 197–216, Abb.

1172
Prammer, J.: Der römische Donauhafen von Straubing-Sorviodurum.— Vorträge des 6. Niederbayerischen Archäologentages (Deggendorf 1988) 149–160, Abb.
KB Deggendorf 1987

1173
Quilici Gigli, S.: L'acquedotto di Ponte del Ponte nell'antico paesaggio agrario della zona di Corchiano.—
Xenia 17, 1989, 55–64, Abb.

1174
Quilici Gigli, S.: Osservazioni su Ponte Sodo a Veio.—
ArchCl 38–40, 1986–88, 118–127, Abb. Taf.

1175
Quilici, L.: La tecnica di costruzione stradale in età romana.— Le strade nelle Marche (Ancona 1987) 63–79, Taf.
KB Ancona 1984

1176
Raban, A.: Coastal processes and ancient harbour engineering.— Archaeology of coastal changes (Oxford 1988) 185–208, Abb.
KB Haifa 1986

1177
Raeder, J.: Vitruv, De architectura VI 7 (aedificia Graecorum) und die hellenistische Wohnhaus- und Palastarchitektur.—
Gymnasium 95, 1988, 316–368, Abb.

1178
Rahmani, L. Y.: Chip-carving in Palestine.—
IsrExplJ 38, 1988, 59–75, Abb. Taf.

1179
Rebrik, B. M.: Geologie und Bergbau in der Antike.— (Leipzig 1987) 183 S., Abb.

1180
Rebuffat, R.: Les fermiers du désert.— L'Africa romana (Sassari 1988) 33–68, Abb.
KB Sassari 1987

1181
Reddé, M.; Bauzou, T.: Pistes caravanières de Syrie, d'Arabie et d'Egypte. Quelques éléments de comparaison.— L'Arabie préslamique et son environnement historique et culturel (Leiden 1989) 485–497, Abb.
KB Strasbourg 1987

1182
Reinholdt, C.: Bemerkungen zum früheisenzeitlichen Guß- und Repousséhandwerk in Griechenland.— Kolloquium zur ägäischen Vorgeschichte (Mannheim 1987) 193–204
KB Mannheim 1986

1183
Rempel', L. I.: La maquette architecturale dans le culte et la construction de l'Asie centrale préislamique.— Cultes et monuments religieux dans l'Asie centrale préislamique (Paris 1987) 81–88, Taf.
SB

1184
Renner-Volbach, D.: Die koptischen Textilien im Museo missionario etnologico der Vatikanischen Museen.— (Wiesbaden 1988) 61 S., Taf.

1185
Reutti, F.: Holzpfostenbauten im römischen Rheinzabern.— Bathron. Beiträge zur Architektur und verwandten Künsten für H. Drerup (Saarbrücken 1988) 343–366, Abb.

1186
Riccioni, G.: Due matrici di lucerne da Santarcangelo di Romagna (Forlì).—
Padusa 23, 1987, 255–258, Taf.

1187
Rigby, V.; Middleton, A. P.; Freestone, I. C.: The Prunay workshop. Technical examination of La Tène bichrome painted pottery from Champagne.—
WorldA 21, 1989, 1–16, Abb.

1188
Roden, C.; Weisgerber, G.: Zum Gebläse griechischer Metallhandwerker. Die Düsen von Olympia im kulturhistorischen Vergleich.— Griechische und römische Statuetten und Großbronzen (Wien 1988) 196–204, Abb.
KB Wien 1986

1189
Roldán Gómez, L.: El opus testaceum en Itálica. Edificios privados.—
AEsp 61, 1988, 119–140, Abb.

1190
Rolley, C.: Martelage et coulée.— Techniques antiques du bronze (Dijon 1988) 5–14
SB

1191
Romeo, I.: Sacelli arcaici senza peristasi nella Sicilia greca.—
Xenia 17, 1989, 5–54, Abb.

1192
Roncaioli Lamberti, C.: Il percorso dell'Anio vetus e la Porta Trebana di Tivoli. Commento a Front., De aquaed. 6,5 sg.—
GiornItFil 40, 1988, 87–100, Abb.

1193
Roux, G.: Problèmes delphiques d'architecture et d'épigraphie.—
RA 1989, 23–64, Abb.

1194
Rütti, B.; Berger, L.; Fünfschilling, S.; u. a.: Die Zirkusbecher der Schweiz. Eine Bestandesaufnahme.—
JberProVindon 1987, 27–104, Abb.

1195
Ryan, D. P.; Hansen, D. H.: A study of ancient Egyptian cordage in the British Museum.— (London 1987) VI, 35 S., Abb.
(British Museum. Occasional paper, 62)

1196
Ryšánek, J.; Václavů, V.: Destilační přístroj ze Spišského Štvrtku. (Tschech. m. engl. Res.) A distillation apparatus from Spišský Štvrtok.—
ARozhl 41, 1989, 196–201, Abb.

1197
Salviat, F.: Le cadastre B d'Orange, la route antique au sud de Montélimar, le problème de Dourion et le cours inférieur de la Berre.—
RANarb 18, 1985, 277–287, Abb.

1198
Salviat, F.: Quinte Curce, les insulae Furianae, la Fossa Augusta et la localisation du cadastre C d'Orange.—
RANarb 19, 1986, 101–116, Abb.

1199
Salza Prina Ricotti, E.: Villa Adriana. Un singolare solaio piano in opus caementicium.—
Palladio N.S. 1, 1988, Nr. 1, 15–26, Abb.

1200
Sandy, D. B.: A social and economic history of Ptolemaic oils.— Proceedings of the XVIII International congress of papyrology, 2 (Athens 1988) 237–242
KB Athenai 1986

1201
Santillo, R.: Il blocco da 120 tonnellate nell'antichità. Problemi e soluzioni di trasporto e di posizionamento.—
(Edilizia militare 25–26, 1988–89, 47–64, Abb.)
SD

1202
Schauenburg, K.: Der Raub des Kephalos auf unteritalischen Vasen.—
RA 1988, 291–306, Abb.

1203
Scheel, B.: Fundobjekte einer ptolemäerzeitlichen Metallverarbeitungsstätte in Theben und Vergleichsfunde anderer vorderorientalischer Ausgrabungsplätze.—
StAltägKul 15, 1988, 243–254, Abb.

1204
Schiering, W.: Gewandmatrizen aus der Werkstatt des Phidias in Olympia. Bisherige Ergebnisse, Beobachtungen und Folgerungen.— Πρακτικά του XII Διεθνούς συνεδρίου κλασικής αρχαιολογίας, 3 (Αθήνα 1988) 234–238, Abb.
KB Athenai 1983

1205
Schlunk, H.: Die Mosaikkuppel von Centcelles. Textbd., Tafelbd.— (Mainz 1988) LVIII, 210 S, Abb.; 10 S., Taf. Beil.
(Madrider Beiträge, 13)

1206
Schmidt, J.; **Herberg, W.**: Mārib. Dritter vorläufiger Bericht über die Ausgrabungen und Forschungen in der Sabäerhauptstadt und Umgebung.—
ABerYem 4, 1987, 97–142, Abb. Taf.

1207
Schneider, G.: A technological study of North-Mesopotamian Stone Ware.—
WorldA 21, 1989, 30–50, Abb.

1208
Schoch, W. H.: Die Holzfunde und die daran beobachteten Bearbeitungsspuren aus Augst, Grabungen Theater-Nordwestecke 1986–87.—
JberAugst 9, 1988, 158–166, Abb.

1209
Schürmann, W.: Die Karlsruher Nike. Ein Rekonstruktionsversuch.—
JbKuSammlBadWürt 25, 1988, 16–47, Abb.

1210
Schuring, J. M.; **Kars, H.**: Terra sigillata africana from the San Sisto Vecchio in Rome.—
BABesch 63, 1988, 1–62, Abb. Taf.

1211
Silvano, F.: Tecnologie e fabbriche del vetro nell'Egitto faraonico.— Le vie del vetro. Egitto e Sudan (Pisa 1988) 58–69, Abb.
KB Pisa 1988

1212
Soeiro, T.: Contribuição para o inventário arqueológico do concelho de Paredes (Porto).—
Portugalia 6–7, 1985–86, 107–115, Abb. Taf.

1213
Solovera San Juan, M. E.: Estudios sobre la historia económica de la Rioja romana.— (Logroño 1987) 223 S., Abb.
(Instituto de estudios riojanos. Historia, 7)

1214
Sourouzian, H.: Standing royal colossi of the Middle Kingdom reused by Ramesses II.—
MDIK 44, 1988, 229–254, Abb. Taf.

1215
Spaer, M.: The pre-Islamic glass bracelets of Palestine.—
JGS 30, 1988, 51–61, Abb.

1216
Stager, L. E.; **Walker, A. M.**; **u. a.**: American expedition to Idalion, Cyprus 1973–1980.— (Chicago 1989) XXIV, 516 S., Abb.
(Oriental Institute communications, 24)

1217
Stančić, Z.; **Slapšak, B.**: A modular analysis of the field system of Pharos.— Recent developments in Yugoslav archaeology (Oxford 1988) 191–194, Taf.
SB

1218
Stawiarska, T.: Alkaline and calcium-magnesium raw materials used for melt of the ancient glass. Methods of comparison.—
APolona 25–26, 1987, 209–224

1219
Stead, I. M.: Chalk figurines of the Parisi.—
AntJ 68, 1988, 9–29, Abb. Taf.

1220
Stucky, R. A.: Die Tonmetope mit den drei sitzenden Frauen von Thermos. Ein Dokument hellenistischer Denkmalpflege.—
AntK 31, 1988, 71–78, Abb. Taf.

1221
Sunter, N.; **Woodward, P. J.**; **u. a.**: Romano-British industries in Purbeck. Excavations at Norden. Excavations at Ower and Rope Lake Hole.— (Dorchester 1987) 184 S., Abb.
(Dorset Natural History and Archaeological Society. Monograph series, 6)

1222
Terechova, N. N.; **Chomutova, L. S.**: Technologičeskoe issledovanie železnych izdelij iz antičnych pamjatnikov bliz Novorossijska. (Russ.) [Technologische Untersuchung eiserner Gegenstände aus antiken Fundstätten bei Novorossijsk.].—
KraSoob 1985, Nr. 182, 28–33, Abb.

1223
Tite, M. S.; **Bimson, M.**: Glazed steatite. An investigation of the methods of glazing used in ancient Egypt.—
WorldA 21, 1989, 87–100, Abb.

1224
Tomlinson, R.: Water supplies and ritual at the Heraion Perachora.— Early Greek cult practice (Stockholm 1988) 167–171, Abb.
KB Athenai 1986

1225
Trejster, M. J.: Bronzolitejnoe remeslo Bospora IV v. do n. ė. (Russ.) [Der Bronzeguß im bosporanischen Reich im 4. Jh. v. u. Z.].—
KraSoob 1987, Nr. 191, 7–13, Abb.

1226
Trohani, G.: Materiale de construcţie din lut ars descoperite în aşezările geto-dace.—
Thraco-Dacica 9, 1988, 161–170, Abb.

1227
Tylecote, R. F.; **Photos, E.**; **Earl, B.**: The composition of tin slags from the south-west of England.—
WorldA 20, 1989, 434–445, Abb.

1228
Ugolini, D.; **Olive, C.**: Le plus ancien four de potier de Gaule.—
ArcheologiaParis 1988, Nr. 239, 30–33, Abb.

1229
Vann, R. L.: Pre-cast gypsum as a building material.— Studia pompeiana et classica in honor of W. F. Jashemski, 2 (New Rochelle 1989) 241–247, Taf.

1230
Varoufakis, G. J.: Metallurgical examination of forty-five Minoan figurines.— New aspects of archaeological science in Greece (Athens 1988) 59–60, Abb.
KB Athenai 1987

1231
Vasilev, V. P.: Über den Bronzeguß in Zweischalen- und Teilformen.— Griechische und römische Statuetten und Großbronzen (Wien 1988) 205–209, Abb.
KB Wien 1986

1232
Vasilev, V. P.: Untersuchungen zum Bronzekopf Gordians III. aus Nicopolis ad Istrum.— Ritratto ufficiale e ritratto privato (Roma 1988) 541–546, Abb.
KB Roma 1984

1233
Vavelidis, M.; Pernicka, E.; Wagner, G. A.: Die Goldvorkommen von Thasos.— Antike Edel- und Buntmetallgewinnung auf Thasos (Bochum 1988) 113–124, Abb.
SB

1234
Vedder, U.: 'Szenenwechsel'. Beobachtungen an zwei Grabstelen in Cambridge (Mass.) und Athen.— Beiträge zur Ikonographie und Hermeneutik. Festschrift für N. Himmelmann (Mainz 1989) 169–177, Abb. Taf.

1235
Velkov, V.: Bergbau und Hüttenwesen bei den alten Thrakern.— Geschichte und Kultur Thrakiens und Mösiens (Amsterdam 1988) 55–72

1236
Vermeule, E.: Carved bones from Corinth.— Essays in ancient civilization presented to H. J. Kantor (Chicago 1989) 271–286, Abb.

1237
Vidale, M.: Some observations and conjectures on a group of steatite-debitage concentrations on the surface of Moenjodaro.— AnnOrNap 47, 1987, 113–129, Abb. Taf.

1238
Vidale, M.: The paste plaques and cylinders of Chanhudaro. A descriptive report.—
AnnOrNap 47, 1987, 57–66, Abb. Taf.

1239
Vilders, M.: A technological study of the pottery from Deir 'Alla phase M.—
NewsletterPotTech 6, 1988, 79–87, Abb.

1240
Virgili, P.: Area sacra di S. Omobono. Una cisterna fra i templi gemelli.— Archeologia laziale, 9 (Roma 1988) 77–81, Abb.
KB Roma 1987

1241
Visser-Choitz, T.: Zu Polyklets Kanon. Das 'Hauptproblem' beim Bronzeguß (frg. 1). Kanon. Festschrift E. Berger.—
AntK 15. Bh, 1988, 127–133

1242
Vitto, F.: Potters and pottery manufacture in Roman Palestine.—
BInstALondon 23, 1986, 47–64

1243
Vörös, G.: A late Sarmatian pottery kiln at Sándorfalva-Eperjes, Hungary.—
MascaJ 4,4, 1987, 185–189, Abb.

1244
Wahl, J.: Três Minas. Vorbericht über die archäologischen Untersuchungen im Bereich des römischen Goldbergwerks 1986–87.— MM 29, 1988, 221–244, Abb. Taf.

1245
Walda, H.; Walker, S.: Isotopic analysis of marble from Lepcis Magna. Revised interpretations.—
LibSt 19, 1988, 55–59, Abb.

1246
Wallert, A.; Moeliono, B. M.; Kruijer, J. D.: Mikroskopische Untersuchung von Papyrus und Plinius, Historia naturalis XIII, 74–83. Eine anatomisch-morphologische Studie.—
ZPE 76, 1989, 39–44, Taf.

1247
Wehgartner, I.: Neue Untersuchungen zur weißgrundigen Lekythenbemalung.— Proceedings of the 3rd Symposium on ancient Greek and related pottery (København 1988) 640–651, Abb.
KB København 1987

1248
Weiss, M.: Gesteine und Gesteinskunde. Geowissenschaften in der Archäologie, 1.—
RheinMusBonn 1989, 17–21, Abb.

1249
Wetzel, G.: Ein frühslawischer Brunnen vom Typ Görlsdorf von Gerbisbach, Kreis Jessen.—
ArbFBerSächs 31, 1987, 243–253, Abb.

1250
Wielen-van Ommeren, F. van der: La céramique hellénistique de Canosa. Techniques de fabrication.— Proceedings of the 3rd Symposium on ancient Greek and related pottery (København 1988) 665–673, Abb.
KB København 1987

1251
Wielowiejski, J.: Depositi dell'ambra sul territorio tra la parte media del Danubio e il Mar Baltico dal I secolo a. C. al V secolo d. C.—
APolona 25–26, 1987, 75–84, Abb.

1252
Wild, J. P.: Textiles in archaeology.— (Aylesbury 1988) 68 S., Abb.
(Shire archaeology, 56)

1253
Williams-Thorpe, O.; Thorpe, R. S.: The provenance of donkey mills from Roman Britain.—
Archaeometry 30, 1988, 275–289, Abb.

1254
Wilson, R. J. A.: Ancient granite quarries on the Bocche di Bonifacio.— Classical marble (Dordrecht 1988) 103–112, Abb.
KB Il Ciocco 1988

1255
Wright, G. R. H.: Masonry construction at Mārib and the 'interwoven structure' (emplecton) of Vitruvius.—
ABerYem 4, 1987, 79–96, Abb.

1256
Wright, G. R. H.: Some preliminary observations on the masonry work at Mārib.—
ABerYem 4, 1987, 63–78, Abb.

1257
Xenake-Sakellariou, A.: 'Η χρυσοκέντηση στή μυκηναϊκή ἐποχή.—
Archaiognosia 3, 1982–84, 29–39, Taf.

1258
Xenaki-Sakellariou, A.; Chatziliou, C.: 'Peinture en métal' à l'époque mycénienne. Incrustation, damasquinage, niellure.— (Athènes 1989) 39 S., Taf.

1259
Xenophontos, C.; Elliott, C.; Malpas, J. G.: Major and trace-element geochemistry used in tracing the provenance of late bronze age and Roman basalt artefacts from Cyprus.—
Levant 20, 1988, 169–183, Abb.

1260
Ximenes, S.; Moerman, M.: The Roman harbour of Laurons. Buildings and structures.— Archaeology of coastal changes (Oxford 1988) 229–235, Taf.
KB Haifa 1986

1261
Zadoks-Jitta, A. N.: Monete-gioiello d'oro dai Paesi Bassi.— Studi per L. Breglia, 2 (Roma 1987) 163–169, Abb.

1262
Zarins, J.: Ancient Egypt and the Red Sea trade. The case for obsidian in the predynastic and archaic periods.— Essays in ancient civilization presented to H. J. Kantor (Chicago 1989) 339–368, Abb.

1263
Zeqo, M.: Rezultate të kërkimeve arkeologjike në Karaburun e në Rrëzën e Kanalit. (Alban. m. franz. Res.) Résultats obtenus par les recherches effectuées dans la péninsule de Karaburun et dans Rrëza e Kanalit.—
Monumentet 34, 1987, 153–176, Abb.

1264
Žerebcov, E. N.: Materialy k periodizacii antičnych pamjatnikov Majačnogo poluostrova. (Russ.) [Material zur Periodisierung der antiken Reste auf der Majak-Halbinsel.].—
KraSoob 1985, Nr. 182, 38–45, Abb. Taf.

1265
Zimmer, G.: Das Mädchen von Kyzikos.— Griechische und römische Statuetten und Großbronzen (Wien 1988) 66–73, Abb.
KB Wien 1986

1266
Zurli, L.: Grattio, Virgilio e il sandyx libycus.—
GiornItFil 40, 1988, 231–236

Topographie

Allgemein

1267
Ägypten. Neolithikum. Maßstab 1 : 1 000 000. Fundorte außerhalb des Niltals. Maßstab ca. 1 : 12 000 000.
ed. F. Afifi Badawi.— (Wiesbaden 1988)
(Tübinger Atlas des Vorderen Orients, B. I 13)

1268
The archaeology of Western Iran. Settlement and society from prehistory to the Islamic conquest.
ed. F. Hole.— (Washington 1987) 332 S., Abb.

1269
Carta archeologica del Veneto, 1. Carta d'Italia IGM 1:100 000. Fogli 11, 12, 13, 22, 23, 36, 37, 38, 39, 40.
ed. L. Capuis.— (Modena 1988) 321 S., Abb.

1270
Déplacements des lignes de rivage en Méditerranée d'après les données de l'archéologie. [Actes du colloque international] Aix-en-Provence, 5–7 septembre 1985.— (Paris 1987) 225 S., Abb.
(Colloques internationaux du Centre national de la recherche scientifique)

1271
Gli acquedotti di Roma nell'epoca classica. Planimetrie generale nella Campagna romana. Scala 1 : 100 000.
ed. A. M. Liberati.— (Roma 1987)

1272
Kleinasien und Syrien. Beispiele zur Siedlungsgeschichte in griechisch-römischer Zeit, 1. Nördliche Levante. Der Kernbereich des Seleukidenreiches, 3.–1. Jh. v. Chr. Maßstab 1:1 000 000.
ed. K. Buschmann.— (Wiesbaden 1989)
(Tübinger Atlas des Vorderen Orients, B V 15)

1273
Mesopotamien. Frühdynastische Zeit. Maßstab 1 : 2 000 000. Babylonien. Maßstab 1 : 1 000 000. Östliches Ḫaburgebiet. Maßstab 1 : 1 000 000. Survey-Gebiete und Ausgrabungen. Maßstab 1 : 4 000 000.
ed. U. Finkbeiner.— (Wiesbaden 1988)
(Tübinger Atlas des Vorderen Orients, B II 7)

1274
Peastum.— (Taranto 1987) 61 S., Beil.
(Città e territorio nelle colonie greche d'Occidente, 1)

1275
Le strade nelle Marche. Il problema nel tempo. Atti del convegno Fano, Fabriano, Pesaro, Ancona 11–14 ottobre 1984. 2 Textbde., Tafelbd., Karten in Schuber.— (Ancona 1987) 1244 S., Abb.

1276
Allason-Jones, L.: Small finds from turrets on Hadrian's wall.— Military equipment and the identity of Roman soldiers (Oxford 1988) 197–233, Abb.
KB Newcastle 1986

1277
Allen, J. R. L.; Fulford, M. G.: Romano-British settlement and industry on the wetlands of the Severn Estuary.—
AntJ 67, 1987, 237–289, Abb. Taf.

1278
Arias, G.: Grammar in the Antonine Itinerary. A challenge to British archaeologists.—
La Línea (Cádiz) o. J., 32 S., Abb.

1279
Barker, G.: Archaeology and the Etruscan countryside.—
Antiquity 62, 1988, 772–785, Abb.

1280
Barruol, G.: Ouvrages routiers antiques à Sainte-Croix-du-Verdon et à Riez (Alpes-de-Haute-Provence).—
RANarb 19, 1986, 133–158, Abb. Taf.

1281
Basile, B.; Di Stefano, G.; Lena, G.: Landings, ports, coastal settlements and coastlines in southeastern Sicily from prehistory to late antiquity.— Archaeology of coastal changes (Oxford 1988) 15–33
KB Haifa 1986

1282
Bauzou, T.: Les voies romaines entre Damas et Amman.— Géographie historique au Proche-Orient (Paris 1988) 293–300, Abb. Taf.
KB Valbonne 1985

1283
Belli, E.: La viabilità romana nel Logudoro-Meilogu.— Il nuraghe S. Antine nel Logudoro-Meilogu (Sassari 1988) 331–395, Abb.
SB

1284
Bessac, J. C.; Christol, M.; Fiches, J. L.; u. a.: Ugernum. Beaucaire et le Beaucairois à l'époque romaine, 1–2.— (Caveirac 1987) 120 S., Abb. Taf.; 128 S., Abb. Beil.
(Travaux du Centre Camille Jullian, 2)

1285
Bosio, L.: Ad Aquileia.—
AquilNost 57, 1986, 453–468, Abb.

1286
Bosio, L.: Valori umani e sociali nella centuriazione.— Vita sociale artistica e commerciale di Aquileia romana, 1 (Udine 1987) 247–256
KB Aquileia 1985

1287
Bottazzi, G.; Calzolari, M.: Idrografia padana antica. Ricerche topografiche su paleoalvei e loro datazione.—
Padusa 23, 1987, 15–29, Taf.

1288
Bottema, S.: Notes on the prehistoric environment of the Syrian Djezireh.— To the Euphrates and beyond. Archaeological studies in honour of M. N. van Loon (Rotterdam 1989) 1–16, Abb.

1289
Branigan, K.: Villas in the North. Change in the rural landscape?— Rome and the Brigantes (Sheffield 1980) 18–27, Abb.
SB

1290
Bruyn, M. J. de: The battle of Qadesh. Some reconsiderations.— To the Euphrates and beyond. Archaeological studies in honour of M. N. van Loon (Rotterdam 1989) 135–165, Abb.

1291
Buchholz, H. G.; u. a.: Archäologische Holzfunde aus Tamassos, Zypern.—
ActaPrHistA 20, 1988, 75–157, Abb.

1292
Buora, M.: Individuato un tratto della via da Concordia al Norico?—
AquilNost 58, 1987, 277–284, Abb.

1293
Burckhardt, L. A.: Gab es in der Gracchenzeit ein optimatisches Siedlungsprogramm? Bemerkungen zum Elogium von Polla und den 'vi]asiei vicani' aus dem Ackergesetz von 111 v. Chr.— Labor omnibus unus. G. Walser zum Geburtstag dargebracht (Stuttgart 1989) 3–20

1294
Burillo Mozota, F.: Aproximación diacrónica a las ciudades antiguas del valle medio del Ebro.— Actas. 1er Congreso peninsular de historia antigua, 2 (Santiago de Compostela 1988) 299–314
KB Santiago de Compostela 1986

1295
Calzolari, M.: Tracce della viabilità romana nell'Emilia centrale.— Vie romane tra Italia centrale e Pianura Padana (Modena 1988) 113–147, Abb.
SB

1296
Casoria, G.: La flora e le risorse agricole.— Etruria meridionale (Roma 1988) 43–50, Abb. Taf.
KB Viterbo 1985

1297
Castro López, M.: El poblamiento romano de las campiñas occidentales del Alto Guadalquivir. El Imperio.— Actas. 1er Congreso peninsular de historia antigua, 2 (Santiago de Compostela 1988) 315–324, Abb.
KB Santiago de Compostela 1986

1298
Chaumont, M. L.: L'Arménie et la route royale des Perses.—
REtArm 20, 1986–87, 287–302, Taf.

1299
Christien, J.: Les liaisons entre Sparte et son territoire malgré l'encadrement montagneux.— (Montagnes, fleuves, forêts dans l'histoire. Barrières ou lignes de convergence? [XVI Congrès international des sciences historiques, Stuttgart 1985.] [St. Katharinen] 1989, 18–44, Abb. Taf.)
SD

1300
Ciglenečki, S.: Höhenbefestigungen aus der Zeit vom 3. bis 6. Jh. im Ostalpenraum.— (Ljubljana 1987) 182 S., Abb.
(Academia scientiarum et artium slovenica. Classis I, historia et sociologia. Opera, 31. Institutum archaeologicum, 15)

1301
Coarelli, F.: Colonizzazione romana e viabilità.—
DArch 6, 1988, Nr. 2, 35–48, Abb.

1302
Conti, G.: Varazze. Sulle tracce di antichi percorsi.—
RIngIntem 41, 1986, 55–64, Abb.

1303
Cooper, F. A.: The quarries of Mount Taygetos in the Peloponnesos, Greece.— Classical marble (Dordrecht 1988) 65–76, Abb.
KB Il Ciocco 1988

1304
Dall'Aglio, P.: La Via Aemilia tra Parma e Placentia. Problemi storico-topografici.—
Padusa 23, 1987, 67–86, Taf.

1305
Dall'Aglio, P. L.: La ricostruzione della viabilità romana. Appunti metodologici.— Vie romane tra Italia centrale e Pianura Padana (Modena 1988) 193–206, Abb.
SB

1306
De Guio, A.; Whitehouse, R.; Wilkins, J.; u. a.: Progetto alto-medio Polesine. Secondo rapporto.—
QuadAVen 4, 1988, 313–340, Abb.

1307
Del Soldato, M.: L'evoluzione della piana alluvionale del Rupinaro in epoca protostorica e storica.—
StGenuensi 6, 1988, 19–33, Taf.

1308
Donat, P.: Zum römischen Einfluß auf das Siedlungswesen der Germanen im 1. bis 5. Jh. u. Z.—
Klio 70, 1988, 486–493

1309
Dore, J. N.: Pottery and the history of Roman Tripolitania. Evidence from Sabratha and the UNESCO Libyan Valleys survey.—
LibSt 19, 1988, 61–85, Abb.

1310
Ferdière, A.: Les campagnes en Gaule romaine, 1. Les hommes et l'environnement en Gaule rurale, 52 av. J. C. – 486 ap. J. C. 2. les techniques et les productions rurales en Gaule, 52 av. J. C. – 486 ap. J. C.— (Paris 1988) 301 S., Abb.; 284 S., Abb.

1311
Ferenczi, I.; Ursuţ, D.: Cercetări de topografie arheologică privind drumul roman imperial Napoca-Porolissum (tronsonul Baciu-Şardu, jud. Cluj).—
ActaMusNapoca 22–23, 1985–86, 213–221, Taf.

1312
Fernández Corrales, J. M.: El asentamiento romano en Extremadura y su análisis espacial.— (Cáceres 1988) 317 S., Abb. Taf.

1313
Fernández Ochoa, C.: El impacto romano sobre el hábitat del Noroeste. Estado de la cuestión sobre los fenómenos de transición y articulación del territorio.— Actas. 1er Congreso peninsular de historia antigua, 2 (Santiago de Compostela 1988) 345–362
KB Santiago de Compostela 1986

1314
Filtzinger, P.: Provinzialrömische Luftbildarchäologie in Südwestdeutschland. Kastellforschung.— Zivile und militärische Strukturen im Nordwesten der römischen Provinz Raetien (Heidenheim 1988) 72–91, Abb.
KB Heidenheim 1987

1315
Foschi, P.: Flaminia 'minore' e via dello Stale, due strade fra Bologna e la Toscana.—
Carrobbio 14, 1988, 161–184, Abb.

1316
Foss, J. E.: Paleosols of Pompeii and Oplontis.— Studia pompeiana et classica in honor of W. F. Jashemski, 1 (New Rochelle 1988) 127–136, Taf.

1317
Fossey, J. M.: Topography and population of ancient Boiotia.— (Chicago 1988) XVIII, 552 S., Abb.

1318
Fuchs, G.: Die arabische Wüste (Ägypten) und ihre historische Bedeutung von der Vorgeschichte bis in die Römerzeit.—
AW 19, 1988, Nr. 4, 15–30, Abb.

1319
Fugazzola Delpino, M. A.: Le acque interne. Appunti di archeologia preistorica.— Etruria meridionale (Roma 1988) 17–25, Abb. Taf.
KB Viterbo 1985

1320
Gaitzsch, W.: Geländeprospektion und Flächenstruktur römischer Siedlungen im Hambacher Forst, Kreis Düren.—
AKorrBl 18, 1988, 373–387, Abb.

1321
Gawlikowski, M.: La route de l'Euphrate d'Isidore à Julien.— Géographie historique au Proche-Orient (Paris 1988) 77–98, Taf.
KB Valbonne 1985

1322
Gil Zubillaga, E.; Filloy Nieva, I.: Estudio arqueológico de los precedentes del poblamiento en torno a Vitoria-Gasteiz. Bronze Final, edad del hierro, romanización.—
EstAAlava 16, 1988, 445–530, Abb.

1323
Gilbertson, D. D.; Hunt, C. O.; u. a.: ULVS XIX. A reconnaissance survey of the cenozoic geomorphology of the Wadi Merdum, Beni Ulid, in the Libyan pre-desert.—
LibSt 19, 1988, 95–121, Abb.

1324
Giorgetti, D.: Popolamento e viabilità antichi lungo l'alta Val di Serchio. Note di toponomastica e topografia storica.— Vie romane tra Italia centrale e Pianura Padana (Modena 1988) 51–69, Abb.
SB

1325
Gorges, J. G.: Prospections archéologiques autour d'Emerita Augusta. Soixante-dix sites ruraux en quête de signification.—
REA 88, 1986, 215–232, Taf.

1326
Gottarelli, A.: La Via Claudia di età imperiale tra Bologna e Firenze. Nuove ipotesi per una storia dei collegamenti stradali tra la VII e la VIII Regio.— Vie romane tra Italia centrale e Pianura Padana (Modena 1988) 71–112, Abb.
SB

1327
Greco, E.: Tra Bruzi e Lucani. Alla ricerca di una definizione di abitato.— Per un'identità culturale dei Brettii (Napoli 1988) 159–170
SB

1328
Grewe, K.: Der Römerkanal-Wanderweg. Textbd., Karten im Schuber.— (Köln 1988) 203 S., Abb.
(Führer zu archäologischen Denkmälern im Rheinland, 1)

1329
Grilli, A.: Problemi di antica viabilità lombarda.— I Romani nelle Alpi (Bozen 1989) 381–386
KB Salzburg 1986

1330
Gudea, N.: Porolissum. Der Schlußstein des Verteidigungssystems der Provinz Dacia Porolissensis.— (Marburg 1989) 97 S., Abb. (Kleine Schriften aus dem Vorgeschichtlichen Seminar Marburg, 29)

1331
Hall, D.; Lane, T.; Hayes, P. P.; u. a.: Survey, environment and excavation in the English Fenland.—
Antiquity 62, 1988, 305–380, Abb.

1332
Hammond, N. G. L.: The campaign and the battle of Cynoscephalae in 197 BC.—
JHS 108, 1988, 60–82, Abb. Taf.

1333
Hanbury-Tenison, J. W.: Jarash region survey 1984.—
AAJ 31, 1987, 129–157, Abb. Taf.

1334
Heger, N.: Die ländliche Besiedlung Salzburgs in der Spätantike.— Die Römer in den Alpen (Bozen 1989) 167–173
KB Salzburg 1986

1335
Herz, N.: Geology of Greece and Turkey. Potential marble source regions.— Classical marble (Dordrecht 1988) 7–10, Abb.
KB Il Ciocco 1988

1336
Herzig, H. E.: Regio XI Italiae. Auf den Spuren Konstantins des Großen.— Labor omnibus unus. G. Walser zum Geburtstag dargebracht (Stuttgart 1989) 59–69, Abb.

1337
Higham, N.: Native settlements west of the Pennines.— Rome and the Brigantes (Sheffield 1980) 41–47, Abb.
SB

1338
Hingley, R.: Rural settlement in Roman Britain.— (London 1989) VII, 229 S., Abb.

1339
Hoffman, G.; Schulz, H. D.: Coastline shifts and holocene stratigraphy on the Mediterranean coast of Andalucia (southeastern Spain).— Archaeology of coastal changes (Oxford 1988) 53–63, Abb. Taf.
KB Haifa 1986

1340
Hoffmann, G.: Geologische Untersuchungen im Tal des Río Guadiaro, Prov. Cádiz.—
MM 29, 1988, 126–131, Abb.

1341
Hotz, W.: Die Mittelmeerküsten Anatoliens. Handbuch der Kunstdenkmäler.— (Darmstadt 1989) X, 294 S., Abb. Taf. Beil.

1342
Isaac, B.: The meaning of the terms 'limes' and 'limitanei'.—
JRS 78, 1988, 125–147

1343
Isaac, B.: Trade-routes to Arabia and the Roman presence in the desert.— L'Arabie préislamique et son environnement historique et culturel (Leiden 1989) 241–256
KB Strasbourg 1987

1344
Jacobsen, T. W.; Farrand, W. R.; u. a.: Franchthi Cave and Paralia. Maps, plans, and sections.— (Bloomington 1987) XIII, 33 S., Abb. Beil.
(Excavations at Franchthi Cave, Greece, 1)

1345
Jermy, K. E.: Probable Roman road from Barnsley Park, Glos. to Cirencester.—
Britannia 19, 1988, 412–413

1346
Júdice Gamito, T.: The oppidum of Segóvia (Elvas, Portugal) and the decisive battle between Metellus and Hirtuleius, Sertorius' quaestor in Hispania Ulterior.—
BInstALondon 23, 1986, 17–27, Abb.

1347
Kambouroglou, E.; Maroukian, H.; Sampson, A.: Coastal evolution and archaeology north and south of Khalkis (Euboea) in the last 5000 years.— Archaeology of coastal changes (Oxford 1988) 71–79, Abb.
KB Haifa 1986

1348
Klee, M.: Der Limes zwischen Rhein und Main. Vom Beginn des obergermanischen Limes bei Rheinbrohl bis zum Main bei Großkrotzenburg.— (Stuttgart 1989) 122 S., Abb. Taf. Beil.

1349
König, I.: Wirtschaftsräume und Handelswege im römischen Westen.— Labor omnibus unus. G. Walser zum Geburtstag dargebracht (Stuttgart 1989) 70–81

1350
Letta, C.: Oppida, vici e pagi in area Marsa. L'influenza dell'ambiente naturale sulla continuità delle forme di insediamento.— Geografia e storiografia nel mondo classico (Milano 1988) 217–233, Abb.
SB

1351
Liverani, P.: Nota sulla Via Quinzia.—
ArchCl 37, 1985, 279–282

1352
Lohmann, H.: Das Kastro von H. Giorgios (Ereneia). Zum Verhältnis von Festungswesen und Siedlungsmorphologie im Koundoura-Tal.—
MarbWPr 1988, 34–66, Abb. Taf.

1353
Lombardo, M.: La via istmica Taranto–Brindisi in età arcaica e classica. Problemi storici.— Salento. Porta d'Italia (Galatine 1989) 167–192
KB Lecce 1986

1354
Mannoni, T.: Le rocce e le argille dell'Etruria meridionale.—
Etruria meridionale (Roma 1988) 39–42
KB Viterbo 1985

1355
Marangio, C.: La romanizzazione dell'ager Brundisinus.— Atti del VII Convegno dei comuni messapici peuceti e dauni (Bari 1988) 215–239, Abb.
KB Mesagne 1976

1356
Mason, D. J. P.: 'Prata legionis' in Britain.—
Britannia 19, 1988, 163–189, Abb.

1357
Mattingly, G. L.: Settlement patterns and sociocultural reconstruction.— Benchmarks in time and culture. Dedicated to J. A. Callaway (Atlanta 1988) 389–415, Abb.

1358
Maurin, L.: Vases inscrits de Cierzac dans l'antiquité.— RSaintonge 13, 1987, 11–19, Abb.

1359
Mayerson, P.: A note on the Roman limes. 'Inner' versus 'outer'.— IsrExplJ 38, 1988, 181–183

1360
Miret, M.; Sanmartí, J.; Santacana, J.: La evolución y el cambio del modelo de poblamiento ibérico ante la romanización. Un ejemplo.— Los asentamientos ibéricos ante la romanización (Madrid 1987) 79–85, Abb. Taf.
KB [Madrid] 1986

1361
Miroslav Marin, M.: La viabilità antica tra Taranto e Brindisi. La Via Appia antica.— Atti del VII Convegno dei comuni messapici peuceti e dauni (Bari 1988) 119–160, Abb.
KB Mesagne 1976

1362
Moscatelli, U.: Trea.— ([Firenze] 1988) 75 S., Abb. Taf.
(Forma Italiae)

1363
Moschou-Tsiome, L.: Οἰκιστικὰ συστήματα τῶν περιοικίδων καὶ τῶν ἐλευθερολακωνικῶν πόλεων στὴν χερσόνησο τοῦ Ταινάρου.— Πρακτικά του XII Διεθνούς συνεδρίου κλασικής αρχαιολογίας, 4 (Αθήνα 1988) 148–154
KB Athenai 1983

1364
Mottas, F.: Les voies de communication antiques de la Thrace égéenne.— Labor omnibus unus. G. Walser zum Geburtstag dargebracht (Stuttgart 1989) 82–104, Abb.

1365
Murray, W. M.: Do modern winds equal ancient winds?— MedHistR 2, 1987, 139–167, Abb.

1366
Neumann, J.; Parpola, S.: Climatic change and the eleventh-tenth-century eclipse of Assyria and Babylonia.— JNES 46, 1987, 161–182, Abb.

1367
Nowicki, K.: Settlements of refuge in Crete.— Kolloquium zur ägäischen Vorgeschichte (Mannheim 1987) 83–87, Abb.
KB Mannheim 1986

1368
Oren, E. D.: The 'Ways of Horus' in North Sinai.— Egypt, Israel, Sinai (Tel Aviv 1987) 69–119, Abb.
KB Tel Aviv 1982

1369
Panessa, G.: Recenti studi sulla problematica paleoclimatologica ed ambientale della Grecia nell'antichità.— AnnPisa 17, 1987, 1163–1171

1370
Patitucci Uggeri, S.: Castra e insediamento sparso nell'Esarcato settentrionale.— Atti del VI Congresso nazionale di archeologia cristiana (Firenze 1986) 171–189, Abb.
KB Pesaro-Ancona 1983

1371
Phaklares, P. V.: Η μάχη της Θυρέας (546π.Χ.) Το πρόβλημα του προσδιορισμού του πεδίου της μάχης.— Horos 5, 1987, 101–119, Abb. Taf.

1372
Pirazzoli, P. A.: Sea-level changes and crustal movements in the Hellenic Arc (Greece). The contribution of archaeological and historical data.— Archaeology of coastal changes (Oxford 1988) 157–184, Abb.
KB Haifa 1986

1373
Planck, D.: Römische Städte und Siedlungen in Baden-Württemberg. Ein Überblick.— Das römische Wimpfen (Bad Wimpfen 1988) 5–10, Taf.
SB

1374
Planta, A.: Verkehrswege im alten Rätien, 3. Neues von der Via Claudia Augusta (Tirol). Zum Verlauf der neuen Via Claudia Augusta bei Zirl (Tirol). Eine wichtige Alpentransversale in ihrem Schnittpunkt mit dem untersten Engadin.— (Chur 1987) 168 S., Abb. Beil

1375
Quilici, L.: Via Appia. Da Porta Capena ai Colli Albani. Dalla Pianura Pontina a Brindisi. 2 Bde.— (Roma 1989) 103 S., Abb.; 105 S., Abb.
(Itinerari d'arte e di cultura)

1376
Rabanal Alonso, M. A.: Vías romanas de la provincia de León.— (León [1988]) 83 S., Taf.

1377
Ralston, I.: Central Gaul at the Roman conquest. Conceptions and misconceptions.— Antiquity 62, 1988, 786–794, Abb.

1378
Ramm, H.: Native settlements east of the Pennines.— Rome and the Brigantes (Sheffield 1980) 28–40, Abb.
SB

1379
Ranzato, A.: Un contributo allo studio della via Patavium–Acelum (Via Aurelia).— QuadAVen 4, 1988, 304–312, Abb.

1380
Reddé, M.; Bauzou, T.: Pistes caravanières de Syrie, d'Arabie et d'Egypte. Quelques éléments de comparaison.— L'Arabie préislamique et son environnement historique et culturel (Leiden 1989) 485–497, Abb.
KB Strasbourg 1987

1381
Reynolds, J.: Inscriptions from the Cyrenaican limes.— L'Africa romana (Sassari 1988) 167–172
KB Sassari 1987

1382
Riuz, A.: Ciudad y territorio en el poblamiento ibérico del Alto Guadalquivir.— Los asentamientos ibéricos ante la romanización (Madrid 1987) 9–19, Abb.
KB [Madrid] 1986

1383
Rossner, E. P.: Die hethitischen Felsreliefs in der Türkei. Ein archäologischer Führer. 2. ed.— (München 1988) 252 S., Abb.
(Felsdenkmäler in der Türkei, 1)

1384
Roy, J.; Owens, E. J.; Lloyd, J. A.: Tribe and polis in the chora at Megalopolis. Changes in settlement pattern in relation to synoecism.— Πρακτικά του XII Διεθνούς συνεδρίου κλασικής αρχαιολογίας, 4 (Αθήνα 1988) 179–182
KB Athenai 1983

1385
Ruta, R.: Contributo alla ricostruzione della viabilità antica del Molise. Rilettura critica della Tabula Peutingeriana.—
AthenaeumPavia 66, 1988, 598–604, Abb.

1386
Ruta, R.; Ricchetti, G.: Una importante via istmica della Peucezia e la connessa ipotesi di identificazione dell'antica Lupatia.—
ArchStorPugl 41, 1988, 195–208

1387
Salviat, F.: Quinte Curce, les insulae Furianae, la Fossa Augusta et la localisation du cadastre C d'Orange.—
RANarb 19, 1986, 101–116, Abb.

1388
Santini, G.: Viabilità antica e storia territoriale medioevale. Le Vie Cassia e Aurelia nel Modenese e i monasteri di Nonantola e Frassinoro.— Vie romane tra Italia centrale e Pianura Padana (Modena 1988) 7–50, Abb. Taf.
SB

1389
Sasse, B.: Zur Bevölkerungsentwicklung im Kaiserstuhl-Tuniberg-Gebiet im frühen Mittelalter. Probleme von Gräberfeldern und Besiedlungsstrukturen.—
Saeculum 39, 1988, 127–140, Abb.

1390
Schönberger, H.: Zum Verlauf des obergermanisch-rätischen Limes.— Zivile und militärische Strukturen im Nordwesten der römischen Provinz Raetien (Heidenheim 1988) 92–96
KB Heidenheim 1987

1391
Sevin, V.: The oldest highway. Between the regions of Van and Elazığ in Eastern Anatolia.—
Antiquity 62, 1988, 547–551, Abb.

1392
Shatzman, I.: The beginning of the Roman defensive system in Judaea.—
AmJAncHist 8, 1983 [1987], 130–160, Abb.

1393
Shiel, R.; Chapman, J.: The extent of change in the agricultural landscape of Dalmatia, Yugoslavia, as a result of 8000 years of land management.— Recent developments in Yugoslav archaeology (Oxford 1988) 31–40, Taf.
SB

1394
Sillières, P.: La rareté des voies romaines en Hispanie méridionale. Explication et conséquences.— Labor omnibus unus. G. Walser zum Geburtstag dargebracht (Stuttgart 1989) 105–111

1395
Sinclair, T. A.: Eastern Turkey. An architectural and archaeological survey, 1–2.— (London 1987; 1989) XIII, 454 S., Abb. Taf.; 533 S., Abb. Taf.

1396
Stanev, N.: The Danube limes in the second half of the third century. A military and strategic glimpse on the Novae-Iatrum-Trimamium defense line.— Krise. Krisenbewußtsein. Krisenbewältigung (Halle 1988) 101–104
KB Halle 1984

1397
Stützer, H. A.: Ravenna und seine Mosaiken. Mit fünf Rundgängen durch die Stadt.— (Köln 1989) 137 S., Abb.
(Dumont Taschenbuch, 222)

1398
Tomei, M. A.: Il suburbium di Roma in età imperiale. Forme di insediamento e proprietà della terra in alcune aree lungo l'Aniene e la Via Tiburtina.—
AttiSocTiburtina 61, 1988, 57–129, Taf.

1399
Uggeri, G.: La viabilità preromana della Messapia.— Atti del VII Convegno dei comuni messapici peuceti e dauni (Bari 1988) 81–118, Abb.
KB Mesagne 1976

1400
Uggeri, G.: La navigazione interna della Cisalpina in età romana.— Vita sociale artistica e commerciale di Aquileia romana, 2 (Udine 1987) 305–350, Taf.
KB Aquileia 1985

1401
Vavelidis, M.; Gialoglou, G.; Pernicka, E.; u. a.: Die Buntmetall- und Eisen-Mangan-Lagerstätten von Thasos.— Antike Edel- und Buntmetallgewinnung auf Thasos (Bochum 1988) 40–58, Abb.
SB

1402
Visy, Z.: Der pannonische Limes in Ungarn.— (Stuttgart 1988) 149 S., Abb. Taf. Beil.

1403
Walser, G.: Germanisch-rätische Straßenverbindungen in der Spätantike.— Zivile und militärische Strukturen im Nordwesten der römischen Provinz Raetien (Heidenheim 1988) 131–138, Abb.
KB Heidenheim 1987

1404
Watts, D. J.: The Thetford treasure. A reappraisal.—
AntJ 68, 1988, 55–68, Abb.

1405
Wells, P. S.: Farms, villages, and cities. Commerce and urban origins in late prehistoric Europe.— (Ithaca 1984) 270 S., Abb.

1406
Wilson, R. J. A.: A guide to the Roman remains in Britain. 3. ed.— (London 1988) XIII, 453 S., Abb. Taf.

Länder und Gebiete

1407 Ägypten
Kamil, J.: Coptic Egypt. History and guide.— (Cairo 1988) XII-I S., S. 15–149, Abb.

1408 Ägypten
Sidebotham, S. E.: Ports of the Red Sea and the Arabia-India trade.— L'Arabie préislamique et son environnement historique et culturel (Leiden 1989) 195–223, Abb.
KB Strasbourg 1987

1409 Ägypten (Delta)
Yoyotte, J.: Tells oubliés de la région de Sān.— Cahiers de Tanis, 1 (Paris 1987) 107–112, Taf.
SB

1410 Ägypten (Mareotis)
Rodziewicz, M.: Remarks to the peristyle house in Alexandria and Mareotis.— Πρακτικά του XII Διεθνούς συνεδρίου κλασικής αρχαιολογίας, 4 (Αθήνα 1988) 175–178, Taf.
KB Athenai 1983

1411 Ägypten (Nubiya)
Deichmann, F. W.; Grossmann, P.: Nubische Forschungen.— (Berlin 1988) XIV, 187 S., Abb. Taf.
(Deutsches Archäologisches Institut. Archäologische Forschungen, 17)

1412 Ägypten (Nubiya)
Török, L.: Geschichte Meroes. Ein Beitrag über die Quellenlage und den Forschungsstand.— Aufstieg und Niedergang der römischen Welt, 2, 10,1. [Festschrift Vogt] (Berlin 1988) 107–341, Abb. Taf.

1413 Ägypten (Sahra el-Sharqiya)
Fuchs, G.: Die arabische Wüste (Ägypten) und ihre historische Bedeutung von der Vorgeschichte bis in die Römerzeit.—
AW 19, 1988, Nr. 4, 15–30, Abb.

1414 Ägypten (Wahat Siwa)
Alföldi, M. R.: Die 'Sonnenquelle' in der Oase Siwa.—
Paideuma 34, 1988, 1–11, Abb.

1415 Albanien
Gërmimet arkeologjike të vitit 1987. (Alban.) Fouilles archéologiques 1987.—
Iliria 17, 1987, Nr. 2, 235–268, Abb.

1416 Albanien
Popović, V.: Albanija u kasnoj antici. L'Albanie pendant la basse antiquité.— Iliri i Albanci. Les Illyriens et les Albanais (Beograd 1988) 201–283, Abb.
SB

1417 Albanien (Durrës)
Hoti, A.: Ndihmesë për hartën arkeologjike të rrethit të Durrësit. (Alban.) Contribution à la carte archéologique du district de Durrës.—
Iliria 17, 1987, Nr. 1 247–263, Abb. Taf.

1418 Alpenländer
Ciglenečki, S.: Höhenbefestigungen aus der Zeit vom 3. bis 6. Jh. im Ostalpenraum.— (Ljubljana 1987) 182 S., Abb.
(Academia scientiarum et artium slovenica. Classis I, historia et sociologia. Opera, 31. Institutum archaeologicum, 15)

1419 Arabien
Graf, D. F.: Qurā 'Arabiyya and provincia Arabia.— Géographie historique au Proche-Orient (Paris 1988) 171–203, Taf.
KB Valbonne 1985

1420 Arabien
Macadam, H. I.: Strabo, Pliny the Elder and Ptolemy of Alexandria. Three views of ancient Arabia and its peoples.— L'Arabie préislamique et son environnement historique et culturel (Leiden 1989) 289–318, Taf.
KB Strasbourg 1987

1421 Arabien
Macadam, H. I.: Ptolemy's 'Geography' and the Wadi Sirhan.— Géographie historique au Proche-Orient (Paris 1988) 55–75, Abb.
KB Valbonne 1985

1422 Arabien
Sanlaville, P.; Dalongeville, R.; Evin, J.; u. a.: Modification du tracé littoral sur côte arabe du golfe Persique en relation avec l'archéologie.— Déplacements des lignes de rivage en Méditerranée d'après les données de l'archéologie (Paris 1987) 211–222, Abb.
KB Aix-en-Provence 1985

1423 Arabien
Schmidt, J.: Hypäthrale Bauanlagen und andere Steinstrukturen.—
ABerYem 4, 1987, 143–178, Abb. Taf.

1424 Arabien
al-Sheiba, A. H.: Die Ortsnamen in den altsüdarabischen Inschriften. Mit dem Versuch ihrer Identifizierung und Lokalisierung.—
ABerYem 4, 1987, 1–62

1444 Frankreich (Aquitania)
Prevot, F.; Barral i Altet, X.: Topographie chrétienne des cités de la Gaule des origines au milieu du VIIIe siècle, 6. Province ecclésiastique de Bourges (Aquitania Prima).— (Paris 1989) 91 S., Abb.

1426 Arabien
Vogt, B.: Zur Chronologie und Entwicklung der Gräber des späten 4.–2. Jahrtausends v. Chr. auf der Halbinsel Oman. Zusammenfassung, Analyse und Würdigung publizierter wie auch unveröffentlichter Grabungsergebnisse. Diss. Göttingen 1986.— (Göttingen 1985) III, 305 S., Taf.

1427 Armenia
Edwards, R. W.: The vale of Kola. A final preliminary report on the Marchlands of Northeast Turkey.—
DOP 42, 1988, 119–141, Taf.

1428 Armenia
Thierry, J. M.: Armenische Kunst.— (Freiburg i. Br. 1988) 625 S., Abb.
(Ars antiqua)

1429 Belgien
L'archéologie en Wallonie 1980–1985. Découvertes des cercles archéologiques. Exposition organisée par la Fédération des archéologues de Wallonie 1987.
ed. A. Cahen-Delhaye.— (Namur 1987) 322 S., Abb.

1430 Deutschland (Baden)
Asskamp, R.: Das südliche Oberrheingebiet in frührömischer Zeit.— (Stuttgart 1989) 239 S., Abb. Taf.
(Forschungen und Berichte zur Vor- und Frühgeschichte in Baden-Württemberg, 33)

1431 Deutschland (Baden-Württemberg)
Archäologie in Württemberg. Ergebnisse und Perspektiven archäologischer Forschung von der Altsteinzeit bis zur Neuzeit.
ed. D. Planck.— (Stuttgart 1988) 558 S., Abb.

1432 Deutschland (Baden-Württemberg)
Planck, D.: Römische Städte und Siedlungen in Baden-Württemberg. Ein Überblick.— Das römische Wimpfen (Bad Wimpfen 1988) 5–10, Taf.
SB

1433 Deutschland (Eifel)
Ebel, W.: Die römischen Grabhügel des ersten Jahrhunderts im Treverergebiet.— (Marburg 1989) 192 S., Abb. Taf.
(Marburger Studien zur Vor- und Frühgeschichte, 12)

1434 Deutschland (Hessen)
Klee, M.: Der Limes zwischen Rhein und Main. Vom Beginn des obergermanischen Limes bei Rheinbrohl bis zum Main bei Großkrotzenburg.— (Stuttgart 1989) 122 S., Abb. Taf. Beil.

1435 Deutschland (Hunsrück)
Ebel, W.: Die römischen Grabhügel des ersten Jahrhunderts im Treverergebiet.— (Marburg 1989) 192 S., Abb. Taf.
(Marburger Studien zur Vor- und Frühgeschichte, 12)

1436 Deutschland (Rheinland-Pfalz)
Koch, K. H.: Existierte ein eisenzeitliches Befestigungssystem im Gebiet der Treverer?—
AKorrBl 18, 1988, 169–182, Abb.

1437 Deutschland (Württemberg)
Unz, C.: Urgeschichte, Römerzeit, frühes Mittelalter im Raum Tuttlingen.— Archäologie, Kunst und Landschaft im Landkreis Tuttlingen (Sigmaringen 1988) 9–60, Abb.

1438 Frankreich
Bedon, R.; Chevallier, R.; Pinon, P.: Architecture et urbanisme en Gaule romaine, 1. L'architecture et les villes en Gaule romaine. 2. L'urbanisme en Gaule romaine.— (Paris 1988) 440 S., Abb.; 270 S., Abb.

1439 Frankreich
Ebel, C.: Southern Gaul in the triumviral period. A critical stage of Romanization.—
AJPh 109, 1988, 572–590

1440 Frankreich
Ferdière, A.: Les campagnes en Gaule romaine, 1. Les hommes et l'environnement en Gaule rurale, 52 av. J. C. - 486 ap. J. C. 2. les techniques et les productions rurales en Gaule, 52 av. J. C. - 486 ap. J. C.— (Paris 1988) 301 S., Abb.; 284 S., Abb.

1441 Frankreich
Harmand, J.: La maison de ferme et le manoir en Gaule romaine.—
Latomus 47, 1988, 294–317, Abb.

1442 Frankreich
Mangin, M.: Les mines et la métallurgie du fer en Gaule romaine. Travaux et recherches.—
Latomus 47, 1988, 74–89

1443 Frankreich (Aquitania)
Cambon, C.: Les thermes romains dans le Sud de la Gaule. Aspects techniques.— Mélanges offerts à M. Labrousse (Toulouse 1987) 259–278, Taf.

1444 Frankreich (Aquitania)
Prevot, F.; Barral i Altet, X.: Topographie chrétienne des cités de la Gaule des origines au milieu du VIIIe siècle, 6. Province ecclésiastique de Bourges (Aquitania Prima).— (Paris 1989) 91 S., Abb.

1445 Frankreich (Auvergne)
Mondanel, C.; Mondanel, D.: Sépultures et nécropoles gallo-romaines en Auvergne.— (O. O. o. J.) 129 S.
[Association française d'archéologie métropolitaine. Hors-série, 34]

1446 Frankreich (Bretagne)
Galliou, P.: Les tombes romaines d'Armorique. Essai de sociologie et d'économie de la mort.— (Paris 1989) 204 S., Abb.
(Documents d'archéologie française, 17)

1447 Frankreich (Champagne)
Poulain, C.: Le peuplement des cantons de Fismes et de Ville-en-Tardenois pendant le haut moyen-âge, Ve–Xe siècle.—
BSocAChamp 81, 1988, Nr. 4, 39–87, Abb.

1448 Frankreich (Corse)
Camps, G.: Préhistoire d'une île. Les origines de la Corse.— (Paris 1988) 283 S., Abb.

1449 Frankreich (Languedoc)
Ambert, P.: Modifications historiques des paysages littoraux en Languedoc central. Etat actuel des connaissances.— Déplacements des lignes de rivage en Méditerranée d'après les données de l'archéologie (Paris 1987) 35–43, Abb.
KB Aix-en-Provence 1985

1450 Frankreich (Languedoc)
Blétry-Sébé, S.: La maîtrise de l'eau sur les oppida du Languedoc oriental.—
RANarb 19, 1986, 1–29, Abb.

1451 Frankreich (Lorraine)
Cuvelier, P.; Guillaume, J.; Héber-Suffrin, F.; u. a.: Lorraine mérovingienne, Ve–VIIIe siècle. [Exposition Metz 20–23 octobre 1988.]— (Metz 1988) 130 S., Abb. Taf.

1452 Frankreich (Lugdunensis)
Charre, R.: Une méthode d'approche de l'archéologie des paysages appliquée à l'occupation antique des sols de la région lyonnaise.—
BSocBiblReinach 3, 1985, 39–50, Abb.

1453 Frankreich (Narbonensis)
Cambon, C.: Les thermes romains dans le Sud de la Gaule. Aspects techniques.— Mélanges offerts à M. Labrousse (Toulouse 1987) 259–278, Taf.

1454 Frankreich (Narbonensis)
Perez, A. N.: Un cadastre romain de Narbonnaise occidentale.—
RANarb 19, 1986, 117–132, Abb.

1455 Frankreich (Normandie)
Pilet, C.; Alduc-Le Bagousse, A.: Les vivants et les morts en Gaule romaine.— La mort, les morts et l'au-delà dans le monde romain (Caen 1987) 13–31, Abb.
KB Caen 1985

1456 Frankreich (Provence)
Tréziny, H.: Les habitats indigènes de la région de Marseille (VIe–IIe s. av. J. C.).— Los asentamientos ibéricos ante la romanización (Madrid 1987) 69–77, Abb.
KB [Madrid] 1986

1457 Germania
Villa rustica. Römische Gutshöfe im Rhein-Maas-Gebiet. Ausstellung Krefeld, Museum Burg Linn 29. 5. 88 – 31. 7. 88.— (Freiburg i. Br. 1988) 46 S., Abb.

1458 Germania
Sommer, C. S.: Kastellvicus und Kastell. Untersuchungen zum Zugmantel im Taunus und zu den Kastellvici in Obergermanien und Rätien.—
FuBerBadWürt 13, 1988, 457–707, Abb. Taf.

1459 Griechenland
Griechenland. Lexikon der historischen Stätten. Von den Anfängen bis zur Gegenwart.
ed. S. Lauffer.— (München 1989) 775 S., Taf.

1460 Griechenland
Di Vita, A.: Atti della Scuola. 1981–1984. Scavi e ricerche.—
ASAtene 46, 1984 [1988], 201–263, Abb. Taf.

1461 Griechenland
Milani, C.: Geografia micenea e geografia del Catalogo delle navi.— Geografia e storiografia nel mondo classico (Milano 1988) 3–18
SB

1462 Griechenland
Papachatzis, N.: Chronique des fouilles.—
Kernos 2, 1989, 233–244, Taf.

1463 Griechenland (Aitolia)
Antonetti, C.: Le popolazioni settentrionali dell'Etolia. Difficoltà di localizzazione e problema dei limiti territoriali, alla luce della documentazione epigrafica.— L'Illyrie méridionale et l'Epire dans l'antiquité (Clermont-Ferrand 1987) 95–113, Abb.
KB Clermont-Ferrand 1984

1464 Griechenland (Aitolia)
Antonetti, C.: Problemi di geografia storica del territorio etolo-acarnano. Appunti sulla base di nuove testimonianze epigrafiche.— Γεωγραφία (Roma 1988) 11–38, Taf.
KB Macerata 1985

1465 Griechenland (Aitolia)
Paliouras, A. D.: Βυζαντινή Αιτωλοακαρνανία. Συμβολή στη βυζαντινή και μεταβυζαντινή μνημειακή τέχνη.— (Αθήνα 1985) 405 S., Abb. Taf.

1466 Griechenland (Akarnania)
Antonetti, C.: Problemi di geografia storica del territorio etolo-acarnano. Appunti sulla base di nuove testimonianze epigrafiche.— Γεωγραφία (Roma 1988) 11–38, Taf.
KB Macerata 1985

1467 Griechenland (Akarnania)
Paliouras, A. D.: Βυζαντινή Αιτωλοακαρνανία. Συμβολή στη βυζαντινή και μεταβυζαντινή μνημειακή τέχνη.— (Αθήνα 1985) 405 S., Abb. Taf.

1468 Griechenland (Arkadia)
Burelli Bergese, L.: Sinecismo e coniazione in Arcadia.—
AnnPisa 17, 1987, 603–610

1469 Griechenland (Arkadia)
Knauss, J.: Die mykenische Talsperre im Becken von Mantinea und ihre Zerstörung während des peloponnesischen Krieges im Jahr 418 v. Chr.—
AA 1989, 107–141, Abb.

1470 Griechenland (Arkadia)
Pikoulas, G.: Ὁ μῦθος τοῦ Ὀρέστη καὶ ἡ τοπογραφία τῆς κλασικῆς Ἀρκαδίας.— Πρακτικά του XII Διεθνούς συνεδρίου κλασικής αρχαιολογίας, 4 (Αθήνα 1988) 160–165, Taf.
KB Athenai 1983

1471 Griechenland (Attike)
Fowden, G.: City and mountain in late Roman Attica.—
JHS 109, 1988, 48–59, Abb.

1472 Griechenland (Attike)
Langdon, M. K.: The topography of Coastal Erechtheis.—
Chiron 18, 1988, 43–51, Taf.

1473 Griechenland (Attike)
Lohmann, H.: Das Kastro von H. Giorgios (Ereneia). Zum Verhältnis von Festungswesen und Siedlungsmorphologie im Koundoura-Tal.—
MarbWPr 1988, 34–66, Abb. Taf.

1474 Griechenland (Attike)
Travlos, J.: Bildlexikon zur Topographie des antiken Attika.—
(Tübingen 1988) XVI, 486 S., Abb.

1475 Griechenland (Boiotia)
Fossey, J. M.: Topography and population of ancient Boiotia.—
(Chicago 1988) XVIII, 552 S., Abb.

1476 Griechenland (Boiotia)
Knauss, J.: Die Melioration des Kopaisbeckens durch die Minyer im 2. Jt. v. Chr. Kopais 2. Wasserbau und Siedlungsbedingungen im Altertum.— [München 1987] XII, 304 S., Abb. Beil.

1477 Griechenland (Dodekanesos)
Melas, M.: Exploration in the Dodecanese. New prehistoric and Mycenaean finds.—
BSA 83, 1988, 283–311, Abb. Taf.

1478 Griechenland (Doris)
Rousset, D.: Les Doriens de la Métropole. Etude de topographie et de géographie historique.—
BCH 113, 1989, 199–239, Abb.

1479 Griechenland (Epeiros)
Dakaris, S. I.: Organisation politique et urbanistique de la ville dans l'Epire antique.— L'Illyrie méridionale et l'Epire dans l'antiquité (Clermont-Ferrand 1987) 71–80, Abb.
KB Clermont-Ferrand 1984

1480 Griechenland (Euboia)
Kambouroglou, E.; Maroukian, H.; Sampson, A.: Coastal evolution and archaeology north and south of Khalkis (Euboea) in the last 5000 years.— Archaeology of coastal changes (Oxford 1988) 71–79, Abb.
KB Haifa 1986

1481 Griechenland (Korinthia)
Gauvin, G.: Rakítiza. Une position fortifiée dans l'arrière-pays de Sicyone.— Συνεισφορά McGill, 1. Papers in memory of C. D. Gordon (Amsterdam 1987) 69–92, Abb. Taf.

1482 Griechenland (Krete)
Driessen, J. M.; MacGillivray, J. A.: The neopalatial period in East Crete.—
Aegaeum 3, 1989, 99–110, Taf.

1483 Griechenland (Krete)
Faure, P.: Cités antiques de la Crète de l'ouest.—
CretSt 1, 1988, 83–96, Taf.

1484 Griechenland (Krete)
Gondicas, D.: Recherches sur la Crète occidentale de l'époque géométrique à la conquête romaine. Inventaire des sources archéologiques et textuelles, position du problème.— (Amsterdam 1988) III, 365 S., Taf. Beil

1485 Griechenland (Krete)
Harrison, G. W. M.: Background to the first century of Roman rule in Crete.—
CretSt 1, 1988, 125–155

1486 Griechenland (Krete)
Nowicki, K.: Settlements of refuge in Crete.— Kolloquium zur ägäischen Vorgeschichte (Mannheim 1987) 83–87, Abb.
KB Mannheim 1986

1487 Griechenland (Krete)
Schlager, N.: Untersuchungen zur prähistorischen Topographie im äußersten Südosten Kretas. Zakros bis Xerokampos.— Kolloquium zur ägäischen Vorgeschichte (Mannheim 1987) 64–82, Abb.
KB Mannheim 1986

1488 Griechenland (Krete)
Tzedakis, Y.; Chryssoulaki, S.; Voutsaki, S.; u. a.: Les routes minoennes. Rapport préliminaire. Défense de la circulation ou circulation de la défense?—
BCH 113, 1989, 43–75, Abb. Taf.

1489 Griechenland (Kyklades)
Barber, R. L. N.: The Cyclades in the bronze age.— (Iowa City 1987) XIII, 283 S., Abb.

1490 Griechenland (Lakonia)
Cooper, F. A.: The quarries of Mount Taygetos in the Peloponnesos, Greece.— Classical marble (Dordrecht 1988) 65–76, Abb.
KB Il Ciocco 1988

1491 Griechenland (Megalopolitis)
Pikoulas, G. A.: Ἡ νότια Μεγαλοπολιτική χώρα ἀπό τόν 8° π. X. ὥς τόν 4° μ. X. αἰώνα. Συμβολή στήν τοπογραφία της. Diss. Ioannina.— (Ἀθήνα 1988) 313 S., Taf.

1492 Griechenland (Peloponnesos)
Adshead, K.: Politics of the archaic Peloponnese. The transition from archaic to classical politics.— (Aldershot 1986) V, 142 S., Taf.
(Reprinted 1989)

1493 Griechenland (Peloponnesos)
Wright, J. C.; u. a.: Das Nemea Valley Archaeological Project, 1984–1985.— Kolloquium zur ägäischen Vorgeschichte (Mannheim 1987) 98–112, Abb.
KB Mannheim 1986

1494 Griechenland (Skiritis)
Pikoulas, G. A.: Συμβολὴ στὴν τοπογραφία τῆς Σκιρίτιδος.— Horos 5, 1987, 121–148, Abb. Taf.

1495 Griechenland (Thessalia)
Helly, B.: Le 'Dotion pedion', Lakéreia et les origines de Larisa.— JSav 1987, 127–158, Abb.

1496 Großbritannien
The Cambridge guide to the arts in Britain, 1. Prehistoric, Roman and early medieval.
ed. B. Ford.— (Cambridge 1988) XII, 308 S., Abb. Taf.

1497 Großbritannien
Branigan, K.: Villas in the North. Change in the rural landscape?— Rome and the Brigantes (Sheffield 1980) 18–27, Abb.
SB

1498 Großbritannien
Higham, N.: Native settlements west of the Pennines.— Rome and the Brigantes (Sheffield 1980) 41–47, Abb.
SB

1499 Großbritannien
Hingley, R.: Rural settlement in Roman Britain.— (London 1989) VII, 229 S., Abb.

1500 Großbritannien
Ramm, H.: Native settlements east of the Pennines.— Rome and the Brigantes (Sheffield 1980) 28–40, Abb.
SB

1501 Großbritannien
Wilson, R. J. A.: A guide to the Roman remains in Britain. 3. ed.— (London 1988) XIII, 453 S., Abb. Taf.

1502 Großbritannien (Derbyshire)
Hodges, R.: Roman or native in the White Peak.— Rome and the Brigantes (Sheffield 1980) 48–53, Abb.
SB

1503 Großbritannien (Dyfed)
Watts, D. J.: The Thetford treasure. A reappraisal.— AntJ 68, 1988, 55–68, Abb.

1504 Großbritannien (Fenland)
Hall, D.; Lane, T.; Hayes, P. P.; u. a.: Survey, environment and excavation in the English Fenland.—
Antiquity 62, 1988, 305–380, Abb.

1505 Großbritannien (Isle of Purbeck)
Sunter, N.; Woodward, P. J.; u. a.: Romano-British industries in Purbeck. Excavations at Norden. Excavations at Ower and Rope Lake Hole.— (Dorchester 1987) 184 S., Abb.
(Dorset Natural History and Archaeological Society. Monograph series, 6)

1506 Großbritannien (Norfolk)
Peterson, J. W. M.: Roman cadastres in Britain, 1. South Norfolk A.—
DialHistAnc 14, 1988, 167–199, Abb.

1507 Großbritannien (Severn Estuary)
Allen, J. R. L.; Fulford, M. G.: Romano-British settlement and industry on the wetlands of the Severn Estuary.—
AntJ 67, 1987, 237–289, Abb. Taf.

1508 Iran
The archaeology of Western Iran. Settlement and society from prehistory to the Islamic conquest.
ed. F. Hole.— (Washington 1987) 332 S., Abb.

1509 Iran (Kerman)
Sajjadi, S. M. S.: Prehistoric settlements in the Bardsir Plain, South-Eastern Iran.—
EastWest 37, 1987, 11–137, Abb.

1510 Iran (Khuzestan)
Bosworth, A. B.: Nearchus in Susiana.— Zu Alexander d. Gr. Festschrift G. Wirth (Amsterdam 1987) 541–566, Taf.

1511 Iraq
Damerji, M. S. B.: The development of the achitecture of doors and gates in ancient Mesopotamia.— (Tokyo 1987) XX, 250 S., Abb. Taf.

1512 Iraq
Downey, S. B.: Mesopotamian religious architecture. Alexander through the Parthians.— (Princeton 1988) XVII, 197 S., Abb. Taf.

1513 Iraq
Oelsner, J.: Materialien zur babylonischen Gesellschaft und Kultur in hellenistischer Zeit.— (Budapest 1986) 546 S., Abb.
(Assyriologia, 7)

1514 Israel
Edelman, D.: Saul's journey through Mt. Ephraim and Samuel's Ramah (1 Sam. 9,4–5; 10,2–5).—
ZDPV 104, 1988, 44–58, Abb.

1515 Israel
Giardina, A.; Liverani, M.; Scarcia, B.: La Palestina.— (Roma 1987) 205 S., Abb.
(Libri di base, 116)

1516 Israel
Herr, L. G.: Tripartite pillared buildings and the market place in iron age Palestine.—
BASOR 1988, Nr. 272, 47–67, Abb.

1517 Israel
Hopkins, D. C.: The Highlands of Canaan. Agricultural life in the early iron age.— (Sheffield 1985) 323 S., Taf.
(The social world of biblical antiquity series, 3)

1518 Israel
Raban, A.: Alternated river courses during the bronze age along the Israeli coastline.— Déplacements des lignes de rivage en Méditerranée d'après les données de l'archéologie (Paris 1987) 173–189, Abb.
KB Aix-en-Provence 1985

1519 Israel
Shatzman, I.: The beginning of the Roman defensive system in Judaea.—
AmJAncHist 8, 1983 [1987], 130–160, Abb.

1520 Israel
Stemberger, G.: Juden und Christen im Heiligen Land. Palästina unter Konstantin und Theodosius.— (München 1987) 298 S., Abb.

1521 Israel (Galilaea)
Gal, Z.: The late bronze age in Galilee. A reassessment.—
BASOR 1988, Nr. 272, 79–84, Abb.

1522 Israel (Negev)
Isaac, B.: Trade-routes to Arabia and the Roman presence in the desert.— L'Arabie préislamique et son environnement historique et culturel (Leiden 1989) 241–256
KB Strasbourg 1987

1523 Israel (Wadi Araba)
Rothenberg, B.; u. a.: The Egyptian mining temple at Timna.— (London 1988) VIII, 317 S., Abb. Taf.
(Researches in the Arabah 1959–1984, 1)

1524 Italien
Gli acquedotti di Roma nell'epoca classica. Planimetrie generale nella Campagna romana. Scala 1 : 100 000.
ed. A. M. Liberati.— (Roma 1987)

1525 Italien
Italia. Omnium terrarum alumna. La civiltà dei Veneti, Reti, Liguri, Celti, Piceni, Umbri, Latini, Campani e Iapigi.— (Milano 1988) XV, 720 S., Abb.
(Antica madre. Collana di studi sull'Italia antica.)

1526 Italien
Brands, G.: Republikanische Stadttore in Italien.— (Oxford 1988) XXV, 222 S., Taf.
(British archaeological reports. International series, 458)

1527 Italien
Gros, P.: Architettura e società nell'Italia romana.— (Roma 1987) 191 S., Abb.
(Biblioteca di archeologia)

1528 Italien (Abruzzo)
Grossi, G.: Topografia antica del territorio del Parco nazionale d'Abruzzo (III sec. a. C. – VI sec. d. C.).— Il territorio del Parco nazionale d'Abruzzo nell'antichità (Civitella Alfedena 1988) 111–135, Abb.
KB Villetta Barrea 1987

1529 Italien (Abruzzo)
Grossi, G.: Il territorio del parco nel quadro della civiltà safina (X–IV secolo a. C.).— Il territorio del Parco nazionale d'Abruzzo nell'antichità (Civitella Alfedena 1988) 65–109, Abb.
KB Villetta Barrea 1987

1530 Italien (Abruzzo)
Letta, C.: Oppida, vici e pagi in area Marsa. L'influenza dell'ambiente naturale sulla continuità delle forme di insediamento.— Geografia e storiografia nel mondo classico (Milano 1988) 217–233, Abb.
SB

1531 Italien (Alto Adige)
Canova Dal Zio, R.: Le chiese delle Tre Venezie anteriori al Mille.— (Padova 1987) VIII, 312 S., Abb.

1532 Italien (Basilicata)
Bottini, A.; Pianu, G. P.; Salvatore, M. R.; u. a.: L'attività archeologica in Basilicata, 1985.— Neapolis (Taranto [1988]) 455–492, Abb. Taf.
KB Taranto 1985

1533 Italien (Basilicata)
Lattanzi, E.: L'attività archeologica in Basilicata nel 1979.— L'epos greco in Occidente (Taranto 1980 [1989]) 399–409
KB Taranto 1979

1534 Italien (Calabria)
De Franciscis, A.; u. a.: La villa romana del Naniglio di Gioiosa Ionica. Relazione preliminare delle campagne di scavo 1981–86.— (Napoli 1988) 119 S., Taf.
Archaia. Monumenti, 1)

1535 Italien (Calabria)
Foti, G.: L'attività archeologica in Calabria nel 1979.— L'epos greco in Occidente (Taranto 1980 [1989]) 371–386
KB Taranto 1979

1536 Italien (Calabria)
Lattanzi, E.; Barra Bagnasco, M.; Peroni, R.; u. a.: L'attività archeologica in Calabria nel 1985.— Neapolis (Taranto [1988]) 415–453, Taf.
KB Taranto 1985

1537 Italien (Campania)
Conticello, B.: L'attività della Soprintendenza archeologica di Pompei.— Neapolis (Taranto [1988]) 507–516, Taf.
KB Taranto 1985

1538 Italien (Campania)
Giampaola, D.; d'Henry, G.: Il territorio.— Neapolis (Taranto [1988]) 273–284, Abb. Taf.
KB Taranto 1985

1539 Italien (Campania)
Gras, M.: Il golfo di Napoli e il Tirreno arcaico.— Neapolis (Taranto [1988]) 11–35
KB Taranto 1985

1540 Italien (Campania)
Johannowsky, W.: Attività archeologica nelle province di Avellino, Benevento e Salerno.— L'epos greco in Occidente (Taranto 1980 [1989]) 345–348
KB Taranto 1979

1541 Italien (Campania)
Johannowsky, W.; u. a.: L'attività archeologica nelle province di Avellino, Benevento e Salerno.— Neapolis (Taranto [1988]) 517–546, Abb. Taf.
KB Taranto 1985

1542 Italien (Campania)
Mello, M.: Scoperte di archeologia cristiana in Campania.— Atti del VI Congresso nazionale di archeologia cristiana (Firenze 1986) 753–768, Abb.
KB Pesaro-Ancona 1983

1543 Italien (Campania)
Pozzi, E.: L'attività archeologica nelle province di Napoli e Caserta.— Neapolis (Taranto [1988]) 495–506
KB Taranto 1985

1544 Italien (Canavese)
Per pagos vicosque. Torino romana fra Orco e Stura.
ed. G. Cresci Marrone.— (Padova 1988) 235 S., Abb. Beil
(Saggi e materiali universitari. Serie di antichità e tradizione classica, 10)

1545 Italien (Cisalpina)
Corso, A.: Ambiente e monumenti della Cisalpina in Catullo.—
AquilNost 57, 1986, 577–592

1546 Italien (Cisalpina)
D'Aversa, A.: La Valle Padana tra Etruschi, Celti e Romani.—
(Brescia 1986) 101 S., Abb.

1547 Italien (Cisalpina)
De Maria, S.: Iscrizioni e monumenti nei fori della Cisalpina romana. Brixia, Aquileia, Veleia, Iulium Carnicum.—
MEFRA 100, 1988, 27–62

1548 Italien (Delta Padano)
Patitucci Uggeri, S.: Il Delta Padano nell'età dei Goti.— XXXVI Corso di cultura sull'arte ravennate e bizantina (Ravenna 1989) 269–322, Abb.
KB Ravenna 1989

1549 Italien (Emilia-Romagna)
Rubiera. 'Principi' etruschi in Val di Secchia. [Mostra Reggio Emilia giugno a settembre 1989.].— (Reggio Emilia 1989) 208 S., Abb. Taf.
(Archaeologica Regiensia, 4)

1550 Italien (Emilia-Romagna)
Sant'Ilario d'Enza. L'età della colonizzazione etrusca. Strade, villaggi, sepolcreti. [Catalogo della mostra, Reggio Emilia giugno a settembre 1989.].— (Reggio Emilia 1989) 225 S., Abb. Taf.
(Archaeologica regiensia, 3)

1551 Italien (Emilia-Romagna)
Bottazzi, G.: Le vie oblique nelle centuriazioni emiliane.— Vie romane tra Italia centrale e Pianura Padana (Modena 1988) 149–191, Abb.
SB

1552 Italien (Emilia-Romagna)
Bottazzi, G.; Calzolari, M.: Idrografia padana antica. Ricerche topografiche su paleoalvei e loro datazione.—
Padusa 23, 1987, 15–29, Taf.

1553 Italien (Emilia-Romagna)
Patitucci Uggeri, S.: Castra e insediamento sparso nell'Esarcato settentrionale.— Atti del VI Congresso nazionale di archeologia cristiana (Firenze 1986) 171–189, Abb.
KB Pesaro-Ancona 1983

1554 Italien (Emilia-Romagna)
Porta, P.: Insediamenti cristiani nella diocesi faentina.— Atti del VI Congresso nazionale di archeologia cristiana (Firenze 1986) 191–204, Abb.
KB Pesaro-Ancona 1983

1555 Italien (Etruria)
Etruria meridionale. Conoscenza, conservazione, fruizione.— Atti del convegno, Viterbo 29–30 novembre – 1 dicembre 1985 (Roma 1988) 267 S., Abb. Taf.
(Regione Lazio. Assessorato alla cultura)

1556 Italien (Etruria)
Gli Etruschi. Mille anni di civiltà. 2 Bde.
ed. G. Camporeale.— (Firenze 1986) 640 S., Abb. Taf.

1557 Italien (Etruria)
Mansuelli, G. A.: L'ultima Etruria. Aspetti della romanizzazione del paese etrusco. Gli aspetti culturali e sacrali.— (Bologna 1988) 210 S., Abb.
(Studi di storia, 3)

1558 Italien (Etruria)
Romanelli, R.: Necropoli dell'Etruria rupestre. Architettura.— (Viterbo 1986) 166 S., Abb. Taf.

1559 Italien (Friuli)
Miotti, T.; Šribar, V.; Visentini, S.; u. a.: I sette castra di Paolo Diacono.— I sette castra di Paolo Diacono ed altri studi castellologici (o. O. 1988) 325–520, Abb.
SB

1560 Italien (Friuli)
Rosada, G.; Rigoni, A. N.: Insediamenti pedemontani del Veneto e del Friuli. Emergenze archeologiche, continuità e discontinuità tra protostoria e incastellamento medioevale.— Aquileia e le Venezie nell'alto medioevo (Udine 1988) 281–324, Taf.
KB Aquileia 1987

1561 Italien (Lazio)
Bedello Tata, M.: Tra Salaria e Tiburtina. Indagini sul territorio a nord est di Roma in età imperiale.—
AttiSocTiburtina 61, 1988, 15–55, Abb. Taf.

1562 Italien (Lazio)
Bird, E. C. F.; Fabbri, P.: Archaeological evidence of coastline changes illustrated with reference to Latium, Italy.— Déplacements des lignes de rivage en Méditerranée d'après les données de l'archéologie (Paris 1987) 107–113, Abb.
KB Aix-en-Provence 1985

1563 Italien (Lazio)
Fiocchi Nicolai, V.: I cimiteri paleocristiani del Lazio, 1. Etruria meridionale.— (Roma 1988) XVIII, 419 S., Abb. Taf.
(Monumenti di antichità cristiana. Pontificio istituto di archeologia cristiana, 2. Ser., 10)

1564 Italien (Lazio)
Fortini, P.: Nuovi insediamenti preromani nell'area laziale del Parco nazionale d'Abruzzo e del pre-parco.— Il territorio del Parco nazionale d'Abruzzo nell'antichità (Civitella Alfedena 1988) 51–63, Abb.
KB Villetta Barrea 1987

1565 Italien (Lazio)
Giannetti, A.: Notiziario archeologico. Ciociaria e zone limitrofe. 2 Bde.— (Cassino 1988) X, 588 S., Abb.

1566 Italien (Lazio)
Roncaioli Lamberti, C.: Il percorso dell'Anio vetus e la Porta Trebana di Tivoli. Commento a Front., De aquaed. 6,5 sg.—
GiornItFil 40, 1988, 87–100, Abb.

1567 Italien (Lazio)
Solin, H.: Ricerche epigrafiche in Ciociaria.—
Epigraphica 50, 1988, 87–104, Abb.

1568 (Italien) Lazio
Tomei, M. A.: Il suburbium di Roma in età imperiale. Forme di insediamento e proprietà della terra in alcune aree lungo l'Aniene e la Via Tiburtina.—
AttiSocTiburtina 61, 1988, 57–129, Taf.

1569 Italien (Liguria)
Frondoni, A.: Rassegna delle scoperte dell'ultimo decennio e prospettive dell'archeologia cristiana in Liguria.— Atti del VI Congresso nazionale di archeologia cristiana (Firenze 1986) 713–732, Abb.
KB Pesaro-Ancona 1983

1570 Italien (Liguria)
Petracco Sicardi, G.: La toponomastica prediale romana. Tipologia e distribuzione areale in Liguria.—
StGenuensi 6, 1988, 45–52, Abb.

1571 Italien (Lombardia)
Bottura, E.: Il Basso Mantovano in epoca romana. Catalogo dei materiali rinvenuti durante le ricerche di superficie.— (Brescia 1988) 136 S., Abb. Taf.

1572 Italien (Lombardia)
Sena Chiesa, G.: Testimonianze archeologiche della romanità in Lombardia.— I Romani nelle Alpi (Bozen 1989) 325–361, Abb.
KB Salzburg 1986

1573 Italien (Magna Graecia)
Magna Grecia. Vita religiosa e cultura letteraria, filosofica e scientifica.
ed. G. Pugliese Carratelli.— (Milano 1988) 356 S., Abb.

1574 Italien (Magna Graecia)
Mitens, K.: Teatri greci e teatri ispirati all'architettura greca in Sicilia e nell'Italia meridionale c.350–50 a. C. Un catalogo.— (Roma 1988) 176 S., Abb. Taf.
(AnalRom, suppl. 13)

1575 Italien (Marche)
Le strade nelle Marche. Il problema nel tempo. Atti del convegno Fano, Fabriano, Pesaro, Ancona 11–14 ottobre 1984. 2 Textbde., Tafelbd., Karten in Schuber.— (Ancona 1987) 1244 S., Abb.

1576 Italien (Marche)
Moscatelli, U.: Resti di divisione agraria romana nella bassa valle del Chienti.—
AnnMacerata 19, 1986, 377–387, Taf.

1577 Italien (Picenum)
Paci, G.: Schede per l'identificazione di antichi predii in area picena.— Γεωγραφία (Roma 1988) 161–198, Taf.
KB Macerata 1985

1578 Italien (Piemonte)
Cantino Wataghin, G.: Appunti per una topografia cristiana. I centri episcopali piemontesi.— Atti del VI Congresso nazionale di archeologia cristiana (Firenze 1986) 91–112, Abb.
KB Pesaro-Ancona 1983

1579 Italien (Polesine)
De Guio, A.; Whitehouse, R.; Wilkins, J.; u. a.: Progetto altomedio Polesine. Secondo rapporto.—
QuadAVen 4, 1988, 313–340, Abb.

1580 Italien (Polesine)
Peretto, R.: Un antico disegno agrario presso Rovigo.—
Padusa 23, 1987, 5–10, Taf.

1581 Italien (Puglia)
Notiziario.—
RicStBrindisi 13, 1980–87, 253–271

1582 Italien (Puglia)
Soprintendenza archeologica della Puglia. Notiziario delle attività di tutela, ottobre 1986 – agosto 1987.—
Taras 7, 1987, 89–179, Taf.

1583 Italien (Puglia)
Andreassi, G.; Striccoli, R.; Cassano, R.; u. a.: L'attività archeologica in Puglia nel 1985.— Neapolis (Taranto [1988]) 369–413, Taf.
KB Taranto 1985

1584 Italien (Puglia)
D'Angela, C.: Tardoantico e altomedioevo in Puglia nelle recenti scoperte.— Atti del VI Congresso nazionale di archeologia cristiana (Firenze 1986) 659–671, Abb.
KB Pesaro-Ancona 1983

1585 Italien (Puglia)
De Juliis, E. M.: L'attività archeologica in Puglia nel 1979.— L'epos greco in Occidente (Taranto 1980 [1989]) 425–442, Taf.
KB Taranto 1979

1586 Italien (Salento)
Compernolle, R. van: Il Salento greco nell'epoca arcaica, alla luce dei nuovi scavi e delle vecchie fonti.— Salento. Porta d'Italia (Galatina 1989) 137–155, Taf.
KB Lecce 1986

1587 Italien (Salento)
Lamboley, J. L.: Appunti su alcune fortificazioni salentine.— Salento. Porta d'Italia (Galatina 1989) 101–105, Taf.
KB Lecce 1986

1588 Italien (Salento)
Lombardo, M.: La via istmica Taranto–Brindisi in età arcaica e classica. Problemi storici.— Salento. Porta d'Italia (Galatine 1989) 167–192
KB Lecce 1986

1589 Italien (Salento)
Marangio, C.: La romanizzazione dell'ager Brundisinus.— Atti del VII Convegno dei comuni messapici peuceti e dauni (Bari 1988) 215–239, Abb.
KB Mesagne 1976

1590 Italien (Salento)
Uggeri, G.: La viabilità preromana della Messapia.— Atti del VII Convegno dei comuni messapici peuceti e dauni (Bari 1988) 81–118, Abb.
KB Mesagne 1976

1591 Italien (Sardegna)
I primi uomini in ambiente insulare. Early man in island environments. Congresso internazionale Oliena (Sardegna), 25 settembre – 2 ottobre 1988.
ed. M. Sanges.— Breve storia della Sardegna. Short history of Sardinia. (Nuoro [1988]) 56 S.

1592 Italien (Sardegna)
I primi uomini in ambiente insulare. Early man in island environments. Congresso internazionale Oliena (Sardegna), 25 settembre – 2 ottobre 1988. Libro-guida delle escursioni, Field-trip book.
ed. F. Martini.— (Nuoro 1988) 254 S., Abb.

1593 Italien (Sardegna)
La Sardegna nel Mediterraneo tra il secondo e il primo millennio a. C. Atti del II Convegno di studi 'Un millennio di relazioni fra la Sardegna e i paesi del Mediterraneo', Selargius-Cagliari 27–30 novembre 1986.— ([Cagliari] 1987) 625 S., Abb.

1594 Italien (Sardegna)
Caprara, R.: L'età altomedievale nel territorio del Logudoro-Meilogu.— Il nuraghe S. Antine nel Logudoro-Meilogu (Sassari 1988) 397–441, Abb. Taf.
SB

1595 Italien (Sardegna)
Ermini Pani, L.; Zucca, R.; Boninu, A.; u. a.: Recenti scoperte in Sardegna.— Atti del VI Congresso nazionale di archeologia cristiana (Firenze 1986) 693–711, Abb.
KB Pesaro-Ancona 1983

1596 Italien (Sardegna)
Kirova, T. K.; Saiu Deidda, A.: L'uso cristiano delle grotte e delle architetture rupestri in Sardegna.— Atti del VI Congresso nazionale di archeologia cristiana (Firenze 1986) 151–170, Abb.
KB Pesaro-Ancona 1983

1597 Italien (Sardegna)
Lilliu, C.: Decimo e il suo territorio, 1.—
StSard 27, 1986–87, 55–87

1598 Italien (Sardegna)
Nieddu, G.: Tipologia delle terme romane in Sardegna. Rapporti con l'Africa.— L'Africa romana (Sassari 1988) 439–452, Abb.
KB Sassari 1987

1599 Italien (Sardegna)
Pani Ermini, L.: Le città sarde tra tarda antichità e medioevo. Uno studio appena iniziato.— L'Africa romana (Sassari 1988) 431–438
KB Sassari 1987

1600 Italien (Sardegna)
Tore, G.; Stiglitz, A.; Dadea, M.: Ricerche archeologiche nel Sinis e nell'Oristanese, 2. 1980–1987.— L'Africa romana (Sassari 1988) 453–474, Abb.
KB Sassari 1987

1601 Italien (Sardegna)
Zucca, R.: Le 'civitates Barbariae' e l'occupazione militare della Sardegna. Aspetti e confronti con l'Africa.— L'Africa romana (Sassari 1988) 349–373, Abb. Taf.
KB Sassari 1987

1602 Italien (Sicilia)
La Sicilia e la Grecia arcaica fino alla fine del VI secolo a. C. Atti del VI Congresso internazionale di studi sulla Sicilia antica, Palermo 29 aprile – 5 maggio 1984.—
Kokalos 30–31, 1984–85, Nr. 1–2, 1–908, Abb Taf.

1603 Italien (Sicilia)
Basile, B.; Di Stefano, G.; Lena, G.: Landings, ports, coastal settlements and coastlines in southeastern Sicily from prehistory to late antiquity.— Archaeology of coastal changes (Oxford 1988) 15–33
KB Haifa 1986

1604 Italien (Sicilia)
Di Stefano, G.: Recenti lavori di manutenzione nelle catacombe dell'altopiano ibleo e nuove scoperte nel territorio.— Atti del VI Congresso nazionale di archeologia cristiana (Firenze 1986) 673–692, Abb.
KB Pesaro-Ancona 1983

1605 Italien (Sicilia)
Miccichè, C.: Mesogheia. Archeologia e storia della Sicilia centro-meridionale dal VII al IV secolo a. C.— (Caltanissetta 1989) 185 S., Abb. Taf.

1606 Italien (Sicilia)
Mitens, K.: Teatri greci e teatri ispirati all'architettura greca in Sicilia e nell'Italia meridionale c.350–50 a. C. Un catalogo.— (Roma 1988) 176 S., Abb. Taf.
(AnalRom, suppl. 13)

1607 Italien (Sicilia)
Romeo, I.: Sacelli arcaici senza peristasi nella Sicilia greca.—
Xenia 17, 1989, 5–54, Abb.

1608 Italien (Toscana)
Pasquinucci, M.; Mazzanti, R.: La Costa Tirrenica da Luni a Portus Cosanus.— Déplacements des lignes de rivage en Méditerranée d'après les données de l'archéologie (Paris 1987) 95–106, Abb.
KB Aix-en-Provence 1985

1609 Italien (Trentino)
Cavada, E.: L'Alto Garda nell'età romana.— (Riva del Garda 1988) ohne Pagin., Abb.
(Archeologia dell'Alto Garda)

1610 Italien (Trentino)
Cavada, E.: Recenti acquisizioni archeologiche di età romana nel Trentino.— I Romani nelle Alpi (Bozen 1989) 309–323, Abb.
KB Salzburg 1986

1611 Italien (Trentino)
Ciurletti, G.: Il Trentino – Alto Adige in età romana.— I Romani nelle Alpi (Bozen 1989) 297–308, Abb.
KB Salzburg 1986

1612 Italien (Umbria)
Manconi, D.: Alcune note sul fiume Clitunno.—
AnnPerugia 23, 1985–86, Nr. 1, 163–171

1613 Italien (Valchiavenna)
Le origini della Valtellina e della Valchiavenna. Contributi di storia sociale dalla preistoria all'alto medioevo.— (Sondrio 1989) 203 S., Abb.

1614 Italien (Valle del Liri)
Beranger, E. M.: Il contributo di Domenico Santoro alla ricerca storico-archeologica nella media Valle del Liri.—
(Lazio ieri e oggi 24, 1988, Nr. 9, 3–10, Abb.)
SD

1615 Italien (Valle del Liri)
Beranger, E. M.: Testimonianze romane nell'area laziale del Parco e del pre-parco nazionale d'Abruzzo. Terzo contributo per la realizzazione della carta archeologica del territorio di sinistra della media Valle del Liri.— Il territorio del Parco nazionale d'Abruzzo nell'antichità (Civitella Alfedena 1988) 165–178, Abb.
KB Villetta Barrea 1987

1616 Italien (Valle di Comino)
Bellini, G. R.: Monumenti funerari della Valle di Comino.— Archeologia laziale, 9 (Roma 1988) 261–269, Abb.
KB Roma 1987

1617 Italien (Valtellina)
Le origini della Valtellina e della Valchiavenna. Contributi di storia sociale dalla preistoria all'alto medioevo.— (Sondrio 1989) 203 S., Abb.

1618 Italien (Veneto)
Carta archeologica del Veneto, 1. Carta d'Italia IGM 1:100 000. Fogli 11, 12, 13, 22, 23, 36, 37, 38, 39, 40.
ed. L. Capuis.— (Modena 1988) 321 S., Abb.

1619 Italien (Veneto)
Bottazzi, G.; Calzolari, M.: Idrografia padana antica. Ricerche topografiche su paleoalvei e loro datazione.—
Padusa 23, 1987, 15–29, Taf.

1620 Italien (Veneto)
Canova Dal Zio, R.: Le chiese delle Tre Venezie anteriori al Mille.— (Padova 1987) VIII, 312 S., Abb.

1621 Italien (Veneto)
Rizzetto, F.; Rosada, G.: La romanizzazione della Pianura Padana orientale. Inquadramento storico, archeologico e topografico.

Cenni metodologici. Alcuni dati per lo studio della topografia antica nel territorio a sud di Padova (La Saccisica).— [1°] Corso di propedeutica archeologica, Correzzola 1982 (o. O. o. J.) 13–25, Abb.
SB

1622 Italien (Veneto)
Rosada, G.; Rigoni, A. N.: Insediamenti pedemontani del Veneto e del Friuli. Emergenze archeologiche, continuità e discontinuità tra protostoria e incastellamento medioevale.— Aquileia e le Venezie nell'alto medioevo (Udine 1988) 281–324, Taf.
KB Aquileia 1987

1623 Italien (Venezia Giulia)
Canova Dal Zio, R.: Le chiese delle Tre Venezie anteriori al Mille.— (Padova 1987) VIII, 312 S., Abb.

1624 Italien (Venezia Giulia)
Miotti, T.: Le fortificazioni in Friuli dalle origini al tardo medioevo. Sintesi delle tecniche e delle vicende difensive.— I sette castra di Paolo Diacono ed altri studi castellologici (o. O. 1988) 43–84, Abb.
SB

1625 Italien (Venezia Giulia)
Miotti, T.; Šribar, V.; Visentini, S.; u. a.: I sette castra di Paolo Diacono.— I sette castra di Paolo Diacono ed altri studi castellologici (o. O. 1988) 325–520, Abb.
SB

1626 Jordanien
Desreumaux, A.: La Jordanie byzantine.— La Jordanie de l'âge de la pierre à l'époque byzantine (Paris 1987) 109–119, Abb.
SB

1627 Jordanien
Giardina, A.; Liverani, M.; Scarcia, B.: La Palestina.— (Roma 1987) 205 S., Abb.
(Libri di base, 116)

1628 Jordanien
Suleiman, E.: Salvage excavations in Jordan 1985–1986.—
AAJ 31, 1987, 543–544

1629 Jordanien
Villeneuve, F.: Prospection archéologique et géographie historique. La région d'Iraq al-Amir (Jordanie).— Géographie historique au Proche-Orient (Paris 1988) 257–288, Abb.
KB Valbonne 1985

1630 Jordanien
Will, E.: Temples, tombes et palais de la Jordanie antique.— La Jordanie de l'âge de la pierre à l'époque byzantine (Paris 1987) 75–92, Abb.
SB

1631 Jordanien (Ghor)
King, G. R. D.; Lenzen, C. J.; Newhall, A.; u. a.: Survey of Byzantine and Islamic sites in Jordan. Third season preliminary report, 1982. The southern Ghōr.—
AAJ 31, 1987, 439–459, Abb. Taf.

1632 Jordanien (Ghor)
Lenzen, C. J.; Kareem, J.; Thorpe, S.: The Jisr Sheik Ḥussein report, 1986.—
AAJ 31, 1987, 313–319, Abb. Taf.

1633 Jordanien (Ghor)
MacDonald, B.; Clark, G. A.; Neeley, M.: Southern Ghors and northeast ʿAraba. Archaeological survey 1985 and 1986, Jordan. A preliminary report.—
BASOR 1988, Nr. 272, 23–45, Abb.

1634 Jordanien (Ghor)
MacDonald, B.; Clark, G. A.; Neeley, M.; u. a.: Southern Ghors and northeast ʿArabah archaeological survey 1986, Jordan. A preliminary report.—
AAJ 31, 1987, 391–418, Abb. Taf.

1635 Jordanien (Gilead)
Banning, E. B.; Dods, R.; McCorriston, J.; u. a.: Report on the Wadi Ziqlab project 1986 season of excavations.—
AAJ 31, 1987, 321–342, Abb. Taf.

1636 Jordanien (Gilead)
Leonard Jr., A.: The Jarash – Tell el-Ḥuṣn highway survey.—
AAJ 31, 1987, 343–390, Abb. Taf.

1637 Jordanien (Hauran)
King, G. R. D.; u. a.: Some churches of the Byzantine period in the Jordanian Ḥawrān.—
DaM 3, 1988, 35–75, Abb. Taf.

1638 Jordanien (Moab)
Mattingly, G. L.: Settlement patterns and sociocultural reconstruction.— Benchmarks in time and culture. Dedicated to J. A. Callaway (Atlanta 1988) 389–415, Abb.

1639 Jordanien (Wadi Araba)
Hauptmann, A.; Weisgerber, G.: Archaeometallurgical and mining-archaeological investigations in the area of Feinan, Wadi ʿArabah (Jordan).—
AAJ 31, 1987, 419–437, Abb. Taf.

1640 Jordanien (Wadi Araba)
MacDonald, B.; Clark, G. A.; Neeley, M.: Southern Ghors and northeast ʿAraba. Archaeological survey 1985 and 1986, Jordan. A preliminary report.—
BASOR 1988, Nr. 272, 23–45, Abb.

1641 Jordanien (Wadi Araba)
MacDonald, B.; Clark, G. A.; Neeley, M.; u. a.: Southern Ghors and northeast ʿArabah archaeological survey 1986, Jordan. A preliminary report.—
AAJ 31, 1987, 391–418, Abb. Taf.

1642 Jugoslawien (Dalmacija)
Chapman, J.; Shiel, R.: The Neothermal Dalmatia Project. Archaeological survey results.— Recent developments in Yugoslav archaeology (Oxford 1988) 1–17, Taf.
SB

1643 Jugoslawien (Dalmatia)
Chevalier, P.: Les baptistères paléochrétiens de la province romaine de Dalmatie.—
Diadora 10, 1988, 111–163, Abb.

1644 Jugoslawien (Dardania)
Mirdita, Z.: Die wirtschaftlichen und gesellschaftlichen Verhältnisse des Zentralgebietes Dardaniens in der Antike.—
RechAlb 2, 1985, 211–225

1645 Kypros
Collombier, A. M.: Modifications des lignes de rivage et ports antiques de Chypre. Etat de la question.— Déplacements des lignes de rivage en Méditerranée d'après les données de l'archéologie (Paris 1987) 159–172, Abb.
KB Aix-en-Provence 1985

1646 Kypros
Nicolaou, I.: Inscriptiones Cypriae alphabeticae, 25, 1985.—
RDAC 1986, 192–195, Abb. Taf.

1647 Kypros
Nicolaou, I.: Inscriptiones Cypriae alphabeticae, 26, 1986.— RDAC 1987, 177–182, Abb. Taf.

1648 Kypros
Nicolaou, I.: Inscriptiones Cypriae alphabeticae, 27, 1987.— RDAC 1988, Nr. 2, 185–190, Abb. Taf.

1649 Kypros
Rupp, D. W.; u. a.: The Canadian Palaipaphos (Cyprus) survey project. Third preliminary report, 1983–1985.— ActaArch 57, 1986, 27–45, Abb.

1650 León
Rabanal Alonso, M. A.: Vías romanas de la provincia de León.— (León [1988]) 83 S., Taf.

1651 Libyen (Kyrenaika)
Laronde, A.: Cyrène et la Libye hellénistique. 'Libykai historiai' de l'époque républicaine au principat d'Auguste.— (Paris 1987) 524 S., Abb. Taf.
(Centre national de la recherche scientifique. Etudes d'antiquités africaines)

1652 Libyen (Kyrenaika)
Laronde, A.: La Cyrénaïque romaine, des origines à la fin des Sévères (96 av. J. C. – 235 ap. J. C.).— Aufstieg und Niedergang der römischen Welt, 2, 10,1. [Festschrift Vogt) (Berlin 1988) 1006–1064, Abb. Taf.

1653 Libyen (Kyrenaika)
Roques, D.: Synésios de Cyrène et la Cyrénaïque du Bas-Empire.— (Paris 1987) 492 S., Abb.
(Etudes d'antiquités africaines)

1654 Libyen (Tripolitania)
Dore, J. N.: Pottery and the history of Roman Tripolitania. Evidence from Sabratha and the UNESCO Libyan Valleys survey.— LibSt 19, 1988, 61–85, Abb.

1655 Libyen (Tripolitania)
Rebuffat, R.: Les fermiers du désert.— L'Africa romana (Sassari 1988) 33–68, Abb.
KB Sassari 1987

1656 Malta
Missione a Malta. Ricerche e studi sulla preistoria dell'arcipelago maltese nel contesto mediterraneo.— (Milano 1988) 241 S., Abb. Taf.
(Di fronte e attraverso, 215)

1657 Nord-Afrika
Manton, E. L.: Roman North Africa.— (London 1988) 144 S., Abb. Taf.

1658 Nord-Afrika
Ruprechtsberger, E. M.: Byzantinische Befestigungen in Algerien und Tunesien.— AW 20, 1989, Nr. 1, 2–21, Abb.

1659 Numidia
Ben Younes-Krandel, A.: Typologie des tombeaux de nécropoles puniques en pays numide.— Reppal 4, 1988, 1–37, Taf.

1660 Österreich (Salzburg)
Heger, N.: Die ländliche Besiedlung Salzburgs in der Spätantike.— Die Römer in den Alpen (Bozen 1989) 167–173
KB Salzburg 1986

1661 Pannonia
Kiss, A.: Pannonische Architekturelemente und Ornamentik in Ungarn.— (Budapest 1987) 192 S., Taf.

1662 Pannonia
Visy, Z.: Der pannonische Limes in Ungarn.— (Stuttgart 1988) 149 S., Abb. Taf. Beil.

1663 Portugal
Alarcão, J. de: Roman Portugal, 2. Gazetteer, 1. Porto, Bragança, Viseu.— (Warminster 1988) IX, 87 S., Abb. Taf.

1664 Portugal
Domergue, C.: Catalogue des mines et des fonderies antiques de la péninsule ibérique. 2 Bde.— (Madrid 1987) XI, 585 S., Taf. Beil.
(Publications de la Casa de Velázquez, Série archéologie, 8)

1665 Portugal
Fernández Ochoa, C.: Los pueblos prerromanos de la fachada atlántica. Lusitanos y Célticos. La cultura castreña de los pueblos del norte y noroeste en la segunda edad del hierro.— (Historia general de España y América, 1,2. Madrid 1987, 331–380, Abb.)
SD

1666 Raetia
Sommer, C. S.: Kastellvicus und Kastell. Untersuchungen zum Zugmantel im Taunus und zu den Kastellvici in Obergermanien und Rätien.—
FuBerBadWürt 13, 1988, 457–707, Abb. Taf.

1667 Rumänien (Dobrogea)
Ionescu, M.: Cercetări perieghetice pe malul lacului Siutghiol.— StCIstor 39, 1988, 315–321, Abb.

1668 Rumänien (Dobrogea)
Rada, M.; Cochină, N.; Corcodel, G.; u. a.: Aşezări antice dobrogene identificate cu ajutorul fotografiilor aeriene.— Thraco-Dacica 9, 1988, 197–205, Abb. Taf.

1669 Rumänien (Dobrogea)
Suceveanu, A.; Barnea, A.: La Dobroudja romaine et romano-byzantine. Histoire, économie et romanisation.— DialHistAnc 14, 1988, 119–152, Abb.

1670 Schweiz
Drack, W.; Fellmann, R.: Die Römer in der Schweiz.— (Stuttgart 1988) 646 S., Abb. Taf.

1671 Schweiz
Fuchs, M.: Peintures romaines dans les collections suisses.— BPeintRom 9, 1989, 1–116, Abb.

1672 Schweiz (Graubünden)
Metzger, I. R.: Graubünden in römischer Zeit unter besonderer Berücksichtigung von Chur.— Die Römer in den Alpen (Bozen 1989) 71–86, Abb.
KB Salzburg 1986

1673 Sinai
Gatier, P. L.: Les traditions et l'histoire du Sinaï du IVe au VIIe siècle.— L'Arabie préislamique et son environnement historique et culturel (Leiden 1989) 499–523, Abb.
KB Strasbourg 1987

1674 Sinai
Oren, E. D.: The 'Ways of Horus' in North Sinai.— Egypt, Israel, Sinai (Tel Aviv 1987) 69–119, Abb.
KB Tel Aviv 1982

1675 Sowjetunion (Gruzija)
Mepisaschwili, R.; Zinzadse, W.: Georgien. Kirchen und Wehrbauten.— (Weinheim 1987) 388 S., Abb.

1676 Sowjetunion (Kolchis)
Mouraviev, S. N.: Strabo XI, 3, 2. The Chanes, the Roitakes, and the Sandobanes are rivers of ancient Colchis. (Russ. m. engl. Res.).— The Black Sea littoral in the hellenistic times (Tbilisi 1985) 498–508, Abb.
KB Cchaltubo 1982

1677 Sowjetunion (Tamanskij Poluostrov)
Paromov, J. M.: Obsledovanie archeologičeskich pamjatnikov Tamanskogo Poluostrova v 1981–1983 gg. (Russ.) [Die Überprüfung der archäologischen Fundstätten der Taman-Halbinsel in den Jahren 1981 bis 1983.].—
KraSoob 1986, Nr. 188, 69–76, Abb.

1678 Spanien
Arqueología medieval española. Bd. 2–3. II Congreso, Madrid 19–24 enero 1987.— (Madrid 1987) 772 S., Abb.; 762 S., Abb.

1679 Spanien
Balil, A. de: Forum y fora en el noroeste peninsular.— (Los foros romanos de las provincias occidentales, o. O. o. J., 143–146)
SD

1680 Spanien
Blázquez Martínez, J. M.: Epoca de la pax romana, 2. Economía y sociedad.— (Historia general de España y América, 2. Madrid 1987, 112–178, Abb.)
SD

1681 Spanien
Böttger, B.: Archäologische Forschungen in Spanien.—
Klio 70, 1988, 209–214

1682 Spanien
Domergue, C.: Catalogue des mines et des fonderies antiques de la péninsule ibérique. 2 Bde.— (Madrid 1987) XI, 585 S., Taf. Beil.
(Publications de la Casa de Velázquez, Série archéologie, 8)

1683 Spanien
Fernández Ochoa, C.: Los pueblos prerromanos de la fachada atlántica. Lusitanos y Célticos. La cultura castreña de los pueblos del norte y noroeste en la segunda edad del hierro.— (Historia general de España y América, 1,2. Madrid 1987, 331–380, Abb.)
SD

1684 Spanien
Harrison, R. J.: Spain at the dawn of history. Iberians, Phoenicians and Greeks.— (London 1988) 176 S., Abb. Taf.
(Ancient peoples and places, 105)

1685 Spanien
Jacob, P.: Notes sur la toponymie grecque de la côte méditerranéenne de l'Espagne antique.—
Ktema 10, 1985 [1988], 247–271, Abb.

1686 Spanien
Jiménez Salvador, J. L.: Arquitectura forense en la Hispania romana. Bases para su estudio.— (Zaragoza [1987]) 158 S., Abb.
(Monogfrafías arqueológicas, 27)

1687 Spanien
Keay, S. J.: Roman Spain.— (London 1988) 240 S., Abb. Taf.

1688 Spanien (Andalucía)
Castro López, M.: El poblamiento romano de las campiñas occidentales del Alto Guadalquivir. El Imperio.— Actas. 1er Congreso peninsular de historia antigua, 2 (Santiago de Compostela 1988) 315–324, Abb.
KB Santiago de Compostela 1986

1689 Spanien (Andalucía)
Guerrero Pulido, G.: Evolución del poblamiento romano en la campiña oriental de Jaén.— Actas. 1er Congreso peninsular de historia antigua, 2 (Santiago de Compostela 1988) 383–392, Taf.
KB Santiago de Compostela 1986

1690 Spanien (Andalucía)
Pastor Muñoz, M.; Mendoza Eguaras, A.: Inscripciones latinas de la provincia de Granada.— (Granada 1987) 440 S., Abb.

1691 Spanien (Baetica)
Blázques, J. M.: Hispania en época julio-claudia.— Estudios sobre la Tabula Siarensis (Madrid 1988) 201–232
KB Sevilla 1986

1692 Spanien (Cataluña)
Dueñas, J. A.; Freixa, A.; Moreno, V.; u. a.: Estímulos endógenos y exógenos en el desarrollo de la jerarquización de la Laietania Oriental en época ibérica.— Actas. 1er Congreso peninsular de historia antigua, 2 (Santiago de Compostela 1988) 39–49, Taf.
KB Santiago de Compostela 1986

1693 Spanien (Cataluña)
Dupré, N.: Evolution de la ligne de rivage à l'embouchure de l'Ebre (Espagne).— Déplacements des lignes de rivage en Méditerranée d'après les données de l'archéologie (Paris 1987) 25–34, Abb.
KB Aix-en-Provence 1985

1694 Spanien (Cataluña)
Marqués, M. A.; Julià, R.: Données sur l'évolution du littoral dans le Nord-Est de l'Espagne.— Déplacements des lignes de rivage en Méditerranée d'après les données de l'archéologie (Paris 1987) 15–23, Abb.
KB Aix-en-Provence 1985

1695 Spanien (Extremadura)
Fernández Corrales, J. M.: El asentamiento romano en Extremadura y su análisis espacial.— (Cáceres 1988) 317 S., Abb. Taf.

1696 Spanien (Extremadura)
Gorges, J. G.: Prospections archéologiques autour d'Emerita Augusta. Soixante-dix sites ruraux en quête de signification.—
REA 88, 1986, 215–232, Taf.

1697 Spanien (Gallaecia)
Pereira Menaut, G.: Cambios estructurales versus romanización convencional. La transformación del paisaje político en el Norte de Hispania.— Estudios sobre la Tabula Siarensis (Madrid 1988) 245–259
KB Sevilla 1986

1698 Spanien (Gallaecia)
Santos Yanguas, N.: El ejército y la romanización de Galicia. Conquista y anexión del Noroeste de la Península Ibérica.— (Oviedo 1988) 306 S., Abb.

1699 Spanien (Noroeste)
Fernández Ochoa, C.: El impacto romano sobre el hábitat del Noroeste. Estado de la cuestión sobre los fenómenos de transición y articulación del territorio.— Actas. 1er Congreso peninsular de historia antigua, 2 (Santiago de Compostela 1988) 345–362
KB Santiago de Compostela 1986

1700 Spanien (País Vasco)
Azkarate Garai-Olaun, A.: Arqueología cristiana de la antigüedad tardía en Alava, Guipúzcoa y Vizcaya.— (Vitoria-Gasteiz 1988) XXI, 553 S., Abb. Taf. Beil.
(Arqueología vasca, 1)

1701 Spanien (Rioja)
Solovera San Juan, M. E.: Estudios sobre la historia económica de la Rioja romana.— (Logroño 1987) 223 S., Abb.
(Instituto de estudios riojanos. Historia, 7)

1702 Spanien (Valle del Ebro)
Ariño Gil, E.: Centuriaciones romanas en el Valle medio del Ebro. Provincia de La Rioja.— (Logroño 1986) 104 S., Abb. Taf.
(Instituto de estudios riojanos. Historia, 2)

1703 Spanien (Valle del Ebro)
Beltrán, A.: Los asentamientos ibéricos ante la romanización en el Valle del Ebro. Los casos de Celsa, Azaila y Botorrita.— Los asentamientos ibéricos ante la romanización (Madrid 1987) 101–109, Abb.
KB [Madrid] 1986

1704 Spanien (Valle del Ebro)
Burillo Mozota, F.: Aproximación diacrónica a las ciudades antiguas del valle medio del Ebro.— Actas. 1er Congreso peninsular de historia antigua, 2 (Santiago de Compostela 1988) 299–314
KB Santiago de Compostela 1986

1705 Sudan
Deichmann, F. W.; Grossmann, P.: Nubische Forschungen.— (Berlin 1988) XIV, 187 S., Abb. Taf.
(Deutsches Archäologisches Institut. Archäologische Forschungen, 17)

1706 Sudan
Török, L.: Geschichte Meroes. Ein Beitrag über die Quellenlage und den Forschungsstand.— Aufstieg und Niedergang der römischen Welt, 2, 10,1. [Festschrift Vogt] (Berlin 1988) 107–341, Abb. Taf.

1707 Syrien
Frézouls, E.: Fondations et refondations dans l'Orient syrien. Problèmes d'identification et d'interprétation.— Géographie historique au Proche-Orient (Paris 1988) 111–131, Abb.
KB Valbonne 1985

1708 Syrien
Giardina, A.; Liverani, M.; Scarcia, B.: La Palestina.— (Roma 1987) 205 S., Abb.
(Libri di base, 116)

1709 Syrien
Riis, P. J.: Quelques problèmes de la topographie phénicienne. Usnu, Paltos, Pelléta et les ports de la région.— Géographie historique au Proche-Orient (Paris 1988) 315–324, Abb.
KB Valbonne 1985

1710 Syrien
Sartre, M.: La Syrie Creuse n'existe pas.— Géographie historique au Proche-Orient (Paris 1988) 15–40
KB Valbonne 1985

1711 Syrien (Belīkh)
Córdoba, J. M.: Prospección en el valle de río Balīḫ (Siria). Informe provisional.—
AulaOr 6, 1988, 149–188, Abb.

1712 Syrien (Djebel Bariša)
Peña, I.; Castellana, P.; Fernández, R.: Inventaire du Jébel Baricha. Recherches archéologiques dans la région des Villes Mortes de la Syrie du Nord.— (o. O. [1987]) 212 S., Abb. Taf.
(Studium Biblicum Franciscanum. Collectio minor, 33)

1713 Syrien (Hauran)
Dentzer-Feydy, J.: Frontières et matériel archéologique en Syrie du Sud. Politique et culture du Ier siècle av. notre ère au IVe siècle de notre ère.— Géographie historique au Proche-Orient (Paris 1988) 219–229, Taf.
KB Valbonne 1985

1714 Tartessos
Júdice Gamito, T.: Social complexity in Southwest Iberia, 800-300 B.C. The case of Tartessos.— (Oxford 1988) 295 S., Abb. Taf.
(British archaeological reports. International series, 439)

1715 Thrake
Bakirtzis, C.: Western Thrace in the early Christian and Byzantine periods. Results of archaeological research and the prospects, 1973–87.—
ByzF 14, 1989, 41–58, Taf.

1716 Thrake
Marke, E.: Οἱ παλαιοχριστιανικοὶ τάφοι τῆς Θράκης.—
ByzF 14, 1989, 343–358, Taf.

1717 Türkei
French, D.: Roman roads and milestones of Asia Minor, 2. An interim catalogue of milestones. 2 Bde.— (Oxford 1988) VIII, 560 S., Taf.
(British archaeological reports. International series, 392)

1718 Türkei
Hotz, W.: Die Mittelmeerküsten Anatoliens. Handbuch der Kunstdenkmäler.— (Darmstadt 1989) X, 294 S., Abb. Taf. Beil.

1719 Türkei
Rossner, E. P.: Die hethitischen Felsreliefs in der Türkei. Ein archäologischer Führer. 2. ed.— (München 1988) 252 S., Abb.
(Felsdenkmäler in der Türkei, 1)

1720 Türkei
Sinclair, T. A.: Eastern Turkey. An architectural and archaeological survey, 1–2.— (London 1987; 1989) XIII, 454 S., Abb. Taf.; 533 S., Abb. Taf.

1721 Türkei (Karia)
Alpözen, O.: Land and underwater excavations in the Bodrum area.— Archaeology in the Dodecanese (Copenhagen 1988) 249–252, Abb.
KB København 1986

1722 Türkei (Karia)
Ruggieri, V.: Rilievi di architettura bizantina nel golfo di Simi, 1.—
OrChrPer 55, 1989, 75–100, Abb. Taf.

1723 Türkei (Kilikia)
Hill, S.: The early Christian churches of Cilicia. Text; Illustrations. Diss. University of Newcastle upon Tyne 1984.— (Boston Spa 1984) XXI, 556 S., Taf.; 21 S., Taf.
(British thesis. The British Library document supply centre)

1724 Türkei (Lydia)
Herrmann, P.; Keil, I.: Tituli Asiae Minoris, 5. Tituli Lydiae, 2. Regio septentrionalis ad occidentem vergens.— (Vindobonae 1989) X S., S. 295–533, Abb. Taf.

1725 Türkei (Sophene)
Ökse, T.: Mitteleisenzeitliche Keramik Zentral-Ostanatoliens. Mit dem Schwerpunkt Karakaya-Stauseegebiet am Euphrat.— (Berlin 1988) XX, 301 S., Taf.
(Berliner Beiträge zum Vorderen Orient, 9)

1726 Türkei (Toros Dağları)
Forlanini, M.: La regione del Tauro nei testi hittiti.—
VicOr 7, 1988, 129–169, Abb.

1727 Türkei (Troas)
Cook, J. M.: Cities in and around the Troad.—
BSA 83, 1988, 7–19, Abb. Taf.

1728 Tunesien
Oueslati, A.; Paskoff, R.; Slim, H.; u. a.: Déplacements de la ligne de rivage en Tunisie d'après les données de l'archéologie à l'époque historique.— Déplacements des lignes de rivage en Méditerranée d'après les données de l'archéologie (Paris 1987) 67–85, Abb.
KB Aix-en-Provence 1985

1729 Ungarn
Hajnóczi, J. G.: Pannónia római romjai. (Ung. m. dtsch. Res.) Römische Ruinen in Pannonien.— (Budapest 1987) 210 S., Abb.

1730 Wahat el-Kharga
Cruz-Uribe, E.: Oasis of the spirit.—
Archaeology 42, 1989, Nr. 5, 48–53, Abb.

Orte

Orte, an denen sich Denkmäler der mittelmeerischen und nahöstlichen Kulturen und deren Randgebiete befinden und ihre Geschichte.

1731 Aalen
Planck, D.: Die römischen Kastelle Heidenheim und Aalen. Ein Vergleich.— Zivile und militärische Strukturen im Nordwesten der römischen Provinz Raetien (Heidenheim 1988) 33–54, Abb.
KB Heidenheim 1987

1732 Abbadia S. Salvatore
Cambi, F.; De Tommaso, M. G.: Ricognizione archeologica nel comprensorio di Abbadia S. Salvatore. Rapporto preliminare 1987–1988.—
AMediev 15, 1988, 471–479, Abb.

1733 Abdera
Koukoule-Chrysanthake, C.: Οι ανασκαφικές έρευνες στα αρχαία Άβδηρα.— Η ιστορική, αρχαιολογική και λαογραφική έρευνα για τη Θράκη (Θεσσαλονίκη 1988) 39–58, Taf.
KB Xanthe 1985

1734 Abila
Mare, W. H.; Fuller, M. J.; Hummel, H. D.; u. a.: The 1986 season at Abila of the Decapolis.—
AAJ 31, 1987, 205–219, Abb. Taf.

1735 Abu Ḥamid
Dollfus, G.; Kafafi, Z.; Rewerski, J.; u. a.: Abu Hamid, an early fourth millennium site in the Jordan Valley.— The prehistory of Jordan (Oxford 1988) 567–601, Abb.
SB

1736 Abu Mena
Grossmann, P.: Abū Mīnā, 1. Die Gruftkirche und die Gruft.— (Mainz 1989) 285 S., Abb. Taf. Beil.
(Archäologische Veröffentlichungen, 44)

1737 Abusir
Preuss, K.: Keramikfunde aus dem Pyramidentempel des Raneferef.—
ZÄS 115, 1988, 69–76, Abb.

1738 Abusir
Verner, M.: Excavations at Abusir. Season 1985/1986. Preliminary Report.—
ZÄS 115, 1988, 77–84, Abb.

1739 Abusir
Verner, M.: Excavations at Abusir. Season 1987. Preliminary report.—
ZÄS 115, 1988, 163–171, Abb.

1740 Agonès
Barruol, G.: Une dédicace inédite à Agonès (Hérault).—
RANarb 19, 1986, 369–373, Abb.

1741 Agrigento
Bonacasa Carra, R. M.; Macaluso, R.; Lima, M. A.: Nuove indagini nella necropoli paleocristiana di Agrigento. Scavi 1985.—
Kokalos 32, 1986, 305–331, Abb. Taf.

1742 Aguntum
Alzinger, W.; Trummer, R.: Die ältesten Bauten Aguntums.—
RömÖ 15–16, 1987–88, 7–14, Abb.

1743 Ai Khanum
Bernard, P.: Une cité coloniale grecque en Asie Centrale. Aï Khanoum, Afghanistan.— The Black Sea littoral in the hellenistic times (Tbilisi 1985) 176–184, Taf.
KB Cchaltubo 1982

1744 Ai Khanum
Bernard, P.: Problemy grečeskoj kolonial'noj istorii i urbanizm ėllinističeskogo goroda Central'noj Azii. (Russ.) [Problem der griechischen Kolonisationsgeschichte und der hellenistische Städtebau in Mittel-Asien.]— Problemy antičnoj kul'tury (Moskva 1986) 249–258
SB

1745 Ai Khanum
Downey, S. B.: Mesopotamian religious architecture. Alexander through the Parthians.— (Princeton 1988) XVII, 197 S., Abb. Taf.

1746 Ai Khanum
Narain, A. K.: On the foundation and chronology of Ai-Khanum. A Greek-Bactrian city.— India and the ancient world. P. H. L. Eggermont jubilee volume (Leuven 1987) 115–130

1747 Aigeira
Alzinger, W.: Hyperesia-Aigeira. Der Wandel eines Heiligtums von spätmykenischer bis in klassische Zeit.— Πρακτικά του XII Διεθνούς συνεδρίου κλασικής αρχαιολογίας, 4 (Αθήνα 1988) 20–23, Taf.
KB Athenai 1983

1748 Aigina
Gill, D. W. J.: The temple of Aphaia on Aegina. The date of the reconstruction.—
BSA 83, 1988, 169–177, Abb.

1749 Aigina
Wohlmayr, W.: Ägina Kolonna. Die schachtgräberzeitliche Siedlung.—
Aegaeum 3, 1989, 151–153, Taf.

1750 Aigina
Zunker, A.: Untersuchungen zur Aiakidensage auf Aigina. Diss. Tübingen 1987.— (St. Ottilien 1988) 345 S.
(Dissertationen. Philosophische Reihe, 4)

1751 'Ain Karem
Bagatti, B.; Alliata, E.: Nuovi elementi per la storia della chiesa di S. Giovanni ad 'Ain Karem.—
StBiFranc 36, 1986, 277–296, Taf.

1752 Akôris
Bernand, E.: Inscriptions grecques et latines d'Akôris.— (Le Caire 1988) XXV, 172 S., Taf.
(Institut français d'archéologie orientale du Caire. Bibliothèque d'étude, 103)

1753 Akôris
Kawanishi, H.; Tsujimura, S.; u. a.: Preliminary report. Seventh season of the excavations at the site of Akoris, Egypt, 1987.— (Kyoto 1988) V, 66 S., Abb. Taf.
(The Paleological Association of Japan)

1754 Alba Augusta Helviorum
Béal, J. C.; Vargas, F.: Fouilles au quartier de la cité des Basaltes à Alba (Ardèche).—
BSocBiblReinach 3, 1985, 33–38, Abb. Taf.

1755 Alba Fucens
Mertens, J.: Alba Fucens.—
DArch 6, 1988, Nr. 2, 87–104, Abb.

1756 Albano
Modugno Tofini, S.: Le iscrizioni conservate nel parco archeologico del Museo civico di Albano.—
DocAlb 9, 1987, 51–64, Abb.

1757 Albenga
Marcenaro, M.: Alfredo D'Andrade e il mosaico del battistero di Albenga. Un restauro scientifico del primo Novecento.—
RACrist 63, 1987, 203–243, Abb. Taf.

1758 Alcántara
Liz Guiral, J.: El puente de Alcántara. Arqueología e historia.— (o. O. [1988]) 251 S., Abb. Taf.

1759 Alexandria
Clayton, P. A.: The Pharos at Alexandria.— The Seven Wonders of the ancient world (London 1988) 138–157, Abb.
SB

1760 Alexandria
Delia, D.: The population of Roman Alexandria.—
TransactAmPhilAss 118, 1988, 275–291, Taf.

1761 Alexandria
Huzar, E. G.: Alexandria ad Aegyptum in the Julio-Claudian age.— Aufstieg und Niedergang der römischen Welt, 2, 10,1. [Festschrift Vogt] (Berlin 1988) 619–668

1762 Alexandria
Miller, M. C. J.: The φύλακες of the Serapeum in Roman Alexandria.— Proceedings of the XVIII International congress of papyrology, 2 (Athens 1988) 223–226, Taf.
KB Athenai 1986

1763 Alexandria
Rodziewicz, M.: Remarks to the peristyle house in Alexandria and Mareotis.— Πρακτικά του XII Διεθνούς συνεδρίου κλασικής αρχαιολογίας, 4 (Αθήνα 1988) 175–178, Taf.
KB Athenai 1983

1764 Alghero
Nuvoli, M. P.: Il nuraghe della Giorba (Alghero).—
StSard 26, 1981–85, 41–50, Abb. Taf.

1765 Alipheira
Roesch, P.: Le sanctuaire d'Asclépios à Alipheira d'Arcadie.—
BSocBiblReinach 3, 1985, 23–32, Abb. Taf.

1766 Alsium
Caruso, I.: La villa imperiale di Marina di San Nicola. Un belvedere sul mare.—
Archeo 52, 1989, 32–39, Abb.

1767 Alsóhetény
Tóth, E.: Az alsóhetényi 4. századi erőd és temető kutatása, 1981–1986. Eredmények és vitás kérdések. (Ung. m. dtsch. Res.) Vorbericht über die Ausgrabung der Festung und des Gräberfeldes von Alsóhetény 1981–1986. Ergebnisse und umstrittene Fragen.—
ArchErt 114–115, 1987–88, 22–61, Abb.

1768 Alsóhetény
Tóth, E.: Die spätrömische Festung von Iovia und ihr Gräberfeld.—
AW 20, 1989, Nr. 1, 31–39, Abb.

1769 Altino
Tirelli, M.: Scavo di una necropoli altinate. Struttura dei monumenti e tipologia delle deposizioni tombali.— 2° Corso di propedeutica archeologica, Correzzola 1983 (o. O. o. J.) 47–64, Abb. Taf.
SB

1770 Altino
Tirelli, M.; Gambacurta, G.; Ravagnan, G. L.; u. a.: Altino (Venezia). Proposta di articolazione in fasi della necropoli 'Le Brustolade' attraverso l'analisi di un settore. Trincea I 1985–1987.—
QuadAVen 4, 1988, 348–394, Abb.

1771 Amarynthos
Knoepfler, D.: Sur les traces de l'Artémision d'Amarynthos près d'Erétrie.—
CRAI 1988, 382–421, Abb.

1772 Amasya
Tektaş, M.: Amasya merkez Eski Şamlar mezarlığı 1986 kurtarma kazısı raporu. (Türk.) Rapport des fouilles de sauvetage de 1986 des sépultures d'Eski Şamlar au centre d'Amasya.—
Belleten 52, 1988, 1715–1719, Taf.

1773 Amathus
Hermary, A.: Amathonte de Chypre et les Phéniciens.— Phoenicia and the East Mediterranean in the first millennium B.C. (Leuven 1987) 375–388, Abb.
KB Louvain 1985

1774 Amathus
Hermary, A.: Le culte d'Aphrodite à Amathonte.—
RDAC 1988, Nr. 2, 101–109, Abb. Taf.

1775 Amathus
Petit, T.: Un dépôt de fondation au 'palais' d'Amathonte.—
BCH 113, 1989, 135–148, Abb.

1776 Amathus
Schmid, M. E.: L'architecture du temple d'Aphrodite à Amathonte.—
RDAC 1988, Nr. 2, 143–147, Abb. Taf.

1777 Amathus
Vandenabeele, F.: Amathonte. La chantier sous la porte de l'acropole.—
BCH 112, 1988, 519–530, Abb. Taf.

1778 Amelia
Monacchi, D.: I mosaici romani di Amelia nel contesto urbanistico antico.—
AnnPerugia 23, 1985–86, Nr. 1, 195–224, Taf.

1779 Ammaedara
Ben Abdallah, Z.: La mention des servitudes prédiales dans une dédicace à Ammaedara personnifiée, faite par un légat d'Afrique proconsulaire.—
CRAI 1988, 236–249, Abb.

1780 Amman
Gatier, P. L.: Philadelphie et Gerasa du royaume nabatéen à la province d'Arabie.— Géographie historique au Proche-Orient (Paris 1988) 159–170
KB Valbonne 1985

1781 Amman
Lenzen, C. J.; McQuitty, A. M.: The site of Khirbet Salameh.—
AAJ 31, 1987, 201–204, Abb. Taf.

1782 Amman
Segal, A.: Town planning and architecture in Provincia Arabia. The cities along the Via Traiana Nova in the 1st--3rd centuries C.E.— (Oxford 1988) 127 S., Taf.
(British archaeological reports. International series, 419)

1783 Amman
Zayadine, F.; Najjar, M.; Greene, J. A.: Recent excavations on the citadel of Amman, lower terrace. A preliminary report.—
AAJ 31, 1987, 299–311, Abb. Taf.

1784 Amnisos
Schäfer, J.: Forschungen in Amnisos.— Kolloquium zur ägäischen Vorgeschichte (Mannheim 1987) 1–8, Abb.
KB Mannheim 1986

1785 Amorion
Harrison, R. M.: Amorium 1987. A preliminary survey.—
AnatSt 38, 1988, 175–184, Abb. Taf.

1786 Ampelum
Lipovan, I. T.: Monumente epigrafice din Ampelum.—
StClstor 39, 1988, 59–71, Abb.

1787 Ampelum
Lipovan, I. T.: Un mormînt de incinerație la Ampelum.—
ActaMusNapoca 22–23, 1985–86, 503–514, Abb. Taf.

1788 Ampurias
Mar, R.; Ruiz de Arbulo, J.: Sobre el ágora de Emporion.—
AEsp 61, 1988, 39–60, Abb.

1789 Ampurias
Pena, M. J.: El problema del estatuto jurídico de Emporia(e). Análisis de la documentación.— Actas. 1er Congreso peninsular de historia antigua, 2 (Santiago de Compostela 1988) 455–466, Abb.
KB Santiago de Compostela 1986

1790 Ampurias
Sanmartí, E.; Castañer, P.; Tremoleda, J.: La secuencia histórico-topográfica de las murallas del sector meridional de Emporion.—
MM 29, 1988, 191–200, Abb. Taf. Beil.

1791 Anais
Métayer, J.: Anais. Histoire et archéologie.—
RSaintonge 14, 1988, 7–48, Abb.

1792 Anapa
Alekseeva, E. M.: Anapskaja ėkspedicija v 1973–1984 gg. (Russ.) [Die Anapa-Expedition in den Jahren 1973 bis 1984.].—
KraSoob 1986, Nr. 188, 61–69, Abb.

1793 Anapa
Kruglikova, I. T.: Kvartal remeslennikov v Gorgippii. (Russ.) [Ein Handwerkerviertel in Gorgippia.].—
KraSoob 1985, Nr. 182, 70–76, Abb.

1794 Anapa
Lemjakina, Z. N.: Mramornyj rel'ef iz Gorgippii. (Russ.) [Ein Marmorrelief aus Gorgippia.].—
KraSoob 1987, Nr. 191, 67–70, Abb.

1795 Anapa
Salov, A. I.: Archaičeskoe poselenie na okraine Anapy. (Russ.) [Eine archaische Siedlung am Rande von Anapa.].— Problemy antičnoj kul'tury (Moskva 1986) 188–195, Abb.
SB

1796 Ancona
Bacchielli, L.: Domus Veneris quam dorica sustinet Ancon.—
ArchCl 37, 1985, 106–137, Abb. Taf.

1797 Ancona
Barsanti, C.: Testimonianze bizantine in Ancona. Le spoglie paleocristiane del S. Ciriaco.— Atti del VI Congresso nazionale di archeologia cristiana (Firenze 1986) 387–404, Abb.
KB Pesaro-Ancona 1983

1798 Ancona
Quiri, P.: Rassegna delle scoperte in alcune località del territorio marchigiano.— Atti del VI Congresso nazionale di archeologia cristiana (Firenze 1986) 595–608, Abb.
KB Pesaro-Ancona 1983

1799 Andernach
Oesterwind, B. C.; Schäfer, K.: Die spätlatènezeitliche und frühkaiserzeitliche Besiedlung im Andernacher Stadtgebiet.— (Andernach 1987) 87 S., Abb. Taf.
(Andernacher Beiträge, 1)

1800 Ankara
Bayburtluoğlu, I.: Ankara antik tiyatrosu. (Türk.) [Das antike Theater von Ankara.].—
AnadoluYıl 1986, 9–16, Taf.

1801 Ankara
Bingöl, I.: Augustus tapınağındaki tahribata ilişkin gözlemler. (Türk.) [Beobachtungen der Schäden am Augustus-Tempel.].—
AnadoluYıl 1986, 34–37, Abb.

1802 Antemnae
Mangani, E.: Recenti indagini ad Antemnae.— Archeologia laziale, 9 (Roma 1988) 124–131, Abb.
KB Roma 1987

1803 Antequera
Atencia Páez, R.: La ciudad romana de Singilia Barba (Antequera, Málaga).— (Málaga 1988) 181 S., Abb.
(Biblioteca popular malagueña, 37)

1804 Antigoneia
Budina, D.: Le lieu et le rôle d'Antigonea dans la vallée du Drino.— L'Illyrie méridionale et l'Epire dans l'antiquité (Clermont-Ferrand 1987) 159–166, Abb.
KB Clermont-Ferrand 1984

1805 Antiochia (Pisidia)
Saffrey, H. D.: Un nouveau duovir à Antioche de Pisidie.—
AnatSt 38, 1988, 67–69, Taf.

1806 Anzio
Gizzi, S.: Nuove conoscenze e problemi di recupero della villa di Nerone ad Anzio.— Archeologia laziale, 9 (Roma 1988) 495–502, Abb.
KB Roma 1987

1807 Apameia
Balty, J. C.: Apamea in Syria in the second and third centuries A.D.—
JRS 78, 1988, 91–104, Abb. Taf.

1808 Apameia
Gessel, W.: Das Öl der Märtyrer. Zur Funktion und Interpretation der Ölsarkophage von Apamea in Syrien.—
OrChr 72, 1988, 183–202, Abb.

1809 Aphrodisias
Erim, K. T.: Recherches récentes et découvertes à Aphrodisias de Carie.—
CRAI 1988, 734–757, Abb.

1810 Aphrodisias
Roueché, C.: Aphrodisias in late antiquity. The late Roman and Byzantine inscriptions including texts from the excavations at Aphrodisias conducted by Kenan T. Erim.— (London 1989) XXVII, 371 S., Abb. Taf.
(JRS, Monograph 5)

1811 Aphrodisias
Smith, R. R. R.: Simulacra gentium. The ethne from the Sebasteion at Aphrodisias.—
JRS 78, 1988, 50–77, Abb. Taf.

1812 ʿAqaba
Whitcomb, D.: Excavations in ʿAqaba. First preliminary report.—
AAJ 31, 1987, 247–266, Abb. Taf.

1813 Aquae Cutiliae
Menotti, E. M.: Cittaducale. Scavi nel complesso monumentale noto come Terme di Cotilia.— Archeologia laziale, 9 (Roma 1988) 350–355, Abb.
KB Roma 1987

1814 Aquileia
Bandelli, G.: Ricerche sulla colonizzazione romana della Gallia Cisalpina. Le fasi iniziali e il caso aquileiese.— (Roma 1988) VIII, 222 S.
(Studi e ricerche sulla Gallia Cisalpina, 1)

1815 Aquileia
Bandelli, G.: Per una storia della classe dirigente di Aquileia repubblicana. Le iscrizioni da un edificio di spettacolo.— Vita sociale artistica e commerciale di Aquileia romana, 1 (Udine 1987) 97–127, Taf.
KB Aquileia 1985

1816 Aquileia
Bertacchi, L.: Contributo allo studio dei palazzi episcopali paleocristiani. I casi di Aquileia, Parenzo e Salona.—
AquilNost 56, 1985, 361–412, Abb.

1817 Aquileia
Bertacchi, L.: Virgilio.—
AquilNost 57, 1986, 401–412, Abb.

1818 Aquileia
Bosio, L.: Ad Aquileia.—
AquilNost 57, 1986, 453–468, Abb.

1819 Aquileia
Buora, M.: Le mura medievali di Aquileia.— Aquileia e le Venezie nell'alto medioevo (Udine 1988) 335–361, Taf.
KB Aquileia 1987

1820 Aquileia
Cuscito, G.: Epigrafi paleocristiane inedite o poco note di Aquileia.—
AquilNost 57, 1986, 865–876, Abb.

1821 Aquileia
Cuscito, G.: Epigrafi paleocristiane inedite o poco note di Aquileia.—
RACrist 63, 1987, 167–192, Abb.

1822 Aquileia
Di Filippo Balestrazzi, E.: Officine di lucerne ad Aquileia.— Vita sociale artistica e commerciale di Aquileia romana, 2 (Udine 1987) 445–466, Abb. Taf.
KB Aquileia 1985

1823 Aquileia
Lopreato, P.: La villa imperiale delle Marignane in Aquileia.— Aquileia e Roma (Udine 1987) 137–149, Taf.
KB Aquileia 1986

1824 Aquileia
Mirabella Roberti, M.: Edilizia privata in Aquileia.— Vita sociale artistica e commerciale di Aquileia romana, 2 (Udine 1987) 355–364, Abb. Taf.
KB Aquileia 1985

1825 Aquileia
Reusser, C.: Zur Aufstellung römischer Grabaltäre in Aquileia.—
AquilNost 56, 1985, 117–144, Abb.

1826 Aquileia
Strazzulla, M. J.: Aquileia e Roma. Botteghe urbane e botteghe locali nella produzione di terrecotte architettoniche.— Aquileia e Roma (Udine 1987) 151–164, Abb. Taf.
KB Aquileia 1986

1827 Aquileia
Tavano, S.: Tensioni culturali e religiose in Aquileia.— Vita sociale artistica e commerciale di Aquileia romana, 1 (Udine 1987) 211–245
KB Aquileia 1985

1828 Aquileia
Verzár-Bass, M.: Testimonianze archeologiche relative ad alcune famiglie senatoriali ad Aquileia.— Aquileia e Roma (Udine 1987) 97–118, Taf.
KB Aquileia 1986

1829 Arapaj
Hidri, S.: Varret e bazilikës së Arapajt. (Alban. m. franz. Res.) Tombes de la basilique d'Arapaj.—
Iliria 17, 1987, Nr. 2, 187–205, Abb. Taf.

1830 Arčar
Atanasova, J.; Popova-Asenova, A. N.: Il muro di cinta di Ratiaria. Lato occidentale. Ricerche archeologiche 1976–1985.—
Ratiariensia 3–4, 1987, 85–96, Taf.

1831 Arčar
Giorgetti, D.: Rapporti ideologici ed osmosi commerciale lungo le rotte danubiane fra III e V secolo d. C. Nuovi elementi di conferma dagli scavi di Ratiaria (Bulgaria).—
RStorAnt 16, 1986, 167–175, Taf.

1832 Arčar
Giorgetti, D.: Res ad topographiam veteris urbis Ratiariae pertinentes. Prolegomeni all'urbanistica della città romana.— Ratiariensia 3–4, 1987, 33–84, Taf.

1833 Arčar
Velkov, V.: Sulle origini di Ratiaria e sul nome 'Ratiaria'.— Ratiariensia 3–4, 1987, 7–13

1834 Arezzo
Cherici, A.: Alcuni appunti su monumenti archeologici di provenienza aretina.— (Atti e memorie della Accademia Petrarca di lettere, arti e scienze, n. s. 48, 1986, 3–39, Abb.)
SD

1835 Arezzo
Cherici, A.: Il 'Libellus de antiquitate urbis Arretii' di M. A. Alessi. Mito cultura e storia nell'Arezzo del Cinquecento.— (Arezzo 1988) 170 S., Taf.
(Ricerca. Fonti e studi, 2)

1836 Arganil
Guerra, A.; Fabião, C.: Escavações no acampamento romano da Lomba do Canho (Arganil). Resultados preliminares.— Actas. 1er Congreso peninsular de historia antigua, 1 (Santiago de Compostela 1988) 307–320, Taf.
KB Santiago de Compostela 1986

1837 Arles
Sintès, C.: Fouilles récentes à Arles. Un état de la question.— RA 1989, 203–210, Abb.

1838 Arlon
Schwinden, L.: Ein beschriftetes Bleitäfelchen vom Wolberg bei Arlon. Eine Defixio?—
AKorrBl 19, 1989, 85–89, Abb. Taf.

1839 Armant
el-Sayed Hegazy, A.; el-Badry, R.; Martínez, P.: A preliminary report on the excavation at Hagir Armant.—
MDIK 44, 1988, 117–119, Taf.

1840 Arsago Seprio
Ferraresi, C.; Ronchi, N.; Tassinari, G.: La necropoli romana di via Beltrami ad Arsago Seprio (Va).—
NotMilano 39–40, 1987, 1–195, Taf.

1841 Arsinoe
Opelt, I.; Kirsten, E.: Eine Urkunde der Gründung von Arsinoe in Kilikien.—
ZPE 77, 1989, 55–66, Taf.

1842 Ascoli Piceno
Quiri, P.: Rassegna delle scoperte in alcune località del territorio marchigiano.— Atti del VI Congresso nazionale di archeologia cristiana (Firenze 1986) 595–608, Abb.
KB Pesaro-Ancona 1983

1843 Ascona
Donati, P.; Ronchetti-Butti, F.; Biaggio-Simona, S.: Ascona. La necropoli romana.— (Bellinzona 1987) 182 S., Abb.
(Repubblica e cantone del Ticino. Quaderni d'informazione, 12)

1844 Assiros
Wardle, K. A.: Excavations at Assiros Toumba 1987. A preliminary report.—
BSA 83, 1988, 375–387, Abb. Taf.

1845 Assisi
Bonamente, G.: Nuova epigrafe della gens Petronia in Assisi.— AnnMacerata 19, 1986, 389–406, Taf.

1846 Assos
Johnston, A.; Wescoat, B.: An inscribed capital from the temple of Athena at Assos.—
EpigrAnat 11, 1988, 1–8, Abb. Taf.

1847 Assos
Wescoat, B. D.: Some architectural evidence for sources and program of the Athena temple at Assos.— Πρακτικά του XII Διεθνούς συνεδρίου κλασικής αρχαιολογίας, 4 (Αθήνα 1988) 215–221, Taf.
KB Athenai 1983

Athenai

1848
Berger, E.: Zum Maß- und Proportionssystem des Parthenon. Ein Nachwort zur Diskussion des Bauentwurfes am Basler Parthenonkongreß.— Πρακτικά του XII Διεθνούς συνεδρίου κλασικής αρχαιολογίας, 4 (Αθήνα 1988) 24–28
KB Athenai 1983

1849
Beyer, I.: Das nördliche Tympanonpferd der Zweigespanne des Parthenon-Ostgiebels.— Bathron. Beiträge zur Architektur und verwandten Künsten für H. Drerup (Saarbrücken 1988) 79–85, Abb.

1850
Boardman, J.: Notes on the Parthenon east frieze. Kanon. Festschrift E. Berger.—
AntK 15. Bh, 1988, 9–14, Abb. Taf.

1851
Brommer, F.: Zwei klassische Reliefbruchstücke.— Πρακτικά του XII Διεθνούς συνεδρίου κλασικής αρχαιολογίας, 3 (Αθήνα 1988) 28–32, Taf.
KB Athenai 1983

1852
Brouskari, M.: Ζωΐδια λαΐνεα. Nouvelles figures de la frise de l'Erechtheion. Kanon. Festschrift E. Berger.—
AntK 15.Bh, 1988, 60–68, Taf.

1853
Brouskari, M.: Aus dem Giebelschmuck des Athena-Nike-Tempels.— Beiträge zur Ikonographie und Hermeneutik. Festschrift für N. Himmelmann (Mainz 1989) 115–118, Abb. Taf.

1854
Büsing, H.: Einheitsjoch und Triglyphon am Parthenon. Kanon. Festschrift E. Berger.—
AntK 15. Bh, 1988, 2–3

1855
Cook, B. F.: Parthenon west pediment B-C. The serpent-fragment. Kanon. Festschrift E. Berger.—
AntK 15. Bh, 1988, 4–8, Taf.

1856
Delevorrias, A.: Τὸ βάθρο τῆς Ἀθηνᾶς Παρθένου καὶ ὁ γλυπτικὸς του διάκοσμος.— Πρακτικά του XII Διεθνούς συνεδρίου κλασικής αρχαιολογίας, 3 (Αθήνα 1988) 53–64, Taf.
KB Athenai 1983

1857
Despoine, A.: Παρατηρήσεις στὰ ἀνάγλυφα τοῦ βήματος τοῦ Φαίδρου.— Πρακτικά του XII Διεθνούς συνεδρίου κλασικής αρχαιολογίας, 3 (Αθήνα 1988) 70–73, Taf.
KB Athenai 1983

1858
Dontas, G.: Ein verkanntes Meisterwerk im Nationalmuseum von Athen. Der Marmorkopf Γ. 177 und Überlegungen zum Stil Euphranors.— Beiträge zur Ikonographie und Hermeneutik. Festschrift für N. Himmelmann (Mainz 1989) 143–150, Taf.

1859
Ehrhardt, W.: Der Torso Wien I 328 und der Westgiebel des Athena-Nike-Tempels auf der Akropolis in Athen.— Beiträge zur Ikonographie und Hermeneutik. Festschrift für N. Himmelmann (Mainz 1989) 119–127, Abb. Taf.

1860
Ensoli, S.: L'heróon di Dexileos nel Ceramico di Atene. Problematica architettonica e artistica attica degli inizi del IV secolo a. C.—
MemAccLinc 29, 1987, 156–329, Abb. Taf.

1861
Fernández, G.: Proclo y la desacralización del Partenón.—
(Erytheia 9, 1988, Nr. 1, 3–9, Taf.)
SD

1862
Francis, E. D.; Vickers, M.: The Agora revisited. Athenian chronology c. 500 – 450 B.C.—
BSA 83, 1988, 143–167, Abb.

1863
Frantz, A.: The Athenian Agora, 24. Late antiquity A.D. 267–700.— (Princeton 1988) XXI, 156 S., Taf.

1864
Frapiccini, N.: L'arrivo di Cibele in Attica.—
PP 42, 1987, 12–26

1865
Gisler-Huwiler, M.: A propos des apobates et de quelques cavaliers de la frise nord du Parthénon. Kanon. Festschrift E. Berger.—
AntK 15. Bh, 1988, 15–18, Abb. Taf.

1866
Harrison, E. B.: 'Theseum' east frieze. Color traces and attachment cuttings.—
Hesperia 57, 1988, 339–349, Taf.

1867
Himmelmann, N.: Planung und Verdingung der Parthenon-Skulpturen.— Bathron. Beiträge zur Architektur und verwandten Künsten für H. Drerup (Saarbrücken 1988) 213–224, Abb.

1868
Jenkins, I. D.; Middleton, A. P.: Paint on the Parthenon sculptures.—
BSA 83, 1988, 183–207, Abb.

1869
Jeppesen, K.: Once again. Where was the Erechtheion?— Πρακτικά του XII Διεθνούς συνεδρίου κλασικής αρχαιολογίας, 4 (Αθήνα 1988) 77–80, Taf.
KB Athenai 1983

1870
Kirsten, E.: The decoration of the Parthenon in contemporaneous texts.— Πρακτικά του XII Διεθνούς συνεδρίου κλασικής αρχαιολογίας, 3 (Αθήνα 1988) 141–144
KB Athenai 1983

1871
Knigge, U.; Rügler, A.: Die Ausgrabungen im Kerameikos 1986–87.—
AA 1989, 81–99, Abb.

1872
Korres, M.: Überzählige Werkstücke des Parthenonfrieses. Kanon. Festschrift E. Berger.—
AntK 15. Bh, 1988, 19–27, Abb. Taf.

1873
Korres, M.: Πῶς καὶ γιατὶ ἡ ζωφόρος τοῦ Παρθενῶνος λαξεύτηκε ἐπάνω στὸ κτήριο.— Πρακτικά του XII Διεθνούς συνεδρίου κλασικής αρχαιολογίας, 4 (Αθήνα 1988) 104–107, Taf.
KB Athenai 1983

1874
Korres, M.; Toganides, N.; Zampas, K.; u. a.: Μελέτη ἀποκαταστάσεως τοῦ Παρθενῶνος 2a-b.— (Ἀθήνα 1989) 227 S., Abb. Taf.; 7 S., Taf.

1875
Koumanoudes, S. N.; Matthaiou, A. P.: Κατάλογος Ἀθηναίων διαιτητῶν.—
Horos 5, 1987, 15–23, Taf.

1876
La Rocca, E.: Introduzione.— L'esperimento della perfezione, Arte e società nell'Atene di Pericle (Milano 1988) 7–36, Abb.
SB

1877
Lauter-Bufe, H.; Lauter, H.: 'aA'. Ein Beitrag zur Baugeschichte des athenischen Dionysostheaters.— Bathron. Beiträge zur Architektur und verwandten Künsten für H. Drerup (Saarbrücken 1988) 287–299, Abb.

1878
Lind, H.: Ein Hetärenhaus am Heiligen Tor? Der Athener Bau Z und die bei Isaios (6,20 f.) erwähnte Synoikia Euktemons.—
MusHelv 45, 1988, 158–169, Abb.

1879
Mallouchou-Tufano, F.: Interventi di restauro sull'Acropoli di Atene dal 1975 ad oggi.— Archeologia e restauro dei monumenti (Firenze 1988) 205–220, Abb.
KB Siena 1987

1880
Mantis, A.: Beiträge zur Wiederherstellung der mittleren Südmetopen des Parthenon.— Beiträge zur Ikonographie und Hermeneutik. Festschrift für N. Himmelmann (Mainz 1989) 109–114, Abb. Taf.

1881
Matthaiou, A. P.: Ἠρίον Λυκούργου Λυκόφρονος Βουτάδου.—
Horos 5, 1987, 31–44, Abb. Taf.

1882
Matthaiou, A. P.: Κατάλογος θανόντων ἐν πολέμωι.—
Horos 5, 1987, 25–29, Taf.

1883
Mertens, D.: Jacob Spons Parthenonbild. Kanon. Festschrift E. Berger.—
AntK 15. Bh, 1988, 46–53, Abb. Taf.

1884
Miller, S. G.: Circular roofing systems and the Athenian tholos.— Πρακτικά του XII Διεθνούς συνεδρίου κλασικής αρχαιολογίας, 4 (Αθήνα 1988) 134–139, Taf.
KB Athenai 1983

1885
Onassoglou, A.: Zu einem dreiseitigen Prisma aus einem neuen mykenischen Kammergrab in Koukaki, Athen.— Fragen und Probleme der bronzezeitlichen ägäischen Glyptik (Berlin 1989) 187–199, Abb.
KB Marburg 1985

1886
Pedersen, P.: The Parthenon and the origin of the Corinthian capital.— (Odense 1989) 48 S., Abb.
(Odense University classical studies, 13)

1887
Pinatel, C.: Raoul-Rochette et un énigmatique moulage de l'Erechthéion.— Πρακτικά του XII Διεθνούς συνεδρίου κλασικής αρχαιολογίας, 4 (Αθήνα 1988) 166–171, Taf.
KB Athenai 1983

1888
Rosivach, V. J.: The cult of Zeus Eleutherios at Athens.—
PP 42, 1987, 262–285

1889
Rotroff, S. I.: Three centuries of hellenistic terracottas. Preface. A chronological commentary on the contexts.— Thompson, H. A., Thompson, D. B.: Hellenistic pottery and terracottas (Princeton 1987) 183–194

1890
Simon, E.: Zur Sandalenlöserin der Nikebalustrade. Kanon. Festschrift E. Berger.—
AntK 15. Bh, 1988, 69–73, Abb. Taf.

1891
Simon, E.: El nacimiento de Atenea en el frontón oriental del Partenón.— Coloquio sobre el puteal de la Moncloa (Madrid 1986) 65–85, Abb.
KB Madrid 1983

1892
Stern, E. M.: Glass and gold in classical Greek architecture.— Πρακτικά του XII Διεθνούς συνεδρίου κλασικής αρχαιολογίας, 3 (Αθήνα 1988) 304–308, Taf.
KB Athenai 1983

1893
Thompson, H. A.: Building for a more democratic society. The Athenian agora after Ephialtes.— Πρακτικά του XII Διεθνούς συνεδρίου κλασικής αρχαιολογίας, 4 (Αθήνα 1988) 198–204, Taf.
KB Athenai 1983

1894
Tracy, S. V.: Two Attic letter cutters of the third century. 286/5–235/4 B.C.—
Hesperia 57, 1988, 303–322, Taf.

1895
Vasilopoulou, V.: Έκθεση για την ανασκαφή στην οδό Βασιλικών και Κρατύλου 56.—
Horos 5, 1987, 149–152, Taf.

1896
Vlassopoulou, C.: Πήλινες διακοσμημένες κεραμώσεις από την αθηναϊκή Ακρόπολη. Κατάλογος έκθεσης, [Αθήνα 1988].— (Αθήνα 1989) 28 S., Abb.

1897
Walker, S.: The architecture of the Panhellenion.— Πρακτικά του XII Διεθνούς συνεδρίου κλασικής αρχαιολογίας, 4 (Αθήνα 1988) 211–214
KB Athenai 1983

1898
Walter-Karydi, E.: Der Naiskos des Hermon. Ein spätklassisches Grabgemälde. Kanon. Festschrift E. Berger.—
AntK 15. Bh, 1988, 331–338, Abb. Taf.

1899
Wesenberg, B.: Die Propyläen der Akropolis in Athen.— (U. R. Schriftenreihe der Universität Regensburg 15, Oktober 1985, 9–30, Taf.)
SD

1900
Willers, D.: Παρατηρήσεις γιὰ τὴ νέα διαμόρφωση τῆς Ἀθήνας ἀπὸ τὸν Ἀδριανό.— Πρακτικά του XII Διεθνούς συνεδρίου κλασικής αρχαιολογίας, 4 (Αθήνα 1988) 222–226, Taf.
KB Athenai 1983

1901 Atri
Pannuzi, S.; Gizzi, E.: Atri, centro storico. Riutilizzo medievale di un isolato romano.—
AMediev 15, 1988, 587–608, Abb.

1902 Attu Kome
Corsten, T.: Attu Kome.—
ZPE 77, 1989, 181–184, Abb.

1903 Auerberg
Küster, H.; u. a.: Vom Werden einer Kulturlandschaft. Vegetationsgeschichtliche Studien am Auerberg (Südbayern).— (Weinheim 1988) XII, 214 S., Abb. Beil.
(Quellen und Forschungen zur prähistorischen und provinzialrömischen Archäologie, 3)

1904 Aulnay-de-Saintonge
Tassaux, D.; Tassaux, F.: Sur deux inscriptions d'Aulnay réputées fausses.—
REA 88, 1986, 149–165, Abb.

1905 Avdan
Frei, P.: Phrygische Toponyme.—
EpigrAnat 11, 1988, 9–32, Abb. Taf.

1906 Avenches
Castella, D.; Flutsch, L.: La nécropole romaine d'Avenches (VD), En Chaplix. Premiers résultats.—
JbSchwGesUrgesch 72, 1989, 272–280, Abb.

1907 Avenches
Dal Bianco, J. P.: Avenches (VD), Derrière la Tour. Investigations en 1987–1988.—
JbSchwGesUrgesch 72, 1989, 267–271, Abb.

1908 Avenches
Morel, J.; Castella, D.: Nouvelles données sur l'urbanisme d'Aventicum. Les fouilles 'St-Martin' et 'Mur des Sarrazins' de 1986.—
BAssProAventico 30, 1988, 3–96, Abb. Taf.

1909 Axum
Munro-Hay, S. C.; u. a.: Excavations at Aksum. An account of research at the ancient Ethiopian capital directed in 1972–74 by the late Dr Neville Chittick.— (London 1989) XVI, 359 S., Abb.
(Memoirs of the British Institute in Eastern Africa, 10)

1910 Aydın
Poljakov, F. B.: Die Inschriften von Tralleis und Nysa, 1. Die Inschriften von Tralleis.— (Bonn 1989) XII, 233 S., Abb. Taf.
(Inschriften griechischer Städte aus Kleinasien, 36, 1)

1911 Babylon
Bergamini, G.: Excavations in Shu-Anna, Babylon 1987.—
Mesopotamia 23, 1988, 5–17, Abb. Taf.

1912 Babylon
Finkel, I. L.: The Hanging Gardens of Babylon.— The Seven Wonders of the ancient world (London 1988) 38–58, Abb.
SB

1913 Babylon (Ägypten)
Cesaretti, M. P.: Babilonia d'Egitto. Esegesi delle fonti.—
RStorAnt 16, 1986, 7–15, Abb.

1914 Bad Wimpfen
Filgis, M. N.: Forschungsgeschichte und archäologische Befunde.— Das römische Wimpfen (Bad Wimpfen 1988) 18–30, Abb. Taf.
SB

1915 Bad Wimpfen
Maisenhälder, O.: Die Wimpfener Römerbrücke.— Das römische Wimpfen (Bad Wimpfen 1988) 129–134, Abb. Taf.
SB

1916 Bad Wimpfen
Pietsch, M.: Ausgewählte Funde zur Siedlungsentwicklung, zum Kult und zum Handwerk.— Das römische Wimpfen (Bad Wimpfen 1988) 63–77, Taf.
SB

1917 Baden-Baden
Schallmayer, E.: Römermauern unter alten Bauten. Neue Einblikke in das römische Baden-Baden.—
DenkmPflBadWürt 18, 1989, 121–126, Abb.

1918 Baelo
Dardaine, S.; Lancha, J.; Pelletier, A.; u. a.: Belo. Le temple d'Isis et le forum, 2.—
MelCasaVelazquez 24, 1988, 19–51, Abb.

1919 Baelo
Jacob, P.: Baelo Claudia et son contexte.— Los asentamientos ibéricos ante la romanización (Madrid 1987) 141–153, Abb.
KB [Madrid] 1986

1920 Bagnaria Arsa
Buora, M.: Sevegliano ed il territorio circostante in epoca romana.—
AquilNost 56, 1985, 69–96, Taf.

1921 Bagnols-en-Forêt
Béraud, I.; Brun, J. P.; Gébara, C.: Un enclos funéraire gallo-romain à Bagnols-en-Forêt (Var).—
RANarb 19, 1986, 351–358, Abb.

1922 Baiae
Cianfrotta, P. A.: Lo scavo del ninfeo sommerso di Punta Epitaffio a Baia.— Dalla battaglia delle Egadi per un'archeologia del Mediterraneo (Trapani 1988) 99–117, Taf.
KB Favignana 1985

1923 Baiae
McKay, A. G.: Pleasure domes at Baiae.— Studia pompeiana et classica in honor of W. F. Jashemski, 2 (New Rochelle 1989) 155–169, Taf.

1924 Baiğān
Krogulska, M.: Baiğān.—
AfO 34, 1987, 155–156, Abb.

1925 Balazote
Sanz Gamo, R.: Notas sobre los mosaicos romanos de Balazote (Albacete).—
Caesaraugusta 64, 1987, 189–204, Taf.

1926 Balbura
Coulton, J. J.; Milner, N. P.; Reyes, A. T.: Balboura survey. Onesimos and Meleager, 1.—
AnatSt 38, 1988, 121–145, Abb. Taf.

1927 Bannaventa
Dix, B.; Taylor, S.; u. a.: Excavations at Bannaventa (Whilton Lodge, Northants.), 1970–71.—
Britannia 19, 1988, 299–339, Abb. Taf.

1928 Baq'ah
McGovern, P. E.; u. a.: The late bronze and early iron ages of Central Transjordan. The Baq'ah Valley Project, 1977–1981.— (Philadelphia 1986) XXII, 365 S., Abb. Taf.
(University Museum monograph, 65)

1929 Baragiano
Capano, A.: Baragiano (Pz). Aspetti dei periodi arcaico e classico nell'analisi dei corredi sepolcrali scoperti nel 1987.—
BBasil 4, 1988, 35–60, Taf.

1930 Bard-è Nechandeh
Downey, S. B.: Mesopotamian religious architecture. Alexander through the Parthians.— (Princeton 1988) XVII, 197 S., Abb. Taf.

1931 Bari
Archeologia di una città. Bari dalle origini al X secolo. Catalogo della mostra realizzata nel complesso monumentale di Santa Scolastica a Bari, dal 6 marzo al 23 dicembre 1988.
ed. G. Andreassi.— (Bari 1988) VII, 638 S., Abb.
(Prometeo, 2)

1932 Barkal
Bosticco, S.: Les récentes fouilles du complexe 1500 au Gebel Barkal.— Studia meroitica 1984 (Berlin 1989) 777–782
KB Roma 1984

1933 Barkal
Bosticco, S.: Il tempio B 200 al Gebel Barkal.—
VicOr 7, 1988, 217–220, Taf.

1934 Barkal
Vincentelli Liverani, I.: A civil building in Meroitic Napata.— Studia meroitica 1984 (Berlin 1989) 869–870, Taf.
KB Roma 1984

1935 Barumini
Lilliu, G.; Zucca, R.: Su Nuraxi di Barumini.— (Sassari 1988) 141 S., Abb.
(Sardegna archeologica. Guide e itinerari, 9)

1936 Basel
Archäologie in Basel. Fundstellenregister und Literaturverzeichnis. Jubiläumsheft zum 25jährigen Bestehen der Archäologischen Bodenforschung Basel-Stadt.— (Basel 1988) 179 S., Abb.

1937 Basiliano
Buora, M.: Due antichi sepolcreti del Medio Friuli.—
MemStorFriuli 67, 1987, 127–134, Taf.

1938 Basṭa
Nissen, H. J.; Muheisen, M.; Gebel, H. G.; u. a.: Report on the first two seasons of excavations at Basṭa, 1986–1987.—
AAJ 31, 1987, 79–119, Abb. Taf.

1939 Baten Zammour
Khanoussi, M.: Spectaculum pugilum et gymnasium. Compte rendu d'un spectacle de jeux athlétiques et de pugilat, figuré sur une mosaïque de la région de Gafsa (Tunisie).—
CRAI 1988, 543–560, Abb.

1940 Bath
Cunliffe, B.: The Roman tholos from the sanctuary of Sulis Minerva at Bath, England.— Studia pompeiana et classica in honor of W. F. Jashemski, 2 (New Rochelle 1989) 59–71, Taf.

1941 Bath
Cunliffe, B.; Tomlin, R.; Walker, D.: The temple of Sulis Minerva at Bath, 2. The finds from the sacred spring.— (Oxford 1988) VII, 362 S., Abb.
(Oxford University Committee for Archaeology. Monograph, 16)

1942 Beaucaire
Bessac, J. C.; Christol, M.; Fiches, J. L.; u. a.: Ugernum. Beaucaire et le Beaucairois à l'époque romaine, 1–2.— (Caveirac 1987) 120 S., Abb. Taf.; 128 S., Abb. Beil.
(Travaux du Centre Camille Jullian, 2)

1943 Beauport Park
Brodribb, G.; Cleere, H.; u. a.: The Classis Britannica bath-house at Beauport Part, East Sussex.—
Britannia 19, 1988, 217–274, Abb. Taf.

1944 Behbeit el-Hagar
Gallo, P.: Nestor l'Hôte e Behbeit el Hagar.—
EgVicOr 11, 1988, 25–30, Abb. Taf.

1945 Beit Sahur
Corbo, V. C.: Dove era il Poimnion o campo dei pastori?—
StBiFranc 37, 1987, 311–332, Abb. Taf.

1946 Benevento
Rotili, M.: Spazio urbano a Benevento fra Tardo Antico e alto medioevo.— Atti del VI Congresso nazionale di archeologia cristiana (Firenze 1986) 215–238, Abb.
KB Pesaro-Ancona 1983

1947 Benghazi
Bailey, D. M.: Crowe's tomb at Benghazi. A postscript.—
LibSt 19, 1988, 87–94, Abb.

1948 Besançon
Frézouls, E.; u. a.: Les villes antiques de la France, 2. Germanie Supérieure, 1. Besançon, Dijon, Langres, Mandeure.— (Strasbourg 1988) 505 S., Abb. Taf.

1949 Beşik
Latacz, J.: News from Troy.—
Berytus 34, 1986, 97–112, Abb. Taf.

1950 Beth Govrin
Kloner, A.: The Roman amphitheatre at Beth Guvrin. Preliminary report.—
IsrExplJ 38, 1988, 15–24, Abb. Taf.

1951 Beth Shean
Foerster, G.; Tsafrir, Y.: Nysa-Scythopolis. A new inscription and the titles of the city on its coins.—
IsrNumJ 9, 1986–87, 53–58, Abb. Taf.

1952 Bevagna
Brunetti, L.: Una domus di Mevania.—
BFoligno 12, 1988, 463–465, Taf.

1953 Beylerköy
Türk, N.; Çakici, S.; Uz, D. M.; u. a.: The geology, quarrying technology and use of Beylerköy marbles in western Turkey.—
Classical marble (Dordrecht 1988) 85–88, Taf.
KB Il Ciocco 1988

1954 Bičvinta
Speidel, M. P.; Todua, T. T.: Three inscriptions from Pityus on the Caucasus frontier.—
SaalbJb 44, 1988, 56–58, Abb.

1955 Bientina
Cocchi Genick, D.; Mencacci, P.; Zecchini, M.: Porcari dal paleolitico all'epoca romana.— (Porcari 1985) 89 S., Abb. Taf.
(Storia di Porcari, 1)

1956 Bitola
Maneva, E.: The results of the protective excavations extra muros in Heraclea. (Maked. m. engl. Res.).—
MacActaA 7–8, 1981–82 [1987], 125–142, Abb.

1957 Blera
Ricciardi, L.: Recenti scoperte a Blera e nel suo territorio.—
(La torretta 4, 1987, Nr. 3, 13–17, Abb.)
SD

1958 Bodrum
Jenkins, I. D.; Middleton, A. P.: Paint on the Parthenon sculptures.—
BSA 83, 1988, 183–207, Abb.

1959 Bodrum
Pedersen, P.: Town-planning in Halicarnassus and Rhodes.— Archaeology in the Dodecanese (Copenhagen 1988) 98–103, Abb.
KB København 1986

1960 Bodrum
Pedersen, P.: The Maussolleion-terrace at Halicarnassus and 4th century B.C. planning in south-western Asia Minor.— Πρακτικά του XII Διεθνούς συνεδρίου κλασικής αρχαιολογίας, 4 (Αθήνα 1988) 155–159, Taf.
KB Athenai 1983

1961 Bodrum
Stampolides, N. C.: The Kos fragment and the Genoese slab from the Mausoleum.— Archaeology in the Dodecanese (Copenhagen 1988) 185–190, Abb.
KB København 1986

1962 Bodrum
Waywell, G. B.: The Mausoleum at Halicarnassus.— The Seven Wonders of the ancient world (London 1988) 100–123, Abb.
SB

1963 Boécourt
Paccolat, O.: Boécourt (JU). La villa gallo-romaine des Montoyes. Fouilles 1988.—
JbSchwGesUrgesch 72, 1989, 286–289, Abb.

1964 Bötzingen
Asskamp, R.: Das südliche Oberrheingebiet in frührömischer Zeit.— (Stuttgart 1989) 239 S., Abb. Taf.
(Forschungen und Berichte zur Vor- und Frühgeschichte in Baden-Württemberg, 33)

1965 Bologna
Ortalli, J.; Bermond Montanari, G.: Il complesso monumentale protofelsineo di via Fondazza a Bologna.—
StEtr 54, 1986, 15–45, Abb. Taf.

1966 Bologna
Tovoli, S.: Il sepolcreto villanoviano Benacci Caprara di Bologna.— (Bologna 1989) 440 S., Abb.
(Cataloghi delle collezioni del Museo civico archeologico di Bologna, 8)

1967 Bolu
Equini Schneider, E.: Sul 'tempio di Antinoo' a Bolu.— Studi per L. Breglia, 3 (Roma 1987) 111–117, Abb.

1968 Bondeno
Bondeno e il suo territorio dalle origini al Rinascimento. [Mostra archeologica alla Rocca Possente di Stellata dal 26 giugno al 23 ottobre 1988].
ed. F. Berti.— (Casalecchio 1988) 425 S., Abb. Beil.

1969 Bonorva
Caprara, R.: La necropoli di S. Andrea Priu.— (Sassari 1986) 73 S., Abb.
(Sardegna archeologica. Guide e itinerari, 3)

1970 Bornos
Rodríguez Oliva, P.; Atencia Páez, R.; Beltrán Fortes, J.: Dos nuevos testimonios béticos sobre Tiberius Caesar.— (Málaga 1986) 32 S., Abb. Taf.

1971 Borsh
Koçi, J.: Varreza e qytetit antik në Borsh. (Alban. m. franz. Res.) Le nécropole de la cité antique à Borsh.—
Iliria 17, 1987, Nr. 1, 135–146, Abb. Taf.

1972 Borsippa
Trümpelmann, L.: Die Pyra Alexanders des Großen.— Πρακτικά του XII Διεθνούς συνεδρίου κλασικής αρχαιολογίας, 4 (Αθήνα 1988) 293–297, Taf.
KB Athenai 1983

1973 Bosra
Freyberger, K. S.: Zur Datierung des Theaters in Bosra.—
DaM 3, 1988, 17–26, Taf.

1974 Bosra
Macadam, H. I.: Bostra gloriosa.—
Berytus 34, 1986, 169–192, Abb.

1975 Bosra
Seeden, H.: Bronze age village occupation at Busra. AUB excavations on the northwest Tell 1983–84.—
Berytus 34, 1986, 11–43, Abb. Taf.

1976 Bosra
Seeden, H.: Busra 1983–84. Second archaeological report.—
DaM 3, 1988, 387–411, Abb. Taf.

1977 Bosra
Segal, A.: Town planning and architecture in Provincia Arabia. The cities along the Via Traiana Nova in the 1st--3rd centuries C.E.— (Oxford 1988) 127 S., Taf.
(British archaeological reports. International series, 419)

1978 Brač
Faber, A.; Nikolanci, M.: Škrip na otoku Braču. Naselje i spomenici prethistorijskog i antičkog doba. (Kroat. m. engl. Res.) Škrip on the island of Brač. Prehistorical and Roman settlement.—
PriloziZagreb 2, 1985, 1–38, Abb. Taf.

1979 Brescia
Bezzi Martini, L.: Necropoli e tombe romane di Brescia e dintorni.— (Brescia 1987) 147 S., Abb. Taf.
(Istituti culturali del comune di Brescia. Materiali e studi per la storia locale, 5)

1980 Brescia
Stella, C.: Rinvenimenti romani sotto il Credito agrario bresciano.—
AquilNost 57, 1986, 777–792, abb.

1981 Briatico
Iannelli, M. T.; Lena, G.: Modificazioni dell'antica linea di Costa Tirrenica in territorio di Briatico (Catanzaro). La villa marittima di S. Irene.— Déplacements des lignes de rivage en Méditerranée d'après les données de l'archéologie (Paris 1987) 125–132, Abb. Taf.
KB Aix-en-Provence 1985

1982 Briatico
Quilici, L.: Il Piano del Salvatore presso Briatico. Prospezioni archeologiche.—
ArchCl 38–40, 1986–88, 105–117, Abb. Taf.

1983 Brindisi
Travaglini, A.: Documentazione numismatica della necropoli brindisina di via Cappuccini. Nota preliminare.— Studi per L. Breglia, 1 (Roma 1987) 203–204

1984 Briou
Ferdiere, A.: Les dauphins de terre cuite de Briou 'Moncelon' (Loir-et-Cher). Eléments de faîtage d'un édifice cultuel gallo-romain?—
RACFr 27, 1988, Nr. 1, 115–119, Taf.

1985 Broekom
Vanvinckenroye, W.: De Romeinse villa op de Sassenbroekberg te Broekom.— (Hasselt 1988) 58 S., Abb. Beil.
(Publicaties van het Gallo-Romeins Museum Tongeren, 38)

1986 Brötzingen
Schallmayer, E.: Eine neue Weihinschrift eines Centurio der Legio VIII Augusta aus Brötzingen, Stadtkreis Pforzheim.—
FuBerBadWürt 13, 1988, 433–444, Abb.

1987 Bruñel
Sotomayor Muro, M.: La villa romana de Bruñel, en Quesada (Jaén).—
CuadGranada 10, 1985, 335–357, Abb. Taf.

1988 Budapest
Nováki, G.; Pető, M.: Neuere Forschungen im spätkeltischen Oppidum auf dem Gellértberg in Budapest.—
ActaArchHung 40, 1988, 83–99, Abb. Taf.

1989 Bulganakskoe Gorodišče
Chrapunov, I. N.: Raskopki Bulganakskogo Gorodišča, 1981–1984 gg. (Russ.) [Die Grabungen auf dem Bulganakskoe Gorodišce, 1981–1984.].—
KraSoob 1987, Nr. 191, 40–45, Abb.

1990 Buridava
Berciu, D.; Iosifaru, M.; Purice, S.; u. a.: Descoperiri şi însemnări de la Buridava dacică, 6.—
Thraco-Dacica 9, 1988, 171–179, Abb.

1991 Buridava
Bichir, G.: Continuitatea în Dacia după retragerea romană. Aşezarea din secolele III–IV de la Stolniceni-Rîmnicu Vîlcea (Buridava romană).—
Thraco-Dacica 9, 1988, 101–117, Abb. Taf.

1992 Bust
Allen, T.: Notes on Bust.—
Iran 26, 1988, 55–68, Abb. Taf.

1993 Butera
Guzzone, C.: Sulla necropoli protostorica di Butera. I recinti funerari 138 e 139.—
ArchStorSicilia 81–82, 1985–86, 7–41, Taf.

1994 Buthroton
Pani, G.: Arkitektura e dy tempujve në Butrint dhe punimet restauruese në to. (Alban. m. franz. Res.) L'architecture des deux temples ä Butrint et leur restauration.—
Monumentet 35, 1988, 23–37, Abb.

1995 Byblos
Peña, I.: Un estilita en Biblos.—
StBiFranc 36, 1986, 247–252, Taf.

1996 Byllis
Ceka, N.: Le koinon des Bylliones.— L'Illyrie méridionale et l'Epire dans l'antiquité (Clermont-Ferrand 1987) 135–149, Abb.
KB Clermont-Ferrand 1984

1997 Byllis
Ceka, N.: Mbishkrime byline. (Alban. m. franz. Res.) Inscriptions bylliones.—
Iliria 17, 1987, Nr. 2, 49–121, Abb.

1998 Byllis
Muçaj, S.: Bazilika A e Bylisit. (Alban. m. franz. Res.) La basilique A de Bylis.—
Iliria 17, 1987, Nr. 1, 167–193, Abb. Taf.

1999 Byllis
Zheku, K.: Glavinica dhe problemi i lokalizimit të saj. (Alban. m. franz. Res.) Glavinica et le problème de sa localisation.—
Monumentet 34, 1987, 95–102, Abb.

2000 Cabanes
Abad Casal, L.; Arasa i Gil, F.: El arco romano de Cabanes (Castellón).—
AEsp 61, 1988, 81–117, Abb.

2001 Cabezón de Pisuerga
Mañanes, T.; Gutiérrez, M. A.; Agundez, C.: El mosaico de la villa romana de Santa Cruz (Cabezón de Pisuerga, Valladolid).— (Valladolid 1987) 66 S., Abb. Taf.
(Monografías de temas artísticos vallisoletanos, 3)

2002 Cabra
Segura Arista, M. L.: La ciudad ibero-romana de Igabrum (Cabra, Córdoba).— (Córdoba 1988) XVI, 237 S., Abb.
(Estudios cordobeses, 43)

2003 Caerleon
Mason, D. J. P.: 'Prata legionis' in Britain.—
Britannia 19, 1988, 163–189, Abb.

2004 Caesarea Maritima
Blakely, J. A.: Ceramics and commerce. Amphorae from Caesarea Maritima.—
BASOR 1988, Nr. 271, 31–50, Abb.

2005 Caesarea Maritima
Hohlfelder, R. L.: Procopius, 'De aedificiis', 1. 11. 18–20. Caesarea Maritima and the building of harbours in late antiquity.—
MedHistR 3, 1988, 54–62

2006 Caesarea Maritima
Holum, K.: The end of classical urbanism at Caesarea Maritima, Israel.— Studia pompeiana et classica in honor of W. F. Jashemski, 2 (New Rochelle 1989) 87–102, Taf.

2007 Caesarea Maritima
Holum, K. G.; Hohlfelder, R. L.; u. a.: King Herod's dream. Caesarea on the Sea.— (New York 1988) 244 S., Abb. Taf.

2008 Cagliari
Angiolillo, S.; u. a.: Cagliari, 'Villa di Tigellio'. Campagna di scavo 1980.—
StSard 26, 1981–85, 113–233, Abb. Taf.

2009 Čal Tarkhan
Kleiss, W.: Čal Tarkhan südöstlich von Rey.—
AMI 20, 1987, 309–318, Abb. Taf.

2010 Calleva
Fulford, M.; u. a.: Silchester. Excavations on the defences 1974–80.— (Gloucester 1984) 301 S., Abb. Taf.

2011 Canosa
Silvestrini, M.: Presentazione del corpus epigrafico di Canosa.— (Atti del convegno 'Canosa e S. Sabino, l'uomo, il tempo e la città', Canosa 29–30 marzo 1982, Bari 1984, 1–13)
SD

2012 Canterbury
Interim report on work carried out in 1988 by the Canterbury Archaeological Trust.—
ACant 106, 1988, 129–193, Abb. Taf.

2013 Canterbury
Blockley, P.; u. a.: Excavations at no. 41 St. George's Street, Canterbury, 1985.—
ACant 105, 1988, 59–172, Abb. Taf.

2014 Caorle
Croce Da Villa, P.: Documenti romani di Caorle.— Studi caorlesi (Udine 1988) 93–107, Taf.
KB Caorle 1988

2015 Capicciolu
Wilson, R. J. A.: Ancient granite quarries on the Bocche di Bonifacio.— Classical marble (Dordrecht 1988) 103–112, Abb.
KB Il Ciocco 1988

2016 Capri
Krause, C.: Das Hauptgeschoß der Villa Iovis auf Capri. Kanon. Festschrift E. Berger.—
AntK 15. Bh, 1988, 356–365, Abb. Taf.

2017 Caraglio
Mennella, G.: Revisioni epigrafiche in municipi della Liguria nord-occidentale.—
MEFRA 100, 1988, 139–157, Abb.

2018 Cardeñagimeno
Lancha, J.; Bartolomé Arraiza, A.: Les mosaïques de la villa romaine de Cardeñagimeno (Burgos).—
AEsp 61, 1988, 305–324, Abb.

2019 Carnuntum
Hameter, W.: Vier unpublizierte Inschriften aus Carnuntum.—
RömÖ 15–16, 1987–88, 111–115, Abb. Taf.

2020 Cartagena
Blázquez, J. M.: La romanización en el sureste hispánico. La aportación de los mosaicos.— (Homenaje al Padre Tapia. I Encuentro de cultura mediterránea, Almeria 27 al 31 octubre de 1986 o. O. o. J., 79–101, Taf.)
SD

2021 Carteia
Presedo Velo, F. J.; Caballos Rufino, A.: La ciudad de Carteia. Estado de la cuestión y primeros resultados de la campaña de 1985.— Actas. 1er Congreso peninsular de historia antigua, 2 (Santiago de Compostela 1988) 509–519, Abb.
KB Santiago de Compostela 1986

2022 Carthago
Martin, P. M.: Reconstruire Carthage? Un débat politique et idéologique à la fin de la république et au début du principat.— L'Africa romana (Sassari 1988) 235–251
KB Sassari 1987

2023 Casola
Cesarano, A.: Appunti per una storia di Casola di Napoli.— Cultura e territ. Riv. d. Dist. scol. 38 3–4, 1986–87, 101–116, Abb.

2024 Cassino
Cerchiai, C.: Un capitello quadrangolare con imagines clipeatae.— Studi per L. Breglia, 3 (Roma 1987) 101–110, Abb.

2025 Castel di Sangro
Pellegrino, A.: L'area di Castel di Sangro dall'età arcaica alla romanizzazione.— Il territorio del Parco nazionale d'Abruzzo nell'antichità (Civitella Alfedena 1988) 179–195, Abb.
KB Villetta Barrea 1987

2026 Castel Porziano
Lauro, M. G.: Castelporziano. Indagini ed interventi a Tor Paterno.— Archeologia laziale, 9 (Roma 1988) 178–184, Abb.
KB Roma 1987

2027 Castelfeder
Baggio Bernardoni, E.; Dal Ri, L.: Una campagna di scavo a Castelfeder. Notizia preliminare.—
AquilNost 57, 1986, 849–864, Abb.

2028 Castellar
Nicolini, G.: L'établissement ibérique de Castellar (Jaén). Premières hypothèses.— Los asentamientos ibéricos ante la romanización (Madrid 1987) 55–61, Abb.
KB [Madrid] 1986

2029 Castellu
Pergola, P.; Vismara, C.; u. a.: Castellu (Haute-Corse). Un établissement rural de l'antiquité tardive. Fouilles récentes, 1981–1985.— (Paris 1989) 189 S., Abb.
(Documents d'archéologie française, 18)

2030 Castro dei Volsci
Laurenti, M. C.: Nota preliminare sulle recenti ricerche archeologiche a Castro dei Volsci.— Archeologia laziale, 9 (Roma 1988) 282–287, Abb.
KB Roma 1987

2031 Castromil
Soeiro, T.: Contribuição para o inventário arqueológico do concelho de Paredes (Porto).—
Portugalia 6–7, 1985–86, 107–115, Abb. Taf.

2032 Castrovillari
Di Vasto, F.: L'antico e l'archeologia a Castrovillari tra dopoguerra e anni Cinquanta.—
(Daedalus 2, 1989, 215–227, Abb.)
SD

2033 Castulo
Blázquez, J. M.; García-Gelabert, M. P.: El iberismo en la ciudad de Castulo.— Los asentamientos ibéricos ante la romanización (Madrid 1987) 43–54, Abb.
KB [Madrid] 1986

2034 Castulo
Blázquez Martínez, J. M.; García-Gelabert Pérez, M.: The sanctuary of La Muela (Cástulo, Jaén). One of the units of the oldest pebble-mosaics in Spain.—
AfO 34, 1987, 243–247, Abb.

2035 Castulo
García-Gelabert Pérez, M.; Blázquez Martínez, J. M.: Cástulo. Jaén, España, 1. Excavaciones en la necrópolis ibérica del Estacar de Robarinas, s. IV a. C.— (Oxford 1988) XIII, 425 S., Abb.
(British archaeological reports. International series, 425)

2036 Çatalka
Meriç, R.; Nollé, J.: Eine archaische Inschrift aus dem Gebiet von Smyrna.—
Chiron 18, 1988, 225–232, Abb.

2037 Cavallino
D'Andria, F.: Il Salento e le sue radici indigene. Le origini messapiche.— Salento. Porta d'Italia (Galatina 1989) 63–69, Taf.
KB Lecce 1986

2038 Cavour
Filippi, F.: Un recupero di materiali archeologici da contesto funerario a Cavour (To) (Forum Vibii Caburrum).—
QuadAPiem 6, [1987], 159–180, Taf.

2039 Ceccano
Antonini, S.: Fabrateria Vetus. Un'indagine storico-archeologica.— (Roma 1988) 89 S., Abb.
(Studi e ricerche sul Lazio antico)

2040 Centcelles
Schlunk, H.: Die Mosaikkuppel von Centcelles. Textbd., Tafelbd.— (Mainz 1988) LVIII, 210 S, Abb.; 10 S., Taf. Beil.
(Madrider Beiträge, 13)

2041 Čertomlyk
Rolle, R.; Murzin, V.: Erste Ergebnisse der modernen Untersuchungen am skythischen Kurgan Čertomlyk.—
AW 19, 1988, Nr. 4, 3
14, Abb.

2042 Cerveteri
Cristofani, M.; Nardi, G.; u. a.: Caere, 1. Il parco archeologico.— (Roma 1988) 115 S., Abb. Taf.
(Consiglio nazionale delle ricerche)

2043 Cerveteri
Fuchs, M.; Liverani, P.; Santoro, P.: Il teatro e il ciclo statuario giulio-claudio.— (Roma 1989) 161 S., Abb. Taf.
(Caere, 2)

2044 Čezava
Vasić, M.: Čezava – Castrum Novae.—
Ratiariensia 3–4, 1987, 131–134, Taf.

2045 Chania
Hallager, E.: Khania and Crete ca. 1375–1200 B.C.—
CretSt 1, 1988, 115–124, Taf.

2046 Cherchel
Salama, P.: Vulnérabilité d'une capitale. Caesarea de Maurétanie.— L'Africa romana (Sassari 1988) 253–269, Abb.
KB Sassari 1987

2047 Chersonesos
Boffo, L.: Grecità di frontiera. Chersonesos Taurica e i signori del Ponto Eusino (SIG^3 709).—
AthenaeumPavia 67, 1989, 211–259, Taf.

2048 Chersonesos
Fedorov, B. N.: K voprosu o rekonstrukcii severo-vostočnoj ploščadi Chersonesa Tavričeskogo. (Russ.) [Zur Frage der Rekonstruktion des nord-östlichen Platzes von Chersonesos Taurike.].—
KraSoob 1985, Nr. 182, 8–11, Abb.

2049 Chersonesos
Gilevich, A. M.: Chersonese and the Pontic kingdom of Mithradates VI according to numismatic data. (Russ. m. engl. Res.).— The Black Sea littoral in the hellenistic times (Tbilisi 1985) 608–617
KB Cchaltubo 1982

2050 Chersonesos
Kadeev, V. I.: Novyj nadgrobnyj pamjatnik II v. n. è. iz Chersonesa. (Russ.) [Ein neues Grabdenkmal des 2. Jhs. u. Z. aus Chersonesos.].—
KraSoob 1985, Nr. 182, 66–69, Abb.

2051 Chersonesos
Nikolaenko, G. M.: The organization of the χώρα of Tauric Chersonese in the hellenistic period. (Russ. m. engl. Res.).— The Black Sea littoral in the hellenistic times (Tbilisi 1985) 277–284, Taf.
KB Cchaltubo 1982

2052 Chersonesos
Nikolaenko, G. M.: Chersonesskaja okruga v I v. do n. è. – IV v. n. è. Po materialam Geraklejskogo poluostrova. (Russ.) [Die Umgebung von Chersonesos vom 1. Jh. v. u. Z. bis zum 4. Jh. u. Z., aufgrund der Funde von der Halbinsel von Herakleia.].— Antičnye drevnosti Severnogo Pričernomor'ja (Kiev 1988) 203–211, Abb.
SB

2053 Chersonesos
Nikolaenko, G. M.: Meževanie polej Chersonesskoj chory. (Russ.) [Die Feldvermessung der Chora von Chersonesos.].—
KraSoob 1985, Nr. 182, 11–15, Abb.

2054 Chersonesos
Žerebcov, E. N.: Materialy k periodizacii antičnych pamjatnikov Majačnogo poluostrova. (Russ.) [Material zur Periodisierung der antiken Reste auf der Majak-Halbinsel.].—
KraSoob 1985, Nr. 182, 38–45, Abb. Taf.

2055 Chersonesos
Zolotarev, M. I.: A hellenistic home sanctuary at Chersonese. (Russ. m. engl. Res.).— The Black Sea littoral in the hellenistic times (Tbilisi 1985) 266–275, Taf.
KB Cchaltubo 1982

2056 Chersonesos
Zubar', V. M.; Lancov, S. B.: Novyj učastok èllinističeskogo nekropolja Chersonesa. (Russ.) [Ein neuer Abschnitt der hellenistischen Nekropole von Chersonesos.].—
KraSoob 1987, Nr. 191, 34–38, Abb.

2057 Chersonesos
Zubar', V. M.; Ryžov, S. G.; Ševčenko, A. V.: Novyj pogrebal'nyj kompleks zapadnogo nekropolja Chersonesa. (Russ.) [Ein neuer Gräberkomplex in der Westnekropole von Chersonesos.].— Antičnye drevnosti Severnogo Pričernomor'ja (Kiev 1988) 148–165, Abb.
SB

2058 Chester
Mason, D. J. P.: 'Prata legionis' in Britain.—
Britannia 19, 1988, 163–189, Abb.

2059 Chiavari
Del Soldato, M.: L'evoluzione della piana alluvionale del Rupinaro in epoca protostorica e storica.—
StGenuensi 6, 1988, 19–33, Taf.

2060 Chieti
Bellelli, G. M.; Piccioli, M. T.: Culti orientali a Chieti.—
QuadChieti 4, [1988], 157–166, Abb.

2061 Chieti
Obletter, G.; Piccioli, M. T.; De Martiis, A.: Il patrimonio archeologico della città di Chieti. Sintesi delle conoscenze.— (Chieti 1985) 128 S., Abb. Taf. Beil.

2062 Chilly
Collart, J. L.: Le contexte stratigraphique des monnaies gauloises découvertes à Chilly.— Monnaies gauloises découvertes en fouilles (Paris 1987) 64–89, Abb.
SB

2063 Chios
Sarikakis, T. C.: Inscriptions inédites de Chios.—
BCH 113, 1989, 347–350, Abb.

2064 Chios
Semantone-Bournia, E.: Ἀρχαῖες ἐγκαταστάσεις στό Αἶπος. Ρημόκαστρο-Καμπούρη τό Γύρισμα.—
Archaiognosia 3, 1982–84, 195–222, Taf.

2065 Chios
Tsaravopoulos, A.: Συλλογή βιβλιογραφίας για την αρχαία Χίο και τα Ψαρά μετά το 1936.—
Horos 5, 1987, 175–202

2066 Chiusi
Callaioli, A.; Giovannini, L.; Paolucci, G.; u. a.: Cisterna romana in località I Forti.— I Romani di Chiusi (Roma 1988) 147–166, Abb.
SB

2067 Chiusi
Ciarini, M.: Lettura delle preesistenze antiche. Ipotesi su Chiusi romana.— I Romani di Chiusi (Roma 1988) 119–129, Abb. Taf.
SB

2068 Chiusi
Pack, E.: Clusium. Ritratto di una città romana attraverso l'epigrafia.— I Romani di Chiusi (Roma 1988) 11–104, Abb.
SB

2069 Chiusi
Paolucci, G.: Chiusi. Archeologia e topografia urbana.— I Romani di Chiusi (Roma 1988) 105–116, Abb.
SB

2070 Chiusi
Zazzaretta, G.: Ritrovamenti di mosaici nel centro urbano.— I Romani di Chiusi (Roma 1988) 143–146, Abb.
SB

2071 Christos
Rutkowski, B.: Minoan sanctuaries at Christos and Koumasa, Crete. New field research.—
AKorrBl 19, 1989, 47–51, Abb. Taf.

2072 Chur
Metzger, I. R.: Graubünden in römischer Zeit unter besonderer Berücksichtigung von Chur.— Die Römer in den Alpen (Bozen 1989) 71–86, Abb.
KB Salzburg 1986

2073 Cimitile
Korol, D.: Il cimitero paleocristiano e gli edifici soprastanti le tombe dei Santi Felice e Paolino a Cimitile, Nola.— (Cimitile 1988) 30 S., Taf.

2074 Cimitile
Mercogliano, A.: Le basiliche paleocristiane di Cimitile.— (Roma 1988) 311 S., Abb.

2075 Cirencester
McWhirr, A.: Cirencester.— Fortress into city (London 1988) 74–90, Abb.
SB

2076 Cividale
Rosina, R.; Rosada, G.: Una testina di Menade di bottega aquileiese a Cividale del Friuli.—
AquilNost 55, 1984, 109–120, Abb.

2077 Civita Castellana
Moscati, P.: Studi su Falerii Veteres, 2. La necropoli delle Colonnette.—
RendLinc 42, 1987, 39–70, Abb. Taf.

2078 Civita Castellana
Raspi Serra, J.: Civita Castellana. Un esempio di rapporto nucleo-territorio.— Atti del VI Congresso nazionale di archeologia cristiana (Firenze 1986) 205–214, Abb.
KB Pesaro-Ancona 1983

2079 Civitanova Marche
Alfieri, N.: Aspetti topografici della vicenda di San Marone protomartire piceno.— Atti del VI Congresso nazionale di archeologia cristiana (Firenze 1986) 363–386, Abb.
KB Pesaro-Ancona 1983

2080 Civitanova Marche
Quiri, P.: Rassegna delle scoperte in alcune località del territorio marchigiano.— Atti del VI Congresso nazionale di archeologia cristiana (Firenze 1986) 595–608, Abb.
KB Pesaro-Ancona 1983

2081 Cluj
Ardevan, R.; Hica-Cîmpeanu, I.: Inscriptions romaines réutilisées de Napoca.—
ActaMusNapoca 22–23, 1985–86, 541–552, Abb.

2082 Cluj
Bodor, A.: Contribuţii la istoria oraşului Napoca şi a monumentelor sale sculpturale în piatră, 1.—
ActaMusNapoca 22–23, 1985–86, 185–199, Abb.

2083 Cluj
Piso, I.: Epigraphica, 15. Inscripţii din Apulum.—
ActaMusNapoca 22–23, 1985–86, 487–496, Abb. Taf.

2084 Cognin
Theune-Grosskopf, B.: Ein frühmittelalterlicher Kirchenbau mit ‘Gründergrab’ in Cognin (Savoyen)?—
AKorrBl 19, 1989, 283–296, Abb. Taf.

2085 Colchester
Crummy, P.: Colchester.— Fortress into city (London 1988) 24–47, Abb.
SB

2086 Colentum
Čače, S.: Colentum insula (Plinije, Nat. hist. 3,40). (Kroat. m. ital. Res.).—
Diadora 10, 1988, 65–72

2087 Colleferro
Cassieri, N.; Luttazzi, A.: Nuovi dati per la conoscenza del territorio toleriense.— Archeologia laziale, 9 (Roma 1988) 270–281, Abb.
KB Roma 1987

2088 Collelongo
Paoletti, M.: L'insediamento di Amplero (Collelongo e Ortucchio) dall'età preromana al Tardoantico. Sintesi delle ricerche.— Il territorio del Parco nazionale d'Abruzzo nell'antichità (Civitella Alfedena 1988) 209–249, Abb.
KB Villetta Barrea 1987

2089 Como
Luraschi, G.: Le due fondazioni di Como.—
QuadErb 8, 1985, 67–84, Abb.

2090 Concordia
Bertacchi, L.: Il ponte romano di Concordia.—
AquilNost 58, 1987, 189–220, Abb.

2091 Concordia
Croce Da Villa, P.: Recenti scoperte archeologiche del periodo tardo-antico nell'area di Concordia Sagittaria.— Rufino di Concordia e il suo tempo, 2 (Udine 1987) 177–188, Taf.
KB Concordia 1986

2092 Concordia
Mazzoleni, D.: L'epigrafia cristiana a Concordia.— Rufino di Concordia e il suo tempo, 2 (Udine 1987) 75–91, Taf.
KB Concordia 1986

2093 Concordia
Mirabella Roberti, M.: La basilica paleocristiana di Concordia.— Rufino di Concordia e il suo tempo, 2 (Udine 1987) 93–106, Abb. Taf.
KB Concordia 1986

2094 Concordia
Scarfì, B. M.: Concordia fra Aquileia e Altino.— Rufino di Concordia e il suo tempo, 2 (Udine 1987) 171–176
KB Concordia 1986

2095 Concordia
Tavano, S.: Sculture e mosaici tardoantichi a Concordia.— Rufino di Concordia e il suo tempo, 2 (Udine 1987) 107–134, Taf.
KB Concordia 1986

2096 Corchiano
Quilici Gigli, S.: L'acquedotto di Ponte del Ponte nell'antico paesaggio agrario della zona di Corchiano.—
Xenia 17, 1989, 55–64, Abb.

2097 Cori
Fiorini, C.; Palombi, D.: Un esempio di continuità edilizia. Il tempio e la chiesa di S. Oliva a Cori.—
RIA 10, 1987, 91–128, Abb.

2098 Corvaro
Reggiani Massarini, A. M.: Santuario degli Equicoli a Corvaro. Oggetti votivi del Museo nazionale romano.— (Roma 1988) 80 S., Abb.
(Soprintendenza archeologica di Roma. Lavori e studi di archeologia, 11)

2099 Cosa
Bisconti, F.: Tarda antichità ed alto medioevo nel territorio orbetellano. Primo bilancio critico.— Atti del VI Congresso nazionale di archeologia cristiana (Firenze 1986) 63–77, Abb.
KB Pesaro-Ancona 1983

2100 Cosa
Ciampoltrini, G.; Rendini, P.: L'agro Cosano fra tarda antichità e alto medioevo. Segnalazioni e contributi.—
AMediev 15, 1988, 519–534, Abb.

2101 Cosa
Scott, R. T.: The Latin colony of Cosa.—
DArch 6, 1988, Nr. 2, 73–77, Abb.

2102 Coseano
Ventura, P.; u. a.: Due saggi di scavo in località Il Cristo, Coseano (Udine).—
AquilNost 58, 1987, 85–152, Abb.

2103 Crema
Degli Agosti, D. G.: Radici paleocristiane della comunità cremasca.—
InsFulc 18, 1988, 9–27, Abb.

2104 Crustumerium
Di Gennaro, F.: Primi risultati degli scavi nella necropoli di Crustumerium. Tre complessi funerari della fase IV A.— Archeologia laziale, 9 (Roma 1988) 113–123, Abb.
KB Roma 1987

2105 Cumae
Pagano, M.: Una proposta di identificazione per il santuario di Demetra sull'acropoli di Cuma.—
Puteoli 11, 1987, 79–91, Abb.

2106 Cures
Guidi, A.; u. a.: Cures Sabini. Risultati della sesta campagna di scavo.— Archeologia laziale, 9 (Roma 1988) 319–333, Abb.
KB Roma 1987

2107 Cures
Muzzioli, M. P.: Su una statua dagli scavi Torlonia a Cures Sabini.— Per C. Guglielmi. Scritti di allievi (Roma 1989) 121–124, Abb.

2108 Dahshur
Dodson, A.: Egypt's first antiquarians?—
Antiquity 62, 1988, 513–517, Abb.

2109 Damaskos
Sack, D.: Damaskus. Entwicklung und Struktur einer orientalisch-islamischen Stadt.— (Mainz 1989) XIII, 142 S., Abb. Taf. Beil.
(Damaszener Forschungen, 1)

2110 Daskyleion (Propontis)
Corsten, T.: Daskyleion am Meer. Ein Corpusculum der Inschriften und Nachrichten über die Stadt.—
EpigrAnat 12, 1988, 53–77, Abb.

2111 Deir Abu Fana
Buschhausen, H.: Die Ausgrabungen von Dayr Abū Fāna in Mittelägypten im Jahre 1987.—
JbÖByz 38, 1988, 353–362, Taf.

2112 Deir el-Balaḥ
Dothan, T.: The impact of Egypt on Canaan during the 18th and 19th dynasties in the light of the excavations at Deir el-Balaḥ.—
Egypt, Israel, Sinai (Tel Aviv 1987) 121–135
KB Tel Aviv 1982

2113 Deir Seta
Khoury, W.: Deir Seta. Prospection et analyse d'une ville morte inédite en Syrie. Diss Genève 1985. Textbd.; Tafelbd.— (Damas 1987) 160 S., Taf.

2114 Delos
Büsing-Kolbe, A.: Ein neureiches Haus auf Delos.— Bathron. Beiträge zur Architektur und verwandten Künsten für H. Drerup (Saarbrücken 1988) 99–106, Abb.

2115 Delos
Etienne, R.: Les autels à antes de Délos.— Πρακτικά του XII Διεθνούς συνεδρίου κλασικής αρχαιολογίας, 4 (Αθήνα 1988) 57–60, Taf.
KB Athenai 1983

2116 Delos
Hellmann, M. C.: Encore des hexagones.—
BCH 113, 1989, 149–160, Abb.

2117 Delos
Kreeb, M.: Untersuchungen zur figürlichen Ausstattung delischer Privathäuser.— (Chicago 1988) XVII, 357 S., Abb.

2118 Delos
Meyer, H.: Zur Chronologie des Poseidoniastenhauses in Delos.—
AM 103, 1988, 203–220, Abb.

2119 Delos
Raeder, J.: Vitruv, De architectura VI 7 (aedificia Graecorum) und die hellenistische Wohnhaus- und Palastarchitektur.—
Gymnasium 95, 1988, 316–368, Abb.

2120 Delos
Reger, G.: The Delian χῶμα.—
ZPE 74, 1988, 29–30

2121 Delos
Roux, G.: L'inventaire ID 1403 du Néôrion délien.—
BCH 113, 1989, 261–275, Abb.

2122 Delos
Tréheux, J.: Le sanctuaire de l'Inôpos à Délos.—
MusHelv 45, 1988, 154–157, Abb.

2123 Delos
Tréheux, J.: Une nouvelle lecture de l'inventaire du gymnase à Délos.—
BCH 112, 1988, 583–589, Abb.

2124 Delphoi
Amandry, P.: A propos de monuments de Delphes. Questions de chronologie.—
BCH 112, 1988, 591–610, Abb.

2125 Delphoi
Bousquet, J.: Etudes sur les comptes de Delphes.— (Paris 1988) 232 S., Abb.
(Bibliothèque des Ecoles françaises d'Athènes et de Rome, 267)

2126 Delphoi
Büsing, H.: Dorische Türrahmen.— Bathron. Beiträge zur Architektur und verwandten Künsten für H. Drerup (Saarbrücken 1988) 107–114, Abb.

2127 Delphoi
Büsing, H.: Athener Schatzhaus und Parthenon.— Πρακτικά του XII Διεθνούς συνεδρίου κλασικής αρχαιολογίας, 4 (Αθήνα 1988) 29–32
KB Athenai 1983

2128 Delphoi
Fontenrose, J.: The cult of apollo and the games at Delphi.— The archaeology of the Olympics (Madison 1988) 121–140, Abb.
KB Los Angeles 1984

2129 Delphoi
Gras, M.: Marseille, la bataille d'Alalia et Delphes.—
DialHistAnc 13, 1987, 161–177, Taf.

2130 Delphoi
Hoffelner, K.: Die Metopen des Athener-Schatzhauses. Ein neuer Rekonstruktionsversuch.—
AM 103, 1988, 77–117, Abb. Taf.

2131 Delphoi
Jacquemin, A.: Aitolia et Aristaineta. Offrandes monumentales étoliennes à Delphes au IIIe s. av. J.-C.—
Ktema 10, 1985 [1988], 27–35, Abb.

2132 Delphoi
Laroche, D.: Nouvelles observations sur l'offrande de Platées.—
BCH 113, 1989, 183–198, Abb.

2133 Delphoi
Maniatis, Y.; Mandi, V.; Nikolaou, A.: Identification de marbres antiques à Delphes.—
BCH 113, 1989, 403–416, Abb.

2134 Delphoi
Roux, G.: La tholos d'Athéna Pronaia dans son sanctuaire de Delphes.—
CRAI 1988, 290–309, Abb.

2135 Delphoi
Roux, G.: Problèmes delphiques d'architecture et d'épigraphie.—
RA 1989, 23–64, Abb.

2136 Delphoi
Thémélis, P.; Mulliez, D.: Un acte d'affranchissement delphique inédit du trésor de Cnide.—
BCH 113, 1989, 343–346, Abb.

2137 Delphoi
Vacano, O. v.: Regio instratu ornatus. Beobachtungen zur Deutung des Reliefs des L. Aemilius Paullus in Delphi.— Bathron. Beiträge zur Architektur und verwandten Künsten für H. Drerup (Saarbrücken 1988) 375–386, Abb.

2138 Demircihüyük
Kull, B.; u. a.: Demircihüyük. Die Ergebnisse der Ausgrabungen 1975–1978, 5. Die mittelbronzezeitliche Siedlung.— (Mainz 1988) XIV, 276 S., Abb. Taf.

2139 Deshasheh
Piacentini, P.: Egiziani e Asiatici su un rilievo della VI dinastia a Deshasheh.—
StEgAntPun 1, 1987, 7–27, Taf.

2140 Didyma
Fontenrose, J.: Didyma. Apollo's oracle, cult, and companions.— (Berkely 1988) XXI, 282 S., Abb. Taf.

2141 Didyma
Naumann, R.: Eine Greifenprotome vom Taxiarchis-Hügel in Didyma.— Bathron. Beiträge zur Architektur und verwandten Künsten für H. Drerup (Saarbrücken 1988) 319–323, Abb.

2142 Didyma
Tuchelt, K.; Schneider, P.; Schattner, T.; u. a.: Didyma. Bericht über die Ausgrabungen 1985 und 1986 an der heiligen Straße von Milet nach Didyma.—
AA 1989, 143–217, Abb. Taf.

2143 Dijon
Frézouls, E.; u. a.: Les villes antiques de la France, 2. Germanie Supérieure, 1. Besançon, Dijon, Langres, Mandeure.— (Strasbourg 1988) 505 S., Abb. Taf.

2144 Dikte
Crowther, C.: A note on Minoan Dikta.—
BSA 83, 1988, 37–44

2145 Dion
Pantermales, D.: Αντίγραφα των αυτοκρατορικών χρόνων στη Μακεδονία.— Πρακτικά του XII Διεθνούς συνεδρίου κλασικής αρχαιολογίας, 3 (Αθήνα 1988) 213–216, Taf.
KB Athenai 1983

2146 Dodona
Cabanes, P.: Les concours des Naia de Dodone.—
Nikephoros 1, 1988, 49–84, Taf.

2147 Dor
Stern, E.: The walls of Dor.—
IsrExplJ 38, 1988, 6–14, Abb. Taf.

2148 Douch
Dunand, F.; Lichtenberg, R.: Les momies de la nécropole de Douch.—
ArcheologiaParis 1988, Nr. 240, 30–42, Abb.

2149 Douch
Reddé, M.: Une ville romaine dans le désert occidental d'Egypte. Douch.—
RA 1988, 215–219, Abb.

2150 ed-Dur
Boucharlat, R.: Entre la Méditerranée et l'Inde. Etablissements du golfe Persique à l'époque gréco-romaine.—
RA 1989, 214–219, Abb.

2151 Dur-Katlimmu
Kühne, H.: Preliminary report on the excavation at Tell Schech Hamad - Dur-Katlimmu in 1986.—
AAS 36–37, 1986–87, 242–247, Taf.

2152 Dur-Katlimmu
Kühne, H.: Preliminary report on the excavation in Tell Schech Hamad - Dur-Katlimmu in 1985.—
AAS 36–37, 1986–87, 221–225, Taf.

2153 Dura-Europos
Downey, S. B.: Mesopotamian religious architecture. Alexander through the Parthians.— (Princeton 1988) XVII, 197 S., Abb. Taf.

2154 Dura-Europos
Grenet, F.: Les Sassanides à Doura-Europos, 253 ap. J.C. Réexamen du matériel épigraphique iranien du site.— Géographie historique au Proche-Orient (Paris 1988) 133–158, Abb.
KB Valbonne 1985

2155 Durrës
Baçe, A.: Studim mbi zonifikimin arkeologjik të qytetit të Durrësit. (Alban. m. franz. Res.) Etude sur la définition de la zone archéologique de la ville de Durrës.—
Monumentet 36, 1988, 55–59, Abb.

2156 Durrës
Tartari, F.: Një grup varresh të shek. II–IV të e sonë ne zonën kodrinore të nekropolit të Dyrrahut. (Alban. m. franz. Res.) Une série de tombes des IIe–IVe siècles de n. ère dans la nécropole de Dyrrachium.—
Iliria 17, 1987, Nr. 1, 153–165, Abb. Taf.

2157 Ebla
Matthiae, P.: Una stele paleosiriana arcaica da Ebla e la cultura figurativa della Siria attorno al 1800 a. C.—
SciAnt 1, 1987, 447–495, Abb.

2158 Ebla
Matthiae, P.: Sull'identità degli dèi titolari dei templi paleosiriani di Ebla.—
CMatAOr 1, 1986, 335–362, Abb.

2159 Ebla
Matthiae, P.: Ebla. Un impero ritrovato. Dai primi scavi alle ultime scoperte.— (Torino 1989) XXVII, 365 S., Abb. Taf.
(Saggi, 719)

2160 Edfu
Lunsingh Scheurleer, R. A.: Edfoe, aards domein van Horus.— VerAmstMeded 44, 1988, 2–7, Abb.

2161 Elda
Poveda Navarro, A. M.: El poblado ibero-romano de El Monastil (Elda, Alicante). Introducción histórico-arqueológica.— (Elda 1988) 154 S., Abb.
(Publicaciones del fondo editorial del Ayuntamiento de Elda, 4)

2162 Elea
Fabbri, M.; Trotta, A.: Una scuola-collegio di età augustea. L'Insula II di Velia.— (Roma 1989) 129 S., Abb. Taf.
(Archaeologia perusina, 7)

2163 Elea
Krinzinger, F.: Le mura urbane di Velia.— L'epos greco in Occidente (Taranto 1980 [1989]) 355–364, Taf.
KB Taranto 1979

2164 Elea
Lippmann-Provansal, M.: Variations récentes du trait de côte sur les sites de Velia et Paestum.— Déplacements des lignes de rivage en Méditerranée d'après les données de l'archéologie (Paris 1987) 115–124, Abb.
KB Aix-en-Provence 1985

2165 Elea
Neutsch, B.: Ricerche e studi archeologici nella zona del pozzo sacro a Velia, 1979.— L'epos greco in Occidente (Taranto 1980 [1989]) 348–355, Abb. Taf.
KB Taranto 1979

2166 Elea
Otto, B.: Zur griechischen Keramik aus der Thermengrabung im Vignale von Velia.— Proceedings of the 3rd Symposium on ancient Greek and related pottery (København 1988) 455–464, Abb.
KB København 1987

2167 Elecik
Mermerci, D.: Kızıleşik tümülüsü kazısı. (Türk. m. engl. Res.) Kızıleşik tumulus. Summary.—
AnadoluYıl 1987, 23–29, Taf.

2168 Elephantine
Kaiser, W.; Dreyer, G.; Jaritz, H.; u. a.: Stadt und Tempel von Elephantine. 15.–16. Grabungsbericht.—
MDIK 44, 1988, 135–182, Abb. Taf.

2169 Eleusis
Clinton, K.: The treasury of the two goddesses and Eleusinian construction in the classical period.— Πρακτικά του XII Διεθνούς συνεδρίου κλασικής αρχαιολογίας, 4 (Αθήνα 1988) 33–36
KB Athenai 1983

2170 Eleusis
Goulaki-Voutira, A.: Eine Akroterfigur aus Eleusis.— Beiträge zur Ikonographie und Hermeneutik. Festschrift für N. Himmelmann (Mainz 1989) 411–416, Taf.

2171 Ellingen
Frank, K. S.; Stika, H. P.; Zanier, W.: Bearbeitung der makroskopischen Pflanzen- und einiger Tierreste des Römerkastells Sablonetum (Ellingen bei Weissenburg in Bayern).— (Kallmünz 1988) 99 S., Abb. Taf.
(Materialhefte zur bayerischen Vorgeschichte, A. Fundinventare und Ausgrabungsbefunde, 61)

2172 Enkomi
Fortin, M.: La soi-disant forteresse d'Enkomi I (Chypre) à la fin du Bronze moyen et au début du Bronze récent.—
Aegaeum 3, 1989, 239–248, Taf.

2173 Entrains
Devauges, J. B.: Entrains gallo-romain.— (Saint-Herblain 1988) XXIII, 382 S., Abb.

2174 Ephesos
Alzinger, W.: Die Lokalisierung des hellenistischen Rathauses von Ephesos.— Bathron. Beiträge zur Architektur und verwandten Künsten für H. Drerup (Saarbrücken 1988) 21–29, Abb.

2175 Ephesos
Habicht, C.: Ein neues Bürgerrechtsdekret aus Ephesos.—
ZPE 77, 1989, 88–91

2176 Ephesos
Karwiese, S.: Erster vorläufiger Gesamtbericht über die Wiederaufnahme der archäologischen Untersuchung der Marienkirche in Ephesos.— (Wien 1989) 48 S., Taf.
(DenkschrWien 200)

2177 Ephesos
Mogelonsky, M. K.: The dates of the earliest coinage. Some archaeological considerations.— Συνεισφορά McGill, 1. Papers in memory of C. D. Gorden (Amsterdam 1987) 51–63

2178 Ephesos
Picon, C. A.: The sculptures of the archaic temple of Artemis at Ephesos.— Πρακτικά του XII Διεθνούς συνεδρίου κλασικής αρχαιολογίας, 3 (Αθήνα 1988) 221–224, Taf.
KB Athenai 1983

2179 Ephesos
Trell, B. L.: The temple of Artemis at Ephesos.— The Seven Wonders of the ancient world (London 1988) 78–99, Abb.
SB

2180 Ephesos
Vetters, H.: Neues zu den Hanghäusern in Ephesos.—
Anadolu 21, 1978–80 [1987], 229–236, Taf.

2181 Epidauros
Käppel, L.: Das Theater von Epidauros. Die mathematische Grundidee des Gesamtentwurfs und ihr möglicher Sinn.—
JdI 104, 1989, 83–106, Abb.

2182 Eretria
Coulton, J. J.: Post holes and post bases in early Greek architecture.—
MedA 1, 1988, 58–65, Abb.

2183 Eretria
Ducrey, P.: L'habitat classique à Erétrie. Le cas de la Maison aux mosaïques.— Πρακτικά του XII Διεθνούς συνεδρίου κλασικής αρχαιολογίας, 4 (Αθήνα 1988) 54–56, Taf.
KB Athenai 1983

2184 Eretria
Ducrey, P.; Charon, A.; Gex, K.; u. a.: Les activités de l'Ecole suisse d'archéologie en Grèce 1985–1988.—
AntK 32, 1989, 104–116, Abb. Taf.

2185 Eretria
Francis, E. D.; Vickers, M.: The Agora revisited. Athenian chronology c. 500 – 450 B.C.—
BSA 83, 1988, 143–167, Abb.

2186 Eretria
Knoepfler, D.: Sur les traces de l'Artémision d'Amarynthos près d'Erétrie.—
CRAI 1988, 382–421, Abb.

2187 Eretria
Reber, K.: Aedificia Graecorum. Zu Vitruvs Beschreibung des griechischen Hauses.—
AA 1988, 653–666, Abb.

2188 Eretria
Reber, K.: Zur architektonischen Gestaltung der Andrones in den Häusern von Eretria.—
AntK 32, 1989, 3–7, Abb. Taf.

2189 Esfiliana
Raya de Cárdenas, M.: Hallazgo de una inscripción funeraria en Esfiliana (Granada).—
CuadGranada 10, 1985, 463–467, Abb. Taf.

2190 Esna
Grenier, J. C.: Notes sur l'Egypte romaine, 1, 1–7.—
ChrEg 63, 1988, 57–76, Abb.

2191 Este
Balista, C.; Ruta Serafini, A.: La necropoli Ricovero di Este. Primi elementi connotativi e linee di approccio metodologico allo scavo.—
AquilNost 57, 1986, 25–44, Abb.

2192 Este
Di Filippo Balestrazzi, E.: Il rilievo di Argenidas e il culto dei Dioscuri ad Este.— Nuovi studi Maffeiani (Verona 1985) 33–51, Taf.
KB Verona 1983

2193 Este
Ghedini, F.; Baggio Bernardoni, E.: Il soffitto affrescato della domus romana del Serraglio Albrizzi di Este. Proposta di ricostruzione.—
QuadAVen 4, 1988, 286–303, Abb.

2194 Evora
Hauschild, T.: Untersuchungen am römischen Tempel von Evora. Vorbericht 1986–87.—
MM 29, 1988, 208–220, Abb. Taf.

2195 Exeter
Henderson, C.: Exeter.— Fortress into city (London 1988) 91–119, Abb.
SB

2196 Failaka
Amandry, M.; Callot, O.: Le trésor de Failaka 1984 (Koweit).—
RevNum 30, 1988, 64–74, Taf.

2197 Failaka
Callot, O: Failaka à l'époque hellénistique.— L'Arabie préislamique et son environnement historique et culturel (Leiden 1989) 127–143, Abb.
KB Strasbourg 1987

2198 Fermo
Cocchini, F.: La basilica paleocristiana di Fermo.— Atti del VI Congresso nazionale di archeologia cristiana (Firenze 1986) 443–455, Abb.
KB Pesaro-Ancona 1983

2199 Feurs
Vaginay, M.; Guichard, V.; u. a.: L'habitat gaulois de Feurs (Loire). Fouilles récentes, 1978–1981.— (Paris 1988) 200 S., Abb.
(Documents d'archéologie française, 14)

2200 Fidenae
De Meis, A. M.; Messineo, G.: Una lastra con girali da Fidenae.—
Xenia 17, 1989, 65–70, Abb.

2201 Fischbach
Kuntze, C.; Wagner, H. O.: Neue Ausgrabungen im römischen Gutshof von Fischbach, Gde. Niedereschach, Schwarzwald-Baar-Kreis.—
FuBerBadWürt 13, 1988, 351–393, Abb.

2202 Foça
Cahill, N.: Taş Kule. A Persian-period tomb near Phokaia.—
AJA 92, 1988, 481–501, Abb.

2203 Fortuna
La Cueva Negra de Fortuna (Murcia) y sus tituli picti. Un santuario de época romana.
ed. A. González Blanco.— (Murcia 1987) 315 S., Abb. Taf.
Antigüedad y cristianismo, 4)

2204 Fos
Liou, B.; Paskoff, R.; Trousset, P.: Les découvertes archéologiques du golfe de Fos et le tracé du littoral antique.— Déplacements des lignes de rivage en Méditerranée d'après les données de l'archéologie (Paris 1987) 59–65, Abb.
KB Aix-en-Provence 1985

2205 Fossa
La Torre, G. F.: Il processo di urbanizzazione nel territorio vestino. Il caso di Aveia.—
ArchCl 37, 1985, 154–170, Abb. Taf.

2206 Frankfurt a. M.
Dohrn-Ihmig, M.; Hampel, A.; u. a.: Frankfurter Fundchronik der Jahre 1980–1986.— (Bonn 1987) 211 S., Abb.
(Schriften des Frankfurter Museums für Vor- und Frühgeschichte, 11)

2207 Freixo
Tavares Dias, L. A.: Area arqueológica de Freixo como espaço colectivo. Uma 'cidade' romana.— Actas. 1er Congreso peninsular de historia antigua, 3 (Santiago de Compostela 1988) 27–28, Taf.
KB Santiago de Compostela 1986

2208 Fréjus
Béraud, I.; Gébara, C.: Les lits funéraires de la nécropole gallo-romaine de Saint-Lambert (Fréjus).—
RANarb 19, 1986, 182–210, Abb.

2209 Fuente de la Mota
Sierra Delage, M.; Kermorvant, A.: Prospecciones geofísicas aplicadas al estudio del yacimiento arqueológico de Fuente de la Mota (Bachín del Hoyo, Cuenca).—
MelCasaVelazquez 24, 1988, 443–455, Abb.

2210 Gabii
Quilici, L.: La posa del nuovo acquedotto Marcio attraverso la zona archeologica di Gabii.— Archeologia laziale, 9 (Roma 1988) 140–160, Abb.
KB Roma 1987

2211 Gadara
Weber, T.: Gadara of the Decapolis. A summary of the 1986 and 1987 seasons at Umm Qeis.—
AAJ 31, 1987, 531–533, Abb. Taf.

2212 Gadara
Weber, T.; Khouri, R. G.: Umm Qais. Gadara of the Decapolis. A brief guide to the antiquities.— (Amman 1989) 36 S., Abb. (Al Kutba Jordan guides)

2213 Gallarate
Antico Gallina, M.: Intorno ad un'epigrafe poco nota da Crenna di Gallarate (Varese).—
RendIstLomb 121, 1987, 189–197, Taf.

2214 Garda
Buonopane, A.: Una iscrizione romana inedita oggi dispersa ed un luogo di culto nell'area benacense.—
QuadAVen 4, 1988, 394–397, Abb.

2215 Gaujac
Charmasson, J.: Découverte d'une inscription à un préteur quattuorvir sur l'oppidum de Saint-Vincent à Gaujac.—
RANarb 18, 1985, 389–392, Abb.

2216 Gela
Fiorentini, G.: Gela. La città antica e il suo territorio. Il museo.— (o. O. 1985) V, 62 S., Taf.

2217 Gela
Fiorentini, G.: Testimonianze e documenti di età paleocristiana e bizantina nel territorio di Gela.—
Kokalos 32, 1986, 297–304, Taf.

2218 General'skoe
Maslennikov, A. A.; Čevelev, O. D.: Rasvedočnye raskopki na gorodišče General'skoe. (Russ.) [Suchgrabungen auf dem Siedlungshügel General'skoe.].—
KraSoob 1985, Nr. 182, 50–55, Abb.

2219 Genève
Bonnet, C.; Zoller, G.; Broillet, P.; u. a.: Les premiers ports de Genève.—
ASchw 12, 1989, 2–24, Abb.

2220 Gerasa
Braemer, F.: Two campaigns of excavations on the ancient tell of Jarash.—
AAJ 31, 1987, 525–530, Abb.

2221 Gerasa
Gatier, P. L.: Philadelphie et Gerasa du royaume nabatéen à la province d'Arabie.— Géographie historique au Proche-Orient (Paris 1988) 159–170
KB Valbonne 1985

2222 Gerasa
Segal, A.: Town planning and architecture in Provincia Arabia. The cities along the Via Traiana Nova in the 1st--3rd centuries C.E.— (Oxford 1988) 127 S., Taf.
(British archaeological reports. International series, 419)

2223 Gezer
Seger, J. D.; u. a.: Gezer, 5. The field I caves.— (Jerusalem 1988) XV, 243 S., Abb. Taf. Beil.
(Annual of the Hebrew Union College - Nelson Glueck School of Biblical Archaeology, 5)

2224 Ghirza
Floriani Squarciapino, M.: I rilievi di Ghirza. Alcune riflessioni.—
ArchCl 37, 1985, 266–278, Taf.

2225 Ghrareh
Hart, S.: Excavations at Ghrareh, 1986. Preliminary report.—
Levant 20, 1988, 89–99, Abb.

2226 Gilly
Barthélémy, H.: Un site gallo-romain alpin. Gilly (Savoie).—
RANarb 19, 1986, 211–244, Abb.

2227 Gilly
Lavagne, H.: Les mosaïques de Gilly (Savoie).—
RANarb 19, 1986, 245–258, Abb.

2228 Gioiosa Ionica
De Franciscis, A.; u. a.: La villa romana del Naniglio di Gioiosa Ionica. Relazione preliminare delle campagne di scavo 1981–86.— (Napoli 1988) 119 S., Taf.
Archaia. Monumenti, 1)

2229 Gla
Iakovidis, S.: Ein Freskofragment aus Gla.— Beiträge zur Ikonographie und Hermeneutik. Festschrift für N. Himmelmann (Mainz 1989) 7–9, Taf.

2230 Glanum
Roth Congès, A.: Glanum préromaine. Recherche sur la métrologie et ses applications dans l'urbanisme et l'architecture.—
RANarb 18, 1985, 189–220, Abb.

2231 Gloucester
Darvill, T.; u. a.: Excavations on the site of the early Norman castle at Gloucester, 1983–84.—
MedievA 32, 1988, 1–49, Abb. Taf.

2232 Gloucester
Hurst, H.: Gloucester.— Fortress into city (London 1988) 48–73, Abb.
SB

2233 Gloucester
Hurst, H. R.; u. a.: Gloucester. The Roman and later defences. Excavations on the east defences and a reassessment of the defensive sequence.— (Gloucester 1986) IX, 150 S., Abb. Taf.
(Gloucester archaeological reports, 2)

2234 Glypha
Demakopoulou, K.: Glypha (or Vlicha), Chalkis. A major Mycenaean settlement on the Boeotian shore near Aulis.—
Teiresias 18, 1988, Boeotica, 1–10, Taf.

2235 Gnathia
Andreassi, G.: Egnazia 1979. Ricerche nella necropoli e alle mura.— L'epos greco in Occidente (Taranto 1980 [1989]) 442–450, Taf.
KB Taranto 1979

2236 Gnathia
Andreassi, G.; Cocchiaro, A.: Necropoli d'Egnazia.— (Fasano o. J.) 64 S., Abb. Taf.
(Studi e ricerche della biblioteca, 2)

2237 Gnathia
Donvito, A.: Egnazia. Dalle origini alla riscoperta archeologica.— (Fasano 1988) 176 S., Abb.

2238 Gnathia
Freschi, A.: Egnazia 1979. Ricerche subacquee.— L'epos greco in Occidente (Taranto 1980 [1989]) 450–455
KB Taranto 1979

2239 Gomolava
Jovanović, B.; Jovanović, M.; u. a.: Gomolava. Naselje mlađeg gvozdenog doba. (Kroat. m. engl. Res.) Late La Tène settlement at Gomolava.— (Novi Sad 1988) 211 S., Abb. Beil.
(Vojvođanski muzej Novi Sad. Gomolava, 2)

2240 Gorica (Albanien)
Mane, S.: Kalaja e Goricës. (Alban. m. franz. Res.) La forteresse de Gorica.—
Monumentet 34, 1987, 147–152, Abb.

2241 Gorsium
Forschungen in Gorsium in den Jahren 1983–84.—
Alba Regia 23, 1987, 179–240, Abb.

2242 Gorsium
Biró, M. T.: Gorsium bone carvings.—
Alba Regia 23, 1987, 25–63, Abb. Taf.

2243 Gortyn
Allegro, N.; Ricciardi, M.: Le fortificazioni di Gortina in età ellenistica.—
CretSt 1, 1988, 1–16, Taf.

2244 Gournia
Rutkowski, B.: Das Stadtheiligtum von Gournia.— Kolloquium zur ägäischen Vorgeschichte (Mannheim 1987) 58–62, Abb.
KB Mannheim 1986

2245 Grado
Lopreato, P.: Lo scavo dell'episcopio di Grado.— Aquileia e le Venezie nell'alto medioevo (Udine 1988) 325–333, Taf.
KB Aquileia 1987

2246 Graffignano
Emergenze archeologiche e storico-artistiche del territorio comunale di Graffignano.— (Viterbo 1987) 55 S., Taf.
(Centro di catalogazione dei beni culturali)

2247 Grotta Bella
Monacchi, D.: Nota sulla stipe votiva di Grotta Bella (Terni).—
StEtr 54, 1986, 75–99, Taf.

2248 Guájar Faragüit
Cressier, P.; Malpica Cuello, A.; Rossello-Bordoy, G.: Análisis del poblamiento medieval de la costa de Granada. El yacimiento de El Castillejo y el valle del río de la Toba (los Guajares).— Arqueología medieval española, 2 (Madrid 1987) 149–160
KB Madrid 1987

2249 Gubbio
Cipollone, M.: Gubbio (Perugia). Officina ceramica di età imperiale in località Vittorina. Campagna di scavo 1983.—
NSc 38–39, 1984–85, 95–167, Abb.

2250 Gundešapur
Potts, D. T.: Gundešapur and the Gondeisos.—
IrAnt 24, 1989, 323–335

2251 Hacılar
Eslick, C.: Hacılar to Karataş. Social organization in southwestern Anatolia.—
MedA 1, 1988, 10–40, Abb.

2252 Hadatu
Albenda, P.: The gateway and portal stone reliefs from Arslan Tash.—
BASOR 1988, Nr. 271, 5–30, Abb.

2253 Hadda
Kuwayama, S.: Tapa Shotor and Lalma. Aspects of stupa court at Hadda.—
AnnOrNap 47, 1987, 153–176, Abb. Taf.

2254 Hagia Triada
D'Agata, A. L.: Un vano di culto TM III nell'abitato di Haghia Triada, Creta.—
Sileno 13, 1987, 135–145, Abb.

2255 Hagia Triada
D'Agata, A. L.: Some MM IIIB/LM IA pottery from Haghia Triada.—
Aegaeum 3, 1989, 93–98, Taf.

2256 Hagia Triada
La Rosa, V.: Nouvelles données du Bronze moyen au Bronze récent à Haghia Triada.—
Aegaeum 3, 1989, 81–92

2257 Hagia Triada
La Rosa, V.; Pugliese Carratelli, G.: Nuove iscrizioni in Lineare A dalla Villa reale di Haghia Triada.—
PP 42, 1987, 463–468, Abb.

2258 Haifa
Peleg, M.: A chapel with mosaic pavements near Tel Shiqmona (Tell es-Samak).—
IsrExplJ 38, 1988, 25–30, Abb. Taf.

2259 Hala Sultan Tekke
Åström, P.; u. a.: Hala Sultan Tekke, 9. Trenches 1972–1987. With an index for volumes 1–9.— (Göteborg 1989) 142 S., Abb.
(Studies in Mediterranean archaeology, 45,9)

2260 Hallstatt
Prunkwagen und Hügelgrab. Kultur der frühen Eisenzeit von Hallstatt bis Mitterkirchen. [Ausstellung Oberösterreichisches Landesmuseum Linz 1988.].— (Linz [1988]) 120 S., Abb.
(Kataloge des OÖ. Landesmuseums, N.F., 13)

2261 Halos
Reinders, H. R.: New Halos. A hellenistic town in Thessalia, Greece.— (Utrecht 1988) 318 S., Abb. Taf. Beil.

2262 Halos
Reinders, R.: The city of Halos in the period 350–300 B.C. Tradition and transition.— Πρακτικά του XII Διεθνούς συνεδρίου κλασικής αρχαιολογίας, 4 (Αθήνα 1988) 172–174, Taf.
KB Athenai 1983

2263 Haltern
Asskamp, R.: Ausgrabung 1985 im römischen Hauptlager Haltern, Flavusstraße.—
AusgrFuWestf 5, 1987, 205–219, Abb.

2264 Haltern
Morel, J. M. A. W.: Frührömische Schiffshäuser in Haltern, Hofestatt.—
AusgrFuWestf 5, 1987, 221–249, Abb.

2265 Hama
Papanicolaou Christensen, A.; Thomsen, R.; Ploug, G.: Hama. Fouilles et recherches 1931–1939, 3, 3. The Graeco-Roman objects of clay, the coins and the necropolis.— (Copenhague 1986) 113 S., Abb.
(Nationalmuseets skrifter. Større beretninger, 10)

2266 Hama
Riis, P. J.: Les provenances des 'pierres de Hama' à Istanbul.—
Anadolu 21, 1978–80 [1987], 47–54, Taf.

2267 Hama
Riis, P. J.: Ḥamā. Danske arkæologers udgravninger i Syrien 1930–38.— (København 1987) 174 S., Abb. Taf.

2268 Hama
Thuesen, I.: Hama. Fouilles et recherches 1931–1938, 1. The pre- and protohistoric periods.— (Copenhague 1988) 279 S., Abb.
(Nationalmuseets skrifter. Større beretninger, 11)

2269 Hammām et-Turkmān
Loon, M. N. van; Meijer, D. J. W.; Akkermans, P. M. M. G.: Hammam et-Turkman and Sabi Abyad on the Balikh. The University of Amsterdam's 1986 excavations.—
AAS 36–37, 1986–87, 309–312, Taf.

2270 Hammara
Ghadban, C.: Monuments des Hammara (Béqa'-Sud, Liban). Nova et vetera.—
Ktema 10, 1985 [1988], 287–309, Abb. Taf.

2271 Har Karkom
Anati, E.: New discoveries at Har Karkom, the Negev desert, Israel, 1986.—
BCamunoStPrIstor 24, 1988, 113–117, Abb.

2272 Hasanlu
Medvedskaya, I.: Who destroyed Hasanlu IV?—
Iran 26, 1988, 1–15, Abb.

2273 Hatra
Tubach, J.: Im Schatten des Sonnengottes. Der Sonnenkult in Edessa, Ḥarrān und Ḥaṭrā am Vorabend der christlichen Mission.— (Wiesbaden 1986) XVIII, 546 S., Taf.

2274 Hatra
Venco Ricciardi, R.: Preliminary report on the 1987 excavation at Hatra.—
Mesopotamia 23, 1988, 31–42, Abb. Taf.

2275 Hattuša
Alexander, R. L.: The sculpture and sculptors of Yazılıkaya.— (Newark 1986) 167 S., Abb.

2276 Hattuša
Bittel, K.: Der Schwertgott in Yazılıkaya.—
Anadolu 21, 1978–80 [1987], 21–28, Taf.

2277 Hattuša
Neve, P.: Zur sogenannten hethitischen Brücke in Hattuscha-Boğazköy.—
Anadolu 21, 1978–80 [1987], 67–70, Taf.

2278 Heerlen
Over de grens, 2. Romeins leven in Heerlen. Römisches Leben in Heerlen. Ausstellung Städtisches Museum Schloß Rheydt, Mönchengladbach 15. Mai bis 17. Juli 1988.— (Mönchengladbach 1988) 43 S., Abb.

2279 Heidenheim
Böhner, K.: Heidenheim und das Brenztal im frühen Mittelalter.— Zivile und militärische Strukturen im Nordwesten der römischen Provinz Raetien (Heidenheim 1988) 139–171, Abb.
KB Heidenheim 1987

2280 Heidenheim
Planck, D.: Die römischen Kastelle Heidenheim und Aalen. Ein Vergleich.— Zivile und militärische Strukturen im Nordwesten der römischen Provinz Raetien (Heidenheim 1988) 33–54, Abb.
KB Heidenheim 1987

2281 Heidenheim
Rabold, B.: Neue Untersuchungen zum römischen Gebäude in Heidenheim.— Zivile und militärische Strukturen im Nordwesten der römischen Provinz Raetien (Heidenheim 1988) 55–71, Abb. Taf.
KB Heidenheim 1987

2282 Hellín
Sogorb Alvarez, M. d. C.: Los mosaicos de la villa romana de Hellín.—
BMusMadrid 5, 1987, 21–52, Abb.

2283 Herakleia (Latmos)
Wörrle, M.: Inschriften von Herakleia am Latmos, 1. Antiochos III., Zeuxis und Herakleia.—
Chiron 18, 1988, 421–470, Taf.

2284 Herakleopolis
Pérez Díe, M. d. C.: Excavaciones de la misión arqueológica española en Heracleópolis Magna.—
AEsp 61, 1988, 337–341, Abb.

2285 Herculaneum
Fino, L.: Ercolano e Pompei. Vedute neoclassiche e romantiche.— (Napoli 1988) 191 S., Abb.

2286 Herculaneum
Kind, R. E. L. B. de: Herculaneum. Huizen en openbare gebouwen.—
(Spiegel historiael 23, 1988, Nr. 4, 187–194, Abb.)
SD

2287 Herculaneum
Pagano, M.: Semo Sancus in una insegna di bottega a Ercolano.—
CronErcol 18, 1988, 209–214, Abb.

2288 Herculaneum
Tran Tam Tinh, V.: La Casa dei cervi a Herculaneum.— (Roma 1988) XI, 168 S., Abb. Taf.
(Archaeologica, 74)

2289 Hermonassa
Boltunova, A. I.: An inscription of Pythodoris from Hermonassa. (Russ. m. engl. Res.).—
VesDrevIstor 1989, Nr. 1, 86–92, Abb. Taf.

2290 Hermonassa
Korovina, A. K.: Pozdneantičnaja Germonassa. Po materialam raskopok 1973–1975 gg. (Russ.) [Hermonassa in der Spätantike. Material der Grabungen 1973–1975.].— Problemy antičnoj kul'tury (Moskva 1986) 160–168, Abb.
SB

2291 Hermonassa
Korovina, A. K.: Vinodel'ni Germonassy. (Russ.) [Kelteranlagen in Hermonassa.].—
KraSoob 1987, Nr. 191, 60–67, Abb.

2292 Hermopolis
Drew-Bear, M.: Les athlètes d'Hermoupolis Magna et leur ville au 3e siècle.— Proceedings of the XVIII International congress of papyrology, 2 (Athens 1988) 229–235
KB Athenai 1986

2293 Hermopolis
Snape, S.; Bailey, D.: British Museum expedition to Middle Egypt. The great portico at Hermopolis Magna. Present state and past prospects.— (London 1988) IX, 122 S., Abb.
(British Museum. Occasional paper, 63)

2294 Hermopolis
Spencer, A. J.; u. a.: Excavations at el-Ashmunein, 2. The temple area.— (London 1989) 90 S., Abb. Taf.
(British Museum expedition to Middle Egypt)

2295 Hermopolis
Tyldesley, J. A.; Snape, S. R.: Nazlet Tuna. An archaeological survey in Middle Egypt.— (Oxford 1988) VI, 163 S., Abb.
(British archaeological reports. International series, 414)

2296 Heshbon
Schmitt, H. C.: Das Hesbonlied Num. 21,27aβb-30 und die Geschichte der Stadt Hesbon.—
ZDPV 104, 1988, 26–43

2297 Heuneburg
Gersbach, E.; u. a.: Heuneburgstudien, 6. Ausgrabungsmethodik und Stratigraphie der Heuneburg. Textbd.; Gesamtfundstellenverzeichnis; Beilagen im Schuber.— (Mainz 1989) XI, 164 S., Abb.; 191 S.
(Römisch-germanische Forschungen, 45)

2298 Hierapolis
Hierapolis di Frigia, 1957–1987. [Mostra fotografica, Museo archeologico di Izmir 1987].— (Milano 1988) 142 S., Abb.

2299 Hierapolis
D'Andria, F.: Stile ed iconografia nei rilievi del teatro di Hierapolis (Frigia).— Πρακτικά του XII Διεθνούς συνεδρίου κλασικής αρχαιολογίας, 3 (Αθήνα 1988) 49–52, Taf.
KB Athenai 1983

2300 Himera
Bonacasa, N.: La produzione scultorea ad Himera nel V secolo a. C.— Πρακτικά του XII Διεθνούς συνεδρίου κλασικής αρχαιολογίας, 3 (Αθήνα 1988) 13–17, Taf.
KB Athenai 1983

2301 Histria
Mărgineanu-Cârstoiu, M.: Römische korinthische Kapitelle von Histria.—
Dacia 32, 1988, 37–52, Abb. Taf.

2302 Histria
Stefan, A. S.: Evolution de la côte dans la zone des bouches du Danube durant l'antiquité.— Déplacements des lignes de rivage en Méditerranée d'après les données de l'archéologie (Paris 1987) 191–209, Abb.
KB Aix-en-Provence 1985

2303 el-Hkayma
Ben Younes, H.: La nécropole punique d'El Hkayma. Seconde compagne septembre 1985.—
Reppal 4, 1988, 49–119, Taf.

2304 Ḥūarte
Canivet, P.; Canivet, M. T.; u. a.: Ḥūarte. Sanctuaire chrétien d'Apamène, IVe–VIe s. Textbd.; Tafelbd.— (Paris 1987) 401 S., Abb. Taf.; Beil.
(Institut français d'archéologie du Proche-Orient. Bibliothèque archéologique et historique, 122)

2305 Huéscar
Jabaloy Sánchez, M.: Dos nuevas sepulturas romanas en la provincia de Granada.—
CuadGranada 10, 1985, 367–372, Abb. Taf.

2306 Hung-i Nauruzi
Mathiesen, H. E.: A note on the dating of the Parthian rock relief at Hung-i Nauruzi.—
ActaArch 56, 1985, 191–196, Abb.

2307 Hvar
Bintliff, J.; Gaffney, V.: The ager Pharensis-Hvar project 1987.— Recent developments in Yugoslav archaeology (Oxford 1988) 151–156, Taf.
SB

2308 Hvar
Kirigin, B.; Popović, P.: Maslinovik. A Greek watchtower in the chora of Pharos. A preliminary report.— Recent developments in Yugoslav archaeology (Oxford 1988) 177–180, Taf.
SB

2309 Hvar
Stančić, Z.; Slapšak, B.: A modular analysis of the field system of Pharos.— Recent developments in Yugoslav archaeology (Oxford 1988) 191–194, Taf.
SB

2310 Ialysos
Benzi, M.: Mycenaean pottery later than LH IIIA 1 from the Italian excavations at Trianda on Rhodes.— Archaeology in the Dodecanese (Copenhagen 1988) 39–55, Abb.
KB København 1986

2311 Ialysos
Doumas, C.: The prehistoric eruption of Thera and its effects. The evidence from Rhodes.— Archaeology in the Dodecanese (Copenhagen 1988) 34–38, Abb.
KB København 1986

2312 Ialysos
Marketou, T.: New evidence on the topography and site history of prehistoric Ialysos.— Archaeology in the Dodecanese (Copenhagen 1988) 27–33, Abb.
KB København 1986

2313 Iasos
Lagona, S.: Statua panneggiata dalla stoà di Artemis Astias a Iasos.—
ASAtene 46, 1984 [1988], 141–149, Abb.

2314 Iatrus
Bülow, G. v.: Wandlung der Siedlungsstruktur im Kastell Iatrus vom 4. zum 5. Jh., dargestellt am Beispiel eines Architekturkomplexes.—
Ratiariensia 3–4, 1987, 215–224, Taf.

2315 Ibiza
Gómez Bellard, C.: Novedades de arqueología fenicio-púnica en Ibiza.—
AEsp 61, 1988, 226–229, Abb.

2316 Ibn el-Ghazzi
Betts, A. V. G.; Helms, S. W.: A water harvesting and storage system at Ibn el-Ghazzi in eastern Jordan. A preliminary report.—
Levant 21, 1989, 3–11, Abb.

2317 Idalion
Stager, L. E.; Walker, A. M.; u. a.: American expedition to Idalion, Cyprus 1973–1980.— (Chicago 1989) XXIV, 516 S., Abb.
(Oriental Institute communications, 24)

2318 Idanha-a-Velha
Gil Mantas, V.: Orarium donavit Igaiditanis. Epigrafia e funções urbanas numa capital regional lusitana.— Actas. 1er Congreso peninsular de historia antigua, 2 (Santiago de Compostela 1988) 415–439, Abb.
KB Santiago de Compostela 1986

2319 Iesolo
Cuscito, G.: Scoperte paleocristiane tra Piave e Livenza.— Atti del VI Congresso nazionale di archeologia cristiana (Firenze 1986) 645–658, Abb.
KB Pesaro-Ancona 1983

2320 Iliturgi
Arteaga, O.; Blech, M.: La romanización en las zonas de Porcuna y Mengíbar (Jaén).— Los asentamientos ibéricos ante la romanización (Madrid 1987) 89–99, Abb.
KB [Madrid] 1986

2321 Iluraton
Gorončarovskij, V. A.: Iluratskaja vinodel'nja. (Russ.) [Eine Kelteranlage in Iluraton.].—
KraSoob 1985, Nr. 182, 89–92, Abb.

2322 Independenţa
Suceveanu, A.; Angelescu, M. V.: Nouvelles découvertes dans l'établissement gétique d'Independenţa (dép. de Tulcea).—
Dacia 32, 1988, 145–150, Abb.

2323 Industria
Bongioanni, A.; Grazzi, R.: Osservazioni sulla planimetria dell'Iseo di Industria.—
Aegyptus 68, 1988, 3–11, Taf.

2324 Innsbruck
Zemmer-Plank, L.: Die neuen Ausgrabungen in Innsbruck-Wilten, dem römischen Veldidena.— Die Römer in den Alpen (Bozen 1989) 131–137, Abb.
KB Salzburg 1986

2325 Iponoba
Muñoz Amilibia, A. M.: Un ejemplo de continuidad del tipo de vivienda ibérica en el municipio de Iponoba. El Cerro de Minguillar (Baena, Córdoba).— Los asentamientos ibéricos ante la romanización (Madrid 1987) 63–68, Abb.
KB [Madrid] 1986

2326 Isaccea
Barnea, A.: Municipium Noviodunum. Nouvelles données épigraphiques.—
Dacia 32, 1988, 53–60, Taf.

2327 Ischia
Ridgway, D.: The Pithekoussai shipwreck.— Studies in honour of T. B. L. Webster, 2 (Bristol 1988) 97–107, Abb.

2328 Ismant el-Gharab
Hope, C.: Three seasons of excavation at Ismant el-Gharab in Dakhleh Oasis, Egypt.—
MedA 1, 1988, 160–178, Abb.

2329 Isola del Tino
Vecchi, E. M.: La pieve di S. Venerio di Migliarina. Nuovi contributi.— Atti del VI Congresso nazionale di archeologia cristiana (Firenze 1986) 843–861, Abb.
KB Pesaro-Ancona 1983

2330 Istanbul
Berger, A.: Untersuchungen zu den Patria Konstantinupoleos.—
(Bonn 1988) 791 S., Abb.
(Ποικίλα βυζαντινά, 8)

2331 Istanbul
Karavias-Grivas, K.: Ἑρμηνεία τῶν μαρμαροθετημάτων τῆς Ἁγίας Σοφίας Κωνσταντινουπόλεως.—
ByzF 14, 1989, 237–244, Taf.

2332 Istanbul
Rebenich, S.: Beobachtungen zum Sturz des Tatianus und des Proculus.—
ZPE 76, 1989, 153–165

2333 Istanbul
Stichel, R. H. W.: Zum Bronzekoloß Justinians I. vom Augusteion in Konstantinopel.— Griechische und römische Statuetten und Großbronzen (Wien 1988) 130–136, Abb.
KB Wien 1986

2334 Isthmia
Kardulias, P. N.: The Byzantine fortress at Isthmia, Greece and the transition from late antiquity to the medieval period in the Aegean. Diss. The Ohio State University 1988.— (Ann Arbor 1989) XVI, 322 S., Abb.
(University Microfilms International)

2335 Istros
Cataldi, S.: Istro città della Iapigia.—
AnnPisa 17, 1987, 565–602

2336 Italica
Roldán Gómez, L.: El opus testaceum en Itálica. Edificios privados.—
AEsp 61, 1988, 119–140, Abb.

2337 Itri
De' Spagnolis Conticello, M.: Una dedica attestante un'aedes Dianae ad Itri.—
ArchCl 38–40, 1986–88, 88–93, Taf.

2338 Iuktas
Rutkowski, B.: Die Topografie des Höhenheiligtums auf Juktas, Kreta.—
APolona 25–26, 1987, 85–96, Abb.

2339 Iuliobriga
Teja Casuso, R.; Iglesias Gil, J. M.: El elemento indígena y el elemento romano en la arquitectura de Juliobriga. El ejemplo de la Casa de los morillos.— Actas. 1er Congreso peninsular de historia antigua, 2 (Santiago de Compostela 1988) 531–538, Taf.
KB Santiago de Compostela 1986

2340 Ivrea
Brecciaroli Taborelli, L.: Un contributo alla conoscenza dell'impianto urbano di Eporedia (Ivrea). Lo scavo di un isolato a Porta Vercelli.—
QuadAPiem 6, [1987], 97–157, Taf.

2341 Jaén
Lázaro Damas, M. S.: Un ninfeo romano en Jaén. La fuente de la Magdalena.— Actas. 1er Congreso peninsular de historia antigua, 1 (Santiago de Compostela 1988) 341–351, Abb.
KB Santiago de Compostela 1986

2342 Jagsthausen
Kortüm, K.: Ein archäologischer Aufschluß im Kastellvicus von Jagsthausen, Kreis Heilbronn.—
FuBerBadWürt 13, 1988, 325–349, Abb.

2343 Jakovenkovo
Čevelev, O. D.: Novye pogrebenija Kyzaul'skogo nekropolja. (Russ.) [Neue Gräber der Nekropole von Kyz-aul.].—
KraSoob 1985, Nr. 182, 84–89, Abb.

2344 Jawa
Helms, S.: Jawa at the beginning of the middle bronze age.—
Levant 21, 1989, 141–168, Abb.

2345 Jerusalem
Broshi, M.: Jewish Jerusalem. A quarter of a century of archaeological research.—
IrsMusJ 7, 1988, 13–23, Abb.

2346 Jülich
Noelke, P.: Zum Stand der Erforschung des römischen Jülich bis 1986.—
(Beiträge zur Jülicher Geschichte 56, 1988, 11–16, Taf.)
SD

2347 Kalapodi
Felsch, R. C. S.: Das Heiligtum bei Kalapodi in vor- und frühklassischer Zeit.— Πρακτικά του XII Διεθνούς συνεδρίου κλασικής αρχαιολογίας, 4 (Αθήνα 1988) 61–64, Taf.
KB Athenai 1983

2348 Kalapodi
Kienast, H. J.: Die klassischen Tempel im Heiligtum bei Kalapodi.— Πρακτικά του XII Διεθνούς συνεδρίου κλασικής αρχαιολογίας, 4 (Αθήνα 1988) 100–103, Taf.
KB Athenai 1983

2349 Kalavasos
Flourentzos, P.: Tombs at Kalavassos. New cippi types and rare pottery forms.—
Levant 20, 1988, 235–238, Abb.

2350 Kalavasos
Rautman, M. L.; McClellan, M. C.: Cyprus at the end of antiquity. Investigations at Kalavasos-Kopetra.—
Muse 21, 1987, 45–54, Abb.

2351 Kalavasos
South, A. K.: Kalavasos, Ayios Dhimitrios 1987. An important ceramic group from building X.—
RDAC 1988, Nr. 1, 223–228, Abb. Taf.

2352 Kamarina
Di Stefano, G.: Ricerche a Camarina e nel territorio della provincia di Ragusa, 1980–1984.—
Kokalos 30–31, 1984–85, Nr. 2,2, 727–799, Abb. Taf.

2353 Kamarina
Pelagatti, P.: Ricerche nel quartiere orientale di Naxos e nell'agorà di Camarina.—
Kokalos 30–31, 1984–85, Nr. 2,2, 679–694, Abb. Taf.

2354 Kampyr Tepe
Rtveladze, E. V.: Les édifices funéraires de la Bactriane septentrionale et leur rapport au zoroastrisme.— Cultes et monuments religieux dans l'Asie centrale préislamique (Paris 1987) 29–39, Taf.
SB

2355 Kaniš
Özgüç, T.: Kültepe and Anatolian archaeology relating to the Old Assyrian period.— Essays on Anatolian studies in the second millennium B.C. (Wiesbaden 1988) 1–9, Taf.
SB

2356 Karaburun (Albanien)
Zeqo, M.: Rezultate të kërkimeve arkeologjike në Karaburun e në Rrëzën e Kanalit. (Alban. m. franz. Res.) Résultats obtenus par les recherches effectuées dans la péninsule de Karaburun et dans Rrëza e Kanalit.—
Monumentet 34, 1987, 153–176, Abb.

2357 Karalar
Saatçı, T.: Karalar kazı raporu, 1987. Karalar excavation report.—
AnadoluYıl 1987, 19–20, Taf.

2358 Karalar
Saatçi, T.: Karalar kazısı 1986. (Türk.) [Karalar. Ausgrabungen 1986.].—
AnadoluYıl 1986, 30–31, Taf.

2359 Karanovo
Borisov, B. D.: Basiliques chrétiennes antiques (IVe–VIe s.) près du village Karanovo, région de Bourgas. (Bulg. m. franz. Res.).—
ArcheologijaSof 30, 1988, Nr. 3, 38–46, Abb.

2360 Karasura
Hermann, J.; Wendel, M.; Neševa, V.: Etudes archéologiques à Karassoura. (Bulg. m. franz. Res.).—
ArcheologijaSof 30, 1988, Nr. 4, 1–11, Abb.

2361 Karataş-Semayük
Eslick, C.: Hacılar to Karataş. Social organization in southwestern Anatolia.—
MedA 1, 1988, 10–40, Abb.

2362 Karyanda
Foss, C.: Strobilos and related sites.—
AnatSt 38, 1988, 147–174, Abb. Taf.

2363 Kastabos
Jong, J. J. de: The temple of Athena Polias at Priene and the temple of Hemithea at Kastabos.—
BABesch 63, 1988, 129–137, Abb.

2364 Kastro Vouliagmenes
Lauter-Bufe, H.: Die Festung auf Koroni und die Bucht von Porto Raphti. Ein Beitrag zur Geschichte Athens im 3. Jh. v. Chr.—
MarbWPr 1988, 67–103, Abb. Taf.

2365 Kaulonia
Tréziny, H.: Kaulonia (Calabre). Urbanisme et fortifications à la lumière des fouilles récentes.—
RA 1988, 205–212, Abb.

2366 Kavousi
Gesell, G. C.; Day, L. P.; Coulson, W. D. E.: Excavations at Kavousi, Crete, 1987.—
Hesperia 57, 1988, 279–301, Abb. Taf.

2367 Kefar Nahum
Corbo, V. C.: Cafarnao dopo la XIX vampagna di scavo.—
StBiFranc 36, 1986, 297–308, Taf.

2368 Kélibia
Fantar, M.: Présence punique et libyque dans les environs d'Aspis au cap Bon.—
CRAI 1988, 502–518, Abb.

2369 Kellia
Corboud, P.: Le désert des Kellia.—
GazBA 107, 1986, 103–110, Abb.

2370 Keos
Caskey, M.: Τά πήλινα ἀγάλματα ἀπό τήν Ἁγία Εἰρήνη τῆς Κέας.—
Archaiognosia 3, 1982–84, 81–92, Abb. Taf.

2371 Keos
Galane, G.; Mendone, L.; Papageorgiadou: Ἐπιφανειακή ἔρευνα στήν Κέα.—
Archaiognosia 3, 1982–84, 237–244, Taf.

2372 Keraeitai
Dörtlük, K.: İlk Keraitai yazıtı. (Türk.) [Die erste Inschrift von Keraeitai.].—
TürkAD 27, 1988, 69–70, Taf.

2373 Kerč
Finogenova, S. I.: Nastennye rospisi i mozaičnye poly Pantikapejskogo pritaneja. (Russ.) [Wandmalereien und Mosaikböden im Prytaneion von Pantikapaion.].— Problemy antičnoj kul'tury (Moskva 1986) 205–209, Taf.
SB

2374 Kerč
Šelov-Koved'ajev, F. V.: Décret trouvé à Panticapée en 1985. (Russ. m. franz. Res.).—
VesDrevIstor 1988, Nr. 4, 81–83, Abb.

2375 Kerč
Trejster, M. J.: Bronzolitejnoe remeslo Bospora IV v. do n. ė. (Russ.) [Der Bronzeguß im bosporanischen Reich im 4. Jh. v. u. Z.].—
KraSoob 1987, Nr. 191, 7–13, Abb.

2376 Khenaman
Curtis, J.: A reconsideration of the cemetery at Khinaman, South-East Iran.—
IrAnt 23, 1988, 97–124, Abb. Taf.

2377 Khirbet ʿAmer
Peña, I.: El templo de Muchárife en el norte de Siria.—
StBiFranc 37, 1987, 295–302, Taf.

2378 Khirbet edh-Dharīḥ
Villeneuve, F.: Fouilles à Khirbet edh-Dharīḥ (Jordanie), 1984–1987. Un village, son sanctuaire et sa nécropole aux époques nabatéenne et romaine, Ier–IVe siècles ap. J. C.—
CRAI 1988, 458–479, Abb.

2379 Khirbet el-Hammeh
Wightman, G. J.: An EB IV cemetery in the north Jordan Valley.—
Levant 20, 1988, 139–159, Abb.

2380 Khirbet el-Kirmil
Meimares, G.: Τό ἐπίγραμμα ἀπό τό μνημεῖο τοῦ Ἰουστινιανοῦ στή Χερμέλα (Khirbet el Karmil) παρά τήν Χεβρώνα Παλαιστίνης.—
Archaiognosia 3, 1982–84, 223–228, Abb. Taf.

2381 Khirbet al-Mafdjar
Whitcomb, D.: Khirbet al-Mafjar reconsidered. The ceramic evidence.—
BASOR 1988, Nr. 271, 51–67, Abb.

2382 Kiapha Thiti
Lauter, H.: Die protomykenische Burg auf Kiapha Thiti in Attika.—
Aegaeum 3, 1989, 145–149, Taf.

2383 Kifrin
Invernizzi, A.: Kifrīn.—
AfO 34, 1987, 156–166, Abb. Taf.

2384 Kinneret
Hübner, U.: Aegyptiaca vom Tell el-ʿOrēme.—
StBiFranc 36, 1986, 253–263, Taf.

2385 Kionia
Moschos, T. N.: Κιόνια Β'. Προβλήματα κατασκευῆς δωρικῶν κτιρίων τῆς ὕστερης ἑλληνιστικῆς περιόδου καὶ τῶν πρώτων αὐτοκρατορικῶν χρόνων. Ἡ περίπτωση τῶν δύο ναῶν στὰ Κιόνια τῆς Νότιας Λακωνικῆς.— Πρακτικά του XII Διεθνούς συνεδρίου κλασικής αρχαιολογίας, 4 (Αθήνα 1988) 140–147, Taf.
KB Athenai 1983

2386 Kjustendil
Ruseva-Slokoska, L.: Pautalija, 1. Topografija, gradoustrojstvo i ukrepitelna sistema. (Bulg. m. franz. Res.) Pautalia, 1. Topographie, urbanisme et système de fortifications.— (Sofia 1989) 151 S., Abb.

2387 Klazomenai
Beck, R. van; Beelen, J.: Excavations in Klazomenai.—
BABesch 63, 1988, 138–140, Abb.

2388 Knidos (Kypros)
Bouzek, J.: Preliminary prospecting on the site of Akrotiri (Knidos) in Cyprus, 1972.—
RDAC 1988, Nr. 2, 71–75, Abb. Taf.

2389 Knossos
Haskell, H. W.: LM III Knossos. Evidence beyond the palace.—
SMEA 27, 1989, 81–110

2390 Knossos
Macdonald, C. F.; Driessen, J. M.: The drainage system of the domestic quarter in the palace at Knossos.—
BSA 83, 1988, 235–258, Abb. Taf.

2391 Knossos
Popham, M.: The historical implications of the Linear B archive at Knossos dating to either c. 1400 BC or 1200 BC.—
CretSt 1, 1988, 217–227

2392 Knossos
Raison, J.: Le palais du second millénaire à Knossos, 1. Le quartier nord. 2 Bde.— (Paris 1988) 310 S., Abb.; Tafelbd. Beil.
(Ecole française d'Athènes. Etudes crétoises, 28)

2393 Köln
Deckers, J. G.: Kult und Kirchen der Märtyrer in Köln. Begann die Verehrung der Jungfrauen und der Legionäre erst im 6. Jahrhundert?—
RömQSchr 83, 1988, 25–43, Abb. Taf.

2394 Köln
Grünberg, J. M.: Untersuchungen zur Besiedlungsgeschichte von Köln-Blumenberg.—
KölnJbVFrühGesch 21, 1988, 211–241, Abb.

2395 Köln
Grünewald, T.: Arbogast und Eugenius in einer Kölner Bauinschrift. Zu CIL XIII 8262.—
KölnJbVFrühGesch 21, 1988, 243–252, Abb.

2396 Köln
Wolff, A.: Vermutungen über die frühesten christlichen Bauanlagen unter dem Kölner Dom.—
RömQSchr 83, 1988, 44–57, Abb.

2397 Kolbasa
Mitchell, S.: Maximinus and the Christians in A.D. 312. A new latin inscription.—
JRS 78, 1988, 105–124, Abb. Taf.

2398 Kommos
Shaw, J. W.: Phoenicians in southern Crete.—
AJA 93, 1989, 165–183, Abb.

2399 Kopanaki
Kaltsas, N.: Η αγροτική κατοικία στη βόρεια Μεσσηνία ως πρώϊμο παράδειγμα της μορφής της κλασικής οικίας.— Πρακτικά του XII Διεθνούς συνεδρίου κλασικής αρχαιολογίας, 4 (Αθήνα 1988) 81–87, Taf.
KB Athenai 1983

2400 Korinthos
Merker, G. S.: Fragments of architectural-terracotta Hydras in Corinth.—
Hesperia 57, 1988, 193–202, Abb. Taf.

2401 Korinthos
Sturgeon, M. C.: Isthmia, 4. Sculpture, 1. 1952–1967.— (Princeton 1987) XXIII, 200 S., Abb. Taf.

2402 Korinthos
Williams II, C. K.; Zervos, O. H.: Corinth, 1987. South of temple E and east of the theatre.—
Hesperia 57, 1988, 95–146, Abb. Taf.

2403 Koroni
Lauter-Bufe, H.: Die Festung auf Koroni und die Bucht von Porto Raphti. Ein Beitrag zur Geschichte Athens im 3. Jh. v. Chr.—
MarbWPr 1988, 67–103, Abb. Taf.

2404 Koryphasion
Lolos, Y. G.: The tholos tomb at Koryphasion. Evidence for the transition from middle to late Helladic in Messenia.—
Aegaeum 3, 1989, 171–175

2405 Kos
Kantzia, C.: Recent archaeological finds from Kos. New indications for the site of Kos-Meropis.— Archaeology in the Dodecanese (Copenhagen 1988) 175–183, Abb. Taf.
KB København 1986

2406 Kos
Solin, H.: Eine Inschrift aus Kos.—
Tyche 3, 1988, 191–192, Taf.

2407 Kos
Stampolides, N. C.: Ο βωμός του Διονύσου στην Κω. Συμβολή στη μελέτη της ελληνιστικής πλαστικής και αρχιτεκτονικής.— (Αθήνα 1987) 285 S., Abb. Taf.
(Δημοσιεύματα του Αρχαιολογικού δελτίου, 34)

2408 Koumasa
Rutkowski, B.: Minoan sanctuaries at Christos and Koumasa, Crete. New field research.—
AKorrBl 19, 1989, 47–51, Abb. Taf.

2409 Krasnorečenskoe
Gorjačeva, V. D.: La pratique des sépultures en 'naus' dans le Sémiretchié d'après les fouilles de la nécropole de Krasnorečenskoe.— Cultes et monuments religieux dans l'Asie centrale préislamique (Paris 1987) 73–79, Taf.
SB

2410 Krasnyj Kurgan
Salov, A. I.: Slučajnye nachodki u chutora Krasnyj Kurgan v 1971 i 1972 gg. (Russ.) [Zufallsfunde bei dem Weiler Krasnyj Kurgan in den Jahren 1971 und 1972.].—
KraSoob 1985, Nr. 182, 56–58, Abb.

2411 Krefeld-Gellep
Pirling, R.; u. a.: Das römisch-fränkische Gräberfeld von Krefeld-Gellep 1966–1974.— (Stuttgart 1989) 163 S., Taf.
(Germanische Denkmäler der Völkerwanderungszeit. Serie B, 13)

2412 Kremna
Mitchell, S.; Waelkens, M.: Cremna and Sagalassus 1987.—
AnatSt 38, 1988, 53–65, Abb. Taf.

2413 Kula
Atanasova, J.: Il castellum Castra Martis a Kula.—
Ratiariensia 3–4, 1987, 119–125, Taf.

2414 Kumanovo
Petrova, E.: A late Roman grave from the vicinity of Kumanovo. (Maked. m. engl. Res.).—
MacActaA 7–8, 1981–82 [1987], 97–108, Abb.

2415 Kurban Höyük
Marfoe, L.: Kurban Höyük excavations, 1984.—
TürkAD 27, 1988, 15–21, Taf.

2416 Kurion
Soren, D.; James, J.: Kourion. The search for a lost Roman city.—
(New York 1988) XI, 223 S., Abb. Taf.

2417 Kurion
Soren, D.; Leonard, J. R.; Molinari, P.: University of Arizona excavations at Kourion 1984–1987.—
RDAC 1988, Nr. 2, 171–178, Abb. Taf.

2418 Kursi
Raban, A.: The boat from Migdal Nunia and the anchorages of the Sea of Galilee from the time of Jesus.—
IntJNautA 17, 1988, 311–329, Abb.

2419 Kuruçay Höyüğü
Duru, R.: Kuruçay Höyüğü kazıları 1986–1987 çalışmaları raporu. (Türk.) Les fouilles du Kuruçay Hüyük. Rapport de travaux réalisés durant les années de 1986–1987.—
Belleten 52, 1988, Nr. 203, 653–666, Taf.

2420 Kuruçay Höyüğü
Eslick, C.: Hacılar to Karataş. Social organization in southwestern Anatolia.—
MedA 1, 1988, 10–40, Abb.

2421 Kyrene
Laronde, A.: Cyrène et la Libye hellénistique. 'Libykai historiai' de l'époque républicaine au principat d'Auguste.— (Paris 1987) 524 S., Abb. Taf.
(Centre national de la recherche scientifique. Etudes d'antiquités africaines)

2422 Kyrene
Luni, M.: Il foro di Cirene tra secondo e terzo secolo.— L'africa romana (Sassari 1988) 271–277, Abb. Taf.
KB Sassari 1987

2423 Kyrene
Marengo, S. M.: L'agorà di Cirene in età romana alla luce delle testimonianze epigrafiche.—
MEFRA 100, 1988, 87–101, Abb.

2424 Kyrene
Paci, G.: Frammento di decreto onorario da Cirene.—
AnnMacerata 19, 1986, 369–375, Taf.

2425 Kyrene
Stucchi, S.: L'Olympieion di Cirene ed il Partenone di Atene. Il progetto classico e quello classicista della cella dell'Olympieion.— Πρακτικά του XII Διεθνούς συνεδρίου κλασικής αρχαιολογίας, 4 (Αθήνα 1988) 192–197, Taf.
KB Athenai 1983

2426 Kythera
Petrocheilos, I. E.: An unpublished inscription from Kythera.—
BSA 83, 1988, 359–362, Abb.

2427 La Croix-Valmer
Brun, J. P.; Congès, G.; Prothro, K.: Un foyer d'époque mérovingienne dans la villa de Pardigon 2 (Var, La Croix-Valmer).—
RANarb 19, 1986, 307–317, Abb.

2428 Labraunda
Hellström, P.: Labraunda. Mixed orders in Hecatomnid architecture.— Πρακτικά του XII Διεθνούς συνεδρίου κλασικής αρχαιολογίας, 4 (Αθήνα 1988) 70–74, Taf.
KB Athenai 1983

2429 Lago Albano
Amendolea, B.: I due ninfei del Lago Albano in alcuni disegni ed incisioni del XVII, XVIII e XIX secolo.—
DocAlb 9, 1987, 29–49, Abb.

2430 Lago Albano
Chiarucci, P.: Indagini sul Lago Albano.—
DocAlb 9, 1987, 19–28, Abb.

2431 Lanchester
Tomlin, R. S. O.: The identity of the ignotus in CIL VIII 1578.—
ZPE 74, 1988, 145–147, Abb.

2432 Langres
Frézouls, E.; u. a.: Les villes antiques de la France, 2. Germanie Supérieure, 1. Besançon, Dijon, Langres, Mandeure.— (Strasbourg 1988) 505 S., Abb. Taf.

2433 Larisa
Gallis, K. J.: The games in ancient Larisa. An example of provincial Olympic games.— The archaeology of the Olympics (Madison 1988) 217–235, Abb.
KB Los Angeles 1984

2434 Larnaka
Callot, O.: Eléments d'architecture romaine à Larnaca.—
RDAC 1988, Nr. 2, 219–228, Abb. Taf.

2435 Larnaka
Collombier, A. M.: Harbour or harbours of Kition on southeastern coastal Cyprus.— Archaeology of coastal changes (Oxford 1988) 35–46, Abb.
KB Haifa 1986

2436 Laurion
Jones, J. E.: An Athenian silver-mine ergasterion at Agrileza in the Laureotike.— Πρακτικά του XII Διεθνούς συνεδρίου κλασικής αρχαιολογίας, 4 (Αθήνα 1988) 269–272, Taf.
KB Athenai 1983

2437 Laurons
Ximenes, S.; Moerman, M.: The Roman harbour of Laurons. Buildings and structures.— Archaeology of coastal changes (Oxford 1988) 229–235, Taf.
KB Haifa 1986

2438 Lavinium
Zevi, F.: Il mito di Enea nella documentazione archeologica. Nuove considerazioni.— L'epos greco in Occidente (Taranto 1980 [1989]) 247–290
KB Taranto 1979

2439 Laxton
Jackson, D. A.; Tylecote, R. F.; u. a.: Two new Romano-British iron-working sites in Northamptonshire. A new type of furnace?—
Britannia 19, 1988, 275–298, Abb.

2440 Lemba Lakkous
Peltenburg, E. J.: Lemba archaeological project, Cyprus, 1986.—
Levant 20, 1988, 231–235, Abb.

2441 Lenzburg
Niffeler, U.: Römisches Lenzburg. Vicus und Theater.— ([Zürich] 1988) 241 S., Abb. Beil.
(Veröffentlichungen der Gesellschaft Pro Vindonissa, 8)

2442 Leptis Magna
Fant, J. C.: IRT 794b and the building history of the Hadrianic baths at Lepcis Magna.—
ZPE 75, 1988, 291–294, Taf.

2443 Leptis Magna
Jones, G. D. B.; Kronenburg, R.: The Severan buildings at Lepcis Magna.—
LibSt 19, 1988, 43–53, Abb.

2444 Leptis Magna
Laronde, A.: Le port de Lepcis Magna.—
CRAI 1988, 337–353, Abb.

2445 Leptis Magna
Trillmich, W.: Der Germanicus-Bogen in Rom und das Monument für Germanicus und Drusus in Leptis Magna. Archäologisches zur Tabula Siarensis, I 9–21.— Estudios sobre la Tabula Siarensis (Madrid 1988) 51–60
KB Sevilla 1986

2446 Les Lens
Bessac, J. C.: Carrières antiques du bois des Lens (Gard). Inventaire préliminaire.—
RANarb 19, 1986, 159–182, Abb.

2447 Les Sausses
Meffre, J. C.: L'habitat F des Sausses (Séguret, Vaucluse). Aspects de la petite exploitation paysanne sous le Haut-Empire autour de Vaison-la-Romaine.—
DocAMérid 11, 1988, 97–133, Abb.

2448 Leukas
Murray, W. M.: The ancient harbour mole at Leukas, Greece.—
Archaeology of coastal changes (Oxford 1988) 101–118, Abb.
KB Haifa 1986

2449 Levroux
Fisher, B.; Buchsenschutz, O.: Monnaies celtiques découvertes en fouille à Levroux.— Monnaies gauloises découvertes en fouilles (Paris 1987) 138–150, Abb.
SB

2450 Lincoln
Darling, M. J.; Jones, M. J.: Early settlement at Lincoln.—
Britannia 19, 1988, 1–57, Abb. Taf.

2451 Lincoln
Jones, M.: Lincoln.— Fortress into city (London 1988) 145–166, Abb.
SB

2452 Lindos
Kostomitsopoulos, P.: Lindian sacrifice. An evaluation of the evidence based on new inscriptions.— Archaeology in the Dodecanese (Copenhagen 1988) 121–128, Abb.
KB København 1986

2453 Lipari
Cavalier, M.; Brugnone, A.: I bolli delle tegole della necropoli di Lipari.—
Kokalos 32, 1986, 181–282, Taf.

2454 Lixus
Blázquez, J. M.: Los templos de Lixus (Mauritania Tingitana) y su relación con los templos de ciudades semitas representados en las monedas.— Congreso internacional 'El estrecho de Gibraltar', Ceuta noviembre 1987 (o. O. o. J.) o. Pagin., Abb.
(Actas separatas. Universidad nacional de educación a distancia)
SD

2455 Lokroi Epizephyrioi
Locri Epizefiri, 2. Gli isolati I2 e I3 dell'area di Centocamere.—
(Firenze 1989) XXII, 380 S., Abb. Taf.
(Università degli studi di Torino. Studi e materiali di archeologia, 1)

2456 Lokroi Epizephyrioi
Locri Epizefiri, 3. Cultura materiale e vita quotidiana.— (Firenze 1989) XXVI, 214 S., Taf. Beil.
(Università degli studi di Torino. Studi e materiali di archeologia, 2)

2457 Lokroi Epizephyrioi
Barra Bagnasco, M.: Locri Epizefiri. Campagna di scavo 1979.— L'epos greco in Occidente (Taranto 1980 [1989]) 386–395, Taf.
KB Taranto 1979

2458 Lom
Stoičkov, V.: Almus. Localizzazione, stato attuale delle ricerche.—
Ratiariensia 3–4, 1987, 135–141, Taf.

2459 London
Schofield, J.: Scavi nella city di Londra. La città romana, sassone e medievale.— Archeologia e restauro dei monumenti (Firenze 1988) 195–203, Abb.
KB Siena 1987

2460 Lucera
Mazzei, M.: Lucera, Piano dei Puledri. Corredi funerari del IV secolo a. C.—
Taras 6, 1986, 105–116, Taf.

2461 Lucera
Todisco, L.: Leoni funerari di Luceria.—
RendLinc 42, 1987, 145–155, Taf.

2462 Lucus Feroniae
Bartoccini, R.: Lucus Feroniae.—
AnnPerugia 23, 1985–86, Nr. 1, 298–301

2463 Lucus Feroniae
Fiocchi Nicolai, V.: Aree cimiteriali e comunità cristiane rurali dell'Etruria Meridionale alla luce di recenti ritrovamenti.— Atti del VI Congresso nazionale di archeologia cristiana (Firenze 1986) 127–146, Abb.
KB Pesaro-Ancona 1983

2464 Lullingstone
Ling, R.: Lullingstone villa.— The Cambridge guide to the arts in Britain, 1 (Cambridge 1988) 91–96, Abb. Taf.
SB

2465 Lullingstone
Meates, G. W.; u. a.: The Roman villa at Lullingstone, Kent, 2. The wall paintings and finds.— (Maidstone 1987) XXIX, 330 S., Abb. Taf.
(Monograph series of the Kent Archaeological Society, 3)

2466 Luna
Angeli Bertinelli, M. G.: Frammenti di fasti imperiali inediti da Luna.—
MEFRA 100, 1988, 103–116, Abb.

2467 Lupatia
Ruta, R.; Ricchetti, G.: Una importante via istmica della Peucezia e la connessa ipotesi di identificazione dell'antica Lupatia.—
ArchStorPugl 41, 1988, 195–208

2468 Lussonium
Visy, Z.: Archäologische Ausgrabungen in Dunakömlőd zwischen 1969 und 1987.—
SpNov 1987, 95–106, Abb.

2469 Madaba
Gatier, P. L.: Une inscription latine à Madaba.—
StBiFranc 37, 1987, 365–367, Taf.

2470 Madaba
Piccirillo, M.; Alliata, E.: Il palazzo bruciato di Madaba.—
StBiFranc 36, 1986, 317–334, Taf.

2471 Magdala
Raban, A.: The boat from Migdal Nunia and the anchorages of the Sea of Galilee from the time of Jesus.—
IntJNautA 17, 1988, 311–329, Abb.

2472 Magharah
Chartier-Raymond, M.: Notes sur Maghara (Sinaï).—
CahPEg 10, 1988, 13–22, Abb. Taf.

2473 Maghraoua
M'charek, A.: Maghrāwa, lieu de provenance des stèles punico-numides dites de la Ghorfa.—
MEFRA 100, 1988, 731–760, Abb.

2474 Magnesia
Chairi, E.: Une colonne de Magnésie du Méandre au Louvre.—
BCH 113, 1989, 335–342, Abb.

2475 Magnesia
Hamiaux, M.: Les éléments d'architecture de Magnésie du Méandre conservés au Musée du Louvre.—
RA 1988, 83–108, Abb.

2476 Mainz
Bellen, H.: Der römische Ehrenbogen von Mainz-Kastel. Ianus Germanici aut Domitiani?—
AKorrBl 19, 1989, 77–84

2477 Mainz
Frenz, H. G.: Zur Zeitstellung des römischen Ehrenbogens von Mainz-Kastel.—
AKorrBl 19, 1989, 69–75, Taf.

2478 Mainz
Lebek, W. D.: Die Mainzer Ehrungen für Germanicus, den älteren Drusus und Domitian. Tab. Siar. frg. I 26–34; Suet. Claud. 1, 3.—
ZPE 78, 1989, 45–82, Taf.

2479 Maišan
Bowersock, G. W.: La Mésène (Maišân) antonine.— L'Arabie préislamique et son environnement historique et culturel (Leiden 1989) 159–168
KB Strasbourg 1987

2480 Malathre
Deniaux, E.: Atticus et l'Epire.— L'Illyrie méridionale et l'Epire dans l'antiquité (Clermont-Ferrand 1987) 245–254, Abb.
KB Clermont-Ferrand 1984

2481 Mallia
Guest-Papamanoli, A.: Les carrières de grès dunaire à Malia.—
BCH 113, 1989, 113–122, Abb.

2482 Mallia
Poursat, J. C.: La ville minoenne de Malia. Recherches et publications récentes.—
RA 1988, 61–82, Abb.

2483 Mallia
Stürmer, V.: Ein Gründungsdeposit im Palast von Malia.— Kolloquium zur ägäischen Vorgeschichte (Mannheim 1987) 41, Taf.
KB Mannheim 1986

2484 Mallorca
Orfila, M.: La necrópolis de Sa Carrotja y la romanización del sur de la isla de Mallorca.— (Oxford 1988) 329 S., Abb. Taf.
(British archaeological reports. International series, 397)

2485 Mallorca
Plana Mallart, R.: La romanización de Mallorca.— Actas. 1er Congreso peninsular de historia antigua, 2 (Santiago de Compostela 1988) 495–507
KB Santiago de Compostela 1986

2486 Manching
Sievers, S.: Die Waffen von Manching unter Berücksichtigung des Übergangs von LT C zu LT D. Ein Zwischenbericht.—
Germania 67, 1989, Nr. 1, 97–120, Abb.

2487 Mandeure
Frézouls, E.; u. a.: Les villes antiques de la France, 2. Germanie Supérieure, 1. Besançon, Dijon, Langres, Mandeure.— (Strasbourg 1988) 505 S., Abb. Taf.

2488 Marathon
Arapogianne, X.: Ο Μαραθώνας την ρωμαϊκή εποχή.— Πρακτικά Γ' Επιστημονικής συνάντησης ΝΑ. Αττικής (Καλύβια 1988) 307–316, Taf.
KB Kalyvia 1987

2489 Mari
Gates, M. H.: Dialogues between ancient Near Eastern texts and the archaeological record. Test cases from bronze age Syria.—
BASOR 1988, Nr. 270, 63–91, Abb.

2490 Mārib
Schmidt, J.; Herberg, W.: Mārib. Dritter vorläufiger Bericht über die Ausgrabungen und Forschungen in der Sabäerhauptstadt und Umgebung.—
ABerYem 4, 1987, 97–142, Abb. Taf.

2491 Mārib
Wright, G. R. H.: Some preliminary observations on the masonry work at Mārib.—
ABerYem 4, 1987, 63–78, Abb.

2492 Marion
Childs, W. A. P.: First preliminary report on the excavations at Polis Chrysochous by Princeton University.—
RDAC 1988, Nr. 2, 121–130, Abb. Taf.

2493 Maroni
Cadogan, G.: Maroni, 4.—
RDAC 1988, Nr. 1, 229–231

2494 Marseille
Boyer, R.; u. a.: Vie et mort à Marseille à la fin de l'antiquité. Inhumations habillés des Ve et VIe siècles et sarcophage reliquaire trouvés à l'abbaye de Saint-Victor.— [Paris 1987] 123 S., Abb. Taf.

2495 Mashkjezë
Vreka, B.: Tri banesa te shekujve IV–III p.e. sone ne Mashkjeze. (Alban. m. franz. Res.) Trois habitations des IVe–IIIe siècles av.-n.ère à Mashkjeze.—
Iliria 17, 1987, Nr. 1, 117–128, Abb. Taf.

2496 Masjid-i Solaiman
Downey, S. B.: Mesopotamian religious architecture. Alexander through the Parthians.— (Princeton 1988) XVII, 197 S., Abb. Taf.

2497 Massa Martana
Binazzi, G.: Catacomba di Villa S. Faustino (Massa Martana, Todi). Saggi di scavo 1981.— Atti del VI Congresso nazionale di archeologia cristiana (Firenze 1986) 637–643, Abb.
KB Pesaro-Ancona 1983

2498 Mataró
Francesc Clariana, J.; Prevosti, M.: Sobre la pervivencia de hábitats rurales romanos en la alta edad media en el Maresme.— Arqueología medieval española, 3 (Madrid 1987) 429–436, Abb.
KB Madrid 1987

2499 Mazarakata
Warnecke, H.: Zur Herkunft der mykenischen Gefäße in Neuchâtel.—
MusHelv 45, 1988, 182–184

2500 Medinet Madi
Bresciani, E.: L'attività archeologica in Egitto dell'Università di Pisa nel Fayum. Campagna 1988.—
EgVicOr 11, 1988, 1–3, Taf.

2501 Medinet Madi
Grossmann, P.: Le chiese CH D 87, CH G 88 e CH H 88 di Medinet Madi.—
EgVicOr 11, 1988, 13–17, Taf.

2502 Mefaa
Piccirillo, M.: Le iscrizioni di Um er-Rasas/Kastron Mefaa in Giordania, 1. 1986–1987.—
StBiFranc 37, 1987, 177–220; 232–239, Abb. Taf.

2503 Megalopolis
Roy, J.; Owens, E. J.; Lloyd, J. A.: Tribe and polis in the chora at Megalopolis. Changes in settlement pattern in relation to synoecism.— Πρακτικά του XII Διεθνούς συνεδρίου κλασικής αρχαιολογίας, 4 (Αθήνα 1988) 179–182
KB Athenai 1983

2504 Megiddo
Kempinski, A.: Megiddo. A city-state and royal centre in north Israel.— (München 1989) 262 S., Abb. Beil.
(Materialien zur allgemeinen und vergleichenden Archäologie, 40)

2505 Megiddo
Milson, D.: The design of the early bronze age temples at Megiddo.—
BASOR 1988, Nr. 272, 75–78, Abb.

2506 Melos
Negbi, O.: Levantine elements in the sacred architecture of the Aegean at the close of the bronze age.—
BSA 83, 1988, 339–357, Abb.

2507 Mels
Grüninger, I.; Kaufmann, B.; u. a.: Ausgrabung in der Pfarrkirche St. Peter und Paul in Mels SG.—
ASchw 11, 1988, 155–166, Abb.

2508 Mels
Martin, M.: Grabfunde des 6. Jahrhunderts aus der Kirche St. Peter und Paul in Mels SG.—
ASchw 11, 1988, 167–181, Abb.

2509 Memphis
Bresciani, E.; u. a.: Tomba di Bakenrenef (L. 24). Attività del cantiere scuola 1985–1987.— (Pisa 1988) 87 S., Abb.
(Saqqara, 4)

2510 Memphis
Jeffreys, D. G.; Malek, J.: Memphis 1986, 1987.—
JEA 74, 1988, 15–29, Abb. Taf.

2511 Memphis
Jones, M.; Jones, A. M.: The Apis House project at Mit Rahinah. Preliminary report of the fifth season, 1984–1985.—
JARCE 24, 1987, 35–44, Abb. Taf.

2512 Memphis
el-Khouli, A.; Kanawati, N.: Excavations at Saqqara. North-west of Teti's pyramid, 2.— (Sydney 1988) 48 S., Taf.

2513 Memphis
Leclant, J.: Découverte récente à Saqqarah (Egypte) de deux pyramides de reines.—
CRAI 1988, 262–265

2514 Memphis
Malek, J.: The royal butler Hori at northern Saqqāra.—
JEA 74, 1988, 125–136, Abb. Taf.

2515 Memphis
Martin, G. T.; Raven, M. J.; Aston, B. G.; u. a.: The tomb of Maya and Meryt. Preliminary report on the Saqqāra excavations, 1987–88.—
JEA 74, 1988, 1–14, Abb. Taf.

2516 Memphis
Sharawi, G.; Harpur, Y.: The identity and positions of relief fragments in museums and private collections. Reliefs from various tombs at Saqqāra.—
JEA 74, 1988, 57–67, Abb. Taf.

2517 Memphis
Thompson, D. J.: Memphis under the Ptolemies.— (Princeton 1988) XVII, 342 S., Abb. Taf.

2518 Meroë
Harting, D.: Bericht über die Arbeiten am Gebäude M 292 in Meroe.— Studia meroitica 1984 (Berlin 1989) 821–826, Taf.
KB Roma 1984

2519 Meroë
Hinkel, F. W.: Die Pyramiden von Meroe 140 Jahre nach der Bestandsaufnahme durch die königlich preußische Expedition unter K. R. Lepsius.— Karl Richard Lepsius, 1810–1884 (Berlin 1988) 322–327, Taf.
KB Halle 1984

2520 Meroë
Kirwan, L. P.: Meroe, Soba and the kingdom of Alwa.— Studia meroitica 1984 (Berlin 1989) 299–304
KB Roma 1984

2521 Meroë
Tomandl, H.: Die Ikonographie der Pyramidenkapellenreliefs von Beg N 10 als Datierungskriterium.—
BeitrSudanF 3, 1988, 96–117, Abb.

2522 Meroth
Ilan, Z.; Damati, E.: The mosaic from the synagogue at ancient Meroth.—
IsrMusJ 4, 1985, 51–56, Abb.

2523 Mesembria
Vavritsas, A. K.: Ἡ ἀρχαία Μεσημβρία τοῦ Αἰγαίου.— Η ιστορική, αρχαιολογική και λαογραφική έρευνα για τη Θράκη (Θεσσαλοξνίκη 1988) 75–89, Abb. Taf.
KB Xanthe 1985

2524 Metaponto
Bottini, A.: Elena in Occidente. Una tomba dalla chora di Metaponto.—
BdA 73, 1988, Nr. 50–51, 1–18, Abb. Taf.

2525 Metaponto
La Genière, J. de;; Nenci, G.; Tagliente, M.; u. a.: Documentazione analitica delle necropoli dell'Italia meridionale e della Sicilia. Contributo allo studio delle società antiche.—
AnnPisa 18, 1988, 11–60, Taf.

2526 Metaponto
Mertens, D.: Metaponto. Lo scavo del teatro-ekklesiasterion.— L'epos greco in Occidente (Taranto 1980 [1989]) 409–412, Taf.
KB Taranto 1979

2527 Metz
Delestre, X.: Saint-Pierre-aux-Nonnains (Metz, Moselle). De l'époque romaine à l'époque gothique.— ([Paris] 1988) 63 S., Abb. Taf.
(Guides archéologiques de la France, 15)

2528 Michajlovka
Peters, B. G.: O rabotach Michajlovskoj èkspedicii, 1963–1983 gg. (Russ.) [Die Arbeiten der Michajlovka-Expedition i. d. J.: 1963–1983.].—
KraSoob 1985, Nr. 182, 23–27, Abb.

2529 Midea
Åström, P.: A late helladic III B2 deposit from the acropolis of Medea.— Kolloquium zur ägäischen Vorgeschichte (Mannheim 1987) 152–154
KB Mannheim 1986

2530 Mihajlovgrad
Alexandrov, G.: Montana und Regio Montanensium. Untersuchungen.—
Ratiariensia 3–4, 1987, 143–151, Taf.

2531 Mihajlovgrad
Velkov, V.; Alexandrov, G.: 'Venatio caesariana'. Eine neue Inschrift aus Montana (Moesia Inferior).—
Chiron 18, 1988, 271–276, Taf.

2532 Milano
Ambrogio e la cruciforme 'Romana' basilica degli Apostoli nei milleseicento anni della sua storia.— (Milano 1986) 460 S., Abb.

2533 Milano
Apollonj Ghetti, B. M.: Le cattedrali di Milano ed i relativi battisteri. Nota sulla basilica di S. Lorenzo Maggiore.—
RACrist 63, 1987, 23–89, Abb. Taf.

2534 Milano
Mirabella Roberti, M.: Il mausoleo romano di San Vittore a Milano.— Atti del VI Congresso nazionale di archeologia cristiana (Firenze 1986) 777–783, Abb.
KB Pesaro-Ancona 1983

2535 Miletos
Günther, W.: Milesische Bürgerrechts- und Proxenieverleihungen der hellenistischen Zeit.—
Chiron 18, 1988, 383–412, Abb. Taf.

2536 Miletos
Müller-Wiener, W.: Milet 1976–1986. Ergebnisse aus 10 Jahren Ausgrabungstätigkeit.—
AW 19, 1988, Nr. 4, 31–42, Abb.

2537 el-Mina
Elayi, J.: Al-Mina sur l'Oronte à l'époque perse.— Phoenicia and the East Mediterranean in the first millennium B.C. (Leuven 1987) 249–266 Abb.
KB Louvain 1985

2538 Minturnae
Guidobaldi, M. P.: La colonia civium romanorum di Minturnae.—
DArch 6, 1988, Nr. 2, 125–133, Abb.

2539 Minturnae
Pagano, M.: Una nuova iscrizione dei magistri minturnesi e altre acquisizioni epigrafiche dalle carte di F. S. Gualtieri.—
MEFRA 100, 1988, 819–826, Abb.

2540 Minturnae
Ruegg, S. D.: Minturnae. A Roman river seaport on the Garigliano river, Italy.— Archaeology of coastal changes (Oxford 1988) 209–228
KB Haifa 1986

2541 Miokazi
Spasovska-Dimitrioska, G.: The archaeological investigations of the Gradište 'Venec' at the village of Miokazi in the district of Kičevo. (Maked. m. engl. Res.).—
MacActaA 7–8, 1981–82 [1987], 167–175, Abb.

2542 Mleha
Boucharlat, R.: Documents arabes provenant des sites 'hellénistiques' de la péninsule d'Oman.— L'Arabie préislamique et son environnement historique et culturel (Leiden 1989) 109–126, Abb. Taf.
KB Strasbourg 1987

2543 Mleha
Boucharlat, R.: Entre la Méditerranée et l'Inde. Etablissements du golfe Persique à l'époque gréco-romaine.—
RA 1989, 214–219, Abb.

2544 Modena
Modena dalle origini all'anno Mille. Studi di archeologia e storia. 2 Bde. [Mostra] Modena, Galleria civica, gennaio-giugno 1989.— (Modena 1988) 612 S., Abb. Beil.; 533 S., Abb.

2545 Modena
Trovabene, G.: Cattedrale e topografia urbana di Modena tardoantica.— Atti del VI Congresso nazionale di archeologia cristana (Firenze 1986) 253–272, Abb.
KB Pesaro-Ancona 1983

2546 Monopoli
Carrieri, M.: Scavi archeologici nella cattedrale di Monopoli.—
VeteraChr 26, 1989, 137–149, Taf.

2547 Monroy
Cerrillo Martín de Cáceres, E.; Alvarado Gonzalo, M. de; Cerrillo Martín de Cáceres, F. J.; u. a.: Excavaciones en la villa romana de Monroy (Cáceres), 1981–1985.—
ExtremA 1, 1988, 167–186, Abb.

2548 Mons Claudianus
Peacock, D. P. S.: The Roman quarries of Mons Claudianus, Egypt. An interim report.— Classical marble (Dordrecht 1988) 97–101
KB Il Ciocco 1988

2549 Monte Gelato
Potter, T. W.; King, A. C.; u. a.: Scavi a Mola di Monte Gelato presso Mazzano Romano, Etruria Meridionale. Primo rapporto preliminare.—
AMediev 15, 1988, 253–311, Abb.

2550 Monte Iato
Isler, H. P.: Grabungen auf dem Monte Iato 1988.—
AntK 32, 1989, 35–44, Abb. Taf.

2551 Monte San Mauro
Spigo, U.: Ricerche e rinvenimenti a Brucoli (contrada Gisira), Valsavoia (Lentini), nel territorio di Catagirone, ad Adrano e Francavilla di Sicilia.—
Kokalos 30–31, 1984–85, Nr. 2,2, 863–904, Abb. Taf.

2552 Monte Sant'Angelo
Falla Castelfranchi, M.: Contributo alla conoscenza dell'edilizia religiosa nella Longobardia meridionale. Canosa e Monte Sant'Angelo tra Romualdo e Arechi II, 2. La chiesa inedita di San Salvatore a Monte Sant'Angelo.—
QuadChieti 4, [1988], 183–207, Abb.

2553 Montecelio
Mari, Z.: La 'sepoltura monumenti' presso la basilica di S. Vincenzo (Montecelio).—
BStorArt 31, 1988, 61–69, Abb.

2554 Montecelio
Mari, Z.: Montecelio (Roma), S. Vincenzo. Un complesso paleocristiano da riscoprire.—
BNumRoma 10, 1988, 230–231, Abb.

2555 Montgey
Passelac, M.: Observations aériennes et sondages sur la villa de Saint-Barthélémy, à Montgey (Tarn).— Mélanges offerts à M. Labrousse (Toulouse 1987) 303–314, Taf.

2556 Morgantina
Bell, M.: Excavations at Morgantina, 1980–1985. Preliminary report, 12.—
AJA 92, 1988, 313–342, Abb.

2557 Motya
Falsone, G.: La scoperta, lo scavo e il contesto archeologico.— La statua marmorea di Mozia (Roma 1988) 9–28, Abb. Taf.
KB Marsala 1986

2558 Mšecké Žehrovice
Venclová, N.: Mšecké Žehrovice, Bohemia. Excavations 1979–88.—
Antiquity 63, 1989, 142–146, Abb.

2559 Mumbaqat
Feyter, T. de: The 'Aussenstadt' settlement of Munbaqa, Syria.— To the Euphrates and beyond. Archaeological studies in honour of M. N. van Loon (Rotterdam 1989) 237–256, Abb.

2560 Muralto
Donati, P.: Il Ticino romano. Scavi e ricerche recenti.— I Romani nelle Alpi (Bozen 1989) 363–367
KB Salzburg 1986

2561 Muro Tenente
Lo Porto, F. G.: Gli scavi di Muro Tenente presso Mesagne.— Atti del VII Convegno dei comuni messapici peuceti e dauni (Bari 1988) 9–21, Abb.
KB Mesagne 1976

2562 Murter
Čače, S.: Colentum insula (Plinije, Nat. hist. 3,40). (Kroat. m. ital. Res.).—
Diadora 10, 1988, 65–72

2563 Musawwarat es-Sufra
Pomerantseva, N. A.: Some principles of architectural-sculptural composition observed at two temples in Musawwarat es Sufra.— Studia meroitica 1984 (Berlin 1989) 503–507, Taf.
KB Roma 1984

2564 Mustis
Vérité, J.: Restauration d'un arc romain en Tunisie.—
ArcheologiaParis 1988, Nr. 240, 52–61, Abb.

2565 Mykenai
Graziadio, G.: The chronology of the graves of Circle B at Mycenae. A new hypothesis.—
AJA 92, 1988, 343–372, Abb.

2566 Mykenai
Negbi, O.: Levantine elements in the sacred architecture of the Aegean at the close of the bronze age.—
BSA 83, 1988, 339–357, Abb.

2567 Mykenai
Shear, I. M.: The Panagia Houses at Mycenae.— (Philadelphia 1987) XVIII, 171 S., Taf.
(University of Pennsylvania. University Museum monograph, 68)

2568 Mykenai
Strøm, I.: The so-called altar above the shaft grave IV at Mycenae.—
ActaArch 54, 1983, 141–146, Abb.

2569 Mykenai
Xenaki-Sakellariou, A.: Problèmes chronologiques des tombes du cercle A de Mycènes.—
Aegaeum 3, 1989, 177–182, Taf.

2570 Mykenai
Younger, J. G.: The Elgin plaques from the Treasury of Atreus. Evidence for a new reconstruction of the façade.— Kolloquium zur ägäischen Vorgeschichte (Mannheim 1987) 138–150, Abb.
KB Mannheim 1986

2571 Myrmekion
Gajdukevič, V. F.: Antičnye goroda Bospora. Mirmekij. (Russ.) [Antike Städte des Bosporos. Myrmekion.].— (Leningrad 1987) 181 S., Abb. Taf.

2572 Mytilene
Berczelly, L.: The date and significance of the Menander mosaics at Mytilene.—
BICS 35, 1988, 119–126, Taf.

2573 Mytilene
Parker, R. W.: A Greek inscription from Lesbos honoring a Julio-Claudian.—
ZPE 75, 1988, 175–178, Taf.

2574 Nakone
Tegon, M.: Nakona in Stefano Bizantino.—
AnnPisa 17, 1987, 981–988

2575 Napoli
Baldassarre, I.: Osservazioni sull'urbanistica di Neapolis in età romana.— Neapolis (Taranto [1988]) 221–231, Taf.
KB Taranto 1985

2576 Napoli
Càssola, F.: Problemi di storia neapolitana.— Neapolis (Taranto [1988]) 37–81
KB Taranto 1985

2577 Napoli
De Simone, A.: Lorenzo Maggiore in Napoli. Il monumento e l'area.— Neapolis (Taranto [1988]) 233–253, Abb. Taf.
KB Taranto 1985

2578 Napoli
Galante, G. A.: La catacomba di San Severo in Napoli.— (Napoli 1987) 104 S., Abb. Taf.
(Storie e testi, 7)

2579 Napoli
Greco, E.: L'impianto urbano di Neapolis greca. Aspetti e problemi.— Neapolis (Taranto [1988]) 187–219, Abb. Taf.
KB Taranto 1985

2580 Napoli
Miranda, E.: Tito a Napoli. Una nuova dedica onoraria.—
Epigraphica 50, 1988, 222–226, Abb.

2581 Napoli
Morel, J. P.: Remarques sur l'art et l'artisanat de Naples antique.— Neapolis (Taranto [1988]) 305–356, Taf.
KB Taranto 1985

2582 Napoli
Pontrandolfo, A.: Le necropoli urbane di Neapolis.— Neapolis (Taranto [1988]) 255–271, Abb. Taf.
KB Taranto 1985

2583 Napoli
Whitehouse, D.: Dark age Naples.— Neapolis (Taranto [1988]) 285–288
KB Taranto 1985

2584 Naqsh-i Rustam
Herrmann, G.; Mackenzie, D. N.: The Sasanian rock reliefs at Naqsh-i Rustam. Naqsh-i Rustam, 6. The triumph of Shapur I, together with an account of the representations of Kerdir.— (Berlin 1989) 72 S., Abb. Beil.
(Iranische Denkmäler, Lieferung 13, Reihe 2. Iranische Felsreliefs, 1)

2585 Narbonne
Joulia, J. C.: Les frises doriques de Narbonne.— (Bruxelles 1988) 287 S., Taf.
(Collection Latomus, 202)

2586 Naro
La Lomia, M. R.: Ricerche archeologiche nel territorio di Naro (AG). Esplorazione e scavo di ipogei paleocristiani in contrada Canale e saggio di scavo in contrada Paradiso.—
Kokalos 32, 1986, 333–361, Abb. Taf.

2587 Naxos
Drandakes, N. B.: Οι παλαιοχριστιανικές τοιχογραφίες στη Δροσιανή της Νάξου.— (Αθήμα 1988) 99 S., Abb. Taf.
(Δημοσιεύματα του Αρχαιολογικού δελτίου, 36)

2588 Naxos
Kreeb, M.: Zur typologischen Einordnung eines Bauernhofs klassischer Zeit auf Naxos.— Πρακτικά του XII Διεθνούς συνεδρίου κλασικής αρχαιολογίας, 4 (Αθήνα 1988) 108–111, Taf.
KB Athenai 1983

2589 Naxos
Lambrinoudakis, V. K.: Veneration of ancestors in geometric Naxos.— Early Greek cult practice (Stockholm 1988) 235–245, Abb.
KB Athenai 1986

2590 Naxos (Sicilia)
Cordano, F.: Gruppi gentilizi presso i Nassii di Sicilia.—
BdA 73, 1988, Nr. 48, 18–22, Abb.

2591 Naxos (Sicilia)
Lentini, M. C.: Naxos. Esplorazione nell'abitato proto-arcaico orientale. Casa a pastàs n. 1.—
Kokalos 30–31, 1984–85, Nr. 2,2, 809–838, Abb. Taf.

2592 Naxos (Sicilia)
Pelagatti, P.; Rastrelli, A.; Ciurcina, C.; u. a.: Naxos (Messina). Gli scavi extraurbani oltre il Santa Venera, 1973–75.—
NSc 38–39, 1984–85, 253–497, Abb. Taf.

2593 Nazareth
Corbo, V. C.: La chiesa-sinagoga dell'Annunziata a Nazaret.— StBiFranc 37, 1987, 333–348, Abb.

2594 Nea Mechaniona
Vokotopoulou, I.: Οἱ ταφικοὶ τύμβοι τῆς Νέας Μηχανιώνας.— Πρακτικά του XII Διεθνούς συνεδρίου κλασικής αρχαιολογίας, 2 (Αθήνα 1988) 25–30, Taf.
KB Athenai 1983

2595 Nea Paphos
Chatzesavvas, S.: Μακεδονικές επιδράσεις στην ταφική αρχιτεκτονική της Πάφου.— Πρακτικά του XII Διεθνούς συνεδρίου κλασικής αρχαιολογίας, 4 (Αθήνα 1988) 235–238, Taf.
KB Athenai 1983

2596 Nea Paphos
Daszewski, W. A.: The beginnings of Nea Paphos.— Πρακτικά του XII Διεθνούς συνεδρίου κλασικής αρχαιολογίας, 4 (Αθήνα 1988) 49–53, Taf.
KB Athenai 1983

2597 Nea Paphos
Daszewski, W. A.; Sztetyłło, Z.: La région de Maloutena avant la construction de la Villa de Thésée.—
RDAC 1988, Nr. 2, 195–203, Abb. Taf.

2598 Nea Paphos
Michaelides, D.; Młynarczyk, J.; u. a.: Tombs P.M. 2520 and P.M. 2737 from the eastern necropolis of Nea Paphos.—
RDAC 1988, Nr. 2, 149–170, Abb. Taf.

2599 Nemea
Cooper, F. A.: The temple of Zeus at Nemea and architectural refinements of the fourth century B.C.— Πρακτικά του XII Διεθνούς συνεδρίου κλασικής αρχαιολογίας, 4 (Αθήνα 1988) 37–40, Taf.
KB Athenai 1983

2600 Nemea
Miller, S. G.: The theorodokoi of the Nemean games.—
Hesperia 57, 1988, 147–163, Abb. Taf.

2601 Nemea
Miller, S. G.: Excavations at the Panhellenic site of Nemea. Cults, politics, and games.— The archaeology of the Olympics (Madison 1988) 141–151
KB Los Angeles 1984

2602 Nemi
Cappelli, G.: Note sul tempio di Diana a Nemi.—
DocAlb 9, 1987, 7–17, Abb.

2603 Nemi
Le Glay, M.: Sur une inscription de Milan.— Mélanges offerts à M. Labrousse (Toulouse 1987) 137–149, Abb.

2604 Nemrud Dağ
Şahin, S.; Wagner, J.: Das Grabmal von König Antiochos I. von Kommagene auf dem Nemrud Dağ.—
AW 20, 1989, Nr. 1, 55–58, Abb.

2605 Nepi
Rustico, L.: Rinvenimenti antichi nel sotterraneo del castello di Nepi.—
ArchCl 38–40, 1986–88, 70–81, Taf.

2606 Netion
Ruta, R.: Un atico centro scomparso della Peucezia. Netion.—
Taras 6, 1986, 79–96, Taf.

2607 Newcastle upon Tyne
Harbottle, B.; Fraser, R.; Burton, F. C.: The Westgate Road milecastle, Newcastle upon Tyne.—
Britannia 19, 1988, 153–162, Abb.

2608 Newstead
Poulter, A. G.: Certain doubts and doubtful conclusions. The lorica segmentata from Newstead and the Antonine garrison.— Military equipment and the identity of Roman soldiers (Oxford 1988) 31–49, Abb.
KB Newcastle 1986

2609 Niederzier
Gaitzsch, W.: Geländeprospektion und Flächenstruktur römischer Siedlungen im Hambacher Forst, Kreis Düren.—
AKorrBl 18, 1988, 373–387, Abb.

2610 Nikopolis
Doukellis, P. N.: Cadastres romains en Grèce. Traces d'un réseau rural à Actia Nicopolis.—
DialHistAnc 14, 1988, 159–166, Abb.

2611 Nikopolis
Murray, W. M.; Petsas, P. M.: The spoils of Actium.—
Archaeology 41, 1988, Nr. 5, 28–35, Abb.

2612 Nikopolis ad Istrum
Ivanov, T.: Nicopolis ad Istrum. Problemi e scoperte.—
Ratiariensia 3–4, 1987, 251–260, Taf.

2613 Nikopolis ad Istrum
Poulter, A.: Nicopolis ad Istrum, Bulgaria. An interim report on the excavations 1985–87.—
AntJ 68, 1988, 69–89, Abb. Taf.

2614 Nîmes
Hauck, G. F. W.; Novak, R. A.: Water flow in the castellum at Nîmes.—
AJA 92, 1988, 393–407, Abb.

2615 Nîmes
Sabrié, M.; Sabrié, R.: Décorations murales de Nîmes romaine.—
RANarb 18, 1985, 289–318, Abb.

2616 Ninive
Gerardi, P.: Epigraphs and Assyrian palace reliefs. The development of the epigraphic text.—
JCunSt 40, 1988, 1–35, Abb.

2617 Norma
Quilici Gigli, S.: Insediamenti nel territorio di Norba. Il poggio di Serrone di Bove.— Archeologia laziale, 9 (Roma 1988) 227–232, Abb.
KB Roma 1987

2618 Norma
Quilici, L.; Quilici Gigli, S.: Ricerche su Norba.— Archeologia laziale, 9 (Roma 1988) 233–256, Abb. Taf.
KB Roma 1987

2619 Novae
Božilova, V.; Mrozewicz, L.: Deus Aeternus in Novae (Moesia Inferior).—
ZPE 78, 1989, 178–181, Taf.

2620 Novae
Čičikova, M.: Su un edificio con peristilio extra muros di Novae.—
Ratiariensia 3–4, 1987, 185–192, Taf.

2621 Novae
Dyczek, P.; Szubert, W.; Sarnowski, T.: Novae in 1985. West sector. Results of the Polish archaeological expedition.— Klio 70, 1988, 512–518, Abb.

2622 Novae
Kolendo, J.: Un chevalier de Cirta dans une inscription de Novae (Mésie Inférieure) découverte en 1987.— L'Africa romana (Sassari 1988) 375–381, Taf.
KB Sassari 1987

2623 Novae
Kolendo, J.: Merlan-Novae dans la 'Déscription du Danube' de L. F. Marsili.—
Ratiariensia 3–4, 1987, 209–214, Taf.

2624 Nymphaion
Grach, N. L.: Nymphaeum at the end of the 4th – 1st cent. B.C. (Russ. m. engl. Res.).— The Black Sea littoral in the hellenistic times (Tbilisi 1985) 333–341
KB Cchaltubo 1982

2625 Nymphaion
Yailenko, V. P.: New epigraphic evidence on Mithradates Eupator and Pharnaces. (Russ. m. engl. Res.).— The Black Sea littoral in the hellenistic times (Tbilisi 1985) 617–626
KB Cchaltubo 1982

2626 Nyon
Bonnard, P.: La ville romaine de Nyon. Répertoire des fouilles et trouvailles. Bibliographie du site.— (Lausanne 1988) 94 S., Taf. (Cahiers d'archéologie romande, 44)

2627 Nyon
Rossi, F.: Nouvelles découvertes à Nyon (VD). Premiers résultats.—
JbSchwGesUrgesch 72, 1989, 253–266, Abb.

2628 Nysa
Sezer, V.; Tuna, M.; Peker, R.: Nysa tiyatrosu dış cephe ve doğu-batı girişleri açma çalışmaları. (Türk.) [Die Freilegung der Außenfassade und der Ost-West-Eingänge des Theaters von Nysa.].—
TürkAD 27, 1988, 85–88, Taf.

2629 Oberwinterthur
Rychener, J.; u. a.: Der Kirchhügel von Oberwinterthur. Die Rettungsgrabungen von 1976, 1980 und 1981.— (Zürich 1984) 115 S., Abb. Taf.
(Berichte Zürcher Denkmalpflege. Monographien, 1. Beiträge zum römischen Vitudurum-Oberwinterthur, 1)

2630 Oescus
Ivanov, T.: La città di Ulpia Oescus in epoca romana e nel primo periodo bizantino.—
Ratiariensia 3–4, 1987, 159–169, Taf.

2631 Oescus
Kabakčieva, G.: Produzione vetraria di Oescus. Note preliminari.—
Ratiariensia 3–4, 1987, 171–176

2632 Olbia
Bujskich, A. V.: Ordernye architekturnye detali iz Ol'vii. (Russ.) [Bestimmten Bauordnungen zuweisbare Architekturteile aus Olbia.].— Antičnye drevnosti Severnogo Pričernomor'ja (Kiev 1988) 51–71, Abb.
SB

2633 Olbia
Bujskich, S. B.: Tipy ol'vijskich ukreplenij rimskoj ėpochi. (Russ.) [Römerzeitliche Befestigungstypen in Olbia.].— Antičnye drevnosti Severnogo Pričernomor'ja (Kiev 1988) 104–115, Abb.
SB

2634 Olbia
Kryžickij, S. D.; Lejpunskaja, N. A.: Kompleks zapadnych vorot Ol'vii. (Russ.) [Das Westtor von Olbia und sein Kontext.].— Antičnye drevnosti Severnogo Pričernomor'ja (Kiev 1988) 10–32, Abb.
SB

2635 Olbia
Lejpunskaja, N. A.: Predmest'e pervych vekov našej ėry v nižnem gorode Ol'vii. (Russ.) [Die untere Vorstadt Olbias in den ersten Jahrhunderten u. Z.].— Antičnye drevnosti Severnogo Pričernomor'ja (Kiev 1988) 71–82, Abb.
SB

2636 Olbia
Nazarčuk, V. I.: Ochrannye raskopki na territorii nekropolja Ol'vii. (Russ.) [Rettungsgrabungen im Gebiet der Nekropole von Olbia.].— Antičnye drevnosti Severnogo Pričernomor'ja (Kiev 1988) 194–203, Abb.
SB

2637 Olbia
Rusjaeva, A. S.: Archaičeskaja architekturnaja terrakota iz Ol'vii. (Russ.) [Archaische Dachterrakotten aus Olbia.].— Antičnye drevnosti Severnogo Pričernomor'ja (Kiev 1988) 33–51, Abb.
SB

2638 Olympia
Deubner, O. R.: Die Bronzen von Riace. Versuch einer Deutung und kunsthistorischen Zuordnung.— Πρακτικά του XII Διεθνούς συνεδρίου κλασικής αρχαιολογίας, 3 (Αθήνα 1988) 74–78, Taf.
KB Athenai 1983

2639 Olympia
Eckstein, F.: Trompeter in Olympia.— Roma renascens. I. Opelt zum 9. 7. 1988 gewidmet (Frankfurt a. M. 1988) 52–64, Abb.

2640 Olympia
Gropengiesser, H.: Two altars of Artemis at Olympia.— Early Greek cult practice (Stockholm 1988) 125
KB Athenai 1986

2641 Olympia
Herrmann, H. V.: Die Siegerstatuen von Olympia.—
Nikephoros 1, 1988, 119–183, Abb.

2642 Olympia
Mallwitz, A.: Cult and competition locations at Olympia.— The archaeology of the Olympics (Madison 1988) 79–109, Abb.
KB Los Angeles 1984

2643 Olympia
Mallwitz, A.: Eckprobleme der klassischen Architektur und das Leonidaion von Olympia.— Πρακτικά του XII Διεθνούς συνεδρίου κλασικής αρχαιολογίας, 4 (Αθήνα 1988) 124–128, Taf.
KB Athenai 1983

2644 Olympia
Moustaka, A.: Κεντρικὸ ἀκρωτήριο μὲ παράσταση γιγαντομαχίας ἀπὸ τὴν Ὀλυμπία.— Πρακτικά του XII Διεθνούς συνεδρίου κλασικής αρχαιολογίας, 3 (Αθήνα 1988) 194–199, Abb. Taf.
KB Athenai 1983

2645 Olympia
Raschke, W. J.: Images of victory. Some new considerations of athletic monuments.— The archaeology of the Olympics (Madison 1988) 38–54
KB Los Angeles 1984

2646 Olympia
Symeonoglou, S.: Μια καινούργια άποψη σχετικά με τα γλυπτά του ναού του Διός στην Ολυμπία.— Πρακτικά του XII Διεθνούς συνεδρίου κλασικής αρχαιολογίας, 3 (Αθήνα 1988) 257–267, Abb.
KB Athenai 1983

2647 Olympia
Waele, J. de: Die Masse der Werkstatt des Pheidias in Olympia.— Bathron. Beiträge zur Architektur und verwandten Künsten für H. Drerup (Saarbrücken 1988) 387–406, Abb.

2648 Orange
Bel, V.; Benoit, J.: Les 'limites' du cadastre B d'Orange. Etude sur les régions de Montélimar et Saint-Paul-Trois-Châteaux.—
RANarb 19, 1986, 79–100, Abb.

2649 Orange
Bellet, M. E.; Borgard, P.; Carru, D.; u. a.: Une construction gallo-romaine rue Villeneuve et rue de la Portette à Orange (Vaucluse). Fouille de sauvetage 1984.—
RANarb 18, 1985, 319–341, Abb.

2650 Orange
Salviat, F.: Le cadastre B d'Orange, la route antique au sud de Montélimar, le problème de Dourion et le cours inférieur de la Berre.—
RANarb 18, 1985, 277–287, Abb.

2651 Orbe
Flutsch, L.: Campagne de fouilles à Orbe (VD), Boscéaz 1988. Bilan provisoire.—
JbSchwGesUrgesch 72, 1989, 281–285, Abb.

2652 Orbetello
Bisconti, F.: Tarda antichità ed alto medioevo nel territorio orbetellano. Primo bilancio critico.— Atti del VI Congresso nazionale di archeologia cristiana (Firenze 1986) 63–77, Abb.
KB Pesaro-Ancona 1983

2653 Ordona
Mertens, J.; u. a.: Ordona, 8. Rapports et études.— (Bruxelles 1988) 328 S., Abb. Taf. Beil.
(Institut historique belge de Rome. Etudes de philologie, d'archéologie et d'histoire anciennes, 25)

2654 Ordona
Petraccia Lucernoni, M. F.: A proposito di una dedica imperatoria da Herdonia.—
StAnt 5, 1988, 225–231, Abb.

2655 Oreioi
Mikrogiannakes, E.: Ὄρειοι τῆς Κρήτης στήν Λακωνία. Συμβολή στήν λακωνική ἐπιγραφική.—
Archaiognosia 3, 1982–84, 115–121

2656 Oria
Boersma, J.: Oria e Valesio. Ricerca archeologica olandese nel Salento.— Salento. Porta d'Italia (Galatina 1989) 193–200, Taf.
KB Lecce 1986

2657 Oria
Boersma, J.; Yntema, D.: The Oria project. Second interim report.—
BABesch 62, 1987, 1–19, Abb.

2658 Oria
Marangio, C.: Problemi storici di Uria Calabra in età romana.—
ArchStorPugl 42, 1989, 113–134, Abb.

2659 Oria
Yntema, D.: Oria (Brindisi). Traces of an archaic dwelling in contrada Parietone.—
StAnt 5, 1988, 149–160, Taf.

2660 Orman
Lilčić, V.: Early Christian vaulted tomb near Orman Village, vicinity of Skopje and a review of other Macedonian findings. (Maked. m. engl. Res.).—
MacActaA 7–8, 1981–82 [1987], 143–151, Abb. Taf.

2661 Orvieto
Colonna, G.: I culti del santuario della Cannicella.—
AnnFaina 3, 1987, 11–24, Taf.

2662 Orvieto
Roncalli, F.: Le strutture del santuario e le tecniche edilizie.—
AnnFaina 3, 1987, 47–60, Taf.

2663 Orvieto
Stopponi, S.: Note sulla topografia della necropoli.—
AnnFaina 3, 1987, 61–82, Taf.

2664 Osterburken
Baatz, D.: Ziegelstempel der 8. Legion aus Osterburken, Kastellbad II.—
FuBerBadWürt 13, 1988, 213–222, Abb.

2665 Osterburken
Wesch-Klein, G.: Ein weiterer Baustein der 22. Legion aus Osterburken, Neckar-Odenwald-Kreis.—
FuBerBadWürt 13, 1988, 709–711, Abb.

2666 Ostia
Bedello Tata, M.; Spada, L.: Stucchi ostiensi. Un approccio ai problemi di conservazione e di studio.— Archeologia laziale, 9 (Roma 1988) 488–494, Abb.
KB Roma 1987

2667 Ostia
Broccoli, U.: Ostia antica, S. Aurea, Gregoriopoli. Preesistenza e trasformazione di una parte del territorio ostiense.— Atti del VI Congresso nazionale di archeologia cristiana (Firenze 1986) 79–90, Abb.
KB Pesaro-Ancona 1983

2668 Ostia
Cicerchia, P.: Ostia antica. Il cosiddetto Palazzo imperiale. Notazioni preliminari sullo scavo ed il restauro di un settore.— Archeologia laziale, 9 (Roma 1988) 195–204, Abb.
KB Roma 1987

2669 Ostia
Floriani Squarciapino, M.: Nuovi mosaici ostiensi.—
RendPontAcc 58, 1985–86, 87–114, Abb.

2670 Ostia
Floriani Squarciapino, M.: Un nuovo frammento del fregio della basilica di Ostia. La lupa con i gemelli.— Studi per L. Breglia, 3 (Roma 1987) 119–126, Abb.

2671 Ostia
Gasperini, L.: Dedica ostiense di Aurelio Avianio Simmaco all'imperatore Costante.— Miscellanea greca e romana, 13 (Roma 1988) 242–250, Taf.
SB

2672 Ostia
Le Gall, J.: Le fleuve, la mer et les hommes aux bouches du Tibre.— Déplacements des lignes de rivage en Méditerranée d'après les données de l'archéologie (Paris 1987) 89–93, Abb.
KB Aix-en-Provence 1985

2673 Ostia
Marinucci, A.: Ostia. Iscrizioni municipali inedite.— Miscellanea greca e romana, 13 (Roma 1988) 181–216, Taf.
SB

2674 Ostia
Palmieri, R.: Iscrizioni ostiensi inedite da Porta Laurentina.— Miscellanea greca e romana, 13 (Roma 1988) 153–158, Taf.
SB

2675 Ostia
Pavolini, C.: Ostia.—
DArch 6, 1988, Nr. 2, 117–123, Abb.

2676 Ostia
Pellegrino, A.: Note sul culto di Serapide ad Ostia.— Miscellanea greca e romana, 13 (Roma 1988) 225–241, Taf.
SB

2677 Ostia
Pellegrino, A.; Petriaggi, R.: Ritrovamenti e ricerche subacquee ad Ostia. La situazione attuale e le nuove prospettive.— Archeologia laziale, 9 (Roma 1988) 171–177, Abb.
KB Roma 1987

2678 Ostia
Santa Maria Scrinari, V.; u. a.: Ostia antica. Il cosiddetto Palazzo imperiale. Decorazioni musive.— Archeologia laziale, 9 (Roma 1988) 185–194, Abb.
KB Roma 1987

2679 Padova
Bassignano, M. S.: Due nuove iscrizioni funerarie patavine.—
AquilNost 57, 1986, 393–400, Abb.

2680 Padul
Jabaloy Sánchez, M.: Dos nuevas sepulturas romanas en la provincia de Granada.—
CuadGranada 10, 1985, 367–372, Abb. Taf.

2681 Paestum
Peastum.— (Taranto 1987) 61 S., Beil.
(Città e territorio nelle colonie greche d'Occidente, 1)

2682 Paestum
Falanga, L.: Livia e Tiberio da Paestum a Madrid.—
RassStorSalern 6, 1989, 135–152, Taf.

2683 Paestum
Lippmann-Provansal, M.: Variations récentes du trait de côte sur les sites de Velia et Paestum.— Déplacements des lignes de rivage en Méditerranée d'après les données de l'archéologie (Paris 1987) 115–124, Abb.
KB Aix-en-Provence 1985

2684 Palaikastro
Crowther, C.: A note on Minoan Dikta.—
BSA 83, 1988, 37–44

2685 Palaikastro
MacGillivray, J. A.; Sackett, L. H.; Driessen, J.; u. a.: Excavations at Palaikastro, 1987.—
BSA 83, 1988, 259–282, Abb. Taf.

2686 Palermo
Giustolisi, V.: Panormus, 1.— (Palermo 1988) CIII S., Abb.

2687 Palestrina
Emiliozzi, A.: Nuovi documenti d'archivio per la Tomba Bernardini di Palestrina.— Archeologia laziale, 9 (Roma 1988) 288–311, Abb.
KB Roma 1987

2688 Palma di Montechiaro
De Miro, E.: Ricerche e valorizzazione dei monumenti paleocristiani e bizantini in Agrigento e nel territorio.—
Kokalos 32, 1986, 285–296, Abb. Taf.

2689 Palmyra
As'ad, K.; Gawlikowski, M.: New honorific inscriptions in the great colonnade of Palmyra.—
AAS 36–37, 1986–87, 164–171

2690 Palmyra
Dodge, H.: Palmyra and the Roman marble trade. Evidence from the baths of Diocletian.—
Levant 20, 1988, 215–230, Abb.

2691 Palmyra
Schmidt-Colinet, A.: Flachdach und Giebel. Zur Bekrönung des Tempelgrabes Nr. 86 von Palmyra.— Orient und Okzident im Spiegel der Kunst. Festschrift H. G. Franz (Graz 1986) 329–331, Taf.

2692 Panskoe I
Rogov, E. J.: Syrcovye konstrukcii v pogrebal'nych sooruženijach nekropolja Panskoe I. (Russ.) [Lehmziegel in den Grabanlagen der Nekropole Panskoe I.].—
KraSoob 1985, Nr. 182, 45–50, Abb.

2693 Panskoe I
Ščeglov, A. N.: Un établissement rural en Crimée. Panskoje I (fouilles de 1969–1985).—
DialHistAnc 13, 1987, 239–257, Taf.

2694 Parma
Dall'Aglio, P.: Problemi storico-topografici in Agazia.—
Padusa 23, 1987, 57–63, Taf.

2695 Paros
Corso, A.: L'Heraíon di Paro.—
ASAtene 46, 1984 [1988], 97–101

2696 Paros
Schilardi, D. U.: The temple of Athena at Koukounaries. Observations on the cult of Athena on Paros.— Early Greek cult practice (Stockholm 1988) 41–48, Abb.
KB Athenai 1986

2697 Pasargadai
Heinrichs, J.: 'Asiens König'. Die Inschriften des Kyrosgrabs und das achämenidische Reichsverständnis.— Zu Alexander d. Gr. Festschrift G. Wirth (Amsterdam 1987) 487–540

2698 Patmos
Grüll, T.: Patmiaka.—
SpNov 1987, 15–53, Taf.

2699 Patrai
Papapostolou, I. A.: Monuments des combats de gladiateurs à Patras.—
BCH 113, 1989, 351–401, Abb.

2700 Peastum
Greco, E.: Archeologia della colonia latina di Paestum.—
DArch 6, 1988, Nr. 2, 79–86, Abb.

2701 Pech-Maho
Lejeune, M.; Pouilloux, J.: Une transaction commerciale ionienne au Ve siècle av. n. è. à Pech-Maho.—
CRAI 1988, 526–535

2702 Pella
Heermann, V.: Studien zur makedonischen Palastarchitektur. Diss. Erlangen 1980.— (Berlin 1986) XIV, 542 S., Taf.

2703 Pella (Jordanien)
Walmsley, A.: Pella – Fiḥl after the Islamic conquest, AD 635–c. 900. A convergence of literary and archaeologial evidence.—
MedA 1, 1988, 142–157, Abb. Taf.

2704 Pelusion
Abd el-Maksoud, M.; Carrez-Maratray, J. Y.: Une inscription grecque de la forteresse de Péluse.—
CahPEg 10, 1988, 97–103, Abb. Taf.

2705 Pelusion
Carrez-Maratray, J. Y.; Abd el-Maksoud, M.: Péluse. Ville oubliée du Sinaï Nord.—
ArcheologiaParis 1988, Nr. 241, 60–73, Abb.

2706 Pendžikent
Škoda, V. G.: Le culte du feu dans les sanctuaires de Pendžikent.— Cultes et monuments religieux dans l'Asie centrale préislamique (Paris 1987) 63–72, Taf.
SB

2707 Perachora
Tomlinson, R.: Water supplies and ritual at the Heraion Perachora.— Early Greek cult practice (Stockholm 1988) 167–171, Abb.
KB Athenai 1986

2708 Pergamon
Chamoux, F.: Pergame et les Galates.—
REG 101, 1988, 492–500

2709 Pergamon
Radt, W.: Pergamon. Vorbericht über die Kampagne 1986.—
TürkAD 27, 1988, 29–52, Taf.

2710 Pergamon
Radt, W.: Pergamon. Archäologischer Führer. 4. ed.— (Istanbul 1989) 35 S., Taf.

2711 Pergamon
Wensler, A. F.: Zur Datierung des Temenos für den Herrscherkult in Pergamon.—
AA 1989, 33–42, Abb.

2712 Perge
Merkelbach, R.; Şahin, S.: Die publizierten Inschriften von Perge.—
EpigrAnat 11, 1988, 97–168, Taf.

2713 Persepolis
Koch, H.: Einige Überlegungen zur Bauplanung in Persepolis.—
AMI 20, 1987, 147–159, Abb. Taf.

2714 Persepolis
Root, M. C.: Evidence from Persepolis for the dating of Persian and archaic Greek coinage.—
NumChron 148, 1988, 1–12, Taf.

2715 Peruštica
Vaklinova, M.: L'église rouge de Pérouchtitsa (Bulgarie) et sa périodisation.—
ByzF 14, 1989, 637–656, Taf.

2716 Pesaro
Farioli Campanati, R.: Sulla cattedrale di Pesaro. Dalle testimonianze antiquarie all'evidenza archeologica.— Atti del VI Congresso nazionale di archeologia cristiana (Firenze 1986) 489–502, Abb.
KB Pesaro-Ancona 1983

2717 Pesquero
Rubio Muñoz, L. A.: Excavaciones en la villa romana de 'Pesquero' (Pueblonuevo del Guadiana, Badajoz).—
ExtremA 1, 1988, 187–200, Abb.

2718 Pessinus
Devreker, J.: Nouveaux monuments et inscriptions de Pessinonte.—
EpigrAnat 11, 1988, 35–50, Taf.

2719 Petra
Lindner, M.: Eine al-'Uzzā-Isis-Stele und andere neu aufgefundene Zeugnisse der al-'Uzzā-Verehrung in Petra (Jordanien).—
ZDPV 104, 1988, 84–91, Abb. Taf.

2720 Petra
Lindner, M.; Farajat, S.: An Edomite mountain stronghold north of Petra. Ba'ja, 3.—
AAJ 31, 1987, 175–185, Abb. Taf.

2721 Petra
Matthiae, K.: Die Fassade des Bāb es-Sīq-Trikliniums in Petra. Bemerkungen zu ihrer Gestaltung.—
ZDPV 104, 1988, 74–83, Abb.

2722 Petres Florines
Adam-Velene, P.: Πρώτες ειδήσεις για μια νέα ελληνιστική πόλη στη δυτική Μακεδονία.— Πρακτικά του XII Διεθνούς συνεδρίου κλασικής αρχαιολογίας, 4 (Αθήνα 1988) 7–11, Taf.
KB Athenai 1983

2723 Phaistos
Carinci, F.: The 'III fase protopalaziale' at Phaestos. Some observations.—
Aegaeum 3, 1989, 73–80

2724 Phalasarna
Hadjidaki, E.: Preliminary report of excavations at the harbor of Phalasarna in West Crete.—
AJA 92, 1988, 463–479, Abb.

2725 Phanagoria
Gorlov, J. V.: K istorii Fanagorii IV v. do n. e. (Russ.) [Zur Geschichte von Phanagoria im 4. Jh. v. u. Z.].— Problemy antičnoj kul'tury (Moskva 1986) 135–137
SB

2726 Phanagoria
Jajlenko, V. P.: Odna bosporskaja ėpigrafija. (Russ.) [Eine bosporanische Inschrift.].— Problemy antičnoj kul'tury (Moskva 1986) 222–226, Abb.
SB

2727 Phoinike
Buschmann, K.: Die Expedition des Melesander nach Lykien 430/29 v. Chr. und die Lokalisierung von Φοινικη.—
EpigrAnat 12, 1988, 1–8, Abb.

2728 Phourkari
Frost, F. J.: A submerged settlement at Skyllaieis.— Archaeology of coastal changes (Oxford 1988) 47–52, Abb.
KB Haifa 1986

2729 Piazza Armerina
De Miro, E.: La villa del Casale di Piazza Armerina. Nuove ricerche.—
CronA 23, 1984, 58–73, Abb. Taf.

2730 Piazza Armerina
Gullini, G.: Invenzione architettonica e industria edilizia nella villa di Piazza Armerina.—
CronA 23, 1984, 93–97

2731 Piazza Armerina
Mansuelli, G. A.: [Piazza Armerina]. La villa e i problemi architettonici.—
CronA 23, 1984, 84–92

2732 Piazza Armerina
Mielsch, H.: Realität und Imagination im großen Jagdmosaik von Piazza Armerina.— Beiträge zur Ikonographie und Hermeneutik. Festschrift für N. Himmelmann (Mainz 1989) 459–466, Abb.

2733 Piazza Armerina
Torelli, M.: Piazza Armerina. Note di iconologia.—
CronA 23, 1984, 143–156, Abb.

2734 Piazza Armerina
Wilson, R. J. A.: Piazza Armerina and the senatorial aristocracy in late Roman Sicily.—
CronA 23, 1984, 170–182, Abb.

2735 Pičvnari
Chachutajšvili, D. A.; Kachidze, A. J.: Pičvnari v ėllinističeskuju ėpochu. (Russ.) [Pičvnari in hellenistischer Zeit.].— The Black Sea littoral in the hellenistic times (Tbilisi 1985) 517–519
KB Cchaltubo 1982

2736 Pisa
Pasquinucci, M.; Rossetti, G.: The harbour infrastructure at Pisa and Porto Pisano from ancient times until the middle ages.— Archaeology of coastal changes (Oxford 1988) 137–155, Abb.
KB Haifa 1986

2737 Pisa
Pasquinucci, M.; Storti, S.: Pisa antica. Scavi nel giardino dell'Arcivescovado.— (Pontedera 1989) XIX, 157 S., Abb. Taf.

2738 Pistoia
Curti, F.; Ristori, S.: L'oppidum di Pistoia. Nuove testimonianze sulle cinte murarie.—
(Bullettino storico pistoiese 89, 1987, 3–24, Abb.)
SD

2739 Plotinopolis
Skarlatidou, E.: Ανασκαφές στην αρχαία Πλωτινόπολη.— Η ιστορική, αρχαιολογική και λαογραφική έρευνα για τη Θράκη (Θεσσαλονίκη 1988) 109–116, Taf.
KB Xanthe 1985

2740 Poitiers
Golvin, J. C.; Hiernard, J.: D'un 'Palais Galien' à l'autre. Nouvelles recherches sur l'amphithéâtre de Poitiers (Limonum Pictonum).—
REA 88, 1986, 77–98, Taf.

2741 Poitiers
Tranoy, A.: Minerve et la civitas des Pictons.—
REA 88, 1986, 167–175, Taf.

2742 Policastro
Bencivenga Trillmich, C.: Pyxous-Buxentum.—
MEFRA 100, 1988, 701–729, Abb.

2743 Pompei
Italienische Reise. Pompejanische Bilder in den deutschen archäologischen Sammlungen. [Katalog der Ausstellung Pompeji 1989.].— (Napoli 1989) 447 S., Abb.
(Soprintendenza archeologica di Pompei. Le mostre, 8)

2744 Pompei
Pompei. L'informatica al servizio di una città antica. Analisi delle funzioni urbane. Fotopiani e piante. Textbd.; Beil. im Schuber.— (Roma 1988) 184 S., Abb.; 10 S.

2745 Pompei
D'Arms, J. H.: Pompeii and Rome in the Augustan age and beyond. The eminence of the gens Holconia.— Studia pompeiana et classica in honor of W. F. Jashemski, 1 (New Rochelle 1988) 51–68, Taf.

2746 Pompei
De Franciscis, A.: Un rilievo funerario da Pompei.— Studia pompeiana et classica in honor of W. F. Jashemski, 1 (New Rochelle 1988) 97–102, Taf.

2747 Pompei
Ehrhardt, W.: Casa dell'orso (VII 2, 44–46).— (München 1988) 83 S., Abb. Taf.
(Häuser in Pompeji, 2)

2748 Pompei
Eschebach, L.: Hafenstadt Pompeji.—
AW 20, 1989, Nr. 1, 40–54, Abb.

2749 Pompei
Fino, L.: Ercolano e Pompei. Vedute neoclassiche e romantiche.—
(Napoli 1988) 191 S., Abb.

2750 Pompei
Fuchs, W.: Zentrale und provinzielle Elemente in der spätklassischen Kunst. Kanon. Festschrift E. Berger.—
AntK 15. Bh, 1988, 156–158, Taf.

2751 Pompei
Goethert, K. P.: Il panettiere. Zur Geschichte einer Fehldeutung.— Beiträge zur Ikonographie und Hermeneutik. Festschrift für N. Himmelmann (Mainz 1989) 385–388, Taf.

2752 Pompei
Gralfs, B.: Metallverarbeitende Produktionsstätten in Pompeji.—
(Oxford 1988) 202 S., Abb.
(British archaeological reports. International series, 433)

2753 Pompei
Lagi De Caro, A.: Alessandro e Rossane come Ares ed Afrodite in un dipinto della casa Regio VI, Insula Occidentalis, n. 42.— Studia pompeiana et classica in honor of W. F. Jashemski, 1 (New Rochelle 1988) 75–83, Abb. Taf.

2754 Pompei
Mayeske, B. J.: A Pompeian bakery on the Via dell'Abbondanza.— Studia pompeiana et classica in honor of W. F. Jashemski, 1 (New Rochelle 1988) 149–158, Taf.

2755 Pompei
Orr, D. G.: Learning from lararia. Notes on the household shrines of Pompeii.— Studia pompeiana et classica in honor of W. F. Jashemski, 1 (New Rochelle 1988) 293–299, Taf.

2756 Pompei
Richardson Jr., L.: Pompeii. An architectural history.— (Baltimore 1988) XXVIII, 445 S., Abb.

2757 Pompei
Richardson Jr., L.: Water triclinia and biclinia in Pompeii.— Studia pompeiana et classica in honor of W. F. Jashemski, 1 (New Rochelle 1988) 305–312, Taf.

2758 Pompei
Zanker, P.: Pompeji. Stadtbilder als Spiegel von Gesellschaft und Herrschaftsform.—
TrWPr 9, 1987, 3–46, Abb. Taf.

2759 Populonia
Bartoloni, G.: Marriage, sale and gift. A proposito di alcuni corredi femminili dalle necropoli populoniesi della prima età del ferro.— Le donne in Etruria (Roma 1989) 35–54, Taf.
SB

2760 Populonia
Romualdi, A.: Populonia (Livorno). Località Le Grotte. Relazione preliminare sulle campagne di scavo 1965–1967 e 1979 nella necropoli.—
NSc 38–39, 1984–85, 5–68, Abb. Taf.

2761 Porcuna
Arteaga, O.; Blech, M.: La romanización en las zonas de Porcuna y Mengíbar (Jaén).— Los asentamientos ibéricos ante la romanización (Madrid 1987) 89–99, Abb.
KB [Madrid] 1986

2762 Poreč
Bertacchi, L.: Contributo allo studio dei palazzi episcopali paleocristiani. I casi di Aquileia, Parenzo e Salona.—
AquilNost 56, 1985, 361–412, Abb.

2763 Poreč
Terry, A.: The sculpture at the cathedral of Eufrasius in Poreč.—
DOP 42, 1988, 13–64, Taf.

2764 Poreč
Vidulli Torlo, M.: Considerazioni sull'unità di misura utilizzata nella Basilica Eufrasiana di Parenzo.—
AquilNost 55, 1984, 185–188

2765 Porolissum
Gudea, N.: Porolissum. Der Schlußstein des Verteidigungssystems der Provinz Dacia Porolissensis.— (Marburg 1989) 97 S., Abb. (Kleine Schriften aus dem Vorgeschichtlichen Seminar Marburg, 29)

2766 Porto de Mós
Beleza Moreira, J.; d'Encarnação, J.: Invulgar monumento funerário romano encontrado em Porto de Mós (Leiría, Portugal).— Actas. 1er Congreso peninsular de historia antigua, 3 (Santiago de Compostela 1988) 5–7, Taf.
KB Santiago de Compostela 1986

2767 Porto Sant'Elpidio
Quiri, P.: Rassegna delle scoperte in alcune località del territorio marchigiano.— Atti del VI Congresso nazionale di archeologia cristiana (Firenze 1986) 595–608, Abb.
KB Pesaro-Ancona 1983

2768 Pozzuoli
Adinolfi, R.: La facies protostorica e precoloniale di Pozzuoli e nuovi studi sulla fondazione di Dicearchia.—
Puteoli 11, 1987, 93–105, Abb.

2769 Pozzuoli
Camodeca, G.: Nuovi dati sui senatori romani d'origine puteolana.—
Puteoli 11, 1987, 13–36, Abb.

2770 Pozzuoli
Camodeca, G.; D'Ambrosio, A.; Parma, A.: Schede epigrafiche.—
Puteoli 11, 1987, 127–152, Abb.

2771 Pozzuoli
Marasco, G.: La guerra annibalica e lo sviluppo economico di Pozzuoli.— Geografia e storiografia nel mondo classico (Milano 1988) 205–216
SB

2772 Prado
Torres Carro, M.: Los mosaicos de la villa de Prado (Valladolid).—
BVallad 54, 1988, 175–202, Abb. Taf.

2773 Priene
Priene. Inscriptions. Texts and list.
ed. D. F. Mccabe.— (Princeton 1987) 246 S.

2774 Priene
Jong, J. J. de: The temple of Athena Polias at Priene and the temple of Hemithea at Kastabos.—
BABesch 63, 1988, 129–137, Abb.

2775 Priene
Tietze, C.: Priene. Rekonstruktion einer antiken Stadtplanung.—
Altertum 34, 1988, 217–223, Abb.

2776 Prima Porta
Fiocchi Nicolai, V.: Aree cimiteriali e comunità cristiane rurali dell'Etruria Meridionale alla luce di recenti ritrovamenti.— Atti del VI Congresso nazionale di archeologia cristiana (Firenze 1986) 127–146, Abb.
KB Pesaro-Ancona 1983

2777 Pseira
Betancourt, P. P.: Excavations at Pseira, 1985 and 1986.—
Hesperia 57, 1988, 207–225, Abb. Taf.

2778 Pseira
Betancourt, P. P.; Davaras, C.: Excavations at Pseira.—
CretSt 1, 1988, 35–37, Taf.

2779 Puerto de la Nava
Calero Carretero, J. A.: El complejo termal romano de 'La Nava' (Cabeza del Buey, Badajoz). Cuatro campañas de excavaciones, 1979–1983.—
ExtremA 1, 1988, 155–166, Abb.

2780 Pula
Vidulli Torlo, M.: Analisi spaziale della basilica di Santa Maria Formosa in Pola.—
AttiMemSocIstriana 36, 1988, 5–21, Abb.

2781 Punta della Campanella
Zancani Montuoro, P.; Russo, M.; Pugliese Carratelli, G.: [Epigrafe rupestre in lingua osca.].— Neapolis (Taranto [1988]) 85–90, Abb. Taf.
KB Taranto 1985

2782 Le Puy-Lautard
Baratte, F.; Desbordes, J. M.; Marquaire, J.: Les bas-relief du sanctuaire gallo-romain du Puy-Lautard.—
Caesarodunum 23, 1988, 35–46, Abb.

2783 Pylos
Strassler, R. B.: The harbor at Pylos, 425 BC.—
JHS 108, 1988, 198–203, Abb.

2784 Qadesh
Mathias, V. T.; Parr, P. J.: The early phases at Tell Nebi Mend. A preliminary account.—
Levant 21, 1989, 13–32, Abb.

2785 Qafë
Cerova, Y.: Kështjella e Qafës në krahinën e Sulovës. (Alban. m. franz. Res.) La forteresse de Qafa dans la région de Sulova.—
Iliria 17, 1987, Nr. 2, 155–175, Abb. Taf.

2786 Qal'at-en-Nidjm
Lendle, O.: Wo lag Thapsakos? (Xenophon, Anabasis I 4,10 ff.).— Bathron. Beiträge zur Architektur und verwandten Künsten für H. Drerup (Saarbrücken 1988) 301–305, Abb.

2787 Qal'eh Gabri
Kleiss, W.: Qal'eh Gabri bei Veramin.—
AMI 20, 1987, 289–307, Abb. Taf.

2788 Qasr es-Sagha
Śliwa, J.: Qasr el-Sagha. Studies on the Middle Kingdom and the second intermediate period settlements in 1979–1985.—
FontAPos 36, 1987–88, 189–216, Abb. Taf.

2789 Qasrij
Curtis, J.; u. a.: Excavations at Qasrij Cliff and Khirbet Qasrij.—
(London 1989) 75 S., Taf.
(British Museum Western Asiatic excavations, 1. Saddam dam report, 10)

2790 Qastal
Carlier, P.; Morin, F.: Archaeological researches at Qasṭal. Second mission, 1985.—
AAJ 31, 1987, 221–246, Abb. Taf.

2791 el-Qitar
Clarke, G. W.: Funerary inscriptions near Joussef Pasha, North Syria.—
Abr-Nahrain 26, 1988, 19–29

2792 Quéntar
Buendía Moreno, A.; Higueras Gutiérrez, A.; Raya de Cardenas, M.; u. a.: Hallazgo de hornos romanos en las riberas del río Aguas Blancas, término municipal de Quéntar (Granada).— Actas. 1er Congreso peninsular de historia antigua, 1 (Santiago de Compostela 1988) 231–244, Abb.
KB Santiago de Compostela 1986

2793 Quseir 'Amra
Grabar, O.: La place de Qusayr Amrah dans l'art profane du haut moyen-âge.—
CArch 36, 1988, 75–83, Abb.

2794 Qustul
Williams, B. B.: Excavations between Abu Simbel and the Sudan frontier, 1. The A-group royal cemetery at Qustul. Cemetery L.—
(Chicago 1986) XXXVIII, 388 S., Abb. Taf.
(The University of Chicago Oriental Institute Nubian expedition, 3)

2795 Ras el-Bassit
Courbin, P.: Rapport sur la Xème et dernière campagne à Ras el-Bassit.—
AAS 36–37, 1986–87, 107–110, Taf.

2796 Ravenna
Christie, N.: The city walls of Ravenna. The defence of a capital, A.D. 402–750.— XXXVI Corso di cultura sull'arte ravennate e bizantina (Ravenna 1989) 113–138, Abb.
KB Ravenna 1989

2797 Ravenna
Christie, N.; Gibson, S.: The city walls of Ravenna.—
BSR 56, 1988, 156–197, Abb. Taf.

2798 Ravenna
Deichmann, F. W.: Ravenna. Hauptstadt des spätantiken Abendlandes. Kommentar, 3. Geschichte, Topographie, Kunst und Kultur. Indices zum Gesamtwerk.— (Stuttgart 1989) 384 S., Taf. Beil.

2799 Ravenna
Engemann, J.: Die Huldigung der Apostel im Mosaik des ravennatischen Orthodoxenbaptisteriums.— Beiträge zur Ikonographie und Hermeneutik. Festschrift für N. Himmelmann (Mainz 1989) 481–489, Taf.

2800 Ravenna
Farioli Campanati, R.: La topografia imperiale di Ravenna dal V al VI secolo. Riassunto.— XXXVI Corso di cultura sull'arte ravennate e bizantina (Ravenna 1989) 139–147, Abb.
KB Ravenna 1989

2801 Ravenna
Johnson, M. J.: Toward a history of Theoderic's building program.—
DOP 42, 1988, 73–96, Taf.

2802 Ravenna
Novara, P.: Una chiesa ravennate di epoca esarcale. Santa Maria ad Blachernas.—
(Romagna arte e storia 7, 1987, 5–16, Abb.)
SD

2803 Ravenna
Rizzardi, C.: L'arte dei Goti a Ravenna. Motivi ideologici, aspetti iconografici e formali nella decorazione musiva.— XXXVI Corso di cultura sull'arte ravennate e bizantina (Ravenna 1989) 365–388, Abb.
KB Ravenna 1989

2804 Ravenna
Smith, J. C.: A study of architectural form and function. The side chambers of fifth and sixth century churches in Ravenna and Classe. Diss. University of Pennsylvania 1987.— (Ann Arbor 1987) XXX, 368 S., Abb.
(University Microfilms International)

2805 Ravenna
Susini, G.: Un fragment épigraphique pour l'histoire de Ravenne.—
CRAI 1988, 636–642, Abb.

2806 Razgrad
Ivanov, T.; Stojanov, S.: Abritus. Geschichte und Archäologie.—
(Rasgrad 1985) 77 S., Abb. Taf.

2807 Reccopolis
Olmo Enciso, L.: Arquitectura religiosa y organización litúrgica en época visigoda. La basílica de Recópolis.—
AEsp 61, 1988, 157–178, Abb. Taf.

2808 Regina Turdulorum
Alvarez Martínez, J. M.; Rubio Muñoz, A.: Excavaciones en el yacimiento romano de Regina Turdulorum.—
ExtremA 1, 1988, 221–229, Abb.

2809 Rehovot
Tsafrir, Y.; Holum, K. G.: Reḥovot-in-the-Negev. Preliminary report, 1986.—
IsrExplJ 38, 1988, 117–127, Abb. Taf.

2810 Reims
Lefèvre, F.: Réflexions à propos des sculptures de la Porte de Mars à Reims.—
Caesarodunum 23, 1988, 149–160, Abb. Taf.

2811 Requena
Corell, J.: Dos inscripciones inéditas de Requena (Valencia).—
Faventia 9, 1987, Nr. 2, 107–118, Abb.

2812 Rheinzabern
Reutti, F.: Holzpfostenbauten im römischen Rheinzabern.— Bathron. Beiträge zur Architektur und verwandten Künsten für H. Drerup (Saarbrücken 1988) 343–366, Abb.

2813 Rhodos
Ashton, R.: Rhodian coinage and the Colossus.—
RevNum 30, 1988, 75–90, Taf.

2814 Rhodos
Benzi, M.: Mycenaean Rhodes. A summary.— Archaeology in the Dodecanese (Copenhagen 1988) 59–72, Abb.
KB København 1986

2815 Rhodos
Higgins, R.: The Colossus of Rhodes.— The Seven Wonders of the ancient world (London 1988) 124–137, Abb.
SB

2816 Rhodos
Hoepfner, W.: Der Stadtplan von Rhodos.— Archaeology in the Dodecanese (Copenhagen 1988) 96–97
KB København 1986

2817 Rhodos
Konstantinopoulos, G.: Hippodamischer Stadtplan von Rhodos. Forschungsgeschichte.— Archaeology in the Dodecanese (Copenhagen 1988) 88–95, Abb.
KB København 1986

2818 Rhodos
Lauter, H.: Hellenistische Sepulkralarchitektur auf Rhodos. Rhodisch-koische Nikealtäre und die Bildhauerwerkstatt des Turmes der Winde zu Athen.— Archaeology in the Dodecanese (Copenhagen 1988) 155–163, Abb.
KB København 1986

2819 Rhodos
Papachristodoulou, I.: Recent investigations and activities carried out by the Archaeological Service of the Dodecanese.— Archaeology in the Dodecanese (Copenhagen 1988) 201–209, Abb. Taf.
KB København 1986

2820 Richborough
Wilson, P. R.: The Richborough font. Some additional structural detail.—
Britannia 19, 1988, 411, Taf.

2821 Riom
Rageth, J.: Die römische Mutatio von Riom (Oberhalbstein, Graubünden).— Die Römer in den Alpen (Bozen 1989) 155–166, Abb.
KB Salzburg 1986

2822 Rocavecchia
Lamboley, J. L.: Edifice funéraire d'une nécropole de Rocavecchia.—
StAnt 5, 1988, 161–175, Taf.

2823 Rocavecchia
Pagliara, C.: La costa salentina del canale d'Otranto. Roca. Primi risultati.— Salento. Porta d'Italia (Galatina 1989) 121–129
KB Lecce 1986

2824 Roccagloriosa
Fracchia, H. M.; Gualtieri, M.: The social context of cult practices in pre-Roman Lucania.—
AJA 93, 1989, 217–232, Abb.

2825 Roccarainola
Mollo, G.: Ricognizioni archeologiche sulla collina di Cammarano in territorio di Roccarainola. Rapporto preliminare.— (Atti del Circolo culturale B. G. Duns Scoto di Roccarainola 12–13, 1987, 7–36, Abb.)
SD

Roma

2826
Anfiteatro Flavio. Imagine, testimonianze, spettacoli.— (Roma 1988) 162 S., Abb. Taf.
(Soprintendenza archeologica di Roma. Archeologia e storia a Roma)

2827
Le origini di Roma.—
Archeo 48, 1989, 48–59, Abb.

2828
Storia di Roma, 1. Roma in Italia.
ed. A. Schiavone.— (Torino 1988) XLII, 628 S., Abb. Taf.

2829
Il viver quotidiano in Roma arcaica. Materiali dagli scavi del tempio arcaico nell'area sacra di S. Omobono.— Mostra Roma 24 maggio – 2 luglio 1989 (Roma 1989) 79 S., Abb.

2830
Bartoloni, G.: Esibizione di ricchezza a Roma nel VI e V secolo. Doni votivi e corredi funerari.—
SciAnt 1, 1987, 143–159, Abb.

2831
Bauer, H.: Der Urplan des Forum Transitorium.— Bathron. Beiträge zur Architektur und verwandten Künsten für H. Drerup (Saarbrücken 1988) 41–57, Abb.

2832
Bedon, R.: Sur les pas d'Horace dans la Rome protoaugustéenne.—
Caesarodunum 23 bis, 1988, 25–33

2833
Bonnefond-Coudry, M.: Le sénat de la république romaine de la guerre d'Hannibal à Auguste. Pratiques délibératives et prise de décision.— (Rome 1989) 837 S., Abb.
(Bibliothèque des Ecoles françaises d'Athènes et de Rome, 273)

2834
Brandizzi Vittucci, P.: Circo Massimo. Contributi di scavo per la topografia medievale.— Archeologia laziale, 9 (Roma 1988) 406–416, Abb.
KB Roma 1987

2835
Briquel, D.: Claude, érudit et empereur.—
CRAI 1988, 217–232

2836
Broise, H.; Scheid, J.: Recherches au bois sacré de Dea Dia (La Magliana, Rome).—
RA 1989, 199–202, Abb.

2837
Calci, C.; Ceci, F.; Messineo, G.: Interventi di scavo lungo la via Tiburtina.— Archeologia laziale, 9 (Roma 1988) 161–166, Abb.
KB Roma 1987

2838
Carignani, A.; Gabucci, A.; Palazzo, P.; u. a.: Gli dei della porta accanto. Condomini popolari, dimore senatorie e un importante luogo di culto riaffiorano sotto l'Ospedale militare di piazza Celimontana.—
Archeo 48, 1989, 99–103, Abb.

2839
Castelli, M.: Venus Erycina e Venus Hortorum Sallustianorum.—
BdA 73, 1988, Nr. 49, 53–62, Abb.

2840
Chioffi, L.: Tre manufatti iscritti urbani.— Miscellanea greca e romana, 13 (Roma 1988) 217–224, Taf.
SB

2841
Chioffi, L.: Elogia augustei, editi ed inediti, del Foro Romano. Notizia preliminare.—
MEFRA 100, 1988, 9–12

2842
Coarelli, F.: Il sepolcro degli Scipioni a Roma.— (Roma 1988) 51 S., Abb.
(Itinerari d'arte e di cultura. Via Appia)

2843
De Angelis Bertolotti, R.; Ioppolo, G.; Pisani Sartorio, G.: La residenza imperiale di Massenzio. Villa, mausoleo e circo.— (Roma 1988) 75 S., Abb.
(Itinerari d'arte e di cultura. Via Appia.)

2844
Di Stefano Manzella, I.: Nuova iscrizione sepolcrale con doppia datazione consolare.—
ZPE 76, 1989, 262–266, Abb.

2845
D'Onofrio, C.: Visitiamo Roma nel Quattrocento. La città degli umanisti.— (Roma 1989) 307 S., Abb.
(Studi e testi per la storia della città di Roma, 9)

2846
Eck, W.: Inschriften und Grabbauten in der Nekropole unter St. Peter.— Vom frühen Griechentum bis zur römischen Kaiserzeit (Stuttgart 1989) 55–90, Abb. Taf.
SB

2847
Episcopo, S.: Il praetorium presso S. Lorenzo f. l. m. Un problema aperto.—
ArchCl 38–40, 1986–88, 162–180, Taf.

2848
Fabbrini, L.: I corpi edilizi che condizionarono l'attuazione del progetto del palazzo esquilino di Nerone.—
RendPontAcc 58, 1985–86, 129–179, Abb. Taf.

2849
Fasola, U. M.: La regione cimiteriale del II piano sotto la basilica costantiniana 'ad duas lauros'. Cronologia dell'origine e dello sviluppo.—
RACrist 63, 1987, 7–20, Abb.

2850
Ferrua, A.: Iscrizioni pagane della catacomba di Priscilla.—
ArchStorPatria 110, 1987, 5–19, Abb.

2851
Ferrua, A.: Esedra sepolcrale nel sepolcreto vaticano.—
RendPontAcc 58, 1985–86, 181–187, Abb.

2852
Fink, J.: Das Petrusgrab in Rom. Bearbeitet von H. M. Schmidinger.— (Innsbruck 1988) 96 S., Abb. Taf.

2853
Flambard, J. M.: Des Esquilies à l'Aventin. Lecture topographique de la fête des flûtistes en grève.— Sociabilité, pouvoirs et société (Rouen 1987) 117–126, Taf.
KB Rouen 1983

2854
Flambard, J. M.: Eléments pour une approche financière de la mort dans les classes populaires du Haut-Empire. Analyse du budget de quelques collèges funéraires de Rome et d'Italie.— La mort, les morts et l'au-delà dans le monde romain (Caen 1987) 209–244, Abb.
KB Caen 1985

2855
Giuntella, A. M.: Spazio cristiano e città altomedievale. L'esempio della Civitas Leoniana.— Atti del VI Congresso nazionale di archeologia cristiana (Firenze 1986) 309–325, Abb.
KB Pesaro-Ancona 1983

2856
Guarducci, M.: Riflessioni sulla statua bronzea di San Pietro nella Basilica Vaticana.—
Xenia 16, 1988, 57–72, Abb.

2857
Guarducci, M.: Il trono di Massimiano Erculio e la cattedra di San Pietro.—
BdA 73, 1988, Nr. 52, 1–12, Abb. Taf.

2858
Guyon, J.: Les représentations du cimetière 'Aux deux lauriers'.— La mort, les morts et l'au-delà dans le monde romain (Caen 1987) 293–309, Abb.
KB Caen 1985

2859
Häuber, R. C.: Zur Ikonographie der Venus vom Esquilin.—
KölnJbVFrühGesch 21, 1988, 35–64, Abb.

2860
Hölscher, T.: Griechische Bilder für den römischen Senat.— Beiträge zur Ikonographie und Hermeneutik. Festschrift für N. Himmelmann (Mainz 1989) 327–333

2861
Hurst, H.: Nuovi scavi nell'area di Santa Maria Antiqua.— Archeologia laziale, 9 (Roma 1988) 13–17, Abb.
KB Roma 1987

2862
Iacopi, I.; Tomei, M. A.: Indagini al complesso severiano sul Palatino.— Archeologia laziale, 9 (Roma 1988) 69–76, Abb.
KB Roma 1987

2863
Iezzi, E.: Un probabile sacrario degli Argei alle propaggini del Cispius.—
BStorArt 31, 1988, 35–38, Abb.

2864
Jolivet, V.: Les cendres d'Auguste. Note sur la topographie monumentale du Champ de Mars septentrional.— Archeologia laziale, 9 (Roma 1988) 90–96, Abb.
KB Roma 1987

2865
Keaveney, R.: Views of Rome.— (London 1988) 304 S., Abb. Taf.

2866
Kleiner, F. S.: The arch in honor of C. Octavius and the fathers of Augustus.—
Historia 37, 1988, 347–357

2867
Koeppel, G. M.: Die historischen Reliefs der römischen Kaiserzeit, 5. Ara Pacis Augustae, 2.—
BJb 188, 1988, 97–106, Abb.

2868
Lefèvre, E.: Das Bild-Programm des Apollo-Tempels auf dem Palatin.— (Konstanz 1989) 39 S., Taf.
(Xenia. Konstanzer althistorische Vorträge und Forschungen, 24)

2869
Lepper, F.; Frere, S.: Trajan's Column. A new edition of the Cichorius plates.— (Gloucester 1988) XVIII, 339 S., Abb. Taf.

2870
Lissi Caronna, E.: Roma, Regio XI. Via dei Fienili 66. Muri in opus testaceum e frammenti vari.—
NSc 38–39, 1984–85, 213–216, Abb.

2871
Lissi Caronna, E.: Roma, Regio VI. Terme di Diocleziano, all'interno della basilica di S. Maria degli Angeli.—
NSc 38–39, 1984–85, 207–212, Abb.

2872
Liverani, P.: Le proprietà private nell'area lateranense fino all'età di Costantino.—
MEFRA 100, 1988, 891–915, Taf.

2873
Maetzke, G.: Continuità e trasformazioni. Scavi nell'area occidentale del Foro Romano.—
Archeo 48, 1989, 66–73, Abb.

2874
Manderscheid, H.: 'Quantum aquarum per gradus cum fragore labentium'. Überlegungen zu Wasserversorgung und Wassernutzung der Caracallathermen.—
AKorrBl 18, 1988, 291–299, Abb. Taf.

2875
Martines, G.: Osservazioni sulla Colonna Traiana.— Per C. Guglielmi. Scritti di allievi (Roma 1989) 107–120, Abb.

2876
Mazzoleni, D.: Nuove testimonianze epigrafiche dalla catacomba di Priscilla.— Atti del VI Congresso nazionale di archeologia cristiana (Firenze 1986) 739–751, Abb.
KB Pesaro-Ancona 1983

2877
Mazzoleni, D.: Un Ebreo di Aquileia in un'iscrizione romana.—
Aquileia e Roma (Udine 1987) 309–315, Taf.
KB Aquileia 1986

2878
Messineo, G.; Scoppola, F.: Scoperte nei nuovi insediamenti militari della Via Cassia e della Via Flaminia.— Archeologia laziale, 9 (Roma 1988) 132–139, Abb.
KB Roma 1987

2879
Moatti, C.: A la recherche de la Rome antique.— ([Paris] 1989) 208 S., Abb. Taf.
(Découvertes Gallimard, 56)

2880
Morricone, M. L.: Edificio sotto il tempio di Venere e Roma.—
Studi per L. Breglia, 3 (Roma 1987) 69–82, Abb.

2881
Morselli, C.; Tortorici, E.: Foro Romano. Scavi nell'area retrostante la Curia e la Basilica Emilia.— Archeologia laziale, 9 (Roma 1988) 44–53, Abb.
KB Roma 1987

2882
Morselli, C.; Tortorici, E.: Nei fori di Cesare e di Nerva.—
Archeo 48, 1989, 60–65, Abb.

2883
Mura Sommella, A.: Il periodo orientalizzante a Roma. Nuove acquisizioni.—
BStorArt 31, 1988, 15–21, Abb.

2884
Nedergaard, E.: Nuove indagini sull'arco di Augusto nel Foro Romano.— Archeologia laziale, 9 (Roma 1988) 37–43, Abb.
KB Roma 1987

2885
Nielsen, I.; Zahle, J.; u. a.: The temple of Castor and Pollux on the Forum Romanum. A preliminary report on the Scandinavian excavations 1983–1985, 1.—
ActaArch 56, 1985, 1–29, Abb. Taf.

2886
Panella, C.: La Meta Sudante.—
Archeo 48, 1989, 84–93, Abb.

2887
Paris, R.: Propaganda e iconografia. Una lettura del frontone del tempio di Quirino sul frammento del 'rilievo Hartwig' nel Museo nazionale romano.—
BdA 73, 1988, Nr. 52, 27–38, Abb.

2888
Pavolini, C.: Indagini archeologiche a piazza Celimontana (1984–1987).— Archeologia laziale, 9 (Roma 1988) 97–104, Abb.
KB Roma 1987

2889
Pensabene, P.: Scavi nell'area del tempio della Vittoria e del santuario della Magna Mater sul Palatino.— Archeologia laziale, 9 (Roma 1988) 54–67, Abb.
KB Roma 1987

2890
Pensabene, P.: Tessera nummularia dall'area della Magna Mater e della Vittoria sul Palatino.— Studi per L. Breglia, 2 (Roma 1987) 69–76, Abb.

2891
Pensabene, P.: The Arch of Constantine. Marble samples.— Classical marble (Dordrecht 1988) 411–418
KB Il Ciocco 1988

2892
Pergola, P.: L'origine della regione detta dello 'scalone del 1897' nella catacomba di Domitilla.—
RendPontAcc 58, 1985–86, 49–60, Abb.

2893
Pertosa, A.: Maschere teatrali nelle collezioni romane di antichità.—
StUrbin 60, 1987, B, Nr. 3, 77–97, Taf.

2894
Piacente, L.: Utenti e prestito di libri nelle biblioteche dell'antica Roma.—

2895
Piccioni, E.: Roma bibliografica. Trent'anni di bibliografia romana. 1959–1988.— (Roma 1989) VIII, 634 S.
(Ricerche bibliografiche, 1)

2896
Pietilä-Castrén, L.: Magnificentia publica. The victory monuments of the Roman generals in the era of the Punic wars.— (Helsinki 1987) 178 S., Taf.
(Commentationes humanarum litterarum, 84)

2897
Piranomonte, M.; Capodiferro, A.: Indagini intorno al Vicus ad Carinas.— Archeologia laziale, 9 (Roma 1988) 82–89, Abb.
KB Roma 1987

2898
Pisani Sartorio, G.: Compita Larum. Edicole sacre nei crocicchi di Roma antica.—
BStorArt 31, 1988, 23–34, Abb.

2899
Poulsen, B.; Grønne, C.: Ricerche nel Vicus Tuscus lungo il lato ovest del tempio dei Castori.— Archeologia laziale, 9 (Roma 1988) 27–31, Abb.
KB Roma 1987

2900
Prayon, F.: Zur Baupolitik im archaischen Rom.— Bathron. Beiträge zur Architektur und verwandten Künsten für H. Drerup (Saarbrücken 1988) 331–342, Abb.

2901
Ragona, A.: I tre indubbi segni di riconoscimento dell'obelisco di Costanzo II nel mosaico del circo di Piazza Armerina.—
CronA 23, 1984, 125–130, Abb.

2902
Rea, R.: Le antiche raffigurazioni dell'Anfiteatro.— Anfiteatro Flavio (Roma 1988) 23–46, Abb.
SB

2903
Reekmans, L.: Le complexe cémétérial du pape Gaius dans la catacombe de Callixte.— (Città del Vaticano 1988) XVI, 232 S., Abb. Taf.
(Roma sotterranea cristiana, 8)

2904
Ridley, R. T.: The monuments of the Roman Forum. The struggle for identity.—
Xenia 17, 1989, 71–90, Abb.

2905
Rocco, G.: Alcune osservazioni sul valore architettonico della antica decorazione parietale. La Domus Aurea di Nerone.—
Palladio N.S., 1, 1988, Nr. 1, 121–134, Abb.

2906
Rodríguez-Almeida, E.: Un frammento di una nuova pianta marmorea di Roma.—
JRomA 1, 1988, 120–131, Abb.

2907
Royo, M.: Le quartier républicain du Palatin. Nouvelles hypothèses de localisation.—
REL 65, 1987, 89–114, Abb.

2908
Saalman, H.: The Pantheon coffers. Pattern and number.—
Architectura 18, 1988, 121–122, Abb.

2909
Sabbatini Tumolesi, P.: Epigrafia anfiteatrale dell'Occidente romano, 1. Roma.— (Roma 1988) 187 S., Abb.
(Vetera, 2)

2910
Sauron, G.: Le message esthétique des rinceaux de l'Ara Pacis Augustae.—
RA 1988, 3–40, Abb.

2911
Schumacher, W. N.: Die Grabungen unter S. Sebastiano 95 Jahre nach den Entdeckungen Anton de Waals.—
RömQSchr 83, 1988, 134–166, Abb. Taf.

2912
Scott, R. T.: Regia-Vesta 1987.— Archeologia laziale, 9 (Roma 1988) 18–26, Abb.
KB Roma 1987

2913
Settis, S.: Fuga e morte di Decebalo.— Beiträge zur Ikonographie und Hermeneutik. Festschrift für N. Himmelmann (Mainz 1989) 377–383, Abb. Taf.

2914
Settis, S.; La Regina, A.; Agosti, G.; u. a.: La Colonna Traiana.— (Torino 1988) XIX, 597 S., Abb. Taf.
(Saggi, 716)

2915
Silverio, F.: Primo contributo alla computerizzazione di dati contenuti nella Colonna Traiana. Note sull'organizzazione militare romana.— Archeologia e informatica (Roma 1988) 141–147, Abb.
KB Roma 1988

2916
Staccioli, R. A.: A proposito di una ricostruzione grafica del sacello di Giano all'Argileto.—
ArchCl 37, 1985, 283–289, Abb. Taf.

2917
Stambaugh, J. E.: The ancient Roman city.— (Baltimore 1988) XVIII, 395 S., Abb. Taf.

2918
Steinby, E. M.: Il lato orientale del Foro Romano. Proposte di lettura.—
Arctos 21, 1987, 139–184

2919
Steinby, E. M.: Il lato orientale del Foro.— Archeologia laziale, 9 (Roma 1988) 32–36, Abb.
KB Roma 1987

2920
Taglietti, F.: A proposito di una pittura 'perduta'.— Studi per L. Breglia, 3 (Roma 1987) 139–157, Abb.

2921
Trillmich, W.: Der Germanicus-Bogen in Rom und das Monument für Germanicus und Drusus in Leptis Magna. Archäologisches zur Tabula Siarensis, I 9–21.— Estudios sobre la Tabula Siarensis (Madrid 1988) 51–60
KB Sevilla 1986

2922
Uncini, A.: Due capitelli dal Pantheon nella collezione del Museo Gregoriano profano ex Lateranense.—
BMonMusPont 8, 1988, 55–63, Abb.

2923
Vendittelli, L.: Prosecuzione delle indagini topografiche sull'Aventino. La localizzazione del tempio di Diana.— Archeologia laziale, 9 (Roma 1988) 105–100, Abb.
KB Roma 1987

2924
Verrando, G. N.: Il santuario di S. Felice sulla via Portuense.—
MEFRA 100, 1988, 331–366

2925
Verrando, G. N.: Analisi topografica degli antichi cimiteri sotterranei ubicati nei pressi delle due vie Aurelie.—
RACrist 63, 1987, 293–357, Abb. Taf.

2926
Virgili, P.: Area sacra di S. Omobono. Una cisterna fra i templi gemelli.— Archeologia laziale, 9 (Roma 1988) 77–81, Abb.
KB Roma 1987

2927
Virlouvet, C.: Plombs romains monétiformes et tessères frumentaires. A propos d'une confusion.—
RevNum 30, 1988, 120–148, Abb. Taf.

2928
Vismara, C.: Ancora sugli Ebrei di Roma.—
ArchCl 38–40, 1986–88, 150–161, Abb. Taf.

2929
White, G. L.: Überlegungen zur Donaulimesdarstellung auf der Trajanssäule in Rom.—
Germania 67, 1989, Nr. 1, 179–187, Abb.

2930 Romainmôtier
Eggenberger P.; Jaton, P.; Sarott, J.: Romainmôtier. Structures monastiques du haut moyen-âge. Première synthèse des fouilles archéologiques, de 1971 à 1988.—
JbSchwGesUrgesch 72, 1989, 295–296, Abb.

2931 Romans d'Isonzo
Longobardi a Romans d'Isonzo. Itinerario attraverso le tombe altomedievali. Mostra Romans d'Isonzo, Villa del Torre 15 luglio - 17 settembre 1989.— ([Romans d'Isonzo] 1989) 155 S., Abb.

2932 Rottenburg
Gerlach, G.: Kein 'stilles Örtchen'.—
AInf 11, 1988, 196–199, Abb.

2933 Rumänien
Barnea, I.: Romanismul şi creştinismul daco-romanilor.—
Thraco-Dacica 9, 1988, 119–126

2934 Ruse
Stanchev, D.: Sexaginta Prista. Investigations and problems.—
Ratiariensia 3–4, 1987, 231–237, Taf.

2935 Ruvo
Labellarte, M.; Depalo, M. R.: Ruvo di Puglia (Bari). Indagini archeologiche in area urbana.—
Taras 6, 1986, 65–77, Taf.

2936 Sabratha
Di Vita, A.: Il tema del 'banquet couché' dei rilievi attici di IV secolo in una nuova pittura da Sabratha (Libia).— Πρακτικά του XII Διεθνούς συνεδρίου κλασικής αρχαιολογίας, 2 (Αθήνα 1988) 72–76
KB Athenai 1983

2937 Šadikanni
Mahmoud, A.; Bernbeck, R.; Kühne, H.; u. a.: Die Ausgrabung auf dem Tell 'Ağāğa-Šadikanni 1982.—
DaM 3, 1988, 141–184, Abb. Taf.

2938 Sagalassos
Mitchell, S.; Waelkens, M.: Cremna and Sagalassus 1987.—
AnatSt 38, 1988, 53–65, Abb. Taf.

2939 Sagunto
Aranegui, C.: Algunas construcciones preaugusteas de Sagunto.— Los asentamientos ibéricos ante la romanización (Madrid 1987) 155–162, Abb.
KB [Madrid] 1986

2940 Sagunto
Aranegui Gascó, C.: Algunes qüestions entorn de la història de Sagunt.—
(Fonaments 7, o. J., 57–66, Abb.)
SD

2941 Sai
Ahmed, S. M.: A Napatan residential building at Kerma.— Studia meroitica 1984 (Berlin 1989) 843–848, Taf.
KB Roma 1984

2942 Sai
Bonnet, C.: Les fouilles archéologiques de Kerma (Soudan).—
Genava 36, 1988, 5–20, Abb. Taf.

2943 Sai
Bonnet, C.: Un bâtiment résidentiel d'époque napatéenne à Kerma. Premières interprétations.— Studia meroitica 1984 (Berlin 1989) 853–861
KB Roma 1984

2944 Saint-Maurice-de-Ventalon
Dardaine, S.; Waton, M. D.: Un four à tuiles du Ier siècle après J. C. à Saint-Maurice-de-Ventalon (Lozère).—
RANarb 19, 1986, 337–350, Abb.

2945 Sainte-Odile
Pétry, F.; Will, R.: Le mont Sainte-Odile (Bas-Rhin).— ([Paris] 1988) 167 S., Abb.
(Guides archéologiques de la France, 16)

2946 Saintes
Sansilbano-Collilieux, M.: Les puits sépulcraux gallo-romains de Saintes.— La mort, les morts et l'au-delà dans le monde romain (Caen 1987) 33–39, Abb.
KB Caen 1985

2947 Salamis
Balty, J.: Les mosaïques des thermes du gymnase à Salamine de Chypre.—
RDAC 1988, Nr. 2, 205–218, Abb. Taf.

2948 Salamis
Rupp, D. W.: The Royal Tombs at Salamis (Cyprus). Ideological messages of power and authority.—
JMedA 1, 1988, 111–139, Abb.

2949 Salerno
Peduto, P.: Un sito urbano molto antico e una polemica prematura.—
RassStorSalern 6, 1989, 165–185, Abb.

2950 Salerno
Peduto, P.; Romito, M.; Galante, M.: Un accesso alla storia di Salerno. Stratigrafie e materiali dell'area palaziale longobarda.—
RassStorSalern 5, 1988, Nr. 2, 9–63, Taf.

2951 Salmydessos
Stronk, J. P.: Wreckage at Salmydessos.—
Talanta 18–19, 1986–87, 63–70, Taf.

2952 Samos
Samos. Inscriptions Texts and list.
ed. D. F. Mccabe.— (Princeton 1986) 186 S.

2953 Samos
Giannouli, V.; Guimier-Sorbets, A. M.: Deux mosaïques hellénistiques à Samos.—
BCH 112, 1988, 545–568, Abb.

2954 Samothrake
McCredie, J. R.: Samothrace in the classical period.— Πρακτικά του XII Διεθνούς συνεδρίου κλασικής αρχαιολογίας, 4 (Αθήνα 1988) 119–123
KB Athenai 1983

2955 Samsara Taḥt al-Balaq
Schmidt, J.: Der Tempel des Waddum Dū-Masma'im.—
ABerYem 4, 1987, 179–184, Abb. Taf.

2956 San Cibrán de Lás
Pérez Outeiriño, B.: Un singular resto arquitectónico en 'A Cidade' de San Cibrán de Lás (San Amaro-Punxín, Ourense).—
Portugalia 6–7, 1985–86, 29–34, Taf.

2957 San Giovanni al Natisone
Buora, M.: Due antichi sepolcreti del Medio Friuli.—
MemStorFriuli 67, 1987, 127–134, Taf.

2958 San Giovanni di Ruoti
Barnish, S. J. B.: Pigs, plebeians and potentes. Rome's economic hinterland, c. 350–600 A.D.—
BSR 55, 1987, 157–185, Abb.

2959 San Giovanni di Ruoti
Small, A.: Scavo di San Giovanni di Ruoti.— L'epos greco in Occidente (Taranto 1980 [1989]) 415–418
KB Taranto 1979

2960 San Marzano sul Sarno
Rota, L.: San Marzano sul Sarno.— L'epos greco in Occidente (Taranto 1980 [1989]) 364–368
KB Taranto 1979

2961 San Pietro in Cotto
Santoro Bianchi, S.: Persistenza e discontinuità fra romanità e medioevo nei centri di culto extraurbani ai confini fra Romagna e Marche.— Atti del VI Congresso nazionale di archeologia cristiana (Firenze 1986) 239–251, Abb.
KB Pesaro-Ancona 1983

2962 San Potito
Gabler, D.; Redő, F.: Gli scavi a San Potito di Ovindoli 1985–1986. Seconda relazione preliminare.—
SpNov 1987, 69–94, Abb.

2963 San Sperate
Tronchetti, C.: Tomba punico-romana a San Sperate (Cagliari).—
StSard 26, 1981–85, 101–111, Abb.

2964 San Vincenzo al Volturno
Barnish, S. J. B.: Pigs, plebeians and potentes. Rome's economic hinterland, c. 350–600 A.D.—
BSR 55, 1987, 157–185, Abb.

2965 Santa Severa
Cristofani, M.; Nardi, G.; u. a.: Caere, 1. Il parco archeologico.— (Roma 1988) 115 S., Abb. Taf.
(Consiglio nazionale delle ricerche)

2966 Santa Vittoria di Serri
Zucca, R.: Il santuario nuragico di S. Vittoria di Serri.— (Sassari 1988) 85 S., Abb.
(Sardegna archeologica. Guide e itinerari, 7)

2967 Sant'Antine
Il nuraghe S. Antine nel Logudoro-Meilogu.
ed. A. Moravetti.— (Sassari 1988) 441 S., Abb. Taf.

2968 Sant'Antine
Contu, E.: Il nuraghe S. Antine.— (Sassari 1988) 68 S., Abb.
(Sardegna archeologica. Guide e itinerari, 6)

2969 Sant'Antioco
Bernardini, P.: S. Antioco. Area del Cronicario. Campagne di scavo 1983–86. L'insediamento fenicio.—
RStFen 16, 1988, 75–85, Abb. Taf.

2970 Sant'Antioco
Tronchetti, C.: S. Antioco. Area del Cronicario. Campagne di scavo 1983–86. La fase romana.—
RStFen 16, 1988, 111–117, Taf. Beil.

2971 Santarcangelo di Romagna
Riccioni, G.: Due matrici di lucerne da Santarcangelo di Romagna (Forlì).—
Padusa 23, 1987, 255–258, Taf.

2972 Sarmizegetusa
Alicu, D.; Paki, A.: O inscripţie inedită din amfiteatrul roman de la Ulpia Traiana Sarmizegetusa.—
ActaMusNapoca 22–23, 1985–86, 469–477, Abb. Taf.

2973 Sarmizegetusa
Opreanu, C.: Despre structurile subterane ale arenei amfiteatrului de la Sarmizegetusa.—
ActaMusNapoca 22–23, 1985–86, 147–159, Abb.

2974 Sarmizegetusa Regia
Stănescu, F. C.: Consideraţii privitoare la posibile semnificaţii astronomice ale altarului de la Sarmizegetusa Regia.—
ActaMusNapoca 22–23, 1985–86, 105–133, Taf.

2975 Satrianum
Satriano 1987–1988. Un biennio di ricerche archeologiche. [Catalogo della] mostra documentaria, [Satriano 1988].
ed. E. Greco.— (Potenza 1988) 78 S., Abb. Taf.

2976 Satricum
Beijer, A. J.: Scavi a Borgo le Ferriere (Satricum) 1987.— Archeologia laziale, 9 (Roma 1988) 211–217, Abb.
KB Roma 1987

2977 Satricum
Heldring, B.: Scavi a Satricum 1986 e 1987.— Archeologia laziale, 9 (Roma 1988) 207–210, Abb.
KB Roma 1987

2978 Scansano
Del Chiaro, M. A.: Villa with a view.—
Archaeology 42, 1988, Nr. 5, 58–61, Abb.

2979 Schankweiler
Ludwig, R.: Das frührömische Brandgräberfeld von Schankweiler, Kreis Bitburg-Prüm.—
TrZ 51, 1988, 51–290, Abb. Taf.

2980 Sedeinga
Berger, C.: Fouilles récentes à Sedeinga.— Studia meroitica 1984 (Berlin 1989) 773–776
KB Roma 1984

2981 Segesta
La Genière, J. de: Alla ricerca di Segesta arcaica.—
AnnPisa 18, 1988, 287–316, Taf.

2982 Segobriga
Almagro-Gorbea, M.; Lorrio, A.: Segobriga, 3. La muralla norte y la puerta principal. Campañas 1986–1987.— (Cuenca 1989) 341 S., Abb. Taf.

2983 Selca
Hajdari, G.: Varret monumentale të Selcës. Probleme të konservimit. (Alban. m. franz. Res.) Les tombes monumentales de Selce. Problèmes de conservation.—
Monumentet 36, 1988, 61–66, Abb.

2984 Seleukeia (Tigris)
Invernizzi, A.: Héraclès à Séleucie du Tigre.—
RA 1989, 65–113, Abb.

2985 Seleukeia (Tigris)
Valtz, E.: Seleucia on the Tigris. Excavations in 1985. Archives Square.—
AfO 34, 1987, 124–127, Abb.

2986 Seleukeia (Tigris)
Valtz, E.: Trench on the east side of the Archives Square. Seleucia, 13th season.—
Mesopotamia 23, 1988, 19–29, Taf.

2987 Selge
Nollé, J.: Epigraphische und numismatische Notizen.—
EpigrAnat 12, 1988, 129–142, Taf.

2988 Seligenstadt
Wesch-Klein, G.; Wiegels, R.: Zwei römische Inschriften aus Seligenstadt, Kr. Offenbach.—
Germania 66, 1988, 504–520, Abb.

2989 Selinus
Di Vita, A.: Le fortificazioni di Selinunte classica.—
ASAtene 46, 1984 [1988], 69–79, Abb.

2990 Selinus
Di Vita, A.; Rizzo, M. A.: Selinunte fra il 650 ed il 409. Un modello urbanistico coloniale.—
ASAtene 46, 1984 [1988], 7–68, Abb. Taf.

2991 Selinus
Østby, E.: Riflessioni sulle metope di Selinunte.—
PP 42, 1987, 123–153

2992 Selinus
Østby, E.: The sculptural program of temple E at Selinus.— Πρακτικά του XII Διεθνούς συνεδρίου κλασικής αρχαιολογίας, 3 (Αθήνα 1988) 200–208, Abb. Taf.
KB Athenai 1983

2993 Selinus
Parisi Presicce, D.: L'importanza di Hera nelle spedizioni coloniali e nell'insediamento primitivo delle colonie greche alla luce della scoperta di un nuovo santuario periferico di Selinunte.—
ArchCl 37, 1985, 44–83, Abb. Taf.

2994 Selinus
Rallo, A.; Di Grazia, V.: Nuovi aspetti dell'urbanistica selinuntina.—
ASAtene 46, 1984 [1988], 81–96, Abb. Taf. Beil

2995 Serābīṭ el-Khādim
Beit-Arieh, I.: Canaanites and Egyptians at Serabit el-Khadim.—
Egypt, Israel, Sinai (Tel Aviv 1987) 57–67, Abb.
KB Tel Aviv 1982

2996 Serâbîṭ el-Khâdim
Ventura, R.: Bent axis or wrong direction? Studies on the temple of Serabit-el-Khadim.—
IsrExplJ 38, 1988, 128–138, Abb. Taf.

2997 Serra di Vaglio
Greco, G.: Bilan critique des fouilles de Serra di Vaglio, Lucanie.—
RA 1988, 263–290, Abb.

2998 Sesebi
Morkot, R.: The excavations at Sesebi (Sudla) 1936–1938.—
BetrSudanF 3, 1988, 159–166

2999 Sestino
Luni, M.: Per la topografia storica di Sestinum (Sestino).— Sestinum (Rimini 1989) 17–34, Abb.
KB Sestino 1983

3000 Sestino
Stucchi, S.: Il monumento funerario ad edicola circolare di Sestino.— Sestinum (Rimini 1989) 131–163, Abb.
KB Sestino 1983

3001 Settecamini
Calci, C.; Ceci, F.; Messineo, G.: Interventi di scavo lungo la via Tiburtina.— Archeologia laziale, 9 (Roma 1988) 161–166, Abb.
KB Roma 1987

3002 Sevilla
Campos Carrasco, J. M.: Excavaciones arqueológicas en la ciudad de Sevilla. El origen prerromano y la Hispalis romana.— (Sevilla 1986) 186 S., Abb.
(Obra de ayuda a la investigación, 2)

3003 Shabwa
Breton, J. F.: L'Orient gréco-romain et le Hadhramawt.— L'Arabie préislamique et son environnement historique et culturel (Leiden 1989) 173–185, Abb. Taf.
KB Strasbourg 1987

3004 Shahba
Segal, A.: Town planning and architecture in Provincia Arabia. The cities along the Via Traiana Nova in the 1st--3rd centuries C.E.— (Oxford 1988) 127 S., Taf.
(British archaeological reports. International series, 419)

3005 Shiloh
Finkelstein, I.; Brandl, B.: A group of metal objects from Shiloh.—
IsrMusJ 4, 1985, 17–26, Abb.

3006 Shimal
Vogt, B.; Häser, J.; Velde, C.: Archäologische Forchungen in Shimal, Ras al-Khaimah (Vereinigte Arabische Emirate).—
AfO 34, 1987, 237–242, Abb.

3007 Sīa
Dentzer, J. M.; Dentzer, J.; Villeneuve, F.: Fouilles de Si. 2ème – 4ème campagnes, 1978–1980. Chantier de Si 8.—
AAS 36–37, 1986–87, 121–125, Taf.

3008 Siarum
González, J.: Epigrafía del yacimiento de la Cañada.— Estudios sobre la Tabula Siarensis (Madrid 1988) 91–117, Taf.
KB Sevilla 1986

3009 Siarum
Ruiz Delgado, M. M.: El yacimiento de la Cañada. Estudio arqueológico.— Estudios sobre la Tabula Siarensis (Madrid 1988) 75–89, Abb.
KB Sevilla 1986

3010 Side
Franke, P. R.; Leschhorn, W.; Müller, B.; u. a.: Side. Münzprägung, Inschriften und Geschichte einer antiken Stadt in der Türkei. Beiträge zu einer Ausstellung, Landesbank Saar Girozentrale, Saarbrücken 1988.— (Saarbrücken 1988) 72 S., Abb.

3011 Sidi Ghrib
Blanchard-Lemée, M.: A propos des mosaïques de Sidi Ghrib. Vénus, le Gaurus et un poème de Symmaque.—
MEFRA 100, 1988, 367–384, Abb.

3012 Sidyma
Dardaine, S.; Frézouls, E.: Sidyma. Etude topographique.—
Ktema 10, 1985 [1988], 211–217, Abb. Taf.

3013 Sidyma
Dardaine, S.; Longepierre, D.: Essai de typologie des monuments funéraires de Sidyma (époques lycienne et romaine).—
Ktema 10, 1985 [1988], 219–232, Abb. Taf.

3014 Sidyma
Frézouls, M.; Morant, M. J.: Inscriptions de Sidyma et de Kadyanda, 1.—
Ktema 10, 1985 [1988], 233–243, Taf.

3015 Sıkızlar
Mazzoni, S.: A sculptures quarry at Sıkızlar.—
AAS 36–37, 1986–87, 268–272, Taf.

3016 Silistra
Donevski, P.: Scavi nell'area del campo dell'XI legione Claudia a Durostorum.—
Ratiariensia 3–4, 1987, 239–242, Taf.

3017 Sippar
Charpin, D.: Sippar. Deux villes jumelles.—
RAssyr 82, 1988, 13–32

3018 Sippar
Joannès, F.: Sippar à l'époque récente.—
RAssyr 82, 1988, 74–77

3019 Siracus
Polacco, L.; Trojani, M.; Scolari, A. C.: Ricerche e scavi nell'area del teatro antico di Siracusa, 1970–1983.—
Kokalos 30–31, 1984–85, Nr. 2,2, 839–846, Abb. Taf.

3020 Siracusa
Lena, G.: Teatro antico di Siracusa e santuario 'in summis'. Campagna 1986. Relazione preliminare, 2. Il problema geomorfologico.—
AttiVenezia 145, 1986–87, 45–51

3021 Siracusa
Polacco, L.; Scolari, A. C.: Teatro antico di Siracusa. Il santuario 'in summis'. Campagna 1986. Relazione preliminare, 1. Scavo e rilievo.—
AttiVenezia 145, 1986–87, 15–43, Taf.

3022 Siracusa
Trojani, M.; Marchese, G.: Teatro antico di Siracusa. Il santuario 'in summis'. Campagna 1986. Relazione preliminare, 3. I reperti. La necropoli paleocristiana.—
AttiVenezia 145, 1986–87, 53–68, Abb. Taf

3023 Sıralık
Foss, C.: Strobilos and related sites.—
AnatSt 38, 1988, 147–174, Abb. Taf.

3024 Siris
Berlingò, I.: La necropoli di Siris in contrada Madonnelle.— L'epos greco in Occidente (Taranto 1980 [1989]) 412–415
KB Taranto 1979

3025 Ṣirwāḥ
Schmidt, J.: Die Ruinen von Ṣirwāḥ-Arḥab und der Tempel des 'Attar Dū-Dībān.—
ABerYem 4, 1987, 195–201, Abb. Taf.

3026 Skopje
Garašanin, M.; Koračević, D.: Archaeological excavations in Skupi performed in the period from 1978 to 1981. (Maked. m. engl. Res.).—
MacActaA 7–8, 1981–82 [1987], 79–96, Abb. Taf.

3027 Sofiana
Adamesteanu, D.: Sofiana. Scavi 1954 e 1961.—
CronA 23, 1984, 74–83

3028 Solin
Bertacchi, L.: Contributo allo studio dei palazzi episcopali paleocristiani. I casi di Aquileia, Parenzo e Salona.—
AquilNost 56, 1985, 361–412, Abb.

3029 Solin
Marin, E.: L'épigraphie chrétienne et l'épigraphie du haut moyen-âge de Salone et de Split.— La terza età dell'epigrafia (Faenza 1988) 229–245, Abb.
KB Bologna 1986

3030 Sontheim a. d. Brenz
Nuber, H. U.: Archäologische Forschungen in Sontheim und Brenz, Kreis Heidenheim.— Zivile und militärische Strukturen im Nordwesten der römischen Provinz Raetien (Heidenheim 1988) 97–111, Abb.
KB Heidenheim 1987

3031 Sparte
Cartledge, P.; Spawforth, A.: Hellenistic and Roman Sparta. A tale of two cities.— (London 1989) XIII, 304 S., Abb.
(States and cities of ancient Greece)

3032 Sperlonga
Andreae, B.; Conticello, B.: Scilla e Cariddi. Il gruppo di Scilla a Sperlonga trent'anni dopo la scoperta.—
PP 42, 1987, 343–394, Abb.

3033 Sperlonga
Lafon, X.: La villa Prato à Sperlonga. Un exemple de villa maritime précoce.—
RA 1988, 213–214

3034 Spina
Patitucci Uggeri, S.: Evidenze tecniche della produzione ceramica a Spina in età ellenistica.— Proceedings of the 3rd Symposium on ancient Greek and related pottery (København 1988) 624–632, Abb.
KB København 1987

3035 Split
Marin, E.: L'épigraphie chrétienne et l'épigraphie du haut moyen-âge de Salone et de Split.— La terza età dell'epigrafia (Faenza 1988) 229–245, Abb.
KB Bologna 1986

3036 Stabiae
De Caro, S.: Villa rustica in località Petraro (Stabiae).—
RIA 10, 1987, 5–89, Abb.

3037 Stabiae
Miniero, P.: Ricerche sull'ager Stabianus.— Studia pompeiana et classica in honor of W. F. Jashemski, 1 (New Rochelle 1988) 231–271, Taf.

3038 Stabiae
Pisapia, M. S.: Mosaici antichi in Italia. Regione prima. Stabiae.— (Roma 1989) VII, 87 S., Abb. Taf.

3039 Staraja Bogdanovka II
Marčenko, K. K.; Golovačeva, N. V.: Novyj tip stroitel'nych kompleksov pozdnearchaičeskogo vremeni v Nižnem Pobuž'e. (Russ.) [Ein neuer Typ von Baukomplexen spätarchaischer Zeit im unteren Buggebiet.].—
KraSoob 1985, Nr. 182, 34–38, Abb.

3040 Stettfeld
Wahl, J.; Kokabi, M.; Alföldy-Thomas, S.; u. a.: Das römische Gräberfeld von Stettfeld, 1. Osteologische Untersuchung der Knochenreste aus dem Gräberfeld.— (Stuttgart 1988) 312 S., Abb.
(Forschungen und Berichte zur Vor- und Frühgeschichte in Baden-Württemberg, 29)

3041 Strasbourg
12 av. J. C. Aux origines de Strasbourg. [Exposition, Musée archéologique Strasbourg 1988.].— (Strasbourg 1988) 184 S., Abb.

3042 Strasbourg
Waton, M. D.: Un nouveau système défensif à Strasbourg (Bas-Rhin).—
RAE 39, 1988, 285–290, Abb.

3043 Stratonikeia
Varinlioğlu, E.: Inschriften von Stratonikeia in Karien.—
EpigrAnat 12, 1988, 79–128, Taf.

3044 Straubing
Prammer, J.: Der römische Donauhafen von Straubing-Sorviodurum.— Vorträge des 6. Niederbayerischen Archäologentages (Deggendorf 1988) 149–160, Abb.
KB Deggendorf 1987

3045 Strobilos
Foss, C.: Strobilos and related sites.—
AnatSt 38, 1988, 147–174, Abb. Taf.

3046 Strongoli
Sabbione, C.: L'insediamento delle Murge di Strongoli.— Per un'identità culturale dei Brettii (Napoli 1988) 195–200
SB

3047 Styberra
Papazoglou, F.: Les stèles éphébiques de Stuberra.—
Chiron 18, 1988, 233–256, Taf.

3048 Stymphalos
Williams, H.: Stymphalos. A planned city of classical Arcadia.— Πρακτικά του XII Διεθνούς συνεδρίου κλασικής αρχαιολογίας, 4 (Αθήνα 1988) 231–234
KB Athenai 1983

3049 Suchumi
Voronov, Y. N.: The eastern Black Sea littoral in the system of the hellenistic world. (Russ. m. engl. Res.).— The Black Sea littoral in the hellenistic times (Tbilisi 1985) 459–468
KB Cchaltube 1982

3050 Suestatium
Emborujo Salgado, A.: Una nueva mención epigráfica de una civitas caristia. Suestatium.— Actas. 1er Congreso peninsular de historia antigua, 3 (Santiago de Compostela 1988) 11–14, Abb.
KB Santiago de Compostela 1986

3051 Sunion
Beschi, L.: Spigolature dall'Attica. Kanon. Festschrift E. Berger.—
AntK 15. Bh, 1988, 143–149, Taf.

3052 Sunion
Francis, E. D.; Vickers, M.: The Agora revisited. Athenian chronology c. 500 – 450 B.C.—
BSA 83, 1988, 143–167, Abb.

3053 Sunion
Lauter, H.: Das Teichos von Sunion.—
MarbWPr 1988, 11–33, Abb. Taf.

3054 Sunnarti
Rodziewicz, M.: Archaeological evidence on the chronology of the Sunnarti church.—
BeitrSudanF 3, 1988, 56–83, Abb. Taf.

3055 Sveštari
Čičikova, M.: Tombeau royal thrace de Sveštari (Nord-Est de Bulgarie).— Πρακτικά του XII Διεθνούς συνεδρίου κλασικής αρχαιολογίας, 2 (Αθήνα 1988) 50–56, Abb. Taf.
KB Athenai 1983

3056 Syedra
Nollé, J.: Epigraphische und numismatische Notizen.—
EpigrAnat 12, 1988, 129–142, Taf.

3057 Syros
Mantzoulinou-Richards, E.: A stele for a priestess of Isis on the island of Syros.—
AncWorld 17, 1988, 35–39, Abb.

3058 Tabala
Malay, H.: Letters of Pertinax and the proconsul Aemilius Juncus to the city of Tabala.—
EpigrAnat 12, 1988, 47–52, Taf.

3059 Tall-i Bakun
Alizadeh, A.: Socio-economic complexity in southwestern Iran during the fifth and fourth millennia B.C. The evidence form Tall-i Bakun A.—
Iran 26, 1988, 17–34, Abb. Taf.

3060 Tamassos
Buchholz, H. G.; u. a.: Archäologische Holzfunde aus Tamassos, Zypern.—
ActaPrHistA 20, 1988, 75–157, Abb.

3061 Tanais
Arsen'eva, T. M.; Naumenko, S. A.: Raskopki Tanaisa v 1981–1984 gg. (Russ.) [Die Ausgrabungen in Tanais in den Jahren 1981–1984.].—
KraSoob 1987, Nr. 191, 75–82, Abb.

3062 Tanais
Arsen'eva, T. M.; Šelov, D. B.: Das antike Tanais. Forschungen und Geschichte.—
Klio 70, 1988, 372–403, Abb. Taf.

3063 Tang-e Sarvak
Mathiesen, H. E.: The rock reliefs at Tang-i Sarvak.—
ActaArch 57, 1986, 153–176, Abb.

3064 Tanis
Brissaud, P.: Tanis. Ancienne capitale du Delta.—
ArcheologiaParis 1989, Nr. 243, 22–38, Abb.

3065 Tanis
Brissaud, P.: Notes sur le secteur au sud de la porte sud.— Cahiers de Tanis, 1 (Paris 1987) 155–159, Taf.
SB

3066 Tanis
Brissaud, P.: Les prétendus sacrifices humains de Tanis.— Cahiers de Tanis, 1 (Paris 1987) 129–138, Taf.
SB

3067 Tanis
Brissaud, P.: Les fouilles dans le secteur de la nécropole royale, 1984–1986.— Cahiers de Tanis, 1 (Paris 1987) 7–26, Taf.
SB

3068 Tanis
Känel, F. v.: Notes épigraphiques.— Cahiers de Tanis, 1 (Paris 1987) 45–52, Taf.
SB

3069 Tanis
Zivie-Coche, C. M.: Les travaux de Panemerit et de Pikhaâs à Tanis.— Cahiers de Tanis, 1 (Paris 1987) 177–186
SB

3070 Tannetum
Bottazzi, G.: L'agro centuriato di Tannetum.—
AttiMemModena 11, 1989, 383–405, Abb.

3071 Tapa Sardār
Taddei, M.: Some structural peculiarities in the buildings at Tapa Sardâr.— Orient und Okzident im Spiegel der Kunst. Festschrift H. G. Franz (Graz 1986) 389–398, Abb.

3072 Taranto
Il Museo di Taranto. Cento anni di archeologia. Catalogo della mostra per il centenario dell'istituzione del Museo archeologico nazionale di Taranto.— (Taranto 1988) 640 S., Abb. Taf.

3073 Taranto
Tappeti di pietra. I mosaici di Taranto romana. Museo nazionale di Egnazia.— (Fasano 1989) 106 S., Abb. Taf. Beil.

3074 Taranto
Iacovou, M.: The pictorial pottery of eleventh century B.C. Cyprus.— (Göteborg 1988) XI, 89 S., Taf.
(Studies in Mediterranean archaeology, 79)

3075 Taranto
La Genière, J. de;; Nenci, G.; Tagliente, M.; u. a.: Documentazione analitica delle necropoli dell'Italia meridionale e della Sicilia. Contributo allo studio delle società antiche.—
AnnPisa 18, 1988, 11–60, Taf.

3076 Taranto
Noordaa-Dominicus van den Bussche, S. B. M. van der: Op leven en dood.—
VerAmstMeded 41, 1987, 1–13, Abb.

3077 Taranto
Noordaa-Dominicus van den Bussche, S. B. M. van der: Spiedend en dansend.—
VerAmstMeded 43, 1988, 22–24, Abb.

3078 Taranto
Patera, A.: Tomba a camera tarantina.—
Taras 6, 1986, 31–64, Taf.

3079 Tarquinia
Bartoloni, G.; Baglione, M. P.: Elementi scultorei decorativi nelle tombe tarquiniesi del primo ellenismo.— Tarquinia. Ricerche, scavi e prospettive (Milano 1987) 233–242 Taf.
KB Milano 1986

3080 Tarquinia
Bonghi Jovino, M.: Gli scavi nell'abitato di Tarquinia e la scoperta dei bronzi in un preliminare inquadramento.— Tarquinia. Ricerche, scavi e prospettive (Milano 1987) 59–77, Taf.
KB Milano 1986

3081 Tarquinia
Cataldi Dini, M.: La Tomba dei demoni azzurri.— Tarquinia. Ricerche, scavi e prospettive (Milano 1987) 37–42, Taf.
KB Milano 1986

3082 Tarquinia
Cavagnaro Vanoni, L.: Tarquinia. Aspetti inediti dei lavori della Fondazione Lerici nella necropoli dei Monterozzi.— Tarquinia. Ricerche, scavi e prospettive (Milano 1987) 243–253, Taf.
KB Milano 1986

3083 Tarquinia
Chiaramonte Treré, C.: Altri dati dagli scavi alla Civita sugli aspetti cultuali e rituali.— Tarquinia. Ricerche, scavi e prospettive (Milano 1987) 79–89, Taf.
KB Milano 1986

3084 Tarquinia
Cristofani, M.: Pittura funeraria e celebrazione della morte. Il caso della Tomba dell'Orco.— Tarquinia. Ricerche, scavi e prospettive (Milano 1987) 191–202, Taf.
KB Milano 1986

3085 Tarquinia
Jannot, J. R.: A propos de la Tombe du lit funèbre.— Studia Tarquiniensia (Roma 1988) 53–67, Abb. Taf.
SB

3086 Tarquinia
Pairault-Massa, F. H.: La Tombe Giglioli ou l'espoir déçu de Vel Pinie. Un tournant dans la société étrusque.— Studia Tarquiniensia (Roma 1988) 69–100, Taf.
SB

3087 Tarquinia
Pelagatti, P.: Indagini recenti a Tarquinia a cura della Soprintendenza archeologica per l'Etruria meridionale.— Tarquinia. Ricerche, scavi e prospettive (Milano 1987) 33–35, Taf.
KB Milano 1986

3088 Tarquinia
Serra Ridgway, F. R.: Aspetti della necropoli ellenistica nel fondo Scataglini ai Monterozzi.— Tarquinia. Ricerche, scavi e prospettive (Milano 1987) 255–259, Taf.
KB Milano 1986

3089 Tarquinia
Walberg, G.: The Tomb of the Baron reconsidered.—
StEtr 54, 1986, 51–59, Taf.

3090 Tatul
Nikolov, N.; Zlatev, S.; Vasileva, K.: Le sens astronomique du monument thrace Tatul. (Bulg. m. franz. Res.).—
ArcheologijaSof 30, 1988, Nr. 2, 28–32, Abb.

3091 Teanum Apulum
Russi, V.: Da Teanum Apulum a Civitate. Ricerche topografiche ed archeologiche.—
ArchStorPugl 42, 1989, 153–168, Abb.

3092 Tebtunis
Bastianini, G.; Gallazzi, C.: Un'epigrafe scomparsa di Tebtynis.—
Tyche 3, 1988, 25–27, Taf.

3093 Teichiussa
Voigtländer, W.: Akbük-Teichiussa. Zweiter Vorbericht. Survey 1985–86.—
AA 1988, 567–625, Abb.

3094 Tell Afis
Cecchini, S. M.: Tell Afis. Il sondaggio stratigrafico.—
EgVicOr 10, 1987, Nr. 2, 85–91, Taf.

3095 Tell Afis
Mazzoni, S.: Tell Afis. Lo scavo dell'edificio del settore D.—
EgVicOr 10, 1987, Nr. 2, 25–40, Taf.

3096 Tell Ahmar
Restauration de trois fresques assyriennes.—
ArcheologiaParis 1988, Nr. 239, 42–45, Ab.

3097 Tell Arad
Ussishkin, D.: The date of the Judaean shrine at Arad.—
IsrExplJ 38, 1988, 142–157, Abb. Taf.

3098 Tell Atrib
Myśliwiec, K.; u. a.: Remains of a Ptolemaic villa at Athribis.—
MDIK 44, 1988, 183–197, Abb. Taf.

3099 Tell Bdēri
Pfälzner, P.: The excavations at Tell Bderi 1986.—
AAS 36–37, 1986–87, 292–296, Taf.

3100 Tell Bdēri
Pfälzner, P.: A short account of the excavation in Tell Bderi 1985.—
AAS 36–37, 1986–87, 276–279, Taf.

3101 Tell Bdēri
Pfälzner, P.; u. a.: Tell Bdēri 1985. Bericht über die erste Kampagne.—
DaM 3, 1988, 223–386, Abb. Taf.

3102 Tell Chuēra
Moortgat-Correns, U.; u. a.: Tell Chuēra in Nordost-Syrien. Vorläufiger Bericht über die elfte Grabungskampagne 1985.—
(Berlin 1988) 68 S., Abb. Beil

3103 Tell ed-Dab'a
Bietak, M.: Canaanites in the eastern Nile Delta.— Egypt, Israel, Sinai (Tel Aviv 1987) 41–56, Abb.
KB Tel Aviv 1982

3104 Tell el-Farā'īn
Petropoulou, A.: Fragment einer römischen Inschrift in griechischer Sprache aus Buto.—
MDIK 44, 1988, 199–203, Abb.

3105 Tell el-Farā'īn
Way, T. von der; Schmidt, K.: Tell el-Fara'in – Buto. 3. Bericht.—
MDIK 44, 1988, 283–306, Abb. Taf.

3106 Tell Hadidi
Dornemann, R. H.: Tell Hadidi. One bronze age site among many in the Tabqa Dam salvage area.—
BASOR 1988, Nr. 270, 13–42, Abb.

3107 Tell el-Herr
Louis, E.; Valbelle, D.: Les trois dernières forteresses de Tell el-Herr.—
CahPEg 10, 1988, 61–71, Abb. Taf.

3108 Tell Iktanu
Prag, K.: Preliminary report on the excavations at Tell Iktanu, Jordan, 1987.—
Levant 21, 1988, 33–45, Abb.

3109 Tell Kazel
Elayi, J.: Les importations grecques à Tell Kazel (Simyra) à l'époque perse.—
AAS 36–37, 1986–87, 132–135, Taf.

3110 Tell Michal
Herzog, Z.: Archaeology and history at Tel Michal.—
MedHistR 3, 1988, 87–102, Abb.

3111 Tell al-Raqai
Curvers, H. H.: Reddingsoperatie in de Midden Habur, Syrie.—
VerAmstMeded 39, 1987, 18–20, Abb.

3112 Tell Rechidiyeh
Gubel, E.: A group of Egyptian scarabs from Tell Rechidiyeh.—
StEgAntPun 3, 1988, 67–88, Taf.

3113 Tell Ṣāfūṭ
Wimmer, D. H.: Tell Ṣāfūṭ excavations, 1982–1985. Preliminary report.—
AAJ 31, 1987, 159–174, Abb. Taf.

3114 Tell es-Sa'idiyeh
Tubb, J. N.: Tell es-Sa'idiyeh. Preliminary report on the first three seasons of renewed excavations.—
Levant 20, 1988, 23–88, Abb.

3115 Tell aš-Šayh Hasan
Boese, J.: Excavations at Tell Sheikh Hassan. Preliminary report on the 1987 campaign in the Euphrates Valley.—
AAS 36–37, 1986–87, 67–77, Taf.

3116 Tell el-'Umeiri
Geraty, L. T.; Herr, L. G.; LaBianca, Ø. S.: The Madaba Plains project. A preliminary report on the first season at Tell el-'Umeiri and vicinity.—
AAJ 31, 1987, 187–199, Abb. Taf.

3117 Tell Yarmuth
Miroschedji, P. de: Yarmouth, 1. Rapport sur les trois premières campagnes de fouilles à Tel Yarmouth (Israël), 1980–1982.—
(Paris 1988) 281 S., Abb.
(Editions recherche sur les civilisations. Mémoire, 76)

3118 Tell Yarmuth
Miroschedji, P. de: Données nouvelles sur le Bronze Ancien de Palestine. Les fouilles de Tel Yarmouth.—
CRAI 1988, 186–211, Abb.

3119 Tepe Chenchi
Algaze, G.: Tepe Chenchi. An important settlement near Khorsabad.— Essays in ancient civilization presented to H. J. Kantor (Chicago 1989) 1–25, Abb. Taf.

3120 Tepe Ghabristan
Majidzadeh, Y.: An early industrial proto-urban center on the central plateau of Iran. Tepe Ghabristan.— Essays in ancient civilization presented to H. J. Kantor (Chicago 1989) 158–166, Abb. Taf.

3121 Tepe Hissar
Tappeh Hesār. Reports of the restudy project, 1976.— (Firenze 1989) 151 S., Abb. Taf.
(Monografie di Mesopotamia, 2)

3122 Terracina
Christie, N.; Rushworth, A.: Urban fortification and defensive strategy in fifth and sixth century Italy. The case of Terracina.— JRomA 1, 1988, 73–88, Abb.

3123 Terracina
Mari, A. R.; Malizia, R.; Longo, P.; u. a.: La Via Appia a Terracina. La strada romana e i suoi monumenti.— (Terracina 1988) 185 S., Abb. Taf.
(Archeoclub d'Italia, sede di Terracina.)

3124 Thapsakos
Lendle, O.: Wo lag Thapsakos? (Xenophon, Anabasis I 4,10 ff.).— Bathron. Beiträge zur Architektur und verwandten Künsten für H. Drerup (Saarbrücken 1988) 301–305, Abb.

3125 Tharros
Acquaro, E.: Tharros, 14. La campagna del 1987.— RStFen 16, 1988, 207–219, Taf. Beil.

3126 Tharros
Acquaro, E.: Scavi al tofet di Tharros. Le urne dello scavo Pesce, 1.— (Roma 1989) 138 S., Abb. Beil.
(Collezione di studi fenici, 29)

3127 Tharros
Acquaro, E.; Finzi, C.: Tharros.— (Sassari 1986) 69 S., Abb.
(Sardegna archeologica. Guide e itinerari, 5)

3128 Thasos
Archontidou-Argyri, A.; Simossi, A.; Empereur, J. Y.: The underwater excavation at the ancient port of Thasos, Greece.— IntJNautA 18, 1989, 51–59, Abb. Taf.

3129 Thasos
Courtils, J. des; Pariente, A.: Excavations in the Heracles sanctuary at Thasos.— Early Greek cult practice (Stockholm 1988) 121, Taf.
KB Athenai 1986

3130 Thasos
Garlan, Y.: Vin et amphores de Thasos.— (Athènes 1988) 34 S., Abb.
(Ecole française d'Athènes. Sites et monuments, 5)

3131 Thasos
Gialoglou, G.; Vavelidis, M.; Wagner, G. A.: Die antiken Blei-Silberbergwerke auf Thasos.— Antike Edel- und Buntmetallgewinnung auf Thasos (Bochum 1988) 75–87, Abb.
SB

3132 Thasos
Herz, N.: Classical marble quarries of Thasos.— Antike Edel- und Buntmetallgewinnung auf Thasos (Bochum 1988) 232–240, Abb.
SB

3133 Thasos
Koukouli-Chrysanthaki, C.: Die archäologischen Funde aus den Goldgruben bei Kinyra.— Antike Edel- und Buntmetallgewinnung auf Thasos (Bochum 1988) 173–179, Abb.
SB

3134 Thasos
Koželj, T.; Muller, A.: La mine d'or de l'acropole de Thasos.— Antike Edel- und Buntmetallgewinnung auf Thasos (Bochum 1988) 180–197, Abb.
SB

3135 Thasos
Kozelj, T.; Wurch-Kozelj, M.: Phares de Thasos.— BCH 113, 1989, 161–181, Abb.

3136 Thasos
Lieder, W.; Heckes, J.: Markscheiderische Aufnahme zweier Goldgruben bei Kinyra auf Thasos.— Antike Edel- und Buntmetallgewinnung auf Thasos (Bochum 1988) 125–130, Abb.
SB

3137 Thasos
Matthäus, H.: Thasos im Altertum.— Antike Edel- und Buntmetallgewinnung auf Thasos (Bochum 1988) 13–39, Abb.
SB

3138 Thasos
Weisgerber, G.; Wagner, G. A.: Der antike Goldbergbau auf dem Gipfel des Klisidi bei Kinyra.— Antike Edel- und Buntmetallgewinnung auf Thasos (Bochum 1988) 154–172, Abb.
SB

3139 Thasos
Weisgerber, G.; Wagner, G. A.: Die antike und mittelalterliche Goldgewinnung von Paläochori bei Kinyra.— Antike Edel- und Buntmetallgewinnung auf Thasos (Bochum 1988) 131–153, Abb.
SB

3140 Thebai (Ägypten)
Abd el-Hamid, S.: Discovery of a new foundation deposit of Thutmosis III at the east of Karnak. A preliminary report (with an annex about a stela of Pareemheb).— CahKarnak 8, 1982–85, 41–46, Abb. Taf.

3141 Thebai (Ägypten)
Azim, M.: A propos du pylône du temple d'Opet à Karnak.— CahKarnak 8, 1982–85, 51–71, Abb. Taf.

3142 Thebai (Ägypten)
Berg, D.: The 29th dynasty storehouse at Karnak.— JARCE 24, 1987, 47–52, Abb.

3143 Thebai (Ägypten)
Cesaretti, M. P.: Ancora su Petamenofi. Gli usciabti del Museo civico archeologico di Bologna.— StEgAntPun 3, 1988, 27–58, Taf.

3144 Thebai (Ägypten)
Chappaz, J. L.: Un nouvel assemblage de talâtât. Une paroi du Rwd-mnw d'Aton.— CahKarnak 8, 1982–85, 81–119, Abb. Taf.

3145 Thebai (Ägypten)
Dodson, A.: Two royal reliefs from the temple of Deir el-Bahari.— JEA 74, 1988, 212–214, Taf.

3146 Thebai (Ägypten)
Dodson, A. M.: The tombs of the kings of the early eighteenth dynasty at Thebes.— ZÄS 115, 1988, 110–123, Abb.

3147 Thebai (Ägypten)
Dorman, P. F.: The monuments of Senenmut. Problems in historical methodology.— (London 1988) XVI, 247 S., Taf.

3148 Thebai (Ägypten)
Eaton-Krauss, M.: Tutankhamun at Karnak.—
MDIK 44, 1988, 1–11, Abb. Taf.

3149 Thebai (Ägypten)
Gabolde, L.: A propos de deux obélisques de Thoutmosis II, dédiés à son père Thoutmosis I et érigés sous le règne d'Hatshepsout-Pharaon à l'ouest du IVe pylône.—
CahKarnak 8, 1982–85, 143–153, Abb. Taf.

3150 Thebai (Ägypten)
Gabolde, L.; Zimmer, T.: Sondage effectué à l'angle sud-est du parvis du IVe pylône.—
CahKarnak 8, 1982–85, 159–162, Taf.

3151 Thebai (Ägypten)
Golvin, J. C.: La restauration antique du passage du IIIe pylône.—
CahKarnak 8, 1982–85, 189–195, Taf.

3152 Thebai (Ägypten)
Golvin, J. C.: Quelques travaux récents du Centre franco-égyptien de Karnak, 1985–1988.—
CRAI 1988, 575–598, Abb.

3153 Thebai (Ägypten)
Golvin, J. C.; Goyon, J. C.; Abd el-Hamid, S.: Les travaux du Centre franco-égyptien de 1981 à 1985. Rapport général.—
CahKarnak 8, 1982–85, 9–39, Abb.

3154 Thebai (Ägypten)
Kákosy, L.: Third preliminary report on the Hungarian excavation in the Theban tomb 32, season 1985–86.—
ActaArchHung 39, 1987, 145–152, Abb.

3155 Thebai (Ägypten)
Le Saout, F.: Un magasin à onguents de Karnak et le problème du nom de Tyr. Mise au point.—
CahKarnak 8, 1982–85, 325–335, Abb. Taf.

3156 Thebai (Ägypten)
Le Saout, F.; Ma'arouf, A.; Zimmer, T.: Le Moyen Empire à Karnak. Varia, 1.—
CahKarnak 8, 1982–85, 293–313, Abb. Taf.

3157 Thebai (Ägypten)
Loeben, C.: Amon à la place d'Aménophis I. Le relief de la porte des magasins nord de Thoutmosis III.—
CahKarnak 8, 1982–85, 233–240, Abb. Taf.

3158 Thebai (Ägypten)
Loeben, C.: La porte sud-est de la salle-w3d' jt.—
CahKarnak 8, 1982–85, 207–230, Abb. Taf.

3159 Thebai (Ägypten)
Manniche, L.: The wall decoration of three Theban tombs. TT 77, 175, and 249.— (Copenhagen 1988) 65 S., Abb.
(The Carsten Niebuhr Institute of Ancient Near Eastern Studies. Publication, 4)

3160 Thebai (Ägypten)
Nasr, M.: The Theban tomb 261 of Khacemwese in Drac Abu el-Nagac.—
StAltägKul 15, 1988, 233–242, Abb. Taf.

3161 Thebai (Ägypten)
Scheel, B.: Fundobjekte einer ptolemäerzeitlichen Metallverarbeitungsstätte in Theben und Vergleichsfunde anderer vorderorientalischer Ausgrabungsplätze.—
StAltägKul 15, 1988, 243–254, Abb.

3162 Thebai (Ägypten)
Stadelmann, R.; Osing, J.: Königliche Votivstelen aus dem Torraum des Totentempels Sethos' I. in Gurna. Gebet Sethos' I. an Re-Harachte.—
MDIK 44, 1988, 255–274, Abb. Taf.

3163 Thebai (Ägypten)
Traunecker, C.: La chapelle de Khonsou du mur d'enceinte et les travaux d'Alexandre.—
CahKarnak 8, 1982–85, 347–353, Abb. Taf.

3164 Thebai (Ägypten)
Ventura, R.: The largest project for a royal tomb in the Valley of the Kings.—
JEA 74, 1988, 137–156

3165 Thebai (Ägypten)
Wachsmann, S.: Aegeans in the Theban tombs.— (Leuven 1987) XX, 146 S., Taf.
(Orientalia Lovaniensia analecta, 20)

3166 Thebai (Ägypten)
Zimmer, T.: Quelques trouvailles effectuées lors de l'aménagement du musée de plein air de Karnak.—
CahKarnak 8, 1982–85, 381–385, Taf.

3167 Thera
Amigues, S.: Le crocus et le safran sur une fresque de Théra.—
RA 1988, 227–242, Abb.

3168 Thera
Corsten, T.: Thera und Platons Atlantis.— Kolloquium zur ägäischen Vorgeschichte (Mannheim 1987) 205–209
KB Mannheim 1986

3169 Thera
Morgan, L.: The miniature wall paintings of Thera. A study in Aegean culture and iconography.— (Cambridge 1988) XIX, 234 S., Abb. Taf.
(Cambridge classical studies)

3170 Thermos
Coulton, J. J.: Post holes and post bases in early Greek architecture.—
MedA 1, 1988, 58–65, Abb.

3171 Thermos
Stucky, R. A.: Die Tonmetope mit den drei sitzenden Frauen von Thermos. Ein Dokument hellenistischer Denkmalpflege.—
AntK 31, 1988, 71–78, Abb. Taf.

3172 Thespiai
Papadopoulou, N. P.: Κατάλογος στρατευσίμων από τις Θεσπιές.—
Horos 5, 1987, 79–90, Taf.

3173 Thessalonike
Raeck, W.: Tu fortiter, ille sapienter. Augusti und Caesares im Reliefschmuck des Galeriusbogens von Thessaloniki.— Beiträge zur Ikonographie und Hermeneutik. Festschrift für N. Himmelmann (Mainz 1989) 453–457, Taf.

3174 Thessalonike
Theoharidou, K.: The architecture of Hagia Sophia, Thessaloniki. From its erection up to the Turkish conquest.— (Oxford 1988) XVI, 292 S., Abb. Taf.
(British archaeological reports. International series, 399)

3175 Thessalonike
Ziegler, R.: Thessalonike in der Politik des Traianus Decius und der Tod des Philippus Arabs.— Roma renascens. I. Opelt zum 9.7. 1988 gewidmet (Frankfurt a. M. 1988) 385–414

3176 Thirza
Mallet, J.: Tell el-Fâr'ah, 2, 1–2. Le Bronze Moyen. Stratigraphie des vestiges du Bronze Moyen II, 1re moitié du IIe millénaire av. J. C., dans les chantiers principaux II nord et IV. Texte; illustration.— (Paris 1987; 1988) 153 S.; 343 S., Beil.
(Editions recherche sur les civilisations. Mémoire, 66)

3177 Thuburnica
Wilkins, P. I.: Amphitheatres and private munificence in Roman Africa. A new text from Thuburnica.—
ZPE 75, 1988, 215–221, Taf.

3178 Thun-Almendingen
Bossert, M.: Ein thronender lebensgroßer Iuppiter aus dem gallorömischen Tempelbezirk von Thun-Allmendingen.—
ASchw 11, 1988, 113–123, Abb.

3179 Thuriae
Sirago, V. A.: Per l'identificazione di Thuriae.—
RicStBrindisi 13, 1980–87, 95–104

3180 Tiberias
Milson, D.: The late synagogue at Hammath-Tiberias. A morphological study.—
StBiFranc 37, 1987, 303–310, Taf.

3181 Tidenham
Neal, D. S.; Walker, B.: A mosaic from Boughspring Roman villa, Tidenham, Gloucestershire.—
Britannia 19, 1988, 191–197, Abb. taf.

3182 Tillja Tepe
Pugačenkova, G. A.: Un temple du feu dans le 'grand Soghd'.— Cultes et monuments religieux dans l'Asie centrale préislamique (Paris 1987) 53–61, Taf.
SB

3183 Tilmen Höyük
Duru, R.: İslâhiye bölgesinde M.Ö. 2. binyılına ait önemli bir kent. Tilmen Höyük. (Türk.) [Eine bedeutende Stadt des 2. Jt. v. Chr. im Gebiet von İslâhiye. Tilmen Höyük.].—
Anadolu 21, 1978–80 [1987], 37–46, Taf.

3184 Timna
Rothenberg, B.; u. a.: The Egyptian mining temple at Timna.— (London 1988) VIII, 317 S., Abb. Taf.
(Researches in the Arabah 1959–1984, 1)

3185 Tirida
Pantos, P. A.: Ein 'königliches' ostgotisches Grab bei Stabulum Diomedis in Thrakien. Erste historische und topographische Gedanken.—
ByzF 14, 1989, 485–496, Taf.

3186 Tiriolo
Spadea, R.: I Brettii e l'ager Teuranus.— Per un'identità culturale dei Brettii (Napoli 1988) 201–208, Taf.
SB

3187 Tiryns
Kilian, K.: Die 'Thronfolge' in Tiryns.—
AM 103, 1988, 1–9, Abb. Taf.

3188 Tiryns
Schulz, T.: Die Rekonstruktin des Thronpodestes im ersten großen Megaron von Tiryns.—
AM 103, 1988, 11–23, Abb. Taf.

3189 Tivoli
Giuliano, A.; Giuliani, C. F.; Veloccia Rinaldi, M. L.; u. a.: Villa Adriana.— (Roma 1988) 237 S., Abb.

3190 Tivoli
Mari, Z.: I resti della cosiddetta villa dei Coponii sulla Via Empolitana.—
AttiSocTiburtina 61, 1988, 131–144, Abb. Taf.

3191 Tivoli
Salvatori, A.; Trucchi, D.; Guidobaldi, F.: The marbles used in the decoration of Hadrian's villa at Tivoli.— Classical marble (Dordrecht 1988) 177–185, Abb.
KB Il Ciocco 1988

3192 Tivoli
Salza Prina Ricotti, E.: Villa Adriana. Un singolare solaio piano in opus caementicium.—
Palladio N.S. 1, 1988, Nr. 1, 15–26, Abb.

3193 Tmolos
Drew-Bear, T.; Koder, J.; Sodini, J. P.: Ein byzantinisches Kloster am Berg Tmolos.—
JbÖByz 38, 1988, 197–215, Taf.

3194 Todi
Tascio, M.: Todi. Forma e urbanistica.— (Roma 1989) IX, 127 S., Abb. Taf.
(Città antiche in Italia, 2)

3195 Togolok
Sarianidi, V. I.; u. a.: A proto-Zoroastrian temple in the Karakum desert and the problem of Zoroastrianism in Central Asia. (Russ. m. engl. Res.).—
VesDrevIstor 1989, Nr. 1, 152–181, Abb. Taf.

3196 Topeiros
Polychronidou-Loukopoulou, L.: Τόπειρος, πόλις τῆς Θράκης. Προβλήματα ἱστορικῆς γεωγραφίας καὶ τοπογραφίας.—
ByzF 14, 1989, 577–599, Taf.

3197 Torone
Cambitoglou, A.; Papadopoulos, J. K.: Excavations at Torone, 1986. A preliminary report.—
MedA 1, 1988, 180–215, Abb. Taf.

3198 Torralba
Mastino, A.: Postumio Matidiano Lepido. Un nuovo preside clarissimo di età costantiniana.— Il nuraghe S. Antine nel Logudoro-Meilogu (Sassari 1988) 315–329, Abb.
SB

3199 Torre Aguila
Rodríguez Martín, F. G.: La villa romana de la dehesa de Torre Aguila en Barbaño-Montijo (Badajoz).—
ExtremA 1, 1988, 201–219, Abb.

3200 Torre Annunziata
De Caro, S.: Un graffito ed altre testimonianze del culto della Magna Mater nella villa romana di Oplontis.— Studia pompeiana et classica in honor of W. F. Jashemski, 1 (New Rochelle 1988) 89–94, Taf.

3201 Torre del Greco
Kockel, V.: Ein unpublizierter Plan der Villa Sora von Carlo Bonucci.—
CronErcol 18, 1988, 205–208, Abb.

3202 Torricella
Lo Porto, F. G.: Due iscrizioni votive arcaiche dai dintorni di Taranto.—
PP 42, 1987, 39–50, Abb.

3203 Torrita di Amatrice
Buonocore, M.: La Via Salaria nel tratto Collicelle-Torrita. Nuove acquisizioni epigrafiche.— Miscellanea greca e romana, 13 (Roma 1988) 145–152, Taf.
SB

3204 Toulouse
Palladia Tolosa. Toulouse romaine. [Exposition Musée Saint-Raymond, Toulouse 1988.].— (Toulouse 1988) XXI, 191 S., Abb. Beil.

3205 Toulouse
Domergue, C.; Pailler, J. M.; Sillières, P.; u. a.: Recherches récentes á l'amphithéâtre de Purpan-Lardenne.— Mélanges offerts à M. Labrousse (Toulouse 1987) 283–299, Taf.

3206 Toulouse
Jiménez Garnica, A. M.: El arte 'oficial' de Toulouse bajo soberanía visigoda. La Daurade.—
AEsp 61, 1988, 179–196, Abb.

3207 Toulouse
Pailler, J. M.: Domitien et la 'cité de Pallas'. Un tournant dans l'histoire de Toulouse antique.—
Pallas 34, 1988, 99–109

3208 Trani
Carletti, C.: Graffiti di Trani.—
VeteraChr 25, 1988, 585–604, Abb. Taf.

3209 Trasacco
Salvia Del Rosario, R.: Rinvenimenti romani a Trasacco (Aq).—
QuadChieti 4, [1988], 145–155, Abb.

3210 Treia
Moscatelli, U.: Trea.— ([Firenze] 1988) 75 S., Abb. Taf.
(Forma Italiae)

3211 Três Minas
Wahl, J.: Três Minas. Vorbericht über die archäologischen Untersuchungen im Bereich des römischen Goldbergwerks 1986–87.—
MM 29, 1988, 221–244, Abb. Taf.

3212 Trier
Dahm, L.: Die Mosaiken der vorkonstantinischen Palastanlage westlich der Basilika in Trier.—
TrZ 51, 1988, 427–461, Abb.

3213 Trieste
Zaccaria, C.: Problemi epigrafici del foro di Trieste.—
MEFRA 100, 1988, 63–85, Abb.

3214 Trino
S. Michele di Trino. Un villaggio, un castello, una pieve tra età romana e medioevo. Mostra documentaria [Trino] 27 maggio – 18 giugno 1989.— (Trino 1989) 159 S., Abb. Taf.
(Studi trinesi, 8)

3215 Trino
Negro Ponzi Mancini, M. M.: S. Michele di Trino (Vc). Una chiesa altomedievale e un castellum. Campagne di scavo 1980–1981.— Atti del VI Congresso nazionale di archeologia cristiana (Firenze 1986) 785–808, Abb.
KB Pesaro-Ancona 1983

3216 Troia
Bloedow, E. F.: The Trojan War and late Helladic III C.—
PZ 63, 1988, 23–52, Abb.

3217 Troia
Cook, J. M.: Troy and the sea.—
Anadolu 21, 1978–80 [1987], 75–78, Taf.

3218 Troia
Latacz, J.: News from Troy.—
Berytus 34, 1986, 97–112, Abb. Taf.

3219 Troia
Latazc, J.: Neues von Troja.—
Gymnasium 95, 1988, 385–413, Abb. Taf.

3220 Tropaeum Traiani
Barnea, A.: Considérations concernant les portraits de Tropaeum Traiani (Adamclisi, Roumanie).— Ritratto ufficiale e ritratto privato (Roma 1988) 131–133
KB Roma 1984

3221 Turda
Bărbulescu, M.: Din istoria militară a Daciei romane. Legiunea V Macedonica şi castrul de la Potaissa.— (Cluj 1987) 203 S., Abb. Taf. Beil.

3222 Tuscania
Barker, G.; Rasmussen, T.: The archaeology of an Etruscan polis. A preliminary report on the Tuscania project (1986 and 1987 seasons).—
BSR 56, 1988, 25–42, Abb. Taf.

3223 Tyras
Karyškovskij, P. O.: Posvjatitel'naja nadpis' rimskich vračej iz Tiry. (Russ.) [Eine Weihinschrift von römischen Ärzten aus Tyras.].— Novye issledovanija po archeologii Severnogo Pričernomor'ja (Kiev 1987) 52–56, Taf.
SB

3224 Tyritake
Sazanov, A. V.; Ivashchenko, Y. F.: On the dates of the late antiquity levels in the Bosporan cities. (Russ. m. engl. Res.).—
SovArch 1989, Nr. 1, 84–102, Abb.

3225 Tyros
Salamé-Sarkis, Ḥ.: La nécropole de Tyr. A propos de publications récentes.—
Berytus 34, 1986, 193–205

3226 Ugarit
Pardee, D.: Ras Shamra-Ougarit, 4. Les textes para-mythologiques de la 24e campagne, 1961.— (Paris 1988) 329 S., Abb. Taf.
(Editions recherche sur les civilisations. Mémoire, 77)

3227 Ukma
Vila, A.: Le cimetière kermaïque d'Ukma Ouest. La prospection archéologique de la vallée du Nil en Nubie soudanaise.— (Paris 1987) 279 S., Abb. Taf.

3228 Uruk
Vértesalji, P. P.: Das Ende der Uruk-Zeit im Lichte der Grabungsergebnisse der sogenannten 'archaischen' Siedlung bei Uruk-Warka.—
ActaPrHistA 20, 1988, 9–26, Abb.

3229 Usellus
Usai, E.; Zucca, R.: Colonia Iulia Augusta Uselis.—
StSard 26, 1981–85, 303–342, Taf.

3230 Uzali Sar
Ferchiou, N.: L'architecture pré-romaine d'Uzali Sar (Henchir Djal, Tunisie). Observations préliminaires.—
Reppal 4, 1988, 215–225, Taf.

3231 Valence
Salviat, F.: Quinte Curce, les insulae Furianae, la Fossa Augusta et la localisation du cadastre C d'Orange.—
RANarb 19, 1986, 101–116, Abb.

3232 Valencia
L'Almoina. Viatge a la memòria històrica de la ciutat.— [Exposició València, maig–juny 1987.] (València 1987) [40 S.], Abb.

3233 Valencia
València romana. Els origens de la ciutat.— (València 1984) 45 S., Abb.

3234 Valesium
Boersma, J.: Valesio. Città messapica e stazione viaria romana.—
RicStBrindisi 13, 1980–87, 57–76, Abb.

3235 Valesium
Boersma, J.: The Valesio project. Third interim report.—
BABesch 62, 1987, 93–101, Abb.

3236 Valesium
Boersma, J.: Oria e Valesio. Ricerca archeologica olandese nel Salento.— Salento. Porta d'Italia (Galatina 1989) 193–200, Taf.
KB Lecce 1986

3237 Valesium
Yntema, D.: Attività della missione olandese della Libera università di Amsterdam a Valesio (Br).—
RicStBrindisi 13, 1980–87, 77–93, Abb.

3238 Vallis
Ferchiou, N.: Le grand temple de Vallis et sa place dans l'architecture de la province romaine d'Afrique.—
RA 1988, 41–50, Abb.

3239 Vani
Licheli, V. T.: A trade and artisan settlement of the 3rd – 2nd centuries B.C. in inner Colchis. (Russ. m. engl. Res.).— The Black Sea littoral in the hellenistic times (Tbilisi 1985) 468–473
KB Cchaltubo 1982

3240 Vani
Lordkipanidze, O. D.: On some innovations in Colchis in the 4th – 3rd centuries B.C. according to the materials of the city site of Vani. (Russ. m. engl. Res.).— The Black Sea littoral in the hellenistic times (Tbilisi 1985) 473–489
KB Cchaltubo 1982

3241 Vani
Voronov, Y. N.: The eastern Black Sea littoral in the system of the hellenistic world. (Russ. m. engl. Res.).— The Black Sea littoral in the hellenistic times (Tbilisi 1985) 459–468
KB Cchaltube 1982

3242 Varatunnum
Barruol, G.: Le vicus Varatunnum à Saint-Julien de Salinelles (Gard).—
RANarb 19, 1986, 361–368, Abb.

3243 Veii
Baglione, M. P.: Il santuario di Portonaccio a Veio. Precisazioni sugli scavi Stefani.—
SciAnt 1, 1987, 381–417, Abb.

3244 Veii
Colonna, G.: Note preliminari sui culti del santuario di Portonaccio a Veio.—
SciAnt 1, 1987, 419–446, Abb.

3245 Veii
Papi, R.: Materiali sporadici dalla necropoli della Vaccareccia di Veio.—
QuadChieti 4, [1988], 87–144, Abb.

3246 Veii
Quilici Gigli, S.: Osservazioni su Ponte Sodo a Veio.—
ArchCl 38–40, 1986–88, 118–127, Abb. Taf.

3247 Vemania
Garbsch, J.; Kos, P.: Das spätrömische Kastell bei Isny, 1. Zwei Schatzfunde des frühen 4. Jahrhunderts.— (München 1988) 127 S., Abb. Taf.
(Münchner Beiträge zur Vor- und Frühgeschichte, 44)

3248 Venafro
Buonocore, M.: C. Marius Atys sevir augustalis di Venafrum.—
ArchCl 37, 1985, 290–292, Taf.

3249 Venezia
Zucchi, S.: Le origini di Venezia tra cronachistica e archeologia. Bilancio critico-bibliografico.—
AttiMemSocIstriana 36, 1988, 23–36, Abb.

3250 Venosa
Salvatore, M.: La Ss. Trinità di Venosa e la cattedrale paleocristiana. Recenti scoperte.— Atti des VI Congresso nazionale di archeologia cristiana (Firenze 1986) 825–842, Abb.
KB Pesaro-Ancona 1983

3251 Venosa
Torelli, M. R.: Due iscrizioni latine inedite di Venosa.—
AnnPerugia 23, 1985–86, Nr. 1, 323–327, Taf.

3252 Vercelli
Maggi, S.: Nota sull'anfiteatro romano di Vercelli.—
RdA 12, 1988, 60–62, Taf.

3253 Vergina
Borza, E. N.: The royal Macedonian tombs and the paraphernalia of Alexander the Great.—
PhoenixToronto 41, 1987, 105–121

3254 Vergina
Heermann, V.: Studien zur makedonischen Palastarchitektur. Diss. Erlangen 1980.— (Berlin 1986) XIV, 542 S., Taf.

3255 Vergina
Rhomiopoulou, K.; Kilian-Dirlmeier, I.: Neue Funde aus der eisenzeitlichen Hügelnekropole von Vergina, griechisch Makedonien.—
PZ 64, 1989, 86–145, Abb.

3256 Vergina
Thomas, E.: Nikomachos in Vergina?—
AA 1989, 219–226

3257 Verona
Buchi, E.: Porta Leoni e la fondazione di Verona romana.—
(Museum Patavinum 5, 1987, Nr. 1, 13–45, Taf.)
SD

3258 Verona
Cavalieri Manasse, G.: Nota sull'arco veronese detto di Giove Ammone.—
AquilNost 57, 1986, 521–564, Abb.

3259 Verona
Cecchini, L.: Da uno scavo di necessità ad un museo archeologico.—
AquilNost 57, 1986, 565–576, Abb.

3260 Verona
Franzoni, L.: 'Collegium iumentariorum portae Ioviae' in una nuova iscrizione veronese.—
AquilNost 57, 1986, 617–632, Abb.

3261 Verulamium
Frere, S.: Verulamium. Social and artistic development.— The Cambridge guide to the arts in Britain, 1 (Cambridge 1988) 67–73, Abb. Taf.
SB

3262 Vicarello
Virgili, P.: La grande villa di Vicarello.—
BStorArt 31, 1988, 53–59, Abb.

3263 Vicenza
Storia di Vicenza, 1. Il territorio, la preistoria, l'età romana. ed. A.Broglio.— (Vicenza 1987) XII, 324 S., Taf. Beil.

3264 Vicenza
Bruttomesso, A.: Vicenza. S. Corona. Saggio stratigrafico 1982.—
QuadAVen 4, 1988, 397–404, Abb.

3265 Victimulae
Brecciaroli Taborelli, L.: Nuovi documenti epigrafici dal circondario di Victumulae 'inter Vercellas et Eporediam'.—
ZPE 74, 1988, 133–144, Taf.

3266 Vienne
Pelletier, A.: Découvertes archéologiques et histoire à Vienne (France) de 1972 à 1987.—
Latomus 47, 1988, 34–52, Taf.

3267 Vigária
Alarcão, J. de; Tavares, A.: A Roman marble quarry in Portugal.— Studia pompeiana et classica in honor of W. F. Jashemski, 2 (New Rochelle 1989) 1–8, Taf.

3268 Vigonovo
Cuscito, G.: Ritrovata l'epigrafe del diacono uxorato Aurelius Saturninus (CIL, V, 2305). Nuove tracce di presenze insediative a Vigonovo sulla Via Annia.—
AquilNost 55, 1984, 137–180, Abb.

3269 Vilauba
Roure i Bonaventura, A.; Castanyer i Masoliver, P.; Nolla i Brufau, J. M.; u. a.: La vil·la romana de Vilauba (Camós). Estudi d'un assentament rural. Campanyes de 1979–85.— (Girona 1988) 119 S., Abb.
(Centre d'investigacions arqueològiques de Girona. Sèrie monogràfica, 8)

3270 Villeneuve
Perinetti, R.: Gli edifici paleocristiani di Villeneuve (Aosta).— Atti del VI Congresso nazionale di archeologia cristiana (Firenze 1986) 809–823, Abb.
KB Pesaro-Ancona 1983

3271 Viminacium
Milošević, G.: Architecture paléobyzantine de Svetinja à Kostolac. (Serb. m. franz. Res.).—
Starinar 38, 1987, 39–58, Abb.

3272 Viminacium
Popović, M.: Svetinja. Contribution to the study of the early Byzantine Viminacium. (Serb. m. engl. Res.).—
Starinar 38, 1987, 1–37, Abb.

3273 Vindonissa
Holliger, C.; Holliger, C.: Das reiche Frauengrab von 1888. Eine Episode aus der Forschungsgeschichte Vindonissas.—
JberProVindon 1987, 5–26, Abb.

3274 Vinica
Krstevski, C.; Beldedovski, Z.: The results of the archaeological recognition on the territory of the community of Makedonska Vinica. (Maked. m. engl. Res.).—
MacActaA 7–8, 1981–82 [1987], 153–166, Abb.

3275 Virunum
Piccottini, G.: Ein Grabaltar aus Virunum.—
RömÖ 15–16, 1987–88, 185–190, Taf.

3276 Vis
Kirigin, B.; Marin, E.: Excavations at Issa, Island of Vis (YU) 1980. A preliminary report.—
StAnt 5, 1988, 129–147, Taf.

3277 Vitsa
Vokotopoulou, J.: Vitsa. Organisation et cimetières d'un village molosse.— L'Illyrie méridionale et l'Epire dans l'antiquité (Clermont-Ferrand 1987) 53–64, Abb.
KB Clermont-Ferrand 1984

3278 Vitudurum
Rychener, J.: Beiträge zum römischen Oberwinterthur. Vitudurum, 3. Die Rettungsgrabungen 1983–1986.— (Zürich 1988) 169 S., Abb. Taf.
(Berichte Zürcher Denkmalpflege. Monographien, 6)

3279 Volgum
Tóth, E.: Zur Urbanisierung Pannoniens. Municipium Volgum.—
FolArch 37, 1986, 163–181, Abb.

3280 Vroulia
Melander, T.: Vroulia. Town plan and gate.— Archaeology in the Dodecanese (Copenhagen 1988) 83–87, Abb. Taf.
KB København 1986

3281 Vulci
Bruni, S.: Rilievi vulcenti dell'Orientalizzante recente.—
MEFRA 100, 1988, 245–282, Abb.

3282 Vulci
Lodolini Tupputi, C.: La Tomba François di Vulci. Ricostruzione di un fascicolo d'archivio scomparso.—
BMonMusPont 8, 1988, 211–226

3283 Vulci
Massabò, B.; Ricciardi, L.: Vulci, 2. Nuove scoperte nel santuario etrusco di Fontanile di Legnisina. Il tempio, l'altare e il deposito votivo.—
BdA 73, 1988, Nr. 48, 27–42, Abb. Taf.

3284 Weil am Rhein
Asskamp, R.: Das südliche Oberrheingebiet in frührömischer Zeit.— (Stuttgart 1989) 239 S., Abb. Taf.
(Forschungen und Berichte zur Vor- und Frühgeschichte in Baden-Württemberg, 33)

3285 Weinheim
Gaubatz, A.; Wahl, J.; Kokabi, M.: Römische Brendgräber aus Lützelsachsen und Sulzbach, Stadt Weinheim, Rhein-Neckar-Kreis.—
FuBerBadWürt 13, 1988, 249–266, Abb.

3286 Weissenburg (Bayern)
Grönke, E.; Weinlich, E.: Fortsetzung der Ausgrabung im Steinkastell Biriciana in Weissenburg, Ldkr. Weissenburg-Gunzenhausen. 2. Vorbericht.—
BayVgBl 53, 1988, 281–285, Abb.

3287 Weissenburg (Bayern)
Vísy, Z.: Zur Baugeschichte der großen Thermen von Weissenburg.—
BayVgBl 53, 1988, 117–135, Abb. Taf.

3288 Werrington
Mackreth, D. F.; u. a.: Excavation of an iron age and Roman enclosure at Werrington, Cambridgeshire.—
Britannia 19, 1988, 59–151, Abb.

3289 Westendorf
Fasold, P.: Eine römische Brandgräbergruppe bei Westendorf, Ldkr. Augsburg.—
BayVgBl 53, 1988, 99–105, Abb Taf.

3290 Wroxeter
Webster, G.: Wroxeter.— Fortress into city (London 1988) 120–144, Abb.
SB

3291 Xanten
Archäologischer Park – Regionalmuseum Xanten im Jahr 1986.—
BJb 188, 1988, 357–363, Abb.

3292 Xanten
Böcking, W.: Der Niederrhein zur römischen Zeit. Archäologische Ausgrabungen in Xanten.— (Kleve 1987) 304 S., Abb.

3293 Xanthos
Bousquet, J.: La stèle des Kyténiens au Létôon de Xanthos.—
REG 101, 1988, 12–53, Abb.

3294 Xanthos
Childs, W. A. P.; Demargne, P.; u. a.: Fouilles de Xanthos, 8. Le monument des Néréides. Le décor sculpté. Textbd.; Tafelbd.— (Paris 1989) XV, 414 S., Abb.; XXV S., Taf. Beil.

3295 Xanthos
Demargne, P.: Une scène guerrière au fronton ouest du monument des Néréides de Xanthos.—
Anadolu 21, 1978–80 [1987], 89–93, Taf.

3296 York
Mason, D. J. P.: 'Prata legionis' in Britain.—
Britannia 19, 1988, 163–189, Abb.

3297 Yumurtalık
Bloesch, H.: Erinnerungen an Aigeai.— (Winterthur 1989) 44 S., Abb. Taf.

3298 Yverdon
Gardiol, J. B.: Recherches au fanum d'Ursins (VD).—
JbSchwGesUrgesch 72, 1989, 290–294, Abb.

3299 Za Rodinu
Sorokina, N. P.: New evidence on the history of the hellenistic architectural ensemble of the Asiatic Bosporus. (Russ. m. engl. Res.).— The Black Sea littoral in the hellenistic times (Tbilisi 1985) 374–382, Abb.
KB Cchaltubo 1982

3300 Zadar
Vežić, P.: Starokršćanski sloj katedrale u Zadru (Kroat. m. ital. Res.) Lo strato paleocristiano della cattedrale a Zara.—
Diadora 10, 1988, 165–183, Abb. Taf.

3301 Zaozernoe
Moshinsky, A. P.: The burial rite of the 4th–3rd-century B.C. necropolis at the settlement of Zaozernoe. (Russ. m. engl. Res.).—
SovArch 1988, Nr. 4, 127–137, Abb.

3302 Závist
Čižmář, M.: Pozdně laténské osídlení předhradí Závisti. (Tschech. m. dtsch. Res.) Die spätlatènezeitliche Besiedlung der Vorburg von Závist.—
PamA 80, 1989, 59–122, Abb.

3303 Zugmantel
Sommer, C. S.: Kastellvicus und Kastell. Untersuchungen zum Zugmantel im Taunus und zu den Kastellvici in Obergermanien und Rätien.—
FuBerBadWürt 13, 1988, 457–707, Abb. Taf.

3304 Zurzach
Roth-Rubi, K.; Sennhauser, H. R.; u. a.: Verenamünster Zurzach. Ausgrabungen und Bauuntersuchung, 1. Römische Straße und Gräber.— (Zürich 1987) 144 S., Abb. Taf.
(Veröffentlichungen des Instituts für Denkmalpflege an der Eidgenössischen Technischen Hochschule Zürich, 6)

Museen und Sammlungen

Museumskunde

3305
Calabi Limentani, I.: Gli altri musei epigrafici.— Nuovi studi Maffeiani (Verona 1985) 381–398
KB Verona 1983

3306
Coblenz, W.: Die Sammlung Preusker und die Anfänge einer prähistorischen Staatssammlung in Dresden.—
ArbFBerSächs 31, 1987, 11–28, Taf.

3307
Della Fina, G. M.: La ricerca dell'antico in Orvieto fra Trecento e Ottocento.— (Roma 1989) 85 S., Taf.

3308
Favaretto, I.: I vasi figurati antichi del Museum Veronense.— Nuovi studi Maffeiani (Verona 1985) 73–81, Taf.
KB Verona 1983

3309
Gasparri, C.: Su alcune vicende del collezionismo di antichità a Roma tra il XVI e il XVIII secolo. Este, Medici, Albani e altri.—
SciAnt 1, 1987, 257–275, Abb.

3310
Laska, A.: Glass reproductions of ancient gems in the Collections of the Jagellonian University Museum.— From the archaeological collections of Cracow and Jena (Warszawa 1988) 55–61, Taf.
SB

3311
MacDougall, E. B.: Il giardino all'antico. Roman statuary and Italian Renaissance gardens.— Studia pompeiana et classica in honor of W. F. Jashemski, 2 (New Rochelle 1989) 139–146, Taf.

3312
Moreno, P.; Sforzini, C.: I ministri del principe Camillo. Cronaca della Collezione Borghese di antichità dal 1807 al 1832.—
SciAnt 1, 1987, 339–371, Abb.

3313
Pertosa, A.: Maschere teatrali nelle collezioni romane di antichità.—
StUrbin 60, 1987, B, Nr. 3, 77–97, Taf.

3314
Rozzi Mazza, A. N.: Ipotesi su un collezionista. Giovanni Capellini.—
BdA 73, 1988, Nr. 48, 7–13, Abb. Taf.

3315
Unverzagt, M.: Materialien zur Geschichte des Staatlichen Museums für Vor- und Frühgeschichte zu Berlin während des Zweiten Weltkrieges. Zu seinen Bergungsaktionen und seinen Verlusten.—
JbPreussKul 25, 1988, 313–384

3316
Verbank-Pierard, A.: Raoul Warocqué. Fondateur du Musée de Mariemont.—
ArcheologiaParis 1988, Nr. 241, 74–78, Abb.

3317
Zerbinati, E.: Rapporti tra Scipione Maffei e i conti Silvestri di Rovigo.— Nuovi studi Maffeiani (Verona 1985) 257–290, Taf.
KB Verona 1983

Museen

3318 Adria
Il Museo archeologico nazionale di Adria.
ed. M. De Min.— (Padova 1988) 56 S., Abb.
(Musei archeologici, 2)

3319 Adria
1961–1986. Il Museo archeologico nazionale di Adria a venticinque anni dalla fondazione.
ed. L. Sanesi Mastrocinque.— (Taglio di Po 1986) 45 S., Abb.
(Comune di Adria)

3320 Amsterdam
CVA The Netherlands, 6. Amsterdam. Allard Pierson Museum, Universtiy of Amsterdam, 1.
ed. J. M. Hemelrijk.— (Amsterdam 1988) 138 S., Abb. Taf.

3321 Antalya
Antalya Museum.
ed. E. Özgen.— (Ankara 1988) 237 S., Abb. Taf.

3322 L'Aquila
Micozzi, M.: La collezione preromana del Museo nazionale de L'Aquila.— (Firenze 1989) 119 S., Abb.
(Istituto di studi etruschi ed italici. Biblioteca di studi etruschi, 18)

3323 Athenai
Από τους θησαυρούς του Νομισματικού μουσείου Αθηνών.— (Αθήνα 1988) 29 S., Abb.

3324 Augst
Furger, A. R.: Römermuseum und Römerhaus Augst. Kurztexte und Hintergrundinformationen.— (Augst 1987) 102 S., Abb.
(Augster Museumshefte, 10)

3325 Bad Pyrmont
Andraschko, F. M.; Teegen, W. R.: Der Brunnenfund von Bad Pyrmont und die Ur- und Frühgeschichte des Pyrmonter Tales.— (Bad Pyrmont 1988) 32 S., Abb.
(Bildheft des Museums im Schloß Bad Pyrmont, 3)

3326 Baltimore
Hellenistic art in the Walters Art Gallery.
ed. E. D. Reeder.— (Baltimore 1988) 260 S., Abb.

3327 Basel
Antikenmuseum Basel und Sammlung Ludwig. 120 ausgewählte Kunstwerke.— (Basel 1987) 55 S., Abb. Beil.

3328 Basel
Blome, P.: Antikenmuseum Basel und Sammlung Ludwig. Zur Wiedereröffnung am 3. Mai 1988.— (Basler Stadtbuch 1988, 63–76, Abb.)
SD

3329 Basel
Lochman, T.: 100 Jahre Skulpturhalle Basel (1887–1987). Kanon, Festschrift E. Berger.—
AntK 15. Bh, 1988, 370–376, Abb. Taf.

3330 Basel
Reusser, C.: Antikenmuseum Basel und Sammlung Ludwig. Etruskische Kunst.— (Basel 1988) 135 S., Abb.

3331 Berkeley
Nagy, H.: Votive terracottas from the 'Vignaccia', Cerveteri, in the Lowie Museum of Anthropology.— (Roma 1988) XVI, 317 S., Taf.
(Archaeologica, 75)

3332 Berlin-Ost
Unverzagt, M.: Materialien zur Geschichte des Staatlichen Museums für Vor- und Frühgeschichte zu Berlin während des Zweiten Weltkrieges. Zu seinen Bergungsaktionen und seinen Verlusten.—
JbPreussKul 25, 1988, 313–384

3333 Bern
Abegg-Stiftung Riggisberg. Geschichte und Führer der Sammlung.— (Riggisberg 1989) 107 S., Abb. Taf.

3334 Bologna
Gualandi, G.: Le raccolte archeologiche dell'Università di Bologna.—
Carrobbio 14, 1988, 309–321

3335 Bonn
Follmann-Schulz, A. B.: Die römischen Gläser aus Bonn.—
BJb Beih. 46, 1988, 1–155, Abb. Taf.

3336 Brescia
Stella, C.: Guida del Museo romano di Brescia.— (Brescia 1987) 84 S., Abb.

3337 Brindisi
Bertelli, G.: I vetri romani nel Museo archeologico provinciale F. Ribezzo di Brindisi.—
RicStBrindisi 13, 1980–87, 187–216, Abb.

3338 Budapest
Végh Katalin, K.: A Budapesti Történeti Múzeum első félévszázada, 1887–1938. (Ung. m. dtsch. Res.) Die ersten fünfzig Jahre des Historischen Museums von Budapest, 1887–1938.— (Budapest 1988) 109 S., Taf.
(Pest-budai Hírmondó, 1)

3339 Castel Gandolfo
Liverani, P.: L'Antiquarium di Villa Barberini a Castel Gandolfo.— (Città del Vaticano 1989) 104 S., Abb. Taf.
(Monumenti musei e gallerie pontificie)

3340 Castellammare di Stabia
Del Greco, M. G.; Miniero, P.: Villa Gabola. Progetto per il Museo archeologico stabiano.—
Cultura e territ. Riv. d. Dist. scol. 38 3–4, 1986–87, 65–80, Abb.

3341 Châlons-sur-Marne
Ravaux, J. P.: La nouvelle salle d'archéologie du Musée de Châlons-sur-Marne.—
BSocAChamp 81, 1988, Nr. 4, 113–115, Abb.

3342 Colleferro
Antiquarium di Colleferro. Guida storico-archeologica.— ([Colleferro] o. J.) o. Pagin., Abb.
(Gruppo archeologico toleriense)

3343 Condeixa-a-Nova
Alarcão, A.: Conimbriga et son musée archéologique.—
MuseumUnesco 41, 1989, 22–24, Abb.

3344 Cortona
Il Museo dell'Accademia etrusca di Cortona. Catalogo delle collezioni.— (Cortona 1988) 97 S., Abb.

3345 Dresden
Heres, G.: Zu einer Ansicht der Dresdener Abgußsammlung aus dem Jahre 1857.— Beiträge zur Ikonographie und Hermeneutik. Festschrift für N. Himmelmann (Mainz 1989) 537–539, Taf.

3346 Düren
Simons, A.: Schaufenster in die Archäologie des Dürener Landes. Die archäologische Abteilung des Leopold-Hoesch-Museums Düren.—
AInf 11, 1988, 79–81, Abb.

3347 Egnazia
Tappeti di pietra. I mosaici di Taranto romana. Museo nazionale di Egnazia.— (Fasano 1989) 106 S., Abb. Taf. Beil.

3348 Este
Il Museo nazionale atestino.
ed. A. M. Chieco Bianchi.— (Padova 1985) 48 S., Abb.
(Musei archeologici, 1)

3349 Evreux
Boucher, S.; Boucher, J. P.: Musée d'Evreux. Collections archéologiques. Bronzes antiques, 1. Statuaire et inscription.— (Evreux [1988]) 80 S., Abb. Taf.

3350 Ferrara
Uggeri, G.: La formazione della raccolta epigrafica ferrarese.— Nuovi studi Maffeiani (Verona 1985) 331–350, Taf.
KB Verona 1983

3351 Figeac
Calmon, P.; Lugan, J. C.: La première année du Musée Champollion.—
CahMusChampollion 1, 1988, 8–9

3352 Firenze
Bocci Pacini, P.; Cassinelli Lazzeri, P.: La serie degli imperatori romani nella Galleria degli Uffizi e gli esordi di Carlo Lasinio.— BdA 73, 1988, Nr. 50–51, 19–90, Abb.

3353 Firenze
Curti, F.: La primitiva esposizione di sculture antiche nella Galleria degli Uffizi. Proposte di identificazione.—
Xenia 16, 1988, 115–124, Abb.

3354 Firenze
Giuliano, A.: I cammei della Collezione Medicea nel Museo archeologico di Firenze.— (Roma 1989) 335 S., Abb. Taf.

3355 Frankfurt a. M.
Selesnow, W.: Liebieghaus-Museum Alter Plastik. Bildwerke der Sammlung Kaufmann, 2. Lampen aus Ton und Bronze.— (Melsungen 1988) 205 S., Abb. Taf.

3356 Frankfurt a. M.
Bayer-Niemeier, E.: Liebieghaus – Museum Alter Plastik. Bildwerke der Sammlung Kaufmann, 1. Griechisch-römische Terrakotten.— (Melsungen 1988) 304 S., Taf.

3357 Frankfurt a. M.
Dohrn-Ihmig, M.; Hampel, A.; u. a.: Frankfurter Fundchronik der Jahre 1980–1986.— (Bonn 1987) 211 S., Abb.
(Schriften des Frankfurter Museums für Vor- und Frühgeschichte, 11)

3358 Frankfurt a. M.
Kohlert-Németh, M.: Römische Bronzen aus Nida-Heddernheim, 1. Götter und Dämonen. Auswahlkatalog.— (Frankfurt a. M. 1988) 85 S., Abb.
(Museum für Vor- und Frühgeschichte. Archäologische Reihe, 11)

3359 Gela
Fiorentini, G.: Gela. La città antica e il suo territorio. Il museo.— (o. O. 1985) V, 62 S., Taf.

3360 Genève
Chamay, J.; Maier, J. L.: Sculptures en pierre du Musée de Genève, 2. Art romain.— (Mainz 1989) X, 127 S., Abb. Taf.

3361 Göttingen
CVA Deutschland, 58. Göttingen, 1. Archäologisches Institut der Universität.
ed. M. Bentz.— (München 1989) 74 S., Abb. Taf.

3362 Gran San Bernardo
Cavallaro, A. M.; Framarin, P.: Il nuovo museo dell'ospizio del Gran S. Bernardo. Problemi di riordino e proposta di fruizione di una raccolta antiquaria in un piccolo museo del territorio.—
Epigraphica 50, 1988, 264–272, Abb.

3363 Halle
Archäologisches Museum.
ed. A. Vahlen.— (Halle-Wittenberg 1987) 12 S., Abb.
(Schriften der Zentralen Kustodie der Martin-Luther-Universität Halle-Wittenberg, 3)

3364 Hannover
Drenkhahn, R.: Ägyptische Reliefs im Kestner-Museum Hannover.— (Hannover 1989) 154 S., Abb.
(Kestner-Museum Hannover. Sammlungskatalog, 5)

3365 Hildesheim
Das Alte Reich. Ägypten im Zeitalter der Pyramiden. Römer- und Pelizaeus-Museum Hildesheim.
ed. A. Eggebrecht.— (Mainz 1986) 112 S., Abb. Taf.

3366 Irbid
Museum of Jordanian Heritage.— (Irbid 1988) 102 S., Abb.
(Yarmouk University. Institute of Archaeology and Anthropology)

3367 Kassel
Antike Gemmen. Eine Auswahl. 2. ed.
ed. C. Höcker.— (Kassel 1988) 118 S., Abb.
(Kataloge der Staatlichen Kunstsammlungen Kassel, 15)

3368 Kassel
75 Jahre Hessisches Landesmuseum Kassel. 1913–1988.— (Darmstadt 1988) 167 S., Abb. Taf.
(Kunst in Hessen und am Mittelrhein, 28)

3369 Kiev
L'oro di Kiev. [Catalogo della mostra] Firenze, Palazzo Medici Riccardi, 20 giugno – 27 settembre 1987.— (Milano 1987) 151 S., Abb.

3370 Köln
Gürçay Damm, I.: Goldschmiedearbeiten der Völkerwanderungszeit aus dem nördlichen Schwarzmeergebiet. Katalog der Sammlung Diergardt, 2.—
KölnJbVFrühGesch 21, 1988, 65–210, Abb.

3371 Leiden
Stuart, P.: Provincie van een imperium. Romeinse oudheden uit Nederland in het Rijksmuseum van oudheden te Leiden.— (Leiden 1986) 179 S., Abb. Taf.

3372 Leningrad
Mavleev, E. V.: Zal Dionisa v Ermitaže. Opyt kompleksnogo analiza ekspozicii. (Russ.) [Der Dionysos-Saal in der Ermitage. Versuch einer Gesamtanalyse der Ausstellung.].— Gosudarstvennyj Ėrmitaž. Skul'ptura v muzee (Leningrad 1984) 123–133, Abb.
SB

3373 Leningrad
Neverov, O. J.: Skul'pturnye portrety v carskosel'skom sobranii Ekateriny II. (Russ.) [Porträtskulpturen in der Sammlung Katherinas II. in Carskoe Selo.].— Gosudarstvennyj Ėrmitaž. Skul'ptura v muzee (Leningrad 1984) 84–96, Abb.
SB

3374 Madrid
5 años de adquisiciones del Museo arqueológico nacional. 1982–1987. Exposición Museo arqueológico nacioanl, Madrid mayo 1988.— (Madrid 1988) 63 S., Abb.

3375 Malibu
CVA United States of America, 23. The J. Paul Getty Museum, Malibu, 1. Molly and Walter Bareiss Collection.
ed. A. J. Clark.— (Malibu 1988) XV, 97 S., Abb. Taf.

3376 Malibu
The J. Paul Getty Museum. Guide to the villa and its gardens.— (Malibu 1988) VII, 72 S., Abb.

3377 Malibu
Koch, G.; Wight. K.: Roman funerary sculpture. Catalogue of the collections.— (Malibu 1988) XII, 128 S., Abb.
(The J. Paul Getty Museum)

3378 Manchester
Prag, A. J. N. W.: Acquisitions by the Manchester Museum 1970–1987.—
JHS 108, 1988, 290–294, Taf.

3379 Marseille
Musée des docks romains.— (Marseille o. J.) 127 S., Abb.

3380 Milano
L'archivio della consulta del Museo patrio di archeologia di Milano, 1862–1903.
ed. R. La Guardia.— (Milano 1989) 392 S., Abb.

3381 Milano
De Marchi, P. M.: Catalogo dei materiali altomedioevali delle Civiche raccolte archeologiche di Milano.— (Milano 1988) 159 S., Taf.
(NotMilano, suppl. 4)

3382 Modena
Corradini, E.: Il Museo Lapidario Estense.— Nuovi studi Maffeiani (Verona 1985) 411–450, Abb. Taf.
KB Verona 1983

3383 München
CVA Deutschland, 56. München, 10. Antikensammlungen, ehemals Museum antiker Kleinkunst.
ed. B. Fellmann.— (München 1988) 74 S., Taf.

3384 München
CVA Deutschland, 57. München. Antikensammlungen, ehemals Museum antiker Kleinkunst, 11.
ed. B. Fellmann.— (München 1989) 75 S., Taf.

3385 München
Vierneisel-Schlörb, B.: Klassische Grabdenkmäler und Votivreliefs.— (München 1988) VIII, 239 S., Abb. Taf.
(Glyptothek München. Katalog der Skulpturen, 3)

3386 Murlo
Bruni, S.; u. a.: Antiquarium di Poggio Civitate.— (Firenze 1988) 66 S., Abb.
(Comune di Murlo)

3387 Napoli
Classicismo d'età romana. La Collezione Farnese.— (Napoli 1988) 203 S., Abb.

3388 Nemi
Il Museo delle navi romane a Nemi.— (Albano 1988) 21 S., Abb. Taf.
(Soprintendenza archeologica per il Lazio)

3389 Neuburg
Haller, P.: Das Vorgeschichtsmuseum Neuburg a. d. Donau. Zweigmuseum der Prähistorischen Staatssammlung München.—
AJahrBay 1987, 197–199, Abb.

3390 New York
Recent acquisitions. A selection, 1987–1988.— (New York 1988) 95 S., Abb.
(The Metropolitan Museum of Art)

3391 Nîmes
Tendille, C.: Objets métalliques de la protohistoire au Musée archéologique de Nîmes.— (Nîmes 1988) 52 S., Abb. Taf.
(Cahiers des musées et monuments de Nîmes, 5)

3392 Olympia
Yalouris, A.; Yalouris, N.: Olimpia. Il museo e il santuario.— (Atene 1987) 182 S., Abb.

3393 Oristano
Moscati, S.; Uberti, M. L.: Testimonianze fenicio-puniche a Oristano.—
MemAccLinc 31, 1988, 1–63, Abb. Taf.

3394 Orvieto
Della Fina, G. M.: La ricerca dell'antico in Orvieto fra Trecento e Ottocento.— (Roma 1989) 85 S., Taf.

3395 Paris
Corpus speculorum etruscorum. France, 1. Paris. Musée du Louvre, 1.
ed. D. Emmanuel-Rebuffat.— (Roma 1988) 85 S., Abb. Taf.

3396 Paris
Bordreuil, P.: Catalogue des sceaux ouest-sémitiques inscrits de la Bibliothèque nationale, du Musée du Louvre et du Musée biblique de Bible et Terre Sainte.— (Paris 1986,) X, 130 S., Abb.

3397 Phlorina
Akamate, M.; Velene, P.: Νομός Φλώρινας. Από τα προϊστορικά στα ρωμαϊκά χρόνια.— (o. O. 1987) 33 S., Abb.

3398 Pontremoli
Ambrosi, A. C.: Il museo nel castello del Piagnaro. Statue stele lunigianesi.— (Genova 1988) 63 S., Abb.

3399 Portici
Represa Fernández, M. F.: El Real museo de Portici (Nápoles), 1750–1825. Aproximación al conocimiento de la restauración, organización y presentación de sus fondos.— (Valladolid [1988]) 110 S., Abb.
(StA 79)

3400 Roma
Museo della civiltà romana. Guida.
ed. A. M. Liberati Silverio.— (Roma 1987) 133 S., Taf.

3401 Roma
Alteri, G.: Le collezioni di calchi del medagliere della Bibliotheca Apostolica Vaticana.— Miscellanea Bibliothecae Apostolicae Vaticanae, 1 (Città del Vaticano 1987) 7–26, Abb. Taf.
SB

3402 Roma
Baldassarri, P.; Bertinetti, M.; Musso, L.; u. a.: Museo nazionale romano. Le sculture, 1, 10. Magazini. I sarcofagi, 2.— (Roma 1988) XIV, 249 S., Abb.

3403 Roma
Caruso, I.: Collezione Castellani. Le oreficerie.— (Roma 1988) 57 S., Abb.
(Museo nazionale etrusco di Villa Giulia)

3404 Roma
Gucciardino, M.: Il Museo della civiltà romana. Dalle origini ad un'ipotesi di ristrutturazione.—
BollMC N.S. 2, 1988, 81–93, Abb.

3405 Roma
Liverani, P.: Museo Chiaramonti.— (Roma 1989) 136 S., Abb.
(Guide cataloghi Musei Vaticani, 1)

3406 Roma
Reggiani Massarini, A. M.: Indagini sui materiali dell'antiquario del Museo nazionale romano.— Archeologia laziale, 9 (Roma 1988) 455–466, Abb.
KB Roma 1987

3407 Roma
Renner-Volbach, D.: Die koptischen Textilien im Museo missionario etnologico der Vatikanischen Museen.— (Wiesbaden 1988) 61 S., Taf.

3408 Sassari
Acquaro, E.: Gli scarabei punici in pietra dura del Museo nazionale 'G. A. Sanna' di Sassari.—
RendLinc 41, 1986, 227–252, Taf.

3409 Siracusa
Voza, G.: Museo archeologico regionale Paolo Orsi, Siracusa.— (Siracusa o. J.) o. Pagin., Abb.

3410 Svištov
Dimitrova-Milčeva, A.: Gemme e cammei del Museo storico comunale di Svištov.—
Ratiariensia 3–4, 1987, 193–207, Taf.

3411 Taranto
Il Museo di Taranto. Cento anni di archeologia. Catalogo della mostra per il centenario dell'istituzione del Museo archeologico nazionale di Taranto.— (Taranto 1988) 640 S., Abb. Taf.

3412 Tarquinia
Museo archeologico nazionale di Tarquinia. I sarcofagi etruschi delle famiglie Partunu, Camna e Pulena.— (Roma [1988]) 19 S., Abb.

3413 Torino
Donadoni, A. M.; Leospo, E.; D'Amicone, E.; u. a.: Il Museo egizio di Torino. Guida alla lettura di una civiltà.— (Novara 1988) 233 S., Abb.

3414 Trier
Goethert, K. P.: Leihgaben und Neuerwerbungen der Original- und Abguß-Sammlung in den Jahren 1986–1987.—
TrWPr 9, 1987, 47–55, Taf.

3415 Tunis
Rebourg, A.: Le Musée du Bardo à 100 ans.—
ArcheologiaParis 1989, Nr. 242, 60–65, Abb.

3416 Valencia
Colección Martí Esteve. Materiales procedentes de Ibiza.
ed. E. Vento Mir.— (Valencia 1985) 159 S., Abb.
(Ayuntamiento de Valencia. Arqueología, 4)

3417 Venezia
Polacco, R.; Traversari, G.: Sculture romane e avori tardo-antichi e medievali del Museo archeologico di Venezia.— (Roma 1988) 71 S., Abb.
(Collezioni e musei archeologici del Veneto, 31)

3418 Venezia
Sperti, L.: Rilievi greci e romani del Museo archeologico di Venezia.— (Roma 1988) 193 S., Abb.
(Collezioni e musei archeologici del Veneto, 32)

3419 Verona
Beschi, L.: Rilievi attici del Museo Maffeiano.— Nuovi studi Maffeiani (Verona 1985) 13–25, Taf.
KB Verona 1983

3420 Verona
Franzoni, L.: Il Museo Maffeiano secondo l'ordinamento di Scipione Maffei.— Nuovi studi Maffeiani (Verona 1985) 207–226, Abb. Taf.
KB Verona 1983

3421 Verona
Zerbinati, E.: Rapporti tra Scipione Maffei e i conti Silvestri di Rovigo.— Nuovi studi Maffeiani (Verona 1985) 257–290, Taf.
KB Verona 1983

3422 Villena
Soler García, J. M.: Guía de los yacimientos y del Museo de Villena.— (Valencia 1989) 132 S., Abb.

3423 Washington
Meyer, L.: La métallurgie du Proche-Orient ancien.—
ArcheologiaParis 1989, Nr. 246, 20–27, Abb.

3424 Werne
Melzer, W.: Inventar der ur- und frühgeschichtlichen Funde im Stadtmuseum von Werne.—
AusgrFuWestf 5, 1987, 415–435, Abb.

3425 Winterthur
Zindel, C.: Zur Geschichte des Münzkabinetts Winterthur.—
AntK 31, 1988, 108–114, Taf.

3426 Xanten
Archäologischer Park – Regionalmuseum Xanten im Jahr 1986.—
BJb 188, 1988, 357–363, Abb.

Privatsammlungen

3427 Frankreich
Les vases à mémoire. Les collections de céramique grecque dans le Midi de la France. [Catalogue de l'exposition au Musée archéologique de Lattes 1988.].— (Lattes 1988) 167 S., Abb.

3428 Italien
Gasparri, C.: Su alcune vicende del collezionismo di antichità a Roma tra il XVI e il XVIII secolo. Este, Medici, Albani e altri.—
SciAnt 1, 1987, 257–275, Abb.

3429 Italien
Giannattasio, B. M.: Albenga. Le collezioni di busti. Palazzo Costa, Peloso Cepolla, D'Aste e Borea Ricci.—
Xenia, Quaderno 9, 1988, 5–115, Abb.

3430 Abis
Moscati, S.; Uberti, M. L.: Testimonianze fenicio-puniche a Oristano.—
MemAccLinc 31, 1988, 1–63, Abb. Taf.

3431 Altemps
Messineo, G.: Monumenta Altempsiana. La collezione di sculture antiche.— Palazzo Altemps. Indagini per il restauro della fabbrica Riario, Soderini, Altemps (Roma 1987) 143–196, Abb.
(Lavori e studi di archeologia pubblicati dalla Soprintendenza archeologica di Roma, 8)

3432 d'Anastasi
Luft, U.: Lepsius und der Verkauf der Sammlung d'Anastasi in den Jahren 1838–39.— Karl Richard Lepsius, 1810–1884 (Berlin 1988) 292–313
KB Halle 1984

3433 Bareiss
CVA United States of America, 23. The J. Paul Getty Museum, Malibu, 1. Molly and Walter Bareiss Collection.
ed. A. J. Clark.— (Malibu 1988) XV, 97 S., Abb. Taf.

3434 Blundell
Fejfer, J.; Southworth, E.: Summer in England. Ince Blundell Hall revisited.—
ApolloLond 129, 1989, 179–182, Abb.

3435 Borghese
Moreno, P.; Sforzini, C.: I ministri del principe Camillo. Cronaca della Collezione Borghese di antichità dal 1807 al 1832.—
SciAnt 1, 1987, 339–371, Abb.

3436 Capellini
Rozzi Mazza, A. N.: Ipotesi su un collezionista. Giovanni Capellini.—
BdA 73, 1988, Nr. 48, 7–13, Abb. Taf.

3437 Carl v. Preußen
Nehls, H.: Glienicker Nachträge. Paralipomena, 2.— (Mitteilungen des Vereins für die Geschichte Berlins 85, 1989, 162–176, Abb.)
SD

3438 Casali
Santolini Giordani, R.: Antichità Casali. La collezione di Villa Casali a Roma.— (Roma 1989) 254 S., Abb. Taf.
(Studi miscellanei, 27)

3439 Diergardt
Gürçay Damm, I.: Goldschmiedearbeiten der Völkerwanderungszeit aus dem nördlichen Schwarzmeergebiet. Katalog der Sammlung Diergardt, 2.—
KölnJbVFrühGesch 21, 1988, 65–210, Abb.

3440 Fondation Thétis
Collection de la Fondation Thétis. Développements de l'art grec de la préhistoire à Rome. [Catalogue de l'exhibition Genève 1987.]
ed. J. L. Zimmermann.— (Genève 1987) 204 S., Abb.

3441 Fratini
Sensi, K.: La collezione archeologico-antiquaria di Francesco Fratini.—
BFoligno 12, 1988, 391–413, Taf.

3442 Giraud
Shedd, M.: A neo-classical connoisseur and his collection. J.B. Giraud's Museum of Casts at the Place Vendôme.—
GazBA 103, 1984, 198–206, Abb.

3443 Giustiniani
Guerrini, L.; Carinci, F.: 'Indicazioni' Giustiniane, 1. Di rami e statue ritrovati e perdute.— Studi per L. Breglia, 3 (Roma 1987) 165–188, Abb.

3444 Grimani
Favaretto, I.: 'Una tribuna ricca di marmi'. Appunti per una storia delle collezioni dei Grimani di Santa Maria Formosa.—
AquilNost 55, 1984, 205–240, Abb.

3445 Guglielmi
La Raccolta Giacinto Guglielmi. Mostra Roma, Palazzi Apostolici Vaticani, 23 maggio – 29 luglio 1989.— (Roma 1989) 124 S., Abb.
(Monumenti musei e gallerie pontificie)

3446 Kanellopoulos
Neeft, C. W.: Collection Paul Canellopoulos, 19. Protocorinthian aryballoi.—
BCH 113, 1989, 123–133, Abb.

3447 Katherina II.
Neverov, O. J.: Skul'pturnye portrety v carskosel'skom sobranii Ekateriny II. (Russ.) [Porträtskulpturen in der Sammlung Katherinas II. in Carskoe Selo.].— Gosudarstvennyj Ėrmitaž. Skul'ptura v muzee (Leningrad 1984) 84–96, Abb.
SB

3448 Kostka
Śliwa, J.: Egyptian and Egyptianizing objects from the Leo D. Kostka Collection in the National Museum in Cracow.— From the archaeological collections of Cracow and Jena (Warszawa 1988) 7–15, Abb. Taf.
SB

3449 Pau
Moscati, S.; Uberti, M. L.: Testimonianze fenicio-puniche a Oristano.—
MemAccLinc 31, 1988, 1–63, Abb. Taf.

3450 Riccardi
Gunnella, A.: I marmi riccardiani nell'"Ars critica lapidaria' di Scipione Maffei.— Nuovi studi Maffeiani (Verona 1985) 295–306, Taf.
KB Verona 1983

3451 Salamanca
Falanga, L.: Livia e Tiberio da Paestum a Madrid.— RassStorSalern 6, 1989, 135–152, Taf.

3452 Simkhovitch
Ancient art from the V. G. Simkhovitch Collection. [Exhibition Indiana University Art Museum, Bloomington September 16 – December 20, 1987.]
ed. W. Rudolph.— (Bloomington 1988) 198 S., Abb. Beil.

3453 Soranzo
Mangani, E.: La raccolta Soranzo nel Museo preistorico etnografico L. Pigorini.—
AquilNost 57, 1986, 281–292, Taf.

3454 Zeri
Granino Cecere, M. G.: Nuove acquisizioni del Lapidario Zeri di Mentana.— (Roma 1988) 90 S., Taf.
(Studi pubblicati dall'Istituto italiano per la storia antica, 40)

Auktionen

3455 Freiburg 1989
Galerie Günter Puhze. Kunst der Antike. Katalog 8.— (Freiburg i. Br. [1989]) 35 S., Taf.

3456 London 1988
Christie's South Kensington. Antiquities and souveniers of the grand tour. For sale by auction, Tuesday, october 25, 1988.— (London 1988) 25 S., Taf.

3457 London 1989
Christie's South Kensington. Antiquities and souvenirs of the Grand Tour for sale by auction Monday, May 8, 1989.— (London 1989) 36 S., Abb.

3458 New York 1988
Royal-Athena Galleries New York. Art of the ancient world, 5, 2. The age of Cleopatra. The art of late dynastic and Graeco-Roman Egypt. [Sales catalog, New York – Beverly Hills, October 5, 1988 – February 4, 1989.].— (New York 1988) 31 S., Abb.

3459 New York [1989]
Atlantis Antiquities. Ars and τέχνε. Art and craft of the Graeco-Roman world from 450 B.C. to 600 A.D. [Sales catalog.].— (New York 1989) 42 S., Abb.

3460 New York 1989
Royal-Athena Galleries New York. Gods and mortals. Bronzes of the ancient world from Italy to Iran. [Sales catalog, Beverly Hills – New York, February 10 – June 20, 1989].
ed. J. M. Eisenberg.— (New York 1989) 48 S., Abb.

3461 Venezia 1985
Franco Semenzato e C.Sas Venezia. Asta di reperti archeologici, sabato 19 ottobre 1985.— (Venezia 1985) 9 S., Taf.

Ausstellungen

3462 Amsterdam 1986
Rijk en Hemels aardewerk. Een hommage aan J. M. Hemelrijk.— VerAmstMeded 37–38, 1986, 1–32, Abb.

3463 Amsterdam 1988
De dieren van stal. [Tentoonstelling, Allard Pierson Museum Amsterdam 5 maart tot 25 mei 1988.].—
VerAmstMeded 42, 1988, 1–27, Abb.

3464 Athenai [1988]
Vlassopoulou, C.: Πήλινες διακοσμημένες κεραμώσεις από την αθηναϊκή Ακρόπολη. Κατάλογος έκθεσης, [Αθήνα 1988].— (Αθήνα 1989) 28 S., Abb.

3465 Atlanta 1989
Donato, G.; Seefried, M.: The fragrant past. Perfumes of Cleopatra and Julius Caesar. Exhibition Emory University Museum of Art and Archaeology, Atlanta April 5 – June 25, 1989.— (Roma 1989) 61 S., Abb. Beil.

3466 Bari 1988
Archeologia di una città. Bari dalle origini al X secolo. Catalogo della mostra realizzata nel complesso monumentale di Santa Scolastica a Bari, dal 6 marzo al 23 dicembre 1988.
ed. G. Andreassi.— (Bari 1988) VII, 638 S., Abb.
(Prometeo, 2)

3467 Belgien 1987
L'archéologie en Wallonie 1980–1985. Découvertes des cercles archéologiques. Exposition organisée par la Fédération des archéologues de Wallonie 1987.
ed. A. Cahen-Delhaye.— (Namur 1987) 322 S., Abb.

3468 Berlin-Ost 1989
Jannot, J. R.: Le monde des Etrusques.—
ArcheologiaParis 1989, Nr. 242, 48–57, Abb.

3469 Berlin-West 1988
Heilmeyer, W. D.; Hofter, M. R.: Kaiser Augustus und die verlorene Republik. Ein Erfahrungsbericht über die Ausstellung im Martin-Gropius-Bau Berlin vom 7. 6.–14. 8. 1988.—
JbPreussKul 25, 1988, 92–115, Abb.

3470 Bloomington 1987
Ancient art from the V. G. Simkhovitch Collection. [Exhibition Indiana University Art Museum, Bloomington September 16 – December 20, 1987.]
ed. W. Rudolph.— (Bloomington 1988) 198 S., Abb. Beil.

3471 Bologna 1987–88
Barbieri, G.: La formazione della città in Emilia-Romagna. Prime esperienze urbane attraverso le nouve scoperte archeologiche. [Mostra] Bologna, Museo civico archeologico, 26 settembre 1987 – 24 gennaio 1988.—
BdA 73, 1988, Nr. 49, 101–103

3472 Bonn 1988
Der thrakische Silberschatz aus Rogozen, Bulgarien. [Katalog der Ausstellung] Bonn, 27. 9.–6. 10. 1988.— (o. O. [1988]) 202 S., Abb.

3473 Bonn 1989
Himmelmann, N.; u. a.: Herrscher und Athlet. Die Bronzen vom Quirinal. [Ausstellung] Bonn, Akademisches Kunstmuseum 20. Juni – 5. September 1989.— (Milano 1989) 246 S., Abb.

3474 Bruxelles 1987–88
Marbres helléniques de la carrière au chef-d'oeuvre. Exposition Bruxelles, 18 décembre 1987 au 13 mars 1988.— (Bruxelles 1987) 191 S., Abb.

3475 Budapest 1989
Gens antiquissima Italiae. Antichità dall'Umbria a Budapest e Cracovia. Catalogo della mostra Budapest 4 agosto – 17 settembre 1989, Cracovia 9 novembre 1989 – 7 gennaio 1990.— ([Milano] 1989) 219 S., Abb.

3476 Cleveland 1988–89
The gods delight. The human figure in classical bronze. Exhibition The Cleveland Museum of Art, November 16, 1988 – January 8, 1989.— (Cleveland 1988) XIII, 373 S., Abb.

3477 Cleveland 1988–89
Kozloff, A. P.: The human form in classical bronze.— Archaeology 41, 1988, Nr. 6, 54–57, Abb.

3478 Daoulas 1988
L'Europe à l'âge du bronze. Exposition Abbaye de Daoulas 14 mai – 31 août 1988.— (Daoulas 1988) 175 S., Abb.

3479 Daoulas 1988–89
Fabre, P.: Trésors des Etrusques.— ArcheologiaParis 1989, Nr. 242, 42–46, Abb.

3480 Edinburgh 1988
Goring, E.: A mischievous pastime. Digging in Cyprus in the nineteenth century. With a catalogue of the exhibition 'Aphrodite's island. Art and archaeology of ancient Cyprus' held in the Royal Museum of Scotland, Edinburgh from 14 April to 4 September 1988.— (Edinburgh 1988) X, 98 S., Abb.

3481 Ferrara 1988
Lo specchio della musica. Iconografia musicale nella ceramica attica di Spina. [Catalogo della mostra] Ferrara, Chiesa di San Romano, dall'8 maggio al 26 giugno 1988.— (Bologna 1988) XXVI, 93 S., Abb.

3482 Firenze 1986–87
Capolavori e restauri. [Catalogo della mostra] Firenze, Palazzo Vecchio, 14 dicembre 1986 – 26 aprile 1987.— (Firenze 1986) 485 S., Abb.

3483 Firenze 1987
Arte protoceltica a Salisburgo. Mostra della Regione di Salisburgo, Museo degli argenti, Palazzo Pitti, Firenze 10 maggio – 31 ottobre 1987.
ed. F. Moosleitner.— (Salzburg 1987) 112 S., Abb.

3484 Firenze 1987
L'oro di Kiev. [Catalogo della mostra] Firenze, Palazzo Medici Riccardi, 20 giugno – 27 settembre 1987.— (Milano 1987) 151 S., Abb.

3485 Firenze 1988
L'archeologia racconta lo sport nell'antichità [Catalogo della mostra] Firenze, Palazzo Strozzi, 22 febbraio – 10 aprile 1988.— (Firenze 1988) 127 S., Abb.

3486 Firenze [1988]
Papiri dell'Istituto papirologico 'G. Vitelli' [Catalogo della mostra Firenze 1988].— (Firenze 1988) 48 S., Abb.
(Quaderni dell'Accademia delle arti del disegno, 1)

3487 [Genève 1987]
Collection de la Fondation Thétis. Développements de l'art grec de la préhistoire à Rome. [Catalogue de l'exhibition Genève 1987.]
ed. J. L. Zimmermann.— (Genève 1987) 204 S., Abb.

3488 Genève 1988
Art grec insolite. Terres cuites hellénistiques de Grande Grèce dans les collections privées genevoises. Exposition La Placette Genève 10–26 mars 1988.— (Genève 1988) 33 S., Abb.

3489 Hamburg 1988
Die Langobarden. Von der Unterelbe nach Italien. [Ausstellung Hamburg 1988.].— (Neumünster 1988) 342 S., Abb. Taf.
(Veröffentlichung des Hamburger Museums für Archäologie und die Geschichte Harburgs, Helms-Museum, 54)

3490 Hamburg 1989
Iacovou, M.: The pictorial pottery of eleventh century B.C. Cyprus.— (Göteborg 1988) XI, 89 S., Taf.
(Studies in Mediterranean archaeology, 79)

3491 Hildesheim 1987
Vögel im alten Ägypten. Informationen zum Thema und Kurzführer durch die Ausstellung Hildesheim [1987].— (Hildesheim 1987) 54 S., Abb.
(Informationen und Einführungen für den Museumsbesucher, 3)

3492 Ingolstadt 1985
Ein Leib für Leben und Ewigkeit. Medizin im alten Ägypten. Katalog. Ausstellung von Leihgaben der Staatlichen Sammlung ägyptischer Kunst München im Deutschen medizinhistorischen Museum Ingolstadt 17. Juli – 15. September 1985.
ed. C. Habrich.— (Ingolstadt 1985) 54 S., Abb.
(Kataloge des Deutschen medizinhistorischen Museums Ingolstadt, 7)

3493 Iowa City 1988
De Puma, R. D.: Roman portraits. Exhibition, The Unviersity of Iowa Museum of Art, September 10 – October 30, 1988.— (Iowa City 1988) 92 S., Abb.

3494 Izmir [1987]
Hierapolis di Frigia, 1957–1987. [Mostra fotografica, Museo archeologico di Izmir 1987].— (Milano 1988) 142 S., Abb.

3495 Jerusalem [1985]
'From the depths of the sea.' Psalms 68,22. Cargoes of ancient wrecks from the Carmel coast [Catalogue of the exhibition] The Israel Museum, Jerusalem [1985].— (Jerusalem 1985) 45 S., Abb. Taf.

3496 København 1989
Ansigter. [Udstillingen Ny Carlsberg Glyptotek, København 19. maj – 31. august 1989.].— (København 1989) 135 S., Abb.

3497 Kraków 1989–90
Gens antiquissima Italiae. Antichità dall'Umbria a Budapest e Cracovia. Catalogo della mostra Budapest 4 agosto – 17 settembre 1989, Cracovia 9 novembre 1989 – 7 gennaio 1990.— ([Milano] 1989) 219 S., Abb.

3498 Krefeld 1988
Villa rustica. Römische Gutshöfe im Rhein-Maas-Gebiet. Ausstellung Krefeld, Museum Burg Linn 29. 5. 88 – 31. 7. 88.— (Freiburg i. Br. 1988) 46 S., Abb.

3499 [Lanuvio 1988]
Arthur John Strutt, pittore a Roma e archeologo a Lanuvio. [Catalogo della mostra Lanuvio 1988.].
ed. C. Lampe.— (o. O. 1988) 77 S., Abb.

3500 Lattes 1988
Les vases à mémoire. Les collections de céramique grecque dans le Midi de la France. [Catalogue de l'exposition au Musée archéologique de Lattes 1988.].— (Lattes 1988) 167 S., Abb.

3501 Liège 1987–88
Céramiques antiques de Grèce et d'Italie dans le patrimoine liégeois. Exposition Liège, Musée de l'art wallon, 18 décembre 1987 – 31 janvier 1988.— (Liège 1987) 135 S., Abb.

3502 [Linz 1988]
Prunkwagen und Hügelgrab. Kultur der frühen Eisenzeit von Hallstatt bis Mitterkirchen. [Ausstellung Oberösterreichisches Landesmuseum Linz 1988.].— (Linz [1988]) 120 S., Abb.
(Kataloge des OÖ. Landesmuseums, N.F., 13)

3503 Ludwigshafen 1988–89
Attische Keramik. Schwarzfigurige Gefäße aus dem Besitz des Martin von Wagner-Museums der Universität Würzburg. [Ausstellung] Stadtmuseum Ludwigshafen 13. Dezember 1988 – 12. Februar 1989.— (Ludwigshafen 1988) 79 S., Abb.

3504 Luxembourg 1989
Lavagne, H.: Les dieux de la Gaule romaine.—
ArcheologiaParis 1989, Nr. 246, 48–57, Abb.

3505 Mannheim 1989
Gold und Kunsthandwerk vom antiken Kuban. Neue archäologische Entdeckungen aus der Sowjetunion. Sonderausstellung Städtisches Reiss-Museum Mannheim, 22. Januar – 27. März 1989.— (Stuttgart 1989) 189 S., Abb.

3506 [Mantova 1986–87]
Gli Etruschi a nord del Po.— [Mostra Mantova 1986–87.] 2. ed., 2 Bde.
ed. R. De Marinis (Udine 1988) 299 S., Abb.; 243 S., Abb.
(Zeta università, 9)

3507 Melbourne 1988–89
Αρχαία Μακεδονία. Ancient Macedonia. Exhibition Melbourne 25 November 1988 – 19 February 1989, Brisbane 11 March – 30 April 1989, Sydney 20 May – 23 July 1989.— (Athens 1988) XXXII, 418 S., Abb.

3508 Metz 1988
Cuvelier, P.; Guillaume, J.; Héber-Suffrin, F.; u. a.: Lorraine mérovingienne, Ve–VIIIe siècle. [Exposition Metz 20–23 octobre 1988.].— (Metz 1988) 130 S., Abb. Taf.

3509 Modena 1989
Modena dalle origini all'anno Mille. Studi di archeologia e storia. 2 Bde. [Mostra] Modena, Galleria civica, gennaio-giugno 1989.— (Modena 1988) 612 S., Abb. Beil.; 533 S., Abb.

3510 Mönchengladbach 1988
Over de grens, 2. Romeins leven in Heerlen. Römisches Leben in Heerlen. Ausstellung Städtisches Museum Schloß Rheydt, Mönchengladbach 15. Mai bis 17. Juli 1988.— (Mönchengladbach 1988) 43 S., Abb.

3511 Moskva 1989
Cultura e arte degli Etruschi. Progressi della ricerca degli ultimi decenni nell'Etruria meridionale. (Russ.) [Mostra] Mosca, Museo russo della arti decorative 27 giugno – 27 luglio 1989.— (Roma 1989) 79 S., Abb.

3512 München 1988–89
Unter Helden und Göttern. Eduardo Paolozzi und junge Bildhauer der Münchner Akadmie in der Glyptothek. Ausstellung München 9. November 1988 – 22. Januar 1989.— (München 1988) 93 S., Abb.

3513 München 1989
Kleopatra. Ägypten um die Zeitenwende. Ausstellung in der Kunsthalle der Hypo-Kulturstiftung, München 16. Juni – 10. September 1989.— (Mainz 1989) 324 S., Abb.

3514 München 1989
Sokrates. Sonderausstellung der Glyptothek und des Museums für Abgüsse klassischer Bildwerke, München 12. Juli bis 24. September 1989.— (München [1989]) 89 S., Abb.

3515 Neusäss 1988
Czysz, W.; Endres, W.: Archäologie und Geschichte der Keramik in Schwaben. Ausstellung des Schwäbischen Volkskundemuseums Oberschönenfeld, des Bayerischen Landesamts für Denkmalpflege und der Stadt Neusäss, 25. Juni bis 2. Oktober 1988.— (Neusäss 1988) 291 S., Abb.
(Neusässer Schriften, 6)

3516 New York 1987
Pittman, H.: Ancient art in miniature. Near Eastern seals from the Collection of Martin and Sarah Cherkasky.— Exhibition catalog, The Metropolitan Museum of Art New York [1987].2. ed. (New York 1988) 80 S., Abb.

3517 New York 1988
Bianchi, R. S.: Ptolemaic art under glass.—
Archaeology 41, 1988, Nr. 5, 56–59, Abb.

3518 Nîmes [1986]
Par-delà le Pont du Gard. Etudes sur l'aqueduc romain de Nîmes. [Exposition Nîmes 1986].— (Nîmes 1986) 29 S., Abb. Taf.
(Musée archéologique de Nîmes)

3519 Paris 1988
Vrai ou faux? Copier, imiter, falsifier. Exposition [Paris], Cabinet des médailles et antiques, 6 mai – 29 octobre 1988.— (Paris 1988) 175 S., Taf.

3520 Paris 1988–89
Les cités oubliées de l'Indus.—
ArcheologiaParis 1988, Nr. 240, 12–13, Abb.

3521 Paris 1988–89
Un village au temps de Charlemagne. Moines et paysans de l'abbaye de Saint-Denis du VIIe siècle à l'an mil. [Exposition] Musée national des arts et traditions populaires, Paris 29 novembre 1988 – 30 avril 1989.— (Paris 1988) 357 S., Abb. Taf.

3522 Paris 1989
Trésors d'orfèvrerie gallo-romains. [Exposition] Musée du Luxembourg, Paris 8 février – 23 avril 1989.— (Paris 1989) 302 S., Abb.

3523 Piombino 1989
Il patrimonio disperso. Reperti archeologici sequestrati dalla Guardia di finanza.
ed. A. Romualdi.— Catalogo della mostra Piombino 15 luglio – 31 ottobre 1989 (Roma 1989) 235 S., Abb.

3524 Pisa 1988
Le vie del vetro. Egitto e Sudan. Catalogo della mostra, Palazzo Lanfranchi, Pisa, 28 maggio – 12 giugno 1988.— (Pisa 1988) 87–108, Taf.

3525 Pompei 1989
Italienische Reise. Pompejanische Bilder in den deutschen archäologischen Sammlungen. [Katalog der Ausstellung Pompeji 1989.].— (Napoli 1989) 447 S., Abb.
(Soprintendenza archeologica di Pompei. Le mostre, 8)

3526 Reggio Emilia 1988
Aes signatum. Un aspetto dell'economia nell'Emilia preromana.— [Catalogo della mostra] Reggio Emilia 1–23 ottobre 1988 (Reggio Emilia 1988) 102 S., Abb.
(Archaeologica Regiensia, 2)

3527 Reggio Emilia 1989
Rubiera. 'Principi' etruschi in Val di Secchia. [Mostra Reggio Emilia giugno a settembre 1989.].— (Reggio Emilia 1989) 208 S., Abb. Taf.
(Archaeologica Regiensia, 4)

3528 Reggio Emilia 1989
Sant'Ilario d'Enza. L'età della colonizzazione etrusca. Strade, villaggi, sepolcreti. [Catalogo della mostra, Reggio Emilia giugno a settembre 1989.].— (Reggio Emilia 1989) 225 S., Abb. Taf.
(Archaeologica regiensia, 3)

3529 Roma 1986
Le vie mercantili tra Mediterraneo e Oriente nel mondo antico. Catalogo della mostra Roma, 16 ottobre 1985 – 2 marzo 1986.— (Roma 1986) 182 S., Abb.

3530 Roma 1987
Gatti nell'arte. Il magico e il quotidiano. [Catalogo della mostra] Roma, Palazzo Barberini, 3 giugno – 19 luglio 1987.— (Roma 1987) 175 S., Abb.

3531 Roma 1988
De vera effigie Mariae. Antiche icone romane. [Catalogo della mostra] Roma, Basilica S. Maria Maggiore, 18 giugno – 3 luglio 1988.— (Milano 1988) 60 S., Abb.
(Comitato centrale per l'Anno Mariano. Progetto arte e cultura.)

3532 Roma 1988
Da Pisanello alla nascita dei Musei Capitolini. L'antico a Roma alla vigilia del Rinascimento. [Catalogo della mostra] Roma, Musei Capitolini, 24 maggio – 19 luglio 1988.— (Roma 1988) 259 S., Abb. Taf.

3533 Roma 1988
Vetri dei cesari. [Catalogo della mostra Roma, Musei Capitolini, novembre 1988.]
ed. D. B. Harden.— (Milano 1988) XV, 310 S., Abb.

3534 Roma 1988–89
Gens antiquissima Italiae. Antichità dall'Umbria in Vaticano.— [Mostra, Città del Vaticano, 21 novembre 1988 – 22 gennaio 1989.] (Perugia 1988) 142 S., Abb.

3535 Roma 1989
Pittura etrusca al Museo di Villa Giulia. [Mostra] Roma, Museo nazionale etrusco di Villa Giulia 7 giugno – 31 dicembre 1989.— (Roma 1989) 208 S., Abb. Taf.
(Studi di archeologia pubblicati dalla Soprintendenza archeologica per l'Etruria meridionale, 6)

3536 Roma 1989
La Raccolta Giacinto Guglielmi. Mostra Roma, Palazzi Apostolici Vaticani, 23 maggio – 29 luglio 1989.— (Roma 1989) 124 S., Abb.
(Monumenti musei e gallerie pontificie)

3537 Roma 1989
Il viver quotidiano in Roma arcaica. Materiali dagli scavi del tempio arcaico nell'area sacra di S. Omobono.— Mostra Roma 24 maggio – 2 luglio 1989 (Roma 1989) 79 S., Abb.

3538 Roma 1989
Virgili, P.: 'Il viver quotidiano in Roma arcaica'.—
StRom 37, 1989, 175–177, Abb.

3539 Romans d'Isonzo 1989
Longobardi a Romans d'Isonzo. Itinerario attraverso le tombe altomedievali. Mostra Romans d'Isonzo, Villa del Torre 15 luglio – 17 settembre 1989.— ([Romans d'Isonzo] 1989) 155 S., Abb.

3540 Saarbrücken 1988
Franke, P. R.; Leschhorn, W.; Müller, B.; u. a.: Side. Münzprägung, Inschriften und Geschichte einer antiken Stadt in der Türkei. Beiträge zu einer Ausstellung, Landesbank Saar Girozentrale, Saarbrücken 1988.— (Saarbrücken 1988) 72 S., Abb.

3541 Saint-Germain-en-Laye 1988
Meyer, L.: Le trésor de Rethel.—
ArcheologiaParis 1988, Nr. 239, 24–29, Abb.

3542 Saint-Germain-en-Laye 1989
Le premier or de l'humanité en Bulgarie. 5e millénaire. Exposition Musée des antiquités nationales Saint-Germain-en-Laye 17 janvier – 30 avril 1989.— (Paris 1989) 198 S., Abb. Taf.

3543 Salzburg 1988
Hiller, S.; Nikolov, V.: Tell Karanovo 1988. Vorbericht über die 5. Kampagne der österreichisch-bulgarischen Ausgrabungen am Tell von Karanovo. [Ausstellungskatalog Salzburg 1988.].— (Salzburg 1988) 87 S., Abb. Taf.
(Schriftenreihe des Instituts für Alte Geschichte und Altertumskunde der Universität Salzburg. Reihe 1. Vorläufige Berichte und Vorlagen, 6)

3544 [Satriano 1988]
Satriano 1987–1988. Un biennio di ricerche archeologiche. [Catalogo della] mostra documentaria, [Satriano 1988].
ed. E. Greco.— (Potenza 1988) 78 S., Abb. Taf.

3545 Stellata 1988
Bondeno e il suo territorio dalle origini al Rinascimento. [Mostra archeologica alla Rocca Possente di Stellata dal 26 giugno al 23 ottobre 1988].
ed. F. Berti.— (Casalecchio 1988) 425 S., Abb. Beil.

3546 Strasbourg 1988
12 av. J. C. Aux origines de Strasbourg. [Exposition, Musée archéologique Strasbourg 1988.].— (Strasbourg 1988) 184 S., Abb.

3547 Taranto [1987–88]
Il Museo di Taranto. Cento anni di archeologia. Catalogo della mostra per il centenario dell'istituzione del Museo archeologico nazionale di Taranto.— (Taranto 1988) 640 S., Abb. Taf.

3548 Torino 1987–88
Arte rupestre nelle Alpi occidentali dalla Valle Po alla Valchiusella. Mostra Torino 6 novembre 1987 – 24 gennaio 1988.— (Torino 1987) 131 S., Abb.
(Cahier Museomontagna, 55)

3549 Toulouse 1988
Palladia Tolosa. Toulouse romaine. [Exposition Musée Saint-Raymond, Toulouse 1988.].— (Toulouse 1988) XXI, 191 S., Abb. Beil.

3550 Trento 1988–89
Archeologia del legno. Documenti dell'età del bronzo dall'area sudalpina. [Catalogo della mostra] Trento, Castello del Buonconsiglio, settembre–ottobre 1988, aprile–ottobre 1989.— (Trento 1988) 135 S., Abb.
(Quaderni della sezione archeologica Museo provinciale d'arte, 4)

3551 Trino 1989
S. Michele di Trino. Un villaggio, un castello, una pieve tra età romana e medioevo. Mostra documentaria [Trino] 27 maggio – 18 giugno 1989.— (Trino 1989) 159 S., Abb. Taf.
(Studi trinesi, 8)

3552 [Udine 1987]
Fornaci e fornaciai in Friuli. [Catalogo della mostra Udine 1987.]
ed. M. Buora.— (Udine 1987) 190 S., Abb.

3553 Valencia 1987
L'Almoina. Viatge a la memòria històrica de la ciutat.— [Exposició València, maig–juny 1987.] (València 1987) [40 S.], Abb.

3554 [Valencia 1988]
El neolític valencià. Art rupestre i cultura material. [Catàleg de l'exposició València 1988.].— (València 1988) 114 S., Abb.
(Diputació de València. Servei d'investigació prehistòrica.)

3555 Venezia 1989
Traci. Arte e cultura nelle terre di Bulgaria dalle origini alla tarda romanità. Mostra Venezia, Palazzo ducale 13 maggio – 30 novembre 1989.— (Milano 1989) 347 S., Abb.

3556 Venezia 1989
Giorgetti, D.: Gli aurei tesori dei Traci.—
Antiqua 14, 1989, Nr. 2–3, 8–12, Abb.

3557 Washington 1988
The human figure in early Greek art. [Catalogue of the exhibition National Gallery of Art, Washington 31 January – 12 June 1988.].— (Athens 1988) 183 S., Abb. Taf.

3558 Zaragoza 1988
Celtíeros. [Exposición Zaragoza 30 de marzo a 28 de abril 1988.].— (Zaragoza 1988) 215 S., Abb.

Griechisch-römische Kultur

Kunstgeschichte

3559
L'antiquité gréco-romaine vue par le siècle des lumières. [Actes du colloque, Tours 30 novembre et 1er décembre 1985.].—
Caesarodunum 22 bis, 1987, 1–510, Abb. Taf.

3560
Greece and the hellenistic world.
ed. J. Boardman.— (Oxford 1988) VI, 446 S., Abb. Taf.
(The Oxford history of the classical world, 1)

3561
Hellenistic art in the Walters Art Gallery.
ed. E. D. Reeder.— (Baltimore 1988) 260 S., Abb.

3562
The human figure in early Greek art. [Catalogue of the exhibition National Gallery of Art, Washington 31 January – 12 June 1988.].— (Athens 1988) 183 S., Abb. Taf.

3563
Italia. Omnium terrarum alumna. La civiltà dei Veneti, Reti, Liguri, Celti, Piceni, Umbri, Latini, Campani e Iapigi.— (Milano 1988) XV, 720 S., Abb.
(Antica madre. Collana di studi sull'Italia antica.)

3564
Italienische Reise. Pompejanische Bilder in den deutschen archäologischen Sammlungen. [Katalog der Ausstellung Pompeji 1989.].— (Napoli 1989) 447 S., Abb.
(Soprintendenza archeologica di Pompei. Le mostre, 8)

3565
Kul'tura drevnego Rima, 1–2. (Russ.) [Die Kultur des alten Rom.].— (Moskva 1985) 429 S., Abb.; 396 S., Abb.

3566
Pausanias: Reisen in Griechenland, 3. Bücher VIII–X. Herausgegeben von Felix Eckstein, abgeschlossen von Peter C. Bol.— (Zürich 1989) 438 S., Abb.
(Die Bibliothek der Alten Welt)

3567
Da Pisanello alla nascita dei Musei Capitolini. L'antico a Roma alla vigilia del Rinascimento. [Catalogo della mostra] Roma, Musei Capitolini, 24 maggio – 19 luglio 1988.— (Roma 1988) 259 S., Abb. Taf.

3568
The Roman world.
ed. J. Boardman.— (Oxford 1988) VI, 456 S., Abb. Taf.
(The Oxford history of the classical world, 2)

3569
Unter Helden und Göttern. Eduardo Paolozzi und junge Bildhauer der Münchner Akadmie in der Glyptothek. Ausstellung München 9. November 1988 – 22. Januar 1989.— (München 1988) 93 S., Abb.

3570
Vrai ou faux? Copier, imiter, falsifier. Exposition [Paris], Cabinet des médailles et antiques, 6 mai – 29 octobre 1988.— (Paris 1988) 175 S., Taf.

3571
Agosti, G.; Farinella, V.; Settis, S.: Passione e gusto per l'antico nei pittori italiani del Quattrocento.—
AnnPisa 17, 1987, 1061–1107

3572
Amendolea, B.: I due ninfei del Lago Albano in alcuni disegni ed incisioni del XVII, XVIII e XIX secolo.—
DocAlb 9, 1987, 29–49, Abb.

3573
Amico, L. N.: Antico's bust of the young Marcus Aurelius.—
GettyMusJ 16, 1988, 95–104, Abb.

3574
Andreae, B.: Michelangelo und die Laokoon-Gruppe.— Bathron. Beiträge zur Architektur und verwandten Künsten für H. Drerup (Saarbrücken 1988) 31–39, Abb.

3575
Balil, A.: La prospettiva 'gerarchica' e altre prospettive nella monetazione romana dell'età giulio-claudia.— Studi per L. Breglia, 2 (Roma 1987) 101–105

3576
Balty, J. C.: Christian Daniel Rauch, Friedrich Tieck et l'antique. A propos de deux marbres de la Villa Ludovisi.— Beiträge zur Ikonographie und Hermeneutik. Festschrift für N. Himmelmann (Mainz 1989) 521–526, Taf.

3577
Bastien, P.: Le buste à main levée dans le monnayage romain.—
Studi per L. Breglia, 2 (Roma 1987) 147–162, Abb.

3578
Beckwith, J.: The Veroli casket.— Studies in Byzantine and medieval Western art (London 1989) 149–177, Abb. Taf.
SB

3579
Bedocchi Melucci, A.: I ritratti 'all'antica' nei portali genovesi del XV e XVI secolo.—
RdA 12, 1988, 63–88, Taf.

3580
Belloni, G. G.: Momenti della comparsa e dell'evoluzione della figura umana e della figura divina nell'arte greca.— AevumAnt 1, 1988, 149–180

3581
Benson, J. L.: Symptom and story in Geometric art.— BABesch 63, 1988, 69–76, Abb.

3582
Bernard, P.: A propos de quelques faux dans l'histoire des cultes de l'Asie centrale.— Cultes et monuments religieux dans l'Asie centrale préislamique (Paris 1987) 23–28, Taf.
SB

3583
Besques, S.: Quelques problèmes concernant les transferts de thèmes dans la coroplathie du monde méditerranéen.— Πρακτικά του XII Διεθνούς συνεδρίου κλασικής αρχαιολογίας, 2 (Αθήνα 1988) 20–24, Taf.
KB Athenai 1983

3584
Bing, P.: Theocritus' epigrams on the statues of ancient poets.— AuA 34, 1988, 117–123

3585
Bíró, T. M.: Bone-carvings from Brigetio in the collection of the Hungarian National Museum.— ActaArchHung 39, 1987, 153–192, Abb.

3586
Bisi, A. M.: Ateliers phéniciens dans le monde égéen.— Phoenicia and the East Mediterranean in the first millennium B.C. (Leuven 1987) 225–237
KB Louvain 1985

3587
Bocci Pacini, P.; Cassinelli Lazzeri, P.: La serie degli imperatori romani nella Galleria degli Uffizi e gli esordi di Carlo Lasinio.— BdA 73, 1988, Nr. 50–51, 19–90, Abb.

3588
Bonfante, L.; Grummond, N. T. de: Wounded souls. Etruscan ghosts and Michelangelo's 'Slaves'.— AnalRom 17–18, 1989, 99–116, Abb.

3589
Braccesi, L.: Il problema storico dei bronzi di Cartoceto.— RivFil 116, 1988, 60–75

3590
Briguet, M. F.: Remarques sur les plaques de coffret de Tarquinies du Musée du Louvre.— Studia Tarquiniensia (Roma 1988) 7–11, Taf.
SB

3591
Bruneau, P.: Philologie mosaïstique.— JSav 1988, 3–73, Abb.

3592
Bruns-Özgan, C.: Grabstelen gebildeter Jünglinge.— Beiträge zur Ikonographie und Hermeneutik. Festschrift für N. Himmelmann (Mainz 1989) 183–190, Taf.

3593
Bruun, P.: Pairs of likenesses.— Studi per L. Breglia, 2 (Roma 1987) 183–188, Abb.

3594
Burns, J.: The use and origins of confronted heads in Greek and South Italian red-figure vase-painting.— Πρακτικά του XII Διεθνούς συνεδρίου κλασικής αρχαιολογίας, 2 (Αθήνα 1988) 36–43
KB Athenai 1983

3595
Bussagli, M.: Il disco 'battriano' del museo dell'Ermitage. Su un' analogia iconografica con talune figure angeliche posteriori al V secolo.— RivStOr 60, 1986, 134, Abb.

3596
Byvanck-Quarles van Ufford, L.: L'art grec préclassique et le style archaïsant.— BABesch 63, 1988, 180–188, Abb.

3597
Caira Lumetti, R.: L'influenza dell'antiquaria romana nella Svezia del Settecento.— StRom 37, 1989, 71–89

3598
Calcani, G.: Galati modello.— RIA 10, 1987, 153–174, Abb.

3599
Cantino Wataghin, G.: Tarda Repubblica e Secondo Ottocento. Due ritratti del Museo di antichità di Torino.— QuadAPiem 6, [1987], 181–190, Taf.

3600
Cavalier, O.: Une stèle attique classique au Musée Calvet d'Avignon. Recherches sur un motif iconographique.— RLouvre 38, 1988, 285–293, Abb.

3601
Cavalieri Manasse, G.: Nota sull'arco veronese detto di Giove Ammone.— AquilNost 57, 1986, 521–564, Abb.

3602
Chamoux, F.: De l'art grec à l'art byzantin.— CArch 36, 1988, 5–12, Abb.

3603
Chevallier, R.; Gilet, A.: Les levés d'antiques de L. F. Cassas (1756–1827).— RendPontAcc 58, 1985–86, 25–48, Abb.

3604
Clairmont, C. W.: 'It ain't necessarily so.' Remarks on some gravestones with inscriptions.— Horos 5, 1987, 45–57, Taf.

3605
Colledge, M. A. R.: The nude in the art of the hellenistic, Parthian and Roman Orient.— Πρακτικά του XII Διεθνούς συνεδρίου κλασικής αρχαιολογίας, 2 (Αθήνα 1988) 57–61
KB Athenai 1983

3606
Cornell, T. J.: Artists and patrons.— Art and production in the world of the caesars (Milan 1987) 17–35, Abb.
SB

3607
Corso, A.: Prassitele, 1. Fonti epigrafiche. Fonti letterarie dall'età dello scultore al Medio Impero (IV sec. a. C. – circa 175 d. C.).— Xenia, Quaderno 10, 1988, 1–271, Abb.

3608
Corso, A.: L'Heraíon di Paro.—
ASAtene 46, 1984 [1988], 97–101

3609
De Angeli, S.: Mimesis e techne.—
QuadUrbin 28, 1988, 27–45

3610
De Franciscis, A.: Antichità e vedutismo nella Napoli del tardo Settecento.—
NumAntCl 17, 1988, 353–357, Taf.

3611
Delvoye, C.: Eléments classiques dans l'illustration de la légende d'Achille au Bas-Empire.— Πρακτικά του XII Διεθνούς συνεδρίου κλασικής αρχαιολογίας, 2 (Αθήνα 1988) 68–71
KB Athenai 1983

3612
Donati, F.: Antico o imitazione dell'antico. Rilettura di un sarcofago del Camposanto di Pisa.—
StClOr 38, 1988, 401–417, Taf.

3613
Donohue, A. A.: Xoana and the origins of Greek sculpture.—
(Atlanta 1988) XXII, 509 S.
(American classical studies, 15)

3614
Dwyer, E.: Decorum and the history of style in Pompeian sculpture.— Studia pompeiana et classica in honor of W. F. Jashemski, 1 (New Rochelle 1988) 105–111, Taf.

3615
Ellis, S. P.: The end of the Roman house.—
AJA 92, 1988, 565–576, Abb.

3616
Elvira, M. A.: Notas sobre el 'Nacimiento de Atenea', de Filóstrato el Viejo.— Coloquio sobre el puteal de la Moncloa (Madrid 1986) 151–159, Abb.
KB Madrid 1983

3617
Fabbricotti, E.: La statua dei Musei Vaticani, Sala Rotonda.—
Studi per L. Breglia, 3 (Roma 1987) 83–92, Abb.

3618
Favaretto, I.: Antico o moderno? Un ritratto inedito della collezione rinascimentale di Marco Mantova Benavides.— Ritratto ufficiale e ritratto privato (Roma 1988) 289–294, Abb.
KB Roma 1984

3619
Favaretto, I.: Le 'antichità profane' di Giovanni Grevembroch. Disegni dall'antico nella Venezia del XVIII secolo.—
AquilNost 57, 1986, 597–616, Abb.

3620
Fehr, B.: Zwei Lesungen des Alexandermosaiks.— Bathron. Beiträge zur Architektur und verwandten Künsten für H. Drerup (Saarbrücken 1988) 121–134, Abb.

3621
Fernández, G.: Proclo y la desacralización del Partenón.—
(Erytheia 9, 1988, Nr. 1, 3–9, Taf.)
SD

3622
Fiorini, C.; Palombi, D.: Un esempio di continuità edilizia. Il tempio e la chiesa di S. Oliva a Cori.—
RIA 10, 1987, 91–128, Abb.

3623
Fittschen, K.: Caesar und Augustus. Zur Kaisergalerie im Augsburger Rathaus.— Beiträge zur Ikonographie und Hermeneutik. Festschrift für N. Himmelmann (Mainz 1989) 507–510, Taf.

3624
Francis, E. D.; Vickers, M.: The Agora revisited. Athenian chronology c. 500 – 450 B.C.—
BSA 83, 1988, 143–167, Abb.

3625
Frommel, C. L.: Kirche und Tempel. Giuliano della Roveres Kathedrale Sant'Aurea in Ostia.— Beiträge zur Ikonographie und Hermeneutik. Festschrift für N. Himmelmann (Mainz 1989) 491–505, Abb. Taf.

3626
Frova, A.: Noterella su un motivo di decorazione pittorica.—
AquilNost 57, 1986, 633–640, Abb.

3627
Fuchs, M.: Philostrate. Un critique d'art chez les Sévères.—
REL 65, 1987, 12–15

3628
Fusco, P.: Medusa as a muse for Vincenzo Gemito, 1852–1929.—
GettyMusJ 16, 1988, 127–132, Abb.

3629
Fusconi, C.: Giuliano da Sangallo e un rilievo con scena di caccia nella Pinacoteca civica di Savona.—
Xenia 16, 1988, 95–100, Abb.

3630
Gaus, J.: Das Bild als Erscheinung von Nicht-Gestalthaftem.—
(Bibliographie zur Symbolik, Ikonographie und Mythologie 20, 1987) V–XVI

3631
Gesing, M.: Triumph des Bacchus. Triumphidee und bacchische Darstellungen in der italienischen Renaissance im Spiegel der Antikenrezeption.— (Frankfurt a. M. 1988) 215 S., Abb.
(Europäische Hochschulschriften, Reihe 28. Kunstgeschichte, 84)

3632
Ghiron-Bistagne, P.: Le motif de Phèdre. Deux exemples d'un schéma iconographique classique utilisé dans l'art hellénistique et romain.— Πρακτικά του XII Διεθνούς συνεδρίου κλασικής αρχαιολογίας, 2 (Αθήνα 1988) 82–87, Taf.
KB Athenai 1983

3633
Ghisellini, E.: La statua di Milone di Crotone ad Olimpia.—
Xenia 16, 1988, 43–52, Abb.

3634
Gigante, L. M.: Greek perspective and illusionistic architecture in classical and Graeco-Roman painting.— Πρακτικά του XII Διεθνούς συνεδρίου κλασικής αρχαιολογίας, 2 (Αθήνα 1988) 88–91
KB Athenai 1983

3635
Giuliani, L.: Vervielfältigte Lockenköpfe. Zur Produktion apulischer Volutenkratere. Kanon. Festschrift E. Berger.—
AntK 15. Bh, 1988, 159–165, Taf.

3636
Giuliano, A.: Germania capta.—
Xenia 16, 1988, 101–114, Abb.

3637
Giuliano, A.: Storia dell'arte greca.— (Roma 1989) 425 S., Abb.
(Studi superiori NIS, 74)

3638
Gogos, S.: Das antike Theater in der Periegese des Pausanias.—
Klio 70, 1988, 329–339

3639
Graeve, V. v.: Der Naiskos des Hermon. Zur Rekonstruktion des Gemäldes. Kanon. Festschrift E. Berger.—
AntK 15. Bh, 1988, 339–343, Taf.

3640
Grunwald, C.: Zur Frage der Tradierung mykenischen Bildguts an die geometrische Kunst.— Beiträge zur Ikonographie und Hermeneutik. Festschrift für N. Himmelmann (Mainz 1989) 27–33, Taf.

3641
Gschwantler, K.: Der Jüngling vom Magdalensberg. Ein Forschungsprojekt der Antikensammlung des Kunsthistorischen Museums Wien.— Griechische und römische Statuetten und Großbronzen (Wien 1988) 17–27, Abb. Taf.
KB Wien 1986

3642
Guarducci, M.: Riflessioni sulla statua bronzea di San Pietro nella Basilica Vaticana.—
Xenia 16, 1988, 57–72, Abb.

3643
Guarducci, M.: Il trono di Massimiano Erculio e la cattedra di San Pietro.—
BdA 73, 1988, Nr. 52, 1–12, Abb. Taf.

3644
Hannestad, L.: Hellenismen i arkæologisk lys.— Pejlinger af hellenismen (Århus 1989) 37–48, Abb.
SB

3645
Harari, M.: A proposito dei bronzi di Riace. Pausania e gli eponimi mancanti, l'iconografia di Pandione e altre considerazioni.—
AthenaeumPavia 66, 1988, 417–425, Taf.

3646
Hardy, J.: Fonthill Splendens. An iconographic chimneypiece rediscovered.—
ApolloLond 130, 1989, 40–42, Abb.

3647
Hebert, B.: Philosophenbildnisse bei Sidonius Apollinaris. Eine Ekphrasis zwischen Kunstbeschreibung und Philosophiekritik.—
Klio 70, 1988, 519–538

3648
Hebert, B.: Zwei Homerstatuen in Konstantinopel.—
GrazBeitr 15, 1988, 223–230

3649
Hegemann, H. W.: Das Elfenbein in Kunst und Kultur Europas. Ein Überblick von der Antike bis zur Gegenwart.— (Mainz 1988) 223 S., Abb. Taf.

3650
Heilmeyer, W. D.: Falsche Liebe. Rekonstruktionen von Arretiner Formschüsseln um 1900.—
AA 1989, 261–270, Abb.

3651
Hemelrijk, J. M.: Plakken, lappen en verlakken.—
VerAmstMeded 36, 1986, 1–14, Abb.

3652
Heres, G.: 'Genaue Beobachtung der Antiquität'. Francesco Mangiotti und seine Dresdener Bronzestatuen.— Griechische und römische Statuetten und Großbronzen (Wien 1988) 412–422
KB Wien 1986

3653
Herrmann, H. V.: Die Siegerstatuen von Olympia.—
Nikephoros 1, 1988, 119–183, Abb.

3654
Hersey, G.: The lost meaning of classical architecture. Speculations on ornament from Vitruvius to Venturi. 2. ed.— (Cambridge (Mass.) 1988) 201 S., Abb.

3655
Hesberg, H. v.: Temporäre Bilder oder die Grenzen der Kunst. Zur Legitimation frühhellenistischer Königsherrschaft im Fest.—
JdI 104, 1989, 61–82, Abb.

3656
Higgins, R.: The Colossus of Rhodes.— The Seven Wonders of the ancient world (London 1988) 124–137, Abb.
SB

3657
Himmelmann, N.: Planung und Verdingung der Parthenon-Skulpturen.— Bathron. Beiträge zur Architektur und verwandten Künsten für H. Drerup (Saarbrücken 1988) 213–224, Abb.

3658
Hölscher, T.: Eine frühe zweifigurige Grabstele. Kanon. Festschrift E. Berger.—
AntK 15. Bh, 1988, 166–170, Taf.

3659
Hölscher, T.: Tradition und Geschichte. Zwei Typen der Vergangenheit am Beispiel der griechischen Kunst.— Kultur und Gedächtnis (Frankfurt a. M. 1988) 115–149, Abb.
SB

3660
Hollein, H. G.: Bürgerbild und Bildwelt der attischen Demokratie auf den rotfigurigen Vasen des 6.–4. Jahrhunderts v. Chr.— (Frankfurt a. M. 1988) 408 S., Abb.
(Europäische Hochschulschriften. Reihe 38. Archäologie, 17)

3661
Horster, M.: Dem 'Florentiner Wanderer'.— Beiträge zur Ikonographie und Hermeneutik. Festschrift für N. Himmelmann (Mainz 1989) 511–514, Taf.

3662
Houser, C. M.: Slain statues. Classical murder mysteries.— Πρακτικά του XII Διεθνούς συνεδρίου κλασικής αρχαιολογίας, 3 (Αθήνα 1988) 112–115
KB Athenai 1983

3663
Huskinson, J.: The visual arts and crafts.— The Cambridge guide to the arts in Britain, 1 (Cambridge 1988) 75–89, Abb. Taf.
SB

3664
Johnson, L.: Eugène Delacroix's 'Education of Achilles'.—
GettyMusJ 16, 1988, 25–32, Abb.

3665
Jordan, J. A.: Attic black-figured eye-cups. Diss. New York University 1988.— (Ann Arbor 1989) XVI, 428 S., Taf.
(University Microfilms International)

3666
Joulia, J. C.: Les frises doriques de Narbonne.— (Bruxelles 1988) 287 S., Taf.
(Collection Latomus, 202)

3667
Jucker, I.: Die Geburt der Turan.—
NumAntCl 17, 1988, 101–123, Abb.

3668
Kabus-Preisshofen, R.: Die hellenistische Plastik der Insel Kos.—
AM Beih. 14, 1989, 346 S., Abb. Taf.

3669
Kabus-Preisshofen, R.: Der 'Betende Knabe' in Berlin. Schicksal einer antiken Großbronze und das Problem ihrer Deutung.—
AA 1988, 679–699, Abb.

3670
Kalligas, P. G.: Από την αθηναϊκή Ακρόπολη. Το αθηναϊκό εργαστήριο μεταλλοτεχνίας.— Πρακτικά του XII Διεθνούς συνεδρίου κλασικής αρχαιολογίας, 2 (Αθήνα 1988) 92–97, Taf.
KB Athenai 1983

3671
Karagiorges, W.: Η κλασική αρχιτεκτονική και τέχνη στην Κύπρο.— Πρακτικά του XII Διεθνούς συνεδρίου κλασικής αρχαιολογίας, 4 (Αθήνα 1988) 88–94, Taf.
KB Athenai 1983

3672
Kenworthy-Browne, J.: The Temple of Liberty at Woburn Abbey.—
ApolloLond 130, 1989, 27–32, Abb.

3673
Koch-Harnack, G.: Erotische Symbole. Lotosblüte und gemeinsamer Mantel auf antiken Vasen.— (Berlin 1989) 199 S., Abb.

3674
Korshak, Y.: The three-quarter view face. Origins, development and meaning.— Πρακτικά του XII Διεθνούς συνεδρίου κλασικής αρχαιολογίας, 2 (Αθήνα 1988) 121–124, Taf.
KB Athenai 1983

3675
Krautheimer, R.: Die karolingische Wiederbelebung der frühchristlichen Architektur.— Ausgewählte Aufsätze zur europäischen Kunstgeschichte (Köln 1988) 198–276, Taf.

3676
Kyrieleis, H.; Röllig, W.: Ein altorientalischer Pferdeschmuck aus dem Heraion von Samos.—
AM 103, 1988, 37–75, Abb. Taf.

3677
La Rocca, E.: Introduzione.— L'esperimento della perfezione, Arte e società nell'Atene di Pericle (Milano 1988) 7–36, Abb.
SB

3678
Lacroix, L.: Pausanias, le coffre de Kypsélos et le problème de l'exégèse mythologique.—
RA 1988, 243–261, Abb.

3679
Lamboley, J. L.: Le canal d'Otrante et les relations entre les deux rives de l'Adriatique.— L'Illyrie méridionale et l'Epire dans l'antiquité (Clermont-Ferrand 1987) 195–202
KB Clermont-Ferrand 1984

3680
Laurens, P.: Eros Apteros ou la descirption impertinente.—
REG 101, 1988, 253–274, Abb.

3681
Le Dinahet, M. T.: Autels à guirlandes et bucranes à Délos.—
BSocBiblReinach 3, 1985, 15–21, Abb.

3682
Lee, H. M.: Pindar and classical art.— Studies in honour of T. B. L. Webster, 2 (Bristol 1988) 75–81, Taf.

3683
Levi, M. A.: I nomadi alla frontiera. I popoli delle steppe e l'antico mondo greco-romano.— (Roma 1989) 143 S., Taf.
(Centro ricerche e documentazione sull'antichità classica. Monografie, 13)

3684
Linfert, A.: Quellenprobleme. Zu Alkamenes und Kolotes.—
RdA 12, 1988, 33–41

3685
Ling, R.: A mosaic panel in Birmingham.— Studia pompeiana et classica in honor of W. F. Jashemski, 2 (New Rochelle 1989) 129–135, Taf.

3686
Lorenz, T.: Ein zweiter Laokoon?—
AA 1989, 69–70

3687
Lowenthal, D.: Classical antiquities as national and global heritage.—
Antiquity 62, 1988, 726–735, Abb.

3688
Lund, J.: A fake Roman terracotta lamp found at Søsum, Denmark.—
ActaArch 57, 1986, 229–232, Abb.

3689
Maass, M.: Ein Stierkopf aus Bronze.—
Anadolu 21, 1978–80 [1987], 203–210, Taf.

3690
Maehler, H.: Poésie alexandrine et art hellénistique à Memphis.—
ChrEg 63, 1988, 113–136, Abb.

3691
Maggi, S.: Un Paride ritrovato. Il 'Mercurio' della casa di Giulio Romano a Mantova.—
(Quaderni di Palazzo Te 8, 1988, 37–41, Abb.)
SD

3692
Malek, J.; Magee, D. N. E.: Nubian and Meroitic material in the archives of the Griffith Institute, Oxford.—
BeitrSudanF 3, 1988, 49–55

3693
Marzullo, B.: Plin. nat. hist. 36, 37.—
MusCrit 21–22, 1986–87, 371–374

3694
Melucco Vaccaro, A.: Archeologia e restauro. Tradizione e attualità.— (Milano 1989) 336 S., Abb. Taf.

3695
Meyer, M.: Zur 'sinnenden' Athena.— Beiträge zur Ikonographie und Hermeneutik. Festschrift für N. Himmelmann (Mainz 1989) 161–168, Taf.

3696
Michalaki-Kollia, M.: Céramique incisée de tradition géometrique trouvée dans l'île d'Astypalée.— Archaeology in the Dodecanese (Copenhagen 1988) 225–243, Abb.
KB København 1986

3697
Mikocki, T.: La perspective dans l'art antique. Théorie grecque et pratique romaine.— Πρακτικά του XII Διεθνούς συνεδρίου κλασικής αρχαιολογίας, 2 (Αθήνα 1988) 152–154
KB Athenai 1983

3698
Mikocki, T.: A la recherche de l'art antique. Les voyageurs polonais en Italie dans les années 1750–1830.— (Wrocław 1988) 123 S., Taf.
(Archiwum filologiczne, 42)

3699
Miller, M. C.: Midas as the great king in Attic fifth-century vase-painting.—
AntK 31, 1988, 79–89, Taf.

3700
Moltesen, M.: Aegte, falsk eller midt imellem.—
MeddelelsGlyptKøb 44, 1988, 69–93, Abb.

3701
Moorey, P. R. S.: The technique of gold-figure decoration on Achaemenid silver vessels and its antecedents.—
IrAnt 23, 1988, 231–246, Taf.

3702
Morel, J. P.: Remarques sur l'art et l'artisanat de Naples antique.— Neapolis (Taranto [1988]) 305–356, Taf.
KB Taranto 1985

3703
Moss, C. F.: Roman marble tables. Diss. Princeton University 1988. 2 Bde.; Tafelbd.— (Ann Arbor 1989) XIV, 926 S.
(University Microfilms International)

3704
Müller, H. P.: Praxiteles und Kephisodot der Jüngere. Zwei griechische Bildhauer aus hohen Gesellschaftsschichten?—
Klio 70, 1988, 346–361

3705
Muss, U.: Die Göttin auf dem Raubtier.— Beiträge zur Ikonographie und Hermeneutik. Festschrift für N. Himmelmann (Mainz 1989) 53–57, Abb. Taf.

3706
Naredi-Rainer, D. v.; Naredi-Rainer, P. v.: Das achte Kapitell in Cluny III. Marginalien zur Bedeutung des Akanthus im Mittelalter.— Orient und Okzident im Spiegel der Kunst. Festschrift H. G. Franz (Graz 1986) 267–282, Taf.

3707
Pantos, P. A.: Das Wappen von Kalydon. Ein Beitrag zur Identifizierung des Statuentypus der Artemis Laphria.— Πρακτικά του XII Διεθνούς συνεδρίου κλασικής αρχαιολογίας, 2 (Αθήνα 1988) 167–172, Taf.
KB Athenai 1983

3708
Pelikán, O.: Das römische Porträt und die sogenannte 'arte plebea'.— Ritratto ufficiale e ritratto privato (Roma 1988) 419–420

3709
Pensabene, P.: L'importazione dei manufatti marmorei ad Aquileia.— Vita sociale artistica e commerciale di Aquileia romana, 2 (Udine 1987) 365–399, Taf.
KB Aquileia 1985

3710
Pesando, F.: La casa dei Greci.— (Milano 1989) 270 S., Abb.
(Biblioteca di archeologia, 11)

3711
Pfanner, M.: Über das Herstellen von Porträts. Ein Beitrag zu Rationalisierungsmaßnahmen und Produktionsmechanismen von Massenware im späten Hellenismus und in der römischen Kaiserzeit.—
JdI 104, 1989, 157–257, Abb.

3712
Picozzi, M. G.: Il gruppo della Pace con Pluto bambino di Vincenzo Pacetti.—
BMonMusPont 8, 1988, 65–93, Abb.

3713
Pierro, E.: Il motivo del bocciolo capovolto, sotto le anse, nelle coppe attiche a figure nere. Primo contributo per una ricerca.—
Studi per L. Breglia, 3 (Roma 1987) 13–31, Abb.

3714
Pinette, M.: La représentation du défunt et la symbolique des attributs dans les monuments funéraires autunois.—
Caesarodunum 23, 1988, 175–179, Abb. Taf.

3715
Polevoj, V. M.: Antičnost' i neoklassika v iskusstve načala XX veka. (Russ.) [Antike und Klassizismus in der Kunst zu Beginn des 20. Jhs.].— Problemy antičnoj kul'tury (Moskva 1986) 77–84
SB

3716
Porten Palange, F. P.: Fälschungen in der arretinischen Reliefkeramik.—
AKorrBl 19, 1989, 91–99, Abb. Taf.

3717
Prag, A. J. N. W.; Swaddling, J.: Two Athenas. A fake and its original?— Griechische und römische Statuetten und Großbronzen (Wien 1988) 214–218, Abb.
KB Wien 1986

3718
Price, M. J.: The statue of Zeus at Olympia.— The Seven Wonders of the ancient world (London 1988) 59–77, Abb.
SB

3719
Puech, E.: Une inscription syriaque palestinienne. Note additionnelle.—
StBiFranc 37, 1987, 349–352, Abb.

3720
Raby, J.: Mehmed the Conqueror and the equestrian statue of the Augustaion.—
IllinClSt 12, 1987, 305–313, Taf.

3721
Raeder, J.: Vitruv, De architectura VI 7 (aedificia Graecorum) und die hellenistische Wohnhaus- und Palastarchitektur.—
Gymnasium 95, 1988, 316–368, Abb.

3722
Rantz, B.: A propos de l'Egyptien au geste 'perse'.—
RBPhil 67, 1989, 103–121, Abb. Taf.

3723
Reber, K.: Aedificia Graecorum. Zu Vitruvs Beschreibung des griechischen Hauses.—
AA 1988, 653–666, Abb.

3724
Rouveret, A.: Histoire et imaginaire de la peinture ancienne. Ve siècle av. J. C. - Ier siècle ap. J. C.— (Rome 1989) X, 577 S., Abb. Taf.
(Bibliothèque des Ecoles françaises d'Athènes et de Rome, 274)

3725
Saladino, V.: Arte e artigianato in Grecia. Dall'età del bronzo alla fine dell'età classica.— (Firenze 1988) XIII, 352 S.
(Università degli studi di Firenze. Studi e testi, 9)

3726
Salza Prina Ricotti, E.: Le tende conviviali e la tenda di Tolomeo Filadelfo.— Studia pompeiana et classica in honor of W. F. Jashemski, 2 (New Rochelle 1989) 199–231, Taf.

3727
Sandrini, G. M.: Il cippo cilindrico del Museo civico di Vicenza.—
AquilNost 55, 1984, 33–64, Abb.

3728
Scheibler, I.: Dreifußträger. Kanon. Festschrift E. Berger.—
AntK 15. Bh, 1988, 310–316, Taf.

3729
Scheithauer, A.: Die Bautätigkeit der Kaiser in der Historia Augusta.—
WürzbJbAltWiss 14, 1988, 225–240

3730
Schmaltz, B.: Theseus, der Sieger über den Minotauros.—
AA 1989, 71–79

3731
Schnapp, A.: Why did the Greeks need images?— Proceedings of the 3rd Symposium on ancient Greek and related pottery (København 1988) 568–574
KB København 1987

3732
Schröder, S. F.: Römische Bacchusbilder in der Tradition des Apollon Lykeios. Studien zur Bildformulierung und Bildbedeutung in späthellenistisch-römischer Zeit.— (Roma 1989) XII, 216 S., Taf.
(Archaeologica, 77)

3733
Schröter, E.: Eine unveröffentlichte Sueton-Handschrift in Göttingen aus dem Atelier des Bartolomeo Sanvito. Zur Sueton-Illustration des 15. Jahrhunderts in Padua und Rom.—
JbBerlMus 29–30, 1987–88, 71–121, Abb.

3734
Schwabl, H.: Dichtung und bildende Kunst. Zum 'Olympikos' des Dion Chrysostomos.— Πρακτικά του XII Διεθνούς συνεδρίου κλασικής αρχαιολογίας, 2 (Αθήνα 1988) 259–265
KB Athenai 1983

3735
Schwinden, L.: Gefälschte Aktaion-Bronzen vor dem geistesgeschichtlichen Hintergrund des frühen 19. Jahrhunderts.— Funde und Ausgrabungen im Bezirk Trier, 20 (Trier 1988) 30–37, Abb.
SB

3736
Scott, J. B.: The meaning of Perseus and Andromeda in the Farnese Gallery and on the Rubens House.—
JWCI 51, 1988, 250–260, Taf.

3737
Settis, S.; La Regina, A.; Agosti, G.; u. a.: La Colonna Traiana.—
(Torino 1988) XIX, 597 S., Abb. Taf.
(Saggi, 716)

3738
Settis, S.: Von 'auctoritas' zu 'vetustas'. Die antike Kunst in mittelalterlicher Sicht.—
ZKuGesch 51, 1988, 157–179, Abb.

3739
Shapiro, H. A.: The Marathonian bull on the Athenian Akropolis.—
AJA 92, 1988, 373–382, Abb.

3740
Shedd, M.: Phidias at the Universal Exposition of 1855. The Duc de Luynes and the 'Athena Parthenos'.—
GazBA 108, 1986, 123–134, Abb.

3741
Shedd, M.: Ingres as archaeologist. The image of Saturn in 'L'age d'or' at Dampierre.—
ZKuGesch 51, 1988, 269–279, Abb.

3742
Sichtermann, H.: Der gewaltsame Tod in der antiken Kunst.—
(Der Tod in Dichtung, Philosophie und Kunst, Darmstadt 1989, 35–48, Abb. Taf.)
SD

3743
Simion, G.: Les bronzes figurés romains trouvés dans la région du Bas-Danube et la question de leur origine.— Griechische und römische Statuetten und Großbronzen (Wien 1988) 365–379, Abb.
KB Wien 1986

3744
Smith, D. N.: Herodotos and the archaeology of Asia Minor. A historiographic study. Diss. Berkeley 1987.— (Ann Arbor 1989) XX, 291 S.
(University Microfilms International)

3745
Stampolides, N. C.: The Kos fragment and the Genoese slab from the Mausoleum.— Archaeology in the Dodecanese (Copenhagen 1988) 185–190, Abb.
KB København 1986

3746
Stansbury-O'Donnell, M. D.: Polygnotos's 'Iliupersis'. A new reconstruction.—
AJA 93, 1989, 203–215, Abb.

3747
Stuart, P.: Provincie van een imperium. Romeinse oudheden uit Nederland in het Rijksmuseum van oudheden te Leiden.— (Leiden 1986) 179 S., Abb. Taf.

3748
Stucky, R. A.: Drei Sidonierinnen in Basel.—
AntK 32, 1989, 147–150, Taf.

3749
Szilágyi, J. G.: Antikenfälschung und Antikenrezeption.—
ActaAntHung 30, 1982–84, 57–70, Taf.

3750
Tagliente, M.: I Signori dei cavalli nella Daunia di età arcaica.—
AnnPerugia 23, 1985–86, Nr. 1, 303–321, Taf.

3751
Tietze, C.: Zur Ägypten-Rezeption in der bildenden Kunst des 19. Jahrhunderts.— Karl Richard Lepsius, 1810–1884 (Berlin 1988) 87–96, Abb.
KB Halle 1984

3752
Todisco, L.: Il leone 'custos iusticie' di Bari.—
RIA 10, 1987, 129–151, Abb.

3753
Tosi, G.: Un capitello figurato con delfini nel Museo civico di Padova. Lettura archeologico-antiquaria.—
AquilNost 57, 1986, 825–836, Abb.

3754
Traina, G.: Da Dinocrate a Vitruvio. Tecnica, architettura e società nel mondo ellenistico-romano.—
CivClCrist 9, 1988, 303–349, Abb.

3755
Vagenheim, G.: Some newly-discovered works by Pirro Ligorio.—
JWCI 51, 1988, 242–245

3756
Vickers, M.: 'New' Parthenon fragments in Venice.—
Antiquity 62, 1988, 718–723, Abb.

3757
Visser-Choitz, T.: Zu Polyklets Kanon. Das 'Hauptproblem' beim Bronzeguß (frg. 1). Kanon. Festschrift E. Berger.—
AntK 15. Bh, 1988, 127–133

3758
Viviers, D.: De l'école de sculpture à l'atelier de sculpteurs. Quelques réflexions sur les signatures de sculpteurs à Athènes au VIe siècle avant notre ère.— (Annales d'histoire de l'art et d'archéologie 9, 1987, 43–57, Abb.)
SD

3759
Voutiras, E.: 'Libelli ... Persephonae maxima dona'.— Beiträge zur Ikonographie und Hermeneutik. Festschrift für N. Himmelmann (Mainz 1989) 355–360, Taf.

3760
Walter, C.: The Thracian Horsemann. Ancestor of the warrior saints?—
ByzF 14, 1989, 657–673, Taf.

3761
Weber, T.: Syrisch-römische Sarkophagbeschläge. Orientalische Bronzewerkstätten in römischer Zeit.— (Mainz 1989) VIII, 86 S., Abb. Taf.
(Damaszener Forschungen, 2)

3762
Wood, S.: Isis, eggheads, and Roman portraiture.—
JARCE 24, 1987, 123–141, Taf.

3763
Wright, G. R. H.: The Noble Head in Transjordan.—
DaM 3, 1988, 417–425, Abb.

3764
Yalouris, N.: Darstellungen des Hl. Christophorus in Mittelalter und Renaissance. Adaption eines antiken Motives.— Beiträge zur Ikonographie und Hermeneutik. Festschrift für N. Himmelmann (Mainz 1989) 515–519, Abb. Taf.

3765
Zwierlein, O.: Plinius über den Laokoon.— Beiträge zur Ikonographie und Hermeneutik. Festschrift für N. Himmelmann (Mainz 1989) 433–443

3766
Zwierlein-Diehl, E.: Thamyras-Gemmen.— Beiträge zur Ikonographie und Hermeneutik. Festschrift für N. Himmelmann (Mainz 1989) 425–431, Taf.

Architektur

3767
12 av. J. C. Aux origines de Strasbourg. [Exposition, Musée archéologique Strasbourg 1988.]— (Strasbourg 1988) 184 S., Abb.

3768
Forschungen in Gorsium in den Jahren 1983–84.—
Alba Regia 23, 1987, 179–240, Abb.

3769
Fortress into city. The consolidation of Roman Britain. First century AD.
ed. G. Webster.— (London 1988) 178 S., Abb.

3770
Hierapolis di Frigia, 1957–1987. [Mostra fotografica, Museo archeologico di Izmir 1987].— (Milano 1988) 142 S., Abb.

3771
Locri Epizefiri, 3. Cultura materiale e vita quotidiana.— (Firenze 1989) XXVI, 214 S., Taf. Beil.
(Università degli studi di Torino. Studi e materiali di archeologia, 2)

3772
Le origini di Roma.—
Archeo 48, 1989, 48–59, Abb.

3773
Over de grens, 2. Romeins leven in Heerlen. Römisches Leben in Heerlen. Ausstellung Städtisches Museum Schloß Rheydt, Mönchengladbach 15. Mai bis 17. Juli 1988.— (Mönchengladbach 1988) 43 S., Abb.

3774
Palladia Tolosa. Toulouse romaine. [Exposition Musée Saint-Raymond, Toulouse 1988.]— (Toulouse 1988) XXI, 191 S., Abb. Beil.

3775
Par-delà le Pont du Gard. Etudes sur l'aqueduc romain de Nîmes. [Exposition Nîmes 1986].— (Nîmes 1986) 29 S., Abb. Taf. (Musée archéologique de Nîmes)

3776
Pompei. L'informatica al servizio di una città antica. Analisi delle funzioni urbane. Fotopiani e piante. Textbd.; Beil. im Schuber.— (Roma 1988) 184 S., Abb.; 10 S.

3777
Villa rustica. Römische Gutshöfe im Rhein-Maas-Gebiet. Ausstellung Krefeld, Museum Burg Linn 29. 5. 88 – 31. 7. 88.— (Freiburg i. Br. 1988) 46 S., Abb.

3778
Abad Casal, L.; Arasa i Gil, F.: El arco romano de Cabanes (Castellón).—
AEsp 61, 1988, 81–117, Abb.

3779
Acquaro, E.; Finzi, C.: Tharros.— (Sassari 1986) 69 S., Abb. (Sardegna archeologica. Guide e itinerari, 5)

3780
Akurgal, E.: L'art classique en Asie Mineure.— Πρακτικά του XII Διεθνούς συνεδρίου κλασικής αρχαιολογίας, 4 (Αθήνα 1988) 12–19, Taf.
KB Athenai 1983

3781
Alicu, D.; Paki, A.: O inscripţie inedită din amfiteatrul roman de la Ulpia Traiana Sarmizegetusa.—
ActaMusNapoca 22–23, 1985–86, 469–477, Abb. Taf.

3782
Allegro, N.; Ricciardi, M.: Le fortificazioni di Gortina in età ellenistica.—
CretSt 1, 1988, 1–16, Taf.

3783
Almagro-Gorbea, M.; Lorrio, A.: Segobriga, 3. La muralla norte y la puerta principal. Campañas 1986–1987.— (Cuenca 1989) 341 S., Abb. Taf.

3784
Alvarez Martínez, J. M.; Rubio Muñoz, A.: Excavaciones en el yacimiento romano de Regina Turdulorum.—
ExtremA 1, 1988, 221–229, Abb.

3785
Alzinger, W.: Die Lokalisierung des hellenistischen Rathauses von Ephesos.— Bathron. Beiträge zur Architektur und verwandten Künsten für H. Drerup (Saarbrücken 1988) 21–29, Abb.

3786
Alzinger, W.: Hyperesia-Aigeira. Der Wandel eines Heiligtums von spätmykenischer bis in klassische Zeit.— Πρακτικά του XII Διεθνούς συνεδρίου κλασικής αρχαιολογίας, 4 (Αθήνα 1988) 20–23, Taf.
KB Athenai 1983

3787
Amendolea, B.: I due ninfei del Lago Albano in alcuni disegni ed incisioni del XVII, XVIII e XIX secolo.—
DocAlb 9, 1987, 29–49, Abb.

3788
Andreassi, G.: Egnazia 1979. Ricerche nella necropoli e alle mura.— L'epos greco in Occidente (Taranto 1980 [1989]) 442–450, Taf.
KB Taranto 1979

3789
Archontidou-Argyri, A.; Simossi, A.; Empereur, J. Y.: The underwater excavation at the ancient port of Thasos, Greece.—
IntJNautA 18, 1989, 51–59, Abb. Taf.

3790
Arsen'eva, T. M.; Šelov, D. B.: Das antike Tanais. Forschungen und Geschichte.—
Klio 70, 1988, 372–403, Abb. Taf.

3791
Asgari, N.: The stages of workmanship of the Corinthian capital in Proconnesus and its export form.— Classical marble (Dordrecht 1988) 115–121, Taf.
KB Il Ciocco 1988

3792
Atanasova, J.: Il castellum Castra Martis a Kula.—
Ratiariensia 3–4, 1987, 119–125, Taf.

3793
Atanasova, J.; Popova-Asenova, A. N.: Il muro di cinta di Ratiaria. Lato occidentale. Ricerche archeologiche 1976–1985.—
Ratiariensia 3–4, 1987, 85–96, Taf.

3794
Bacchielli, L.: Domus Veneris quam dorica sustinet Ancon.—
ArchCl 37, 1985, 106–137, Abb. Taf.

3795
Baçe, A.: Kullat, dhëmbëzimet dhe platforma për artileri të fortifikimeve në Iliri. (Alban. m. franz. Res.) Les tours, les décrochements et les plates-formes d'artillerie des fortifications illyriennes.—
Monumentet 34, 1987, 5–55, Abb.

3796
Baldassarre, I.: Osservazioni sull'urbanistica di Neapolis in età romana.— Neapolis (Taranto [1988]) 221–231, Taf.
KB Taranto 1985

3797
Balil, A. de: Forum y fora en el noroeste peninsular.— (Los foros romanos de las provincias occidentales, o. O. o. J., 143–146)
SD

3798
Balty, J. C.: Apamea in Syria in the second and third centuries A.D.—
JRS 78, 1988, 91–104, Abb. Taf.

3799
Bărbulescu, M.: Din istoria militară a Daciei romane. Legiunea V Macedonica şi castrul de la Potaissa.— (Cluj 1987) 203 S., Abb. Taf. Beil.

3800
Barthélémy, H.: Un site gallo-romain alpin. Gilly (Savoie).—
RANarb 19, 1986, 211–244, Abb.

3801
Bauer, H.: Der Urplan des Forum Transitorium.— Bathron. Beiträge zur Architektur und verwandten Künsten für H. Drerup (Saarbrücken 1988) 41–57, Abb.

3802
Bayburtluoğlu, I.: Ankara antik tiyatrosu. (Türk.) [Das antike Theater von Ankara.].—
AnadoluYıl 1986, 9–16, Taf.

3803
Béal, J. C.; Vargas, F.: Fouilles au quartier de la cité des Basaltes à Alba (Ardèche).—
BSocBiblReinach 3, 1985, 33–38, Abb. Taf.

3804
Becker, H.; Braasch, O.: Luftbildplan von Kastell und Vicus Celeusum, Gemeinde Pförring, Landkreis Eichstätt, Oberbayern.—
AJahrBay 1987, 133–136, Abb.

3805
Bedon, R.; Chevallier, R.; Pinon, P.: Architecture et urbanisme en Gaule romaine, 1. L'architecture et les villes en Gaule romaine. 2. L'urbanisme en Gaule romaine.— (Paris 1988) 440 S., Abb.; 270 S., Abb.

3806
Bell, M.: Excavations at Morgantina, 1980–1985. Preliminary report, 12.—
AJA 92, 1988, 313–342, Abb.

3807
Bellini, G. R.: Monumenti funerari della Valle di Comino.— Archeologia laziale, 9 (Roma 1988) 261–269, Abb.
KB Roma 1987

3808
Berger, E.: Zum Maß- und Proportionssystem des Parthenon. Ein Nachwort zur Diskussion des Bauentwurfes am Basler Parthenonkongreß.— Πρακτικά του XII Διεθνούς συνεδρίου κλασικής αρχαιολογίας, 4 (Αθήνα 1988) 24–28
KB Athenai 1983

3809
Bergmann, M.: Perspektivische Malerei in Stein. Einige alexandrinische Architekturmotive.— Bathron. Beiträge zur Architektur und verwandten Künsten für H. Drerup (Saarbrücken 1988) 59–77, Abb.

3810
Bernard, P.: Problemy grečeskoj kolonial'noj istorii i urbanizm èllinističeskogo goroda Central'noj Azii. (Russ.) [Problem der griechischen Kolonisationsgeschichte und der hellenistische Städtebau in Mittel-Asien.]— Problemy antičnoj kul'tury (Moskva 1986) 249–258
SB

3811
Bertacchi, L.: Il ponte romano di Concordia.—
AquilNost 58, 1987, 189–220, Abb.

3812
Bessac, J. C.; Christol, M.; Fiches, J. L.; u. a.: Ugernum. Beaucaire et le Beaucairois à l'époque romaine, 1–2.— (Caveirac 1987) 120 S., Abb. Taf.; 128 S., Abb. Beil.
(Travaux du Centre Camille Jullian, 2)

3813
Beykan, M.: The marble architectural elements in export-form from the Şile shipwreck.— Classical marble (Dordrecht 1988) 127–131, Taf.
KB Il Ciocco 1988

3814
Blackmann, D. J.: Bollards and men.—
MedHistR 3, 1988, 7–20

3815
Boersma, J.: Valesio. Città messapica e stazione viaria romana.—
RicStBrindisi 13, 1980–87, 57–76, Abb.

3816
Boersma, J.: The Valesio project. Third interim report.—
BABesch 62, 1987, 93–101, Abb.

3817
Bongioanni, A.; Grazzi, R.: Osservazioni sulla planimetria dell'Iseo di Industria.—
Aegyptus 68, 1988, 3–11, Taf.

3818
Borza, E. N.: The royal Macedonian tombs and the paraphernalia of Alexander the Great.—
PhoenixToronto 41, 1987, 105–121

3819
Brands, G.: Republikanische Stadttore in Italien.— (Oxford 1988) XXV, 222 S., Taf.
(British archaeological reports. International series, 458)

3820
Brecciaroli Taborelli, L.: Un contributo alla conoscenza dell'impianto urbano di Eporedia (Ivrea). Lo scavo di un isolato a Porta Vercelli.—
QuadAPiem 6, [1987], 97–157, Taf.

3821
Brodribb, G.; Cleere, H.; u. a.: The Classis Britannica bath-house at Beauport Part, East Sussex.—
Britannia 19, 1988, 217–274, Abb. Taf.

3822
Brodribb, G.: Roman brick and tile.— (Gloucester 1987) XI, 164 S., Abb.

3823
Brödner, E.: Wohnen in der Antike.— (Darmstadt 1989) X, 341 S., Abb.

3824
Buchi, E.: Porta Leoni e la fondazione di Verona romana.—
(Museum Patavinum 5, 1987, Nr. 1, 13–45, Taf.)
SD

3825
Bülow, G. v.: Wandlung der Siedlungsstruktur im Kastell Iatrus vom 4. zum 5. Jh., dargestellt am Beispiel eines Architekturkomplexes.—
Ratiariensia 3–4, 1987, 215–224, Taf.

3826
Büsing, H.: Dorische Türrahmen.— Bathron. Beiträge zur Architektur und verwandten Künsten für H. Drerup (Saarbrücken 1988) 107–114, Abb.

3827
Büsing, H.: Einheitsjoch und Triglyphon am Parthenon. Kanon. Festschrift E. Berger.—
AntK 15. Bh, 1988, 2–3

3828
Büsing, H.: Athener Schatzhaus und Parthenon.— Πρακτικά του XII Διεθνούς συνεδρίου κλασικής αρχαιολογίας, 4 (Αθήνα 1988) 29–32
KB Athenai 1983

3829
Büsing-Kolbe, A.: Ein neureiches Haus auf Delos.— Bathron. Beiträge zur Architektur und verwandten Künsten für H. Drerup (Saarbrücken 1988) 99–106, Abb.

3830
Bujskich, A. V.: Ordernye architekturnye detali iz Ol'vii. (Russ.) [Bestimmten Bauordnungen zuweisbare Architekturteile aus Olbia.].— Antičnye drevnosti Severnogo Pričernomor'ja (Kiev 1988) 51–71, Abb.
SB

3831
Bujskich, S. B.: Tipy ol'vijskich ukreplenij rimskoj èpochi. (Russ.) [Römerzeitliche Befestigungstypen in Olbia.].— Antičnye drevnosti Severnogo Pričernomor'ja (Kiev 1988) 104–115, Abb.
SB

3832
Cahill, N.: Taş Kule. A Persian-period tomb near Phokaia.— AJA 92, 1988, 481–501, Abb.

3833
Calci, C.; Ceci, F.; Messineo, G.: Interventi di scavo lungo la via Tiburtina.— Archeologia laziale, 9 (Roma 1988) 161–166, Abb.
KB Roma 1987

3834
Callot, O: Failaka à l'époque hellénistique.— L'Arabie préislamique et son environnement historique et culturel (Leiden 1989) 127–143, Abb.
KB Strasbourg 1987

3835
Callot, O.: Eléments d'architecture romaine à Larnaca.— RDAC 1988, Nr. 2, 219–228, Abb. Taf.

3836
Cambon, C.: Les thermes romains dans le Sud de la Gaule. Aspects techniques.— Mélanges offerts à M. Labrousse (Toulouse 1987) 259–278, Taf.

3837
Caruso, I.: La villa imperiale di Marina di San Nicola. Un belvedere sul mare.—
Archeo 52, 1989, 32–39, Abb.

3838
Cavalieri Manasse, G.: Nota sull'arco veronese detto di Giove Ammone.—
AquilNost 57, 1986, 521–564, Abb.

3839
Ceka, N.: Bylisi dhe etapat e zhvillimit urban në bashkësinë e Bylinëve. (Alban. m. franz. Res.) Bylis et les étapes du développement urbain dans la communauté des Bylins.—
Monumentet 36, 1988, 47–53, Abb.

3840
Cerchiai, C.: Un capitello quadrangolare con imagines clipeatae.— Studi per L. Breglia, 3 (Roma 1987) 101–110, Abb.

3841
Cerrillo Martín de Cáceres, E.; Alvarado Gonzalo, M. de; Cerrillo Martín de Cáceres, F. J.; u. a.: Excavaciones en la villa romana de Monroy (Cáceres), 1981–1985.—
ExtremA 1, 1988, 167–186, Abb.

3842
Chairi, E.: Une colonne de Magnésie du Méandre au Louvre.— BCH 113, 1989, 335–342, Abb.

3843
Chatzesavvas, S.: Μακεδονικές επιδράσεις στην ταφική αρχιτεκτονική της Πάφου.— Πρακτικά του XII Διεθνούς συνεδρίου κλασικής αρχαιολογίας, 4 (Αθήνα 1988) 235–238, Taf.
KB Athenai 1983

3844
Chen, D.: The design of the ancient syngogues in Galilee.— StBiFranc 36, 1986, 235–240, Abb.

3845
Chiarucci, P.: Indagini sul Lago Albano.—
DocAlb 9, 1987, 19–28, Abb.

3846
Christie, N.; Gibson, S.: The city walls of Ravenna.—
BSR 56, 1988, 156–197, Abb. Taf.

3847
Christie, N.; Rushworth, A.: Urban fortification and defensive strategy in fifth and sixth century Italy. The case of Terracina.—
JRomA 1, 1988, 73–88, Abb.

3848
Christie, N.: The city walls of Ravenna. The defence of a capital, A.D. 402–750.— XXXVI Corso di cultura sull'arte ravennate e bizantina (Ravenna 1989) 113–138, Abb.
KB Ravenna 1989

3849
Ciarini, M.: Lettura delle preesistenze antiche. Ipotesi su Chiusi romana.— I Romani di Chiusi (Roma 1988) 119–129, Abb. Taf.
SB

3850
Cicerchia, P.: Ostia antica. Il cosiddetto Palazzo imperiale. Notazioni preliminari sullo scavo ed il restauro di un settore.— Archeologia laziale, 9 (Roma 1988) 195–204, Abb.
KB Roma 1987

3851
Čičikova, M.: Tombeau royal thrace de Sveštari (Nord-Est de Bulgarie).— Πρακτικά του XII Διεθνούς συνεδρίου κλασικής αρχαιολογίας, 2 (Αθήνα 1988) 50–56, Abb. Taf.
KB Athenai 1983

3852
Čičikova, M.: Su un edificio con peristilio extra muros di Novae.—
Ratiariensia 3–4, 1987, 185–192, Taf.

3853
Ciglenečki, S.: Höhenbefestigungen aus der Zeit vom 3. bis 6. Jh. im Ostalpenraum.— (Ljubljana 1987) 182 S., Abb.
(Academia scientiarum et artium slovenica. Classis I, historia et sociologia. Opera, 31. Institutum archaeologicum, 15)

3854
Coarelli, F.; Thébert, Y.: Architecture funéraire et pouvoir. Réflexions sur l'hellénisme numide.—
MEFRA 100, 1988, 761–818, Abb.

3855
Conta, G.: La stazione termale di Ad Aquas lungo la Via Salaria.— Le strade nelle Marche (Ancona 1987) 431–436, Abb.
KB Ancona 1984

3856
Cooper, F. A.: The temple of Zeus at Nemea and architectural refinements of the fourth century B.C.— Πρακτικά του XII Διεθνούς συνεδρίου κλασικής αρχαιολογίας, 4 (Αθήνα 1988) 37–40, Taf.
KB Athenai 1983

3857
Coulton, J. J.; Milner, N. P.; Reyes, A. T.: Balboura survey. Onesimos and Meleager, 1.—
AnatSt 38, 1988, 121–145, Abb. Taf.

3858
Cunliffe, B.: Architecture.— The Cambridge guide to the arts in Britain, 1 (Cambridge 1988) 51–65, Abb. Taf.
SB

3859
Cunliffe, B.: The Roman tholos from the sanctuary of Sulis Minerva at Bath, England.— Studia pompeiana et classica in honor of W. F. Jashemski, 2 (New Rochelle 1989) 59–71, Taf.

3860
Dakares, S. I.: Τα τρίγλυφα στο δωρικό ναό.— Πρακτικά του XII Διεθνούς συνεδρίου κλασικής αρχαιολογίας, 4 (Αθήνα 1988) 41–48, Taf.
KB Athenai 1983

3861
Dakaris, S. I.: Organisation politique et urbanistique de la ville dans l'Epire antique.— L'Illyrie méridonale et l'Epire dans l'antiquité (Clermont-Ferrand 1987) 71–80, Abb.
KB Clermont-Ferrand 1984

3862
Dardaine, S.; Longepierre, D.: Essai de typologie des monuments funéraires de Sidyma (époques lycienne et romaine).—
Ktema 10, 1985 [1988], 219–232, Abb. Taf.

3863
Dardaine, S.; Waton, M. D.: Un four à tuiles du Ier siècle après J. C. à Saint-Maurice-de-Ventalon (Lozère).—
RANarb 19, 1986, 337–350, Abb.

3864
Daszewski, W. A.; Sztetyłło, Z.: La région de Maloutena avant la construction de la Villa de Thésée.—
RDAC 1988, Nr. 2, 195–203, Abb. Taf.

3865
De Caro, S.: Villa rustica in località Petraro (Stabiae).—
RIA 10, 1987, 5–89, Abb.

3866
De Franciscis, A.; u. a.: La villa romana del Naniglio di Gioiosa Ionica. Relazione preliminare delle campagne di scavo 1981–86.— (Napoli 1988) 119 S., Taf.
Archaia. Monumenti, 1)

3867
De Maria, S.: Iscrizioni e monumenti nei fori della Cisalpina romana. Brixia, Aquileia, Veleia, Iulium Carnicum.—
MEFRA 100, 1988, 27–62

3868
De Simone, A.: Lorenzo Maggiore in Napoli. Il monumento e l'area.— Neapolis (Taranto [1988]) 233–253, Abb. Taf.
KB Taranto 1985

3869
Del Chiaro, M. A.: Villa with a view.—
Archaeology 42, 1988, Nr. 5, 58–61, Abb.

3870
DeLaine, J.: Recent research on Roman baths.—
JRomA 1, 1988, 11–32

3871
Devijver, H.: Equestrian officers and their monuments.— The equestrian officers of the Roman Imperial army (Amsterdam 1989) 416–449, Abb.

3872
Di Stefano, G.: Ricerche a Camarina e nel territorio della provincia di Ragusa, 1980–1984.—
Kokalos 30–31, 1984–85, Nr. 2,2, 727–799, Abb. Taf.

3873
Di Vita, A.: Le fortificazioni di Selinunte classica.—
ASAtene 46, 1984 [1988], 69–79, Abb.

3874
Di Vita, A.; Rizzo, M. A.: Selinunte fra il 650 ed il 409. Un modello urbanistico coloniale.—
ASAtene 46, 1984 [1988], 7–68, Abb. Taf.

3875
Domergue, C.; Pailler, J. M.; Sillières, P.; u. a.: Recherches récentes á l'amphithéâtre de Purpan-Lardenne.— Mélanges offerts à M. Labrousse (Toulouse 1987) 283–299, Taf.

3876
Donevski, P.: Scavi nell'area del campo dell'XI legione Claudia a Durostorum.—
Ratiariensia 3–4, 1987, 239–242, Taf.

3877
Donvito, A.: Egnazia. Dalle origini alla riscoperta archeologica.— (Fasano 1988) 176 S., Abb.

3878
Downey, S. B.: Mesopotamian religious architecture. Alexander through the Parthians.— (Princeton 1988) XVII, 197 S., Abb. Taf.

3879
Drew-Bear, T.; Koder, J.; Sodini, J. P.: Ein byzantinisches Kloster am Berg Tmolos.—
JbÖByz 38, 1988, 197–215, Taf.

3880
Ducrey, P.: L'habitat classique à Erétrie. Le cas de la Maison aux mosaïques.— Πρακτικά του XII Διεθνούς συνεδρίου κλασικής αρχαιολογίας, 4 (Αθήνα 1988) 54–56, Taf.
KB Athenai 1983

3881
Eck, W.: Inschriften und Grabbauten in der Nekropole unter St. Peter.— Vom frühen Griechentum bis zur römischen Kaiserzeit (Stuttgart 1989) 55–90, Abb. Taf.
SB

3882
Ehrhardt, W.: Casa dell'orso (VII 2, 44–46).— (München 1988) 83 S., Abb. Taf.
(Häuser in Pompeji, 2)

3883
Ensoli, S.: L'heróon di Dexileos nel Ceramico di Atene. Problematica architettonica e artistica attica degli inizi del IV secolo a. C.—
MemAccLinc 29, 1987, 156–329, Abb. Taf.

3884
Equini Schneider, E.: Sul 'tempio di Antinoo' a Bolu.— Studi per L. Breglia, 3 (Roma 1987) 111–117, Abb.

3885
Erim, K. T.: Recherches récentes et découvertes à Aphrodisias de Carie.—
CRAI 1988, 734–757, Abb.

3886
Eschebach, L.: Hafenstadt Pompeji.—
AW 20, 1989, Nr. 1, 40–54, Abb.

3887
Etienne, R.: Les autels à antes de Délos.— Πρακτικά του XII Διεθνούς συνεδρίου κλασικής αρχαιολογίας, 4 (Αθήνα 1988) 57–60, Taf.
KB Athenai 1983

3888
Fabbri, M.; Trotta, A.: Una scuola-collegio di età augustea. L'Insula II di Velia.— (Roma 1989) 129 S., Abb. Taf.
(Archaeologia perusina, 7)

3889
Fabbrini, L.: I corpi edilizi che condizionarono l'attuazione del progetto del palazzo esquilino di Nerone.—
RendPontAcc 58, 1985–86, 129–179, Abb. Taf.

3890
Faber, A.; Nikolanci, M.: Škrip na otoku Braču. Naselje i spomenici prethistorijskog i antičkog doba. (Kroat. m. engl. Res.) Škrip on the island of Brač. Prehistorical and Roman settlement.—
PriloziZagreb 2, 1985, 1–38, Abb. Taf.

3891
Fant, J. C.: IRT 794b and the building history of the Hadrianic baths at Lepcis Magna.—
ZPE 75, 1988, 291–294, Taf.

3892
Felsch, R. C. S.: Das Heiligtum bei Kalapodi in vor- und frühklassischer Zeit.— Πρακτικά του XII Διεθνούς συνεδρίου κλασικής αρχαιολογίας, 4 (Αθήνα 1988) 61–64, Taf.
KB Athenai 1983

3893
Ferchiou, N.: Le grand temple de Vallis et sa place dans l'architecture de la province romaine d'Afrique.—
RA 1988, 41–50, Abb.

3894
Ferdière, A.: Les campagnes en Gaule romaine, 1. Les hommes et l'environnement en Gaule rurale, 52 av. J. C. – 486 ap. J. C. 2. les techniques et les productions rurales en Gaule, 52 av. J. C. – 486 ap. J. C.— (Paris 1988) 301 S., Abb.; 284 S., Abb.

3895
Ferrari Peña, C. A.: Vigencia de conceptos y elementos de la arquitectura romana.— Semanas de estudios romanos, 3–4 (Valparaíso 1987) 251–258
SB

3896
Filgis, M. N.: Forschungsgeschichte und archäologische Befunde.— Das römische Wimpfen (Bad Wimpfen 1988) 18–30, Abb. Taf.
SB

3897
Fiorini, C.; Palombi, D.: Un esempio di continuità edilizia. Il tempio e la chiesa di S. Oliva a Cori.—
RIA 10, 1987, 91–128, Abb.

3898
Flutsch, L.: Campagne de fouilles à Orbe (VD), Boscéaz 1988. Bilan provisoire.—
JbSchwGesUrgesch 72, 1989, 281–285, Abb.

3899
Frenz, H. G.: Zur Zeitstellung des römischen Ehrenbogens von Mainz-Kastel.—
AKorrBl 19, 1989, 69–75, Taf.

3900
Freyberger, K. S.: Zur Datierung des Theaters in Bosra.—
DaM 3, 1988, 17–26, Taf.

3901
Frézouls, E.; u. a.: Les villes antiques de la France, 2. Germanie Supérieure, 1. Besançon, Dijon, Langres, Mandeure.— (Strasbourg 1988) 505 S., Abb. Taf.

3902
Fuchs, M.; Liverani, P.; Santoro, P.: Il teatro e il ciclo statuario giulio-claudio.— (Roma 1989) 161 S., Abb. Taf.
(Caere, 2)

3903
Galane, G.; Mendone, L.; Papageorgiadou: Ἐπιφανειακή ἔρευνα στήν Κέα.—
Archaiognosia 3, 1982–84, 237–244, Taf.

3904
Gardiol, J. B.: Recherches au fanum d'Ursins (VD).—
JbSchwGesUrgesch 72, 1989, 290–294, Abb.

3905
Gerlach, G.: Kein 'stilles Örtchen'.—
AInf 11, 1988, 196–199, Abb.

3906
Gesell, G. C.; Day, L. P.; Coulson, W. D. E.: Excavations at Kavousi, Crete, 1987.—
Hesperia 57, 1988, 279–301, Abb. Taf.

3907
Glass, S. L.: The Greek gymnasium. Some problems.— The archaeology of the Olympics (Madison 1988) 155–173
KB Los Angeles 1984

3908
Golvin, J. C.: L'amphithéâtre romain. Essai sur la théorisation de sa forme et de ses fonctions. Textbd.; Tafeln in Schuber.— (Paris 1988) 458 S.
(Publications du Centre Pierre Paris (UA 991), 18)

3909
Golvin, J. C.; Hiernard, J.: D'un 'Palais Galien' à l'autre. Nouvelles recherches sur l'amphithéâtre de Poitiers (Limonum Pictonum).—
REA 88, 1986, 77–98, Taf.

3910
Gralfs, B.: Metallverarbeitende Produktionsstätten in Pompeji.—
(Oxford 1988) 202 S., Abb.
(British archaeological reports. International series, 433)

3911
Greco, E.: L'impianto urbano di Neapolis greca. Aspetti e problemi.— Neapolis (Taranto [1988]) 187–219, Abb. Taf.
KB Taranto 1985

3912
Greco, E.: Archeologia della colonia latina di Paestum.—
DArch 6, 1988, Nr. 2, 79–86, Abb.

3913
Grönke, E.; Weinlich, E.: Fortsetzung der Ausgrabung im Steinkastell Biriciana in Weissenburg, Ldkr. Weissenburg-Gunzenhausen. 2. Vorbericht.—
BayVgBl 53, 1988, 281–285, Abb.

3914
Gros, P.: Architettura e società nell'Italia romana.— (Roma 1987) 191 S., Abb.
(Biblioteca di archeologia)

3915
Gros, P.: Sanctuaires traditionnels, capitoles et temples dynastiques. Ruptures et continuités dans le fonctionnement et l'aménagement des centres religieux urbains.— Los asentamientos ibéricos ante la romanización (Madrid 1987) 111–117, Taf.
KB [Madrid] 1986

3916
Gros, P.; Torelli, M.: Storia dell'urbanistica. Il mondo romano.— (Bari 1988) 466 S., Abb.

3917
Gruben, G.: Fundamentierungsprobleme der ersten archaischen Großbauten.— Bathron. Beiträge zur Architektur und verwandten Künsten für H. Drerup (Saarbrücken 1988) 159–172, Abb.

3918
Gudea, N.: Porolissum. Der Schlußstein des Verteidigungssystems der Provinz Dacia Porolissensis.— (Marburg 1989) 97 S., Abb.
(Kleine Schriften aus dem Vorgeschichtlichen Seminar Marburg, 29)

3919
Gullini, G.: Invenzione architettonica e industria edilizia nella villa di Piazza Armerina.—
CronA 23, 1984, 93–97

3920
Gutiérrez Behemerid, M. A.: Capiteles romanos de la Península Ibérica.—
StA 77, 1986, 1–63, Abb.

3921
Gutiérrez Behemerid, M. A.: Bases para un estudio del capitel jónico en la Península Ibérica.—
BVallad 54, 1988, 65–113, Abb. Taf.

3922
Hadjidaki, E.: Preliminary report of excavations at the harbor of Phalasarna in West Crete.—
AJA 92, 1988, 463–479, Abb.

3923
Hajnóczi, J. G.: Pannónia római romjai. (Ung. m. dtsch. Res.) Römische Ruinen in Pannonien.— (Budapest 1987) 210 S., Abb.

3924
Hamiaux, M.: Les éléments d'architecture de Magnésie du Méandre conservés au Musée du Louvre.—
RA 1988, 83–108, Abb.

3925
Harbottle, B.; Fraser, R.; Burton, F. C.: The Westgate Road milecastle, Newcastle upon Tyne.—
Britannia 19, 1988, 153–162, Abb.

3926
Harmand, J.: La maison de ferme et le manoir en Gaule romaine.—
Latomus 47, 1988, 294–317, Abb.

3927
Hauschild, T.: Untersuchungen am römischen Tempel von Evora. Vorbericht 1986–87.—
MM 29, 1988, 208–220, Abb. Taf.

3928
Heermann, V.: Studien zur makedonischen Palastarchitektur. Diss. Erlangen 1980.— (Berlin 1986) XIV, 542 S., Taf.

3929
Heinz, W.: Straßen und Brücken im römischen Reich.— (Jona 1988) 72 S., Abb.
(AW, Sondernummer)

3930
Hellström, P.: Labraunda. Mixed orders in Hecatomnid architecture.— Πρακτικά του XII Διεθνούς συνεδρίου κλασικής αρχαιολογίας, 4 (Αθήνα 1988) 70–74, Taf.
KB Athenai 1983

3931
Herrmann Jr., J. J.: The Ionic capital in late antique Rome.— (Roma 1988) X, 215 S., Abb. Taf.
(Archaeologica, 56)

3932
Hersey, G.: The lost meaning of classical architecture. Speculations on ornament from Vitruvius to Venturi. 2. ed.— (Cambridge (Mass.) 1988) 201 S., Abb.

3933
Hesberg, H. v.: Architekturkopien. Eine Form von Rechtfertigung der Luxuria privata.— Bathron. Beiträge zur Architektur und verwandten Künsten für H. Drerup (Saarbrücken 1988) 185–193

3934
Hingley, R.: Rural settlement in Roman Britain.— (London 1989) VII, 229 S., Abb.

3935
Hoepfner, W.: Proportionen klassischer ionischer Kapitelle.— Bathron. Beiträge zur Architektur und verwandten Künsten für H. Drerup (Saarbrücken 1988) 225–232, Abb.

3936
Hoepfner, W.: Der Stadtplan von Rhodos.— Archaeology in the Dodecanese (Copenhagen 1988) 96–97
KB København 1986

3937
Hoepfner, W.: Zur Wissenschaftlichkeit des Städtebaus klassischer Zeit.— Πρακτικά του XII Διεθνούς συνεδρίου κλασικής αρχαιολογίας, 4 (Αθήνα 1988) 75–76, Taf.
KB Athenai 1983

3938
Holum, K. G.; Hohlfelder, R. L.; u. a.: King Herod's dream. Caesarea on the Sea.— (New York 1988) 244 S., Abb. Taf.

3939
Hurst, H. R.; u. a.: Gloucester. The Roman and later defences. Excavations on the east defences and a reassessment of the defensive sequence.— (Gloucester 1986) IX, 150 S., Abb. Taf.
(Gloucester archaeological reports, 2)

3940
Ilan, Z.; Damati, E.: The mosaic from the synagogue at ancient Meroth.—
IsrMusJ 4, 1985, 51–56, Abb.

3941
Ivanov, T.; Stojanov, S.: Abritus. Geschichte und Archäologie.— (Rasgrad 1985) 77 S., Abb. Taf.

3942
Ivanov, T.: Nicopolis ad Istrum. Problemi e scoperte.—
Ratiariensia 3–4, 1987, 251–260, Taf.

3943
Ivanov, T.: La città di Ulpia Oescus in epoca romana e nel primo periodo bizantino.—
Ratiariensia 3–4, 1987, 159–169, Taf.

3944
Jacob, P.: Baelo Claudia et son contexte.— Los asentamientos ibéricos ante la romanización (Madrid 1987) 141–153, Abb.
KB [Madrid] 1986

3945
Jiménez Salvador, J. L.: Arquitectura forense en la Hispania romana. Bases para su estudio.— (Zaragoza [1987]) 158 S., Abb.
(Monogfrafías arqueológicas, 27)

3946
Johnston, A.; Wescoat, B.: An inscribed capital from the temple of Athena at Assos.—
EpigrAnat 11, 1988, 1–8, Abb. Taf.

3947
Jolivet, V.: Les cendres d'Auguste. Note sur la topographie monumentale du Champ de Mars septentrional.— Archeologia laziale, 9 (Roma 1988) 90–96, Abb.
KB Roma 1987

3948
Jones, J. E.: An Athenian silver-mine ergasterion at Agrileza in the Laureotike.— Πρακτικά του XII Διεθνούς συνεδρίου κλασικής αρχαιολογίας, 4 (Αθήνα 1988) 269–272, Taf.
KB Athenai 1983

3949
Jong, J. J. de: The temple of Athena Polias at Priene and the temple of Hemithea at Kastabos.—
BABesch 63, 1988, 129–137, Abb.

3950
Joulia, J. C.: Les frises doriques de Narbonne.— (Bruxelles 1988) 287 S., Taf.
(Collection Latomus, 202)

3951
Käppel, L.: Das Theater von Epidauros. Die mathematische Grundidee des Gesamtentwurfs und ihr möglicher Sinn.—
JdI 104, 1989, 83–106, Abb.

3952
Kaltsas, N.: Η αγροτική κατοικία στη βόρεια Μεσσηνία ως πρώϊμο παράδειγμα της μορφής της κλασικής οικίας.— Πρακτικά του XII Διεθνούς συνεδρίου κλασικής αρχαιολογίας, 4 (Αθήνα 1988) 81–87, Taf.
KB Athenai 1983

3953
Karwiese, S.: Erster vorläufiger Gesamtbericht über die Wiederaufnahme der archäologischen Untersuchung der Marienkirche in Ephesos.— (Wien 1989) 48 S., Taf.
(DenkschrWien 200)

3954
Kazakova, L. M.: Krovel'naja čerepica pervych vekov našej ěry iz Tanaisa. (Russ.) [Dachziegel der ersten Jahrhunderte u. Z. aus Tanais.].—
KraSoob 1987, Nr. 191, 83–89, Abb.

3955
Kienast, H. J.: Die klassischen Tempel im Heiligtum bei Kalapodi.— Πρακτικά του XII Διεθνούς συνεδρίου κλασικής αρχαιολογίας, 4 (Αθήνα 1988) 100–103, Taf.
KB Athenai 1983

3956
Kirigin, B.; Popović, P.: Maslinovik. A Greek watchtower in the chora of Pharos. A preliminary report.— Recent developments in Yugoslav archaeology (Oxford 1988) 177–180, Taf.
SB

3957
Kiss, A.: Pannonische Architekturelemente und Ornamentik in Ungarn.— (Budapest 1987) 192 S., Taf.

3958
Klee, M.: Der Limes zwischen Rhein und Main. Vom Beginn des obergermanischen Limes bei Rheinbrohl bis zum Main bei Großkrotzenburg.— (Stuttgart 1989) 122 S., Abb. Taf. Beil.

3959
Kleiner, F. S.: The arch in honor of C. Octavius and the fathers of Augustus.—
Historia 37, 1988, 347–357

3960
Kloner, A.: The Roman amphitheatre at Beth Guvrin. Preliminary report.—
IsrExplJ 38, 1988, 15–24, Abb. Taf.

3961
Kockel, V.: Ein unpublizierter Plan der Villa Sora von Carlo Bonucci.—
CronErcol 18, 1988, 205–208, Abb.

3962
Koenigs, W.; Philipp. H.: Die Löwensäule von Ankara.—
Anadolu 21, 1978–80 [1987], 157–173, Taf.

3963
Konstantinopoulos, G.: Hippodamischer Stadtplan von Rhodos. Forschungsgeschichte.— Archaeology in the Dodecanese (Copenhagen 1988) 88–95, Abb.
KB København 1986

3964
Korres, M.; Toganides, N.; Zampas, K.; u. a.: Μελέτη ἀποκαταστάσεως τοῦ Παρθενῶνος 2a-b.— (Ἀθήνα 1989) 227 S., Abb. Taf.; 7 S., Taf.

3965
Koukoule-Chrysanthake, C.: Οι ανασκαφικές έρευνες στα αρχαία Ἄβδηρα.— Η ιστορική, αρχαιολογική και λαογραφική έρευνα για τη Θράκη (Θεσσαλονίκη 1988) 39–58, Taf.
KB Xanthe 1985

3966
Kozelj, T.; Wurch-Kozelj, M.: Phares de Thasos.—
BCH 113, 1989, 161–181, Abb.

3967
Krause, C.: Das Hauptgeschoß der Villa Iovis auf Capri. Kanon. Festschrift E. Berger.—
AntK 15. Bh, 1988, 356–365, Abb. Taf.

3968
Krause, R.: Neue Erkenntnisse zum Kastellvicus von Jagsthausen, Kreis Heilbronn.—
AAusgrBadWürt 1988, 107–111, Abb.

3969
Kreeb, M.: Untersuchungen zur figürlichen Ausstattung delischer Privathäuser.— (Chicago 1988) XVII, 357 S., Abb.

3970
Kreeb, M.: Zur typologischen Einordnung eines Bauernhofs klassischer Zeit auf Naxos.— Πρακτικά του XII Διεθνούς συνεδρίου κλασικής αρχαιολογίας, 4 (Αθήνα 1988) 108–111, Taf.
KB Athenai 1983

3971
Krinzinger, F.: Le mura urbane di Velia.— L'epos greco in Occidente (Taranto 1980 [1989]) 355–364, Taf.
KB Taranto 1979

3972
Kruglikova, I. T.: Bašni na sel'skochozjajstvennych usad'bach Geraklejskogo poluostrova. (Russ.) [Türme an landwirtschaftlichen Gehöften auf der herakleischen Halbinsel.].— Problemy antičnoj kul'tury (Moskva 1986) 168–175, Abb.
SB

3973
Kryžickij, S. D.; Lejpunskaja, N. A.: Kompleks zapadnych vorot Ol'vii. (Russ.) [Das Westtor von Olbia und sein Kontext.].— Antičnye drevnosti Severnogo Pričernomor'ja (Kiev 1988) 10–32, Abb.
SB

3974
Kuntze, C.; Wagner, H. O.: Neue Ausgrabungen im römischen Gutshof von Fischbach, Gde. Niedereschach, Schwarzwald-Baar-Kreis.—
FuBerBadWürt 13, 1988, 351–393, Abb.

3975
Kyrieleis, H.: Bronzener Bauschmuck.— Bathron. Beiträge zur Architektur und verwandten Künsten für H. Drerup (Saarbrükken 1988) 279–286, Abb.

3976
Laroche, D.: Nouvelles observations sur l'offrande de Platées.—
BCH 113, 1989, 183–198, Abb.

3977
Laronde, A.: Cyrène et la Libye hellénistique. 'Libykai historiai' de l'époque républicaine au principat d'Auguste.— (Paris 1987) 524 S., Abb. Taf.
(Centre national de la recherche scientifique. Etudes d'antiquités africaines)

3978
Laronde, A.: Le port de Lepcis Magna.—
CRAI 1988, 337–353, Abb.

3979
Laurenti, M. C.: Nota preliminare sulle recenti ricerche archeologiche a Castro dei Volsci.— Archeologia laziale, 9 (Roma 1988) 282–287, Abb.
KB Roma 1987

3980
Lauro, M. G.: Castelporziano. Indagini ed interventi a Tor Paterno.— Archeologia laziale, 9 (Roma 1988) 178–184, Abb.
KB Roma 1987

3981
Lauter, H.: Hellenistische Sepulkralarchitektur auf Rhodos. Rhodisch-koische Nikealtäre und die Bildhauerwerkstatt des Turmes der Winde zu Athen.— Archaeology in the Dodecanese (Copenhagen 1988) 155–163, Abb.
KB København 1986

3982
Lauter, H.: Das Teichos von Sunion.—
MarbWPr 1988, 11–33, Abb. Taf.

3983
Lauter-Bufe, H.; Lauter, H.: 'aA'. Ein Beitrag zur Baugeschichte des athenischen Dionysostheaters.— Bathron. Beiträge zur Architektur und verwandten Künsten für H. Drerup (Saarbrücken 1988) 287–299, Abb.

3984
Lauter-Bufe, H.: Die Festung auf Koroni und die Bucht von Porto Raphti. Ein Beitrag zur Geschichte Athens im 3. Jh. v. Chr.—
MarbWPr 1988, 67–103, Abb. Taf.

3985
Lavagne, H.: Operosa antra. Recherches sur la grotte à Rome de Sylla à Hadrien.— (Rome 1988) X, 752 S., Abb. Taf.
(Bibliothèque des Ecoles françaises d'Athènes et de Rome, 272)

3986
Lavvas, G. P.: Ὁ Ἱππόδαμος ὁ Μιλήσιος καὶ οἱ φυσιολογικὲς παράμετροι τῆς κλασικῆς κατοικίας.— Πρακτικά του XII Διεθνούς συνεδρίου κλασικής αρχαιολογίας, 4 (Αθήνα 1988) 112–118
KB Athenai 1983

3987
Lefèvre, F.: Réflexions à propos des sculptures de la Porte de Mars à Reims.—
Caesarodunum 23, 1988, 149–160, Abb. Taf.

3988
Lepper, F.; Frere, S.: Trajan's Column. A new edition of the Cichorius plates.— (Gloucester 1988) XVIII, 339 S., Abb. Taf.

3989
Levi, M. A.: La città antica. Morfologia e biografia dell'aggregazione urbana nell'antichità.— (Roma 1989) 514 S., Abb.
(Problemi e ricerche di storica antica, 12)

3990
Lind, H.: Ein Hetärenhaus am Heiligen Tor? Der Athener Bau Z und die bei Isaios (6,20 f.) erwähnte Synoikia Euktemons.—
MusHelv 45, 1988, 158–169, Abb.

3991
Liz Guiral, J.: El puente de Alcántara. Arqueología e historia.— (o. O. [1988]) 251 S., Abb. Taf.

3992
Loertscher, T.: Voluta constructa. Zu einem kaiserzeitlichen Volutenkonstruktionsmodell aus Nordafrika.—
AntK 32, 1989, 82–103, Abb. Taf.

3993
Lohmann, H.: Das Kastro von H. Giorgios (Ereneia). Zum Verhältnis von Festungswesen und Siedlungsmorphologie im Koundoura-Tal.—
MarbWPr 1988, 34–66, Abb. Taf.

3994
Longo, O.: Teatri e theatra. Spazi teatrali e luoghi politici nella città greca.—
Dioniso 58, 1988, 7–33, Abb.

3995
Lopreato, P.: La villa imperiale delle Marignane in Aquileia.— Aquileia e Roma (Udine 1987) 137–149, Taf.
KB Aquileia 1986

3996
Louis, E.; Valbelle, D.: Les trois dernières forteresses de Tell el-Herr.—
CahPEg 10, 1988, 61–71, Abb. Taf.

3997
Luni, M.: Il foro di Cirene tra secondo e terzo secolo.— L'africa romana (Sassari 1988) 271–277, Abb. Taf.
KB Sassari 1987

3998
Luni, M.: Per la topografia storica di Sestinum (Sestino).— Sestinum (Rimini 1989) 17–34, Abb.
KB Sestino 1983

3999
Mackensen, M.: Frühkaiserzeitliche Kleinkastelle an der oberen Donau.— Zivile und militärische Strukturen im Nordwesten der römischen Provinz Raetien (Heidenheim 1988) 13–32, Abb.
KB Heidenheim 1987

4000
Maisenhälder, O.: Die Wimpfener Römerbrücke.— Das römische Wimpfen (Bad Wimpfen 1988) 129–134, Abb. Taf.
SB

4001
Mallwitz, A.: Eckprobleme der klassischen Architektur und das Leonidaion von Olympia.— Πρακτικά του XII Διεθνούς συνεδρίου κλασικής αρχαιολογίας, 4 (Αθήνα 1988) 124–128, Taf.
KB Athenai 1983

4002
Mansuelli, G. A.: [Piazza Armerina]. La villa e i problemi architettonici.—
CronA 23, 1984, 84–92

4003
Mar, R.; Ruiz de Arbulo, J.: Tribunal – Aedes Augusti. Algunos ejemplos hispanos de la introducción del culto imperial en las basílicas forenses.— Estudios sobre la Tabula Siarensis (Madrid 1988) 277–287, Taf.
KB Sevilla 1986

4004
Mar, R.; Ruiz de Arbulo, J.: Sobre el ágora de Emporion.—
AEsp 61, 1988, 39–60, Abb.

4005
Marengo, S. M.: L'agorà di Cirene in età romana alla luce delle testimonianze epigrafiche.—
MEFRA 100, 1988, 87–101, Abb.

4006
Mărgineanu-Cârstoiu, M.: Römische korinthische Kapitelle von Histria.—
Dacia 32, 1988, 37–52, Abb. Taf.

4007
Mari, A. R.; Malizia, R.; Longo, P.; u. a.: La Via Appia a Terracina. La strada romana e i suoi monumenti.— (Terracina 1988) 185 S., Abb. Taf.
(Archeoclub d'Italia, sede di Terracina.)

4008
Mari, Z.: La 'sepoltura monumenti' presso la basilica di S. Vincenzo (Montecelio).—
BStorArt 31, 1988, 61–69, Abb.

4009
Martin, A.: Praetoria as provincial governors' palaces.— Historia testis. Mélanges offerts à T. Zawadzki (Fribourg 1989) 229–240

4010
Martines, G.: Osservazioni sulla Colonna Traiana.— Per C. Guglielmi. Scritti di allievi (Roma 1989) 107–120, Abb.

4011
Mayeske, B. J.: A Pompeian bakery on the Via dell'Abbondanza.— Studia pompeiana et classica in honor of W. F. Jashemski, 1 (New Rochelle 1988) 149–158, Taf.

4012
Mazarakis Ainian, A. J.: Early Greek temples. Their origin and function.— Early Greek cult practice (Stockholm 1988) 105–119, Abb.
KB Athenai 1986

4013
McCredie, J. R.: Samothrace in the classical period.— Πρακτικά του XII Διεθνούς συνεδρίου κλασικής αρχαιολογίας, 4 (Αθήνα 1988) 119–123
KB Athenai 1983

4014
Meffre, J. C.: L'habitat F des Sausses (Séguret, Vaucluse). Aspects de la petite exploitation paysanne sous le Haut-Empire autour de Vaison-la-Romaine.—
DocAMérid 11, 1988, 97–133, Abb.

4015
Melander, T.: Vroulia. Town plan and gate.— Archaeology in the Dodecanese (Copenhagen 1988) 83–87, Abb. Taf.
KB København 1986

4016
Mermerci, D.: Kızıleşik tümülüsü kazısı. (Türk. m. engl. Res.) Kızıleşik tumulus. Summary.—
AnadoluYıl 1987, 23–29, Taf.

4017
Mertens, D.: Zur Entstehung der Entasis griechischen Säulen.— Bathron. Beiträge zur Architektur und verwandten Künsten für H. Drerup (Saarbrücken 1988) 307–318, Abb.

4018
Mertens, D.: Metaponto. Lo scavo del teatro-ekklesiasterion.— L'epos greco in Occidente (Taranto 1980 [1989]) 409–412, Taf.
KB Taranto 1979

4019
Mertens, J.: Alba Fucens.—
DArch 6, 1988, Nr. 2, 87–104, Abb.

4020
Metzler, D.: Demokratie als Bauherr. Ideologische Aspekte der Architektur der Klassik.— Πρακτικά του XII Διεθνούς συνεδρίου κλασικής αρχαιολογίας, 4 (Αθήνα 1988) 129–133
KB Athenai 1983

4021
Meyer, C.: Crown window panes. Constantinian or Justinian?— Essays in ancient civilization presented to H. J. Kantor (Chicago 1989) 213–219

4022
Meyer, H.: Zur Chronologie des Poseidoniastenhauses in Delos.—
AM 103, 1988, 203–220, Abb.

4023
Miller, S. G.: Circular roofing systems and the Athenian tholos.— Πρακτικά του XII Διεθνούς συνεδρίου κλασικής αρχαιολογίας, 4 (Αθήνα 1988) 134–139, Taf.
KB Athenai 1983

4024
Milson, D.: The late synagogue at Hammath-Tiberias. A morphological study.—
StBiFranc 37, 1987, 303–310, Taf.

4025
Miotti, T.: Le fortificazioni in Friuli dalle origini al tardo medioevo. Sintesi delle tecniche e delle vicende difensive.— I sette castra di Paolo Diacono ed altri studi castellologici (o. O. 1988) 43–84, Abb.
SB

4026
Mirabella Roberti, M.: Il mausoleo romano di San Vittore a Milano.— Atti del VI Congresso nazionale di archeologia cristiana (Firenze 1986) 777–783, Abb.
KB Pesaro-Ancona 1983

4027
Mirabella Roberti, M.: Premesse romane all'urbanistica delle 'Villenove'.—
RIngIntem 40, 1985, 1–4, Abb.

4028
Mirabella Roberti, M.: Edilizia privata in Aquileia.— Vita sociale artistica e commerciale di Aquileia romana, 2 (Udine 1987) 355–364, Abb. Taf.
KB Aquileia 1985

4029
Mitchell, S.; Waelkens, M.: Cremna and Sagalassus 1987.—
AnatSt 38, 1988, 53–65, Abb. Taf.

4030
Mitens, K.: Teatri greci e teatri ispirati all'architettura greca in Sicilia e nell'Italia meridionale c.350–50 a. C. Un catalogo.— (Roma 1988) 176 S., Abb. Taf.
(AnalRom, suppl. 13)

4031
Morel, J. M. A. W.: Frührömische Schiffshäuser in Haltern, Hofestatt.—
AusgrFuWestf 5, 1987, 221–249, Abb.

4032
Morricone, M. L.: Edificio sotto il tempio di Venere e Roma.— Studi per L. Breglia, 3 (Roma 1987) 69–82, Abb.

4033
Moschos, T. N.: Κιόνια B'. Προβλήματα κατασκευής δωρικῶν κτιρίων τῆς ὕστερης ἑλληνιστικῆς περιόδου καὶ τῶν πρώτων αὐτοκρατορικῶν χρόνων. Ἡ περίπτωση τῶν δύο ναῶν στὰ Κιόνια τῆς Νότιας Λακωνικῆς.— Πρακτικά του XII Διεθνούς συνεδρίου κλασικής αρχαιολογίας, 4 (Αθήνα 1988) 140–147, Taf.
KB Athenai 1983

4034
Müller, W.: Architekten in der Welt der Antike.— (Zürich 1989) 242 S., Abb. Taf.

4035
Murray, W. M.; Petsas, P. M.: The spoils of Actium.—
Archaeology 41, 1988, Nr. 5, 28–35, Abb.

4036
Neal, D. S.; Walker, B.: A mosaic from Boughspring Roman villa, Tidenham, Gloucestershire.—
Britannia 19, 1988, 191–197, Abb. taf.

4037
Neudecker, R.: Basilika und Thermen. Offene Räume für die römische Gesellschaft.—
(Daidalos 21, 1986, 44–53, Abb.)
SD

4038
Nieddu, G.: Elementi di tradizione punica e italica nella produzione architettonica della Sardegna punico-romana.—
StSard 26, 1981–85, 93–99, Taf.

4039
Nieddu, G.: Tipologia delle terme romane in Sardegna. Rapporti con l'Africa.— L'Africa romana (Sassari 1988) 439–452, Abb.
KB Sassari 1987

4040
Nielsen, I.; Zahle, J.; u. a.: The temple of Castor and Pollux on the Forum Romanum. A preliminary report on the Scandinavian excavations 1983–1985, 1.—
ActaArch 56, 1985, 1–29, Abb. Taf.

4041
Niffeler, U.: Römisches Lenzburg. Vicus und Theater.— ([Zürich] 1988) 241 S., Abb. Beil.
(Veröffentlichungen der Gesellschaft Pro Vindonissa, 8)

4042
Opreanu, C.: Despre structurile subterane ale arenei amfiteatrului de la Sarmizegetusa.—
ActaMusNapoca 22–23, 1985–86, 147–159, Abb.

4043
Otto, B.: Zur griechischen Keramik aus der Thermengrabung im Vignale von Velia.— Proceedings of the 3rd Symposium on ancient Greek and related pottery (København 1988) 455–464, Abb.
KB København 1987

4044
Pagano, M.: Una proposta di identificazione per il santuario di Demetra sull'acropoli di Cuma.—
Puteoli 11, 1987, 79–91, Abb.

4045
Pani, G.: Arkitektura e dy tempujve në Butrint dhe punimet restauruese në to. (Alban. m. franz. Res.) L'architecture des deux temples ä Butrint et leur restauration.—
Monumentet 35, 1988, 23–37, Abb.

4046
Papanicolaou Christensen, A.; Thomsen, R.; Ploug, G.: Hama. Fouilles et recherches 1931–1939, 3, 3. The Graeco-Roman objects of clay, the coins and the necropolis.— (Copenhague 1986) 113 S., Abb.
(Nationalmuseets skrifter. Større beretninger, 10)

4047
Passelac, M.: Observations aériennes et sondages sur la villa de Saint-Barthélémy, à Montgey (Tarn).— Mélanges offerts à M. Labrousse (Toulouse 1987) 303–314, Taf.

4048
Patera, A.: Tomba a camera tarantina.—
Taras 6, 1986, 31–64, Taf.

4049
Pedersen, P.: Town-planning in Halicarnassus and Rhodes.— Archaeology in the Dodecanese (Copenhagen 1988) 98–103, Abb.
KB København 1986

4050
Pedersen, P.: The Parthenon and the origin of the Corinthian capital.— (Odense 1989) 48 S., Abb.
(Odense University classical studies, 13)

4051
Pedersen, P.: The Maussolleion-terrace at Halicarnassus and 4th century B.C. planning in south-western Asia Minor.— Πρακτικά του XII Διεθνούς συνεδρίου κλασικής αρχαιολογίας, 4 (Αθήνα 1988) 155–159, Taf.
KB Athenai 1983

4052
Peduto, P.; Romito, M.; Galante, M.: Un accesso alla storia di Salerno. Stratigrafie e materiali dell'area palaziale longobarda.—
RassStorSalern 5, 1988, Nr. 2, 9–63, Taf.

4053
Pelagatti, P.: Ricerche nel quartiere orientale di Naxos e nell'agorà di Camarina.—
Kokalos 30–31, 1984–85, Nr. 2,2, 679–694, Abb. Taf.

4054
Peña, I.: El templo de Muchárife en el norte de Siria.—
StBiFranc 37, 1987, 295–302, Taf.

4055
Pensabene, P.: Elementi architettonici in marmo.— Anfiteatro Flavio (Roma 1988) 53–82, Abb.
SB

4056
Pesando, F.: La casa dei Greci.— (Milano 1989) 270 S., Abb.
(Biblioteca di archeologia, 11)

4057
Pfanner, M.: Über das Herstellen von Porträts. Ein Beitrag zu Rationalisierungsmaßnahmen und Produktionsmechanismen von Massenware im späten Hellenismus und in der römischen Kaiserzeit.—
JdI 104, 1989, 157–257, Abb.

4058
Planck, D.: Die römischen Kastelle Heidenheim und Aalen. Ein Vergleich.— Zivile und militärische Strukturen im Nordwesten der römischen Provinz Raetien (Heidenheim 1988) 33–54, Abb.
KB Heidenheim 1987

4059
Poccetti, P.: Riflessi di strutture di fortificazioni nell'epigrafia italica tra il II ed il I secolo a. C.—
AthenaeumPavia 66, 1988, 303–328, Abb.

4060
Pöhlmann, E.: Sucheszenen auf der attischen Bühne des 5. und 4. Jhs. Zur Bühnentechnik der Eumeniden, des Aias, der Acharner und des Rhesos.— Festschrift R. Werner (Konstanz 1989) 41–58, Taf.

4061
Polacco, L.: In Macedonia, sulle tracce di Euripide.—
Dioniso 56, 1986, 17–30, Abb. Taf.

4062
Polacco, L.: L'evoluzione del teatro greco comico nel IV secolo a. C.—
Dioniso 57, 1987, 267–279, Abb. Taf.

4063
Polacco, L.; Scolari, A. C.: Teatro antico di Siracusa. Il santuario 'in summis'. Campagna 1986. Relazione preliminare, 1. Scavo e rilievo.—
AttiVenezia 145, 1986–87, 15–43, Taf.

4064
Pontrandolfo, A.: Le necropoli urbane di Neapolis.— Neapolis (Taranto [1988]) 255–271, Abb. Taf.
KB Taranto 1985

4065
Poulter, A.: Nicopolis ad Istrum, Bulgaria. An interim report on the excavations 1985–87.—
AntJ 68, 1988, 69–89, Abb. Taf.

4066
Prayon, F.: Zur Baupolitik im archaischen Rom.— Bathron. Beiträge zur Architektur und verwandten Künsten für H. Drerup (Saarbrücken 1988) 331–342, Abb.

4067
Quilici, L.; Quilici Gigli, S.: Ricerche su Norba.— Archeologia laziale, 9 (Roma 1988) 233–256, Abb. Taf.
KB Roma 1987

4068
Rabold, B.: Neue Untersuchungen zum römischen Gebäude in Heidenheim.— Zivile und militärische Strukturen im Nordwesten der römischen Provinz Raetien (Heidenheim 1988) 55–71, Abb. Taf.
KB Heidenheim 1987

4069
Raeder, J.: Vitruv, De architectura VI 7 (aedificia Graecorum) und die hellenistische Wohnhaus- und Palastarchitektur.—
Gymnasium 95, 1988, 316–368, Abb.

4070
Rageth, J.: Die römische Mutatio von Riom (Oberhalbstein, Graubünden).— Die Römer in den Alpen (Bozen 1989) 155–166, Abb.
KB Salzburg 1986

4071
Rallo, A.; Di Grazia, V.: Nuovi aspetti dell'urbanistica selinuntina.—
ASAtene 46, 1984 [1988], 81–96, Abb. Taf. Beil

4072
Rea, R.: Recenti osservazioni sulla struttura dell'Anfiteatro Flavio.— Anfiteatro Flavio (Roma 1988) 9–22, Abb.
SB

4073
Reber, K.: Aedificia Graecorum. Zu Vitruvs Beschreibung des griechischen Hauses.—
AA 1988, 653–666, Abb.

4074
Reber, K.: Zur architektonischen Gestaltung der Andrones in den Häusern von Eretria.—
AntK 32, 1989, 3–7, Abb. Taf.

4075
Rebuffat, R.: Les fermiers du désert.— L'Africa romana (Sassari 1988) 33–68, Abb.
KB Sassari 1987

4076
Reinders, H. R.: New Halos. A hellenistic town in Thessalia, Greece.— (Utrecht 1988) 318 S., Abb. Taf. Beil.

4077
Reusser, C.: Zur Aufstellung römischer Grabaltäre in Aquileia.—
AquilNost 56, 1985, 117–144, Abb.

4078
Reutti, F.: Holzpfostenbauten im römischen Rheinzabern.— Bathron. Beiträge zur Architektur und verwandten Künsten für H. Drerup (Saarbrücken 1988) 343–366, Abb.

4079
Richardson Jr., L.: Pompeii. An architectural history.— (Baltimore 1988) XXVIII, 445 S., Abb.

4080
Richardson Jr., L.: Water triclinia and biclinia in Pompeii.— Studia pompeiana et classica in honor of W. F. Jashemski, 1 (New Rochelle 1988) 305–312, Taf.

4081
Rigoni, M.: La città romana. Aspetti archeologici.— Storia di Vicenza, 1 (Vicenza 1987) 159–188, Taf.
SB

4082
Rizzo, M. A.: Capitelli corinzio-italici da Creta.—
ASAtene 46, 1984 [1988], 151–175, Abb.

4083
Rocco, G.: Alcune osservazioni sul valore architettonico della antica decorazione parietale. La Domus Aurea di Nerone.—
Palladio N.S., 1, 1988, Nr. 1, 121–134, Abb.

4084
Rodríguez Martín, F. G.: La villa romana de la dehesa de Torre Aguila en Barbaño-Montijo (Badajoz).—
ExtremA 1, 1988, 201–219, Abb.

4085
Rodziewicz, M.: Remarks to the peristyle house in Alexandria and Mareotis.— Πρακτικά του XII Διεθνούς συνεδρίου κλασικής αρχαιολογίας, 4 (Αθήνα 1988) 175–178, Taf.
KB Athenai 1983

4086
Roesch, P.: Le sanctuaire d'Asclépios à Alipheira d'Arcadie.—
BSocBiblReinach 3, 1985, 23–32, Abb. Taf.

4087
Roldán Gómez, L.: El opus testaceum en Itálica. Edificios privados.—
AEsp 61, 1988, 119–140, Abb.

4088
Romeo, I.: Sacelli arcaici senza peristasi nella Sicilia greca.—
Xenia 17, 1989, 5–54, Abb.

4089
Rossi, F.: Nouvelles découvertes à Nyon (VD). Premiers résultats.—
JbSchwGesUrgesch 72, 1989, 253–266, Abb.

4090
Roth Congès, A.: Glanum préromaine. Recherche sur la métrologie et ses applications dans l'urbanisme et l'architecture.—
RANarb 18, 1985, 189–220, Abb.

4091
Roure i Bonaventura, A.; Castanyer i Masoliver, P.; Nolla i Brufau, J. M.; u. a.: La vil·la romana de Vilauba (Camós). Estudi d'un assentament rural. Campanyes de 1979–85.— (Girona 1988) 119 S., Abb.
(Centre d'investigacions arqueològiques de Girona. Sèrie monogràfica, 8)

4092
Roux, G.: La tholos d'Athéna Pronaia dans son sanctuaire de Delphes.—
CRAI 1988, 290–309, Abb.

4093
Roux, G.: L'inventaire ID 1403 du Néôrion délien.—
BCH 113, 1989, 261–275, Abb.

4094
Roux, G.: Problèmes delphiques d'architecture et d'épigraphie.—
RA 1989, 23–64, Abb.

4095
Rubio Muñoz, L. A.: Excavaciones en la villa romana de 'Pesquero' (Pueblonuevo del Guadiana, Badajoz).—
ExtremA 1, 1988, 187–200, Abb.

4096
Ruseva-Slokoska, L.: Pautalija, 1. Topografija, gradoustrojstvo i ukrepitelna sistema. (Bulg. m. franz. Res.) Pautalia, 1. Topographie, urbanisme et système de fortifications.— (Sofia 1989) 151 S., Abb.

4097
Rustico, L.: Rinvenimenti antichi nel sotterraneo del castello di Nepi.—
ArchCl 38–40, 1986–88, 70–81, Taf.

4098
Saalman, H.: The Pantheon coffers. Pattern and number.—
Architectura 18, 1988, 121–122, Abb.

4099
Sack, D.: Damaskus. Entwicklung und Struktur einer orientalisch-islamischen Stadt.— (Mainz 1989) XIII, 142 S., Abb. Taf. Beil.
(Damaszener Forschungen, 1)

4100
Salway, P.: The 'vici'. Urbanisation in the North.— Rome and the Brigantes (Sheffield 1980) 8–17, Abb.
SB

4101
Savostina, E. A.: Opyt sravnitel'nogo analiza pogrebal'nych pamjatnikov. Bosporskie sklepy i nadgrobija. (Russ.) [Versuch einer vergleichenden Analyse von Grabdenkmälern. Bosporanische Gräber und Grabaufsätze.].—
KraSoob 1987, Nr. 191, 13–19, Abb.

4102
Ščeglov, A. N.: Un établissement rural en Crimée. Panskoje I (fouilles de 1969–1985).—
DialHistAnc 13, 1987, 239–257, Taf.

4103
Schilardi, D. U.: The temple of Athena at Koukounaries. Observations on the cult of Athena on Paros.— Early Greek cult practice (Stockholm 1988) 41–48, Abb.
KB Athenai 1986

4104
Schmid, M. E.: L'architecture du temple d'Aphrodite à Amathonte.—
RDAC 1988, Nr. 2, 143–147, Abb. Taf.

4105
Schmidt-Colinet, A.: Flachdach und Giebel. Zur Bekrönung des Tempelgrabes Nr. 86 von Palmyra.— Orient und Okzident im Spiegel der Kunst. Festschrift H. G. Franz (Graz 1986) 329–331, Taf.

4106
Schumacher, W. N.: Die Grabungen unter S. Sebastiano 95 Jahre nach den Entdeckungen Anton de Waals.—
RömQSchr 83, 1988, 134–166, Abb. Taf.

4107
Schwandner, E. L.: Handwerkerviertel in Gründungsstädten des 5. und 4. Jahrhunderts.— Πρακτικά του XII Διεθνούς συνεδρίου κλασικής αρχαιολογίας, 4 (Αθήνα 1988) 183–187, Taf.
KB Athenai 1983

4108
Scobie, A.: Spectator security and comfort at gladiatorial games.—
Nikephoros 1, 1988, 191–243

4109
Scott, R. T.: The Latin colony of Cosa.—
DArch 6, 1988, Nr. 2, 73–77, Abb.

4110
Segal, A.: Town planning and architecture in Provincia Arabia. The cities along the Via Traiana Nova in the 1st--3rd centuries C.E.— (Oxford 1988) 127 S., Taf.
(British archaeological reports. International series, 419)

4111
Semantone-Bournia, E.: 'Αρχαῖες ἐγκαταστάσεις στό Αἶπος. Ρημόκαστρο-Καμπούρη τό Γύρισμα.—
Archaiognosia 3, 1982–84, 195–222, Taf.

4112
Settis, S.; La Regina, A.; Agosti, G.; u. a.: La Colonna Traiana.— (Torino 1988) XIX, 597 S., Abb. Taf.
(Saggi, 716)

4113
Sezer, V.; Tuna, M.; Peker, R.: Nysa tiyatrosu dış cephe ve doğu-batı girişleri açma çalışmaları. (Türk.) [Die Freilegung der Außenfassade und der Ost-West-Eingänge des Theaters von Nysa.].—
TürkAD 27, 1988, 85–88, Taf.

4114
Shaw, J. W.: Phoenicians in southern Crete.—
AJA 93, 1989, 165–183, Abb.

4115
Smith, R. R. R.: Simulacra gentium. The ethne from the Sebasteion at Aphrodisias.—
JRS 78, 1988, 50–77, Abb. Taf.

4116
Sommer, C. S.: Kastellvicus und Kastell. Untersuchungen zum Zugmantel im Taunus und zu den Kastellvici in Obergermanien und Rätien.—
FuBerBadWürt 13, 1988, 457–707, Abb. Taf.

4117
Soren, D.; Leonard, J. R.; Molinari, P.: University of Arizona excavations at Kourion 1984–1987.—
RDAC 1988, Nr. 2, 171–178, Abb. Taf.

4118
Sotomayor Muro, M.: La villa romana de Bruñel, en Quesada (Jaén).—
CuadGranada 10, 1985, 335–357, Abb. Taf.

4119
Staccioli, R. A.: A proposito di una ricostruzione grafica del sacello di Giano all'Argileto.—
ArchCl 37, 1985, 283–289, Abb. Taf.

4120
Stambaugh, J. E.: The ancient Roman city.— (Baltimore 1988) XVIII, 395 S., Abb. Taf.

4121
Stampolides, N. C.: Ο βωμός του Διονύσου στην Κω. Συμβολή στη μελέτη της ελληνιστικής πλαστικής και αρχιτεκτονικής.— (Αθήνα 1987) 285 S., Abb. Taf.
(Δημοσιεύματα του Αρχαιολογικού δελτίου, 34)

4122
Stampolides, N. C.: Βωμοί σχήματος πει με παραστάδες και συνεχόμενη τράπεζα στα κλασικά χρόνια. Τυπολογική ανακατάταξη μιας ομάδας βωμών και πιθανή καταγωγή του αρχικού τύπου της.— Πρακτικά του XII Διεθνούς συνεδρίου κλασικής αρχαιολογίας, 4 (Αθήνα 1988) 188–191, Taf.
KB Athenai 1983

4123
Stanchev, D.: Sexaginta Prista. Investigations and problems.—
Ratiariensia 3–4, 1987, 231–237, Taf.

4124
Stern, E.: The walls of Dor.—
IsrExplJ 38, 1988, 6–14, Abb. Taf.

4125
Stern, E. M.: Glass and gold in classical Greek architecture.— Πρακτικά του XII Διεθνούς συνεδρίου κλασικής αρχαιολογίας, 3 (Αθήνα 1988) 304–308, Taf.
KB Athenai 1983

4126
Stucchi, S.: L'Olympieion di Cirene ed il Partenone di Atene. Il progetto classico e quello classicista della cella dell'Olympieion.— Πρακτικά του XII Διεθνούς συνεδρίου κλασικής αρχαιολογίας, 4 (Αθήνα 1988) 192–197, Taf.
KB Athenai 1983

4127
Stucchi, S.: Il monumento funerario ad edicola circolare di Sestino.— Sestinum (Rimini 1989) 131–163, Abb.
KB Sestino 1983

4128
Tancke, K.: Figuralkassetten griechischer und römischer Steindecken.— (Frankfurt a. M. 1989) XIX, 342 S., Abb. Taf.
(Europäische Hochschulschriften. Reihe 38, 20)

4129
Tartari, F.: Një grup varresh të shek. II–IV të e sonë ne zonën kodrinore të nekropolit të Dyrrahut. (Alban. m. franz. Res.) Une série de tombes des IIe–IVe siècles de n. ère dans la nécropole de Dyrrachium.—
Iliria 17, 1987, Nr. 1, 153–165, Abb. Taf.

4130
Tascio, M.: Todi. Forma e urbanistica.— (Roma 1989) IX, 127 S., Abb. Taf.
(Città antiche in Italia, 2)

4131
Teja Casuso, R.; Iglesias Gil, J. M.: El elemento indígena y el elemento romano en la arquitectura de Juliobriga. El ejemplo de la Casa de los morillos.— Actas. 1er Congreso peninsular de historia antigua, 2 (Santiago de Compostela 1988) 531–538, Taf.
KB Santiago de Compostela 1986

4132
Tietze, C.: Priene. Rekonstruktion einer antiken Stadtplanung.—
Altertum 34, 1988, 217–223, Abb.

4133
Tolstikov, V. P.: Hellenistic fortification principles and the elements of the defensive architecture of the Bosporus. (Russ. m. engl. Res.).— The Black Sea littoral in the hellenistic times (Tbilisi 1985) 352–365
KB Cchaltubo 1982

4134
Torelli, M.: Piazza Armerina. Note di iconologia.—
CronA 23, 1984, 143–156, Abb.

4135
Tosi, G.: Un capitello figurato con delfini nel Museo civico di Padova. Lettura archeologico-antiquaria.—
AquilNost 57, 1986, 825–836, Abb.

4136
Tóth, E.: Az alsóhetényi 4. századi erőd és temető kutatása, 1981–1986. Eredmények és vitás kérdések. (Ung. m. dtsch. Res.) Vorbericht über die Ausgrabung der Festung und des Gräberfeldes von Alsóhetény 1981–1986. Ergebnisse und umstrittene Fragen.—
ArchErt 114–115, 1987–88, 22–61, Abb.

4137
Traina, G.: Da Dinocrate a Vitruvio. Tecnica, architettura e società nel mondo ellenistico-romano.—
CivClCrist 9, 1988, 303–349, Abb.

4138
Tran Tam Tinh, V.: La Casa dei cervi a Herculaneum.— (Roma 1988) XI, 168 S., Abb. Taf.
(Archaeologica, 74)

4139
Trebbi del Trevigiano, R.: La villa rústica en el orden rural.— Semanas de estudios romanos, 3–4 (Valparaíso 1987) 241–250, Abb.
SB

4140
Tréheux, J.: Une nouvelle lecture de l'inventaire du gymnase à Délos.—
BCH 112, 1988, 583–589, Abb.

4141
Tréziny, H.: Les habitats indigènes de la région de Marseille (VIe–IIe s. av. J. C.).— Los asentamientos ibéricos ante la romanización (Madrid 1987) 69–77, Abb.
KB [Madrid] 1986

4142
Tsafrir, Y.; Holum, K. G.: Reḥovot-in-the-Negev. Preliminary report, 1986.—
IsrExplJ 38, 1988, 117–127, Abb. Taf.

4143
Tuchelt, K.; Schneider, P.; Schattner, T.; u. a.: Didyma. Bericht über die Ausgrabungen 1985 und 1986 an der heiligen Straße von Milet nach Didyma.—
AA 1989, 143–217, Abb. Taf.

4144
Uncini, A.: Due capitelli dal Pantheon nella collezione del Museo Gregoriano profano ex Lateranense.—
BMonMusPont 8, 1988, 55–63, Abb.

4145
Vanvinckenroye, W.: De Romeinse villa op de Sassenbroekberg te Broekom.— (Hasselt 1988) 58 S., Abb. Beil.
(Publicaties van het Gallo-Romeins Museum Tongeren, 38)

4146
Vasić, M.: Čezava – Castrum Novae.—
Ratiariensia 3–4, 1987, 131–134, Taf.

4147
Vetters, H.: Neues zu den Hanghäusern in Ephesos.—
Anadolu 21, 1978–80 [1987], 229–236, Taf.

4148
Vismara, C.: Ancora sugli Ebrei di Roma.—
ArchCl 38–40, 1986–88, 150–161, Abb. Taf.

4149
Vísy, Z.: Zur Baugeschichte der großen Thermen von Weissenburg.—
BayVgBl 53, 1988, 117–135, Abb. Taf.

4150
Visy, Z.: Der pannonische Limes in Ungarn.— (Stuttgart 1988) 149 S., Abb. Taf. Beil.

4151
Waele, J. A. de: Reflections on the design in classical Greek architecture.— Πρακτικά του XII Διεθνούς συνεδρίου κλασικής αρχαιολογίας, 4 (Αθήνα 1988) 205–210, Taf.
KB Athenai 1983

4152
Waele, J. de: Die Masse der Werkstatt des Pheidias in Olympia.— Bathron. Beiträge zur Architektur und verwandten Künsten für H. Drerup (Saarbrücken 1988) 387–406, Abb.

4153
Wallace-Hadrill, A.: The social structure of the Roman house.—
BSR 56, 1988, 43–97, Abb. Taf.

4154
Walter-Karydi, E.: Der Naiskos des Hermon. Ein spätklassisches Grabgemälde. Kanon. Festschrift E. Berger.—
AntK 15. Bh, 1988, 331–338, Abb. Taf.

4155
Wamser, L.; Becker, H.; Braasch, O.: Neue Untersuchungen im frührömischen Legionslager bei Marktbreit, Landkreis Kitzingen, Unterfranken.—
AJahrBay 1987, 92–102, Abb.

4156
Waton, M. D.: Un nouveau système défensif à Strasbourg (Bas-Rhin).—
RAE 39, 1988, 285–290, Abb.

4157
Weber, G.: Diis deabusque omnibus. Zur römerzeitlichen Götterverehrung im Nordwesten der Provinz Raetien.— Zivile und militärische Strukturen im Nordwesten der römischen Provinz Raetien (Heidenheim 1988) 112–130, Abb.
KB Heidenheim 1987

4158
Wescoat, B. D.: Some architectural evidence for sources and program of the Athena temple at Assos.— Πρακτικά του XII Διεθνούς συνεδρίου κλασικής αρχαιολογίας, 4 (Αθήνα 1988) 215–221, Taf.
KB Athenai 1983

4159
Wesenberg, B.: Die Propyläen der Akropolis in Athen.— (U. R. Schriftenreihe der Universität Regensburg 15, Oktober 1985, 9–30, Taf.)
SD

4160
Williams, H.: Stymphalos. A planned city of classical Arcadia.— Πρακτικά του XII Διεθνούς συνεδρίου κλασικής αρχαιολογίας, 4 (Αθήνα 1988) 231–234
KB Athenai 1983

4161
Williams II, C. K.; Zervos, O. H.: Corinth, 1987. South of temple E and east of the theatre.—
Hesperia 57, 1988, 95–146, Abb. Taf.

4162
Williams II, C. K.: Corinthian trade in roof tiles.— Πρακτικά του XII Διεθνούς συνεδρίου κλασικής αρχαιολογίας, 4 (Αθήνα 1988) 227–230
KB Athenai 1983

4163
Zanker, P.: Pompeji. Stadtbilder als Spiegel von Gesellschaft und Herrschaftsform.—
TrWPr 9, 1987, 3–46, Abb. Taf.

4164
Zubar', V. M.; Ryžov, S. G.; Ševčenko, A. V.: Novyj pogrebal'nyj kompleks zapadnogo nekropolja Chersonesa. (Russ.) [Ein neuer Gräberkomplex in der Westnekropole von Chersonesos.].— Antičnye drevnosti Severnogo Pričernomor'ja (Kiev 1988) 148–165, Abb.
SB

Plastik und Skulptur

4165
Ancient art from the V. G. Simkhovitch Collection. [Exhibition Indiana University Art Museum, Bloomington September 16 – December 20, 1987.]
ed. W. Rudolph.— (Bloomington 1988) 198 S., Abb. Beil.

4166
Antalya Museum.
ed. E. Özgen.— (Ankara 1988) 237 S., Abb. Taf.

4167
Antike Gemmen. Eine Auswahl. 2. ed.
ed. C. Höcker.— (Kassel 1988) 118 S., Abb.
(Kataloge der Staatlichen Kunstsammlungen Kassel, 15)

4168
Antikenmuseum Basel und Sammlung Ludwig. 120 ausgewählte Kunstwerke.— (Basel 1987) 55 S., Abb. Beil.

4169
Archeologia di una città. Bari dalle origini al X secolo. Catalogo della mostra realizzata nel complesso monumentale di Santa Scolastica a Bari, dal 6 marzo al 23 dicembre 1988.
ed. G. Andreassi.— (Bari 1988) VII, 638 S., Abb.
(Prometeo, 2)

4170
Art grec insolite. Terres cuites hellénistiques de Grande Grèce dans les collections privées genevoises. Exposition La Placette Genève 10–26 mars 1988.— (Genève 1988) 33 S., Abb.

4171
Αρχαία Μακεδονία. Ancient Macedonia. Exhibition Melbourne 25 November 1988 – 19 February 1989, Brisbane 11 March – 30 April 1989, Sydney 20 May – 23 July 1989.— (Athens 1988) XXXII, 418 S., Abb.

4172
Atlantis Antiquities. Ars and τέχνε. Art and craft of the Graeco-Roman world from 450 B.C. to 600 A.D. [Sales catalog.].— (New York 1989) 42 S., Abb.

4173
12 av. J. C. Aux origines de Strasbourg. [Exposition, Musée archéologique Strasbourg 1988.].— (Strasbourg 1988) 184 S., Abb.

4174
Céramiques antiques de Grèce et d'Italie dans le patrimoine liégeois. Exposition Liège, Musée de l'art wallon, 18 décembre 1987 – 31 janvier 1988.— (Liège 1987) 135 S., Abb.

4175
Charles Ede Ltd.— Antiquities, 146 (London 1988) o. Pagin., Abb.

4176
Charles Ede Ltd. Antiquities 147.— (London 1989) o. Pagin., Abb.

4177
Charles Ede Ltd. Antiquities, 148.— (London [1989]) o. Pagin., Abb.

4178
Charles Ede Ltd. Greek and Roman terracottas, 10.— (London [1989]) o. Pagin., Abb.

4179
Collection de la Fondation Thétis. Développements de l'art grec de la préhistoire à Rome. [Catalogue de l'exhibition Genève 1987.]
ed. J. L. Zimmermann.— (Genève 1987) 204 S., Abb.

4180
Galerie Günter Puhze. Kunst der Antike. Katalog 8.— (Freiburg i. Br. [1989]) 35 S., Taf.

4181
Gens antiquissima Italiae. Antichità dall'Umbria in Vaticano.— [Mostra, Città del Vaticano, 21 novembre 1988 - 22 gennaio 1989.] (Perugia 1988) 142 S., Abb.

4182
The gods delight. The human figure in classical bronze. Exhibition The Cleveland Museum of Art, November 16, 1988 - January 8, 1989.— (Cleveland 1988) XIII, 373 S., Abb.

4183
Hierapolis di Frigia, 1957–1987. [Mostra fotografica, Museo archeologico di Izmir 1987].— (Milano 1988) 142 S., Abb.

4184
Locri Epizefiri, 3. Cultura materiale e vita quotidiana.— (Firenze 1989) XXVI, 214 S., Taf. Beil.
(Università degli studi di Torino. Studi e materiali di archeologia, 2)

4185
Modena dalle origini all'anno Mille. Studi di archeologia e storia. 2 Bde. [Mostra] Modena, Galleria civica, gennaio-giugno 1989.— (Modena 1988) 612 S., Abb. Beil.; 533 S., Abb.

4186
Il Museo di Taranto. Cento anni di archeologia. Catalogo della mostra per il centenario dell'istituzione del Museo archeologico nazionale di Taranto.— (Taranto 1988) 640 S., Abb. Taf.

4187
Palladia Tolosa. Toulouse romaine. [Exposition Musée Saint-Raymond, Toulouse 1988.].— (Toulouse 1988) XXI, 191 S., Abb. Beil.

4188
Royal-Athena Galleries New York. Gods and mortals. Bronzes of the ancient world from Italy to Iran. [Sales catalog, Beverly Hills - New York, February 10 - June 20, 1989].
ed. J. M. Eisenberg.— (New York 1989) 48 S., Abb.

4189
Royal-Athena Galleries New York. Art of the ancient world, 5, 2. The age of Cleopatra. The art of late dynastic and Graeco-Roman Egypt. [Sales catalog, New York - Beverly Hills, October 5, 1988 - February 4, 1989.].— (New York 1988) 31 S., Abb.

4190
Sokrates. Sonderausstellung der Glyptothek und des Museums für Abgüsse klassischer Bildwerke, München 12. Juli bis 24. September 1989.— (München [1989]) 89 S., Abb.

4191
Sotheby's London. Ancient glass, ancient jewellery, Middle Eastern, Egyptian, Greek, Etruscan and Roman antiquities, also art reference books. Day of sale Monday 12th December 1988.— (London 1988) 160 S., Abb.

4192
Sotheby's. Middle Eastern, Egyptian, ancient jewellery, Greek, Etruscan and Roman antiquities also ancient glass. Day of sale Monday 11th July 1988 Conduit Street Gallery, London.— (London 1988) 183 S., Abb.

4193
La statua marmorea di Mozia e la scultura di stile severo in Sicilia.— Atti della giornata di studio, Marsala 1 giugno 1986 (Roma 1988) XVII, 150 S., Abb. Taf.
(Università di Palermo. Studi e materiali, 8)

4194
Traci. Arte e cultura nelle terre di Bulgaria dalle origini alla tarda romanità. Mostra Venezia, Palazzo ducale 13 maggio - 30 novembre 1989.— (Milano 1989) 347 S., Abb.

4195
Trésors d'orfèvrerie gallo-romains. [Exposition] Musée du Luxembourg, Paris 8 février - 23 avril 1989.— (Paris 1989) 302 S., Abb.

4196
Abetel, E.: Le bas-relief de la gigantomachie de Lousonna-Vidy.—
Caesarodunum 23, 1988, 7–23, Abb. Taf.

4197
Abruzzese Calabrese, G.: Una attestazione del culto di Hyakinthos a Taranto.—
Taras 7, 1987, 7–33, Abb. Taf.

4198
Achenbach-Kosse, M.: Die Ringergruppe in Florenz.—
AntK 32, 1989, 71–81, Taf.

4199
Agostino, R.: Testa fittile da contrada Focà presso Caulonia.—
Klearchos 28, 1986, 69–75, Taf.

4200
Akamate, M.; Velene, P.: Νομός Φλώρινας. Από τα προϊστορικά στα ρωμαϊκά χρόνια.— (o. O. 1987) 33 S., Abb.

4201
Akurgal, E.: Bemerkungen zur Frage der örtlichen und zeitlichen Einordnung der griechischen archaischen Großplastik Kleinasiens.— Beiträge zur Ikonographie und Hermeneutik. Festschrift für N. Himmelmann (Mainz 1989) 35–45, Taf.

4202
Alarcão, J. de; Tavares, A.: A Roman marble quarry in Portugal.— Studia pompeiana et classica in honor of W. F. Jashemski, 2 (New Rochelle 1989) 1–8, Taf.

4203
Alekseeva, E. M.: Carskaja tamga na zolotom perstne iz Gorgippii. (Russ.) [Ein Königsmonogramm auf einem goldenen Fingerring aus Gorgippia.].— Problemy antičnoj kul'tury (Moskva 1986) 118–125, Abb. Taf.
SB

4204
Alekseeva, E. M.: K izučeniju koroplastiki Gorgippii. (Russ.) [Zur Erforschung der Koroplastik von Gorgippia.].—
KraSoob 1987, Nr. 191, 19–27, Abb.

4205
Alicu, D.: Bronzes décoratifs de Ulpia Traiana Sarmizegetusa.— Griechische und römische Statuetten und Großbronzen (Wien 1988) 396–399, Abb.
KB Wien 1986

4206
Alzinger, W.: Hyperesia-Aigeira. Der Wandel eines Heiligtums von spätmykenischer bis in klassische Zeit.— Πρακτικά του XII Διεθνούς συνεδρίου κλασικής αρχαιολογίας, 4 (Αθήνα 1988) 20–23, Taf.
KB Athenai 1983

4207
Amandry, P.: A propos de monuments de Delphes. Questions de chronologie.—
BCH 112, 1988, 591–610, Abb.

4208
Anamali, S.: Figurinë bronzi e një tjerrëseje nga Apolonia. (Alban.) Une figurine de fileuse en bronze provenant d'Apollonia.—
Iliria 17, 1987, Nr. 1, 229–230

4209
Andreae, B.: Il gruppo del Laocoonte. Σημεῖον τῆς Ἰλίου ἁλώσεως.—
RendPontAcc 58, 1985–86, 3–24

4210
Andreae, B.; Conticello, B.: Scilla e Cariddi. Il gruppo di Scilla a Sperlonga trent'anni dopo la scoperta.—
PP 42, 1987, 343–394, Abb.

4211
Andreae, B.: Der Typus einer klassischen Gewandstatue bei der Antonia Augusta von Baiae.— Πρακτικά του XII Διεθνούς συνεδρίου κλασικής αρχαιολογίας, 3 (Αθήνα 1988) 7–9, Taf.
KB Athenai 1983

4212
Andreae, B.: Fixpunkte hellenistischer Chronologie.— Beiträge zur Ikonographie und Hermeneutik. Festschrift für N. Himmelmann (Mainz 1989) 239–244

4213
Archontidou-Argyre, A.: Κεφάλι νέου από την παλιά Επίδαυρο.— Πρακτικά του XII Διεθνούς συνεδρίου κλασικής αρχαιολογίας, 3 (Αθήνα 1988) 10–12, Taf.
KB Athenai 1983

4214
Arsen'eva, T. M.: Novye nachodki italijskich i zapadnorimskich izdelij iz Tanaisa. (Russ.) [Neufunde italischer und weströmischer Werke aus Tanais.].— Problemy antičnoj kul'tury (Moskva 1986) 129–135, Abb.
SB

4215
Baatz, D.: Verkleidungsziegel mit Rollstempelmustern aus Südhessen.—
SaalbJb 44, 1988, 65–83, Abb.

4216
Bacchielli, L.: La ricomposizione della statua dell'astronomo Arato.— Studi per L. Breglia, 3 (Roma 1987) 43–56, Abb.

4217
Bacchielli, L.: Una stele funeraria da Kerč con eroizzazione del defunto.—
NumAntCl 17, 1988, 209–216, Taf.

4218
Bacchielli, L.: Ritratti su stele e rilievi funerari dell'Umbria nord-orientale.— Sestinum (Rimini 1989) 235–255, Abb.
KB Sestino 1983

4219
Bádenas, P.; Elvira, M. A.; Gago, F.: Una nueva Cibeles-'Angdistis' en el Museo arqueológico nacional.—
BMusMadrid 5, 1987, 7–17, Abb.

4220
Bakalakis, G.: Die wiederentdeckte Grabstele Haratsaris von Paros. Kanon. Festschrift E. Berger.—
AntK 15. Bh, 1988, 142, Taf.

4221
Balil, A.: Un tondo de Fuentetojar y otros tondi hispanorromanos.—
(Minerva 1, 1987, 169–184, Abb.)
SD

4222
Balil, A.: 'Hércules y Anteo' y 'Teseo y el Minotauro' en dos bronces de Lixus.— (Congreso internacional 'El estrecho de Gibraltar', Ceuta, noviembre 1987, o. O. o. J., 865–876, Abb.)
SD

4223
Balil, A.: Esculturas romanas de la Península Ibérica, 9.—
BVallad 54, 1988, 223–253, Abb.

4224
Balty, J. C.: Apamea in Syria in the second and third centuries A.D.—
JRS 78, 1988, 91–104, Abb. Taf.

4225
Baluţă, C. L.; Paul, I.: Les statuettes en bronze du Musée d'histoire de Sibiu (Roumanie).— Griechische und römische Statuetten und Großbronzen (Wien 1988) 386–390, Abb.
KB Wien 1986

4226
Bammer, A.: Bronzen und Sphyrelata aus dem Artemision von Ephesos.— Griechische und römische Statuetten und Großbronzen (Wien 1988) 244–248, Abb.
KB Wien 1986

4227
Bánki, Z.: Eine neue Bronzestatuette aus Gorsium.— Griechische und römische Statuetten und Großbronzen (Wien 1988) 346–352, Abb.
KB Wien 1986

4228
Baratte, F.; Desbordes, J. M.; Marquaire, J.: Les bas-relief du sanctuaire gallo-romain du Puy-Lautard.—
Caesarodunum 23, 1988, 35–46, Abb.

4229
Barr-Sharrar, B.: The bronze fulcrum attachment. Some clarifications in the chronology of solutions to this problematic format.— Griechische und römische Statuetten und Großbronzen (Wien 1988) 279–284, Abb.
KB Wien 1986

4230
Barra Bagnasco, M.: Aspetti della coroplastica di età classica a Locri Epizefiri.— Πρακτικά του XII Διεθνούς συνεδρίου κλασικής αρχαιολογίας, 2 (Αθήνα 1988) 15–19, Taf.
KB Athenai 1983

4231
Bauchhenss, G.; u. a.: Mercurius in Bornheim.—
BJb 188, 1988, 223–239, Abb.

4232
Bayburtluoğlu, I.: Ankara antik tiyatrosu. (Türk.) [Das antike Theater von Ankara.].—
AnadoluYıl 1986, 9–16, Taf.

4233
Bayer-Niemeier, E.: Liebieghaus – Museum Alter Plastik. Bildwerke der Sammlung Kaufmann, 1. Griechisch-römische Terrakotten.— (Melsungen 1988) 304 S., Taf.

4234
Beckwith, J.: The Andrews diptych.— Studies in Byzantine and medieval Western art (London 1989) 71–108, Abb. Taf.
SB

4235
Bedello Tata, M.; Spada, L.: Stucchi ostiensi. Un approccio ai problemi di conservazione e di studio.— Archeologia laziale, 9 (Roma 1988) 488–494, Abb.
KB Roma 1987

4236
Beleza Moreira, J.; d'Encarnação, J.: Invulgar monumento funerário romano encontrado em Porto de Mós (Leiría, Portugal).— Actas. 1er Congreso peninsular de historia antigua, 3 (Santiago de Compostela 1988) 5–7, Taf.
KB Santiago de Compostela 1986

4237
Bellelli, G. M.; Piccioli, M. T.: Culti orientali a Chieti.—
QuadChieti 4, [1988], 157–166, Abb.

4238
Bellini, G. R.: Monumenti funerari della Valle di Comino.— Archeologia laziale, 9 (Roma 1988) 261–269, Abb.
KB Roma 1987

4239
Bertacchi, L.: Sull'ara funeraria di C. Oetius Rixa.—
AquilNost 55, 1984, 1–4, Abb.

4240
Beschi, L.: Rilievi attici del Museo Maffeiano.— Nuovi studi Maffeiani (Verona 1985) 13–25, Taf.
KB Verona 1983

4241
Beschi, L.: Spigolature dall'Attica. Kanon. Festschrift E. Berger.—
AntK 15. Bh, 1988, 143–149, Taf.

4242
Beschi, L.: Due monumenti efesini nella collezione di G. Zulian.—
AquilNost 57, 1986, 413–436, Abb.

4243
Beschi, L.: Statue di culto e statuette votive classiche. Qualità e significato di un rapporto.— Πρακτικά του XII Διεθνούς συνεδρίου κλασικής αρχαιολογίας, 4 (Αθήνα 1988) 241–250, Taf.
KB Athenai 1983

4244
Besques, S.: Deux statuettes de Myrina au Musée Jacquemart-André. Kanon. Festschrift E. Berger.—
AntK 15. Bh, 1988, 202–204, Abb.

4245
Besques, S.: Un atelier de coroplathe à Cyrène au IIIe siècle avant J.C.—
RLouvre 38, 1988, 370–377, Abb.

4246
Besques, S.: Quelques problèmes concernant les transferts de thèmes dans la coroplathie du monde méditerranéen.— Πρακτικά του XII Διεθνούς συνεδρίου κλασικής αρχαιολογίας, 2 (Αθήνα 1988) 20–24, Taf.
KB Athenai 1983

4247
Bessac, J. C.; Christol, M.; Fiches, J. L.; u. a.: Ugernum. Beaucaire et le Beaucairois à l'époque romaine, 1–2.— (Caveirac 1987) 120 S., Abb. Taf.; 128 S., Abb. Beil.
(Travaux du Centre Camille Jullian, 2)

4248
Beyer, I.: Das nördliche Tympanonpferd der Zweigespanne des Parthenon-Ostgiebels.— Bathron. Beiträge zur Architektur und verwandten Künsten für H. Drerup (Saarbrücken 1988) 79–85, Abb.

4249
Bilimovič, Z. A.: Bronzovaja statuétka atleta iz Nimfeja. (Russ.) [Bronzestatuette eines Athleten aus Nymphaion.].— Gosudarstvennyj Émitaž. Skul'ptura v muzee (Leningrad 1984) 5–11, Abb.
SB

4250
Blome, P.: Affen im Antikenmuseum. Kanon. Festschrift E. Berger.—
AntK 15. Bh, 1988, 205–210, Taf.

4251
Blome, P.: Eine frühgriechische Löwenprotome aus Ton.—
AA 1988, 559–565, Abb.

4252
Blundo, A. G.: Rilievi funerari romani della Daunia.—
Taras 7, 1987, 41–65, Taf.

4253
Boardman, J.: Notes on the Parthenon east frieze. Kanon. Festschrift E. Berger.—
AntK 15. Bh, 1988, 9–14, Abb. Taf.

4254
Bodor, A.: Contribuţii la istoria oraşului Napoca şi a monumentelor sale sculpturale în piatră, 1.—
ActaMusNapoca 22–23, 1985–86, 185–199, Abb.

4255
Boekel, G. M. E. C. van: Roman terracotta figurines and masks from the Netherlands. Diss. Groningen 1987.— (O. O. o. J.) VI S., S. 197–934, Abb.
(= BerOudhBod 33(1983); 35(1985); 36(1986))

4256
Bol, P. C.: Die 'Artemis von Lousoi'. Eine klassische Wiedergabe eines frühgriechischen Kultbildes. Kanon. Festschrift E. Berger.—
AntK 15. Bh, 1988, 76–80, Taf.

4257
Bol, P. C.: Adonis-Tamuz als Verkörperung der Provinz Syrien?—
DaM 3, 1988, 11–15, Taf.

4258
Bona, P.; Rogozea, P.; Pop, C.: Noi piese figurate descoperite la Tibiscum.—
ActaMusNapoca 22–23, 1985–86, 537–540, Abb.

4259
Bonacasa, N.: La produzione scultorea ad Himera nel V secolo a. C.— Πρακτικά του XII Διεθνούς συνεδρίου κλασικής αρχαιολογίας, 3 (Αθήνα 1988) 13–17, Taf.
KB Athenai 1983

4260
Bookidis, N.: Classicism in clay.— Πρακτικά του XII Διεθνούς συνεδρίου κλασικής αρχαιολογίας, 3 (Αθήνα 1988) 18–21, Taf.
KB Athenai 1983

4261
Borbein, A. H.: Zur Tarentiner Göttin in Berlin.— Bathron. Beiträge zur Architektur und verwandten Künsten für H. Drerup (Saarbrücken 1988) 93–98, Abb.

4262
Borbein, A. H.: Zum 'Asklepios Blacas'. Kanon. Festschrift E. Berger.—
AntK 15. Bh, 1988, 211–217, Taf.

4263
Borbein, A. H.: Phidias-Fragen.— Beiträge zur Ikonographie und Hermeneutik. Festschrift für N. Himmelmann (Mainz 1989) 99–107

4264
Boschung, D.: Nobilia opera. Zur Wirkungsgeschichte griechischer Meisterwerke im kaiserzeitlichen Rom.—
AntK 32, 1989, 8–16, Taf.

4265
Bossert, M.: Ein thronender lebensgroßer Iuppiter aus dem gallorömischen Tempelbezirk von Thun-Allmendingen.—
ASchw 11, 1988, 113–123, Abb.

4266
Bottini, A.: Elena in Occidente. Una tomba dalla chora di Metaponto.—
BdA 73, 1988, Nr. 50–51, 1–18, Abb. Taf.

4267
Boucher, S.: Le grammairien de Fendeille (Aude).— Griechische und römische Statuetten und Großbronzen (Wien 1988) 338–340, Abb.
KB Wien 1986

4268
Boucher, S.: L'image et les fonctions du dieu Sucellus.—
Caesarodunum 23, 1988, 77–85, Abb. Taf.

4269
Boucher, S.; Boucher, J. P.: Musée d'Evreux. Collections archéologiques. Bronzes antiques, 1. Statuaire et inscription.— (Evreux [1988]) 80 S., Abb. Taf.

4270
Boussac, M. F.: Sceaux déliens.—
RA 1988, 307–340, Abb.

4271
Boussac, M. F.: Cachets de la Collection Benaki.—
BCH 113, 1989, 325–334, Abb.

4272
Braccesi, L.: Il problema storico dei bronzi di Cartoceto.—
RivFil 116, 1988, 60–75

4273
Brentjes, B.: Stempel- und Rollsiegel aus Baktrien und Chorasan.—
BaM 20, 1989, 315–335, Taf.

4274
Brommer, F.: Phidiasische Nachklänge. Kanon. Festschrift E. Berger.—
AntK 15. Bh, 1988, 42–45, Taf.

4275
Brommer, F.: Zwei klassische Reliefbruchstücke.— Πρακτικά του XII Διεθνούς συνεδρίου κλασικής αρχαιολογίας, 3 (Αθήνα 1988) 28–32, Taf.
KB Athenai 1983

4276
Brouskari, M.: Ζωΐδια λαΐνεα. Nouvelles figures de la frise de l'Erechtheion. Kanon. Festschrift E. Berger.—
AntK 15.Bh, 1988, 60–68, Taf.

4277
Brouskari, M.: Aus dem Giebelschmuck des Athena-Nike-Tempels.— Beiträge zur Ikonographie und Hermeneutik. Festschrift für N. Himmelmann (Mainz 1989) 115–118, Abb. Taf.

4278
Bruns-Özgan, C.: Grabstelen gebildeter Jünglinge.— Beiträge zur Ikonographie und Hermeneutik. Festschrift für N. Himmelmann (Mainz 1989) 183–190, Taf.

4279
Bucovală, M.: Römische Bronzefiguren aus der Sammlung der Museums für Nationalgeschichte und Archäologie in Konstanza.— Griechische und römische Statuetten und Großbronzen (Wien 1988) 391–395, Abb.
KB Wien 1986

4280
Büyükkolancı, M.: Efes Müzesi'ne gelen dört mezar steli. (Türk.) [Vier Grabstelen aus dem Museum von Ephesos.].—
TürkAD 27, 1988, 73–79, Taf.

4281
Bujukliev, H.: Serrures et applications en bronze des coffrets de toilette du territoire d'Augusta Traiana (ville de Stara Zagora, Bulgarie).— Griechische und römische Statuetten und Großbronzen (Wien 1988) 416–420, Abb.
KB Wien 1986

4282
Buora, M.; Tavano, S.; Gaberscek, C.; u. a.: La scultura nel Friuli-Venezia Giulia, 1. Dall'epoca romana al Gotico. 2. ed.— (Pordenone 1988) 392 S., Abb.

4283
Bussagli, M.: Il disco 'battriano' del museo dell'Ermitage. Su un'-analogia iconografica con talune figure angeliche posteriori al V secolo.—
RivStOr 60, 1986, 134, Abb.

4284
Cain, H. U.: Chronologie, Ikonographie und Bedeutung der römischen Maskenreliefs.—
BJb 188, 1988, 107–221, Abb.

4285
Calcani, G.: Bronzetti lisippei di soggetto equestre.— Griechische und römische Statuetten und Großbronzen (Wien 1988) 265–269, Abb.
KB Wien 1986

4286
Calcani, G.: Galati modello.—
RIA 10, 1987, 153–174, Abb.

4287
Cambi, N.: The relief of Kairos from Trogir (Dalmatia).— Πρακτικά του XII Διεθνούς συνεδρίου κλασικής αρχαιολογίας, 3 (Αθήνα 1988) 37–41, Taf.
KB Athenai 1983

4288
Carinci, F.: Su una presunta testa di Asklepios nella Galleria Colonna.—
SciAnt 1, 1987, 297–318, Abb.

4289
Cassimatis, H.: Quelques types de calathoi sur des figurines provenant de Larnaca dans les collections du Louvre.—
RDAC 1988, Nr. 2, 45–51, Taf.

4290
Cavalier, O.: Une stèle attique classique au Musée Calvet d'Avignon. Recherches sur un motif iconographique.—
RLouvre 38, 1988, 285–293, Abb.

4291
Ceka, N.; Komata, D.: Dy skultura antike nga zona e Baldushkut. (Alban.) Deux sculptures antiques provenant de la zone de Baldushk.—
Iliria 17, 1987, Nr. 1, 214–243, Abb.

4292
Čevelev, O. D.: Novye pogrebenija Kyzaul'skogo nekropolja. (Russ.) [Neue Gräber der Nekropole von Kyz-aul.].—
KraSoob 1985, Nr. 182, 84–89, Abb.

4293
Chamay, J.; Maier, J. L.: Sculptures en pierre du Musée de Genève, 2. Art romain.— (Mainz 1989) X, 127 S., Abb. Taf.

4294
Cherici, A.: Alcuni appunti su monumenti archeologici di provenienza aretina.— (Atti e memorie della Accademia Petrarca di lettere, arti e scienze, n. s. 48, 1986, 3–39, Abb.)
SD

4295
Childs, W. A. P.: First preliminary report on the excavations at Polis Chrysochous by Princeton University.—
RDAC 1988, Nr. 2, 121–130, Abb. Taf.

4296
Childs, W. A. P.; Demargne, P.; u. a.: Fouilles de Xanthos, 8. Le monument des Néréides. Le décor sculpté. Textbd.; Tafelbd.— (Paris 1989) XV, 414 S., Abb.; XXV S., Taf. Beil.

4297
Chioffi, L.: Tre manufatti iscritti urbani.— Miscellanea greca e romana, 13 (Roma 1988) 217–224, Taf.
SB

4298
Chodza, E. N.: Rel'efy Kampana i neoattičeskij stil'. (Russ.) [Campana-Reliefs und neuattischer Stil.].— Gosudarstvennyj Ėrmitaž. Skul'ptura v muzee (Leningrad 1984) 12–22, Abb.
SB

4299
Ciampoltrini, G.: Il trapezoforo funerario di Grata. CIL XI, 1872.—
StClOr 38, 1988, 439–445, Abb. Taf.

4300
Clairmont, C. W.: 'It ain't necessarily so.' Remarks on some gravestones with inscriptions.—
Horos 5, 1987, 45–57, Taf.

4301
Claridge, A.: Roman statuary and the supply of statuary marble.— Ancient marble quarrying and trade (Oxford 1988) 139–152, Abb.
KB San Antonio 1986

4302
Connelly, J. B.: Votive sculpture of hellenistic Cyprus.— (Nicosia 1988) XIX, 128 S., Taf.

4303
Connelly, J. B.: Votive offerings from hellenistic Failaka. Evidence for Herakles cult.— L'Arabie préislamique et son environnement historique et culturel (Leiden 1989) 145–158, Abb. Taf.
KB Strasbourg 1987

4304
Cook, B. F.: Parthenon west pediment B-C. The serpent-fragment. Kanon. Festschrift E. Berger.—
AntK 15. Bh, 1988, 4–8, Taf.

4305
Cordischi, L.: Sul problema dell'Ara Pietatis Augustae e dei rilievi ad essa attribuiti.—
ArchCl 37, 1985, 238–265, Taf.

4306
Čoref, M. J.: Terrakota iz s. Zavetnoe. (Russ.) [Eine Terrakotte aus dem Dorf Zavetnoe].—
KraSoob 1985, Nr. 182, 58–60, Abb.

4307
Corso, A.: Prassitele, 1. Fonti epigrafiche. Fonti letterarie dall'età dello scultore al Medio Impero (IV sec. a. C. – circa 175 d. C.).—
Xenia, Quaderno 10, 1988, 1–271, Abb.

4308
Coulon, G.; Dufour, D.: Une représentation gallo-romaine de monstre mi-bélier mi-serpent à Bommiers (Indre).—
RACFr 27, 1988, Nr. 1, 123–124, Taf.

4309
Coulston, J. C.: Three legionaries at Croy Hill (Strathclyde).— Military equipment and the identity of Roman soldiers (Oxford 1988) 1–29, Abb.
KB Newcastle 1986

4310
Cremer, M. L.; Nollé, J.: Lydische Steindenkmäler.—
Chiron 18, 1988, 199–210, Taf.

4311
Cristofani, M.: La 'Venere' della Cannicella.—
AnnFaina 3, 1987, 27–39, Taf.

4312
Cserményi, V.: Une scène de sacrifice de Pannonie sur un objet en bronze de Savaria.— Griechische und römische Statuetten und Großbronzen (Wien 1988) 357–358, Abb.
KB Wien 1986

4313
Cunliffe, B.; Tomlin, R.; Walker, D.: The temple of Sulis Minerva at Bath, 2. The finds from the sacred spring.— (Oxford 1988) VII, 362 S., Abb.
(Oxford University Committee for Archaeology. Monograph, 16)

4314
Curtotti, A.: I rilievi gladiatori di San Severo. Un esempio di arte plebea.—
ArchStorPugl 41, 1988, 209–217, Abb.

4315
D'Ambra, E.: The cult of virtues and the funerary relief of Ulpia Epigone.—
Latomus 48, 1989, 392–400, Taf.

4316
D'Andria, F.: Stile ed iconografia nei rilievi del teatro di Hierapolis (Frigia).— Πρακτικά του XII Διεθνούς συνεδρίου κλασικής αρχαιολογίας, 3 (Αθήνα 1988) 49–52, Taf.
KB Athenai 1983

4317
Datsoule-Stauride, A.: Δύο κεφάλια Καρυατίδων ἀντίγραφα τῆς ρωμαϊκῆς ἐποχῆς ἀπό τό Ἐθνικό μουσεῖο.—
Archaiognosia 3, 1982–84, 235–236, Taf.

4318
Dawid, M.: Die Elfenbeinfriese von Ephesos.— Πρακτικά του XII Διεθνούς συνεδρίου κλασικής αρχαιολογίας, 2 (Αθήνα 1988) 233–236, Taf.
KB Athenai 1983

4319
De Angeli, S.: Su alcune sculture di età romana da Falerio Picenus.—
StUrbin 60, 1987, B, Nr. 3, 57–75, Taf.

4320
De Caro, S.: Villa rustica in località Petraro (Stabiae).—
RIA 10, 1987, 5–89, Abb.

4321
De Franciscis, A.: Il kouros di Krimisa.—
Klearchos 28, 1986, 5–14, Taf.

4322
De Franciscis, A.: Un rilievo funerario da Pompei.— Studia pompeiana et classica in honor of W. F. Jashemski, 1 (New Rochelle 1988) 97–102, Taf.

4323
De' Maffei, F.: Tradizione ed inovazione nei dittici eburnei. Giuliano, Pulcheria, Giustiniano.—
RivStOr 60, 1986, 89–139, Taf.

4324
De Meis, A. M.; Messineo, G.: Una lastra con girali da Fidenae.—
Xenia 17, 1989, 65–70, Abb.

4325
Delevorrias, A.: Τὸ βάθρο τῆς Ἀθηνᾶς Παρθένου καὶ ὁ γλυπτικὸς του διάκοσμος.— Πρακτικά του XII Διεθνούς συνεδρίου κλασικής αρχαιολογίας, 3 (Αθήνα 1988) 53–64, Taf.
KB Athenai 1983

4326
Delgado Valero, C.: La columna sepulcral. Una forma funeraria del arte helenístico y del arte islámico.— Arqueología medieval española, 2 (Madrid 1987) 559–566, Abb.
KB Madrid 1987

4327
Delivorrias, A.: Über die Ausarbeitung und die ursprüngliche Bestimmung eines weiblichen Kolossalkopfes. Interpretationsdilemmata. Kanon. Festschrift E. Berger.—
AntK 15. Bh, 1988, 81–86, Taf.

4328
Delivorrias, A.: The torso of a wounded warrior in Oxford.— Beiträge zur Ikonographie und Hermeneutik. Festschrift für N. Himmelmann (Mainz 1989) 129–133, Taf.

4329
Demargne, P.: Une scène guerrière au fronton ouest du monument des Néréides de Xanthos.—
Anadolu 21, 1978–80 [1987], 89–93, Taf.

4330
Denti, M.: Afrodite Pudica semipanneggiata. Questioni di iconografia.—
ArchCl 37, 1985, 138–153, Taf.

4331
Dentzer-Feydy, J.: Frontières et matériel archéologique en Syrie du Sud. Politique et culture du Ier siècle av. notre ère au IVe siècle de notre ère.— Géographie historique au Proche-Orient (Paris 1988) 219–229, Taf.
KB Valbonne 1985

4332
Despines, G.: Η ικέτιδα Barberini.— Πρακτικά του XII Διεθνούς συνεδρίου κλασικής αρχαιολογίας, 3 (Αθήνα 1988) 65–69, Taf.
KB Athenai 1983

4333
Despinis, G.: Zur Deutung des sogenannten Protesilaos in New York. Kanon. Festschrift E.Berger.—
AntK 15. Bh, 1988, 87–90

4334
Despinis, G.: Ein Grabrelief aus Oropos.— Beiträge zur Ikonographie und Hermeneutik. Festschrift für N. Himmelmann (Mainz 1989) 179–182, Taf.

4335
Despoine, A.: Παρατηρήσεις στὰ ἀνάγλυφα τοῦ βήματος τοῦ Φαίδρου.— Πρακτικά του XII Διεθνούς συνεδρίου κλασικής αρχαιολογίας, 3 (Αθήνα 1988) 70–73, Taf.
KB Athenai 1983

4336
Deubner, O. R.: Die Bronzen von Riace. Versuch einer Deutung und kunsthistorischen Zuordnung.— Πρακτικά του XII Διεθνούς συνεδρίου κλασικής αρχαιολογίας, 3 (Αθήνα 1988) 74–78, Taf.
KB Athenai 1983

4337
Devauges, J. B.: Entrains gallo-romain.— (Saint-Herblain 1988) XXIII, 382 S., Abb.

4338
Devijver, H.: L'iconographie de la stèle funéraire de T. Exomnius Mansuetus, praefectus cohortis.— The equestrian officers of the Roman Imperial army (Amsterdam 1989) 412–415, Taf.

4339
Devreker, J.: Nouveaux monuments et inscriptions de Pessinonte.—
EpigrAnat 11, 1988, 35–50, Taf.

4340
Di Filippo Balestrazzi, E.: Il rilievo di Argenidas e il culto dei Dioscuri ad Este.— Nuovi studi Maffeiani (Verona 1985) 33–51, Taf.
KB Verona 1983

4341
Di Filippo Balestrazzi, E.: La 'pompa del magistrato' e il dio di Emesa.—
AquilNost 56, 1985, 337–360, Abb.

4342
Di Filippo Balestrazzi, E.: Gli uomini sulla riva e l'uccello sulla scogliera nel rilievo di Arghenidas.—
AquilNost 57, 1986, 129–144, Abb.

4343
Diebner, S.: I rilievi gladiatori in rapporto ai giochi anfiteatrali.—
Anfiteatro Flavio (Roma 1988) 131–145, Abb.
SB

4344
Diebner, S.: Cippi carsulani.—
ArchCl 38–40, 1986–88, 35–66, Taf.

4345
Dimitrova-Milčeva, A.: Bronzestatuetten der Venus aus Novae (Moesia Inferior).— Griechische und römische Statuetten und Großbronzen (Wien 1988) 400–403, Abb.
KB Wien 1986

4346
Dimitrova-Milčeva, A.: Gemme e cammei del Museo storico comunale di Svištov.—
Ratiariensia 3–4, 1987, 193–207, Taf.

4347
Dobruna-Salihu, E.: Une stèle funéraire de la plaine de la Kossova.—
RechAlb 1, 1984, 161–168, Abb.

4348
Dörig, J.: Der Verwundete von Saint-Germain-en-Laye. Kanon. Festschrift E. Berger.—
AntK 15. Bh, 1988, 91–100, Taf.

4349
Dörig, J.: Le rôle des sculptures tectoniques du Ve siècle avant J. C.— Πρακτικά του XII Διεθνούς συνεδρίου κλασικής αρχαιολογίας, 3 (Αθήνα 1988) 79–88, Abb. Taf.
KB Athenai 1983

4350
Dörig, J.: Ein Original des Reichen Stils.— Beiträge zur Ikonographie und Hermeneutik. Festschrift für N. Himmelmann (Mainz 1989) 139–142, Taf.

4351
Donohue, A. A.: Xoana and the origins of Greek sculpture.— (Atlanta 1988) XXII, 509 S.
(American classical studies, 15)

4352
Dontas, G.: Some remarks on the bronze statues of Riace Marina.— Πρακτικά του XII Διεθνούς συνεδρίου κλασικής αρχαιολογίας, 3 (Αθήνα 1988) 89–96
KB Athenai 1983

4353
Dontas, G.: Ein verkanntes Meisterwerk im Nationalmuseum von Athen. Der Marmorkopf Γ. 177 und Überlegungen zum Stil Euphranors.— Beiträge zur Ikonographie und Hermeneutik. Festschrift für N. Himmelmann (Mainz 1989) 143–150, Taf.

4354
Donzelli, C.: Una statua-ritratto di principe Giulio-Claudio da Scolacium.—
PP 42, 1987, 51–66, Abb.

4355
Dwyer, E.: Decorum and the history of style in Pompeian sculpture.— Studia pompeiana et classica in honor of W. F. Jashemski, 1 (New Rochelle 1988) 105–111, Taf.

4356
Eckert, M.: Capuanische Grabsteine. Untersuchungen zu den Grabsteinen römischer Freigelassener aus Capua.— (Oxfort 1988) VII, 286 S., Abb.
(British archaeological reports. International series, 417)

4357
Edlund, I. E. M.: Classical themes in South Italian votive terracottas of the fifth and fourth centuries B.C. Continuity and development in cults and iconography.— Πρακτικά του XII Διεθνούς συνεδρίου κλασικής αρχαιολογίας, 2 (Αθήνα 1988) 237–242, Taf.
KB Athenai 1983

4358
Ehrhardt, W.: Der Torso Wien I 328 und der Westgiebel des Athena-Nike-Tempels auf der Akropolis in Athen.— Beiträge zur Ikonographie und Hermeneutik. Festschrift für N. Himmelmann (Mainz 1989) 119–127, Abb. Taf.

4359
Eiseman, C. J.; Ridgway, B. S.: The Porticello shipwreck. A Mediterranean merchant vessel of 415–385 B.C.— (College Station 1987) XII, 126 S., Abb. Taf.
(The nautical archaeology series, 2)

4360
Ensoli, S.: L'heróon di Dexileos nel Ceramico di Atene. Problematica architettonica e artistica attica degli inizi del IV secolo a. C.—
MemAccLinc 29, 1987, 156–329, Abb. Taf.

4361
Equini Schneider, E.: Palmireni in Africa. Calceus Herculis.—
L'Africa romana (Sassari 1988) 383–395, Taf.
KB Sassari 1987

4362
Erim, K. T.: Recherches récentes et découvertes à Aphrodisias de Carie.—
CRAI 1988, 734–757, Abb.

4363
Fabbri, M.; Trotta, A.: Una scuola-collegio di età augustea. L'Insula II di Velia.— (Roma 1989) 129 S., Abb. Taf.
(Archaeologia perusina, 7)

4364
Fabbricotti, E.: La statua dei Musei Vaticani, Sala Rotonda.—
Studi per L. Breglia, 3 (Roma 1987) 83–92, Abb.

4365
Fadić, I.: Liburnski nadgrobni spomenik u Veroni (CIL V, 2200, 8852. CIL III, 2190). (Kroat. m. engl. Res.) Round Liburnian tombstone from Verona.—
Diadora 10, 1988, 73–88, Abb. Taf.

4366
Farley, M.; Henig, M.; Taylor, J. W.: A hoard of late Roman bronze bowls and mounts from the Misbourne Valley, near Amersham, Bucks.—
Britannia 19, 1988, 357–366, Abb. Taf.

4367
Felten, F.: Archaische arkadische Bronzestatuetten.— Griechische und römische Statuetten und Großbronzen (Wien 1988) 237–243, Abb.
KB Wien 1986

4368
Ferchiou, N.: A propos de trois inscriptions inédites provenant de la Tunisie centrale.— L'Africa romana (Sassari 1988) 143–151, Taf.
KB Sassari 1987

4369
Ferdiere, A.: Les dauphins de terre cuite de Briou 'Moncelon' (Loir-et-Cher). Eléments de faîtage d'un édifice cultuel gallo-romain?—
RACFr 27, 1988, Nr. 1, 115–119, Taf.

4370
Floriani Squarciapino, M.: I rilievi di Ghirza. Alcune riflessioni.—
ArchCl 37, 1985, 266–278, Taf.

4371
Floriani Squarciapino, M.: Un nuovo frammento del fregio della basilica di Ostia. La lupa con i gemelli.— Studi per L. Breglia, 3 (Roma 1987) 119–126, Abb.

4372
Formigli, E.: Zur Form- und Gußtechnik des Jünglings vom Magdalensberg.— Griechische und römische Statuetten und Großbronzen (Wien 1988) 35–38, Abb.
KB Wien 1986

4373
Forni, G.: Epigraphica, 3.—
Epigraphica 50, 1988, 105–141, Abb.

4374
Fracchia, H.: Small terracotta discs. An emerging class of artifact in Southern Italy.—
BABesch 62, 1987, 85–91, Abb.

4375
Frantz, A.: The Athenian Agora, 24. Late antiquity A.D. 267–700.— (Princeton 1988) XXI, 156 S., Taf.

4376
Freiberger V.; Gschwantler, K.; Pacher, A.: Beobachtungen zur Oberfläche des Jünglings vom Magdalensberg.— Griechische und römische Statuetten und Großbronzen (Wien 1988) 28–34, Abb.
KB Wien 1986

4377
Frey-Asche, L.: Ein Terrakotta-Thron in Hamburg. Kanon. Festschrift E. Berger.—
AntK 15. Bh, 1988, 150–155, Abb. Taf.

4378
Freyberger, K. S.: Zur Datierung des Theaters in Bosra.—
DaM 3, 1988, 17–26, Taf.

4379
Frova, A.: Bronzi di Luni.— Griechische und römische Statuetten und Großbronzen (Wien 1988) 330–336, Abb.
KB Wien 1986

4380
Fuchs, M.; Liverani, P.; Santoro, P.: Il teatro e il ciclo statuario giulio-claudio.— (Roma 1989) 161 S., Abb. Taf.
(Caere, 2)

4381
Fuchs, W.: Zentrale und provinzielle Elemente in der spätklassischen Kunst. Kanon. Festschrift E. Berger.—
AntK 15. Bh, 1988, 156–158, Taf.

4382
Fuchs, W.: Thesen zu den Riace-Statuen.— Πρακτικά του XII Διεθνούς συνεδρίου κλασικής αρχαιολογίας, 3 (Αθήνα 1988) 97–98
KB Athenai 1983

4383
Fullerton, M. D.: The date of the Herculaneum Pallas type.—
AA 1989, 57–67

4384
Fusconi, C.: Giuliano da Sangallo e un rilievo con scena di caccia nella Pinacoteca civica di Savona.—
Xenia 16, 1988, 95–100, Abb.

4385
Gaál, A.: Bronz lószerszámdísz Silenos-Ábrázolással Szekszárdról. (Ung. m. dtsch. Res.) Bronzener Pferdegeschirrdekor mit Silenos-Darstellung aus Szekszárd.—
ArchErt 114–115, 1987–88, 100–105, Abb.

4386
Gabelmann, H.: Ein Iuventusrelief in Fossombrone.— Beiträge zur Ikonographie und Hermeneutik. Festschrift für N. Himmelmann (Mainz 1989) 369–376, Taf.

4387
Galliou, P.: Les tombes romaines d'Armorique. Essai de sociologie et d'économie de la mort.— (Paris 1989) 204 S., Abb.
(Documents d'archéologie française, 17)

4388
Gamer, G.: Formen römischer Altäre auf der hispanischen Halbinsel.— (Mainz 1989) IX, 338 S., Abb. Taf.
(Madrider Beiträge, 12)

4389
Garbsch, J.: Wagen oder Waagen?—
BayVgBl 53, 1988, 191–222, Abb. Taf.

4390
Gauer, W.: Parthenonische Amazonomachie und Perserkrieg. Kanon. Festschrift E. Berger.—
AntK 15. Bh, 1988, 28–41, Abb.

4391
Geominy, W.: Eleusinische Priester.— Beiträge zur Ikonographie und Hermeneutik. Festschrift für N. Himmelmann (Mainz 1989) 253–264, Taf.

4392
Gercke, P.: 'Pergami symplegma' des Kephisodot? Kanon. Festschrift E. Berger.—
AntK 15. Bh, 1988, 232–234, Taf.

4393
Gergel, R. A.: A late Flavian cuirassed torso in the J. Paul Getty Museum.—
GettyMusJ 16, 1988, 5–24, Abb.

4394
Gergel, R. A.: A Julio-Claudian torso in The Walters Art Gallery.—
JWaltersArtGal 45, 1987, 19–31, Abb.

4395
Geyer, A.: Ein griechisches Grabrelief in Tarent.—
JdI 104, 1989, 1–17, Abb.

4396
Ghedini, F.: Un rilievo da Golgoi e il culto di Apollo Magirios.—
AM 103, 1988, 193–202, Taf.

4397
Ghedini, F.: Una pasta vitrea aquileiese e il mito d'Io nella propaganda giulio-claudia.—
AquilNost 57, 1986, 665–676, Abb.

4398
Ghisellini, E.: La statua di Milone di Crotone ad Olimpia.—
Xenia 16, 1988, 43–52, Abb.

4399
Gisler-Huwiler, M.: A propos des apobates et de quelques cavaliers de la frise nord du Parthénon. Kanon. Festschrift E. Berger.—
AntK 15. Bh, 1988, 15–18, Abb. Taf.

4400
Giuliano, A.: I cammei della Collezione Medicea nel Museo archeologico di Firenze.— (Roma 1989) 335 S., Abb. Taf.

4401
Goette, H. R.: Zwei 'fest-datierte' griechische Statuen römischer Zeit.—
AM 103, 1988, 251–258, Taf.

4402
Goulaki-Voutira, A.: Eine Akroterfigur aus Eleusis.— Beiträge zur Ikonographie und Hermeneutik. Festschrift für N. Himmelmann (Mainz 1989) 411–416, Taf.

4403
Granino Cecere, M. G.: Alcuni documenti epigrafici in una villa di Grottaferrata.— Miscellanea greca e romana, 13 (Roma 1988) 63–70, Taf.
SB

4404
Greco, G.: Bilan critique des fouilles de Serra di Vaglio, Lucanie.—
RA 1988, 263–290, Abb.

4405
Grünhagen, W.: Bemerkungen zu den Kameen in der Krone des Königs Sancho IV. von Kastilien.—
MM 29, 1988, 245–253, Abb. Taf.

4406
Gschwantler, K.: Der Jüngling vom Magdalensberg. Ein Forschungsprojekt der Antikensammlung des Kunsthistorischen Museums Wien.— Griechische und römische Statuetten und Großbronzen (Wien 1988) 17–27, Abb. Taf.
KB Wien 1986

4407
Gudea, N.; Salanţiu, V.; Matei, A.: The colossal equestrian bronze statue of the emperor Marcus Aurelius Antoninus (Caracalla) at Porolissum. An attempt for a graphical reconstitution.— Griechische und römische Statuetten und Großbronzen (Wien 1988) 137–141, Abb.
KB Wien 1986

4408
Guerrini, L.: Ceres in hortis Car. Ferrariae.—
SciAnt 1, 1987, 225–256, Abb.

4409
Guerrini, L.: Statua di 'Nemesi' da Gortina.—
ASAtene 46, 1984 [1988], 113–139, Abb.

4410
Guerrini, L.; Carinci, F.: 'Indicazioni' Giustiniane, 1. Di rami e statue ritrovati e perdute.— Studi per L. Breglia, 3 (Roma 1987) 165–188, Abb.

4411
Guggisberg, M.: Terrakotten von Argos. Nachtrag.—
BCH 112, 1988, 535–543, Abb.

4412
Guiraud, H.: Intailles et camées de l'époque romaine en Gaule (territoire français).—
Gallia, suppl. 48, 1988, 236 S., Abb. Taf.

4413
Guiraud, H.: Vénus Victrix. A propos d'une intaille d'époque romaine, de Murviel-lès-Montpellier.—
RANarb 18, 1985, 399–403, Abb.

4414
Guiraud, H.: Images de progagande sur des intailles à l'époque augustéenne en Gaule. A propos d'une intaille d'Auterive.— Mélanges offerts à M. Labrousse (Toulouse 1987) 335–344, Abb. Taf.

4415
Guzzo, P. G.; Di Mino, M. R.; Carruba, A. M.; u. a.: Ricerche sui grandi bronzi del Museo nazionale romano.— Griechische und römische Statuetten und Großbronzen (Wien 1988) 165–174, Abb.
KB Wien 1986

4416
Häuber, R. C.: Zur Ikonographie der Venus vom Esquilin.—
KölnJbVFrühGesch 21, 1988, 35–64, Abb.

4417
Hafner, G.: Der Alexanderkopf aus Pergamon und der 'Aichmophoros' des Lysippos.—
Anadolu 21, 1978–80 [1987], 131–142, Taf.

4418
Hamiaux, M.: Les éléments d'architecture de Magnésie du Méandre conservés au Musée du Louvre.—
RA 1988, 83–108, Abb.

4419
Harari, M.: A proposito dei bronzi di Riace. Pausania e gli eponimi mancanti, l'iconografia di Pandione e altre considerazioni.—
AthenaeumPavia 66, 1988, 417–425, Taf.

4420
Harrison, E. B.: Lemnia and Lemnos. Sidelights on a Pheidian Athena. Kanon. Festschrift E. Berger.—
AntK 15. Bh, 1988, 101–107, Taf.

4421
Harrison, E. B.: Style phases in Greek sculpture from 450 to 370 B.C.— Πρακτικά του XII Διεθνούς συνεδρίου κλασικής αρχαιολογίας, 3 (Αθήνα 1988) 99–105, Taf.
KB Athenai 1983

4422
Harrison, E. B.: 'Theseum' east frieze. Color traces and attachment cuttings.—
Hesperia 57, 1988, 339–349, Taf.

4423
Harrison, R. M.: Amorium 1987. A preliminary survey.— AnatSt 38, 1988, 175–184, Abb. Taf.

4424
Heilmeyer, W. D.: Der Bronzekopf von Kythera. Neue Beschreibung.— Griechische und römische Statuetten und Großbronzen (Wien 1988) 57–65, Abb.
KB Wien 1986

4425
Heintze, H. v.: Das Grabrelief des Phaedrus.— Gymnasium 96, 1989, 1–12, Taf.

4426
Hellmann, M. C.: Encore des hexagones.— BCH 113, 1989, 149–160, Abb.

4427
Henig, M.: A cameo from Barnoldby le Beck, Humberside, depicting a mime actor.— AntJ 67, 1987, 371–372, Taf.

4428
Henig, M.; Webster, G.; Wilkins, R.: A bronze Dioscurus from Wroxeter and its fellow from Canterbury.— AntJ 67, 1987, 360–362, Taf.

4429
Henig, M.: The chronology of Roman engraved gemstones.— JRomA 1, 1988, 142–152, Abb.

4430
Hermary, A.: Un nouvel Apollon chypriote au Louvre.— CRAI 1988, 814–831, Abb.

4431
Herrmann, A.: Rhodian red limestone sculptures. Kanon. Festschrift E. Berger.— AntK 15. Bh, 1988, 244–246, Taf.

4432
Herrmann, H. V.: Die Siegerstatuen von Olympia.— Nikephoros 1, 1988, 119–183, Abb.

4433
Herrmann Jr., J. J.: The Ionic capital in late antique Rome.— (Roma 1988) X, 215 S., Abb. Taf.
(Archaeologica, 56)

4434
Hertel, D.: Eine Darstellung Alexanders d. Gr. und seiner Mutter Olympias. Zur Deutung des sogenannten Ptolemäerkameos in Wien.— Beiträge zur Ikonographie und Hermeneutik. Festschrift für N. Himmelmann (Mainz 1989) 417–423, Taf.

4435
Herz, N.; Grimanis, A. P.; Robinson, H. S.; u. a.: Science versus art history. The Cleveland Museum head of Pan and the Miltiades Marathon victory monument.— Archaeometry 31, 1989, 161–168, Abb.

4436
Hesberg, H. v.: Temporäre Bilder oder die Grenzen der Kunst. Zur Legitimation frühhellenistischer Königsherrschaft im Fest.— JdI 104, 1989, 61–82, Abb.

4437
Hiller, H.: Zur Polykletrezeption in der pergamenischen Kunst des späten Hellenismus.— Πρακτικά του XII Διεθνούς συνεδρίου κλασικής αρχαιολογίας, 3 (Αθήνα 1988) 106–111, Taf.
KB Athenai 1983

4438
Himmelmann, N.: Planung und Verdingung der Parthenon-Skulpturen.— Bathron. Beiträge zur Architektur und verwandten Künsten für H. Drerup (Saarbrücken 1988) 213–224, Abb.

4439
Himmelmann, N.: Ostgriechische Thronfiguren.— Anadolu 21, 1978–80 [1987], 175–181, Taf.

4440
Himmelmann, N.; u. a.: Herrscher und Athlet. Die Bronzen vom Quirinal. [Ausstellung] Bonn, Akademisches Kunstmuseum 20. Juni – 5. September 1989.— (Milano 1989) 246 S., Abb.

4441
Hölscher, T.: Eine frühe zweifigurige Grabstele. Kanon. Festschrift E. Berger.— AntK 15. Bh, 1988, 166–170, Taf.

4442
Hoffelner, K.: Die Metopen des Athener-Schatzhauses. Ein neuer Rekonstruktionsversuch.— AM 103, 1988, 77–117, Abb. Taf.

4443
Hoffmann, H.: The cicada on the omphalos. An iconological excursion.— Antiquity 62, 1988, 744–749, Abb.

4444
Holloway, R. R.: The Severe Style, new evidence and old problems.— NumAntCl 17, 1988, 55–79, Abb.

4445
Hornbostel, W.: Aphrodite und Eros. Zu einem neuen Weihrelief in Hamburg. Kanon. Festschrift E. Berger.— AntK 15. Bh, 1988, 171–179, Taf.

4446
Iacobone, C.: Le stipi votive di Taranto. Scavi 1885–1934.— (Roma 1988) VII, 188 S., Taf.
(Corpus delle stipi votive in Italia, 2. Regio 2,1.)

4447
Inan, J.: Thronende Isis von Perge.— Anadolu 21, 1978–80 [1987], 1–8, Taf.

4448
Inan, J.: Aphrodite, Tänzerin oder Wassernymphe.— Beiträge zur Ikonographie und Hermeneutik. Festschrift für N. Himmelmann (Mainz 1989) 273–280, Taf.

4449
Invernizzi, A.: Héraclès à Séleucie du Tigre.— RA 1989, 65–113, Abb.

4450
Jannot, J. R.: Le lanceur de javelot du Louvre ou le chemin des bronziers étrusques.— Griechische und römische Statuetten und Großbronzen (Wien 1988) 82–87, Abb.
KB Wien 1986

4451
Johansen, F.: Den unge mand og fuglekvinden.— MeddelelsGlyptKøb 44, 1988, 117–139, Abb.

4452
Joulia, J. C.: Les frises doriques de Narbonne.— (Bruxelles 1988) 287 S., Taf.
(Collection Latomus, 202)

4453
Jung, H.: Zum strengen Stil.— Bathron. Beiträge zur Architektur und verwandten Künsten für H. Drerup (Saarbrücken 1988) 253–268, Abb.

4454
Kabus-Preisshofen, R.: Die hellenistische Plastik der Insel Kos.— AM Beih. 14, 1989, 346 S., Abb. Taf.

4455
Kabus-Preisshofen, R.: Der 'Betende Knabe' in Berlin. Schicksal einer antiken Großbronze und das Problem ihrer Deutung.— AA 1988, 679–699, Abb.

4456
Känel, R.: Drei hellenistische Grabreliefs aus Smyrna in Basel.— AntK 32, 1989, 50–58, Taf.

4457
Kakovkin, A. J.: Stely 'gruppy Kom Abu Bilu' v sobranii Ėrmitaža. (Russ.) [Stelen der Gruppe 'Kom Abu Billo' in der Sammlung der Ermitage.].— Gosudarstvennyj Ėrmitaž. Skul'ptura v muzee (Leningrad 1984) 23–30, Abb.
SB

4458
Kalcev, K.: Bronzestatuetten aus dem Territorium von Augusta Traiana (Stara Zagora, V.R. Bulgarien).— Griechische und römische Statuetten und Großbronzen (Wien 1988) 404–410, Abb.
KB Wien 1986

4459
Kalogeropoulou, A. G.: Πλαστικὲς παραστάσεις τοῦ Παγκράτους. Πρόδρομη ἀνακοίνωση.— Πρακτικά του XII Διεθνούς συνεδρίου κλασικής αρχαιολογίας, 3 (Αθήνα 1988) 127–131, Taf.
KB Athenai 1983

4460
Kalogeropoulou, A. G.: Αττικό επιτύμβιο από τα Μεσόγεια. Πρόδρομη ανακοίνωση.— Πρακτικά Γ' Επιστημονικής συνάντησης ΝΑ. Αττικής (Καλύβια 1988) 107–115, Taf.
KB Kalyvia 1987

4461
Kaltsas, N. E.: Πήλινες διακοσμημένες κεραμώσεις από τη Μακεδονία.— (Αθήνα 1988) 120 S., Abb. Taf.
(Δημοσιεύματα του Αρχαιολογικού δελτίου, 37)

4462
el-Kalza, S.: Neilos in Alexandrian art. A study of a recently discovered statue of the god Neilos in Alexandria.— Πρακτικά του XII Διεθνούς συνεδρίου κλασικής αρχαιολογίας, 2 (Αθήνα 1988) 243–249, Taf.
KB Athenai 1983

4463
Kanceva, T.: Bronzestatuetten des thrakischen Reitergottes im Museum Nova Zagora.— Griechische und römische Statuetten und Großbronzen (Wien 1988) 411–412, Abb.
KB Wien 1986

4464
Kane, S.; Carrier, S. C.: Relationships between style and size of statuary and the availability of marble at Cyrene.— Classical marble (Dordrecht 1988) 197–206, Abb.
KB Il Ciocco 1988

4465
Kane, S. E.: Sculpture from Cyrene in its Mediterranean context.— Ancient marble quarrying and trade (Oxford 1988) 127–138, Abb.
KB San Antonio 1986

4466
Karageorghis, V.: Blacks in ancient Cypriot art.— (Houston 1988) 62 S., Abb.

4467
Karageorghis, V.: A stone statuette of a sphinx and a note on small limestone thymiateria from Cyprus.—
RDAC 1988, Nr. 2, 89–93, Abb. Taf.

4468
Karagiorga-Stathakopoulou, T.: Μιὰ πελοποννησιακὴ Ἀθηνᾶ Πολιοῦχος.— Πρακτικά του XII Διεθνούς συνεδρίου κλασικής αρχαιολογίας, 3 (Αθήνα 1988) 132–140, Abb. Taf.
KB Athenai 1983

4469
Kars, M.; Moltzer, J. G.; Knoop, R. R.: Petrography of archaic antefixes from Satricum.—
BABesch 62, 1987, 57–65, Abb.

4470
Kell, K.: Formuntersuchungen zu spät- und nachhellenistischen Gruppen.— (Saarbrücken 1988) 136 S., Abb.
(Saarbrücker Studien zur Archäologie und Alten Geschichte, 2)

4471
Kiilerich, B.; Torp, H.: Hic est, hic Stilicho. The date and interpretation of a notable diptych.—
JdI 104, 1989, 319–371, Abb.

4472
Kleiner, D. E. E.: Roman funerary art and architecture. Observations on the significance of recent studies.—
JRomA 1, 1988, 115–119

4473
Klejman, I. B.: Izobraženie voina na fragmente rel'efa iz Tiry. (Russ.) [Kriegerdarstellung auf einem Relieffragment aus Tyras.].— Novye issledovanija po archeologii Severnogo Pričernomor'ja (Kiev 1987) 46–52, Abb. Taf.
SB

4474
Kluwe, E.: Sitzende Göttin mit Mauerkrone. Tyche. Zur Einordnung und Funktionsbestimmung einer Jenaer Bronzestatuette der mittleren Kaiserzeit.— Griechische und römische Statuetten und Großbronzen (Wien 1988) 285–289, Abb.
KB Wien 1986

4475
Knell, H.: Überlegungen zur Entstehung einer römischen Gruppenkomposition. Die Mars-Venus-Gruppe.— Πρακτικά του XII Διεθνούς συνεδρίου κλασικής αρχαιολογίας, 3 (Αθήνα 1988) 145–150, Taf.
KB Athenai 1983

4476
Knigge, U.: Ein Meisterwerk des frühen strengen Stils im Kerameikos.— Πρακτικά του XII Διεθνούς συνεδρίου κλασικής αρχαιολογίας, 3 (Αθήνα 1988) 151–154, Taf.
KB Athenai 1983

4477
Kobylina, M. M.: Rol' tradicii v grečeskom iskusstve. (Russ.) [Die Rolle der Tradition in der griechischen Kunst.].— Problemy antičnoj kul'tury (Moskva 1986) 23–31, Abb.
SB

4478
Koch, G.: Zu einigen Privatporträts auf Grabmonumenten im Getty Museum.— Ritratto ufficiale e ritratto privato (Roma 1988) 355–359, Abb.
KB Roma 1984

4479
Koch, G.: Ein phrygisches Weihrelief für Zeus Thallos.— EpigrAnat 12, 1988, 143–146, Abb. Taf.

4480
Koch, G.; Wight. K.: Roman funerary sculpture. Catalogue of the collections.— (Malibu 1988) XII, 128 S., Abb.
(The J. Paul Getty Museum)

4481
Koenigs, W.; Philipp. H.: Die Löwensäule von Ankara.— Anadolu 21, 1978–80 [1987], 157–173, Taf.

4482
Koeppel, G. M.: Die historischen Reliefs der römischen Kaiserzeit, 5. Ara Pacis Augustae, 2.—
BJb 188, 1988, 97–106, Abb.

4483
Kohlert-Németh, M.: Römische Bronzen aus Nida-Heddernheim, 1. Götter und Dämonen. Auswahlkatalog.— (Frankfurt a. M. 1988) 85 S., Abb.
(Museum für Vor- und Frühgeschichte. Archäologische Reihe, 11)

4484
Korrés, G.: Evidence for a hellenistic chthonian cult in the prehistoric cemetery of Voïdokoiliá in Pylos (Messenia).—
Klio 70, 1988, 311–328, Abb.

4485
Kostoglou-Despini, A.: Eine Grabstele aus Pydna. Kanon. Festschrift E. Berger.—
AntK 15. Bh, 1988, 180–186, Taf.

4486
Kranz, P.: Ein spätrömisches Postament von ungewöhnlicher Form in Hever Castle.— Bathron. Beiträge zur Architektur und verwandten Künsten für H. Drerup (Saarbrücken 1988) 269–277, Abb.

4487
Kranz, P.: Eine 'zeushafte' Erscheinung des Heilgottes. Zu einer Bronzestatuette in Basel.—
AntK 32, 1989, 59–61, Taf.

4488
Kranz, P.: Die Asklepiosstatue im Schloßpark von Klein-Glienikke. Ein neuer Typus und sein kulturgeschichtlicher Hintergrund.—
JdI 104, 1989, 107–155, Abb.

4489
Kranz, P.: Bemerkungen zum Bonner Asklepios-Pinax.— Beiträge zur Ikonographie und Hermeneutik. Festschrift für N. Himmelmann (Mainz 1989) 289–295, Taf.

4490
Kreeb, M.: Untersuchungen zur figürlichen Ausstattung delischer Privathäuser.— (Chicago 1988) XVII, 357 S., Abb.

4491
Krien-Kummrow, G.: Eine Theatermaske aus dem Kerameikos.— Studies in honour of T. B. L. Webster, 2 (Bristol 1988) 69–74, Taf.

4492
Kruglov, A.: Composition and date of the relief fragment 'Dionysos visits a dramatic poet'. (Russ. m. engl. Res.).—
SoobErmit 52, 1987, 33–36, Abb.

4493
Krystalle-Votse, K.: Νεοαττικὸ ἀνάγλυφο ἀπὸ τὴν ἀρχαία Κόρινθο.— Πρακτικά του XII Διεθνούς συνεδρίου κλασικής αρχαιολογίας, 3 (Αθήνα 1988) 22–27, Taf.
KB Athenai 1983

4494
Kyrieleis, H.: Bronzener Bauschmuck.— Bathron. Beiträge zur Architektur und verwandten Künsten für H. Drerup (Saarbrücken 1988) 279–286, Abb.

4495
Kyrieleis, H.: Ein klassischer Kopf, erneut betrachtet. Kanon. Festschrift E. Berger.—
AntK 15. Bh, 1988, 108–111, Taf.

4496
Lagona, S.: Statua panneggiata dalla stoà di Artemis Astias a Iasos.—
ASAtene 46, 1984 [1988], 141–149, Abb.

4497
Lambrinoudakis, V.: Neues zur Ikonographie der Dirke.— Beiträge zur Ikonographie und Hermeneutik. Festschrift für N. Himmelmann (Mainz 1989) 341–350, Taf.

4498
Langdon, S.: In the pasture of the gods.—
Muse 21, 1987, 55–64, Abb.

4499
Laser, R.: Eine provinzialrömische Glasgemme von Westeregeln, Kr. Stassfurt.—
AusgrFu 33, 1988, 204–206, Abb. Taf.

4500
Lauter, H.: Hellenistische Sepulkralarchitektur auf Rhodos. Rhodisch-koische Nikealtäre und die Bildhauerwerkstatt des Turmes der Winde zu Athen.— Archaeology in the Dodecanese (Copenhagen 1988) 155–163, Abb.
KB København 1986

4501
Lavagne, H.: Les dieux de la Gaule romaine.—
ArcheologiaParis 1989, Nr. 246, 48–57, Abb.

4502
Lazarides, D.: Ἐργαστήρια καὶ ἔργα κοροπλαστικῆς ἀνατολικῆς Μακεδονίας-Θράκης.— Πρακτικά του XII Διεθνούς συνεδρίου κλασικής αρχαιολογίας, 2 (Αθήνα 1988) 125–130, Taf.
KB Athenai 1983

4503
Le Dinahet, M. T.: Autels à guirlandes et bucranes à Délos.— BSocBiblReinach 3, 1985, 15–21, Abb.

4504
Lebessi, A.: Der Berliner Widderträger. Hirt oder hervorragender Bürger?— Beiträge zur Ikonographie und Hermeneutik. Festschrift für N. Himmelmann (Mainz 1989) 59–64, Taf.

4505
Lefèvre, E.: Das Bild-Programm des Apollo-Tempels auf dem Palatin.— (Konstanz 1989) 39 S., Taf.
(Xenia. Konstanzer althistorische Vorträge und Forschungen, 24)

4506
Lefèvre, F.: Réflexions à propos des sculptures de la Porte de Mars à Reims.—
Caesarodunum 23, 1988, 149–160, Abb. Taf.

4507
Lehmann, S.: Ptolemaios III. Euergetes. Hermes Enagonios als Pentathlos und Pankratiast. Zur Bedeutung zweier alexandrinischer Bronzestatuetten in Stuttgart.— Griechische und römische Statuetten und Großbronzen (Wien 1988) 290–301, Abb.
KB Wien 1986

4508
Lemjakina, Z. N.: Mramornyj rel'ef iz Gorgippii. (Russ.) [Ein Marmorrelief aus Gorgippia.].—
KraSoob 1987, Nr. 191, 67–70, Abb.

4509
León, P.: El neoaticismo escultórico del puteal.— Coloquio sobre el puteal de la Moncloa (Madrid 1986) 55–63, Taf.
KB Madrid 1983

4510
León, P.: La Afrodita de Itálica.— Beiträge zur Ikonographie und Hermeneutik. Festschrift für N. Himmelmann (Mainz 1989) 405–410, Taf.

4511
Lepper, F.; Frere, S.: Trajan's Column. A new edition of the Cichorius plates.— (Gloucester 1988) XVIII, 339 S., Abb. Taf.

4512
Lichocka, B.: Une version romaine de l'Athéna pensive.— Πρακτικά του XII Διεθνούς συνεδρίου κλασικής αρχαιολογίας, 3 (Αθήνα 1988) 161–164, Taf.
KB Athenai 1983

4513
Linfert, A.: Quellenprobleme. Zu Alkamenes und Kolotes.—
RdA 12, 1988, 33–41

4514
Liverani, P.: Ancora sulla ricostruzione dell'Ara dei vicomagistri.—
BMonMusPont 8, 1988, 5–19, Abb.

4515
Liverani, P.: L'Antiquarium di Villa Barberini a Castel Gandolfo.— (Città del Vaticano 1989) 104 S., Abb. Taf.
(Monumenti musei e gallerie pontificie)

4516
Ljubenova, V.: Antike Bronzekultplastik aus dem Bezirk Pernik.— Griechische und römische Statuetten und Großbronzen (Wien 1988) 413–415, Abb.
KB Wien 1986

4517
Lo Porto, F. G.: Testimonianze archeologiche di culti metapontini.—
Xenia 16, 1988, 5–28, Abb.

4518
Lopreato, P.: Grado. La stele con ritratto di un magistrato tardoantico.— Aquileia e Roma (Udine 1987) 165–171, Taf.
KB Aquileia 1986

4519
Lorenz, H. T.: Laokoon.—
(Ianus 9, 1987–88, 13–33, Abb.)
SD

4520
Lorenz, T.: Beobachtungen an der Reiterstatue des Marc Aurel auf dem Kapitolsplatz.— Griechische und römische Statuetten und Großbronzen (Wien 1988) 124–129, Abb.
KB Wien 1986

4521
Lorenz, T.: Ein zweiter Laokoon?—
AA 1989, 69–70

4522
Lunsingh Scheurleer, R. A.: Bes, demon in Egypte.—
VerAmstMeded 39, 1987, 2–13, Abb.

4523
Lunsingh Scheurleer, R. A.: Eros op de gans.—
VerAmstMeded 43, 1988, 18–21, Abb.

4524
Maaskant-Kleibrink, M.: Illusion, form and function in Greek relief sculpture.— Πρακτικά του XII Διεθνούς συνεδρίου κλασικής αρχαιολογίας, 3 (Αθήνα 1988) 165–171, Abb. Taf.
KB Athenai 1983

4525
Maass, M.: Ein Stierkopf aus Bronze.—
Anadolu 21, 1978–80 [1987], 203–210, Taf.

4526
Maccabruni, C.: Testimonianze di scultura celebrativa privata a Laumellum.—
NumAntCl 17, 1988, 241–260, Abb.

4527
Maehler, H.: Poésie alexandrine et art hellénistique à Memphis.—
ChrEg 63, 1988, 113–136, Abb.

4528
Maggi, S.: Un Paride ritrovato. Il 'Mercurio' della casa di Giulio Romano a Mantova.—
(Quaderni di Palazzo Te 8, 1988, 37–41, Abb.)
SD

4529
Mansuelli, G. A.: Il rilievo da Caere con simboli degli 'Etruriae populi'.—
StEtr 54, 1986, 101–112, Abb. Taf.

4530
Mantes, A.: Δωρική ζοφόρος με αμαζονομαχία από τη Σπάρτη.— Πρακτικά του XII Διεθνούς συνεδρίου κλασικής αρχαιολογίας, 3 (Αθήνα 1988) 177–184, Abb. Taf.
KB Athenai 1983

4531
Mantis, A.: Beiträge zur Wiederherstellung der mittleren Südmetopen des Parthenon.— Beiträge zur Ikonographie und Hermeneutik. Festschrift für N. Himmelmann (Mainz 1989) 109–114, Abb. Taf.

4532
Mantzoulinou-Richards, E.: A stele for a priestess of Isis on the island of Syros.—
AncWorld 17, 1988, 35–39, Abb.

4533
Marcadé, J.: Le souvenir possible d'une composition classique grecque dans deux documents d'époque romaine. Kanon. Festschrift E. Berger.—
AntK 15. Bh, 1988, 257–261, Taf.

4534
Marcadé, J.: Le classicisme dans la sculpture grecque du IVe siècle.— Πρακτικά του XII Διεθνούς συνεδρίου κλασικής αρχαιολογίας, 3 (Αθήνα 1988) 185–186
KB Athenai 1983

4535
Margreiter, I.: Alt-Ägina, 2, 3. Die Kleinfunde aus dem Apollon-Heiligtum.— (Mainz 1988) 86 S., Abb. Taf.

4536
Mariné, M.; Mora, G.: Historia y estudios antiguos sobre el puteal.— Coloquio sobre el puteal de la Moncloa (Madrid 1986) 35–41
KB Madrid 1983

4537
Marszal, J. R.: An architectural function for the Lyons kore.—
Hesperia 57, 1988, 203–206, Taf.

4538
Martelli, M.: La stipe votiva dell'Athenaion di Jalysos. Un primo bilancio.— Archaeology in the Dodecanese (Copenhagen 1988) 104–120, Abb.
KB København 1986

4539
Mathiopoulos, E.: Das Fragment eines attischen Doppelreliefs.— Beiträge zur Ikonographie und Hermeneutik. Festschrift für N. Himmelmann (Mainz 1989) 151–159, Abb. Taf.

4540
Mathiopoulou-Tornaritou, E.: Κλασικιστικές παραστάσεις δύο τύπων Αθηνάς σε ορθοκεράμους της εποχής των Φλαβίων.— Πρακτικά του XII Διεθνούς συνεδρίου κλασικής αρχαιολογίας, 3 (Αθήνα 1988) 172–176, Taf.
KB Athenai 1983

4541
Mattusch, C. C.: Greek bronze statuary. From the beginnings through the fifth century B.C.— (Ithaca 1988) XVIII, 246 S., Abb.

4542
Mendoza Eguaras, A.: Minerva (Atenea) de bronce del Museo arqueológico di Granada.—
CuadGranada 9, 1984, 285–287, Abb. Taf.

4543
Merkelbach, R.: Der Brief des Dareios im Getty-Museum und Alexanders Wortwechsel mit Parmenion.—
ZPE 77, 1989, 277–280, Taf.

4544
Merker, G. S.: Fragments of architectural-terracotta Hydras in Corinth.—
Hesperia 57, 1988, 193–202, Abb. Taf.

4545
Mertens, J.: Cavaliers à l'anguipède.—
Caesarodunum 23, 1988, 171–173, Abb. Taf.

4546
Messineo, G.: Monumenta Altempsiana. La collezione di sculture antiche.— Palazzo Altemps. Indagini per il restauro della fabbrica Riario, Soderini, Altemps (Roma 1987) 143–196, Abb.
(Lavori e studi di archeologia pubblicati dalla Soprintendenza archeologica di Roma, 8)

4547
Metropoulou, E.: Η τυπολογία της θεάς Υγείας με φίδι.— Πρακτικά του XII Διεθνούς συνεδρίου κλασικής αρχαιολογίας, 3 (Αθήνα 1988) 192–193, Taf.
KB Athenai 1983

4548
Meyer, M.: Die griechischen Urkundenreliefs.—
AM Beih. 13, 1989, XII, 344 S., Taf.

4549
Meyer, M.: Erfindung und Wirkung. Zum Asklepios Giustini.—
AM 103, 1988, 119–159, Taf.

4550
Meyer, M.: Zur 'sinnenden' Athena.— Beiträge zur Ikonographie und Hermeneutik. Festschrift für N. Himmelmann (Mainz 1989) 161–168, Taf.

4551
Michelucci, M.: La statuaria sestinate.— Sestinum (Rimini 1989) 99–129, Abb.
KB Sestino 1983

4552
Miglbauer, R.: Ein römerzeitlicher Verwahrfund aus Wels, OÖ.—
BayVgBl 53, 1988, 287–292, Abb. Taf.

4553
Mikocki, T.: Faustine la Jeune en Vénus. Mythes et faits.— Ritratto ufficiale e ritratto privato (Roma 1988) 383–389, Abb.
KB Roma 1984

4554
Mócsy, A.: Der Grabstein einer romanisierten keltischen Familie in der Umgebung von Scarbantia.—
ActaArchHung 40, 1988, 101–110, Abb.

4555
Moleva, N. V.: The Greek and the Barbarian in Bosporan anthropomorphic grave monuments. (Russ. m. engl. Res.).— The Black Sea littoral in the hellenistic times (Tbilisi 1985) 365–374, Abb.
KB Cchaltubo 1982

4556
Moltesen, M.: Aegte, falsk eller midt imellem.—
MeddelelsGlyptKøb 44, 1988, 69–93, Abb.

4557
Moreno, P.: Sculture lisippee nei musei di Roma.— Archeologia laziale, 9 (Roma 1988) 467–482, Abb.
KB Roma 1987

4558
Moreno, P.: Bronzi lisippei.— Grichische und römische Statuetten und Großbronzen (Wien 1988) 258–264, Abb.
KB Wien 1986

4559
Moreno, P.: I giganti del porto.—
Archeo 54, 1989, 18–25, Abb.

4560
Moreno, P.: Una testa del Museo di Aquileia da un tipo lisippeo attestato a Roma. Ermete che si slaccia il sandalo.— Aquileia e Roma (Udine 1987) 173–183, Taf.
KB Aquileia 1986

4561
Moscatelli, U.: Trea.— ([Firenze] 1988) 75 S., Abb. Taf.
(Forma Italiae)

4562
Moss, C. F.: Roman marble tables. Diss. Princeton University 1988. 2 Bde.; Tafelbd.— (Ann Arbor 1989) XIV, 926 S.
(University Microfilms International)

4563
Moustaka, A.: Κεντρικὸ ἀκρωτήριο μὲ παράσταση γιγαντομαχίας ἀπὸ τὴν Ὀλυμπία.— Πρακτικά του XII Διεθνούς συνεδρίου κλασικής αρχαιολογίας, 3 (Αθήνα 1988) 194–199, Abb. Taf.
KB Athenai 1983

4564
Muss, U.: Die Göttin auf dem Raubtier.— Beiträge zur Ikonographie und Hermeneutik. Festschrift für N. Himmelmann (Mainz 1989) 53–57, Abb. Taf.

4565
Muzzioli, M. P.: Su una statua dagli scavi Torlonia a Cures Sabini.— Per C. Guglielmi. Scritti di allievi (Roma 1989) 121–124, Abb.

4566
Myśliwiec, K.; u. a.: Remains of a Ptolemaic villa at Athribis.—
MDIK 44, 1988, 183–197, Abb. Taf.

4567
Nachtergael, G.: Terres cuites inédites des maisons K et H d'Héracléopolis Magna. (Fouilles de William M. Flinders Petrie.).— Miscellània papirològica R. Roca-Puig (Barcelona 1987) 229–240, Taf.

4568
Nagele, M.: Die Bronzekrieger von Riace als Vorbilder zweier Stuckreliefs.— Griechische und römische Statuetten und Großbronzen (Wien 1988) 52–56, Abb.
KB Wien 1986

4569
Nagy, H.: Votive terracottas from the 'Vignaccia', Cerveteri, in the Lowie Museum of Anthropology.— (Roma 1988) XVI, 317 S., Taf.
(Archaeologica, 75)

4570
Najdenova, V.: Il culto di Ercole a Ratiaria città e territorio.—
Ratiariensia 3–4, 1987, 15–23, Taf.

4571
Naumann, R.: Eine Greifenprotome vom Taxiarchis-Hügel in Didyma.— Bathron. Beiträge zur Architektur und verwandten Künsten für H. Drerup (Saarbrücken 1988) 319–323, Abb.

4572
Neils, J.: The quest for Theseus in classical sculpture.— Πρακτικά του XII Διεθνούς συνεδρίου κλασικής αρχαιολογίας, 2 (Αθήνα 1988) 155–158
KB Athenai 1983

4573
Nerzic, C.: La sculpture en Gaule romaine.— (Paris 1989) 343 S., Abb.

4574
Newman, J. K.: Domitian, Justinian and Peter the Great. The ambivalent iconography of the mounted king.—
IllinClSt 12, 1987, 315–335

4575
Nielsen, A. M.: 'Fecit et Alexandrum Magnum multis operibus.' Alexander the Great and Lysippos.—
ActaArch 58, 1987, 151–170, Abb.

4576
Nista, L.: Materiali marmorei dalla valle dell'Anfiteatro.— Anfiteatro Flavio (Roma 1988) 107–118, Abb.
SB

4577
Noordaa-Dominicus van den Bussche, S. B. M. van der: Op leven en dood.—
VerAmstMeded 41, 1987, 1–13, Abb.

4578
Noordaa-Dominicus van den Bussche, S. B. M. van der: Spiedend en dansend.—
VerAmstMeded 43, 1988, 22–24, Abb.

4579
Nuber, H. U.: Antike Bronzen aus Baden-Württemberg.— (Stuttgart 1988) 128 S., Abb.
(Schriften des Limesmuseums Aalen, 40)

4580
Østby, E.: Riflessioni sulle metope di Selinunte.—
PP 42, 1987, 123–153

4581
Østby, E.: The sculptural program of temple E at Selinus.— Πρακτικά του XII Διεθνούς συνεδρίου κλασικής αρχαιολογίας, 3 (Αθήνα 1988) 200–208, Abb. Taf.
KB Athenai 1983

4582
Özgan, R.: Ein neues archaisches Sitzbild aus Knidos.— Beiträge zur Ikonographie und Hermeneutik. Festschrift für N. Himmelmann (Mainz 1989) 47–51, Taf.

4583
Onajko, N. A.: Statuja Afiny iz Apollonii Illirijskoj. (Russ.) [Eine Athenastatue aus Apollonia in Illyrien.].— Problemy antičnoj kul'tury (Moskva 1986) 60–66, Abb.
SB

4584
Oppermann, M.: Aspekte gesellschaftlicher und bildkünstlerischer Entwicklung im Ostbalkanraum während des 3. Jh.— Krise. Krisenbewußtsein. Krisenbewältigung (Halle 1988) 59–68, Abb.
KB Halle 1984

4585
Osmuk, N.: Eine Gruppe kleiner Bronzen aus Kobarid.— Griechische und römische Statuetten und Großbronzen (Wien 1988) 359–364, Abb.
KB Wien 1986

4586
Ouvry, J.: Une réplique de l'Héraclès Epitrapezios retrouvée.— AntK 32, 1989, 152–154, Taf.

4587
Palagia, O.: The Hope Herakles reconsidered.— Πρακτικά του XII Διεθνούς συνεδρίου κλασικής αρχαιολογίας, 3 (Αθήνα 1988) 209–212, Taf.
KB Athenai 1983

4588
Pannuti, U.: Tre gemme romane con ritratti imperiali.— Ritratto ufficiale e ritratto privato (Roma 1988) 413–417, Abb.
KB Roma 1984

4589
Pantermales, D.: Αντίγραφα των αυτοκρατορικών χρόνων στη Μακεδονία.— Πρακτικά του XII Διεθνούς συνεδρίου κλασικής αρχαιολογίας, 3 (Αθήνα 1988) 213–216, Taf.
KB Athenai 1983

4590
Pantos, P. A.: Σωσ [ις;].—
Horos 5, 1987, 155–161, Taf.

4591
Pantos, P. A.: Zwei Skarabäen hellenistischer Zeit aus Echinos.— Beiträge zur Ikonographie und Hermeneutik. Festschrift für N. Himmelmann (Mainz 1989) 315–320, Taf.

4592
Paoletti, M.: L'insediamento di Amplero (Collelongo e Ortucchio) dall'età preromana al Tardoantico. Sintesi delle ricerche.— Il territorio del Parco nazionale d'Abruzzo nell'antichità (Civitella Alfedena 1988) 209–249, Abb.
KB Villetta Barrea 1987

4593
Papanicolaou Christensen, A.; Thomsen, R.; Ploug, G.: Hama. Fouilles et recherches 1931–1939, 3, 3. The Graeco-Roman objects of clay, the coins and the necropolis.— (Copenhague 1986) 113 S., Abb.
(Nationalmuseets skrifter. Større beretninger, 10)

4594
Paparatti, E.: Osservazioni sugli stucchi.— Anfiteatro Flavio (Roma 1988) 83–89, Abb.
SB

4595
Papuci-Władyka, E.: Two Corinthian terracotta figurines in Cracow.— From the archaeological collections of Cracow and Jena (Warszawa 1988) 23–29, Taf.
SB

4596
Paris, R.: Propaganda e iconografia. Una lettura del frontone del tempio di Quirino sul frammento del 'rilievo Hartwig' nel Museo nazionale romano.—
BdA 73, 1988, Nr. 52, 27–38, Abb.

4597
Pelagatti, P.; Rastrelli, A.; Ciurcina, C.; u. a.: Naxos (Messina). Gli scavi extraurbani oltre il Santa Venera, 1973–75.—
NSc 38–39, 1984–85, 253–497, Abb. Taf.

4598
Peppa Delmouzou, N.: Επιτύμβια και οικογενειακά μνημεία από τη ΝΑ. Αττική.— Πρακτικά Γ' Επιστημονικής συνάντησης ΝΑ. Αττικής (Καλύβια 1988) 119–130, Taf.
KB Kalyvia 1987

4599
Peppa-Papaioannou, E.: Μερικὲς παρατηρήσεις σε κοροπλαστικὰ ἔργα τοῦ 5ου καὶ 4ου αἱ. π. Χ. ἀπὸ τὴν Ἐπιδαυρία.— Πρακτικά του XII Διεθνούς συνεδρίου κλασικής αρχαιολογίας, 2 (Αθήνα 1988) 253–258, Taf.
KB Athenai 1983

4600
Pertosa, A.: Maschere teatrali nelle collezioni romane di antichità.—
StUrbin 60, 1987, B, Nr. 3, 77–97, Taf.

4601
Peters, W. J. T.: Römische Bronzestatuetten aus den Niederlanden. Einige Anmerkungen zur Technik ihrer Herstellung.— Griechische und römische Statuetten und Großbronzen (Wien 1988) 219–221, Abb.
KB Wien 1986

4602
Pfanner, M.: Über das Herstellen von Porträts. Ein Beitrag zu Rationalisierungsmaßnahmen und Produktionsmechanismen von Massenware im späten Hellenismus und in der römischen Kaiserzeit.—
JdI 104, 1989, 157–257, Abb.

4603
Pflug, H.: Römische Porträtstelen in Oberitalien. Untersuchungen zur Chronologie, Typologie und Ikonographie.— (Mainz 1989) XIV, 320 S., Abb. Taf.

4604
Picard, G. C.: Le problème du thiase marin de Scopas.— Πρακτικά του XII Διεθνούς συνεδρίου κλασικής αρχαιολογίας, 3 (Αθήνα 1988) 217–220, Taf.
KB Athenai 1983

4605
Piccottini, G.: Ein Grabaltar aus Virunum.—
RömÖ 15–16, 1987–88, 185–190, Taf.

4606
Picon, C. A.: The sculptures of the archaic temple of Artemis at Ephesos.— Πρακτικά του XII Διεθνούς συνεδρίου κλασικής αρχαιολογίας, 3 (Αθήνα 1988) 221–224, Taf.
KB Athenai 1983

4607
Picozzi, M. G.: Una statua femminile nella Galleria del Palazzo Colonna.—
SciAnt 1, 1987, 277–295, Abb.

4608
Picozzi, M. G.: Il gruppo della Pace con Pluto bambino di Vincenzo Pacetti.—
BMonMusPont 8, 1988, 65–93, Abb.

4609
Picozzi, V.: Gli attributi di Vulcano sul Puteal Scribonianum.— Studi per L. Breglia, 2 (Roma 1987) 77–83, Abb.

4610
Pietsch, M.: Ausgewählte Funde zur Siedlungsentwicklung, zum Kult und zum Handwerk.— Das römische Wimpfen (Bad Wimpfen 1988) 63–77, Taf.
SB

4611
Pinette, M.: La représentation du défunt et la symbolique des attributs dans les monuments funéraires autunois.—
Caesarodunum 23, 1988, 175–179, Abb. Taf.

4612
Pochmarski, E.: Zur kunstgeschichtlichen Stellung des Schabers von Ephesos.— Griechische und römische Statuetten und Großbronzen (Wien 1988) 74–81, Abb.
KB Wien 1986

4613
Pochmarski, E.: Zum Typus Sardanapal. Ein klassisches oder archaistisches Dionysosbild?— Πρακτικά του XII Διεθνούς συνεδρίου κλασικής αρχαιολογίας, 3 (Αθήνα 1988) 225–229, Taf.
KB Athenai 1983

4614
Poitte, C.: Les représentations dans le culte des Matronae en Cisalpine.—
Caesarodunum 23, 1988, 181–185, Abb. Taf.

4615
Polacco, R.; Traversari, G.: Sculture romane e avori tardo-antichi e medievali del Museo archeologico di Venezia.— (Roma 1988) 71 S., Abb.
(Collezioni e musei archeologici del Veneto, 31)

4616
Potter, T. W.; King, A. C.; u. a.: Scavi a Mola di Monte Gelato presso Mazzano Romano, Etruria Meridionale. Primo rapporto preliminare.—
AMediev 15, 1988, 253–311, Abb.

4617
Prag, A. J. N. W.; Swaddling, J.: Two Athenas. A fake and its original?— Griechische und römische Statuetten und Großbronzen (Wien 1988) 214–218, Abb.
KB Wien 1986

4618
Price, M. J.: The statue of Zeus at Olympia.— The Seven Wonders of the ancient world (London 1988) 59–77, Abb.
SB

4619
Protzmann, H.: Antiquarische Nachlese zu den Statuen der sogenannten Lemnia Furtwänglers in Dresden.— (Jahrbuch der Staatlichen Kunstsammlung Dresden 1984, 7–22, Abb.)
SD

4620
Raeck, W.: Tu fortiter, ille sapienter. Augusti und Caesares im Reliefschmuck des Galeriusbogens von Thessaloniki.— Beiträge zur Ikonographie und Hermeneutik. Festschrift für N. Himmelmann (Mainz 1989) 453–457, Taf.

4621
Raftopoulou, E. G.: Autour de nouveaux documents du courant classicisant au Musée national.— Πρακτικά του XII Διεθνούς συνεδρίου κλασικής αρχαιολογίας, 3 (Αθήνα 1988) 230–233, Taf.
KB Athenai 1983

4622
Raschke, W. J.: Images of victory. Some new considerations of athletic monuments.— The archaeology of the Olympics (Madison 1988) 38–54
KB Los Angeles 1984

4623
Rastrelli, A.: Lastre architettoniche dalla cisterna dei Forti.— I Romani di Chiusi (Roma 1988) 167–172, Abb.
SB

4624
Rebenich, S.: Beobachtungen zum Sturz des Tatianus und des Proculus.—
ZPE 76, 1989, 153–165

4625
Reggiani Massarini, A. M.: Santuario degli Equicoli a Corvaro. Oggetti votivi del Museo nazionale romano.— (Roma 1988) 80 S., Abb.
(Soprintendenza archeologica di Roma. Lavori e studi di archeologia, 11)

4626
Ridgway, B. S.: Musings on the Muses.— Beiträge zur Ikonographie und Hermeneutik. Festschrift für N. Himmelmann (Mainz 1989) 265–272, Taf.

4627
Riis, P. J.: The so-called Lindos kore.—
ActaArch 56, 1985, 184–190, Abb.

4628
Rinaldi Tufi, S.: Militari romani sul Reno. L'iconografia degli 'stehende Soldaten' nelle stele funerarie del I secolo d. C.— (Roma 1988) 93 S., Taf.
(Archaeologica, 92)

4629
Rinaldi Tufi, S.: Stele di un navigatore dalmata.— Studi per L. Breglia, 3 (Roma 1987) 97–100, Abb.

4630
Roberts, H. S.: On the interpretation of mirror supports from Southern Italy and Greece. Four examples in the Danish National Museum.— Griechische und römische Statuetten und Großbronzen (Wien 1988) 249–257, Abb.
KB Wien 1986

4631
Rolley, C.: Trois bronze de Métaponte.—
RA 1989, 115–126, Abb.

4632
Rosina, R.; Rosada, G.: Una testina di Menade di bottega aquileiese a Cividale del Friuli.—
AquilNost 55, 1984, 109–120, Abb.

4633
Roth-Rubi, K.; Sennhauser, H. R.; u. a.: Verenamünster Zurzach. Ausgrabungen und Bauuntersuchung, 1. Römische Straße und Gräber.— (Zürich 1987) 144 S., Abb. Taf.
(Veröffentlichungen des Instituts für Denkmalpflege an der Eidgenössischen Technischen Hochschule Zürich, 6)

4634
Rotroff, S. I.: Three centuries of hellenistic terracottas. Preface. A chronological commentary on the contexts.— Thompson, H. A., Thompson, D. B.: Hellenistic pottery and terracottas (Princeton 1987) 183–194

4635
Ruprechtsberger, E. M.: Zu spätantiken Gürtelbeschlägen aus Salzburg-Maxglan.— Die Römer in den Alpen (Bozen 1989) 175–195, Abb.
KB Salzburg 1986

4636
Rusjaeva, A. S.: Archaičeskaja architekturnaja terrakota iz Ol'vii. (Russ.) [Archaische Dachterrakotten aus Olbia.].— Antičnye drevnosti Severnogo Pričernomor'ja (Kiev 1988) 33–51, Abb.
SB

4637
Sakellarakis, J. A.: Some geometric and archaic votives from the Idaian Cave.— Early Greek cult practice (Stockholm 1988) 173–192, Abb.
KB Athenai 1986

4638
Saletti, C.: La statua di Minerva da Breno (Valcamonica).—
RdA 12, 1988, 42–53, Taf.

4639
Sandrini, G. M.: Il cippo cilindrico del Museo civico di Vicenza.—
AquilNost 55, 1984, 33–64, Abb.

4640
Santolini Giordani, R.: Antichità Casali. La collezione di Villa Casali a Roma.— (Roma 1989) 254 S., Abb. Taf.
(Studi miscellanei, 27)

4641
Santoro-Bianchi, S.: Il tema figurativo di Oceano nell'età dei Severi.—
Caesarodunum 23, 1988, 191–201, Abb. Taf.

4642
Sauron, G.: Le message esthétique des rinceaux de l'Ara Pacis Augustae.—
RA 1988, 3–40, Abb.

4643
Sauser, J. S. R.: The Twelfe Gods relief in The Walters Art Gallery.—
JWaltersArtGal 45, 1987, 2–18, Abb.

4644
Saverkina, I. I.: Statuja junoši, tak nazyvaemogo Erota Soranco, v Ermitaže. (Russ.) [Eine Jünglingsstatue, der sogenannte Eros Soranzo, in der Eremitage.].— Problemy antičnoj kul'tury (Moskva 1986) 85–89, Abb.
SB

4645
Savostina, E. A.: Opyt sravnitel'nogo analiza pogrebal'nych pamjatnikov. Bosporskie sklepy i nadgrobija. (Russ.) [Versuch einer vergleichenden Analyse von Grabdenkmälern. Bosporanische Gräber und Grabaufsätze.].—
KraSoob 1987, Nr. 191, 13–19, Abb.

4646
Sazanov, A. V.: Proischoždenie odnoj gruppy bosporskich ritual'nych terrakot. (Russ.) [Die Herkunft einer Gruppe bosporanischer Ritualterracotten.].—
KraSoob 1985, Nr. 182, 18–22, Abb.

4647
Scanlon, T. F.: Virgineum gymnasium. Spartan females and early Greek athletics.— The archaeology of the Olympics (Madison 1988) 185–216, Abb.
KB Los Angeles 1984

4648
Schäfer, T.: Imperii insignia. Sella curulis und Fasces. Zur Repräsentation römischer Magistrate.— (Mainz 1989) 457 S., Abb. Taf.
(RM, Ergh. 29)

4649
Schefold, K.: Der junge Paris bedroht. Tarentinisches Kalksteinrelief in Privatbesitz. Kanon. Festschrift E. Berger.—
AntK 15. Bh, 1988, 187–191, Taf.

4650
Schiering, W.: Gewandmatrizen aus der Werkstatt des Phidias in Olympia. Bisherige Ergebnisse, Beobachtungen und Folgerungen.— Πρακτικά του XII Διεθνούς συνεδρίου κλασικής αρχαιολογίας, 3 (Αθήνα 1988) 234–238, Abb.
KB Athenai 1983

4651
Schleiermacher, M.: Minerva und Roma. Studie über eine Bronzestatuette.— Griechische und römische Statuetten und Großbronzen (Wien 1988) 308–313, Abb.
KB Wien 1986

4652
Schmidt, E.: Zu einigen Kleinbronzen aus dem Kastell Burghöfe.— Griechische und römische Statuetten und Großbronzen (Wien 1988) 318–320, Abb.
KB Wien 1986

4653
Schmidt, G.: Ein skopasisches Köpfchen.— Πρακτικά του XII Διεθνούς συνεδρίου κλασικής αρχαιολογίας, 3 (Αθήνα 1988) 239–240, Taf.
KB Athenai 1983

4654
Schmitz, G.; Şahin, S.; Wagner, J.: Ein Grabaltar mit einer genealogischen Inschrift aus Kommagene.—
EpigrAnat 11, 1988, 81–85, Abb. Taf.

4655
Schröder, S. F.: Römische Bacchusbilder in der Tradition des Apollon Lykeios. Studien zur Bildformulierung und Bildbedeutung in späthellenistisch-römischer Zeit.— (Roma 1989) XII, 216 S., Taf.
(Archaeologica, 77)

4656
Schürmann, W.: Die Karlsruher Nike. Ein Rekonstruktionsversuch.—
JbKuSammlBadWürt 25, 1988, 16–47, Abb.

4657
Schürmann, W.: Zur Deutung der Fransentücher im hellenistisch-römischen Ägypten.— Beiträge zur Ikonographie und Hermeneutik. Festschrift für N. Himmelmann (Mainz 1989) 297–303, Taf.

4658
Schwarz, G.: Triptolemos. Ikonographie einer Agrar- und Mysteriengottheit.— (Graz 1987) XIII, 260 S., Taf.
(GrazBeitr, Suppl. 2)

4659
Schwarz, G.: Die Rezeption des klassizistischen Götterbildes bei den Römern.— Πρακτικά του XII Διεθνούς συνεδρίου κλασικής αρχαιολογίας, 3 (Αθήνα 1988) 241–245, Taf.
KB Athenai 1983

4660
Seeberg, A.: Bronzes referring to New Comedy.— Griechische und römische Statuetten und Großbronzen (Wien 1988) 270–274, Abb.
KB Wien 1986

4661
Seeberg, A.: Heads on platters.— Studies in honour of T. B. L. Webster, 2 (Bristol 1988) 121–132, Abb. Taf.

4662
Sekerskaja, N. M.: O kul'tach v Nikonii. (Russ.) [Zu den Kulten in Nikonion.].— Novye issledovanija po archeologii Severnogo Pričernomor'ja (Kiev 1987) 27–38, Taf.
SB

4663
Sena Chiesa, G.: Are rotonde funerarie ad Aquileia.—
AquilNost 57, 1986, 757–776, Abb.

4664
Sensi, K.: La collezione archeologico-antiquaria di Francesco Fratini.—
BFoligno 12, 1988, 391–413, Taf.

4665
Settis, S.; La Regina, A.; Agosti, G.; u. a.: La Colonna Traiana.— (Torino 1988) XIX, 597 S., Abb. Taf.
(Saggi, 716)

4666
Shapiro, H. A.: The Marathonian bull on the Athenian Akropolis.—
AJA 92, 1988, 373–382, Abb.

4667
Shapiro, K. D.: The Berlin Dancer completed. A bronze auletris in Santa Barbara.—
AJA 92, 1988, 509–527, Abb.

4668
Sheedy, K. A.: An Archaic sphinx from Siphnos.—
BSA 83, 1988, 363–373, Abb. Taf.

4669
Siebert, G.: Un masque de Dionysos cornu à Délos.— Griechische und römische Statuetten und Großbronzen (Wien 1988) 275–278, Abb.
KB Wien 1986

4670
Siebler, M.: Studien zum augusteischen Mars Ultor.— (München 1988) 204 S., Taf.
(Münchener Arbeiten zur Kunstgeschichte und Archäologie, 1)

4671
Silverio, F.: Primo contributo alla computerizzazione di dati contenuti nella Colonna Traiana. Note sull'organizzazione militare romana.— Archeologia e informatica (Roma 1988) 141–147, Abb.
KB Roma 1988

4672
Simon, E.: Zur Sandalenlöserin der Nikebalustrade. Kanon. Festschrift E. Berger.—
AntK 15. Bh, 1988, 69–73, Abb. Taf.

4673
Simon, E.: El nacimiento de Atenea en el frontón oriental del Partenón.— Coloquio sobre el puteal de la Moncloa (Madrid 1986) 65–85, Abb.
KB Madrid 1983

4674
Sinn, U.: Die Votivgabe eines Athleten in Olympia.— Beiträge zur Ikonographie und Hermeneutik. Festschrift für N. Himmelmann (Mainz 1989) 65–70, Taf.

4675
Śliwa, J.: Eine unbekannte 'Abraxasgemme' aus der Sammlung von K. Schmidt-Ciążyński.— Nubia et Oriens christianus. Festschrift für C. D. G. Müller (Köln 1988) 445–448, Taf.

4676
Śliwa, J.: Egyptian and Egyptianizing objects from the Leo D. Kostka Collection in the National Museum in Cracow.— From the archaeological collections of Cracow and Jena (Warszawa 1988) 7–15, Abb. Taf.
SB

4677
Smith, R. R. R.: Simulacra gentium. The ethne from the Sebasteion at Aphrodisias.—
JRS 78, 1988, 50–77, Abb. Taf.

4678
Smith, R. R. R.: Hellenistic royal portraits.— (Oxford 1988) XVII, 196 S., Taf.
(Oxford monographs on classical archaeology)

4679
Speliopoulou-Donderer, I.: Ἐπιβίωση κλασικῶν εἰκονογραφικῶν τύπων στὶς ἀττικὲς ρωμαϊκὲς ἐπιτύμβιες στῆλες.— Πρακτικά του XII Διεθνούς συνεδρίου κλασικής αρχαιολογίας, 3 (Αθήνα 1988) 246–251, Taf.
KB Athenai 1983

4680
Sperti, L.: Rilievi greci e romani del Museo archeologico di Venezia.— (Roma 1988) 193 S., Abb.
(Collezioni e musei archeologici del Veneto, 32)

4681
Spigo, U.: Ricerche e rinvenimenti a Brucoli (contrada Gisira), Valsavoia (Lentini), nel territorio di Catagirone, ad Adrano e Francavilla di Sicilia.—
Kokalos 30–31, 1984–85, Nr. 2,2, 863–904, Abb. Taf.

4682
Stampolides, N.: Τό σύμπλεγμα άρ. 257 τοῦ Ἐ. Μ. καί οἱ πλατωνικοί Σιληνοί. Μιά ἀκόμα προσέγγιση στήν προσωπογραφία τοῦ Σωκράτη.—
Archaiognosia 3, 1982–84, 123–161, Taf.

4683
Stampolides, N. C.: Ο βωμός του Διονύσου στην Κω. Συμβολή στη μελέτη της ελληνιστικής πλαστικής και αρχιτεκτονικής.— (Αθήνα 1987) 285 S., Abb. Taf.
(Δημοσιεύματα του Αρχαιολογικού δελτίου, 34)

4684
Stampolides, N. C.: The Kos fragment and the Genoese slab from the Mausoleum.— Archaeology in the Dodecanese (Copenhagen 1988) 185–190, Abb.
KB København 1986

4685
Stefanidou-Tiveriou, T.: Doppelbild eines eingehüllten Pan. Kanon. Festschrift E. Berger.—
AntK 15. Bh, 1988, 262–268, Taf.

4686
Stephanidou-Tiveriou, T.: Ρωμαϊκὰ τραπεζοφόρα. Παρατηρήσεις στὸ ἀττικὸ ἐργαστήριο.— Πρακτικά του XII Διεθνούς συνεδρίου κλασικής αρχαιολογίας, 3 (Αθήνα 1988) 252–256, Taf.
KB Athenai 1983

4687
Stoop, M. W.: Note sugli scavi nel santuario di Atena sul Timpone della Motta (Francavilla Marittima, Calabria), 7. Oggetti di bronzo vari.—
BABesch 62, 1987, 21–31, Abb.

4688
Stoyanov, T.: Le Cavalier et la Déesse. Observations sur une série de reliefs thraces.—
Ktema 10, 1985 [1988], 273–285, Taf.

4689
Straten, F. T. van: Unclassical religion in classical Greece. The archaeological angle.— Πρακτικά του XII Διεθνούς συνεδρίου κλασικής αρχαιολογίας, 4 (Αθήνα 1988) 288–292
KB Athenai 1983

4690
Strazzulla, M. J.: Aquileia e Roma. Botteghe urbane e botteghe locali nella produzione di terrecotte architettoniche.— Aquileia e Roma (Udine 1987) 151–164, Abb. Taf.
KB Aquileia 1986

4691
Strocka, V. M.: Eine Replik des Münchner Königs. Kanon. Festschrift E. Berger.—
AntK 15. Bh, 1988, 112–118, Taf.

4692
Stubbe Østergaard, J.: En graesk gedebuk af bronze.—
MeddelelsGlyptKøb 44, 1988, 94–116, Abb.

4693
Stucchi, S.: Il gruppo bronzeo tiberiano da Cartoceto.— (Roma 1988) 163 S., Abb.
(Studia archaeologica, 32)

4694
Stucchi, S.: Die Großbronzen von Riace. Ergänzung und Deutung.— Griechische und römische Statuetten und Großbronzen (Wien 1988) 45–51, Abb.
KB Wien 1986

4695
Stucchi, S.: La statua marmorea trovata a Mozia. Per una nuova lettura del monumento.— La statua marmorea di Mozia (Roma 1988) 83–96, Taf.
KB Marsala 1986

4696
Stucchi, S.: Un fragment de moulage de El Djem et le groupe d'Hermès et Dionysos de Céphisodote le Jeune.— Le moulage (Paris 1988) 211–214, Abb.
KB Paris 1987

4697
Stucky, R. A.: Sidon, Labraunda, Halikarnassos. Kanon. Festschrift E. Berger.—
AntK 15. Bh, 1988, 119–126, Abb. Taf.

4698
Sturgeon, M. C.: Isthmia, 4. Sculpture, 1. 1952–1967.— (Princeton 1987) XXIII, 200 S., Abb. Taf.

4699
Symeonoglou, S.: Μια καινούργια άποψη σχετικά με τα γλυπτά του ναού του Διός στην Ολυμπία.— Πρακτικά του XII Διεθνούς συνεδρίου κλασικής αρχαιολογίας, 3 (Αθήνα 1988) 257–267, Abb.
KB Athenai 1983

4700
Szirmai, K.: Monumental bronze fragments from Aquincum.— Griechische und römische Statuetten und Großbronzen (Wien 1988) 144–147, Abb.
KB Wien 1986

4701
Tancke, K.: Figuralkassetten griechischer und römischer Steindecken.— (Frankfurt a. M. 1989) XIX, 342 S., Abb. Taf.
(Europäische Hochschulschriften. Reihe 38, 20)

4702
Tancke, K.; Yfantidis, K.: Beobachtungen zur Rekonstruktion der Orest-Pylades-Gruppe in Schloß Fasanerie.—
AA 1989, 243–249, Abb.

4703
Tavano, S.: Sculture e mosaici tardoantichi a Concordia.— Rufino di Concordia e il suo tempo, 2 (Udine 1987) 107–134, Taf.
KB Concordia 1986

4704
Ţeposu-Marinescu, L.: Römische Bronzestatuetten von Micia.— Griechische und römische Statuetten und Großbronzen (Wien 1988) 380–385, Abb.
KB Wien 1986

4705
Ternes, C. M.: La vie quotidienne sur les piliers funéraires de Neumagen.—
Caesarodunum 23, 1988, 203–218, Abb. Taf.

4706
Thieme, T.: The canon of Pliny for the Colossus of Rhodes and the statue of Athena Parthenos.— Archaeology in the Dodecanese (Copenhagen 1988) 164–168, Abb.
KB København 1986

4707
Thomas, E.: Atimetos oder Demetrios. Ein neronischer oder ein späthellenistischer Erzbildner?— Griechische und römische Statuetten und Großbronzen (Wien 1988) 314–317, Abb.
KB Wien 1986

4708
Thomas, E. B.: Vergoldete Kentaurstatue aus Dazien.— Griechische und römische Statuetten und Großbronzen (Wien 1988) 353–356 Abb.
KB Wien 1986

4709
Thomas, R.: Die sogenannte Statuette des Philoktet aus Köln.— Griechische und römische Statuetten und Großbronzen (Wien 1988) 302–307, Abb.
KB Wien 1986

4710
Thomas, R.: Überlegungen zur Wiedergabe eines archaischen Themas im 5. Jh. v. Chr.— Πρακτικά του XII Διεθνούς συνεδρίου κλασικής αρχαιολογίας, 2 (Αθήνα 1988) 218–224, Abb. Taf.
KB Athenai 1983

4711
Tiverios, M.: 'Αρχαϊστικά, 1.— Πρακτικά του XII Διεθνούς συνεδρίου κλασικής αρχαιολογίας, 3 (Αθήνα 1988) 271–275, Taf.
KB Athenai 1983

4712
Tiverios, M. A.: Archaïstica, 2.— Beiträge zur Ikonographie und Hermeneutik. Festschrift für N. Himmelmann (Mainz 1989) 389–397, Abb. Taf.

4713
Todisco, L.: Un nuovo leone funerario romano a Trani.—
Taras 6, 1986, 129–137, Taf.

4714
Todisco, L.: Leoni funerari di Luceria.—
RendLinc 42, 1987, 145–155, Taf.

4715
Todisco, L.: Il leone 'custos iusticie' di Bari.—
RIA 10, 1987, 129–151, Abb.

4716
Touloupa, E.: Eine Bronze-Reiterstatue des Augustus.— Griechische und römische Statuetten und Großbronzen (Wien 1988) 120–123, Abb.
KB Wien 1986

4717
Touloupa, E.: La statua equestre in bronzo di Augusto rinvenuta nel nord dell'Egeo.—
BdA 74, 1989, Nr. 53, 67–78, Abb. Taf.

4718
Treister, M. Y.: Bronze statuary in the antique towns of North Pontic area.— Griechische und römische Statuetten und Großbronzen (Wien 1988) 152–157, Abb.
KB Wien 1986

4719
Triante, I.: Ανδρικός κορμός Εθνικού μουσείου 1665, αντίγραφο έργου του 5ου αιώνα π. Χ.— Πρακτικά του XII Διεθνούς συνεδρίου κλασικής αρχαιολογίας, 3 (Αθήνα 1988) 276–280, Taf.
KB Athenai 1983

4720
Trillmich, W.: Der Germanicus-Bogen in Rom und das Monument für Germanicus und Drusus in Leptis Magna. Archäologisches zur Tabula Siarensis, I 9–21.— Estudios sobre la Tabula Siarensis (Madrid 1988) 51–60
KB Sevilla 1986

4721
Tuchelt, K.; Schneider, P.; Schattner, T.; u. a.: Didyma. Bericht über die Ausgrabungen 1985 und 1986 an der heiligen Straße von Milet nach Didyma.—
AA 1989, 143–217, Abb. Taf.

4722
Tzavella-Evjen, C.: Ἡ σύνθεση στὴν ἀνάγλυφη γλυπτική. Παράλληλη κίνηση καὶ ἐπανάληψη.— Πρακτικά του XII Διεθνούς συνεδρίου κλασικής αρχαιολογίας, 3 (Αθήνα 1988) 268–270
KB Athenai 1983

4723
Vacano, O. v.: Regio instratu ornatus. Beobachtungen zur Deutung des Reliefs des L. Aemilius Paullus in Delphi.— Bathron. Beiträge zur Architektur und verwandten Künsten für H. Drerup (Saarbrücken 1988) 375–386, Abb.

4724
Vandenabeele, F.: Amathonte. La chantier sous la porte de l'acropole.—
BCH 112, 1988, 519–530, Abb. Taf.

4725
Vedder, U.: Frauentod, Kriegertod im Spiegel der attischen Grabkunst des 4. Jhs. v. Chr.—
AM 103, 1988, 161–191, Taf.

4726
Vedder, U.: 'Szenenwechsel'. Beobachtungen an zwei Grabstelen in Cambridge (Mass.) und Athen.— Beiträge zur Ikonographie und Hermeneutik. Festschrift für N. Himmelmann (Mainz 1989) 169–177, Abb. Taf.

4727
Velkov, V.: Bronzovaja statuėtka Apollona iz Kabile. (Russ.) [Eine bronzene Apollonstatuette aus Kabyle.].— Problemy antičnoj kul'tury (Moskva 1986) 7–10, Abb.
SB

4728
Vermaseren, M. I.: Attis Karpofor. (Russ.) [Attis Karpophoros.].— Problemy antičnoj kul'tury (Moskva 1986) 99–113, Abb.
SB

4729
Vermaseren, M. J.: Corpus cultus Cybelae Attidisque, 6. Germania, Raetia, Noricum, Pannonia, Dalmatia, Macedonia, Thracia, Moesia, Dacia, Regnum Bospori, Colchis, Scythia et Sarmatia.— (Leiden 1989) XXIX, 224 S., Abb. Taf.
(Etudes préliminaires aux religions orientales dans l'empire romain, 50)

4730
Vermeule, C. C.: Small statues in the Greek world.—
RDAC 1988, Nr. 2, 135–142, Taf.

4731
Vermeule, E.: Carved bones from Corinth.— Essays in ancient civilization presented to H. J. Kantor (Chicago 1989) 271–286, Abb.

4732
Vertet, H.: Recherches sur le sens des figurines en terre blanche du centre de la Gaule.—
Caesarodunum 23, 1988, 229–241, Taf.

4733
Verzár-Bass, M.: Testimonianze archeologiche relative ad alcune famiglie senatoriali ad Aquileia.— Aquileia e Roma (Udine 1987) 97–118, Taf.
KB Aquileia 1986

4734
Vierneisel-Schlörb, B.: Klassische Grabdenkmäler und Votivreliefs.— (München 1988) VIII, 239 S., Abb. Taf.
(Glyptothek München. Katalog der Skulpturen, 3)

4735
Viviers, D.: De l'école de sculpture à l'atelier de sculpteurs. Quelques réflexions sur les signatures de sculpteurs à Athènes au VIe siècle avant notre ère.— (Annales d'histoire de l'art et d'archéologie 9, 1987, 43–57, Abb.)
SD

4736
Vlassopoulou, C.: Πήλινες διακοσμημένες κεραμώσεις από την αθηναϊκή Ακρόπολη. Κατάλογος έκθεσης, [Αθήνα 1988].— (Αθήνα 1989) 28 S., Abb.

4737
Vollenweider, M. L.: Le développement du portrait glyptique à l'époque des Antonins et des Sévères.— Ritratto ufficiale e ritratto privato (Roma 1988) 87–104, Abb.
KB Roma 1984

4738
Vollenweider, M. L.: La gravure en pierres fines à la cour de Mithridate VI, roi du Pont. Tendances baroques et tendances classicisantes.— Πρακτικά του XII Διεθνούς συνεδρίου κλασικής αρχαιολογίας, 2 (Αθήνα 1988) 266–268, Taf.
KB Athenai 1983

4739
Vorster, C.: Die Herme des fellbekleideten Herakles. Typenwandel und Typenwanderung in hellenistischer und römischer Zeit.—
KölnJbVFrühGesch 21, 1988, 7–34, Abb.

4740
Vorster, C.: Bonner Abguß einer verschollenen Heraklesherme.— Beiträge zur Ikonographie und Hermeneutik. Festschrift für N. Himmelmann (Mainz 1989) 281–287, Taf.

4741
Voutiras, E.: 'Libelli... Persephonae maxima dona'.— Beiträge zur Ikonographie und Hermeneutik. Festschrift für N. Himmelmann (Mainz 1989) 355–360, Taf.

4742
Walde, E.: Der Prunkbalteus aus Elea.— Griechische und römische Statuetten und Großbronzen (Wien 1988) 323–329, Abb.
KB Wien 1986

4743
Walde, E.: Zu den Jünglingsdarstellungen auf römischen Grabmälern in der Provinz Noricum und benachbarten Gebieten.—
BayVgBl 53, 1988, 293–300, Taf.

4744
Walter-Karydi, E.: Der Naiskos des Hermon. Ein spätklassisches Grabgemälde. Kanon. Festschrift E. Berger.—
AntK 15. Bh, 1988, 331–338, Abb. Taf.

4745
Walters, B.: Two busts from Littlecote.—
Britannia 19, 1988, 407–410, Abb.

4746
Walters, E. J.: Attic grave reliefs that represent women in the dress of Isis.—
Hesperia, suppl. 22, 1988, XVI, 134 S., Taf.

4747
Weber, M.: Klassische Amazonen als Gemmenbilder. Kanon. Festschrift E. Berger.—
AntK 15. Bh, 1988, 134–139, Abb. Taf.

4748
Weber, T.: Eine griechische Bronzestatuette in Aleppo.—
DaM 3, 1988, 413–416, Taf.

4749
Weber, T.: Syrisch-römische Sarkophagbeschläge. Orientalische Bronzewerkstätten in römischer Zeit.— (Mainz 1989) VIII, 86 S., Abb. Taf.
(Damaszener Forschungen, 2)

4750
Weis, A.: Material limitations and exotic materials in the copying of a hellenistic statuary type.— Classical marble (Dordrecht 1988) 219–226, Taf.
KB Il Ciocco 1988

4751
Wesch-Klein, G.: Gestempelte Antefixe der Legio XIIII Gemina aus Rheinzabern. Berichtigung zu CIL XIII 1073; .—
ZPE 75, 1988, 222–226, Taf.

4752
White, G. L.: Überlegungen zur Donaulimesdarstellung auf der Trajanssäule in Rom.—
Germania 67, 1989, Nr. 1, 179–187, Abb.

4753
Wiblé, F.: Stèles funéraires d'époque romaine de l'église du haut moyen-âge de Sion, Sous-le-Scex.—
ASchw 11, 1988, 110–112, Abb.

4754
Wielowiejski, J.: Statuette féminine en bronze découverte à Brunary Wyżne (Pologne) à la lumière des études stylistiques et technologiques.— Griechische und römische Statuetten und Großbronzen (Wien 1988) 222–224, Abb.
KB Wien 1986

4755
Wildt, S.: Zum figürlichen Schmuck archaischer Gerätuntersätze.— Bathron. Beiträge zur Architektur und verwandten Künsten für H. Drerup (Saarbrücken 1988) 419–433, Abb.

4756
Willers, D.: Zur Konstituierung eines Zeus-Typus. Kanon. Festschrift für E. Berger.—
AntK 15. Bh, 1988, 269–274, Taf.

4757
Willers, D.: Altes und Neues zum Dresdener Knaben.— Beiträge zur Ikonographie und Hermeneutik. Festschrift für N. Himmelmann (Mainz 1989) 135–138, Taf.

4758
Zagdoun, M. A.: La sculpture archaïsante dans l'art hellénistique et dans l'art romain du Haut-Empire. Texte; planches.— (Athènes 1989) XIII, 263 S.; XII S.
(Bibliothèque des Ecoles françaises d'Athènes et de Rome, 269)

4759
Zanker, P.: Volcanus Augustus oder Klassizismus bei der Feuerwehr? Kanon. Festschrift E. Berger.—
AntK 15. Bh, 1988, 275–278, Taf.

4760
Zanker, P.: Ein Augustusenkel als klassischer Pais.— Beiträge zur Ikonographie und Hermeneutik. Festschrift für N. Himmelmann (Mainz 1989) 351–354, Taf.

4761
Zanovello, P.: L'Herakles di Contarina.—
AquilNost 58, 1987, 153–188, Abb.

4762
Zanovello, P.: Un'erma barbata al museo di Adria.—
AquilNost 57, 1986, 837–848, Abb.

4763
Zedelius, V.: Mercurius. Der Gott des Geldes in der Münzschausammlung.—
RheinMusBonn 1989, 22–23, Abb.

4764
Zervoudaki, E.: Vorläufiger Bericht über die Terrakotten aus dem Demeter-Heiligtum der Stadt Rhodos.— Archaeology in the Dodecanese (Copenhagen 1988) 129–137, Abb.
KB København 1986

4765
Zimmer, G.: Das Mädchen von Kyzikos.— Griechische und römische Statuetten und Großbronzen (Wien 1988) 66–73, Abb.
KB Wien 1986

4766
Zimmermann, J. L.: Oiseaux géométriques de Grèce centrale et septentrionale.—
NumAntCl 17, 1988, 37–51, Taf.

4767
Zimmermann, J. L.: Les chevaux de bronze dans l'art géométrique grec.— (Mainz 1989) VIII, 380 S., Abb. Taf.

4768
Zotović, L.: Die Ausbreitung des Mithraskultes in Südosteuropa.— Aufstieg und Niedergang der römischen Welt, 2, 18,2. [Festschrift Vogt] (Berlin 1989) 1014–1037, Abb. Taf.

4769
Zwierlein-Diehl, E.: Thamyras-Gemmen.— Beiträge zur Ikonographie und Hermeneutik. Festschrift für N. Himmelmann (Mainz 1989) 425–431, Taf.

Porträt

4770
Ansigter. [Udstillingen Ny Carlsberg Glyptotek, København 19. maj – 31. august 1989.].— (København 1989) 135 S., Abb.

4771
Kleopatra. Ägypten um die Zeitenwende. Ausstellung in der Kunsthalle der Hypo-Kulturstiftung, München 16. Juni – 10. September 1989.— (Mainz 1989) 324 S., Abb.

4772
Sokrates. Sonderausstellung der Glyptothek und des Museums für Abgüsse klassischer Bildwerke, München 12. Juli bis 24. September 1989.— (München [1989]) 89 S., Abb.

4773
Albertson, F. C.: A portrait of Marcus Aurelius from Syro-Palestine.—
DaM 3, 1988, 1–9, Abb. Taf.

4774
Alexandrescu Vianu, M.: Un portrait romain du Bas-Danube.— Beiträge zur Ikonographie und Hermeneutik. Festschrift für N. Himmelmann (Mainz 1989) 467–471, Taf.

4775
Alföldi-Rosenbaum, E.: Roman portraiture in the Eastern Mediterranean. Greece, Asia Minor, Cyrenaica.— Ritratto ufficiale e ritratto privato (Roma 1988) 19–30, Abb.
KB Roma 1984

4776
Andreae, B.: Noch einmal zum 'Octaviansporträt Typus B'.— Ritratto ufficiale e ritratto privato (Roma 1988) 113–118, Abb.
KB Roma 1984

4777
Arias, P. E.: Problemi attuali della iconografia di Cesare alla luce del ritratto del Camposanto monumentale di Pisa.— Ritratto ufficiale e ritratto privato (Roma 1988) 119–122, Abb.
KB Roma 1984

4778
Aurenhammer, M.: Römische Porträts aus Ephesos.— Ritratto ufficiale e ritratto privato (Roma 1988) 123–130, Abb.
KB Roma 1984

4779
Bacchielli, L.: La ricomposizione della statua dell'astronomo Arato.— Studi per L. Breglia, 3 (Roma 1987) 43–56, Abb.

4780
Balty, J. C.: Groupes statuaires impériaux et privés de l'époque julio-claudienne.— Ritratto ufficiale e ritratto privato (Roma 1988) 31–46, Abb.
KB Roma 1984

4781
Belloni, G. G.: Il ritratto dell'imperatore Tacito.— Ritratto ufficiale e ritratto privato (Roma 1988) 135–140, Abb.
KB Roma 1984

4782
Bergh, C. D. van den: Kann ein Gronzegießer dem Archäologen heute noch nützlich sein?— Griechische und römische Statuetten und Großbronzen (Wien 1988) 181–186, Abb.
KB Wien 1986

4783
Bol, P. C.: Zu einer Büste im Liebieghaus.— Bathron. Beiträge zur Architektur und verwandten Künsten für H. Drerup (Saarbrücken 1988) 87–92, Abb.

4784
Bol, R.: Beobachtungen zur Porträtgruppe aus dem Metroon in Olympia.— Ritratto ufficiale e ritratto privato (Roma 1988) 141–147, Abb.
KB Roma 1984

4785
Bonacasa Carra, R. M.: Il ritratto privato a Sabratha. Aspetti e problemi.— Ritratto ufficiale e ritratto privato (Roma 1988) 149–156, Abb.
KB Roma 1984

4786
Bonanno, A.: Imperial and private portraiture. A case of non-dependence.— Ritratto ufficiale e ritratto privato (Roma 1988) 157–164, Abb.
KB Roma 1984

4787
Bonanno Aravantinou, M.: Alcuni ritratti giulio-claudi del Museo archeologico di Mitilene.— Ritratto ufficiale e ritratto privato (Roma 1988) 165–173, Abb.
KB Roma 1984

4788
Boschung, D.: Die Bildnisse des Caligula.— (Berlin 1989) 138 S., Abb. Taf.
(Das römische Herrscherbild, 1, 4)

4789
Bothmer, B. v.: Egyptian antecedents of Roman republican verism.— Ritratto ufficiale e ritratto privato (Roma 1988) 47–65, Abb.
KB Roma 1984

4790
Boussac, M. F.: Cachets de la Collection Benaki.—
BCH 113, 1989, 325–334, Abb.

4791
Bouzek, J.: I ritratti greci e romani. La frontiera fra le due tradizioni.— Ritratto ufficiale e ritratto privato (Roma 1988) 175–177
KB Roma 1984

4792
Bouzek, J.; Ondřejová, I.: Das Bronzeporträt aus der Sammlung Este und andere Großbronzen aus Prager Sammlungen.— Griechische und römische Statuetten und Großbronzen (Wien 1988) 116–119, Abb.
KB Wien 1986

4793
Bracco, V.: Ritratto muliebre dal Vallo di Diano.— Ritratto ufficiale e ritratto privato (Roma 1988) 179–182, Abb.
KB Roma 1984

4794
Braemer, F.: Portrait officiel, portrait privé. Essai de classement.— Ritratto ufficiale e ritratto privato (Roma 1988) 183–195, Abb.
KB Roma 1984

4795
Braemer, F.: Portraits en métaux de grandeur naturelle. Techniques, typologie, datation, fonction.— Griechische und römische Statuetten und Großbronzen (Wien 1988) 102–115, Abb.
KB Wien 1986

4796
Brentchaloff, D.; Salviat, F.: Une tête colossale d'Auguste trouvée en mer.—
ArcheologiaParis 1989, Nr. 245, 18–20, Abb. Taf.

4797
Cahn, H. A.: Adlernase und Backenbart. Kanon. Festschrift E. Berger.—
AntK 15. Bh, 1988, 218–221, Taf.

4798
Cahn, H. A.; Gerin, D.: Themistocles at Magnesia.—
NumChron 148, 1988, 13–20, Taf.

4799
Cambi, N.: Un contributo alla ritrattistica dell'imperatrice Plautilla.— Ritratto ufficiale e ritratto privato (Roma 1988) 221–227, Abb.
KB Roma 1984

4800
Cantino Wataghin, G.: Tarda Repubblica e Secondo Ottocento. Due ritratti del Museo di antichità di Torino.—
QuadAPiem 6, [1987], 181–190, Taf.

4801
Cantino Wataghin, G.: Due ritratti inediti del Museo di antichità di Torino.— Ritratto ufficiale e ritratto privato (Roma 1988) 229–235
KB Roma 1984

4802
Čičikova, M.: Su un edificio con peristilio extra muros di Novae.—
Ratiariensia 3–4, 1987, 185–192, Taf.

4803
Connelly, J. B.: Votive sculpture of hellenistic Cyprus.— (Nicosia 1988) XIX, 128 S., Taf.

4804
Conticello, B.: Sul ritratto cosiddetto di Scipione.— Ritratto ufficiale e ritratto privato (Roma 1988) 237–250, Abb.
KB Roma 1984

4805
Covacef, Z.: Betrachtungen, die Grabporträts von Tomis betreffend.— Ritratto ufficiale e ritratto privato (Roma 1988) 251–258, Abb.
KB Roma 1984

4806
Cristofani, M.: Ritratti imperiali di età giulio-claudia in Etruria.— Ritratto ufficiale e ritratto privato (Roma 1988) 259–261
KB Roma 1984

4807
Csereményi, V.: Données à la statuaire de portraits en Pannonie.— Ritratto ufficiale e ritratto privato (Roma 1988) 263–265, Abb.
KB Roma 1984

4808
Daltrop, G.: Lucio Settimio Severo e i cinque tipi del suo ritratto.— Ritratto ufficiale e ritratto privato (Roma 1988) 67–74, Abb.
KB Roma 1984

4809
Dareggi, G.: A proposito di un ritratto virile di età imperiale.—
MEFRA 100, 1988, 321–330, Abb.

4810
De' Maffei, F.: Tradizione ed inovazione nei dittici eburnei. Giuliano, Pulcheria, Giustiniano.—
RivStOr 60, 1986, 89–139, Taf.

4811
De Puma, R. D.: Roman portraits. Exhibition, The Unviersity of Iowa Museum of Art, September 10 – October 30, 1988.— (Iowa City 1988) 92 S., Abb.

4812
Di Maro, F.: La vittoria di Azio ed il tesoro di Boscoreale.— (Sylva Mala. Bollettino del Centro studi archeologici di Boscoreale, Boscotrecase e Trecase 8, 1987, 19–24, Abb.)
SD

4813
Donderer, M.: Dionysos und Ptolemaios Soter als Meleager. Zwei Gemälde des Antiphilos.— Zu Alexander d. Gr. Festschrift G. Wirth (Amsterdam 1987) 781–799, Taf.

4814
Dontas, G.: Ein plastisches Attaliden-Paar auf der Akropolis. Kanon. Festschrift E. Berger.—
AntK 15. Bh, 1988, 222–231, Taf.

4815
Dontas, G.: Proposte per un'erma di stratega del Museo di Napoli.—
ASAtene 46, 1984 [1988], 103–111, Abb.

4816
Donzelli, C.: Una statua-ritratto di principe Giulio-Claudio da Scolacium.—
PP 42, 1987, 51–66, Abb.

4817
Eiseman, C. J.; Ridgway, B. S.: The Porticello shipwreck. A Mediterranean merchant vessel of 415–385 B.C.— (College Station 1987) XII, 126 S., Abb. Taf.
(The nautical archaeology series, 2)

4818
Equini Schneider, E.; Bianchi, L.: Quattro ritratti del Museo del Bardo.— Ritratto ufficiale e ritratto privato (Roma 1988) 283–288, Abb.
KB Roma 1984

4819
Fabbri, M.; Trotta, A.: Una scuola-collegio di età augustea. L'Insula II di Velia.— (Roma 1989) 129 S., Abb. Taf.
(Archaeologia perusina, 7)

4820
Fabbricotti, E.: La statua dei Musei Vaticani, Sala Rotonda.— Studi per L. Breglia, 3 (Roma 1987) 83–92, Abb.

4821
el-Fakharani, F.: The different trends in the official and private portraits of Roman Egypt.— Ritratto ufficiale e ritratto privato (Roma 1988) 277–282, Abb.
KB Roma 1984

4822
Falanga, L.: Livia e Tiberio da Paestum a Madrid.— RassStorSalern 6, 1989, 135–152, Taf.

4823
Fejfer, J.: Official portraits of Julia Domna.— Ritratto ufficiale e ritratto privato (Roma 1988) 295–301, Abb.
KB Roma 1984

4824
Fischer, J.: Ein später Ptolemäer als Hermes-Thot. Neue Beobachtungen am sog. Apion im Württembergischen Landesmuseum Stuttgart.—
AA 1989, 43–55, Abb.

4825
Fittschen, K.: Kinderporträt und offizielles Porträt im 2. Jh. n. Chr.— Ritratto ufficiale e ritratto privato (Roma 1988) 303–306, Abb.
KB Roma 1984

4826
Frova, A.: Ritrattistica romana a Luni.— Ritratto ufficiale e ritratto privato (Roma 1988) 307–316, Abb.
KB Roma 1984

4827
Fuchs, M.; Liverani, P.; Santoro, P.: Il teatro e il ciclo statuario giulio-claudio.— (Roma 1989) 161 S., Abb. Taf.
(Caere, 2)

4828
Ghedini, F.: Una pasta vitrea aquileiese e il mito d'Io nella propaganda giulio-claudia.—
AquilNost 57, 1986, 665–676, Abb.

4829
Giannattasio, B. M.: Albenga. Le collezioni di busti. Palazzo Costa, Peloso Cepolla, D'Aste e Borea Ricci.—
Xenia, Quaderno 9, 1988, 5–115, Abb.

4830
Goette, H. R.: Zwei 'fest-datierte' griechische Statuen römischer Zeit.—
AM 103, 1988, 251–258, Taf.

4831
Gudea, N.; Salanţiu, V.; Matei, A.: The colossal equestrian bronze statue of the emperor Marcus Aurelius Antoninus (Caracalla) at Porolissum. An attempt for a graphical reconstitution.— Griechische und römische Statuetten und Großbronzen (Wien 1988) 137–141, Abb.
KB Wien 1986

4832
Haarløv, B.: Ny Carlsberg Glyptotek Cat. no. 467. Emperor or philosopher?— Ritratto ufficiale e ritratto privato (Roma 1988) 319–323, Abb.
KB Roma 1984

4833
Hafner, G.: Der Alexanderkopf aus Pergamon und der 'Aichmophoros' des Lysippos.—
Anadolu 21, 1978–80 [1987], 131–142, Taf.

4834
Hausmann, U.: Der Morelsche Kopf im Britischen Museum. Kanon. Festschrift E. Berger.—
AntK 15. Bh, 1988, 235–243, Taf.

4835
Hausmann, U.: 'Redeat narratio'. Zu einem Kaiserporträt in Ancona.— Ritratto ufficiale e ritratto privato (Roma 1988) 331–334, Abb.
KB Roma 1984

4836
Heintze, H. v.: Das Grabrelief des Phaedrus.—
Gymnasium 96, 1989, 1–12, Taf.

4837
Hertel, D.: Eine Darstellung Alexanders d. Gr. und seiner Mutter Olympias. Zur Deutung des sogenannten Ptolemäerkameos in Wien.— Beiträge zur Ikonographie und Hermeneutik. Festschrift für N. Himmelmann (Mainz 1989) 417–423, Taf.

4838
Hiller, F.: Bemerkungen zum pergamenischen Herrscherbild.— Beiträge zur Ikonographie und Hermeneutik. Festschrift für N. Himmelmann (Mainz 1989) 245–251, Abb. Taf.

4839
Himmelmann, N.; u. a.: Herrscher und Athlet. Die Bronzen vom Quirinal. [Ausstellung] Bonn, Akademisches Kunstmuseum 20. Juni – 5. September 1989.— (Milano 1989) 246 S., Abb.

4840
Hofter, M. R.: Zum Porträt des C. Iulius Caesar.— Beiträge zur Ikonographie und Hermeneutik. Festschrift für N. Himmelmann (Mainz 1989) 335–339, Taf.

4841
Howard, S.: The hero as norm in fourth-century sculpture.— Πρακτικά του XII Διεθνούς συνεδρίου κλασικής αρχαιολογίας, 3 (Αθήνα 1988) 116–123, Taf.
KB Athenai 1983

4842
Hübner, G.: Ein Porträtkopf aus Pergamon.— Ritratto ufficiale e ritratto privato (Roma 1988) 335–340, Abb.
KB Roma 1984

4843
Kersauson, K. de.: Un portrait de l'époque des empereurs-soldats au Louvre.—
RA 1988, 51–60, Abb.

4844
Kiilerich, B.; Torp, H.: Hic est, hic Stilicho. The date and interpretation of a notable diptych.—
JdI 104, 1989, 319–371, Abb.

4845
Kind, R. de: The so-called Gallienus in the Rijksmuseum van Oudheden in Leiden.— Ritratto ufficiale e ritratto privato (Roma 1988) 341–347, Abb.
KB Roma 1984

4846
Kiss, Z.: Impératrices ou déesses? Sur deux médaillons en argent d'Alexandrie.— Ritratto ufficiale e ritratto privato (Roma 1988) 349–353, Abb.
KB Roma 1984

4847
Lahusen, G.: Offizielle und private Bildnisgalerien in Rom.— Ritratto ufficiale e ritratto privato (Roma 1988) 361–366
KB Roma 1984

4848
Lahusen, G.; Formigli, E.: Ergebnisse der kunsthistorisch-technischen Analyse von zwei römischen Großbronzen in den Museen des Vatikan.—
BMonMusPont 8, 1988, 21–53, Abb.

4849
Lahusen, G.: Die Bildnismünzen der römischen Republik.— (München 1989) 109 S., Taf.

4850
Lambrinoudakis, V. K.: Ein Porträt aus der Zeit des Gallien auf Naxos.—
AntK 32, 1989, 27–34, Taf.

4851
Lapart, J.: Portrait de marbre d'époque julio-claudienne découvert à Auch.— Mélanges offerts à M. Labrousse (Toulouse 1987) 355–360, Taf.

4852
Lauter, H.: Alexanders wahres Gesicht.— Zu Alexander d. Gr. Festschrift G. Wirth (Amsterdam 1987) 717–743, Taf.

4853
Lehmann, S.: Ptolemaios III. Euergetes. Hermes Enagonios als Pentathlos und Pankratiast. Zur Bedeutung zweier alexandrinischer Bronzestatuetten in Stuttgart.— Griechische und römische Statuetten und Großbronzen (Wien 1988) 290–301, Abb.
KB Wien 1986

4854
Lopreato, P.: Grado. La stele con ritratto di un magistrato tardoantico.— Aquileia e Roma (Udine 1987) 165–171, Taf.
KB Aquileia 1986

4855
Lorenz, T.: Beobachtungen an der Reiterstatue des Marc Aurel auf dem Kapitolsplatz.— Griechische und römische Statuetten und Großbronzen (Wien 1988) 124–129, Abb.
KB Wien 1986

4856
Massner, A. K.: Corona civica, Priesterkranz oder Magistratsinsignie? Bildnisse thasischer Theoroi?—
AM 103, 1988, 239–250, Taf.

4857
Meischner, J.: Theodosianische Porträts.— Ritratto ufficiale e ritratto privato (Roma 1988) 375–382, Abb.
KB Roma 1984

4858
Meischner, J.: Beispiele zum frühkonstantinischen Klassizismus der 2. Tetrarchie.— Πρακτικά του XII Διεθνούς συνεδρίου κλασικής αρχαιολογίας, 3 (Αθήνα 1988) 187–191, Taf.
KB Athenai 1983

4859
Mikocki, T.: Faustine la Jeune en Vénus. Mythes et faits.— Ritratto ufficiale e ritratto privato (Roma 1988) 383–389, Abb.
KB Roma 1984

4860
Milčeva, R.: Ein Frauenporträt aus Odessos.— Ritratto ufficiale e ritratto privato (Roma 1988) 391–395, Abb.
KB Roma 1984

4861
Neumann, G.: Ein späthellenistisches Tondo-Bildnis.—
AM 103, 1988, 221–238, Taf.

4862
Nielsen, A. M.: 'Fecit et Alexandrum Magnum multis operibus.' Alexander the Great and Lysippos.—
ActaArch 58, 1987, 151–170, Abb.

4863
Nielsen, A. M.: Portraits of Alexander the Great in the Dodecanese. Some questions, some answers?— Archaeology in the Dodecanese (Copenhagen 1988) 219–224, Abb. Taf.
KB København 1986

4864
Nowicka, M.: Quelques remarques sur les portraits de momies.— Ritratto ufficiale e ritratto privato (Roma 1988) 397–399
KB Roma 1984

4865
Ouertani, N.: Homme couronné.— Ritratto ufficiale e ritratto privato (Roma 1988) 401–407, Abb.
KB Roma 1984

4866
Pannuti, U.: Tre gemme romane con ritratti imperiali.— Ritratto ufficiale e ritratto privato (Roma 1988) 413–417, Abb.
KB Roma 1984

4867
Parlasca, K.: Palmyrenische Bildnisse aus dem Umkreis Zenobias.— Festschrift R. Werner (Konstanz 1989) 205–209, Taf.

4868
Pflug, H.: Römische Porträtstelen in Oberitalien. Untersuchungen zur Chronologie, Typologie und Ikonographie.— (Mainz 1989) XIV, 320 S., Abb. Taf.

4869
Picozzi, M. G.: Un ritratto di provenienza Salviati nella collezione Colonna.— Studi per L. Breglia, 3 (Roma 1987) 127–138, Abb.

4870
Pollini, J.: The portraiture of Gaius and Lucius Caesar.— (New York 1987) XVI, 133 S., Taf.

4871
Pop, C.: Statue imperiali di bronzo scoperte sul territorio della Dacia romana.— Griechische und römische Statuetten und Großbronzen (Wien 1988) 142–143, Abb.
KB Wien 1986

4872
Popova-Moroz, V.: Roman portraiture from III century in Thracia and Moesia.— Ritratto ufficiale e ritratto privato (Roma 1988) 421–436, Abb.
KB Roma 1984

4873
Rebecchi, F.: Su alcuni ritratti di sarcofagi del III secolo.— Ritratto ufficiale e ritratto privato (Roma 1988) 437–452, Abb.
KB Roma 1984

4874
Rodá, I.: El retrato romano en el Nordeste de la Tarraconense.— Ritratto ufficiale e ritratto privato (Roma 1988) 453–462, Abb.
KB Roma 1984

4875
Rodríguez Oliva, P.; Atencia Páez, R.; Beltrán Fortes, J.: Dos nuevos testimonios béticos sobre Tiberius Caesar.— (Málaga 1986) 32 S., Abb. Taf.

4876
Rössler, D.: Zur Stilentwicklung des römischen Portraits im 3. Jh.— Krise. Krisenbewußtsein. Krisenbewältigung (Halle 1988) 68–76, Abb.
KB Halle 1984

4877
Rolley, C.: Une couronne et un diadème sur la tête d'Alexandre.— Griechische und römische Statuetten und Großbronzen (Wien 1988) 88–94, Abb.
KB Wien 1986

4878
Rotroff, S. I.: A Ptolemaic portrait in Athens.— Proceedings of the 3rd Symposium on ancient Greek and related pottery (København 1988) 516–523, Abb.
KB København 1987

4879
Sadurska, A.: Le portrait officiel romain et la diffusion du portrait funéraire dans les provinces orientales.— Ritratto ufficiale e ritratto privato (Roma 1988) 75–86, Abb.
KB Roma 1984

4880
Salzmann, D.: Sabina in Palmyra.— Beiträge zur Ikonographie und Hermeneutik. Festschrift für N. Himmelmann (Mainz 1989) 361–368, Taf.

4881
Sande, S.: Un ritratto colossale di Adriano ad Oslo.— Ritratto ufficiale e ritratto privato (Roma 1988) 463–466, Abb.
KB Roma 1984

4882
Sanzi Di Mino, M. R.: Testa femminile da Formia. Un contributo all'iconografia femminile tardo-repubblicana.—
ArchCl 38–40, 1986–88, 82–87, Taf.

4883
Schäfer, T.: Die Dakerkriege Trajans auf einer Bronzekanne. Eine Auftragsarbeit für den Prätorianerpräfekt Ti. Claudius Livianus.—
JdI 104, 1989, 283–317, Abb.

4884
Schindler, W.: Sudermann's Traian und das Traianische.— Ritratto ufficiale e ritratto privato (Roma 1988) 467–472, Abb.
KB Roma 1984

4885
Schindler, W.: Klassizismus. Ein Krisensymptom des 3. Jh.— Krise. Krisenbewußtsein. Krisenbewältigung (Halle 1988) 76–88, Abb.
KB Halle 1984

4886
Scrinari Santa Maria, V.: A proposito di un gruppo di ritratti repubblicani.— Ritratto ufficiale e ritratto privato (Roma 1988) 473–484, Abb.
KB Roma 1984

4887
Skupinska-Løvset, I.: Private portraits in Roman Palestine.— Ritratto ufficiale e ritratto privato (Roma 1988) 485–491, Abb.
KB Roma 1984

4888
Skupinska-Løvset, I.: Funerary portraiture of Seleukeia on the Euphrates.—
ActaArch 56, 1985, 101–129, Abb.

4889
Smith, R. R. R.: Philorhomaioi. Portraits of Roman client rulers in the Greek East in the 1st century BC.— Ritratto ufficiale e ritratto privato (Roma 1988) 493–497, Abb.
KB Roma 1984

4890
Smith, R. R. R.: Hellenistic royal portraits.— (Oxford 1988) XVII, 196 S., Taf.
(Oxford monographs on classical archaeology)

4891
Stampolides, N.: Τό σύμπλεγμα άρ. 257 τοῦ 'Ε. Μ. καί οἱ πλατωνικοί Σιληνοί. Μιά άκόμα προσέγγιση στήν προσωπογραφία τοῦ Σωκράτη.—
Archaiognosia 3, 1982–84, 123–161, Taf.

4892
Stavridis, A.: Ritratti dall'Arcadia.— Ritratto ufficiale e ritratto privato (Roma 1988) 499–500, Abb.
KB Roma 1984

4893
Terrer, D.: Un portrait de Claude à Nice.—
RANarb 18, 1985, 393–398, Abb.

4894
Touloupa, E.: Eine Bronze-Reiterstatue des Augustus.— Griechische und römische Statuetten und Großbronzen (Wien 1988) 120–123, Abb.
KB Wien 1986

4895
Touloupa, E.: La statua equestre in bronzo di Augusto rinvenuta nel nord dell'Egeo.—
BdA 74, 1989, Nr. 53, 67–78, Abb. Taf.

4896
Traversari, G.: Un ritratto inedito all'Università di Venezia e nuove considerazioni sull'iconografia di Gaio Cesare.— Ritratto ufficiale e ritratto privato (Roma 1988) 517–525, Abb.
KB Roma 1984

4897
Trillmich, W.: Abhängigkeit und Entfernung des hispanischen Privatporträts vom Vorbild Roms.— Ritratto ufficiale e ritratto privato (Roma 1988) 527–534, Abb.
KB Roma 1984

4898
Vasilev, V. P.: Untersuchungen zum Bronzekopf Gordians III. aus Nicopolis ad Istrum.— Ritratto ufficiale e ritratto privato (Roma 1988) 541–546, Abb.
KB Roma 1984

4899
Vollenweider, M. L.: Le développement du portrait glyptique à l'époque des Antonins et des Sévères.— Ritratto ufficiale e ritratto privato (Roma 1988) 87–104, Abb.
KB Roma 1984

4900
Vollenweider, M. L.: La gravure en pierres fines à la cour de Mithridate VI, roi du Pont. Tendances baroques et tendances classicisantes.— Πρακτικά του XII Διεθνούς συνεδρίου κλασικής αρχαιολογίας, 2 (Αθήνα 1988) 266–268, Taf.
KB Athenai 1983

4901
Walker, S.: Untimely memorials. Some Roman portraits of the prematurely dead in the British Museum collections.— Ritratto ufficiale e ritratto privato (Roma 1988) 547–554, Abb.
KB Roma 1984

4902
Walters, B.: Two busts from Littlecote.—
Britannia 19, 1988, 407–410, Abb.

4903
Winkes, R.: Bildnistypen der Livia.— Ritratto ufficiale e ritratto privato (Roma 1988) 555–561, Abb.
KB Roma 1984

4904
Wohlmayr, W.: Bronzejüngling von Agde.— Griechische und römische Statuetten und Großbronzen (Wien 1988) 95–99, Abb.
KB Wien 1986

4905
Wood, S.: Isis, eggheads, and Roman portraiture.—
JARCE 24, 1987, 123–141, Taf.

4906
Wood, S.: Memoriae Agrippinae. Agrippina the Elder in Julio-Claudian art and propaganda.—
AJA 92, 1988, 409–426, Abb.

4907
Zadoks-Jitta, A. N.: Traiano in bronzo.— Ritratto ufficiale e ritratto privato (Roma 1988) 563–566, Abb.
KB Roma 1984

4908
Zanker, P.: Volcanus Augustus oder Klassizismus bei der Feuerwehr? Kanon. Festschrift E. Berger.—
AntK 15. Bh, 1988, 275–278, Taf.

4909
Zanker, P.: Herrscherbild und Beamtenporträt.— Ritratto ufficiale e ritratto privato (Roma 1988) 105–109, Abb.
KB Roma 1984

4910
Zanker, P.: Ein Augustusenkel als klassischer Pais.— Beiträge zur Ikonographie und Hermeneutik. Festschrift für N. Himmelmann (Mainz 1989) 351–354, Taf.

4911
Zinserling, G.: Zu den zwei Stilrichtungen in der Porträtkunst des 2. Viertels des 3. Jhs.— Krise. Krisenbewußtsein. Krisenbewältigung (Halle 1988) 120–124
KB Halle 1984

Sarkophage

4912
Baldassarri, P.; Bertinetti, M.; Musso, L.; u. a.: Museo nazionale romano. Le sculture, 1, 10. Magazini. I sarcofagi, 2.— (Roma 1988) XIV, 249 S., Abb.

4913
Baratte, F.: La naissance de Dionysos sur un couvercle de sarcophage du musée d'Amiens.—
RA 1989, 143–148, Abb.

4914
Béraud, I.; Brun, J. P.; Gébara, C.: Un enclos funéraire gallo-romain à Bagnols-en-Forêt (Var).—
RANarb 19, 1986, 351–358, Abb.

4915
Bianchi, L.: Il sarcofago dei Vareni. Un nuovo tipo di monumento sepolcrale in Dacia.— Studi per L. Breglia, 3 (Roma 1987) 159–163

4916
Brandenburg, H.: Un sarcofago romano con scena pastorale nella cripta del duomo di Osimo.— Atti del VI Congresso nazionale di archeologia cristiana (Firenze 1986) 419–431, Abb.
KB Pesaro-Ancona 1983

4917
Buhl, M. L.: Les sarcophages anthropoïdes phéniciens en dehors de la Phénicie.—
ActaArch 58, 1987, 213–221, Abb.

4918
Calcani, G.: Galati modello.—
RIA 10, 1987, 153–174, Abb.

4919
Canciani, F.: Ancora sui sarcofagi del gruppo Aquileia-Grado.—
AquilNost 57, 1986, 513–520, Abb.

4920
Canciani, F.: I sarcofagi di Aquileia.— Vita sociale artistica e commerciale di Aquileia romana, 2 (Udine 1987) 401–418, Taf.
KB Aquileia 1985

4921
Chioffi, L.: Tre manufatti iscritti urbani.— Miscellanea greca e romana, 13 (Roma 1988) 217–224, Taf.
SB

4922
Ciliberto, F.: Sarcofagi e coperchi a kline attici ad Aquileia. Alcuni frammenti inediti.—
AquilNost 58, 1987, 233–260, Abb.

4923
Ciliberto, F. M.: Un sarcofago ti tipo attico con Ippolito a S. Canzian d'Isonzo.—
Xenia 16, 1988, 53–56, Abb.

4924
Dardaine, S.; Longepierre, D.: Essai de typologie des monuments funéraires de Sidyma (époques lycienne et romaine).—
Ktema 10, 1985 [1988], 219–232, Abb. Taf.

4925
Di Filippo Balestrazzi, E.: La 'pompa del magistrato' e il dio di Emesa.—
AquilNost 56, 1985, 337–360, Abb.

4926
Donati, F.: Antico o imitazione dell'antico. Rilettura di un sarcofago del Camposanto di Pisa.—
StClOr 38, 1988, 401–417, Taf.

4927
Elayi, J.: Les sarcophages phéniciens d'époque perse.—
IrAnt 23, 1988, 275–322, Abb.

4928
Eschbach, N.: Eine stadtrömische Aschenurne in Mainzer Privatbesitz.—
AKorrBl 18, 1988, 197–201, Taf.

4929
Gascou, J.: Inscriptions de la ville de Rome et autres inscriptions italiennes conservées aux musées d'Aix-en-Provence, Carpentras, Avignon et Marseille.—
MEFRA 100, 1988, 187–243, Abb.

4930
Granino Cecere, M. G.: Nuove acquisizioni del Lapidario Zeri di Mentana.— (Roma 1988) 90 S., Taf.
(Studi pubblicati dall'Istituto italiano per la storia antica, 40)

4931
Gregl, Z.: Antike Hausurnen aus Kroatien.—
RdA 12, 1988, 54–59, Taf.

4932
Herdejürgen, H.: Beobachtungen an den Lünettenreliefs hadrianischer Girlandensarkophage.—
AntK 32, 1989, 17–26, Taf.

4933
Işık, F.: Ein römischer Sarkophagdeckel mit Hirtenidyllen in Niksar.— Beiträge zur Ikonographie und Hermeneutik. Festschrift für N. Himmelmann (Mainz 1989) 399–404, Taf.

4934
Jucker, I.: Das Fest auf dem Nil. Kanon. Festschrift E. Berger.—
AntK 15. Bh, 1988, 247–256, Taf.

4935
Kajava, M.; Solin, H.: Un'iscrizione urbana a Minturno.—
Epigraphica 50, 1988, 220–222, Abb.

4936
Koch, G.: Sarkofagët e periudhës perandorake në Shqipëri. Kaiserzeitliche Sarkophage in Albanien.—
Monumentet 35, 1988, 39–80, Abb.

4937
Koch, G.: Zum Klassizismus auf attischen Sarkophagen des 2. und 3. Jhs. n. Chr.— Πρακτικά του XII Διεθνούς συνεδρίου κλασικής αρχαιολογίας, 3 (Αθήνα 1988) 155–160, Taf.
KB Athenai 1983

4938
Koch, G.; Wight. K.: Roman funerary sculpture. Catalogue of the collections.— (Malibu 1988) XII, 128 S., Abb.
(The J. Paul Getty Museum)

4939
Lissi Caronna, E.: Roma, Regio XIV. Rinvenimento di sarcofago fittile in via G. G. Belli.—
NSc 38–39, 1984–85, 217–219, Abb.

4940
Marcadé, J.: Le souvenir possible d'une composition classique grecque dans deux documents d'époque romaine. Kanon. Festschrift E. Berger.—
AntK 15. Bh, 1988, 257–261, Taf.

4941
Marcadé, J.: Le sarcophage A 927 du musée d'Antalya.—
Anadolu 21, 1978–80 [1987], 211–222, Taf.

4942
Massa, M.: L'ara cilindrica di Castiglioncello. Una nuova lettura.—
StClOr 38, 1988, 419–437, Taf.

4943
Musso, L.: Ascensione ad astra e iconografia funeraria. Sulla composizione di due sarcofagi romani del III secolo.—
SciAnt 1, 1987, 319–338, Abb.

4944
Palmieri, R.: Iscrizioni ostiensi inedite da Porta Laurentina.—
Miscellanea greca e romana, 13 (Roma 1988) 153–158, Taf.
SB

4945
Rahmani, L. Y.: Roman lead coffins in the Israel Museum collection.—
IsrMusJ 7, 1988, 47–55, Abb. Taf.

4946
Rebecchi, F.: Su alcuni ritratti di sarcofagi del III secolo.— Ritratto ufficiale e ritratto privato (Roma 1988) 437–452, Abb.
KB Roma 1984

4947
Sáenz y Velasco, M. d. P.: Tapa de un sarcófago paleocristiano de plomo procedente de Andújar (Jaén) en el Museo arqueológico nacional.—
BMusMadrid 5, 1987, 53–59, Abb.

4948
Schmidt, T. M.: Ein neuerworbenes Sarkophagfragment mit der Darstellung einer Wagenfahrt in der Frühchristlich-byzantinischen Sammlung.— Krise. Krisenbewußtsein. Krisenbewältigung (Halle 1988) 89–97, Abb.
KB Halle 1984

4949
Spiess, A.: Studien zu den römischen Reliefsarkophagen aus den Provinzen Germania Inferior und Superior, Belgica und Raetia.—
KölnJbVFrühGesch 21, 1988, 253–324, Abb.

4950
Talamo, E.: Un sarcofago policromo a doppia sepoltura di età imperiale romana.—
BollMC N.S. 2, 1988, 123–126, Abb.

4951
Tirelli, M.: Per una tipologia delle coperture d'urna altinati. Un esemplare a cuspide piramidale.—
AquilNost 57, 1986, 793–808, Abb.

4952
Todisco, L.: Un sarcofago semilavorato di fabbrica proconnesia in Apulia.—
Taras 7, 1987, 79–88, Taf.

Malerei

4953
Balty, J.: Les mosaïques des thermes du gymnase à Salamine de Chypre.—
RDAC 1988, Nr. 2, 205–218, Abb. Taf.

4954
Bischoff, B.; Eastwood, B.; Klein, T. A. P.; u. a.: Aratea. Kommentar zum Aratus des Germanicus. Ms. Voss. lat. q. 79. Bibliotheek der Rijksuniversiteit Leiden.— (Luzern 1989) 206 S., Abb.

4955
Chevallier, R.: Les graffiti dans le monde romain.— Benaco '85. La cultura figurativa rupestre (Torino 1986) 67–81, Abb.
KB Torri del Benaco 1985

4956
Di Vita, A.: Il tema del 'banquet couché' dei rilievi attici di IV secolo in una nuova pittura da Sabratha (Libia).— Πρακτικά του XII Διεθνούς συνεδρίου κλασικής αρχαιολογίας, 2 (Αθήνα 1988) 72–76
KB Athenai 1983

4957
Donderer, M.: Dionysos und Ptolemaios Soter als Meleager. Zwei Gemälde des Antiphilos.— Zu Alexander d. Gr. Festschrift G. Wirth (Amsterdam 1987) 781–799, Taf.

4958
Ehrhardt, W.: Casa dell'orso (VII 2, 44–46).— (München 1988) 83 S., Abb. Taf.
(Häuser in Pompeji, 2)

4959
Filgis, M. N.: Forschungsgeschichte und archäologische Befunde.— Das römische Wimpfen (Bad Wimpfen 1988) 18–30, Abb. Taf.
SB

4960
Finogenova, S. I.: Nastennye rospisi i mozaičnye poly Pantikapejskogo pritaneja. (Russ.) [Wandmalereien und Mosaikböden im Prytaneion von Pantikapaion.].— Problemy antičnoj kul'tury (Moskva 1986) 205–209, Taf.
SB

4961
Fuchs, M.: Peintures romaines dans les collections suisses.—
BPeintRom 9, 1989, 1–116, Abb.

4962
Fuchs, M.: La Rome peinte chez les Helvètes.— (Avenches 1986) XV S., Abb.
(Musée romain d'Avenches)

4963
Ghedini, F.; Baggio Bernardoni, E.: Il soffitto affrescato della domus romana del Serraglio Albrizzi di Este. Proposta di ricostruzione.—
QuadAVen 4, 1988, 286–303, Abb.

4964
Gigante, L. M.: Greek perspective and illusionistic architecture in classical and Graeco-Roman painting.— Πρακτικά του XII Διεθνούς συνεδρίου κλασικής αρχαιολογίας, 2 (Αθήνα 1988) 88–91
KB Athenai 1983

4965
Goethert, K. P.: Il panettiere. Zur Geschichte einer Fehldeutung.— Beiträge zur Ikonographie und Hermeneutik. Festschrift für N. Himmelmann (Mainz 1989) 385–388, Taf.

4966
Graeve, V. v.: Der Naiskos des Hermon. Zur Rekonstruktion des Gemäldes. Kanon. Festschrift E. Berger.—
AntK 15. Bh, 1988, 339–343, Taf.

4967
Guarducci, M.: Il trono di Massimiano Erculio e la cattedra di San Pietro.—
BdA 73, 1988, Nr. 52, 1–12, Abb. Taf.

4968
Hiller, F.: Die Entstehung einer subjektivistischen Kunstform in der pompeianischen Wandmalerei.— Bathron. Beiträge zur Architektur und verwandten Künsten für H. Drerup (Saarbrücken 1988) 195–212

4969
Hölscher, T.: Eine frühe zweifigurige Grabstele. Kanon. Festschrift E. Berger.—
AntK 15. Bh, 1988, 166–170, Taf.

4970
Hope, C.: Three seasons of excavation at Ismant el-Gharab in Dakhleh Oasis, Egypt.—
MedA 1, 1988, 160–178, Abb.

4971
Kreeb, M.: Untersuchungen zur figürlichen Ausstattung delischer Privathäuser.— (Chicago 1988) XVII, 357 S., Abb.

4972
Lagi De Caro, A.: Alessandro e Rossane come Ares ed Afrodite in un dipinto della casa Regio VI, Insula Occidentalis, n. 42.— Studia pompeiana et classica in honor of W. F. Jashemski, 1 (New Rochelle 1988) 75–83, Abb. Taf.

4973
Leach, E. W.: The rhetoric of space. Literary and artistic representations of landscape in Republican and Augustan Rome.— (Princeton 1988) XII, 493 S., Taf.

4974
Meates, G. W.; u. a.: The Roman villa at Lullingstone, Kent, 2. The wall paintings and finds.— (Maidstone 1987) XXIX, 330 S., Abb. Taf.
(Monograph series of the Kent Archaeological Society, 3)

4975
Orr, D. G.: Learning from lararia. Notes on the household shrines of Pompeii.— Studia pompeiana et classica in honor of W. F. Jashemski, 1 (New Rochelle 1988) 293–299, Taf.

4976
Pagano, M.: Semo Sancus in una insegna di bottega a Ercolano.—
CronErcol 18, 1988, 209–214, Abb.

4977
Pemberton, E. G.: The beginning of monumental painting in mainland Greece.— Studia pompeiana et classica in honor of W. F. Jashemski, 2 (New Rochelle 1989) 181–197

4978
Priuli, A.: Incisioni di età storica nel quadro più ampio della cultura figurativa rupestre camuna.— Benaco '85. La cultura figurativa rupestre (Torino 1986) 131–145, Abb.
KB Torri del Benaco 1985

4979
Rocco, G.: Alcune osservazioni sul valore architettonico della antica decorazione parietale. La Domus Aurea di Nerone.—
Palladio N.S., 1, 1988, Nr. 1, 121–134, Abb.

4980
Rouveret, A.: Histoire et imaginaire de la peinture ancienne. Ve siècle av. J. C. – Ier siècle ap. J. C.— (Rome 1989) X, 577 S., Abb. Taf.
(Bibliothèque des Ecoles françaises d'Athènes et de Rome, 274)

4981
Sabrié, M.; Sabrié, R.: Décorations murales de Nîmes romaine.—
RANarb 18, 1985, 289–318, Abb.

4982
Schaus, G. P.: The beginning of Greek polychrome painting.—
JHS 108, 1988, 107–117, Taf.

4983
Schmaltz, B.: Theseus, der Sieger über den Minotauros.—
AA 1989, 71–79

4984
Schmaltz, B.: Andromeda. Ein campanisches Wandbild.—
JdI 104, 1989, 259–281, Abb.

4985
Schumacher, W. N.: Die Grabungen unter S. Sebastiano 95 Jahre nach den Entdeckungen Anton de Waals.—
RömQSchr 83, 1988, 134–166, Abb. Taf.

4986
Stansbury-O'Donnell, M. D.: Polygnotos's 'Iliupersis'. A new reconstruction.—
AJA 93, 1989, 203–215, Abb.

4987
Stella, C.: Rinvenimenti romani sotto il Credito agrario bresciano.—
AquilNost 57, 1986, 777–792, abb.

4988
Stucky, R. A.: Die Tonmetope mit den drei sitzenden Frauen von Thermos. Ein Dokument hellenistischer Denkmalpflege.—
AntK 31, 1988, 71–78, Abb. Taf.

4989
Taglietti, F.: A proposito di una pittura 'perduta'.— Studi per L. Breglia, 3 (Roma 1987) 139–157, Abb.

4990
Thimme, J.: Ein großgriechischer Klappspiegel aus klassischer Zeit. Kanon. Festschrift E. Berger.—
AntK 15. Bh, 1988, 192–199, Abb. Taf.

4991
Thomas, E.: Nikomachos in Vergina?—
AA 1989, 219–226

4992
Tran Tam Tinh, V.: La Casa dei cervi a Herculaneum.— (Roma 1988) XI, 168 S., Abb. Taf.
(Archaeologica, 74)

4993
Vokotopoulou, I.: Οἱ ταφικοὶ τύμβοι τῆς Νέας Μηχανιώνας.— Πρακτικά του XII Διεθνούς συνεδρίου κλασικής αρχαιολογίας, 2 (Αθήνα 1988) 25–30, Taf.
KB Athenai 1983

4994
Walter-Karydi, E.: Der Naiskos des Hermon. Ein spätklassisches Grabgemälde. Kanon. Festschrift E. Berger.—
AntK 15. Bh, 1988, 331–338, Abb. Taf.

4995
Wesenberg, B.: Attische Säulenbasen in der Wanddekoration des zweiten pompejanischen Stils.— Bathron. Beiträge zur Architektur und verwandten Künsten für H. Drerup (Saarbrücken 1988) 407–417, Abb.

4996
Wesenberg, B.: Zur Io des Nikias in den pompejanischen Wandbildern. Kanon. Festschrift E. Berger.—
AntK 15. Bh, 1988, 344–350, Abb. Taf.

4997
Williams II, C. K.; Zervos, O. H.: Corinth, 1987. South of temple E and east of the theatre.—
Hesperia 57, 1988, 95–146, Abb. Taf.

Mosaik

4998
Tappeti di pietra. I mosaici di Taranto romana. Museo nazionale di Egnazia.— (Fasano 1989) 106 S., Abb. Taf. Beil.

4999
Arias, P. E.: I mosaici di Piazza Armerina e il problema storico-artistico.—
CronA 23, 1984, 111–124, Abb.

5000
Balty, J.: Les mosaïques des thermes du gymnase à Salamine de Chypre.—
RDAC 1988, Nr. 2, 205–218, Abb. Taf.

5001
Bellet, M. E.; Borgard, P.; Carru, D.; u. a.: Une construction gallo-romaine rue Villeneuve et rue de la Portette à Orange (Vaucluse). Fouille de sauvetage 1984.—
RANarb 18, 1985, 319–341, Abb.

5002
Berczelly, L.: The date and significance of the Menander mosaics at Mytilene.—
BICS 35, 1988, 119–126, Taf.

5003
Blanchard-Lemée, M.: A propos des mosaïques de Sidi Ghrib. Vénus, le Gaurus et un poème de Symmaque.—
MEFRA 100, 1988, 367–384, Abb.

5004
Blázquez, J. M.: La romanización en el sureste hispánico. La aportación de los mosaicos.— (Homenaje al Padre Tapia. I Encuentro de cultura mediterránea, Almeria 27 al 31 octubre de 1986 o. O. o. J., 79–101, Taf.)
SD

5005
Blázquez Martínez, J. M.: Arte y sociedad de los mosaicos romanos de Navarra.— Primer congreso general de historia de Navarra, 2. Comunicaciones (o. O. o. J.) 307–328, Taf.
(Principe de Viana, anejo 7.)
SD

5006
Bruneau, P.: Philologie mosaïstique.—
JSav 1988, 3–73, Abb.

5007
Buzov, M.: Pitanje domaćih mozaičkih radionica. (Kroat. m. engl. Res.) The question of domestic mosaic workshops.—
PriloziZagreb 2, 1985, 51–58, Taf.

5008
Callaioli, A.: Agro chiusino. Un emblema musivo da Monte Venere.— I Romani di Chiusi (Roma 1988) 133–141, Abb.
SB

5009
Cecchini, L.: Da uno scavo di necessità ad un museo archeologico.—
AquilNost 57, 1986, 565–576, Abb.

5010
Dahm, L.: Die Mosaiken der vorkonstantinischen Palastanlage westlich der Basilika in Trier.—
TrZ 51, 1988, 427–461, Abb.

5011
Darmon, J. P.: Présence et fonction de la mythologie classique dans le décor en mosaïque de la maison romano-africaine.— Πρακτικά του XII Διεθνούς συνεδρίου κλασικής αρχαιολογίας, 2 (Αθήνα 1988) 62–67, Taf.
KB Athenai 1983

5012
De Franciscis, A.; u. a.: La villa romana del Naniglio di Gioiosa Ionica. Relazione preliminare delle campagne di scavo 1981–86.— (Napoli 1988) 119 S., Taf.
Archaia. Monumenti, 1)

5013
De Meis, A. M.; Messineo, G.: Una lastra con girali da Fidenae.—
Xenia 17, 1989, 65–70, Abb.

5014
Donderer, M.: Dionysos und Ptolemaios Soter als Meleager. Zwei Gemälde des Antiphilos.— Zu Alexander d. Gr. Festschrift G. Wirth (Amsterdam 1987) 781–799, Taf.

5015
Dremsizova-Nelčinova, C.: Steinteppiche aus dem Altertum in der VR Bulgarien.—
Altertum 34, 1988, 157–159, Abb.

5016
Ehrhardt, W.: Casa dell'orso (VII 2, 44–46).— (München 1988) 83 S., Abb. Taf.
(Häuser in Pompeji, 2)

5017
Floriani Squarciapino, M.: Nuovi mosaici ostiensi.—
RendPontAcc 58, 1985–86, 87–114, Abb.

5018
Gaggiotti, M.: Pavimenta poenica marmore numidico constrata.— L'Africa romana (Sassari 1988) 215–221
KB Sassari 1987

5019
Giannouli, V.; Guimier-Sorbets, A. M.: Deux mosaïques hellénistiques à Samos.—
BCH 112, 1988, 545–568, Abb.

5020
Guarducci, M.: Il trono di Massimiano Erculio e la cattedra di San Pietro.—
BdA 73, 1988, Nr. 52, 1–12, Abb. Taf.

5021
Guidobaldi, F.; Salvatori, A.: The introduction of polychrome marbles in late republican Rome. The evidence from mosaic pavements with marble insertions.— Classical marble (Dordrecht 1988) 171–175
KB Il Ciocco 1988

5022
Ilan, Z.; Damati, E.: The mosaic from the synagogue at ancient Meroth.—
IsrMusJ 4, 1985, 51–56, Abb.

5023
Khanoussi, M.: Spectaculum pugilum et gymnasium. Compte rendu d'un spectacle de jeux athlétiques et de pugilat, figuré sur une mosaïque de la région de Gafsa (Tunisie).—
CRAI 1988, 543–560, Abb.

5024
Kreeb, M.: Untersuchungen zur figürlichen Ausstattung delischer Privathäuser.— (Chicago 1988) XVII, 357 S., Abb.

5025
Lancha, J.; Bartolomé Arraiza, A.: Les mosaïques de la villa romaine de Cardeñagimeno (Burgos).—
AEsp 61, 1988, 305–324, Abb.

5026
Lavagne, H.: Les mosaïques de Gilly (Savoie).—
RANarb 19, 1986, 245–258, Abb.

5027
López Monteagudo, G.; Blázquez Martínez, J. M.; Neira Jiménez, M. L.; u. a.: El simbolismo del matrimonio en el mosaico de Fuente Álamo (Puente Genil, Córdoba) y otros mosaicos hispanos inéditos.—
Latomus 47, 1988, 785–804, Abb. Taf.

5028
Lopreato, P.: La villa imperiale delle Marignane in Aquileia.—
Aquileia e Roma (Udine 1987) 137–149, Taf.
KB Aquileia 1986

5029
Mañanes, T.; Gutiérrez, M. A.; Agundez, C.: El mosaico de la villa romana de Santa Cruz (Cabezón de Pisuerga, Valladolid).— (Valladolid 1987) 66 S., Abb. Taf.
(Monografías de temas artísticos vallisoletanos, 3)

5030
Mielsch, H.: Realität und Imagination im großen Jagdmosaik von Piazza Armerina.— Beiträge zur Ikonographie und Hermeneutik. Festschrift für N. Himmelmann (Mainz 1989) 459–466, Abb.

5031
Monacchi, D.: I mosaici romani di Amelia nel contesto urbanistico antico.—
AnnPerugia 23, 1985–86, Nr. 1, 195–224, Taf.

5032
Morricone, M. L.: Edificio sotto il tempio di Venere e Roma.—
Studi per L. Breglia, 3 (Roma 1987) 69–82, Abb.

5033
Neal, D. S.; Walker, B.: A mosaic from Boughspring Roman villa, Tidenham, Gloucestershire.—
Britannia 19, 1988, 191–197, Abb. taf.

5034
Pisapia, M. S.: Mosaici antichi in Italia. Regione prima. Stabiae.— (Roma 1989) VII, 87 S., Abb. Taf.

5035
Raban, A.: The boat from Migdal Nunia and the anchorages of the Sea of Galilee from the time of Jesus.—
IntJNautA 17, 1988, 311–329, Abb.

5036
Rodríguez Oliva, P.: Los mosaicos de la villa romana de Bobadilla (Málaga).—
BVallad 54, 1988, 137–169, Abb. Taf.

5037
Rubio Muñoz, L. A.: Excavaciones en la villa romana de 'Pesquero' (Pueblonuevo del Guadiana, Badajoz).—
ExtremA 1, 1988, 187–200, Abb.

5038
Salviat, F.: Monuments figurés et tradition littéraire. Alexandre et Darius à Issos.— Πρακτικά του XII Διεθνούς συνεδρίου κλασικής αρχαιολογίας, 2 (Αθήνα 1988) 193–197, Taf.
KB Athenai 1983

5039
Santa Maria Scrinari, V.; u. a.: Ostia antica. Il cosiddetto Palazzo imperiale. Decorazioni musive.— Archeologia laziale, 9 (Roma 1988) 185–194, Abb.
KB Roma 1987

5040
Sanz Gamo, R.: Notas sobre los mosaicos romanos de Balazote (Albacete).—
Caesaraugusta 64, 1987, 189–204, Taf.

5041
Sintès, C.: Fouilles récentes à Arles. Un état de la question.—
RA 1989, 203–210, Abb.

5042
Skarlatidou, E.: Ανασκαφές στην αρχαία Πλωτινόπολη.— Η ιστορική, αρχαιολογική και λαογραφική έρευνα για τη Θράκη (Θεσσαλονίκη 1988) 109–116, Taf.
KB Xanthe 1985

5043
Sogorb Alvarez, M. d. C.: Los mosaicos de la villa romana de Hellín.—
BMusMadrid 5, 1987, 21–52, Abb.

5044
Stella, C.: Rinvenimenti romani sotto il Credito agrario bresciano.—
AquilNost 57, 1986, 777–792, abb.

5045
Tavano, S.: Sculture e mosaici tardoantichi a Concordia.— Rufino di Concordia e il suo tempo, 2 (Udine 1987) 107–134, Taf.
KB Concordia 1986

5046
Torelli, M.: Piazza Armerina. Note di iconologia.—
CronA 23, 1984, 143–156, Abb.

5047
Torres Carro, M.: Los mosaicos de la villa de Prado (Valladolid).—
BVallad 54, 1988, 175–202, Abb. Taf.

5048
Tran Tam Tinh, V.: La Casa dei cervi a Herculaneum.— (Roma 1988) XI, 168 S., Abb. Taf.
(Archaeologica, 74)

5049
Voza, G.: Attività nel territorio della Soprintendenza alle antichità di Siracusa nel quadriennio 1980–1984.—
Kokalos 30–31, 1984–85, Nr. 2,2, 657–676, Taf.

5050
Winbladh, M. L.: Two Roman mosaic fragments.—
MedelhavsMusB 23, 1988, 41–48, Abb.

5051
Zazzaretta, G.: Ritrovamenti di mosaici nel centro urbano.— I Romani di Chiusi (Roma 1988) 143–146, Abb.
SB

Gefässe

5052
Ancient art from the V. G. Simkhovitch Collection. [Exhibition Indiana University Art Museum, Bloomington September 16 – December 20, 1987.]
ed. W. Rudolph.— (Bloomington 1988) 198 S., Abb. Beil.

5053
Antikenmuseum Basel und Sammlung Ludwig. 120 ausgewählte Kunstwerke.— (Basel 1987) 55 S., Abb. Beil.

5054
Archeologia di una città. Bari dalle origini al X secolo. Catalogo della mostra realizzata nel complesso monumentale di Santa Scolastica a Bari, dal 6 marzo al 23 dicembre 1988.
ed. G. Andreassi.— (Bari 1988) VII, 638 S., Abb.
(Prometeo, 2)

5055
Art grec insolite. Terres cuites hellénistiques de Grande Grèce dans les collections privées genevoises. Exposition La Placette Genève 10–26 mars 1988.— (Genève 1988) 33 S., Abb.

5056
Αρχαία Μακεδονία. Ancient Macedonia. Exhibition Melbourne 25 November 1988 – 19 February 1989, Brisbane 11 March – 30 April 1989, Sydney 20 May – 23 July 1989.— (Athens 1988) XXXII, 418 S., Abb.

5057
Attische Keramik. Schwarzfigurige Gefäße aus dem Besitz des Martin von Wagner-Museums der Universität Würzburg. [Ausstellung] Stadtmuseum Ludwigshafen 13. Dezember 1988 – 12. Februar 1989.— (Ludwigshafen 1988) 79 S., Abb.

5058
Bondeno e il suo territorio dalle origini al Rinascimento. [Mostra archeologica alla Rocca Possente di Stellata dal 26 giugno al 23 ottobre 1988].
ed. F. Berti.— (Casalecchio 1988) 425 S., Abb. Beil.

5059
Céramiques antiques de Grèce et d'Italie dans le patrimoine liégeois. Exposition Liège, Musée de l'art wallon, 18 décembre 1987 – 31 janvier 1988.— (Liège 1987) 135 S., Abb.

5060
Charles Ede Ltd.— Antiquities, 146 (London 1988) o. Pagin., Abb.

5061
Charles Ede Ltd.— Roman glass, 13 (London [1988]) o. Pagin., Abb.

5062
Charles Ede Ltd. Antiquities 147.— (London 1989) o. Pagin., Abb.

5063
Charles Ede Ltd. Antiquities, 148.— (London [1989]) o. Pagin., Abb.

5064
Charles Ede Ltd. Pottery from Athens, 11. 725–225 BC.— (London [1989]) o. Pagin., Abb.

5065
Christie's South Kensington. Antiquities and souvenirs of the Grand Tour for sale by auction Monday, May 8, 1989.— (London 1989) 36 S., Abb.

5066
Colección Martí Esteve. Materiales procedentes de Ibiza.
ed. E. Vento Mir.— (Valencia 1985) 159 S., Abb.
(Ayuntamiento de Valencia. Arqueología, 4)

5067
Collection de la Fondation Thétis. Développements de l'art grec de la préhistoire à Rome. [Catalogue de l'exhibition Genève 1987.]
ed. J. L. Zimmermann.— (Genève 1987) 204 S., Abb.

5068
CVA Deutschland, 56. München, 10. Antikensammlungen, ehemals Museum antiker Kleinkunst.
ed. B. Fellmann.— (München 1988) 74 S., Taf.

5069
CVA Deutschland, 57. München. Antikensammlungen, ehemals Museum antiker Kleinkunst, 11.
ed. B. Fellmann.— (München 1989) 75 S., Taf.

5070
CVA Deutschland, 58. Göttingen, 1. Archäologisches Institut der Universität.
ed. M. Bentz.— (München 1989) 74 S., Abb. Taf.

5071
CVA The Netherlands, 6. Amsterdam. Allard Pierson Museum, Universtiy of Amsterdam, 1.
ed. J. M. Hemelrijk.— (Amsterdam 1988) 138 S., Abb. Taf.

5072
CVA United States of America, 23. The J. Paul Getty Museum, Malibu, 1. Molly and Walter Bareiss Collection.
ed. A. J. Clark.— (Malibu 1988) XV, 97 S., Abb. Taf.

5073
Forschungen in Gorsium in den Jahren 1983–84.—
Alba Regia 23, 1987, 179–240, Abb.

5074
Franco Semenzato e C.Sas Venezia. Asta di reperti archeologici, sabato 19 ottobre 1985.— (Venezia 1985) 9 S., Taf.

5075
Galerie Günter Puhze. Kunst der Antike. Katalog 8.— (Freiburg i. Br. [1989]) 35 S., Taf.

5076
Gli Etruschi a nord del Po.— [Mostra Mantova 1986–87.] 2. ed., 2 Bde.
ed. R. De Marinis (Udine 1988) 299 S., Abb.; 243 S., Abb.
(Zeta università, 9)

5077
Locri Epizefiri, 2. Gli isolati I2 e I3 dell'area di Centocamere.—
(Firenze 1989) XXII, 380 S., Abb. Taf.
(Università degli studi di Torino. Studi e materiali di archeologia, 1)

5078
Modena dalle origini all'anno Mille. Studi di archeologia e storia. 2 Bde. [Mostra] Modena, Galleria civica, gennaio-giugno 1989.— (Modena 1988) 612 S., Abb. Beil.; 533 S., Abb.

5079
Musée des docks romains.— (Marseille o. J.) 127 S., Abb.

5080
Il Museo di Taranto. Cento anni di archeologia. Catalogo della mostra per il centenario dell'istituzione del Museo archeologico nazionale di Taranto.— (Taranto 1988) 640 S., Abb. Taf.

5081
Palladia Tolosa. Toulouse romaine. [Exposition Musée Saint-Raymond, Toulouse 1988.].— (Toulouse 1988) XXI, 191 S., Abb. Beil.

5082
Il patrimonio disperso. Reperti archeologici sequestrati dalla Guardia di finanza.
ed. A. Romualdi.— Catalogo della mostra Piombino 15 luglio – 31 ottobre 1989 (Roma 1989) 235 S., Abb.

5083
Per pagos vicosque. Torino romana fra Orco e Stura.
ed. G. Cresci Marrone.— (Padova 1988) 235 S., Abb. Beil
(Saggi e materiali universitari. Serie di antichità e tradizione classica, 10)

5084
La Raccolta Giacinto Guglielmi. Mostra Roma, Palazzi Apostolici Vaticani, 23 maggio – 29 luglio 1989.— (Roma 1989) 124 S., Abb.
(Monumenti musei e gallerie pontificie)

5085
Rijk en Hemels aardewerk. Een hommage aan J. M. Hemelrijk.—
VerAmstMeded 37–38, 1986, 1–32, Abb.

5086
Satriano 1987–1988. Un biennio di ricerche archeologiche. [Catalogo della] mostra documentaria, [Satriano 1988].
ed. E. Greco.— (Potenza 1988) 78 S., Abb. Taf.

5087
Sotheby's London. Ancient glass, ancient jewellery, Middle Eastern, Egyptian, Greek, Etruscan and Roman antiquities, also art reference books. Day of sale Monday 12th December 1988.— (London 1988) 160 S., Abb.

5088
Sotheby's. Middle Eastern, Egyptian, ancient jewellery, Greek, Etruscan and Roman antiquities also ancient glass. Day of sale Monday 11th July 1988 Conduit Street Gallery, London.— (London 1988) 183 S., Abb.

5089
Lo specchio della musica. Iconografia musicale nella ceramica attica di Spina. [Catalogo della mostra] Ferrara, Chiesa di San Romano, dall'8 maggio al 26 giugno 1988.— (Bologna 1988) XXVI, 93 S., Abb.

5090
Der thrakische Silberschatz aus Rogozen, Bulgarien. [Katalog der Ausstellung] Bonn, 27. 9.–6. 10. 1988.— (o. O. [1988]) 202 S., Abb.

5091
Traci. Arte e cultura nelle terre di Bulgaria dalle origini alla tarda romanità. Mostra Venezia, Palazzo ducale 13 maggio – 30 novembre 1989.— (Milano 1989) 347 S., Abb.

5092
Trésors d'orfèvrerie gallo-romains. [Exposition] Musée du Luxembourg, Paris 8 février – 23 avril 1989.— (Paris 1989) 302 S., Abb.

5093
Les vases à mémoire. Les collections de céramique grecque dans le Midi de la France. [Catalogue de l'exposition au Musée archéologique de Lattes 1988.].— (Lattes 1988) 167 S., Abb.

5094
Vetri dei cesari. [Catalogo della mostra Roma, Musei Capitolini, novembre 1988.]
ed. D. B. Harden.— (Milano 1988) XV, 310 S., Abb.

5095
Il viver quotidiano in Roma arcaica. Materiali dagli scavi del tempio arcaico nell'area sacra di S. Omobono.— Mostra Roma 24 maggio – 2 luglio 1989 (Roma 1989) 79 S., Abb.

5096
Abreu Funari, P. P.: Em torno da ânfora. A terminologia latina dos vasos recipientes.—
RGuimar 96, 1986, 219–227, Abb.

5097
Acquaro, E.: Tharros, 14. La campagna del 1987.—
RStFen 16, 1988, 207–219, Taf. Beil.

5098
Ahlberg-Cornell, G.: Games, play and performance in Greek geometric art. The kantharos Copenhagen NM 727 reconsidered.—
ActaArch 58, 1987, 55–86, Abb.

5099
Alexandrescu, P.: Un vase ptolémaïque en faïence d'Istros.— Beiträge zur Ikonographie und Hermeneutik. Festschrift für N. Himmelmann (Mainz 1989) 305–309, Abb. Taf.

5100
Allen, J. R. L.; Fulford, M. G.: Romano-British settlement and industry on the wetlands of the Severn Estuary.—
AntJ 67, 1987, 237–289, Abb. Taf.

5101
Almagro-Gorbea, M.; Lorrio, A.: Segobriga, 3. La muralla norte y la puerta principal. Campañas 1986–1987.— (Cuenca 1989) 341 S., Abb. Taf.

5102
Amyx, D. A.: Corinthian vase-painting of the archaic period, 1–3.— (Berkeley 1988) XXV, 354 S., Taf.; XVIII, 355–700, Abb.; V, 701–809, Taf.
(California studies in the history of art, 25)

5103
Andreassi, G.; Striccoli, R.; Cassano, R.; u. a.: L'attività archeologica in Puglia nel 1985.— Neapolis (Taranto [1988]) 369–413, Taf.
KB Taranto 1985

5104
Andreiomenou, A.: Βοιωτικὰ ἀγγεία τοῦ 5ου αἰ. π. Χ. ἀπὸ τὸ νεκροταφείο τῆς Ἀκραιφίας.— Πρακτικά του XII Διεθνούς συνεδρίου κλασικής αρχαιολογίας, 2 (Αθήνα 1988) 7–14, Abb. Taf.
KB Athenai 1983

5105
Andruch, S. I.; Suničuk, E. F.: Zachoronenija zažitočnych Skifov v nizov'jach Dunaja. (Russ.) [Gräber wohlhabender Skythen am Unterlauf der Donau.].— Novye issledovanija po archeologii Severnogo Pričernomor'ja (Kiev 1987) 38–46, Abb. Taf.
SB

5106
Anfimov, N. V.: Antičnoe vlijanie v meotskoj keramike. (Russ.) [Antiker Einfluß in der mäotischen Keramik.].— Problemy antičnoj kul'tury (Moskva 1986) 125–129, Abb.
SB

5107
Angiolillo, S.; u. a.: Cagliari, 'Villa di Tigellio'. Campagna di scavo 1980.—
StSard 26, 1981–85, 113–233, Abb. Taf.

5108
Arafat, K. W.: Some more vases by the Ikaros Painter.—
BICS 35, 1988, 111–117, Taf.

5109
Aranegui Gascó, C.: La cerámica gris de tipo ampuritano. Las jarritas grises.— Céramiques hellénistiques et romaines, 2 (Paris 1987) 87–95, Taf.
SB

5110
Arcelin, P.; Berato, J.; Brien-Poitevin, F.: L'oppidum protohistorique de La Courtine (Ollioules, Var). Les collections anciennes.—
DocAMérid 11, 1988, 29–69, Abb.

5111
Archontidou, A.: Notes on the Rhodian vases found on the island of Lemnos.— Archaeology in the Dodecanese (Copenhagen 1988) 245–248, Abb. Taf.
KB København 1986

5112
Ariel, D. T.: Two Rhodian amphoras.—
IsrExplJ 38, 1988, 31–55, Abb. Taf.

5113
Arsen'eva, T. M.; Naumenko, S. A.: Raskopki Tanaisa v 1981–1984 gg. (Russ.) [Die Ausgrabungen in Tanais in den Jahren 1981–1984.].—
KraSoob 1987, Nr. 191, 75–82, Abb.

5114
Arsen'eva, T. M.: Dve gruppy krasnolakovych sosudov iz Tanaisa. (Russ.) [Zwei Gruppen von Rotfirnisgefäßen aus Tanais.].—
KraSoob 1985, Nr. 182, 77–84, Abb.

5115
Asskamp, R.: Ausgrabung 1985 im römischen Hauptlager Haltern, Flavusstraße.—
AusgrFuWestf 5, 1987, 205–219, Abb.

5116
Asskamp, R.: Das südliche Oberrheingebiet in frührömischer Zeit.— (Stuttgart 1989) 239 S., Abb. Taf.
(Forschungen und Berichte zur Vor- und Frühgeschichte in Baden-Württemberg, 33)

5117
Bacci, G. M.: Un nuovo cratere laconico figurato da Terravecchia di Grammichele.—
BdA 73, 1988, Nr. 47, 1–16, Abb. Taf.

5118
Bádenas, P.; Olmos, R.: La nomenclatura de los vasos griegos en castellano. Propuestas de uso y normalización.—
AEsp 61, 1988, 61–75, Taf.

5119
Baglione, M. P.: Quelques données sur les plus récentes fouilles de Pyrgi.— Proceedings of the 3rd Symposium on ancient Greek and related pottery (København 1988) 17–24, Abb.
KB København 1987

5120
Baratte, F.: Quelques aspects du décor figuré sur la vaisselle d'argent trouvée en Gaule.—
Caesarodunum 23, 1988, 25–34, Abb. Taf.

5121
Baratte, F.: Trésors d'argenterie gallo-romaine.—
ArcheologiaParis 1989, Nr. 245, 27–37, Abb.

5122
Barkóczi, L.: A 3. század elsől feléből származó vésett díszű üvegek Pannóniában. (Ung. m. dtsch. Res.) Geschliffene Gläser aus der ersten Hälfte des 3. Jhs. in Pannonien.—
ArchErt 113, 1986, 166–189, Abb.

5123
Barkóczi, L.: Pannonische Glasfunde in Ungarn.— (Budapest 1988) 223 S., Abb. Taf.
(Studia archaeologica, 9)

5124
Barr-Sharrar, B.: Survivals and transformations of fourth-century B.C. metal vessels in Roman imperial times. A late antique marble calyx krater in the Metropolitan Museum of Art, New York.—
Πρακτικά του XII Διεθνούς συνεδρίου κλασικής αρχαιολογίας, 3 (Αθήνα 1988) 289–292, Taf.
KB Athenai 1983

5125
Barthélémy, H.: Un site gallo-romain alpin. Gilly (Savoie).—
RANarb 19, 1986, 211–244, Abb.

5126
Bechert, T.; Vanderhoeven, M.: Töpferstempel aus Südgallien.— (Duisburg 1988) 102 S., Abb.
(Funde aus Asciburgium, 9)

5127
Bel, V.; Benoit, J.: Les 'limites' du cadastre B d'Orange. Etude sur les régions de Montélimar et Saint-Paul-Trois-Châteaux.—
RANarb 19, 1986, 79–100, Abb.

5128
Beldiman, C.: Cu privire la difuziunea produselor de bronz italice în Dacia preromană. Descoperirea de la Ţigăneşti, jud. Teleorman.—
Thraco-Dacica 9, 1988, 75–82, Abb. Taf.

5129
Bell, M.: Excavations at Morgantina, 1980–1985. Preliminary report, 12.—
AJA 92, 1988, 313–342, Abb.

5130
Bellet, M. E.; Borgard, P.; Carru, D.; u. a.: Une construction gallo-romaine rue Villeneuve et rue de la Portette à Orange (Vaucluse). Fouille de sauvetage 1984.—
RANarb 18, 1985, 319–341, Abb.

5131
Bencivenga Trillmich, C.: Pyxous-Buxentum.—
MEFRA 100, 1988, 701–729, Abb.

5132
Bergamini, M.: La sigillata africana e orientale di Sepino. Scavo 1976.—
AnnPerugia 23, 1985–86, Nr. 1, 89–109, Abb. Taf.

5133
Bernardini, P.: S. Antioco. Area del Cronicario. Campagne di scavo 1983–86. L'insediamento fenicio.—
RStFen 16, 1988, 75–85, Abb. Taf.

5134
Bertelli, G.: I vetri romani nel Museo archeologico provinciale F. Ribezzo di Brindisi.—
RicStBrindisi 13, 1980–87, 187–216, Abb.

5135
Berti, F.: Un nuovo frammento di Ennione dal delta padano.—
BAnnMusFerr 15, 1985–87, 75–76, Taf.

5136
Bertuzzi, S.: Relitto di nave romana in località Secca dei mattoni presso Ponza.— Archeologia laziale, 9 (Roma 1988) 312–315, Abb.
KB Roma 1987

5137
Bessac, J. C.; Christol, M.; Fiches, J. L.; u. a.: Ugernum. Beaucaire et le Beaucairois à l'époque romaine, 1–2.— (Caveirac 1987) 120 S., Abb. Taf.; 128 S., Abb. Beil.
(Travaux du Centre Camille Jullian, 2)

5138
Bezeczky, T.: Roman amphorae from the amber route in Western Pannonia.— (Oxford 1987) X, 191 S., Abb.
(British archaeological reports. International series, 386)

5139
Bezzi Martini, L.: Necropoli e tombe romane di Brescia e dintorni.— (Brescia 1987) 147 S., Abb. Taf.
(Istituti culturali del comune di Brescia. Materiali e studi per la storia locale, 5)

5140
Biers, W. R.; u. a.: Non-destructive extraction studies of Corinthian plastic vases. Methods and problems. A preliminary report.— Proceedings of the 3rd Symposium on ancient Greek and related pottery (København 1988) 33–50, Abb.
KB København 1987

5141
Blakely, J. A.: Ceramics and commerce. Amphorae from Caesarea Maritima.—
BASOR 1988, Nr. 271, 31–50, Abb.

5142
Blondé, F.: Céramique du 4e s. av. J. C. Matériel attique et local recueilli à Thasos.— Proceedings of the 3rd Symposium on ancient Greek and related pottery (København 1988) 51–61, Abb.
KB København 1987

5143
Boersma, J.; Yntema, D.: The Oria project. Second interim report.—
BABesch 62, 1987, 1–19, Abb.

5144
Böttger, B.: Zur Lebensmittelversorgung der Kastelle am unteren Donaulimes in der Spätantike.—
Ratiariensia 3–4, 1987, 225–229, Taf.

5145
Bommelaer, J. F.: L'apparition de la figure animée sur les vases grecs de style géométrique.—
Ktema 10, 1985 [1988], 9–18, Taf.

5146
Bonifay, M.: Observations sur les amphores tardives à Marseille d'après les fouilles de la Bourse, 1980–1984.—
RANarb 19, 1986, 269–304, Abb. Taf.

5147
Bonnet, C.; Zoller, G.; Broillet, P.; u. a.: Les premiers ports de Genève.—
ASchw 12, 1989, 2–24, Abb.

5148
Bonomi, S.: Medici in Este romana, 2. La tomba del medico.—
AquilNost 55, 1984, 77–108, Abb.

5149
Bonomi, S.: Note su alcuni vetri romani del Basso Polesine.—
AquilNost 57, 1986, 437–452, Abb.

5150
Boon, G. C.: A decorated Arretine sherd from Steepholm, Bristol Channel.—
AntJ 67, 1987, 375–376, Abb. Taf.

5151
Bottini, A.: Elena in Occidente. Una tomba dalla chora di Metaponto.—
BdA 73, 1988, Nr. 50–51, 1–18, Abb. Taf.

5152
Bottura, E.: Il Basso Mantovano in epoca romana. Catalogo dei materiali rinvenuti durante le ricerche di superficie.— (Brescia 1988) 136 S., Abb. Taf.

5153
Bourgeois, A.: La céramique sigillée de la Graufesenque e Afrique Proconsulaire.— Mélanges offerts à M. Labrousse (Toulouse 1987) 323–334, Abb.

5154
Boyer, R.; Mourey, W.: Le trépied à baguettes et l'hydrie en bronze archaïques du Musée archéologique de Nîmes. Nouvel examen et nouvelle restauration.— Techniques antiques du bronze (Dijon 1988) 15–49, Taf.
SB

5155
Boysal J.: Eine vorarchaische Oinochoe im Museum von Fethiye.— Beiträge zur Ikonographie und Hermeneutik. Festschrift für N. Himmelmann (Mainz 1989) 79–82, Abb.

5156
Brandt, J. R.: A Persian patriot among the Brygos Painter's patrons?— Πρακτικά του XII Διεθνούς συνεδρίου κλασικής αρχαιολογίας, 2 (Αθήνα 1988) 31–35, Taf.
KB Athenai 1983

5157
Braun, C.: Römische Bronzegefäße mit Reliefdekor.— Griechische und römische Statuetten und Großbronzen (Wien 1988) 321–322
KB Wien 1986

5158
Brecciaroli Taborelli, L.: Un contributo alla conoscenza dell'impianto urbano di Eporedia (Ivrea). Lo scavo di un isolato a Porta Vercelli.—
QuadAPiem 6, [1987], 97–157, Taf.

5159
Brijder, H.: Op één been kan men niet lopen.—
VerAmstMeded 43, 1988, 27–30, Abb.

5160
Brijder, H. A. G.: The shapes of Etruscan bronze kantharoi from the seventh century B.C. and the earliest Attic black-figure kantharoi.—
BABesch 63, 1988, 103–144, Abb.

5161
Brissaud, P.: Répertoire préliminaire de la poterie trouvée à San el-Hagar, 1.—
CahCérEg 1, 1987, 77–80, Taf.

5162
Brodribb, G.; Cleere, H.; u. a.: The Classis Britannica bath-house at Beauport Part, East Sussex.—
Britannia 19, 1988, 217–274, Abb. Taf.

5163
Brownlee, A. B.: Sophilos and early Attic black-figured dinoi.— Proceedings of the 3rd Symposium on ancient Greek and related pottery (København 1988) 80–87
KB København 1987

5164
Brownlee, A. B.: A black-figure parody of the ransom of Hector.—
RA 1989, 3–21, Abb.

5165
Brusić, Z.: Helenistička reljefna keramika u Liburniji. (Kroat. m. engl. Res.) Hellenistic relief pottery in Liburnia.—
Diadora 10, 1988, 19–37, Abb. Taf.

5166
Bruttomesso, A.: Vicenza. S. Corona. Saggio stratigrafico 1982.—
QuadAVen 4, 1988, 397–404, Abb.

5167
Buora, M.: Sevegliano ed il territorio circostante in epoca romana.—
AquilNost 56, 1985, 69–96, Taf.

5168
Buora, M.: Marchi di fabbrica su urne con orlo a mandorla dal medio Friuli.—
AquilNost 55, 1984, 5–32, Abb.

5169
Burn, L.: A heron on the left, by the Kodros Painter.— Proceedings of the 3rd Symposium on ancient Greek and related pottery (København 1988) 99–106, Abb.
KB København 1987

5170
Burns, J.: The use and origins of confronted heads in Greek and South Italian red-figure vase-painting.— Πρακτικά του XII Διεθνούς συνεδρίου κλασικής αρχαιολογίας, 2 (Αθήνα 1988) 36–43
KB Athenai 1983

5171
Cahn, H. A.: Okeanos, Strymon und Atlas auf einer rotfigurigen Spitzamphora.— Proceedings of the 3rd Symposium on ancient Greek and related pottery (København 1988) 107–116, Abb.
KB København 1987

5172
Callaioli, A.; Giovannini, L.; Paolucci, G.; u. a.: Cisterna romana in località I Forti.— I Romani di Chiusi (Roma 1988) 147–166, Abb.
SB

5173
Cambitoglou, A.: Troilos pursued by Achilles. An Apulian column-krater by the Painter of the Berlin Dancing Girl in the Museo Camillo Leone at Vercelli.— Studies in honour of T. B. L. Webster, 2 (Bristol 1988) 1–21, Taf.

5174
Cambitoglou, A.: Achilles and Troilos in South Italy.— Πρακτικά του XII Διεθνούς συνεδρίου κλασικής αρχαιολογίας, 2 (Αθήνα 1988) 44–49, Taf.
KB Athenai 1983

5175
Campos Carrasco, J. M.: Excavaciones arqueológicas en la ciudad de Sevilla. El origen prerromano y la Hispalis romana.— (Sevilla 1986) 186 S., Abb.
(Obra de ayuda a la investigación, 2)

5176
Căpitanu, V.; Alexianu, M.: Amfore cu inscripţii descoperite în dava de la Răcătău (jud. Bacău).—
Carpica 17, 1985, 75–78, Taf.

5177
Carpenter, T. H.: Beazley addenda. Additional references to ABV, ARV[2] and Paralipomena. 2. ed.— (Oxford 1989) LI, 481 S., Taf.

5178
Carre, M. B.; Cipriano, M. T.; Zuccolo, L.; u. a.: Saggi di scavo a Sevegliano.—
AquilNost 56, 1985, 1–54, Abb. Taf.

5179
Catling, H.: Unpublished finds from Cyprus, 1. Graffiti in the late Cypriote linear script. 2. Imported Greek pottery at Chytroi.—
RDAC 1988, Nr. 1, 325–330, Abb. Taf.

5180
Ceka, N.: Varre të periudhës qytetare në Qytetin Stalin. (Alban.) Tombes de la période urbaine à Qyteti Stalin.—
Iliria 17, 1987, Nr. 1, 233–234, Taf.

5181
Chamay, J.: Quelques inédits à Genève.—
NumAntCl 17, 1988, 125–127, Taf.

5182
Childs, W. A. P.: First preliminary report on the excavations at Polis Chrysochous by Princeton University.—
RDAC 1988, Nr. 2, 121–130, Abb. Taf.

5183
Cipollone, M.: Gubbio (Perugia). Officina ceramica di età imperiale in località Vittorina. Campagna di scavo 1983.—
NSc 38–39, 1984–85, 95–167, Abb.

5184
Cipriano, M. T.; Carre, M. B.: Note sulle anfore conservate nel museo d'Aquileia.— Vita sociale artistica e commerciale di Aquileia romana, 2 (Udine 1987) 479–492, Taf.
KB Aquileia 1985

5185
Cocchi Genick, D.; Mencacci, P.; Zecchini, M.: Porcari dal paleolitico all'epoca romana.— (Porcari 1985) 89 S., Abb. Taf.
(Storia di Porcari, 1)

5186
Coldstream, J. N.: Some Minoan reflexions in Cretan geometric art.— Studies in honour of T. B. L. Webster, 2 (Bristol 1988) 23–32, Abb. Taf.

5187
Coldstream, J. N.: The Knossian protohippalektryon.— Beiträge zur Ikonographie und Hermeneutik. Festschrift für N. Himmelmann (Mainz 1989) 23–26, Taf.

5188
Coldstream, J. N.; Bikai, P. M.: Early Greek pottery in Tyre and Cyprus. Some preliminary comparisons.—
RDAC 1988, Nr. 2, 35–44, Taf.

5189
Collinge, A.: A companion for the Stuttgart Oedipus amphora.—
AA 1988, 627–631, Abb.

5190
Colls, D.: Les amphores léétaniennes de l'épave Cap Béar III.—
REA 88, 1986, 201–206, Abb. Taf.

5191
Comas i Solà, M.: Baetulo. Les àmfores.— (Badalona 1985) 168 S., Abb. Taf.
(Monografies badalonines, 8)

5192
Comfort, H.; Simpson, G.: Not Arretine but from Les Martres de Veyre.—
AntJ 68, 1988, 123–124, Abb.

5193
Connor, P. J.: An inscribed Hadra hydria in the Pelizaeus Museum, Hildesheim.—
JEA 74, 1988, 240–242, Taf.

5194
Cook, R. M.: Antecedents of Fikellura.—
Anadolu 21, 1978–80 [1987], 71–74, Taf.

5195
Costa, P. M.: A bronze brazier with Bacchic scenes from Ṣan'ā'.—
L'Arabie préislamique et son environnement historique et culturel (Leiden 1989) 479–484, Taf.
KB Strasbourg 1987

5196
Coulson, W. D. E.: The dark age pottery of Sparta, 2. Vrondama.—
BSA 83, 1988, 21–24, Abb. Taf.

5197
Courbin, P.: Rapport sur la Xème et dernière campagne à Ras el-Bassit.—
AAS 36–37, 1986–87, 107–110, Taf.

5198
Cunliffe, B.; Tomlin, R.; Walker, D.: The temple of Sulis Minerva at Bath, 2. The finds from the sacred spring.— (Oxford 1988) VII, 362 S., Abb.
(Oxford University Committee for Archaeology. Monograph, 16)

5199
Czysz, W.: Das römische Töpferdorf Rapis und die Terra-sigillata-Manufaktur bei Schwabegg.—
AJahrBay 1987, 123–132, Abb.

5200
Czysz, W.; Endres, W.: Archäologie und Geschichte der Keramik in Schwaben. Ausstellung des Schwäbischen Volkskundemuseums Oberschönenfeld, des Bayerischen Landesamts für Denkmalpflege und der Stadt Neusäss, 25. Juni bis 2. Oktober 1988.— (Neusäss 1988) 291 S., Abb.
(Neusässer Schriften, 6)

5201
Damko, P.: Një varr antik në Polenë. (Alban.) Une tombe antique à Polena.—
Iliria 17, 1987, Nr. 1, 245–246, Abb.

5202
Danale-Giole, K.: Ὁ Εὐριπίδης στήν Ἀθήνα καί στήν Κ. Ἰταλία. Εἰκονογραφικές παρατηρήσεις.—
Archaiognosia 3, 1982–84, 163–194, Taf.

5203
Darling, M. J.; Jones, M. J.: Early settlement at Lincoln.—
Britannia 19, 1988, 1–57, Abb. Taf.

5204
De Caprariis, F.; Fiorini, C.; Palombi, D.: Contenitori da trasporto dell'area siro-palestinese.—
MEFRA 100, 1988, 305–320, Abb.

5205
De Caro, S.: Villa rustica in località Petraro (Stabiae).—
RIA 10, 1987, 5–89, Abb.

5206
De Franciscis, A.; u. a.: La villa romana del Naniglio di Gioiosa Ionica. Relazione preliminare delle campagne di scavo 1981–86.— (Napoli 1988) 119 S., Taf.
Archaia. Monumenti, 1)

5207
De Tommaso, G.: Alessandria centro d'irradiazione del vetro inciso.— Le vie del vetro. Egitto e Sudan (Pisa 1988) 80'k85, Abb.
KB Pisa 1988

5208
Dello Preite, A.: Le importazioni di ceramica fine a Gortina e a Creta tra il IV e il VII sec. d. C.—
ASAtene 46, 1984 [1988], 177–198, Abb.

5209
Demarolle, J. M.: La logique de l'organisation du décor chez un potier mosellan du IIe siècle.—
Caesarodunum 23, 1988, 99–108, Abb.

5210
Demarolle, J. M.: Recherches sur l'organisation de l'espace décoratif dans la sigillée. Décors de Saturninus-Satto.—
Latomus 48, 1989, 135–149, Abb. Taf.

5211
Denisova, V. I.: Černofigurnyj krater iz Ol'vii. (Russ.) [Ein schwarzfiguriger Krater aus Olbia.].— Problemy antičnoj kul'tury (Moskva 1986) 138–145, Abb.
SB

5212
Denti, A.: Ceramica attica arcaica dal territorio di Ravanusa.—
Klearchos 28, 1986, 91–113, Taf.

5213
Desbat, A.: La sigillée claire B de la vallée du Rhône. Etat de la recherche.— Céramiques hellénistiques et romaines, 2 (Paris 1987) 267–272, Taf.
SB

5214
Devauges, J. B.: Entrains gallo-romain.— (Saint-Herblain 1988) XXIII, 382 S., Abb.

5215
Di Maro, F.: La vittoria di Azio ed il tesoro di Boscoreale.— (Sylva Mala. Bollettino del Centro studi archeologici di Boscoreale, Boscotrecase e Trecase 8, 1987, 19–24, Abb.)
SD

5216
Di Maro, F.: La morte di Augusto e i modioli del tesoro di Boscoreale. Nuove ipotesi.—
Sylva Mala 9, 1988, 31–35, Abb.

5217
Di Vita, A.; Rizzo, M. A.: Selinunte fra il 650 ed il 409. Un modello urbanistico coloniale.—
ASAtene 46, 1984 [1988], 7–68, Abb. Taf.

5218
Dix, B.; Taylor, S.; u. a.: Excavations at Bannaventa (Whilton Lodge, Northants.), 1970–71.—
Britannia 19, 1988, 299–339, Abb. Taf.

5219
Dodinet, M.; Leblanc, J.: La production de céramiques gallo-romaines à 'bords noircis' et à 'patine cendrée' dans le Biterrois.—
DocAMérid 11, 1988, 135–143, Abb.

5220
Dohrn, T.: Umwelterlebnisse klassischer Vasenmaler. Kanon. Festschrift E. Berger.—
AntK 15. Bh, 1988, 285–290, Abb. Taf.

5221
Domăneanţu, C.: Archaic Greek faience imports in the Black Sea area.—
Dacia 32, 1988, 21–25, Taf.

5222
Domergue, C.: Catalogue des mines et des fonderies antiques de la péninsule ibérique. 2 Bde.— (Madrid 1987) XI, 585 S., Taf. Beil.
(Publications de la Casa de Velázquez, Série archéologie, 8)

5223
Donati, P.; Ronchetti-Butti, F.; Biaggio-Simona, S.: Ascona. La necropoli romana.— (Bellinzona 1987) 182 S., Abb.
(Repubblica e cantone del Ticino. Quaderni d'informazione, 12)

5224
Dore, J. N.: Pottery and the history of Roman Tripolitania. Evidence from Sabratha and the UNESCO Libyan Valleys survey.—
LibSt 19, 1988, 61–85, Abb.

5225
Dupont, P.: A propos d'un fragment d'amphore 'ionienne' de la chora d'Istros.—
BSocBiblReinach 3, 1985, 3–8, Abb.

5226
Dyczek, P.: Uwagi na temat ceramiki odkrytej w Novae w 1979 roku, odcinek IV, budowla z portykami. (Poln.) [Bemerkungen zur Fundkeramik von Novae im Jahr 1979, Abschnitt IV, Portikusbau.].—
Novaensia 1, 1987, 253–271, Taf.

5227
Ebel, W.: Die römischen Grabhügel des ersten Jahrhunderts im Treverergebiet.— (Marburg 1989) 192 S., Abb. Taf.
(Marburger Studien zur Vor- und Frühgeschichte, 12)

5228
Eiseman, C. J.; Ridgway, B. S.: The Porticello shipwreck. A Mediterranean merchant vessel of 415–385 B.C.— (College Station 1987) XII, 126 S., Abb. Taf.
(The nautical archaeology series, 2)

5229
Elayi, J.: Les importations grecques à Tell Kazel (Simyra) à l'époque perse.—
AAS 36–37, 1986–87, 132–135, Taf.

5230
Empereur, J. Y.; Hesnard, A.: Les amphores hellénistiques.—
Céramiques hellénistiques et romaines, 2 (Paris 1987) 9–54, Taf.
SB

5231
Empereur, J. Y.; Tuna, N.: Hiérotélès, potier rhodien de la Pérée.—
BCH 113, 1989, 277–299, Abb.

5232
Enklaar, A.: Een Alexandrijnse witgrondige hydria.—
VerAmstMeded 43, 1988, 16–17, Abb.

5233
Eschbaumer, P.; Faber, A.: Die südgallische Reliefsigillata. Kritische Bemerkungen zur Chronologie und zu Untersuchungsmethoden.—
FuBerBadWürt 13, 1988, 223–247

5234
Etienne, R.; Mayet, F.: Les gobelets de l'atelier de Rullius.—
Mélanges offerts à M. Labrousse (Toulouse 1987) 363–383, Abb.

5235
Euwe, J.: The shape of the early Nolan amphorae, 490–480 B.C. The origin and the relation with other small neck-amphorae.—
Proceedings of the 3rd Symposium on ancient Greek and related pottery (København 1988) 144–151, Abb.
KB København 1987

5236
Faber, A.; Nikolanci, M.: Škrip na otoku Braču. Naselje i spomenici prethistorijskog i antičkog doba. (Kroat. m. engl. Res.) Škrip on the island of Brač. Prehistorical and Roman settlement.—
PriloziZagreb 2, 1985, 1–38, Abb. Taf.

5237
Farley, M.; Henig, M.; Taylor, J. W.: A hoard of late Roman bronze bowls and mounts from the Misbourne Valley, near Amersham, Bucks.—
Britannia 19, 1988, 357–366, Abb. Taf.

5238
Fasold, P.: Eine römische Brandgräbergruppe bei Westendorf, Ldkr. Augsburg.—
BayVgBl 53, 1988, 99–105, Abb Taf.

5239
Fentress, E.; Perkins, P.: Counting African Red Slip ware.—
L'Africa romana (Sassari 1988) 205–214, Abb.
KB Sassari 1987

5240
Fernández García, M. I.: Cuencos decorados en T.S.H. dentro de la producción inicial de Andújar. Las formas decoradas hemisféricas.—
CuadGranada 9, 1984, 261–283, Abb.

5241
Fernández García, M. I.: Características decorativas de Quartio, un alfarero del centro de producción de Los Villares de Andújar (Jaén).—
CuadGranada 10, 1985, 391–411, Abb.

5242
Fernández Izquierdo, A.: Las ánforas romanas de Valentia y de su entorno marítimo.— (Valencia 1984) 119 S., Abb. Taf.
(Ayuntamiento de Valencia. Delegación municipal de cultura. Arqueología, 3)

5243
Ferraresi, C.; Ronchi, N.; Tassinari, G.: La necropoli romana di via Beltrami ad Arsago Seprio (Va).—
NotMilano 39–40, 1987, 1–195, Taf.

5244
Filippi, F.: Un recupero di materiali archeologici da contesto funerario a Cavour (To) (Forum Vibii Caburrum).—
QuadAPiem 6, [1987], 159–180, Taf.

5245
Firmani, M. A. S.: 'Instrumentum domesticum' bronzeo nel Museo Cenedese a Vittorio Veneto.—
AquilNost 56, 1985, 313–324

5246
Foerster Laures, F.; Pascual Guash, R.; Barberá Farras, J.: El pecio romano de Palamós. Excavación arqueológica submarina.—
(o. O. 1987) 110 S., Abb.

5247
Follmann-Schulz, A. B.: Die römischen Gläser aus Bonn.—
BJb Beih. 46, 1988, 1–155, Abb. Taf.

5248
Forti, L.: Un nuovo vaso Gnathia da Taranto.—
Taras 6, 1986, 117–122, Taf.

5249
Fracchia, E.; Girardot, D.: Roccagloriosa (Sa). Materiali da un pozzo di scarico sigillato.—
Klearchos 28, 1986, 127–156, Abb. Taf.

5250
Freyer-Schauenburg, B.: Die Gruppe der Kamiros-Palmetten. Zum ionischen Einfluß auf die attisch schwarzfigurige Vasenmalerei.— Proceedings of the 3rd Symposium on ancient Greek and related pottery (København 1988) 152–160, Abb.
KB København 1987

5251
Fulford, M.; u. a.: Silchester. Excavations on the defences 1974–80.— (Gloucester 1984) 301 S., Abb. Taf.

5252
Gabler, D.: Terra sigillaták az aquincumi canabae északi részén feltárt épületmaradványokból. (Ung. m. dtsch. Res.) Terra sigillata aus dem nördlichen Teil der Aquincumer Canabae.—
ArchErt 112, 1985, 109–117, Abb.

5253
Gajdukevič, V. F.: Antičnye goroda Bospora. Mirmekij. (Russ.) [Antike Städte des Bosporos. Myrmekion.].— (Leningrad 1987) 181 S., Abb. Taf.

5254
Galliou, P.: Les tombes romaines d'Armorique. Essai de sociologie et d'économie de la mort.— (Paris 1989) 204 S., Abb.
(Documents d'archéologie française, 17)

5255
Gallo, I.: Un dramma satiresco arcaico in testimonianze vascolari del territorio salernitano.—
AeR 34, 1989, 1–13, Abb.

5256
Gamba, M.: Nuovi ritrovamenti di ceramica attica nel Veneto.—
AquilNost 57, 1986, 641–664, Abb.

5257
García-Gelabert Pérez, M.; Blázquez Martínez, J. M.: Cástulo. Jaén, España, 1. Excavaciones en la necrópolis ibérica del Estacar de Robarinas, s. IV a. C.— (Oxford 1988) XIII, 425 S., Abb.
(British archaeological reports. International series, 425)

5258
Garlan, Y.: Prolégomènes à un nouveau corpus des timbres amphoriques thasiens.— Céramiques hellénistiques et romaines, 2 (Paris 1987) 73–86, Abb.
SB

5259
Garlan, Y.: Vin et amphores de Thasos.— (Athènes 1988) 34 S., Abb.
(Ecole française d'Athènes. Sites et monuments, 5)

5260
Gatti, S.: Anagni, S. Cecilia. Seconda e terza campagna di scavo.— Archeologia laziale, 9 (Roma 1988) 218–226, Abb.
KB Roma 1987

5261
Gaubatz, A.; Wahl, J.; Kokabi, M.: Römische Brendgräber aus Lützelsachsen und Sulzbach, Stadt Weinheim, Rhein-Neckar-Kreis.—
FuBerBadWürt 13, 1988, 249–266, Abb.

5262
Gesell, G. C.; Day, L. P.; Coulson, W. D. E.: Excavations at Kavousi, Crete, 1987.—
Hesperia 57, 1988, 279–301, Abb. Taf.

5263
Gex-Morgenthaler, K.: Red-figure lekythoi from Eretria.— Proceedings of the 3rd Symposium on ancient Greek and related pottery (København 1988) 170–174
KB København 1987

5264
Ghedini, F.: Augusto e la propaganda apollinea nell'amphoriskos di Leningrado.—
ArchCl 38–40, 1986–88, 128–135, Abb. Taf.

5265
Giampaola, D.; d'Henry, G.: Il territorio.— Neapolis (Taranto [1988]) 273–284, Abb. Taf.
KB Taranto 1985

5266
Gibbins, D. J. L.: The Roman wreck of c.AD 200 at Plemmirio, near Siracusa (Sicily). Second interim report. The domestic assemblage, 1. Medical equipment and potterey lamps.—
IntJNautA 18, 1989, 1–25, Abb.

5267
Ginge, B.: Satricum (Latina). Sporadic finds from the excavations 1977–1980.—
NSc 38–39, 1984–85, 221–252, Abb.

5268
Ginge, B.: A new evaluation of the origins of Tyrrhenian pottery. Etruscan precursors of Pontic ceramics.— Proceedings of the 3rd Symposium on ancient Greek and related pottery (København 1988) 201–210, Abb.
KB København 1987

5269
Giuliani, L.: Bildervasen aus Apulien.— (Berlin 1988) 32 S., Abb.
(Bilderheft der Staatlichen Museen Preußischer Kulturbesitz, 55)

5270
Giuliani, L.: Vervielfältigte Lockenköpfe. Zur Produktion apulischer Volutenkratere. Kanon. Festschrift E. Berger.—
AntK 15. Bh, 1988, 159–165, Taf.

5271
Gran-Aymerich, J. M. J.: Cerámicas griegas y etruscas de Málaga. Excavaciones de 1980 a 1986.—
AEsp 61, 1988, 201–215, Abb. Taf.

5272
Grataloup, C.: Les céramiques à parois fines, rue des Farges à Lyon.— (Oxford 1988) 201 S., Abb.
(British archaeological reports. International series, 457)

5273
Gratien, B.; Soulié, D.: La céramique de Tell el-Herr. Campagnes 1986 et 1987. Etude préliminaire.—
CahPEg 10, 1988, 23–55, Abb.

5274
Greci, P. F.: Arezzo e i suoi celebri vasi corallini.— ([Arezzo] 1988) 95 S., Taf.

5275
Green, J. R.: Motif-symbolism and Gnathia vases.— Beiträge zur Ikonographie und Hermeneutik. Festschrift für N. Himmelmann (Mainz 1989) 221–226, Taf.

5276
Griffiths, K.: Dalmatian pottery. Spots before the eyes.— Recent developments in Yugoslav archaeology (Oxford 1988) 77–79, Taf.
SB

5277
Grünberg, J. M.: Untersuchungen zur Besiedlungsgeschichte von Köln-Blumenberg.—
KölnJbVFrühGesch 21, 1988, 211–241, Abb.

5278
Guarino, V.; Mauro, D.; Peduto, P.: Un tentativo di recupero di una stratigrafia e materiali vari da collezione. Il caso del complesso ecclesiastico di S. Restituta a Lacco Ameno di Ischia.—
AMediev 15, 1988, 439–469, Abb.

5279
Gudkova, A. V.; Krapivina, V. V.: Seroglinjanaja gončarnaja keramika Ol'vii pervych vekov našej ėry. (Russ.) [Grautonige Töpferware der ersten Jahrhunderte u. Z. aus Olbia.].— Antičnye drevnosti Severnogo Pričernomor'ja (Kiev 1988) 82–103, Abb.
SB

5280
Guichard, C.; Rayssiguier, G.; u. a.: La dernière période d'occupation de l'oppidum des Baou de Saint-Marcel à Marseille. Les céramiques d'importation et le monnayage.—
DocAMérid 11, 1988, 71–96, Abb.

5281
Gulletta, M. I.: Monete e vasi. Esempi di interferenze lessicali.—
AnnPisa 17, 1987, 959–969

5282
Hahn, J.: Zwei Tituli picti auf südspanischen Amphoren aus Ladenburg und Heidelberg.—
FuBerBadWürt 13, 1988, 267–277, Abb.

5283
Halm-Tisserant, M.: Sur l'évolution du gorgoneion à Corinthe et à Athènes dans la peinture de vases du haut archaïme.— Proceedings of the 3rd Symposium on ancient Greek and related pottery (København 1988) 211–221, Abb.
KB København 1987

5284
Hanel, N.: Die Alpen am Niederrhein. Zu einem Lavezbecher aus dem Zweilegionslager Vetera I.—
RheinMusBonn 1988, 38, Taf.

5285
Hans, L. M.: 'Rhosica vasa' am Hof Kleopatras VII.—
MünstBeitr 6, 1987, Nr. 2, 116–121, Taf.

5286
Harbottle, B.; Fraser, R.; Burton, F. C.: The Westgate Road milecastle, Newcastle upon Tyne.—
Britannia 19, 1988, 153–162, Abb.

5287
Hausmann, U.: Schauspieler und Masken auf hellenistischen Reliefbechern Kleinasiens.—
Anadolu 21, 1978–80 [1987], 143–156, Taf.

5288
Hemelrijk, E. A.: A group of provincial East-Greek vases from South Western Asia Minor.—
BABesch 62, 1987, 33–55, Abb.

5289
Hemelrijk, J. M.: Scherven en schalen.—
VerAmstMeded 40, 1987, 4–15, Abb.

5290
Herdejürgen, H.: Ostgriechische Büstengefäße. Bemerkungen zur Chronologie.— Beiträge zur Ikonographie und Hermeneutik. Festschrift für N. Himmelmann (Mainz 1989) 71–77, Taf.

5291
Hesnard, A.; Carre, M. B.; Rival, M.; u. a.: L'épave romaine Grand Ribaud D (Hyères, Var).—
Archaeonautica 8, 1988, 3–180, Abb.

5292
Heurgon, J.: Homère et Lemnos.—
CRAI 1988, 12–30, Abb.

5293
Hoffmann, H.: The cicada on the omphalos. An iconological excursion.—
Antiquity 62, 1988, 744–749, Abb.

5294
Hollein, H. G.: Bürgerbild und Bildwelt der attischen Demokratie auf den rotfigurigen Vasen des 6.–4. Jahrhunderts v. Chr.— (Frankfurt a. M. 1988) 408 S., Abb.
(Europäische Hochschulschriften. Reihe 38. Archäologie, 17)

5295
Hübner, G.: Zu den Vorbildern auf pergamenischer Appliken-Keramik.— Πρακτικά του XII Διεθνούς συνεδρίου κλασικής αρχαιολογίας, 2 (Αθήνα 1988) 250–252, Taf.
KB Athenai 1983

5296
Hübner, G.: 'Ανὴρ παγκράτιον ἐπασκήσας. (Hdt. 9, 105).— Beiträge zur Ikonographie und Hermeneutik. Festschrift für N. Himmelmann (Mainz 1989) 311–313, Abb. Taf.

5297
Hunger, K. H.: Das Geheimnis der Portlandvase. Über die Möglichkeit, nach zweitausend Jahren ein glasklares augusteisches Bildmotiv zu durchschauen.— (München o. J.) 40 S., Abb.

5298
Hurst, H. R.; u. a.: Gloucester. The Roman and later defences. Excavations on the east defences and a reassessment of the defensive sequence.— (Gloucester 1986) IX, 150 S., Abb. Taf.
(Gloucester archaeological reports, 2)

5299
Ilyina, Y.: Black-figure skyphos from the excavations of the necropolis on the island of Berezan. (Russ. m. engl. Res.).—
SoobErmit 52, 1987, 31–33, Abb.

5300
Isler-Kerényi, C.: Dal ginnasio al simposio. Tappe di vita giovanile su di uno psykter attico a figure rosse.—
NumAntCl 16, 1987, 47–71, Taf.

5301
Istenič, J.: Kuhinjsko posuđe egejskih tipova na nalazištu Rodik, nekropola Pod Jezerom. (Kroat. m. engl. Res.) Aegean type cooking pottery from the Rodik, Pod Jezerom cemetery.—
Diadora 10, 1988, 99–110, Abb.

5302
Jentoft-Nilsen, M.: Two Attic vases of unique shape.— Proceedings of the 3rd Symposium on ancient Greek and related pottery (København 1988) 278–283, Abb.
KB København 1987

5303
Johns, J.; McQuitty, A.; Falkner, R.: The Fāris project. Preliminary report upon the 1986 and 1988 seasons.—
Levant 21, 1989, 63–95, Abb.

5304
Jordan, J. A.: Attic black-figured eye-cups. Diss. New York University 1988.— (Ann Arbor 1989) XVI, 428 S., Taf.
(University Microfilms International)

5305
Jurriaans-Helle, G.: Ajax en Odysseus op een oliefles?—
VerAmstMeded 41, 1987, 15–21, Abb.

5306
Kadous, E. Z. H.: Die Terra sigillata in Alexandria. Untersuchungen zur Typologie der westlichen und östlichen Terra sigillata des Hellenismus und der frühen Kaiserzeit. Diss. Trier 1984.— (Trier 1988) VII, 392 S., Taf.

5307
Karageorghis, V.: Blacks in ancient Cypriot art.— (Houston 1988) 62 S., Abb.

5308
Karousou, S.: Ionismes béotiens.—
Anadolu 21, 1978–80 [1987], 55–62, Taf.

5309
Kauffmann-Samaras, A.: 'Mère' et enfant sur les lébétès nuptiaux à figures rouges attiques du Ve s. av. J. C.— Proceedings of the 3rd Symposium on ancient Greek and related pottery (København 1988) 286–299, Abb.
KB København 1987

5310
Keck, J.: Studien zur Rezeption fremder Einflüsse in der chalkidischen Keramik. Ein Beitrag zur Lokalisierungsfrage.— (Frankfurt a. M. 1988) 376 S., Taf.
(Archäologische Studien, 8)

5311
Kelemen, M.: Roman amphorae in Pannonia, 2. Italian amphorae, 2.—
ActaArchHung 40, 1988, 111–150, Abb.

5312
Keuls, E. C.: The social position of Attic vase painters and the birth of caricature.— Proceedings of the 3rd Symposium on ancient Greek and related pottery (København 1988) 300–313, Abb.
KB København 1987

5313
Khachatrian, J. D.: Silver bowls and basins of Armenia in the late hellenistic period.—
IrAnt 24, 1989, 297–308, Abb. Taf.

5314
Kirigin, B.; Marin, E.: Excavations at Issa, Island of Vis (YU) 1980. A preliminary report.—
StAnt 5, 1988, 129–147, Taf.

5315
Kisić, A.: Nalaz potonulog trgovačkog broda s početka IV. stoljeća u uvali Sobri na Mljetu. (Kroat. m. engl. Res.) Archaeological finds from the sunken ship of the 4th century in the bay of Sobra.—
AnDubrovnik 24–25, 1987, 7–31, Abb.

5316
Kiss, Z.: Impératrices ou déesses? Sur deux médaillons en argent d'Alexandrie.— Ritratto ufficiale e ritratto privato (Roma 1988) 349–353, Abb.
KB Roma 1984

5317
Knauer, E. R.: A red-figure kylix by the Foundry Painter. Observations on a Greek realist.— (Bloomington 1987) 29 S., Abb.
(Indiana University Art Museum. Occasional Papers)

5318
Koçi, J.: Varreza e qytetit antik në Borsh. (Alban. m. franz. Res.) Le nécropole de la cité antique à Borsh.—
Iliria 17, 1987, Nr. 1, 135–146, Abb. Taf.

5319
Kokkorou-Aleura, G.: Ένα γνωστό-άγνωστο αγγείο του Ζωγράφου του Μειδία.— Πρακτικά του XII Διεθνούς συνεδρίου κλασικής αρχαιολογίας, 2 (Αθήνα 1988) 103–114, Abb. Taf.
KB Athenai 1983

5320
Korovina, A. K.: Pozdneantičnaja Germonassa. Po materialam raskopok 1973–1975 gg. (Russ.) [Hermonassa in der Spätantike. Material der Grabungen 1973–1975.].— Problemy antičnoj kul'tury (Moskva 1986) 160–168, Abb.
SB

5321
Kortüm, K.: Ein archäologischer Aufschluß im Kastellvicus von Jagsthausen, Kreis Heilbronn.—
FuBerBadWürt 13, 1988, 325–349, Abb.

5322
Kron, U.: Zur Schale des Kodros-Malers in Basel. Eine Interpretatio attica. Kanon. Festschrift E. Berger.—
AntK 15. Bh, 1988, 291–304, Taf.

5323
Künzl, E.: Die Schale von Altenwalde. Ein Meisterwerk der spätantiken Silberkunst.— (Cuxhaven [1989]) 32 S., Abb.

5324
Künzl, E.: Germanische Fürstengräber und römisches Silber.— (Lauenburgische Akademie für Wissenschaft und Kultur. Jahrbuch 1. 1988, 31–53, Abb.)
SD

5325
Kull, B.; u. a.: Demircihüyük. Die Ergebnisse der Ausgrabungen 1975–1978, 5. Die mittelbronzezeitliche Siedlung.— (Mainz 1988) XIV, 276 S., Abb. Taf.

5326
Kunina, N.: Classical glass pyxis with a painted cover from the Hermitage Collection. (Russ. m. engl. Res.).—
SoobErmit 52, 1987, 36–38, Abb.

5327
Kunisch, N.: 'Hält unter mächtigem Zwang die Breite des Himmels.'. Kanon. Festschrift E. Berger.—
AntK 15. Bh, 1988, 305–309, Taf.

5328
Kunisch, N.: Griechische Fischteller. Natur und Bild.— (Berlin 1989) 146 S., Abb. Taf.

5329
Kuntze, C.; Wagner, H. O.: Neue Ausgrabungen im römischen Gutshof von Fischbach, Gde. Niedereschach, Schwarzwald-Baar-Kreis.—
FuBerBadWürt 13, 1988, 351–393, Abb.

5330
Kuzmanov, G.: Ceramica del primo periodo bizantino a Ratiaria.—
Ratiariensia 3–4, 1987, 111–117, Taf.

5331
Kuzmová, K.; Roth, P.: Terra sigillata v barbariku. Nálezy z germánskych sídlisk a pohrebísk na území Slovenska. (Slowak. m. dtsch. Res.) Terra sigillata im Barbarikum. Funde aus germanischen Siedlungen und Gräberfeldern im Gebiet der Slowakei.—
(Nitra 1988) 225 S., Abb. Taf.
(Materialia archaeologica slovaca, 9)

5332
La Genière, J. de: Images attiques et religiosité étrusque.— Proceedings of the 3rd Symposium on ancient Greek and related pottery (København 1988) 161–169, Abb.
KB København 1987

5333
La Genière, J. de: Alla ricerca di Segesta arcaica.—
AnnPisa 18, 1988, 287–316, Taf.

5334
Laforgia, E.: Ceramica a vernice nera dallo scarico di fornace di Corso Umberto.— Neapolis (Taranto [1988]) 362–366, Ab.
KB Taranto 1985

5335
Landes, C.: A propos d'un fragment de gobelet en verre sigillé orné d'un combat de gladiateurs.— Mélanges offerts à M. Labrousse (Toulouse 1987) 345–352, Taf.

5336
Langdon, S.: The return of the horse-leader.—
AJA 93, 1989, 185–201, Abb.

5337
Laubenheimer, F.: Production et fonction des amphores en Gaule sous l'Empire. Acquis et perspectives.— Céramiques hellénistiques et romaines, 2 (Paris 1987) 191–199, Taf.
SB

5338
Lavizzari Pedrazzini, M. P.: Esportazione di prodotti transpadani nella X Regio. Il caso di Aco Acastus.—
AquilNost 57, 1986, 685–700, Abb.

5339
Lequément, R.; Vidal, M.: Chronologie corrigée des oenochoés du type de Kelheim trouvées dans les puits funéraires 8 et 9 de Toulouse, Estarac (Haute-Garonne).— Mélanges offerts à M. Labrousse (Toulouse 1987) 233–247, Taf.

5340
Lezzi-Hafter, A.: Der Eretria-Maler. Werke und Weggefährten. Textbd.; Tafelbd.— (Mainz 1988) XIV, 383 S., Abb.
(Kerameus, 6)

5341
Lezzi-Hafter, A.: Anthesterien und Hieros Gamos. Ein Choenbild des Methyse-Malers.— Proceedings of the 3rd Symposium on ancient Greek and related pottery (København 1988) 325–334, Abb.
KB København 1987

5342
Lipovan, I. T.: Un mormînt de incinerație la Ampelum.—
ActaMusNapoca 22–23, 1985–86, 503–514, Abb. Taf.

5343
Ludwig, R.: Das frührömische Brandgräberfeld von Schankweiler, Kreis Bitburg-Prüm.—
TrZ 51, 1988, 51–290, Abb. Taf.

5344
Lund, J.; Rathje, A.: Italic gods and deities on Pontic vases.— Proceedings of the 3rd Symposium on ancient Greek and related pottery (København 1988) 352–368, Abb.
KB København 1987

5345
Lunsingh Scheurleer, R. A.: Eros op de gans.—
VerAmstMeded 43, 1988, 18–21, Abb.

5346
Lunsingh Scheurleer, R. A.: Faience from Memphis, Egypt. The bowls.— Proceedings of the 3rd Symposium on andient Greek and related pottery (København 1988) 558–567, Abb.
KB København 1987

5347
Lutz, M.: La sigillée de la Gaule de l'Est dans une optique économico-sociale.— Céramiques hellénistiques et romaines, 2 (Paris 1987) 231–246, Taf.
SB

5348
Maccabruni, C.: Ceramica romana con invetriatura al piombo.— Céramiques hellénistiques et romaines, 2 (Paris 1987) 167–182, Taf.
SB

5349
Mackay, E. A.: Painters near Exekias.— Proceedings of the 3rd Symposium on ancient Greek and related pottery (København 1988) 369–378, Abb.
KB København 1987

5350
Mackreth, D. F.; u. a.: Excavation of an iron age and Roman enclosure at Werrington, Cambridgeshire.—
Britannia 19, 1988, 59–151, Abb.

5351
Madau, M.: Tharros, 14. Ceramica attica dalla campagna del 1987.—
RStFen 16, 1988, 245–250, Taf.

5352
Maffre, J. J.: Chachrylion, Euphronios et quelques-uns de leurs contemporains à Thasos.— Proceedings of the 3rd Symposium on ancient Greek and related pottery (København 1988) 379–389, Abb.
KB København 1987

5353
Maglie, F. P.: Relazione preliminare sui vetri dagli scavi sestinati 1971 e 1973.— Sestinum (Rimini 1989) 81–85, Abb.
KB Sestino 1983

5354
Mahmoud, A.; Bernbeck, R.; Kühne, H.; u. a.: Die Ausgrabung auf dem Tell ʿAǧāǧa-Šadikanni 1982.—
DaM 3, 1988, 141–184, Abb. Taf.

5355
Makjanić, R.: Terra sigillata iz rimskih nekropola u Osoru i Bakru. (Kroat. m. engl. Res.) Sigillata from Roman burials at Osor and Bakar.—
PriloziZagreb 2, 1985, 39–50, Abb. Taf.

5356
Malagardis, A. N.: 'Lorsque me furent adjugées les armes d'Achille'. 'Δικαζόμενος τεύχεσιν ἀμφ' Ἀχιλῆος' (Hom., Od., XI, 545).— Proceedings of the 3rd Symposium on ancient Greek and related pottery (København 1988) 390–406, Abb.
KB København 1987

5357
Mañanes, T.; Gutiérrez, M. A.; Agundez, C.: El mosaico de la villa romana de Santa Cruz (Cabezón de Pisuerga, Valladolid).— (Valladolid 1987) 66 S., Abb. Taf.
(Monografías de temas artísticos vallisoletanos, 3)

5358
Manca di Mores, G.: Il nuraghe S. Antine di Torralba. Materiali ceramici di età romana.— Il nuraghe S. Antine nel Logudoro-Meilogu (Sassari 1988) 273–304, Abb.
SB

5359
Marazov, I.: Interprétation de l'image sur un'aryballe de Koul-Oba. (Russ. m. franz. Res.).—
VesDrevIstor 1988, Nr. 4, 103–109

5360
Margreiter, I.: Alt-Ägina, 2, 3. Die Kleinfunde aus dem Apollon-Heiligtum.— (Mainz 1988) 86 S., Abb. Taf.

5361
Margreiter, I.: Frühe lakonische Keramik der geometrischen bis archaischen Zeit, 10. bis 6. Jahrhundert v. Chr.— (Waldsassen 1988) 167 S., Beil.
(Schriften aus dem Athenaion der klassischen Archäologie Salzburg, 5)

5362
Márquez Moreno, C.: Terra sigillata hispánica del Museo local de Doña Mencía (Córdoba).—
AEsp 61, 1988, 249–261, Taf.

5363
Martelli, M.: La stipe votiva dell'Athenaion di Jalysos. Un primo bilancio.— Archaeology in the Dodecanese (Copenhagen 1988) 104–120, Abb.
KB København 1986

5364
Maselli Scotti, F.: La ceramica nelle fortificazioni di età romana in Friuli.— I sette castra di Paolo Diacono ed altri studi castellologici (o. O. 1988) 261–294, Abb.
SB

5365
Maselli Scotti, F.: La produzione del vasellame fittile nel territorio di Aquileia.— Vita sociale artistica e commerciale di Aquileia romana, 2 (Udine 1987) 427–444, Abb. Taf.
KB Aquileia 1985

5366
Maurin, L.: Vases inscrits de Cierzac dans l'antiquité.—
RSaintonge 13, 1987, 11–19, Abb.

5367
Mayet, F.: Les figlinae dans les marques d'amphores Dressel 20 de Bétique.—
REA 88, 1986, 285–305

5368
Mazzei, M.: Note sulla ceramica policroma di Arpi.— Proceedings of the 3rd Symposium on ancient Greek and related pottery (København 1988) 407–413, Abb.
KB København 1987

5369
Meates, G. W.; u. a.: The Roman villa at Lullingstone, Kent, 2. The wall paintings and finds.— (Maidstone 1987) XXIX, 330 S., Abb. Taf.
(Monograph series of the Kent Archaeological Society, 3)

5370
Meer, L. B. van der: Mariś' birth, life and death on two Etruscan mirrors.—
BABesch 63, 1988, 115–128, Abb.

5371
Meffre, J. C.: L'habitat F des Sausses (Séguret, Vaucluse). Aspects de la petite exploitation paysanne sous le Haut-Empire autour de Vaison-la-Romaine.—
DocAMérid 11, 1988, 97–133, Abb.

5372
Mencarelli, R.: Osservazione sulle terre sigillate dello scavo di Sestinum.— Sestinum (Rimini 1989) 55–61, Abb.
KB Sestino 1983

5373
Mertens, J.; u. a.: Ordona, 8. Rapports et études.— (Bruxelles 1988) 328 S., Abb. Taf. Beil.
(Institut historique belge de Rome. Etudes de philologie, d'archéologie et d'histoire anciennes, 25)

5374
Mertens, J. R.: Some thoughts on Attic vase-painting of the 6th century B.C.— Proceedings of the 3rd Symposium on ancient Greek and related pottery (København 1988) 414–434, Abb.
KB København 1987

5375
Metzger, H.: Lébès fragmentaire de la collection Géroulanos.— Studies in honour of T. B. L. Webster, 2 (Bristol 1988) 83–87, Taf.

5376
Meyboom, P. G. P.: Een Alexandrijnse terracotta van een neger.—
VerAmstMeded 43, 1988, 11–13, Abb.

5377
Meyer, L.: Le trésor de Rethel.—
ArcheologiaParis 1988, Nr. 239, 24–29, Abb.

5378
Meyer-Schlichtmann, C.: Die pergamenische Sigillata aus der Stadtgrabung von Pergamon. Mitte 2. Jh. v. Chr. – Mitte 2. Jh. n. Chr.— (Berlin 1988) XVI, 265 S., Abb. Taf.
(Pergamenische Forschungen, 6)

5379
Michaelides, D.; Młynarczyk, J.; u. a.: Tombs P.M. 2520 and P.M. 2737 from the eastern necropolis of Nea Paphos.—
RDAC 1988, Nr. 2, 149–170, Abb. Taf.

5380
Michalaki-Kollia, M.: Céramique incisée de tradition géometrique trouvée dans l'île d'Astypalée.— Archaeology in the Dodecanese (Copenhagen 1988) 225–243, Abb.
KB København 1986

5381
Miglbauer, R.: Ein römerzeitlicher Verwahrfund aus Wels, OÖ.—
BayVgBl 53, 1988, 287–292, Abb. Taf.

5382
Miller, M. C.: Midas as the great king in Attic fifth-century vase-painting.—
AntK 31, 1988, 79–89, Taf.

5383
Mommsen, H.: Zur Deutung der Exekias-Amphora im Vatikan.— Proceedings of the 3rd Symposium on ancient Greek and related pottery (København 1988) 445–454, Abb.
KB København 1987

5384
Mommsen, H.: Zwei schwarzfigurige Amphoren aus Athen.— AntK 32, 1989, 118–146, Taf.

5385
Monacchi, W.: Note sui materiali ceramici da Sestinum. Campagne di scavo 1971 e 1973.— Sestinum (Rimini 1989) 63–79, Abb.
KB Sestino 1983

5386
Monakhov, S. Y.: The manufacture of amphorae in hellenistic Chersonese. Problems of technology and volume. (Russ. m. engl. Res.).— The Black Sea littoral in the hellenistic times (Tbilisi 1985) 294–306, Abb.
KB Cchaltubo 1982

5387
Montesinos i Martínez, J.: Terra sigillata itálica decorada de la Península Ibérica. Valentia e Ilici.—
BVallad 54, 1988, 253–266, Abb.

5388
Morel, J.; Castella, D.: Nouvelles données sur l'urbanisme d'Aventicum. Les fouilles 'St-Martin' et 'Mur des Sarrazins' de 1986.—
BAssProAventico 30, 1988, 3–96, Abb. Taf.

5389
Morel, J. P.: Artisanat et colonisation dans l'Italie romaine aux IVe et IIIe siècles av. J. C.—
DArch 6, 1988, Nr. 2, 49–63

5390
Morel, J. P.: Observations sur l'artisanat dans le Salento à l'époque hellénistique et romaine.— Salento. Porta d'Italia (Galatina 1989) 111–119
KB Lecce 1986

5391
Moreno Onorato, A.; Juárez Martín, J. M.: Hallazgos romanos en la comarca de Estepa.—
CuadGranada 10, 1985, 413–447, Abb.

5392
Morgan, C.: Corinth, the Corinthian Gulf and Western Greece during the eighth century B.C.—
BSA 83, 1988, 313–338, Abb.

5393
Moscatelli, U.: Trea.— ([Firenze] 1988) 75 S., Abb. Taf.
(Forma Italiae)

5394
Mura Sommella, A.: Il periodo orientalizzante a Roma. Nuove acquisizioni.—
BStorArt 31, 1988, 15–21, Abb.

5395
Myśliwiec, K.; u. a.: Remains of a Ptolemaic villa at Athribis.— MDIK 44, 1988, 183–197, Abb. Taf.

5396
Naumann, R.: Ein römischer Marmorkrater aus Aizanoi.— Anadolu 21, 1978–80 [1987], 63–65, Taf.

5397
Nazarčuk, V. I.: Ochrannye raskopki na territorii nekropolja Ol'vii. (Russ.) [Rettungsgrabungen im Gebiet der Nekropole von Olbia.].— Antičnye drevnosti Severnogo Pričernomor'ja (Kiev 1988) 194–203, Abb.
SB

5398
Neeft, C. W.: Collection Paul Canellopoulos, 19. Protocorinthian aryballoi.—
BCH 113, 1989, 123–133, Abb.

5399
Niffeler, U.: Römisches Lenzburg. Vicus und Theater.— ([Zürich] 1988) 241 S., Abb. Beil.
(Veröffentlichungen der Gesellschaft Pro Vindonissa, 8)

5400
Noble, J. V.: The techniques of painted Attic pottery. Rev. ed.— (London 1988) 216 S., Abb.

5401
Nuber, H. U.: Antike Bronzen aus Baden-Württemberg.— (Stuttgart 1988) 128 S., Abb.
(Schriften des Limesmuseums Aalen, 40)

5402
Oakley, J. H.: Attic red-figured skyphoi of Corinthian shape.— Hesperia 57, 1988, 165–191, Abb. Taf.

5403
Oakley, J. H.: Perseus, the Graiai, and Aeschylus' 'Phorkides'.— AJA 92, 1988, 383–391, Abb.

5404
Oakley, J. H.: The Phiale Painter. A study of the mythological iconographical sources of a classical vase painter.— Πρακτικά του XII Διεθνούς συνεδρίου κλασικής αρχαιολογίας, 2 (Αθήνα 1988) 163–166
KB Athenai 1983

5405
Oesterwind, B. C.; Schäfer, K.: Die spätlatènezeitliche und frühkaiserzeitliche Besiedlung im Andernacher Stadtgebiet.— (Andernach 1987) 87 S., Abb. Taf.
(Andernacher Beiträge, 1)

5406
Özet, A.: Anadolu medeniyetleri müzesinden özgün cam eserler. (Türk. m. engl. res.) Original glass from the Anatolian Civilisations Museum.—
AnadoluYıl 1987, 116–123, Taf.

5407
Özet, A.: Arkaik ve hellenistik dönemlerin cam alabastron ve amphoriskosları. (Türk.) [Archaische und hellenistische gläserne Alabastra und Amphoriskoi.].—
AnadoluYıl 1986, 81–91, Taf.

5408
Orlandini, P.: Due nuovi vasi figurati di stile orientalizzante dagli scavi dell'Incoronata di Metaponto.—
BdA 73, 1988, Nr. 49, 1–16, Abb. Taf.

5409
Otto, B.: Zur griechischen Keramik aus der Thermengrabung im Vignale von Velia.— Proceedings of the 3rd Symposium on ancient Greek and related pottery (København 1988) 455–464, Abb.
KB København 1987

5410
Pagano, M.: Semo Sancus in una insegna di bottega a Ercolano.— CronErcol 18, 1988, 209–214, Abb.

5411
Pairault-Massa, F. H.: De Préneste à Volsinii. Minerve, le fatum et la constitution de la société.—
PP 42, 1987, 200–235, Abb.

5412
Panciera, D.: Sei coppe tipo Sarius dall'abitato romano di Altino.—
AquilNost 56, 1985, 145–160, Abb. Taf.

5413
Panciera, D.: Alcuni frammenti di ceramica corinzia a rilievo di epoca romana da Altino.—
AquilNost 57, 1986, 701–716, Abb.

5414
Papanicolaou Christensen, A.; Thomsen, R.; Ploug, G.: Hama. Fouilles et recherches 1931–1939, 3, 3. The Graeco-Roman objects of clay, the coins and the necropolis.— (Copenhague 1986) 113 S., Abb.
(Nationalmuseets skrifter. Større beretninger, 10)

5415
Papoutsake-Sermpete, E.: Παρατηρήσεις πάνω στήν τεχνοτροπία ἐρυθρόμορφης ληκύθου ἀπό τήν Ἐρέτρια.—
Archaiognosia 3, 1982–84, 229–233, Taf.

5416
Papuci-Władyka, E.: Corinthian and Italo-Corinthian pottery from the Polish collections.—
PraceA 44, 1989, 1–74, Taf.

5417
Parmeggiani, G.: Kylix attica a figure rosse di periodo arcaico dall'abitato di Spina.—
Padusa 23, 1987, 245–252, Taf.

5418
Pasquinucci, M.; Storti, S.: Pisa antica. Scavi nel giardino dell'Arcivescovado.— (Pontedera 1989) XIX, 157 S., Abb. Taf.

5419
Patera, A.: Tomba a camera tarantina.—
Taras 6, 1986, 31–64, Taf.

5420
Patitucci Uggeri, S.: Aspetti della ceramica locale di Spina nel V e IV secolo a. C. La ceramica grigia.— Πρακτικά του XII Διεθνούς συνεδρίου κλασικής αρχαιολογίας, 2 (Αθήνα 1988) 173–179, Abb.
KB Athenai 1983

5421
Paul-Zinserling, V.: Begierde und Symplegma. Zu zwei Schalen des Q- und des Jena-Malers.— From the archaeological collections of Cracow and Jena (Warszawa 1988) 31–40, Taf.
SB

5422
Pelagatti, P.; Rastrelli, A.; Ciurcina, C.; u. a.: Naxos (Messina). Gli scavi extraurbani oltre il Santa Venera, 1973–75.—
NSc 38–39, 1984–85, 253–497, Abb. Taf.

5423
Pelagatti, P.; Stibbe, C. M.: Una forma poco conosciuta di vaso laconico. Il cratere a campana.—
BdA 73, 1988, Nr. 52, 13–26, Abb. Taf.

5424
Pelagatti, P.: Ceramica laconica in Sicilia e a Lipari. Materiali per una carta di distribuzione.—
BdA 74, 1989, Nr. 54, 1–62, Abb. Taf.

5425
Pellegrino, A.; Petriaggi, R.: Ritrovamenti e ricerche subacquee ad Ostia. La situazione attuale e le nuove prospettive.— Archeologia laziale, 9 (Roma 1988) 171–177, Abb.
KB Roma 1987

5426
Pemberton, E. G.: An early red-figured calyx-krater from ancient Corinth.—
Hesperia 57, 1988, 227–235 Taf.

5427
Peters, B. G.; Abramov, A. P.: Krasnoglinjanye amfory i kuvšiny iz raskopok gorodišča u sela Michajlovka. (Russ.) [Rottonige Amphoren und Krüge aus den Grabungen des Siedlungshügels beim Dorfe Michajlovka.].—
KraSoob 1987, Nr. 191, 53–57, Abb.

5428
Philippaki, B.: Ἀπόλλωνος ἐξιλασμός.— Studies in honour of T. B. L. Webster, 2 (Bristol 1988) 89–95, Taf.

5429
Phillips Jr., K. M.: Greek objects at Poggio Civitate.—
AnalRom 17–18, 1989, 29–42, Abb.

5430
Piana Agostinetti, P.; Priuli, S.: Il tesoro di Arcisate.—
ArchCl 37, 1985, 182–237, Abb. Taf.

5431
Pierro, E.: Il motivo del bocciolo capovolto, sotto le anse, nelle coppe attiche a figure nere. Primo contributo per una ricerca.—
Studi per L. Breglia, 3 (Roma 1987) 13–31, Abb.

5432
Pingiatoglou, S.: Eine Verfolgungsszene auf einer Kalpis des Benaki-Museums in Athen.—
AA 1989, 11–21, Abb.

5433
Pinna, M.: La ceramica a pareti sottili del Museo di Cagliari.—
StSard 26, 1981–85, 239–302, Abb.

5434
Pinney, G. F.: Pallas and Panathenaea.— Proceedings of the 3rd Symposium on ancient Greek and related pottery (København 1988) 465–477, Abb.
KB København 1987

5435
Pirling, R.; u. a.: Das römisch-fränkische Gräberfeld von Krefeld-Gellep 1966–1974.— (Stuttgart 1989) 163 S., Taf.
(Germanische Denkmäler der Völkerwanderungszeit. Serie B, 13)

5436
Polak, M.: Some observations on the production of terra sigillata at La Graufesenque.—
AKorrBl 19, 1989, 145–154, Abb.

5437
Pollard, R. J.: The Roman pottery of Kent.— (Maidstone 1988) XXXVIII, 247 S., Abb.
(Monograph series of the Kent Archaeological Society, 5)

5438
Pontrandolfo, A.: Le necropoli urbane di Neapolis.— Neapolis (Taranto [1988]) 255–271, Abb. Taf.
KB Taranto 1985

5439
Popilian, G.; Ciucă, I.: Nouvelles informations sur l'importation de terra sigillata en Dacie romaine méridionale.—
Dacia 32, 1988, 61–78, Abb.

5440
Porten Palange, F. P.: Fälschungen in der arretinischen Reliefkeramik.—
AKorrBl 19, 1989, 91–99, Abb. Taf.

5441
Porten Palange, P.: Frammento di matrice aretina con divinità.—
NumAntCl 16, 1987, 197–216, Abb.

5442
Pozo, S. F.: Balsamarios antropomorfos en bronce de época romana hallados en Hispania.—
AEsp 61, 1988, 275–297, Abb.

5443
Prammer, J.: Der römische Donauhafen von Straubing-Sorviodurum.— Vorträge des 6. Niederbayerischen Archäologentages (Deggendorf 1988) 149–160, Abb.
KB Deggendorf 1987

5444
Prange, M.: Der Niobidenmaler und seine Werkstatt. Untersuchungen zu einer Vasenwerkstatt frühklassischer Zeit.— (Frankfurt a. M. 1989) XIV, 250 S., Abb. Taf.
(Europäische Hochschulschriften. Reihe 38. Archäologie, 25)

5445
Queyrel, A.: Les Muses à l'école. Images de quelques vases du Peintre de Calliope.—
AntK 31, 1988, 90–102, Taf.

5446
Queyrel, A.: Un fragment de coupe attique de la fin du style sévère à Amathonte.—
RDAC 1988, Nr. 2, 69–70, Abb. Taf.

5447
Ravagnan, G. L.: La terra sigillata con bollo di Altino.—
AquilNost 56, 1985, 165–278, Taf.

5448
Ravagnan, G. L.: Rhyton invetriato da Altino.—
AquilNost 57, 1986, 717–728, Abb.

5449
Reinders, H. R.: New Halos. A hellenistic town in Thessalia, Greece.— (Utrecht 1988) 318 S., Abb. Taf. Beil.

5450
Remesal-Rodríguez, J.; Schallmayer, E.: Römische Amphoren aus Baden-Württemberg.—
FuBerBadWürt 13, 1988, 395–432, Abb.

5451
Riccioni, G.: Mousaios e le Muse su hydria attica a figure rosse del Pittore di Villa Giulia.—
AquilNost 57, 1986, 729–744, Abb.

5452
Ridgway, D.: The Pithekoussai shipwreck.— Studies in honour of T. B. L. Webster, 2 (Bristol 1988) 97–107, Abb.

5453
Ridgway, D.: Western Geometric pottery. New light on interactions in Italy.— Proceedings of the 3rd Symposium on ancient Greek and related pottery (København 1988) 489–505, Abb.
KB København 1987

5454
Ristow, G.: Das Kölner Diatretglas.— (Köln 1988) 31 S., Abb.
(Rheinische Kleinkunstwerke, 3)

5455
Robertson, M.: Sarpedon brought home.— Studies in honour of T. B. L. Webster, 2 (Bristol 1988) 109–120, Taf.

5456
Robertson, M.: Corn and vine on a vase by the Pan Painter.— Πρακτικά του XII Διεθνούς συνεδρίου κλασικής αρχαιολογίας, 2 (Αθήνα 1988) 186–192, Taf.
KB Athenai 1983

5457
Rodziewicz, M.: Introduction à la céramique à engobe rouge de Kharga.—
CahCérEg 1, 1987, 123–136, Taf.

5458
Roller, L. E.: Foreign cults in Greek vase painting.— Proceedings of the 3rd Symposium on ancient Greek and related pottery (København 1988) 506–515, Abb.
KB København 1987

5459
Rossi, F.: Nouvelles découvertes à Nyon (VD). Premiers résultats.—
JbSchwGesUrgesch 72, 1989, 253–266, Abb.

5460
Rossi, L.: Un nuovo ceramografo canosino. Il pittore delle pissidi Varrese-Toppicelli.—
ArchCl 38–40, 1986–88, 27–34, Taf.

5461
Roth-Rubi, K.; Sennhauser, H. R.; u. a.: Verenamünster Zurzach. Ausgrabungen und Bauuntersuchung, 1. Römische Straße und Gräber.— (Zürich 1987) 144 S., Abb. Taf.
(Veröffentlichungen des Instituts für Denkmalpflege an der Eidgenössischen Technischen Hochschule Zürich, 6)

5462
Rotroff, S. I.: A Ptolemaic portrait in Athens.— Proceedings of the 3rd Symposium on ancient Greek and related pottery (København 1988) 516–523, Abb.
KB København 1987

5463
Roure i Bonaventura, A.; Castanyer i Masoliver, P.; Nolla i Brufau, J. M.; u. a.: La vil·la romana de Vilauba (Camós). Estudi d'un assentament rural. Campanyes de 1979–85.— (Girona 1988) 119 S., Abb.
(Centre d'investigacions arqueològiques de Girona. Sèrie monogràfica, 8)

5464
Rudolph, W.: Workshops. Some reflections and some pots.— Proceedings of the 3rd Symposium on ancient Greek and related pottery (København 1988) 524–535, Abb.
KB København 1987

5465
Rütti, B.; Berger, L.; Fünfschilling, S.; u. a.: Die Zirkusbecher der Schweiz. Eine Bestandesaufnahme.—
JberProVindon 1987, 27–104, Abb.

5466
Ruiz Delgado, M. M.: El yacimiento de la Cañada. Estudio arqueológico.— Estudios sobre la Tabula Siarensis (Madrid 1988) 75–89, Abb.
KB Sevilla 1986

5467
Rupp, V.; Schneider, G.: Wetterauer Ware. Eine römische Keramik im Rhein-Main-Gebiet. Chemische Zusammensetzung römischer Keramik im Rhein-Main-Gebiet.— (Frankfurt a. M. 1988) 392 S., Abb. Taf. Beil.
(Schriften des Frankfurter Museums für Vor- und Frühgeschichte. Archäologisches Museum, 10)

5468
Rychener, J.; u. a.: Der Kirchhügel von Oberwinterthur. Die Rettungsgrabungen von 1976, 1980 und 1981.— (Zürich 1984) 115 S., Abb. Taf.
(Berichte Zürcher Denkmalpflege. Monographien, 1. Beiträge zum römischen Vitudurum-Oberwinterthur, 1)

5469
Rychener, J.: Beiträge zum römischen Oberwinterthur. Vitudurum, 3. Die Rettungsgrabungen 1983–1986.— (Zürich 1988) 169 S., Abb. Taf.
(Berichte Zürcher Denkmalpflege. Monographien, 6)

5470
Sáenz de Urturi Rodríguez, F.: Marcas de alfareros y epígrafes sobre terra sigillata de yacimientos alaveses.—
EstAAlava 16, 1988, 557–576, Abb.

5471
Salov, A. I.: Archaičeskoe poselenie na okraine Anapy. (Russ.) [Eine archaische Siedlung am Rande von Anapa.].— Problemy antičnoj kul'tury (Moskva 1986) 188–195, Abb.
SB

5472
Santa Maria Scrinari, V.; u. a.: Ostia antica. Il cosiddetto Palazzo imperiale. Decorazioni musive.— Archeologia laziale, 9 (Roma 1988) 185–194, Abb.
KB Roma 1987

5473
Sazanov, A. V.; Ivashchenko, Y. F.: On the dates of the late antiquity levels in the Bosporan cities. (Russ. m. engl. Res.).—
SovArch 1989, Nr. 1, 84–102, Abb.

5474
Sazonova, N. G.: Krasnofigurnyj kilik iz Ol'vii. (Russ.) [Eine rotfigurige Kylix aus Olbia.].— Antičnye drevnosti Severnogo Pričernomor'ja (Kiev 1988) 183–188, Abb.
SB

5475
Schäfer, T.: Die Dakerkriege Trajans auf einer Bronzekanne. Eine Auftragsarbeit für den Prätorianerpräfekt Ti. Claudius Livianus.—
JdI 104, 1989, 283–317, Abb.

5476
Schauenburg, K.: Kreusa in Delphi.—
AA 1988, 633–651, Abb.

5477
Schauenburg, K.: Herakles bei Atlas.—
AA 1989, 23–32, Abb.

5478
Schauenburg, K.: Der Raub des Kephalos auf unteritalischen Vasen.—
RA 1988, 291–306, Abb.

5479
Schauenburg, K.: Zur Grabsymbolik apulischer Vasen.—
JdI 104, 1989, 19–60, Abb.

5480
Schauenburg, K.: Zu zwei Krateren des Malers von Berlin F 3383.— Beiträge zur Ikonographie und Hermeneutik. Festschrift für N. Himmelmann (Mainz 1989) 215–219, Taf.

5481
Schauenburg, K.: Zu einigen apulischen Vasen in einer Privatsammlung.—
AA 1989, 227–241, Abb.

5482
Schaus, G. P.: The beginning of Greek polychrome painting.—
JHS 108, 1988, 107–117, Taf.

5483
Schaus, G. P.: The extramural sanctuary of Demeter and Persephone at Cyrene, Libya. Final reports, 2. The East Greek, Island, and Laconian pottery.— (Philadelphia 1985) XXII, 140 S., Abb. Taf.
(University of Pennsylvania. University Museum monograph, 56)

5484
Scheffer, C.: Workshop and trade patterns in Athenian black figure.— Proceedings of the 3rd Symposium on ancient Greek and related pottery (København 1988) 536–546
KB København 1987

5485
Scheibler, I.: Dreifußträger. Kanon. Festschrift E. Berger.—
AntK 15. Bh, 1988, 310–316, Taf.

5486
Scheibler, I.: Die Kuroi des Amasis-Malers.— Proceedings of the 3rd Symposium on ancient Greek and related pottery (København 1988) 547–557, Abb.
KB København 1987

5487
Schrunk, I. D.: Late Roman red slipped wares from Diocletian's palace at Split, Yugoslavia. Diss. University of Minnesota 1984.— (Ann Arbor 1989) XXIII, 456 S., Abb. Taf.
(University Microfilms International)

5488
Schuring, J. M.: Supplementary note to 'The Roman, early medieval and medieval coarse kitchen wares from the San Sisto Vecchio in Rome'. The distribution of the fabrics.—
BABesch 62, 1987, 109–129, Abb.

5489
Schuring, J. M.; Kars, H.: Terra sigillata africana from the San Sisto Vecchio in Rome.—
BABesch 63, 1988, 1–62, Abb. Taf.

5490
Seki, T.: Principles of design in Greek art.— Πρακτικά του XII Διεθνούς συνεδρίου κλασικής αρχαιολογίας, 2 (Αθήνα 1988) 198–204, Abb. Taf.
KB Athenai 1983

5491
Seki, T.: London E84, a trick cup?— Proceedings of the 3rd Symposium on ancient Greek and related pottery (København 1988) 585–591, Abb.
KB København 1987

5492
Semantone-Bournia, E.: Ἀρχαῖες ἐγκαταστάσεις στό Αἶπος. Ρημόκαστρο-Καμπούρη τό Γύρισμα.—
Archaiognosia 3, 1982–84, 195–222, Taf.

5493
Semeraro, G.: Ceramiche arcaiche di importazione greca nel Salento. Prime note.— Salento. Porta d'Italia (Galatina 1989) 93–99, Taf.
KB Lecce 1986

5494
Shefton, B. B.: The Auge bowl.— The Rogozen treasure (London 1989) 82–90, Taf.
KB London 1987

5495
Sidorova, N. A.: Gruppa archaičeskich raspisnych vaz iz sobranija GMII im. A. S. Puškina. (Russ.) [Eine Gruppe bemalter Vasen aus der Sammlung des Staatlichen Puschkin-Museums für bildende Künste.].— Problemy antičnoj kul'tury (Moskva 1986) 89–99, Abb.
SB

5496
Siebert, G.: Des vases apuliens à figures rouges aux céramiques à décor polychrome et plastique.—
Ktema 10, 1985 [1988], 19–26, Taf.

5497
Soeiro, T.: Contribuição para o inventário arqueológico do concelho de Paredes (Porto).—
Portugalia 6–7, 1985–86, 107–115, Abb. Taf.

5498
Söldner, M.: Die Bonner Nestoris des Brooklyn-Budapest Malers.— Beiträge zur Ikonographie und Hermeneutik. Festschrift für N. Himmelmann (Mainz 1989) 205–213, Abb. Taf.

5499
Solovera San Juan, M. E.: Estudios sobre la historia económica de la Rioja romana.— (Logroño 1987) 223 S., Abb.
(Instituto de estudios riojanos. Historia, 7)

5500
Soricelli, G.: Appunti sulla produzione di terra sigillata nell'area flegreo-napoletana.—
Puteoli 11, 1987, 107–122, Abb.

5501
Sorokina, N. P.: Rodosskaja amfora s graffiti iz Kep. (Russ.) [Eine rhodische Amphora mit Graffiti aus Kepoi.].— Problemy antičnoj kul'tury (Moskva 1986) 195–199, Abb.
SB

5502
Sotomayor Muro, M.; Roca Roumens, M.; Contreras Cortés, F.; u. a.: El centro de producción de Terra sigillata hispánica de Los Villares de Andújar, Jaén. Campaña de 1982.—
CuadGranada 9, 1984, 235–260, Abb.

5503
Sparkes, B. A.: A new satyr-mask.— Studies in honour of T. B. L. Webster, 2 (Bristol 1988) 133–136, Taf.

5504
Steckner, C.: Form and filling, an empirical glance at shape.— Proceedings of the 3rd Symposium on ancient Greek and related pottery (København 1988) 604–616, Abb.
KB København 1987

5505
Stibbe, C. M.; Nafissi, M.: Laconian mixing bowls. A history of the krater lakonikos from the seventh to the fifth century B.C. Laconian black-glazed pottery, 1.— (Amsterdam 1989) 165 S., Abb. Taf.
(Allard Pierson series. Scripta minora, 2)

5506
Stoop, M. W.: Note sugli scavi nel santuario di Atena sul Timpone della Motta (Francavilla Marittima, Calabria), 8.—
BABesch 63, 1988, 77–93, Abb. Taf.

5507
Storti, S.: Pisa. Osservazioni sulle anfore dello scavo nel giardino dell'arcivescovado.—
AnnPisa 17, 1987, 935–957, Taf.

5508
Strobel, K.: Einige Bemerkungen zu den historisch-archäologischen Grundlagen einer Neuformulierung der Sigillatenchronologie für Germanien und Rätien und zu wirtschaftsgeschichtlichen Aspekten der römischen Keramikindustrie.—
MünstBeitr 6, 1987, Nr. 2, 75–115

5509
Suceveanu, A.; Angelescu, M. V.: Nouvelles découvertes dans l'établissement gétique d'Independenţa (dép. de Tulcea).—
Dacia 32, 1988, 145–150, Abb.

5510
Sunter, N.; Woodward, P. J.; u. a.: Romano-British industries in Purbeck. Excavations at Norden. Excavations at Ower and Rope Lake Hole.— (Dorchester 1987) 184 S., Abb.
(Dorset Natural History and Archaeological Society. Monograph series, 6)

5511
Šurbanoska, M.: A contribution to the research of the hellenistic amphoras in Macedonia. (Maked. m. engl. Res.).—
MacActaA 7–8, 1981–82 [1987], 65–70, Abb.

5512
Swan, V. G.: Pottery in Roman Britain. 4. ed.— (Aylesbury 1988) 80 S., Abb.
(Shire archaeology, 3)

5513
Szabó, K.: Les phases de la fabrication d'une oenochoé d'Ad Statuas.— Griechische und römische Statuetten und Großbronzen (Wien 1988) 225–228, Abb.
KB Wien 1986

5514
Szabó, M.: Remarques sur le décor plastique de l'oenochoé Grimani.— Griechische und römische Statuetten und Großbronzen (Wien 1988) 229–232, Abb.
KB Wien 1986

5515
Taborelli, L.: 'I vetri romani di Ercolano'. Alcune considerazioni a proposito di una recente pubblicazione.—
ArchCl 38–40, 1986–88, 136–149

5516
Tendille, C.: Objets métalliques de la protohistoire au Musée archéologique de Nîmes.— (Nîmes 1988) 52 S., Abb. Taf.
(Cahiers des musées et monuments de Nîmes, 5)

5517
Tiverios, M. A.: Περὶ Παλλαδίου. Ὅτι δύο κλέψειαν Διομήδης καὶ Ὀδυσσεύς. Kanon. Festschrift E. Berger.—
AntK 15. Bh, 1988, 324–330, Taf.

5518
Török, L.: Kush and the external world.— Studia meroitica 1984 (Berlin 1989) 49–162, Taf.
KB Roma 1984

5519
Toniolo, A.: Ceramica a vernice nera con marchio di fabbrica ad Adria.—
AquilNost 57, 1986, 809–824, Abb.

5520
Tortorella, S.: La ceramica africana. Un riesame della problematica.— Céramiques hellénistiques et romaines, 2 (Paris 1987) 279–314, Taf.
SB

5521
Tosto, V.: Reizend aardewerk.—
VerAmstMeded 36, 1986, 17–21, Abb.

5522
Tran Tam Tinh, V.: La Casa dei cervi a Herculaneum.— (Roma 1988) XI, 168 S., Abb. Taf.
(Archaeologica, 74)

5523
Trendall, A. D.: Vasi apuli raffiguranti maschere femminili con viso bianco.—
RicStBrindisi 13, 1980–87, 43–55, Abb.

5524
Trendall, A. D.: Red figure vases of South Italy and Sicily. A handbook.— (London 1989) 288 S., Abb.

5525
Trendall, A. D.: Masks on Apulian red-figured vases.— Studies in honour of T. B. L. Webster, 2 (Bristol 1988) 137–154, Taf.

5526
Trendall, A. D.: Fish-plates and other South Italian vases in private collections in Sorengo and Cureglia (Ticino).—
NumAntCl 17, 1988, 141–157, Taf.

5527
Trojani, M.; Marchese, G.: Teatro antico di Siracusa. Il santuario 'in summis'. Campagna 1986. Relazione preliminare, 3. I reperti. La necropoli paleocristiana.—
AttiVenezia 145, 1986–87, 53–68, Abb. Taf

5528
Tronchetti, C.: Tomba punico-romana a San Sperate (Cagliari).—
StSard 26, 1981–85, 101–111, Abb.

5529
Tsione-Kyrkou, M.: Λουτροφόρος ἐρυθρόμορφη. Εἰκονογραφικὲς παρατηρήσεις.— Πρακτικά του XII Διεθνούς συνεδρίου κλασικής αρχαιολογίας, 2 (Αθήνα 1988) 225–230, Taf.
KB Athenai 1983

5530
Tuffreau-Libre, M.: Les facies régionaux de la céramique gallo-romaine du Nord de la France et du bassin Parisien.—
Helinium 28, 1988, 81–112, Abb.

5531
Tuffreau-Libre, M.: La céramique commune en Gaule romaine.— Céramiques hellénistiques et romaines, 2 (Paris 1987) 203–214, Taf.
SB

5532
Vaginay, M.; Guichard, V.; u. a.: L'habitat gaulois de Feurs (Loire). Fouilles récentes, 1978–1981.— (Paris 1988) 200 S., Abb.
(Documents d'archéologie française, 14)

5533
Vandenabeele, F.: Amathonte. La chantier sous la porte de l'acropole.—
BCH 112, 1988, 519–530, Abb. Taf.

5534
Vanvinckenroye, W.: De Romeinse villa op de Sassenbroekberg te Broekom.— (Hasselt 1988) 58 S., Abb. Beil.
(Publicaties van het Gallo-Romeins Museum Tongeren, 38)

5535
Vaussanvin, H.: Le site des Sept Fontaines à Tournus (Saône-et-Loire).— Monnaies gauloises découvertes en fouilles (Paris 1987) 236–254, Abb.
SB

5536
Vázquez de la Cueva, A.: Sigillata africana en Augusta Emerita.— (Mérida 1985) 157 S., Abb.
(Monografías emeritenses, 3)

5537
Ventura, P.; u. a.: Due saggi di scavo in località Il Cristo, Coseano (Udine).—
AquilNost 58, 1987, 85–152, Abb.

5538
Villanueva Puig, M. C.: A propos des lécythes attiques à figures noires en provenance de la péninsule ibérique. Quelques remarques d'iconographie dionysiaque.—
REA 88, 1986, 359–372, Taf.

5539
Vísy, Z.: Zur Baugeschichte der großen Thermen von Weissenburg.—
BayVgBl 53, 1988, 117–135, Abb. Taf.

5540
Vogel Müller, V.: Grabung 1987.51, Forum. Die Funde aus dem Bereich der Tabernen und der Tempelportikus.—
JberAugst 9, 1988, 29–45, Abb.

5541
Volpe, G.: Le anfore della tomba 6 di Ascoli Satriano.—
RicStBrindisi 13, 1980–87, 105–120, Abb.

5542
Vreka, B.: Tri banesa te shekujve IV–III p.e. sone ne Mashkjeze. (Alban. m. franz. Res.) Trois habitations des IVe–IIIe siècles av.-n.ère à Mashkjeze.—
Iliria 17, 1987, Nr. 1, 117–128, Abb. Taf.

5543
Wandling, W.; Wolff, H.: Fragment einer Reibschale mit Graffito aus dem Lagerdorf des mittelkaiserzeitlichen Kastells Boiodurum.—
OstbGrenzm 30, 1988, 161–163, Abb.

5544
Weber-Hiden, I.: Die Reliefsigillata von Flavia Solva. Ein Überblick.—
RömÖ 15–16, 1987–88, 201–237, Abb.

5545
Wehgartner, I.: Neue Untersuchungen zur weißgrundigen Lekythenbemalung.— Proceedings of the 3rd Symposium on ancient Greek and related pottery (København 1988) 640–651, Abb.
KB København 1987

5546
Weiss, C.: Ein bislang unbekanntes Detail auf dem Hochzeitsbild der Karlsruher Lutrophoros 69/78.— Proceedings of the 3rd Symposium on ancient Greek and related pottery (København 1988) 652–664, Abb.
KB København 1987

5547
Whitehouse, D.: A recently discovered cage cup.—
JGS 30, 1988, 28–33, Abb.

5548
Wielen-van Ommeren, F. van der: La céramique hellénistique de Canosa. Techniques de fabrication.— Proceedings of the 3rd Symposium on ancient Greek and related pottery (København 1988) 665–673, Abb.
KB København 1987

5549
Wilkosz, M.: Καταχαῖρε καὶ εὐφραίνου. Le gobelet en verre avec l'inscription grecque.— From the archaeological collections of Cracow and Jena (Warszawa 1988) 41–44, Taf.
SB

5550
Williams, D. J. R.: The late archaic class of eye-cups.— Proceedings of the 3rd Symposium on ancient Greek and related pottery (København 1988) 674–683, Abb.
KB København 1987

5551
Williams II, C. K.; Zervos, O. H.: Corinth, 1987. South of temple E and east of the theatre.—
Hesperia 57, 1988, 95–146, Abb. Taf.

5552
Williams, N.: The breaking and remaking of the Portland Vase.—
(London 1989) 32 S., Abb. Taf.

5553
Yakovenko, E. V.: Towards the origin of objects of toreutics from early hellenistic barrows of Scythia and the Bosporus. (Russ. m. engl. Res.).— The Black Sea littoral in the hellenistic times (Tbilisi 1985) 341–352
KB Cchaltubo 1982

5554
Yntema, D.: Oria (Brindisi). Traces of an archaic dwelling in contrada Parietone.—
StAnt 5, 1988, 149–160, Taf.

5555
Zaitseva, K. I.: A 3rd century B.C. painted amphora from Olbia. (Russ. m. engl. Res.).—
SovArch 1989, Nr. 1, 178–189, Abb.

5556
Zancani Montuoro, P.: Kotyle.—
PP 42, 1987, 300–306, Abb.

5557
Zancani Montuoro, P.: Resti di tombe del VI secolo a. C. presso Sorrento.—
RendLinc 42, 1987, 7–10, Abb. Taf.

5558
Zanda, E.; Alessio, M.: Monteu da Po. Industria. Area a sud dell'Iseion.—
QuadAPiem 7, 1988, 98–103, Taf.

5559
Zubar', V. M.; Ryžov, S. G.; Ševčenko, A. V.: Novyj pogrebal'nyj kompleks zapadnogo nekropolja Chersonesa. (Russ.) [Ein neuer Gräberkomplex in der Westnekropole von Chersonesos.].— Antičnye drevnosti Severnogo Pričernomor'ja (Kiev 1988) 148–165, Abb.
SB

5560
Zujkov, J. V.: Pozdneėllinističeskij keramičeskij kompleks iz Gorgippii. (Russ.) [Eine Fundgruppe späthellenistischer Keramik aus Gorgippia.].—
KraSoob 1987, Nr. 191, 70–75, Abb.

Geräte

5561
Archeologia di una città. Bari dalle origini al X secolo. Catalogo della mostra realizzata nel complesso monumentale di Santa Scolastica a Bari, dal 6 marzo al 23 dicembre 1988.
ed. G. Andreassi.— (Bari 1988) VII, 638 S., Abb.
(Prometeo, 2)

5562
Bondeno e il suo territorio dalle origini al Rinascimento. [Mostra archeologica alla Rocca Possente di Stellata dal 26 giugno al 23 ottobre 1988].
ed. F. Berti.— (Casalecchio 1988) 425 S., Abb. Beil.

5563
Locri Epizefiri, 3. Cultura materiale e vita quotidiana.— (Firenze 1989) XXVI, 214 S., Taf. Beil.
(Università degli studi di Torino. Studi e materiali di archeologia, 2)

5564
Modena dalle origini all'anno Mille. Studi di archeologia e storia. 2 Bde. [Mostra] Modena, Galleria civica, gennaio-giugno 1989.—
(Modena 1988) 612 S., Abb. Beil.; 533 S., Abb.

5565
Il Museo di Taranto. Cento anni di archeologia. Catalogo della mostra per il centenario dell'istituzione del Museo archeologico nazionale di Taranto.— (Taranto 1988) 640 S., Abb. Taf.

5566
Trésors d'orfèvrerie gallo-romains. [Exposition] Musée du Luxembourg, Paris 8 février – 23 avril 1989.— (Paris 1989) 302 S., Abb.

5567
Alabe, F.: Un nouveau modèle de lampe à Délos.—
BCH 113, 1989, 319–324, Abb.

5568
Aleksandrov, G.: Outils de travail et objets de la vie de Montana. (Bulg. m. franz. Res.).—
ArcheologijaSof 30, 1988, Nr. 4, 28–38, Abb.

5569
Allason-Jones, L.; Bishop, M. C.; u. a.: Excavations at Roman Corbridge. The hoard.— (London 1988) 117 S., Abb. Taf. Beil. (English heritage. Archaeological report, 7)

5570
Almagro-Gorbea, M.; Lorrio, A.: Segobriga, 3. La muralla norte y la puerta principal. Campañas 1986–1987.— (Cuenca 1989) 341 S., Abb. Taf.

5571
Alram-Stern, E.: Die römischen Lampen aus Carnuntum.— (Wien 1989) 332 S., Abb. Taf.
(Der römische Limes in Österreich, 35)

5572
Amaré Tafalla, M. T.: Lucernas romanas en Aragón.— (Zaragoza o. J.) 165 S., Abb.

5573
Bakker, L.: Der Zufall half. Eine römische Tonlampe aus Augsburg.—
AJahrBay 1987, 112–114, Abb.

5574
Barruol, G.: Miroirs votifs découverts en Provence et dédiés à Sélène et à Aphrodite.—
RANarb 18, 1985, 343–373, Abb.

5575
Bell, M.: Excavations at Morgantina, 1980–1985. Preliminary report, 12.—
AJA 92, 1988, 313–342, Abb.

5576
Bémont, C.; Lahanier, C.: Lampes tardo-républicaines à Glanum. Essai de détermination typologique et physico-chimique.—
RANarb 18, 1985, 221–261, Abb.

5577
Bezzi Martini, L.: Necropoli e tombe romane di Brescia e dintorni.— (Brescia 1987) 147 S., Abb. Taf.
(Istituti culturali del comune di Brescia. Materiali e studi per la storia locale, 5)

5578
Biró, M. T.: Gorsium bone carvings.—
Alba Regia 23, 1987, 25–63, Abb. Taf.

5579
Bonnet, J.: Lampes céramiques signées. Définition critique d'ateliers du Haut-Empire.— (Paris 1988) 224 S., Abb.
(Documents d'archéologie française, 13)

5580
Boon, G. C.: Legionary bread and other stamps.—
AntJ 67, 1987, 368–371, Abb.

5581
Boyer, R.; Mourey, W.: Le trépied à baguettes et l'hydrie en bronze archaïques du Musée archéologique de Nîmes. Nouvel examen et nouvelle restauration.— Techniques antiques du bronze (Dijon 1988) 15–49, Taf.
SB

5582
Bujukliev, H.: Serrures et applications en bronze des coffrets de toilette du territoire d'Augusta Traiana (ville de Stara Zagora, Bulgarie).— Griechische und römische Statuetten und Großbronzen (Wien 1988) 416–420, Abb.
KB Wien 1986

5583
Carter, J. B.: Isotopic analysis of seventh-century B.C. perirrhanteria.— Classical marble (Dordrecht 1988) 419–431, Abb.
KB Il Ciocco 1988

5584
Carvalho, R. de; Ponte, S. da: Seis peças metálicas do Vale do Junco.—
Portugalia 6–7, 1985–86, 105–106, Taf.

5585
Chamay, J.: Quelques inédits à Genève.—
NumAntCl 17, 1988, 125–127, Taf.

5586
Cipollone, M.: Gubbio (Perugia). Officina ceramica di età imperiale in località Vittorina. Campagna di scavo 1983.—
NSc 38–39, 1984–85, 95–167, Abb.

5587
Conticello De Spagnolis, M.; De Carolis, E.: Le lucerne di bronzo di Ercolano e Pompei.— (Roma 1988) 244 S., Abb. Taf.
(Ministero per i beni culturali ed ambientali. Soprintendenza archeologica di Pompei. Cataloghi, 2)

5588
Dakoronia, F.: Ein bronzener Siegelanhänger aus Mittelgriechenland.— Griechische und römische Statuetten und Großbronzen (Wien 1988) 233–236, Abb.
KB Wien 1986

5589
De Caro, S.: Villa rustica in località Petraro (Stabiae).—
RIA 10, 1987, 5–89, Abb.

5590
De Franciscis, A.; u. a.: La villa romana del Naniglio di Gioiosa Ionica. Relazione preliminare delle campagne di scavo 1981–86.— (Napoli 1988) 119 S., Taf.
Archaia. Monumenti, 1)

5591
Di Filippo Balestrazzi, E.: Officine di lucerne ad Aquileia.— Vita sociale artistica e commerciale di Aquileia romana, 2 (Udine 1987) 445–466, Abb. Taf.
KB Aquileia 1985

5592
Ezer, S.: Anadolu medeniyetleri müzesinden bir grup kandil. (Türk. m. engl. Res.) [A group of lamps in the Anatolian Civilizations Museum.].—
AnadoluYıl 1987, 102–110, Taf.

5593
Ferraresi, C.; Ronchi, N.; Tassinari, G.: La necropoli romana di via Beltrami ad Arsago Seprio (Va).—
NotMilano 39–40, 1987, 1–195, Taf.

5594
Ferreir Dias, L.; Soren, D.; Vaz Pinto, I.: A guide to oil lamps used in Kourion in 365 A.D.—
RDAC 1988, Nr. 2, 179–184, Abb. Taf.

5595
Fishwick, D.: Imperial sceptre heads in Roman Britain.—
Britannia 19, 1988, 399–400

5596
Fossey, J. M.; Zoïtopoúlou, E. P.: Vers une typologie des lampes égyptiennes d'époque hellénistique.— Συνεισφορά McGill, 1. Papers in memory of C. D. Gordon (Amsterdam 1987) 117–124, Abb.

5597
Gacuta, W.: Przedmioty metalowe z Novae. Kampanie wykopaliskowe z lat 1960–1969, 1971, 1973, 1975 i 1977. (Poln.) [Metallgegenstände aus Novae. Ausgrabungskampagnen der Jahre 1960–1969, 1971, 1973, 1975 und 1977.].—
Novaensia 1, 1987, 75–175, Abb.

5598
Gáspár, D.; Salamon, A.: Rómaikori lakatok magyar múzeumokban. (Ung. m. dtsch. Res.) Römerzeitliche Vorhängeschlösser in ungarischen Museen.—
ArchErt 113, 1986, 207–217, Abb.

5599
Gibbins, D. J. L.: The Roman wreck of c.AD 200 at Plemmirio, near Siracusa (Sicily). Second interim report. The domestic assemblage, 1. Medical equipment and potterey lamps.—
IntJNautA 18, 1989, 1–25, Abb.

5600
Goethert, K.: Die römischen Tüllenlampen (Loeschcke Typus XIV), Kerzenhalter und Kerzenständer aus Ton im Rheinischen Landesmuseum Trier.—
TrZ 51, 1988, 463–510, Abb.

5601
Groothand, M. H.: Een dolfijn als lamp.—
VerAmstMeded 43, 1988, 6–7, Abb.

5602
Gschwantler, K.; Freiberger, V.: Technologische Beobachtungen an römischen Blechlampen.—
RömÖ 15–16, 1987–88, 89–106, Abb. Taf.

5603
Hornbostel, G.; Hornbostel, W.: Syrakusanische Herolde.— Bathron. Beiträge zur Architektur und verwandten Künsten für H. Drerup (Saarbrücken 1988) 233–245, Abb.

5604
Karageorghis, V.: A stone statuette of a sphinx and a note on small limestone thymiateria from Cyprus.—
RDAC 1988, Nr. 2, 89–93, Abb. Taf.

5605
Kuntze, C.; Wagner, H. O.: Neue Ausgrabungen im römischen Gutshof von Fischbach, Gde. Niedereschach, Schwarzwald-Baar-Kreis.—
FuBerBadWürt 13, 1988, 351–393, Abb.

5606
Levina, E. A.: Svetil'niki iz raskopok Tiry. Konec VI–I v. do n. ė. (Russ.) [Öllampen aus der Ausgrabung von Tyras. Ende 6. bis 1. Jh. v. u. Z.].— Novye issledovanija po archeologii Severnogo Pričernomor'ja (Kiev 1987) 108–118, Abb. Taf.
SB

5607
Ludwig, R.: Das frührömische Brandgräberfeld von Schankweiler, Kreis Bitburg-Prüm.—
TrZ 51, 1988, 51–290, Abb. Taf.

5608
Madau, M.: Tharros, 14. Ceramica attica dalla campagna del 1987.—
RStFen 16, 1988, 245–250, Taf.

5609
Manfredi, L. I.: Tharros, 14. Bracieri ellenistici e bacini decorati punici a Tharros.—
RStFen 16, 1988, 221–236, Taf.

5610
Margreiter, I.: Alt-Ägina, 2, 3. Die Kleinfunde aus dem Apollon-Heiligtum.— (Mainz 1988) 86 S., Abb. Taf.

5611
Matouschek, J.: Unpublizierte Zier- und Nähnadeln aus österreichischem Privatbesitz. Nachtrag.—
RömÖ 15–16, 1987–88, 121–159, Taf.

5612
Meates, G. W.; u. a.: The Roman villa at Lullingstone, Kent, 2. The wall paintings and finds.— (Maidstone 1987) XXIX, 330 S., Abb. Taf.
(Monograph series of the Kent Archaeological Society, 3)

5613
Menotti, E. M.: Le oreficerie della villa rustica 2 di Terzigno.— Studia pompeiana et classica in honor of W. F. Jashemski, 1 (New Rochelle 1988) 167–178, Taf.

5614
Meyer, L.: Le trésor de Rethel.—
ArcheologiaParis 1988, Nr. 239, 24–29, Abb.

5615
Meyer-Schlichtmann, C.: Die pergamenische Sigillata aus der Stadtgrabung von Pergamon. Mitte 2. Jh. v. Chr. – Mitte 2. Jh. n. Chr.— (Berlin 1988) XVI, 265 S., Abb. Taf.
(Pergamenische Forschungen, 6)

5616
Möhring, A.: Eine römische Stierkopflampe im Germanischen Nationalmuseum Nürnberg.—
BayVgBl 53, 1988, 273–279, Abb. Taf.

5617
Morozovskaja, T. V.: Bronzovye zerkala iz kollekcii OAM AN-USSR. (Russ.) [Bronzespiegel aus der Sammlung des Archäologischen Museums Odessa der Akademie der Wissenschaften der USSR.].— Novye issledovanija po archeologii Severnogo Pričernomor'ja (Kiev 1987) 118–129, Abb. Taf.
SB

5618
Mutz, A.: Die Deutung eines Eisenfundes aus dem römischen Lager Cáceres el Viejo.—
MM 29, 1988, 201–207, Abb.

5619
Papanicolaou Christensen, A.; Thomsen, R.; Ploug, G.: Hama. Fouilles et recherches 1931–1939, 3, 3. The Graeco-Roman objects of clay, the coins and the necropolis.— (Copenhague 1986) 113 S., Abb.
(Nationalmuseets skrifter. Større beretninger, 10)

5620
Pavolini, C.: Le lucerne romane fra il III sec. a. C. e il III sec. d. C.— Céramiques hellénistiques et romaines, 2 (Paris 1987) 139–165, Abb.
SB

5621
Pietsch, M.: Römische Eisenwerkzeuge vom Zugmantel. Ein Nachtrag.—
SaalbJb 44, 1988, 28–32, Abb.

5622
Pietsch, M.: Ausgewählte Funde zur Siedlungsentwicklung, zum Kult und zum Handwerk.— Das römische Wimpfen (Bad Wimpfen 1988) 63–77, Taf.
SB

5623
Roberts, H. S.: On the interpretation of mirror supports from Southern Italy and Greece. Four examples in the Danish National Museum.— Griechische und römische Statuetten und Großbronzen (Wien 1988) 249–257, Abb.
KB Wien 1986

5624
Rosenthal-Heginbottom, R.: Greek classical lamps and their imitations in the Eastern Mediterranean. Questions of chronology.— Πρακτικά του XII Διεθνούς συνεδρίου κλασικής αρχαιολογίας, 3 (Αθήνα 1988) 297–303, Abb. Taf.
KB Athenai 1983

5625
Rutland, B.: A bronze object from Lamyatt Beacon.—
Britannia 19, 1988, 405–406, Abb.

5626
Sakellarakis, J. A.: Some geometric and archaic votives from the Idaian Cave.— Early Greek cult practice (Stockholm 1988) 173–192, Abb.
KB Athenai 1986

5627
Selesnow, W.: Liebieghaus-Museum Alter Plastik. Bildwerke der Sammlung Kaufmann, 2. Lampen aus Ton und Bronze.— (Melsungen 1988) 205 S., Abb. Taf.

5628
Son, N. A.; Soročan, S. B.: Antičnye svetil'niki iz Tiry. (Russ.) [Antike Lampen aus Tyras.]— Antičnye drevnosti Severnogo Pričernomor'ja (Kiev 1988) 115–133, Abb.
SB

5629
Sturgeon, M. C.: Isthmia, 4. Sculpture, 1. 1952–1967.— (Princeton 1987) XXIII, 200 S., Abb. Taf.

5630
Šurbanoski, Z.: A contribution to the typology and the chronology of the hellenistic weights in Macedonia. (Maked. m. engl. Res.).—
MacActaA 7–8, 1981–82 [1987], 71–77, Abb.

5631
Szubert, W.: Lampy wolutowe z budowli legionowej w północno-zachodniej części Novae. (Poln.) [Volutenlampen aus den Legionärsbauten im nordwestlichen Teil von Novae.]—
Novaensia 1, 1987, 231–245, Taf.

5632
Talamo, E.: Liber nica. Acclamazioni ad un auriga vincitore.—
BollMC N.S. 2, 1988, 7–20, Abb.

5633
Terechova, N. N.; Rozanova, L. S.; Bgažba, S. C.: Drevnejšie železnye izdelija iz Gjuėnosa. (Russ.) [Die ältesten Eisengeräte aus Gyenos.]—
KraSoob 1987, Nr. 191, 90–93, Abb.

5634
Thimme, J.: Ein großgriechischer Klappspiegel aus klassischer Zeit. Kanon. Festschrift E. Berger.—
AntK 15. Bh, 1988, 192–199, Abb. Taf.

5635
Tran Tam Tinh, V.: La Casa dei cervi a Herculaneum.— (Roma 1988) XI, 168 S., Abb. Taf.
(Archaeologica, 74)

5636
Ventura, P.; u. a.: Due saggi di scavo in località Il Cristo, Coseano (Udine).—
AquilNost 58, 1987, 85–152, Abb.

5637
Werner, A.: Ein geschäfteter römischer Feuerstahl aus einer Villa rustica bei Niederzier-Hambach, Kr. Düren.—
AKorrBl 18, 1988, 203–204, Abb. Taf.

5638
Whitehouse, D.: A recently discovered cage cup.—
JGS 30, 1988, 28–33, Abb.

5639
Wildt, S.: Zum figürlichen Schmuck archaischer Gerätuntersätze.— Bathron. Beiträge zur Architektur und verwandten Künsten für H. Drerup (Saarbrücken 1988) 419–433, Abb.

5640
Younger, J. G.; Boynton, B. N.: Five Roman lamps with inscriptions.— Studies in honour of T. B. L. Webster, 2 (Bristol 1988) 159–161, Taf.

5641
Zancani Montuoro, P.: Resti di tombe del VI secolo a. C. presso Sorrento.—
RendLinc 42, 1987, 7–10, Abb. Taf.

5642
Zubar', V. M.: O svincovych zerkalach iz nekropolja Chersonesa. (Russ.) [Bleierne Spiegel aus der Nekropole von Chersonesos.]—
Problemy antičnoj kul'tury (Moskva 1986) 150–154, Abb.
SB

Schmuck

5643
Αρχαία Μακεδονία. Ancient Macedonia. Exhibition Melbourne 25 November 1988 – 19 February 1989, Brisbane 11 March – 30 April 1989, Sydney 20 May – 23 July 1989.— (Athens 1988) XXXII, 418 S., Abb.

5644
Collection de la Fondation Thétis. Développements de l'art grec de la préhistoire à Rome. [Catalogue de l'exhibition Genève 1987.]
ed. J. L. Zimmermann.— (Genève 1987) 204 S., Abb.

5645
L'oro di Kiev. [Catalogo della mostra] Firenze, Palazzo Medici Riccardi, 20 giugno – 27 settembre 1987.— (Milano 1987) 151 S., Abb.

5646
Traci. Arte e cultura nelle terre di Bulgaria dalle origini alla tarda romanità. Mostra Venezia, Palazzo ducale 13 maggio – 30 novembre 1989.— (Milano 1989) 347 S., Abb.

5647
Trésors d'orfèvrerie gallo-romains. [Exposition] Musée du Luxembourg, Paris 8 février – 23 avril 1989.— (Paris 1989) 302 S., Abb.

5648
Alekseeva, E. M.: Carskaja tamga na zolotom perstne iz Gorgippii. (Russ.) [Ein Königsmonogramm auf einem goldenen Fingerring aus Gorgippia.].— Problemy antičnoj kul'tury (Moskva 1986) 118–125, Abb. Taf.
SB

5649
Allason-Jones, L.: Ear-rings in Roman Britain.— (Oxford 1989) XXVI, 154 S., Taf.
(British archaeological reports. British series, 201)

5650
Beckers, C.: Oorbellen onder de loupe.—
VerAmstMeded 43, 1988, 14–15, Abb.

5651
Caruso, I.: Collezione Castellani. Le oreficerie.— (Roma 1988) 57 S., Abb.
(Museo nazionale etrusco di Villa Giulia)

5652
Chqonia, A. M.: The jeweller's art in Colchis of the 4th – 2nd centuries B.C. Problems of innovation. (Russ. m. engl. Res.).— The Black Sea littoral in the hellenistic times (Tbilisi 1985) 519–527, Abb.
KB Cchaltubo 1982

5653
Cociş, S.: Fibule romane din Muzeul de istorie al Transilvaniei, 1.—
ActaMusNapoca 22–23, 1985–86, 527–531, Taf.

5654
Deppert-Lippitz, B.: Ein römischer Goldring aus Ennetbaden im Aargau.—
HelvA 19, 1988, 19–29, Abb.

5655
Fischer, T.: Zur römischen Offiziersausrüstung im 3. Jahrhundert n. Chr.—
BayVgBl 53, 1988, 167–190, Abb. Taf.

5656
Gacuta, W.: Przedmioty metalowe z Novae. Kampanie wykopaliskowe z lat 1960–1969, 1971, 1973, 1975 i 1977. (Poln.) [Metallgegenstände aus Novae. Ausgrabungskampagnen der Jahre 1960–1969, 1971, 1973, 1975 und 1977.].—
Novaensia 1, 1987, 75–175, Abb.

5657
Garbsch, J.; Kos, P.: Das spätrömische Kastell bei Isny, 1. Zwei Schatzfunde des frühen 4. Jahrhunderts.— (München 1988) 127 S., Abb. Taf.
(Münchner Beiträge zur Vor- und Frühgeschichte, 44)

5658
Giorgetti, D.: Trésor de parures d'or et d'objets d'argent. (Bulg. m. franz. Res.).—
ArcheologijaSof 30, 1988, Nr. 3, 30–38, Abb.

5659
Greifenhagen, A.: Zur Typologie der Ohrringe mit Erosfigürchen.—
Anadolu 21, 1978–80 [1987], 85–88, Taf.

5660
Guštin, M.: Fibule tardorepubblicane del Caput Adriae.—
AquilNost 57, 1986, 677–684, Abb.

5661
Guzzo, P. G.: Taranto a Vulci?—
Taras 7, 1987, 35–39

5662
Iacovou, M.: The pictorial pottery of eleventh century B.C. Cyprus.— (Göteborg 1988) XI, 89 S., Taf.
(Studies in Mediterranean archaeology, 79)

5663
Kelly, D. B.: Archaeological notes from Maidstone Museum.—
ACant 105, 1988, 297–320, Abb.

5664
Kiilerich, B.; Torp, H.: Hic est, hic Stilicho. The date and interpretation of a notable diptych.—
JdI 104, 1989, 319–371, Abb.

5665
Kuhnen, H. P.: Zwiebelknopffibeln aus Palaestina und Arabia. Überlegungen zur Interpretation einer spätrömischen Fibelform.—
ZDPV 104, 1988, 92–124, Abb. Taf.

5666
Kuznecova, T. M.: O sjužete izobraženija na perstne carja Skila. (Russ.) [Zum Thema der Darstellung auf dem Fingerring des Königs Skyles.].—
KraSoob 1986, Nr. 186, 3–8, Abb.

5667
Ludwig, R.: Das frührömische Brandgräberfeld von Schankweiler, Kreis Bitburg-Prüm.—
TrZ 51, 1988, 51–290, Abb. Taf.

5668
Mann, J. E.; Henig, M.; Ogden, J.: Recent Roman finds from Lincoln. A phallic amulet and a finger-ring.—
AntJ 67, 1987, 365–367, Abb.

5669
Margreiter, I.: Alt-Ägina, 2, 3. Die Kleinfunde aus dem Apollon-Heiligtum.— (Mainz 1988) 86 S., Abb. Taf.

5670
Martelli, M.: La stipe votiva dell'Athenaion di Jalysos. Un primo bilancio.— Archaeology in the Dodecanese (Copenhagen 1988) 104–120, Abb.
KB København 1986

5671
Massi Secondari, A.: Le fibule del Museo civico di Macerata.—
AnnPerugia 23, 1985–86, Nr. 1, 173–193, Abb.

5672
Matouschek, J.: Unpublizierte Zier- und Nähnadeln aus österreichischem Privatbesitz. Nachtrag.—
RömÖ 15–16, 1987–88, 121–159, Taf.

5673
Menotti, E. M.: Le oreficerie della villa rustica 2 di Terzigno.—
Studia pompeiana et classica in honor of W. F. Jashemski, 1 (New Rochelle 1988) 167–178, Taf.

5674
Oesterwind, B. C.; Schäfer, K.: Die spätlatènezeitliche und frühkaiserzeitliche Besiedlung im Andernacher Stadtgebiet.— (Andernach 1987) 87 S., Abb. Taf.
(Andernacher Beiträge, 1)

5675
Sakellarakis, J. A.: Some geometric and archaic votives from the Idaian Cave.— Early Greek cult practice (Stockholm 1988) 173–192, Abb.
KB Athenai 1986

5676
Spaer, M.: The pre-Islamic glass bracelets of Palestine.—
JGS 30, 1988, 51–61, Abb.

5677
Stoop, M. W.: Note sugli scavi nel santuario di Atena sul Timpone della Motta (Francavilla Marittima, Calabria), 7. Oggetti di bronzo vari.—
BABesch 62, 1987, 21–31, Abb.

5678
Vale, J.: Archaeological notes from the Kent County Museum Service.—
ACant 106, 1988, 209–215, Abb.

5679
Winter, H.: Die römisch-kaiserzeitlichen und 'romanischen' Vogelfibeln der Antikensammlung des Kunsthistorischen Museums in Wien.—
RömÖ 15–16, 1987–88, 253–277, Abb. Taf.

5680
Zadoks-Jitta, A. N.: Monete-gioiello d'oro dai Paesi Bassi.— Studi per L. Breglia, 2 (Roma 1987) 163–169, Abb.

5681
Zubar', V. M.; Ryžov, S. G.; Ševčenko, A. V.: Novyj pogrebal'nyj kompleks zapadnogo nekropolja Chersonesa. (Russ.) [Ein neuer Gräberkomplex in der Westnekropole von Chersonesos.].— Antičnye drevnosti Severnogo Pričernomor'ja (Kiev 1988) 148–165, Abb.
SB

Bildthemen

5682
L'archeologia racconta lo sport nell'antichità [Catalogo della mostra] Firenze, Palazzo Strozzi, 22 febbraio – 10 aprile 1988.—
(Firenze 1988) 127 S., Abb.

5683
De dieren van stal. [Tentoonstelling, Allard Pierson Museum Amsterdam 5 maart tot 25 mei 1988.].—
VerAmstMeded 42, 1988, 1–27, Abb.

5684
Lo specchio della musica. Iconografia musicale nella ceramica attica di Spina. [Catalogo della mostra] Ferrara, Chiesa di San Romano, dall'8 maggio al 26 giugno 1988.— (Bologna 1988) XXVI, 93 S., Abb.

5685
Abetel, E.: Le bas-relief de la gigantomachie de Lousonna-Vidy.—
Caesarodunum 23, 1988, 7–23, Abb. Taf.

5686
Ahlberg-Cornell, G.: Games, play and performance in Greek geometric art. The kantharos Copenhagen NM 727 reconsidered.—
ActaArch 58, 1987, 55–86, Abb.

5687
Arias, P. E.: Reminiscenze figurative ed epopea in Italia meridionale.— L'epos greco in Occidente (Taranto 1980 [1989]) 79–94
KB Taranto 1979

5688
Ashton, R.: Rhodian coinage and the Colossus.—
RevNum 30, 1988, 75–90, Taf.

5689
Bacci, G. M.: Un nuovo cratere laconico figurato da Terravecchia di Grammichele.—
BdA 73, 1988, Nr. 47, 1–16, Abb. Taf.

5690
Baglione, M. P.: Quelques données sur les plus récentes fouilles de Pyrgi.— Proceedings of the 3rd Symposium on ancient Greek and related pottery (København 1988) 17–24, Abb.
KB København 1987

5691
Balil, A.: Un tondo de Fuentetojar y otros tondi hispanorromanos.—
(Minerva 1, 1987, 169–184, Abb.)
SD

5692
Baratte, F.: La naissance de Dionysos sur un couvercle de sarcophage du musée d'Amiens.—
RA 1989, 143–148, Abb.

5693
Bauchhenss, G.; u. a.: Mercurius in Bornheim.—
BJb 188, 1988, 223–239, Abb.

5694
Bedon, R.: Les remparts urbains dans l'iconographie gallo-romaine.—
Caesarodunum 23, 1988, 47–61, Abb.

5695
Benson, J. L.: Symptom and story in Geometric art.—
BABesch 63, 1988, 69–76, Abb.

5696
Bérard, C.: La chasseresse traquée. Cynégétique et érotique. Kanon. Festschrift E. Berger.—
AntK 15. Bh, 1988, 280–284, Taf.

5697
Berczelly, L.: The date and significance of the Menander mosaics at Mytilene.—
BICS 35, 1988, 119–126, Taf.

5698
Beschi, L.: Spigolature dall'Attica. Kanon. Festschrift E. Berger.—
AntK 15. Bh, 1988, 143–149, Taf.

5699
Blanc, N.; Gury, F.: Apports d'une base de données à l'iconographie régionale. Quelques aspects d'Amor en Gaule.—
Caesarodunum 23, 1988, 63–75, Abb. Taf.

5700
Blanchard-Lemée, M.: A propos des mosaïques de Sidi Ghrib. Vénus, le Gaurus et un poème de Symmaque.—
MEFRA 100, 1988, 367–384, Abb.

5701
Blázquez, J. M.: Los templos de Lixus (Mauritania Tingitana) y su relación con los templos de ciudades semitas representados en las monedas.— Congreso internacional 'El estrecho de Gibraltar', Ceuta noviembre 1987 (o. O. o. J.) o. Pagin., Abb.
(Actas separatas. Universidad nacional de educación a distancia)
SD

5702
Boardman, J.: Notes on the Parthenon east frieze. Kanon. Festschrift E. Berger.—
AntK 15. Bh, 1988, 9–14, Abb. Taf.

5703
Boardman, J.: Herakles at sea.— Beiträge zur Ikonographie und Hermeneutik. Festschrift für N. Himmelmann (Mainz 1989) 191–195, Taf.

5704
Bottini, A.: Elena in Occidente. Una tomba dalla chora di Metaponto.—
BdA 73, 1988, Nr. 50–51, 1–18, Abb. Taf.

5705
Boucher, S.: L'image et les fonctions du dieu Sucellus.—
Caesarodunum 23, 1988, 77–85, Abb. Taf.

5706
Brandt, J. R.: A Persian patriot among the Brygos Painter's patrons?— Πρακτικά του XII Διεθνούς συνεδρίου κλασικής αρχαιολογίας, 2 (Αθήνα 1988) 31–35, Taf.
KB Athenai 1983

5707
Brijder, H. A. G.: Apish performances in the 6th century BC.— Proceedings of the 3rd Symposium on ancient Greek and related pottery (København 1988) 62–70, Abb.
KB København 1987

5708
Brommer, F.: Phidiasische Nachklänge. Kanon. Festschrift E. Berger.—
AntK 15. Bh, 1988, 42–45, Taf.

5709
Bron, C.: Le lieu du comos.— Proceedings of the 3rd Symposium on ancient Greek and related pottery (København 1988) 71–79, Abb.
KB København 1987

5710
Brownlee, A. B.: A black-figure parody of the ransom of Hector.—
RA 1989, 3–21, Abb.

5711
Burkert, W.: Katagógia, anagógia and the goddess of Knossos.— Early Greek cult practice (Stockholm 1988) 81–87, Abb.
KB Athenai 1986

5712
Burn, L.: A heron on the left, by the Kodros Painter.— Proceedings of the 3rd Symposium on ancient Greek and related pottery (København 1988) 99–106, Abb.
KB København 1987

5713
Bussagli, M.: Il disco 'battriano' del museo dell'Ermitage. Su un'-analogia iconografica con talune figure angeliche posteriori al V secolo.—
RivStOr 60, 1986, 134, Abb.

5714
Cahn, H. A.: Okeanos, Strymon und Atlas auf einer rotfigurigen Spitzamphora.— Proceedings of the 3rd Symposium on ancient Greek and related pottery (København 1988) 107–116, Abb.
KB København 1987

5715
Cain, H. U.: Chronologie, Ikonographie und Bedeutung der römischen Maskenreliefs.—
BJb 188, 1988, 107–221, Abb.

5716
Callaioli, A.: Agro chiusino. Un emblema musivo da Monte Venere.— I Romani di Chiusi (Roma 1988) 133–141, Abb.
SB

5717
Cambi, N.: The relief of Kairos from Trogir (Dalmatia).— Πρακτικά του XII Διεθνούς συνεδρίου κλασικής αρχαιολογίας, 3 (Αθήνα 1988) 37–41, Taf.
KB Athenai 1983

5718
Cambitoglou, A.: Troilos pursued by Achilles. An Apulian column-krater by the Painter of the Berlin Dancing Girl in the Museo Camillo Leone at Vercelli.— Studies in honour of T. B. L. Webster, 2 (Bristol 1988) 1–21, Taf.

5719
Cambitoglou, A.: Achilles and Troilos in South Italy.— Πρακτικά του XII Διεθνούς συνεδρίου κλασικής αρχαιολογίας, 2 (Αθήνα 1988) 44–49, Taf.
KB Athenai 1983

5720
Cassimatis, H.: Amours légitimes? Rêves d'amour? dans la céramique grecque.—
BABesch 62, 1987, 75–84, Abb.

5721
Cassimatis, H.: A propos de l'utilisation du motif iconographique. Autel-trône? Une bizarrerie de l'imagerie.— Proceedings of the 3rd Symposium on ancient Greek and related pottery (København 1988) 117–129, Abb.
KB København 1987

5722
Cimmelli, V.: La mitizzazione del Sarno nelle pitture parietali pompeiane.—
Sylva Mala 9, 1988, 3–12, Abb.

5723
Cordischi, L.: Sul problema dell'Ara Pietatis Augustae e dei rilievi ad essa attribuiti.—
ArchCl 37, 1985, 238–265, Taf.

5724
Corrocher, J.: Le culte de Bacchus en Gaule Centrale.—
ArcheologiaParis 1989, Nr. 244, 62–66, Abb.

5725
Costa, P. M.: A bronze brazier with Bacchic scenes from Ṣan'ā'.— L'Arabie préislamique et son environnement historique et culturel (Leiden 1989) 479–484, Taf.
KB Strasbourg 1987

5726
Csereményi, V.: Une scène de sacrifice de Pannonie sur un objet en bronze de Savaria.— Griechische und römische Statuetten und Großbronzen (Wien 1988) 357–358, Abb.
KB Wien 1986

5727
Curtotti, A.: I rilievi gladiatori di San Severo. Un esempio di arte plebea.—
ArchStorPugl 41, 1988, 209–217, Abb.

5728
Danale-Giole, K.: Ὁ Εὐριπίδης στήν Ἀθήνα καί στήν Κ. Ἰταλία. Εἰκονογραφικές παρατηρήσεις.—
Archaiognosia 3, 1982–84, 163–194, Taf.

5729
Darmon, J. P.: Présence et fonction de la mythologie classique dans le décor en mosaïque de la maison romano-africaine.— Πρακτικά του XII Διεθνούς συνεδρίου κλασικής αρχαιολογίας, 2 (Αθήνα 1988) 62–67, Taf.
KB Athenai 1983

5730
De' Maffei, F.: Tradizione ed inovazione nei dittici eburnei. Giuliano, Pulcheria, Giustiniano.—
RivStOr 60, 1986, 89–139, Taf.

5731
De Meis, A. M.; Messineo, G.: Una lastra con girali da Fidenae.—
Xenia 17, 1989, 65–70, Abb.

5732
Dearden, C. W.: Phlyax comedy in Magna Graecia. A reassessment.— Studies in honour of T. B. L. Webster, 2 (Bristol 1988) 33–41, Taf.

5733
Delvoye, C.: Eléments classiques dans l'illustration de la légende d'Achille au Bas-Empire.— Πρακτικά του XII Διεθνούς συνεδρίου κλασικής αρχαιολογίας, 2 (Αθήνα 1988) 68–71
KB Athenai 1983

5734
Despoine, A.: Παρατηρήσεις στὰ ἀνάγλυφα τοῦ βήματος τοῦ Φαίδρου.— Πρακτικά του XII Διεθνούς συνεδρίου κλασικής αρχαιολογίας, 3 (Αθήνα 1988) 70–73, Taf.
KB Athenai 1983

5735
Devijver, H.: Equestrian officers and their monuments.— The equestrian officers of the Roman Imperial army (Amsterdam 1989) 416–449, Abb.

5736
Di Filippo Balestrazzi, E.: Il rilievo di Argenidas e il culto dei Dioscuri ad Este.— Nuovi studi Maffeiani (Verona 1985) 33–51, Taf.
KB Verona 1983

5737
Di Filippo Balestrazzi, E.: La 'pompa del magistrato' e il dio di Emesa.—
AquilNost 56, 1985, 337–360, Abb.

5738
Di Filippo Balestrazzi, E.: Gli uomini sulla riva e l'uccello sulla scogliera nel rilievo di Arghenidas.—
AquilNost 57, 1986, 129–144, Abb.

5739
Di Giulio, A. M.: Iconografia degli strumenti musicali nell'arte apula.— La musica in Grecia (Bari 1988) 108–120, Abb.
SB

5740
Di Maro, F.: La vittoria di Azio ed il tesoro di Boscoreale.— (Sylva Mala. Bollettino del Centro studi archeologici di Boscoreale, Boscotrecase e Trecase 8, 1987, 19–24, Abb.)
SD

5741
Di Maro, F.: La morte di Augusto e i modioli del tesoro di Boscoreale. Nuove ipotesi.—
Sylva Mala 9, 1988, 31–35, Abb.

5742
Di Vita, A.: Il tema del 'banquet couché' dei rilievi attici di IV secolo in una nuova pittura da Sabratha (Libia).— Πρακτικά του XII Διεθνούς συνεδρίου κλασικής αρχαιολογίας, 2 (Αθήνα 1988) 72–76
KB Athenai 1983

5743
Diebner, S.: I rilievi gladiatori in rapporto ai giochi anfiteatrali.— Anfiteatro Flavio (Roma 1988) 131–145, Abb.
SB

5744
Donderer, M.: Dionysos und Ptolemaios Soter als Meleager. Zwei Gemälde des Antiphilos.— Zu Alexander d. Gr. Festschrift G. Wirth (Amsterdam 1987) 781–799, Taf.

5745
Duval, N.: Les concours sur mosaïques de Piazza Armerina. Prix et tirage au sort. L'influence de l'agonistique grecque.—
CronA 23, 1984, 157–169, Abb.

5746
Elvira, M. A.: Notas sobre el 'Nacimiento de Atenea', de Filóstrato el Viejo.— Coloquio sobre el puteal de la Moncloa (Madrid 1986) 151–159, Abb.
KB Madrid 1983

5747
Falus, R.: Πεντέγραμμον.—
ActaAntHung 30, 1982–84, 75–111, Abb.

5748
Fehr, B.: Zwei Lesungen des Alexandermosaiks.— Bathron. Beiträge zur Architektur und verwandten Künsten für H. Drerup (Saarbrücken 1988) 121–134, Abb.

5749
Floriani Squarciapino, M.: Nuovi mosaici ostiensi.—
RendPontAcc 58, 1985–86, 87–114, Abb.

5750
Floriani Squarciapino, M.: I rilievi di Ghirza. Alcune riflessioni.—
ArchCl 37, 1985, 266–278, Taf.

5751
Floriani Squarciapino, M.: Un nuovo frammento del fregio della basilica di Ostia. La lupa con i gemelli.— Studi per L. Breglia, 3 (Roma 1987) 119–126, Abb.

5752
Fowler, D.: Taplin on cocks.—
ClQu 39, 1989, 257–259

5753
Fridh-Haneson, B. M.: Hera's wedding on Samos. A change of paradigms.— Early Greek cult practice (Stockholm 1988) 205–213, Abb.
KB Athenai 1986

5754
Fuchs, W.: Zentrale und provinzielle Elemente in der spätklassischen Kunst. Kanon. Festschrift E. Berger.—
AntK 15. Bh, 1988, 156–158, Taf.

5755
Fusconi, C.: Giuliano da Sangallo e un rilievo con scena di caccia nella Pinacoteca civica di Savona.—
Xenia 16, 1988, 95–100, Abb.

5756
Gabelmann, H.: Ein Iuventusrelief in Fossombrone.— Beiträge zur Ikonographie und Hermeneutik. Festschrift für N. Himmelmann (Mainz 1989) 369–376, Taf.

5757
Gallo, I.: Un dramma satiresco arcaico in testimonianze vascolari del territorio salernitano.—
AeR 34, 1989, 1–13, Abb.

5758
Gauer, W.: Parthenonische Amazonomachie und Perserkrieg. Kanon. Festschrift E. Berger.—
AntK 15. Bh, 1988, 28–41, Abb.

5759
Gergel, R. A.: A late Flavian cuirassed torso in the J. Paul Getty Museum.—
GettyMusJ 16, 1988, 5–24, Abb.

5760
Gesing, M.: Triumph des Bacchus. Triumphidee und bacchische Darstellungen in der italienischen Renaissance im Spiegel der Antikenrezeption.— (Frankfurt a. M. 1988) 215 S., Abb.
(Europäische Hochschulschriften, Reihe 28. Kunstgeschichte, 84)

5761
Ghedini, F.: Un rilievo da Golgoi e il culto di Apollo Magirios.—
AM 103, 1988, 193–202, Taf.

5762
Ghedini, F.: Una pasta vitrea aquileiese e il mito d'Io nella propaganda giulio-claudia.—
AquilNost 57, 1986, 665–676, Abb.

5763
Ghedini, F.: Augusto e la propaganda apollinea nell'amphoriskos di Leningrado.—
ArchCl 38–40, 1986–88, 128–135, Abb. Taf.

5764
Ghiron-Bistagne, P.: Le motif de Phèdre. Deux exemples d'un schéma iconographique classique utilisé dans l'art hellénistique et romain.— Πρακτικά του XII Διεθνούς συνεδρίου κλασικής αρχαιολογίας, 2 (Αθήνα 1988) 82–87, Taf.
KB Athenai 1983

5765
Giannouli, V.; Guimier-Sorbets, A. M.: Deux mosaïques hellénistiques à Samos.—
BCH 112, 1988, 545–568, Abb.

5766
Giraud, E.: A propos de la 'Dispute du trépied'. Un serpent énigmatique sur un scarabée italique au musée de Boston. Communication au colloque de Lourmarin 'Les problèmes de l'image dans le monde méditerranéen antique'.—
BSocBiblReinach 3, 1985, 9–14, Abb.

5767
Giuliano, A.: Germania capta.—
Xenia 16, 1988, 101–114, Abb.

5768
Goethert, K. P.: Il panettiere. Zur Geschichte einer Fehldeutung.— Beiträge zur Ikonographie und Hermeneutik. Festschrift für N. Himmelmann (Mainz 1989) 385–388, Taf.

5769
Guarducci, M.: Il trono di Massimiano Erculio e la cattedra di San Pietro.—
BdA 73, 1988, Nr. 52, 1–12, Abb. Taf.

5770
Guidoni Guidi, G.: Due frammenti di sarcofagi inediti della collezione Luzi (Treia).— Atti del VI Congresso nazionale di archeologia cristiana (Firenze 1986) 517–528, Abb.
KB Pesaro-Ancona 1983

5771
Guiraud, H.; Bordier, H.; Garric, J. M.: Images d'athlètes sur des vases attiques.—
Pallas 34, 1988, 77–98, Abb.

5772
Guiraud, H.: Vénus Victrix. A propos d'une intaille d'époque romaine, de Murviel-lès-Montpellier.—
RANarb 18, 1985, 399–403, Abb.

5773
Guiraud, H.: Images de progagande sur des intailles à l'époque augustéenne en Gaule. A propos d'une intaille d'Auterive.— Mélanges offerts à M. Labrousse (Toulouse 1987) 335–344, Abb. Taf.

5774
Halm-Tisserant, M.: Folklore et superstition en Grèce classique. Lamia torturée?—
Kernos 2, 1989, 67–79, Taf.

5775
Halm-Tisserant, M.: Sur l'évolution du gorgoneion à Corinthe et à Athènes dans la peinture de vases du haut archaïme.— Proceedings of the 3rd Symposium on ancient Greek and related pottery (København 1988) 211–221, Abb.
KB København 1987

5776
Harl, M.: Le nom de l'arche de Noé dans la Septante. Les choix lexicaux des traducteurs alexandrins, indices d'interprétations théologiques?— Αλεξανδρινά. Mélanges offerts à C. Mondésert (Paris 1987) 15–40, Taf.

5777
Harvey, D.: Painted ladies. Fact, fiction and fantasy.— Proceedings of the 3rd Symposium on ancient Greek and related pottery (København 1988) 242–254, Abb.
KB København 1987

5778
Hausmann, U.: Schauspieler und Masken auf hellenistischen Reliefbechern Kleinasiens.—
Anadolu 21, 1978–80 [1987], 143–156, Taf.

5779
Hoffelner, K.: Die Metopen des Athener-Schatzhauses. Ein neuer Rekonstruktionsversuch.—
AM 103, 1988, 77–117, Abb. Taf.

5780
Hollein, H. G.: Bürgerbild und Bildwelt der attischen Demokratie auf den rotfigurigen Vasen des 6.–4. Jahrhunderts v. Chr.— (Frankfurt a. M. 1988) 408 S., Abb.
(Europäische Hochschulschriften. Reihe 38. Archäologie, 17)

5781
Hornbostel, W.: Aphrodite und Eros. Zu einem neuen Weihrelief in Hamburg. Kanon. Festschrift E. Berger.—
AntK 15. Bh, 1988, 171–179, Taf.

5782
Hübner, G.: Ἀνὴρ παγκράτιον ἐπασκήσας. (Hdt. 9, 105).— Beiträge zur Ikonographie und Hermeneutik. Festschrift für N. Himmelmann (Mainz 1989) 311–313, Abb. Taf.

5783
Hunger, K. H.: Das Geheimnis der Portlandvase. Über die Möglichkeit, nach zweitausend Jahren ein glasklares augusteisches Bildmotiv zu durchschauen.— (München o. J.) 40 S., Abb.

5784
Hupperts, C. A. M.: Greek love. Homosexuality or paederasty? Greek love in black-figure vase-painting.— Proceedings of the 3rd Symposium on ancient Greek and related pottery (København 1988) 255–268, Abb.
KB København 1987

5785
Ilan, Z.; Damati, E.: The mosaic from the synagogue at ancient Meroth.—
IsrMusJ 4, 1985, 51–56, Abb.

5786
Işık, F.: Ein römischer Sarkophagdeckel mit Hirtenidyllen in Niksar.— Beiträge zur Ikonographie und Hermeneutik. Festschrift für N. Himmelmann (Mainz 1989) 399–404, Taf.

5787
Isler-Kerényi, C.: Dal ginnasio al simposio. Tappe di vita giovanile su di uno psykter attico a figure rosse.—
NumAntCl 16, 1987, 47–71, Taf.

5788
Isler-Kerényi, C.: Dickbäuche, Komasten, dionysische Tänzer.— Proceedings of the 3rd Symposium on ancient Greek and related pottery (København 1988) 269–277, Abb.
KB København 1987

5789
Jenkins, M. R.: The 'Aeneid' medallion. A narrative interpretation.—
NumChron 148, 1988, 148–152, Taf.

5790
Johansen, F.: Den unge mand og fuglekvinden.—
MeddelelsGlyptKøb 44, 1988, 117–139, Abb.

5791
Jurriaans-Helle, G.: Ajax en Odysseus op een oliefles?—
VerAmstMeded 41, 1987, 15–21, Abb.

5792
Kalogeropoulou, A. G.: Πλαστικὲς παραστάσεις τοῦ Παγκράτους. Πρόδρομη ἀνακοίνωση.— Πρακτικά του XII Διεθνούς συνεδρίου κλασικής αρχαιολογίας, 3 (Αθήνα 1988) 127–131, Taf.
KB Athenai 1983

5793
Karageorghis, V.: Blacks in ancient Cypriot art.— (Houston 1988) 62 S., Abb.

5794
Kauffmann-Samaras, A.: 'Mère' et enfant sur les lébétès nuptiaux à figures rouges attiques du Ve s. av. J. C.— Proceedings of the 3rd Symposium on ancient Greek and related pottery (København 1988) 286–299, Abb.
KB København 1987

5795
Keck, J.: Studien zur Rezeption fremder Einflüsse in der chalkidischen Keramik. Ein Beitrag zur Lokalisierungsfrage.— (Frankfurt a. M. 1988) 376 S., Taf.
(Archäologische Studien, 8)

5796
Keuls, E. C.: The conjugal side of Maenadism as revealed by fifth-century monuments.— Πρακτικά του XII Διεθνούς συνεδρίου κλασικής αρχαιολογίας, 2 (Αθήνα 1988) 98–102, Taf.
KB Athenai 1983

5797
Keuls, E. C.: The social position of Attic vase painters and the birth of caricature.— Proceedings of the 3rd Symposium on ancient Greek and related pottery (København 1988) 300–313, Abb.
KB København 1987

5798
Khanoussi, M.: Spectaculum pugilum et gymnasium. Compte rendu d'un spectacle de jeux athlétiques et de pugilat, figuré sur une mosaïque de la région de Gafsa (Tunisie).—
CRAI 1988, 543–560, Abb.

5799
Kirsten, E.: The decoration of the Parthenon in contemporaneous texts.— Πρακτικά του XII Διεθνούς συνεδρίου κλασικής αρχαιολογίας, 3 (Αθήνα 1988) 141–144
KB Athenai 1983

5800
Klejman, I. B.: Izobraženie voina na fragmente rel'efa iz Tiry. (Russ.) [Kriegerdarstellung auf einem Relieffragment aus Tyras.]— Novye issledovanija po archeologii Severnogo Pričernomor'ja (Kiev 1987) 46–52, Abb. Taf.
SB

5801
Koch-Harnack, G.: Erotische Symbole. Lotosblüte und gemeinsamer Mantel auf antiken Vasen.— (Berlin 1989) 199 S., Abb.

5802
Koeppel, G. M.: Die historischen Reliefs der römischen Kaiserzeit, 5. Ara Pacis Augustae, 2.—
BJb 188, 1988, 97–106, Abb.

5803
Kokkorou-Aleura, G.: Ένα γνωστό-άγνωστο αγγείο του Ζωγράφου του Μειδία.— Πρακτικά του XII Διεθνούς συνεδρίου κλασικής αρχαιολογίας, 2 (Αθήνα 1988) 103–114, Abb. Taf.
KB Athenai 1983

5804
Kokolakes, M. M.: Οἱ 'Κρῆτες' τοῦ Εὐριπίδη καὶ ἡ εἰκονογραφία τοῦ 'Ικάρου.— Πρακτικά του XII Διεθνούς συνεδρίου κλασικής αρχαιολογίας, 2 (Αθήνα 1988) 115–120
KB Athenai 1983

5805
Kolb, F.: Zu chronologischen Problemen der ersten Tetrarchie.—
Eos 76, 1988, 105–125,Abb.

5806
Kossatz-Deissmann, A.: Osservazioni sulle nascite di Afrodite ed Atenea nell'arte greca.— Coloquio sobre el puteal de la Moncloa (Madrid 1986) 125–149, Abb.
KB Madrid 1983

5807
Kranz, P.: Ein spätrömisches Postament von ungewöhnlicher Form in Hever Castle.— Bathron. Beiträge zur Architektur und verwandten Künsten für H. Drerup (Saarbrücken 1988) 269–277, Abb.

5808
Kron, U.: Zur Schale des Kodros-Malers in Basel. Eine Interpretatio attica. Kanon. Festschrift E. Berger.—
AntK 15. Bh, 1988, 291–304, Taf.

5809
Kruglov, A.: Composition and date of the relief fragment 'Dionysos visits a dramatic poet'. (Russ. m. engl. Res.).—
SoobErmit 52, 1987, 33–36, Abb.

5810
Künzl, E.: Die Schale von Altenwalde. Ein Meisterwerk der spätantiken Silberkunst.— (Cuxhaven [1989]) 32 S., Abb.

5811
Kunisch, N.: 'Hält unter mächtigem Zwang die Breite des Himmels.'. Kanon. Festschrift E. Berger.—
AntK 15. Bh, 1988, 305–309, Taf.

5812
Kunisch, N.: Griechische Fischteller. Natur und Bild.— (Berlin 1989) 146 S., Abb. Taf.

5813
Kuznecova, T. M.: O sjužete izobraženija na perstne carja Skila. (Russ.) [Zum Thema der Darstellung auf dem Fingerring des Königs Skyles.].—
KraSoob 1986, Nr. 186, 3–8, Abb.

5814
La Genière, J. de: Images attiques et religiosité étrusque.— Proceedings of the 3rd Symposium on ancient Greek and related pottery (København 1988) 161–169, Abb.
KB København 1987

5815
La Genière, J. de; Zancani Montuoro, P.: L'epos greco in Occidente. Problemi iconografici.— L'epos greco in Occidente (Taranto 1980 [1989]) 61–77, Taf.
KB Taranto 1979

5816
Lacroix, L.: Pausanias, le coffre de Kypsélos et le problème de l'exégèse mythologique.—
RA 1988, 243–261, Abb.

5817
Lafon, C.: Images du paysan et de la société rurale dans l'Occident chrétien à la fin de l'antiquité, IVe–VIe siècles. La confrontation des sources littéraires et iconographiques.—
Caesarodunum 23, 1988, 125–134, Abb.

5818
Lagi De Caro, A.: Alessandro e Rossane come Ares ed Afrodite in un dipinto della casa Regio VI, Insula Occidentalis, n. 42.— Studia pompeiana et classica in honor of W. F. Jashemski, 1 (New Rochelle 1988) 75–83, Abb. Taf.

5819
Lancha, J.; Bartolomé Arraiza, A.: Les mosaïques de la villa romaine de Cardeñagimeno (Burgos).—
AEsp 61, 1988, 305–324, Abb.

5820
Landes, C.: A propos d'un fragment de gobelet en verre sigillé orné d'un combat de gladiateurs.— Mélanges offerts à M. Labrousse (Toulouse 1987) 345–352, Taf.

5821
Langdon, S.: The return of the horse-leader.—
AJA 93, 1989, 185–201, Abb.

5822
Lavagne, H.: Un emblème de 'romanitas'. Le motif des tours et remparts en mosaïque.—
Caesarodunum 23, 1988, 135–147, Abb.

5823
Leach, E. W.: The rhetoric of space. Literary and artistic representations of landscape in Republican and Augustan Rome.—
(Princeton 1988) XII, 493 S., Taf.

5824
Levy, B. E.: Jupiter Liberator at Patrae and the boy Zeus of Aigion.— Πρακτικά του XII Διεθνούς συνεδρίου κλασικής αρχαιολογίας, 2 (Αθήνα 1988) 131–135, Taf.
KB Athenai 1983

5825
Lezzi-Hafter, A.: Der Eretria-Maler. Werke und Weggefährten. Textbd.; Tafelbd.— (Mainz 1988) XIV, 383 S., Abb.
(Kerameus, 6)

5826
Lezzi-Hafter, A.: Anthesterien und Hieros Gamos. Ein Choenbild des Methyse-Malers.— Proceedings of the 3rd Symposium on ancient Greek and related pottery (København 1988) 325–334, Abb.
KB København 1987

5827
Lichocka, B.: Une version romaine de l'Athéna pensive.— Πρακτικά του XII Διεθνούς συνεδρίου κλασικής αρχαιολογίας, 3 (Αθήνα 1988) 161–164, Taf.
KB Athenai 1983

5828
Lissarrague, F.: Pourquoi les satyres sont-ils bons à montrer?— Anthropologie et théâtre antique (Montpellier 1987) 93–101, Abb. Taf.
KB Montpellier 1986

5829
Lissarrague, F.: Un flot d'images. Une esthétique du banquet grec.— (Paris 1987) 158 S., Abb.

5830
Lissarrague, F.: Les satyres et le monde animal.— Proceedings of the 3rd Symposium on ancient Greek and related pottery (København 1988) 335–351, Abb.
KB København 1987

5831
Loos-Dietz, E. P. de: L'oiseau au ruban rouge autour du cou. La fonction apotropéique des motifs naturalistes et géométriques.— BABesch 63, 1988, 141–164, Abb.

5832
López Monteagudo, G.: Le commerce grec sur la mer Noire et dans la péninsule ibérique. Le groupe de sculptures de Porcuna et les vases de Kerch.— The Black Sea littoral in the hellenistic times (Tbilisi 1985) 156–164, Abb.
KB Cchaltubo 1982

5833
López Monteagudo, G.; Blázquez Martínez, J. M.; Neira Jiménez, M. L.; u. a.: El simbolismo del matrimonio en el mosaico de Fuente Álamo (Puente Genil, Córdoba) y otros mosaicos hispanos inéditos.—
Latomus 47, 1988, 785–804, Abb. Taf.

5834
Lopreato, P.: Grado. La stele con ritratto di un magistrato tardoantico.— Aquileia e Roma (Udine 1987) 165–171, Taf.
KB Aquileia 1986

5835
Loreti, E. M.: Considerazioni sul tipo scultoreo di Roma seduta.— ArchCl 37, 1985, 171–181, Taf.

5836
Lunsingh Scheurleer, R. A.: Bes, demon in Egypte.—
VerAmstMeded 39, 1987, 2–13, Abb.

5837
Malagardis, A. N.: Compétitions orchestiques d'éphèbes et origine de certaines idées sur l'éducation.— Πρακτικά του XII Διεθνούς συνεδρίου κλασικής αρχαιολογίας, 2 (Αθήνα 1988) 136–145, Taf.
KB Athenai 1983

5838
Malagardis, A. N.: 'Lorsque me furent adjugées les armes d'Achille'. 'Δικαζόμενος τεύχεσιν ἀμφ' Ἀχιλῆος' (Hom., Od., XI, 545).— Proceedings of the 3rd Symposium on ancient Greek and related pottery (København 1988) 390–406, Abb.
KB København 1987

5839
Mañanes, T.; Gutiérrez, M. A.; Agundez, C.: El mosaico de la villa romana de Santa Cruz (Cabezón de Pisuerga, Valladolid).— (Valladolid 1987) 66 S., Abb. Taf.
(Monografías de temas artísticos vallisoletanos, 3)

5840
Mansuelli, G. A.: Il rilievo da Caere con simboli degli 'Etruriae populi'.—
StEtr 54, 1986, 101–112, Abb. Taf.

5841
Mantes, A.: Δωρική ζοφόρος με αμαζονομαχία από τη Σπάρτη.— Πρακτικά του XII Διεθνούς συνεδρίου κλασικής αρχαιολογίας, 3 (Αθήνα 1988) 177–184, Abb. Taf.
KB Athenai 1983

5842
Mantzoulinou-Richards, E.: A stele for a priestess of Isis on the island of Syros.—
AncWorld 17, 1988, 35–39, Abb.

5843
Marcadé, J.: Le souvenir possible d'une composition classique grecque dans deux documents d'époque romaine. Kanon. Festschrift E. Berger.—
AntK 15. Bh, 1988, 257–261, Taf.

5844
Marinatos, N.: The imagery of sacrifice. Minoan and Greek.— Early Greek cult practice (Stockholm 1988) 9–19, Abb.
KB Athenai 1986

5845
Maslennikov, A. A.: Gerakl Savromata II. (Russ.) [Der Herakles des Sauromates II.].— Problemy antičnoj kul'tury (Moskva 1986) 175–183, Abb.
SB

5846
Massa, M.: L'ara cilindrica di Castiglioncello. Una nuova lettura.—
StClOr 38, 1988, 419–437, Taf.

5847
Massa-Pairault, F. H.: Lasa Vecu, Lasa Vecuvia.—
DArch 6, 1988, Nr. 1, 133–143, Abb.

5848
Mathiopoulos, E.: Das Fragment eines attischen Doppelreliefs.— Beiträge zur Ikonographie und Hermeneutik. Festschrift für N. Himmelmann (Mainz 1989) 151–159, Abb. Taf.

5849
Mathiopoulou-Tornaritou, E.: Κλασικιστικές παραστάσεις δύο τύπων Αθηνάς σε ορθοκεράμους της εποχής των Φλαβίων.— Πρακτικά του XII Διεθνούς συνεδρίου κλασικής αρχαιολογίας, 3 (Αθήνα 1988) 172–176, Taf.
KB Athenai 1983

5850
McKay, A. G.: Pleasure domes at Baiae.— Studia pompeiana et classica in honor of W. F. Jashemski, 2 (New Rochelle 1989) 155–169, Taf.

5851
Merkelbach, R.: Die Hirten des Dionysos. Die Dionysos-Mysterien der römischen Kaiserzeit und der bukolische Roman des Longus.— (Stuttgart 1988) XVII, 290 S., Abb.

5852
Merker, G. S.: Fragments of architectural-terracotta Hydras in Corinth.—
Hesperia 57, 1988, 193–202, Abb. Taf.

5853
Metzger, H.: Lébès fragmentaire de la collection Géroulanos.— Studies in honour of T. B. L. Webster, 2 (Bristol 1988) 83–87, Taf.

5854
Meyer, M.: Zur 'sinnenden' Athena.— Beiträge zur Ikonographie und Hermeneutik. Festschrift für N. Himmelmann (Mainz 1989) 161–168, Taf.

5855
Mielsch, H.: Realität und Imagination im großen Jagdmosaik von Piazza Armerina.— Beiträge zur Ikonographie und Hermeneutik. Festschrift für N. Himmelmann (Mainz 1989) 459–466, Abb.

5856
Miller, M. C.: Midas as the great king in Attic fifth-century vase-painting.—
AntK 31, 1988, 79–89, Taf.

5857
Mócsy, A.: Der Grabstein einer romanisierten keltischen Familie in der Umgebung von Scarbantia.—
ActaArchHung 40, 1988, 101–110, Abb.

5858
Molina, M.: Iconografía de las Moiras en el mundo antiguo.— Coloquio sobre el puteal de la Moncloa (Madrid 1986) 119–124, Taf.
KB Madrid 1983

5859
Mommsen, H.: Zur Deutung der Exekias-Amphora im Vatikan.— Proceedings of the 3rd Symposium on ancient Greek and related pottery (København 1988) 445–454, Abb.
KB København 1987

5860
Mommsen, H.: Zwei schwarzfigurige Amphoren aus Athen.—
AntK 32, 1989, 118–146, Taf.

5861
Moret, J. M.: A proposito dei 'Nostoi'. Tradizione letteraria e tradizione figurata in Occidente.— L'epos greco in Occidente (Taranto 1980 [1989]) 185–208, Taf.
KB Taranto 1979

5862
Moutsopoulos, N.; Demetrokalles, G.: Ἡ ἑλληνικὴ ἡμισέληνος.— (Ἀθῆναι 1988) 125 S., Abb.

5863
Mugione, E.: La punizione di Atteone. Immagini di un mito tra VI e IV sec. a. C.—
DArch 6, 1988, Nr. 1, 11–132, Abb.

5864
Musso, L.: Ascensione ad astra e iconografia funeraria. Sulla composizione di due sarcofagi romani del III secolo.—
SciAnt 1, 1987, 319–338, Abb.

5865
Nagele, M.: Die Bronzekrieger von Riace als Vorbilder zweier Stuckreliefs.— Griechische und römische Statuetten und Großbronzen (Wien 1988) 52–56, Abb.
KB Wien 1986

5866
Noordaa-Dominicus van den Bussche, S. B. M. van der: Op leven en dood.—
VerAmstMeded 41, 1987, 1–13, Abb.

5867
Noordaa-Dominicus van den Bussche, S. B. M. van der: Spiedend en dansend.—
VerAmstMeded 43, 1988, 22–24, Abb.

5868
Oakley, J. H.: Perseus, the Graiai, and Aeschylus' 'Phorkides'.—
AJA 92, 1988, 383–391, Abb.

5869
Oakley, J. H.: The Phiale Painter. A study of the mythological iconographical sources of a classical vase painter.— Πρακτικά του XII Διεθνούς συνεδρίου κλασικής αρχαιολογίας, 2 (Αθήνα 1988) 163–166
KB Athenai 1983

5870
Østby, E.: Riflessioni sulle metope di Selinunte.—
PP 42, 1987, 123–153

5871
Østby, E.: The sculptural program of temple E at Selinus.— Πρακτικά του XII Διεθνούς συνεδρίου κλασικής αρχαιολογίας, 3 (Αθήνα 1988) 200–208, Abb. Taf.
KB Athenai 1983

5872
Olmos, R.: Iconografía de Ilitía en el nacimiento de Atenea.— Coloquio sobre el puteal de la Moncloa (Madrid 1986) 103–118, Abb. Taf.
KB Madrid 1983

5873
Pairault-Massa, F. H.: De Préneste à Volsinii. Minerve, le fatum et la constitution de la société.—
PP 42, 1987, 200–235, Abb.

5874
Pantos, P. A.: Das Wappen von Kalydon. Ein Beitrag zur Identifizierung des Statuentypus der Artemis Laphria.— Πρακτικά του XII Διεθνούς συνεδρίου κλασικής αρχαιολογίας, 2 (Αθήνα 1988) 167–172, Taf.
KB Athenai 1983

5875
Pantos, P. A.: Zwei Skarabäen hellenistischer Zeit aus Echinos.— Beiträge zur Ikonographie und Hermeneutik. Festschrift für N. Himmelmann (Mainz 1989) 315–320, Taf.

5876
Papapostolou, I. A.: Monuments des combats de gladiateurs à Patras.—
BCH 113, 1989, 351–401, Abb.

5877
Paris, R.: Propaganda e iconografia. Una lettura del frontone del tempio di Quirino sul frammento del 'rilievo Hartwig' nel Museo nazionale romano.—
BdA 73, 1988, Nr. 52, 27–38, Abb.

5878
Paul-Zinserling, V.: Begierde und Symplegma. Zu zwei Schalen des Q- und des Jena-Malers.— From the archaeological collections of Cracow and Jena (Warszawa 1988) 31–40, Taf.
SB

5879
Pejović, R.: Musical instruments depicted or sculptured on antique monuments in the northern part of the Balkan Peninsula.— Second conference of the ICTM Study Group on Music Archaeology, 1 (Stockholm 1986) 145–155, Abb.
KB Stockholm 1984

5880
Pemberton, E. G.: An early red-figured calyx-krater from ancient Corinth.—
Hesperia 57, 1988, 227–235 Taf.

5881
Philippaki, B.: Ἀπόλλωνος ἐξιλασμός.— Studies in honour of T. B. L. Webster, 2 (Bristol 1988) 89–95, Taf.

5882
Picard, G. C.: Le problème du thiase marin de Scopas.— Πρακτικά του XII Διεθνούς συνεδρίου κλασικής αρχαιολογίας, 3 (Αθήνα 1988) 217–220, Taf.
KB Athenai 1983

5883
Pingiatoglou, S.: Eine Verfolgungsszene auf einer Kalpis des Benaki-Museums in Athen.—
AA 1989, 11–21, Abb.

5884
Pinney, G. F.: Pallas and Panathenaea.— Proceedings of the 3rd Symposium on ancient Greek and related pottery (København 1988) 465–477, Abb.
KB København 1987

5885
Pöhlmann, E.: Mündlichkeit und Schriftlichkeit gestern und heute.—
WürzbJbAltWiss 14, 1988, 7–20, Taf.

5886
Poitte, C.: Les représentations dans le culte des Matronae en Cisalpine.—
Caesarodunum 23, 1988, 181–185, Abb. Taf.

5887
Queyrel, A.: Les Muses à l'école. Images de quelques vases du Peintre de Calliope.—
AntK 31, 1988, 90–102, Taf.

5888
Raban, A.: The boat from Migdal Nunia and the anchorages of the Sea of Galilee from the time of Jesus.—
IntJNautA 17, 1988, 311–329, Abb.

5889
Raeck, W.: Tu fortiter, ille sapienter. Augusti und Caesares im Reliefschmuck des Galeriusbogens von Thessaloniki.— Beiträge zur Ikonographie und Hermeneutik. Festschrift für N. Himmelmann (Mainz 1989) 453–457, Taf.

5890
Ragona, A.: I tre indubbi segni di riconoscimento dell'obelisco di Costanzo II nel mosaico del circo di Piazza Armerina.—
CronA 23, 1984, 125–130, Abb.

5891
Rammou-Chapsiade, A.: Ἡ ἀθηναϊκὴ κοινωνία τῆς Πεντηκονταετίας καὶ ἡ θεματογραφία τῶν ἀγγείων.— Πρακτικά του XII Διεθνούς συνεδρίου κλασικής αρχαιολογίας, 4 (Αθήνα 1988) 282–287
KB Athenai 1983

5892
Rea, R.: Le antiche raffigurazioni dell'Anfiteatro.— Anfiteatro Flavio (Roma 1988) 23–46, Abb.
SB

5893
Reggiani, A. M.: La 'venatio'. Origine e prime raffigurazioni.— Anfiteatro Flavio (Roma 1988) 147–155, Abb.
SB

5894
Riccioni, G.: Mousaios e le Muse su hydria attica a figure rosse del Pittore di Villa Giulia.—
AquilNost 57, 1986, 729–744, Abb.

5895
Rinaldi Tufi, S.: Militari romani sul Reno. L'iconografia degli 'stehende Soldaten' nelle stele funerarie del I secolo d. C.— (Roma 1988) 93 S., Taf.
(Archaeologica, 92)

5896
Robertson, M.: Sarpedon brought home.— Studies in honour of T. B. L. Webster, 2 (Bristol 1988) 109–120, Taf.

5897
Robertson, M.: Corn and vine on a vase by the Pan Painter.— Πρακτικά του XII Διεθνούς συνεδρίου κλασικής αρχαιολογίας, 2 (Αθήνα 1988) 186–192, Taf.
KB Athenai 1983

5898
Rodríguez Oliva, P.: Los mosaicos de la villa romana de Bobadilla (Málaga).—
BVallad 54, 1988, 137–169, Abb. Taf.

5899
Roller, L. E.: Foreign cults in Greek vase painting.— Proceedings of the 3rd Symposium on ancient Greek and related pottery (København 1988) 506–515, Abb.
KB København 1987

5900
Rossi, L.: Le geste 'favete linguis' dans la personnification de la Constantia sur des monnaies claudiennes. Un essai de décodification allégorique.—
Caesarodunum 23, 1988, 187–189, Abb. Taf.

5901
Rütti, B.; Berger, L.; Fünfschilling, S.; u. a.: Die Zirkusbecher der Schweiz. Eine Bestandesaufnahme.—
JberProVindon 1987, 27–104, Abb.

5902
Salviat, F.: Monuments figurés et tradition littéraire. Alexandre et Darius à Issos.— Πρακτικά του XII Διεθνούς συνεδρίου κλασικής αρχαιολογίας, 2 (Αθήνα 1988) 193–197, Taf.
KB Athenai 1983

5903
Sandelin, K. G.: Mithras-Auriga?—
Arctos 22, 1988, 133–135

5904
Santa Maria Scrinari, V.; u. a.: Ostia antica. Il cosiddetto Palazzo imperiale. Decorazioni musive.— Archeologia laziale, 9 (Roma 1988) 185–194, Abb.
KB Roma 1987

5905
Santoro-Bianchi, S.: Il tema figurativo di Oceano nell'età dei Severi.—
Caesarodunum 23, 1988, 191–201, Abb. Taf.

5906
Sauron, G.: Le message esthétique des rinceaux de l'Ara Pacis Augustae.—
RA 1988, 3–40, Abb.

5907
Sauser, J. S. R.: The Twelfe Gods relief in The Walters Art Gallery.—
JWaltersArtGal 45, 1987, 2–18, Abb.

5908
Schäfer, T.: Die Dakerkriege Trajans auf einer Bronzekanne. Eine Auftragsarbeit für den Prätorianerpräfekt Ti. Claudius Livianus.—
JdI 104, 1989, 283–317, Abb.

5909
Schäfer, T.: Imperii insignia. Sella curulis und Fasces. Zur Repräsentation römischer Magistrate.— (Mainz 1989) 457 S., Abb. Taf. (RM, Ergh. 29)

5910
Schauenburg, K.: Kreusa in Delphi.—
AA 1988, 633–651, Abb.

5911
Schauenburg, K.: Herakles bei Atlas.—
AA 1989, 23–32, Abb.

5912
Schauenburg, K.: Der Raub des Kephalos auf unteritalischen Vasen.—
RA 1988, 291–306, Abb.

5913
Schauenburg, K.: Zur Grabsymbolik apulischer Vasen.—
JdI 104, 1989, 19–60, Abb.

5914
Schefold, K.: Der junge Paris bedroht. Tarentinisches Kalksteinrelief in Privatbesitz. Kanon. Festschrift E. Berger.—
AntK 15. Bh, 1988, 187–191, Taf.

5915
Scheibler, I.: Die Kuroi des Amasis-Malers.— Proceedings of the 3rd Symposium on ancient Greek and related pottery (København 1988) 547–557, Abb.
KB København 1987

5916
Schlunk, H.: Die Mosaikkuppel von Centcelles. Textbd., Tafelbd.— (Mainz 1988) LVIII, 210 S, Abb.; 10 S., Taf. Beil.
(Madrider Beiträge, 13)

5917
Schmaltz, B.: Theseus, der Sieger über den Minotauros.—
AA 1989, 71–79

5918
Schmaltz, B.: Andromeda. Ein campanisches Wandbild.—
JdI 104, 1989, 259–281, Abb.

5919
Schmidt, M.: More than meets the eye. Kanon. Festschrift E. Berger.—
AntK 15. Bh, 1988, 317–323, Taf.

5920
Schmidt, T. M.: Ein neuerworbenes Sarkophagfragment mit der Darstellung einer Wagenfahrt in der Frühchristlich-byzantinischen Sammlung.— Krise. Krisenbewußtsein. Krisenbewältigung (Halle 1988) 89–97, Abb.
KB Halle 1984

5921
Schröder, S. F.: Römische Bacchusbilder in der Tradition des Apollon Lykeios. Studien zur Bildformulierung und Bildbedeutung in späthellenistisch-römischer Zeit.— (Roma 1989) XII, 216 S., Taf.
(Archaeologica, 77)

5922
Schumacher, W. N.: Die Grabungen unter S. Sebastiano 95 Jahre nach den Entdeckungen Anton de Waals.—
RömQSchr 83, 1988, 134–166, Abb. Taf.

5923
Schwarz, G.: Triptolemos. Ikonographie einer Agrar- und Mysteriengottheit.— (Graz 1987) XIII, 260 S., Taf.
(GrazBeitr, Suppl. 2)

5924
Schwarz, G.: Athen und Eleusis im Lichte der Vasenmalerei.— Proceedings of the 3rd Symposium on ancient Greek and related pottery (København 1988) 575–584, Abb.
KB København 1987

5925
Settis, S.; La Regina, A.; Agosti, G.; u. a.: La Colonna Traiana.— (Torino 1988) XIX, 597 S., Abb. Taf.
(Saggi, 716)

5926
Settis, S.: Fuga e morte di Decebalo.— Beiträge zur Ikonographie und Hermeneutik. Festschrift für N. Himmelmann (Mainz 1989) 377–383, Abb. Taf.

5927
Shapiro, H. A.: Local personifications in Greek vase-painting.— Πρακτικά του XII Διεθνούς συνεδρίου κλασικής αρχαιολογίας, 2 (Αθήνα 1988) 205–208, Taf.
KB Athenai 1983

5928
Shefton, B. B.: The Auge bowl.— The Rogozen treasure (London 1989) 82–90, Taf.
KB London 1987

5929
Shtal, I. V.: Motifs of vase painting in the art of the northern Black Sea littoral of the hellenistic period. The mythico-epic motif of the battle of the Pygmies and cranes. Localization and semantics of the myth. (Russ. m. engl. Res.).— The Black Sea littoral in the hellenistic times (Tbilisi 1985) 213–220
KB Cchaltubo 1982

5930
Siebler, M.: Studien zum augusteischen Mars Ultor.— (München 1988) 204 S., Taf.
(Münchener Arbeiten zur Kunstgeschichte und Archäologie, 1)

5931
Simon, E.: Zur Sandalenlöserin der Nikebalustrade. Kanon. Festschrift E. Berger.—
AntK 15. Bh, 1988, 69–73, Abb. Taf.

5932
Simon, E.: El nacimiento de Atenea en el frontón oriental del Partenón.— Coloquio sobre el puteal de la Moncloa (Madrid 1986) 65–85, Abb.
KB Madrid 1983

5933
Simon, E.: Satyrspielbilder aus der Zeit des Aischylos.— Satyrspiel (Darmstadt 1989) 362–403, Taf.
SB

5934
Simon, E.: Hermeneutisches zur Anodos von Göttinnen.— Beiträge zur Ikonographie und Hermeneutik. Festschrift für N. Himmelmann (Mainz 1989) 197–203, Taf.

5935
Śliwa, J.: Eine unbekannte 'Abraxasgemme' aus der Sammlung von K. Schmidt-Ciążyński.— Nubia et Oriens christianus. Festschrift für C. D. G. Müller (Köln 1988) 445–448, Taf.

5936
Smith, R. R. R.: Simulacra gentium. The ethne from the Sebasteion at Aphrodisias.— JRS 78, 1988, 50–77, Abb. Taf.

5937
Sogorb Alvarez, M. d. C.: Los mosaicos de la villa romana de Hellín.— BMusMadrid 5, 1987, 21–52, Abb.

5938
Sourvinou-Inwood, C.: Studies in girls' transitions. Aspects of the arkteia and age representation in Attic iconography.— (Athens 1988) 159 S., Taf.

5939
Sparkes, B. A.: A new satyr-mask.— Studies in honour of T. B. L. Webster, 2 (Bristol 1988) 133–136, Taf.

5940
Stamatiou, A.: Alexander the Great as a lion hunter.— Πρακτικά του XII Διεθνούς συνεδρίου κλασικής αρχαιολογίας, 2 (Αθήνα 1988) 209–217, Taf.
KB Athenai 1983

5941
Stampolides, N. C.: Ο βωμός του Διονύσου στην Κω. Συμβολή στη μελέτη της ελληνιστικής πλαστικής και αρχιτεκτονικής.— (Αθήνα 1987) 285 S., Abb. Taf.
(Δημοσιεύματα του Αρχαιολογικού δελτίου, 34)

5942
Stansbury-O'Donnell, M. D.: Polygnotos's 'Iliupersis'. A new reconstruction.— AJA 93, 1989, 203–215, Abb.

5943
Stoyanov, T.: Le Cavalier et la Déesse. Observations sur une série de reliefs thraces.— Ktema 10, 1985 [1988], 273–285, Taf.

5944
Straten, F. van: The god's portion in Greek sacrificial representations. Is the tail doing nicely?— Early Greek cult practice (Stockholm 1988) 51–67, Abb.
KB Athenai 1986

5945
Talamo, E.: Liber nica. Acclamazioni ad un auriga vincitore.— BollMC N.S. 2, 1988, 7–20, Abb.

5946
Taplin, O.: Classical phallology, iconographic parody and potted Aristophanes.— Dioniso 57, 1987, 95–109, Taf.

5947
Thimme, J.: Ein großgriechischer Klappspiegel aus klassischer Zeit. Kanon. Festschrift E. Berger.— AntK 15. Bh, 1988, 192–199, Abb. Taf.

5948
Thomas, E.: Atimetos oder Demetrios. Ein neronischer oder ein späthellenistischer Erzbildner?— Griechische und römische Statuetten und Großbronzen (Wien 1988) 314–317, Abb.
KB Wien 1986

5949
Tiverios, M.: Ἀρχαϊστικά, 1.— Πρακτικά του XII Διεθνούς συνεδρίου κλασικής αρχαιολογίας, 3 (Αθήνα 1988) 271–275, Taf.
KB Athenai 1983

5950
Tiverios, M. A.: Περὶ Παλλαδίου. Ὅτι δύο κλέψειαν Διομήδης καὶ Ὀδυσσεύς. Kanon. Festschrift E. Berger.— AntK 15. Bh, 1988, 324–330, Taf.

5951
Tiverios, M. A.: Archaïstica, 2.— Beiträge zur Ikonographie und Hermeneutik. Festschrift für N. Himmelmann (Mainz 1989) 389–397, Abb. Taf.

5952
Torelli, M.: Piazza Armerina. Note di iconologia.— CronA 23, 1984, 143–156, Abb.

5953
Trendall, A. D.: Vasi apuli raffiguranti maschere femminili con viso bianco.— RicStBrindisi 13, 1980–87, 43–55, Abb.

5954
Trendall, A. D.: Masks on Apulian red-figured vases.— Studies in honour of T. B. L. Webster, 2 (Bristol 1988) 137–154, Taf.

5955
Tsione-Kyrkou, M.: Λουτροφόρος ἐρυθρόμορφη. Εἰκονογραφικὲς παρατηρήσεις.— Πρακτικά του XII Διεθνούς συνεδρίου κλασικής αρχαιολογίας, 2 (Αθήνα 1988) 225–230, Taf.
KB Athenai 1983

5956
Vacano, O. v.: Regio instratu ornatus. Beobachtungen zur Deutung des Reliefs des L. Aemilius Paullus in Delphi.— Bathron. Beiträge zur Architektur und verwandten Künsten für H. Drerup (Saarbrücken 1988) 375–386, Abb.

5957
Vedder, U.: Frauentod, Kriegertod im Spiegel der attischen Grabkunst des 4. Jhs. v. Chr.— AM 103, 1988, 161–191, Taf.

5958
Vermaseren, M. J.: Corpus cultus Cybelae Attidisque, 6. Germania, Raetia, Noricum, Pannonia, Dalmatia, Macedonia, Thracia, Moesia, Dacia, Regnum Bospori, Colchis, Scythia et Sarmatia.— (Leiden 1989) XXIX, 224 S., Abb. Taf.
(Etudes préliminaires aux religions orientales dans l'empire romain, 50)

5959
Vermeule, C. C.: Small statues in the Greek world.— RDAC 1988, Nr. 2, 135–142, Taf.

5960
Villanueva Puig, M. C.: A propos des lécythes attiques à figures noires en provenance de la péninsule ibérique. Quelques remarques d'iconographie dionysiaque.— REA 88, 1986, 359–372, Taf.

5961
Vollkommer, R.: Herakles in the art of classical Greece.— (Oxford 1988) 124 S., Abb.
(Oxford University Committee for Archaeology. Monograph, 25)

5962
Vollkommer, R.: Herakles. Die Geburt eines Vorbildes und sein Fortbestehen bis in die Neuzeit.— (Idea. Jahrbuch der Hamburger Kunsthalle 6, 1987, 7–29, Abb.)
SD

5963
Walde, E.: Der Prunkbalteus aus Elea.— Griechische und römische Statuetten und Großbronzen (Wien 1988) 323–329, Abb.
KB Wien 1986

5964
Walde, E.: Zu den Jünglingsdarstellungen auf römischen Grabmälern in der Provinz Noricum und benachbarten Gebieten.— BayVgBl 53, 1988, 293–300, Taf.

5965
Webb, V.: Women come of age in late classical Athens.— Πρακτικά του XII Διεθνούς συνεδρίου κλασικής αρχαιολογίας, 4 (Αθήνα 1988) 298–303
KB Athenai 1983

5966
Weber, M.: Klassische Amazonen als Gemmenbilder. Kanon. Festschrift E. Berger.—
AntK 15. Bh, 1988, 134–139, Abb. Taf.

5967
Weiss, C.: Ein bislang unbekanntes Detail auf dem Hochzeitsbild der Karlsruher Lutrophoros 69/78.— Proceedings of the 3rd Symposium on ancient Greek and related pottery (København 1988) 652–664, Abb.
KB København 1987

5968
Wesch-Klein, G.: Gestempelte Antefixe der Legio XIIII Gemina aus Rheinzabern. Berichtigung zu CIL XIII 1073[5].—
ZPE 75, 1988, 222–226, Taf.

5969
Wesenberg, B.: Attische Säulenbasen in der Wanddekoration des zweiten pompejanischen Stils.— Bathron. Beiträge zur Architektur und verwandten Künsten für H. Drerup (Saarbrücken 1988) 407–417, Abb.

5970
Wesenberg, B.: Zur Io des Nikias in den pompejanischen Wandbildern. Kanon. Festschrift E. Berger.—
AntK 15. Bh, 1988, 344–350, Abb. Taf.

5971
Winbladh, M. L.: Two Roman mosaic fragments.—
MedelhavsMusB 23, 1988, 41–48, Abb.

5972
Zaganiares, N. I.: Παραστάσεις θυσιῶν ἐπὶ μνημείων τῆς κλασσικῆς τέχνης.— Πρακτικά του XII Διεθνούς συνεδρίου κλασικής αρχαιολογίας, 4 (Αθήνα 1988) 260–268, Taf.
KB Athenai 1983

5973
Zotović, L.: Die Ausbreitung des Mithraskultes in Südosteuropa.— Aufstieg und Niedergang der römischen Welt, 2, 18,2. [Festschrift Vogt] (Berlin 1989) 1014–1037, Abb. Taf.

5974
Zubar', V. M.: O svincovych zerkalach iz nekropolja Chersonesa. (Russ.) [Bleierne Spiegel aus der Nekropole von Chersonesos.].— Problemy antičnoj kul'tury (Moskva 1986) 150–154, Abb.
SB

Antiquaria

5975
The archaeology of the Olympics. The Olympics and other festivals in antiquity. [Papers of an international symposium, Los Angeles April 5 and 6, 1984.].— (Madison 1988) XIII, 297 S., Abb.
(Wisconsin studies in classics)

5976
L'archeologia racconta lo sport nell'antichità [Catalogo della mostra] Firenze, Palazzo Strozzi, 22 febbraio – 10 aprile 1988.— (Firenze 1988) 127 S., Abb.

5977
Gatti nell'arte. Il magico e il quotidiano. [Catalogo della mostra] Roma, Palazzo Barberini, 3 giugno – 19 luglio 1987.— (Roma 1987) 175 S., Abb.

5978
Geografia e storiografia nel mondo classico.
ed. M. Sordi.— (Milano 1988) VIII, 250 S., Abb. Taf.
(Contributi dell'Instituto di storia antica, 14)

5979
Griechische und lateinische Quellen zur Frühgeschichte Mitteleuropas bis zur Mitte des 1. Jahrtausends u. Z., 1. Von Homer bis Plutarch (8. Jh. v. u. Z. bis 1. Jh. u. Z.).— (Berlin 1988) 657 S., Taf.
(Schriften und Quellen der alten Welt, 37,1)

5980
La musica in Grecia.
ed. B. Gentili.— (Bari 1988) XII, 317 S., Abb.
(Storia e società)

5981
Latina de pueris instituendis testimonia usque ad Caesaris aetatem.
ed. G. Garuti.— (L'Aquila 1984) 158 S.
(Collana di filologia classica, 3)

5982
Lo sport in Grecia.
ed. P. Angeli Bernardini.— (Roma 1988) XXXVII, 262 S., Abb.
(Storia e società)

5983
Musée des docks romains.— (Marseille o. J.) 127 S., Abb.

5984
Il Museo delle navi romane a Nemi.— (Albano 1988) 21 S., Abb. Taf.
(Soprintendenza archeologica per il Lazio)

5985
Papiri dell'Istituto papirologico 'G. Vitelli' [Catalogo della mostra Firenze 1988].— (Firenze 1988) 48 S., Abb.
(Quaderni dell'Accademia delle arti del disegno, 1)

5986
Patronage in ancient society.— (London 1989) 255 S.
(Leicester-Nottingham studies in ancient society, 1)

5987
Per pagos vicosque. Torino romana fra Orco e Stura.
ed. G. Cresci Marrone.— (Padova 1988) 235 S., Abb. Beil
(Saggi e materiali universitari. Serie di antichità e tradizione classica, 10)

5988
Les savoirs de l'écriture. En Grèce ancienne.— (Lille 1988) 538 S. (Cahiers de philologie. Série apparat critique, 14)

5989
Lo specchio della musica. Iconografia musicale nella ceramica attica di Spina. [Catalogo della mostra] Ferrara, Chiesa di San Romano, dall'8 maggio al 26 giugno 1988.— (Bologna 1988) XXVI, 93 S., Abb.

5990
Trésors d'orfèvrerie gallo-romains. [Exposition] Musée du Luxembourg, Paris 8 février – 23 avril 1989.— (Paris 1989) 302 S., Abb.

5991
Le vie mercantili tra Mediterraneo e Oriente nel mondo antico. Catalogo della mostra Roma, 16 ottobre 1985 – 2 marzo 1986.— (Roma 1986) 182 S., Abb.

5992
Accattino, P.: Alessandro di Afrodisia e la trasmissione della forma nella riproduzione animale.—
AttiAcTorino 122, 1988, 79–94

5993
Adrados, F. R.: Rite, mythe et théâtre en Grèce ancienne.— Anthropologie et théâtre antique (Montpellier 1987) 37–52
KB Montpellier 1986

5994
Adshead, K.: Politics of the archaic Peloponnese. The transition from archaic to classical politics.— (Aldershot 1986) V, 142 S., Taf.
(Reprinted 1989)

5995
Akopjan, A. M.: Kamennye jadra iz Artašata. (Russ.) [Steinkugeln aus Artašata.].— Problemy antičnoj kul'tury (Moskva 1986) 232–237, Abb.
SB

5996
Alföldi, M. R.: Die 'Sonnenquelle' in der Oase Siwa.—
Paideuma 34, 1988, 1–11, Abb.

5997
Allason-Jones, L.; Bishop, M. C.; u. a.: Excavations at Roman Corbridge. The hoard.— (London 1988) 117 S., Abb. Taf. Beil. (English heritage. Archaeological report, 7)

5998
Alves, F. J. S.: The dugout of Geraz do Lima.— Local boats, 2 (Oxford 1988) 287–292, Abb.
KB Porto 1985

5999
Ampolo, C.; Bresciani, E.: Psammetico re d'Egitto e il mercenario Pedon.—
EgVicOr 11, 1988, 237–252, Taf.

6000
Annequin, J.: Les esclaves rêvent aussi. Remarques sur 'La clé des songes' d'Artémidore.—
DialHistAnc 13, 1987, 71–113

6001
Arce, J.: La Tabula Siarensis y los funerales imperiales, 2.— Estudios sobre la Tabula Siarensis (Madrid 1988) 43–50
KB Sevilla 1986

6002
Arena, R.: Divagazioni su 'luca bos'.—
RivFil 116, 1988, 185–197

6003
Arias, G.: Grammar in the Antonine Itinerary. A challenge to British archaeologists.—
La Línea (Cádiz) o. J., 32 S., Abb.

6004
Arnaud, P.: L'apothéose de Néron-kosmokrator et la cosmographie de Lucain au premier livre de la 'Pharsale' (I, 45–66).—
REL 65, 1987, 167–193, Abb.

6005
Arnold, B.: Architecture navale en Helvétie à l'époque romaine. Les barques de Bevaix et d'Yverdon.—
HelvA 20, 1989, 2–27, Abb.

6006
Arsen'eva, T. M.; Šelov, D. B.: Das antike Tanais. Forschungen und Geschichte.—
Klio 70, 1988, 372–403, Abb. Taf.

6007
Ascani, M.; Penso, E. M.: Alcune considerazioni sulle navi lunghe dell'antichità e la nave punica di Marsala.— Dalla battaglia delle Egadi per un'archeologia del Mediterraneo (Trapani 1988) 75–98, Taf.
KB Favignana 1985

6008
Asskamp, R.: Ausgrabung 1985 im römischen Hauptlager Haltern, Flavusstraße.—
AusgrFuWestf 5, 1987, 205–219, Abb.

6009
Astin, A. E.: Regimen morum.—
JRS 78, 1988, 14–34

6010
Aujac, G.: L'île de Thulé. Mythe ou réalité. Etude de géographie grecque.—
AthenaeumPavia 66, 1988, 329–343

6011
Avram, A.: Zu den Handelsbeziehungen zwischen Histria und der Insel Thasos im Lichte der Amphorenstempel.—
Klio 70, 1988, 404–111

6012
Avram, A.: Zu den Handelsbeziehungen zwischen Kallatis und dem Taurischen Chersonesos.—
MünstBeitr 7, 1988, Nr. 2, 87–91

6013
Baatz, D.: Kommandobereiche der Legionslegaten.—
Germania 67, 1989, Nr. 1, 169–178, Abb.

6014
Baatz, D.: Eine Katapult-Spannbuchse aus Pityus, Georgien (UdSSR).—
SaalbJb 44, 1988, 59–64, Abb.

6015
Baccani, D.: Revisione di P. Colon. inv. 930.—
ZPE 76, 1989, 98–100, Taf.

6016
Bacci, G. M.: Scavi e ricerche a Avola, Grammichele, Portopalo, Taormina.—
Kokalos 30–31, 1984–85, Nr. 2,2, 711–725, Abb. Taf.

6017
Badian, E.: The clever and the wise. Two Roman cognomina in context.— Vir bonus discendi peritus. Studies in celebration of O. Skutsch's eightieth birthday (London 1988) 6–12
(BICS, suppl. 51)

6018
Baglione, M. P.: Considerazioni sul ruolo femminile nell'arcaismo e nel tardo-arcaismo.— Le donne in Etruria (Roma 1989) 107–119, Taf.
SB

6019
Bagnall, R. S.: Fourth-Century prices. New evidence and further thoughts.—
ZPE 76, 1989, 69–76

6020
Baistrocchi, M.: Penetrazione romana nel Sahara.— L'Africa romana (Sassari 1988) 193–197
KB Sassari 1987

6021
Bakhuizen, S. C.: The continent and the sea. Notes on Greek activities in Ionic and Adriatic waters.— L'Illyrie méridionale et l'Epire dans l'antiquité (Clermont-Ferrand 1987) 187–194
KB Clermont-Ferrand 1984

6022
Balconi, C.: Bis gravidae pecudes. Dichiarazioni di ovini demotiche con annotazione greca.—
Aegyptus 68, 1988, 47–50

6023
Baldacci, O.: Dalla topografia alla geocartografia in età romana.— Γεωγραφία (Roma 1988) 39–53
KB Macerata 1985

6024
Baltrusch, E.: Die Verstaatlichung der Gladiatorenspiele. Zu Ennod. pan. CSEL VI p. 284 Hartel.—
Hermes 116, 1988, 324–337

6025
Baltrusch, E.: Regimen morum. Die Reglementierung des Privatlebens der Senatoren und Ritter in der römischen Republik und frühen Kaiserzeit.— (München 1989) VI, 237 S.
(Vestigia, 41)

6026
Barceló, P.: Aspekte der griechischen Präsenz im westlichen Mittelmeerraum.—
Tyche 3, 1988, 11–24

6027
Bardinet, T.: Remarques sur les maladies de la peau, la lèpre, et le châtiment divin dans l'Egypte ancienne.—
REgypt 39, 1988, 3–36

6028
Barker, G.: Archaeology and the Etruscan countryside.—
Antiquity 62, 1988, 772–785, Abb.

6029
Barkóczi, L.: Pannonische Glasfunde in Ungarn.— (Budapest 1988) 223 S., Abb. Taf.
(Studia archaeologica, 9)

6030
Barr-Sharrar, B.: The bronze fulcrum attachment. Some clarifications in the chronology of solutions to this problematic format.— Griechische und römische Statuetten und Großbronzen (Wien 1988) 279–284, Abb.
KB Wien 1986

6031
Bartoloni, G.; Grottanelli, C.: I carri a due ruote nelle tombe femminili del Lazio e dell'Etruria.— Le donne in Etruria (Roma 1989) 55–73
SB

6032
Bartoloni, G.: Marriage, sale and gift. A proposito di alcuni corredi femminili dalle necropoli populoniesi della prima età del ferro.— Le donne in Etruria (Roma 1989) 35–54, Taf.
SB

6033
Baslez, M. F.: Le rôle et la place des Phéniciens dans la vie économique des ports de l'Egée.— Phoenicia and the East Mediterranean in the first millennium B.C. (Leuven 1987) 267–285
KB Louvain 1985

6034
Bastien, P.: Le buste à main levée dans le monnayage romain.— Studi per L. Breglia, 2 (Roma 1987) 147–162, Abb.

6035
Bauer, G.: Berichte vom Roten Meer.— Studia meroitica 1984 (Berlin 1989) 389–398
KB Roma 1984

6036
Bedon, R.: Les jeux de société chez les Romains.—
ArcheologiaParis 1989, Nr. 246, 58–64, Abb.

6037
Bélis, A.: Charnières ou auloi?—
RA 1988, 109–118, Abb.

6038
Bélis, A.: L'organologie des instruments de musique de l'antiquité. Chronique bibliographique.—
RA 1989, 127–142, Abb.

6039
Bellen, H.: Das Weltreich Alexanders des Großen als Tropaion im Triumphzug des Cn. Pompeius Magnus (61 v. Chr.).— Zu Alexander d. Gr. Festschrift G. Wirt (Amsterdam 1987) 865–878

6040
Beltrami, V.: Ipotesi sulla spedizione di Giulio Materno all'Agisymba regio alla fine del I secolo.— L'Africa romana (Sassari 1988) 189–192
KB Sassari 1987

6041
Bérard, F.: Le rôle militaire des cohortes urbaines.—
MEFRA 100, 1988, 159–182

6042
Béraud, I.; Gébara, C.: Les lits funéraires de la nécropole gallo-romaine de Saint-Lambert (Fréjus).—
RANarb 19, 1986, 182–210, Abb.

6043
Berke, S.: Zum Export mittelgallischer und früher Rheinzaberner Terra Sigillata in das Barbaricum nördlich der mittleren Donau.—
MünstBeitr 7, 1988, Nr. 1, 46–61, Abb.

6044
Bermejo Barrera, J. C.: La géopolitique de l'ivresse dans Strabon.—
DialHistAnc 13, 1987, 115–145

6045
Bernstein, F.: Pompeian women and the programmata.— Studia pompeiana et classica in honor of W. F. Jashemski, 1 (New Rochelle 1988) 1–18

6046
Bertrand, J. M.: Continent et outre-mer, l'espace vécu des Romains.— L'Illyrie méridionale et l'Epire dans l'antiquité (Clermont-Ferrand 1987) 263–270
KB Clermont-Ferrand 1984

6047
Bertuzzi, S.: Relitto di nave romana in località Secca dei mattoni presso Ponza.— Archeologia laziale, 9 (Roma 1988) 312–315, Abb.
KB Roma 1987

6048
Beševliev, V.: Zum Fortleben Alexanders des Großen in der Spätantike.— Zu Alexander d. Gr. Festschrift G. Wirth (Amsterdam 1987) 1037–1040

6049
Bezantakos, N. P.: Ἡ ἀρχαία ἑλληνική μίτρα. Ἑρμηνεία τῶν σχετικῶν κειμένων ἀπό τόν Ὅμηρο ὥς τόν Νόννο.— (Ἀθήνα 1987) 265 S.

6050
Bieżuńska-Małowist, I.: Die Sklaverei als Hellenisierungsfaktor im Nahen Osten.— Zu Alexander d. Gr. Festschrift G. Wirth (Amsterdam 1987) 765–780

6051
Binsfeld, W.: Galatische Ware in Trier.— Funde und Ausgrabungen im Bezirk Trier, 20 (Trier 1988) 13–16, Abb.
SB

6052
Bíró, T. M.: Bone-carvings from Brigetio in the collection of the Hungarian National Museum.—
ActaArchHung 39, 1987, 153–192, Abb.

6053
Biscardi, A.: Il porto di Aquileia ed i noli marittimi nel calmiere dioclezianeo.— Vita sociale artistica e commerciale di Aquileia romana, 1 (Udine 1987) 169–181
KB Aquileia 1985

6054
Bischoff, B.; Eastwood, B.; Klein, T. A. P.; u. a.: Aratea. Kommentar zum Aratus des Germanicus. Ms. Voss. lat. q. 79. Bibliotheek der Rijksuniversiteit Leiden.— (Luzern 1989) 206 S., Abb.

6055
Bishop, M. C.: Cavalry equipment of the Roman army in the first century A.D.— Military equipment and the identity of Roman soldiers (Oxford 1988) 67–195, Abb.
KB Newcastle 1986

6056
Blackmann, D. J.: Bollards and men.—
MedHistR 3, 1988, 7–20

6057
Blakely, J. A.: Ceramics and commerce. Amphorae from Caesarea Maritima.—
BASOR 1988, Nr. 271, 31–50, Abb.

6058
Blázquez Martínez, J. M.: Epoca de la pax romana, 2. Economía y sociedad.— (Historia general de España y América, 2. Madrid 1987, 112–178, Abb.)
SD

6059
Blázquez Martínez, J. M.: Aspectos económicos.— (Historia general de España y América, 1, 2. Madrid 1987, 539–566, Abb.)
SD

6060
Blázquez Martínez, J. M.: Cacerías y juegos de toros en la antigüedad.—
(Historia 16, 1987, Nr. 139, 149–159, Abb.)
SD

6061
Bloesch, H.: Erinnerungen an Aigeai.— (Winterthur 1989) 44 S., Abb. Taf.

6062
Bloommaert, D. C.: Tribunus equitum singularium? Two fragmentary inscriptions concerning Egyptian legionary prefects.—
ZPE 78, 1989, 185–195, Abb.

6063
Blyth, P. H.: Métallurgie des armes de bronze.— Techniques antiques du bronze (Dijon 1988) 51–58, Taf.
SB

6064
Blyth, P. H.: Metallurgy of bronze armour. Use of work hardening in the late Corinthian helmet as evidence of mastery of material.— Πρακτικά του XII Διεθνούς συνεδρίου κλασικής αρχαιολογίας, 3 (Αθήνα 1988) 293–296
KB Athenai 1983

6065
Boardman, J.: The trade figures.—
OxfJA 7, 1988, 371–373

6066
Bockius, R.: Ein römisches Scutum aus Urmitz, Kreis Mayen-Koblenz. Zu Herkunft und Verbreitung spindelförmiger Schildbuckelbeschläge im Gebiet nördlich der Alpen.—
AKorrBl 19, 1989, 269–282, Abb. Taf.

6067
Boessneck, J.; Driesch, A. von den: Knochenabfall von Opfermahlen und Weihgaben aus dem Heraion von Samos (7. Jh. v. Chr.).— (München 1988) 46 S., Taf.

6068
Böttger, B.: Zur Lebensmittelversorgung der Kastelle am unteren Donaulimes in der Spätantike.—
Ratiariensia 3–4, 1987, 225–229, Taf.

6069
Bogaert, R.: P. Cairo Zen. III 59327 et le taux des intérêts bancaires à Alexandrie en 250/249 avant J.C.— Miscel·lània papirològica R. Roca-Puig (Barcelona 1987) 79–88

6070
Bogaert, R.: Liste chronologique des banquiers royaux thébains, 255–84 avant J. C.—
ZPE 75, 1988, 115–138

6071
Bogaert, R.: Un cas de faux en écriture à la banque royale thébaine en 131 avant J.C.—
ChrongEg 63, 1988, 145–154

6072
Bogaert, R.: Recherches sur la banque en Egypte gréco-romaine.— Histoire économique de l'antiquité (Louvain-la-Neuve 1987) 49–77
KB Antwerpen 1985

6073
Boncquet, J.: Diodorus Siculus (II, 1–34) over Mesopotamië. Een historische kommentaar.— (Brussel 1987) 243 S.
(Verhandelingen van de Koninklijke academie voor wetenschappen, letteren en schone kunsten van België. Klasse der letteren, 49,122)

6074
Bonello Lai, M.: Pani di piombo rinvenuti in Sardegna.—
StSard 27, 1986–87, 7–39

6075
Bonfante, L.: La moda femminile etrusca.— Le donne in Etruria (Roma 1989) 157–171, Taf.
SB

6076
Bonghi Jovino, M.: Gli scavi nell'abitato di Tarquinia e la scoperta dei bronzi in un preliminare inquadramento.— Tarquinia. Ricerche, scavi e prospettive (Milano 1987) 59–77, Taf.
KB Milano 1986

6077
Bonnefond-Coudry, M.: Le sénat de la république romaine de la guerre d'Hannibal à Auguste. Pratiques délibératives et prise de décision.— (Rome 1989) 837 S., Abb.
(Bibliothèque des Ecoles françaises d'Athènes et de Rome, 273)

6078
Bonomi, S.: Medici in Este romana, 2. La tomba del medico.—
AquilNost 55, 1984, 77–108, Abb.

6079
Borthwick, E. K.: 'Music while you work' in Philodemus' 'De musica'.—
BICS 35, 1988, 91–93

6080
Bossert, M.: Ein thronender lebensgroßer Iuppiter aus dem gallo-römischen Tempelbezirk von Thun-Allmendingen.—
ASchw 11, 1988, 113–123, Abb.

6081
Bossu, C.: L'objectif de l'Institution alimentaire. Essai d'évaluation.—
Latomus 48, 1989, 372–382

6082
Boucharlat, R.: Entre la Méditerranée et l'Inde. Etablissements du golfe Persique à l'époque gréco-romaine.—
RA 1989, 214–219, Abb.

6083
Bounegru, O.: Bemerkungen zu den römischen Importen in Scythia Minor, 1.–3. Jh. n. Chr.—
MünstBeitr 7, 1988, Nr. 2, 70–85, Abb.

6084
Boussac, M. F.: Sceaux déliens.—
RA 1988, 307–340, Abb.

6085
Bowersock, G. W.: The three Arabias in Ptolemy's geography.— Géographie historique au Proche-Orient (Paris 1988) 47–53
KB Valbonne 1985

6086
Brands, G.: Republikanische Stadttore in Italien.— (Oxford 1988) XXV, 222 S., Taf.
(British archaeological reports. International series, 458)

6087
Branigan, K.: Villas in the North. Change in the rural landscape?— Rome and the Brigantes (Sheffield 1980) 18–27, Abb.
SB

6088
Brashinski, I. B.: The Black Sea commerce in the hellenistic period. (Russ. m. engl. Res.).— The Black Sea littoral in the hellenistic times (Tbilisi 1985) 199–206
KB Cchaltubo 1982

6089
Braund, D. C.; Tsetskhladze, G. R.: The export of slaves from Colchis.—
ClQu 39, 1989, 114–125

6090
Breeze, D. J.: The logistics of Agricola's final campaign.—
Talanta 18–19, 1986–87, 7–28

6091
Breton, J. F.: L'Orient gréco-romain et le Hadhramawt.— L'Arabie préislamique et son environnement historique et culturel (Leiden 1989) 173–185, Abb. Taf.
KB Strasbourg 1987

6092
Brijder, H. A. G.; Vesseur, E.: Voetenbankje voor een etruskische dame.—
VerAmstMeded 39, 1987, 14–18, Abb.

6093
Brijder, H. A. G.: An Etruscan terracotta footstool from the fifth century B.C. in Amsterdam.—
BABesch 62, 1987, 67–74, Abb.

6094
Brijder, H. A. G.: Apish performances in the 6th century BC.— Proceedings of the 3rd Symposium on ancient Greek and related pottery (København 1988) 62–70, Abb.
KB København 1987

6095
Brodribb, G.; Cleere, H.; u. a.: The Classis Britannica bath-house at Beauport Part, East Sussex.—
Britannia 19, 1988, 217–274, Abb. Taf.

6096
Brödner, E.: Wohnen in der Antike.— (Darmstadt 1989) X, 341 S., Abb.

6097
Brown, T. S.: Herodotus, 2.—
AncWorld 17, 1988, 67–107

6098
Brugnoli, G.: Il modo di produzione germanico dall'etnografia romana a Adamo di Brema.— Cultura classica e cultura germanica settentrionale (Macerata o. J.) 279–306
KB Macerata 1985

6099
Brulé, P.: La fille d'Athènes. La religion des filles à Athènes à l'époque classique. Mythes, cultes et société.— (Paris [1988]) 455 S., Abb.
(Annales littéraires de l'Université de Besançon, 363. Centre de recherches d'histoire ancienne, 76)

6100
Brunt, P. A.: The army and the land in the Roman revolution.— The fall of the Roman republic and related essays (Oxford 1988) 240–280

6101
Bruun, C.: Caligatus, tubicen, optio carceris, and the centurions' positions. Some remarks on an inscription in ZPE 71, 1988.— Arctos 22, 1988, 23–40

6102
Buchholz, H. G.; u. a.: Archäologische Holzfunde aus Tamassos, Zypern.— ActaPrHistA 20, 1988, 75–157, Abb.

6103
Bugh, G. R.: The horsemen of Athens.— (Princeton 1988) XVII, 271 S., Taf.

6104
Burgess, R.: Quinquennial vota and the imperial consulship in the fourth and fifth centuries, 337–511.— NumChron 148, 1988, 77–96, Taf.

6105
Byl, S.: L'odeur végétale dans la thérapeutique gynécologique du Corpus hippocratique.— RBPhil 67, 1989, 53–64

6106
Cabanes, P.: Les concours des Naia de Dodone.— Nikephoros 1, 1988, 49–84, Taf.

6107
Cabrera Perera, A.: Las Islas Canarias en el mundo clásico.— ([Las Palmas] Islas Canarias 1988) 239 S., Abb. Taf.

6108
Cagniart, P. F.: L. Cornelius Sulla's quarrel with C. Marius at the time of the Germanic invasions, 104–101 B.C.— AthenaeumPavia 67, 1989, 139–149

6109
Cain, H. U.: Zur Bedeutungsgeschichte eines archaischen Thron-typus.— Beiträge zur Ikonographie und Hermeneutik. Fest-schrift für N. Himmelmann (Mainz 1989) 87–98, Abb.

6110
Caloi, L.; Palombo, M. R.; Romei, C.: La fauna e l'allevamento.— Etruria meridionale (Roma 1988) 51–57, Taf.
KB Viterbo 1985

6111
Calvi, C.: Calamai d'argento di Altino.— AquilNost 57, 1986, 493–512, Abb.

6112
Cambiano, G.: La démonstration géométrique.— Les savoirs de l'écriture. En Grèce ancienne (Lille 1988) 251–272
SB

6113
Cameron, A.: Flavius. A nicety of protocol.— Latomus 47, 1988, 26–33

6114
Candilio, D.: Cinturoni a lamina rettangolare della collezione Betti al Museo nazionale romano.— Xenia 16, 1988, 29–42, Abb.

6115
Carey, C.: Prosopographica pindarica.— ClQu 39, 1989, 1–9

6116
Carter, J. B.: Masks and poetry in early Sparta.— Early Greek cult practice (Stockholm 1988) 89–98, Abb.
KB Athenai 1986

6117
Casoria, G.: La flora e le risorse agricole.— Etruria meridionale (Roma 1988) 43–50, Abb. Taf.
KB Viterbo 1985

6118
Cassimatis, H.: Quelques types de calathoi sur des figurines provenant de Larnaca dans les collections du Louvre.— RDAC 1988, Nr. 2, 45–51, Taf.

6119
Casson, L.: P. Vindob. G 40822 and the shipping of goods from India.— BAmSocP 23, 1986, 73–79

6120
Casson, L.: South Arabia's maritime trade in the first century A.D.— L'Arabie préislamique et son environnement historique et culturel (Leiden 1989) 187–194, Abb.
KB Strasbourg 1987

6121
Casson, L.: Polybius 16,3,8. Ἀνάστειρος.— ClQu 39, 1989, 262–263

6122
Casson, L.: The Periplus Maris Erythraei. Text with introduction, translation, and commentary.— (Princeton 1989) XVII, 320 S., Abb. Taf.

6123
Cataldi, S.: Istro città della Iapigia.— AnnPisa 17, 1987, 565–602

6124
Cataudella, M. R.: La geografia ionica, Erodoto e il 'Perì hebdomadôn' pseudoippocratico, cap. 11.— Sileno 13, 1987, 33–57

6125
Cazanove, O. de: Jupiter, Liber et le vin latin.— RHistRel 205, 1988, 245–265

6126
Chaniotis, A.: Vinum Creticum excellens. Zum Weinhandel Kretas.— MünstBeitr 7, 1988, Nr. 1, 62–89

6127
Chastagnol, A.: Les inscriptions des monuments inaugurés lors des fêtes impériales.— MEFRA 100, 1988, 13–26

6128
Christes, J.: Gesellschaft, Staat und Schule in der griechisch-römischen Antike. Sozialmaßnahmen und Fürsorge.— GrazBeitr Suppl. 3, 1988, 55–74
SB

6129
Cicu, L.: Moechus calvus.— Sandalion 10–11, 1987–88, 83–89

6130
Cipriano, M. T.; Carre, M. B.: Note sulle anfore conservate nel museo d'Aquileia.— Vita sociale artistica e commerciale di Aquileia romana, 2 (Udine 1987) 479–492, Taf.
KB Aquileia 1985

6131
Clavel-Lévêque, M.: L'empire en jeux. Espace symbolique et pratique sociale dans le monde romain.— (Paris 1984) 226 S., Abb.

6132
Coates, J.: The replica of the Greek trieres.— Local boats, 1 (Oxford 1988) 11–22, Abb.
KB Porto 1985

6133
Collombier, A. M.: Céramique grecque et échanges en Méditerranée orientale. Chypre et la côte syro-phénicienne (fin VIIIe – fin IVe siècles av. J.-C.).— Phoenicia and the East Mediterranean in the first millennium B.C. (Leuven 1987) 239–248, Abb.
KB Louvain 1985

6134
Colls, D.: Les amphores léétaniennes de l'épave Cap Béar III.— REA 88, 1986, 201–206, Abb. Taf.

6135
Comas i Solà, M.: Baetulo. Les àmfores.— (Badalona 1985) 168 S., Abb. Taf.
(Monografies badalonines, 8)

6136
Cordano, F.: Gruppi gentilizi presso i Nassii di Sicilia.— BdA 73, 1988, Nr. 48, 18–22, Abb.

6137
Coulston, J. C.: Three legionaries at Croy Hill (Strathclyde).— Military equipment and the identity of Roman soldiers (Oxford 1988) 1–29, Abb.
KB Newcastle 1986

6138
Coulton, J. J.; Milner, N. P.; Reyes, A. T.: Balboura survey. Onesimos and Meleager, 1.—
AnatSt 38, 1988, 121–145, Abb. Taf.

6139
Crawford, M. H.: Tableware for Trimalchio.— Art and production in the world of the caesars (Milan 1987) 37–44, Abb.
SB

6140
Crowther, C.: A note on Minoan Dikta.—
BSA 83, 1988, 37–44

6141
Cubberley, A. L.; Lloyd, J. A.; Roberts, P. C.: 'Testa' and 'clibani'. The baking covers of classical Italy.—
BSR 56, 1988, 98–119, Abb.

6142
Cunliffe, B.; Tomlin, R.; Walker, D.: The temple of Sulis Minerva at Bath, 2. The finds from the sacred spring.— (Oxford 1988) VII, 362 S., Abb.
(Oxford University Committee for Archaeology. Monograph, 16)

6143
Curtis, R. I.: A Umbricius Scaurus of Pompeii.— Studia pompeiana et classica in honor of W. F. Jashemski, 1 (New Rochelle 1988) 19–49, Taf.

6144
Dack, E. van't: Notes de lecture.— Miscel·lània papirològica R. Roca-Puig (Barcelona 1987) 327–335

6145
Daffinà, P.: Senso del tempo e senso della storia. Computi cronologici e storicizzazione del tempo.—
RivStOr 61, 1987, 1–71

6146
D'Andria, F.: Nota sui circuiti regionali del commercio nell'Adriatico meridionale, V–IV sec. a. C.— Salento. Porta d'Italia (Galatina 1989) 163–165, Taf.
KB Lecce 1986

6147
Daris, S.: Lo spettacolo nei papiri greci.—
AevumAnt 1, 1988, 77–93

6148
Daris, S.: Documenti minori dell'esercito romano in Egitto.— Aufstieg und Niedergang der römischen Welt, 2, 10,1. [Festschrift Vogt] (Berlin 1988) 724–742

6149
Dasen, V.: Dwarfism in Egypt and classical antiquity. Iconography and medical history.—
(Medical history 32, 1988, 253–276, Abb. Taf.)
SD

6150
Davies, R. W.: Service in the Roman army.— (Edinburgh 1989) XII, 336 S., Abb.

6151
De Maria, S.: Iscrizioni e monumenti nei fori della Cisalpina romana. Brixia, Aquileia, Veleia, Iulium Carnicum.—
MEFRA 100, 1988, 27–62

6152
De Martino, F.: Catone, De agricultura 22, 3.—
PP 42, 1987, 335–341

6153
De Romanis, F.: Romanukharaṭṭha e Taprobane. Sui rapporti Roma-Ceylon nel I sec. d.C.—
Helikon 28, 1988, 5–58, Taf.

6154
Dearden, C. W.: Phlyax comedy in Magna Graecia. A reassessment.— Studies in honour of T. B. L. Webster, 2 (Bristol 1988) 33–41, Taf.

6155
Delorme, J.; Roux, C.: Guide illustré de la faune aquatique dans l'art grec.— (Juan-les-Pins 1987) 175 S., Abb.

6156
Deman, A.: Réflexions sur la navigation fluviale dans l'antiquité romaine.— Histoire économique de l'antiquité (Louvain-la-Neuve 1987) 79–106, Abb.
KB Antwerpen 1985

6157
Demandt, A.: Die Spätantike. Römische Geschichte von Diocletian bis Justinian, 284–565 n. Chr.— (München 1989) XVIII, 612 S., Taf.
(Handbuch der Altertumswissenschaft, 3,6)

6158
Dentzer, J. M.; Dentzer, J.; Villeneuve, F.: Fouilles de Si. 2ème – 4ème campagnes, 1978–1980. Chantier de Si 8.—
AAS 36–37, 1986–87, 121–125, Taf.

6159
Deroy, L.: Sur l'inscription d'une petite amphore en verre, d'époque romaine, célébrant un succès hippique.—
Latomus 48, 1989, 150–156, Abb.

6160
Desanges, J.: Les relations de l'empire romain avec l'Afrique nilotique et érythréenne, d'Auguste à Probus.— Aufstieg und Niedergang der römischen Welt, 2, 10,1. [Festschrift Vogt] (Berlin 1988) 3–43, Abb.

6161
Desanges, J.: Arabes et Arabie en terre d'Afrique dans la géographie antique.— L'Arabie préislamique et son environnement historique et culturel (Leiden 1989) 413–429, Abb.
KB Strasbourg 1987

6162
Desautels, J.: La classification des végétaux dans la 'Recherche sur les plantes' de Théophraste d'Erésos.—
PhoenixToronto 42, 1988, 219–243

6163
Descat, R.: La cité grecque et la vie professionnelle. Sociabilité et conflits.— Sociabilité, pouvoirs et société (Rouen 1987) 289–299
KB Rouen 1983

6164
Desy, P.: De agri cultura, XIII, 11, 1 et les dimensions du fundus catonien.—
Latomus 48, 1989, 188–189

6165
Detienne, M.: L'espace de la publicité. Ses opérateurs intellectuels dans la cité.— Les savoirs de l'écriture. En Grèce ancienne (Lille 1988) 29–81
SB

6166
Devijver, H.: La Prosopographia militiarum equestrium. Contribution à l'histoire sociale et économique du principat.— Histoire économique de l'antiquité (Louvain-la-Neuve 1987) 107–122
KB Antwerpen 1985

6167
Devijver, H.: Equestrian officers and their monuments.— The equestrian officers of the Roman Imperial army (Amsterdam 1989) 416–449, Abb.

6168
Devijver, H.: L'iconographie de la stèle funéraire de T. Exomnius Mansuetus, praefectus cohortis.— The equestrian officers of the Roman Imperial army (Amsterdam 1989) 412–415, Taf.

6169
Di Filippo Balestrazzi, E.: Officine di lucerne ad Aquileia.— Vita sociale artistica e commerciale di Aquileia romana, 2 (Udine 1987) 445–466, Abb. Taf.
KB Aquileia 1985

6170
Diaconescu, A.: Notă asupra terminologiei latine privind părţile componente ale clădirii comandamentului castrelor auxiliare.—
ActaMusNapoca 22–23, 1985–86, 459–467

6171
Diebner, S.: I rilievi gladiatori in rapporto ai giochi anfiteatrali.—
Anfiteatro Flavio (Roma 1988) 131–145, Abb.
SB

6172
Donaldson, G. H.: Signalling communications and the Roman imperial army.—
Britannia 19, 1988, 349–356

6173
Donati, P.: Il Ticino romano. Scavi e ricerche recenti.— I Romani nelle Alpi (Bozen 1989) 363–367
KB Salzburg 1986

6174
Donato, G.; Seefried, M.: The fragrant past. Perfumes of Cleopatra and Julius Caesar. Exhibition Emory University Museum of Art and Archaeology, Atlanta April 5 – June 25, 1989.— (Roma 1989) 61 S., Abb. Beil.

6175
Dopico Caínzos, M. D.: El hospitium celtibérico. Un mito que se desvanece.—
Latomus 48, 1989, 19–35

6176
Dopico Caínzos, M. D.: La Tabula Lougeiorum. Estudios sobre la implantación romana en Hispania.— (Vitoria 1988) 82 S., Abb. Taf.
(Veleia. Anejo, 5)

6177
Doukellis, P. N.: Cadastres romains en Grèce. Traces d'un réseau rural à Actia Nicopolis.—
DialHistAnc 14, 1988, 159–166, Abb.

6178
Drescher, H.: Römisches Schreibgerät aus dem Hafen von Ostia antica.—
AKorrBl 18, 1988, 285–289, Abb.

6179
Drescher, H.: Römisches Schreibgerät aus dem Hafen von Ostia Antica.—
AW 20, 1989, Nr. 1, 59–60, Abb.

6180
Drew-Bear, M.: Les athlètes d'Hermoupolis Magna et leur ville au 3e siècle.— Proceedings of the XVIII International congress of papyrology, 2 (Athens 1988) 229–235
KB Athenai 1986

6181
Drexhage, H. J.: Zur Preisentwicklung im römischen Ägypten von ca. 260 n. Chr. bis zum Regierungsantritt Diokletians.—
MünstBeitr 6, 1987, Nr. 2, 30–45

6182
Drexhage, H. J.: Scimus, quam varia sint pretia rerum per singulas civitates regionesque. Zu den Preisvariationen im römischen Ägypten.—
MünstBeitr 7, 1988, Nr. 2, 1–10

6183
Drexhage, R.: Untersuchungen zum römischen Osthandel.—
(Bonn 1988) 162 S.

6184
Driel-Murray, C. van; u. a.: A fragmentary shield cover from Caerleon.— Military equipment and the identity of Roman soldiers (Oxford 1988) 51–66, Abb.
KB Newcastle 1986

6185
Duminil, M. P.: Technique et éthique sportives au chant XXIII de l'Iliade.—
Pallas 34, 1988, 19–32

6186
Dumont, J.: L'Epire, un pays exotique. Quelques curiosa d'Elien et d'Athénée.— L'Illyrie méridionale et l'Epire dans l'antiquité (Clermont-Ferrand 1987) 229–237
KB Clermont-Ferrand 1984

6187
Dumont, J.: Les combats de coq furent-ils un sport?—
Pallas 34, 1988, 33–44

6188
Dupont, F.: 'Pompa' et 'carmina' ludiques.— Anthropologie et théâtre antique (Montpellier 1987) 75–81
KB Montpellier 1986

6189
Dupont, F.: Les morts et la mémoire. Le masque funèbre.— La mort, les morts et l'au-delà dans le monde romain (Caen 1987) 167–172
KB Caen 1985

6190
Duval, N.: Les concours sur mosaïques de Piazza Armerina. Prix et tirage au sort. L'influence de l'agonistique grecque.—
CronA 23, 1984, 157–169, Abb.

6191
Eckstein, F.: Trompeter in Olympia.— Roma renascens. I. Opelt zum 9. 7. 1988 gewidmet (Frankfurt a. M. 1988) 52–64, Abb.

6192
Eichenauer, M.: Untersuchungen zur Arbeitswelt der Frau in der römischen Antike.— (Frankfurt a. M. 1988) 344 S., Abb.
(Europäische Hochschulschriften, Reihe 3. Geschichte und ihre Hilfswissenschaften, 360)

6193
Eiseman, C. J.; Ridgway, B. S.: The Porticello shipwreck. A Mediterranean merchant vessel of 415–385 B.C.— (College Station 1987) XII, 126 S., Abb. Taf.
(The nautical archaeology series, 2)

6194
Elsaadani, M.: Origin, use and rendering of the animal hide on some classical vases.— Πρακτικά του XII Διεθνούς συνεδρίου κλασικής αρχαιολογίας, 2 (Αθήνα 1988) 77–81
KB Athenai 1983

6195
Emiliozzi, A.: Nuovi documenti d'archivio per la Tomba Bernardini di Palestrina.— Archeologia laziale, 9 (Roma 1988) 288–311, Abb.
KB Roma 1987

6196
Engels, J.: Anmerkungen zum 'ökonomischen Denken' im 4. Jahr. v. Chr. und zur wirtschaftlichen Entwicklung des lykurgischen Athen.—
MünstBeitr 7, 1988, Nr. 1, 90–134

6197
Etienne, R.: L'origine épirote du vin de Bordeaux antique.— L'Illyrie méridionale et l'Epire dans l'antiquité (Clermont-Ferrand 1987) 239–243
KB Clermont-Ferrand 1984

6198
Falus, R.: Πεντέγραμμον.—
ActaAntHung 30, 1982–84, 75–111, Abb.

6199
Fant, J. C.: The Roman emperors in the marble business. Capitalists, middlemen or philanthropists?— Classical marble (Dordrecht 1988) 147–158
KB Il Ciocco 1988

6200
Faure, P.: Parfums et aromates de l'antiquité.— ([Paris] 1987) 357 S., Abb. Taf.
(Nouvelles études historiques)

6201
Fentress, E.; Perkins, P.: Counting African Red Slip ware.— L'Africa romana (Sassari 1988) 205–214, Abb.
KB Sassari 1987

6202
Ferdière, A.: Les campagnes en Gaule romaine, 1. Les hommes et l'environnement en Gaule rurale, 52 av. J. C. - 486 ap. J. C. 2. les techniques et les productions rurales en Gaule, 52 av. J. C. - 486 ap. J. C.— (Paris 1988) 301 S., Abb.; 284 S., Abb.

6203
Fernández Izquierdo, A.: Las ánforas romanas de Valentia y de su entorno marítimo.— (Valencia 1984) 119 S., Abb. Taf.
(Ayuntamiento de Valencia. Delegación municipal de cultura. Arqueología, 3)

6204
Fiedler, W.: Sexuelle Enthaltsamkeit griechischer Athleten und ihre medizinische Begründung.—
Stadion 11, 1985, 137–175

6205
Figueira, T. J.: Aegina. Society and politics.— (Salem 1986) XII, 360 S.
(Monographs in classical studies)

6206
Firmani, M. A. S.: 'Instrumentum domesticum' bronzeo nel Museo Cenedese a Vittorio Veneto.—
AquilNost 56, 1985, 313–324

6207
Fischer, T.: Zur römischen Offiziersausrüstung im 3. Jahrhundert n. Chr.—
BayVgBl 53, 1988, 167–190, Abb. Taf.

6208
Fishwick, D.: Munatius Hilarianus and the inscription of the Artemisii.—
ZPE 76, 1989, 175–183

6209
Flamant, J.: Temps sacré et comput astronomique.— Le temps chrétien de la fin de l'antiquité au moyen-âge (Paris 1984) 31–43
KB Paris 1981

6210
Flambard, J. M.: Des Esquilies à l'Aventin. Lecture topographique de la fête des flûtistes en grève.— Sociabilité, pouvoirs et société (Rouen 1987) 117–126, Taf.
KB Rouen 1983

6211
Flambard, J. M.: Eléments pour une approche financière de la mort dans les classes populaires du Haut-Empire. Analyse du budget de quelques collèges funéraires de Rome et d'Italie.— La mort, les morts et l'au-delà dans le monde romain (Caen 1987) 209–244, Abb.
KB Caen 1985

6212
Foerster Laures, F.; Pascual Guash, R.; Barberá Farras, J.: El pecio romano de Palamós. Excavación arqueológica submarina.— (o. O. 1987) 110 S., Abb.

6213
Ford, S.; Bowden, M.; Mees, G.; u. a.: The date of the 'Celtic' field-systems on the Berkshire Downs.—
Britannia 19, 1988, 401–404, Abb.

6214
Foster, G. V.; Kanada, K.; Michaelides, D.: A Roman surgeon's tomb from Nea Paphos, 2. Ancient medicines. By-products of copper mining in Cyprus.—
RDAC 1988, Nr. 2, 229–234, Abb. Taf.

6215
Fowler, D.: Taplin on cocks.—
ClQu 39, 1989, 257–259

6216
Fowler, D. H.: A catalogue of tables.—
ZPE 75, 1988, 273–280

6217
Foxhall, L.: Household, gender and property in classical Athens.—
ClQu 39, 1989, 22–44

6218
Fracchia, H.: Small terracotta discs. An emerging class of artifact in Southern Italy.—
BABesch 62, 1987, 85–91, Abb.

6219
Frank, K. S.; Stika, H. P.; Zanier, W.: Bearbeitung der makroskopischen Pflanzen- und einiger Tierreste des Römerkastells Sablonetum (Ellingen bei Weissenburg in Bayern).— (Kallmünz 1988) 99 S., Abb. Taf.
(Materialhefte zur bayerischen Vorgeschichte, A. Fundinventare und Ausgrabungsbefunde, 61)

6220
Fraschetti, A.: La Tabula Hebana, la Tabula Siarensis e il 'iustitium' per la morte di Germanico.—
MEFRA 100, 1988, 867–889

6221
Frei-Stolba, R.: Straßenunterhaltung und Straßenreinigung in Rom. Zu einigen Paragraphen der Tabula Heracleensis.— Labor omnibus unus. G. Walser zum Geburtstag dargebracht (Stuttgart 1989) 25–37

6222
French, V.: Midwives and maternity care in the Roman world.— Rescuing Creusa (Lubbock 1987) 69–84, Abb.
SB

6223
Frey-Asche, L.: Πολλὰ μὲν κυδώνια μᾶλα.— Bathron. Beiträge zur Architektur und verwandten Künsten für H. Drerup (Saarbrücken 1988) 135–140, Abb.

6224
Frey-Asche, L.: Ein Terrakotta-Thron in Hamburg. Kanon. Festschrift E. Berger.—
AntK 15. Bh, 1988, 150–155, Abb. Taf.

6225
Freyburger, G.: Supplication grecque et supplication romaine.— Latomus 47, 1988, 501–525, Taf.

6226
Frisch, P.: Die Klassifikation der παῖδες bei den griechischen Agonen.—
ZPE 75, 1988, 179–185

6227
Frontisi-Ducroux, F.: 'Prosopon', le masque et le visage.— Anthropologie et théâtre antique (Montpellier 1987) 83–92
KB Montpellier 1986

6228
Fuchs, W.: Ein selinuntischer Frauengürtel des Strengen Stils.— NumAntCl 17, 1988, 81–84, Abb.

6229
Fuchs, W.: Ein selinuntischer Frauengürtel des Strengen Stils.— Beiträge zur Ikonographie und Hermeneutik. Festschrift für N. Himmelmann (Mainz 1989) 227–229, Abb. Taf.

6230
Gabelmann, H.: Ein Iuventusrelief in Fossombrone.— Beiträge zur Ikonographie und Hermeneutik. Festschrift für N. Himmelmann (Mainz 1989) 369–376, Taf.

6231
Gaggia, F.; Gagliardi, G.: Considerazioni sul gioco del filetto, figura ricorrente fra le incisioni rupestri.— Benaco '85. La cultura figurativa rupestre (Torino 1986) 103–115, Abb.
KB Torri del Benaco 1985

6232
Gaitzsch, W.: Laufen und Fahren. Römische Spuren.—
AInf 11, 1988, 188–196, Abb.

6233
Galeotti, L.: Considerazioni sul carro a due ruote nell'Etruria e nel Latium Vetus.—
ArchCl 38–40, 1986–88, 94–104, Taf.

6234
Gallazzi, C.: O. Bodl. II 2331. Conto enigmatico o esercizio scolastico?—
ZPE 75, 1988, 150–152, Taf.

6235
Gamberale, L.: Gli Annali di Ennio alla scuola del grammaticus.— RivFil 117, 1989, 49–56

6236
Gara, A.: Aspetti di economia monetaria dell'Egitto romano.— Aufstieg und Niedergang der römischen Welt, 2, 10,1. [Festschrift Vogt] (Berlin 1988) 912–951

6237
Garbsch, J.: Wagen oder Waagen?—
BayVgBl 53, 1988, 191–222, Abb. Taf.

6238
Gardiner-Garden, J.: Eudoxos, Skylax and the Syrmatai.—
Eranos 86, 1988, 31–42

6239
Gardner, J. F.: Aristophanes and male anxiety. The defence of the oikos.—
GaR 36, 1989, 51–62

6240
Garlan, I.: Fasosskij keramarch. (Russ.) [Ein thasischer Keramarch.].— Problemy antičnoj kul'tury (Moskva 1986) 10–13
SB

6241
Garnsey, P.; Saller, R.: The Roman empire. Economy, society and culture.— (Berkeley 1987) 231 S., Taf.

6242
Garzya, A.: Temistio e i primordi della tragedia.— Roma renascens. I. Opelt zum 9.7. 1988 gewidmet (Frankfurt a. M. 1988) 65–77

6243
Gasperetti, G.: Un fermaglio di bronzo da Quarto Flegreo.—
Puteoli 11, 1987, 123–126, Abb.

6244
Gasperini, L.: Gli Etruschi e le sorgenti termali.— Etruria meridionale (Roma 1988) 27–35, Abb. Taf.
KB Viterbo 1985

6245
Gebhard, E.: Rulers' use of theaters in the Greek and Roman world.— Πρακτικά του XII Διεθνούς συνεδρίου κλασικής αρχαιολογίας, 4 (Αθήνα 1988) 65–69
KB Athenai 1983

6246
Gerov, B.: Landownership in Roman Thracia and Moesia, 1st–3rd century.— (Amsterdam 1988) 236 S.

6247
Gianfrotta, P.: Le coste, i porti, la pesca.— Etruria meridionale (Roma 1988) 11–15, Abb. Taf.
KB Viterbo 1985

6248
Giardina, A.: Amor civicus. Formule e immagini dell'evergetismo romano nella tradizione epigrafica.— La terza età dell'epigrafia (Faenza 1988) 67–85
KB Bologna 1986

6249
Gibbins, D.: Surgical instruments from a Roman shipwreck off Sicily.—
Antiquity 62, 1988, 294–297, Abb.

6250
Gibbins, D. J. L.; Hurst, H. R.: Bronze ring from ancient Carthage.—
IntJNautA 18, 1989, 68–70, Abb.

6251
Gibbins, D. J. L.: The Roman wreck of c.AD 200 at Plemmirio, near Siracusa (Sicily). Second interim report. The domestic assemblage, 1. Medical equipment and potterey lamps.—
IntJNautA 18, 1989, 1–25, Abb.

6252
Gichon, M.: Military intelligence in the Roman army.— Labor omnibus unus. G. Walser zum Geburtstag dargebracht (Stuttgart 1989) 154–170

6253
Gill, D. W. J.: 'Trade in Greek decorated pottery'. Some corrections.—
OxfJA 7, 1988, 369–370

6254
Gill, D. W. J.: Silver anchors and cargoes of oil. Some observations on Phoenician trade in the Western Mediterranean.—
BSR 56, 1988, 1–12

6255
Gill, D. W. J.: The distribution of Greek vases and long distance trade.— Proceedings of the 3rd Symposium on ancient Greek and related pottery (København 1988) 175–185, Abb.
KB København 1987

6256
Gilula, D.: A career in the navy (Arist. Knights 541-4).—
ClQu 39, 1989, 259–261

6257
Giorgetti, D.: Rapporti ideologici ed osmosi commerciale lungo le rotte danubiane fra III e V secolo d. C. Nuovi elementi di conferma dagli scavi di Ratiaria (Bulgaria).—
RStorAnt 16, 1986, 167–175, Taf.

6258
Gizewski, C.: Mores maiorum, regimen morum, licentia. Zur Koexistenz catonischer und plautinischer Sittlichkeitsvorstellungen.— Festschrift R. Werner (Konstanz 1989) 81–105

6259
Glass, S. L.: The Greek gymnasium. Some problems.— The archaeology of the Olympics (Madison 1988) 155–173
KB Los Angeles 1984

6260
Goethert, K. P.: Il panettiere. Zur Geschichte einer Fehldeutung.— Beiträge zur Ikonographie und Hermeneutik. Festschrift für N. Himmelmann (Mainz 1989) 385–388, Taf.

6261
Golden, M.: Did the ancients care when their childen died?—
GaR 35, 1988, 152–163

6262
Goldhill, S.: Anthropologie, idéologie et les Grandes Dionysies.—
Anthropologie et théâtre antique (Montpellier 1987) 55–74
KB Montpellier 1986

6263
Golenko, V. K.: Some aspects of money circulation and the economic geography of the early Seleucid state. (Russ. m. engl. Res.).— The Black Sea littoral in the hellenistic times (Tbilisi 1985) 79–94
KB Cchaltubo 1982

6264
Golvin, J. C.: L'amphithéâtre romain. Essai sur la théorisation de sa forme et de ses fonctions. Textbd.; Tafeln in Schuber.— (Paris 1988) 458 S.
(Publications du Centre Pierre Paris (UA 991), 18)

6265
González Rodríguez, M. C.: Sobre el sistema onomástico indígena del área indoeuropea de Hispania.— Actas. 1er Congreso peninsular de historia antigua, 2 (Santiago de Compostela 1988) 263–269
KB Santiago de Compostela 1986

6266
Gorončarovskij, V. A.: Iluratskaja vinodel'nja. (Russ.) [Eine Kelteranlage in Iluraton.].—
KraSoob 1985, Nr. 182, 89–92, Abb.

6267
Gourévitch, D.: La mort de la femme en couches et dans les suites de couches.— La mort, les morts et l'au-delà dans le monde romain (Caen 1987) 187–193
KB Caen 1985

6268
Grafton, A. T.; Swerdlow, N. M.: Calendar dates and ominous days in ancient historiography.—
JWarbInt 51, 1988, 14–42

6269
Gralfs, B.: Metallverarbeitende Produktionsstätten in Pompeji.— (Oxford 1988) 202 S., Abb.
(British archaeological reports. International series, 433)

6270
Gras, M.: Aspects de l'économie maritime étrusque.—
Ktema 10, 1985 [1988], 149–159

6271
Gras, M.: Tarquinia e il mare in età arcaica.— Tarquinia. Ricerche, scavi e prospettive (Milano 1987) 141–152, Taf.
KB Milano 1986

6272
Grassl, H.: Norisches Eisen aus dem Burgenland? Historische Bemerkungen zur rezenten Forschung.—
RömÖ 15–16, 1987–88, 83–88

6273
Gray-Fow, M. J. G.: The wicked stepmother in Roman literature and history. An evaluation.—
Latomus 47, 1988, 741–757

6274
Grenier, J. C.: Notes sur l'Egypte romaine, 1, 1–7.—
ChrEg 63, 1988, 57–76, Abb.

6275
Grmek, M. D.: Les indicia mortis dans la médecine gréco-romaine.— La mort, les morts et l'au-delà dans le monde romain (Caen 1987) 129–144
KB Caen 1985

6276
Grmek, M. D.; Gourevitch, D.: L'école médicale de Quintus et de Numisianus.— Etudes de médecine romaine (Saint-Etienne [1989]) 43–60
SB

6277
Gröschel, S. G.: Ein korinthischer Helm in Samos.— Bathron. Beiträge zur Architektur und verwandten Künsten für H. Drerup (Saarbrücken 1988) 141–158, Abb.

6278
Gröschel, S. G.: Waffenbesitz und Waffeneinsatz bei den Griechen.— (Frankfurt a. M. 1989) 190 S.
(Europäische Hochschulschriften, 38,23)

6279
Gross, N.: Senecas 'Naturales quaestiones'. Komposition, naturphilosophische Aussagen und ihre Quellen.— (Stuttgart 1989) 335 S., Abb.
(Palingenesia, 27)

6280
Guarducci, M.: Il trono di Massimiano Erculio e la cattedra di San Pietro.—
BdA 73, 1988, Nr. 52, 1–12, Abb. Taf.

6281
Hadjisavvas, S.: Olive oil production in ancient Cyprus.—
RDAC 1988, Nr. 2, 111–120, Abb. Taf.

6282
Hagenow, G.: Von alten Falerner.—
RhM 132, 1989, 214–220

6283
Haider, P. W.: Griechenland – Nordafrika. Ihre Beziehungen zwischen 1500 und 600 v. Chr.— (Darmstadt 1988) XI, 262 S., Taf.
(Impulse der Forschung, 53)

6284
Haley, E. W.: Roman elite involvement in commerce. The case of the Spanish TT. Mamilii.—
AEsp 61, 1988, 141–156

6285
Halperin, D. M.: Atene, il corpo violato.— La storia della prostituzione (o. O. o. J.) 4–23, Abb.
(Giunti-Dossier, 25)

6286
Hannestad, L.: The Athenian potter and the home market.— Proceedings of the 3rd Symposium on ancient Greek and related pottery (København 1988) 222–230, Abb.
KB København 1987

6287
Hansen, G. C.: Illegale Zwangsarbeit im spätantiken Rom.—
SBBerlin 14 G, 1987, 17–22

6288
Hanson, A. E.: The keeping of records at Philadelphia in the Julio-Claudian period and the 'economic crisis under Nero'.— Proceedings of the XVIII International congress of papyrology, 2 (Athens 1988) 261–277
KB Athenai 1986

6289
Harris, D.: Nikokrates of Kolonos, metalworker to the Parthenon treasurers.—
Hesperia 57, 1988, 329–337, Taf.

6290
Harrison, E. B.: Greek sculptured coiffures and ritual haircuts.— Early Greek cult practice (Stockholm 1988) 247–254, Abb.
KB Athenai 1986

6291
Haselgrove, C.: Culture process on the periphery. Belgic Gaul and Rome during the Late Republic and Early Empire.— Centre and periphery in the ancient world (Cambridge 1987) 104–124, Abb.
SB

6292
Haslam, M.: On P. Oxy. 3705. A clarification.—
ZPE 75, 1988, 139–140

6293
Hatzopoulos, M. B.: Actes de vente de la Chalcidique centrale.— (Athènes 1988) 102 S., Taf.
(Μελετήματα, 6)

6294
Hauben, H.: Onesicritus and the hellenistic 'archikybernesis'.— Zu Alexander d. Gr. Festschrift G. Wirth (Amsterdam 1987) 569–593

6295
Hauben, H.: Des bateaux de Diospolis Mikra? A propos de SB VI 9367 vii et viii.— Proceedings of the XVIII International congress of papyrology, 2 (Athens 1988) 243–253
KB Athenai 1986

6296
Hazzard, R. A.: The regnal years of Ptolomy II Philadelphos.— PhoenixToronto 41, 1987, 140–158

6297
Hedeager L.: Empire, frontier and the barbarian hinterland. Rome and Northern Europe from AD 1–400.— Centre and periphery in the ancient world (Cambridge 1987) 125–140, Abb.
SB

6298
Heene, K.: La manifestation sociale de l'expérience du chagrin. Le témoignage de la poésie épigraphique latine.—
Epigraphica 50, 1988, 163–177

6299
Heinen, H.: Der römische Westen und die Prätorianerpräfektur Gallien. Historischer Raum und politische Entwicklung.— Labor omnibus unus. G. Walser zum Geburtstag dargebracht (Stuttgart 1989) 186–205, Abb.

6300
Heron, C.; Pollard, A. M.: The analysis of natural resinous materials from Roman amphoras.— Science and archaeology, Glasgow 1987, 2 (Oxford 1988) 429–447, Abb.
KB Glasgow 1987

6301
Herz, P.: Studien zur römischen Wirtschaftsgesetzgebung. Die Lebensmittelversorgung.— (Stuttgart 1988) 403 S.
(Historia. Einzelschriften, 55)

6302
Hesberg, H. v.: Temporäre Bilder oder die Grenzen der Kunst. Zur Legitimation frühhellenistischer Königsherrschaft im Fest.— JdI 104, 1989, 61–82, Abb.

6303
Hesnard, A.; Carre, M. B.; Rival, M.; u. a.: L'épave romaine Grand Ribaud D (Hyères, Var).—
Archaeonautica 8, 1988, 3–180, Abb.

6304
Higham, N.: Native settlements west of the Pennines.— Rome and the Brigantes (Sheffield 1980) 41–47, Abb.
SB

6305
Hodges, R.: Roman or native in the White Peak.— Rome and the Brigantes (Sheffield 1980) 48–53, Abb.
SB

6306
Höckmann, O.: Zwammerdam und Nemi. Zur Bauplanung römischer Schiffe.—
AKorrBl 18, 1988, 389–396, Abb.

6307
Höckmann, O.: Late Roman river craft froma Mainz, Germany.— Local boats, 1 (Oxford 1988) 23–34, Abb.
KB Porto 1985

6308
Höghammer, K.: Honorary statues on Kos, 320 BC – AD 20.— Archaeology in the Dodecanese (Copenhagen 1988) 191–197
KB København 1986

6309
Hoffmann, H.: The cicada on the omphalos. An iconological excursion.—
Antiquity 62, 1988, 744–749, Abb.

6310
Holladay, A. J.: Further thoughts on trireme tactics.—
GaR 35, 1988, 149–151

6311
Holoway, R. R.: Sostratos kalos.— Studi per L. Breglia, 3 (Roma 1987) 9–12

6312
Homo-Lechner, C.: L'archéologie sonore en France. Premiers résultats.— Second conference of the ICTM Study Group on Music Archaeology, 1 (Stockholm 1986) 157–161, Abb.
KB Stockholm 1984

6313
Hopkins, K.: Contraception in the Roman empire.— Sexualität und Erotik in der Antike (Darmstadt 1988) 168–205
SB

6314
Houston, G. W.: Ports in perspective. Some comparative materials on Roman merchant ships and ports.—
AJA 92, 1988, 553–564, Abb.

6315
Hupperts, C. A. M.: Greek love. Homosexuality or paederasty? Greek love in black-figure vase-painting.— Proceedings of the 3rd Symposium on ancient Greek and related pottery (København 1988) 255–268, Abb.
KB København 1987

6316
Isaac, B.: The meaning of the terms 'limes' and 'limitanei'.—
JRS 78, 1988, 125–147

6317
Jackson, R.: Doctors and diseases in the Roman empire.— (London 1988) 207 S., Abb. Taf.
(British Museum publications)

6318
Jacob, C.: Inscrire la terre habitée sur une tablette. Réflexions sur la fonction des cartes géographiques en Grèce ancienne.— Les savoirs de l'écriture. En Grèce ancienne (Lille 1988) 273–304
SB

6319
Jacobs, L. D.: Ludi cetasti Patavinorum.—
AthenaeumPavia 67, 1989, 275–281

6320
Jacomet, S.: Verkohlte pflanzliche Makroreste aus Grabungen in Augst und Kaiseraugst. Kultur- und Wildpflanzenfunde als Informationsquellen über die Römerzeit.—
JberAugst 9, 1988, 271–310, Abb.

6321
Jajlenko, V. P.: Odna bosporskaja ėpigrafija. (Russ.) [Eine bosporanische Inschrift.].— Problemy antičnoj kul'tury (Moskva 1986) 222–226, Abb.
SB

6322
James, S.: The fabricae. State arms factories of the later Roman empire.— Military equipment and the identity of Roman soldiers (Oxford 1988) 257–322, Taf.
KB Newcastle 1986

6323
Jannot, J. R.: Les cités étrusques et la guerre. Remarques sur la fonction militaire dans la cité étrusque.—
Ktema 10, 1985 [1988], 127–141, Abb. Taf.

6324
Jannot, J. R.: Musiques et musiciens étrusques.—
CRAI 1988, 311–334, Abb.

6325
Jarva, E.: On the shield-apron in ancient Greek panoply.—
ActaArch 57, 1986, 1–25, Abb.

6326
Jeu, B.: Platon, Xénophon et l'idéologie du sport d'état.— Politique dans l'antiquité (Lille 1986) 9–33
SB

6327
Johnson, G. J.: De conspiratione delatorum. Pliny and the Christians revisited.—
Latomus 47, 1988, 417–422

6328
Jongman, W.: The economy and society of Pompeii.— (Amsterdam 1988) 415 S., Abb. Taf. Beil.
(Dutch monographs on ancient history and archaeology, 4)

6329
Jordan, B.: The honors for Themistocles after Salamis.—
AJPh 109, 1988, 547–571

6330
Jory, E. J.: Publilius Syrus and the element of competition in the theatre of the Republic.— Vir bonus discendi peritus. Studies in celebration of O. Skutsch's eightieth birthday (London 1988) 73–81
(BICS, suppl. 51)

6331
Jouanna, J.: Médecine hippocratique et tragédie grecque.— Anthropologie et théâtre antique (Montpellier 1987) 109–131
KB Montpellier 1986

6332
Jouanna, J.: Ippocrate e il sacro.—
Koinonia 12, 1988, 91–113

6333
Karttunen, K.: The country of fabulous beasts and naked philosophers. India in classical and medieval literature.—
Arctos 21, 1987, 43–52

6334
Karyshkovski, P. O.: Concerning the title of Mithradates VI Eupator. Towards the Iranian and Hellenic traditions in the kingdom of Pontus. (Russ. m. engl. Res.).— The Black Sea littoral in the hellenistic times (Tbilisi 1985) 572–581
KB Cchaltubo 1982

6335
Kehoe, D.: Allocation of risk and investment on the estates of Pliny the Younger.—
Chiron 18, 1988, 15–42

6336
Keyser, P.: The shape and size of the shield in the inscription from temple G at Selinus (IG 14,268).—
ZPE 75, 1988, 281–289, Abb.

6337
Keyser, P.: The origin of the Latin numerals 1 to 1000.—
AJA 92, 1988, 529–546, Abb.

6338
King, D.: Petrology, dating and distribution of querns and millstones. The results of research in Bedfordshire, Buckinghamshire, Hertfordshire and Middlesex.—
BInstALondon 23, 1986, 65–126, Abb.

6339
King, H.: Sacrificial blood. The role of the 'amnion' in ancient gynecology.— Rescuing Creusa (Lubbock 1987) 117–126
SB

6340
Kirwan, L. P.: A pre-Islamic settlement from al-Yaman on the Tanzanian coast.— L'Arabie préislamique et son environnement historique et culturel (Leiden 1989) 431–437
KB Strasbourg 1987

6341
Kisić, A.: Nalaz potonulog trgovačkog broda s početka IV. stoljeća u uvali Sobri na Mljetu. (Kroat. m. engl. Res.) Archaeological finds from the sunken ship of the 4th century in the bay of Sobra.—
AnDubrovnik 24–25, 1987, 7–31, Abb.

6342
Kislinger, E.: Symeon Salos' Hund.—
JbÖByz 38, 1988, 165–170

6343
Kloft, H.: Kleomenes von Naukratis. Probleme eines hellenistischen Wirtschaftsstils.—
GrazBeitr 15, 1988, 191–222

6344
Knauf, E. A.: Haben Aramäer den Griechen das Alphabet vermittelt?—
WO 18, 1987, 45–48

6345
Koenen, L.: Calendar problems. On the Macedonian calendar under Philopator and Epiphanes and on the use of the Sothis year for religious festivals.— Proceedings of the XVIII International congress of papyrology, 2 (Athens 1988) 209
KB Athenai 1986

6346
König, I.: Wirtschaftsräume und Handelswege im römischen Westen.— Labor omnibus unus. G. Walser zum Geburtstag dargebracht (Stuttgart 1989) 70–81

6347
König, M.: Ein Traubenkernfund aus dem 4.–5. Jahrhundert n. Chr. in Piesport.— Funde und Ausgrabungen im Bezirk Trier, 20 (Trier 1988) 21–26, Abb.
SB

6348
Körber-Grohne, U.; Rösch, M.: Römerzeitliche Brunnenfüllung im Vicus von Mainhardt, Kreis Schwäbisch Hall. Botanische Untersuchung.—
FuBerBadWürt 13, 1988, 307–323

6349
Kötting, B.: Die Bewertung der Wiederverheiratung (der zweiten Ehe) in der Antike und in der frühen Kirche.— (Opladen 1988) 43 S.
(Rheinisch-Westfälische Akademie der Wissenschaften. Geisteswissenschaften. Vorträge, G 292)

6350
Kohns, H. P.: Hungersnot und Hungerbewältigung in der Antike. Sozialmaßnahmen und Fürsorge.—
GrazBeitr Suppl. 3, 1988, 103–121
SB

6351
Kohns, H. P.: Bemerkungen zur Problematik der Wirtschaftskrise in Griechenland im 4. Jahrhundert v. Chr. Eine Anregung zur Diskussion.— Zu Alexander d. Gr. Festschrift G. Wirth (Amsterdam 1987) 123–130

6352
Korovina, A. K.: Vinodel'ni Germonassy. (Russ.) [Kelteranlagen in Hermonassa.].—
KraSoob 1987, Nr. 191, 60–67, Abb.

6353
Korpela, J.: Das Medizinalpersonal im antiken Rom. Eine sozialgeschichtliche Untersuchung.— (Helsinki 1987) 235 S.
(Annales academiae scientiarum fennicae. Dissertationes humanarum litterarum, 45)

6354
Kracht, P.: Die handelsgeschichtliche Bedeutung der Stadt Sybaris bis zu ihrer Zerstörung im Jahre 500 v. Chr.—
MünstBeitr 7, 1988, Nr. 1, 30–45, Abb.

6355
Krapivina, V. V.: Neopublikovannye giri iz raskopok Ol'vii. (Russ.) [Unpublizierte Gewichte aus den Grabungen in Olbia.].— Antičnye drevnosti Severnogo Pričernomor'ja (Kiev 1988) 188–194, Abb.
SB

6356
Krien-Kummrow, G.: Eine Theatermaske aus dem Kerameikos.— Studies in honour of T. B. L. Webster, 2 (Bristol 1988) 69–74, Taf.

6357
Krier, J.: Römische Schleuderbleie vom Titelberg und aus Dalheim.—
Hemecht 40, 1988, 541–548, Taf.)
SD

6358
Kron, U.: Kultmahle im Heraion von Samos archaischer Zeit. Versuch einer Rekonstruktion.— Early Greek cult practice (Stockholm 1988) 135–147, Abb.
KB Athenai 1986

6359
Kudlien, F.: 'Krankenversicherung' in der griechisch-römischen Antike. Sozialmaßnahmen und Fürsorge.—
GrazBeitr Suppl. 3, 1988, 75–102
SB

6360
Kudlien, F.: Wie erkannte der antike Ehemann einen Bankert?—
RhM 132, 1989, 204–214

6361
Künzl, E.: Archäologische Beiträge zur Medizingeschichte. Methoden, Ergebnisse, Ziele.— Etudes de médecine romaine (Saint-Etienne [1989]) 61–73, Taf.
SB

6362
Kuhnen, H. P.: Zwiebelknopffibeln aus Palaestina und Arabia. Überlegungen zur Interpretation einer spätrömischen Fibelform.—
ZDPV 104, 1988, 92–124, Abb. Taf.

6363
Kunisch, N.: Griechische Fischteller. Natur und Bild.— (Berlin 1989) 146 S., Abb. Taf.

6364
Kuznecov, V. D.: Remeslenniki-metallisty Epidavra. (Russ.) [Die Metallhandwerker von Epidauros.].— Problemy antičnoj kul'tury (Moskva 1986) 43–47
SB

6365
La Genière, J. de: Nota sui traffici di vasi attici in Puglia nel V secolo a. C.— Salento. Porta d'Italia (Galatina 1989) 157–162
KB Lecce 1986

6366
Lamboley, J. L.: Le canal d'Otrante et les relations entre les deux rives de l'Adriatique.— L'Illyrie méridionale et l'Epire dans l'antiquité (Clermont-Ferrand 1987) 195–202
KB Clermont-Ferrand 1984

6367
Lane, E. N.: Παστός.—
Glotta 66, 1988, 100–123

6368
Lang, J.: Study of the metallography of some Roman swords.—
Britannia 19, 1988, 199–216, Abb. Taf.

6369
Langdon, M. K.: Scoring the ancient pentathlon. Final solution?—
ZPE 78, 1989, 117–118

6370
Lanzillotta, E.: Nota di cartografia greca.— Γεωγραφία (Roma 1988) 93–103
KB Macerata 1985

6371
Larew, H. G.: Oak (quercus) galls preserved at Herculaneum in A.D. 79.— Studia pompeiana et classica in honor of W. F. Jashemski, 1 (New Rochelle 1988) 145–148, Abb.

6372
Lauwerier, R. C. G. M.: Animals in Roman times in the Dutch Eastern River Area.— (Amersfoort 1988) 227 S., Abb.
(Nederlandse oudheden, 12)

6373
Lavrencic, M.: 'Ανδρεῖον.—
Tyche 3, 1988, 147–161

6374
Le Bohec, Y.: L'armée romaine sous le Haut-Empire.— (Paris 1989) 287 S., Abb. Taf.

6375
Le Gall, J.: 'Tumultus' et 'vigiliae'. La 'garde nationale' de la république romaine.— Mélanges offerts à M. Labrousse (Toulouse 1987) 41–47

6376
Le Roux, P.: L'huile de Bétique et le prince sur un itinéraire annonaire.—
REA 88, 1986, 247–271

6377
Le Roux, P.: Th. Mommsen et C. Iulius Macer (CIL, XIII, 1041).— Mélanges offerts à M. Labrousse (Toulouse 1987) 119–133, Taf.

6378
Lebek, W. D.: Augustalspiele und Landestrauer (Tab. Siar. frg. II col. a 11–14).—
ZPE 75, 1988, 59–71

6379
Lebek, W. D.: Die postumen Ehrenbögen und der der Triumph des Drusus Caesar. CIL VI 31200 b col. I, 1–4; Tac. Ann. 4, 9, 2.—
ZPE 78, 1989, 83–91

6380
Lebek, W. D.: Die Mainzer Ehrungen für Germanicus, den älteren Drusus und Domitian. Tab. Siar. frg. I 26–34; Suet. Claud. 1, 3.—
ZPE 78, 1989, 45–82, Taf.

6381
Lee, H. M.: SIG^3 802. Did women compete against men in Greek athletic festivals?—
Nikephoros 1, 1988, 103–117

6382
Leipunskaya, N. A.: Hellenistic trends in Olbian economy. (Russ. m. engl. Res.).— The Black Sea littoral in the hellenistic times (Tbilisi 1985) 220–233
KB Cchaltubo 1982

6383
Lentano, M.: Sanguine nefando. Il rapporto socer-gener a Roma.—
AnnBari 31, 1988, 77–90

6384
Leone, A.: Gli animali da trasporto nell'Egitto greco, romano e bizantino.— (Roma 1988) 97 S.
(Papyrologica Castroctaviana. Studia et testus, 12)

6385
Lepper, F.; Frere, S.: Trajan's Column. A new edition of the Cichorius plates.— (Gloucester 1988) XVIII, 339 S., Abb. Taf.

6386
Leszl, W.: La medicina colta degli ippocratici. A proposito di un libro recente.—
MatTestiCl 20–21, 1988, 203–250

6387
Levi, M. A.: La lezione di Mozia.—
Acme 41, 1988, 5–10

6388
Levi, M. A.: L'Italia nell'evo antico.— (Padova 1988) VIII, 565 S., Abb.

6389
Levi, M. A.: I nomadi alla frontiera. I popoli delle steppe e l'antico mondo greco-romano.— (Roma 1989) 143 S., Taf.
(Centro ricerche e documentazione sull'antichità classica. Monografie, 13)

6390
Liberati, A.; Silverio, F.: Organizzazione militare, esercito.— (Roma 1988) 93 S., Abb.
(Museo della civiltà romana. Vita e costumi dei Romani antichi, 5)

6391
Liesker, W. H. M.; Sijpesteijn, P. J.: Two spurious titulatures of the emperor Tiberius.—
ChrEg 63, 1988, 155–156

6392
Ligt, L. de; Neeve, P. W. de: Ancient periodic markets. Festivals and fairs.—
AthenaeumPavìa 66, 1988, 391–416

6393
Lilja, S.: Sunbathing in antiquity.—
Arctos 21, 1987, 53–60

6394
Lind, H.: Ein Hetärenhaus am Heiligen Tor? Der Athener Bau Z und die bei Isaios (6,20 f.) erwähnte Synoikia Euktemons.—
MusHelv 45, 1988, 158–169, Abb.

6395
Linder, E.: La scoperta del rostro di Athlit. Un contributo allo studio della guerra navale nell'antichità.— Dalla battaglia delle Egadi per un'archeologia del Mediterraneo (Trapani 1988) 135–140, Taf.
KB Favignana 1985

6396
Linderski, J.: Garden parlors. Nobles and birds.— Studia pompeiana et classica in honor of W. F. Jashemski, 2 (New Rochelle 1989) 105–127

6397
Lissarrague, F.: Un flot d'images. Une esthétique du banquet grec.— (Paris 1987) 158 S., Abb.

6398
Littauer, M. A.; Crouwel, J. H.: New light on Priam's wagon?—
JHS 108, 1988, 194–196, Taf.

6399
Lohmann, H.: Das Kastro von H. Giorgios (Ereneia). Zum Verhältnis von Festungswesen und Siedlungsmorphologie im Koundoura-Tal.—
MarbWPr 1988, 34–66, Abb. Taf.

6400
Lombardo, M.: Pratiche di commensalità e forme di organizzazione sociale nel mondo greco. Symposia e syssitia.—
AnnPisa 18, 1988, 263–286

6401
Lowry, S. T.: The archaeology of economic ideas. The classical Greek tradition.— (Durham 1987) XVIII, 366 S.

6402
Loyzance, M. F.: A propos de Marcus Cassius Sempronianus Olisiponensis, diffusor olearius.—
REA 88, 1986, 273–283, Abb. Taf.

6403
Lund, A. A.: Physiognomica in der 'Germania' des Tacitus.—
RhM 131, 1988, 358–369

6404
Lund, A. A.: Zur Frage nach der Urbevölkerung Britanniens (Caes. Gall. 5, 12, 1-3 und Tac. Agr. 11).—
Gymnasium 95, 1988, 493–504

6405
Luppe, W.: Ein übersehener Hinweis auf die Fünf-Zahl der Konkurrenten bei den Komiker-Agonen zur Zeit des peloponnesischen Krieges?—
Nikephoros 1, 1988, 185–189

6406
Lutz, M.: La sigillée de la Gaule de l'Est dans une optique économico-sociale.— Céramiques hellénistiques et romaines, 2 (Paris 1987) 231–246, Taf.
SB

6407
Macadam, H. I.: Strabo, Pliny the Elder and Ptolemy of Alexandria. Three views of ancient Arabia and its peoples.— L'Arabie préislamique et son environnement historique et culturel (Leiden 1989) 289–318, Taf.
KB Strasbourg 1987

6408
Macadam, H. I.: Ptolemy's 'Geography' and the Wadi Sirhan.— Géographie historique au Proche-Orient (Paris 1988) 55–75, Abb.
KB Valbonne 1985

6409
Majak, I. L.: Rodstvennye gruppy v drevnejšem Rime. Agnaty. (Russ.) [Verwandtschaftsgruppen im archaischen Rom. Die Agnati.].— Problemy antičnoj kul'tury (Moskva 1986) 53–56
SB

6410
Malagardis, A. N.: Compétitions orchestiques d'éphèbes et origine de certaines idées sur l'éducation.— Πρακτικά του XII Διεθνούς συνεδρίου κλασικής αρχαιολογίας, 2 (Αθήνα 1988) 136–145, Taf.
KB Athenai 1983

6411
Malkin, I.; Shmueli, N.: The 'city of the blind' and the founding of Byzantium.—
MedHistR 3, 1988, 21–36, Abb.

6412
Manderscheid, H.: 'Quantum aquarum per gradus cum fragore labentium'. Überlegungen zu Wasserversorgung und Wassernutzung der Caracallathermen.—
AKorrBl 18, 1988, 291–299, Abb. Taf.

6413
Mansuelli, G. A.: L'ultima Etruria. Aspetti della romanizzazione del paese etrusco. Gli aspetti culturali e sacrali.— (Bologna 1988) 210 S., Abb.
(Studi di storia, 3)

6414
Marasco, G.: La guerra annibalica e lo sviluppo economico di Pozzuoli.— Geografia e storiografia nel mondo classico (Milano 1988) 205–216
SB

6415
Marganne, M. H.: Le chirurgien Héliodore. Tradition directe et indirecte.— Etudes de médecine romaine (Saint-Etienne [1989]) 107–111
SB

6416
Marzoli, D.: Doppelfeldflasche und Waffen aus einem frühetruskischen Kriegergrab.—
JbKuSammlBadWürt 25, 1988, 7–15, Abb.

6417
Maselli Scotti, F.: La produzione del vasellame fittile nel territorio di Aquileia.— Vita sociale artistica e commerciale di Aquileia romana, 2 (Udine 1987) 427–444, Abb. Taf.
KB Aquileia 1985

6418
Mason, D. J. P.: 'Prata legionis' in Britain.—
Britannia 19, 1988, 163–189, Abb.

6419
Massner, A. K.: Corona civica, Priesterkranz oder Magistratsinsignie? Bildnisse thasischer Theoroi?—
AM 103, 1988, 239–250, Taf.

6420
Mastino, A.: Costantino II 'florentissimus Caesar'.—
Epigraphica 50, 1988, 143–150, Abb.

6421
Matijašić, R.: La produzione ed il commercio di tegole ad Aquileia.— Vita sociale artistica e commerciale di Aquileia romana, 2 (Udine 1987) 495–531, Abb.
KB Aquileia 1985

6422
Matthäus, H.: Der Arzt in römischer Zeit. Literarische Nachrichten, archäologische Denkmäler, 1.— (Stuttgart 1987) 104 S., Abb.
(Schriften des Limesmuseums Aalen, 39)

6423
Mattingly, D. J.: Megalithic madness and measurement. Or how many olives could an olive press press?—
OxfJA 7, 1988, 177–195, Abb.

6424
Mattingly, D. J.: Olea mediterranea?—
JRomA 1, 1988, 153–161, Abb.

6425
Mattingly, D. J.: Oil for export? A comparison of Libyan, Spanish and Tunisian olive oil production in the Roman empire.—
JRomA 1, 1988, 33–56, Abb.

6426
Mattingly, D. J.: The olive boom. Oil surpluses, wealth and power in Roman Tripolitania.—
LibSt 19, 1988, 21–41, Abb.

6427
Mayet, F.: Les figlinae dans les marques d'amphores Dressel 20 de Bétique.—
REA 88, 1986, 285–305

6428
Mazzini, I.: Alimentazione e salute secondo i medici del mondo antico. Teoria e realtà.—
AnnMacerata 19, 1986, 9–23

6429
McCormick, M.: Eternal victory. Triumphal rulership in late antiquity, Byzantium, and the early medieval West.— (Cambridge 1986) XVI, 452 S.

6430
McLeod, W.: The bow at night. An inappropriate weapon?— PhoenixToronto 42, 1988, 121–125

6431
Meijer, F.: Thucydides 1.13.2.–4 and the changes in Greek shipbuilding.—
Historia 37, 1988, 461–463

6432
Meijer, F. J.: Types of ship in the regatta in Vergil's 'Aeneid' (5.114–243).—
Latomus 47, 1988, 94–97

6433
Meijering, R.: Literary and rhetorical theories in Greek scholia.— (Groningen 1987) XI, 327 S.

6434
Menci, G.: Numeri ordinali. Giorni del mese o indizioni.—
Aegyptus 68, 1988, 65–67

6435
Meyer, E.: Ein spätkaiserzeitliches Grab mit römischem Import von Gundorf, Kreis Leipzig.— Archäologische Feldforschungen in Sachsen (Berlin 1988) 271–273, Abb.
SB

6436
Meyer, F. G.: Food plants identified from carbonized remains at Pompeii and other Vesuvian sites.— Studia pompeiana et classica in honor of W. F. Jashemski, 1 (New Rochelle 1988) 183–220, Taf.

6437
Micha-Lampake, A.: Ἡ διατροφὴ τῶν ἀρχαίων Ἑλλήνων κατὰ τοὺς ἀρχαίους κωμωδιογράφους. Diss. Athen 1984.— (Αθήνα 1984) 329 S.

6438
Michaelidou-Nikolaou, I.: Ευρήματα που έχουν σχέση με Ασκληπιείο ή θεραπευτήριο στην Πάφο. Το Ασκληπιείο της Πάφου.— Πρακτικά του XII Διεθνούς συνεδρίου κλασικής αρχαιολογίας, 4 (Αθήνα 1988) 278–281, Taf.
KB Athenai 1983

6439
Middleton, P. S.: The pottery industries of Roman Britain. A review.— Céramiques hellénistiques et romaines, 2 (Paris 1987) 251–262, Taf.
SB

6440
Miller, M. C. J.: The φύλακες of the Serapeum in Roman Alexandria.— Proceedings of the XVIII International congress of papyrology, 2 (Athens 1988) 223–226, Taf.
KB Athenai 1986

6441
Millon, C.; Schouler, B.: Les Jeux Olympiques d'Antioche.—
Pallas 34, 1988, 61–76

6442
Milns, R. D.: Army pay and the military budget of Alexander the Great.— Zu Alexander d. Gr. Festschrift G. Wirth (Amsterdam 1987) 233–256

6443
Minnen, P. van: Pelousion. An Arsinoite village in distress.—
ZPE 77, 1989, 199–200

6444
Mirdita, Z.: Die wirtschaftlichen und gesellschaftlichen Verhältnisse des Zentralgebietes Dardaniens in der Antike.—
RechAlb 2, 1985, 211–225

6445
Misiewicz, K.; Tumidajewicz, S.: Żarna i mortaria kamienne z Novae. (Poln.) [Steinerne Handmühlen und Mörser aus Novae.].—
Novaensia 1, 1987, 177–230, Abb.

6446
Monacchi, W.: Note sui materiali ceramici da Sestinum. Campagne di scavo 1971 e 1973.— Sestinum (Rimini 1989) 63–79, Abb.
KB Sestino 1983

6447
Montevecchi, O.: La papirologia. 2. ed.— (Milano 1988) XVI, 620 S., Taf.
(Trattati e manuali)

6448
Morel, J. P.: Remarques sur l'art et l'artisanat de Naples antique.— Neapolis (Taranto [1988]) 305–356, Taf.
KB Taranto 1985

6449
Morel, J. P.: Artisanat et colonisation dans l'Italie romaine aux IVe et IIIe siècles av. J. C.—
DArch 6, 1988, Nr. 2, 49–63

6450
Morgan, C.: Corinth, the Corinthian Gulf and Western Greece during the eighth century B.C.—
BSA 83, 1988, 313–338, Abb.

6451
Moscati, S.: Dimensione tirrenica.—
RStFen 16, 1988, 133–144

6452
Mosino, F.: Un 'romano' di Roma.—
RendLinc 42, 1987, 125–126, Abb.

6453
Moss, C. F.: Roman marble tables. Diss. Princeton University 1988. 2 Bde.; Tafelbd.— (Ann Arbor 1989) XIV, 926 S.
(University Microfilms International)

6454
Mrozek, S.: Die privaten Alimentarstiftungen in der römischen Kaiserzeit. Sozialmaßnahmen und Fürsorge.—
GrazBeitr Suppl. 3, 1988, 155–166
SB

6455
Mund-Dopchie, M.; Vanbaelen, S.: L'Inde dans l'imaginaire grec.—
EtCl 57, 1989, 209–226

6456
Murray, W. M.; Petsas, P. M.: The spoils of Actium.—
Archaeology 41, 1988, Nr. 5, 28–35, Abb.

6457
Mutz, A.: Eine spätantik-byzantinische Schnellwaage.—
BayVgBl 53, 1988, 223–232, Abb. Taf.

6458
Nardelli, M. L.: Testi letterari dall'archivio del Serapeo di Memfi. Ipotesi di una biblioteca.— Proceedings of the XVIII International congress of papyrology, 2 (Athens 1988) 179–188
KB Athenai 1986

6459
Nash, D.: Imperial expansion under the Roman Republic.— Centre and periphery in the ancient world (Cambridge 1987) 87–103, Abb.
SB

6460
Nazarov, V. V.: Novye nachodki nakonečnikov strel iz archaičeskich poselenij Nižnego Pobuž'ja. (Russ.) [Neufunde von Pfeilspitzen aus archaischen Siedlungen des unteren Buggebiets.].— Antičnye drevnosti Severnogo Pričernomor'ja (Kiev 1988) 179–183, Abb.
SB

6461
Nenci, G.: Pratiche alimentari e forme di definizione e distinzione sociale nella Grecia arcaica.—
AnnPisa 18, 1988, 1–10

6462
Néraudau, J. P.: La loi, la coutume et le chagrin. Réflexions sur la mort des enfants.— La mort, les morts et l'au-delà dans le monde romain (Caen 1987) 195–208
KB Caen 1985

6463
Nesbitt, M.; Sumers, G. D.: Some recent discoveries of millet (Panicum miliaceum L. and Setaria italica (L.) P. Beauv.) at excavations in Turkey and Iran.—
AnatSt 38, 1988, 85–97, Abb.

6464
Nickel, D.: Medizinerinnen in der Antike.— Die Frau in der Antike (Stendal 1988) 39–45
KB Stendal 1985

6465
Nicolaou, I.: Les bouillottes thérapeutiques de Paphos et leurs parallèles hors de Chypre.—
BCH 113, 1989, 301–318, Abb.

6466
Nicolet, C.: De Vérone au Champ de Mars. Chorographia et carte d'Agrippa.—
MEFRA 100, 1988, 127–138, Abb.

6467
Nicolet, C.: L'inventaire du monde. Géographie et politique aux origines de l'empire romain.— ([Paris] 1988) 345 S., Abb. Taf.

6468
Nielsen, M.: La donna e la famiglia nella tarda società etrusca.— Le donne in Etruria (Roma 1989) 121–145, Abb. Taf.
SB

6469
Nikolaenko, G. M.; Yanushevich, Z. V.; Kuzminova, N. N.: Viticulture in Tauric Chersonese in the 4th – 2nd centuries B.C. according to archaeological and palaeobotanical investigations. (Russ. m. engl. Res.).— The Black Sea littoral in the hellenistic times (Tbilisi 1985) 307–320
KB Cchaltubo 1982

6470
Nikonorov, V. P.: Razvitie konskogo zaščitnogo snarjaženija antičnoj ėpochi. (Russ.) [Die Entwickelung der Pferdepanzerung in der Antike.].—
KraSoob 1985, Nr. 184, 30–35, Abb.

6471
Nippel, W.: Aufruhr und 'Polizei' in der römischen Republik.— (Stuttgart 1988) 334 S.

6472
Noll, R.: Kostbare Tintenfässer.—
BayVgBl 53, 1988, 83–97, Abb. Taf.

6473
Nony, D.: La géographie monétaire de la Gironde précésarienne et les origines de Bordeaux.—
REA 88, 1986, 125–133, Taf.

6474
O'Connor, T. P.: Bones from the General Accident site, Tanner Row.— (London 1988) 61–136, Abb. Taf.
(The archaeology of York, 15,2)

6475
Oesterwind, B. C.; Schäfer, K.: Die spätlatènezeitliche und frühkaiserzeitliche Besiedlung im Andernacher Stadtgebiet.— (Andernach 1987) 87 S., Abb. Taf.
(Andernacher Beiträge, 1)

6476
Olmos, R.: Los recientes hallazgos griegos de Málaga en su enmarque del sur peninsular.—
AEsp 61, 1988, 222–225

6477
Opelt, I.: Arar, der Grenzstrom zwischen Häduern und Sequanern.—
Gymnasium 95, 1988, 481–492

6478
Opreanu, C.: Despre structurile subterane ale arenei amfiteatrului de la Sarmizegetusa.—
ActaMusNapoca 22–23, 1985–86, 147–159, Abb.

6479
Orlandoni, M.: La via commerciale della Valle d'Aosta nella documentazione numismatica.—
RivItNum 90, 1988, 433–445, Taf.

6480
Packman, Z. M.: Instructions for the use of planet markers on a horoscope board.—
ZPE 74, 1988, 85–95, Taf.

6481
Pagano, M.: Semo Sancus in una insegna di bottega a Ercolano.—
CronErcol 18, 1988, 209–214, Abb.

6482
Panitschek, P.: Zur Entstehung des athenischen Handels mit dem Schwarzmeerraum im 6. Jahrhundert.—
MünstBeitr 7, 1988, Nr. 2, 27–42

6483
Papazoglou, F.: Les stèles éphébiques de Stuberra.—
Chiron 18, 1988, 233–256, Taf.

6484
Paris, R.: Origine e diffusione della gladiatura.— Anfiteatro Flavio (Roma 1988) 119–130, Abb.
SB

6485
Parker, A. J.: The birds of Roman Britain.—
OxfJA 7, 1988, 197–226, Abb.

6486
Patzek, B.: Die historischen Bedingungen des Fremdverstehens in Tacitus' 'Germania'.—
HZ 247, 1988, 27–51

6487
Pellegrino, C.; Borghini, A.: Il piatto zodiacale di Trimalchione. Ancora su 'oclopeta' (Satyr., 35, 4).—
Latomus 47, 1988, 858–862

6488
Pensabene, P.: L'importazione dei manufatti marmorei ad Aquileia.— Vita sociale artistica e commerciale di Aquileia romana, 2 (Udine 1987) 365–399, Taf.
KB Aquileia 1985

6489
Peretti, A.: Dati storici e distanze marine nel 'Periplo' di Scilace.—
StClOr 38, 1988, 13–137

6490
Perlman, P.: The calendrical position of the Nemean Games.—
AthenaeumPavia 67, 1989, 57–90

6491
Peters, B. G.: K voprosu o morskom dele drevnej Grecii v klassičeskoe vremja. (Russ.) [Zum Problem der Schiffahrt im klassischen Griechenland.].— Problemy antičnoj kul'tury (Moskva 1986) 75–77
SB

6492
Petrescu, M. S.: Piese de armament descoperite în castrul de la Tibiscum, 1.—
ActaMusNapoca 22–23, 1985–86, 521–522, Taf.

6493
Piacente, L.: Utenti e prestito di libri nelle biblioteche dell'antica Roma.—

6494
Piana Agostinetti, P.; Priuli, S.: Il tesoro di Arcisate.—
ArchCl 37, 1985, 182–237, Abb. Taf.

6495
Piccaluga, G.: Flora 'scritta' e scrittura su papiro nel mondo antico.— Proceedings of the XVIII International congress of papyrology, 2 (Athens 1988) 483–495
KB Athenai 1986

6496
Piccottini, G.: Scambi commerciali fra l'Italia e il Norico.— Vita sociale artistica e commerciale di Aquileia romana, 2 (Udine 1987) 291–304, Abb. Taf.
KB Aquileia 1985

6497
Pičikjan, I. R.: Paradnye nožny greko-baktrijskich mečej. (Russ.) [Griffe graeco-baktrischer Prunkschwerter.].— Problemy antičnoj kul'tury (Moskva 1986) 264–272, Abb.
SB

6498
Piérart, M.: Les dates de la chute de Troie et de la fondation de Rome. Comput par génération ou compte à rebours?— Historia testis. Mélanges offerts à T. Zawadzki (Fribourg 1989) 1–20

6499
Pietilä-Castrén, L.: Magnificentia publica. The victory monuments of the Roman generals in the era of the Punic wars.— (Helsinki 1987) 178 S., Taf.
(Commentationes humanarum litterarum, 84)

6500
Pigeaud, J.: Folie et cures de la folie chez les médecins de l'antiquité gréco-romaine. La manie.— (Paris 1987) 266 S., Taf.
(Collection d'études anciennes, 112)

6501
Pigeaud, J.: Le style d'Hippocrate ou l'écriture fondatrice de la médecine.— Les savoirs de l'écriture. En Grèce ancienne (Lille 1988) 305–329
SB

6502
Pirovano, F.: La 'cantata della rondine' a Rodi.—
NumAntCl 16, 1987, 101–106, Taf.

6503
Pleket, H. W.: Greek epigraphy and comparative ancient history. Two case studies.—
EpigrAnat 12, 1988, 25–38

6504
Pöhlmann, E.: Sucheszenen auf der attischen Bühne des 5. und 4. Jhs. Zur Bühnentechnik der Eumeniden, des Aias, der Acharner und des Rhesos.— Festschrift R. Werner (Konstanz 1989) 41–58, Taf.

6505
Pöhlmann, E.: Mündlichkeit und Schriftlichkeit gestern und heute.—
WürzbJbAltWiss 14, 1988, 7–20, Taf.

6506
Polacco, L.: L'evoluzione del teatro greco comico nel IV secolo a. C.—
Dioniso 57, 1987, 267–279, Abb. Taf.

6507
Polacco, L.: Rites des saisons et drames sacrés chez les Grecs.—
Anthropologie et théâtre antique (Montpellier 1987) 9–22, Abb.
KB Montpellier 1986

6508
Polacco, L.: Come Euripide rappresentò 'Le supplici'.—
AttiVenezia 145, 1986–87, 1–13, Taf.

6509
Pollard, R. J.: The Roman pottery of Kent.— (Maidstone 1988) XXXVIII, 247 S., Abb.
(Monograph series of the Kent Archaeological Society, 5)

6510
Pomeroy, S. B.: Women in Roman Egypt. A preliminary study based on papyri.— Aufstieg und Niedergang der römischen Welt, 2, 10,1. [Festschrift Vogt] (Berlin 1988) 708–723, Taf.

6511
Poucet, J.: Réflexions sur l'écrit et l'écriture dans la Rome des premiers siècles.—
Latomus 48, 1989, 285–311

6512
Poulter, A. G.: Certain doubts and doubtful conclusions. The lorica segmentata from Newstead and the Antonine garrison.— Military equipment and the identity of Roman soldiers (Oxford 1988) 31–49, Abb.
KB Newcastle 1986

6513
Powell, B. B.: The origin of the puzzling supplementals Φ X Ψ.— TransactAmPhilAss 117, 1987, 1–20, Abb.

6514
Prontera, F.: La geografia dei Greci fra natura e storia. Note e ipotesi di lavoro.— Γεωγραφία (Roma 1988) 199–222
KB Macerata 1985

6515
Prontera, F.: Considerazioni sulle rotte fra Tirreno ed Egeo (età arcaica e classica) nella tradizione antica.— Magna Grecia. Vita religiosa e cultura letteraria, filosofica e scientifica (Milano 1988) 327–344, Abb.
SB

6516
Pugliese Carratelli, G.: Le scuole mediche.— Magna Grecia. Vita religiosa e cultura letteraria, filosofica e scientifica (Milano 1988) 227–236, Abb.
SB

6517
Puglisi, G.: Terra e denaro nell'impero romano. La 'Cena Trimalchionis' e la tradizione 'de re rustica'.—
SicGymn 40, 1987, 13–37

6518
Purpura, G.: Pesca e stabilimenti antichi per la lavorazione del pesce in Sicilia.— Dalla battaglia delle Egadi per un'archeologia del Mediterraneo (Trapnai 1988) 28–35
KB Favignana 1985

6519
Puskás, I.: Trade contacts between India and the Roman empire.— India and the ancient world. P. H. L. Eggermont jubilee volume (Leuven 1987) 141–156

6520
Qedar, S.: Two lead weights of Herod Antipas and Agrippa II and the early history of Tiberias.—
IsrNumJ 9, 1986–87, 29–35, Abb. Taf.

6521
Radke, G.: Topographische Betrachtungen zum 'Iter Brundisinum' des Horaz.—
RhM 132, 1989, 54–72, Abb.

6522
Radnóti-Alföldi, M.: Schildbilder der römischen Kaiser auf Münzen und Multipla.— Studi per L. Breglia, 2 (Roma 1987) 133–139, Taf.

6523
Raepsaet, G.: Aspects de l'organisation du commerce de la céramique sigillée dans le Nord de la Gaule au IIe siècle de notre ère, 1. Les données matérielles.—
MünstBeitr 6, 1987, Nr. 2, 1–29, Taf.

6524
Raepsaet, G.: Archéologie et iconographie des attelages dans le monde gréco-romain. La problématique économique.— Histoire économique de l'antiquité (Louvain-la-Neuve 1987) 29–48, Abb.
KB Antwerpen 1985

6525
Raepsaet-Charlier, M. T.; Raepsaet-Charlier G.: Aspects de l'organisation du commerce de la céramique sigillée dans le Nord de la Gaule aux IIe et IIIe siècles de notre ère, 2. Négociants et transporteurs. La géographie des activités commerciales.—
MünstBeitr 7, 1988, Nr. 2, 45–68

6526
Raev, B. A.: Bronzovyj šlem iz kollekcii Novočerkasskogo muzeja. (Russ.) [Ein Bronzehelm aus der Sammlung des Museums in Novočerkassk.].—
KraSoob 1988, Nr. 194, 36–39, Abb.

6527
Rallo, A.: La cosmesi.— Le donne in Etruria (Roma 1989) 173–179, Taf.
SB

6528
Rallo, A.: Classi sociali e mano d'opera femminile.— Le donne in Etruria (Roma 1989) 147–156, Taf.
SB

6529
Rallo, A.: Fonti.— Le donne in Etruria (Roma 1989) 15–33, Taf.
SB

6530
Ramm, H.: Native settlements east of the Pennines.— Rome and the Brigantes (Sheffield 1980) 28–40, Abb.
SB

6531
Rancoule, G.: Observations sur la diffusion des importations italiques dans l'Aude aux IIe et Ier siècles avant J. C.—
RANarb 18, 1985, 263–275, Abb.

6532
Rea, J. R.: On the Greek calends.— Proceedings of the XVIII International congress of papyrology, 2 (Athens 1988) 203–208
KB Athenai 1986

6533
Rebrik, B. M.: Geologie und Bergbau in der Antike.— (Leipzig 1987) 183 S., Abb.

6534
Reece, R.: Interpreting Roman hoards.—
WorldA 20, 1988, 261–269

6535
Reggiani, A. M.: La 'venatio'. Origine e prime raffigurazioni.— Anfiteatro Flavio (Roma 1988) 147–155, Abb.
SB

6536
Renfrew, J. M.: Food for athletes and gods. A classical diet.— The archaeology of the Olympics (Madison 1988) 174–181
KB Los Angeles 1984

6537
Rey-Coquais, J. P.: L'Arabie dans les routes de commerce entre le monde méditerranéen et les côtes indiennes.— L'Arabie préislamique et son environnement historique et culturel (Leiden 1989) 225–239
KB Strasbourg 1987

6538
Riccardi, E.: Urinatores.— Dalla battaglia delle Egadi per un'archeologia del Mediterraneo (Trapani 1988) 51–55
KB Favignana 1985

6539
Ricciardi, M.: Identification of some carbonized plant remains from the archaeological area of Oplontis.— Studia pompeiana et classica in honor of W. F. Jashemski, 1 (New Rochelle 1988) 317–325, Taf.

6540
Richardson Jr., L.: Water triclinia and biclinia in Pompeii.— Studia pompeiana et classica in honor of W. F. Jashemski, 1 (New Rochelle 1988) 305–312, Taf.

6541
Riedel, A.: Ergebnisse der Untersuchung einiger Südtiroler Faunen.—
PreistAlp 21, 1985, 113–167, Taf.

6542
Rigsby, K. J.: Provincia Asia.—
TransactAmPhilAss 118, 1988, 123–153

6543
Riley, M.: Theoretical and practical astrology. Ptolemy and his colleagues.—
TransactAmPhilAss 117, 1987, 235–255, Taf.

6544
Rösch, M.: Botanische Funde aus römischen Brunnen in Murrhardt, Rems-Murr-Kreis.—
AAusgrBadWürt 1988, 114–118, Abb.

6545
Rolley, C.: Une couronne et un diadème sur la tête d'Alexandre.— Griechische und römische Statuetten und Großbronzen (Wien 1988) 88–94, Abb.
KB Wien 1986

6546
Rosen, R. M.: Trouble in the early career of Plato Comicus. Another look at P. Oxy. 2737,44–51 (PCG III 2, 590).—
ZPE 76, 1989, 223–228

6547
Roth-Rubi, K.; Sennhauser, H. R.; u. a.: Verenamünster Zurzach. Ausgrabungen und Bauuntersuchung, 1. Römische Straße und Gräber.— (Zürich 1987) 144 S., Abb. Taf.
(Veröffentlichungen des Instituts für Denkmalpflege an der Eidgenössischen Technischen Hochschule Zürich, 6)

6548
Rottländer, R. C. A.: Über die Funktionstüchtigkeit der mit den Mithrassymbolen zusammen gefundenen kleinen Waagen.—
Germania 66, 1988, 498–503, Abb.

6549
Rottländer, R. C. A.: Gebrauchsspuren an Wegen.—
AInf 11, 1988, 183–187, Abb.

6550
Rougé, J.: Le 'Philogélôs' et la navigation.—
JSav 1987, 3–12

6551
Rougé, J.: La place de l'Illyrie méridionale et de l'Epire dans le système des communications de l'empire romain.— L'Illyrie méridionale et l'Epire dans l'antiquité (Clermont-Ferrand 1987) 255–261
KB Clermont-Ferrand 1984

6552
Rouillard, P.: Les colonies grecques de la péninsule ibérique. Leur mode de fonctionnement et leur rôle.— Actas. 1er Congreso peninsular de historia antigua, 2 (Santiago de Compostela 1988) 111–117
KB Santiago de Compostela 1986

6553
Ruegg, S. D.: Minturnae. A Roman river seaport on the Garigliano river, Italy.— Archaeology of coastal changes (Oxford 1988) 209–228
KB Haifa 1986

6554
Rühfel, H.: Ammen und Kinderfrauen im klassischen Athen.—
AW 19, 1988, Nr. 4, 43–57, Abb.

6555
Ruprechtsberger, E. M.: Zu spätantiken Gürtelbeschlägen aus Salzburg-Maxglan.— Die Römer in den Alpen (Bozen 1989) 175–195, Abb.
KB Salzburg 1986

6556
Sabattini, A.: Problemi della produzione economica.— Sestinum (Rimini 1989) 261–265
KB Sestino 1983

6557
Sabbatini Tumolesi, P.: Epigrafia anfiteatrale dell'Occidente romano, 1. Roma.— (Roma 1988) 187 S., Abb.
(Vetera, 2)

6558
Sabbatini Tumolesi, P.: Gli spettacoli anfiteatrali alla luce di alcune testimonianze epigrafiche.— Anfiteatro Flavio (Roma 1988) 91–99, Abb.
SB

6559
Sáez Fernández, P.: Sobre algunos tipos de tierras vitícolas de la Bética.— Actas. 1er Congreso peninsular de historia antigua, 2 (Santiago de Compostela 1988) 521–529, Abb.
KB Santiago de Compostela 1986

6560
Saïd, S.: Travestis et travestissements dans les comédies d'Aristophane.— Anthropologie et théâtre antique (Montpellier 1987) 217–246, Taf.
KB Montpellier 1986

6561
Salinas de Frías, M.: El 'Hieron Akroterion' y la geografía religiosa del extremo occidente según Estrabón.— Actas. 1er Congreso peninsular de historia antigua, 2 (Santiago de Compostela 1988) 135–147
KB Santiago de Compostela 1986

6562
Salles, J. F.: Les échanges commerciaux dans le Golfe arabo-persique au 1er millénaire avant J. C. Réflexions sur Makkan et Meluhha.— L'Arabie préislamique et son environnement historique et culturel (Leiden 1989) 67–96, Abb.
KB Strasbourg 1987

6563
Salomies, O.: Die römischen Vornamen. Studien zur römischen Namengebung.— (Helsinki 1987) 466 S.
(Commentationes Humanarum Litterarum, 82)

6564
Salway, P.: The 'vici'. Urbanisation in the North.— Rome and the Brigantes (Sheffield 1980) 8–17, Abb.
SB

6565
Salza Prina Ricotti, E.: Le tende conviviali e la tenda di Tolomeo Filadelfo.— Studia pompeiana et classica in honor of W. F. Jashemski, 2 (New Rochelle 1989) 199–231, Taf.

6566
Sancho Rocher, L.: Equitatus y tribus en el ambiente de la Roma de Tarquinio Prisco.— Actas. 1er Congreso peninsular de historia antigua, 3 (Santiago de Compostela 1988) 149–165
KB Santiago de Compostela 1986

6567
Sandy, D. B.: A social and economic history of Ptolemaic oils.— Proceedings of the XVIII International congress of papyrology, 2 (Athens 1988) 237–242
KB Athenai 1986

6568
Sansone, D.: Greek athletics and the genesis of sport.— (Berkeley 1988) XV, 136 S., Taf.

6569
Santero Santurino, J. M.: Aspectos de la política julio-claudia en materia asociativa.— Estudios sobre la Tabula Siarensis (Madrid 1988) 169–184
KB Sevilla 1986

6570
Šašel, J.: Le famiglie romane e la loro economia di base.— Vita sociale artistica e commerciale di Aquileia romana, 1 (Udine 1987) 145–152, Taf.
KB Aquileia 1985

6571
Schäfer, T.: Imperii insignia. Sella curulis und Fasces. Zur Repräsentation römischer Magistrate.— (Mainz 1989) 457 S., Abb. Taf. (RM, Ergh. 29)

6572
Scheffer, C.: Workshop and trade patterns in Athenian black figure.— Proceedings of the 3rd Symposium on ancient Greek and related pottery (København 1988) 536–546
KB København 1987

6573
Schleifring, J. H.: Krankheit und Tod. Anthropologische Untersuchungen an römerzeitlichen Skelettfunden, 2.—
RheinMusBonn 1988, 33–37, Abb.

6574
Schmitt-Pantel, P.: Les pratiques collectives et le politique dans la cité grecque.— Sociabilité, pouvoirs et société (Rouen 1987) 279–288
KB Rouen 1983

6575
Schneble, H.: Krankheit der ungezählten Namen. Ein Beitrag zur Sozial-, Kultur- und Medizingeschichte der Epilepsie anhand ihrer Benennungen vom Altertum bis zur Gegenwart.— (Bern 1987) X, 190 S., Abb.

6576
Schönberger, H.; Köhler, H. J.; Höckmann, O.: Die östliche Umwehrung des Kastells Oberstimm und Schiffe mediterraner Bauart auf seiner Westseite. Gemeinde Manching, Landkreis Pfaffenhofen a. d. Ilm, Oberbayern.—
AJahrBay 1987, 106–108, Abb.

6577
Scholl, R.: Zur Höhe der Salzsteuer für Sklaven.—
ZPE 76, 1989, 95–97

6578
Schouler, B.: Les sophistes et le théâtre au temps des empereurs.— Anthropologie et théâtre antique (Montpellier 1987) 273–294
KB Montpellier 1986

6579
Schürmann, W.: Zur Deutung der Fransentücher im hellenistisch-römischen Ägypten.— Beiträge zur Ikonographie und Hermeneutik. Festschrift für N. Himmelmann (Mainz 1989) 297–303, Taf.

6580
Schwandner, E. L.: Handwerkerviertel in Gründungsstädten des 5. und 4. Jahrhunderts.— Πρακτικά του XII Διεθνούς συνεδρίου κλασικής αρχαιολογίας, 4 (Αθήνα 1988) 183–187, Taf.
KB Athenai 1983

6581
Schwartz, J.: De quelques villages du nome Arsinoïte à l'époque romaine.—
CahPEg 10, 1988, 141–148

6582
Scobie, A.: Spectator security and comfort at gladiatorial games.—
Nikephoros 1, 1988, 191–243

6583
Seeberg, A.: Heads on platters.— Studies in honour of T. B. L. Webster, 2 (Bristol 1988) 121–132, Abb. Taf.

6584
Seng, H.: Τά δίκαια beim Symposion.—
QuadUrbin 30, 1988, 123–131

6585
Sesiano, J.: Les miroirs ardents de Dioclès.—
MusHelv 45, 1988, 193–202, Abb.

6586
Shabani, H.: Një orë diellore në Vastrua të Shalësit. (Alban.) Un cadran solaire à Vastrua de Shalës.—
Iliria 17, 1987, Nr. 1, 239–240, Abb.

6587
Sidebotham, S. E.: Ports of the Red Sea and the Arabia-India trade.— L'Arabie préislamique et son environnement historique et culturel (Leiden 1989) 195–223, Abb.
KB Strasbourg 1987

6589
Siems, A. K.: Einleitung.— Sexualität und Erotik in der Antike (Darmstadt 1988) 1–15
SB

6590
Sigaut, F.: L'évolution technique des agricultures européennes avant l'époque industrielle.—
RACFr 27, 1988, Nr. 1, 7–41

6591
Sijpesteijn, P. J.: Een vaas met gegevens aangaande het romeinse leger in Egypte.—
VerAmstMeded 36, 1986, 14–16, Abb.

6592
Sillières, P.: La rareté des voies romaines en Hispanie méridionale. Explication et conséquences.— Labor omnibus unus. G. Walser zum Geburtstag dargebracht (Stuttgart 1989) 105–111

6593
Sinclair, R. K.: Democracy and participation in Athens.— (Cambridge 1988) XV, 253 S., Abb.

6594
Slater, N. W.: Problems in the hypotheses to Aristophanes' 'Peace'.—
ZPE 74, 1988, 43–57

6595
Solovera San Juan, M. E.: Estudios sobre la historia económica de la Rioja romana.— (Logroño 1987) 223 S., Abb.
(Instituto de estudios riojanos. Historia, 7)

6596
Sommer, C. S.: Kastellvicus und Kastell. Untersuchungen zum Zugmantel im Taunus und zu den Kastellvici in Obergermanien und Rätien.—
FuBerBadWürt 13, 1988, 457–707, Abb. Taf.

6597
Sourvinou-Inwood, C.: Studies in girls' transitions. Aspects of the arkteia and age representation in Attic iconography.— (Athens 1988) 159 S., Taf.

6598
Speidel, M. P.; Seider, R.: A Latin papyrus with a recruit's request for service in the auxiliary cohorts.—
JEA 74, 1988, 242–244, Taf.

6599
Stančeva, M.: Candra solaire des environs de Serdica. (Bulg. m. franz. Res.).—
ArcheologijaSof 30, 1988, Nr. 2, 39–42, Abb.

6600
Stănescu, F. C.: Consideraţii privitoare la posibile semnificaţii astronomice ale altarului de la Sarmizegetusa Regia.—
ActaMusNapoca 22–23, 1985–86, 105–133, Taf.

6601
Starr, C. G.: The influence of sea power on ancient history.— (New York 1989) 105 S., Abb.

6602
Steckner, C.: Form and filling, an empirical glance at shape.— Proceedings of the 3rd Symposium on ancient Greek and related pottery (København 1988) 604–616, Abb.
KB København 1987

6603
Stephanes, I. E.: Διονυσιακοὶ τεχνίται. Συμβολὲς στὴν προσωπογραφία τοῦ θεάτρου καὶ τῆς μουσικῆς τῶν ἀρχαίων Ἑλλήνων.— (Ἡράκλειο 1988) 616 S., Taf.

6604
Stibbe, C. M.; Nafissi, M.: Laconian mixing bowls. A history of the krater lakonikos from the seventh to the fifth century B.C. Laconian black-glazed pottery, 1.— (Amsterdam 1989) 165 S., Abb. Taf.
(Allard Pierson series. Scripta minora, 2)

6605
Stoddart, S.; Whitley, J.: The social context of literacy in archaic Greece and Etruria.—
Antiquity 62, 1988, 761–772

6606
Stok, F.: Fisiognomia e carattere delle popolazioni nordiche e germaniche nella cultura dell'età romana.— Cultura classica e cultura germanica settentrionale (Macerata o. J.) 65–111
KB Macerata 1985

6607
Strobel, K.: Einige Bemerkungen zu den historisch-archäologischen Grundlagen einer Neuformulierung der Sigillatenchronologie für Germanien und Rätien und zu wirtschaftsgeschichtlichen Aspekten der römischen Keramikindustrie.—
MünstBeitr 6, 1987, Nr. 2, 75–115

6608
Strobel, K.: Optio tribunorum legionum quinque. Ein Phantomposten der römischen Militärgeschichte.—
ZPE 75, 1988, 235–236

6609
Strobel, K.: Ein weiteres Zeugnis zur Rangordnung im römischen Legionscenturionat der Kaiserzeit.—
EpigrAnat 12, 1988, 43–46

6610
Strøm, I.: Orientalising bronze reliefs from Chiusi.—
AnalRom 17–18, 1989, 7–27, Abb.

6611
Stronk, J. P.: Wreckage at Salmydessos.—
Talanta 18–19, 1986–87, 63–70, Taf.

6612
Stückelberger, A.: Einführung in die antiken Naturwissenschaften.— (Darmstadt 1988) X, 214 S., Taf.
(Die Physik. Einführungen)

6613
Suceveanu, A.: Quelques aspects de la crise économique en Dobroudja aux IIe–IIIe siècles de n. è.— Krise. Krisenbewußtsein. Krisenbewältigung (Halle 1988) 109–111
KB Halle 1984

6614
Suder, W.: A partu, utraque filiam enixa decessit. Mortalité maternelle dans l'empire romain.— Etudes de médecine romaine (Saint-Etienne [1989]) 161–166
SB

6615
Sunter, N.; Woodward, P. J.; u. a.: Romano-British industries in Purbeck. Excavations at Norden. Excavations at Ower and Rope Lake Hole.— (Dorchester 1987) 184 S., Abb.
(Dorset Natural History and Archaeological Society. Monograph series, 6)

6616
Susini, G.: Compitare per via. Antropologia del lettore antico, meglio, del lettore romano.—
(Alma mater studiorum 1,1, 1988, 105–113, Taf.)
SD

6617
Swaddling, J.: An unusual Greek bronze helmet.—
AntJ 67, 1987, 348–351, Abb. Taf.

6618
Syme, R.: Diet on Capri.—
AthenaeumPavia 67, 1989, 261–272

6619
Szabó, A.: Le scienze fisiche e matematiche.— Magna Grecia. Vita religiosa e cultura letteraria, filosofica e scientifica (Milano 1988) 237–258, Abb.
SB

6620
Szabó, A.: Die Philosophie der Eleaten und die Mathematik der Griechen.—
PP 43, 1988, 420–445

6621
Tait, W. J.: Rush and reed. The pens of Egyptian and Greek scribes.— Proceedings of the XVIII International congress of papyrology, 2 (Athens 1988) 477–481
KB Athenai 1986

6622
Talamo, E.: Liber nica. Acclamazioni ad un auriga vincitore.—
BollMC N.S. 2, 1988, 7–20, Abb.

6623
Tate, G.: Mutabilité des économies antiques. L'exemple de la Syrie du Nord, IVe–VIe siècles.— Géographie historique au Proche-Orient (Paris 1988) 249–256
KB Valbonne 1985

6624
Tawfik, Z. M.: The test period between two marriages of an ancient Greek woman.— Proceedings of the XVIII International congress of papyrology, 2 (Athens 1988) 377–382
KB Athenai 1986

6625
Teja, A.: L'esercizio fisico nell'antica Roma.— (Roma 1988) 214 S., Abb.
(Qualità della vita, 13)

6626
Tendille, C.: Objets métalliques de la protohistoire au Musée archéologique de Nîmes.— (Nîmes 1988) 52 S., Abb. Taf.
(Cahiers des musées et monuments de Nîmes, 5)

6627
Themeles, D.; Themeles, P.: Μουσικό επίγραμμα από τη Λαυρεωτική.— Πρακτικά Γ' Επιστημονικής συνάντησης ΝΑ. Αττικής (Καλύβια 1988) 413–427, Abb. Taf.
KB Kalyvia 1987

6628
Thomaides, X.: Η απεργία στην ελληνική αρχαιότητα υπό το φως επιγραφών και παπύρων.— Proceedings of the XVIII International congress of papyrology, 2 (Athens 1988) 363–375
KB Athenai 1986

6629
Thomas, R. F.: Vergil's 'white bird' and the Alexandrian reference (G. 2, 319–20).—
ClPh 83, 1988, 214–217

6630
Thompson, D. J.: Memphis under the Ptolemies.— (Princeton 1988) XVII, 342 S., Abb. Taf.

6631
Thompson, L. A.: Romans and blacks.— (London 1989) XII, 253 S.

6632
Thordarson, F.: The Scythian funeral customs. Some notes on Herodotus IV, 71–75.— A green leaf. Papers in honour of J. P. Asmussen (Leiden 1988) 539–547

6633
Thür, G.: Zum Seedarlehen κατὰ Μουζεῖριν. P. Vindob. G 40822.—
Tyche 3, 1988, 229–233

6634
Thuillier, J. P.: Les cursores du cirque étaient-ils toujours des coureurs à pied?—
Latomus 47, 1988, 376–383

6635
Thuillier, J. P.: 'Auriga-agitator', de simples synonymes?—
RevPhil 61, 1987, 233–237

6636
Thuillier, J. P.: La nudité athlétique. Grèce, Etrurie, Rome.—
Nikephoros 1, 1988, 29–48, Taf.

6637
Thuillier, J. P.: Le programme hippique des jeux romains. Une curieuse absence.—
REL 65, 1987, 53–73

6638
Thury, E. M.: Euripides' 'Alcestis' and the Athenian generation gap.—
Arethusa 21, 1988, 197–214

6639
Timpanaro, S.: Il 'ius osculi' e Frontone.—
Maia 39, 1987, 201–211

6640
Török, L.: Kush and the external world.— Studia meroitica 1984 (Berlin 1989) 49–162, Taf.
KB Roma 1984

6641
Toniolo, A.: Medici in Este romana, 1. Il sigillo del medicus ocularius Epagathus.—
AquilNost 55, 1984, 65–76, Abb.

6642
Torelli, M.: Piazza Armerina. Note di iconologia.—
CronA 23, 1984, 143–156, Abb.

6643
Touloumakos, J.: Zum römischen Gemeindepatronat im griechischen Osten.—
Hermes 116, 1988, 304–324

6644
Triantaphyllopoulos, J.: Virginité et défloration masculines.— Proceedings of the XVIII International congress of papyrology, 2 (Athens 1988) 327–333
KB Athenai 1986

6645
Uggeri, G.: La navigazione interna della Cisalpina in età romana.— Vita sociale artistica e commerciale di Aquileia romana, 2 (Udine 1987) 305–350, Taf.
KB Aquileia 1985

6646
Vălev, P.: Etude archéoastronomique de cadran solaire de la région de Serdica. (Bulg. m. franz. Res.).—
ArcheologijaSof 30, 1988, Nr. 2, 42–50, Abb.

6647
Van 't Dack, E.: La collégialité dans les commandements éponymes de l'armée lagide.— Ptolemaica selecta (Lovanii 1988) 103–123

6648
Van 't Dack, E.: Postes et télécommunications ptolémaïques.— Ptolemaica selecta (Lovanii 1988) 96–102

6649
Van 't Dack, E.: Ἔξω τάξεων et σημεία dans des papyrus démotiques.— Ptolemaica selecta (Lovanii 1988) 65–84

6650
Van 't Dack, E.: La littérature tactique de l'antiquité et les sources documentaires.— Ptolemaica selecta (Lovanii 1988) 47–64

6651
Van 't Dack, E.: Sur l'évolution des institutions militaires lagides.— Ptolemaica selecta (Lovanii 1988) 1–46

6652
Vázquez Buján, M. E.: Réception latine de quelques concepts médicaux grecs.— Etudes de médecine romaine (Saint-Etienne 1989) 167–178
SB

6653
Velkov, V.; Alexandrov, G.: 'Venatio caesariana'. Eine neue Inschrift aus Montana (Moesia Inferior).—
Chiron 18, 1988, 271–276, Taf.

6654
Vencl, S.: The problem of disappearance of hunter-gatherer societies in prehistory. Archaeological evidence and testimonies of classical authors.—
LF 111, 1988, 129–143, Abb.

6655
Verzár Bass, M.: A proposito dell'allevamento nell'Alto Adriatico.— Vita sociale artistica e commerciale di Aquileia romana, 1 (Udine 1987) 257–280
KB Aquileia 1985

6656
Vian, F.: A propos de deux oiseaux indiens. L'orion et le catreus.—
Koinonia 12, 1988, 5–16

6657
Vickers, M.: Panagyurishte, Dalboki, Loukovit and Rogozen. Questions of metrology and status.— The Rogozen treasure (London 1989) 101–111
KB London 1987

6658
Viljamaa, T.: From grammar to rhetoric. First exercises in composition according to Quintilian, Inst. 1,9.—
Arctos 22, 1988, 179–201

6659
Villard, P.: Femmes au symposion.— Sociabilité, pouvoirs et société (Rouen 1987) 105–110
KB Rouen 1983

6660
Villard, P.: Ivresse et théâtre grec.— Anthropologie et théâtre antique (Montpellier 1987) 133–148
KB Montpellier 1986

6661
Virlouvet, C.: Plombs romains monétiformes et tessères frumentaires. A propos d'une confusion.—
RevNum 30, 1988, 120–148, Abb. Taf.

6662
Wachter, R.: Zur Vorgeschichte des griechischen Alphabets.—
Kadmos 28, 1989, 19–78, Abb.

6663
Wahl, J.; Kokabi, M.; Alföldy-Thomas, S.; u. a.: Das römische Gräberfeld von Stettfeld, 1. Osteologische Untersuchung der Knochenreste aus dem Gräberfeld.— (Stuttgart 1988) 312 S., Abb.
(Forschungen und Berichte zur Vor- und Frühgeschichte in Baden-Württemberg, 29)

6664
Walde, E.: Der Prunkbalteus aus Elea.— Griechische und römische Statuetten und Großbronzen (Wien 1988) 323–329, Abb.
KB Wien 1986

6665
Walker, S.: From west to east. Evidence for a shift in the balance of trade in white marbles.— Classical marble (Dordrecht 1988) 187–195
KB Il Ciocco 1988

6666
Wallace-Hadrill, A.: The social structure of the Roman house.—
BSR 56, 1988, 43–97, Abb. Taf.

6667
Walters, E. J.: Attic grave reliefs that represent women in the dress of Isis.—
Hesperia, suppl. 22, 1988, XVI, 134 S., Taf.

6668
Waschkies, H. J.: Anfänge der Arithmetik im alten Orient und bei den Griechen.— (Amsterdam 1989) 386 S., Abb.

6669
Watts, D. J.: The Thetford treasure. A reappraisal.—
AntJ 68, 1988, 55–68, Abb.

6670
Weber, E.: Zur Datierung der Tabula Peutingeriana.— Labor omnibus unus. G. Walser zum Geburtstag dargebracht (Stuttgart 1989) 113–117

6671
Weber-Hiden, I.: Die Reliefsigillata von Flavia Solva. Ein Überblick.—
RömÖ 15–16, 1987–88, 201–237, Abb.

6672
Weerd, M. D. de: A landlubber's view of shipbuilding procedure in the Celtic barges of Zwammerdam. The Netherlands.— Local boats, 1 (Oxford 1988) 35–51, Abb.
KB Porto 1985

6673
Weichbrodt, G.: Der Handel zwischen Indien und der Mittelmeerwelt nach den Angaben des 'Periplus des Erythräischen Meeres'.—
Altertum 35, 1989, 57–61, Abb.

6674
Weiler, I.: Krise und Niedergang der Agonistik im dritten nachchristlichen Jahrhundert.— Krise. Krisenbewußtsein. Krisenbewältigung (Halle 1988) 112–119
KB Halle 1984

6675
West, S.: Astrologoumena.—
ZPE 77, 1989, 30–32

6676
Wheeler, E. L.: Ephorus and the prohibition of missiles.—
TransactAmPhilAss 117, 1987, 157–182

6677
White, G. L.: Überlegungen zur Donaulimesdarstellung auf der Trajanssäule in Rom.—
Germania 67, 1989, Nr. 1, 179–187, Abb.

6678
Wiedemann, T.: Adults and children in the Roman empire.—
(London 1989) XII, 221 S., Taf.

6679
Wilkins, P. I.: Amphitheatres and private munificence in Roman Africa. A new text from Thuburnica.—
ZPE 75, 1988, 215–221, Taf.

6680
Williams II, C. K.: Corinthian trade in roof tiles.— Πρακτικά του XII Διεθνούς συνεδρίου κλασικής αρχαιολογίας, 4 (Αθήνα 1988) 227–230
KB Athenai 1983

6681
Williams-Thorpe, O.; Thorpe, R. S.: The provenance of donkey mills from Roman Britain.—
Archaeometry 30, 1988, 275–289, Abb.

6682
Wilsdorf, H.: Die werktätige Frau der Antike.— Die Frau in der Antike (Stendal 1988) 30–38
KB Stendal 1985

6683
Wiseman, T. P.: Satyrs in Rome? The background to Horace's 'Ars poetica'.—
JRS 78, 1988, 1–13, Abb.

6684
Wolters, R.: Zum Anhang der 'Res gestae divi Augusti'.—
ZPE 75, 1988, 197–206

6685
Wolters, R.: Keltische Münzen in römischen Militärstationen und die Besoldung römischer Hilfstruppen in spätrepublikanischer und frühaugusteischer Zeit.—
Tyche 3, 1988, 261–272

6686
Woronoff, M.: Les lions de l'Ida.— Etudes homériques (Lyon 1989) 103–106
SB

6687
Worp, K. A.: How did Egyptian scribes calculate net drachmae in West Bank tax receipts?—
ZPE 76, 1989, 63–68

6688
Wurch-Kozelj, M.: Methods of transporting blocks in antiquity.—
Classical marble (Dordrecht 1988) 55–64, Abb.
KB Il Ciocco 1988

6689
Zanier, W.: Römische dreiflügelige Pfeilspitzen.—
SaalbJb 44, 1988, 5–27, Abb.

6690
Žerebcov, E. N.: Materialy k periodizacii antičnych pamjatnikov Majačnogo poluostrova. (Russ.) [Material zur Periodisierung der antiken Reste auf der Majak-Halbinsel.].—
KraSoob 1985, Nr. 182, 38–45, Abb. Taf.

6691
Zuckerman, C.: Legio V Macedonica in Egypt. CPL 199 revisited.—
Tyche 3, 1988, 279–287, Taf.

Numismatik

6692
Aes signatum. Un aspetto dell'economia nell'Emilia preromana.— [Catalogo della mostra] Reggio Emilia 1–23 ottobre 1988 (Reggio Emilia 1988) 102 S., Abb.
(Archaeologica Regiensia, 2)

6693
Antikenmuseum Basel und Sammlung Ludwig. Griechische Münzen aus Großgriechenland und Sizilien.
ed. H. A. Cahn.— (Basel 1988) 275 S., Abb.

6694
Από τους θησαυρούς του Νομισματικού μουσείου Αθηνών.—
(Αθήνα 1988) 29 S., Abb.

6695
Auctiones A.G. Basel. Münzen der Antike, des Mittelalters und der Neuzeit. Auktion 18. 21.–22. September 1989.— (Basel 1989) 66 S., Taf.

6696
Auktionshaus H. D. Rauch. 43. Münz-Auktion, 5.–7. Juni 1989.— [Wien 1989] o. Pagin., Abb.

6697
Auktionshaus H. D. Rauch, Wien. 42. Münz-Auktion, 16.–18. Jänner 1989.— [Wien 1989] o. Pagin., Abb.

6698
Bank Leu AG Zürich. Antike Münzen. Auktion 48. Mittwoch, 10. Mai 1989.— (Zürich 1989) 102 S., Abb. Taf.

6699
Bank Leu AG Zürich. Asta Ceresio 2. Monete e medaglie. Lugano 26 settembre 1988.— (Zürich 1988) 115 S., Abb.

6700
Bondeno e il suo territorio dalle origini al Rinascimento. [Mostra archeologica alla Rocca Possente di Stellata dal 26 giugno al 23 ottobre 1988].
ed. F. Berti.— (Casalecchio 1988) 425 S., Abb. Beil.

6701
Christie's London. English, foreign and ancient coins, medallions and banknotes, which will be sold at Christie's great rooms on Monday 3 october and Tuesday 4 october 1988.— (London [1988]) 104 S., Taf.

6702
Christie's London. English, foreign and ancient coins, medallions and banknotes. Tuesday 28 February and Wednesday 1 March 1989.— [London 1989] 158 S., Abb.

6703
Christie's London. English, foreign and ancient coins, commemorative medals and banknotes. Tuesday 25 April 1989.— (London 1989) 100 S., Abb.

6704
Christie's New York. Ancient, foreign and United States coins with bank notes. Monday, May 1, 1989.— (New York 1989) 70 S., Abb.

6705
Christie's New York. Fine ancient coins. Tuesday May 2, 1989.— (New York 1989) 64 S., Abb.

6706
Coin hoards from Roman Britain, 7.
ed. A. M. Burnett.— (London 1987) V, 208 S., Abb.
(British Museum Occasional Paper, 59)

6707
Corpus des trésors monétaires antiques de la France, 5. Rhône-Alpes, 2. Drôme, Isère, Savoie, Haute-Savoie.
ed. X. Loriot.— (Paris 1988) 126 S., Abb.

6708
Corpus nummorum siculorum. La monetazione di bronzo, 3.
ed. R. Calciati.— (Mortara 1987) XXV, 425 S., Abb.

6709
Dvadeset stoljeća upotrebe novca na zadarskom području. Izložba. (Kroat. m. engl. Res.) Twenty centuries of the use and circulation of money in the area of Zadar. Exhibition.— (Zadar 1987) 118 S., Abb.
(Arheološki muzej Zadar. Katalozi, 2)

6710
Forschungen in Gorsium in den Jahren 1983–84.—
Alba Regia 23, 1987, 179–240, Abb.

6711
Die Fundmünzen der römischen Zeit in Österreich, 2, 3. Kärnten.
ed. F. Schmidt-Dick.— (Wien 1989) 430 S., Taf.
(Österreichische Akademie der Wissenschaften, Philosophisch-historische Klasse. Veröffentlichungen der Numismatischen Kommission, 19)

6712
Gens antiquissima Italiae. Antichità dall'Umbria a Budapest e Cracovia. Catalogo della mostra Budapest 4 agosto – 17 settembre 1989, Cracovia 9 novembre 1989 – 7 gennaio 1990.— ([Milano] 1989) 219 S., Abb.

6713
Griechische und römische Münzen aus der Münzsammlung der Justus-Liebig-Universität. Eine Auswahl. Katalog einer Ausstellung der Universitätsbibliothek und der Professur für Klassische Archäologie der Justus-Liebig-Universität in der Volksbank Gießen vom 21. 11.–9. 12. 1988.
ed. M. Sipsie-Eschbach.— (Gießen [1988]) 153 S., Abb.

6714
Monimat Auktionen AG. Münzauktion 22. November 1989 im Zunfthaus zur Zimmerleuten, Zürich.— (Zürich 1989) o. Pagin., Abb.

6715
Monnaies gauloises découvertes en fouilles.— (Paris 1987) 268 S., Abb.
(Dossier de protohistoire, 1)

6716
Münchener Numismatisches Antiquariat GmbH Diessen a. Ammersee. Auktion 4. Antike Münzen. München 10. Oktober 1988.— (Diessen a. Ammersee 1988) 50 S., Taf.

6717
Münzauktion Tkalec and Rauch AG. Dienstag und Mittwoch, 25. und 26. April 1989.— [Zürich 1989] o. Pagin., Abb.

6718
Münzen und Medaillen AG Basel. Vente publique, 75. Monnaies grecques et romaines. Coins of the Islamic world, Monnaies françaises en or. Münzen der Grafen von Montfort. Lundi, le 4 décembre 1989.— (Basel 1989) 80 S., Taf.

6719
Il Museo di Taranto. Cento anni di archeologia. Catalogo della mostra per il centenario dell'istituzione del Museo archeologico nazionale di Taranto.— (Taranto 1988) 640 S., Abb. Taf.

6720
Numismatic Fine Arts International. Auction 22. Ancient Greek and Roman coins. June 1st, 1989.— (Los Angeles 1989) o. Pagin., Abb.

6721
Numismatik Lanz München. Auktion 46. Münzen der Antike. Montag, 28. Nov. 1988.— (o. O. o. J.) 76 S., Taf.

6722
Numismatik Lanz München. Auktion 48. Münzen der Antike. Montag, 22. Mai 1989.— (München [1989]) 76 S., Taf.

6723
Numismatik Lanz München. Auktion 50. Münzen der Antike. 27. November 1989.— (München 1989) 81 S., Taf.

6724
Sotheby's. Ancient, Islamic, English and foreign coins, banknotes and bonds including collection of Roman gold coins. Days of sale Thursday 29th September 1988, Friday 30th September 1988, Wednesday 5th october 1988 in the Grosvenor Gallery, London.— (London 1988) 109 S., Taf.

6725
Sotheby's. Historical medals, ancient, English, Islamic and foreign coins, and paper money. Days of sale Thursday 9th March 1989 and Friday 10th March, Grosvenor gallery, London.— (London 1989) 143 S., Abb.

6726
Sotheby's London. Coins, medals and paper money. Thursday 5th and Friday 6th October 1989.— (London 1989) 98 S., Abb. Taf.

6727
Sotheby's S.A. Genève. Monnaies romaines et byzantines. Monnaies françaises et suisses. Vente vendredi 17 novembre 1989.— (Genève 1989) o. Pagin., Abb. Taf.

6728
Studies in early Byzantine gold coinage.
ed. W. Hahn.— (New York 1988) 142 S., Abb. Taf.
(Numismatic studies, 17)

6729
Sylloge nummorum graecorum. Italia. Milano. Civiche raccolte numismatiche, 1. Hispania-Gallia anellenica.
ed. R. Martini.— (Milano 1988) 158 S., Abb.

6730
Sylloge nummorum graecorum. Deutschland. Münzsammlung der Universität Tübingen, 4. Mysien-Ionien. Nr. 2174–3306.— (München 1989)

6731
Sylloge nummorum graecorum. Deutschland. Staatliche Münzsammlung München, 24. Phrygien. Nr. 1–507.— (München 1989)

6732
Sylloge nummorum graecorum. The collection of The American Numismatic Society, 5. Sicily, 3. Syracuse-Siceliotes.— (New York 1988) o. Pagin., Taf.

6733
Sylloge nummorum graecorum. Italia. Milano. Civiche raccolte numismatiche, 14. Cyrenaica-Mauretania.
ed. R. Martini.— (Milano 1989) 196 S., Abb.

6734
Sylloge nummorum graecorum, 8. The Hart Collection. Blackburn Museum.— (Oxford 1989) o. Pagin., Taf.
(The British Academy)

6735
Vrai ou faux? Copier, imiter, falsifier. Exposition [Paris], Cabinet des médailles et antiques, 6 mai – 29 octobre 1988.— (Paris 1988) 175 S., Taf.

6736
Abascal, J. M.: La circulación monetaria del Portus Ilicitanus.— (Valencia 1989) 146 S., Abb. Taf.
(Estudis numismàtics valencians, 4)

6737
Acquaro, E.: Monete puniche e neopuniche del Museo di Ippona.—
RStFen 16, 1988, 25–28, Taf.

6738
Acquaro, E.: Le monete neo-puniche die SKS. Nota epigrafica.—
Studi per L. Breglia, 1 (Roma 1987) 235–237

6739
Acquaro, E.: Ricerche di numismatica punica. Riletture e proposte.—
RivItNum 90, 1988, 51–55

6740
Ahumada Silva, I.: Le monete ostrogote in Friuli.— Aquileia e le Venezie nell'alto medioevo (Udine 1988) 413–426, Taf.
KB Aquileia 1987

6741
Aitchison, N. B.: Roman wealth, native ritual. Coin hoards within and beyond Roman Britain.—
WorldA 20, 1988, 270–284

6742
Akat, Y.: Treasure of İncilipınar. İncilipınar definesi.— (İstanbul 1986) XIV, 29 S., Taf.
(Archaeology and art publications. Series of catalogues of coins, medallions and seals, 1)

6743
Akerraz, A.; Amandry, M.; Depeyrot, G.; u. a.: Recherches archéologiques récentes à Dchar Jdid (Zilil). Les découvertes monétaires.—
BNumParis 44, 1989, 510–515, Abb.

6744
Alexandropoulos, J.: Considérations sur les derniers monnayages de bronze de la Carthage punique.—
BNumParis 44, 1989, 533–539, Abb.

6745
Alexandropoulos, J.: Le détroit de Gibraltar. Remarques d'iconographie religieuse.—
MelCasaVelazquez 24, 1988, 5–18, Abb.

6746
Alfaro Asins, C.: Coins of Cyprus in the National Archaeological Museum of Madrid.—
RDAC 1988, Nr. 2, 131–133, Taf.

6747
Alföldi, M. R.: Das Goldmultiplum Theoderichs des Großen. Neue Überlegungen.—
RivItNum 90, 1988, 367–372, Abb.

6748
Amandry, M.: Un tiers de statère lycien inédit.—
BNumParis 43, 1988, 446–447, Abb.

6749
Amandry, M.: Notes de numismatique africaine, 5. Colonia Iulia Cirta Nova.—
RevNum 30, 1988, 114–119, Taf.

6750
Amandry, M.; Callot, O.: Le trésor de Failaka 1984 (Koweit).—
RevNum 30, 1988, 64–74, Taf.

6751
Amandry, M.; Barrandon, J. N.: Le monnayage de bronze émis au temps des guerres civiles en Italie et en Gaule. Nouvelles analyses.—
RivItNum 90, 1988, 141–148, Abb.

6752
Amandry, M.; Barrandon, J. N.; Richard, J. C.: Notes de numismatique narbonnaise, 5. Les as d'Octave à la proue émis à Narbonne en 40 avant J. C.—
RANarb 19, 1986, 57–71, Abb. Taf.

6753
Amandry, M.: Les trésors monétaires découverts à Tanis.— Cahiers de Tanis, 1 (Paris 1987) 71–74
SB

6754
Anfimov, N. V.: A hoard of Panticapaean coins from Slavyansk on Kuban. (Russ. m. engl. Res.).—
SovArch 1988, Nr. 4, 138–145, Abb.

6755
Anisimov, A. I.: An unpublished coin and certain questions of minting under Rheskouporis II, 68-33 A.D. (Russ. m. engl. Res.).—
VesDrevIstor 1989, Nr. 1, 93–97, Abb. Taf.

6756
Anochin, V. A.: Monetnoe delo i denežnoe obraščenie Kerkinitidy. Po materialam raskopok 1980–1982 gg. (Russ.) [Münzwesen und Geldumlauf von Kerkinitis, aufgrund des Grabungsmaterials der Jahre 1980–1982.].— Antičnye drevnosti Severnogo Pričernomor'ja (Kiev 1988) 133–148, Abb.
SB

6757
Arnold Biucchi, C.: La monetazione d'argento di Himera classica. I tetradrammi.—
NumAntCl 17, 1988, 85–100, Abb.

6758
Arnold-Biucchi, C.; Beer-Tobey, L.; Waggoner, N. M.: A Greek archaic silver hoard from Selinus.—
MusNotAmNumSoc 33, 1988, 1–35, Taf.

6759
Arslan, E.: La monetazione dei Goti.— XXXVI Corso di cultura sull'arte ravennate e bizantina (Ravenna 1989) 17–72, Abb.
KB Ravenna 1989

6760
Arslan, E. A.: Il ripostiglio di minimi bizantini, goti e vandali da Fontana Liri (Frosinone). Dai Civici musei d'arte e di storia di Brescia.—
(Studi e notizie 2, 1986, 77–86, Abb.)
SD

6761
Arslan, E. A.; Chiaravalle, M.: Monete dai recenti scavi di Milano. Età romana imperiale ed età medievale.—
RivItNum 90, 1988, 395–432

6762
Arslan, M.: Taburabat definesi Roma devri sikkeleri. (Türk. m. engl. Res.) Roman coins of the Taburabat hoard.—
AnadoluYıl 1987, 156–165, Taf.

6763
Arslan, M.: Taburabat definesi Arcadius devri sikkeleri. (Türk.) [Münzen der Zeit des Arcadius aus dem Hortfund von Taburabat.].—
AnadoluYıl 1986, 45–48, Taf.

6764
Ashton, R.: Pseudo-Rhodian drachms from Samothrace.—
NumChron 148, 1988, 129–134, Taf.

6765
Ashton, R.: Rhodian coinage and the Colossus.—
RevNum 30, 1988, 75–90, Taf.

6766
Ashton, R. H. J.: A series of pseudo-Rhodian drachms from mainland Greece.—
NumChron 148, 1988, 21–32, Taf.

6767
Atkins, B.; Juel-Jensen, B.: The gold coinage of Aksum. Further analyses of specific gravity. A contribution to chronology.—
NumChron 148, 1988, 175–180

6768
Attas, M.: The fineness of Tarentine didrachmas.— Συνεισφορά McGill, 1. Papers in memory of C. D. Gordon (Amsterdam 1987) 99–115, Abb.

6769
Augé, C.; Depeyrot, G.; Richard, J. C.: Les collections monétaires, 1. Monnaies du monde antique.— (Paris 1985) 173 S., Taf.
(Paris. Administration des monnaies et médailles)

6770
Augé, C.: Sur le monnayage de Dion 'de Coelé-Syrie'.— Géographie historique au Proche-Orient (Paris 1988) 325–337, Taf.
KB Valbonne 1985

6771
Balbi De Caro, S.: Due serie in bronzo a leggenda 'romano' dal deposito votivo di Vicarello.—
RivItNum 90, 1988, 83–124, Abb.

6772
Baldus, H. R.: Zwei Deutungsvorschläge zur punischen Goldprägung im mittleren 3. Jahrhundert v. Chr.—
Chiron 18, 1988, 171–179, Abb.

6773
Baldus, H. R.: Eine 'hannibalische' Tanit (?).—
Chiron 18, 1988, 1–11, Taf.

6774
Barag, D.: A silver coin of Yoḥanan the High Priest and the coinage of Judea in the fourth century B.C.—
IsrNumJ 9, 1986–87, 4–21, Taf.

6775
Barkay, R.: A new variant of a coin of Alexander II Zebinas.—
IsrNumJ 9, 1986–87, 26, Taf.

6776
Bastien, P.: Le buste à main levée dans le monnayage romain.—
Studi per L. Breglia, 2 (Roma 1987) 147–162, Abb.

6777
Becker, F.: Ein Fund von 75 milesischen Obolen.—
SchwNR 67, 1988, 5–33, Taf.

6778
Bell, M.: Excavations at Morgantina, 1980–1985. Preliminary report, 12.—
AJA 92, 1988, 313–342, Abb.

6779
Bendall, S.: A note on 'An Axumite coin from Jerusalem'.—
IsrNumJ 9, 1986–87, 91, Taf.

6780
Berger, F.; Stoess, C.: Die Fundmünzen der römischen Zeit in Deutschland, 7. Niedersachsen und Bremen, 1–9. 2 Bde.— (Berlin 1988) 205; 251 S., Abb. Taf.

6781
Bergonzi, G.; Piana Agostinetti, P.: L'"obolo di Caronte'. 'Aes rude' e monete nelle tombe. La Pianura Padana tra mondo classico e ambito transalpino nella seconda età del ferro.—
SciAnt 1, 1987, 161–223, Abb.

6782
Biró-Sey, K.: Zeitgenössische Fälschungen römischer Münzen in Pannonien.—
RivItNum 90, 1988, 329–348, Abb.

6783
Blackburn, M.: Three silver coins in the names of Valentinian III (425–55) and Anthemius (467–72) from Chatham Lines, Kent.—
NumChron 148, 1988, 169–174, Abb.

6784
Blanco Jiménez, F. J.: Una contramarca inédita sobre un as de Gades.—
AEsp 61, 1988, 335–337, Abb.

6785
Bland, R.: A Syrian hoard of c. AD 310.—
NumChron 148, 1988, 152–169, Taf.

6786
Bland, R.; Burnett, A.; Carradice, I.; u. a.: The Normanby hoard and other Roman coin hoards.— (London 1988) 238 S., Abb. Taf.
(Coin hoards from Roman Britain, 8)

6787
Bland, R.: The last issue of Gallienus from the mint of Antioch.—
IsrNumJ 9, 1986–87, 85–90, Taf.

6788
Bloesch, H.: Erinnerungen an Aigeai.— (Winterthur 1989) 44 S., Abb. Taf.

6789
Bonacasa Carra, R. M.; Macaluso, R.; Lima, M. A.: Nuove indagini nella necropoli paleocristiana di Agrigento. Scavi 1985.—
Kokalos 32, 1986, 305–331, Abb. Taf.

6790
Bonamente, G.: Apoteosi e imperatori cristiani.— I Cristiani e l'impero nel IV secolo (Macerata 1988) 107–142
KB Macerata 1987

6791
Boorn, G. P. F. van den; Houtkamp, J. M.; Verhart, L. B. M.: Surface finds from KS-sites east of Haft Tepe (Khuzistan).—
IrAnt 24, 1989, 13–43, Abb. Taf.

6792
Bopearachchi, O.: Roi-cavalier ou reine-amazone?—
BNumParis 43, 1988, 453–456, Abb.

6793
Bordreuil, P.: Du Carmel à l'Amanus. Notes de toponymie phénicienne, 2.— Géographie historique au Proche-Orient (Paris 1988) 301–314, Abb.
KB Valbonne 1985

6794
Božkova, B.: Monete antiche di Ratiaria.—
Ratiariensia 3–4, 1987, 97–109, Taf.

6795
Brem, H.: Ein Solidus aus Neukirch (TG).—
SchwMbll 39, 1989, 37–39, Abb.

6796
Brenot, C.; Barrandon, J. N.: Les émissions de bronze à Marseille. Apport des analyses, 1. Les bronzes lourds.—
RevNum 30, 1988, 91–113, Abb.

6797
Brown, B. R.: Neo-classicism in coin portraits issued by Ptolemy I.— Πρακτικά του XII Διεθνούς συνεδρίου κλασικής αρχαιολογίας, 3 (Αθήνα 1988) 33–36, Taf.
KB Athenai 1983

6798
Bruun, P.: Pairs of likenesses.— Studi per L. Breglia, 2 (Roma 1987) 183–188, Abb.

6799
Buora, M.: Sevegliano ed il territorio circostante in epoca romana.—
AquilNost 56, 1985, 69–96, Taf.

6800
Burelli Bergese, L.: Sinecismo e coniazione in Arcadia.—
AnnPisa 17, 1987, 603–610

6801
Burgess, R.: Quinquennial vota and the imperial consulship in the fourth and fifth centuries, 337–511.—
NumChron 148, 1988, 77–96, Taf.

6802
Butcher, K.: The colonial coinage of Antioch-on-the-Orontes c. AD 218–53.—
NumChron 148, 1988, 63–75, Abb. Taf.

6803
Butcher, K.: Two related coinages of the third century A.D. Philippopolis and Samosata.—
IsrNumJ 9, 1986–87, 73–84, Taf.

6804
Butcher, K.: Roman provincial coins. An introduction to the Greek Imperials.— (London 1988) 138 S., Abb. Taf.

6805
Caccamo Caltabiano, M.: I decadrammi di Evainetos e Kimon per una spedizione navale in Oriente.— Studi per L. Breglia, 1 (Roma 1987) 119–137, Abb.

6806
Caccamo Caltabiano, M.: Gli eroi omerici nella tipologia monetale antica.—
RivItNum 90, 1988, 27–44, Abb.

6807
Caccamo Caltabiano, M.: Il tipo monetale dell'"apene' nell'area dello Stretto. Un atto di politica religiosa.—
SteMat 12, 1988, 41–57, Taf.

6808
Cahn, H. A.; Gerin, D.: Themistocles at Magnesia.—
NumChron 148, 1988, 13–20, Taf.

6809
Callu, J. P.; Barrandon, J. N.: Note sur les sous gaulois au Ve s. de notre ère.— Studi per L. Breglia, 2 (Roma 1987) 197–204, Abb.

6810
Caltabiano, M.; Colace, P.: L'eponimia monetale. Dall'esperienza orientale a quella di età ellenistica.—
NumAntCl 16, 1987, 29–46, Abb.

6811
Calzolari, M.: Ripostiglio monetale del II secolo d. C. dal territorio modenese.—
AttiMemModena 11, 1989, 407–423

6812
Camilli, L.: Una moneta erasa di Massimino della zecca di Smirne.— Studi per L. Breglia, 2 (Roma 1987) 171–182, Abb.

6813
Campo, M.: Las monedas de los tesoros de Pont de Molins, Tarragona y Rosas del Gabinet numismatic de Catalunya, s. IV a. C.— Studi per L. Breglia, 1 (Roma 1987) 139–160, Abb.

6814
Candilio, D.: Roma. Monete dallo scavo della palestra nord-occidentale delle Terme di Diocleziano.—
BNumRoma 10, 1988, 225–229, Abb.

6815
Carradice, I. A.; La Niece, S.: The Libyan War and coinage. A new hoard and the evidence of metal analysis.—
NumChron 148, 1988, 33–52, Taf.

6816
Carter, G. F.; Metcalf, W. E.: The dating of the M. Agrippa asses.—
NumChron 148, 1988, 145–147

6817
Carter, G. F.: Zinc content of Neronian semisses and quadrantes and the relative value of zinc and copper in the coins of Nero.—
MusNotAmNumSoc 33, 1988, 91–106

6818
Castelletti, L.; Brogiolo, G. P.; u. a.: Scavi di Monte Barro, comune di Galbiate, Como, 1986–87.—
AMediev 15, 1988, 177–252, Abb.

6819
Catalli, F.: La produzione monetaria tarquiniese.— Studia Tarquiniensia (Roma 1988) 33–40, Taf.
SB

6820
Catalli, F.: Esperienze monetali.— Tarquinia. Ricerche, scavi e prospettive (Milano 1987) 261–263, Taf.
KB Milano 1986

6821
Chaves, R.; Chaves, M. J.: Aportación al corpus de la moneda visigoda. Un triente inédito de Chintila (634–640), ceca de Calabria.—
BMusMadrid 5, 1987, 87–88, Abb.

6822
Christol, M.; Lassalle, C.: Monnaies d'or de l'empire romain aux Musées de Nîmes.— (Nîmes 1988) 50 S., Abb.
(Cahiers des musées et monuments de Nîmes, 4)

6823
Cipollone, M.: Gubbio (Perugia). Officina ceramica di età imperiale in località Vittorina. Campagna di scavo 1983.—
NSc 38–39, 1984–85, 95–167, Abb.

6824
Clay, T.: Metallurgy and metallography in numismatics.—
NumAntCl 17, 1988, 341–352

6825
Cracco Ruggini, L.: Utopia e realtà di una riforma monetaria. L'Anonymus 'De rebus bellicis' e i Valentiniani.— Studi per L. Breglia, 2 (Roma 1987) 189–196, Abb.

6826
Cracco Ruggini, L.: Roma, Aquileia e la circolazione monetaria del IV secolo.— Aquileia e Roma (Udine 1987) 201–223
KB Aquileia 1986

6827
Cunliffe, B.; Tomlin, R.; Walker, D.: The temple of Sulis Minerva at Bath, 2. The finds from the sacred spring.— (Oxford 1988) VII, 362 S., Abb.
(Oxford University Committee for Archaeology. Monograph, 16)

6828
Cuscito, G.: Ritrovata l'epigrafe del diacono uxorato Aurelius Saturninus (CIL, V, 2305). Nuove tracce di presenze insediative a Vigonovo sulla Via Annia.—
AquilNost 55, 1984, 137–180, Abb.

6829
Cutroni Tusa, A.: Il ritratto monetale di Augusto in Sicilia.— Ritratto ufficiale e ritratto privato (Roma 1988) 267–276, Abb.
KB Roma 1984

6830
Cutroni Tusa, A.: Nuove considerazioni sul problema della circolazione dei pegasi in Sicilia.— Studi per L. Breglia, 1 (Roma 1987) 69–78

6831
Cutroni Tusa, A.: Considerazioni sulla monetazione gelese di IV secolo a. C.—
RivItNum 90, 1988, 19–26

6832
Darling, M. J.; Jones, M. J.: Early settlement at Lincoln.—
Britannia 19, 1988, 1–57, Abb. Taf.

6833
Davesne, A.: Deux trésors de monnaies d'or ptolémaïques trouvés en Turquie.—
BNumParis 43, 1988, 437–439

6834
Davesne, A.: Les graffites de Κιλικας, propriétaire de monnaies lagides.—
REG 101, 1988, 505–508

6835
De Romanis, F.: Romanukharaṭṭha e Taprobane. Sui rapporti Roma-Ceylon nel I sec. d.C.—
Helikon 28, 1988, 5–58, Taf.

6836
Delamare, F.; Michaux-van der Mersch, F.: Etude mécanique de la frappe des monnaies. Une méthode. La simulation sur pâte à modeler et son application à la frappe du statère éginétique.—
RArchéom 12, 1988, 81–91, Abb.

6837
Delestrée, L. P.; Dhénin, M.: La légende inédite 'Brano Eppuduno' sur un bronze des Aulerci Eburovices.—
BNumParis 43, 1988, 413–417, Abb.

6838
Dembski, G.: Ein neuer Solidusbeleg des Constantinus I. für die Münzstätte aus Carnuntum.—
MÖNumGes 28, 1988, 85–88, Abb.

6839
Dembski, G.: Salus und Cista mystica bei Claudius II. Gothicus.—
MÖNumGes 29, 1989, 5–8, Abb.

6840
Dembski, G.: Zum 'Silber'-Medaillon des Constantinus I. mit seinen Söhnen aus der Münzstätte Thessalonica.—
MÖNumGes 29, 1989, 37–39, Abb.

6841
Demetriades, V.: Ψεύτικα (κίβδηλα) νομίσματα του τύπου 'κεφαλή κατά μέτωπο' της Λάρισας.—
NomChron 7, 1988, 12–17, Abb.

6842
Depeyrot, G.: Trois documents sur les trésors de monnaies 'à la croix'.— Mélanges offerts à M. Labrousse (Toulouse 1987) 161–172, Taf.

6843
Destrooper-Georgiades, A.: La Phénicie et Chypre à l'époque achéménide. Témoignages numismatiques.— Phoenicia and the East Mediterranean in the first millennium B.C. (Leuven 1987) 339–355
KB Louvain 1985

6844
Destrooper-Georgiades, A.: Two Cilician hoards of the fourth century.—
RBNum 134, 1988, 19–39, Abb. Taf.

6845
Deutsch, R.: A portrait coin of Agrippa II reconsidered.—
IsrNumJ 9, 1986–87, 36–37, Taf.

6846
Diakonoff, I. M.; Zejmal, J. V.: Le potentat parthe Andragore et ses monnaies. (Russ. m. franz. Res.).—
VesDrevIstor 1988, Nr. 4, 4–19, Taf.

6847
Dimitrov, K.; Dimitrova-Čudilova, S.: Monnaies de la basse antiquité et médiévales de la nécropole près du village Skravena, région de Sofia. (Bulg. m. franz. Res.).—
ArcheologijaSof 30, 1988, Nr. 2, 51–57, Abb.

6848
Dundua, G. F.; Lordkipanidze, G. A.: Georgia and Mithradates VI. According to numismatic data. (Russ. m. engl. Res.).— The Black Sea littoral in the hellenistic times (Tbilisi 1985) 601–608
KB Cchaltubo 1982

6849
Duval, P. M.: Monnaies gauloises et mythes celtiques.— (Paris 1987) VIII, 115 S., Abb.

6850
Duval, P. M.: A propos de la monnaie dite des Elusates au cheval ailé.— Mélanges offerts à M. Labrousse (Toulouse 1987) 179–191, Abb.

6851
Elayi, J.; Elayi, A. G.: Abbreviations and numbers on Phoenician pre-Alexandrine coinages. The Sidonian example.—
NumAntCl 17, 1988, 27–33, Taf.

6852
Ercolani Cocchi, E.: Epigrafia monetale dal Tardo Antico alla prima età bizantina.— La terza età dell'epigrafia (Faenza 1988) 97–113, Abb.
KB Bologna 1986

6853
Ercolani Cocchi, E.: La circolazione monetale in Emilia-Romagna fra la fine del III e il I secolo a. C. Per una nuova impostazione del problema cronologico del denario.— Studi per L. Breglia, 2 (Roma 1987) 19–34, Taf.

6854
Ercolani Cocchi, E.: L'evoluzione del sistema monetale nel III sec. d. C. e i gruzzoli dell'Emilia-Romagna.—
RivItNum 90, 1988, 193–232, Abb.

6855
Erdélyi, I.: Zur Frage des awarenzeitlichen byzantinischen Münzumlaufs im Karpatenbecken. Die Münznachahmungen.—
ActaAntHung 30, 1982–84, 429–438, Abb.

6856
Eshel, H.: A coin of Bar Kokhba from a cave in Wadi el-Mākkūk.—
IsrNumJ 9, 1986–87, 51–52, Taf.

6857
Estiot, S.: Un as d'Aurélien appartenant à la collection H. G. Pflaum.—
BNumParis 43, 1988, 439–441, Abb.

6858
Estiot, S.: Un denier de Tétricus II provenant du trésor de Sainte-Pallaye.—
BNumParis 43, 1988, 459–461, Abb.

6859
Estiot, S.: L'or de l'empereur Florien. Moulages, faux et soufres.—
BNumParis 44, 1989, 540–543, Abb.

6860
Estiot, S.: Un rare 'Prince de la Jeunesse' de Tétricus II.—
BNumParis 44, 1989, 557–558, Abb.

6861
Etienne, R.; Le Roux, P.; Tranoy, A.: La 'tessera hospitalis', instrument de sociabilité et de romanisation dans la Péninsule ibérique.— Sociabilité, pouvoirs et société (Rouen 1987) 323–336, Abb.
KB Rouen 1983

6862
Fiches, J. L.; Richard, J. C.: L'émission monétaire d'Ambrussum (Villetelle, Hérault) au Ier s. av. n. è.—
RANarb 18, 1985, 381–387, Abb.

6863
Figueira, T. J.: Aegina. Society and politics.— (Salem 1986) XII, 360 S.
(Monographs in classical studies)

6864
Finetti, A.: Numismatica e tecnologia. Produzione e valutazione della moneta nelle società del passato.— (Roma 1987) 141 S., Abb.
(Studi NIS archeologia, 6)

6865
Finocchi, P.: Monete con nomi di capi della Gallia.— Studi per L. Breglia, 1 (Roma 1987) 239–247, Abb.

6866
Fischer, T.: Molon und seine Münzen, 222-220 v. Chr.— (Bochum 1988) 31 S., Abb. Taf.
(Kleine Hefte der Münzsammlung an der Ruhr-Universität Bochum, 9)

6867
Fontana, C.: Il 'diritto di asilo' nella monetazione della serie imperiale greca.—
RivItNum 90, 1988, 63–82, Abb.

6868
Foraboschi, D.: Arsinoe II Filadelfo e la monetazione romana.—
NumAntCl 16, 1987, 149–156, Taf.

6869
Franke, P. R.; Leschhorn, W.; Müller, B.; u. a.: Side. Münzprägung, Inschriften und Geschichte einer antiken Stadt in der Türkei. Beiträge zu einer Ausstellung, Landesbank Saar Girozentrale, Saarbrücken 1988.— (Saarbrücken 1988) 72 S., Abb.

6870
Frolova, N. A.: K voprosu ob interpretacii nekotorych izobraženij na pozdnebosporskich monetach. (Russ.) [Zu Deutungsfragen einiger Darstellungen spätbosporanischer Münzen.].— Problemy antičnoj kul'tury (Moskva 1986) 209–214, Abb.
SB

6871
Frolova, N. A.: Mednye monety Bospora konca I v. do n. è. – načala I v. n. è. (Russ.) [Bosporanische Bronzemünzen vom Ende des 1. Jhs. v. u. Z. bis Anfang des 1. Jhs. u. Z.].—
NumEpigr 15, 1989, 3–18, Taf.

6872
Fuchs, W.: Ein selinuntischer Frauengürtel des Strengen Stils.—
NumAntCl 17, 1988, 81–84, Abb.

6873
Fuchs, W.: Ein selinuntischer Frauengürtel des Strengen Stils.— Beiträge zur Ikonographie und Hermeneutik. Festschrift für N. Himmelmann (Mainz 1989) 227–229, Abb. Taf.

6874
Gaggero, G.: Testimonianze e problemi di numismatica nell'opera die Svetonio.— Studi per L. Breglia, 2 (Roma 1987) 107–123, Abb.

6875
Gagliardi, G.: Monete e pesamonete nei terreni della Vallassina.— QuadErb 8, 1985, 153–171, Abb.

6876
Gale, N. H.; Picard, O.; Barrandon, J. N.: The archaic Thasian silver coinage.— Antike Edel- und Buntmetallgewinnung auf Thasos (Bochum 1988) 212–223, Abb.
SB

6877
Gara, A.: Aspetti di economia monetaria dell'Egitto romano.— Aufstieg und Niedergang der römischen Welt, 2, 10,1. [Festschrift Vogt] (Berlin 1988) 912–951

6878
Garbsch, J.; Kos, P.: Das spätrömische Kastell bei Isny, 1. Zwei Schatzfunde des frühen 4. Jahrhunderts.— (München 1988) 127 S., Abb. Taf.
(Münchner Beiträge zur Vor- und Frühgeschichte, 44)

6879
García-Bellido, M. P.: ¿Colonia Augusta Gaditana?— AEsp 61, 1988, 324–335, Abb.

6880
Garmaise, M.: The mint sites of Caracalla's Syrian tetradrachmas. Some problems in attribution.— Συνεισφορά McGill, 1. Papers in memory of C. D. Gordon (Amsterdam 1987) 139–154, Abb.

6881
Garnier, J. P.: Antoninien hybride de Victorin, 269–271. Une émission d'aurei au revers 'P M TR P III COS II P P'.— BNumParis 44, 1989, 539–540, Abb.

6882
Garraffo, S.: Crotoniensia. Dall'incuso al doppio rilievo.— Studi per L. Breglia, 1 (Roma 1987) 105–117, Abb.

6883
Garraffo, S.: Nota sulla monetazione siracusana dal 344 al 318 a. C.—
NumAntCl 16, 1987, 119-128, Taf.

6884
Gautier, G.: Un monnayage d'argent de l'atelier de Lyon après la réforme de Dioclétien.—
BNumParis 43, 1988, 477–480, Abb.

6885
Gerin, D.: Le monnayage des rois numides. Trésors et chronologie relative. Résumé.—
BNumParis 44, 1989, 509–510

6886
Giard, J. B.: Catalogue des monnaies de l'empire romain, 2. De Tibère à Néron.— (Paris 1988) 181 S., Taf.
(Bibliothèque nationale)

6887
Gilevich, A. M.: Chersonese and the Pontic kingdom of Mithradates VI according to numismatic data. (Russ. m. engl. Res.).— The Black Sea littoral in the hellenistic times (Tbilisi 1985) 608–617
KB Cchaltubo 1982

6888
Gilles, K. J.: Eine Überprägung der Trierer Münzstätte aus der Zeit des Usurpators Magnentius.— Funde und Ausgrabungen im Bezirk Trier, 20 (Trier 1988) 17–20, Abb.
SB

6889
Gilles, K. J.: Eine unbekannte Silbermünze der Treverer von der Entersburg bei Hontheim.— Funde und Ausgrabungen im Bezirk Trier, 20 (Trier 1988) 9–12, Abb.
SB

6890
Gilljam, H.: Neue Antoniniane für Laelian und Marius.— MÖNumGes 28, 1988, 71–73, Abb.

6891
Gjongecaj, S.: La circulation des monnaies de l'Epire dans les centres illyriens.— L'Illyrie méridionale et l'Epire dans l'antiquité (Clermont-Ferrand 1987) 223–226
KB Clermont-Ferrand 1984

6892
Gluščenko, V. P.: Klad rimskich denariev iz s. Lukiščina. (Russ.) [Ein Hortfund römischer Denare aus dem Dorfe Lukiščina.].— NumEpigr 15, 1989, 19–52, Taf.

6893
Göbl, R.: Die Prägegemeinschaft der Reguli in Noricum vor der römischen Landnahme und die Konsequenzen für die Geschichtsforschung.—
RömÖ 15–16, 1987–88, 63–81, Taf.

6894
Göktürk, M. T.: Müzemizde bulunan nadir ve yüksek kondüsyonlu eski yunan hellenistik sikkeleri. (Türk. m. engl. Res.) Rare and extra fine old Greek and hellenistic coins existing in our museum.—
AnadoluYıl 1987, 142–150, Taf.

6895
Göktürk, M. T.: Polatlı definesi. (Türk.) [Der Hortfund von Polatlı.].—
AnadoluYıl 1986, 51–55, Taf.

6896
Golenko, V. K.: Some aspects of money circulation and the economic geography of the early Seleucid state. (Russ. m. engl. Res.).— The Black Sea littoral in the hellenistic times (Tbilisi 1985) 79–94
KB Cchaltubo 1982

6897
Golenko, V. K.: Redkaja mednaja moneta Antiocha III v sobranii Gosudarstvennogo Ermitaža. (Russ.) [Eine seltene Bronzemünze Antiochos' III. In den Sammlungen der Staatlichen Eremitage.].— Problemy antičnoj kul'tury (Moskva 1986) 14–17, Abb.
SB

6898
Gori, G.: Le monete dagli scavi di Sestinum 1971 e 1973.— Sestinum (Rimini 1989) 87–97, Abb.
KB Sestino 1983

6899
Gorini, G.: Riconiazioni di Crotone su didracme di Agrigento.— Studi per L. Breglia, 1 (Roma 1987) 63–68, Abb.

6900
Gorini, G.: Dall'economia premonetale all'economia monetale nel mondo paleoveneto.—
AquilNost 57, 1986, 185–196

6901
Gorini, G.: Ripostiglio di aurei del I secolo d. C. da Este.— RivItNum 90, 1988, 149–154, Abb.

6902
Gorini, G.: Le monete della zecca di Roma ad Aquileia fino alla riforma di Diocleziano.— Aquileia e Roma (Udine 1987) 185–200
KB Aquileia 1986

6903
Grandmezon, N. N.: Monety Chersonesa s golovoj Afiny. (Russ.) [Münzen von Chersonesos mit Athena-Kopf.].—
KraSoob 1987, Nr. 191, 38–40, Abb.

6904
Grandmezon, N. N.: Neopublikovannye raznovidnosti monet antičnogo Chersonesa. (Russ.) [Unpublizierte Münzvarianten des antiken Chersonesos.].—
KraSoob 1985, Nr. 182, 60–62, Abb.

6905
Grüninger, I.: Römische Münzen und Münzschätze im Kanton St. Gallen.— Die Römer in den Alpen (Bozen 1989) 139–146, Abb.
KB Salzburg 1986

6906
Guey, J.; Carcassonne, C.: A propos des tétradrachmes à la Gorgone, c.545 – c.510 av. J. C.—
RevNum 30, 1988, 257–267, Abb.

6907
Guey, J.; Carcassonne, C.: Les orichalques d'Hadrien dans le trésor de la Garonne, 128–138 ap. J. C.— Mélanges offerts à M. Labrousse (Toulouse 1987) 193–208

6908
Guichard, C.; Rayssiguier, G.; u. a.: La dernière période d'occupation de l'oppidum des Baou de Saint-Marcel à Marseille. Les céramiques d'importation et le monnayage.—
DocAMérid 11, 1988, 71–96, Abb.

6909
Gulletta, M. I.: Monete e vasi. Esempi di interferenze lessicali.—
AnnPisa 17, 1987, 959–969

6910
Gurnet, F.: Monnaies sassanides inédites de Yazdgird III (632–651).—
BCercleNum 25, 1988, 49–56, Abb.

6911
Gurnet, F.: Monnaies sassanides inédites de Yazdgird III (632–651), 2.—
BCercleNum 25, 1988, 76–85, Abb.

6912
Hackens, T.: L'apport de la numismatique à l'histoire économique.— Histoire économique de l'antiquité (Louvain-la-Neuve 1987) 151–169
KB Antwerpen 1985

6913
Hahn, W.: Die Münzstätte Rom unter den Kaisern Julius Nepos, Zeno, Romulus und Basiliscus, 474–491.—
RivItNum 90, 1988, 349–363, Taf.

6914
Hahn, W.: Das Wertsystem der vandalischen Kupfermünzen.—
JNG 36, 1986, 145–153, Taf.

6915
Haider, P. W.: Die Römerzeit in Tirol. Ausgewählte historische Probleme.— Die Römer in den Alpen (Bozen 1989) 21–29
KB Salzburg 1986

6916
Henig, M.: Verica's hound.—
OxfJA 7, 1988, 253–255, Abb.

6917
Hiestand, R.: Asketen und Münzbilder, oder vom Nutzen der Kirchengeschichte für die Numismatik.—
SchwNR 67, 1988, 97–110, Taf.

6918
Hoof, C. van: Zur syrischen Tetradrachmenprägung der römischen Kaiserzeit. Ein neuer Schatzfund.—
JNG 36, 1986, 107–126, Taf.

6919
Houghton, A.: The double portrait coins of Alexander I Balas and Cleopatra Thea.—
SchwNR 67, 1988, 85–93, Taf.

6920
Houghton, A.; Bendall, S.: A hoard of Aegean tetradrachms and the autonomous tetradrachms of Elaeusa Sebaste.—
MusNotAmNumSoc 33, 1988, 71–89, Abb. Taf.

6921
Houghton, A.; Moore, W.: Five Seleucid notes.—
MusNotAmNumSoc 33, 1988, 55–69, Abb. Taf.

6922
Houghton, A.: A didrachm issue of Antiochus VI of Byblus.—
IsrNumJ 9, 1986–87, 22–25, Taf.

6923
Huvelin, H.: L'atelier monétaire de Milan sous Quintille.—
RivItNum 90, 1988, 173–189, Taf.

6924
Iliescu, O.: Constantiniana Dafne. Anciennes et nouvelles théories.—
NumAntCl 16, 1987, 265–292, Abb.

6925
Isančurin, R. A.; Isančurin, E. R.: Monetnoe delo Bosporskogo carja Radamsada. (Russ.) [Die Münzprägung des bosporanischen Königs Radamsades.].—
NumEpigr 15, 1989, 53–96, Abb.

6926
Ivanišević, V.: Le catalogue des monnaies provenant du site Svetinja à Kostolac. (Serb. m. franz. Res.).—
Starinar 38, 1987, 59–63

6927
Jalmain, D.: Les billons de Souzy, IIIe siècle.—
Caesarodunum 23, 1988, 121–124, Abb. Taf.

6928
Jenkins, G. K.: Hellenistic gold coins of Ephesos.—
Anadolu 21, 1978–80 [1987], 183–188, Taf.

6929
Jenkins, K.: Some coins of Hannibal's time.— Studi per L. Breglia, 1 (Roma 1987) 215–227, Taf.

6930
Jenkins, M. R.: The 'Aeneid' medallion. A narrative interpretation.—
NumChron 148, 1988, 148–152, Taf.

6931
Joachim, H. E.: Die vorgeschichtlichen Fundstellen und Funde im Stadtgebiet von Bonn.—
BJb 188, 1988, 1–96, Abb.

6932
Jovanović, B.; Jovanović, M.; u. a.: Gomolava. Naselje mlađeg gvozdenog doba. (Kroat. m. engl. Res.) Late La Tène settlement at Gomolava.— (Novi Sad 1988) 211 S., Abb. Beil.
(Vojvođanski muzej Novi Sad. Gomolava, 2)

6933
Kaenel, H. M. v.: Das Caligulabildnis auf Münzen.— Boschung, D. Die Bildnisse des Caligula (Berlin 1989) 15–26, Taf.

6934
Kagan, J.: Som archaic bovine curiosities.—
MusNotAmNumSoc 33, 1988, 37–44, Taf.

6935
Karyškovskij, P. O.: Monety Ol'vii. Očcerk denežnogo obraščenija severo-zapadnogo Pričernomor'ja v antičnuju ėpochu. (Russ.) [Die Münzen von Olbia. Untersuchung zum Münzumlauf des nordwestlichen Schwarzmeergebietes in antiker Zeit.]— (Kiev 1988) 166 S., Abb. Taf.

6936
Kaufmann, H.: Keltische Münzen nördlich von Elbsandsteingebirge und Lausitzer Bergland.—
AusgrFu 34, 1989, 26–29, Abb. Taf.

6937
Keller, H.: Wulst-Rinnenprägungen auf Keltenmünzen aus dem heutigen Mittelhessen.—
JNG 36, 1986, 13–22, Abb. Taf.

6938
Kelly, D. B.: Archaeological notes from Maidstone Museum.—
ACant 105, 1988, 297–320, Abb.

6939
Kent, J. P. C.: [Coinage in decline].—
NumChron 148, 1988, The Jornal of The Royal Numismatic Society, III–XIII, Abb.

6940
Kent, J. P. C.: The fifth century bronze coinage of Honorius in Italy and Gaul.—
RivItNum 90, 1988, 281–294, Abb.

6941
Kenyon, R. F.: The countermark 'prob' on coins of Claudius I from Britain.—
NumChron 148, 1988, 53–61, Taf.

6942
Kepeski, K.: Coins of Macedonian kings in the collection of the museum in Prilep. (Maked. m. engl. Res.).—
MacActaA 7–8, 1981–82 [1987], 41–58, Taf.

6943
Kienast, D.: Diva Domitilla.—
ZPE 76, 1989, 141–147

6944
Kindler, A.: Coins and remains from a mobile mint of Bar Kokhba at Khirbet el-'Aqd.—
IsrNumJ 9, 1986–87, 46–50, Taf.

6945
Kızılkaya, Y.: Yatağan definesi. (Türk.) [Der Hortfund von Yatağan.]—
TürkAD 27, 1988, 137–164, Taf.

6946
Klein, U.: Fundmünzen aus Württemberg.—
AAusgrBadWürt 1988, 331–341, Abb.

6947
Klose, D. O. A.: As und Assarion. Zu den Nominalsystemen der lokalen Bronzemünzen im Osten des römischen Reiches.—
JNG 36, 1986, 101–105

6948
Kluwe, E.: Münzen als historische und kulturgeschichtliche Zeugnisse. Zur Nutzung der Jenaer Münzsammlungen für wissenschaftliche Studien sowie für Lehrzwecke.— From the archaeological collections of Cracow and Jena (Warszawa 1988) 45–54, Abb. Taf.
SB

6949
Koenig, F. E.: Roma. Monete dal Tevere. L'imperatore Gaio (Caligola).—
BNumRoma 10, 1988, 21–186, Abb. Taf.

6950
König, I.: Alexandrinische Münzen in der Original- und Abgußsammlung der Universität Trier.— (Trier 1988) 72 S., Taf.
(Trierer Petermännchen. Wissenschaftliche Reihe, 1)

6951
Kokkinos, N.: A retouched new date on a coin of Valerius Gratus.—
StBiFranc 36, 1986, 241–246, Taf.

6952
Kreindler, H.: The application of SEM for authentication of an important find of 'year five' shekels of the Jewish war.—
IsrNumJ 9, 1986–87, 38–45, Abb. Taf.

6953
Kromann, A.: A fourth century hoard from Denmark.—
RivItNum 90, 1988, 239–259, Abb. Taf.

6954
Kromann, A.: The Greek imperial coinage from Cos and Rhodes.— Archaeology in the Dodecanese (Copenhagen 1988) 213–217, Abb.
KB København 1986

6955
Lafaurie,: A propos des deniers de Tours à la titulature de Childéric II.—
BNumParis 43, 1988, 462–464, Abb.

6956
Lafaurie, J.: Un nouveau denier de Childéric II frappé à Tours.—
BNumParis 43, 1988, 421–426, Abb.

6957
Lafaurie, J.: Argentei francs attribuables à Worms.—
BNumParis 43, 1988, 419–421, Abb.

6958
Lafaurie, J.: Solidi à la titulature d'Anastase attribuables aux Burgondes.—
BNumParis 43, 1988, 480–482, Abb.

6959
Lahusen, G.: Die Bildnismünzen der römischen Republik.— (München 1989) 109 S., Taf.

6960
Laronde, A.: Cyrène et la Libye hellénistique. 'Libykai historiai' de l'époque républicaine au principat d'Auguste.— (Paris 1987) 524 S., Abb. Taf.
(Centre national de la recherche scientifique. Etudes d'antiquités africaines)

6961
Le Rider, G.; Olcay, N.: Le trésor de Haymana.—
RevNum 30, 1988, 55–63, Taf.

6962
Le Rider, G.; Olcay, N.: Un trésor de tétradrachmes d'Alexandre trouvé à Akçakale en 1958.—
RevNum 30, 1988, 42–54, Taf.

6963
Le Rider, G.: L'atelier séleucide de Lysimachie (WSM 1610–1621).—
NumAntCl 17, 1988, 195–205, Taf.

6964
Leschhorn, W.: Zu den rhodischen Didrachmen des 4. und 3. Jh. v. Chr. Der Schatzfund von Uşak.—
JNG 36, 1986, 67–94, Taf.

6965
Levante, E.: The coinage of Zephyrion in Cilicia.—
NumChron 148, 1988, 134–141, Abb. Taf.

6966
Levy, B. E.: Caligula's radiate crown.—
SchwMbll 38, 1988, 101–107, Abb.

6967
Levy, B. E.: Jupiter Liberator at Patrae and the boy Zeus of Aigion.— Πρακτικά του XII Διεθνούς συνεδρίου κλασικής αρχαιολογίας, 2 (Αθήνα 1988) 131–135, Taf.
KB Athenai 1983

6968
Leypold, F.: Vier keltische Tetradrachmen.—
MÖNumGes 28, 1988, 69–71, Abb.

6969
Leypold, F.: Autonome Prägungen aus Alexandria Troas und Parium, Mysien.—
MÖNumGes 29, 1989, 22–24, Abb.

6970
Liampi, K.: Zur Chronologie der sogenannten 'anonymen' makedonischen Münzen des späten 4. Jhs. v. Chr.—
JNG 36, 1986, 41–65, Abb. Taf.

6971
Lichocka, B.: Une tête féminine sur les monnaies de Nerva.— Ritratto ufficiale e ritratto privato (Roma 1988) 367–373, Abb.
KB Roma 1984

6972
Long, J.: A new solidus of Julian Caesar.—
MusNotAmNumSoc 33, 1988, 111–118, Taf.

6973
Loriot, X.: Deux monnaies d'or romaines trouvées en Couserans.—
BNumParis 43, 1988, 417–419

6974
Loÿe, G. de: The medallion on Gallo-Roman coinage attributed to Orange.—
NumChron 148, 1988, 143–145, Taf.

6975
Loÿe, G. de: Les monnaies, 1. Monnaies en or de l'antiquité, byzantines et du haut moyen-âge.— (Avignon 1987) 78 S., Abb. Taf.
(Musée Calvet, 1)

6976
Ludwig, R.: Das frührömische Brandgräberfeld von Schankweiler, Kreis Bitburg-Prüm.—
TrZ 51, 1988, 51–290, Abb. Taf.

6977
Mac Isaac, J. D.: Phliasian bronze coinage.—
MusNotAmNumSoc 33, 1988, 45–54

6978
Macaluso, R.: Contromarche con simboli su dupondi di Augusto.— Studi per L. Breglia, 2 (Roma 1987) 93–98, Taf.

6979
Madroñero de la Cal, A.; Casariego Córdoba, A.: Análisis arqueometalúrgico de unos plomos monetiformes.—
BMusMadrid 5, 1987, 81–86, Abb.

6980
Maltiel-Gerstenfeld, J.: New catalogue of ancient Jewish coins. With annex 'Evaluation of ancient Jewish coins'.— (Tel Aviv 1987) 155 S., Abb.; 14 S.

6981
Manfredi, L. I.: Melqart e il tonno.—
StEgAntPun 1, 1987, 67–82, Abb.

6982
Manfredi, L. I.: Monete e valori ponderali fenici a Kition.—
RivStOr 61, 1987, 81–87

6983
Marchetti, P.: Quelques réflexions sur les équivalences entre l'or et l'argent.— Histoire économique de l'antiquité (Louvain-la-Neuve 1987) 135–149
KB Antwerpen 1985

6984
Marinazzo, A.: Denari e quinari romani repubblicani nel Museo di Brindisi. Collezione civica.—
RicStBrindisi 13, 1980–87, 121–135, Taf.

6985
Maslennikov, A. A.: Gerakl Savromata II. (Russ.) [Der Herakles des Sauromates II.].— Problemy antičnoj kul'tury (Moskva 1986) 175–183, Abb.
SB

6986
Masson, O.; Amandry, M.: Notes de numismatique chypriote, 6–8.—
RevNum 30, 1988, 27–41, Taf.

6987
Mastelloni, M. A.: Rinvenimenti monetali a Reggio Calabria.—
Studi per L. Breglia, 1 (Roma 1987) 79–104

6988
Matelli, E.: La spedizione indiana di Seleuco I e la sua propaganda.—
NumAntCl 16, 1987, 131–148, Abb.

6989
Maurin, B.: Découverte d'une monnaie 'tarusate' dans le lac de Sanguinet (Landes).—
BNumParis 44, 1989, 493–494, Abb.

6990
Meates, G. W.; u. a.: The Roman villa at Lullingstone, Kent, 2. The wall paintings and finds.— (Maidstone 1987) XXIX, 330 S., Abb. Taf.
(Monograph series of the Kent Archaeological Society, 3)

6991
Mertens, J.; u. a.: Ordona, 8. Rapports et études.— (Bruxelles 1988) 328 S., Abb. Taf. Beil.
(Institut historique belge de Rome. Etudes de philologie, d'archéologie et d'histoire anciennes, 25)

6992
Meshorer, Y.: City-coins of Eretz-Israel and the Decapolis in the Roman period.— (Jerusalem 1985) 123 S., Abb.
(The Israel Museum, Jerusalem)

6993
Meshorer, Y.: The mint of Pelusium.—
RivItNum 90, 1988, 57–62, Abb.

6994
Meshorer, Y.: The coins of Dora.—
IsrNumJ 9, 1986–87, 59–72, Abb. Taf.

6995
Meshorer, Y.: A coin hoard of Bar-Kokhba's time.—
IsrMusJ 4, 1985, 43–50, Abb.

6996
Metcalf, W. E.: The Severan 'cistophori'.—
RivItNum 90, 1988, 155–166, Abb.

6997
Meyer, E.: Der Fund römischer Denare von Schwepnitz, Kreis Kamenz.— Archäologische Feldforschungen in Sachsen (Berlin 1988) 276–278, Taf.
SB

6998
Meyer, E.; Arnold, P.: Der Denarfund von Schwepnitz, Kreis Kamenz.—
ArbFBerSächs 32, 1988, 9–34, Abb. Taf.

6999
Milulčić, G.: Die Münzfunde des 6. Jhs. in der SR Makedonien. (Maked. m. dtsch. Res.).—
MacActaA 7–8, 1981–82 [1987], 177–194

7000
Mogelonsky, M. K.: The dates of the earliest coinage. Some archaeological considerations.— Συνεισφορά McGill, 1. Papers in memory of C. D. Gorden (Amsterdam 1987) 51–63

7001
Monacchi, D.: Nota sulla stipe votiva di Grotta Bella (Terni).—
StEtr 54, 1986, 75–99, Taf.

7002
Moore, W.: A bronze half-unit of Cleopatra Thea and Antiochus VIII from Akko-Ptolemais.—
IsrNumJ 9, 1986–87, 27–28, Taf.

7003
Morrisson, C.; Barrandon, J. N.: La trouvaille de monnaies d'argent byzantines de Rome, VIIe–VIIIe siècles. Analyses et chronologie.—
RevNum 30, 1988, 149–165, Abb.

7004
Morrisson, C.: Le rôle du monnayage d'argent dans la circulation africaine à l'époque vandale et byzantine.—
BNumParis 44, 1989, 518–522

7005
Mostecky, H.: Note sur les monnaies de cuivre frappées en Afrique du Nord après l'invasion vandale.—
BNumParis 44, 1989, 515–518

7006
Muñoz, F. A.: Las monedas ibéricas del sur de la Península Ibérica. Consideraciones histórico-financieras.— Actas. 1er Congreso peninsular de historia antigua, 2 (Santiago de Compostela 1988) 89–100
KB Santiago de Compostela 1986

7007
Musiolek, P.: Zur Problematik der solonischen Reformen.— Familie, Staat und Gesellschaftsformation (Berlin 1988) 448–451
KB Dresden 1984

7008
Nash, D.: Coinage in the Celtic world.— (London 1987) 153 S., Abb. Taf.

7009
Naster, P.: Toponymes en caractères araméens sur les monnaies anatoliennes. 5e–4e s. av. J.C.—
RBNum 134, 1988, 5–17, Taf.

7010
Naster, P.: Iconographie monétaire nabatéenne et les influences subies.— Studi per L. Breglia, 1 (Roma 1987) 249–255

7011
Naster, P.: Les revers à carré creux des monnaies de Zancle-Messana.—
RivItNum 90, 1988, 3–14, Abb.

7012
Naumov, V. I.: Le trésor de monnaies fondues trouvé au village de Koutsouroub près d'Otchakov. (Russ. m. franz. Res.).—
VesDrevIstor 1988, Nr. 4, 76–80, Taf.

7013
Navarro Oltra, V. C.: Un tesorillo de dirhemes emirales en Pedreguer (Alicante).— Arqueología medieval española, 3 (Madrid 1987) 53–61
KB Madrid 1987

7014
Nawotka, K.: The attitude towards Rome in the political propaganda of the Bosporan monarchs.—
Latomus 48, 1989, 326–338

7015
Nicolet-Pierre, H.: Remarques sur le monnayage de Naxos (Cyclades) à l'époque classique.— Πρακτικά του XII Διεθνούς συνεδρίου κλασικής αρχαιολογίας, 2 (Αθήνα 1988) 159–162, Taf.
KB Athenai 1983

7016
Nollé, J.: 'Oriens Augusti'. Kaiserpanegyrik und Perserkriegspropaganda auf Münzen der Stadt Side in Pamphylien unter Valerian und Gallienus, 253–268.—
JNG 36, 1986, 127–143, Taf.

7017
Nordbö, J. H.: Italic coins and medals in the Oslo University's coin collection.—
RivItNum 90, 1988, 543–556, Abb. Taf.

7018
Oates, J. F.: The quality of life in Roman Egypt.— Aufstieg und Niedergang der römischen Welt, 2, 10,1. [Festschrift Vogt] (Berlin 1988) 799–806

7019
Oeconomides, M.: Les 'Wappenmünzen' de la collection Grégoire Empédoclès.—
NumAntCl 16, 1987, 25–28, Abb.

7020
Özbek, O.: Herakleia definesi. (Türk.) [Der Hortfund von Herakleia.].—
TürkAD 27, 1988, 113–121, Taf.

7021
Overbeck, B.: Eine spätrömische Silbermünze von der 'Römerschanze' bei Grünwald, Landkreis München, Oberbayern.—
AJahrBay 1987, 143–144, Abb.

7022
Overbeck, B.: Maximinus Thrax vor Aquileia.—
RivItNum 90, 1988, 167–171, Taf.

7023
Overbeck, B.: Fundmünzen aus Rederzhausen, Landkreis Aichach-Friedberg. Ein Beitrag zur frührömischen Geschichte des Augsburger Umlandes.—
JNG 36, 1986, 95–100, Taf.

7024
Pairault-Massa, F. H.: La Tombe Giglioli ou l'espoir déçu de Vel Pinie. Un tournant dans la société étrusque.— Studia Tarquiniensia (Roma 1988) 69–100, Taf.
SB

7025
Panvini Rosati, F.: Le monete etrusche. Alcune note.—
RivItNum 90, 1988, 45–49

7026
Panvini Rosati, F.: La circolazione monetaria ad Aquileia nell'alto medioevo.— Aquileia e le Venezie nell'alto medioevo (Udine 1988) 407–411
KB Aquileia 1987

7027
Papanicolaou Christensen, A.; Thomsen, R.; Ploug, G.: Hama. Fouilles et recherches 1931–1939, 3, 3. The Graeco-Roman objects of clay, the coins and the necropolis.— (Copenhague 1986) 113 S., Abb.
(Nationalmuseets skrifter. Større beretninger, 10)

7028
Parise, N. F.: Δρέπανα, 'segni premonetari' inesistenti.— Studi per L. Breglia, 1 (Roma 1987) 51–57

7029
Parise, N. F.: Valuta'calcidese' e valuta 'fenicia'. Un rapporto di cambio dimenticato.—
RivItNum 90, 1988, 15–18

7030
Pautasso, A.: Un contributo della numismatica padana alla datazione tradizionale del denario.— Studi per L. Breglia, 1 (Roma 1987) 205–208

7031
Pavlinec, M.: Einige Neuerwerbungen des Münzkabinetts des Bernischen Historischen Museums.—
SchwMbll 39, 1989, 4–21, Abb.

7032
Pensabene, P.: Tessera nummularia dall'area della Magna Mater e della Vittoria sul Palatino.— Studi per L. Breglia, 2 (Roma 1987) 69–76, Abb.

7033
Pera, R.: Commodo 'Ολύμπιος su alcune monete della città di Efeso.— Studi per L. Breglia, 2 (Roma 1987) 125–132

7034
Pera, R.: Omaggio a Commodo su una moneta di Apamea di Bitinia.—
NumAntCl 16, 1987, 251–264, Abb.

7035
Perassi, C.: Correnti artistiche nella monetazione romana repubblicana precedente l'introduzione del denario.—
AthenaeumPavìa 66, 1988, 345–364, Taf.

7036
Perassi, C.: Monete romane dell'età repubblicana. Aspetti dell'arte monetale negli sviluppi cronologici.— (Milano 1988) X, 88 S., Abb.
(Biblioteca Ambrosiana. Collezioni numismatiche)

7037
Picard, O.: La diffusion du classicisme par les monnaies en Thrace à la fin du Ve et au début du IVe siècle.— Πρακτικά του XII Διεθνούς συνεδρίου κλασικής αρχαιολογίας, 2 (Αθήνα 1988) 180–185, Taf.
KB Athenai 1983

7038
Picozzi, V.: Gli attributi di Vulcano sul Puteal Scribonianum.— Studi per L. Breglia, 2 (Roma 1987) 77–83, Abb.

7039
Picozzi, V.: Un solido inedito di Costanzo II coniato ad Arles.—
RivItNum 90, 1988, 233–238, Abb.

7040
Pirling, R.; u. a.: Das römisch-fränkische Gräberfeld von Krefeld-Gellep 1966–1974.— (Stuttgart 1989) 163 S., Taf.
(Germanische Denkmäler der Völkerwanderungszeit. Serie B, 13)

7041
Poenaru Bordea, G.; Ocheşeanu, R.; Nicolae, E.: Le trésor de monnaies du Bas-Empire romain découvert à Ulmetum en 1912.—
RivItNum 90, 1988, 295–328, Abb.

7042
Poncelet, C.: Un antoninien hybride inédit de Victorin Divus (271–272).—
BCercleNum 25, 1988, 73–75, Abb.

7043
Pottier, H.: Restitution d'un follis à Artavasde, l'usurpateur usurpé (Constantinople 742–743).—
BCercleNum 26, 1989, 1–14, Abb.

7044
Qedar, S.: A coin of Agrippa II commemorating the Roman victory over the Jews.—
SchwMbll 39, 1989, 33–36, Abb.

7045
Radnóti-Alföldi, M.: Schildbilder der römischen Kaiser auf Münzen und Multipla.— Studi per L. Breglia, 2 (Roma 1987) 133–139, Taf.

7046
Rao, M.: Κοδράντης. Semantica ed ideologia di un calco.—
Koinonia 13, 1989, 79–84

7047
Raynor, J.; Meshorer, Y.: The coins of ancient Meiron.— (Winona Lake 1988) 140 S., Abb.
(Meiron excavation project, 4)

7048
Reece, R.: Interpreting Roman hoards.—
WorldA 20, 1988, 261–269

7049
Reggiani Massarini, A. M.: Santuario degli Equicoli a Corvaro. Oggetti votivi del Museo nazionale romano.— (Roma 1988) 80 S., Abb.
(Soprintendenza archeologica di Roma. Lavori e studi di archeologia, 11)

7050
Reinders, H. R.: New Halos. A hellenistic town in Thessalia, Greece.— (Utrecht 1988) 318 S., Abb. Taf. Beil.

7051
Rémy, B.; Malacher, F.: Deux trésors de monnaies romaines dans le département du Puy-de-Dôme. Saint-Floret (antoniniani) et Arlanc (folles).—
BNumParis 44, 1989, 496–497

7052
Rémy, B.: Un bronze rare de Claude en l'honneur de M. Annius Afrinus au Musée archéologique d'Istambul.—
BNumParis 44, 1989, 522–523, Abb.

7053
Rémy, B.; Le Guen-Pollet, B.: Découverte à Edrémit (Turquie) d'un médaillon inédit de Septime Sévère frappé à Akrasos (Lydie).—
BNumParis 44, 1989, 569–570, Abb.

7054
Richard, F.: Une monnaie de Cardia (Chersonèse de Thrace) du IVe siècle av. J. C. trouvée à Taulhac (commune du Puy).—
BNumParis 43, 1988, 486–487, Abb.

7055
Richard, J. C. M.; Dausse, L.: Un petit bronze au dauphin de Ruscino (?) découvert à Rodez (Aveyron) en 1988.—
BNumParis 44, 1989, 494–496, Abb.

7056
Ringel, J.: Literary sources and numismatic evidence of maritime activity in Caesarea during the Roman period.—
MedHistR 3, 1988, 63–73, Abb.

7057
Roman, D.: Un problème d'épigraphie et de chronologie monétaires, les monnaies à légende 'Vol'.— Mélanges offerts à M. Labrousse (Toulouse 1987) 209–220, Abb.

7058
Roman, Y.: Un problème d'épigraphie monétaire. Les frappes dites à légende 'NMY'.—
RANarb 18, 1985, 377–380, Abb.

7059
Room, A.: Dictionary of coin names.— (London 1987) V, 250 S., Abb.

7060
Root, M. C.: Evidence from Persepolis for the dating of Persian and archaic Greek coinage.—
NumChron 148, 1988, 1–12, Taf.

7061
Rousséva, B.: Contribution à la circulation de monnaies d'argent en Thrace hellénistique. (Bulg. m. franz. Res.).—
ArcheologijaSof 30, 1988, Nr. 2, 15–27, Abb.

7062
Rtveladze, È. V.: Novye numizmatičeskie dannye k istorii vzaimootnošenij Severnogo Tocharistana i gosudarstv Vostoka v V–VIII vv. n. è. (Russ.) [Neue numismatische Daten zur Geschichte der Beziehungen zwischen dem nördlichen Tocharistan und den Reichen des Ostens im 5.–8. Jh. u. Z.].—
ActaOrHung 41, 1987, 301–319, Taf.

7063
Rutter, N. K.: Herodotus I,94,1 and the 'first finders' of coinage.— Studi per L. Breglia, 1 (Roma 1987) 59–62

7064
Ryan, N. S.: Fourth-century coin finds from Roman Britain. A computer analysis.— (Oxford 1988) 286 S., Abb.
(British archaeological reports. British series, 183)

7065
Sachero, L.: I contorniati di Roma imperiale. Divagazioni sulle monete.— (Torino 1987) 194 S., Abb.

7066
Salama, P.: Un trésor inconnu d'Honorius à Cherchel.—
NumAntCl 17, 1988, 287–294, Taf.

7067
Salzmann, D.: Sabina in Palmyra.— Beiträge zur Ikonographie und Hermeneutik. Festschrift für N. Himmelmann (Mainz 1989) 361–368, Taf.

7068
Sánchez Abal, J. L.; García Jiménez, S.: La ceca de Tanusia.— Actas. 1er Congreso peninsular de historia antigua, 2 (Santiago de Compostela 1988) 149–158, Abb. Taf.
KB Santiago de Compostela 1986

7069
Săşianu, A.: Imitations and counterfeits of the Apollonia and Dyrrhachium type drachmas and their circulation.— L'Illyrie méridionale et l'Epire dans l'antiquité (Clermont-Ferrand 1987) 209–219, Abb.
KB Clermont-Ferrand 1984

7070
Savio, A.: Il quarto anno alessandrino di Nerone nella documentazione numismatica.—
NumAntCl 17, 1988, 221–239, Abb.

7071
Schemainda, P.: Ein Probierstein des frühen Mittelalters vom Gräberfeld Vettweis-Gladbach-Gut Mersheim.—
AInf 11, 1988, 199–205, Abb.

7072
Schulzki, H. J.: Ein Mainzer Münzschatzfund aus der Zeit des Tetricus.—
SaalbJb 44, 1988, 33–55, Abb.

7073
Schwartz, J.: A propos de monnaies enfouies en 270 après J. C.—
BNumParis 44, 1989, 523–524

7074
Serafin Petrillo, P.: Sulla 'valutazione' del vittoriato.— Studi per L. Breglia, 2 (Roma 1987) 39–49, Abb.

7075
Serafin Petrillo, P.: Ripensando ai suberati.—
RivItNum 90, 1988, 131–139

7076
Serditych, E. V.: Ob odnom iz variantov ikonografii Mitry. (Russ.) [Zu einer Variante der Mithras-Ikonographie.].— Problemy antičnoj kul'tury (Moskva 1986) 279–282
SB

7077
Sheridan, J. A.: The 'nome' coins of Alexandria. Another look.—
MusNotAmNumSoc 33, 1988, 107–110, Taf.

7078
Siciliano, A.: Circolazione monetaria a Monte Sannace, 1. Materiali.— Gioia, 2 (Fasano 1988) 73–96, Abb.
SB

7079
Siciliano, A.: Valesio. Ripostiglio monetale del III secolo a. C.—
Studi per L. Breglia, 1 (Roma 1987) 193–202, Abb.

7080
Simonetta, B.: Tetradrammi firmati di Phraates IV.— Studi per L. Breglia, 1 (Roma 1987) 257–260, Abb.

7081
Simonetta, B.; Chiesa, F.: Osservazioni su denarii coniati da Cesare nel 44 a. C. con la propria effige.—
NumAntCl 16, 1987, 175–195, Abb.

7082
Simonetta, B.: Monete della Persidia di tipo partico.—
NumAntCl 17, 1988, 261–267, Abb.

7083
Sironen, T.: Un obolo di Fistelia da Fregellae.—
Arctos 22, 1988, 137–140

7084
Solovera San Juan, M. E.: Estudios sobre la historia económica de la Rioja romana.— (Logroño 1987) 223 S., Abb.
(Instituto de estudios riojanos. Historia, 7)

7085
Sommer, A. U.: Ein unedierter Tremissis des Phokas, 602–610 n. Chr.—
SchwMbll 38, 1988, 108–109, Abb.

7086
Spaer, A.: Jaddua the High Priest?—
IsrNumJ 9, 1986–87, 1–3, Taf.

7087
Spellberg, D. A.: The Umayyad north. Numismatic evidence for frontier administration.—
MusNotAmNumSoc 33, 1988, 119–127, Abb. Taf.

7088
Staffieri, G. M.: La monetazione di Olba e di Diocaesarea in Cilicia. Addenda e corrigenda, 1.—
NumAntCl 16, 1987, 229–246, Abb. Taf.

7089
Stannard, C.: The hub from ancient Spain reconsidered.—
NumChron 148, 1988, 141–143, Taf.

7090
Stoljarik, E. S.: Tri monetnych klada imperatora Konstancija II v Pruto-Dnestrovskom meždureč'e. (Russ.) [Drei Münzschätze des Kaisers Constantius II. im Gebiet zwischen Pruth und Dnjestr.].— Novye issledovanija po archeologii Severnogo Pričernomor'ja (Kiev 1987) 67–74
SB

7091
Stronach, D.: Early Achaemenid coinage. Perspectives from the homeland.—
IrAnt 24, 1989, 255–279, Abb. Taf.

7092
Stumpf, G.: Ein athenisches Münzgesetz des 4. Jh. v. Chr.—
JNG 36, 1986, 23–40, Taf.

7093
Sutherland, C. H. V.: Variation of emphasis between the Res Gestae and the types of the imperial Augustan coinage.— Studi per L. Breglia, 2 (Roma 1987) 85–91

7094
Sutherland, H.: The 'Pontif maxim' aurei of Tiberius.—
NumAntCl 16, 1987, 217–225, Taf.

7095
Tabarroni, G.; u. a.: Un vittoriato in rame stagnato senza tracce di argento. Risultati di una ricerca al microscopio elettronico a scansione corredato di dispositive microanalitici.— Studi per L. Breglia, 2 (Roma 1987) 51–68, Abb.

7096
Taliercio Mensitieri, M.: Simboli, lettere, sigle sul bronzo di Neapolis.— Studi per L. Breglia, 1 (Roma 1987) 161–178, Abb.

7097
Taliercio Mensitieri, M.: Osservazioni sulla monetazione dei Brettii.— Per un'identità culturale dei Brettii (Napoli 1988) 223–242
SB

7098
Tondo, L.: Un antico ritrovamento di monete presso Algeri.—
L'Africa romana (Sassari 1988) 229–234, Taf.
KB Sassari 1987

7099
Tondo, L.: Aspetti della circolazione monetaria nei municipi romani dell'Appennino centrale.— Sestinum (Rimini 1989) 257–260
KB Sestino 1983

7100
Torbagyi, M.: Greek colonial coins in Intercisa, Pannonia Inferior.—
NumAntCl 17, 1988, 269–286, Abb.

7101
Travaglini, A.: Denari romani repubblicani nel Museo di Brindisi. Collezione Marzano. Collezione De Leo.—
RicStBrindisi 13, 1980–87, 145–165, Taf.

7102
Travaini, L.: Le monete a Roma nel medioevo.— StRom 37, 1989, 38–49, Taf.

7103
Tubach, J.: Im Schatten des Sonnengottes. Der Sonnenkult in Edessa, Ḥarrān und Ḥaṭrā am Vorabend der christlichen Mission.— (Wiesbaden 1986) XVIII, 546 S., Taf.

7104
Tulay, A. S.: Kütahya bölgesi şehir sikkeleri. (Türk.) [Die städtischen Münzen im Gebiet von Kütahya.].— TürkAD 27, 1988, 125–132, Taf.

7105
Turcan, R.: Jetons romains en plomb. Problèmes de datation et d'utilisation.— Latomus 47, 1988, 626–634, Taf.

7106
Turcan, R.: Les premières effigies monétaires d'Elagabal. Problèmes politiques et dynastiques.— Ritratto ufficiale e ritratto privato (Roma 1988) 535–539, Abb.
KB Roma 1984

7107
Usačeva, O. N.: Novaja nachodka podražanija rimskim denarijam iz Kep. (Russ.) [Neufund einer Imitation eines römischen Denars aus Kepoi.].— Problemy antičnoj kul'tury (Moskva 1986) 199–201, Abb.
SB

7108
Vanhoudt, H.: De muntvondsten in België uit de merovingische periode.— RBNum 134, 1988, 41–88, Abb.

7109
Vanni Peccatori, F. M.: Un'opera inedita di Domenico Sestini. Il catalogo della collezione numismatica di Elisa Baciocchi.— Studi per L. Breglia, 1 (Roma 1987) 261–284, Abb.

7110
Vecchi, I.: The coinage of the Rasna. A study in Etruscan numismatics.— SchwNR 67, 1988, 43–73, Taf.

7111
Velter, A. M.: Unele considerații privind circulația monetară din secolele V–XII în bazinul carpatic (cu o privire specială asupra teritoriului României).— StClstor 39, 1988, 251–274, Abb.

7112
Ventura, P.; u. a.: Due saggi di scavo in località Il Cristo, Coseano (Udine).— AquilNost 58, 1987, 85–152, Abb.

7113
Villaronga, L.: Els denaris ibèrics d'Ikalkusken.— (València 1988) 103 S., Abb. Taf.
(Estudis numismàtics valencians, 3)

7114
Villaronga, L.: Uso de la ceca de Emporion por los Romanos, para cubrir sus necesidades financieras en la Península Ibérica durante la segunda guerra púnica.— Studi per L. Breglia, 1 (Roma 1987) 209–214

7115
Villaronga, L.: Las dracmas ibéricas de Kertekunte.— NumAntCl 16, 1987, 161–166, Abb.

7116
Vin, J. P. A. van der: Late fourth-century gold hoards in the Netherlands.— RivItNum 90, 1988, 263–279, Abb.

7117
Virlouvet, C.: Plombs romains monétiformes et tessères frumentaires. A propos d'une confusion.— RevNum 30, 1988, 120–148, Abb. Taf.

7118
Vismara, N.: Monetazione arcaica della Lycia, 2. La Collezione Winsemann Falghera.— (Milano 1989) 360 S., Abb.
(Glaux, 3)

7119
Vismara, N.: Monetazione arcaica della Lycia, 1. Il dinasta Wakhssere I.— (Milano 1989) 155 S., Abb.
(Glaux, 2)

7120
Visonà, P.: La circolazione monetaria.— Storia di Vicenza, 1 (Vicenza 1987) 189–204, Taf.
SB

7121
Wallace, R. W.: 'Walwe' and 'Kali'.— JHS 108, 1988, 203–207

7122
Weiser, W.: Die Eulen von Kyros dem Jüngeren. Zu den ersten Münzporträts lebender Menschen.— ZPE 76, 1989, 267–296, Taf.

7123
Weiser, W.: Die älteste Bronzemünze von Katana.— SchwMbll 39, 1989, 1–3, Abb.

7124
Westermark, U.: Notes on Macedonian bronze coins.— Studi per L. Breglia, 1 (Roma 1987) 179–187, Abb.

7125
White, R. H.: Roman and Celtic objects from Anglo-Saxon graves. A catalogue and an interpretation of their use.— (Oxford 1988) 365 S., Abb.
(British archaeological reports. British series, 191)

7126
Williams II, C. K.; Zervos, O. H.: Corinth, 1987. South of temple E and east of the theatre.— Hesperia 57, 1988, 95–146, Abb. Taf.

7127
Wolters, R.: Keltische Münzen in römischen Militärstationen und die Besoldung römischer Hilfstruppen in spätrepublikanischer und frühaugusteischer Zeit.— Tyche 3, 1988, 261–272

7128
Yannopoulos, P. A.: Inflation, dévaluation et réévaluation à la transition des mondes romain et byzantin.— Histoire économique de l'antiquité (Louvain-la-Neuve 1987) 123–133
KB Antwerpen 1985

7129
Zachar, L.: Keltische Kunst in der Slowakei.— (Bratislava 1987) 159 S., Abb. Taf.

7130
Zadoks-Jitta, A. N.: Monete-gioiello d'oro dai Paesi Bassi.— Studi per L. Breglia, 2 (Roma 1987) 163–169, Abb.

7131
Zedelius, V.: Die Münzen aus der Forumsgrabung in der Colonia Ulpia Traiana.—
BJb 188, 1988, 331–340, Abb.

7132
Zedelius, V.: Nummi subferrati.—
RivItNum 90, 1988, 125–130, Abb.

7133
Zedelius, V.: Mit Aphrodite zur letzten Ruhe. Eine griechische Kleinbronze aus Nikaia (Bithynien) in Bonn.—
RheinMusBonn 1989, 43–44, Abb.

7134
Zedelius, V.: Venus Victrix. Ein seltener Denar der Iulia Domna im Rheinischen Landesmuseum Bonn.—
RheinMusBonn 1989, 57, Abb.

7135
Zehnacker, H.: Le triens des Servilii et le bronze patrimonial.—
Studi per L. Breglia, 2 (Roma 1987) 9–17

7136
Ziegler, R.: Münzen Kilikiens aus kleineren deutschen Sammlungen.— (München 1988) VIII, 194 S., Taf.
(Vestigia, 42)

Epigraphik

7137
Charles Ede Ltd. Writing and lettering in antiquity, 13.— (London [1989]) o. Pagin., Abb.

7138
CIL voluminis sexti pars septima fasciculus septimus. Inscriptiones urbis Romae latinae. Indices vocabulorum nominibus propriis inclusis.
ed. E. J. Jory.— (Berolini 1989) 7317–7746

7139
La Cueva Negra de Fortuna (Murcia) y sus tituli picti. Un santuario de época romana.
ed. A. González Blanco.— (Murcia 1987) 315 S., Abb. Taf.
Antigüedad y cristianismo, 4)

7140
Estudios sobre la Tabula Siarensis. Actas de las jornadas celebradas en Sevilla en 1986.— (Madrid 1988) 332 S., Abb.
(Anejos de Archivo español de arqueología, 9)

7141
Gens antiquissima Italiae. Antichità dall'Umbria a Budapest e Cracovia. Catalogo della mostra Budapest 4 agosto – 17 settembre 1989, Cracovia 9 novembre 1989 – 7 gennaio 1990.— ([Milano] 1989) 219 S., Abb.

7142
Greek ostraca in the Ashmolean Museum from Oxyrhynchus and other sites.
ed. J. C. Shelton.— (Firenze 1988) 166 S., Taf.
(Papyrologica florentina, 17)

7143
Il Museo di Taranto. Cento anni di archeologia. Catalogo della mostra per il centenario dell'istituzione del Museo archeologico nazionale di Taranto.— (Taranto 1988) 640 S., Abb. Taf.

7144
Palladia Tolosa. Toulouse romaine. [Exposition Musée Saint-Raymond, Toulouse 1988.].— (Toulouse 1988) XXI, 191 S., Abb. Beil.

7145
Per pagos vicosque. Torino romana fra Orco e Stura.
ed. G. Cresci Marrone.— (Padova 1988) 235 S., Abb. Beil
(Saggi e materiali universitari. Serie di antichità e tradizione classica, 10)

7146
Priene. Inscriptions. Texts and list.
ed. D. F. Mccabe.— (Princeton 1987) 246 S.

7147
Regio VI. Umbria.
ed. G. Binazzi.— (Bari 1989) XXI, 255 S., Abb.
(Inscriptiones christianae Italiae, 6)

7148
Samos. Inscriptions Texts and list.
ed. D. F. Mccabe.— (Princeton 1986) 186 S.

7149
Supplementum epigraphicum graecum 35 (1985).
ed. H. W. Pleket.— (Amsterdam 1988) XXIII, 593 S.

7150
Vrai ou faux? Copier, imiter, falsifier. Exposition [Paris], Cabinet des médailles et antiques, 6 mai – 29 octobre 1988.— (Paris 1988) 175 S., Taf.

7151
Abd el-Maksoud, M.; Carrez-Maratray, J. Y.: Une inscription grecque de la forteresse de Péluse.—
CahPEg 10, 1988, 97–103, Abb. Taf.

7152
Albertos, M. L.: Sobre los castella del Noroeste peninsular.—
Actas. 1er Congreso peninsular de historia antigua, 2 (Santiago de Compostela 1988) 191–195
KB Santiago de Compostela 1986

7153
Alekseeva, E. M.: Carskaja tamga na zolotom perstne iz Gorgippii. (Russ.) [Ein Königsmonogramm auf einem goldenen Fingerring aus Gorgippia.].— Problemy antičnoj kul'tury (Moskva 1986) 118–125, Abb. Taf.
SB

7154
Aleshire, S. B.: The Athenian archon Hoplon.—
Hesperia 57, 1988, 253–255

7155
Alexandrescu-Vianu, M.: O nouă posibilă genealogie a familiei lui Hippolochos, fiul lui Theodotos, de la Histria.—
StClstor 39, 1988, 275–280

7156
Alföldy, G.: Epigraphische Notizen aus Italien, 3. Inschriften aus Nursia (Norcia).—
ZPE 77, 1989, 155–180, Abb. Taf.

7157
Ameling, W.: Lucius Licinius in Chios.—
ZPE 77, 1989, 98–100

7158
Ameling, W.: Das neue attische Dekret für Oropos. Ein Datierungsvorschlag.—
ZPE 77, 1989, 95–96

7159
Ampolo, C.; Bresciani, E.: Psammetico re d'Egitto e il mercenario Pedon.—
EgVicOr 11, 1988, 237–252, Taf.

7160
Angeli Bertinelli, M. G.: Frammenti di fasti imperiali inediti da Luna.—
MEFRA 100, 1988, 103–116, Abb.

7161
Antico Gallina, M.: Intorno ad un'epigrafe poco nota da Crenna di Gallarate (Varese).—
RendIstLomb 121, 1987, 189–197, Taf.

7162
Antonetti, C.: Le popolazioni settentrionali dell'Etolia. Difficoltà di localizzazione e problema dei limiti territoriali, alla luce della documentazione epigrafica.— L'Illyrie méridionale et l'Epire dans l'antiquité (Clermont-Ferrand 1987) 95–113, Abb.
KB Clermont-Ferrand 1984

7163
Antonetti, C.: Problemi di geografia storica del territorio etolo-acarnano. Appunti sulla base di nuove testimonianze epigrafiche.— Γεωγραφία (Roma 1988) 11–38, Taf.
KB Macerata 1985

7164
Antonini, S.: Fabrateria Vetus. Un'indagine storico-archeologica.— (Roma 1988) 89 S., Abb.
(Studi e ricerche sul Lazio antico)

7165
Arbenz, C.: Salvinavia, eine Wortschöpfung des Naturforschers Chamisso.— (Gesnerus. Schweizerische Zeitschrift für Geschichte der Medizin und der Naturwissenschaten 45, 1988, Nr. 1, 99–110, Abb.)
SD

7166
Arce, J.: Epigrafía de la Hispania tardorromana de Diocleciano a Teodosio. Problemas de historia y de cultura.— La terza età dell'epigrafia (Faenza 1988) 211–226
KB Bologna 1986

7167
Ardevan, R.; Hica-Cîmpeanu, I.: Inscriptions romaines réutilisées de Napoca.—
ActaMusNapoca 22–23, 1985–86, 541–552, Abb.

7168
Arena, R.: I documenti scritti, i dialetti e gli alfabeti greci.— Magna Grecia. Vita religiosa e cultura letteraria, filosofica e scientifica (Milano 1988) 9–28, Abb.
SB

7169
Ariel, D. T.: Two Rhodian amphoras.—
IsrExplJ 38, 1988, 31–55, Abb. Taf.

7170
Arrigoni Bertini, M. G.: Un vexillarius della IIII Legio Macedonica a Parma.—
Epigraphica 50, 1988, 179–189, Abb.

7171
As'ad, K.; Gawlikowski, M.: New honorific inscriptions in the great colonnade of Palmyra.—
AAS 36–37, 1986–87, 164–171

7172
Asskamp, R.: Das südliche Oberrheingebiet in frührömischer Zeit.— (Stuttgart 1989) 239 S., Abb. Taf.
(Forschungen und Berichte zur Vor- und Frühgeschichte in Baden-Württemberg, 33)

7173
Avram, A.; Sandu, V.: Toarte de amfore ştampilate din colecţii particulare Bucureştene.—
StClstor 39, 1988, 53–58, Taf.

7174
Avram, A.: Amfore şi ţigle ştampilate din colecţia Dr. Horia Slobozianu.—
StClstor 39, 1988, 286–313, Abb.

7175
Avram, A.: Zu den Handelsbeziehungen zwischen Kallatis und dem Taurischen Chersonesos.—
MünstBeitr 7, 1988, Nr. 2, 87–91

7176
Avram, A.; Poenaru Bordea, G.: Nouveaux timbres amphoriques thasiens de Callatis.—
Dacia 32, 1988, 27–35, Taf.

7177
Azkarate Garai-Olaun, A.: Arqueología cristiana de la antigüedad tardía en Alava, Guipúzcoa y Vizcaya.— (Vitoria-Gasteiz 1988) XXI, 553 S., Abb. Taf. Beil.
(Arqueología vasca, 1)

7178
Baatz, D.: Ziegelstempel der 8. Legion aus Osterburken, Kastellbad II.—
FuBerBadWürt 13, 1988, 213–222, Abb.

7179
Bacci, G. M.: Scavi e ricerche a Avola, Grammichele, Portopalo, Taormina.—
Kokalos 30–31, 1984–85, Nr. 2,2, 711–725, Abb. Taf.

7180
Bădău-Wittenberger, M.: Consideraţii privind unele materiale tegulare de la Ulpia Traiana Sarmizegetusa.—
ActaMusNapoca 22–23, 1985–86, 481–484, Taf.

7181
Bádenas, P.; Elvira, M. A.; Gago, F.: Una nueva Cibeles-'Angdistis' en el Museo arqueológico nacional.—
BMusMadrid 5, 1987, 7–17, Abb.

7182
Bagnall, R. S.: A second century Christian burial at Tell el-Maskhuta?—
ZPE 74, 1988, 291–292

7183
Bagnall, R. S.: Papyri and ostraka from Quseir al-Qadim.—
BAmSocP 23, 1986, 1–60, Taf.

7184
Bajun, L. S.; Orel, V. E.: La langue des inscriptions phrygiennes en tant que source historique, 2. (Russ. m. franz. Res.).—
VesDrevIstor 1988, Nr. 4, 132–168

7185
Balil, A.: Segni di scalpellino e monumenti antichi.— (Atti del convegno di studi nel centenario della morte di Luigi Bruzza, Vercelli 6–7 ottobre 1984. Vercelli 1987, 297–305, Abb.)
SD

7186
Bandelli, G.: Per una storia della classe dirigente di Aquileia repubblicana. Le iscrizioni da un edificio di spettacolo.— Vita sociale artistica e commerciale di Aquileia romana, 1 (Udine 1987) 97–127, Taf.
KB Aquileia 1985

7187
Bardane, V. N.: Ἐκ Βοιωτίας.—
Horos 5, 1987, 75–77, Taf.

7188
Barnea, A.: Municipium Noviodunum. Nouvelles données épigraphiques.—
Dacia 32, 1988, 53–60, Taf.

7189
Barruol, G.: Miroirs votifs découverts en Provence et dédiés à Sélène et à Aphrodite.—
RANarb 18, 1985, 343–373, Abb.

7190
Barruol, G.: Une dédicace inédite à Agonès (Hérault).—
RANarb 19, 1986, 369–373, Abb.

7191
Barruol, G.: Le vicus Varatunnum à Saint-Julien de Salinelles (Gard).—
RANarb 19, 1986, 361–368, Abb.

7192
Bassignano, M. S.: Due nuove iscrizioni funerarie patavine.—
AquilNost 57, 1986, 393–400, Abb.

7193
Bastianini, G.; Gallazzi, C.: Un'epigrafe scomparsa di Tebtynis.—
Tyche 3, 1988, 25–27, Taf.

7194
Bauchhenss, G.; u. a.: Mercurius in Bornheim.—
BJb 188, 1988, 223–239, Abb.

7195
Bayun, L. S.; Orel, V. E.: The 'Moesian' inscription from Uyučik.—
Kadmos 27, 1988, 131–138, Abb.

7196
Beleza Moreira, J.; d'Encarnação, J.: Invulgar monumento funerário romano encontrado em Porto de Mós (Leiría, Portugal).— Actas. 1er Congreso peninsular de historia antigua, 3 (Santiago de Compostela 1988) 5–7, Taf.
KB Santiago de Compostela 1986

7197
Bélis, A.: A proposito degli 'Inni delfici' ad Apollo.— La musica in Grecia (Bari 1988) 205–218, Abb.
SB

7198
Beltrán Lloris, F.: Un espejismo historiográfico. Las 'organizaciones gentilicias' hispanas.— Actas. 1er Congreso peninsular de historia antigua, 2 (Santiago de Compostela 1988) 197–237
KB Santiago de Compostela 1986

7199
Ben Abdallah, Z.: La mention des servitudes prédiales dans une dédicace à Ammaedara personnifiée, faite par un légat d'Afrique proconsulaire.—
CRAI 1988, 236–249, Abb.

7200
Benzina Ben Abdallah, Z.: La mention d'Oea dans une inscription de Gigthis (Tunisie).— L'Africa romana (Sassari 1988) 173–175, Taf.
KB Sassari 1987

7201
Bernand, E.: Inscriptions grecques et latines d'Akôris.— (Le Caire 1988) XXV, 172 S., Taf.
(Institut français d'archéologie orientale du Caire. Bibliothèque d'étude, 103)

7202
Bernstein, F.: Pompeian women and the programmata.— Studia pompeiana et classica in honor of W. F. Jashemski, 1 (New Rochelle 1988) 1–18

7203
Bertacchi, L.: Il ponte romano di Concordia.—
AquilNost 58, 1987, 189–220, Abb.

7204
Bertacchi, L.: Virgilio.—
AquilNost 57, 1986, 401–412, Abb.

7205
Berti, F.: Un nuovo frammento di Ennione dal delta padano.—
BAnnMusFerr 15, 1985–87, 75–76, Taf.

7206
Bile, M.: Le dialecte crétois ancien. Etude de la langue des inscriptions. Recueil des inscriptions postérieures aux IC.— (Paris 1988) 405 S., Abb. Taf.
(Ecole française d'Athènes. Etudes crétoises, 27)

7207
Binsfeld, W.: Ein Militärdiplom in Trier.—
TrZ 51, 1988, 423–425, Abb.

7208
Binsfeld, W.: Galatische Ware in Trier.— Funde und Ausgrabungen im Bezirk Trier, 20 (Trier 1988) 13–16, Abb.
SB

7209
Bloommaert, D. C.: Tribunus equitum singularium? Two fragmentary inscriptions concerning Egyptian legionary prefects.—
ZPE 78, 1989, 185–195, Abb.

7210
Boffo, L.: Grecità di frontiera. Chersonesos Taurica e i signori del Ponto Eusino (SIG^3 709).—
AthenaeumPavia 67, 1989, 211–259, Taf.

7211
Boltunova, A. I.: An inscription of Pythodoris from Hermonassa. (Russ. m. engl. Res.).—
VesDrevIstor 1989, Nr. 1, 86–92, Abb. Taf.

7212
Bonamente, G.: Nuova epigrafe della gens Petronia in Assisi.—
AnnMacerata 19, 1986, 389–406, Taf.

7213
Bonello Lai, M.: Pani di piombo rinvenuti in Sardegna.—
StSard 27, 1986–87, 7–39

7214
Boninu, A.: Testimonianze di età romana nel territorio di Torralba.— Il nuraghe S. Antine nel Logudoro-Meilogu (Sassari 1988) 305–314
SB

7215
Bonneville, J. N.: Les patrons du municipe d'Emporiae (Ampurias, Espagne).—
REA 88, 1986, 181–196, Taf.

7216
Bordenache Battaglia, G.: Il cippo 960 dell'Acqua Marcia. CIL-VI 1250 c (= 31562 c = XIV, 4077).— Studi per L. Breglia, 3 (Roma 1987) 93–96, Abb.

7217
Boucher, S.: Le grammairien de Fendeille (Aude).— Griechische und römische Statuetten und Großbronzen (Wien 1988) 338–340, Abb.
KB Wien 1986

7218
Bousquet, J.: La stèle des Kyténiens au Létôon de Xanthos.—
REG 101, 1988, 12–53, Abb.

7219
Bousquet, J.: Etudes sur les comptes de Delphes.— (Paris 1988) 232 S., Abb.
(Bibliothèque des Ecoles françaises d'Athènes et de Rome, 267)

7220
Bowersock, G. W.: La Mésène (Maišân) antonine.— L'Arabie préislamique et son environnement historique et culturel (Leiden 1989) 159–168
KB Strasbourg 1987

7221
Božilova, V.; Mrozewicz, L.: Deus Aeternus in Novae (Moesia Inferior).—
ZPE 78, 1989, 178–181, Taf.

7222
Božilova, V.: Alcune iscrizioni del santuario di Montana e due legati della provincia Mesia.—
Ratiariensia 3–4, 1987, 153–157, Taf.

7223
Brecciaroli Taborelli, L.: Nuovi documenti epigrafici dal circondario di Victumulae 'inter Vercellas et Eporediam'.—
ZPE 74, 1988, 133–144, Taf.

7224
Brennan, P.: Diocletian and Elephantine. A closer look at Pococke's puzzle (IGRR 1.1291 = SB 5.8393).—
ZPE 76, 1989, 193–205

7225
Brugnone, A.: Bolli anforari rodii dalla necropoli di Lilibeo. Altri bolli anforari dalla necropoli di Lilibeo.—
Kokalos 32, 1986, 19–113, Abb. Taf.

7226
Bruneau, P.: Deliaca, 7.—
BCH 112, 1988, 569–582, Abb.

7227
Bruun, C.: Water for the Castra Praetoria. What were the Severan 'opera min.'?—
Arctos 21, 1987, 7–18

7228
Buchi, E.: Anfore e bolli. Problemi economici e produttivi legati all'individuazione di alcune fornaci laterizie.— [1°] Corso di propedeutica archeologica, Correzzola 1982 (o. O. o. J.) 57–64, Abb.
SB

7229
Buchi, E.: Porta Leoni e la fondazione di Verona romana.—
(Museum Patavinum 5, 1987, Nr. 1, 13–45, Taf.)
SD

7230
Buchi, E.: C.I.L. V, 141; = 429;, 202 (Adria). Un triumviro e il culto di Cerere, Libero Padre ed Ercole.—
AquilNost 57, 1986, 469–492, Abb.

7231
Büyükkolancı, M.: Efes Müzesi'ne gelen dört mezar steli. (Türk.) [Vier Grabstelen aus dem Museum von Ephesos.].—
TürkAD 27, 1988, 73–79, Taf.

7232
Buonocore, M.: C. Marius Atys sevir augustalis di Venafrum.—
ArchCl 37, 1985, 290–292, Taf.

7233
Buonocore, M.: La Via Salaria nel tratto Collicelle-Torrita. Nuove acquisizioni epigrafiche.— Miscellanea greca e romana, 13 (Roma 1988) 145–152, Taf.
SB

7234
Buonocore, M.: Miscellanea epigraphica e codicibus Bibliothecae Vaticanae, 3.—
Epigraphica 50, 1988, 213–220

7235
Buonocore, M.: Codex Ferrajoli 513.— Miscellanea Bibliothecae Apostolicae Vaticanae, 1 (Città del Vaticano 1987) 33–53, Abb.
SB

7236
Buonopane, A.: Le iscrizioni latine spurie del Museo Maffeiano.—
Nuovi studi Maffeiani (Verona 1985) 141–160, Abb. Taf.
KB Verona 1983

7237
Buonopane, A.; Susini, G.: Un caso di ordinatio graffita in una iscrizione funeraria atestina (SupplIt, 537).—
Epigraphica 50, 1988, 226–235, Abb.

7238
Buonopane, A.: Iscrizioni romane su roccia nell'arco alpino (Alpes Maritimae, Alpes Cottiae, Regiones XI, X).— Benace '85. La cultura figurativa rupestre (Torino 1986) 83–102, Abb.
KB Torri del Benaco 1985

7239
Buonopane, A.: Una iscrizione romana inedita oggi dispersa ed un luogo di culto nell'area benacense.—
QuadAVen 4, 1988, 394–397, Abb.

7240
Buora, M.; Benali, R.: Notiziario epigrafico.—
AquilNost 58, 1987, 317–328, Abb.

7241
Burckhardt, L. A.: Gab es in der Gracchenzeit ein optimatisches Siedlungsprogramm? Bemerkungen zum Elogium von Polla und den 'vi]asiei vicani' aus dem Ackergesetz von 111 v. Chr.— Labor omnibus unus. G. Walser zum Geburtstag dargebracht (Stuttgart 1989) 3–20

7242
Calci, C.; Ceci, F.; Messineo, G.: Interventi di scavo lungo la via Tiburtina.— Archeologia laziale, 9 (Roma 1988) 161–166, Abb.
KB Roma 1987

7243
Camodeca, G.; D'Ambrosio, A.; Parma, A.: Schede epigrafiche.— Puteoli 11, 1987, 127–152, Abb.

7244
Camodeca, G.: Nuovi dati sui senatori romani d'origine puteolana.—
Puteoli 11, 1987, 13–36, Abb.

7245
Canivet, P.; Canivet, M. T.; u. a.: Ḥūarte. Sanctuaire chrétien d'Apamène, IVe–VIe s. Textbd.; Tafelbd.— (Paris 1987) 401 S., Abb. Taf.; Beil.
(Institut français d'archéologie du Proche-Orient. Bibliothèque archéologique et historique, 122)

7246
Căpitanu, V.; Alexianu, M.: Amfore cu inscripţii descoperite în dava de la Răcătău (jud. Bacău).—
Carpica 17, 1985, 75–78, Taf.

7247
Carabia, J.: Poma cadunt. Note sur un proverbe tronqué dans une inscription d'Aix en Provence.— Mélanges offerts à M. Labrousse (Toulouse 1987) 105–114, Taf.

7248
Carile, A.: Titoli aulici e funzioni amministrative nelle epigrafi bizantine. Continuità e mutamento fra VII e XI secolo.— La terza età dell'epigrafia (Faenza 1988) 195–210
KB Bologna 1986

7249
Carletti, C.: Epigrafia monumentale di apparato nelle chiese di Roma dal IV al VII sec. Dalla lettura alla contemplazione.— Atti del VI Congresso nazionale di archeologia cristiana (Firenze 1986) 275–286
KB Pesaro-Ancona 1983

7250
Carletti, C.: Graffiti di Trani.—
VeteraChr 25, 1988, 585–604, Abb. Taf.

7251
Carletti, C.: Epigrafia cristiana, epigrafia dei cristiani. Alle origini della terza età dell'epigrafia.— La terza età dell'epigrafia (Faenza 1988) 115–135, Abb.
KB Bologna 1986

7252
Carletti, C.: Iscrizioni cristiane di Roma. Testimonianze di vita cristiana, secoli III–VII.— (Firenze 1986) 181 S.
(Biblioteca patristica, 7)

7253
Carosella, A.: A proposito d'una iscrizione funeraria (C.I.L., X, 2, n. 8131; Buecheler, C.L.E., 428).—
Cultura e territ. Riv. d. Dist. scol. 38 3–4, 1986–87, 47–64, Abb.

7254
Cataldi, S.: I prescritti dei trattati ateniesi con Reggio e Leontini.—
AttiAcTorino 121, 1987, 63–72

7255
Catani, E.: I bolli degli scavi sestinati 1971 e 1973.— Sestinum (Rimini 1989) 35–53, Abb.
KB Sestino 1983

7256
Cavalier, M.; Brugnone, A.: I bolli delle tegole della necropoli di Lipari.—
Kokalos 32, 1986, 181–282, Taf.

7257
Cébeillac-Gervasoni, M.: Relecture et révision de l'inscription CIL. X 1573 de Pouzzoles.—
Puteoli 11, 1987, 3–12, Abb.

7258
Ceka, N.: Mbishkrime byline. (Alban. m. franz. Res.) Inscriptions bylliones.—
Iliria 17, 1987, Nr. 2, 49–121, Abb.

7259
Chamoux, F.: Pergame et les Galates.—
REG 101, 1988, 492–500

7260
Charmasson, J.: Découverte d'une inscription à un préteur quattuorvir sur l'oppidum de Saint-Vincent à Gaujac.—
RANarb 18, 1985, 389–392, Abb.

7261
Chastagnol, A.: Le formulaire de l'épigraphie latine officielle dans l'antiquité tardive.— La terza età dell'epigrafia (Faenza 1988) 11–64
KB Bologna 1986

7262
Chastagnol, A.: Les inscriptions des monuments inaugurés lors des fêtes impériales.—
MEFRA 100, 1988, 13–26

7263
Chastagnol, A.: Deux épitaphes du Musée lapidaire de Riez.— Mélanges offerts à M. Labrousse (Toulouse 1987) 151–157, Taf.

7264
Chastagnol, A.: Un nouveau préfet du prétoire de Dioclétien. Aurelius Hermogenianus.—
ZPE 78, 1989, 165–168

7265
Chevallier, R.: Les graffiti dans le monde romain.— Benaco '85. La cultura figurativa rupestre (Torino 1986) 67–81, Abb.
KB Torri del Benaco 1985

7266
Chioffi, L.: Tre manufatti iscritti urbani.— Miscellanea greca e romana, 13 (Roma 1988) 217–224, Taf.
SB

7267
Christol, M.; Demougin, S.: Notes de prosopographie équestre, 5–6.—
ZPE 74, 1988, 1–21

7268
Christol, M.; Janon, M.: Révision d'inscriptions de Nîmes, 2. CIL, XII, 5890.—
RANarb 19, 1986, 259–267, Abb.

7269
Ciampoltrini, G.: Il trapezoforo funerario di Grata. CIL XI, 1872.—
StClOr 38, 1988, 439–445, Abb. Taf.

7270
Clairmont, C. W.: 'It ain't necessarily so.' Remarks on some gravestones with inscriptions.—
Horos 5, 1987, 45–57, Taf.

7271
Clarke, G. W.: Funerary inscriptions near Joussef Pasha, North Syria.—
Abr-Nahrain 26, 1988, 19–29

7272
Clauss, M.: Omnipotens Mithras.—
Epigraphica 50, 1988, 151–161

7273
Clinton, K.: An Attic epitaph.—
ZPE 75, 1988, 290

7274
Coarelli, F.: Colonizzazione romana e viabilità.—
DArch 6, 1988, Nr. 2, 35–48, Abb.

7275
Colonna, G.: Una proposta per il supposto elogio tarquiniese di Tarchon.— Tarquinia. Ricerche, scavi e prospettive (Milano 1987) 153–157, Abb.
KB Milano 1986

7276
Comas i Solà, M.: Baetulo. Les àmfores.— (Badalona 1985) 168 S., Abb. Taf.
(Monografies badalonines, 8)

7277
Connor, P. J.: An inscribed Hadra hydria in the Pelizaeus Museum, Hildesheim.—
JEA 74, 1988, 240–242, Taf.

7278
Cook, B. F.: Greek inscriptions.— (London 1987) 63 S., Abb. Taf.
(British Museum publications)

7279
Corbier, M.: La cura aquae dans l'évergétisme municipal.— Sestinum (Rimini 1989) 175–188, Abb.
KB Sestino 1983

7280
Cordano, F.: Gruppi gentilizi presso i Nassii di Sicilia.—
BdA 73, 1988, Nr. 48, 18–22, Abb.

7281
Corell i Vicent, J.: Inscripción referente a un primipilo muerto in bello maurico. ¿Un nuevo testimonio de las invasiones moras en la Bética en el siglo II?—
AEsp 61, 1988, 298–304, Abb.

7282
Corell, J.: El epitafio poético en honor de M. Acilius Fontanus (Sagunto, Valencia).—
Faventia 9, 1987, Nr. 1, 97–109, Abb.

7283
Corell, J.: Dos inscripciones inéditas de Requena (Valencia).—
Faventia 9, 1987, Nr. 2, 107–118, Abb.

7284
Correa, J. A.: Estela en escritura tartesia (o del SO) hallada en Alcoforado (Odemira, Baixo Alentejo).—
AEsp 61, 1988, 197–200, Abb.

7285
Corso, A.: Prassitele, 1. Fonti epigrafiche. Fonti letterarie dall'età dello scultore al Medio Impero (IV sec. a. C. – circa 175 d. C.).—
Xenia, Quaderno 10, 1988, 1–271, Abb.

7286
Corsten, T.: Daskyleion am Meer. Ein Corpusculum der Inschriften und Nachrichten über die Stadt.—
EpigrAnat 12, 1988, 53–77, Abb.

7287
Corsten, T.: Attu Kome.—
ZPE 77, 1989, 181–184, Abb.

7288
Coulton, J. J.; Milner, N. P.; Reyes, A. T.: Balboura survey. Onesimos and Meleager, 1.—
AnatSt 38, 1988, 121–145, Abb. Taf.

7289
Cremer, M. L.; Nollé, J.: Lydische Steindenkmäler.—
Chiron 18, 1988, 199–210, Taf.

7290
Cresci Marrone, G.; Pejrani Baricco, L.: Reimpiego di un'epigrafe romana nell'abbazia di Fruttuaria.—
QuadAPiem 7, 1988, 35–39, Taf.

7291
Croce da Villa, P.: Arula di Concordia con dedica alla Bona Dea.—
AquilNost 57, 1986, 593–596, Abb.

7292
Cunliffe, B.; Tomlin, R.; Walker, D.: The temple of Sulis Minerva at Bath, 2. The finds from the sacred spring.— (Oxford 1988) VII, 362 S., Abb.
(Oxford University Committee for Archaeology. Monograph, 16)

7293
Curtis, R. I.: A Umbricius Scaurus of Pompeii.— Studia pompeiana et classica in honor of W. F. Jashemski, 1 (New Rochelle 1988) 19–49, Taf.

7294
Cuscito, G.: Ritrovata l'epigrafe del diacono uxorato Aurelius Saturninus (CIL, V, 2305). Nuove tracce di presenze insediative a Vigonovo sulla Via Annia.—
AquilNost 55, 1984, 137–180, Abb.

7295
Cuscito, G.: Epigrafi paleocristiane inedite o poco note di Aquileia.—
AquilNost 57, 1986, 865–876, Abb.

7296
Cuscito, G.: Epigrafi paleocristiane inedite o poco note di Aquileia.—
RACrist 63, 1987, 167–192, Abb.

7297
Cvetaeva, G. A.: Posvjatitel'nye graffiti iz Gorgippii IV v. do n. è. (Russ.) [Votivgraffiti aus Gorgippia, 4. Jh. v. u. Z.].— Problemy antičnoj kul'tury (Moskva 1986) 215–217
SB

7298
D'Alfonso, F.: Mistione dialettale in un'iscrizione attica del VI–V sec. (IG I^2 643).—
RCulClMedioev 28, 1986, 83–90

7299
Daniel, R. W.; Sijpesteijn, P. J.: Remarks on a magical inscription.—
JWCI 51, 1988, 169

7300
Davies, A. M.: Problems in Cyprian phonology and writing.— The history of the Greek language in Cyprus (Nicosia 1988) 99–126
KB Larnaka 1986

7301
De Caro, S.: Un graffito ed altre testimonianze del culto della Magna Mater nella villa romana di Oplontis.— Studia pompeiana et classica in honor of W. F. Jashemski, 1 (New Rochelle 1988) 89–94, Taf.

7302
De Franciscis, A.; u. a.: La villa romana del Naniglio di Gioiosa Ionica. Relazione preliminare delle campagne di scavo 1981–86.— (Napoli 1988) 119 S., Taf.
Archaia. Monumenti, 1)

7303
De Maria, S.: Iscrizioni e monumenti nei fori della Cisalpina romana. Brixia, Aquileia, Veleia, Iulium Carnicum.—
MEFRA 100, 1988, 27–62

7304
De Simone, C.: Iscrizioni messapiche della Grotta della poesia (Melendugno, Lecce).—
AnnPisa 18, 1988, 325–415

7305
De' Spagnolis Conticello, M.: Una dedica attestante un'aedes Dianae ad Itri.—
ArchCl 38–40, 1986–88, 88–93, Taf.

7306
Deckers, J. G.: Kult und Kirchen der Märtyrer in Köln. Begann die Verehrung der Jungfrauen und der Legionäre erst im 6. Jahrhundert?—
RömQSchr 83, 1988, 25–43, Abb. Taf.

7307
Demougeot, E.: A propos des milliaires de Tétricus en Narbonnaise.— Mélanges offerts à M. Labrousse (Toulouse 1987) 79–92

7308
Demougin, S.: Triumviri Augustales.—
MEFRA 100, 1988, 117–126

7309
Deroy, L.: Sur l'inscription d'une petite amphore en verre, d'époque romaine, célébrant un succès hippique.—
Latomus 48, 1989, 150–156, Abb.

7310
Devreker, J.: Nouveaux monuments et inscriptions de Pessinonte.—
EpigrAnat 11, 1988, 35–50, Taf.

7311
Di Stefano Manzella, I.: Iscrizioni inedite della Galleria Lapidaria.—
BMonMusPont 8, 1988, 95–138, Abb.

7312
Di Stefano Manzella, I.: Nuova iscrizione sepolcrale con doppia datazione consolare.—
ZPE 76, 1989, 262–266, Abb.

7313
Di Stefano Manzella, I.: L. Maecius Archon, centurio alti ordinis. Nota critica su CIL, VI, 39084 = CII, I, 470.—
ZPE 77, 1989, 103–112, Abb.

7314
Di Vita-Evrard, G.: L'édit de Banasa. Un document exceptionnel?— L'Africa romana (Sassari 1988) 287–303
KB Sassari 1987

7315
Dietz, K.: Neue Militärdiplomfragmente aus Rätien.—
BayVgBl 53, 1988, 137–155, Abb. Taf.

7316
Dobruna-Salihu, E.: Une stèle funéraire de la plaine de la Kossova.—
RechAlb 1, 1984, 161–168, Abb.

7317
Dörtlük, K.: İlk Keraitai yazıtı. (Türk.) [Die erste Inschrift von Keraeitai.].—
TürkAD 27, 1988, 69–70, Taf.

7318
Donati, A.: Alpibus bello patefactis.— Labor omnibus unus. G. Walser zum Geburtstag dargebracht (Stuttgart 1989) 21–24

7319
Donati, A.: La produzione epigrafica sestinate.— Sestinum (Rimini 1989) 167–174, Abb.
KB Sestino 1983

7320
Donati, A.: Su un carme ratiariense ed altra nota epigrafica.—
Ratiariensia 3–4, 1987, 127–129, Taf.

7321
Dopico Caínzos, M. D.: La Tabula Lougeiorum. Estudios sobre la implantación romana en Hispania.— (Vitoria 1988) 82 S., Abb. Taf.
(Veleia. Anejo, 5)

7322
Drini, F.: A propos de la chronologie et des limites du koinon autonome des Prasaiboi à la lumière des données des nouvelles inscriptions.— L'Illyrie méridionale et l'Epire dans l'antiquité (Clermont-Ferrand 1987) 151–158, Abb.
KB Clermont-Ferrand 1984

7323
Dubois, L.: La dédicace d'un petit Apollon de bronze.—
BCH 112, 1988, 531–534

7324
Duval, N.: L'épigraphie funéraire chrétienne d'Afrique. Traditions et ruptures, constantes et diversités.— La terza età dell'epigrafia (Faenza 1988) 265–314, Abb.
KB Bologna 1986

7325
Ebert, J.: Neues zu den Inschriften für Aurelios Heras aus Chios.—
Nikephoros 1, 1988, 85–102, Abb.

7326
Eck, W.: Inschriften und Grabbauten in der Nekropole unter St. Peter.— Vom frühen Griechentum bis zur römischen Kaiserzeit (Stuttgart 1989) 55–90, Abb. Taf.
SB

7327
Effenterre, H. van,; Effenterre M. van: L'acte de fraternisation de Nakone.—
MEFRA 100, 1988, 687–700

7328
Empereur, J. Y.; Tuna, N.: Hiérotélès, potier rhodien de la Pérée.—
BCH 113, 1989, 277–299, Abb.

7329
Equini Schneider, E.: Palmireni in Africa. Calceus Herculis.— L'Africa romana (Sassari 1988) 383–395, Taf.
KB Sassari 1987

7330
Espinosa, U.; Usero, L. M.: Eine Hirtenkultur im Umbruch. Untersuchungen zu einer Gruppe von Inschriften aus dem Conventus Caesaraugustanus (Hispania Citerior).—
Chiron 18, 1988, 477–496, Abb. Taf.

7331
Etienne, R.: Les Cyclades et l'Epire. Rapports épistolaires et ambassade à l'époque hellénistique.— L'Illyrie méridionale et l'Epire dans l'antiquité (Clermont-Ferrand 1987) 175–177, Abb.
KB Clermont-Ferrand 1984

7332
Fabbri, M.; Trotta, A.: Una scuola-collegio di età augustea. L'Insula II di Velia.— (Roma 1989) 129 S., Abb. Taf.
(Archaeologia perusina, 7)

7333
Fabre, G.: Aspects de la vie économique et sociale dans la vallée du Louron (Hautes-Pyrénées) à l'époque romaine.—
REA 88, 1986, 63–72, Taf.

7334
Fadić, I.: Liburnski nadgrobni spomenik u Veroni (CIL V, 2200, 8852. CIL III, 2190). (Kroat. m. engl. Res.) Round Liburnian tombstone from Verona.—
Diadora 10, 1988, 73–88, Abb. Taf.

7335
Falanga, L.: Tra Calabria e Sardegna. Altre formule epigrafiche comuni.—
Klearchos 28, 1986, 57–66, Taf.

7336
Fant, J. C.: IRT 794b and the building history of the Hadrianic baths at Lepcis Magna.—
ZPE 75, 1988, 291–294, Taf.

7337
Faraone, C. A.; Kotansky, R.: An inscribed gold phylactery in Stamford, Connecticut.—
ZPE 75, 1988, 257–266, Abb. Taf.

7338
Fasola, U. M.: La regione cimiteriale del II piano sotto la basilica costantiniana 'ad duas lauros'. Cronologia dell'origine e dello sviluppo.—
RACrist 63, 1987, 7–20, Abb.

7339
Fele, M. L.; Cocco, C.; Rossi, E.; u. a.: Concordantiae in carmina latina epigraphica. 2 Bde.— (Hildesheim 1988) CLXXXIII, 1367 S.
(Alpha-Omega. Reihe A, 95)

7340
Ferchiou, N.: A propos de trois inscriptions inédites provenant de la Tunisie centrale.— L'Africa romana (Sassari 1988) 143–151, Taf.
KB Sassari 1987

7341
Ferone, C.: Sull'iscrizione napoletana della fratria degli Artemisi (A.E. 1913, 134).— Miscellanea greca e romana, 13 (Roma 1988) 167–180
SB

7342
Ferrandini Troisi, F.: Bolli anforari del Museo archeologico di Bari.—
AnnBari 31, 1988, 135–143, Taf.

7343
Ferreir Dias, L.; Soren, D.; Vaz Pinto, I.: A guide to oil lamps used in Kourion in 365 A.D.—
RDAC 1988, Nr. 2, 179–184, Abb. Taf.

7344
Ferrua, A.: Iscrizioni pagane della catacomba di Priscilla.—
ArchStorPatria 110, 1987, 5–19, Abb.

7345
Ferrua, A.: Il Suarez e le iscrizioni antiche della Narbonese.—
RendLinc 41, 1986, 207–217

7346
Ferrua, A.: Carmina epigraphica christiana romana. Un indice dopo il Diehl ed il Peek.—
RACrist 63, 1987, 91–106

7347
Fiaccadori, G.: Νουαεμιϑ.—
PP 42, 1987, 290–292

7348
Figueras, P.: Three dedicatory inscriptions from the Beersheva region.—
StBiFranc 36, 1986, 265–276, Taf.

7349
Fiocchi Nicolai, V.: Aree cimiteriali e comunità cristiane rurali dell'Etruria Meridionale alla luce di recenti ritrovamenti.— Atti del VI Congresso nazionale di archeologia cristiana (Firenze 1986) 127–146, Abb.
KB Pesaro-Ancona 1983

7350
Fiocchi Nicolai, V.: I cimiteri paleocristiani del Lazio, 1. Etruria meridionale.— (Roma 1988) XVIII, 419 S., Abb. Taf.
(Monumenti di antichità cristiana. Pontificio istituto di archeologia cristiana, 2. Ser., 10)

7351
Fiorentini, G.: Testimonianze e documenti di età paleocristiana e bizantina nel territorio di Gela.—
Kokalos 32, 1986, 297–304, Taf.

7352
Fishwick, D.: Munatius Hilarianus and the inscription of the Artemisii.—
ZPE 76, 1989, 175–183

7353
Flambard, J. M.: Eléments pour une approche financière de la mort dans les classes populaires du Haut-Empire. Analyse du budget de quelques collèges funéraires de Rome et d'Italie.— La mort, les morts et l'au-delà dans le monde romain (Caen 1987) 209–244, Abb.
KB Caen 1985

7354
Foerster, G.; Tsafrir, Y.: Nysa-Scythopolis. A new inscription and the titles of the city on its coins.—
IsrNumJ 9, 1986–87, 53–58, Abb. Taf.

7355
Fol, A.: The royal inscriptions on the silver vessels from Rogozen.— The Rogozen treasure (London 1989) 33–37
KB London 1987

7356
Forni, G.: Epigraphica, 3.—
Epigraphica 50, 1988, 105–141, Abb.

7357
Forrest, W. G.: A Samian proxeny decree.—
Horos 5, 1987, 91–93, Taf.

7358
Franzoni, L.: 'Collegium iumentariorum portae Ioviae' in una nuova iscrizione veronese.—
AquilNost 57, 1986, 617–632, Abb.

7359
Fraschetti, A.: Osservazioni sulla Tabula Siarensis, frag. I, 11. 6–8.—
Epigraphica 50, 1988, 47–60

7360
Fraschetti, A.: La Tabula Hebana, la Tabula Siarensis e il 'iustitium' per la morte di Germanico.—
MEFRA 100, 1988, 867–889

7361
Frei, P.: Phrygische Toponyme.—
EpigrAnat 11, 1988, 9–32, Abb. Taf.

7362
French, D.: Roman roads and milestones of Asia Minor, 2. An interim catalogue of milestones. 2 Bde.— (Oxford 1988) VIII, 560 S., Taf.
(British archaeological reports. International series, 392)

7363
French, D. H.: Aurelius Basileus, governor of Cappadocia.— Labor omnibus unus. G. Walser zum Geburtstag dargebracht (Stuttgart 1989) 38–44, Abb.

7364
Frenz, H. G.: Eine Bemerkung zur Trainanus-Inschrift CIL XIII 7285 aus Mainz-Kastel.—
AKorrBl 19, 1989, 155–158, Abb. Taf.

7365
Frézouls, M.; Morant, M. J.: Inscriptions de Sidyma et de Kadyanda, 1.—
Ktema 10, 1985 [1988], 233–243, Taf.

7366
Gabrielsen, V.: The diadikasia-documents.—
ClMediaev 38, 1987, 39–51

7367
Gaggiotti, M.: L. Turcius Apronianus Asterius. Un inedito 'consularis Campaniae'.—
AnnPerugia 23, 1985–86, Nr. 1, 153–162

7368
Gallavotti, C.: Revisione di testi epigrafici.—
BCl 9, 1988, 21–39

7369
Galli, F.: Novità epigrafiche sestinati.— Sestinum (Rimini 1989) 199–207, Abb.
KB Sestino 1983

7370
Gambari, F. M.; Colonna, G.: Il bicchiere con iscrizione arcaica da Castelletto Ticino e l'adozione della scrittura nell'Italia nord-occidentale.—
StEtr 54, 1986, 119–164, Abb. Taf.

7371
Gamberale, L.: Il voto del sacerdote C. Manius Felix Fortunatianus. Una dedica poetica a Saturno africano.— Filologia e forme letterarie. Studi offerti a F. Della Corte, 4 (Urbino 1987) 397–417, Taf.

7372
Gamberale, L.: A proposito di due carmi epigrafici di Noviodunum. Inscr. Scyth. Min. V 281; AE 1977, 762 e 1984, 793.—
ZPE 77, 1989, 43–54, Taf.

7373
Garbsch, J.: Ein römischer Grabstein aus dem Chiemgau, Gemeinde Grassau-Mietenkam, Landkreis Traunstein, Oberbayern.—
AJahrBay 1987, 139, Abb.

7374
Garbsch, J.: Ein fehlerhaftes Militärdiplom vom 28. 9. 157 n. Chr. aus Eining, Stadt Neustadt a. d. Donau, Landkreis Kelheim, Niederbayern.—
AJahrBay 1987, 119–120, Abb.

7375
Garbsch, J.: Ein Militärdiplomfragment von Eining.—
BayVgBl 53, 1988, 157–166, Taf.

7376
García Jiménez, I.: Inscripciones 'alienae' de Murcia.—
Faventia 9, 1987, Nr. 1, 85–95, Abb.

7377
Gardner, J. F.: Julia's freedmen. Questions of law and status.—
BICS 35, 1988, 94–100

7378
Garlan, I.: Fasosskij keramarch. (Russ.) [Ein thasischer Keramarch.].— Problemy antičnoj kul'tury (Moskva 1986) 10–13
SB

7379
Garlan, Y.: Prolégomènes à un nouveau corpus des timbres amphoriques thasiens.— Céramiques hellénistiques et romaines, 2 (Paris 1987) 73–86, Abb.
SB

7380
Garlan, Y.: Vin et amphores de Thasos.— (Athènes 1988) 34 S., Abb.
(Ecole française d'Athènes. Sites et monuments, 5)

7381
Gascou, J.: Inscriptions de la ville de Rome et autres inscriptions italiennes conservées aux musées d'Aix-en-Provence, Carpentras, Avignon et Marseille.—
MEFRA 100, 1988, 187–243, Abb.

7382
Gasperini, L.: Il sistema numerale cirenaico e una nuova epigrafe dall'agorà di Cirene.—
AnnMacerata 19, 1986, 357–366, Taf.

7383
Gasperini, L.: Dedica ostiense di Aurelio Avianio Simmaco all'imperatore Costante.— Miscellanea greca e romana, 13 (Roma 1988) 242–250, Taf.
SB

7384
Gasperini, L.: Note di epigrafia lepcitana.— L'Africa romana (Sassari 1988) 153–166, Abb. Taf.
KB Sassari 1987

7385
Gasperini, L.: La dignità della donna nel mondo etrusco e il suo lontano riflesso nell'onomastica personale romana.— Le donne in Etruria (Roma 1989) 181–211, Abb.
SB

7386
Gatier, P. L.: Une inscription latine à Madaba.—
StBiFranc 37, 1987, 365–367, Taf.

7387
Gerasimova-Tomova, V.; Hollenstein, L.: Drei unpublizierte Meilensteine aus Bulgarien.— Labor omnibus unus. G. Walser zum Geburtstag dargebracht (Stuttgart 1989) 45–58, Abb.

7388
Gerolymatos, A.: Ekphantos of Thasos. An example of political use of the Athenian proxenia.—
AncWorld 15, 1987, 45–48

7389
Getov, L.: Sceaux d'éponymes rhodiens anciens de Cabyle. (Bulg. m. franz. Res.).—
ArcheologijaSof 30, 1988, Nr. 3, 22–26, Abb.

7390
Ghadban, C.: Monuments des Hammara (Béqa'-Sud, Liban). Nova et vetera.—
Ktema 10, 1985 [1988], 287–309, Abb. Taf.

7391
Giardina, A.: Amor civicus. Formule e immagini dell'evergetismo romano nella tradizione epigrafica.— La terza età dell'epigrafia (Faenza 1988) 67–85
KB Bologna 1986

7392
Gil, I.: Epigraphica hexas.— Filologia e forme letterarie. Studi offerti a F. Della Corte, 4 (Urbino 1987) 419–420

7393
Gil Mantas, V.: Orarium donavit Igaiditanis. Epigrafia e funções urbanas numa capital regional lusitana.— Actas. 1er Congreso peninsular de historia antigua, 2 (Santiago de Compostela 1988) 415–439, Abb.
KB Santiago de Compostela 1986

7394
Giovannini, A.: Lettre d'un triumvir à Aphrodisias. Octave ou Marc Antoine?— Historia testis. Mélanges offerts à T. Zawadzki (Fribourg 1989) 61–67

7395
González, J.: Epigrafía del yacimiento de la Cañada.— Estudios sobre la Tabula Siarensis (Madrid 1988) 91–117, Taf.
KB Sevilla 1986

7396
González Román, C.; Marín Díaz, M. A.: Inscripciones romanas inéditas de la provincia de Jaén, 1.—
CuadGranada 10, 1985, 449–460, Taf.

7397
Gorlin, C. E.: The Spensithios decree and archaic Cretan civil status.—
ZPE 74, 1988, 159–165

7398
Granino Cecere, M. G.: Nuove acquisizioni del Lapidario Zeri di Mentana.— (Roma 1988) 90 S., Taf.
(Studi pubblicati dall'Istituto italiano per la storia antica, 40)

7399
Granino Cecere, M. G.: Alcuni documenti epigrafici in una villa di Grottaferrata.— Miscellanea greca e romana, 13 (Roma 1988) 63–70, Taf.
SB

7400
Gregori, G. L.: Epigrafia anfiteatrale dell'Occidente romano, 2. Regiones Italiae VI–XI.— (Roma 1989) 172 S., Abb.
(Vetera, 4)

7401
Grossi, G.: Sulla cronologia del secondo decreto ateniese per Pitofane.—
AttiVenezia 145, 1986–87, 69–79

7402
Grünewald, T.: Ein epigraphisches Zeugnis zur Germanenpolitik Konstantins des Großen. Die Bauinschrift des Deutzer Kastells (CIL XIII 8502).— Labor omnibus unus. G. Walser zum Geburtstag dargebracht (Stuttgart 1989) 171–185

7403
Grünewald, T.: Arbogast und Eugenius in einer Kölner Bauinschrift. Zu CIL XIII 8262.—
KölnJbVFrühGesch 21, 1988, 243–252, Abb.

7404
Guarducci, M.: Epigrafi arcaiche di Siracusa e di Megara Iblea.—
ArchCl 38–40, 1986–88, 1–26, Abb. Taf.

7405
Gudea, N.: Eine spätrömische Ziegelinschrift aus Sacidava (Scythia Minor).—
AKorrBl 18, 1988, 301–304, Abb.

7406
Gudea, N.: Porolissum. Der Schlußstein des Verteidigungssystems der Provinz Dacia Porolissensis.— (Marburg 1989) 97 S., Abb. (Kleine Schriften aus dem Vorgeschichtlichen Seminar Marburg, 29)

7407
Günther, W.: Milesische Bürgerrechts- und Proxenieverleihungen der hellenistischen Zeit.—
Chiron 18, 1988, 383–412, Abb. Taf.

7408
Gusmani, R.: An epichoric inscription from the Lydio-Phrygian borderland.— Studi di storia e di filologia anatolica dedicati a G. Pugliese Carratelli (Firenze 1988) 67–73, Abb.

7409
Gusmani, R.: Karische Beiträge.—
Kadmos 27, 1988, 139–149

7410
Habicht, C.: Die beiden Xenokles von Sphettos.—
Hesperia 57, 1988, 323–327

7411
Habicht, C.: Sosikrates von Abdera.—
ZPE 77, 1989, 94

7412
Habicht, C.: Gesandte der Knidier im hellenistischen Kos.—
ZPE 77, 1989, 92–94

7413
Habicht, C.: Ein neues Bürgerrechtsdekret aus Ephesos.—
ZPE 77, 1989, 88–91

7414
Hälvä-Nyberg, U.: Die Kontraktionen auf den lateinischen Inschriften Roms und Afrikas bis zum 8. Jh. n. Chr.— (Helsinki 1988) 270 S.
(Annales Academiae scientiarum fennicae. Dissertationes humanarum litterarum, 49)

7415
Hahn, J.: Zwei Tituli picti auf südspanischen Amphoren aus Ladenburg und Heidelberg.—
FuBerBadWürt 13, 1988, 267–277, Abb.

7416
Hameter, W.: Vier unpublizierte Inschriften aus Carnuntum.—
RömÖ 15–16, 1987–88, 111–115, Abb. Taf.

7417
Hammond, N. G. L.: The king and the land in the Macedonian kingdom.—
ClQu 38, 1988, 382–391

7418
Hansen, M. H.: An Attic decree of 347/6? Peek, Kerameikos III No. 1.—
ClMediaev 38, 1987, 75–79

7419
Hansen, O.: The memorial of Kallimachus reconsidered.—
Hermes 116, 1988, 482–483

7420
Hansen, P. A.: Carmina epigraphica graeca saeculi IV a. Chr. n.— (Berolini 1989) XVII, 358 S., Abb.
(Texte und Kommentare, 15)

7421
Harris, D.: Nikokrates of Kolonos, metalworker to the Parthenon treasurers.—
Hesperia 57, 1988, 329–337, Taf.

7422
Harrison, R. M.: Amorium 1987. A preliminary survey.—
AnatSt 38, 1988, 175–184, Abb. Taf.

7423
Hatzopoulos, M. B.: Actes de vente de la Chalcidique centrale.— (Athènes 1988) 102 S., Taf.
(Μελετήματα, 6)

7424
Hedrick Jr., C. W.: The phratry from Paiania.—
ClQu 39, 1989, 126–135

7425
Heene, K.: La manifestation sociale de l'expérience du chagrin. Le témoignage de la poésie épigraphique latine.—
Epigraphica 50, 1988, 163–177

7426
Heisserer, A. J.: Observations on IG XII 2,10 and 11.—
ZPE 74, 1988, 111–132, Abb. Taf.

7427
Hemelrijk, J. M.: Plakken, lappen en verlakken.—
VerAmstMeded 36, 1986, 1–14, Abb.

7428
Henry, A. S.: The archons Euboulos and the date of the decree for Phaidros of Sphettos.—
Chiron 18, 1988, 215–224

7429
Henry, A. S.: Provisions for the payment of Athenian decrees. A study in formulaic language.—
ZPE 78, 1989, 247–295

7430
Herrmann, P.: Chresimus, procurator lapicidinarum. Zur Verwaltung der kaiserlichen Steinbrüche in der Provinz Asia.—
Tyche 3, 1988, 119–128, Taf.

7431
Herrmann, P.; Keil, I.: Tituli Asiae Minoris, 5. Tituli Lydiae, 2. Regio septentrionalis ad occidentem vergens.— (Vindobonae 1989) X S., S. 295–533, Abb. Taf.

7432
Herz, P.: Altbürger und Neubürger. Bemerkungen zu einer Inschrift aus dem römischen Heddernheim.—
AKorrBl 19, 1989, 159–167, Taf.

7433
Herzig, H. E.: Regio XI Italiae. Auf den Spuren Konstantins des Großen.— Labor omnibus unus. G. Walser zum Geburtstag dargebracht (Stuttgart 1989) 59–69, Abb.

7434
Hesnard, A.; Carre, M. B.; Rival, M.; u. a.: L'épave romaine Grand Ribaud D (Hyères, Var).—
Archaeonautica 8, 1988, 3–180, Abb.

7435
Hind, J.: The inscriptions on the silver phialai and jug from Rogozen.— The Rogozen treasure (London 1989) 38–43, Abb.
KB London 1987

7436
Holoway, R. R.: Sostratos kalos.— Studi per L. Breglia, 3 (Roma 1987) 9–12

7437
Hoogendijk, F. A. J.: Three Greek ostraca in the Rijksmuseum van Oudheden at Leiden.—
OudhMeded 68, 1988, 93–95, Taf.

7438
Hošek, R.: Drei Angehörige der Legio I Italica.—
SborBrno E 33, 1988, 53–55

7439
Hoyos, B. D.: The deditícii of the Tabula Alcantarensis.—
ZPE 78, 1989, 40–44

7440
Impallomeni, G.: Per una nuova ipotesi sul fondamento giuridico delle sanzioni sepolcrali alla luce dei ritrovamenti in Concordia Sagittaria.—
AquilNost 55, 1984, 121–136, Abb.

7441
Invernizzi, A.: Héraclès à Séleucie du Tigre.—
RA 1989, 65–113, Abb.

7442
Ivanov, T.: An sujet de la date de l'inscription de construction en briques de 'Momina banja' à Diocletianopolis. (Bulg. m. franz. Res.).—
ArcheologijaSof 30, 1988, Nr. 3, 27–29

7443
Jacenko, I. V.: Kubok Gigiei. (Russ.) [Ein Becher der Hygieia.].— Problemy antičnoj kul'tury (Moskva 1986) 226–231, Abb.
SB

7444
Jajlenko, V. P.: Odna bosporskaja ėpigrafija. (Russ.) [Eine bosporanische Inschrift.].— Problemy antičnoj kul'tury (Moskva 1986) 222–226, Abb.
SB

7445
Jeffery, L. H.: The development of Lakonian lettering. A reconsideration.—
BSA 83, 1988, 179–181

7446
Jobling, W. J.; Tanner, R. G.: Zeno the tribune.—
StEpigrLing 6, 1989, 135–139, Taf.

7447
Jörg, C.: Corpus inscriptionum medii aevi Helvetiae. Die frühchristlichen und mittelalterlichen Inschriften der Schweiz, 2. Die Inschriften der Kantone Freiburg, Genf, Jura, Neuenburg und Waadt.— (Freiburg 1984) 247 S., Abb. Beil.
(Scrinium friburgense, Sonderband 2)

7448
Johnston, A.; Wescoat, B.: An inscribed capital from the temple of Athena at Assos.—
EpigrAnat 11, 1988, 1–8, Abb. Taf.

7449
Jones, C. P.: A monument from Sinope.—
JHS 108, 1988, 193–194, Taf.

7450
Kadeev, V. I.: Novyj nadgrobnyj pamjatnik II v. n. ė. iz Chersonesa. (Russ.) [Ein neues Grabdenkmal des 2. Jhs. u. Z. aus Chersonesos.].—
KraSoob 1985, Nr. 182, 66–69, Abb.

7451
Kajava, M.; Solin, H.: Un'iscrizione urbana a Minturno.—
Epigraphica 50, 1988, 220–222, Abb.

7452
Kajava, M.: Hispella and CIL XI 5270 from Hispellum.—
Tyche 3, 1988, 135–139, Taf.

7453
Kalligas, P. G.: Ἀρχαϊκὰ χάλκινα ἐνεπίγαφα ἀρχαῖα στὸ Ἐθνικὸ ἀρχκαιολογικὸ μουσεῖο τῆς Ἀθήνας.—
Horos 5, 1987, 162–172, Taf.

7454
Karyškovskij, P. O.: Posvjatitel'naja nadpis' rimskich vračej iz Tiry. (Russ.) [Eine Weihinschrift von römischen Ärzten aus Tyras.].— Novye issledovanija po archeologii Severnogo Pričernomor'ja (Kiev 1987) 52–56, Taf.
SB

7455
Kassab, D.; Buquet, A.: Statuettes en terre cuite de Myrina. Corpus des signatures, monogrammes, lettres et signes.— (Paris 1988) IX, 131 S., Abb. Taf.
(Bibliothèque de l'Institut français d'études anatoliennes d'Istanbul, 29)

7456
Kats, V. I.: The typology and chronology of the Chersonese magistrates' stamps. (Russ. m. engl. Res.).— The Black Sea littoral in the hellenistic times (Tbilisi 1985) 286–292, Taf.
KB Cchaltubo 1982

7457
Kawanishi, H.; Tsujimura, S.; u. a.: Preliminary report. Seventh season of the excavations at the site of Akoris, Egypt, 1987.— (Kyoto 1988) V, 66 S., Abb. Taf.
(The Paleological Association of Japan)

7458
Kelemen, M.: Roman amphorae in Pannonia, 2. Italian amphorae, 2.—
ActaArchHung 40, 1988, 111–150, Abb.

7459
Kirigin, B.; Marin, E.: Excavations at Issa, Island of Vis (YU) 1980. A preliminary report.—
StAnt 5, 1988, 129–147, Taf.

7460
Koch, G.: Sarkofagët e periudhës perandorake në Shqipëri. Kaiserzeitliche Sarkophage in Albanien.—
Monumentet 35, 1988, 39–80, Abb.

7461
Koch, G.: Ein phrygisches Weihrelief für Zeus Thallos.—
EpigrAnat 12, 1988, 143–146, Abb. Taf.

7462
Kolbe, H. G.: Nachtrag zum Faustinianus-Stein aus Carnuntum.—
ZPE 78, 1989, 243–245, Taf.

7463
Kolendo, J.: Un chevalier de Cirta dans une inscription de Novae (Mésie Inférieure) découverte en 1987.— L'Africa romana (Sassari 1988) 375–381, Taf.
KB Sassari 1987

7464
Kostomitsopoulos, P.: Lindian sacrifice. An evaluation of the evidence based on new inscriptions.— Archaeology in the Dodecanese (Copenhagen 1988) 121–128, Abb.
KB København 1986

7465
Koumanoudes, S. N.; Matthaiou, A. P.: Κατάλογος Ἀθηναίων διαιτητῶν.—
Horos 5, 1987, 15–23, Taf.

7466
Kritzas, C. V.: Τὸ πρῶτο μεγαρικὸ ὄστρακον.—
Horos 5, 1987, 59–73, Taf.

7467
Lagona, S.: Statua panneggiata dalla stoà di Artemis Astias a Iasos.—
ASAtene 46, 1984 [1988], 141–149, Abb.

7468
Landucci Gattinoni, F.: Un culto celtico nella Gallia Cisalpina. Le Matronae-Iunones a sud delle Alpi.— (Milano 1986) 100 S., Abb. Taf.
(Edizioni universitarie Jaca, 23)

7469
Laronde, A.: Prêtresses d'Héra à Cyrène.— L'Africa romana (Sassari 1988) 279–286, Taf.
KB Sassari 1987

7470
Lazzarini, M. L.: Un'iscrizione greca di Siracusa.—
Klearchos 28, 1986, 85–89, Taf.

7471
Le Glay, M.: A propos de quelques textes africains.— L'Africa romana (Sassari 1988) 131–142, Abb.
KB Sassari 1987

7472
Le Glay, M.: Sur une inscription de Milan.— Mélanges offerts à M. Labrousse (Toulouse 1987) 137–149, Abb.

7473
Le Roux, P.: Th. Mommsen et C. Iulius Macer (CIL, XIII, 1041).— Mélanges offerts à M. Labrousse (Toulouse 1987) 119–133, Taf.

7474
Lebek, W. D.: Augustalspiele und Landestrauer (Tab. Siar. frg. II col. a 11–14).—
ZPE 75, 1988, 59–71

7475
Lebek, W. D.: Sub edicto suo proponere. Tab. Siar. frg. II col. b 12 und Suet. Aug. 89,2.—
ZPE 77, 1989, 39–41, Taf.

7476
Lebek, W. D.: Die postumen Ehrenbögen und der der Triumph des Drusus Caesar. CIL VI 31200 b col. I, 1–4; Tac. Ann. 4, 9, 2.—
ZPE 78, 1989, 83–91

7477
Lebek, W. D.: Die Mainzer Ehrungen für Germanicus, den älteren Drusus und Domitian. Tab. Siar. frg. I 26–34; Suet. Claud. 1, 3.—
ZPE 78, 1989, 45–82, Taf.

7478
Lee, H. M.: SIG^3 802. Did women compete against men in Greek athletic festivals?—
Nikephoros 1, 1988, 103–117

7479
Lejeune, M.: Recueil des inscriptions gauloises, 2, 1. Textes gallo-étrusques. Textes gallo-latins sur pierre.— (Paris 1988) XIV, 196 S., Abb.
(Gallia, suppl. 45, 2, 1)

7480
Lejeune, M.: Un abécédaire corinthien du Ve siècle en Dardanie.—
Kadmos 28, 1989, 14–18, Taf.

7481
Lejeune, M.; Pouilloux, J.: Une transaction commerciale ionienne au Ve siècle av. n. è. à Pech-Maho.—
CRAI 1988, 526–535

7482
Lentini, M. C.: Nuovi documenti inscritti da Naxos di Sicilia.—
BdA 73, 1988, Nr. 48, 15–17, Abb.

7483
Letta, C.: Confini vicani e confini municipali a sud del Fucino.— Il territorio del Parco nazionale d'Abruzzo nell'antichità (Civitella Alfedena 1988) 203–207, Abb.
KB Villetta Barrea 1987

7484
Link, S.: Konzepte der Privilegierung römischer Veteranen.— (Stuttgart 1989) 168 S.
(Heidelberger althistorische Beiträge und epigraphische Studien, 9)

7485
Lipovan, I. T.: Monumente epigrafice din Ampelum.—
StClstor 39, 1988, 59–71, Abb.

7486
Lissi Caronna, E.: Roma, Regio XIV. Rinvenimento di sarcofago fittile in via G. G. Belli.—
NSc 38–39, 1984–85, 217–219, Abb.

7487
Lo Porto, F. G.: Testimonianze archeologiche di culti metapontini.—
Xenia 16, 1988, 5–28, Abb.

7488
Lo Porto, F. G.: Due iscrizioni votive arcaiche dai dintorni di Taranto.—
PP 42, 1987, 39–50, Abb.

7489
Lőrincz, B.; Visy, Z.: Die Hilfstruppen der Provinz Pannonia Superior unter Trajan.—
ActaArchHung 39, 1987, 337–345, Abb.

7490
Lombardo, M.: Su alcuni graffiti vascolari dall'entroterra ionico.—
NumAntCl 16, 1987, 87–97, Taf.

7491
Lubotsky, A.: New Phrygian ετι and τι.—
Kadmos 28, 1989, 79–88

7492
Łukaszewicz, A.: A travesty of signa Christi reconsidered.— Nubia et Oriens christianus. Festschrift für C. D. G. Müller (Köln 1988) 29–32

7493
Łukaszewicz, A.: An Osiris 'cool water' inscription from Alexandria.—
ZPE 77, 1989, 195–196, Taf.

7494
Łukaszewicz, A.: Une inscription funéraire grecque d'Egypte au Musée national de Varsovie.—
ZPE 77, 1989, 191–194, Taf.

7495
Luppe, W.: Abermals zum Grabepigramm auf den kleinen Sarapion. I.K. 23 (Smyrna) 525.—
EpigrAnat 11, 1988, 51–52

7496
Luppe, W.: Zu den neuen Goldblättchen aus Thessalien.—
ZPE 76, 1989, 13–14

7497
Malay, H.: Letter of the proconsul Taurus and the people of Pylitai near Tralles.—
EpigrAnat 11, 1988, 53–56, Taf.

7498
Malay, H.: New confession-inscriptions in the Manisa and Bergama Museums.—
EpigrAnat 12, 1988, 147–154, Taf.

7499
Malay, H.: Letters of Pertinax and the proconsul Aemilius Juncus to the city of Tabala.—
EpigrAnat 12, 1988, 47–52, Taf.

7500
Maltomini, F.; Römer, C.: Noch einmal 'Ad Demonicum' auf einer Schultafel.—
ZPE 75, 1988, 297–300, Taf.

7501
Maltomini, F.: PGM IV 354–55 (e paralleli) e fragmentum Grenfellianum 18–19.—
ZPE 78, 1989, 95–97

7502
Mambella, R.: Osservazioni su alcune iscrizioni preromane di Adria.—
AquilNost 57, 1986, 265–280, Abb.

7503
Mann, J. C.; Roxan, M. M.: Discharge certificates of the Roman army.—
Britannia 19, 1988, 341–347, Taf.

7504
Mantzoulinou-Richards, E.: A stele for a priestess of Isis on the island of Syros.—
AncWorld 17, 1988, 35–39, Abb.

7505
Marangio, C.: Epigrafi latine inedite dal Salento romano.—
StAnt 5, 1988, 211–223, Taf.

7506
Marasco, G.: Alessandro Magno e Priene.—
Sileno 13, 1987, 59–77

7507
Marchenko, K. K.: The οἰκετεία of the decree in honour of Protogenes (IPE, I^2, 32) concerning the dependent population of Olbia in the hellenistic period. (Russ. m. engl. Res.).— The Black Sea littoral in the hellenistic times (Tbilisi 1985) 242–256
KB Cchaltubo 1982

7508
Marco Simón, F.: Tabula de bronce con inscripción procedente de Binaced (La Litera, Huesca).— Actas. 1er Congreso peninsular de historia antigua, 3 (Santiago de Compostela 1988) 19–21, Taf.
KB Santiago de Compostela 1986

7509
Marin, E.: L'épigraphie chrétienne et l'épigraphie du haut moyen-âge de Salone et de Split.— La terza età dell'epigrafia (Faenza 1988) 229–245, Abb.
KB Bologna 1986

7510
Marinetti, A.: Nuove testimonianze venetiche da Oderzo (Treviso). Elementi per un recupero della confinazione pubblica.—
QuadAVen 4, 1988, 341–347, Abb.

7511
Marinetti, A.; Prosdocimi, A. L.: Lingue e scritture dei popoli indigeni. Lucani, Brettii, Enotri.— Magna Grecia. Vita religiosa e cultura letteraria, filosofica e scientifica (Milano 1988) 29–54, Abb.
SB

7512
Marinucci, A.: Ostia. Iscrizioni municipali inedite.— Miscellanea greca e romana, 13 (Roma 1988) 181–216, Taf.
SB

7513
Martelli, M.: La stipe votiva dell'Athenaion di Jalysos. Un primo bilancio.— Archaeology in the Dodecanese (Copenhagen 1988) 104–120, Abb.
KB København 1986

7514
Maslennikov, A. A.: Graffiti i dipinti s mysa Zjuk. (Russ.) [Graffiti und Dipinti von Kap Zjuk.].—
KraSoob 1987, Nr. 191, 45–53, Abb.

7515
Masson, O.: La dédicace argienne de Wriknidas.—
REG 101, 1988, 170–172

7516
Masson, O.; Yoyotte, J.: Une inscription ionienne mentionnant Psammétique Ier.—
EpigrAnat 11, 1988, 171–179, Abb. Taf.

7517
Masson, O.; u. a.: L'inscription syllabique en Paphien Récent du village de Tala (Paphos).—
RDAC 1988, Nr. 2, 63–68, Abb. Taf.

7518
Mastino, A.: Costantino II 'florentissimus Caesar'.—
Epigraphica 50, 1988, 143–150, Abb.

7519
Mastino, A.: Postumio Matidiano Lepido. Un nuovo preside clarissimo di età costantiniana.— Il nuraghe S. Antine nel Logudoro-Meilogu (Sassari 1988) 315–329, Abb.
SB

7520
Matei, C.: Heros Irsaios.—
Thraco-Dacica 9, 1988, 219–223, Abb.

7521
Matijašić, R.: La produzione ed il commercio di tegole ad Aquileia.— Vita sociale artistica e commerciale di Aquileia romana, 2 (Udine 1987) 495–531, Abb.
KB Aquileia 1985

7522
Matthaiou, A. P.: Ἡρίον Λυκούργου Λυκόφρονος Βουτάδου.—
Horos 5, 1987, 31–44, Abb. Taf.

7523
Matthaiou, A. P.: Κατάλογος θανόντων ἐν πολέμωι.—
Horos 5, 1987, 25–29, Taf.

7524
Mattingly, D. J.: The olive boom. Oil surpluses, wealth and power in Roman Tripolitania.—
LibSt 19, 1988, 21–41, Abb.

7525
Maurin, L.: Gaulis et Lyonnais.—
REA 88, 1986, 109–124, Abb.

7526
Maurin, L.: Vases inscrits de Cierzac dans l'antiquité.—
RSaintonge 13, 1987, 11–19, Abb.

7527
Mazzoleni, D.: Nuove testimonianze epigrafiche dalla catacomba di Priscilla.— Atti del VI Congresso nazionale di archeologia cristiana (Firenze 1986) 739–751, Abb.
KB Pesaro-Ancona 1983

7528
Mazzoleni, D.: L'epigrafia cristiana a Concordia.— Rufino di Concordia e il suo tempo, 2 (Udine 1987) 75–91, Taf.
KB Concordia 1986

7529
Mazzoleni, D.: Un Ebreo di Aquileia in un'iscrizione romana.—
Aquileia e Roma (Udine 1987) 309–315, Taf.
KB Aquileia 1986

7530
Mazzoleni, D.: La mariologia nell'epigrafia cristiana antica.—
VeteraChr 26, 1989, 59–68, Taf.

7531
Mazzucco, I.: Iscrizioni della basilica e convento dei Santi Dodici Apostoli in Roma, con commento storico-religioso.— (Roma 1987) 161 S., Taf.

7532
Meimares, G.: Τό ἐπίγραμμα ἀπό τό μνημεῖο τοῦ Ἰουστινιανοῦ στή Χερμέλα (Khirbet el Karmil) παρά τήν Χεβρώνα Παλαιστίνης.—
Archaiognosia 3, 1982–84, 223–228, Abb. Taf.

7533
Mennella, G.: Miliari tardo-romani sull'itinerario falisco della Flaminia.— La terza età dell'epigrafia (Faenza 1988) 339–348, Abb.
KB Bologna 1986

7534
Mennella, G.: Revisioni epigrafiche in municipi della Liguria nord-occidentale.—
MEFRA 100, 1988, 139–157, Abb.

7535
Mennella, G.: Una rilettura nell'iscrizione paleocristiana di Perti.—
RIngIntem 41, 1986, 65–66, Abb.

7536
Meriç, R.; Nollé, J.: Eine archaische Inschrift aus dem Gebiet von Smyrna.—
Chiron 18, 1988, 225–232, Abb.

7537
Merkelbach, R.; Şahin, S.: Die publizierten Inschriften von Perge.—
EpigrAnat 11, 1988, 97–168, Taf.

7538
Merkelbach, R.: Der Brief des Dareios im Getty-Museum und Alexanders Wortwechsel mit Parmenion.—
ZPE 77, 1989, 277–280, Taf.

7539
Mihailov, G.: Il tesoro di Rogozen. Le iscrizioni.—
Epigraphica 50, 1988, 9–40, Abb.

7540
Mikrogiannakes, E.: Ὄρειοι τῆς Κρήτης στήν Λακωνία. Συμβολή στήν λακωνική ἐπιγραφική.—
Archaiognosia 3, 1982–84, 115–121

7541
Miller, S. G.: The theorodokoi of the Nemean games.—
Hesperia 57, 1988, 147–163, Abb. Taf.

7542
Miranda, E.: Due nuove fratrie napoletane.— Miscellanea greca e romana, 13 (Roma 1988) 159–166, Taf.
SB

7543
Miranda, E.: Tito a Napoli. Una nuova dedica onoraria.—
Epigraphica 50, 1988, 222–226, Abb.

7544
Mitchell, S.: Maximinus and the Christians in A.D. 312. A new latin inscription.—
JRS 78, 1988, 105–124, Abb. Taf.

7545
Mócsy, A.: Der Grabstein einer romanisierten keltischen Familie in der Umgebung von Scarbantia.—
ActaArchHung 40, 1988, 101–110, Abb.

7546
Modugno Tofini, S.: Le iscrizioni conservate nel parco archeologico del Museo civico di Albano.—
DocAlb 9, 1987, 51–64, Abb.

7547
Mora, G.: Trigueros y Hübner. Algunas notas sobre el concepto de falsificación.—
AEsp 61, 1988, 344–348, Abb.

7548
Morandi, A.: I graffiti vascolari di Magliano Sabina (Colli del Giglio).— Acheologia laziale, 9 (Roma 1988) 343–349, Abb.
KB Roma 1987

7549
Morizot, P.: Un vétéran parthe en Numidie méridionale.—
CRAI 1988, 44–54, Abb.

7550
Moscatelli, U.: Trea.— ([Firenze] 1988) 75 S., Abb. Taf.
(Forma Italiae)

7551
Mottas, F.: Les voies de communication antiques de la Thrace égéenne.— Labor omnibus unus. G. Walser zum Geburtstag dargebracht (Stuttgart 1989) 82–104, Abb.

7552
Moysey, R. A.: Three fragmentary Attic inscriptions.—
ZPE 78, 1989, 199–207, Taf.

7553
Mrozek, S.: A propos de la répartition chronologique des inscriptions latines dans le Haut-Empire.—
Epigraphica 50, 1988, 61–64

7554
Mrozewicz, L.: Domo Dacia. Zu AE 1957, 306.—
ZPE 78, 1989, 163–164

7555
Nadel, B. I.: Notes on the 'kaisareion' inscription from Taman.— Historia testis. Mélanges offerts à T. Zawadzki (Fribourg 1989) 119–131, Taf.

7556
Nagy, T.: Az Óbuda 'hatházi' felirat. (Ung. m. dtsch. Res.) Die Inschrift von Óbuda, Hatháza.—
ArchErt 114–115, 1987–88, 16–21

7557
Narain, A. K.: On the foundation and chronology of Ai-Khanum. A Greek-Bactrian city.— India and the ancient world. P. H. L. Eggermont jubilee volume (Leuven 1987) 115–130

7558
Narain, A. K.: On some Greek inscription from Afghanistan.—
AnnOrNap 47, 1987, 269–292, Taf.

7559
Nelis-Clément, J.: Carrières militaires et fonctions municipales. A propos de L. Granius Proclinus d'Aequum.— Historia testis. Mélanges offerts à T. Zawadzki (Fribourg 1989) 133–151, Taf.

7560
Nemes, Z.: On the EM 7748 (IG II^2 1206).—
ActaClDebrec 23, 1987, 19–21, Taf.

7561
Nicolaou, I.: Inscriptiones Cypriae alphabeticae, 25, 1985.—
RDAC 1986, 192–195, Abb. Taf.

7562
Nicolaou, I.: Inscriptiones Cypriae alphabeticae, 26, 1986.—
RDAC 1987, 177–182, Abb. Taf.

7563
Nicolaou, I.: Inscriptiones Cypriae alphabeticae, 27, 1987.—
RDAC 1988, Nr. 2, 185–190, Abb. Taf.

7564
Nicolet, C.: De Vérone au Champ de Mars. Chorographia et carte d'Agrippa.—
MEFRA 100, 1988, 127–138, Abb.

7565
Nicolet, C.: La Tabula Siarensis, la Lex de imperio Vespasiani et le Ius relationis de l'empereur au sénat.—
CRAI 1988, 51921

7566
Nicolet, C.: La Tabula Siarensis, la lex de imperio Vespasiani, et le jus relationis de l'empereur au sénat.—
MEFRA 100, 1988, 827–866, Abb.

7567
Nollé, J.: Epigraphische und numismatische Notizen.—
EpigrAnat 12, 1988, 129–142, Taf.

7568
Özgan, R.: Ein neues archaisches Sitzbild aus Knidos.— Beiträge zur Ikonographie und Hermeneutik. Festschrift für N. Himmelmann (Mainz 1989) 47–51, Taf.

7569
Oikonomides, A. N.: Three archaic Greek inscriptions from the island of Syros.—
AncWorld 17, 1988, 31–34, Abb.

7570
Oikonomides, A. N.: Ancient inscriptions recording the restoration of Greco-Roman shrines by the emperor Flavius Claudius Julianus (361–363 A.D.).—
AncWorld 15, 1987, 37–42, Abb.

7571
Oikonomides, A. N.: The inscriptions of two dedications by Epirot royalty.— L'Illyrie méridionale et l'Epire dans l'antiquité (Clermont-Ferrand 1987) 121–124, Abb.
KB Clermont-Ferrand 1984

7572
Opelt, I.; Kirsten, E.: Eine Urkunde der Gründung von Arsinoe in Kilikien.—
ZPE 77, 1989, 55–66, Taf.

7573
Osborne, M. J.: The chronology of Athens in the mid third century B.C.—
ZPE 78, 1989, 209–242, Taf.

7574
Ovadiah, A.; Roll, I.: A Greek dedicatory inscription to 'Azizos.—
IsrExplJ 38, 1988, 177–180, Taf.

7575
Pabst, A.: 'Ageret faceret quaecumque e re publica censeret esse'. Annährungen an die Lex de imperio Vespasiani.— Festschrift R. Werner (Konstanz 1989) 125–148

7576
Paci, G.: Due frammenti di iscrizioni cristiane a Villa Luzi di Votalarca.— Atti del VI Congresso nazionale di archeologia cristiana (Firenze 1986) 541–550, Abb.
KB Pesaro-Ancona 1983

7577
Paci, G.: Frammento di decreto onorario da Cirene.—
AnnMacerata 19, 1986, 369–375, Taf.

7578
Paci, G.: Sull'iscrizione 'virgiliana' di Aquileia.—
AquilNost 58, 1987, 293–308, Abb.

7579
Paci, G.: Nuovi milliari dal Piceno romano.— Le strade nelle Marche (Ancona 1987) 495–514, Abb. Taf.
KB Ancona 1984

7580
Paci, G.: Le iscrizioni romane dell'Alto Garda.— (Riva del Garda 1988) ohne Pagin., Abb.
(Archeologia dell'Alto Garda)

7581
Pagano, M.: Una nuova iscrizione dei magistri minturnesi e altre acquisizioni epigrafiche dalle carte di F. S. Gualtieri.—
MEFRA 100, 1988, 819–826, Abb.

7582
Painter, K.: Inscriptions on fourth-century silver from Bulgaria.— The Rogozen treasure (London 1989) 71–81, Taf.
KB London 1987

7583
Palmieri, R.: Iscrizioni ostiensi inedite da Porta Laurentina.— Miscellanea greca e romana, 13 (Roma 1988) 153–158, Taf.
SB

7584
Palumbo Stracca, B. M.: Recupero di un graffito vascolare beotico.—
BCl 9, 1988, 40–50, Abb. Taf.

7585
Pani, G. G.: Forma, linguaggio e contenuti delle dediche epigrafiche nei tituli ansati (IV–IX sec. d. C.).— La terza età dell'epigrafia (Faenza 1988) 169–194, Abb.
KB Bologna 1986

7586
Pantos, P. A.: Σωσ [ις;].—
Horos 5, 1987, 155–161, Taf.

7587
Papadopoulou, N. P.: Κατάλογος στρατευσίμων από τις Θεσπιές.—
Horos 5, 1987, 79–90, Taf.

7588
Papapostolou, I. A.: Monuments des combats de gladiateurs à Patras.—
BCH 113, 1989, 351–401, Abb.

7589
Papazoglou, F.: Les stèles éphébiques de Stuberra.—
Chiron 18, 1988, 233–256, Taf.

7590
Pardyová, M.; Urbanová, D.: Une inscription latine paléochrétienne de Rome conservée à Brno.—
LF 111, 1988, 205–208, Taf.

7591
Parker, R. W.: A Greek inscription from Lesbos honoring a Julio-Claudian.—
ZPE 75, 1988, 175–178, Taf.

7592
Parović-Pešikan, M.: Dva strigila sa grčkim natpisima iz Makedonije. (Kroat. m. engl. Res.) Two strigilis with Greek inscriptions from Macedonia.—
ŽivaAnt 38, 1988, 43–53, Taf.

7593
Partyka, J. S.: L'épitaphe de Veratius Nikatoras. Notes archéologiques, épigraphiques et iconographiques.—
RACrist 63, 1987, 257–291, Abb.

7594
Pastor Muñoz, M.; Mendoza Eguaras, A.: Inscripciones latinas de la provincia de Granada.— (Granada 1987) 440 S., Abb.

7595
Paulicelli, F.: Un 'sagarius magister Mercurialis Augustalis' di Brindisi.—
Taras 6, 1986, 123–128, Taf.

7596
Pavolini, C.: Le lucerne romane fra il III sec. a. C. e il III sec. d. C.— Céramiques hellénistiques et romaines, 2 (Paris 1987) 139–165, Abb.
SB

7597
Peduto, P.; Romito, M.; Galante, M.: Un accesso alla storia di Salerno. Stratigrafie e materiali dell'area palaziale longobarda.—
RassStorSalern 5, 1988, Nr. 2, 9–63, Taf.

7598
Pellegrino, A.; Petriaggi, R.: Ritrovamenti e ricerche subacquee ad Ostia. La situazione attuale e le nuove prospettive.— Archeologia laziale, 9 (Roma 1988) 171–177, Abb.
KB Roma 1987

7599
Pellegrino, A.: Note sul culto di Serapide ad Ostia.— Miscellanea greca e romana, 13 (Roma 1988) 225–241, Taf.
SB

7600
Pensabene, P.: Tessera nummularia dall'area della Magna Mater e della Vittoria sul Palatino.— Studi per L. Breglia, 2 (Roma 1987) 69–76, Abb.

7601
Peppa Delmouzou, N.: Επιτύμβια και οικογενειακά μνημεία από τη ΝΑ. Αττική.— Πρακτικά Γ' Επιστημονικής συνάντησης ΝΑ. Αττικής (Καλύβια 1988) 119–130, Taf.
KB Kalyvia 1987

7602
Petolescu, C. C.: Cronica epigrafică a României, 7, 1987.—
StClstor 39, 1988, 399–409

7603
Petolescu, C. C.: Din nou despre pretinsul război al lui Caracalla contra Carpilor.—
StClstor 39, 1988, 281–286

7604
Petolescu, C. C.: Varia daco-romana, 13–14, Notă asupra unei inscripţii de la Viminacium (CIL, III, 14507). Un călăreţ dac în garda imperială.—
Thraco-Dacica 9, 1988, 225–226

7605
Petraccia Lucernoni, M. F.: A proposito di una dedica imperatoria da Herdonia.—
StAnt 5, 1988, 225–231, Abb.

7606
Petraccia Lucernoni, M. F.: I questori municipali dell'Italia antica.— (Roma 1988) VIII, 387 S.
(Studi pubblicati dall'Istituto italiano per la storia antica, 41)

7607
Petraccia Lucernoni, M. F.: Epigrafi aquileiesi relative al riassetto delle Vie Annia e Gemina e l'origo di Massimino il Trace.— Aquileia e Roma (Udine 1987) 119–136, Taf.
KB Aquileia 1986

7608
Petrocheilos, I. E.: An unpublished inscription from Kythera.— BSA 83, 1988, 359–362, Abb.

7609
Petropoulou, A.: Fragment einer römischen Inschrift in griechischer Sprache aus Buto.—
MDIK 44, 1988, 199–203, Abb.

7610
Petrova, E.: A late Roman grave from the vicinity of Kumanovo. (Maked. m. engl. Res.).—
MacActaA 7–8, 1981–82 [1987], 97–108, Abb.

7611
Petzl, G.; Malay, H.: A new confession-inscription from the Katakekaumene.—
GrRomByzSt 28, 1987, 459–472, Taf.

7612
Piana Agostinetti, P.; Priuli, S.: Il tesoro di Arcisate.—
ArchCl 37, 1985, 182–237, Abb. Taf.

7613
Piccaluga, G.: Τέρπων εἰμί. Il messaggio erotico-sacrale del c. d. sasso di Antipolis.—
ActaAntHung 30, 1982–84, 71–74

7614
Piccirillo, M.: Le iscrizioni di Um er-Rasas/Kastron Mefaa in Giordania, 1. 1986–1987.—
StBiFranc 37, 1987, 177–220; 232–239, Abb. Taf.

7615
Piccottini, G.: Ein Grabaltar aus Virunum.—
RömÖ 15–16, 1987–88, 185–190, Taf.

7616
Piejko, F.: Letter of Eumenes II to Tralles concerning inviolability and tax exemption for a temple. After 188 B.C.—
Chiron 18, 1988, 55–69

7617
Piejko, F.: The Athamanian recognition of the asylia of Teos.—
Epigraphica 50, 1988, 41–46

7618
Pietri, L.: Pagina in pariete reserata. Epigraphie et architecture religieuse.— La terza età dell'epigrafia (Faenza 1988) 137–157
KB Bologna 1986

7619
Pietsch, M.: Ausgewählte Funde zur Siedlungsentwicklung, zum Kult und zum Handwerk.— Das römische Wimpfen (Bad Wimpfen 1988) 63–77, Taf.
SB

7620
Pirani, S.: Considerazioni sui resti del sarcofago e sui monumenti epigrafici relativi ai Ss. Pellegrino e Flaviano ad Ancona.— Atti del VI Congresso nazionale di archeologia cristiana (Firenze 1986) 551–564, Abb.
KB Pesaro-Ancona 1983

7621
Piso, I.: Epigraphica, 15. Inscripţii din Apulum.—
ActaMusNapoca 22–23, 1985–86, 487–496, Abb. Taf.

7622
Poccetti, P.: Riflessi di strutture di fortificazioni nell'epigrafia italica tra il II ed il I secolo a. C.—
AthenaeumPavia 66, 1988, 303–328, Abb.

7623
Poljakov, F. B.: Die Inschriften von Tralleis und Nysa, 1. Die Inschriften von Tralleis.— (Bonn 1989) XII, 233 S., Abb. Taf.
(Inschriften griechischer Städte aus Kleinasien, 36, 1)

7624
Popescu, E.: Traits caractéristiques de l'épigraphie dans les régions du Bas-Danube aux IVe–VIe siècles.— La terza età dell'epigrafia (Faenza 1988) 247–264
KB Bologna 1986

7625
Porrà, F.: Un nuovo apporto all'onomastica romana della Sardegna.—
AnnCagliariMag 9, 1985, 39–45, Taf.

7626
Potter, T. W.; King, A. C.; u. a.: Scavi a Mola di Monte Gelato presso Mazzano Romano, Etruria Meridionale. Primo rapporto preliminare.—
AMediev 15, 1988, 253–311, Abb.

7627
Proeva, N.: Epigrafski prilozi od Tikvešijata. (Maked. m. franz. Res.) Contributions épigraphiques de Tikveš.—
ŽivaAnt 38, 1988, 55–64, Abb. Taf.

7628
Prosdocimi, A. L.: Messapico 'no' 'sum'?—
StEtr 54, 1986, 197–204

7629
Prosdocimi, A. L.; Frescura, G. B.: Tavolette alfabetiche atestine. Revisioni ed acquisizioni. Placchetta bronzea iscritta con vda-, frater-, donasa-.—
AquilNost 57, 1986, 353–384, Abb.

7630
Pucci, P.: Inscriptions archaïques sur les statues des dieux.— Les savoirs de l'écriture. En Grèce ancienne (Lille 1988) 480–497
SB

7631
Pugliese Carratelli, G.: Epigrafi di Cos relative al culto di Artemis in Cnido e in Bargylia.—
PP 42, 1987, 110–123, Abb.

7632
Qedar, S.: Two lead weights of Herod Antipas and Agrippa II and the early history of Tiberias.—
IsrNumJ 9, 1986–87, 29–35, Abb. Taf.

7633
Quattordio Moreschini, A.: Una costruzione di origine anatolica nel 'bronzo di Idalion'.— Studi di storia e di filologia anatolica dedicati a G. Pugliese Carratelli (Firenze 1988) 221–226

7634
Ramage, E. S.: The date of Augustus' 'Res gestae'.—
Chiron 18, 1988, 71–82

7635
Ray, J. D.: Ussollos in Caria.—
Kadmos 27, 1988, 150–154, Abb.

7636
Raya de Cárdenas, M.: Hallazgo de una inscripción funeraria en Esfiliana (Granada).—
CuadGranada 10, 1985, 463–467, Abb. Taf.

7637
Remesal-Rodríguez, J.; Schallmayer, E.: Römische Amphoren aus Baden-Württemberg.—
FuBerBadWürt 13, 1988, 395–432, Abb.

7638
Riccioni, G.: Mousaios e le Muse su hydria attica a figure rosse del Pittore di Villa Giulia.—
AquilNost 57, 1986, 729–744, Abb.

7639
Rigsby, K. J.: Provincia Asia.—
TransactAmPhilAss 118, 1988, 123–153

7640
Rodríguez Oliva, P.; Atencia Páez, R.; Beltrán Fortes, J.: Dos nuevos testimonios béticos sobre Tiberius Caesar.— (Málaga 1986) 32 S., Abb. Taf.

7641
Rosenfeld, B.: The 'boundary of Gezer' inscriptions and the history of Gezer at the end of the Second Temple period.—
IsrExplJ 38, 1988, 235–245

7642
Roueché, C.: Aphrodisias in late antiquity. The late Roman and Byzantine inscriptions including texts from the excavations at Aphrodisias conducted by Kenan T. Erim.— (London 1989) XXVII, 371 S., Abb. Taf.
(JRS, Monograph 5)

7643
Roux, G.: L'inventaire ID 1403 du Néôrion délien.—
BCH 113, 1989, 261–275, Abb.

7644
Roux, G.: Problèmes delphiques d'architecture et d'épigraphie.—
RA 1989, 23–64, Abb.

7645
Rugo, P.: Epigrafia altomedioevale in Friuli.— Aquileia e le Venezie nell'alto medioevo (Udine 1988) 387–405, Taf.
KB Aquileia 1987

7646
Sabbatini Tumolesi, P.: Epigrafia anfiteatrale dell'Occidente romano, 1. Roma.— (Roma 1988) 187 S., Abb.
(Vetera, 2)

7647
Sáenz de Buruaga, A.: Nuevas inscripciones de época romana en Alava.—
EstAAlava 16, 1988, 531–556, Abb.

7648
Saffrey, H. D.: Un nouveau duovir à Antioche de Pisidie.—
AnatSt 38, 1988, 67–69, Taf.

7649
Salamé-Sarkis, H.: Inscription au nom de Ptolémée IV Philopator trouvée dans le nord de la Béqa'—
Berytus 34, 1986, 207–209, Abb.

7650
Salomies, O.: Epigraphische Beiträge.—
Arctos 22, 1988, 113–132, Abb.

7651
Salvi, D.; Stefani, G.: Riscoperta di alcune iscrizioni rinvenute a Cagliari nel Seicento.—
Epigraphica 50, 1988, 244–256, Abb.

7652
Salviat, F.: Quinte Curce, les insulae Furianae, la Fossa Augusta et la localisation du cadastre C d'Orange.—
RANarb 19, 1986, 101–116, Abb.

7653
Sanders, G.: La perennité du message épigraphique. De la communauté chrétienne élitaire du Bas-Empire au corps professoral de l'université médiévale de Bologne.— La terza età dell'epigrafia (Faenza 1988) 349–414
KB Bologna 1986

7654
Sanders, G.: L'onomastique des inscriptions latines métriques de l'Africa romana. Un angle d'incidence socio-culturel.— L'Africa romana (Sassari 1988) 69–85
KB Sassari 1987

7655
Sanders, G.: La tombe et l'éternité. Catégories distinctes ou domaines contigus? Le dossier épigraphique latin de la Rome chrétienne.— Le temps chrétien de la fin de l'antiquité au moyen-âge (Paris 1984) 185–218
KB Paris 1981

7656
Santiago, R. A.; Sanmartí, E.: Une nouvelle plaquette de plomb trouvée à Emporion.—
ZPE 77, 1989, 36–38, Abb. Taf.

7657
Sarikakis, T. C.: Inscriptions inédites de Chios.—
BCH 113, 1989, 347–350, Abb.

7658
Sartori, A.: Formularii funerarii cristiani. La tradizione innovata.— La terza età dell'epigrafia (Faenza 1988) 159–168
KB Bologna 1986

7659
Schallmayer, E.: Eine neue Weihinschrift eines Centurio der Legio VIII Augusta aus Brötzingen, Stadtkreis Pforzheim.—
FuBerBadWürt 13, 1988, 433–444, Abb.

7660
Scheithauer, A.: Zur Lesung von Inschriften aus Italien.—
ZPE 76, 1989, 148–152

7661
Schillinger-Häfele, U.: Die Laudatio funebris des Tiberius für Germanicus (zu Tabula Siarensis Fragment II, col. b, 13–19).—
ZPE 75, 1988, 73–81

7662
Schlatter, F. W.: The text in the mosaic of Santa Pudenziana.—
VigChr 43, 1989, 155–165

7663
Schmitz, G.; Şahin, S.; Wagner, J.: Ein Grabaltar mit einer genealogischen Inschrift aus Kommagene.—
EpigrAnat 11, 1988, 81–85, Abb. Taf.

7664
Scholten, C.: Gibt es Quellen zur Sozialgeschichte der Valentinianer Roms?—
ZNW 79, 1988, 244–261

7665
Schumacher, L.: Römische Inschriften. Lateinisch – deutsch.—
(Stuttgart 1988) 330 S., Abb.

7666
Schwarz, P. A.: Neues zu zwei altbekannten Inschriften aus Kaiseraugst.—
JberAugst 9, 1988, 259–264, Abb.

7667
Schwinden, L.: Ein beschriftetes Bleitäfelchen vom Wolberg bei Arlon. Eine Defixio?—
AKorrBl 19, 1989, 85–89, Abb. Taf.

7668
Seitz, G.: Militärdiplomfragmente aus Aalen und Walheim.—
FuBerBadWürt 13, 1988, 445–455, Abb.

7669
Šelov, D. B.: Dipinti na amforach iz Tanaisskich kompleksov. (Russ.) [Dipinti auf Amphoren aus Tanais.].—
NumEpigr 15, 1989, 97–125, Abb.

7670
Šelov-Koved'ajev, F. V.: Décret trouvé à Panticapée en 1985. (Russ. m. franz. Res.).—
VesDrevIstor 1988, Nr. 4, 81–83, Abb.

7671
Sensi, K.: La collezione archeologico-antiquaria di Francesco Fratini.—
BFoligno 12, 1988, 391–413, Taf.

7672
Sensi, L.: La documentazione epigrafica di Spoletium. Appunti.—
La terza età dell'epigrafia (Faenza 1988) 327–338, Abb.
KB Bologna 1986

7673
Sensi, L.: Le iscrizioni di Lucus Feroniae negli appunti di Renato Bartoccini.—
AnnPerugia 23, 1985–86, Nr. 1, 277–297, Taf.

7674
Shelton, J.: A division table at Trier.—
ZPE 77, 1989, 209–210

7675
Shelton, J.: A fifth-century contract on wood in the Archaeological Institute at Trier.—
ZPE 78, 1989, 143–146, Taf.

7676
Sickle, J. van: The first hellenistic epigrams at Rome.— Vir bonus discendi peritus. Studies in celebration of O. Skutsch's eightieth birthday (London 1988) 143–156
(BICS, suppl. 51)

7677
Sijpesteijn, P. J.: Een vaas met gegevens aangaande het romeinse leger in Egypte.—
VerAmstMeded 36, 1986, 14–16, Abb.

7678
Sijpesteijn, P. J.: Een vaas mit gegevens aangaande het romeinse leger in Egypte.—
VerAmstMeded 40, 1987, 16–17, Abb.

7679
Sijpesteijn, P. J.; Worp, K. A.: Addenda et corrigenda to O. Leid.—
OudhMeded 68, 1988, 91–92

7680
Sijpesteijn, P. J.: Christian mottos on vessels?—
JGS 30, 1988, 123–125

7681
Sillières, P.: De la borne milliaire à la dédicace impériale. L'exemple de quelques inscriptions routières de l'Histpanie méridionale.—
REA 88, 1986, 351–358

7682
Silvestrini, M.: Epitafi pagani di età tardoantica. Esempi dalla Regio secunda.— La terza età dell'epigrafia (Faenza 1988) 315–326, Abb.
KB Bologna 1986

7683
Silvestrini, M.: Culti orientali a Brindisi. CIL IX, 6099.—
RicStBrindisi 13, 1980–87, 175–185, Abb.

7684
Silvestrini, M.: Presentazione del corpus epigrafico di Canosa.—
(Atti del convegno 'Canosa e S. Sabino, l'uomo, il tempo e la città', Canosa 29–30 marzo 1982, Bari 1984, 1–13)
SD

7685
Simelon, P.: Alfidius d'Atina et son héritier Olussa. Une nouvelle interprétation de RIB, 9.—
Latomus 47, 1988, 863–867, Abb.

7686
Sinn, U.: Die Votivgabe eines Athleten in Olympia.— Beiträge zur Ikonographie und Hermeneutik. Festschrift für N. Himmelmann (Mainz 1989) 65–70, Taf.

7687
Smith, D. N.: Herodotos and the archaeology of Asia Minor. A historiographic study. Diss. Berkeley 1987.— (Ann Arbor 1989) XX, 291 S.
(University Microfilms International)

7688
Solin, H.: Analecta epigraphica, 113–120.—
Arctos 21, 1987, 119–138

7689
Solin, H.: Note di epigrafia flegrea.—
Puteoli 11, 1987, 37–78, Abb.

7690
Solin, H.: Ricerche epigrafiche in Ciociaria.—
Epigraphica 50, 1988, 87–104, Abb.

7691
Solin, H.: Eine Inschrift aus Kos.—
Tyche 3, 1988, 191–192, Taf.

7692
Solin, H.: Analecta epigraphica, 121–125.—
Arctos 22, 1988, 141–162

7693
Solin, H.: Varia onomastica, 8. Gymnochares.—
ZPE 77, 1989, 101–102

7694
Somolinos, J. R.: Epigramme funéraire d'Héraclée Pontique.—
EpigrAnat 11, 1988, 79–80

7695
Soproni, S.: Marinianus Ursicinus magister.—
FolArch 37, 1986, 183–196, Abb.

7696
Sorokina, N. P.: Rodosskaja amfora s graffiti iz Kep. (Russ.) [Eine rhodische Amphora mit Graffiti aus Kepoi.].— Problemy antičnoj kul'tury (Moskva 1986) 195–199, Abb.
SB

7697
Speidel, M. P.: Les prétoriens de Maxence. Les cohortes palatines romaines.—
MEFRA 100, 1988, 183–186, Abb.

7698
Speidel, M. P.; Pavkovic, M. F.: Legion II Flavia Constantia at Luxor.—
AJPh 110, 1989, 151–154

7699
Speidel, M. P.; Todua, T. T.: Three inscriptions from Pityus on the Caucasus frontier.—
SaalbJb 44, 1988, 56–58, Abb.

7700
Spence, I. G.: Brief notes on IG I^3 365.—
ZPE 76, 1989, 139–140

7701
Spyridakis, S. V.: Inscriptiones creticae, 2, 13, 8. A Jewish inscription?—
HarvTheolR 82, 1989, 231–232

7702
Stella, C.: Rinvenimenti romani sotto il Credito agrario bresciano.—
AquilNost 57, 1986, 777–792, abb.

7703
Stephanes, I. E.: Διονυσιακοὶ τεχνῖται. Συμβολὲς στὴν προσωπογραφία τοῦ θεάτρου καὶ τῆς μουσικῆς τῶν ἀρχαίων Ἑλλήνων.— (Ἡράκλειο 1988) 616 S., Taf.

7704
Striano Corrochano, A.: Rodio 'εσπραΤεν'.—
Emerita 57, 1989, 103–111, Taf.

7705
Strobel, K.: Zu Lesung und Deutung einer Grabinschrift aus Stobi und zu den Auswirkungen der Seuche von 166 n. Chr.—
ZPE 75, 1988, 232–234

7706
Strobel, K.: Eine revidierte Lesung der Weihinschrift AE 1967, 362 = 1978, 651 aus Aquincum.—
ZPE 75, 1988, 227–231, Abb. Taf.

7707
Strobel, K.: Ein neues Zeugnis für die Truppengeschichte der Partherkriege Trajans.—
EpigrAnat 12, 1988, 39–42

7708
Stumpf, G.: Prozeßrechtlilches in der Mysterieninschrift SEG XXX 61.—
Tyche 3, 1988, 223–228

7709
Stumpf, G.: Ein athenisches Münzgesetz des 4. Jh. v. Chr.—
JNG 36, 1986, 23–40, Taf.

7710
Suceveanu, A.; Angelescu, M. V.: Nouvelles découvertes dans l'établissement gétique d'Independenţa (dép. de Tulcea).—
Dacia 32, 1988, 145–150, Abb.

7711
Susini, G.: Un fragment épigraphique pour l'histoire de Ravenne.—
CRAI 1988, 636–642, Abb.

7712
Svenbro, J.: J'écris, donc je m'efface. L'énonciation dans les premières inscriptions grecques.— Les savoirs de l'écriture. En Grèce ancienne (Lille 1988) 459–479
SB

7713
Tarditi, G.: Per una lettura degli epigrammatisti greci.—
AevumAnt 1, 1988, 5–75

7714
Tassaux, D.; Tassaux, F.: Sur deux inscriptions d'Aulnay réputées fausses.—
REA 88, 1986, 149–165, Abb.

7715
Terry, A.: The sculpture at the cathedral of Eufrasius in Poreč.—
DOP 42, 1988, 13–64, Taf.

7716
Thémélis, P.; Mulliez, D.: Un acte d'affranchissement delphique inédit du trésor de Cnide.—
BCH 113, 1989, 343–346, Abb.

7717
Tomlin, R. S. O.: The identity of the ignotus in CIL VIII 1578.—
ZPE 74, 1988, 145–147, Abb.

7718
Toniolo, A.: Medici in Este romana, 1. Il sigillo del medicus ocularius Epagathus.—
AquilNost 55, 1984, 65–76, Abb.

7719
Torelli, M. R.: Due iscrizioni latine inedite di Venosa.—
AnnPerugia 23, 1985–86, Nr. 1, 323–327, Taf.

7720
Tracy, S. V.: Ephebic inscriptions from Athens. Addenda and corrigenda.—
Hesperia 57, 1988, 249–252

7721
Tracy, S. V.: Two Attic letter cutters of the third century. 286/5–235/4 B.C.—
Hesperia 57, 1988, 303–322, Taf.

7722
Tranoy, A.: Minerve et la civitas des Pictons.—
REA 88, 1986, 167–175, Taf.

7723
Tréheux, J.: Le sanctuaire de l'Inôpos à Délos.—
MusHelv 45, 1988, 154–157, Abb.

7724
Tréheux, J.: Une nouvelle lecture de l'inventaire du gymnase à Délos.—
BCH 112, 1988, 583–589, Abb.

7725
Tsafrir, Y.; Holum, K. G.: Reḥovot-in-the-Negev. Preliminary report, 1986.—
IsrExplJ 38, 1988, 117–127, Abb. Taf.

7726
Tsantsanoglou, K.; Parassoglou, G. M.: Two gold lamellae from Thessaly.—
Hellenika 38, 1987, 3–16, Abb.

7727
Vagenheim, G.: A propos de Valeria Brocchilla (CIL, VI, 9346). Remarques sur la tradition manuscrite et le classement des inscriptions ligoriennes.—
Epigraphica 50, 1988, 191–211, Abb.

7728
Varinlioğlu, E.: Inschriften von Stratonikeia in Karien.—
EpigrAnat 12, 1988, 79–128, Taf.

7729
Varinlioğlu, E.: Une inscription de Mercure aux Portes de Cilicie.—
EpigrAnat 11, 1988, 59–64

7730
Velkov, V.; Alexandrov, G.: 'Venatio caesariana'. Eine neue Inschrift aus Montana (Moesia Inferior).—
Chiron 18, 1988, 271–276, Taf.

7731
Velkov, V.: Nuovi dati sul territorio di Nicopolis ad Istrum e sul confine settentrionale della provincia Tracia nel II secolo.—
Ratiariensia 3–4, 1987, 243–249, Taf.

7732
Ventura, P.; u. a.: Due saggi di scavo in località Il Cristo, Coseano (Udine).—
AquilNost 58, 1987, 85–152, Abb.

7733
Vinogradov Y. G.; Molev, E. A.; Tolstikov, V. P.: New epigraphic sources on the history of the period of Mithradates. (Russ. m. engl. Res.).— The Black Sea littoral in the hellenistic times (Tbilisi 1985) 589–600
KB Cchaltubo 1982

7734
Visy, Z.: Kaiserbasen in den Limeskastellen der Provinz Pannonia Inferior.— Griechische und römische Statuetten und Großbronzen (Wien 1988) 148–151
KB Wien 1986

7735
Viviers, D.: De l'école de sculpture à l'atelier de sculpteurs. Quelques réflexions sur les signatures de sculpteurs à Athènes au VIe siècle avant notre ère.— (Annales d'histoire de l'art et d'archéologie 9, 1987, 43–57, Abb.)
SD

7736
Wachter, R.: Wiedersehen mit CIL I² 43.—
ZPE 74, 1988, 151–152, Abb. Taf.

7737
Wachter, R.: The death of the handsome Panchytos.—
ZPE 77, 1989, 21–24

7738
Wachter, R.: Zur Vorgeschichte des griechischen Alphabets.—
Kadmos 28, 1989, 19–78, Abb.

7739
Wahl, J.: Três Minas. Vorbericht über die archäologischen Untersuchungen im Bereich des römischen Goldbergwerks 1986–87.—
MM 29, 1988, 221–244, Abb. Taf.

7740
Walbank, M. B.: Isoteleia at Athens for Phanostratos and another man.—
ZPE 76, 1989, 257–261

7741
Wallace, C.: Amphora stamps from Fishbourne.—
Britannia 19, 1988, 406

7742
Walser, G.: Circitor publici portorii.— Historia testis. Mélanges offerts à T. Zawadzki (Fribourg 1989) 153–158, Taf.

7743
Wandling, W.; Wolff, H.: Fragment einer Reibschale mit Graffito aus dem Lagerdorf des mittelkaiserzeitlichen Kastells Boiodurum.—
OstbGrenzm 30, 1988, 161–163, Abb.

7744
Watts, D. J.: The Thetford treasure. A reappraisal.—
AntJ 68, 1988, 55–68, Abb.

7745
Weiss, P.: Ein neues Fragment eines Militärdiploms vom Jahre 114 aus Carnuntum.—
ZPE 74, 1988, 153–158, Abb.

7746
Weiss, P.: Zu einem neuen Fragment einer Tabula legis. CIL I 2², 2925.—
ZPE 77, 1989, 145–149, Taf.

7747
Wesch-Klein, G.: Ein weiterer Baustein der 22. Legion aus Osterburken, Neckar-Odenwald-Kreis.—
FuBerBadWürt 13, 1988, 709–711, Abb.

7748
Wesch-Klein, G.; Wiegels, R.: Zwei römische Inschriften aus Seligenstadt, Kr. Offenbach.—
Germania 66, 1988, 504–520, Abb.

7749
Wesch-Klein, G.: Gestempelte Antefixe der Legio XIIII Gemina aus Rheinzabern. Berichtigung zu CIL XIII 1073¹.—
ZPE 75, 1988, 222–226, Taf.

7750
Wesch-Klein, G.: C. Annius Flavianus. Ergänzungen zu AE 1980, 959.—
ZPE 77, 1989, 151–154, Abb. Taf.

7751
Wiblé, F.: Stèles funéraires d'époque romaine de l'église du haut moyen-âge de Sion, Sous-le-Scex.—
ASchw 11, 1988, 110–112, Abb.

7752
Wiegels, R.: Theofilus aus Waldmühlbach, Gde. Billigheim, Nekkar-Odenwald-Kreis.—
FuBerBadWürt 13, 1988, 713–718, Abb.

7753
Wilkins, P. I.: Amphitheatres and private munificence in Roman Africa. A new text from Thuburnica.—
ZPE 75, 1988, 215–221, Taf.

7754
Wilkosz, M.: Καταχαῖρε καὶ εὐφραίνου. Le gobelet en verre avec l'inscription grecque.— From the archaeological collections of Cracow and Jena (Warszawa 1988) 41–44, Taf.
SB

7755
Wörrle, M.: Inschriften von Herakleia am Latmos, 1. Antiochos III., Zeuxis und Herakleia.—
Chiron 18, 1988, 421–470, Taf.

7756
Woudhuizen, F. C.: The recently discovered Greek-Etruscan bilingue from Delphi. Two rivaling Etruscan coalitions in the paintings of the François tomb from Vulci.—
Talanta 18–19, 1986–87, 125–153, Abb.

7757
Wysocki, L.: The so called 'Demotionid decrees'.—
Eos 76, 1988, 39–46

7758
Yailenko, V. P.: New epigraphic evidence on Mithradates Eupator and Pharnaces. (Russ. m. engl. Res.).— The Black Sea littoral in the hellenistic times (Tbilisi 1985) 617–626
KB Cchaltubo 1982

7759
Younger, J. G.; Boynton, B. N.: Five Roman lamps with inscriptions.— Studies in honour of T. B. L. Webster, 2 (Bristol 1988) 159–161, Taf.

7760
Zaccaria, C.: Forme di promozione sociale ad Aquileia nei primi secoli dell'Impero.— Vita sociale artistica e commerciale di Aquileia romana, 1 (Udine 1987) 129–143, Taf.
KB Aquileia 1985

7761
Zancani Montuoro, P.; Russo, M.; Pugliese Carratelli, G.: [Epigrafe rupestre in lingua osca.].— Neapolis (Taranto [1988]) 85–90, Abb. Taf.
KB Taranto 1985

7762
Zancani Montuoro, P.: Kotyle.—
PP 42, 1987, 300–306, Abb.

7763
Zerbinati, E.: Un diploma militare da Chiunsano di Gaiba (Rovigo).—
Epigraphica 50, 1988, 235–243, Abb.

7764
Zubar', V. M.: O svincovych zerkalach iz nekropolja Chersonesa. (Russ.) [Bleierne Spiegel aus der Nekropole von Chersonesos.].— Problemy antičnoj kul'tury (Moskva 1986) 150–154, Abb.
SB

Religion

7765
Kul'tura drevnego Rima, 1–2. (Russ.) [Die Kultur des alten Rom.].— (Moskva 1985) 429 S., Abb.; 396 S., Abb.

7766
Storia di Roma, 1. Roma in Italia.
ed. A. Schiavone.— (Torino 1988) XLII, 628 S., Abb. Taf.

7767
Abruzzese Calabrese, G.: Una attestazione del culto di Hyakinthos a Taranto.—
Taras 7, 1987, 7–33, Abb. Taf.

7768
Aitchison, N. B.: Roman wealth, native ritual. Coin hoards within and beyond Roman Britain.—
WorldA 20, 1988, 270–284

7769
Alderink, L. J.: The Eleusinian mysteries in Roman imperial times.— Aufstieg und Niedergang der römischen Welt, 2, 18,2. [Festschrift Vogt] (Berlin 1989) 1457–1498

7770
Alexandropoulos, J.: Le détroit de Gibraltar. Remarques d'iconographie religieuse.—
MelCasaVelazquez 24, 1988, 5–18, Abb.

7771
Alroth, B.: The positioning of Greek votive figurines.— Early Greek cult practice (Stockholm 1988) 195–203, Abb.
KB Athenai 1986

7772
Andreassi, G.; Cocchiaro, A.: Necropoli d'Egnazia.— (Fasano o. J.) 64 S., Abb. Taf.
(Studi e ricerche della biblioteca, 2)

7773
Andreassi, G.: Egnazia 1979. Ricerche nella necropoli e alle mura.— L'epos greco in Occidente (Taranto 1980 [1989]) 442–450, Taf.
KB Taranto 1979

7774
Arena, R.: Di Ὤριος epiteto divino.—
PP 42, 1987, 328–334

7775
Arnaud, P.: L'apothéose de Néron-kosmokrator et la cosmographie de Lucain au premier livre de la 'Pharsale' (I, 45–66).—
REL 65, 1987, 167–193, Abb.

7776
Åström, P.: Inverted vases in Old World religion.—
JPrehistRel 1, 1987, 7–16, Abb.

7777
Athanassakes, A.: Gods, heroes, and saints against the dragon.—
AncWorld 17, 1988, 41–63

7778
Bádenas, P.; Elvira, M. A.; Gago, F.: Una nueva Cibeles-'Angdistis' en el Museo arqueológico nacional.—
BMusMadrid 5, 1987, 7–17, Abb.

7779
Baistrocchi, M.: Sulcus primigenius.— Semanas de estudios romanos, 3–4 (Valparáso 1987) 43–50
SB

7780
Ballériaux, O.: Φιλοσόφως τὰ θεουργικὰ ἐξετάζειν. Syrianus et la télestique.—
Kernos 2, 1989, 13–25

7781
Bánki, Z.: Eine neue Bronzestatuette aus Gorsium.— Griechische und römische Statuetten und Großbronzen (Wien 1988) 346–352, Abb.
KB Wien 1986

7782
Barra Bagnasco, M.: Aspetti della coroplastica di età classica a Locri Epizefiri.— Πρακτικά του XII Διεθνούς συνεδρίου κλασικής αρχαιολογίας, 2 (Αθήνα 1988) 15–19, Taf.
KB Athenai 1983

7783
Barruol, G.: Miroirs votifs découverts en Provence et dédiés à Sélène et à Aphrodite.—
RANarb 18, 1985, 343–373, Abb.

7784
Bartoloni, G.: Esibizione di ricchezza a Roma nel VI e V secolo. Doni votivi e corredi funerari.—
SciAnt 1, 1987, 143–159, Abb.

7785
Bauchhenss, G.; u. a.: Mercurius in Bornheim.—
BJb 188, 1988, 223–239, Abb.

7786
Becker, M. J.: The contents of funerary vessels as clues to mortuary customs. Identifying the 'os exceptum'.— Proceedings of the 3rd Symposium on ancient Greek and related pottery (København 1988) 25–32, Abb.
KB København 1987

7787
Belayche, N.: Aiôn. Vers une sublimation du temps.— Le temps chrétien de la fin de l'antiquité au moyen-âge (Paris 1984) 11–29
KB Paris 1981

7788
Bell, R. E.: Place-names in classical mythology. Greece.— (Santa Barbara 1989) XIII, 350 S.

7789
Belloni, G. G.: Note sulle virtù romane.—
AevumAnt 1, 1988, 181–192

7790
Bergonzi, G.; Piana Agostinetti, P.: L'"obolo di Caronte". 'Aes rude' e monete nelle tombe. La Pianura Padana tra mondo classico e ambito transalpino nella seconda età del ferro.—
SciAnt 1, 1987, 161–223, Abb.

7791
Bergquist, B.: The archaeology of sacrifice. Minoan-Mycenaean versus Greek. A brief query into two sites with contrary evidence.— Early Greek cult practice (Stockholm 1988) 21–34, Abb.
KB Athenai 1986

7792
Bermejo Barrera, J. C.: Deméter. Alimentación, ley y matrimonio en la religión griega arcaica.— Actas. 1er Congreso peninsular de historia antigua, 1 (Santiago de Compostela 1988) 71–88
KB Santiago de Compostela 1986

7793
Bernabé, A.: El nacimiento de Atenea en la literatura griega arcaica.— Coloquio sobre el puteal de la Moncloa (Madrid 1986) 87–95
KB Madrid 1983

7794
Beschi, L.: Statue di culto e statuette votive classiche. Qualità e significato di un rapporto.— Πρακτικά του XII Διεθνούς συνεδρίου κλασικής αρχαιολογίας, 4 (Αθήνα 1988) 241–250, Taf.
KB Athenai 1983

7795
Bettini, M.: Turno e la rondine nera.—
QuadUrbin 30, 1988, 7–24

7796
Bevan, E.: Ancient deities and tortoise-representations in sanctuaries.—
BSA 83, 1988, 1–6

7797
Bezzi Martini, L.: Necropoli e tombe romane di Brescia e dintorni.— (Brescia 1987) 147 S., Abb. Taf.
(Istituti culturali del comune di Brescia. Materiali e studi per la storia locale, 5)

7798
Bianchi, U.: Sur la question des deux âmes de l'homme dans le manichéisme.— A green leaf. Papers in honour of J. P. Asmussen (Leiden 1988) 311–316

7799
Bianchi, U.: Mystery cult and gnostic religiosity in antiquity.— Rethinking religion (Copenhagen 1989) 11–22
SB

7800
Bianchi, U.: Some observations on the typology of 'passage'.— Transition rites (Roma 1986) 45–59
KB Roma 1984

7801
Bianchi, U.: 'Repetita mortis imago' e rituale di vita inestinguibile. Il caso di Adonis.— Filologia e forme letterarie. Studi offerti a F. Della Corte, 5 (Urbino 1987) 121–136

7802
Bilde, P.: The meaning of Roman Mithraism.— Rethinking religion (Copenhagen 1989) 31–47
SB

7803
Blaive, F.: Sylla ou le 'guerrier impie' inachevé.—
Latomus 47, 1988, 812–820

7804
Bodor, A.: Die griechisch-römischen Kulte in der Provinz Dacia und das Nachwirken der einheimischen Traditionen.— Aufstieg und Niedergang der römischen Welt, 2, 18,2. [Festschrift Vogt] (Berlin 1989) 1077–1164, Taf.

7805
Böhlig, A.: Zum Selbstverständnis des Manichäismus.— A green leaf. Papers in honour of J. P. Asmussen (Leiden 1988) 317–338

7806
Bol, P. C.: Die 'Artemis von Lousoi'. Eine klassische Wiedergabe eines frühgriechischen Kultbildes. Kanon. Festschrift E. Berger.— AntK 15. Bh, 1988, 76–80, Taf.

7807
Bonneau, D.: Les courants d'eau d'Isis (P. Lond. lit. 239).— Miscellània papirològica R. Roca-Puig (Barcelona 1987) 89–96

7808
Bonnet, C.: Typhon et Baal Ṣaphon.— Phoenicia and the East Mediterranean in the first millennium B.C. (Leuven 1987) 101–143
KB Louvain 1985

7809
Borghini, A.: Autoctonia e nascita sessuale. La scoperta del padre nella mitologia greca. Episodi da Erittonio, Dioniso e Cecrope.— AnnPerugia 23, 1985–86, Nr. 1, 19–42

7810
Borghini, A.: Costanti simbolico-immaginarie nei racconti su Latona.—
StClOr 38, 1988, 391–399

7811
Bossert, M.: Ein thronender lebensgroßer Iuppiter aus dem gallorömischen Tempelbezirk von Thun-Allmendingen.—
ASchw 11, 1988, 113–123, Abb.

7812
Bottini, A.: Elena in Occidente. Una tomba dalla chora di Metaponto.—
BdA 73, 1988, Nr. 50–51, 1–18, Abb. Taf.

7813
Bottini, A.: La religione delle genti indigene.— Magna Grecia. Vita religiosa e cultura letteraria, filosofica e scientifica (Milano 1988) 55–90, Abb.
SB

7814
Boucher, S.: L'image et les fonctions du dieu Sucellus.—
Caesarodunum 23, 1988, 77–85, Abb. Taf.

7815
Bousquet, J.: Etudes sur les comptes de Delphes.— (Paris 1988) 232 S., Abb.
(Bibliothèque des Ecoles françaises d'Athènes et de Rome, 267)

7816
Božilova, V.; Mrozewicz, L.: Deus Aeternus in Novae (Moesia Inferior).—
ZPE 78, 1989, 178–181, Taf.

7817
Brashear, W.: Βαινχωωωχ = 3663. No palindrome.—
ZPE 78, 1989, 123–124

7818
Briquel, D.: 'Spina condita a Diomede'. Osservazioni sullo sviluppo della leggenda dell'eroe nell'Alto Adriatico.—
PP 42, 1987, 241–261

7819
Briquel, D.: I riti di fondazione.— Tarquinia. Ricerche, scavi e prospettive (Milano 1987) 171–190, Abb.
KB Milano 1986

7820
Brisson, J. P.: Rome et l'âge d'or. Dionysos ou Saturne?—
MEFRA 100, 1988, 917–982

7821
Brouwer, H. H. J.: Bona Dea. The sources and a description of the cult.— (Leiden 1989) XXVII, 507 S., Abb. Taf.
(Etudes préliminaires aux religions orientales dans l'empire romain, 110)

7822
Brulé, P.: La fille d'Athènes. La religion des filles à Athènes à l'époque classique. Mythes, cultes et société.— (Paris [1988]) 455 S., Abb.
(Annales lettéraires de l'Université de Besançon, 363. Centre de recherches d'histoire ancienne, 76)

7823
Bruneau, P.: Deliaca, 7.—
BCH 112, 1988, 569–582, Abb.

7824
Buchi, E.: C.I.L. V, 141; = 429; , 202 (Adria). Un triumviro e il culto di Cerere, Libero Padre ed Ercole.—
AquilNost 57, 1986, 469–492, Abb.

7825
Burkert, W.: Ancient mystery cults.— (Cambridge (Mass.) 1987) IX, 181 S., Abb.

7826
Burkert, W.: Katagógia, anagógia and the goddess of Knossos.— Early Greek cult practice (Stockholm 1988) 81–87, Abb.
KB Athenai 1986

7827
Cabanes, P.: Les concours des Naia de Dodone.—
Nikephoros 1, 1988, 49–84, Taf.

7828
Caccamo Caltabiano, M.; Radici Colace, P.: La moneta dell'Ade (Pherecr., fr. 81, I 168 K. = Poll., 9,83,21–25).—
AnnPisa 17, 1987, 971–979

7829
Caccamo Caltabiano, M.: Il tipo monetale dell'"apene' nell'area dello Stretto. Un atto di politica religiosa.—
SteMat 12, 1988, 41–57, Taf.

7830
Calligas, P. G.: Hero-cult in early iron age Greece.— Early Greek cult practice (Stockholm 1988) 229–234, Abb.
KB Athenai 1986

7831
Camps i Gaset, M.: La dona malèfica. Bruixes i òlibes.— La dona en l'antiguitat (Sabadell o. J.) 131–140
KB Barcelona 1985

7832
Carter, J. B.: Masks and poetry in early Sparta.— Early Greek cult practice (Stockholm 1988) 89–98, Abb.
KB Athenai 1986

7833
Casevitz, M.; Frontisi-Ducroux, F.: Le masque du 'Phallen'. Sur une épiclèse de Dionysos à Méthymna.—
RHistRel 206, 1989, 115–127

7834
Caskey, M.: Τά πήλινα ἀγάλματα ἀπό τήν 'Αγία Εἰρήνη τῆς Κέας.—
Archaiognosia 3, 1982–84, 81–92, Abb. Taf.

7835
Cassimatis, H.: Héraklès, les Ptolémées et les Alexandrins.— Πρακτικά του XII Διεθνούς συνεδρίου κλασικής αρχαιολογίας, 3 (Αθήνα 1988) 42–48, Taf.
KB Athenai 1983

7836
Castella, D.; Flutsch, L.: La nécropole romaine d'Avenches (VD), En Chaplix. Premiers résultats.—
JbSchwGesUrgesch 72, 1989, 272–280, Abb.

7837
Catturini, P.: Dionigi di Siracusa e il mito di Galeota.—
RendIstLomb 121, 1987, 15–23

7838
Cazanove, O. de: Exesto. L'incapacité sacrificielle des femmes à Rome. A propos de Plutarque Quaest. rom. 85.—
PhoenixToronto 41, 1987, 159–173

7839
Cazanove, O. de: Jupiter, Liber et le vin latin.—
RHistRel 205, 1988, 245–265

7840
Ceka, N.; Komata, D.: Dy skultura antike nga zona e Baldushkut. (Alban.) Deux sculptures antiques provenant de la zone de Baldushk.—
Iliria 17, 1987, Nr. 1, 214–243, Abb.

7841
Cenerini, F.: O colonia, quae cupis ponte ludere longo (Cat., 17). Cultura e politica.—
AthenaeumPavia 67, 1989, 41–55

7842
Cerutti, M. V.: Sonno e 'passaggio'.— Transition rites (Roma 1986) 131–140
KB Roma 1984

7843
Cesaretti, M. P.: Nerone e l'Egitto. Messaggio politico e continuità culturale.— (Bologna 1989) 120 S. Abb.
(Studi di storia antica, 12)

7844
Čevelev, O. D.: Novye pogrebenija Kyzaul'skogo nekropolja. (Russ.) [Neue Gräber der Nekropole von Kyz-aul.].—
KraSoob 1985, Nr. 182, 84–89, Abb.

7845
Champeaux, J.: Sur trois passages de Tite-Live (21, 62, 5 et 8; 22, 1, 11). Les 'sorts' de Caere et de Faléries.—
Philologus 133, 1989, 63–74, Taf.

7846
Christol, M.; Janon, M.: Révision d'inscriptions de Nîmes, 2. CIL, XII, 5890.—
RANarb 19, 1986, 259–267, Abb.

7847
Chuvin, P.: Les fondations syriennes de Séleucos Nicator dans la cronique de Jean Malalas.— Géographie historique au Proche-Orient (Paris 1988) 99–110, Abb.
KB Valbonne 1985

7848
Cimmelli, V.: La mitizzazione del Sarno nelle pitture parietali pompeiane.—
Sylva Mala 9, 1988, 3–12, Abb.

7849
Clauss, M.: Omnipotens Mithras.—
Epigraphica 50, 1988, 151–161

7850
Clavel-Lévêque, M.: L'empire en jeux. Espace symbolique et pratique sociale dans le monde romain.— (Paris 1984) 226 S., Abb.

7851
Clerc, J. B.: A propos d'Ammien 23, 6, 25. Une prétendue profession de foi en l'astrologie.— Historia testis. Mélanges offerts à T. Zawadzki (Fribourg 1989) 167–174

7852
Clinton, K.: Sacrifice at the Eleusinian Mysteries.— Early Greek cult practice (Stockholm 1988) 69–79, Abb.
KB Athenai 1986

7853
Clinton, K.: The Eleusinian mysteries. Roman initiates and benefactors, second century B.C. to A.D. 267.— Aufstieg und Niedergang der römischen Welt, 2, 18,2. [Festschrift Vogt] (Berlin 1989) 1499–1539, Taf.

7854
Cole, S. G.: The uses of water in Greek sanctuaries.— Early Greek cult practice (Stockholm 1988) 161–165
KB Athenai 1986

7855
Cole, S. G.: The mysteries of Samothrace during the Roman period.— Aufstieg und Niedergang der römischen Welt, 2, 18,2. [Festschrift Vogt] (Berlin 1989) 1564–1598, Abb. Taf.

7856
Compernolle, T. van: Les relations entre Grecs et indigenes d'Apulie à l'âge du bronze.—
StAnt 5, 1988, 79–127, Abb.

7857
Condoléon-Bolanacchi, E.: Ariane à Naxos.— Πρακτικά του XII Διεθνούς συνεδρίου κλασικής αρχαιολογίας, 4 (Αθήνα 1988) 251–259
KB Athenai 1983

7858
Connelly, J. B.: Votive sculpture of hellenistic Cyprus.— (Nicosia 1988) XIX, 128 S., Taf.

7859
Connelly, J. B.: Votive offerings from hellenistic Failaka. Evidence for Herakles cult.— L'Arabie préislamique et son environnement historique et culturel (Leiden 1989) 145–158, Abb. Taf.
KB Strasbourg 1987

7860
Corrocher, J.: Le culte de Bacchus en Gaule Centrale.—
ArcheologiaParis 1989, Nr. 244, 62–66, Abb.

7861
Corsano, M.: Themis. La norma e l'oracolo nella Grecia antica.— (Galatina 1988) 163 S., Taf.
(Università degli studi di Lecce. Dipartimento di filologia classica e medioevale. Supplementi, 1)

7862
Cracco Ruggini, L.: Storia totale di una piccola città. Vicenza romana.— Storia di Vicenza, 1 (Vicenza 1987) 205–303, Taf.
SB

7863
Croce da Villa, P.: Arula di Concordia con dedica alla Bona Dea.—
AquilNost 57, 1986, 593–596, Abb.

7864
Cunliffe, B.; Tomlin, R.; Walker, D.: The temple of Sulis Minerva at Bath, 2. The finds from the sacred spring.— (Oxford 1988) VII, 362 S., Abb.
(Oxford University Committee for Archaeology. Monograph, 16)

7865
D'Agostino, B.: Il rituale funerario nel mondo indigeno.— Magna Grecia. Vita religiosa e cultura letteraria, filosofica e scientifica (Milano 1988) 91–114, Abb.
SB

7866
Dakoronia, F.: Ein bronzener Siegelanhänger aus Mittelgriechenland.— Griechische und römische Statuetten und Großbronzen (Wien 1988) 233–236, Abb.
KB Wien 1986

7867
Daniel, R. W.; Maltomini, F.: Una gemma magica contro l'infiammazione dell'ugola.—
ZPE 78, 1989, 93–94, Taf.

7868
Davies, M.: Stesichorus' 'Geryoneis' and its folk-tale origins.—
ClQu 38, 1988, 277–290

7869
Demougin, S.: Triumviri Augustales.—
MEFRA 100, 1988, 117–126

7870
Detienne, M.: Les Danaïdes entre elles ou la violence fondatrice du mariage.—
Arethusa 21, 1988, 159–175

7871
Di Filippo Balestrazzi, E.: Il rilievo di Argenidas e il culto dei Dioscuri ad Este.— Nuovi studi Maffeiani (Verona 1985) 33–51, Taf.
KB Verona 1983

7872
Di Filippo Balestrazzi, E.: La 'pompa del magistrato' e il dio di Emesa.—
AquilNost 56, 1985, 337–360, Abb.

7873
Di Stefano, G.: Ricerche a Camarina e nel territorio della provincia di Ragusa, 1980–1984.—
Kokalos 30–31, 1984–85, Nr. 2,2, 727–799, Abb. Taf.

7874
Di Vita, A.: Il tema del 'banquet couché' dei rilievi attici di IV secolo in una nuova pittura da Sabratha (Libia).— Πρακτικά του XII Διεθνούς συνεδρίου κλασικής αρχαιολογίας, 2 (Αθήνα 1988) 72–76
KB Athenai 1983

7875
Dietrich, B. C.: The instrument of sacrifice.— Early Greek cult practice (Stockholm 1988) 35–40
KB Athenai 1986

7876
Dihle, A.: Dionysos in Indien.— India and the ancient world. P. H. L. Eggermont jubilee volume (Leuven 1987) 47–57

7877
Donohue, A. A.: Xoana and the origins of Greek sculpture.— (Atlanta 1988) XXII, 509 S.
(American classical studies, 15)

7878
Düwel, K.: Buchstabenmagie und Alphabetzauber. Zu den Inschriften der Goldbrakteaten und ihrer Funktion als Amulette.—
FrühMitAltSt 22, 1988, 70–110

7879
Dufourcq, A.: Etude sur les 'Gesta martyrum' romains, 5. Les légendes grecques et les légendes latines.— (Paris 1988) LII, 419 S.
(Bibliothèque des Ecoles françaises d'Athènes et de Rome, 83)

7880
Dunand, F.; Lichtenberg, R.: Les momies de la nécropole de Douch.—
ArcheologiaParis 1988, Nr. 240, 30–42, Abb.

7881
Dupont, F.: Les morts et la mémoire. Le masque funèbre.— La mort, les morts et l'au-delà dans le monde romain (Caen 1987) 167–172
KB Caen 1985

7882
Ebel, W.: Die römischen Grabhügel des ersten Jahrhunderts im Treverergebiet.— (Marburg 1989) 192 S., Abb. Taf.
(Marburger Studien zur Vor- und Frühgeschichte, 12)

7883
Edlund, I. E. M.: Classical themes in South Italian votive terracottas of the fifth and fourth centuries B.C. Continuity and development in cults and iconography.— Πρακτικά του XII Διεθνούς συνεδρίου κλασικής αρχαιολογίας, 2 (Αθήνα 1988) 237–242, Taf.
KB Athenai 1983

7884
d'Encarnação, J.: Divindades indígenas peninsulares. Problemas metodológicos do seu estudo.— Estudios sobre la Tabula Siarensis (Madrid 1988) 261–276
KB Sevilla 1986

7885
Equini Schneider, E.: Palmireni in Africa. Calceus Herculis.—
L'Africa romana (Sassari 1988) 383–395, Taf.
KB Sassari 1987

7886
Escribano Paño, M. V.: Superstitio, magia y herejía.— Actas. 1er Congreso peninsular de historia antigua, 3 (Santiago de Compostela 1988) 41–60
KB Santiago de Compostela 1986

7887
Falus, R.: Πεντέγραμμον.—
ActaAntHung 30, 1982–84, 75–111, Abb.

7888
Faraone, C. A.; Kotansky, R.: An inscribed gold phylactery in Stamford, Connecticut.—
ZPE 75, 1988, 257–266, Abb. Taf.

7889
Fauth, W.: Sakrale Prostitution im Vorderen Orient und im Mittelmeerraum.—
JbAChr 31, 1988, 24–39

7890
Ferguson, J.: Among the gods. An archaeological exploration of ancient Greek religion.— (London 1989) XVIII, 249 S.

7891
Ferraresi, C.; Ronchi, N.; Tassinari, G.: La necropoli romana di via Beltrami ad Arsago Seprio (Va).—
NotMilano 39–40, 1987, 1–195, Taf.

7892
Flory, M. B.: Pearls for Venus.—
Historia 37, 1988, 498–504

7893
Fontenrose, J.: Didyma. Apollo's oracle, cult, and companions.— (Berkely 1988) XXI, 282 S., Abb. Taf.

7894
Fontenrose, J.: The cult of apollo and the games at Delphi.— The archaeology of the Olympics (Madison 1988) 121–140, Abb.
KB Los Angeles 1984

7895
Fowler, R. L.: Aἰγ in early Greek language and myth.—
PhoenixToronto 42, 1988, 95–113

7896
Fox, R. L.: Pagans and Christians.— (London 1986) 799 S., Abb.

7897
Fracchia, H.: Small terracotta discs. An emerging class of artifact in Southern Italy.—
BABesch 62, 1987, 85–91, Abb.

7898
Fracchia, H. M.; Gualtieri, M.: The social context of cult practices in pre-Roman Lucania.—
AJA 93, 1989, 217–232, Abb.

7899
Frapiccini, N.: L'arrivo di Cibele in Attica.—
PP 42, 1987, 12–26

7900
Fraschetti, A.: Osservazioni sulla Tabula Siarensis, frag. I, 11. 6–8.—
Epigraphica 50, 1988, 47–60

7901
Frey, M.: Untersuchungen zur Religion und zur Religionspolitik des Kaisers Elagabal.— (Stuttgart 1989) 125 S.
(Historia. Einzelschriften, 62)

7902
Freyburger, G.: Supplication grecque et supplication romaine.—
Latomus 47, 1988, 501–525, Taf.

7903
Fridh-Haneson, B. M.: Hera's wedding on Samos. A change of paradigms.— Early Greek cult practice (Stockholm 1988) 205–213, Abb.
KB Athenai 1986

7904
Frolova, N. A.: K voprosu ob interpretacii nekotorych izobraženij na pozdnebosporskich monetach. (Russ.) [Zu Deutungsfragen einiger Darstellungen spätbosporanischer Münzen.].— Problemy antičnoj kul'tury (Moskva 1986) 209–214, Abb.
SB

7905
Fuchs, W.: Ein selinuntischer Frauengürtel des Strengen Stils.—
NumAntCl 17, 1988, 81–84, Abb.

7906
Fuchs, W.: Ein selinuntischer Frauengürtel des Strengen Stils.— Beiträge zur Ikonographie und Hermeneutik. Festschrift für N. Himmelmann (Mainz 1989) 227–229, Abb. Taf.

7907
Gallant, C.: A Jungian interpretation of the Eleusinian myths and mysteries.— Aufstieg und Niedergang der römischen Welt, 2, 18,2. [Festschrift Vogt] (Berlin 1989) 1540–1563

7908
Galliou, P.: Les tombes romaines d'Armorique. Essai de sociologie et d'économie de la mort.— (Paris 1989) 204 S., Abb.
(Documents d'archéologie française, 17)

7909
García Gual, C.: El nacimiento de Atenea en la literatura clásica y helenística.— Coloquio sobre el puteal de la Moncloa (Madrid 1986) 97–101
KB Madrid 1983

7910
García y Fernández-Albalat, M. B.: La diosa Nabia. Nueva interpretación.— Actas. 1er Congreso peninsular de historia antigua, 2 (Santiago de Compostela 1988) 249–261
KB Santiago de Compostela 1986

7911
Gardner, I.: Coptic theological papyri, 2. Edition, commentary, translation. With an appendix The docetic Jesus. Textbd., Tafelbd.— (Wien 1988) 85 S.
(Mitteilungen aus der Papyrussammlung der Österreichischen Nationalbibliothek. Neue Serie, 21)

7912
Gaubatz, A.; Wahl, J.; Kokabi, M.: Römische Brendgräber aus Lützelsachsen und Sulzbach, Stadt Weinheim, Rhein-Neckar-Kreis.—
FuBerBadWürt 13, 1988, 249–266, Abb.

7913
Geominy, W.: Eleusinische Priester.— Beiträge zur Ikonographie und Hermeneutik. Festschrift für N. Himmelmann (Mainz 1989) 253–264, Taf.

7914
Gesell, G. C.; Day, L. P.; Coulson, W. D. E.: Excavations at Kavousi, Crete, 1987.—
Hesperia 57, 1988, 279–301, Abb. Taf.

7915
Geyer, A.: Ein griechisches Grabrelief in Tarent.—
JdI 104, 1989, 1–17, Abb.

7916
Ghedini, F.: Un rilievo da Golgoi e il culto di Apollo Magirios.—
AM 103, 1988, 193–202, Taf.

7917
Giampaola, D.; d'Henry, G.: Il territorio.— Neapolis (Taranto [1988]) 273–284, Abb. Taf.
KB Taranto 1985

7918
Giangiulio, M.: Appunti di storia dei culti.— Neapolis (Taranto [1988]) 101–154
KB Taranto 1985

7919
Giversen, S.: Hermetic communities?— Rethinking religion (Copenhagen 1989) 49–54
SB

7920
Gočeva, Z.: Zum Kaiserkult in Nicopolis ad Istrum.— Krise. Krisenbewußtsein. Krisenbewältigung (Halle 1988) 24–28
KB Halle 1984

7921
Goldhill, S.: Anthropologie, idéologie et les Grandes Dionysies.— Anthropologie et théâtre antique (Montpellier 1987) 55–74
KB Montpellier 1986

7922
Gondicas, D.: Recherches sur la Crète occidentale de l'époque géométrique à la conquête romaine. Inventaire des sources archéologiques et textuelles, position du problème.— (Amsterdam 1988) III, 365 S., Taf. Beil

7923
Grafton, A. T.; Swerdlow, N. M.: Calendar dates and ominous days in ancient historiography.—
JWarbInt 51, 1988, 14–42

7924
Grandazzi, A.: Le roi Latinus. Analyse d'une figure légendaire.—
CRAI 1988, 481–495

7925
Gros, P.: Sanctuaires traditionnels, capitoles et temples dynastiques. Ruptures et continuités dans le fonctionnement et l'aménagement des centres religieux urbains.— Los asentamientos ibéricos ante la romanización (Madrid 1987) 111–117, Taf.
KB [Madrid] 1986

7926
Grüll, T.: Patmiaka.—
SpNov 1987, 15–53, Taf.

7927
Guzzo, P. G.: Schema per la categoria interpretativa del 'santuario di frontiera'.—
SciAnt 1, 1987, 373–379

7928
Halm-Tisserant, M.: Folklore et superstition en Grèce classique. Lamia torturée?—
Kernos 2, 1989, 67–79, Taf.

7929
Harmon, D. P.: The religious significance of games int the Roman age.— The archaeology of the Olympics (Madison 1988) 236–255
KB Los Angeles 1984

7930
Harrauer, C.: Meliouchos. Studien zur Entwicklung religiöser Vorstellungen in griechischen synkretistischen Zaubertexten.— (Wien 1987) 103 S., Taf.
(Wiener Studien, Beiheft 11. Arbeiten zur antiken Religionsgeschichte, 1)

7931
Harrauer, C.: Likymnios und seine Familie in P. Vindob. G 23058.—
WSt 101, 1988, 97–126

7932
Harrison, E. B.: Greek sculptured coiffures and ritual haircuts.— Early Greek cult practice (Stockholm 1988) 247–254, Abb.
KB Athenai 1986

7933
Haudry, J.: La religion cosmique des Indo-Européens.— (Milano 1986) 329 S.
(Etudes indo-européennes, 2)

7934
Heene, K.: La manifestation sociale de l'expérience du chagrin. Le témoignage de la poésie épigraphique latine.—
Epigraphica 50, 1988, 163–177

7935
Henig, M.: A Roman lead aedicula from Dorchester, Dorset.—
AntJ 67, 1987, 376–377, Taf.

7936
Hermary, A.: Le culte d'Aphrodite à Amathonte.—
RDAC 1988, Nr. 2, 101–109, Abb. Taf.

7937
Herz, P.: Einheimische Kulte und ethnische Strukturen. Methodische Überlegungen am Beispiel der Provinzen Germania Inferior, Germania Superior und Belgica.— Labor omnibus unus. G. Walser zum Geburtstag dargebracht (Stuttgart 1989) 206–218

7938
Hesberg, H. v.: Temporäre Bilder oder die Grenzen der Kunst. Zur Legitimation frühhellenistischer Königsherrschaft im Fest.—
JdI 104, 1989, 61–82, Abb.

7939
Heurgon, J.: Les deux Sibylles de Cumes.— Filologia e forme letterarie. Studi offerti a F. Della Corte, 5 (Urbino 1987) 153–161, Taf.

7940
Hoddinott, R.: Rogozen and Thracian religion. The Indo-European factor.— The Rogozen treasure (London 1989) 50–58, Taf.
KB London 1987

7941
Hoffman, R. J.: Ritual licence and the cult of Dionysus.—
AthenaeumPavia 67, 1989, 91–115

7942
Hoffmann, H.: The cicada on the omphalos. An iconological excursion.—
Antiquity 62, 1988, 744–749, Abb.

7943
Hornbostel, G.; Hornbostel, W.: Syrakusanische Herolde.— Bathron. Beiträge zur Architektur und verwandten Künsten für H. Drerup (Saarbrücken 1988) 233–245, Abb.

7944
Horst, P. W. van der: The altar of the Unknown God in Athens (Acts 17,23) and the cult of Unknown Gods in the hellenistic and Roman periods.— Aufstieg und Niedrgang der römischen Welt, 2, 18,2. [Festschrift Vogt] (Berlin 1989) 1426–1456

7945
Hošek, R.: Die religiösen Vorstellungen des römischen Heeres an der Donau im 3. Jh.— Krise. Krisenbewußtsein. Krisenbewältigung (Halle 1988) 33–38
KB Halle 1984

7946
Hunger, H.: Lexikon der griechischen und römischen Mythologie mit Hinweisen auf das Fortwirken antiker Stoffe und Motive in der bildenden Kunst, Literatur und Musik des Abendlandes bis zur Gegenwart. 8. ed.— (Wien 1988) XI, 557 S., Abb.

7947
Iacobone, C.: Le stipi votive di Taranto. Scavi 1885–1934.— (Roma 1988) VII, 188 S., Taf.
(Corpus delle stipi votive in Italia, 2. Regio 2,1.)

7948
Isidori Frasca, R.: Educazione e libera espressione nel rito menadico.—
Stadion 14, 1988, 103–123

7949
Jacquemin, A.: Aitolia et Aristaineta. Offrandes monumentales étoliennes à Delphes au IIIe s. av. J.-C.—
Ktema 10, 1985 [1988], 27–35, Abb.

7950
Janssens, L.: La datation néronienne de l'isopséphie.—
Aegyptus 68, 1988, 103–115

7951
Jeffery, L. H.: Poseidon on the Acropolis.— Πρακτικά του XII Διεθνούς συνεδρίου κλασικής αρχαιολογίας, 3 (Αθήνα 1988) 124–126
KB Athenai 1983

7952
Johnson, B.: Lady of the beasts. Ancient images of the goddess and her sacred animals.— (San Francisco 1988) XI, 386 S., Abb. Taf.

7953
Jordan, D. R.: A new reading of a papyrus love charm in the Louvre.—
ZPE 74, 1988, 231–243

7954
Jordan, D. R.: New archaeological evidence for the practice of magic in classical Athens.— Πρακτικά του XII Διεθνούς συνεδρίου κλασικής αρχαιολογίας, 4 (Αθήνα 1988) 273–277
KB Athenai 1983

7955
Jurriaans Helle, G.: Spartaans, loodzwaar, én charmant.—
VerAmstMeded 43, 1988, 30–31, Abb.

7956
Kabus-Preisshofen, R.: Die hellenistische Plastik der Insel Kos.—
AM Beih. 14, 1989, 346 S., Abb. Taf.

7957
Kádár, Z.: Der Kult der Heilgötter in Pannonien und den übrigen Donauprovinzen.— Aufstieg und Niedergang der römischen Welt, 2, 18,2. [Festschrift Vogt] (Berlin 1989) 1038–1061, Abb. Taf.

7958
Kahil, L.: Le sanctuaire de Brauron et la religion grecque.—
CRAI 1988, 799–813, Abb.

7959
Kajanto, I.: Interpreting Fortuna Redux.— (Homenagem a Joseph M. Piel por ocasião do seu 85.º aniversário. Tübingen 1988, 35–50)
SD

7960
Kajanto, I.: Epigraphical evidence of the cult of Fortuna in Germania romana.—
Latomus 47, 1988, 554–583

7961
Kákosy, L.: A magical amulet from Pusztaszabolcs.—
Alba Regia 23, 1987, 241–242, Abb.

7962
Kalogeropoulou, A. G.: Πλαστικὲς παραστάσεις τοῦ Παγκράτους. Πρόδρομη ἀνακοίνωση.— Πρακτικά του XII Διεθνούς συνεδρίου κλασικής αρχαιολογίας, 3 (Αθήνα 1988) 127–131, Taf.
KB Athenai 1983

7963
Kany, R.: Dionysos Protrygaios. Pagane und christliche Spuren eines antiken Weinfestes.—
JbAChr 31, 1988, 5–23

7964
Kauffmann-Samaras, A.: 'Mère' et enfant sur les lébétès nuptiaux à figures rouges attiques du Ve s. av. J. C.— Proceedings of the 3rd Symposium on ancient Greek and related pottery (København 1988) 286–299, Abb.
KB København 1987

7965
Kenner, H.: Die Götterwelt der Austria romana.— Aufstieg und Niedergang der römischen Welt, 2, 18,2. [Festschrift Vogt] (Berlin 1989) 875–974, Abb. Taf.

7966
Keuls, E. C.: The conjugal side of Maenadism as revealed by fifth-century monuments.— Πρακτικά του XII Διεθνούς συνεδρίου κλασικής αρχαιολογίας, 2 (Αθήνα 1988) 98–102, Taf.
KB Athenai 1983

7967
Keyser, P.: The shape and size of the shield in the inscription from temple G at Selinus (IG 14,268).—
ZPE 75, 1988, 281–289, Abb.

7968
Kienast, D.: Alexander, Zeus und Ammon.— Zu Alexander d. Gr. Festschrift G. Wirth (Amsterdam 1987) 309–333, Taf.

7969
King, K. C.: Achilles. Paradigms of the war hero from Homer to the middle ages.— (Berkeley 1987) XX, 335 S., Abb.

7970
Klimkeit, H. J.: Das Tor als Symbol im Manichäismus.— A green leaf. Papers in honour of J. P. Asmussen (Leiden 1988) 365–381

7971
Knoepfler, D.: Sur les traces de l'Artémision d'Amarynthos près d'Erétrie.—
CRAI 1988, 382–421, Abb.

7972
Köves-Zulauf, T.: Ein römischer Geburtsritus. Tisch und Liege im Geburtshaus.— Filologia e forme letterarie. Studie offerti a F. Della Corte, 5 (Urbino 1987) 163–181

7973
Kokolakes, M. M.: Οἱ 'Κρῆτες' τοῦ Εὐριπίδη καὶ ἡ εἰκονογραφία τοῦ Ἰκάρου.— Πρακτικά του XII Διεθνούς συνεδρίου κλασικής αρχαιολογίας, 2 (Αθήνα 1988) 115–120
KB Athenai 1983

7974
Kolendo, J.: Le culte de Jupiter Depulsor et les incursions des Barbares.— Aufstieg und Niedergang der römischen Welt, 2, 18,2. [Festschrift Vogt] (Berlin 1989) 1062–1076, Taf.

7975
Korrés, G.: Evidence for a hellenistic chthonian cult in the prehistoric cemetery of Voïdokoiliá in Pylos (Messenia).—
Klio 70, 1988, 311–328, Abb.

7976
Kostomitsopoulos, P.: Lindian sacrifice. An evaluation of the evidence based on new inscriptions.— Archaeology in the Dodecanese (Copenhagen 1988) 121–128, Abb.
KB København 1986

7977
Kranz, P.: Bemerkungen zum Bonner Asklepios-Pinax.— Beiträge zur Ikonographie und Hermeneutik. Festschrift für N. Himmelmann (Mainz 1989) 289–295, Taf.

7978
Kron, U.: Zur Schale des Kodros-Malers in Basel. Eine Interpretatio attica. Kanon. Festschrift E. Berger.—
AntK 15. Bh, 1988, 291–304, Taf.

7979
Kron, U.: Kultmahle im Heraion von Samos archaischer Zeit. Versuch einer Rekonstruktion.— Early Greek cult practice (Stockholm 1988) 135–147, Abb.
KB Athenai 1986

7980
Kronenberg, A.: Die Sonnenquelle und Alexander der Große.—
Paideuma 35, 1989, 169–175

7981
Kyrieleis, H.: Offerings of 'the common man' in the Heraion at Samos.— Early Greek cult practice (Stockholm 1988) 215–221, Abb.
KB Athenai 1986

7982
Kyrieleis, H.; Röllig, W.: Ein altorientalischer Pferdeschmuck aus dem Heraion von Samos.—
AM 103, 1988, 37–75, Abb. Taf.

7983
Lamboley, J. L.: Le canal d'Otrante et les relations entre les deux rives de l'Adriatique.— L'Illyrie méridionale et l'Epire dans l'antiquité (Clermont-Ferrand 1987) 195–202
KB Clermont-Ferrand 1984

7984
Lambrinoudakis, V. K.: Veneration of ancestors in geometric Naxos.— Early Greek cult practice (Stockholm 1988) 235–245, Abb.
KB Athenai 1986

7985
Lanciers, E.: Die Vergöttlichung und die Ehe des Ptolemaios IV. und der Arsinoe III.—
ArchPF 34, 1988, 27–32

7986
Landucci Gattinoni, F.: Un culto celtico nella Gallia Cisalpina. Le Matronae-Iunones a sud delle Alpi.— (Milano 1986) 100 S., Abb. Taf.
(Edizioni universitarie Jaca, 23)

7987
Lane, E. N.: Corpus cultus Iovis Sabazii, 3. Conclusions.— (Leiden 1989) 68 S., Taf.
(Etudes préliminaires aux religions orientales dans l'empire romain, 100)

7988
Laronde, A.: La Cyrénaïque romaine, des origines à la fin des Sévères (96 av. J. C. – 235 ap. J. C.).— Aufstieg und Niedergang der römischen Welt, 2, 10,1. [Festschrift Vogt) (Berlin 1988) 1006–1064, Abb. Taf.

7989
Laronde, A.: Prêtresses d'Héra à Cyrène.— L'Africa romana (Sassari 1988) 279–286, Taf.
KB Sassari 1987

7990
Laurens, P.: Eros Apteros ou la descirption impertinente.—
REG 101, 1988, 253–274, Abb.

7991
Lavagne, H.: Le tombeau, mémoire du mort.— La mort, les morts et l'au-delà dans le monde romain (Caen 1987) 159–165
KB Caen 1985

7992
Lavagne, H.: Les dieux de la Gaule romaine.—
ArcheologiaParis 1989, Nr. 246, 48–57, Abb.

7993
Lavagne, H.: Operosa antra. Recherches sur la grotte à Rome de Sylla à Hadrien.— (Rome 1988) X, 752 S., Abb. Taf.
(Bibliothèque des Ecoles françaises d'Athènes et de Rome, 272)

7994
Le Glay, M.: La magie et la mort.— La mort, les morts et l'au-delà dans le monde romain (Caen 1987) 245–248
KB Caen 1985

7995
Lebek, W. D.: Augustalspiele und Landestrauer (Tab. Siar. frg. II col. a 11–14).—
ZPE 75, 1988, 59–71

7996
Lebessi, A.: Der Berliner Widderträger. Hirt oder hervorragender Bürger?— Beiträge zur Ikonographie und Hermeneutik. Festschrift für N. Himmelmann (Mainz 1989) 59–64, Taf.

7997
Lebrun, R.: A propos des déesses Maliades et de quelques épiclèses gréco-asianiques.—
Kernos 2, 1989, 83–88

7998
Lepelley, C.: Formes païennes de sociabilité en Afrique au temps de Saint Augustin.— Sociabilité, pouvoirs et société (Rouen 1987) 99–103
KB Rouen 1983

7999
Lepore, E.: Diomede.— L'epos greco in Occidente (Taranto 1980 [1989]) 113–132
KB Taranto 1979

8000
Letta, C.: Administración romana y cultos locales en la edad imperial alta. El caso de Galia.— Semanas de estudios romanos, 3–4 (Valparaíso 1987) 167–186
SB

8001
Levi, M. A.: I nomadi alla frontiera. I popoli delle steppe e l'antico mondo greco-romano.— (Roma 1989) 143 S., Taf.
(Centro ricerche e documentazione sull'antichità classica. Monografie, 13)

8002
Levin, S.: The old Greek oracles in decline.— Aufstieg und Niedergang der römischen Welt, 2, 18,2. [Festschrift Vogt] (Berlin 1989) 1599–1649

8003
Levy, B. E.: Jupiter Liberator at Patrae and the boy Zeus of Aigion.— Πρακτικά του XII Διεθνούς συνεδρίου κλασικής αρχαιολογίας, 2 (Αθήνα 1988) 131–135, Taf.
KB Athenai 1983

8004
Liebeschütz, W.: Ammianus, Julian and divination.— Roma renascens. I. Opelt zum 9. 7. 1988 gewidmet (Frankfurt a. M. 1988) 198–213

8005
Lieu, S. N. C.: Sources on the diffusion of Manichaeism in the Roman empire, from Diocletian to Justinian.— A green leaf. Papers in honour of J. P. Asmussen (Leiden 1988) 383–399

8006
Linders, T.: Continuity in change. The evidence of the temple accounts of Delos. Prolegomena to a study of the economic and social life of Greek sanctuaries.— Early Greek cult practice (Stockholm 1988) 267–269
KB Athenai 1986

8007
Linderski, J.: Heliogabalus, Alexander Severus and the ius confarreationis. A note on the Historia Augusta.— Historia testis. Mélanges offerts à T. Zawadzki (Fribourg 1989) 207–215

8008
Lo Porto, F. G.: Testimonianze archeologiche di culti metapontini.—
Xenia 16, 1988, 5–28, Abb.

8009
Loreti, E. M.: Considerazioni sul tipo scultoreo di Roma seduta.—
ArchCl 37, 1985, 171–181, Taf.

8010
Loucas, I.: La déesse de la prospérité dans les mythes mésopotamien et égéen de la descente aux enfers.—
RHistRel 205, 1988, 227–244

8011
Loucas, I.: Ritual surprise and terror in ancient Greek possession-dromena.—
Kernos 2, 1989, 97–104, Abb.

8012
Loucas-Durie, E.: Anytos, le parèdre armé de Despoina à Lykosoura.—
Kernos 2, 1989, 105–114

8013
Ludwig, R.: Das frührömische Brandgräberfeld von Schankweiler, Kreis Bitburg-Prüm.—
TrZ 51, 1988, 51–290, Abb. Taf.

8014
Lunsingh Scheurleer, R. A.: Bes, demon in Egypte.—
VerAmstMeded 39, 1987, 2–13, Abb.

8015
Lunsingh Scheurleer, R. A.: Isis, Harpocrates, Serapis.—
VerAmstMeded 44, 1988, 16–23, Abb.

8016
Luschi, L.: Un caso di continuità di culto dall'epoca preromana al medioevo. Vacuna e Angitia.— Il territorio del Parco nazionale d'Abruzzo nell'antichità (Civitella Alfedena 1988) 197–201
KB Villetta Barrea 1987

8017
Maddoli, G.: I culti delle 'poleis' italiote.— Magna Grecia. Vita religiosa e cultura letteraria, filosofica e scientifica (Milano 1988) 115–148, Abb.
SB

8018
Maddoli, G.: Filottete in Italía.— L'epos greco in Occidente (Taranto 1980 [1989]) 133–167
KB Taranto 1979

8019
Maier, R. A.: Zu den früh- und mittelkaiserzeitlichen Funden von der Garchinger Heide bei Eching im Isartal (Obb.).—
Germania 67, 1989, Nr. 1, 188–191, Abb.

8020
Mallwitz, A.: Cult and competition locations at Olympia.— The archaeology of the Olympics (Madison 1988) 79–109, Abb.
KB Los Angeles 1984

8021
Mann, J. E.; Henig, M.; Ogden, J.: Recent Roman finds from Lincoln. A phallic amulet and a finger-ring.—
AntJ 67, 1987, 365–367, Abb.

8022
Mann, U.: Die göttliche Wegscheide. Abzweigung, Abweichung, Abirrung.—
EranosJb 56, 1987, 1–44

8023
Mansuelli, G. A.: L'ultima Etruria. Aspetti della romanizzazione del paese etrusco. Gli aspetti culturali e sacrali.— (Bologna 1988) 210 S., Abb.
(Studi di storia, 3)

8024
Mar, R.; Ruiz de Arbulo, J.: Tribunal – Aedes Augusti. Algunos ejemplos hispanos de la introducción del culto imperial en las basílicas forenses.— Estudios sobre la Tabula Siarensis (Madrid 1988) 277–287, Taf.
KB Sevilla 1986

8025
Marcotte, D.: Eine fromme Stiftung des Agamemnon.—
ActaAntHung 30, 1982–84, 45–55

8026
Marcovich, M.: Hermocles' 'Ithyphallus' for Demetrius.— Studies in Graeco-Roman religions and gnosticism (Leiden 1988) 8–19

8027
Mari, A. R.; Malizia, R.; Longo, P.; u. a.: La Via Appia a Terracina. La strada romana e i suoi monumenti.— (Terracina 1988) 185 S., Abb. Taf.
(Archeoclub d'Italia, sede di Terracina.)

8028
Martelli, M.: La stipe votiva dell'Athenaion di Jalysos. Un primo bilancio.— Archaeology in the Dodecanese (Copenhagen 1988) 104–120, Abb.
KB København 1986

8029
Martin, L. H.: Hellenistic religions. An introduction.— (Oxford 1987) XV, 170 S., Abb.

8030
Martin, L. H.: Roman Mithraism and Christianity.—
Numen 36, 1989, 2–15

8031
Marwood, M. A.: The Roman cult of Salus.— (Oxford 1988) XII, 161 S.
(British archaeological reports. International series, 465)

8032
Massa-Pairault, F. H.: Lasa Vecu, Lasa Vecuvia.—
DArch 6, 1988, Nr. 1, 133–143, Abb.

8033
Mastrocinque, A.: Alessandro a Menfi.— Zu Alexander d. Gr. Festschrift G. Wirth (Amsterdam 1987) 289–307

8034
Mastromattei, R.: La freccia di Odysseus.—
QuadUrbin 29, 1988, 7–22

8035
Matiashvili, N. N.: Hellenism and the religious beliefs of the ancient Colchians. (Russ. m. engl. Res.).— The Black Sea littoral in the hellenistic times (Tbilisi 1985) 489–497, Abb.
KB Cchaltubo 1982

8036
Matthäus, H.: Der Arzt in römischer Zeit. Literarische Nachrichten, archäologische Denkmäler, 1.— (Stuttgart 1987) 104 S., Abb.
(Schriften des Limesmuseums Aalen, 39)

8037
Maurin, L.: Gaulis et Lyonnais.—
REA 88, 1986, 109–124, Abb.

8038
Mazarakis Ainian, A. J.: Early Greek temples. Their origin and function.— Early Greek cult practice (Stockholm 1988) 105–119, Abb.
KB Athenai 1986

8039
Mazzanti, A. M.: L'uomo μεθόριος da Filone all'"Asclepio'.—
SteMat 12, 1988, 61–69

8040
McMinn, J. B.: A hellenistic legacy. The foundation for an 'unorthodox' world view within Byzantine tradition, 2.—
Kernos 2, 1989, 115–156

8041
Merkelbach, R.: Die Hirten des Dionysos. Die Dionysos-Mysterien der römischen Kaiserzeit und der bukolische Roman des Longus.— (Stuttgart 1988) XVII, 290 S., Abb.

8042
Merkelbach, R.: Zwei neue orphisch-dionysische Totenpässe.—
ZPE 76, 1989, 15–16

8043
Meslin, M.: Temps initiatique et progrès spirituels dans la nouvelle religiosité.— Le temps chrétien de la fin de l'antiquité au moyen-âge (Paris 1984) 45–56
KB Paris 1981

8044
Michaelides, D.; Młynarczyk, J.; u. a.: Tombs P.M. 2520 and P.M. 2737 from the eastern necropolis of Nea Paphos.—
RDAC 1988, Nr. 2, 149–170, Abb. Taf.

8045
Michaelidou-Nikolaou, I.: Ευρήματα που έχουν σχέση με Ασκληπιείο ή θεραπευτήριο στην Πάφο. Το Ασκληπιείο της Πάφου.— Πρακτικά του XII Διεθνούς συνεδρίου κλασικής αρχαιολογίας, 4 (Αθήνα 1988) 278–281, Taf.
KB Athenai 1983

8046
Miralles, C.: La invenció de la dona.— La dona en l'antiguitat (Sabadell o. J.) 61–83
KB Barcelona 1985

8047
Miranda, E.: Due nuove fratrie napoletane.— Miscellanea greca e romana, 13 (Roma 1988) 159–166, Taf.
SB

8048
Mirdita, Z.: Contribution à l'étude de la religion et des cultes des Dardaniens à l'époque préromaine.—
RechAlb 1, 1984, 139–159

8049
Moeller, W. O.: Why A.D. 476?— Studia pompeiana et classica in honor of W. F. Jashemski, 2 (New Rochelle 1989) 173–179

8050
Mogelonsky, M. K.: The dates of the earliest coinage. Some archaeological considerations.— Συνεισφορά McGill, 1. Papers in memory of C. D. Gorden (Amsterdam 1987) 51–63

8051
Mondanel, C.; Mondanel, D.: Sépultures et nécropoles gallo-romaines en Auvergne.— (O. O. o. J.) 129 S.
[Association française d'archéologie métropolitaine. Hors-série, 34]

8052
Moreau, A.: Le discobole meurtrier.—
Pallas 34, 1988, 1–18

8053
Morris, I.: Tomb cult and the 'Greek renaissance'. The past in the present in the 8th century B.C.—
Antiquity 62, 1988, 750–761, Abb.

8054
Moshinsky, A. P.: The burial rite of the 4th–3rd-century B.C. necropolis at the settlement of Zaozernoe. (Russ. m. engl. Res.).—
SovArch 1988, Nr. 4, 127–137, Abb.

8055
Müller, H. P.: Pygmaion, Pygmalion und Pumaijaton. Aus der Geschichte einer mythischen Gestalt.—
Orientalia 57, 1988, 192–205

8056
Mugione, E.: La punizione di Atteone. Immagini di un mito tra VI e IV sec. a. C.—
DArch 6, 1988, Nr. 1, 11–132, Abb.

8057
Musso, L.: Ascensione ad astra e iconografia funeraria. Sulla composizione di due sarcofagi romani del III secolo.—
SciAnt 1, 1987, 319–338, Abb.

8058
Muth, R.: Einführung in die griechische und römische Religion.— (Darmstadt 1988) X, 347 S.

8059
Myrto, H.: Konsiderata mbi obeliskun e Apolonisë. (Alban. m. franz. Res.) Considérations sur un obélisque à Apollonie.— Monumentet 35, 1988, 81–86, Abb.

8060
Najdenova, V.: Mithraism in Lower Moesia and Thrace.— Aufstieg und Niedergang der römischen Welt, 2, 18,2. [Festschrift Vogt] (Berlin 1989) 1397–1422

8061
Najdenova, V.: The cult of Jupiter Dolichenus in Lower Moesia and Thrace.— Aufstieg und Niedergang der römischen Welt, 2, 18,2. [Festschrift Vogt] (Berlin 1989) 1362–1396, Taf.

8062
Najdenova, V.: Il culto di Ercole a Ratiaria città e territorio.— Ratiariensia 3–4, 1987, 15–23, Taf.

8063
Najdenova, V. P.: Kul't Mitry v Nižnej Mezii i Frakii. (Russ.) [Der Mithraskult in Unter-Moesien und Thrakien.].— Problemy antičnoj kul'tury (Moskva 1986) 56–60
SB

8064
Néraudau, J. P.: La loi, la coutume et le chagrin. Réflexions sur la mort des enfants.— La mort, les morts et l'au-delà dans le monde romain (Caen 1987) 195–208
KB Caen 1985

8065
Önnerfors, A.: Zaubersprüche in Texten der römischen und frühmittelalterlichen Medizin.— Etudes de médecine romaine (Saint-Etienne [1989]) 113–156
SB

8066
Orfila, M.: La necrópolis de Sa Carrotja y la romanización del sur de la isla de Mallorca.— (Oxford 1988) 329 S., Abb. Taf.
(British archaeological reports. International series, 397)

8067
Orr, D. G.: Learning from lararia. Notes on the household shrines of Pompeii.— Studia pompeiana et classica in honor of W. F. Jashemski, 1 (New Rochelle 1988) 293–299, Taf.

8068
Ortiz Ayala, C.: El culto de Cibeles en la Hispania romana.— Actas. 1er Congreso peninsular de historia antigua, 2 (Santiago de Compostela 1988) 441–453
KB Santiago de Compostela 1986

8069
Pagano, M.: Una proposta di identificazione per il santuario di Demetra sull'acropoli di Cuma.—
Puteoli 11, 1987, 79–91, Abb.

8070
Pagano, M.: Semo Sancus in una insegna di bottega a Ercolano.— CronErcol 18, 1988, 209–214, Abb.

8071
Pailler, J. M.: Bacchanalia. La répression de 186 av. J. C. à Rome et en Italie. Vestiges, images, tradition.— (Rome 1988) 868 S., Taf.
(Bibliothèque des Ecoles françaises d'Athènes et de Rome, 270)

8072
Pairault-Massa, F. H.: De Préneste à Volsinii. Minerve, le fatum et la constitution de la société.—
PP 42, 1987, 200–235, Abb.

8073
Paladino, I.: Il gallo e i riti di passaggio in Grecia.— Transition rites (Roma 1986) 237–245
KB Roma 1984

8074
Pantos, P. A.: Das Wappen von Kalydon. Ein Beitrag zur Identifizierung des Statuentypus der Artemis Laphria.— Πρακτικά του XII Διεθνούς συνεδρίου κλασικής αρχαιολογίας, 2 (Αθήνα 1988) 167–172, Taf.
KB Athenai 1983

8075
Paoletti, M.: L'insediamento di Amplero (Collelongo e Ortucchio) dall'età preromana al Tardoantico. Sintesi delle ricerche.— Il territorio del Parco nazionale d'Abruzzo nell'antichità (Civitella Alfedena 1988) 209–249, Abb.
KB Villetta Barrea 1987

8076
Papachatzis, N.: The cult of Erechtheus and Athena on the acropolis of Athens.—
Kernos 2, 1989, 175–182, Taf.

8077
Paradiso, A.: L'agrégation du nouveau-né au foyer familial. Les Amphidromies.—
DialHistAnc 14, 1988, 203–218

8078
Parisi Presicce, D.: L'importanza di Hera nelle spedizioni coloniali e nell'insediamento primitivo delle colonie greche alla luce della scoperta di un nuovo santuario periferico di Selinunte.— ArchCl 37, 1985, 44–83, Abb. Taf.

8079
Parke, H. W.: Sibyls and sibylline prophecy in classical antiquity.— (London 1988) 236 S.
(Croom Helm classical studies)

8080
Parke, H. W.: A note on the fresco of the boxing boys at Akrotiri.—
JPrehistRel 1, 1987, 35–38, Abb.

8081
Parker, R.: Demeter, Dionysus and the Spartan pantheon.— Early Greek cult practice (Stockholm 1988) 99–103
KB Athenai 1986

8082
Pascal, C. B.: Tibullus and the Ambarvalia.—
AJPh 109, 1988, 523–536

8083
Patera, A.: Tomba a camera tarantina.—
Taras 6, 1986, 31–64, Taf.

8084
Pelagatti, P.; Rastrelli, A.; Ciurcina, C.; u. a.: Naxos (Messina). Gli scavi extraurbani oltre il Santa Venera, 1973–75.—
NSc 38–39, 1984–85, 253–497, Abb. Taf.

8085
Pellegrino, A.: Note sul culto di Serapide ad Ostia.— Miscellanea greca e romana, 13 (Roma 1988) 225–241, Taf.
SB

8086
Pellizer, E.: Rappresentazioni femminili della paura nella mitologia greca.— La dona en l'antiguitat (Sabadell o. J.) 47–59
KB Barcelona 1985

8087
Peppas Delmousou, D.: The Theoria of Brauron.— Early Greek cult practice (Stockholm 1988) 255–257
KB Athenai 1986

8088
Petropoulos, J. C. B.: The erotic magical papyri.— Proceedings of the XVIII International congress of papyrology, 2 (Athens 1988) 215–222
KB Athenai 1986

8089
Petropoulou, A.: The Thracian funerary rites (Her. 5,8) and similar Greek practices.—
Talanta 18–19, 1986–87, 29–47

8090
Petropoulou, A.: The interment of Patroklos (Iliad 23,252–57).—
AJPh 109, 1988, 482–495

8091
Petzl, G.: Sünde, Strafe, Wiedergutmachung. Zur Inschrift p. 151 f., Nr. 5.—
EpigrAnat 12, 1988, 155–166

8092
Phillips III, C. R.: The Compitalia and the 'Carmen contra paganos'.—
Historia 37, 1988, 383–384

8093
Piccaluga, G.: Τέρπων εἰμί. Il messaggio erotico-sacrale del c. d. sasso di Antipolis.—
ActaAntHung 30, 1982–84, 71–74

8094
Piccaluga, G.: Le fatiche 'agrarie' dei Fratres Arvales.— Filologia e forme letterarie. Studi offerti a F. Della Corte, 5 (Urbino 1987) 183–188

8095
Pičikjan, I. R.: Paradnye nožny greko-baktrijskich mečej. (Russ.) [Griffe graeco-baktrischer Prunkschwerter.].— Problemy antičnoj kul'tury (Moskva 1986) 264–272, Abb.
SB

8096
Pietilä-Castrén, L.: Magnificentia publica. The victory monuments of the Roman generals in the era of the Punic wars.— (Helsinki 1987) 178 S., Taf.
(Commentationes humanarum litterarum, 84)

8097
Pikoulas, G.: Ὁ μῦθος τοῦ Ὀρέστη καὶ ἡ τοπογραφία τῆς κλασικῆς Ἀρκαδίας.— Πρακτικά του XII Διεθνούς συνεδρίου κλασικής αρχαιολογίας, 4 (Αθήνα 1988) 160–165, Taf.
KB Athenai 1983

8098
Pilet, C.; Alduc-Le Bagousse, A.: Les vivants et les morts en Gaule romaine.— La mort, les morts et l'au-delà dans le monde romain (Caen 1987) 13–31, Abb.
KB Caen 1985

8099
Pirenne, V.: Aspects orientaux du culte d'Aphrodite à Athènes.— Phoenicia and the East Mediterranean in the first millennium B.C. (Leuven 1987) 145–156
KB Louvain 1985

8100
Pisani Sartorio, G.: Compita Larum. Edicole sacre nei crocicchi di Roma antica.—
BStorArt 31, 1988, 23–34, Abb.

8101
Planas Agüera, M.: La religión en la Cataluña romana. Fuentes epigráficas.— Actas. 1er Congreso peninsular de historia antigua, 2 (Santiago de Compostela 1988) 481–494
KB Santiago de Compostela 1986

8102
Pötscher, W.: Flamen Dialis.— Hellas und Rom (Hildesheim 1988) 419–445

8103
Pötscher, W.: Die Oidipus-Gestalt.— Hellas und Rom (Hildesheim 1988) 237–272

8104
Pötscher, W.: Die 'Auferstehung' in der klassischen Antike.— Hellas und Rom (Hildesheim 1988) 163–172

8105
Pötscher, W.: 'Schicksalswägungen'.— Hellas und Rom (Hildesheim 1988) 125–142

8106
Pötscher, W.: Person-Bereich-Denken und Personifikation.— Hellas und Rom (Hildesheim 1988) 70–89

8107
Pötscher, W.: Ares.— Hellas und Rom (Hildesheim 1988) 37–48

8108
Polacco, L.: Rites des saisons et drames sacrés chez les Grecs.— Anthropologie et théâtre antique (Montpellier 1987) 9–22, Abb.
KB Montpellier 1986

8109
Pontrandolfo, A.: Le necropoli urbane di Neapolis.— Neapolis (Taranto [1988]) 255–271, Abb. Taf.
KB Taranto 1985

8110
Pontrandolfo, A.: L'escatologia popolare e i riti funerari greci.— Magna Grecia. Vita religiosa e cultura letteraria, filosofica e scientifica (Milano 1988) 171–196, Abb.
SB

8111
Porte, D.: Les donneurs de sacré. Le prêtre à Rome.— (Paris 1989) 266 S., Abb.

8112
Poucet, J.: La diffusion de la légende d'Enée en Italie centrale et ses rapports avec celle de Romulus.—
EtCl 57, 1989, 227–254

8113
Pugliese Carratelli, G.: Epigrafi di Cos relative al culto di Artemis in Cnido e in Bargylia.—
PP 42, 1987, 110–123, Abb.

8114
Pugliese Carratelli, G.: L'orfismo in Magna Grecia.— Magna Grecia. Vita religiosa e cultura letteraria, filosofica e scientifica (Milano 1988) 159–170, Abb.
SB

8115
Pugliese Carratelli, G.: I santuari extramurani.— Magna Grecia. Vita religiosa e cultura letteraria, filosofica e scientifica (Milano 1988) 149–158, Abb.
SB

8116
Radke, G.: Vetus vinum, novum vinum.—
WürzbJbAltWiss 14, 1988, 108–111

8117
Rao, M.: L'obolo a Caronte. Δανάκη e ὀβολός.—
GiornItFil 40, 1988, 61–66

8118
Raslan, R. K.: Notes on the cult of Demeter in Roman Egypt.— Proceedings of the XVIII International congress of papyrology, 2 (Athens 1988) 211–213
KB Athenai 1986

8119
Reggiani Massarini, A. M.: Santuario degli Equicoli a Corvaro. Oggetti votivi del Museo nazionale romano.— (Roma 1988) 80 S., Abb.
(Soprintendenza archeologica di Roma. Lavori e studi di archeologia, 11)

8120
Reusser, C.: Zur Aufstellung römischer Grabaltäre in Aquileia.—
AquilNost 56, 1985, 117–144, Abb.

8121
Rey-Coquais, J. P.: Sur une comparaison entre le clergé phénicien et le clergé 'africain'.— L'Africa romana (Sassari 1988) 397–402
KB Sassari 1987

8122
Ridgway, D.: The Pithekoussai shipwreck.— Studies in honour of T. B. L. Webster, 2 (Bristol 1988) 97–107, Abb.

8123
Rocchi, M.: Kadmos e Harmonia. Un matrimonio problematico.— (Roma 1989) 144 S.
(Storia delle religioni, 6)

8124
Roesch, P.: Y eut-il des rapports entre les Béotiens, les Epirotes et les Illyriens?— L'Illyrie méridionale et l'Epire dans l'antiquité (Clermont-Ferrand 1987) 179–183
KB Clermont-Ferrand 1984

8125
Romano, I. B.: Early Greek cult images and cult practices.— Early Greek cult practice (Stockholm 1988) 127–133
KB Athenai 1986

8126
Romeo, I.: Sacelli arcaici senza peristasi nella Sicilia greca.—
Xenia 17, 1989, 5–54, Abb.

8127
Rosivach, V. J.: The cult of Zeus Eleutherios at Athens.—
PP 42, 1987, 262–285

8128
Rottländer, R. C. A.: Über die Funktionstüchtigkeit der mit den Mithrassymbolen zusammen gefundenen kleinen Waagen.—
Germania 66, 1988, 498–503, Abb.

8129
Rusjaeva, A. S.: Novye dannye o kul'te Apollona Vrača v Ol'vii. (Russ.) [Neues zum Kult des Apollon Iatros in Olbia.].— Antičnye drevnosti Severnogo Pričernomor'ja (Kiev 1988) 166–174, Abb.
SB

8130
Sakellarakis, J. A.: Some geometric and archaic votives from the Idaian Cave.— Early Greek cult practice (Stockholm 1988) 173–192, Abb.
KB Athenai 1986

8131
Sanie, S.: Kulte und Glauben im römischen Süden der Moldau (Ostrumänien).— Aufstieg und Niedergang der römischen Welt, 2, 18,2. [Festschrift Vogt] (Berlin 1989) 1272–1316, Abb. Taf.

8132
Sanie, S.: Die syrischen und palmyrenischen Kulte im römischen Dakien.— Aufstieg und Niedergang der römischen Welt, 2, 18,2. [Festschrift Vogt] (Berlin 1989) 1165–1271, Abb. Taf.

8133
Sansilbano-Collilieux, M.: Les puits sépulcraux gallo-romains de Saintes.— La mort, les morts et l'au-delà dans le monde romain (Caen 1987) 33–39, Abb.
KB Caen 1985

8134
Sansone, D.: The survival of the bronze-age demon.—
IllinClSt 13, 1988, 1–17

8135
Šaub, I. J.: Pogrebenija kurgana Bolšaja Bliznica kak istočnik po istorii religioznych predstavlenij žitelej Bosporskogo carstva. (Russ.) [Die Bestattungen im Kurgan Bolšaja Bliznica als Quelle für die Geschichte der religiösen Vorstellungen der Bewohner des Bosporanischen Reiches.].—
KraSoob 1987, Nr. 191, 27–33

8136
Scardigli, P.: Sprache im Umkreis der Matroneninschriften.— Germanische Rest- und Trümmersprachen (Berlin 1989) 143–156
SB

8137
Schauenburg, K.: Der Raub des Kephalos auf unteritalischen Vasen.—
RA 1988, 291–306, Abb.

8138
Schilardi, D. U.: The temple of Athena at Koukounaries. Observations on the cult of Athena on Paros.— Early Greek cult practice (Stockholm 1988) 41–48, Abb.
KB Athenai 1986

8139
Schilling, R.: L'évolution du culte de Vénus sous l'empire romain.— Dans le sillage de Rome (Paris 1988) 152–183

8140
Schutter, X. de: Rituel funéraire et coût des obséques en Grèce à l'époque classique.—
Kernos 2, 1989, 53–66

8141
Schwarz, G.: Triptolemos. Ikonographie einer Agrar- und Mysteriengottheit.— (Graz 1987) XIII, 260 S., Taf.
(GrazBeitr, Suppl. 2)

8142
Schwarz, G.: Athen und Eleusis im Lichte der Vasenmalerei.— Proceedings of the 3rd Symposium on ancient Greek and related pottery (København 1988) 575–584, Abb.
KB København 1987

8143
Scully, S.: Cities in Italy's golden age.—
Numen 35, 1988, 69–78

8144
Seaford, R.: The eleventh ode of Bacchylides. Hera, Artemis, and the absence of Dionysos.—
JHS 108, 1988, 118–136

8145
Sekerskaja, N. M.: O kul'tach v Nikonii. (Russ.) [Zu den Kulten in Nikonion.].— Novye issledovanija po archeologii Severnogo Pričernomor'ja (Kiev 1987) 27–38, Taf.
SB

8146
Serditych, E. V.: Ob odnom iz variantov ikonografii Mitry. (Russ.) [Zu einer Variante der Mithras-Ikonographie.].— Problemy antičnoj kul'tury (Moskva 1986) 279–282
SB

8147
Serrano Delgado, J. M.: Sevir Augustalis, magister Larum Augustalium en Tarraco.— Actas. 1er Congreso peninsular de historia antigua, 3 (Santiago de Compostela 1988) 23–25
KB Santiago de Compostela 1986

8148
Sfameni Gasparro, G.: Ancora sul termine τελετή. Osservazioni storico-religiose.— Filologia e forme letterarie. Studi offerti a F. Della Corte, 5 (Urbino 1987) 137–152

8149
Shtal, I. V.: Motifs of vase painting in the art of the northern Black Sea littoral of the hellenistic period. The mythico-epic motif of the battle of the Pygmies and cranes. Localization and semantics of the myth. (Russ. m. engl. Res.).— The Black Sea littoral in the hellenistic times (Tbilisi 1985) 213–220
KB Cchaltubo 1982

8150
Siebler, M.: Studien zum augusteischen Mars Ultor.— (München 1988) 204 S., Taf.
(Münchener Arbeiten zur Kunstgeschichte und Archäologie, 1)

8151
Silvestrini, M.: Culti orientali a Brindisi. CIL IX, 6099.—
RicStBrindisi 13, 1980–87, 175–185, Abb.

8152
Sinn, U.: Der Kult der Aphaia auf Aegina.— Early Greek cult practice (Stockholm 1988) 149–159, Abb.
KB Athenai 1986

8153
Sissa, G.: La giara delle ingrate.— La dona en l'antiguitat (Sabadell o. J.) 85–95
KB Barcelona 1985

8154
Śliwa, J.: Egyptian and Egyptianizing objects from the Leo D. Kostka Collection in the National Museum in Cracow.— From the archaeological collections of Cracow and Jena (Warszawa 1988) 7–15, Abb. Taf.
SB

8155
Smithers, S. G.: The typology and iconography of Etruscan terracotta curotrophic votives. The heads and bambini. Diss. The University of Iowa 1988.— (Ann Arbor 1989) XX, 384 S., Abb.
(University Microfilms International)

8156
Sørensen, J. P.: The myth of Attis. Structure and mysteriosophy.— Rethinking religion (Copenhagen 1989) 23–29
SB

8157
Somville, P.: Deux royautés maléfiques. César et Britannicus.—
EtCl 56, 1988, 337–345

8158
Somville, P.: Jeux de mots et sens du sacré dans la religion grecque.—
Kernos 2, 1989, 199–211

8159
Sourvinou-Inwood, C.: Studies in girls' transitions. Aspects of the arkteia and age representation in Attic iconography.— (Athens 1988) 159 S., Taf.

8160
Štal', I. V.: Geranomachija. Ot varvarskogo mifa k drevnegrečeskomu ėposu. (Russ.) [Geranomachie. Vom Barbarenmythos zum altgriechischen Epos.].—
Klio 70, 1988, 429–447

8161
Stevens, S. T.: A legend of the destruction of Carthage.—
ClPh 83, 1988, 39–41

8162
Stipčević, A.: Le serpent comme gardien du tombeau. Contribution à l'étude des reliquats illyriens dans les croyances populaires contemporaines.—
RechAlb 3, 1986, 145–151, Abb.

8163
Stoyanov, T.: Le Cavalier et la Déesse. Observations sur une série de reliefs thraces.—
Ktema 10, 1985 [1988], 273–285, Taf.

8164
Straten, F. T. van: Unclassical religion in classical Greece. The archaeological angle.— Πρακτικά του XII Διεθνούς συνεδρίου κλασικής αρχαιολογίας, 4 (Αθήνα 1988) 288–292
KB Athenai 1983

8165
Straten, F. van: The god's portion in Greek sacrificial representations. Is the tail doing nicely?— Early Greek cult practice (Stockholm 1988) 51–67, Abb.
KB Athenai 1986

8166
Strøm, I.: The so-called altar above the shaft grave IV at Mycenae.—
ActaArch 54, 1983, 141–146, Abb.

8167
Stroumsa, G. G.: Religious contacts in Byzantine Palestine.— Numen 36, 1989, 16–42

8168
Šurgaja, I. G.: Agrarnaja magija v Ilurate. (Russ.) [Agrarmagie in Iluraton.].— Problemy antičnoj kul'tury (Moskva 1986) 217–222, Abb.
SB

8169
Susini, G.: Orizzonti cultuali appenninici.— Sestinum (Rimini 1989) 219–225
KB Sestino 1983

8170
Suter, A.: Aphrodite, Paris, Helen. A Vedic myth in the Iliad.— TransactAmPhilAss 117, 1987, 51–58

8171
Sventsitskaya, I. S.: Some peculiarities of religious syncretism in the period of hellenism. (Russ. m. engl. Res.).— The Black Sea littoral in the hellenistic times (Tbilisi 1985) 41–49
KB Cchaltubo 1982

8172
Teodorsson, S. T.: An epithet of Aphrodite.— Glotta 66, 1988, 135–136

8173
Thimme, J.: Ein großgriechischer Klappspiegel aus klassischer Zeit. Kanon. Festschrift E. Berger.— AntK 15. Bh, 1988, 192–199, Abb. Taf.

8174
Thomas, C. G.: Penelope's worth. Looming large in early Greece.— Hermes 116, 1988, 257–264

8175
Thomas, E.: Kretisch-mykenische und frühgriechische Kultbänke.— Kolloquium zur ägäischen Vorgeschichte (Mannheim 1987) 91–97
KB Mannheim 1986

8176
Thomas, J.: L'espace du héros, ou les destins croisés.— EranosJb 56, 1987, 133–177

8177
Thompson, D. J.: Memphis under the Ptolemies.— (Princeton 1988) XVII, 342 S., Abb. Taf.

8178
Tirelli, M.; Gambacurta, G.; Ravagnan, G. L.; u. a.: Altino (Venezia). Proposta di articolazione in fasi della necropoli 'Le Brustolade' attraverso l'analisi di un settore. Trincea I 1985–1987.— QuadAVen 4, 1988, 348–394, Abb.

8179
Tomlinson, R.: Water supplies and ritual at the Heraion Perachora.— Early Greek cult practice (Stockholm 1988) 167–171, Abb.
KB Athenai 1986

8180
Tóth, I.: Der Kult der kleinasiatischen Götter in Pannonien.— SpNov 1987, 107–129, Abb.

8181
Tranoy, A.: Minerve et la civitas des Pictons.— REA 88, 1986, 167–175, Taf.

8182
Triomphe, R.: Le lion, la vierge et le miel.— (Paris 1989) 391 S., Abb.
(Vérité des mythes)

8183
Trümpelmann, L.: Die Pyra Alexanders des Großen.— Πρακτικά του XII Διεθνούς συνεδρίου κλασικής αρχαιολογίας, 4 (Αθήνα 1988) 293–297, Taf.
KB Athenai 1983

8184
Tsantsanoglou, K.; Parassoglou, G. M.: Two gold lamellae from Thessaly.— Hellenika 38, 1987, 3–16, Abb.

8185
Tubach, J.: Im Schatten des Sonnengottes. Der Sonnenkult in Edessa, Ḥarrān und Ḥaṭrā am Vorabend der christlichen Mission.— (Wiesbaden 1986) XVIII, 546 S., Taf.

8186
Tubach, J.: Spuren des astronomischen Henochbuches bei den Manichäern Mittelasiens.— Nubia et Oriens christianus. Festschrift für C. D. G. Müller (Köln 1988) 73–95

8187
Valvo, A.: La 'Profezia di Vegoia'. Proprietá fondiaria e aruspicina in Etruria nel I secolo a. C.— (Roma 1988) 166 S., Taf.
(Studi pubblicati dall'Istituto italiano per la storia antica, 43)

8188
Varinlioğlu, G.: Une inscription de Mercure aux Portes de Cilicie.— EpigrAnat 11, 1988, 59–64

8189
Velkov, V.; Gerassimova-Tomova, V.: Kulte und Religionen in Thrakien und Niedermösien.— Aufstieg und Niedergang der römischen Welt, 2, 18,2. [Festschrift Vogt] (Berlin 1989) 1317–1361, Taf.

8190
Vellek, G. F.: The priesthoods of Athens, 86 B.C. to 267 A.D. Diss. Johns Hopkins Univ. Baltimore 1969.— (Ann Arbor 1988) V, 167 S.
(University Microfilms International)

8191
Vermaseren, M. I.: Attis Karpofor. (Russ.) [Attis Karpophoros.].— Problemy antičnoj kul'tury (Moskva 1986) 99–113, Abb.
SB

8192
Vernant, J. P.: Artémis et le sacrifice préliminaire au combat.— REG 101, 1988, 221–239

8193
Vidman, L.: Der ägyptische Kult in den Donauprovinzen.— Aufstieg und Niedergang der römischen Welt, 2, 18,2. [Festschrift Vogt] (Berlin 1989) 975–1013

8194
Vollkommer, R.: Herakles in the art of classical Greece.— (Oxford 1988) 124 S., Abb.
(Oxford University Committee for Archaeology. Monograph, 25)

8195
Vollkommer, R.: Herakles. Die Geburt eines Vorbildes und sein Fortbestehen bis in die Neuzeit.— (Idea. Jahrbuch der Hamburger Kunsthalle 6, 1987, 7–29, Abb.)
SD

8196
Wahl, J.; Kokabi, M.; Alföldy-Thomas, S.; u. a.: Das römische Gräberfeld von Stettfeld, 1. Osteologische Untersuchung der Knochenreste aus dem Gräberfeld.— (Stuttgart 1988) 312 S., Abb.
(Forschungen und Berichte zur Vor- und Frühgeschichte in Baden-Württemberg, 29)

8197
Walter, C.: The Thracian Horsemann. Ancestor of the warrior saints?—
ByzF 14, 1989, 657–673, Taf.

8198
Walters, E. J.: Attic grave reliefs that represent women in the dress of Isis.—
Hesperia, suppl. 22, 1988, XVI, 134 S., Taf.

8199
Watts, D. J.: The Thetford treasure. A reappraisal.—
AntJ 68, 1988, 55–68, Abb.

8200
Weber, G.: Diis deabusque omnibus. Zur römerzeitlichen Götterverehrung im Nordwesten der Provinz Raetien.— Zivile und militärische Strukturen im Nordwesten der römischen Provinz Raetien (Heidenheim 1988) 112–130, Abb.
KB Heidenheim 1987

8201
Weber, T.: Syrisch-römische Sarkophagbeschläge. Orientalische Bronzewerkstätten in römischer Zeit.— (Mainz 1989) VIII, 86 S., Abb. Taf.
(Damaszener Forschungen, 2)

8202
Wells, B.: Early Greek building sacrifices.— Early Greek cult practice (Stockholm 1988) 259–266, Abb.
KB Athenai 1986

8203
Wensler, A. F.: Zur Datierung des Temenos für den Herrscherkult in Pergamon.—
AA 1989, 33–42, Abb.

8204
Whitley, J.: Early states and hero cults. A re-appraisal.—
JHS 108, 1988, 173–182

8205
Wiedemann, T.: Adults and children in the Roman empire.— (London 1989) XII, 221 S., Taf.

8206
Wulff Alonso, F.: Diosas y hombres. Algunas notas.— Actas. 1er Congreso peninsular de historia antigua, 1 (Santiago de Compostela 1988) 219–229
KB Santiago de Compostela 1986

8207
Xhemaj, U.: Reliquats du culte du serpent dans la tradition populaire albanaise.—
RechAlb 3, 1986, 221–231, Abb.

8208
Yalouris, N.: Ein bislang unbeachtetes Attribut des Zeus. Kanon. Festschrift E. Berger.—
AntK 15. Bh, 1988, 351–354, Taf.

8209
Yunis, H.: A new creed. Fundamental religious beliefs in the Athenian polis and Euripidean drama.— (Göttingen 1988) 188 S.
(Hypomnemata, 91)

8210
Zaganiares, N. I.: Παραστάσεις θυσιῶν ἐπὶ μνημείων τῆς κλασσικῆς τέχνης.— Πρακτικά του XII Διεθνούς συνεδρίου κλασικής αρχαιολογίας, 4 (Αθήνα 1988) 260–268, Taf.
KB Athenai 1983

8211
Zanker, P.: Volcanus Augustus oder Klassizismus bei der Feuerwehr? Kanon. Festschrift E. Berger.—
AntK 15. Bh, 1988, 275–278, Taf.

8212
Zehnacker, H.: Le triens des Servilii et le bronze patrimonial.—
Studi per L. Breglia, 2 (Roma 1987) 9–17

8213
Zervoudaki, E.: Vorläufiger Bericht über die Terrakotten aus dem Demeter-Heiligtum der Stadt Rhodos.— Archaeology in the Dodecanese (Copenhagen 1988) 129–137, Abb.
KB København 1986

8214
Zevi, F.: Il mito di Enea nella documentazione archeologica. Nuove considerazioni.— L'epos greco in Occidente (Taranto 1980 [1989]) 247–290
KB Taranto 1979

8215
Zolotarev, M. I.: A hellenistic home sanctuary at Chersonese. (Russ. m. engl. Res.).— The Black Sea littoral in the hellenistic times (Tbilisi 1985) 266–275, Taf.
KB Cchaltubo 1982

8216
Zotović, L.: Die Ausbreitung des Mithraskultes in Südosteuropa.— Aufstieg und Niedergang der römischen Welt, 2, 18,2. [Festschrift Vogt] (Berlin 1989) 1014–1037, Abb. Taf.

8217
Zubar', V. M.: O svincovych zerkalach iz nekropolja Chersonesa. (Russ.) [Bleierne Spiegel aus der Nekropole von Chersonesos.].— Problemy antičnoj kul'tury (Moskva 1986) 150–154, Abb.
SB

8218
Zunker, A.: Untersuchungen zur Aiakidensage auf Aigina. Diss. Tübingen 1987.— (St. Ottilien 1988) 345 S.
(Dissertationen. Philosophische Reihe, 4)

8219
Zuntz, G.: Aion Plutonios. Eine Gründungslegende von Alexandria.—
Hermes 116, 1988, 291–303

Kulturgeschichte

8220
Der antike Roman. Untersuchungen zur literarischen Kommunikation und Gattungsgeschichte.— (Berlin 1989) 248 S., Taf. (Veröffentlichungen des Zentralinstituts für Alte Geschichte und Archäologie der Akademie der Wissenschaften der DDR, 19)

8221
Greece and the hellenistic world.
ed. J. Boardman.— (Oxford 1988) VI, 446 S., Abb. Taf.
(The Oxford history of the classical world, 1)

8222
Greek tragedy and political theory.
ed. J. P. Euben.— (Berkeley 1986) XVII, 315 S.

8223
Kul'tura drevnego Rima, 1–2. (Russ.) [Die Kultur des alten Rom.].— (Moskva 1985) 429 S., Abb.; 396 S., Abb.

8224
The Roman world.
ed. J. Boardman.— (Oxford 1988) VI, 456 S., Abb. Taf.
(The Oxford history of the classical world, 2)

8225
Società romana e impero tardoantico, 4. Tradizione dei classici trasformazioni della cultura.
ed. A. Giardina.— (Bari 1986) 282 S., Taf.

8226
Astin, A. E.: Regimen morum.—
JRS 78, 1988, 14–34

8227
Belloni, G. G.: Note sulle virtù romane.—
AevumAnt 1, 1988, 181–192

8228
Benko, S.: Pagan Rome and the early Christians.— (London 1985) XI, 180 S.

8229
Berthold, H.: Mundus senescens? Literatur und ihre Inhalte in der Krisenzeit.— Roma renascens. I. Opelt zum 9. 7. 1988 gewidmet (Frankfurt a. M. 1988) 38–51

8230
Borgo, A.: Clementia. Studio di un campo semantico.—
Vichiana 14, 1985, 25–73

8231
Bourriot, F.: La sociabilité dans les villages grecs antiques (périodes archaïque et classique).— Sociabilité, pouvoirs et société (Rouen 1987) 429–439
KB Rouen 1983

8232
Brixhe, C.: Dialecte et koiné à Kafizin.— The history of the Greek language in Cyprus (Nicosia 1988) 167–178
KB Larnaka 1986

8233
Brunt, P. A.: Amicitia in the late Roman republic.— The fall of the Roman republic and related essays (Oxford 1988) 351–381

8234
Brunt, P. A.: Libertas in the Republic.— The fall of the Roman republic and related essays (Oxford 1988) 281–350

8235
Byl, S.: La comédie d'Aristophane. Un jeu de massacre.—
EtCl 57, 1989, 111–126

8236
Cancik-Lindemaier, H.: Ehe und Liebe. Entwürfe griechischer Philosophen und römischer Dichter.— Sexualität und Erotik in der Antike (Darmstadt 1988) 232–263
SB

8237
Cavenaile, R.: Le latin dans les milieux chrétiens d'Egypte.— Miscel·lània papirològica R. Roca-Puig (Barcelona 1987) 103–110

8238
Christ, K.: Geschichte der römischen Kaiserzeit von Augustus bis zu Konstantin.— (München 1988) IX, 869 S., Abb.

8239
Cizek, E.: L'image de l'autre et les mentalités romaines du Ier au IVe siècle de notre ère.—
Latomus 48, 1989, 360–371

8240
Classen, C. J.: Virtutes Romanorum. Römische Tradition und griechischer Einfluß.—
Gymnasium 95, 1988, 289–302

8241
Corsano, M.: Themis. La norma e l'oracolo nella Grecia antica.— (Galatina 1988) 163 S., Taf.
(Università degli studi di Lecce. Dipartimento di filologia classica e medioevale. Supplementi, 1)

8242
Crane, G.: Realism in the fifth 'Idyll' of Theocritus.—
TransactAmPhilAss 118, 1988, 107–122

8243
Dangel, J.: L'Asie des poètes latins de l'époque républicaine.—
Ktema 10, 1985 [1988], 175–192

8244
Dangel, J.: Du Nil à l'Euphrate dans l'imaginaire des poètes latins de l'époque républicaine.— L'Arabie préislamique et son environnement historique et culturel (Leiden 1989) 321–339
KB Strasbourg 1987

8245
Demandt, A.: Die Spätantike. Römische Geschichte von Diocletian bis Justinian, 284–565 n. Chr.— (München 1989) XVIII, 612 S., Taf.
(Handbuch der Altertumswissenschaft, 3,6)

8246
Demandt, A.: Mensch und Staat in der Antike.—
HumBild 12, 1988, 7–19

8247
Diaferio, M. N.: Il 'De architectura' di Vitruvio e la cultura ufficiale.—
AttiAcTorino 121, 1987, 157–166

8248
Diamantopoulos, A.: The Dionysus Theatre of Athens, exegetist of the sculpture of Olympia, 458–456 BC.— Anciet Greek drama in the contemporary world (Athens 1987) 134–139
KB Delphoi 1985

8249
D'Ippolito, F.: Sulla giurisprudenza medio-repubblicana.— (Napoli 1988) XIII, 132 S.
(Storia del pensiero giuridico, 8)

8250
Döpp, S.: 'Nec omnia apud priores meliora'. Autoren des frühen Principats über die eigene Zeit.—
RhM 132, 1989, 73–101

8251
Drack, W.; Fellmann, R.: Die Römer in der Schweiz.— (Stuttgart 1988) 646 S., Abb. Taf.

8252
Farrar, C.: The origins of democratic thinking. The invention of politics in classical Athens.— (Cambridge 1988) X, 301 S.

8253
Ferrary, J. L.: Philhellénisme et impérialisme. Aspects idéologiques de la conquête romaine du monde hellénistique, de la seconde guerre de Macédoine à la guerre contre Mithridate.— (Rome 1988) XVI, 690 S.
(Bibliothèque des Ecoles françaises d'Athènes et de Rome, 271)

8254
Focardi, G.: Pauperis omne nefas (Anth. Lat. 1, 21, 174 Riese). Contributo per la ricostruzione di un topos.—
Sileno 14, 1988, 73–98

8255
Forti, L.: La vita quotidiana.— Magna Grecia. Vita religiosa e cultura letteraria, filosofica e scientifica (Milano 1988) 285–326, Abb.
SB

8256
Frend, W. H. C.: Prelude to the great persecution. The propaganda war.— Archaeology and history in the study of early Christianity (London 1988) VI (18 S.)

8257
Friedell, E.: Der Schatten der Antike. Aus dem unvollendeten Teil der 'Kulturgeschichte des Altertums'. Herausgegeben von Heribert Illig.— Der Aquädukt. 1763–1988 (München 1988) 275–284, Abb.
SB

8258
Furger, A. R.: Römermuseum und Römerhaus Augst. Kurztexte und Hintergrundinformationen.— (Augst 1987) 102 S., Abb.
(Augster Museumshefte, 10)

8259
García Quintela, M. V.: Problemas para un conocimiento histórico de los presocráticos. El comerciante, el ocioso, el viajero y el filósofo.— Actas. 1er Congreso peninsular de historia antigua, 1 (Santiago de Compostela 1988) 119–134
KB Santiago de Compostela 1986

8260
Gauger, J. D.: Zu den Anfängen des Weltherrschaftsgedankens in Rom.— Zu Alexander d. Gr. Festschrift G. Wirth (Amsterdam 1987) 1153–1177

8261
Gill, D. W. J.: Expressions of wealth. Greek art and society.— Antiquity 62, 1988, 735–743, Abb.

8262
Gilli, G. A.: Origini dell'eguaglianza. Ricerche sociologiche sull'antica Grecia.— (Torino 1988) XV, 569 S.
(Einaudi paperbacks, 186)

8263
Gizewski, C.: Mores maiorum, regimen morum, licentia. Zur Koexistenz catonischer und plautinischer Sittlichkeitsvorstellungen.— Festschrift R. Werner (Konstanz 1989) 81–105

8264
Green, P.: The dog that barked in the night. Revisionist thoughts on the diffusion of hellenism.— The Crake Lectures 1984 (Sackville 1986) 1–26
KB Sackville 1984

8265
Günther, R.: Friedensideen in der römischen Kaiserzeit.—
Altertum 34, 1988, 149–156, Abb.

8266
Hahn, J.: Der Philosoph und die Gesellschaft. Selbstverständnis, öffentliches Auftreten und populäre Erwartungen in der hohen Kaiserzeit.— (Stuttgart 1989) 236 S.
(Heidelberger althistorische Beiträge und epigraphische Studien, 7)

8267
Hans, L. M.: 'Rhosica vasa' am Hof Kleopatras VII.—
MünstBeitr 6, 1987, Nr. 2, 116–121, Taf.

8268
Hardie, P. R.: Virgil's Aeneid. Cosmos and imperium.— (Oxford 1986) X, 405 S., Taf.

8269
Hebert, B.: Philosophenbildnisse bei Sidonius Apollinaris. Eine Ekphrasis zwischen Kunstbeschreibung und Philosophiekritik.—
Klio 70, 1988, 519–538

8270
Henderson, W. J.: Criteria in the Greek lyric contests.—
Mnemosyne 42, 1989, 24–40

8271
Hesberg, H. v.: Architekturkopien. Eine Form von Rechtfertigung der Luxuria privata.— Bathron. Beiträge zur Architektur und verwandten Künsten für H. Drerup (Saarbrücken 1988) 185–193

8272
Horsfall, N.: 'The uses of literacy' and the 'Cena Trimalchionis', 1.—
GaR 36, 1989, 74–89

8273
Irmscher, J.: Eutaxia als gesellschaftliches Phänomen.— Krise. Krisenbewußtsein. Krisenbewältigung (Halle 1988) 38–42
KB Halle 1984

8274
Jäkel, S.: Philosophisch orientierte Ansätze einer Sprachtheorie bei Gorgias, Isokrates und Epikur.—
Arctos 22, 1988, 43–57

8275
Janni, P.: Gli antichi e i punti cardinali. Rileggendo Pausania.— Γεωγραφία (Roma 1988) 77–91, Abb.
KB Macerata 1985

8276
Kaster, R. A.: Guardians of language. The grammarian and society in late antiquity.— (Berkeley 1988) XXI, 524 S.
(The transformation of the classical heritage, 11)

8277
Kirsch, W.: Die Umstrukturierung des lateinischen Literatursystems im Zeichen der Krise des 3. Jahrhunderts.—
Philologus 132, 1988, 2–18

8278
Klein, R.: Hinc barbaries, illinc Romania. Zum Wandel des Romdenkens im spätantiken und frühmittelalterlichen Gallien.—
RömQSchr 83, 1988, 99–133

8279
Köves-Zulauf, T.: Die Herrschaftsdauer der römischen Könige.—
ActaAntHung 30, 1982–84, 191–203

8280
Kreeb, M.: Untersuchungen zur figürlichen Ausstattung delischer Privathäuser.— (Chicago 1988) XVII, 357 S., Abb.

8281
Krischer, T.: Dynamische Aspekte der griechischen Kultur.—
WSt 101, 1988, 7–40

8282
Kubusch, K.: Aurea saecula. Mythos und Geschichte. Untersuchung eines Motivs in der antiken Literatur bis Ovid.— (Frankfurt a. M. 1986) 283 S., Taf.
(Studien zur klassischen Philologie, 28)

8283
Kytzler, B.: Zum utopischen Roman der klassischen Antike.—
(Groningen colloquia on the novel, 1. o. O. o. J., 7–16)
SD

8284
La Rocca, E.: Introduzione.— L'esperimento della perfezione, Arte e società nell'Atene di Pericle (Milano 1988) 7–36, Abb.
SB

8285
Lafon, C.: Images du paysan et de la société rurale dans l'Occident chrétien à la fin de l'antiquité, IVe–VIe siècles. La confrontation des sources littéraires et iconographiques.—
Caesarodunum 23, 1988, 125–134, Abb.

8286
Lavagne, H.: Operosa antra. Recherches sur la grotte à Rome de Sylla à Hadrien.— (Rome 1988) X, 752 S., Abb. Taf.
(Bibliothèque des Ecoles françaises d'Athènes et de Rome, 272)

8287
Leach, E. W.: The rhetoric of space. Literary and artistic representations of landscape in Republican and Augustan Rome.—
(Princeton 1988) XII, 493 S., Taf.

8288
Létoublon, F.: Fonder une cité. Ce que disent les langues anciennes et les textes grecs ou latins sur la fondation des cités.— (Grenoble 1987) 366 S., Abb.

8289
Levi, M. A.: Felix praedo.—
PP 42, 1987, 161–180

8290
Linderski, J.: Garden parlors. Nobles and birds.— Studia pompeiana et classica in honor of W. F. Jashemski, 2 (New Rochelle 1989) 105–127

8291
Long, T.: Barbarians in Greek comedy.— (Carbondale 1986) XIII, 222 S.

8292
Lowry, S. T.: The archaeology of economic ideas. The classical Greek tradition.— (Durham 1987) XVIII, 366 S.

8293
Malaspina, E.: Ars temperans. Itinerari verso la comunicazione polivalente nel mondo latino.— ([Genova] 1988) 226 S.
(Pubblicazioni del Dipartimento di archeologia, filologia classica e loro tradizioni, 120)

8294
Marengo, S. M.: L'Etiopia nel romanzo di Eliodoro.— Γεωγραφία (Roma 1988) 105–120
KB Macerata 1985

8295
Martin, L. H.: Roman Mithraism and Christianity.—
Numen 36, 1989, 2–15

8296
Mathisen, R. W.: The theme of literary decline in late Roman Gaul.—
ClPh 83, 1988, 45–52

8297
Mazza, M.: Le maschere del potere. Cultura e politica nella tarda antichità.— (Napoli 1986) XXIII, 391 S.
(Collezione di opere giuridiche e storiche scelte da Franco Casavola, 1)

8298
McMinn, J. B.: A hellenistic legacy. The foundation for an 'unorthodox' world view within Byzantine tradition, 2.—
Kernos 2, 1989, 115–156

8299
Meier, C.: Die politische Kunst der griechischen Tragödie.—
(München 1988) 244 S.

8300
Meier, C.: Ödipus und Orest. Vom Umgang mit Verantwortung.— Der Aquädukt. 1763–1988 (München 1988) 572–576
SB

8301
Michel, A.: La grammaire et les 'artes'. Remarque pour une théorie de l'éducation.— Etudes de linguistique générale et de linguistique latine offertes en hommage à G. Serbat (Paris 1987) 11–21

8302
Miller, P. A.: Sive deae seu sint dirae obscenaeque volucres.—
Arethusa 22, 1989, 47–49

8303
Moatti, C.: Tradition et raison chez Cicéron. L'émergence de la rationalité politique à la fin de la république romaine.—
MEFRA 100, 1988, 385–430

8304
Müller, R.: Arbeit und Muße in der Sozialutopie der Antike.—
Altertum 34, 1988, 133–141, Abb.

8305
Müller, R.: Kosmos und Imperium. Zur römischen Ideologiegeschichte der späten Republik und der Kaiserzeit.—
SBBerlin 14 G, 1987, 8–16

8306
Musti, D.: Introduzione.— Strabone e la Magna Grecia (Padova 1988) 11–60

8307
Mutschler, F. H.: Zur Bedeutung des Ritterstandes für die Geschichte der römischen Literatur im 2. und 1. Jh. v. Chr.—
WürzbJbAltWiss 14, 1988, 113–135

8308
Pöhlmann, E.: Mündlichkeit und Schriftlichkeit gestern und heute.—
WürzbJbAltWiss 14, 1988, 7–20, Taf.

8309
Postiglione, A.: Manumissio non facit liberum. Genesi e sviluppo di un'idea.—
Orpheus 9, 1988, 293–305

8310
Puliga, D.: Le statue dei saggi. Filodemo alla Villa dei papiri.—
CivClCrist 10, 1989, 37–47

8311
Raaflaub, K.: Die Anfänge des politischen Denkens bei den Griechen.—
HZ 248, 1989, 1–32

8312
Roscalla, F.: La descrizione del sé e dell'altro. Api ed alveare da Esiodo a Semonide.—
QuadUrbin 29, 1988, 23–47

8313
Rudd, N.: Themes in Roman satire.— (London 1986) XII, 242 S.

8314
Schachermeyr, F.: Das geistige Eigentum und seine Geschichte.—
Tyche 3, 1988, 1–9

8315
Schnapp-Gourbeillon, A.: Homère, Hipparque et la bonne parole.—
AnnEconSocCiv 43, 1988, 805–821

8316
Schouler, B.: Les sophistes et le théâtre au temps des empereurs.— Anthropologie et théâtre antique (Montpellier 1987) 273–294
KB Montpellier 1986

8317
Stambaugh, J. E.: The ancient Roman city.— (Baltimore 1988) XVIII, 395 S., Abb. Taf.

8318
Stroumsa, G. G.: Religious contacts in Byzantine Palestine.—
Numen 36, 1989, 16–42

8319
Thébert, Y.: A propos du 'triomphe du christianisme'.—
DialHistAnc 14, 1988, 277–345

8320
Theissen, G.: Tradition und Entscheidung. Der Beitrag des biblischen Glaubens zum kulturellen Gedächtnis.— Kultur und Gedächtnis (Frankfurt a. M. 1988) 170–196
SB

8321
Theissen, G.: Wert und Status des Menschen im Urchristentum.—
HumBild 12, 1988, 61–93

8322
Thompson, L. A.: Romans and blacks.— (London 1989) XII, 253 S.

8323
Tobin, V. A.: Ma'at and δίκη. Some comparative considerations of Egyptian and Greek thought.—
JARCE 24, 1987, 113–121

8324
Toohey, P.: Some ancient notions of boredom.—
IllinClSt 13, 1988, 151–164

8325
Traina, G.: Da Dinocrate a Vitruvio. Tecnica, architettura e società nel mondo ellenistico-romano.—
CivClCrist 9, 1988, 303–349, Abb.

8326
Vilatte, S.: Art et 'polis'. Le bouclier d'Achille.—
DialHistAnc 14, 1988, 89–107

8327
Voisin, J. L.: Education de la mort volontaire à Rome.— Sociabilité, pouvoirs et société (Rouen 1987) 91–97
KB Rouen 1983

8328
Wistrand, E.: Felicitas imperatoria.— (Göteborg 1987) 114 S., Taf.
(Studia graeca et latina gothoburgensia, 48)

8329
Zanker, P.: Pompeji. Stadtbilder als Spiegel von Gesellschaft und Herrschaftsform.—
TrWPr 9, 1987, 3–46, Abb. Taf.

8330
Zannini Quirini, B.: Le astuzie di Cleopatra.—
CivClCrist 10, 1989, 71–94

8331
Zawadzki, T.: Les procès politiques de l'an 371/72 (Amm. Marc. XXIX 1, 29–33; Eunapius, Vitae soph. VII 6, 3–4; D 480).— Labor omnibus unus. G. Walser zum Geburtstag dargebracht (Stuttgart 1989) 274–286, Taf.

8332
Zecchini, G.: Una nuova testimonianza sulla 'translatio imperii' (Aristosseno, Vita di Archita, fr. 50 Wehrli).—
Klio 70, 1988, 362–371

Andere Kulturen

Vorgeschichte und Randkulturen

8333
Archeologia del legno. Documenti dell'età del bronzo dall'area sudalpina. [Catalogo della mostra] Trento, Castello del Buonconsiglio, settembre–ottobre 1988, aprile–ottobre 1989.— (Trento 1988) 135 S., Abb.
(Quaderni della sezione archeologica Museo provinciale d'arte, 4)

8334
Archeologia di una città. Bari dalle origini al X secolo. Catalogo della mostra realizzata nel complesso monumentale di Santa Scolastica a Bari, dal 6 marzo al 23 dicembre 1988.
ed. G. Andreassi.— (Bari 1988) VII, 638 S., Abb.
(Prometeo, 2)

8335
L'art préhistorique, 1. Les grands sites de Poitou-Charentes.— DossAParis 1988, Nr. 131, 4–98, Abb.

8336
Arte protoceltica a Salisburgo. Mostra della Regione di Salisburgo, Museo degli argenti, Palazzo Pitti, Firenze 10 maggio – 31 ottobre 1987.
ed. F. Moosleitner.— (Salzburg 1987) 112 S., Abb.

8337
Arte rupestre nelle Alpi occidentali dalla Valle Po alla Valchiusella. Mostra Torino 6 novembre 1987 – 24 gennaio 1988.— (Torino 1987) 131 S., Abb.
(Cahier Museomontagna, 55)

8338
Αρχαία Μακεδονία. Ancient Macedonia. Exhibition Melbourne 25 November 1988 – 19 February 1989, Brisbane 11 March – 30 April 1989, Sydney 20 May – 23 July 1989.— (Athens 1988) XXXII, 418 S., Abb.

8339
12 av. J. C. Aux origines de Strasbourg. [Exposition, Musée archéologique Strasbourg 1988.].— (Strasbourg 1988) 184 S., Abb.

8340
Bondeno e il suo territorio dalle origini al Rinascimento. [Mostra archeologica alla Rocca Possente di Stellata dal 26 giugno al 23 ottobre 1988].
ed. F. Berti.— (Casalecchio 1988) 425 S., Abb. Beil.

8341
Celtíeros. [Exposición Zaragoza 30 de marzo a 28 de abril 1988.].— (Zaragoza 1988) 215 S., Abb.

8342
Céramiques antiques de Grèce et d'Italie dans le patrimoine liégeois. Exposition Liège, Musée de l'art wallon, 18 décembre 1987 – 31 janvier 1988.— (Liège 1987) 135 S., Abb.

8343
Charles Ede Ltd. Cypriot pottery, 11. 2075 BC-AD 500.— (London o. J.) o. Pagin., Abb.

8344
Colección Martí Esteve. Materiales procedentes de Ibiza.
ed. E. Vento Mir.— (Valencia 1985) 159 S., Abb.
(Ayuntamiento de Valencia. Arqueología, 4)

8345
Collection de la Fondation Thétis. Développements de l'art grec de la préhistoire à Rome. [Catalogue de l'exhibition Genève 1987.]
ed. J. L. Zimmermann.— (Genève 1987) 204 S., Abb.

8346
La cultura di Ozieri. Problematiche e nuove acquisizioni. Atti del I Convegno di studio, Ozieri gennaio 1986 – aprile 1987.— (Ozieri 1989) 308 S., Abb.

8347
Enclosures and defences in the neolithic of Western Europe. 2 Bde. [Papers of a conference, Newcastle upon Tyne January 6th–8th, 1984].— (Oxford 1988) V, 445 S., Abb.
(British archaeological reports. International series, 403)

8348
L'età del rame in Europa. Congresso internazionale, Viareggio 15–18 ottobre 1987.—
RassAPiomb 7, 1988, 1–635, Abb.

8349
L'Europe à l'âge du bronze. Exposition Abbaye de Daoulas 14 mai – 31 août 1988.— (Daoulas 1988) 175 S., Abb.

8350
Gens antiquissima Italiae. Antichità dall'Umbria in Vaticano.— [Mostra, Città del Vaticano, 21 novembre 1988 – 22 gennaio 1989.] (Perugia 1988) 142 S., Abb.

8351
Gens antiquissima Italiae. Antichità dall'Umbria a Budapest e Cracovia. Catalogo della mostra Budapest 4 agosto – 17 settembre 1989, Cracovia 9 novembre 1989 – 7 gennaio 1990.— ([Milano] 1989) 219 S., Abb.

8352
Gli Etruschi a nord del Po.— [Mostra Mantova 1986–87.] 2. ed., 2 Bde.
ed. R. De Marinis (Udine 1988) 299 S., Abb.; 243 S., Abb.
(Zeta università, 9)

8353
Gold und Kunsthandwerk vom antiken Kuban. Neue archäologische Entdeckungen aus der Sowjetunion. Sonderausstellung Städtisches Reiss-Museum Mannheim, 22. Januar – 27. März 1989.— (Stuttgart 1989) 189 S., Abb.

8354
Italia. Omnium terrarum alumna. La civiltà dei Veneti, Reti, Liguri, Celti, Piceni, Umbri, Latini, Campani e Iapigi.— (Milano 1988) XV, 720 S., Abb.
(Antica madre. Collana di studi sull'Italia antica.)

8355
Missione a Malta. Ricerche e studi sulla preistoria dell'arcipelago maltese nel contesto mediterraneo.— (Milano 1988) 241 S., Abb. Taf.
(Di fronte e attraverso, 215)

8356
Modena dalle origini all'anno Mille. Studi di archeologia e storia. 2 Bde. [Mostra] Modena, Galleria civica, gennaio-giugno 1989.— (Modena 1988) 612 S., Abb. Beil.; 533 S., Abb.

8357
El neolític valencià. Art rupestre i cultura material. [Catàleg de l'exposició València 1988.].— (València 1988) 114 S., Abb.
(Diputació de València. Servei d'investigació prehistòrica.)

8358
Il nuraghe S. Antine nel Logudoro-Meilogu.
ed. A. Moravetti.— (Sassari 1988) 441 S., Abb. Taf.

8359
Il patrimonio disperso. Reperti archeologici sequestrati dalla Guardia di finanza.
ed. A. Romualdi.— Catalogo della mostra Piombino 15 luglio – 31 ottobre 1989 (Roma 1989) 235 S., Abb.

8360
Per pagos vicosque. Torino romana fra Orco e Stura.
ed. G. Cresci Marrone.— (Padova 1988) 235 S., Abb. Beil
(Saggi e materiali universitari. Serie di antichità e tradizione classica, 10)

8361
La preistoria in Sicilia.—
SicA, quaderno 1, 1987, 1–152, Abb.

8362
Le premier or de l'humanité en Bulgarie. 5e millénaire. Exposition Musée des antiquités nationales Saint-Germain-en-Laye 17 janvier – 30 avril 1989.— (Paris 1989) 198 S., Abb. Taf.

8363
I primi uomini in ambiente insulare. Early man in island environments. Congresso internazionale Oliena (Sardegna), 25 settembre – 2 ottobre 1988. Libro-guida delle escursioni, Field-trip book.
ed. F. Martini.— (Nuoro 1988) 254 S., Abb.

8364
Sant'Ilario d'Enza. L'età della colonizzazione etrusca. Strade, villaggi, sepolcreti. [Catalogo della mostra, Reggio Emilia giugno a settembre 1989.].— (Reggio Emilia 1989) 225 S., Abb. Taf.
(Archaeologica regiensia, 3)

8365
La Sardegna nel Mediterraneo tra il secondo e il primo millennio a. C. Atti del II Convegno di studi 'Un millennio di relazioni fra la Sardegna e i paesi del Mediterraneo', Selargius-Cagliari 27–30 novembre 1986.— ([Cagliari] 1987) 625 S., Abb.

8366
Satriano 1987–1988. Un biennio di ricerche archeologiche. [Catalogo della] mostra documentaria, [Satriano 1988].
ed. E. Greco.— (Potenza 1988) 78 S., Abb. Taf.

8367
Scoperte e scavi preistorici in Italia negli anni 1985 e 1986. Neolitico e metalli.—
RivScPr 40, 1985–86, 388–434

8368
La Sicilia e la Grecia arcaica fino alla fine del VI secolo a. C. Atti del VI Congresso internazionale di studi sulla Sicilia antica, Palermo 29 aprile – 5 maggio 1984.—
Kokalos 30–31, 1984–85, Nr. 1–2, 1–908, Abb Taf.

8369
Soprintendenza archeologica della Puglia. Notiziario delle attività di tutela, ottobre 1986 – agosto 1987.—
Taras 7, 1987, 89–179, Taf.

8370
Le stele della Daunia. Dalle scoperte di Silvio Ferri agli studi più recenti.
ed. M. L. Nava.— (Milano 1988) 219 S., Abb.
(Banca del Monte di Foggia)

8371
Storia di Roma, 1. Roma in Italia.
ed. A. Schiavone.— (Torino 1988) XLII, 628 S., Abb. Taf.

8372
Storia di Vicenza, 1. Il territorio, la preistoria, l'età romana.
ed. A.Broglio.— (Vicenza 1987) XII, 324 S., Taf. Beil.

8373
Der thrakische Silberschatz aus Rogozen, Bulgarien. [Katalog der Ausstellung] Bonn, 27. 9.–6. 10. 1988.— (o. O. [1988]) 202 S., Abb.

8374
Traci. Arte e cultura nelle terre di Bulgaria dalle origini alla tarda romanità. Mostra Venezia, Palazzo ducale 13 maggio – 30 novembre 1989.— (Milano 1989) 347 S., Abb.

8375
Abatino, E.: La grotta 'Nicolucci' a Sorrento.— Alle origini dell'-antropologia italiana (Napoli 1988) 289–302, Abb.
KB Isola del Liri 1985

8376
Acovitsioti-Hameau, A.; Hameau, P.; u. a.: Le 'Couloir des Eissartènes' (Le Val, Var). Recherches 1982–1986.—
DocAMérid 11, 1988, 7–27, Abb.

8377
Acquaro, E.; Finzi, C.: Tharros.— (Sassari 1986) 69 S., Abb.
(Sardegna archeologica. Guide e itinerari, 5)

8378
Acquaro, E.: Antichità puniche d'Ibiza. La maschera e l'uovo di struzzo.—
StEgAntPun 1, 1987, 63–65, Taf.

8379
Acquaro, E.: Tharros, 14. La campagna del 1987.—
RStFen 16, 1988, 207–219, Taf. Beil.

8380
Acquaro, E.: Gli scarabei punici in pietra dura del Museo nazionale 'G. A. Sanna' di Sassari.—
RendLinc 41, 1986, 227–252, Taf.

8381
Acquaro, E.: Note di glittica punica, 8.—
StEgAntPun 3, 1988, 111–117, Taf.

8382
Acquaro, E.: Scavi al tofet di Tharros. Le urne dello scavo Pesce, 1.— (Roma 1989) 138 S., Abb. Beil.
(Collezione di studi fenici, 29)

8383
Adam, R.; Flouder, J.; u. a.: Répertoire des importations étrusques et italiques en Gaule, 1.—
Caesarodunum, suppl. 57, 1987, 130 S., Abb.

8384
Adamesteanu, D.: Riserve d'acqua nei centri indigeni dell'Italia meridionale.— Bathron. Beiträge zur Architektur und verwandten Künsten für H. Drerup (Saarbrücken 1988) 13–19, Abb.

8385
Adamesteanu, D.: Salento, Magna Grecia e Sicilia. Alcune riflessioni.— Salento. Porta d'Italia (Galatina 1989) 71–73
KB Lecce 1986

8386
Adinolfi, R.: La facies protostorica e precoloniale di Pozzuoli e nuovi studi sulla fondazione di Dicearchia.—
Puteoli 11, 1987, 93–105, Abb.

8387
Agostini, S.; Rossi, M. A.: Geologia, osservazioni stratigrafiche e tecnologiche sulla necropoli dell'età del ferro di Torre de'Passeri.—
QuadChieti 4, [1988], 27–44, Abb.

8388
Aigner-Foresti, L.: Zeugnisse etruskischer Kultur im Nordwesten Italiens und in Südfrankreich. Zur Geschichte der Ausbreitung etruskischer Einflüsse und der etruskisch-griechischen Auseinandersetzung.—
SBWien 507, 1988, 1–279, Taf.

8389
Åkerström, Å.: Berbati, 2. The pictorial pottery.— (Stockholm 1987) 140 S., Abb. Taf.
(Acta Instituti Atheniensis Regni Sueciae. Series in 4°, 36,2)

8390
Akkermans, P. M. M. G.: Halaf mortuary practices. A survey.— To the Euphrates and beyond. Archaeological studies in honour of M. N. van Loon (Rotterdam 1989) 75–88

8391
Aldini, T.: Resti di una stazione preistorica lungo la via Erbosa (Pievequinta, Forlì).—
StRomagnoli 36, 1985, 371–389, Abb.

8392
Alexeyev, A.: Scythian chronography of the second half of the fourth century B.C. (Russ. m. engl. Res.).—
ASbor 28, 1987, 38–51, Abb.

8393
Alexeyev, A.: Dates of the Baba and Raskopana Mogila Scythian barrows. (Russ. m. engl. Res.).—
SoobErmit 52, 1987, 28–31, Abb.

8394
Almagro-Gorbea, M.: El área superficial de las poblaciones ibéricas.— Los asentamientos ibéricos ante la romanización (Madrid 1987) 21–34, Abb.
KB [Madrid] 1986

8395
Ambrosi, A. C.: Il museo nel castello del Piagnaro. Statue stele lunigianesi.— (Genova 1988) 63 S., Abb.

8396
Ammerman, A. J.; Bonardi, S.: Ceramica stentinelliana di una struttura a Piana di Curinga (Catanzaro).—
RivScPr 40, 1985–86, 201–224, Abb.

8397
Ammerman, A. J.: On the neolithic transition in Europe. A comment on Zvelebil and Zvelebil, 1988.—
Antiquity 63, 1989, 162–165

8398
Ammerman, A. J.; Shaffer, G. D.; Hartmann, N.: A neolithic household at Piana di Curinga, Italy.—
JFieldA 15, 1988, 121–140, Abb.

8399
Andel, T. H. van; Runnels, C. N.: An essay on the 'emergence of civilization' in the Aegean world.—
Antiquity 62, 1988, 234–247, Abb.

8400
Andraschko, F. M.; Teegen, W. R.: Der Brunnenfund von Bad Pyrmont und die Ur- und Frühgeschichte des Pyrmonter Tales.— (Bad Pyrmont 1988) 32 S., Abb.
(Bildheft des Museums im Schloß Bad Pyrmont, 3)

8401
Andreassi, G.; Striccoli, R.; Cassano, R.; u. a.: L'attività archeologica in Puglia nel 1985.— Neapolis (Taranto [1988]) 369–413, Taf.
KB Taranto 1985

8402
Andreou, E.; Andreou, J.: Une nécropole tumulaire à Pogoni de l'Epire.— L'Illyrie méridionale et l'Epire dans l'antiquité (Clermont-Ferrand 1987) 47–49
KB Clermont-Ferrand 1984

8403
Andruch, S. I.; Suničuk, E. F.: Zachoronenija zažitočnych Skifov v nizov'jach Dunaja. (Russ.) [Gräber wohlhabender Skythen am Unterlauf der Donau.].— Novye issledovanija po archeologii Severnogo Pričernomor'ja (Kiev 1987) 38–46, Abb. Taf.
SB

8404
Anfimov, N. V.: Antičnoe vlijanie v meotskoj keramike. (Russ.) [Antiker Einfluß in der mäotischen Keramik.].— Problemy antičnoj kul'tury (Moskva 1986) 125–129, Abb.
SB

8405
Antonini, S.: Fabrateria Vetus. Un'indagine storico-archeologica.— (Roma 1988) 89 S., Abb.
(Studi e ricerche sul Lazio antico)

8406
Aranegui, C.: Algunas construcciones preaugusteas de Sagunto.— Los asentamientos ibéricos ante la romanización (Madrid 1987) 155–162, Abb.
KB [Madrid] 1986

8407
Aranegui Gascó, C.: La cerámica gris de tipo ampuritano. Las jarritas grises.— Céramiques hellénistiques et romaines, 2 (Paris 1987) 87–95, Taf.
SB

8408
Aranguren, B. M.: Insediamento protostorico a Poggio Calvello (Grosseto).—
RivScPr 40, 1985–86, 347–358, Abb.

8409
Arcelin, P.; Berato, J.; Brien-Poitevin, F.: L'oppidum protohistorique de La Courtine (Ollioules, Var). Les collections anciennes.—
DocAMérid 11, 1988, 29–69, Abb.

8410
Archibald, Z. H.: Thracian interpretations of Greek and Oriental elements in fourth-century metalwork.— The Rogozen treasure (London 1989) 12–25, Abb. Taf.
KB London 1987

8411
Arechian, G. E.: Un sujet indo-européen dans la mythologie de la région entre la Koura et l'Araxe au IIe millénaire av. n. è. (Russ. m. franz. Res.).—
VesDrevIstor 1988, Nr. 4, 84–102, Abb.

8412
Arteaga, O.; Blech, M.: La romanización en las zonas de Porcuna y Mengíbar (Jaén).— Los asentamientos ibéricos ante la romanización (Madrid 1987) 89–99, Abb.
KB [Madrid] 1986

8413
Artzy, M.: Development of war-fighting boats of the 2nd millennium B.C. in the Eastern Mediterranean.—
RDAC 1988, Nr. 1, 181–186, Abb.

8414
Ascani, M.; Penso, E. M.: Alcune considerazioni sulle navi lunghe dell'antichità e la nave punica di Marsala.— Dalla battaglia delle Egadi per un'archeologia del Mediterraneo (Trapani 1988) 75–98, Taf.
KB Favignana 1985

8415
Aslanes, I.: Η νεολιθική εποχή και η πρώϊμη εποχή του χαλκού στην αιγαιακή Θράκη.— Η ιστορική, αρχαιολογική και λαογραφική έρευνα για τη Θράκη (Θεσσαλονίκη 1988) 139–155, Taf.
KB Xanthe 1985

8416
Åström, P.; u. a.: Hala Sultan Tekke, 9. Trenches 1972–1987. With an index for volumes 1–9.— (Göteborg 1989) 142 S., Abb.
(Studies in Mediterranean archaeology, 45,9)

8417
Åström, P.: Relations between Cyprus and the Dodecanese in the bronze age.— Archaeology in the Dodecanese (Copenhagen 1988) 76–79
KB København 1986

8418
Åström, P.: Inverted vases in Old World religion.—
JPrehistRel 1, 1987, 7–16, Abb.

8419
Åström, P.; Flourentzos, P.: Katydhata. A bronze age site in Cyprus.— (Gothenburg 1989) 131 S., Abb.
(Studies in Mediterranean archaeology, 86)

8420
Åström, P.: The Hippocampus krater.—
RDAC 1988, Nr. 1, 173–176, Abb.

8421
Aubet, M. E.: Tiro y las colonías fenicias de Occidente.— (Barcelona 1987) VIII, 323 S., Abb.

8422
Audouze, F.; Buchsenschutz, O.: Villes, villages et campagnes de l'Europe celtique. Du début du IIe millénaire à la fin du Ie siècle avant J. C.— ([Paris] 1989) 362 S., Abb.
(Bibliothèque d'archéologie)

8423
Avanzini, M.: Castel Castil, comune di Arco, Trento.—
PreistAlp 21, 1985, 194, Taf.

8424
Avilova, L. I.: Pogrebal'nyj obrjad ėneolitičeskich zemledel'cev jugo-vostočnoj Evropy. (Russ.) [Der Bestattungsritus der aeneolithischen Ackerbauern Südost-Europas.].—
KraSoob 1986, Nr. 185, 9–14

8425
Azarpay, G.: The Roman twins in Near Eastern art.—
IrAnt 23, 1988, 349–360, Taf.

8426
Babeş, M.: Descoperirile funerare şi semnificaţia lor în contextul culturii geto-dace clasice.—
StCIstor 39, 1988, 3–32, Abb.

8427
Bagnasco Gianni, G.: Contributo allo studio sulla periodizzazione della cultura di Golasecca. Il momento di transizione tra le fasi IC e IIA.—
QuadAPiem 7, 1988, 13–33, Abb. Taf.

8428
Bagolini, B.; Cavada, E.; Ciurletti, G.; u. a.: Doss Trento (Trento).—
PreistAlp 21, 1985, 216–223, Abb.

8429
Bagolini, B.; Biagi, P.: Balkan influences in the neolithic of Northern Italy.—
PreistAlp 21, 1985, 49–57

8430
Barber, R. L. N.: The Cyclades in the bronze age.— (Iowa City 1987) XIII, 283 S., Abb.

8431
Barceló, P.: Aspekte der griechischen Präsenz im westlichen Mittelmeerraum.—
Tyche 3, 1988, 11–24

8432
Barceló, P.: Zur karthagischen Überseepolitik im VI. und V. Jahrhundert v. Chr.—
Gymnasium 96, 1989, 13–37

8433
Barkova, L.: Depictions of the eagle-headed griphon in the art of the ancient Altai. (Russ. m. engl. Res.).—
ASbor 28, 1987, 5–29, Abb.

8434
Barlow, J. A.; Idziak, P.: Selective use of clays at a middle bronze age site in Cyprus.—
Archaeometry 31, 1989, 66–76, Abb.

8435
Bartl, K.: Zur Datierung der altmonochromen Ware von Tell Halaf.— To the Euphrates and beyond. Archaeological studies in honour of M. N. van Loon (Rotterdam 1989) 257–274, Abb.

8436
Bartoloni, G.: L'urna a capanna dell'Esquilino. Una nuova lettura.—
ArchCl 37, 1985, 1–26, Abb. Taf.

8437
Bartoloni, G.: La cultura villanoviana. All'inizio della storia etrusca.— (Roma 1989) 224 S., Abb.
(Studie NIS archeologia, 9)

8438
Bartoloni, G.: Marriage, sale and gift. A proposito di alcuni corredi femminili dalle necropoli populoniesi della prima età del ferro.— Le donne in Etruria (Roma 1989) 35–54, Taf.
SB

8439
Bartoloni, P.: Anfore fenicie e puniche da Sulcis.—
RStFen 16, 1988, 91–99, Taf.

8440
Bartoloni, P.: Aspetti protostorici di epoca tardopunica e romana nel Nord Africa e in Sardegna.— L'Africa romana (Sassari 1988) 345–347
KB Sassari 1987

8441
Bartoloni, P.: Le anfore fenicie e puniche di Sardegna.— (Roma 1988) 74 S., Taf.
(Studia punica, 4)

8442
Basile, B.; Di Stefano, G.; Lena, G.: Landings, ports, coastal settlements and coastlines in southeastern Sicily from prehistory to late antiquity.—Archaeology of coastal changes (Oxford 1988) 15–33
KB Haifa 1986

8443
Basoli, P.: Un vaso zoomorfo in pietra proveniente da Mores (Sassari).—
RivScPr 40, 1985–86, 341–346, Abb.

8444
Basoli, P.; Foschi Nieddu, A.: La Tomba delle protomi taurine in località Montalé (Sassari).—
RivScPr 40, 1985–86, 317–325, Abb.

8445
Baurain, C.: Passé légendaire, archéologie et réalité historique. L'hellénisation de Chypre.—
AnnEconSocCiv 44, 1989, 463–477

8446
Bavec, U.: An interim report of survey work carried out at Sveti Jakob, a multi-period hilltop settlement above Dovsko (Senovo), Slovenia.— Recent developments in Yugoslav archaeology (Oxford 1988) 225–230, Taf.
SB

8447
Beijer, A. J.: Scavi a Borgo le Ferriere (Satricum) 1987.— Archeologia laziale, 9 (Roma 1988) 211–217, Abb.
KB Roma 1987

8448
Bela, M.: Vendbanimi shpellor i Dajçit. (Alban. m. franz. Res.) L'habitation de la grotte de Dajç.—
Iliria 17, 1987, Nr. 2, 21–33, Abb. Taf.

8449
Bellintani, P.: I materiali dell'insediamento dell'età del bronzo di Canàr (Castelnovo Bariano-Rovigo). Le raccolte di superficie.—
Padusa 23, 1987, 147–175, Abb. Taf.

8450
Beltrán, A.: L'art préhistorique espagnol. Nouveaux horizons et problèmes. Etat de la question.—
BCamunoStPrIstor 24, 1988, 13–44, Abb.

8451
Beltrán, A.: Los asentamientos ibéricos ante la romanización en el Valle del Ebro. Los casos de Celsa, Azaila y Botorrita.— Los asentamientos ibéricos ante la romanización (Madrid 1987) 101–109, Abb.
KB [Madrid] 1986

8452
Ben Younes, H.: La nécropole punique d'El Hkayma. Seconde compagne septembre 1985.—
Reppal 4, 1988, 49–119, Taf.

8453
Ben Younes-Krandel, A.: Typologie des tombeaux de nécropoles puniques en pays numide.—
Reppal 4, 1988, 1–37, Taf.

8454
Bendala Galán, M.; Fernández Ochoa, C.; Fuentes Domínguez, A.; u. a.: Aproximación al urbanismo prerromano y a los fenómenos de transición y de potenciación tras la conquista.— Los asentamiento ibéricos ante la romanización (Madrid 1987) 121–140
KB [Madrid] 1986

8455
Bensimon, Y.; Martineau, M.: Les outils terriens du Maghreb. Les houes de Bel Hachmi (Maroc).—
BMusMonaco 31, 1988, 49–75, Abb.

8456
Berciu, D.; Iosifaru, M.; Purice, S.; u. a.: Descoperiri şi însemnări de la Buridava dacică, 6.—
Thraco-Dacica 9, 1988, 171–179, Abb.

8457
Bergoffen, C. J.: Some Cypriote pottery from Ashkelon.—
Levant 20, 1988, 161–168, Abb.

8458
Bergonzi, G.; Piana Agostinetti, P.: L''obolo di Caronte'. 'Aes rude' e monete nelle tombe. La Pianura Padana tra mondo classico e ambito transalpino nella seconda età del ferro.—
SciAnt 1, 1987, 161–223, Abb.

8459
Berke, S.: Zum Export mittelgallischer und früher Rheinzaberner Terra Sigillata in das Barbaricum nördlich der mittleren Donau.—
MünstBeitr 7, 1988, Nr. 1, 46–61, Abb.

8460
Bermond Montanari, G.: Un nuovo documento dell'orientalizzazione bolognese.—
AquilNost 57, 1986, 45–52, Abb.

8461
Bernard, P.: Les nomades conquérants de l'empire gréco-bactrien. Réflexions sur leur identité ethnique et culturelle.—
CRAI 1987, 758–768

8462
Bernard, P.: Une cité coloniale grecque en Asie Centrale. Aï Khanoum, Afghanistan.— The Black Sea littoral in the hellenistic times (Tbilisi 1985) 176–184, Taf.
KB Cchaltubo 1982

8463
Bessac, J. C.; Bouloumié, B.: Les stèles de Glanum et de Saint-Blaise et les sanctuaires préromains du Midi de la Gaule.—
RANarb 18, 1985, 127–187, Abb.

8464
Bezuglov, S. I.: A late Sarmatian burial of a noble warrior in the Steppe belt of the Don basin. (Russ. m. engl. Res.).—
SovArch 1988, Nr. 4, 103–115, Abb.

8465
Biagi, P.; Isetti, E.: Le punte di zagaglia peduncolate in osso della cultura dei vasi a bocca quadrata.—
RdA 12, 1988, 16–19, Taf.

8466
Bianco, S.: Il villaggio neolitico di Masseria Guidone presso Mesagne.— Atti del VII Convegno dei comuni messapici peuceti e dauni (Bari 1988) 245–252, Abb.
KB Mesagne 1976

8467
Biancofiore, F.: Origini messapiche, 2.— Atti del VII Convegno dei comuni messapici peuceti e dauni (Bari 1988) 23–36
KB Mesagne 1976

8468
Biel, J.: Zwei eisenzeitliche Erdwerke bei Heilbronn-Neckargartach.—
AAusgrBadWürt 1988, 65–68, Abb.

8469
Bietti, A.; Brucchietti, M.; Mantero, D.: Ricognizione sistematica di superficie nella piana di Fondi (Latina). Primi risultati.— Archeologia laziale, 9 (Roma 1988) 389–396, Abb.
KB Roma 1987

8470
Bietti Sestieri, A. M.: The 'Mycenean connection' and its impact on the central Mediterranean societies.—
DArch 6, 1988, Nr. 1, 23–51, Abb.

8471
Bisi, A. M.: Ateliers phéniciens dans le monde égéen.— Phoenicia and the East Mediterranean in the first millennium B.C. (Leuven 1987) 225–237
KB Louvain 1985

8472
Blánquez Pérez, J.: Los enterramientos de estructura tumular en el mundo ibérico.— Actas. 1er Congreso peninsular de historia antigua, 2 (Santiago de Compostela 1988) 5–38, Abb.
KB Santiago de Compostela 1986

8473
Blázquez, J. M.: Los escudos con escotadura en V y la presencia fenicia en la costa atlántica y en el interior de la Península Ibérica.— Studia palaeohispanica. Actas del IV Coloquio sobre lenguas y culturas paleohispánicas, Vitoria-Gasteiz 6–10 mayo 1985 (Vitoria 1987) 469–497, Abb.
(Veleia, 2–3)
SD

8474
Blázquez, J. M.: Los templos de Lixus (Mauritania Tingitana) y su relación con los templos de ciudades semitas representados en las monedas.— Congreso internacional 'El estrecho de Gibraltar', Ceuta noviembre 1987 (o. O. o. J.) o. Pagin., Abb.
(Actas separatas. Universidad nacional de educación a distancia)
SD

8475
Blázquez, J. M.; García-Gelabert, M. P.: El iberismo en la ciudad de Castulo.— Los asentamientos ibéricos ante la romanización (Madrid 1987) 43–54, Abb.
KB [Madrid] 1986

8476
Blázquez, J. M.: Iberian art with Greek influence. The funerary monument of Jumilla (Murcia, Spain).—
AJA 92, 1988, 503–508, Abb.

8477
Blázquez Martínez, J. M.; Gonzales Navarrete, J.: Arte griego en España. Las esculturas de Obulco (Porcuna, Jaén).—
(Goya 205–206, 1988, 2–14 Abb.)
SD

8478
Blázquez Martínez, J. M.: La sculpture funéraire ibérique et les parallèles à Pont Euxin.— The Black Sea littoral in the hellenistic times (Tbilisi 1985) 164–176
KB Cchaltubo 1982

8479
Blázquez Martínez, J. M.; García-Gelabert Pérez, M.: The sanctuary of La Muela (Cástulo, Jaén). One of the units of the oldest pebble-mosaics in Spain.—
AfO 34, 1987, 243–247, Abb.

8480
Blech, M.: Las armas de la sepultura 155 de la necrópolis de Baza.— Coloquio sobre el puteal de la Moncloa (Madrid 1986) 205–209
KB Madrid 1983

8481
Blech, M.: Varianten der südwesteuropäischen Beinschienen in der iberischen Plastik.—
MM 29, 1988, 188–190, Taf.

8482
Bloedow, E. F.: The Trojan War and late Helladic III C.—
PZ 63, 1988, 23–52, Abb.

8483
Boehmer, R. M.; Güterbock, H. G.: Glyptik aus dem Stadtgebiet von Boğazköy. Grabungskampagnen 1931–1939, 1952–1978.—
(Berlin 1987) 131 S., Abb. Taf.
Boğazköy-Hattuša, 14. Die Glyptik von Boğazköy, 2.)

8484
Boersma, J.; Yntema, D.: The Oria project. Second interim report.—
BABesch 62, 1987, 1–19, Abb.

8485
Bogdan Cătăniciu, I.: Ceramica dacică din castellum de la Rucăr.—
ActaMusNapoca 22–23, 1985–86, 201–209, Taf.

8486
Bolger, D.: Erimi-Pamboula. A chalcolithic settlement in Cyprus.— (Oxford 1988) X, 240 S., Abb.
(British archaeological reports. International series, 443)

8487
Bona, P.; Rogozea, P.: Necropola dacică de la Iaz.—
ActaMusNapoca 22–23, 1985–86, 439–441, Taf.

8488
Bonet Rosado, H.; Mata Parreño, C.: Imitaciones de cerámica campaniense en la Edetania y Contestania.—
AEsp 61, 1988, 5–32, Abb. Taf.

8489
Bottazzi, G.; Mutti, A.: Siti dell'età del bronzo nella pianura parmense tra i torrioni Parma e Baganza.—
Padusa 23, 1987, 189–207, Taf.

8490
Bottini, A.; Pianu, G. P.; Salvatore, M. R.; u. a.: L'attività archeologica in Basilicata, 1985.— Neapolis (Taranto [1988]) 455–492, Abb. Taf.
KB Taranto 1985

8491
Bottini, A.: Scavi e ricerche nel Melfese.— L'epos greco in Occidente (Taranto 1980 [1989]) 418–422, Taf.
KB Taranto 1979

8492
Boucharlat, R.: Documents arabes provenant des sites 'hellénistiques' de la péninsule d'Oman.— L'Arabie préislamique et son environnement historique et culturel (Leiden 1989) 109–126, Abb. Taf.
KB Strasbourg 1987

8493
Boucharlat, R.: Entre la Méditerranée et l'Inde. Etablissements du golfe Persique à l'époque gréco-romaine.—
RA 1989, 214–219, Abb.

8494
Boucher, S.; Boucher, J. P.: Musée d'Evreux. Collections archéologiques. Bronzes antiques, 1. Statuaire et inscription.— (Evreux [1988]) 80 S., Abb. Taf.

8495
Bouzek, J.: Climatic changes and the pattern of interaction in bronze age Europe.—
PamA 79, 1988, 461–466

8496
Bouzek, J.; Ondřejová, I.: Sindos, Trebenishte, Duvanli. Interrelations between Thrace, Macedonia, and Greece in the 6th and 5th centuries BC.—
MedA 1, 1988, 84–94, Abb.

8497
Bouzek, J.: An alternative reconstruction of the Kaloriziki shield.—
RDAC 1988, Nr. 1, 319–320, Abb.

8498
Boysal J.: Eine vorarchaische Oinochoe im Museum von Fethiye.— Beiträge zur Ikonographie und Hermeneutik. Festschrift für N. Himmelmann (Mainz 1989) 79–82, Abb.

8499
Bradley, R.: Hoarding, recycling and the consumption of prehistoric metalwork. Technological change in western Europe.—
WorldA 20, 1988, 249–260, Abb.

8500
Braka, K.: Një varrezë e periudhës së hekurit në fshatin Katundas të rrethit të Beratit. (Alban. m. franz. Res.) Une nécropole de l'âge du fer dans le village de Katundas (district de Berat).—
Iliria 17, 1987, Nr. 2, 37–44, Abb. Taf.

8501
Bratchenko, S. N.; Shvetsov, M. L.; Dubovskaya, O. R.: A mound of the 4th century B.C. in the basin of Seversky Donetz. (Russ. m. engl. Res.).—
SovArch 1989, Nr. 1, 170–177, Abb.

8502
Brentjes, B.: Die 'baktrischen Bronzen', ihre Datierung und die Mitanni-Kunst.— Orient und Okzident im Spiegel der Kunst. Festschrift H. G. Franz (Graz 1986) 15–20, Taf.

8503
Brentjes, B.: Stempel- und Rollsiegel aus Baktrien und Chorasan.—
BaM 20, 1989, 315–335, Taf.

8504
Brentjes, B.: Vorislamische Kronen Mittelasiens.—
AMI 20, 1987, 261–279, Abb. Taf.

8505
Brentjes, B.: Sibirische Tier-'Szepter' und verwandte Symbolgeräte.—
AMI 20, 1987, 93–97, Abb. Taf.

8506
Brentjes, B.: Die Kulturen des Sumbartales und ihre Datierung.—
AMI 20, 1987, 17–30, Abb.

8507
Bretanizki, L.; Weimarn, B.; Brentjes, B.: Die Kunst Aserbaidshans vom 4. bis zum 18. Jahrhundert.— (Leipzig 1988) 239 S., Abb. Taf.

8508
Breton, J. F.: L'Orient gréco-romain et le Hadhramawt.— L'Arabie préislamique et son environnement historique et culturel (Leiden 1989) 173–185, Abb. Taf.
KB Strasbourg 1987

8509
Briard, J.: Mythes et symboles de l'Europe préceltique. Les religions de l'âge du bronze (2500–800 av. J.C.).— (Paris 1987) 179 S., Abb.

8510
Brujako, I. V.; Sunićuk, E. F.: Lepnaja keramika iz poselenija Ovidiopol' I. (Russ.) [Handgeformte Keramik aus der Siedlung Ovidiopol' I.].— Novye issledovanija po archeologii Severnogo Pričernomor'ja (Kiev 1987) 129–134, Abb. Taf.
SB

8511
Brunaux, J. L.; Lambot, B.: Guerre et armement chez les Gaulois 450–52 av. J.-C.— (Paris 1988) 219 S., Abb.
(Collection des Hespérides)

8512
Brunaux, J. L.: Les monnaies du site de Gournay-sur-Aronde.— Monnaies gauloises découvertes en fouilles (Paris 1987) 14–32, Abb.
SB

8513
Buora, M.: Alcuni bronzetti aquileiesi di tradizione preromana presso i Civici musei di Udine.—
AquilNost 57, 1986, 65–76, Abb.

8514
Burillo Mozota, F.: Aproximación diacrónica a las ciudades antiguas del valle medio del Ebro.— Actas. 1er Congreso peninsular de historia antigua, 2 (Santiago de Compostela 1988) 299–314
KB Santiago de Compostela 1986

8515
Bussagli, M.: Il disco 'battriano' del museo dell'Ermitage. Su un'analogia iconografica con talune figure angeliche posteriori al V secolo.—
RivStOr 60, 1986, 134, Abb.

8516
Cabrera, P.; Griñó, B. de: La Dama de Baza. ¿Una diosa tejedora en el allende?— Coloquio sobre el puteal de la Moncloa (Madrid 1986) 193–203, Abb.
KB Madrid 1983

8517
Cadogan, G.: Maroni, 4.—
RDAC 1988, Nr. 1, 229–231

8518
Cahill, N.: Taş Kule. A Persian-period tomb near Phokaia.—
AJA 92, 1988, 481–501, Abb.

8519
Calligas, P. G.: Hero-cult in early iron age Greece.— Early Greek cult practice (Stockholm 1988) 229–234, Abb.
KB Athenai 1986

8520
Callot, O: Failaka à l'époque hellénistique.— L'Arabie préislamique et son environnement historique et culturel (Leiden 1989) 127–143, Abb.
KB Strasbourg 1987

8521
Caloi, L.; Palombo, M. R.; Romei, C.: La fauna e l'allevamento.—
Etruria meridionale (Roma 1988) 51–57, Taf.
KB Viterbo 1985

8522
Calzecchi Onesti, G.: Bronzi. Ferro.— Collezione Moroni. Reperti archeologici conservati presso il Museo diocesano di Recanati e il Castello Svevo di Porto Recanati (o. O. 1984) 41–46, Abb. Taf.
(Raccolta di studi sui beni culturali ed ambientali delle Marche, 6)
SD

8523
Calzecchi-Onesti, G.: Elmi 'a testa di ariete'.—
AnnPerugia 23, 1985–86, Nr. 1, 111–136, Abb. Taf.

8524
Camps, G.: Préhistoire d'une île. Les origines de la Corse.— (Paris 1988) 283 S., Abb.

8525
Camps, G.; u. a.: Terrina et le terrinien. Recherches sur le chalcolithique de la Corse.— (Rome 1988) VIII, 397 S., Abb. Taf.
(Collection de l'Ecole française de Rome, 109)

8526
Canciani, F.: Considerazioni su due vasi di bronzo dall'Italia centrale.—
Anadolu 21, 1978–80 [1987], 79–83, Taf.

8527
Candilio, D.: Cinturoni a lamina rettangolare della collezione Betti al Museo nazionale romano.—
Xenia 16, 1988, 29–42, Abb.

8528
Çano, I.: Kalaja e Hadërajt. (Alban.) La forteresse de Hadëraj.—
Iliria 17, 1987, Nr. 1, 227–228, Abb.

8529
Cano Pan, J. A.: La industria lítica tallada en la cultura castreña de Galicia.— Actas. 1er Congreso peninsular de historia antigua, 1 (Santiago de Compostela 1988) 245–255, Abb. Taf.
KB Santiago de Compostela 1986

8530
Capano, A.: Baragiano (Pz). Aspetti dei periodi arcaico e classico nell'analisi dei corredi sepolcrali scoperti nel 1987.—
BBasil 4, 1988, 35–60, Taf.

8531
Căpitanu, V.: Unelte şi arme de fier descoperite în aşezarea getodacă de la Răcătău, com. Horgeşti, jud. Bacău.—
Carpica 17, 1985, 41–57, Taf.

8532
Caprara, R.: La necropoli di S. Andrea Priu.— (Sassari 1986) 73 S., Abb.
(Sardegna archeologica. Guide e itinerari, 3)

8533
Capuis, L.: Per una 'archeologia della morte' nel mondo paleoveneto. Limiti e prospettive di ricerca.—
AquilNost 57, 1986, 77–92

8534
Cassieri, N.; Luttazzi, A.: Nuovi dati per la conoscenza del territorio toleriense.— Archeologia laziale, 9 (Roma 1988) 270–281, Abb.
KB Roma 1987

8535
Cassola Guida, P.: I castellieri.— (Castelli del Friuli, 5. o. O. o. J., 13–40, Abb.)
SD

8536
Càssola Guida, P.; Vitri, S.: La ceramica dei castellieri.— I sette castra di Paolo Diacono ed altri studi castellologici (o. O. 1988) 221–259, Abb.
SB

8537
Càssola Guida, P.: I bronzetti friulani a figura umana tra protostoria ed età della romanizzazione.— (Roma 1989) 126 S., Abb.
(Cataloghi e monografie archeologiche dei Civici musei di Udine, 1)

8538
Casson, L.: South Arabia's maritime trade in the first century A.D.— L'Arabie préislamique et son environnement historique et culturel (Leiden 1989) 187–194, Abb.
KB Strasbourg 1987

8539
Castoldi, M.: Una classe di vasi indigeni bicromi decorati ad incisione dall'Incoronata di Metaponto.—
Acme 41, 1988, 65–75, Taf.

8540
Čausidis, N.: Simbolikata i kultnata namena na 'makedonskite bronzi'. (Maked. m. engl. Res.) The symbolic and cult use of 'Macedonian bronzes'.—
ŽivaAnt 38, 1988, 69–89, Taf.

8541
Cavalier, M.: Nuovi rinvenimenti sul castello di Lipari.—
RivScPr 40, 1985–86, 225–254, Abb.

8542
Cazzella, A.: Manuale di archeologia. Le società della preistoria.— (Bari 1989) XI, 334 S., Abb.
(Manuali Laterza, 2)

8543
Ceka, N.: Varre të periudhës qytetare në Qytetin Stalin. (Alban.) Tombes de la période urbaine à Qyteti Stalin.— Iliria 17, 1987, Nr. 1, 233–234, Taf.

8544
Ceka, N.: Le koinon des Bylliones.— L'Illyrie méridionale et l'Epire dans l'antiquité (Clermont-Ferrand 1987) 135–149, Abb.
KB Clermont-Ferrand 1984

8545
Çelikel, S.: Müzemizce satın alınan bir grup damga mühür. (Türk.) [Eine vom Museum aufgekaufte Gruppe von Stempelsiegeln.].—
AnadoluYıl 1986, 59–61, Taf.

8546
Chačatrjan, Ž. D.: O sisianskom sklepe s ustupčatym perekrytiem i proizchoždenii 'ložnogo svoda' v Armenii. (Russ.) [Ein Kammergrab mit abgestufter Decke in Sisian und die Herkunft des 'falschen Gewölbes' in Armenien.].— Problemy antičnoj kul'tury (Moskva 1986) 243–248, Abb.
SB

8547
Chamay, J.; Maier, J. L.: Sculptures en pierre du Musée de Genève, 2. Art romain.— (Mainz 1989) X, 127 S., Abb. Taf.

8548
Chapman, J.; Shiel, R.: The Neothermal Dalmatia Project. Archaeological survey results.— Recent developments in Yugoslav archaeology (Oxford 1988) 1–17, Taf.
SB

8549
Chapman, J. C.: Ceramic production and social differentiation. The Dalmatian neolithic and the Western Mediterranean.—
JMedA 2, 1988, 3–25, Abb.

8550
Chelbi, F.: Amphores ibériques du Bardo. Remarques sur le commerce carthaginois avec l'Espagne.—
Reppal 4, 1988, 161–167, Taf.

8551
Cherif, Z.: L'image du Sphinx sur les monuments carthaginois.—
Reppal 4, 1988, 171–193, Taf.

8552
Chezhina, E.: Early Scythian cheek-pieces from the South Urals and the lower Volga Basin. (Russ. m. engl. Res.).—
SoobErmit 52, 1987, 25–28, Abb.

8553
Chezina, E. F.: A unique inscription on an early Scythian cheekpiece from Southern Urals. (Russ.).—
SovArch 1989, Nr. 1, 261–264, Abb.

8554
Chidašeli, M.: Die Gürtelbleche der älteren Eisenzeit in Georgien.—
BeitrAllgA 8, 1986, 7–72, Abb.

8555
Childs, W. A. P.; Demargne, P.; u. a.: Fouilles de Xanthos, 8. Le monument des Néréides. Le décor sculpté. Textbd.; Tafelbd.— (Paris 1989) XV, 414 S., Abb.; XXV S., Taf. Beil.

8556
Chqonia, A. M.: The jeweller's art in Colchis of the 4th – 2nd centuries B.C. Problems of innovation. (Russ. m. engl. Res.).— The Black Sea littoral in the hellenistic times (Tbilisi 1985) 519–527, Abb.
KB Cchaltubo 1982

8557
Chrapunov, I. N.: Raskopki Bulganakskogo Gorodišča, 1981–1984 gg. (Russ.) [Die Grabungen auf dem Bulganakskoe Gorodišče, 1981–1984.].—
KraSoob 1987, Nr. 191, 40–45, Abb.

8558
Čičikova, M.: Tombeau royal thrace de Sveštari (Nord-Est de Bulgarie).— Πρακτικά του XII Διεθνούς συνεδρίου κλασικής αρχαιολογίας, 2 (Αθήνα 1988) 50–56, Abb. Taf.
KB Athenai 1983

8559
Cipolloni Sampò, M.: Manifestazioni funerarie e struttura sociale.—
SciAnt 1, 1987, 55–119, Abb.

8560
Čižmář, M.: Pozdně laténské osídlení předhradí Závisti. (Tschech. m. dtsch. Res.) Die spätlatènezeitliche Besiedlung der Vorburg von Závist.—
PamA 80, 1989, 59–122, Abb.

8561
Čižmář, M.: Erforschung des keltischen Oppidums Staré Hradisko in den Jahren 1983–1988 (Mähren, ČSSR).—
AKorrBl 19, 1989, 265–268, Abb. Taf.

8562
Clément, M.; Gruel, K.; Delestrée, L. P.; u. a.: Monnaies celtiques découvertes lors des fouilles du temple gallo-romain de Trogouzel à Douarnenez (Finistère).— Monnaies gauloises découvertes en fouilles (Paris 1987) 33–54, Abb.
SB

8563
Coarelli, F.; Thébert, Y.: Architecture funéraire et pouvoir. Réflexions sur l'hellénisme numide.—
MEFRA 100, 1988, 761–818, Abb.

8564
Collart, J. L.: Le contexte stratigraphique des monnaies gauloises découvertes à Chilly.— Monnaies gauloises découvertes en fouilles (Paris 1987) 64–89, Abb.
SB

8565
Collombier, A. M.: Harbour or harbours of Kition on southeastern coastal Cyprus.— Archaeology of coastal changes (Oxford 1988) 35–46, Abb.
KB Haifa 1986

8566
Compernolle, R. van: Il Salento greco nell'epoca arcaica, alla luce dei nuovi scavi e delle vecchie fonti.— Salento. Porta d'Italia (Galatina 1989) 137–155, Taf.
KB Lecce 1986

8567
Compernolle, T. van: Les relations entre Grecs et indigenes d'Apulie à l'âge du bronze.—
StAnt 5, 1988, 79–127, Abb.

8568
Comşa, E.: Date noi referitoare la contactele dintre comunităţile Aldeni II şi cele ale culturilor vecine.—
Carpica 17, 1985, 27–32

8569
Comşa, E.: Die Viehzucht im Bronzezeitalter auf rumänischem Gebiet.—
SlovA 36, 1988, 25–32

8570
Comşa, M.: Signes solaires sur les bols gétiques imités d'après les coupes déliennes.—
Thraco-Dacica 9, 1988, 83–100, Abb.

8571
Connelly, J. B.: Votive offerings from hellenistic Failaka. Evidence for Herakles cult.— L'Arabie préislamique et son environnement historique et culturel (Leiden 1989) 145–158, Abb. Taf.
KB Strasbourg 1987

8572
Contu, E.: Il nuraghe S. Antine.— (Sassari 1988) 68 S., Abb. (Sardegna archeologica. Guide e itinerari, 6)

8573
Cordier, G.: Le dépôt de l'âge du bronze final de la Basse Calonnière à Sublaines (Indre-et-Loire, France).—
AKorrBl 18, 1988, 245–260, Abb.

8574
Corrado, A.; Ingravallo, E.: L'insediamento di masseria Le Fiatte (Manduria) nel popolamento neolitico del nord-ovest del Salento.—
StAnt 5, 1988, 5–78

8575
Costa, P. M.: A bronze brazier with Bacchic scenes from Şan'ā'.— L'Arabie préislamique et son environnement historique et culturel (Leiden 1989) 479–484, Taf.
KB Strasbourg 1987

8576
Costantini, G.; Dedet, B.; Fages, G.; u. a.: Vestiges de peuplement du Bronze Final II au premier âge du fer dans les Grands Causses.—
RANarb 18, 1985, 1–125, Abb.

8577
Coulson, W. D. E.: The dark age pottery of Sparta, 2. Vrondama.—
BSA 83, 1988, 21–24, Abb. Taf.

8578
Courtois, J. C.: Enkomi, fouilles Schaeffer 1934–1966. Inventaire complémentaire, suite. Les objets en terre cuite et en pierre.—
RDAC 1988, Nr. 1, 307–318, Abb. Taf.

8579
Courtois, J. C.: La céramique de la tombe 501 d'Enkomi 1950 du Chypriote récent III A.—
RDAC 1988, Nr. 1, 301–305, Abb. Taf.

8580
Cremonesi, G.: Il neolitico e la prima età dei metalli.— Salento. Porta d'Italia (Galatina 1989) 33–41
KB Lecce 1986

8581
Crouwel, J. H.: Een Kaukasisch gordel fragment uit Iran.—
VerAmstMeded 43, 1988, 34–35, Abb.

8582
Crouwel, J. H.; Tatton-Brown, V.: Ridden horses in iron age Cyprus.—
RDAC 1988, Nr. 2, 77–87, Abb. Taf.

8583
Crowley, J. L.: Subject matter in Aegean art. The crucial changes.—
Aegaeum 3, 1989, 203–213, Taf.

8584
Cucoş, Ş.: Cîteva consideraţii cu privire la sfîrşitul culturii Cucuteni.—
Carpica 17, 1985, 33–40

8585
Çuko, P.: Gjetje prehistorike nga rrethi i Lushnjës. (Alban.) Trouvailles préhistoriques provenant du district de Lushnja.—
Iliria 17, 1987, Nr. 1, 221, Taf.

8586
Curti, S.: Note di metodologia interpretativa dei dati funerari. Una necropoli dell'età del ferro laziale ed il metodo simbolico-contestuale.—
SciAnt 1, 1987, 121–142

8587
Dąbrowska, T.: Bemerkungen zur Entstehung der Przeworsk-Kultur.—
PZ 63, 1988, 53–80, Abb.

8588
D'Agostino, B.: Il rituale funerario nel mondo indigeno.— Magna Grecia. Vita religiosa e cultura letteraria, filosofica e scientifica (Milano 1988) 91–114, Abb.
SB

8589
Dakaris, S. I.: Organisation politique et urbanistique de la ville dans l'Epire antique.— L'Illyrie méridionale et l'Epire dans l'antiquité (Clermont-Ferrand 1987) 71–80, Abb.
KB Clermont-Ferrand 1984

8590
D'Amore, P.: Note su un campanello transcaucasico del Museo nazionale d'arte orientale di Roma.—
VicOr 7, 1988, 211–215, Taf.

8591
D'Amore, P.: Oggetti iranici del Museo nazionale d'arte orientale di Roma. Nuove acquisizioni.—
VicOr 7, 1988, 201–209, Taf.

8592
D'Andria, F.: Problèmes du commerce archaïque entre la mer Ionienne et l'Adriatique.— L'Illyrie méridionale et l'Epire dans l'antiquité (Clermont-Ferrand 1987) 35–38
KB Clermont-Ferrand 1984

8593
D'Andria, F.: Il Salento e le sue radici indigene. Le origini messapiche.— Salento. Porta d'Italia (Galatina 1989) 63–69, Taf.
KB Lecce 1986

8594
Dardaine, S.; Longepierre, D.: Essai de typologie des monuments funéraires de Sidyma (époques lycienne et romaine).—
Ktema 10, 1985 [1988], 219–232, Abb. Taf.

8595
Darling, M. J.; Jones, M. J.: Early settlement at Lincoln.—
Britannia 19, 1988, 1–57, Abb. Taf.

8596
Davis, J. L.: If there's a room at the top what's at the bottom? Settlement and hierarchy in early Mycenaean Greece.—
BICS 35, 1988, 164–165

8597
De Juliis, E. M.: Bilancio degli studi e delle conoscenze attuali sulla civiltà daunia.—
VeteraChr 25, 1988, 661–676

8598
De Juliis, E. M.: Le origini della civiltà iapigia.— Salento. Porta d'Italia (Galatina 1989) 75–84
KB Lecce 1986

8599
De Lucia, A.; Ferri, D.; Giove, C.; u. a.: Osservazioni sul deposito preistorico di Grotta Pacelli (Castellana Grotte, Bari).— Atti del VII Convegno dei comuni messapici peuceti e dauni (Bari 1988) 161–170
KB Mesagne 1976

8600
De Marco, G.: The stūpa as a funerary monument. New iconographical evidence.—
EastWest 37, 1987, 191–246, Abb.

8601
De Marinis, R.: (Como) Prestino. Scavo di un abitato dell'età del ferro.—
QuadErb 7, 1984, 51–58, Abb.

8602
De Romanis, F.: Romanukharaṭṭha e Taprobane. Sui rapporti Roma-Ceylon nel I sec. d.C.—
Helikon 28, 1988, 5–58, Taf.

8603
Debord, J.: Les monnaies gauloises issues des fossés de partition de l'oppidum de Villeneuve-Saint-Germain (Aisne).— Monnaies gauloises découvertes en fouilles (Paris 1987) 90–124, Abb.
SB

8604
Dehn, W.: Eisenzeitliche Beinschienen in Südwesteuropa. Eine Ausstrahlung griechischer Hoplitenrüstung.—
MM 29, 1988, 174–188, Abb.

8605
Delibes de Castro, G.; Fernández Miranda, M.: Armas y utensilios de bronce en la prehistoria de las Islas Baleares.— (Valladolid 1988) 207 S., Abb.
(StA 78)

8606
Delibes de Castro, G.; Rojo Guerra, M.: En torno al origen del foco megalítico del oriente de la Meseta. De nuevo el sepulcro de Cubillejo de Lara.—
BVallad 54, 1988, 5–21, Abb. Taf.

8607
Dell'Anna, A.: Applicazione dell'analisi mineralogica allo studio della ceramica impressa di Corno San Matteo, Chiantinelle (FG).—
Taras 6, 1986, 97–103, Taf.

8608
Demartis, G. M.: La necropoli di Anghelu Ruju.— (Sassari 1986) 47 S., Abb.
(Sardegna archeologica. Guide e itinerari, 2)

8609
D'Ercole, V.: Rapporto di scavo sull'intervento d'urgenza effettuato nel 1982 a Torre dei Passeri.—
QuadChieti 4, [1988], 45–65, Abb.

8610
Di Gennaro, F.: Il popolamento dell'Etruria meridionale e le caratteristiche degli insediamenti tra l'età del bronzo e l'età del ferro.— Etruria meridionale (Roma 1988) 59–82, Abb.
KB Viterbo 1985

8611
Di Gennaro, F.: Primi risultati degli scavi nella necropoli di Crustumerium. Tre complessi funerari della fase IV A.— Archeologia laziale, 9 (Roma 1988) 113–123, Abb.
KB Roma 1987

8612
Diakonoff, I. M.; Zejmal, J. V.: Le potentat parthe Andragore et ses monnaies. (Russ. m. franz. Res.).—
VesDrevIstor 1988, Nr. 4, 4–19, Taf.

8613
Díaz-Andreu, M.: El análisis discriminante en la clasificación tipológica. Aplicación a las hachas de talón de la Península Ibérica.—
BVallad 54, 1988, 25–64, Abb.

8614
Dietz, S.: The concept of the middle Helladic III period in a historical perspective.—
Aegaeum 3, 1989, 123–129

8615
Donat, P.: Zum römischen Einfluß auf das Siedlungswesen der Germanen im 1. bis 5. Jh. u. Z.—
Klio 70, 1988, 486–493

8616
Donati, P.: La Schnabelkanne di Ascona.—
NumAntCl 16, 1987, 111–118, Abb.

8617
Dopico Caínzos, M. D.: El hospitium celtibérico. Un mito que se desvanece.—
Latomus 48, 1989, 19–35

8618
Dousougli-Zachos, A.: Ein frühhelladischer Stempelroller aus Ton.— Fragen und Probleme der bronzezeitlichen ägäischen Glyptik (Berlin 1989) 19–25, Abb.
KB Marburg 1985

8619
Downey, S. B.: Mesopotamian religious architecture. Alexander through the Parthians.— (Princeton 1988) XVII, 197 S., Abb. Taf.

8620
Drexhage, R.: Untersuchungen zum römischen Osthandel.— (Bonn 1988) 162 S.

8621
Dubovskaya, O. R.: On the interpretation of the complexes of the Novocherkassk hoard types. (Russ. m. engl. Res.).—
SovArch 1989, Nr. 1, 63–69, Abb.

8622
Dueñas, J. A.; Freixa, A.; Moreno, V.; u. a.: Estímulos endógenos y exógenos en el desarrollo de la jerarquización de la Laietania Oriental en época ibérica.— Actas. 1er Congreso peninsular de historia antigua, 2 (Santiago de Compostela 1988) 39–49, Taf.
KB Santiago de Compostela 1986

8623
Dumitrescu, V.; Vulpe, A.: Dacia before Dromichaites.— (Bucharest 1988) 159 S., Abb. Taf.

8624
Duru, R.: Kuruçay Höyüğü kazıları 1986–1987 çalışmaları raporu. (Türk.) Les fouilles du Kuruçay Hüyük. Rapport de travaux réalisés durant les années de 1986–1987.—
Belleten 52, 1988, Nr. 203, 653–666, Taf.

8625
Duval, P. M.: Monnaies gauloises et mythes celtiques.— (Paris 1987) VIII, 115 S., Abb.

8626
Easton, D. F.: The chronology of West Anatolia in the early bronze age.—
BICS 35, 1988, 180–181

8627
Echt, R.: Technologische Untersuchungen an frühlatènezeitlichem Goldschmuck aus Bad Dürkheim (Rheinland-Pfalz).—
AKorrBl 18, 1988, 183–195, Abb. Taf.

8628
Efe, T.: Demircihüyük. Die Ergebnisse der Ausgrabungen 1975–1978, 3, 2, C. Die frühbronzezeitliche Keramik der jüngeren Phasen (ab Phase H).
ed. M. Korfmann.— (Mainz 1988) XI, 171 S., Abb. Taf.

8629
Empereur, J. Y.; Hesnard, A.: Les amphores hellénistiques.— Céramiques hellénistiques et romaines, 2 (Paris 1987) 9–54, Taf.
SB

8630
d'Encarnação, J.: Divindades indígenas peninsulares. Problemas metodológicos do seu estudo.— Estudios sobre la Tabula Siarensis (Madrid 1988) 261–276
KB Sevilla 1986

8631
Ender, W.: Eine Siedlungsgrube der Spätlatènezeit vom Staffelberg, Stadt Staffelstein, Landkreis Lichtenfels, Oberfranken.—
AJahrBay 1987, 86–88, Abb.

8632
Enríquez Navascués, J. J.; Rodríguez Díaz, A.: Campaña de urgencia en la Sierra de la Martela (Segura de León, Badajoz).—
ExtremA 1, 1988, 113–128, Abb.

8633
Erdélyi, I.; Fejes, I.: Recently discovered ancient relics in Mongolia.—
ActaOrHung 41, 1987, 75–82, Taf.

8634
Ersoy, Y. E.: Finds from Menemen-Panaztepe in the Manisa museum.—
BSA 83, 1988, 55–82, Abb. Taf.

8635
Erzen, A.: Doğu Anadolu ve Urartular. Eastern Anatolia and Urartians. 2. ed.— (Ankara 1986) 96 S., Taf.
(Publications of the Turkish Historical Society. Serial 20, 8a)

8636
Eslick, C.: Hacılar to Karataş. Social organization in southwestern Anatolia.—
MedA 1, 1988, 10–40, Abb.

8637
Esteban Ortega, J.: El yacimiento protohistórico de 'El Cerro de la Muralla' (Alcántara-Cáceres). Hallazgos metálicos.— Actas. 1er Congreso peninsular de historia antigua, 1 (Santiago de Compostela 1988) 265–287, Abb. Taf.
KB Santiago de Compostela 1986

8638
Ewigleben, C.: An atelier of silversmiths in Western Thrace. The jug cat. no. 155 from Rogozen and its connections to the vessels with figural reliefs from Poroina, Strelča, Loukovit and Vratsa.— The Rogozen treasure (London 1989) 26–32, Abb. Taf.
KB London 1987

8639
Fabre, P.: La stèle du chef de tribu à l'abri.—
ArcheologiaParis 1989, Nr. 242, 14–19, Abb.

8640
Faccenna, D.: Lo 'stupa' a colonne dell'area sacra buddhistica di Saidu Sharīf I (Swāt, Pakistan).— Orient und Okzident im Spiegel der Kunst. Festschrift H. G. Franz (Graz 1986) 55–80, Abb. Taf.

8641
Fadda, M. A.: La fonte sacra di Su Tempiesu.— (Sassari 1988) 40 S., Abb.
(Sardegna archeologica. Guide e itinerari, 8)

8642
Fahd, T.: Rapports de la Mekke préislamique avec l'Abyssinie. Le cas des Aḥâbîš.— L'Arabie préslamique et son environnement historique et culturel (Leiden 1989) 539–548
KB Strasbourg 1987

8643
Fantar, M.: Présence punique et libyque dans les environs d'Aspis au cap Bon.—
CRAI 1988, 502–518, Abb.

8644
Fedele, B.: Nuove ricerche a Bagnara e considerazioni sugli aspetti dell'età del bronzo nel sud-est tarantino.—
ArchStorPugl 42, 1989, 3–56, Abb.

8645
Fedele, F.; Foster, G. V.: Tharros. Ovicaprini sacrificali e rituale del tofet.—
RStFen 16, 1988, 29–46, Taf.

8646
Fekete, M.: Adatok a koravaskori ötvösök és kereskedők tevékenységéhez. (Ung. m. dtsch. Res.) Beitrag zur Tätigkeit der früheisenzeitlichen Toreuten und Händler.—
ArchErt 112, 1985, 68–91, Abb.

8647
Ferchiou, N.: L'architecture pré-romaine d'Uzali Sar (Henchir Djal, Tunisie). Observations préliminaires.—
Reppal 4, 1988, 215–225, Taf.

8648
Fernández, J. H.: Un exponente de la reutilización de los hipogeos en el Puig des Molins. El hipogeo nº 13 de la campaña de 1904.—
StEgAntPun 3, 1988, 121–149, Taf.

8649
Fernández Manzano, J.: Bronce Final en la Meseta Norte española. El utillaje metálico.— (o. O. 1986) 168 S., Abb.
(Junta de Castilla y León. Investigaciones arqueológicas en Castilla y León)

8650
Fernández Ochoa, C.: Los pueblos prerromanos de la fachada atlántica. Lusitanos y Célticos. La cultura castreña de los pueblos del norte y noroeste en la segunda edad del hierro.— (Historia general de España y América, 1,2. Madrid 1987, 331–380, Abb.)
SD

8651
Fernández Ochoa, C.: El impacto romano sobre el hábitat del Noroeste. Estado de la cuestión sobre los fenómenos de transición y articulación del territorio.— Actas. 1er Congreso peninsular de historia antigua, 2 (Santiago de Compostela 1988) 345–362
KB Santiago de Compostela 1986

8652
Fiaccadori, G.: Νουαεμιϑ.—
PP 42, 1987, 290–292

8653
Filippi, F.: Un recupero di materiali archeologici da contesto funerario a Cavour (To) (Forum Vibii Caburrum).—
QuadAPiem 6, [1987], 159–180, Taf.

8654
Fischer, K.: Icons of Heracles and Alexander in the eastern parts of the latter's empire.— India and the ancient world. P. H. L. Eggermont jubilee volume (Leuven 1987) 59–65, Taf.

8655
Fischer, T.; Polz, W.: Mineralogisch-petrographische Untersuchungen an spätlatènezeitlicher bemalter Keramik aus Bayern.—
AKorrBl 19, 1989, 137–144, Abb. Taf.

8656
Fleury, B.: Late iron age chronology in the light of new material from the Aisne Valley (northern France).—
BInstALondon 23, 1986, 29–46, Abb.

8657
Flourentzos, P.: Tombs at Kalavassos. New cippi types and rare pottery forms.—
Levant 20, 1988, 235–238, Abb.

8658
Flourentzos, P.: Tomb discoveries from the necropolis of Ayia Paraskevi, Nicosia.—
RDAC 1988, Nr. 1, 121–125, Abb. Taf.

8659
Foltiny, S.: Einige Bemerkungen zur Herkunftsfrage des Typus Tolvadia.—
AKorrBl 18, 1988, 335–339, Abb.

8660
Forni, G.: L'aratro 'sciloria' della Padania centro-occidentale. Dalle incisioni rupestri alpine di epoca celtica ad oggi.— Benaco '85. La cultura figurativa rupestre (Torino 1986) 123–130, Abb.
KB Torri del Benaco 1985

8661
Forti, L.: I più recenti studi sulla ceramica messapica.— Atti del VII Convegno dei comuni messapici peuceti e dauni (Bari 1988) 37–59, Abb.
KB Mesagne 1976

8662
Fortin, M.: La soi-disant forteresse d'Enkomi I (Chypre) à la fin du Bronze moyen et au début du Bronze récent.—
Aegaeum 3, 1989, 239–248, Taf.

8663
Fortini, P.: Nuovi insediamenti preromani nell'area laziale del Parco nazionale d'Abruzzo e del pre-parco.— Il territorio del Parco nazionale d'Abruzzo nell'antichità (Civitella Alfedena 1988) 51–63, Abb.
KB Villetta Barrea 1987

8664
Fortini, P.: Due bronzetti raffiguranti Ercole dalla Valle di Comino.— Archeologia laziale, 9 (Roma 1988) 257–260, Abb.
KB Roma 1987

8665
Fossey, J. M.: Settlement development in Greek prehistory.— Συνεισφορά McGill, 1. Papers in memory of C. D. Gordon (Amsterdam 1987) 17–31, Taf.

8666
Fossey, J. M.: Topography and population of ancient Boiotia.— (Chicago 1988) XVIII, 552 S., Abb.

8667
Fox, W. A.: Kohletria-Ortos. A Khirokitia culture settlement in Paphos district.—
RDAC 1988, Nr. 1, 29–42, Abb.

8668
Franco, M. C.: Rapporti tra mondo egeo e Salento all'inizio dell'età dei metalli.— Salento. Porta d'Italia (Galatina 1989) 55–59, Taf.
KB Lecce 1986

8669
Frankel, D.: Pottery production in prehistoric bronze age Cyprus. Assessing the problem.—
JMedA 2, 1988, 27–55, Abb.

8670
French, D. H.; Summers, G. D.: Sakçagözü material in the Gaziantep Museum.—
AnatSt 38, 1988, 71–76, Taf.

8671
Frey, O. H.: Einige Überlegungen zu den Beziehungen zwischen Kelten und Germanen in der Spätlatènezeit.— Gedenkschrift für G. v. Merhart (Marburg/Lahn 1986) 45–79, Abb.

8672
Frey, O. H.: Zum Helm von Oppeano.—
AquilNost 57, 1986, 145–164, Abb.

8673
Frézouls, E.: Au nord de la Loire. Des techniques de construction préurbaines à l'implantation des premières villes gallo-romaines.— Los asentamientos ibéricos ante la romanización (Madrid 1987) 163–171, Abb.
KB [Madrid] 1986

8674
Fröhlich, J.; Waldhauser, J.: Příspěvky k ekonomice českých Keltů. Kamenictví a distribuce žernovů. (Tschech. m. dtsch. Res.) Beiträge zur Keltenwirtschaft in Böhmen. Steinmetzerei und Distribution der Drehhandmühlen.—
ARozhl 41, 1989, 16–58, Abb.

8675
Frutos, G. de; Chic, G.; Berriatúa, N.: Las ánforas de la factoría prerromana de salazones de 'Las Redes' (Puerto de Santa María, Cádiz).— Actas. 1er Congreso peninsular de historia antigua, 1 (Santiago de Compostela 1988) 295–302, Taf.
KB Santiago de Compostela 1986

8676
Fugazzola Delpino, M. A.: Le acque interne. Appunti di archeologia preistorica.— Etruria meridionale (Roma 1988) 17–25, Abb. Taf.
KB Viterbo 1985

8677
Gagliardi, G.: Indizi di insediamento protostorico-romano in località Ca'Bianca di Caslino d'Erba.—
QuadErb 8, 1985, 129–141, Abb. Taf.

8678
Gagliardi, G.: L'abitato preistorico di Asso.—
QuadErb 9, 1986, 119–145, Abb.

8679
Gagliardi, G.: L'insediamento dell'età del bronzo antico sulla sponda nord del Segrino (Canzo).—
QuadErb 7, 1984, 113–176, Abb.

8680
Gale, N. H.; Stos-Gale, Z.: Some aspects of Cypriote metallury in the middle and late bronze age.—
Aegaeum 3, 1989, 251–255, Taf.

8681
Galeotti, L.: Considerazioni sul carro a due ruote nell'Etruria e nel Latium Vetus.—
ArchCl 38–40, 1986–88, 94–104, Taf.

8682
Galeotti, S.: Nota sulle matrici fittili di cultura punica.—
StEgAntPun 1, 1987, 83–98, Abb.

8683
Gallay, G.: Die mittel- und spätbronze- sowie ältereisenzeitlichen Bronzedolche in Frankreich und auf den britischen Kanalinseln.— (München 1988) IX, 202 S., Taf.
(Prähistorische Bronzefunde. Abteilung 6, 7)

8684
Gambacurta, G.: Prime osservazioni sulle perle in pasta vitrea di età protostorica, provenienti da Altino.—
AquilNost 57, 1986, 165–184, Abb.

8685
Gambari, F. M.: La necropoli di San Bernardino di Briona. Revisione critica alla luce dei risultati preliminari dei nuovi scavi.—
QuadAPiem 6, [1987], 63–95, Taf.

8686
Gambari, F. M.; Colonna, G.: Il bicchiere con iscrizione arcaica da Castelletto Ticino e l'adozione della scrittura nell'Italia nord-occidentale.—
StEtr 54, 1986, 119–164, Abb. Taf.

8687
Gambari, F. M.; Venturino Gambari, M.: Una cuspide di lancia di produzione carpatica da Cuneo al Museo di artiglieria di Torino.—
PreistAlp 22, 1986, 163–167, Abb.

8688
Garašanin, M.: Nastanak i poreklo Ilira. Formation et origines des Illyriens.— Iliri i Albanci. Les Illyriens et les Albanais (Beograd 1988) 9–144, Abb.
SB

8689
García-Gelabert Pérez, M.; Blázquez Martínez, J. M.: Cástulo. Jaén, España, 1. Excavaciones en la necrópolis ibérica del Estacar de Robarinas, s. IV a. C.— (Oxford 1988) XIII, 425 S., Abb.
(British archaeological reports. International series, 425)

8690
Gascó, J.; Guilaine, J.; Sol, J.: Le Laouret (Floure, Aude). Un site de hauteur de l'âge du bronze final. La céramique.—
RANarb 19, 1986, 321–330, Abb.

8691
Gasco, Y.: Les tumulus du premier âge du fer en Languedoc oriental.— (Lattes 1985) 144 S., Abb. Taf.
(Archéologie en Languedoc, 1984)

8692
Gatti, S.: Anagni, S. Cecilia. Seconda e terza campagna di scavo.— Archeologia laziale, 9 (Roma 1988) 218–226, Abb.
KB Roma 1987

8693
Gaucher, G.: Peuples du Bronze. Anthropologie de la France à l'âge du bronze 1900–800 avant J.C.— ([Paris] 1988) 377 S., Abb. Taf.

8694
Genito, B.: The Italian archaeological activity in Hungary.—
EastWest 36, 1986, 367–375, Abb.

8695
Getz-Preziosi, P.: Sculptors of the Cyclades. Individual and tradition in the third millennium B.C.— (Ann Arbor 1987) XXII, 254 S., Abb.

8696
Giardino, C.: Sicilia e Sardegna fra la tarda età del bronzo e la prima età del ferro. Aspetti di contatti nel Mediterraneo centro-occidentale nell'ambito della metallurgia.— La Sardegna nel Mediterraneo tra il secondo e il primo millennio a. C. ([Cagliari] 1987) 419–427, Taf.
KB Selargius 1986

8697
Gignoux, P.: L'apocalyptique iranienne est-elle vraiment la source d'autres apocalypses?—
ActaAntHung 31, 1985–88, 67–78

8698
Gil Zubillaga, E.; Filloy Nieva, I.: Estudio arqueológico de los precedentes del poblamiento en torno a Vitoria-Gasteiz. Bronze Final, edad del hierro, romanización.—
EstAAlava 16, 1988, 445–530, Abb.

8699
Gill, D. W. J.: Silver anchors and cargoes of oil. Some observations on Phoenician trade in the Western Mediterranean.—
BSR 56, 1988, 1–12

8700
Gimbutas, M.: The earth fertility goddess of old Europe.—
DialHistAnc 13, 1987, 11–43, Taf.

8701
Giner, E.: Notas sobre una tapadera ibérica.—
Caesaraugusta 64, 1987, 213–217, Taf.

8702
Ginge, B.: Satricum (Latina). Sporadic finds from the excavations 1977–1980.—
NSc 38–39, 1984–85, 221–252, Abb.

8703
Giorgetti, D.: Popolamento e viabilità antichi lungo l'alta Val di Serchio. Note di toponomastica e topografia storica.— Vie romane tra Italia centrale e Pianura Padana (Modena 1988) 51–69, Abb.
SB

8704
Giorgetti, D.: Gli aurei tesori dei Traci.—
Antiqua 14, 1989, Nr. 2–3, 8–12, Abb.

8705
Giorgetti, D.: Il nuraghe Santa Itròxia nel territorio di Sínnai. Nota preliminare.—
StSard 26, 1981–85, 31–40, Abb.

8706
Girdwoyń, A.: Celtic glass bracelets from excavations in Poland. A technological study.—
APolona 25–26, 1987, 199–208, Abb. Taf.

8707
Goldstream, J. N.: The originality of ancient Cypriot art.— (Nicosia 1986) 36 S., Abb.
(Series of lectures sponsored by the cultural Foundation of the Bank of Cyprus, 2)

8708
Goodison, L.: A female sun deity in the bronze age Aegean?—
BICS 35, 1988, 168–171, Taf.

8709
Goring, E.: A mischievous pastime. Digging in Cyprus in the nineteenth century. With a catalogue of the exhibition 'Aphrodite's island. Art and archaeology of ancient Cyprus' held in the Royal Museum of Scotland, Edinburgh from 14 April to 4 September 1988.— (Edinburgh 1988) X, 98 S., Abb.

8710
Gorjačeva, V. D.: La pratique des sépultures en 'naus' dans le Sémiretchié d'après les fouilles de la nécropole de Krasnorečenskoe.— Cultes et monuments religieux dans l'Asie centrale préislamique (Paris 1987) 73–79, Taf.
SB

8711
Gorokhovskaya, L. P.; Tsirkin, Y. B.: The northern Black Sea littoral and Carthage. (Russ. m. engl. Res.).— The Black Sea littoral in the hellenistic times (Tbilisi 1985) 206–212
KB Cchaltubo 1982

8712
Grassl, H.: Norisches Eisen aus dem Burgenland? Historische Bemerkungen zur rezenten Forschung.—
RömÖ 15–16, 1987–88, 83–88

8713
Greco, G.: Bilan critique des fouilles de Serra di Vaglio, Lucanie.—
RA 1988, 263–290, Abb.

8714
Greenfield, J. C.: Nergol dḥšpṭ'.— A green leaf. Papers in honour of J. P. Asmussen (Leiden 1988) 135–143, Taf.

8715
Gregori, B.: Sullo sviluppo delle fortificazioni a casematte in Anatolia e Siria-Palestina.—
CMatAOr 1, 1986, 213–260, Abb.

8716
Grenet, F.: L'Athéna de Dil'berdžin.— Cultes et monuments religieux dans l'Asie centrale préislamique (Paris 1987) 41–45, Taf.
SB

8717
Grifoni Cremonesi, R.: L'area del Parco nazionale d'Abruzzo e del pre-parco dal paleolitico all'età del bronzo.— Il territorio del Parco nazionale d'Abruzzo nell'antichità (Civitella Alfedena 1988) 19–26
KB Villetta Barrea 1987

8718
Grossi, G.: Il territorio del parco nel quadro della civiltà safina (X–IV secolo a. C.).— Il territorio del Parco nazionale d'Abruzzo nell'antichità (Civitella Alfedena 1988) 65–109, Abb.
KB Villetta Barrea 1987

8719
Grottanelli, C.: La religione fenicio-punica. Vecchi problemi e studi recenti.—
SteMat 12, 1988, 171–184

8720
Grunwald, C.: Zur Frage der Tradierung mykenischen Bildguts an die geometrische Kunst.— Beiträge zur Ikonographie und Hermeneutik. Festschrift für N. Himmelmann (Mainz 1989) 27–33, Taf.

8721
Gubel, E.: 'Syro-Cypriote' cubical stamps. The Phoenician connection (CGPH 2).— Phoenicia and the East Mediterranean in the first millennium B.C. (Leuven 1987) 195–224, Abb.
KB Louvain 1985

8722
Guérin, P.: Le problème de la diffusion des céramiques ibériques peintes dans le sud de la Gaule au IIe et au Ier siècles avant J. C. L'exemple de Ruscino.—
RANarb 19, 1986, 31–55, Abb.

8723
Guerrero, V. M.; Martín, M.; Roldán, B.: Complemento al estudio de las ánforas púnicas 'Maña-C'.—
RStFen 16, 1988, 195–201, Abb. Taf.

8724
Guichard, C.; Rayssiguier, G.; u. a.: La dernière période d'occupation de l'oppidum des Baou de Saint-Marcel à Marseille. Les céramiques d'importation et le monnayage.—
DocAMérid 11, 1988, 71–96, Abb.

8725
Guidi, A.; u. a.: Cures Sabini. Risultati della sesta campagna di scavo.— Archeologia laziale, 9 (Roma 1988) 319–333, Abb.
KB Roma 1987

8726
Guilaine, J.: Le Sud de la France, la Corse et la circulation des bronzes de 1200 à 500 avant, J. C.— La Sardegna nel Mediterraneo tra il secondo e il primo millennio a. C. ([Cagliari] 1987) 443–472, Abb. Taf.
KB Selargius 1986

8727
Guillaumet, J. P.: Les fibules des âges du fer de Velem-Szentvid.—
Alba Regia 23, 1987, 19–24, Abb.

8728
Guzzardi, L.: Nuovi dati sulla cultura di Thapsos nel Ragusano.—
ArchStorSicilia 81–82, 1985–86, 219–232, Taf.

8729
Guzzo, P. G.: Osservazioni sull'archeologia dei primi Brezi.— Per un'identità culturale dei Brettii (Napoli 1988) 177–185
SB

8730
Guzzone, C.: Sulla necropoli protostorica di Butera. I recinti funerari 138 e 139.—
ArchStorSicilia 81–82, 1985–86, 7–41, Taf.

8731
Hadjisavvas, S.: Olive oil production in ancient Cyprus.—
RDAC 1988, Nr. 2, 111–120, Abb. Taf.

8732
Haevernick, T. E.; u. a.: Glasperlen der vorrömischen Eisenzeit, 2. Ringaugenperlen und verwandte Perlengruppen.— (Marburg 1987) 124 S., Abb. Taf.
(Marburger Studien zur Vor- und Frühgeschichte, 9)

8733
Haider, P. W.: Griechenland – Nordafrika. Ihre Beziehungen zwischen 1500 und 600 v. Chr.— (Darmstadt 1988) XI, 262 S., Taf.
(Impulse der Forschung, 53)

8734
Harmatta, J.: 'King Kabneškir son of king Kabneškir'.—
ActaAntHung 30, 1982–84, 167–180, Abb. Taf.

8735
Harper, P. O.: Boat-shaped bowls of the Sasanian period.—
IrAnt 23, 1988, 331–345, Taf.

8736
Harrison, R. J.: Bell beakers in Spain and Portugal. Working with radiocarbon dates in the 3rd millennium BC.—
Antiquity 62, 1988, 464–472, Abb.

8737
Harrison, R. J.: Spain at the dawn of history. Iberians, Phoenicians and Greeks.— (London 1988) 176 S., Abb. Taf.
(Ancient peoples and places, 105)

8738
Hawkes, J.: Stone age to iron age.— The Cambridge guide to the arts in Britain, 1 (Cambridge 1988) 3–27, Abb. Taf.
SB

8739
Hedeager L.: Empire, frontier and the barbarian hinterland. Rome and Northern Europe from AD 1–400.— Centre and periphery in the ancient world (Cambridge 1987) 125–140, Abb.
SB

8740
Heider, G. C.: The cult of Molek. A reassessment.— (Sheffield 1985) XVII, 446 S.
(Journal for the study of the Old Testament. Supplement series, 43)

8741
Held, S. O.: Sotira-Kaminoudhia survey. Preliminary report on the 1983 and 1984 seasons.—
RDAC 1988, Nr. 1, 53–62, Abb. Taf.

8742
Hemelrijk, E. A.: A group of provincial East-Greek vases from South Western Asia Minor.—
BABesch 62, 1987, 33–55, Abb.

8743
Henderson, J.: Glass production and bronze age Europe.—
Antiquity 62, 1988, 435–451, Abb.

8744
Hennessy, J. B.; Eriksson, K. O.; Kehrberg, I. C.: Ayia Paraskevi and Vasilia. Excavations by J.R.B. Stewart.— (Göteborg 1988) 111 S., Abb. Taf.
(Studies in Mediterranean archaeology, 82)

8745
Hensel, W.: The Vistula in prehistoric times.—
APolona 25–26, 1987, 7–39, Abb. Taf.

8746
Hermary, A.: Amathonte de Chypre et les Phéniciens.— Phoenicia and the East Mediterranean in the first millennium B.C. (Leuven 1987) 375–388, Abb.
KB Louvain 1985

8747
Hermary, A.: Le culte d'Aphrodite à Amathonte.—
RDAC 1988, Nr. 2, 101–109, Abb. Taf.

8748
Herrmann, G.; Mackenzie, D. N.: The Sasanian rock reliefs at Naqsh-i Rustam. Naqsh-i Rustam, 6. The triumph of Shapur I, together with an account of the representations of Kerdir.— (Berlin 1989) 72 S., Abb. Beil.
(Iranische Denkmäler, Lieferung 13, Reihe 2. Iranische Felsreliefs, 1)

8749
Herscher, E.: Kition in the middle bronze age. The tombs at Larnaca, Ayios Prodromos.—
RDAC 1988, Nr. 1, 141–166, Abb. Taf.

8750
Hidri, S.: Varret e bazilikës së Arapajt. (Alban. m. franz. Res.) Tombes de la basilique d'Arapaj.—
Iliria 17, 1987, Nr. 2, 229–234, Abb.

8751
Hiller, S.; Georgiev, G. I.: Tell Karanovo 1987. Vorbericht über die 4. Kampagne der österreichisch-bulgarischen Ausgrabungen am Tell von Karanovo.— (Salzburg 1987) 34 S., Abb. Taf.
(Schriftenreihe des Instituts für Alte Geschichte und Altertumskunde der Universität Salzburg. Reihe 1. Vorläufige Berichte und Vorlagen, 5)

8752
Hiller, S.; Georgiev, G. I.: Tell Karanovo 1985. Vorbericht über die 2. Kampagne der österreichisch-bulgarischen Ausgrabungen am Tell von Karanovo.— (Salzburg 1985) 33 S., Abb. Taf.
(Schriftenreihe des Instituts für Alte Geschichte und Altertumskunde der Universität Salzburg. Reihe 1. Vorläufige Berichte und Vorlagen, 2)

8753
Hiller, S.; Nikolov, V.: Tell Karanovo 1988. Vorbericht über die 5. Kampagne der österreichisch-bulgarischen Ausgrabungen am Tell von Karanovo. [Ausstellungskatalog Salzburg 1988.].— (Salzburg 1988) 87 S., Abb. Taf.
(Schriftenreihe des Instituts für Alte Geschichte und Altertumskunde der Universität Salzburg. Reihe 1. Vorläufige Berichte und Vorlagen, 6)

8754
Hodder, I.: Material culture texts and social change. A theoretical discussion and some archaeological examples.—
ProcPrHistSoc 54, 1988, 67–75

8755
Hoddinott, B.: Thracian goddesses and priestesses in the Rogozen treasure.— The Rogozen treasure (London 1989) 44–49, Taf.
KB London 1987

8756
Hodges, R.: Roman or native in the White Peak.— Rome and the Brigantes (Sheffield 1980) 48–53, Abb.
SB

8757
Höneisen, M.: Die latènezeitlichen Siedlungsfunde von Merishausen-Barmen (SH).—
JbSchwGesUrgesch 72, 1989, 99–126, Abb.

8758
Hoftijzer, J.: A Palmyrene bas-relief with inscriptions.—
OudhMeded 68, 1988, 37, Taf.

8759
Hood, S.: Some exotic pottery from prehistoric Greece.—
SlovA 36, 1988, 93–97

8760
Hoxha, G.: Gjurmë të periudhës së bronzit të hershëm në kalanë e Shkodrës. (Alban. m. franz. Res.) Vestiges relatifs au Bronce ancien dans la forteresse de Shkodra.—
Iliria 17, 1987, Nr. 1, 71–81, Abb. Taf.

8761
Hughes-Brock, H.: The early Cretan white seals in the Ashmolean Museum, ancient and modern. Some enigmatic materials.— Fragen und Probleme der bronzezeitlichen ägäischen Glyptik (Berlin 1989) 79–89, Abb.
KB Marburg 1985

8762
Hutchings, R.: Researches and discoveries in Kent. Some pre-Roman sites at Cliffe.—
ACant 105, 1988, 287–290

8763
Iacovou, M.: The pictorial pottery of eleventh century B.C. Cyprus.— (Göteborg 1988) XI, 89 S., Taf.
(Studies in Mediterranean archaeology, 79)

8764
Ingravallo, E.: La grotta n. 2 di Latronico (Potenza).—
RivScPr 40, 1985–86, 255–316, Abb.

8765
Invernizzi, A.: Héraclès à Séleucie du Tigre.—
RA 1989, 65–113, Abb.

8766
Ioniţă, I.; Ursachi, V.: Văleni. O mare necropolă a Dacilor liberi.— (Iaşi 1988) 175 S., Abb. Taf.

8767
Irimia, M.: Unele consideraţii privind sfîrşitul Latène-ului getodacic şi continuitatea civilizaţiei autohtone în Dobrogea.—
StClstor 39, 1988, 33–44

8768
Irti, U.: Testimonianze preistoriche e protostoriche nell'area pre-parco della Marsica. Ricognizioni di superficie.— Il territorio del Parco nazionale d'Abruzzo nell'antichità (Civitella Alfedena 1988) 27–44, Abb. Taf.
KB Villetta Barrea 1987

8769
Isakov, A. I.; Potemkina, T. M.: A burial ground of a steppe tribe of the bronze age in Tajikistan. (Russ. m. engl. Res.).—
SovArch 1989, Nr. 1, 145–167, Abb.

8770
Islami, S.: La cité en Illyrie et en Epire. Analogies et particularités.— L'Illyrie méridionale et l'Epire dans l'antiquité (Clermont-Ferrand 1987) 65–68
KB Clermont-Ferrand 1984

8771
Ismailov, G. S.: Etapy razvitija drevnejšej metallurgii i metalloobrabatyvajuščego proizvodstva na territorii Azerbajdžana. (Russ.) [Die ältesten Entwicklungsabschnitte der Metallurgie und Metallverarbeitung im Gebiet von Azerbajdžan.].—
KraSoob 1987, Nr. 192, 14–18, Abb.

8772
Jacobsson, I.: Early relations between Cyprus and Egypt?— Kolloquium zur ägäischen Vorgeschichte (Mannheim 1987) 177–184, Abb.
KB Mannheim 1986

8773
Jacquet, G.: Images d'un Sahara fertile.—
ArcheologiaParis 1988, Nr. 239, 34–41, Abb.

8774
Jagodin, V. N.: Les sépultures à ostothèques sur les marges nord-ouest de la Chorasmie antique.— Cultes et monuments religieux dans l'Asie centrale préislamique (Paris 1987) 11–22, Taf.
SB

8775
Jéra-Bézard, R.; Maillard, M.: Remarques sur les peintures de l'Asie Centrale ancienne.— Orient und Okzident im Spiegel der Kunst. Festschrift H. G. Franz (Graz 1986) 147–163, Taf.

8776
Jettmar, K.: Iranian motives and symbols as petroglyphs in the Indus Valley.—
RivStOr 60, 1986, 149–163, Abb.

8777
Jodin, A.: La sculpture ibérique dans son contexte méditerranéen. L'évolution des recherches.—
REA 88, 1986, 237–246, Abb.

8778
Johnson, B.: Lady of the beasts. Ancient images of the goddess and her sacred animals.— (San Francisco 1988) XI, 386 S., Abb. Taf.

8779
Jovanović, B.; Jovanović, M.; u. a.: Gomolava. Naselje mlađeg gvozdenog doba. (Kroat. m. engl. Res.) Late La Tène settlement at Gomolava.— (Novi Sad 1988) 211 S., Abb. Beil.
(Vojvođanski muzej Novi Sad. Gomolava, 2)

8780
Júdice Gamito, T.: Os obeloi de bronze do sudoeste peninsular. Seu contexto e interpretação socio-ideológica.— Actas. 1er Congreso peninsular de historia antigua, 1 (Santiago de Compostela 1988) 329–339, Abb.
KB Santiago de Compostela 1986

8781
Júdice Gamito, T.: Social complexity in Southwest Iberia, 800-300 B.C. The case of Tartessos.— (Oxford 1988) 295 S., Abb. Taf.
(British archaeological reports. International series, 439)

8782
Kakavogianne, O.: Ο πρωτοελλαδικός οικισμός στο Κορωπί και η μελέτη της πρωτοελλαδικής Αττικής.— Πρακτικά Γ' Επιστημονικής συνάντησης ΝΑ. Αττικής (Καλύβια 1988) 321–329, Taf.
KB Kalyvia 1987

8783
Kalaycıoğlu, N.: Müzemizce satın alınan bir grup frig fibulalari. (Türk. m. engl. Res.) A brief note concerning a group of Phrygian fibulae purchased by our museum.—
AnadoluYıl 1987, 61–65, Abb. Taf.

8784
Kalicz, N.: Beiträge zur Entstehungsfrage der Lengyel-Kultur.—
SlovA 36, 1988, 105–118, Abb.

8785
Karageorghis, V.: The Greek language in Cyprus. The archeological background.— The history of the Greek language in Cyprus (Nicosia 1988) 1–3
KB Larnaka 1986

8786
Karageorghis, V.: A bronze standard from Cyprus.—
Anadolu 21, 1978–80 [1987], 189–193, Taf.

8787
Karageorghis, V.: Some eleventh-century B.C. clay masks from Kition.— Studies in honour of T. B. L. Webster, 2 (Bristol 1988) 65–67, Taf.

8788
Karageorghis, V.: Blacks in ancient Cypriot art.— (Houston 1988) 62 S., Abb.

8789
Karageorghis, V.: Some remarks on the Amathus Style in Cypriote vase-painting.— Beiträge zur Ikonographie und Hermeneutik. Festschrift für N. Himmelmann (Mainz 1989) 83–86, Taf.

8790
Karageorghis, V.: A stone statuette of a sphinx and a note on small limestone thymiateria from Cyprus.—
RDAC 1988, Nr. 2, 89–93, Abb. Taf.

8791
Karageorghis, V.: Kypriaka, 11.—
RDAC 1988, Nr. 1, 331–335, Abb. Taf.

8792
Kars, M.; Moltzer, J. G.; Knoop, R. R.: Petrography of archaic antefixes from Satricum.—
BABesch 62, 1987, 57–65, Abb.

8793
Kasser, R.: Le tonnelet celtique d'Yverdon 'à triangles'. Tentative de reconstitution graphique.—
HelvA 19, 1988, 101–105, Abb.

8794
Kaufmann, H.: Waffenfunde der vorrömischen Eisenzeit von Groitzsch, Kreis Borna.— Archäologische Feldforschungen in Sachsen (Berlin 1988) 235–237, Abb. Taf.
SB

8795
Kaufmann, H.: Der anthropomorphe Gürtelhaken von Leipzig-Connewitz.— Archäologische Feldforschungen in Sachsen (Berlin 1988) 232–234, Abb.
SB

8796
Kaufmann, H.: Das keltische Kriegergrab von Liebau, Kreis Plauen.— Archäologische Feldforschungen in Sachsen (Berlin 1988) 227–231, Abb.
SB

8797
Kaufmann, H.: Latènezeitliche Siedlungsbelege von Pratzschwitz, Kreis Pirna.— Archäologische Feldforschungen in Sachsen (Berlin 1988) 224–226, Abb.
SB

8798
Kaufmann, H.; Fleischer, A.: Weiteres keltisches Einfuhrgut vom Unterlauf der Weißen Elster.—
ArbFBerSächs 30, 1986, 131–138, Abb. Taf.

8799
Kelly, D. B.: Archaeological notes from Maidstone Museum.—
ACant 105, 1988, 297–320, Abb.

8800
Kemenczei, T.: Mitteleisenzeitliche Köcherbeschläge aus dem Alföld.—
FolArch 37, 1986, 117–136, Abb.

8801
Kemenczei, T.: Die Schwerter in Ungarn, 1. Griffplatten-, Griffangel- und Griffzungenschwerter.— (München 1988) VIII, 90 S., Taf.
(Prähistorische Bronzefunde, Abteilung 4, 6)

8802
Kemenczei, T.: Der Pferdegeschirrfund von Fügöd.—
ActaArchHung 40, 1988, 65–81, Abb.

8803
Khachatrian, J. D.: Silver bowls and basins of Armenia in the late hellenistic period.—
IrAnt 24, 1989, 297–308, Abb. Taf.

8804
Kilian, L.: Zum Ursprung der Indogermanen. Forschungen aus Linguistik, Prähistorie und Anthropologie. 2 Aufl.— (Bonn 1988) 184 S., Taf.
(Habelt Sachbuch, 3)

8805
Kisjov, K.: Trouvailles sépulcrales du terroir du village Jagodina, dans les Rhodopes du centre. (Bulg. m. franz. Res.).—
ArcheologijaSof 30, 1988, Nr. 4, 23–27, Abb.

8806
Kitanoski, B.: A supplement to the bronze age in Pelagonia. (Maked. m. engl. Res.).—
MacActaA 7–8, 1981–82 [1987], 31–40, Abb.

8807
Kitanoski, B.; Simoska, D.; Todorovif, J.: Radin Dol. Neolithic settlement near Prilep. (Maked. m. engl. Res.).—
MacActaA 7–8, 1981–82 [1987], 7–29, Abb.

8808
Kleiss, W.: Čal Tarkhan südöstlich von Rey.—
AMI 20, 1987, 309–318, Abb. Taf.

8809
Kleiss, W.: Qal'eh Gabri bei Veramin.—
AMI 20, 1987, 289–307, Abb. Taf.

8810
Klejman, I. B.: Izobraženie voina na fragmente rel'efa iz Tiry. (Russ.) [Kriegerdarstellung auf einem Relieffragment aus Tyras.].— Novye issledovanija po archeologii Severnogo Pričernomor'ja (Kiev 1987) 46–52, Abb. Taf.
SB

8811
Klenk, G. B.: Geologisch-mineralogische Untersuchungen zur Technologie frühbronzezeitlicher Keramik von Lidar Höyük (Südost-Anatolien).— (München 1987) 64 S., Abb.
(Münchner geowissenschaftliche Abhandlungen. B, 3)

8812
Kling, B.: The strainer jug from Kouklia tomb KA I. A stylistic hybrid.—
RDAC 1988, Nr. 1, 271–274, Taf.

8813
Klopčić, I.: Mineralogical research on the neolithic ceramic assemblage from Moverna Vas.— Recent developments in Yugoslav archaeology (Oxford 1988) 201–209
SB

8814
Knapp, A. B.: Hoards 'd'oeuvres'. Of metals and men on bronze age Cyprus.—
OxfJA 7, 1988, 147–176, Abb.

8815
Knapp, A. B.; Muhly, J. D.; Muhly, P. M.: To hoard is human. Late bronze age metal deposits in Cyprus and the Aegean.—
RDAC 1988, Nr. 1, 233–262, Abb.

8816
Koch, K. H.: Existierte ein eisenzeitliches Befestigungssystem im Gebiet der Treverer?—
AKorrBl 18, 1988, 169–182, Abb.

8817
Koçi, J.: Varreza e qytetit antik në Borsh. (Alban. m. franz. Res.) Le nécropole de la cité antique à Borsh.—
Iliria 17, 1987, Nr. 1, 135–146, Abb. Taf.

8818
Kohl, P.: The ancient economy, transferable technologies and the bronze age world-system. A view from the northeastern frontier of the ancient Near East.— Centre and periphery in the ancient world (Cambridge 1987) 13–24, Abb.
SB

8819
Kohl, P. L.: The northern 'frontier' of the ancient Near East. Transcaucasia and Central Asia compared.—
AJA 92, 1988, 591–596

8820
Korkuti, M.: 25 vjet kërkime për neolitin dhe eneolitin në Shqipëri, 1961–1986. (Alban. m. franz. Res.) 25 ans de recherches sur le néolithique et le chalcolithique en Albanie, 1961–1986.—
Iliria 17, 1987, Nr. 2, 5–19, Abb. Taf.

8821
Korobkova, G. F.: El análisis experimental y las huellas de uso en el estudio de la economía de las sociedades antiguas.—
CuadGranada 9, 1984, 305–325, Abb.

8822
Kosyanenko, V. M.; Maximenko, V. E.: A complex of finds from a Sarmatian burial at the Vinogradny village in the Lower Don. (Russ.).—
SovArch 1989, Nr. 1, 264–267, Abb.

8823
Koukouli-Chrysanthaki, C.; Weisgerber, G.; Gialoglou, G.; u. a.: Prähistorischer und junger Bergbau auf Eisenpigmente auf Thasos.— Antike Edel- und Buntmetallgewinnung auf Thasos (Bochum 1988) 241–244, Abb.
SB

8824
Kourou, N.: Handmade pottery and trade. The case of the 'Argive monochrome' ware.— Proceedings of the 3rd Symposium on ancient Greek and related pottery (København 1988) 314–324, Abb.
KB København 1987

8825
Kovács, T.: Die bronzezeitliche Siedlung von Süttő.—
SlovA 36, 1988, 119–132, Abb.

8826
Kozlovskaja, V. I.: L'origine et le caractère de la ville ibérique de haute époque. VIIIe – première moitié du IVe ss. av. n. è. (Russ. m. franz. Res.).—
VesDrevIstor 1988, Nr. 4, 181–199

8827
Kraskovská, L.: Zbrane a nástroje z polohy Bergl v Bratislave-Rusovciach. (Slowak. m. engl. Res.) Weapons and tools on the Bergl site at Bratislava-Rusovce.—
SlovA 36, 1988, 133–140, Abb.

8828
Krause, R.: Die endneolithischen und frühbronzezeitlichen Grabfunde auf der Nordstadtterrasse von Singen am Hohentwiel.— (Stuttgart 1988) 350 S., Abb. Taf. Beil.
(Forschungen und Berichte zur Vor- und Frühgeschichte in Baden-Württemberg, 32)

8829
Kroitzsch, K.: Die Nekropole bei Liebersee, Kreis Torgau.— Archäologische Feldforschungen in Sachsen (Berlin 1988) 238–242, Abb. Taf.
SB

8830
Kroll, H.; Borojević, K.: Einkorn von Feudvar, Vojvodina, Jugoslawien. Ein früher Beleg der Caucalidion-Getreideunkrautgesellschaft.—
PZ 63, 1988, 135–139, Abb.

8831
Krzak, S.: The problem of the cosmic mountain in the past.—
APolona 25–26, 1987, 41–74, Abb.

8832
Krzyszkowska, O. H.: Ivory in the Aegean bronze age. Elephant tusk or hippopotamus ivory?—
BSA 83, 1988, 209–234, Abb. Taf.

8833
Krzyszkowska, O. H.: Early Cretan seals. New evidence for the use of bone, ivory and boar's tusk.— Fragen und Probleme der bronzezeitlichen ägäischen Glyptik (Berlin 1989) 111–126, Abb.
KB Marburg 1985

8834
Künzl, E.: Germanische Fürstengräber und römisches Silber.— (Lauenburgische Akademie für Wissenschaft und Kultur. Jahrbuch 1. 1988, 31–53, Abb.)
SD

8835
Kulaçoğlu, B.: Anadolu medeniyetleri müzesindeki bir grup frig seramiği. (Türk. m. engl. Res.) A group of Phrygian pottery in the Anatolian Civilizations Museum.—
AnadoluYıl 1987, 80–87, Taf.

8836
Kull, B.; u. a.: Demircihüyük. Die Ergebnisse der Ausgrabungen 1975–1978, 5. Die mittelbronzezeitliche Siedlung.— (Mainz 1988) XIV, 276 S., Abb. Taf.

8837
Kull, B.: Untersuchungen zur Mittelbronzezeit in der Türkei und ihrer Bedeutung für die absolute Datierung der europäischen Bronzezeit.—
PZ 64, 1989, 48–73, Abb.

8838
Kunter, K.: Funde aus fernen Ländern, 2. Zu den polychromen Glasperlen aus dem Fürstengrab von Reinheim, Kr. St. Ingbert.— Gedenkschrift für G. v. Merhart (Marburg/Lahn 1986) 91–128, Abb. Taf.

8839
Kuper, R.: Neuere Forschungen zur Besiedlungsgeschichte der Ost-Sahara.—
AKorrBl 18, 1988, 127–142, Abb. Taf.

8840
Kurti, D.: Tumat IV, V, VI, VII të Burrelit. (Alban. m. franz. Res.) Les tumuli IV, V, VI, VII de Burrel.—
Iliria 17, 1987, Nr. 1, 85–103, Abb. Taf.

8841
Kutkam, M.: Demetevler-Yumurtatepe tümülüsü 1987 kazısı. (Türk. m. engl. Res.) Demetevler-Yumurtatepe tumulus, 1987 excavation. Summary.—
AnadoluYıl 1987, 12–15, Taf.

8842
Kuwayama, S.: Tapa Shotor and Lalma. Aspects of stupa court at Hadda.—
AnnOrNap 47, 1987, 153–176, Abb. Taf.

8843
Kuzmová, K.; Roth, P.: Terra sigillata v barbariku. Nálezy z germánskych sídlisk a pohrebísk na území Slovenska. (Slowak. m. dtsch. Res.) Terra sigillata im Barbarikum. Funde aus germanischen Siedlungen und Gräberfeldern im Gebiet der Slowakei.— (Nitra 1988) 225 S., Abb. Taf.
(Materialia archaeologica slovaca, 9)

8844
Kuznecova, T. M.: O sjužete izobraženija na perstne carja Skila. (Russ.) [Zum Thema der Darstellung auf dem Fingerring des Königs Skyles.]—
KraSoob 1986, Nr. 186, 3–8, Abb.

8845
Kuznecova, T. M.: Skifskie ritual'nye sosudy. (Russ.) [Skythische Ritualgefäße.]—
KraSoob 1988, Nr. 194, 17–23, Abb.

8846
Kuznetsova, T. M.: Mirrors in the Sarmatian burial rite. (Russ. m. engl. Res.).—
SovArch 1988, Nr. 4, 52–61

8847
La Bandera Romero, M. L. de: La joyería prerromana en la provincia de Sevilla.— (Sevilla 1989) 178 S., Abb.
(Arte hispalense, 49)

8848
La Genière, J. de;; Nenci, G.; Tagliente, M.; u. a.: Documentazione analitica delle necropoli dell'Italia meridionale e della Sicilia. Contributo allo studio delle società antiche.—
AnnPisa 18, 1988, 11–60, Taf.

8849
Labellarte, M.; Depalo, M. R.: Ruvo di Puglia (Bari). Indagini archeologiche in area urbana.—
Taras 6, 1986, 65–77, Taf.

8850
Lamboley, J. L.: Appunti su alcune fortificazioni salentine.— Salento. Porta d'Italia (Galatina 1989) 101–105, Taf.
KB Lecce 1986

8851
Lancel, S.: La céramique punique d'époque hellénistique.— Céramiques hellénistiques et romaines, 2 (Paris 1987) 99–116, Taf.
SB

8852
Laporte, L.; Pelletier, R.: Le polissoir des Béraudes à Saint-Georges-d'Oleron.—
RSaintonge 13, 1987, 7–10, Abb.

8853
Lardy, J. M.; Meyer, H.; Rebour, V.; u. a.: Monnaies celtiques en situation stratigraphique sur le site d'Epiais-Rhus (Val d'Oise).— Monnaies gauloises découvertes en fouilles (Paris 1987) 152–210, Abb. Taf.
SB

8854
Laser, R.: Eine provinzialrömische Glasgemme von Westeregeln, Kr. Stassfurt.—
AusgrFu 33, 1988, 204–206, Abb. Taf.

8855
Latacz, J.: News from Troy.—
Berytus 34, 1986, 97–112, Abb. Taf.

8856
Laurens, A. F.; Louka, E.: Les masques chypriotes.— Anthropologie et théâtre antique (Montpellier 1987) 23–32, Abb. Taf.
KB Montpellier 1986

8857
Lawergren, B.: The harp of the ancient Altai people.— Second conference of the ICTM Study Group on Music Archaeology, 1 (Stockholm 1986) 163–177, Abb.
KB Stockholm 1984

8858
Lazzari, A.: Per una classificazione tipologica degli spilloni dell'Anatolia nell'età del bronzo.—
CMatAOr 1, 1986, 67–211, Abb.

8859
Le Brun, A.: La stratigraphie de Khirokitia et les nouvelles dates 14C.—
RDAC 1988, Nr. 1, 25–28, Abb.

8860
Lebrun, R.: L'Anatolie et le monde phénicien du Xe au IVe siècle av. J.-C.— Phoenicia and the East Mediterranean in the first millennium B.C. (Leuven 1987) 23–33
KB Louvain 1985

8861
Lebrun, R.: A propos des déesses Maliades et de quelques épiclèses gréco-asianiques.—
Kernos 2, 1989, 83–88

8862
Legros, R.: Iconographie du tricéphale.—
Caesarodunum 23, 1988, 161–169, Abb.

8863
Lejeune, M.; Pouilloux, J.: Une transaction commerciale ionienne au Ve siècle av. n. è. à Pech-Maho.—
CRAI 1988, 526–535

8864
Lequément, R.; Vidal, M.: Chronologie corrigée des oenochoés du type de Kelheim trouvées dans les puits funéraires 8 et 9 de Toulouse, Estarac (Haute-Garonne).— Mélanges offerts à M. Labrousse (Toulouse 1987) 233–247, Taf.

8865
Lera, P.: Vendbanimi i neolitit të vonë në Barç. Faza Barç II. (Alban. m. franz. Res.) L'habitat du néolithique récent à Barç. La phase Barç II.—
Iliria 17, 1987, Nr. 1, 25–51, Abb. Taf.

8866
Levi, M. A.: L'Italia nell'evo antico.— (Padova 1988) VIII, 565 S., Abb.

8867
Levi, M. A.: I nomadi alla frontiera. I popoli delle steppe e l'antico mondo greco-romano.— (Roma 1989) 143 S., Taf.
(Centro ricerche e documentazione sull'antichità classica. Monografie, 13)

8868
Levi, M. A.: La città antica. Morfologia e biografia dell'aggregazione urbana nell'antichità.— (Roma 1989) 514 S., Abb.
(Problemi e ricerche di storica antica, 12)

8869
Licheli, V. T.: A trade and artisan settlement of the 3rd – 2nd centuries B.C. in inner Colchis. (Russ. m. engl. Res.).— The Black Sea littoral in the hellenistic times (Tbilisi 1985) 468–473
KB Cchaltubo 1982

8870
Lilliu, C.: Decimo e il suo territorio, 1.—
StSard 27, 1986–87, 55–87

8871
Lilliu, G.; Zucca, R.: Su Nuraxi di Barumini.— (Sassari 1988) 141 S., Abb.
(Sardegna archeologica. Guide e itinerari, 9)

8872
Lilliu, G.: Tomba di giganti a Preganti (Gergéi-Nuoro).—
StSard 26, 1981–85, 51–61, Abb.

8873
Lindner, M.: Eine al-'Uzzā-Isis-Stele und andere neu aufgefundene Zeugnisse der al-'Uzzā-Verehrung in Petra (Jordanien).—
ZDPV 104, 1988, 84–91, Abb. Taf.

8874
Lipiński, E.: Resheph Amyklos.— Phoenicia and the East Mediterranean in the first millennium B.C. (Leuven 1987) 87–99, Abb.
KB Louvain 1985

8875
Lo Porto, F. G.: Matera, 1. I giacimenti paleolitici e la stratigrafia di Grotta dei pipistrelli.— (Galatina 1988) 255 S., Taf. Beil.

8876
Lo Porto, F. G.: Gli scavi di Muro Tenente presso Mesagne.— Atti del VII Convegno dei comuni messapici peuceti e dauni (Bari 1988) 9–21, Abb.
KB Mesagne 1976

8877
Lohof, E.: A lesser known figurine from the Near Eastern neolithic.— To the Euphrates and beyond. Archaeological studies in honour of M. N. van Loon (Rotterdam 1989) 65–74, Abb.

8878
Lolos, Y. G.: The tholos tomb at Koryphasion. Evidence for the transition from middle to late Helladic in Messenia.—
Aegaeum 3, 1989, 171–175

8879
Lombardo, M.: La via istmica Taranto–Brindisi in età arcaica e classica. Problemi storici.— Salento. Porta d'Italia (Galatine 1989) 167–192
KB Lecce 1986

8880
López Castro, J. L.: La religión fenicio-púnica en Sexs. Datos para su conocimiento.— Actas. 1er Congreso peninsular de historia antigua, 2 (Santiago de Compostela 1988) 57–65
KB Santiago de Compostela 1986

8881
López Monteagudo, G.: Le commerce grec sur la mer Noire et dans la péninsule ibérique. Le groupe de sculptures de Porcuna et les vases de Kerch.— The Black Sea littoral in the hellenistic times (Tbilisi 1985) 156–164, Abb.
KB Cchaltubo 1982

8882
Lordkipanidze, G. A.: Nekotorye voprosy istorii antičnoj kul'tury Gruzii. (Russ.) [Einige Fragen zur Kulturgeschichte des antiken Georgien.].— Problemy antičnoj kul'tury (Moskva 1986) 237–242, Abb.
SB

8883
Lordkipanidze, O. D.: On some innovations in Colchis in the 4th – 3rd centuries B.C. according to the materials of the city site of Vani. (Russ. m. engl. Res.).— The Black Sea littoral in the hellenistic times (Tbilisi 1985) 473–489
KB Cchaltubo 1982

8884
Lubsen-Admiraal, S. M.: A red polished sextet from Amsterdam.—
RDAC 1988, Nr. 1, 127–132, Abb. Taf.

8885
Lucentini, N.: Note per la viabilità nell'Ascolano meridionale in età preistorica.— Les strade nelle Marche (Ancona 1987) 437–494, Taf.
KB Ancona 1984

8886
Lüscher, G.: Vier Latènegruben der Engehalbinsel bei Bern.—
JbSchwGesUrgesch 72, 1989, 127–152, Abb.

8887
Macchiarola, I.: La ceramica appenninica decorata.— (Roma 1987) 225 S., Abb.
(Collana di studi archeologici, 1)

8888
MacDonald, B.; Clark, G. A.; Neeley, M.: Southern Ghors and northeast 'Araba. Archaeological survey 1985 and 1986, Jordan. A preliminary report.—
BASOR 1988, Nr. 272, 23–45, Abb.

8889
MacDonald, B.; Clark, G. A.; Neeley, M.; u. a.: Southern Ghors and northeast 'Arabah archaeological survey 1986, Jordan. A preliminary report.—
AAJ 31, 1987, 391–418, Abb. Taf.

8890
Machajewski, H.: Untersuchungen zur Genese der Dębczyno-Gruppe.—
ZfA 22, 1988, 65–82, Abb.

8891
Mackreth, D. F.; u. a.: Excavation of an iron age and Roman enclosure at Werrington, Cambridgeshire.—
Britannia 19, 1988, 59–151, Abb.

8892
Madau, M.: Nota sui rapporti tra mondo nuragico e mondo fenicio e punico nella Sardegna nord-occidentale.—
RStFen 16, 1988, 181–190, Taf.

8893
Madau, M.: Nuraghe S. Antine di Torralba. Materiali fittili di età fenicio-punica.— Il nuraghe S. Antine nel Logudoro-Meilogu (Sassari 1988) 243–271, Abb.
SB

8894
Maddoli, G.: Filottete in Italía.— L'epos greco in Occidente (Taranto 1980 [1989]) 133–167
KB Taranto 1979

8895
Magri, U.: Recenti scoperte nell'insediamento di Como preromana. Relazione preliminare.—
QuadErb 7, 1984, 59–70, Abb.

8896
Maioli, M. G.: La stipe di Villa a Cordignano. Una ipotesi di interpretazione.—
AquilNost 57, 1986, 249–264, Abb.

8897
Makkay, J.: Angaben zur Archäologie der Indogermanenfrage, 2–4.—
ActaArchHung 40, 1988, 3–25, Abb.

8898
Malone, C.; Stoddart, S.; Trump, D.: A house for the temple builders. Recent investigations on Gozo, Malta.—
Antiquity 62, 1988, 297–301, Abb.

8899
Manca Di Mores, G.: Osservazioni sulla ceramica da cucina da Monteleone Roccadoria (Sassari).—
RStFen 16, 1988, 65–70, Taf.

8900
Mane, S.: Kalaja e Goricës. (Alban. m. franz. Res.) La forteresse de Gorica.—
Monumentet 34, 1987, 147–152, Abb.

8901
Manfredi, L. I.: Su un busto fittile da Tuvixeddu (Cagliari).—
RStFen 16, 1988, 57–63, Taf.

8902
Manfredi, L. I.: Tharros, 14. Bracieri ellenistici e bacini decorati punici a Tharros.—
RStFen 16, 1988, 221–236, Taf.

8903
Manfredi, L. I.: Su un monumento punico da Tharros.—
StEgAntPun 3, 1988, 93–105, Taf.

8904
Mangani, E.: La raccolta Soranzo nel Museo preistorico etnografico L. Pigorini.—
AquilNost 57, 1986, 281–292, Taf.

8905
Maniatis, Y.; Perdikatsis, V.; Kotsakis, K.: Assessment of in-site variability of pottery from Sesklo, Thessaly.—
Archaeometry 30, 1988, 264–274, Abb.

8906
Maniscalco, L.: Tipologie funerarie nella Sicilia del tardo Bronzo. Pantalica, Dessueri, Caltagirone.—
ArchStorSicilia 81–82, 1985–86, 241–260, Taf.

8907
Manning, S.: The bronze age eruption of Thera. Absolute dating, Aegean chronology and Mediterranean cultural interrelations.—
JMedA 1, 1988, 17–82, Abb.

8908
Mansuelli, G. A.: Problemi di poleografia paleoveneta.—
AquilNost 57, 1986,, 325–336

8909
Maran, J.: Zur Zeitstellung der Grabhügel von Marmara (Mittelgriechenland).—
AKorrBl 18, 1988, 341–355 Abb.

8910
Maran, J.: Die Schaftlochaxt aus dem Depotfund von Theben (Mittelgriechenland) und ihre Stellung im Rahmen der bronzezeitlichen Äxte Südosteuropas.—
AKorrBl 19, 1989, 129–136, Abb.

8911
Marasco, G.: Aspetti dell'economia cartaginese fra la seconda e la terza guerra punica.— L'Africa romana (Sassari 1988) 223–228
KB Sassari 1987

8912
Marazov, I.: Interprétation de l'image sur un'aryballe de Koul-Oba. (Russ. m. franz. Res.).—
VesDrevIstor 1988, Nr. 4, 103–109

8913
Marazov, I.: La part des Odryses dans le trésor de Rogozen. (Bulg. m. franz. Res.).—
ArcheologijaSof 30, 1988, Nr. 4, 12–22, Abb.

8914
Marazov, I.: The procession of fantastic animals, cat. no. 165 from the Rogozen treasure.— The Rogozen treasure (London 1989) 59–72, Taf.
KB London 1987

8915
Marfoe, L.: Kurban Höyük excavations, 1984.—
TürkAD 27, 1988, 15–21, Taf.

8916
Mari, Z.; Sperandio, M.: Materiali da una tomba protostorica di Tivoli. Considerazioni sull'Orientalizzante in area tiburtina.— ArchCl 37, 1985, 27–43, Abb. Taf.

8917
Marini, M. P.: Osservazioni sulle fàlere bronzee della necropoli di Chiavari.—
StGenuensi 6, 1988, 15–17

8918
Marketou, T.: New evidence on the topography and site history of prehistoric Ialysos.— Archaeology in the Dodecanese (Copenhagen 1988) 27–33, Abb.
KB København 1986

8919
Markoe, G.: A funerary ritual on two Cypriote vases.—
RDAC 1988, Nr. 2, 19–24, Taf.

8920
Markoe, G.: An Egyptianizing votive statuette from Kourion.—
RDAC 1988, Nr. 2, 17–18, Taf.

8921
Marsadolov, L.: Chronological correlation of the Pazyryk and Semibratniye barrows. (Russ. m. engl. Res.).—
ASbor 28, 1987, 30–37, Abb.

8922
Martín de la Cruz, J. C.: Papa Uvas, 2. Aljaraque. Huelva. Campañas de 1981 a 1983.— (Madrid 1986) 350 S., Abb.
(Excavaciones arqueológicas en España, 149)

8923
Martín de la Cruz, J. C.: Papa Uvas I. Aljaraque, Huelva. Campañas de 1976 a 1979.— (Madrid 1985) 274 S., Abb. Taf.
(Excavaciones arqueológicas en España, 136)

8924
Martín de la Cruz, J. C.: Mykenische Keramik aus bronzezeitlichen Siedlungsschichten von Montoro am Guadalquivir.—
MM 29, 1988, 77–92, Abb. Taf.

8925
Marzatico, F.: L'Alto Garda nella preistoria.— (Riva del Garda 1988) ohne Pagin., Abb.
(Archeologia dell'Alto Garda)

8926
Marzoli, D.: Bronzefeldflaschen in Italien.— (München 1989) 93 S., Abb. Taf.
(Prähistorische Bronzefunde, 2, 4)

8927
Maselli Scotti, F.: Il castelliere di S. Michele presso Bagnoli.—
AquilNost 57, 1986, 337–346, Abb. Taf.

8928
Maselli Scotti, F.: Il castelliere di San Michele di Bagnoli.—
AttiMemSocIstriana 36, 1988, 220–226, Abb.

8929
Maselli Scotti, F.: Il castelliere di Rupinpiccolo.—
AttiMemSocIstriana 36, 1988, 215–219, Abb.

8930
Mason, P.: Coming down from the hills. A preliminary report on the intensive surface collection of a lowland early iron age activity area in Slovenia.— Recent developments in Yugoslav archaeology (Oxford 1988) 240–243, Taf.
SB

8931
Mason, P.: The social context of the introduction of iron in the early iron age of Slovenia.— Recent developments in Yugoslav archaeology (Oxford 1988) 211–219, Taf.
SB

8932
Massi Secondari, A.: Le fibule del Museo civico di Macerata.—
AnnPerugia 23, 1985–86, Nr. 1, 173–193, Abb.

8933
Masson, E.: Les plus anciennes crémations à Chypre. Témoignages d'une croyance spécifique.—
RDAC 1988, Nr. 1, 321–324, Abb.

8934
Masson, V. M.: Kočevničeskie komponenty kušanskogo archeologičeskogo kompleksa. (Russ.) [Nomadische Komponenten in kuschanischem archäologischem Material.].— Problemy antičnoj kul'tury (Moskva 1986) 258–264, Abb.
SB

8935
Masson, V. M.; Korobkova, G. F.: Eneolithic stone sculpture in south Turkmenia.—
Antiquity 63, 1989, 62–70, Abb.

8936
Mathiesen, H. E.: A note on the dating of the Parthian rock relief at Hung-i Nauruzi.—
ActaArch 56, 1985, 191–196, Abb.

8937
Mathiesen, H. E.: The rock reliefs at Tang-i Sarvak.—
ActaArch 57, 1986, 153–176, Abb.

8938
Mathiesen, H. E.: Stylistic trends in late Parthian sculpture. A survey.—
AnalRom 17–18, 1989, 117–126, Abb.

8939
Matiashvili, N. N.: Hellenism and the religious beliefs of the ancient Colchians. (Russ. m. engl. Res.).— The Black Sea littoral in the hellenistic times (Tbilisi 1985) 489–497, Abb.
KB Cchaltubo 1982

8940
Matthäus, H.; Schumacher-Matthäus, G.: Zyprische Hortfunde, Kult und Metallhandwerk in der späten Bronzezeit.— Gedenkschrift für G. v. Merhart (Marburg/Lahn 1986) 129–184, Abb. Taf.

8941
Matthiae, K.: Die Fassade des Bāb es-Sīq-Trikliniums in Petra. Bemerkungen zu ihrer Gestaltung.—
ZDPV 104, 1988, 74–83, Abb.

8942
Mazza, F.: 'B'by' nelle iscrizioni di Antas. Dati per una nuova proposta.—
RStFen 16, 1988, 47–56

8943
Mazzei, M.: Lucera, Piano dei Puledri. Corredi funerari del IV secolo a. C.—
Taras 6, 1986, 105–116, Taf.

8944
McClellan, M. C.; Russell, P. J.; Todd, I. A.; u. a.: Kalavasos-Mangia. Rescue excavations at a late bronze age cemetery.—
RDAC 1988, Nr. 1, 201–222, Abb. Taf.

8945
McGeehan-Liritzis, V.; Gale, N. H.: Chemical and lead isotope analyses of Greek late neolithic and early bronze age metals.— Archaeometry 30, 1988, 199–225, Abb.

8946
M'charek, A.: Maghrāwa, lieu de provenance des stèles punico-numides dites de la Ghorfa.—
MEFRA 100, 1988, 731–760, Abb.

8947
Megaw, J. V. S.; Megaw, M. R.: A La Tène neckring of unknown provenance.—
Helinium 28, 1988, 271–277, Abb.

8948
Megaw, R.; Megaw, V.: The stone head from Mšecké Žehrovice. A reappraisal.—
Antiquity 62, 1988, 631–641, Abb.

8949
Meijide Cameselle, G.: Las espadas del Bronce Final en la Península Ibérica.— (Santiago 1988) IX, 182 S., Abb.
(Arqueohistórica, 1)

8950
Melas, E. M.: The Dodecanese and Western Anatolia in prehistory. Interrelationships, ethnicity and political geography.—
AnatSt 38, 1988, 109–120, Abb.

8951
Melas, M.: Exploration in the Dodecanese. New prehistoric and Mycenaean finds.—
BSA 83, 1988, 283–311, Abb. Taf.

8952
Mele, M. G.: Due idoletti prenuragici a forma di accetta.—
StSard 26, 1981–85, 7–15, Abb. Taf.

8953
Mellaart, J.: Some thoughts on the interpretation of Anatolia's cultural development.—
Anadolu 21, 1978–80 [1987], 223–227

8954
Mepisaschwili, R.; Zinzadse, W.: Georgien. Kirchen und Wehrbauten.— (Weinheim 1987) 388 S., Abb.

8955
Merrillees, R. S.: Mother and child. A late Cypriote variation on an eternal theme.—
MedA 1, 1988, 42–56, Abb.

8956
Merrillees, R. S.: C. F. A. Schaeffer's excavations at Bellapais-Vounous in 1933.—
RDAC 1988, Nr. 1, 63–69

8957
Meškeris, V. A.: Zmeja – chtoničeskij atribut Margianskoj bogini. (Russ.) [Die Schlange, ein chthonisches Attribut der Margianischen Göttin.].—
KraSoob 1985, Nr. 184, 35–42, Abb.

8958
Meškeris, V. A.: Tri novych pamjatnika koroplastiki Baktrii. Peredneaziatskie paralleli. (Russ.) [Drei neue Beispiele baktrischer Koroplastik. Vorderasiatische Parallelen.].—
KraSoob 1985, Nr. 182, 63–66, Abb.

8959
Messerschmidt, W.: Der ägäische Streitwagen und seine Beziehungen zum nordeurasisch-vorderasiatischen Raum.—
ActaPrHistA 20, 1988, 31–44, Abb.

8960
Mesterházy, K.: Frühsarmatenzeitlicher Grabfund aus Veresegyház.—
FolArch 37, 1986, 137–161 Abb.

8961
Meyer, E.: Das odergermanische Brandgrubengräberfeld der späten Kaiserzeit von Litten, Kreis Bautzen.— Archäologische Feldforschungen in Sachsen (Berlin 1988) 274–275, Taf.
SB

8962
Meyer, E.: Ein spätkaiserzeitliches Grab mit römischem Import von Gundorf, Kreis Leipzig.— Archäologische Feldforschungen in Sachsen (Berlin 1988) 271–273, Abb.
SB

8963
Meyer, E.: Elbgermanische Urnengräber der späten Kaiserzeit von Wiederau, Kreis Borna.— Archäologische Feldforschungen in Sachsen (Berlin 1988) 268–270, Abb.
SB

8964
Meyer, E.: Das Urnenfeld der späten Kaiserzeit von Zauschwitz, Kreis Borna.— Archäologische Feldforschungen in Sachsen (Berlin 1988) 263–267, Abb.
SB

8965
Meyer, L.: Le premier or de l'humanité.—
ArcheologiaParis 1989, Nr. 244, 12–21, Abb.

8966
Miari, M.: La documentazione dei siti archeologici dei bacini del Fiora e dell'Albegna. Criteri di classificazione e analisi dei modelli di insediamento dell'età del bronzo.—
Padusa 23, 1987, 113–133, Taf.

8967
Miccichè, C.: Mesogheia. Archeologia e storia della Sicilia centro-meridionale dal VII al IV secolo a. C.— (Caltanissetta 1989) 185 S., Abb. Taf.

8968
Micozzi, M.: La collezione preromana del Museo nazionale de L'Aquila.— (Firenze 1989) 119 S., Abb.
(Istituto di studi etruschi ed italici. Biblioteca di studi etruschi, 18)

8969
Minzhulin, A. I.: Protective armour of 5th–6th century B.C. archer from the village of Gladkovshchina. (Russ. m. engl. Res.).—
SovArch 1988, Nr. 4, 116–126, Abb.

8970
Miotti, T.: Le fortificazioni in Friuli dalle origini al tardo medioevo. Sintesi delle tecniche e delle vicende difensive.— I sette castra di Paolo Diacono ed altri studi castellologici (o. O. 1988) 43–84, Abb.
SB

8971
Mirdita, Z.: Contribution à l'étude de la religion et des cultes des Dardaniens à l'époque préromaine.—
RechAlb 1, 1984, 139–159

8972
Miret, M.; Sanmartí, J.; Santacana, J.: La evolución y el cambio del modelo de poblamiento ibérico ante la romanización. Un ejemplo.— Los asentamientos ibéricos ante la romanización (Madrid 1987) 79–85, Abb. Taf.
KB [Madrid] 1986

8973
Miroshina, T. V.; Derzhavin, V. L.: Sarmatian burials from the Veselaya Roshcha III burial ground. (Russ. m. engl. Res.).— SovArch 1988, Nr. 4, 146–156, Abb.

8974
Mirošina, T. V.: Sarmatskie pogrebenija Aleksandrovskogo rajona Stavropol'skogo kraja. (Russ.) [Sarmatische Gräber im Bezirk Aleksandrovskoe, Region Staropol'.].—
KraSoob 1985, Nr. 184, 95–100, Abb.

8975
Mirošina, T. V.: Novye sarmatskie pogrebenija v Stavropol'skom krae. (Russ.) [Neue sarmatische Gräber im Gebiet von Stavropol.].—
KraSoob 1986, Nr. 186, 69–73, Abb.

8976
Mitrea, I.: Inca o necropola daco-carpica descoperita pe teritoriul comunei Oncesti, judetul Bacău.—
Carpica 17, 1985, 81–87, Taf.

8977
Moleva, N. V.: The Greek and the Barbarian in Bosporan anthropomorphic grave monuments. (Russ. m. engl. Res.).— The Black Sea littoral in the hellenistic times (Tbilisi 1985) 365–374, Abb.
KB Cchaltubo 1982

8978
Molinos Molinos, M.; Ruiz Rodríguez, A. C.; Nocete Calvo, F.: El poblamiento ibérico de la campiña del Alto Guadalquivir. Proceso de formación y desarrollo de la servidumbre territorial.— Actas. 1er Congreso peninsular de historia antigua, 2 (Santiago de Compostela 1988) 79–88, Abb.
KB Santiago de Compostela 1986

8979
Molitor, M. A.: Pots and potters of prehistoric Malta. Diss. Los Angeles 1988.— (Ann Arbor 1989) X, 286 S., Abb.
(University Microfilms International)

8980
Monacchi, D.: Nota sulla stipe votiva di Grotta Bella (Terni).—
StEtr 54, 1986, 75–99, Taf.

8981
Morandi, A.: I graffiti vascolari di Magliano Sabina (Colli del Giglio).— Acheologia laziale, 9 (Roma 1988) 343–349, Abb.
KB Roma 1987

8982
Morgan, C.: Corinth, the Corinthian Gulf and Western Greece during the eighth century B.C.—
BSA 83, 1988, 313–338, Abb.

8983
Moscati, S.: Le officine di Sulcis.— (Roma 1988) 130 S., Taf.
(Studia punica, 3)

8984
Moscati, S.: Fenicio o punico o cartaginese.—
RStFen 16, 1988, 3–13

8985
Moscati, S.: Iconismata punica.—
RendPontAcc 58, 1985–86, 75–85

8986
Moscati, S.: Dimensione tirrenica.—
RStFen 16, 1988, 133–144

8987
Moscati, S.; Uberti, M. L.: Testimonianze fenicio-puniche a Oristano.—
MemAccLinc 31, 1988, 1–63, Abb. Taf.

8988
Moscati, S.: Tra Tiro e Cadice. Temi e problemi degli studi fenici.— (Roma 1989) 155 S.
(Studia punica, 5)

8989
Moscetta, M. P.: Il ripostiglio di Lipari. Nuove considerazioni per un inquadramento cronologico e culturale.—
DArch 6, 1988, Nr. 1, 53–78, Abb.

8990
Moutsopoulos, M. K.; Demetrokalles, G.: Τὰ ντολμὲν στὴ 'Γιαλόμαντρα' τῆς Σαμοθράκης.— Η ιστορική, αρχαιολογική και λαογραφική έρευνα για τη Θράκη (Θεσσαλονίκη 1988) 17–27, Taf.
KB Xanthe 1985

8991
Müller, F.: Die frühlatènezeitlichen Scheibenhalsringe.— (Mainz 1989) X, 116 S., Abb. Taf. Beil.
(Römisch-germanische Forschungen, 46)

8992
Müller, H. P.: Pygmaion, Pygmalion und Pumaijaton. Aus der Geschichte einer mythischen Gestalt.—
Orientalia 57, 1988, 192–205

8993
Müller, J.: Škarin Samograd. Eine frühneolithische Station mit monochromer Ware und Impresso-Keramik an der Ostadria.—
AKorrBl 18, 1988, 219–235, Abb.

8994
Müller-Karpe, A.: Archäologische Denkmäler des Oued Tissalatine (Süd-Algerien).—
BeitrAllgA 8, 1986, 177–212, Abb. Taf.

8995
Muhly, J. D.; Maddin, R.; Stech, T.: Cyprus, Crete and Sardinia. Copper ox-hide ingots and the bronze age metals trade.—
RDAC 1988, Nr. 1, 281–298, Abb.

8996
Muller, S.: Les tumuli helladiques. Où? Quand? Comment?—
BCH 113, 1989, 1–42, Abb.

8997
Musche, B.: Eine tibetische Eberkopfkappe und ihre Beziehung zu den sasanidischen Tierkopfkappen.—
AMI 20, 1987, 281–288, Abb. Taf.

8998
Mutti, A.; Rossi, M. G.; u. a.: La Terramara di Castione dei Marchesi.—
StDocA 5, 1988, 1–456, Abb. Taf.

8999
Nandris, J. G.: The earliest European plaster pyrotechnology. The red floors of Lepenski Vir.—
RdA 12, 1988, 14–15

9000
Nandris, J. G.: The r- and K-strategy societies of Lepenski Vir in early neothermal perspective.—
RdA 12, 1988, 5–13, Abb.

9001
Nawotka, K.: The attitude towards Rome in the political propaganda of the Bosporan monarchs.—
Latomus 48, 1989, 326–338

9002
Negroni Catacchio, N.: La fase di transizione Bronzo-Ferro in Etruria alla luce degli scavi di Tarquinia.— Tarquinia. Ricerche, scavi e prospettive (Milano 1987) 219–232
KB Milano 1986

9003
Németi, I.: Necropola Latène de la Pişcolt, jud. Satu Mare, 1.—
Thraco-Dacica 9, 1988, 49–73, Abb.

9004
Nickels, A.; u. a.: Agde. La nécropole du premier âge du fer.—
(Paris 1989) 498 S., Abb.
(RANarb, suppl. 19)

9005
Nicolaou, I.; Nicolaou, K.: The Dhenia Kafkalla and Mali tombs.—
RDAC 1988, Nr. 1, 71–120, Abb. Taf.

9006
Nicolini, G.: L'établissement ibérique de Castellar (Jaén). Premières hypothèses.— Los asentamientos ibéricos ante la romanización (Madrid 1987) 55–61, Abb.
KB [Madrid] 1986

9007
Nielsen, S.: Denarerne fra romersk jernalder. Funktion og udbredelse.—
AarbKøb 1986, 147–164, Abb.

9008
Nikolov, N.; Zlatev, S.; Vasileva, K.: Le sens astronomique du monument thrace Tatul. (Bulg. m. franz. Res.).—
ArcheologijaSof 30, 1988, Nr. 2, 28–32, Abb.

9009
Nikolov, V.: Das frühneolithische Haus von Sofia-Slatina. Eine Untersuchung zur vorgeschichtlichen Bautechnik.—
Germania 67, 1989, Nr. 1, 1–49, Abb.

9010
Nocete Calvo, F.: Jefaturas y territorio. Una visión crítica.—
CuadGranada 9, 1984, 289–304

9011
Nony, D.: La géographie monétaire de la Gironde précésarienne et les origines de Bordeaux.—
REA 88, 1986, 125–133, Taf.

9012
Nováki, G.; Pető, M.: Neuere Forschungen im spätkeltischen Oppidum auf dem Gellértberg in Budapest.—
ActaArchHung 40, 1988, 83–99, Abb. Taf.

9013
Nuvoli, M. P.: Il nuraghe della Giorba (Alghero).—
StSard 26, 1981–85, 41–50, Abb. Taf.

9014
Oboldueva, T. G.: The mounds on the Jun irrigation canal. (Russ. m. engl. Res.).—
SovArch 1988, Nr. 4, 157–168, Abb.

9015
Ökse, T.: Mitteleisenzeitliche Keramik Zentral-Ostanatoliens. Mit dem Schwerpunkt Karakaya-Stauseegebiet am Euphrat.—
(Berlin 1988) XX, 301 S., Taf.
(Berliner Beiträge zum Vorderen Orient, 9)

9016
Oelsner, J.: Materialien zur babylonischen Gesellschaft und Kultur in hellenistischer Zeit.— (Budapest 1986) 546 S., Abb.
(Assyriologia, 7)

9017
Oesterwind, B. C.; Schäfer, K.: Die spätlatènezeitliche und frühkaiserzeitliche Besiedlung im Andernacher Stadtgebiet.— (Andernach 1987) 87 S., Abb. Taf.
(Andernacher Beiträge, 1)

9018
Özet, M. A.: Anadolu medeniyetleri müzesinden bir grup hançer ve mızrak ucu. (Türk. m. engl. Res.) A group of daggers and spearheads in the Anatolian Civilizations Museum.—
AnadoluYıl 1987, 45–54, Taf.

9019
Özten, A.: Acemhöyük taş kapları. (Türk.) Les moulages en pierre à Acemhöyük.—
Belleten 52, 1988, Nr. 203, 393–406, Taf.

9020
Olmos, R.: Propuestas de paradigmas y vías de investigación.— Coloquio sobre el puteal de la Moncloa (Madrid 1986) 183–186
KB Madrid 1983

9021
Orfila, M.: La necrópolis de Sa Carrotja y la romanización del sur de la isla de Mallorca.— (Oxford 1988) 329 S., Abb. Taf.
(British archaeological reports. International series, 397)

9022
Orphanides, A. G.: A classification of the bronze age terracotta anthropomorphic figurines from Cyprus.—
RDAC 1988, Nr. 1, 187–199, Abb.

9023
Ortalli, J.; Bermond Montanari, G.: Il complesso monumentale protofelsineo di via Fondazza a Bologna.—
StEtr 54, 1986, 15–45, Abb. Taf.

9024
Osmani, Y.: Një skulpturë me figurën e sirenës nga Durrësi. (Alban.) Une sculpture figurant la sirène, découverte à Durrës.—
Iliria 17, 1987, Nr. 1, 231–232, Abb.

9025
Osterhaus, U.: Neue frühlatènezeitliche Befunde aus Köfering, Landkreis Regensburg, Oberpfalz.—
AJahrBay 1987, 81–83, Abb.

9026
Panajotov, I.; Aleksandrov, S.: La culture Magura-Kotzofeni dans les terres bulgares. (Bulg. m. franz. Res.).—
ArcheologijaSof 30, 1988, Nr. 2, 1–15, Abb.

9027
Papadopoulos, T. J.: The Dodecanese and the Western Peloponnese in the late bronze age. Some thoughts on the problem of their relations.— Archaeology in the Dodecanese (Copenhagen 1988) 73–75
KB København 1986

9028
Papadopoulos, T. J.: The Greek mainland and its Aegean neighbours during the transitional period from MBA to LBA. The evidence of metalwork.—
Aegaeum 3, 1989, 183–188, Taf.

9029
Papi, R.: La necropoli di Alfedena e la via d'acqua del Sangro.— Il territorio del Parco nazionale d'Abruzzo nell'antichità (Civitella Alfedena 1988) 137–164, Abb.
KB Villetta Barrea 1987

9030
Pare, C.: From Dupljaja to Delphi. The ceremonial use of the wagon in later prehistory.—
Antiquity 63, 1989, 80–100, Abb.

9031
Parlasca, K.: Ikonographische Probleme palmyrenischer Grabreliefs.—
DaM 3, 1988, 215–221, Abb. Taf.

9032
Parlasca, K.: Palmyrenische Bildnisse aus dem Umkreis Zenobias.— Festschrift R. Werner (Konstanz 1989) 205–209, Taf.

9033
Parlasca, K.: Bemerkungen zu den archäologischen Beziehungen zwischen Südarabien und dem griechisch-römischen Kulturkreis.— L'Arabie préislamique et son environnement historique et culturel (Leiden 1989) 281–287, Taf.
KB Strasbourg 1987

9034
Parlasca, K.: Die Palmyrene. Ihr geographischer Rahmen im Lichte der bildenden Kunst und Epigraphik.— Géographie historique au Proche-Orient (Paris 1988) 241–248, Abb.
KB Valbonne 1985

9035
Paronuzzi, P.: Stramare di Muggia. La sezione di dettaglio H-K.—
AttiMemSocIstriana 36, 1988, 227–232, Abb.

9036
Parzinger, H.: Chronologie der Späthallstatt- und Frühlatène-Zeit. Studien zu Fundgruppen zwischen Mosel und Save.— (Weinheim 1988) X, 361 S., Abb. Taf.
(Quellen und Forschungen zur prähistorischen und provinzialrömischen Archäologie, 4)

9037
Patay, P.: Über die Tracht der kupferzeitlichen Goldanhänger.— SlovA 36, 1988, 169–173, Abb.

9038
Patitucci Uggeri, S.: Aspetti della ceramica locale di Spina nel V e IV secolo a. C. La ceramica grigia.— Πρακτικά του XII Διεθνούς συνεδρίου κλασικής αρχαιολογίας, 2 (Αθήνα 1988) 173–179, Abb.
KB Athenai 1983

9039
Pejović, R.: Musical instruments depicted or sculptured on antique monuments in the northern part of the Balkan Peninsula.— Second conference of the ICTM Study Group on Music Archaeology, 1 (Stockholm 1986) 145–155, Abb.
KB Stockholm 1984

9040
Peltenburg, E. J.: A Cypriot model for prehistoric ritual.— Antiquity 62, 1988, 289–293, Abb.

9041
Peltenburg, E. J.: Lemba archaeological project, Cyprus, 1986.— Levant 20, 1988, 231–235, Abb.

9042
Peltenburg, E. J.: Lemba archaeological project, Cyprus, 1987.— Levant 21, 1989, 195–197, Abb.

9043
Peltenburg, E. J.; Bolger, D.; Goring, E.; u. a.: Kissonerga-Mosphilia 1987. Ritual deposit, unit 1015.—
RDAC 1988, Nr. 1, 43–52, Abb. Taf.

9044
Percossi Serenelli, E.; Silvestrini Lavagnoli, M.: La vallata del Musone. Viabilità e insediamenti.— Le strade nelle Marche (Ancona 1987) 355–393, Taf.
KB Ancona 1984

9045
Pereira Menaut, G.: Cambios estructurales versus romanización convencional. La transformación del paisaje político en el Norte de Hispania.— Estudios sobre la Tabula Siarensis (Madrid 1988) 245–259
KB Sevilla 1986

9046
Perevodčikova, E. V.: Vosproizvedenie vida životnogo v skifskom zverinom stile. (Russ.) [Die Darstellung der Tiergestalt im skythischen Tierstil.].—
KraSoob 1986, Nr. 186, 8–14, Abb.

9047
Pérez Outeiriño, B.: Un singular resto arquitectónico en 'A Cidade' de San Cibrán de Lás (San Amaro-Punxín, Ourense).— Portugalia 6–7, 1985–86, 29–34, Taf.

9048
Pernot, M.; Dubos, J.; Guillaumet, J. P.: Technologies de fibules du Mont-Beuvray.— Techniques antiques du bronze (Dijon 1988) 59–91, Abb. Taf.
SB

9049
Përzhita, L.; Belaj, M.: Objekte nga tumat e Përbregut (Kukës). (Alban.) Objets provenant des tumuli de Përbreg, Kukës.— Iliria 17, 1987, Nr. 1, 223–224, Taf.

9050
Pesando, F.: La casa dei Greci.— (Milano 1989) 270 S., Abb. (Biblioteca di archeologia, 11)

9051
Petit, T.: Un dépôt de fondation au 'palais' d'Amathonte.— BCH 113, 1989, 135–148, Abb.

9052
Petrescu-Dîmboviţa, M.: Certaines considérations sur quelques problèmes du Hallstatt de l'espace carpato-danubien-pontique d'après les données des recherches récentes.—
SlovA 36, 1988, 175–188, Abb.

9053
Petropoulou, A.: The Thracian funerary rites (Her. 5,8) and similar Greek practices.—
Talanta 18–19, 1986–87, 29–47

9054
Pétry, F.; Will, R.: Le mont Sainte-Odile (Bas-Rhin).— ([Paris] 1988) 167 S., Abb.
(Guides archéologiques de la France, 16)

9055
Pičikjan, I. R.: Paradnye nožny greko-baktrijskich mečej. (Russ.) [Griffe graeco-baktrischer Prunkschwerter.].— Problemy antičnoj kul'tury (Moskva 1986) 264–272, Abb.
SB

9056
Piggott, S.: Horse and chariot. The price of prestige.— Proceedings of the Seventh international congress of Celtic studies (Oxford 1986) 25–30
KB Oxford 1983

9057
Pingel, V.: Zum Beginn der Goldmetallurgie im Westen der Iberischen Halbinsel.— Gedenkschrift für G. v. Merhart (Marburg/Lahn 1986) 193–211, Abb.

9058
Pirling, R.: Ein sarmatischer Spiegel aus Krefeld-Gellep.—
Germania 66, 1988, 453–464, Abb.

9059
Podzuweit, C.: Zypern am Übergang von Spätzyprisch II C zu III A.— Kolloquium zur ägäischen Vorgeschichte (Mannheim 1987) 185–192, Abb.
KB Mannheim 1986

9060
Pogrebova, M. N.; Raevsky, D. S.: Concerning the 'breakaway Scythians' (Russ. m. engl. Res.).—
VesDrevIstor 1989, Nr. 1, 40–65, Abb.

9061
Polacco, L.: Musici-danzatori nelle Venezie antichissime.—
NumAntCl 16, 1987, 9–24, Abb.

9062
Polenz, H.: Hallstattzeitliche 'Fremdlinge' in der Mittelgebirgszone nördlich der Mainlinie.— Gedenkschrift für G. v. Merhart (Marburg/Lahn 1986) 213–247, Abb. Taf.

9063
Politi, R.: Nota preliminare sul materiale preistorico di Muro Maurizio.— Atti del VII Convegno dei comuni messapici peuceti e dauni (Bari 1988) 253–261, Abb.
KB Mesagne 1976

9064
Poulsen, E.: Kelto-romerske importer.—
AarbKøb 1987, 97–103, Abb.

9065
Poursat, J. C.: La ville minoenne de Malia. Recherches et publications récentes.—
RA 1988, 61–82, Abb.

9066
Poursat, J. C.: L'Epire et le monde mycénien.— L'Illyrie méridionale et l'Epire dans l'antiquité (Clermont-Ferrand 1987) 31–33
KB Clermont-Ferrand 1984

9067
Pugačenkova, G. A.: Un temple du feu dans le 'grand Soghd'.— Cultes et monuments religieux dans l'Asie centrale préislamique (Paris 1987) 53–61, Taf.
SB

9068
Pugačenkova, G. A.: Buddhist sculpture under the Kushans in northern Bactria.—
Mesopotamia 23, 1988, 157–167, Taf.

9069
Pyrgała, J.; Tomaszewska, I.: Die Doppellöwenfibel aus Kołoząb, Gemeinde Sochocin, Wojewodschaft Ciechanów.—
APolona 25–26, 1987, 97–105, Abb.

9070
Quilici Gigli, S.: Insediamenti nel territorio di Norba. Il poggio di Serrone di Bove.— Archeologia laziale, 9 (Roma 1988) 227–232, Abb.
KB Roma 1987

9071
Raban, A.: The Medinet Habu ships. Another interpretation.— Local boats, 2 (Oxford 1988) 305–329, Abb.
KB Porto 1985

9072
Rabeisen, E.: Le mobilier de bronze de La Tène finale découvert à Alesia (Alise-Sainte-Reine, Côte-d'Or).—
RAE 39, 1988, 273–283, Abb.

9073
Radina, F.: Un intervento di archeologia urbana a Giovinazzo.—
Taras 7, 1987, 67–73, Taf.

9074
Radmilli, A. M.: Il Salento nella preistoria.— Salento. Porta d'Italia (Galatina 1989) 27–32, Taf.
KB Lecce 1986

9075
Raftery, B.: Hollow two-piece metal rings in La Tène Europe.— (Marburg 1988) 177 S., Abb.
(Marburger Studien zur Vor- und Frühgeschichte, 11)

9076
Raftery, B.: Three bronze rings of Continental La Tène type from Ireland.— Gedenkschrft für G. v. Merhart (Marburg/Lahn 1986) 249–266, Abb.

9077
Rancoule, G.: Observations sur la diffusion des importations italiques dans l'Aude aux IIe et Ier siècles avant J. C.—
RANarb 18, 1985, 263–275, Abb.

9078
Randsborg, K.: Römische Gläser und Bronzegefäße im Norden. Ein Kommentar.—
ActaArch 57, 1986, 211–228, Abb.

9079
Reim, H.: Das keltische Gräberfeld von Rottenburg a. N., Kreis Tübingen.—
AAusgrBadWürt 1988, 77–82, Abb.

9080
Rempel', L. I.: La maquette architecturale dans le culte et la construction de l'Asie centrale préislamique.— Cultes et monuments religieux dans l'Asie centrale préislamique (Paris 1987) 81–88, Taf.
SB

9081
Renfrew, C.: Progressi nell'archeologia dell'interazione. La questione dei megaliti.—
SciAnt 1, 1987, 497–512

9082
Rhomiopoulou, K.; Kilian-Dirlmeier, I.: Neue Funde aus der eisenzeitlichen Hügelnekropole von Vergina, griechisch Makedonien.—
PZ 64, 1989, 86–145, Abb.

9083
Riboud, K.: Pratiques funéraires dans les nécropoles d'Astana.— Cultes et monuments religieux dans l'Asie centrale préislamique (Paris 1987) 89–97, Taf.
SB

9084
Rigby, V.; Middleton, A. P.; Freestone, I. C.: The Prunay workshop. Technical examination of La Tène bichrome painted pottery from Champagne.—
WorldA 21, 1989, 1–16, Abb.

9085
Rita, M. C.: The evolution of the Minorcan Pretalayotic culture as evidenced by the sites of Morellet and Son Mercer de Baix.—
ProcPrHistSoc 54, 1988, 241–247, Abb. Taf.

9086
Riuz, A.: Ciudad y territorio en el poblamiento ibérico del Alto Guadalquivir.— Los asentamientos ibéricos ante la romanización (Madrid 1987) 9–19, Abb.
KB [Madrid] 1986

9087
Rodríguez, J. A.; Rojo Guerra, M.; Fernández, J. M.: Una nueva espada del Bronce Medio hallada en Villaviudas (Palencia).—
BVallad 54, 1988, 219–223, Abb.

9088
Rolle, R.; Murzin, V.: Erste Ergebnisse der modernen Untersuchungen am skythischen Kurgan Čertomlyk.—
AW 19, 1988, Nr. 4, 3
14, Abb.

9089
Rolley, C.: La Sardaigne entre deux livres. Trafics des bronzes au début du Ier millénaire av. J. C.—
MEFRA 100, 1988, 299–304

9090
Roman, P.: Ostrovul Corbului (Rumänien) und Malé Kosihy (Tschechoslowakei).—
SlovA 36, 1988, 217–224 Abb.

9091
Romano, G.; Paolillo, A.: Orientamenti astronomici negli insediamenti preistorici del Quartier del Piave (Treviso) nel quadro della loro distribuzione territoriale.—
RdA 12, 1988, 20–32, Abb.

9092
Rosada, G.; u. a.: Stevenà di Càneva (Pordenone). Saggio di scavo 1986. Materiali di età protostorica e tombe tardoantiche-altomedioevali.—
AquilNost 58, 1987, 13–66, Abb. Taf.

9093
Rosochackij, A. A.: Stekljannye kubki iz pamjatnikov černjachovskoj kul'tury stepnoj zony meždureč'ja Dnestra i Dunaja. (Russ.) [Glasbecher aus der Denkmäler-Gruppe der Černjachov-Kultur in der Steppenzone zwischen Dnjestr und Donau.].— Novye issledovanija po archeologii Severnogo Pričernomor'ja (Kiev 1987) 143–149, Abb. Taf.
SB

9094
Rossi Diana, D.: Roma. Via Aurelia km. 9,400. L'insediamento arcaico in via di Acquafredda. Campagna di scavo 1984.—
NSc 38–39, 1984–85, 169–205, Abb. Taf.

9095
Rostovtsev, M. I.: The state, religion and culture of the Scythians and Sarmatians. (Russ.).—
VesDrevIstor 1989, Nr. 1, 192–206

9096
Roth, P.: Swastika und Trikvetrum in der thrakischen Kunst.—
LF 111, 1988, 1–4, Taf.

9097
Rouillard, P.: Urbanisme et vie publique dans l'Espagne préromaine VIe–IVe s. av. J. C.— Los asentamientos ibéricos ante la romanización (Madrid 1987) 35–41, Abb.
KB [Madrid] 1986

9098
Rouillard, P.: Tombe, sculpture et durée chez les Ibères.—
REA 88, 1986, 339–349

9099
Roux, D.: Le groupe de Saint-Denis-de-Pile et le Bronze Final girondin. L'exploitation des analyses spectrographiques par l'analyse des données.—
REA 88, 1986, 135–143, Taf.

9100
Rova, E.: Die sogenannte 'smeared-wash ware'. Ein Beitrag zur syrischen Keramik des 3. Jahrtausends v. Chr.—
BaM 20, 1989, 139–196, Abb.

9101
Rtveladze, E. V.: Les édifices funéraires de la Bactriane septentrionale et leur rapport au zoroastrisme.— Cultes et monuments religieux dans l'Asie centrale préislamique (Paris 1987) 29–39, Taf.
SB

9102
Rtveladze, È. V.: Novye numizmatičeskie dannye k istorii vzaimootnošenij Severnogo Tocharistana i gosudarstv Vostoka v V–VIII vv. n. è. (Russ.) [Neue numismatische Daten zur Geschichte der Beziehungen zwischen dem nördlichen Tocharistan und den Reichen des Ostens im 5.–8. Jh. u. Z.].—
ActaOrHung 41, 1987, 301–319, Taf.

9103
Ruby, P.: Les questions sous la tente. Pour une approche technologique de la céramique 'a tenda'.—
MEFRA 100, 1988, 649–686, Abb.

9104
Ruiz Bremón, M.: Retratos y categorías sociales en el Cerro de los Santos.— Actas. 1er Congreso peninsular de historia antigua, 2 (Santiago de Compostela 1988) 119–125, Taf.
KB Santiago de Compostela 1986

9105
Ruiz Bremón, M.: Aproximación al estudio del santuario ibérico de La Luz.—
AEsp 61, 1988, 230–244, Abb.

9106
Ruiz Delgado, M. M.: El yacimiento de la Cañada. Estudio arqueológico.— Estudios sobre la Tabula Siarensis (Madrid 1988) 75–89, Abb.
KB Sevilla 1986

9107
Ruiz Mata, D.; Fernández Jurado, J.: El yacimiento metalúrgico de época tartésica de San Bartolomé de Almonte (Huelva).—
HuelvaA 8, 1986, 1–331, Abb.; Tafelbd.

9108
Ruiz Rodríguez, A.; Hornos Mata, F.; Choclan, C.; u. a.: La necrópolis ibérica 'Finca Gil de Olid' (Puente del Obispo-Baeza) Jaén.—
CuadGranada 9, 1984, 195–234, Abb. Taf.

9109
Runnels, C.: Early bronze-age stone mortars from the southern Argolid.—
Hesperia 57, 1988, 257–272, Abb.

9110
Runnels, C.; Andel, T. H. van: Trade and the origins of agriculture in the Eastern Mediterranean.—
JMedA 1, 1988, 83–109, Abb.

9111
Rupp, D. W.: The Royal Tombs at Salamis (Cyprus). Ideological messages of power and authority.—
JMedA 1, 1988, 111–139, Abb.

9112
Sabbione, C.: L'insediamento delle Murge di Strongoli.— Per un'identità culturale dei Brettii (Napoli 1988) 195–200
SB

9113
Salzani, L.: Gli schinieri di Desmontà (Verona).—
AquilNost 57, 1986, 385–392, Abb.

9114
Salzani, L.: Villamarzana, Boaria 13.—
Padusa 23, 1987, 239–240, Taf.

9115
Salzani, L.: S. Cassiano. Fondo La Romanina (comune di Crespino).—
Padusa 23, 1987, 233–234, Taf.

9116
Salzani, L.: Un nuovo ripostiglio di bronzi da Frattesina.—
Padusa 23, 1987, 219–225, Taf.

9117
Sampson, A.: Periodic and seasonal usage of two neolithic caves in Rhodes.— Archaeology in the Dodecanese (Copenhagen 1988) 11–16, Abb. Taf.
KB København 1986

9118
Sampson, A.: Η νεολιθική περίοδος στα Δωδεκάνησα.—
(Αθήνα 1987) 196 S., Abb. Taf.
(Δημοσιεύματα του Αρχαιολογικού δελτίου, 35)

9119
Sanches, M. d. J.: O abrigo com gravuras esquemáticas das Fragas da Lapa, Atenor, Miranda do Douro.—
Portugalia 6–7, 1985–86, 7–20, Abb. Taf.

9120
Sanna, R.: Materiali nuragici da Mitza Púrdia (Decimoputzu, Cagliari).—
StSard 26, 1981–85, 63–91, Abb. Taf.

9121
Sansoni, U.: Le ultime manifestazioni protostoriche e le prime storiche nell'arte rupestre della Valcamonica.— Benaco '85. La cultura figurativa rupestre (Torino 1986) 147–155, Abb.
KB Torri del Benaco 1985

9122
Santoro, C.: Il lessico del divino e della religione messapica.—
ArchStorPugl 41, 1988, 63–104

9123
Santoro, P.: Magliano Sabina. Una lettura diacronica del territorio sulla base dei materiali del Museo civico.— Archeologia laziale, 9 (Roma 1988) 334–342, Abb.
KB Roma 1987

9124
Sargnon, O.: Les bijoux préhelléniques.— (Paris 1987) VIII, 386 S., Abb. Taf. Beil.
(Institut français d'archéologie du Proche Orient. Bibliothèque archéologique et historique, 108)

9125
Sarianidi, V. I.; u. a.: A proto-Zoroastrian temple in the Karakum desert and the problem of Zoroastrianism in Central Asia. (Russ. m. engl. Res.).—
VesDrevIstor 1989, Nr. 1, 152–181, Abb. Taf.

9126
Sarianidi, V. I.: Bronzovyj vek Margiany. (Russ.) [Die Margiane in der Bronzezeit.].—
KraSoob 1986, Nr. 188, 83–91, Abb.

9127
Savostina, E. A.: Opyt sravnitel'nogo analiza pogrebal'nych pamjatnikov. Bosporskie sklepy i nadgrobija. (Russ.) [Versuch einer vergleichenden Analyse von Grabdenkmälern. Bosporanische Gräber und Grabaufsätze.].—
KraSoob 1987, Nr. 191, 13–19, Abb.

9128
Schmidt-Colinet, A.: Flachdach und Giebel. Zur Bekrönung des Tempelgrabes Nr. 86 von Palmyra.— Orient und Okzident im Spiegel der Kunst. Festschrift H. G. Franz (Graz 1986) 329–331, Taf.

9129
Schreiner, A.: Römische Funde von einer spätkaiserzeitlichen Siedlung bei Wangenheim, Kr. Gotha.—
AusgrFu 33, 1988, 253–257, Abb. Taf.

9130
Schubart, H.: Endbronzezeitliche und phönizische Siedlungsfunde von der Guadiaro-Mündung, Prov. Cádiz. Probegrabung 1986.—
MM 29, 1988, 132–165, Abb. Taf.

9131
Schuck, W.: Wadi Shaw, eine Siedlungskammer im Nord-Sudan.—
AKorrBl 18, 1988, 143–153, Abb.

9132
Schwartz, C.: The neolithic animal husbandry of Smilčić and Nin.— Recent developments in Yugoslav archaeology (Oxford 1988) 45–65, Taf.
SB

9133
Sebis, S.: Villaggio di età del bronzo a Montegonella (Nuraxinieddu, Or).—
StSard 26, 1981–85, 17–30, Abb.

9134
Segre Naldini, E.; Biddittu, I.: Ceramica neolitica dalla grotticella del Costone di Battifratta (Rieti).— Archeologia laziale, 9 (Roma 1988) 369–371, Abb.
KB Roma 1987

9135
Seitz, H. J.: Ein spätkeltisches Stiergebilde aus Mörslingen im Landkreis Dillingen an der Donau.—
BayVgBl 53, 1988, 269–272, Taf.

9136
Semeraro, G.: Ceramiche arcaiche di importazione greca nel Salento. Prime note.— Salento. Porta d'Italia (Galatina 1989) 93–99, Taf.
KB Lecce 1986

9137
Serrano Carrillo, J.; Morena López, J. A.: Un relieve de baja época ibérica procedente de Torreparedones (Castro del Río-Baena, Córdoba).—
AEsp 61, 1988, 245–248, Abb.

9138
Shchukin, M. B.: Sarmatians in the lands west of the Dnieper and certain events in Central and Eastern Europe in the 1st century A.D. (Russ. m. engl. Res.).—
SovArch 1989, Nr. 1, 70–83, Abb.

9139
Sherratt, A.: Wool, wheels and ploughmarks. Local developments or outside introductions in neolithic Europe?—
BInstALondon 23, 1986, 1–15, Abb.

9140
Sievers, S.: Die Waffen von Manching unter Berücksichtigung des Übergangs von LT C zu LT D. Ein Zwischenbericht.—
Germania 67, 1989, Nr. 1, 97–120, Abb.

9141
Sigaut, F.: L'évolution technique des agricultures européennes avant l'époque industrielle.—
RACFr 27, 1988, Nr. 1, 7–41

9142
Sippel, K.: Neue Einzelfunde von nordhessischen Burgen. Archäologische Urkunden zur Geschichte latènezeitlicher und mittelalterlicher Befestigungen.— Gedenkschrift für G. v. Merhart (Marburg/Lahn 1986) 293–325, Abb. Taf.

9143
Škoda, V. G.: Le culte du feu dans les sanctuaires de Pendžikent.— Cultes et monuments religieux dans l'Asie centrale préislamique (Paris 1987) 63–72, Taf.
SB

9144
Skomal, S. N.: Bronzkor előtti társadalmi rendszerek Európában. Összefoglalás. (Ung. m. engl. Res.) Pre-bronze age European social systems. A synthesis.—
ArchErt 112, 1985, 119–127

9145
Skržinskaja, M. V.: Proischoždenie kimmerijskoj toponimiki v Severnom Pričernomor'e. (Russ.) [Die Herkunft der kimmerischen Toponymie im nördlichen Schwarzmeergebiet].— Antičnye drevnosti Severnogo Pričernomor'ja (Kiev 1988) 3–10
SB

9146
Smith, C. D.: Archaeology and maps in prehistoric art. The way forward.—
BCamunoStPrIstor 24, 1988, 99–112, Abb.

9147
Smithers, S. G.: The typology and iconography of Etruscan terracotta curotrophic votives. The heads and bambini. Diss. The University of Iowa 1988.— (Ann Arbor 1989) XX, 384 S., Abb. (University Microfilms International)

9148
Soeiro, T.: Muro da Pastoria, Chaves. Campanha de escavação de 1982–83.—
Portugalia 6–7, 1985–86, 21–28, Abb. Taf.

9149
Soler García, J. M.: Guía de los yacimientos y del Museo de Villena.— (Valencia 1989) 132 S., Abb.

9150
Sotomayor Muro, M.; Roca Roumens, M.; Contreras Cortés, F.; u. a.: El centro de producción de Terra sigillata hispánica de Los Villares de Andújar, Jaén. Campaña de 1982.—
CuadGranada 9, 1984, 235–260, Abb.

9151
Soudska, E.: Découverte d'une nécropole celtique.—
ArcheologiaParis 1988, Nr. 240, 44–51, Abb.

9152
South, A. K.: Kalavasos, Ayios Dhimitrios 1987. An important ceramic group from building X.—
RDAC 1988, Nr. 1, 223–228, Abb. Taf.

9153
Spadea, R.: I Brettii e l'ager Teuranus.— Per un'identità culturale dei Brettii (Napoli 1988) 201–208, Taf.
SB

9154
Stager, L. E.; Walker, A. M.; u. a.: American expedition to Idalion, Cyprus 1973–1980.— (Chicago 1989) XXIV, 516 S., Abb. (Oriental Institute communications, 24)

9155
Stamati, F.: Rezultatet e studimit kimiko-fizik të ngjyrave në qeramikën e bronzit të Maliqit. (Alban. m. franz. Res.) Les résultats de l'analyse chimico-physique des couleurs de la céramique du Bronze de Maliq.—
Iliria 17, 1987, Nr. 2, 229–234, Abb.

9156
Stanciu, I.: Ceramică din secolele III–IV descoperită la Ciumeşti, jud. Satu Mare.—
ActaMusNapoca 22–23, 1985–86, 553–558, Taf.

9157
Stănescu, F. C.: Consideraţii privitoare la posibile semnificaţii astronomice ale altarului de la Sarmizegetusa Regia.—
ActaMusNapoca 22–23, 1985–86, 105–133, Taf.

9158
Staviskij, B. J.: Le problème des liens entre le bouddhisme bactrien, le zoroastrisme et les cultes mazdéens locaux à la lumière des

fouilles de Kara-tepe sur le site de l'antique Termez (Ouzbékistan).— Cultes et monuments religieux dans l'Asie centrale préislamique (Paris 1987) 47–51, Taf.
SB

9159
Stavisky, B. J.: On the formation of two types of Buddhist temples in Central Asia.— Orient und Okzident im Spiegel der Kunst. Festschrift H. G. Franz (Graz 1986) 381–388, Abb.

9160
Stea, G.: Incoronata di Metaponto. Analisi del ritrovamento del saggio M. Fosse 1 e 2.—
Acme 41, 1988, 77–99, Taf.

9161
Stead, I. M.: Chalk figurines of the Parisi.—
AntJ 68, 1988, 9–29, Abb. Taf.

9162
Stewart, J. R.: Corpus of Cypriot artefacts of the early bronze age, 1.— (Göteborg 1988) 197 S., Abb. Taf.
(Studies in Mediterranean archaeology, 3, 1)

9163
Stika, H. P.: Botanische Untersuchungen in der bronzezeitlichen Höhensiedlung Fuente Alamo.—
MM 29, 1988, 21–76, Abb. Taf.

9164
Stipčević, A.: Origine et développement du symbolism des Illyriens.—
RechAlb 2, 1985, 169–210

9165
Stockmann, D.: On the early history of drums and drumming in Europe and the Mediterranean.— Second conference of the ICTM Study Group on Music Archaeology, 1 (Stockholm 1986) 11–28, Abb.
KB Stockholm 1984

9166
Striccoli, R.: 'Dolmen a galleria' e sepolcri dolmenici a tumulo di Masseria della Madonna a sud-ovest di Gioia del Colle (Bari).— Gioia, 2 (Fasano 1988) 7–71, Abb.
SB

9167
Striccoli, R.: Tomba a galleria e dolmen di Masseria San Benedetto (Castellaneta, Taranto). Scavi 1985.—
Taras 6, 1986, 13–29, Taf.

9168
Striccoli, R.: Le culture preistoriche di Grotta Pacelli (Castellana Grotte, Bari).— (Fasano 1988) 289 S., Abb.

9169
Striccoli, R.: Masseria del Porto. Stazione eneolitica nei pressi del sepolcreto dolmenico di Murgia San Francesco.—
ArchStorPugl 41, 1988, 3–61, Abb.

9170
Sundermann, W.: Neue Erkenntnisse über die mazdakitische Soziallehre.—
Altertum 34, 1988, 183–188

9171
Taddei, M.: Some structural peculiarities in the buildings at Tapa Sardâr.— Orient und Okzident im Spiegel der Kunst. Festschrift H. G. Franz (Graz 1986) 389–398, Abb.

9172
Tagliente, M.: I Signori dei cavalli nella Daunia di età arcaica.—
AnnPerugia 23, 1985–86, Nr. 1, 303–321, Taf.

9173
Tanabe, K.: Iranian xvarnah and the treasure of Shosoin at Nara in Japan.—
IrAnt 23, 1988, 365–381, Abb. Taf.

9174
Tanabe, K.: The Iranian origin of the Buddhist 'ûrṇâ'.—
AMI 20, 1987, 251–259, Abb. Taf.

9175
Taylor, T.: An Agighiol-type beaker in the Rogozen hoard.— The Rogozen treasure (London 1989) 91–100, Abb. Taf.
KB London 1987

9176
Tendille, C.: Objets métalliques de la protohistoire au Musée archéologique de Nîmes.— (Nîmes 1988) 52 S., Abb. Taf.
(Cahiers des musées et monuments de Nîmes, 5)

9177
Thomas, C.: The voice of the inarticulate.—
ArchCl 38–40, 1986–88, 181–196

9178
Thordarson, F.: The Scythian funeral customs. Some notes on Herodotus IV, 71–75.— A green leaf. Papers in honour of J. P. Asmussen (Leiden 1988) 539–547

9179
Tissot, F.: Quelques réflexions sur l'art du Gandhâra.—
RivStOr 60, 1986, 237–243, Taf.

9180
Todd, I. A.: The middle bronze age in the Kalavasos area.—
RDAC 1988, Nr. 1, 133–140, Abb.

9181
Tolordava, V. A.: Innovations in the burial customs of Colchis in the hellenistic period. (Russ. m. engl. Res.).— The Black Sea littoral in the hellenistic times (Tbilisi 1985) 508–517, Abb.
KB Cchaltubo 1982

9182
Touchais, G.: Le passage du Bronze moyen au Bronze récent en Grèce continentale. Etat de la question.—
Aegaeum 3, 1989, 113–121

9183
Tovoli, S.: Il sepolcreto villanoviano Benacci Caprara di Bologna.— (Bologna 1989) 440 S., Abb.
(Cataloghi delle collezioni del Museo civico archeologico di Bologna, 8)

9184
Tramonti, A.: Stazioni preistoriche nel comune di Mesagne.—
Atti del VII Convegno dei comuni messapici peuceti e dauni (Bari 1988) 241–244, Abb.
KB Mesagne 1976

9185
Tranoy, A.: Du héros au chef. L'image du guerrier dans les sociétés indigènes du nord-ouest de la péninsule ibérique, IIe siècle avant J.C. - Ier siècle après J.C.—
Caesarodunum 23, 1988, 219–227, Abb.

9186
Tréziny, H.: Les habitats indigènes de la région de Marseille (VIe–IIe s. av. J. C.).— Los asentamientos ibéricos ante la romanización (Madrid 1987) 69–77, Abb.
KB [Madrid] 1986

9187
Trifonov, V. A.: Nekotorye voprosy peredneaziatskich svjazej Majkopskoj kul'tury. (Russ.) [Einige Fragen zu den vorderasiatischen Beziehungen der Maikop-Kultur.].—
KraSoob 1987, Nr. 192, 18–26, Abb.

9188
Trohani, G.: Materiale de construcţie din lut ars descoperite în aşezările geto-dace.—
Thraco-Dacica 9, 1988, 161–170, Abb.

9189
Tronchetti, C.: La Sardegna e gli Etruschi.—
MedA 1, 1988, 66–82, Abb.

9190
Tsirkin, Y. B.: Hellenism and peripherial societies as exemplified by Carthage. (Russ. m. engl. Res.).— The Black Sea littoral in the hellenistic times (Tbilisi 1985) 62–69
KB Cchaltubo 1982

9191
Tubach, J.: Im Schatten des Sonnengottes. Der Sonnenkult in Edessa, Ḥarrān und Ḥaṭrā am Vorabend der christlichen Mission.— (Wiesbaden 1986) XVIII, 546 S., Taf.

9192
Tusa, S.: Partanna nella preistoria dell'area mediterranea.— (Palermo 1989) 46 S., Abb.

9193
Uggeri, G.: Contrassegni personali nella ceramica spinetica di produzione locale.— Proceedings of the 3rd Symposium on ancient Greek and related pottery (København 1988) 617–623, Abb.
KB København 1987

9194
Ulreich, H.: Bemerkungen zu kupferzeitlichen Knochenspitzen vom Cerro de la Virgen, Orce, Prov. Granada.—
MM 29, 1988, 1–20, Abb.

9195
Vaday, A. H.: Beitrag zum Fund von Vizesd-Puszta.—
FolArch 37, 1986, 197–223, Abb.

9196
Vaginay, M.; Guichard, V.; u. a.: L'habitat gaulois de Feurs (Loire). Fouilles récentes, 1978–1981.— (Paris 1988) 200 S., Abb. (Documents d'archéologie française, 14)

9197
Vagnetti, L.: L'Egeo e Cipro.— La Sardegna nel Mediterraneo tra il secondo e il primo millennio a. C. ([Cagliari] 1987) 359–367
KB Selargius 1986

9198
Valtz, E.: Seleucia on the Tigris. Excavations in 1985. Archives Square.—
AfO 34, 1987, 124–127, Abb.

9199
Vandenabeele, F.: Kourotrophoi in the Cypriote terracotta production from the early bronze age to the late archaic period.—
RDAC 1988, Nr. 2, 25–34, Taf.

9200
Vašakidze, N.; Kachidze, A. J.: Mogil'niki ėllinističeskogo vremeni v jugo-zapadnoj Gruzii. (Russ.) [Gräber hellenistischer Zeit in Südwest-Georgien.].— The Black Sea littoral in the hellenistic times (Tbilisi 1985) 456–458
KB Cchaltubo 1982

9201
Vázquez Varela, J. M.; Aira Rodríguez, M. J.: La economía de los pueblos prerromanos del Norte de Hispania según los testimonios palinológicos.— Actas. 1er Congreso peninsular de historia antigua, 2 (Santiago de Compostela 1988) 291–298
KB Santiago de Compostela 1986

9202
Végh, K.: Császárkori telep Észak-Magyarországon. (Ung. m. dtsch. Res.) Kaiserzeitliche Siedlung in Nordungarn.—
ArchErt 112, 1985, 92–108, Abb.

9203
Velkov, V.; Gerassimova-Tomova, V.: Kulte und Religionen in Thrakien und Niedermösien.— Aufstieg und Niedergang der römischen Welt, 2, 18,2. [Festschrift Vogt] (Berlin 1989) 1317–1361, Taf.

9204
Vencl, S.: The problem of disappearance of hunter-gatherer societies in prehistory. Archaeological evidence and testimonies of classical authors.—
LF 111, 1988, 129–143, Abb.

9205
Venclová, N.: Mšecké Žehrovice, Bohemia. Excavations 1979–88.—
Antiquity 63, 1989, 142–146, Abb.

9206
Venco Ricciardi, R.: Preliminary report on the 1987 excavation at Hatra.—
Mesopotamia 23, 1988, 31–42, Abb. Taf.

9207
Venturino Gambari, M.; u. a.: Scavo di strutture del neolitico antico ad Alba, località Borgo Moretta. Nota preliminare.—
QuadAPiem 6, [1987], 23–61, Taf.

9208
Villeneuve, F.: Fouilles à Khirbet edh-Dharīḥ (Jordanie), 1984–1987. Un village, son sanctuaire et sa nécropole aux époques nabatéenne et romaine, Ier–IVe siècles ap. J. C.—
CRAI 1988, 458–479, Abb.

9209
Vilmos, L.: Some remarks on the Dorian problem.—
SpNov 1987, 3–14

9210
Vitelli, K. D.: Were pots first made for foods? Doubts from Franchthi.—
WorldA 21, 1989, 17–29, Abb.

9211
Vörös, G.: A late Sarmatian pottery kiln at Sándorfalva-Eperjes, Hungary.—
MascaJ 4,4, 1987, 185–189, Abb.

9212
Voigtländer, W.: Teichiussa im zweiten Jahrtausend.— Kolloquium zur ägäischen Vorgeschichte (Mannheim 1987) 133–137
KB Mannheim 1986

9213
Voigtländer, W.: Akbük-Teichiussa. Zweiter Vorbericht. Survey 1985–86.—
AA 1988, 567–625, Abb.

9214
Vokotopoulou, J.: Vitsa. Organisation et cimetières d'un village molosse.— L'Illyrie méridionale et l'Epire dans l'antiquité (Clermont-Ferrand 1987) 53–64, Abb.
KB Clermont-Ferrand 1984

9215
Vreka, B.: Tri banesa te shekujve IV–III p.e. sone ne Mashkjeze. (Alban. m. franz. Res.) Trois habitations des IVe–IIIe siècles av.-n.ère à Mashkjeze.—
Iliria 17, 1987, Nr. 1, 117–128, Abb. Taf.

9216
Vulpe, A.: Zum Problem der latènezeitlichen Höhenanlagen in den Südkarpaten.—
SlovA 36, 1988, 241–250, Abb.

9217
Vulpe, A.: Varia archaeologica, 2.—
Thraco-Dacica 9, 1988, 207–217, Abb.

9218
Waldhauser, J.: Pozdně laténská spona z Černilova ve východních Čechách. (Tschech. m. dtsch. Res.) Eine spätlatènezeitliche Fibel vom Cenisola-Typus aus Černilov, Ostböhmen.—
ARozhl 41, 1989, 201–205, Abb.

9219
Wanzek, B.: Bemerkungen zu den älterurnenfelderzeitlichen Hortfunden Ungarns.—
PZ 64, 1989, 74–85

9220
Wardle, K. A.: Excavations at Assiros Toumba 1987. A preliminary report.—
BSA 83, 1988, 375–387, Abb. Taf.

9221
Watrous, L. V.: A preliminary report on imported Italian wares from the late bronze age site of Kommos on Crete.—
SMEA 27, 1989, 69–76, Taf.

9222
Wattenmaker, P.: The organization of production and consumption in a complex society. A study of a village site in Southeast Turkey.—
MascaJ 4,4, 1987, 191–203, Abb.

9223
Watts, D. J.: The Thetford treasure. A reappraisal.—
AntJ 68, 1988, 55–68, Abb.

9224
Webb, J. M.: A Cypriote caprid goddess?—
RDAC 1988, Nr. 1, 275–279, Taf.

9225
Weerd, M. D. de: A landlubber's view of shipbuilding procedure in the Celtic barges of Zwammerdam. The Netherlands.— Local boats, 1 (Oxford 1988) 35–51, Abb.
KB Porto 1985

9226
Weisshaar, H. J.: Frühhelladische Tierkopfgefäße.— Gedenkschrift für G. v. Merhart (Marburg/Lahn 1986) 327–335, Abb. Taf.

9227
Weisshaar, H. J.: Reliefpithoi und Herdplatten aus Tiryns.— Fragen und Probleme der bronzezeitlichen ägäischen Glyptik (Berlin 1989) 315–322, Abb.
KB Marburg 1985

9228
Weisshaar, H. J.: Die deutschen Ausgrabungen auf der Pevkakia-Magula in Thessalien, 1. Das späte Neolithikum und das Chalkolithikum.— (Bonn 1989) XIII, 236 S., Abb. Taf.
(Beiträge zur ur- und frühgeschichtlichen Archäologie des Mittelmeer-Kulturraumes, 28)

9229
Wells, P. S.: Farms, villages, and cities. Commerce and urban origins in late prehistoric Europe.— (Ithaca 1984) 270 S., Abb.

9230
Wells, P. S.: Ein spätlatènezeitlicher bronzener Vogelkopf vom Kelheimer Mitterfeld.—
AKorrBl 19, 1989, 63–67, Abb. Taf.

9231
Wenke, R. J.: Western Iran in the Partho-Sasanian period. The imperial transformation.— The archaeology of Western Iran (Washington 1987) 251–273, Taf.
SB

9232
Werner, J.: Dančeny und Brangstrup. Untersuchungen zur Černjachov-Kultur zwischen Sereth und Dnestr und zu den 'Reichtumszentren' auf Fünen.—
BJb 188, 1988, 241–256, Abb.

9233
Werner, W. M.: Eisenzeitliche Trensen an der unteren und mittleren Donau.— (München 1988) IX, 142 S., Abb. Taf.
(Prähistorische Bronzefunde. Abteilung 16, 4)

9234
Wesse, A.; Díaz-Andreu, M.: Die Ärmchenbeile der iberischen Halbinsel. Eine Gegenüberstellung verschiedener Typengliederungen.—
MM 29, 1988, 93–125, Abb.

9235
Will, E.: De la Syrie au Yémen. Problèmes de relations dans le domaine de l'art.— L'Arabie préislamique et son environnement historique et culturel (Leiden 1989) 271–279, Taf.
KB Strasbourg 1987

9236
Willetts, R. F.: Early Greek in Cyprus.— The history of the Greek language in Cyprus (Nicosia 1988) 39–53
KB Larnaka 1986

9237
Willms, C.: Zum Aussterben des europäischen Wildesels.—
Germania 67, 1989, Nr. 1, 143–148, Abb.

9238
Wilson, D. E.: Kea and East Attike in Early Bronze II. Beyond pottery typology.— Συνεισφορά McGill, 1. Papers in memory of C. D. Gordon (Amsterdam 1987) 35–49

9239
Winter, E.: Die sasanidisch-römischen Friedensverträge des 3. Jahrhunderts n. Chr. Ein Beitrag zum Verständnis der außenpolitischen Beziehungen zwichen den beiden Großmächten.—
(Frankfurt a. M. 1988) 344 S., Abb.
(Europäische Hochschulschriften, 3, 350)

9240
Yakovenko, E. V.: Towards the origin of objects of toreutics from early hellenistic barrows of Scythia and the Bosporus. (Russ. m. engl. Res.).— The Black Sea littoral in the hellenistic times (Tbilisi 1985) 341–352
KB Cchaltubo 1982

9241
Yntema, D.: Oria (Brindisi). Traces of an archaic dwelling in contrada Parietone.—
StAnt 5, 1988, 149–160, Taf.

9242
Yntema, D.: Attività della missione olandese della Libera università di Amsterdam a Valesio (Br).—
RicStBrindisi 13, 1980–87, 77–93, Abb.

9243
Yntema, D. G.: Diffusione di alcuni ornamenti di origine balcanica nelle ceramiche matt-painted dell'Italia meridionale.— Salento. Porta d'Italia (Galatina 1989) 85–92, Taf.
KB Lecce 1986

9244
Yon, M.; Caubet, A.: Un culte populaire de la Grande Déesse à Lapithos.—
RDAC 1988, Nr. 2, 1–16, Abb. Taf.

9245
Yusifov, Y. B.; Babaev, I. A.: Caucasian Albania in the hellenistic period. (Russ. m. engl. Res.).— The Black Sea littoral in the hellenistic times (Tbilisi 1985) 448–455
KB Cchaltubo 1982

9246
Zachar, L.: Keltische Kunst in der Slowakei.— (Bratislava 1987) 159 S., Abb. Taf.

9247
Zadneprovskij, J. A.: Gorodišče Bilovurtepe, vostočnaja Fergana. (Russ.) [Der Siedlungshügel Bilovurtepe, Ost-Fergana.].—
KraSoob 1985, Nr. 184, 88–95, Abb.

9248
Zanotti, D. G.: Varna. The interpretation of the evidence from the necropolis.—
Talanta 18–19, 1986–87, 77–104, Abb.

9249
Zayadine, F.: Les sanctuaires nabatéens.— La Jordanie de l'âge de la pierre à l'époque byzantine (Paris 1987) 93–108, Abb.
SB

9250
Zucca, R.: Il santuario nuragico di S. Vittoria di Serri.— (Sassari 1988) 85 S., Abb.
(Sardegna archeologica. Guide e itinerari, 7)

9251
Zucca, R.: Le 'civitates Barbariae' e l'occupazione militare della Sardegna. Aspetti e confronti con l'Africa.— L'Africa romana (Sassari 1988) 349–373, Abb. Taf.
KB Sassari 1987

9252
Zvelebil, M.; Zvelebil, K. V.: Agricultural transition and Indo-European dispersals.—
Antiquity 62, 1988, 574–583, Abb.

Kretisch-mykenische Kultur

9253
Collection de la Fondation Thétis. Développements de l'art grec de la préhistoire à Rome. [Catalogue de l'exhibition Genève 1987.]
ed. J. L. Zimmermann.— (Genève 1987) 204 S., Abb.

9254
Momenti precoloniali nel Mediterraneo antico. Questioni di metodo, aree d'indagine, evidenze a confronto. Atti del Convegno internazionale, Roma 14–16 marzo 1985.— (Roma 1988) 297 S., Abb.
(Accademia belgica. Collezione di studi fenici, 28)

9255
Åkerström, Å.: Berbati, 2. The pictorial pottery.— (Stockholm 1987) 140 S., Abb. Taf.
(Acta Instituti Atheniensis Regni Sueciae. Series in 4°, 36,2)

9256
Amigues, S.: Le crocus et le safran sur une fresque de Théra.—
RA 1988, 227–242, Abb.

9257
Andreyev, Y. V.: The palace and the 'town' on Crete in the second millennium B.C. (Russ. m. engl. Res.).—
SovArch 1988, Nr. 4, 37–51, Abb.

9258
Åström, P.: A late helladic III B2 deposit from the acropolis of Medea.— Kolloquium zur ägäischen Vorgeschichte (Mannheim 1987) 152–154
KB Mannheim 1986

9259
Åström, P.; u. a.: Hala Sultan Tekke, 9. Trenches 1972–1987. With an index for volumes 1–9.— (Göteborg 1989) 142 S., Abb.
(Studies in Mediterranean archaeology, 45,9)

9260
Åström, P.: Inverted vases in Old World religion.—
JPrehistRel 1, 1987, 7–16, Abb.

9261
Barber, R. L. N.: The Cyclades in the bronze age.— (Iowa City 1987) XIII, 283 S., Abb.

9262
Benzi, M.: Mycenaean Rhodes. A summary.— Archaeology in the Dodecanese (Copenhagen 1988) 59–72, Abb.
KB København 1986

9263
Benzi, M.: Mycenaean pottery later than LH IIIA 1 from the Italian excavations at Trianda on Rhodes.— Archaeology in the Dodecanese (Copenhagen 1988) 39–55, Abb.
KB København 1986

9264
Bergquist, B.: The archaeology of sacrifice. Minoan-Mycenaean versus Greek. A brief query into two sites with contrary evidence.— Early Greek cult practice (Stockholm 1988) 21–34, Abb.
KB Athenai 1986

9265
Bernabò-Brea, L.; Vagnetti, L.: Su alcuni vasi micenei del Museo civico di La Spezia dalla collezione Capellini.—
BdA 73, 1988, Nr. 48, 1–6, Abb.

9266
Best, J.; Woudhuizen, F.: Ancient scripts from Crete and Cyprus.— (Leiden 1988) 131 S., Abb.
(Publications of the Henri Frankfort Foundation, 9)

9267
Betancourt, P. P.: Excavations at Pseira, 1985 and 1986.—
Hesperia 57, 1988, 207–225, Abb. Taf.

9268
Betts, J. H.: Seals of Middle Minoan III. Chronology and technical revolution.— Fragen und Probleme der bronzezeitlichen ägäischen Glyptik (Berlin 1989) 1–16
KB Marburg 1985

9269
Bietti Sestieri, A. M.: The 'Mycenean connection' and its impact on the central Mediterranean societies.—
DArch 6, 1988, Nr. 1, 23–51, Abb.

9270
Bloedow, E. F.; Björk, C.: The Mallia pendant. A study in iconography and Minoan religion.—
SMEA 27, 1989, 9–60, Taf.

9271
Branigan, K.: Minoan foreign relations in transition.—
Aegaeum 3, 1989, 65–71

9272
Caskey, M.: Τά πήλινα άγάλματα άπό τήν Ἁγία Εἰρήνη τῆς Κέας.—
Archaiognosia 3, 1982–84, 81–92, Abb. Taf.

9273
Chadwick, J.: Linear B and related scripts.— (London 1987) 64 S., Abb.
(British Museum publications)

9274
Coldstream, J. N.; Bikai, P. M.: Early Greek pottery in Tyre and Cyprus. Some preliminary comparisons.—
RDAC 1988, Nr. 2, 35–44, Taf.

9275
Compernolle, T. van: Les relations entre Grecs et indigenes d'Apulie à l'âge du bronze.—
StAnt 5, 1988, 79–127, Abb.

9276
Crouwel, J.: Pictorial pottery from Mycenae at the time of the shaft graves.—
Aegaeum 3, 1989, 155–164, Taf.

9277
Crouwel, J. H.: Mycenaean pictorial pottery from outside the citadel of Mycenae.—
BSA 83, 1988, 25–36, Abb. Taf.

9278
Crouwel, J. H.; Niemeier, W. D.: Eine knossische Palaststilscherbe mit Bukranion-Darstellung aus Mykene.—
AA 1989, 5–10, Abb.

9279
Crowley, J. L.: Subject matter in Aegean art. The crucial changes.—
Aegaeum 3, 1989, 203–213, Taf.

9280
D'Agata, A. L.: Un vano di culto TM III nell'abitato di Haghia Triada, Creta.—
Sileno 13, 1987, 135–145, Abb.

9281
D'Agata, A. L.: Some MM IIIB/LM IA pottery from Haghia Triada.—
Aegaeum 3, 1989, 93–98, Taf.

9282
Damiani Indelicato, S.: Were Cretan girls playing at bull-leaping?—
CretSt 1, 1988, 39–47, Taf.

9283
Davaras, C.: A Minoan beetle-rhyton from Prinias Siteias.—
BSA 83, 1988, 45–54, Abb.

9284
Davaras, K.: Ἕνα παλαιοανακτορικό πρίσμα άπό το σπήλαιο Γεροντομουρί Λασιθίου.—
CretSt 1, 1988, 49–55, Taf.

9285
Davis, J. L.: If there's a room at the top what's at the bottom? Settlement and hierarchy in early Mycenaean Greece.—
BICS 35, 1988, 164–165

9286
Delorme, J.; Roux, C.: Guide illustré de la faune aquatique dans l'art grec.— (Juan-les-Pins 1987) 175 S., Abb.

9287
Demakopoulou, K.: Glypha (or Vlicha), Chalkis. A major Mycenaean settlement on the Boeotian shore near Aulis.—
Teiresias 18, 1988, Boeotica, 1–10, Taf.

9288
Dickinson, O.: 'The origins of Mycenaean civilisation' revisited.—
Aegaeum 3, 1989, 131–136

9289
Dietrich, B. C.: The instrument of sacrifice.— Early Greek cult practice (Stockholm 1988) 35–40
KB Athenai 1986

9290
Dietz, S.: Some notes on the pattern of foreign influences in the B-circle of Mycenae. (The ceramic evidence).— Kolloquium zur ägäischen Vorgeschichte (Mannheim 1987) 113–119, Abb.
KB Mannheim 1986

9291
Dietz, S.: The concept of the middle Helladic III period in a historical perspective.—
Aegaeum 3, 1989, 123–129

9292
Driessen, J. M.; MacGillivray, J. A.: The neopalatial period in East Crete.—
Aegaeum 3, 1989, 99–110, Taf.

9293
Effenterre, M. van; Effenterre, H. van: Pour une statistique thématique des sceaux créto-myceniens.— Fragen und Probleme der bronzezeitlichen ägäischen Glyptik (Berlin 1989) 27–37
KB Marburg 1985

9294
Ersoy, Y. E.: Finds from Menemen-Panaztepe in the Manisa museum.—
BSA 83, 1988, 55–82, Abb. Taf.

9295
Evely, D.: Unexplored Mansion, Knossos. Note 1.—
BSA 83, 1988, 127–133, Abb. Taf.

9296
Faure, P.: Parfums et aromates de l'antiquité.— ([Paris] 1987) 357 S., Abb. Taf.
(Nouvelles études historiques)

9297
Fisher, E. A.: A comparison of Mycenaean pottery from Apulia with Mycenaean pottery from Western Greece. Diss. University of Minnesota 1988.— (Ann Arbor 1989) VI, 251 S., Taf.
(University Microfilms International)

9298
Fossey, J. M.: Topography and population of ancient Boiotia.— (Chicago 1988) XVIII, 552 S., Abb.

9299
Gates, C.: Iconography at the crossroads. The Aegina treasure.—
Aegaeum 3, 1989, 215–224, Taf.

9300
Gesell, G. C.; Day, L. P.; Coulson, W. D. E.: Excavations at Kavousi, Crete, 1987.—
Hesperia 57, 1988, 279–301, Abb. Taf.

9301
Gillis, C.: Production and society.— Proceedings of the 3rd Symposium on ancient Greek and related pottery (København 1988) 186–194, Abb.
KB København 1987

9302
Goodison, L.: A female sun deity in the bronze age Aegean?—
BICS 35, 1988, 168–171, Taf.

9303
Graziadio, G.: The chronology of the graves of Circle B at Mycenae. A new hypothesis.—
AJA 92, 1988, 343–372, Abb.

9304
Green, J. R.: A chariot-krater in Sydney. Some notes on Mycenaean vase-painting and poetry.— Studies in honour of T. B. L. Webster, 2 (Bristol 1988) 43–49, Abb. Taf.

9305
Güntner, W.: Der 'Painter of the Shield-Bearers'.— Kolloquium zur ägäischen Vorgeschichte (Mannheim 1987) 161–175, Abb.
KB Mannheim 1986

9306
Haider, P. W.: Griechenland – Nordafrika. Ihre Beziehungen zwischen 1500 und 600 v. Chr.— (Darmstadt 1988) XI, 262 S., Taf.
(Impulse der Forschung, 53)

9307
Haider, P. W.: Zu den ägyptisch-ägäischen Handelsbeziehungen zwischen ca. 1370 und 1200 v. Chr., 1. Das Handelssystem.—
MünstBeitr 7, 1988, Nr. 2, 12–24, Abb.

9308
Hallager, E.: Khania and Crete ca. 1375–1200 B.C.—
CretSt 1, 1988, 115–124, Taf.

9309
Hallager, E.: The use of seals on the Minoan roundel.— Fragen und Probleme der bronzezeitlichen ägäischen Glyptik (Berlin 1989) 55–77, Abb.
KB Marburg 1985

9310
Haskell, H. W.: LM III Knossos. Evidence beyond the palace.—
SMEA 27, 1989, 81–110

9311
Hiller, S.: On the origins of the shaft graves.—
Aegaeum 3, 1989, 137–144

9312
Hooker, J. T.: From Mycenae to Homer.— Studies in honour of T. B. L. Webster, 2 (Bristol 1988) 57–64

9313
Hooker, J. T.: The varieties of Minoan writing.—
CretSt 1, 1988, 169–189, Abb.

9314
Iakovidis, S.: Ein Freskofragment aus Gla.— Beiträge zur Ikonographie und Hermeneutik. Festschrift für N. Himmelmann (Mainz 1989) 7–9, Taf.

9315
Johnson, B.: Lady of the beasts. Ancient images of the goddess and her sacred animals.— (San Francisco 1988) XI, 386 S., Abb. Taf.

9316
Jung, H.: Methodisches zur Hermeneutik der minoischen und mykenischen Bilddenkmäler.— Fragen und Probleme der bronzezeitlichen ägäischen Glyptik (Berlin 1989) 91–108, Abb.
KB Marburg 1985

9317
Kamm, W.: Konstruktionsprinzipien der minoischen Palastarchitektur.— Kolloquium zur ägäischen Vorgeschichte (Mannheim 1987) 28–40, Abb.
KB Mannheim 1986

9318
Karageorghis, V.: Kypriaka, 11.—
RDAC 1988, Nr. 1, 331–335, Abb. Taf.

9319
Kilian, K.: The emergence of 'wanax' ideology in the Mycenaean palaces.—
OxfJA 7, 1988, 291–302, Abb.

9320
Kilian, K.: Die 'Thronfolge' in Tiryns.—
AM 103, 1988, 1–9, Abb. Taf.

9321
Kilian, K.: Ältere mykenische Residenzen.— Kolloquium zur ägäischen Vorgeschichte (Mannheim 1987) 120–124, Abb.
KB Mannheim 1986

9322
Knapp, A. B.; Muhly, J. D.; Muhly, P. M.: To hoard is human. Late bronze age metal deposits in Cyprus and the Aegean.—
RDAC 1988, Nr. 1, 233–262, Abb.

9323
Knauss, J.: Der Damm im Takka-See beim alten Tegea (Arkadien, Peloponnes).—
AM 103, 1988, 25–36, Abb. Taf.

9324
Kopaka, C.: Les foyers fixes en Crète du Bronze moyen au Bronze récent.—
Aegaeum 3, 1989, 21–28

9325
Krause, R.: Die endneolithischen und frühbronzezeitlichen Grabfunde auf der Nordstadtterrasse von Singen am Hohentwiel.— (Stuttgart 1988) 350 S., Abb. Taf. Beil.
(Forschungen und Berichte zur Vor- und Frühgeschichte in Baden-Württemberg, 32)

9326
Krzyszkowska, O. H.: Ivory in the Aegean bronze age. Elephant tusk or hippopotamus ivory?—
BSA 83, 1988, 209–234, Abb. Taf.

9327
Kyrieleis, H.: Eine mykenische Elfenbeinfigur aus dem Heraion von Samos.— Beiträge zur Ikonographie und Hermeneutik. Festschrift für N. Himmelmann (Mainz 1989) 11–21, Abb. Taf.

9328
La Rosa, V.: Nouvelles données du Bronze moyen au Bronze récent à Haghia Triada.—
Aegaeum 3, 1989, 81–92

9329
Laffineur, R.: Weitere Beiträge zur Symbolik im mykenischen Bestattungsritual.— Kolloquium zur ägäischen Vorgeschichte (Mannheim 1987) 125–132
KB Mannheim 1986

9330
Laffineur, R.: Mobilier funéraire et hiérarchie sociale aux cercles des tombes de Mycènes.—
Aegaeum 3, 1989, 227–238

9331
Langdon, S.: The return of the horse-leader.—
AJA 93, 1989, 185–201, Abb.

9332
Latacz, J.: News from Troy.—
Berytus 34, 1986, 97–112, Abb. Taf.

9333
Lauter, H.: Die protomykenische Burg auf Kiapha Thiti in Attika.—
Aegaeum 3, 1989, 145–149, Taf.

9334
Leuven, J. van: The religion of the shaft grave folk.—
Aegaeum 3, 1989, 91–201

9335
Levi, D.; Carinci, F.: Festoš e la civiltà minoica, 2, 2. L'arte festia nell'età protopalaziale. Ceramica ed altri materiali.— (Roma 1988) XVI, 379 S., Abb. Taf.
(Incunabula graeca, 77)

9336
Levi, M. A.: La città antica. Morfologia e biografia dell'aggregazione urbana nell'antichità.— (Roma 1989) 514 S., Abb.
(Problemi e ricerche di storica antica, 12)

9337
Lolos, Y. G.: The tholos tomb at Koryphasion. Evidence for the transition from middle to late Helladic in Messenia.—
Aegaeum 3, 1989, 171–175

9338
Loucas, I.; Loucas, E.: Sur le déclin des sanctuaires de sommet au Minoen récent.—
Aegaeum 3, 1989, 35–38

9339
MacGillivray, J. A.; Sackett, L. H.; Driessen, J.; u. a.: Excavations at Palaikastro, 1987.—
BSA 83, 1988, 259–282, Abb. Taf.

9340
Mann, U.: Die göttliche Wegscheide. Abzweigung, Abweichung, Abirrung.—
EranosJb 56, 1987, 1–44

9341
Manning, S.: The bronze age eruption of Thera. Absolute dating, Aegean chronology and Mediterranean cultural interrelations.—
JMedA 1, 1988, 17–82, Abb.

9342
Marazzi, M.: La più antica marineria micenea in Occidente. Dossier sulle rotte commerciali nei Basso Tirreno fino al golfo di Napoli nei secoli XVI–XV a. C.—
DArch 61, 1988, Nr. 1, 5–12, Abb.

9343
Marcelis, E.: Quelques réflexions à propos de l'organisation de l'artisanat minoen à l'époque des premiers et des seconds palais.—
Aegaeum 3, 1989, 29–34

9344
Margos, R.: La céramique de Phylacopi des Musées royaux d'art et d'histoire (Bruxelles). Présentation d'un matériel hors contexte.—
Aegaeum 3, 1989, 167–169, Taf.

9345
Marinatos, N.: The imagery of sacrifice. Minoan and Greek.—
Early Greek cult practice (Stockholm 1988) 9–19, Abb.
KB Athenai 1986

9346
Marinatos, N.: Role and sex division in ritual scenes of Aegean art.—
JPrehistRel 1, 1987, 23–34, Abb.

9347
Marinatos, N.: The tree as a focus of ritual action in Minoan glyptic art.— Fragen und Probleme der bronzezeitlichen ägäischen Glyptik (Berlin 1989) 127–142, Abb.
KB Marburg 1985

9348
Marketou, T.: New evidence on the topography and site history of prehistoric Ialysos.— Archaeology in the Dodecanese (Copenhagen 1988) 27–33, Abb.
KB København 1986

9349
McGeorge, P. J. P.: Health and diet in Minoan times.— New aspects of archaeological science in Greece (Athens 1988) 47–54, Abb.
KB Athenai 1987

9350
Mee, C.: The LH IIIB period in the Dodecanese.— Archaeology in the Dodecanese (Copenhagen 1988) 56–58
KB København 1986

9351
Melas, M.: Exploration in the Dodecanese. New prehistoric and Mycenaean finds.—
BSA 83, 1988, 283–311, Abb. Taf.

9352
Messerschmidt, W.: Der ägäische Streitwagen und seine Beziehungen zum nordeurasisch-vorderasiatischen Raum.—
ActaPrHistA 20, 1988, 31–44, Abb.

9353
Milani, C.: Il sistema fondiario nella tavolette di Pilo.—
Aevum 62, 1988, 3–15

9354
Militello, P.: Riconsiderazioni preliminari sulla documentazione in Lineare A da Haghia Triada.—
Sileno 14, 1988, 233–261

9355
Morgan, L.: The miniature wall paintings of Thera. A study in Aegean culture and iconography.— (Cambridge 1988) XIX, 234 S., Abb. Taf.
(Cambridge classical studies)

9356
Morgan, L.: Ambiguity and interpretation.— Fragen und Probleme der bronzezeitlichen ägäischen Glyptik (Berlin 1989) 145–159, Abb.
KB Marburg 1985

9357
Moscati, S.: Dimensione tirrenica.—
RStFen 16, 1988, 133–144

9358
Mountjoy, P.: LHIIIC Late versus Submycenaean. The Kerameikos Pompeion cemetery reviewed.—
BICS 35, 1988, 174–177

9359
Mountjoy, P. A.: Die SH III A2 – Keramik von Ayios Stephanos in Lakonien.— Kolloquium zur ägäischen Vorgeschichte (Mannheim 1987) 155–159, Abb.
KB Mannheim 1986

9360
Muller, S.: Les tumuli helladiques. Où? Quand? Comment?—
BCH 113, 1989, 1–42, Abb.

9361
Negbi, O.: Levantine elements in the sacred architecture of the Aegean at the close of the bronze age.—
BSA 83, 1988, 339–357, Abb.

9362
Niemeier, W. D.: Zur Ikonographie von Gottheiten und Adoranten in den Kultszenen auf minoischen und mykenischen Siegeln.— Fragen und Probleme der bronzezeitlichen ägäischen Glyptik (Berlin 1989) 163–184, Abb.
KB Marburg 1985

9363
Olivier, J. P.: De la non-congruence de la nomenclature métallique dans le domaine des écritures crétoises.—
Aegaeum 3, 1989, 257–261

9364
Onassoglou, A.: Zu einem dreiseitigen Prisma aus einem neuen mykenischen Kammergrab in Koukaki, Athen.— Fragen und Probleme der bronzezeitlichen ägäischen Glyptik (Berlin 1989) 187–199, Abb.
KB Marburg 1985

9365
Otto, B.: Minoische Bildsymbole.— Kolloquium zur ägäischen Vorgeschichte (Mannheim 1987) 9–27, Abb.
KB Mannheim 1986

9366
Palaima, T. G.: The scribes of Pylos.— (Roma 1988) 287 S., Abb.
(Incunabula Graeca, 87)

9367
Palikisianos, M.: Τελετές της βλάστησης. Μια τελετουργία που ταιριάζει στα Μεσόγεια.— Πρακτικά Γ' Επιστημονικής συνάντησης ΝΑ. Αττικής (Καλύβια 1988) 337–343
KB Kalyvia 1987

9368
Papadopoulos, T. J.: The Greek mainland and its Aegean neighbours during the transitional period from MBA to LBA. The evidence of metalwork.—
Aegaeum 3, 1989, 183–188, Taf.

9369
Parke, H. W.: A note on the fresco of the boxing boys at Akrotiri.—
JPrehistRel 1, 1987, 35–38, Abb.

9370
Pelon, O.; Stürmer, V.: Sur les pseudo-trompettes de Malia.—
BCH 113, 1989, 101–111, Abb.

9371
Petit, F.: Les rhytons égéens du Bronze moyen au Bronze récent.—
Aegaeum 3, 1989, 13–19, Abb.

9372
Pierpont, G. de: A Minoan pendant from Haghia Triada reconsidered.— Kolloquium zur ägäischen Vorgeschichte (Mannheim 1987) 45–56, Abb.
KB Mannheim 1986

9373
Pini, I.: Eine Gefäß-Scherbe der Kamares-Zeit.— Bathron. Beiträge zur Architektur und verwandten Künsten für H. Drerup (Saarbrücken 1988) 325–329, Abb.

9374
Pini, I.: Ergänzende Bemerkungen zum 'Ring des Minos'.—
AA 1989, 1–4, Abb.

9375
Pini, I.: Zur richtigen Ansicht minoisch-mykenischer Siegel- und Ringdarstellungen.— Fragen und Probleme der bronzezeitlichen ägäischen Glyptik (Berlin 1989) 201–216, Abb.
KB Marburg 1985

9376
Popham, M.: The historical implications of the Linear B archive at Knossos dating to either c. 1400 BC or 1200 BC.—
CretSt 1, 1988, 217–227

9377
Poursat, J. C.: La ville minoenne de Malia. Recherches et publications récentes.—
RA 1988, 61–82, Abb.

9378
Poursat, J. C.: Fonction et usage des sceaux en Crète à l'époque des premiers palais. Quelques remarques.— Fragen und Probleme der bronzezeitlichen ägäischen Glyptik (Berlin 1989) 219–223
KB Marburg 1985

9379
Raison, J.: Le palais du second millénaire à Knossos, 1. Le quartier nord. 2 Bde.— (Paris 1988) 310 S., Abb.; Tafelbd. Beil.
(Ecole française d'Athènes. Etudes crétoises, 28)

9380
Renfrew, C.: The Minoan-Mycenaean origins of the Panhellenic games.— The archaeology of the Olympics (Madison 1988) 13–25
KB Los Angeles 1984

9381
Rutkowski, B.: Die Topografie des Höhenheiligtums auf Juktas, Kreta.—
APolona 25–26, 1987, 85–96, Abb.

9382
Rutkowski, B.: Das Stadtheiligtum von Gournia.— Kolloquium zur ägäischen Vorgeschichte (Mannheim 1987) 58–62, Abb.
KB Mannheim 1986

9383
Rutkowski, B.: Minoan sanctuaries at Christos and Koumasa, Crete. New field research.—
AKorrBl 19, 1989, 47–51, Abb. Taf.

9384
Rystedt, E.: New light on a Mycenaean pictorial vase painter.—
MedelhavsMusB 23, 1988, 21–32, Abb.

9385
Rystedt, E.: Bastard animals on a Mycenaean krater in London.—
RDAC 1988, Nr. 1, 267–270, Taf.

9386
Sackett, H.; MacGillivray, S.: Boyhood of a god.—
Archaeology 42, 1989, Nr. 5, 26–31, Abb.

9387
Sambin, C.: Génie minoen et génie égyptien. Un emprunt raisonné.—
BCH 113, 1989, 77–96, Abb.

9388
Sansone, D.: The survival of the bronze-age demon.—
IllinClSt 13, 1988, 1–17

9389
Sargnon, O.: Les bijoux préhelléniques.— (Paris 1987) VIII, 386 S., Abb. Taf. Beil.
(Institut français d'archéologie du Proche Orient. Bibliothèque archéologique et historique, 108)

9390
Schlager, N.: Untersuchungen zur prähistorischen Topographie im äußersten Südosten Kretas. Zakros bis Xerokampos.— Kolloquium zur ägäischen Vorgeschichte (Mannheim 1987) 64–82, Abb.
KB Mannheim 1986

9391
Schlager, N.: Minotauros in der ägäischen Glyptik?— Fragen und Probleme der bronzezeitlichen ägäischen Glyptik (Berlin 1989) 225–237, Abb.
KB Marburg 1985

9392
Schulz, T.: Die Rekonstruktin des Thronpodestes im ersten großen Megaron von Tiryns.—
AM 103, 1988, 11–23, Abb. Taf.

9393
Shear, I. M.: The Panagia Houses at Mycenae.— (Philadelphia 1987) XVIII, 171 S., Taf.
(University of Pennsylvania. University Museum monograph, 68)

9394
Sourvinou-Inwood, C.: Space in Late Minoan religious scenes in glyptic. Some remarks.— Fragen und Probleme der bronzezeitlichen ägäischen Glyptik (Berlin 1989) 241–256, Abb.
KB Marburg 1985

9395
Strøm, I.: The so-called altar above the shaft grave IV at Mycenae.—
ActaArch 54, 1983, 141–146, Abb.

9396
Stürmer, V.: Ein Gründungsdeposit im Palast von Malia.— Kolloquium zur ägäischen Vorgeschichte (Mannheim 1987) 41, Taf.
KB Mannheim 1986

9397
Tamvaki, A.: The human figure in the Aegean glyptic of the late bronze age. Some remarks.— Fragen und Probleme der bronzezeitlichen ägäischen Glyptik (Berlin 1989) 259–273, Abb.
KB Marburg 1985

9398
Thomas, C.: The voice of the inarticulate.—
ArchCl 38–40, 1986–88, 181–196

9399
Thomas, E.: Kretisch-mykenische und frühgriechische Kultbänke.— Kolloquium zur ägäischen Vorgeschichte (Mannheim 1987) 91–97
KB Mannheim 1986

9400
Thomas, E.: Zur stilistischen Beurteilung kretischer Siegel.— Fragen und Probleme der bronzezeitlichen ägäischen Glyptik (Berlin 1989) 275–286, Abb.
KB Marburg 1985

9401
Touchais, G.: Le passage du Bronze moyen au Bronze récent en Grèce continentale. Etat de la question.—
Aegaeum 3, 1989, 113–121

9402
Tzedakis, Y.; Chryssoulaki, S.; Voutsaki, S.; u. a.: Les routes minoennes. Rapport préliminaire. Défense de la circulation ou circulation de la défense?—
BCH 113, 1989, 43–75, Abb. Taf.

9403
Vermeule, E.: A Mycenaean dead head?—
RDAC 1988, Nr. 1, 299–300, Taf.

9404
Wachsmann, S.: Aegeans in the Theban tombs.— (Leuven 1987) XX, 146 S., Taf.
(Orientalia Lovaniensia analecta, 20)

9405
Walberg, G.: Middle to late Minoan. Changes in ceramic decoration.—
Aegaeum 3, 1989, 9–12

9406
Walberg, G.: Kamares imitations in Egypt and their social and economic implications.— Proceedings of the 3rd Symposium on ancient Greek and related pottery (København 1988) 633–639
KB København 1987

9407
Walberg, G.: Middle Minoan III. Art in transition.— Beiträge zur Ikonographie und Hemeneutik. Festschrift für N. Himmelmann (Mainz 1989) 1–5

9408
Walberg, G.: Zur Komposition minoischer Vasenmalerei und Siegel.— Fragen und Probleme der bronzezeitlichen ägäischen Glyptik (Berlin 1989) 289–296
KB Marburg 1985

9409
Warnecke, H.: Zur Herkunft der mykenischen Gefäße in Neuchâtel.—
MusHelv 45, 1988, 182–184

9410
Waterhouse, H.: The flat alabastron and the last ritual in the Knossos throne room.—
OxfJA 7, 1988, 361–367, Abb.

9411
Watrous, L. V.: A preliminary report on imported Italian wares from the late bronze age site of Kommos on Crete.—
SMEA 27, 1989, 69–76, Taf.

9412
Weingarten, J.: Seal-use at late Minoan IB Ayia Triada. A Minoan elite in action, 2. Aesthetic considerations.—
Kadmos 27, 1988, 89–114, Abb. Taf.

9413
Weingarten, J.: Old and new elements in the seals and sealings of the temple repository, Knossos.—
Aegaeum 3, 1989, 39–52, Taf.

9414
Weingarten, J.: Formulaic implications of some late bronze age three-sided prisms.— Fragen und Probleme der bronzezeitlichen ägäischen Glyptik (Berlin 1989) 299–312, Abb.
KB Marburg 1985

9415
Wohlmayr, W.: Ägina Kolonna. Die schachtgräberzeitliche Siedlung.—
Aegaeum 3, 1989, 151–153, Taf.

9416
Wright, J. C.; u. a.: Das Nemea Valley Archaeological Project, 1984–1985.— Kolloquium zur ägäischen Vorgeschichte (Mannheim 1987) 98–112, Abb.
KB Mannheim 1986

9417
Xenake-Sakellariou, A.: Ἡ χρυσοκέντηση στή μυκηναϊκή ἐποχή.—
Archaiognosia 3, 1982–84, 29–39, Taf.

9418
Xenaki-Sakellariou, A.; Chatziliou, C.: 'Peinture en métal' à l'époque mycénienne. Incrustation, damasquinage, niellure.— (Athènes 1989) 39 S., Taf.

9419
Xenaki-Sakellariou, A.: Techniques et évolution de la bague-cachet dans l'art crétomycénien.— Fragen und Probleme der bronzezeitlichen ägäischen Glyptik (Berlin 1989) 323–338, Abb.
KB Marburg 1985

9420
Younger, J. G.: The Elgin plaques from the Treasury of Atreus. Evidence for a new reconstruction of the façade.— Kolloquium zur ägäischen Vorgeschichte (Mannheim 1987) 138–150, Abb.
KB Mannheim 1986

9421
Younger, J. G.: Bronze age Aegean seals in their middle period, ca. 1725–1550 B.C.—
Aegaeum 3, 1989, 53–64, Taf.

9422
Younger, J. G.: A large stylistic group of the late XVth century.— Fragen und Probleme der bronzezeitlichen ägäischen Glyptik (Berlin 1989) 339–352, Abb.
KB Marburg 1985

Etruskische Kultur

9423
L'archeologia racconta lo sport nell'antichità [Catalogo della mostra] Firenze, Palazzo Strozzi, 22 febbraio – 10 aprile 1988.— (Firenze 1988) 127 S., Abb.

9424
Charles Ede Ltd. Antiquities, 148.— (London [1989]) o. Pagin., Abb.

9425
Corpus speculorum etruscorum, Bundesrepublik Deutschland, 2. ed. U. Liepmann.— (München 1988) 189 S., Abb.

9426
Corpus speculorum etruscorum. France, 1. Paris. Musée du Louvre, 1.
ed. D. Emmanuel-Rebuffat.— (Roma 1988) 85 S., Abb. Taf.

9427
Cultura e arte degli Etruschi. Progressi della ricerca degli ultimi decenni nell'Etruria meridionale. (Russ.) [Mostra] Mosca, Museo russo della arti decorative 27 giugno – 27 luglio 1989.— (Roma 1989) 79 S., Abb.

9428
Gli Etruschi. Mille anni di civiltà. 2 Bde.
ed. G. Camporeale.— (Firenze 1986) 640 S., Abb. Taf.

9429
Gens antiquissima Italiae. Antichità dall'Umbria in Vaticano.— [Mostra, Città del Vaticano, 21 novembre 1988 – 22 gennaio 1989.] (Perugia 1988) 142 S., Abb.

9430
Gens antiquissima Italiae. Antichità dall'Umbria a Budapest e Cracovia. Catalogo della mostra Budapest 4 agosto – 17 settembre 1989, Cracovia 9 novembre 1989 – 7 gennaio 1990.— ([Milano] 1989) 219 S., Abb.

9431
Gli Etruschi a nord del Po.— [Mostra Mantova 1986–87.] 2. ed., 2 Bde.
ed. R. De Marinis (Udine 1988) 299 S., Abb.; 243 S., Abb.
(Zeta università, 9)

9432
The gods delight. The human figure in classical bronze. Exhibition The Cleveland Museum of Art, November 16, 1988 – January 8, 1989.— (Cleveland 1988) XIII, 373 S., Abb.

9433
Modena dalle origini all'anno Mille. Studi di archeologia e storia. 2 Bde. [Mostra] Modena, Galleria civica, gennaio-giugno 1989.— (Modena 1988) 612 S., Abb. Beil.; 533 S., Abb.

9434
Museo archeologico nazionale di Tarquinia. I sarcofagi etruschi delle famiglie Partunu, Camna e Pulena.— (Roma [1988]) 19 S., Abb.

9435
Il Museo dell'Accademia etrusca di Cortona. Catalogo delle collezioni.— (Cortona 1988) 97 S., Abb.

9436
Il patrimonio disperso. Reperti archeologici sequestrati dalla Guardia di finanza.
ed. A. Romualdi.— Catalogo della mostra Piombino 15 luglio – 31 ottobre 1989 (Roma 1989) 235 S., Abb.

9437
Pittura etrusca al Museo di Villa Giulia. [Mostra] Roma, Museo nazionale etrusco di Villa Giulia 7 giugno – 31 dicembre 1989.— (Roma 1989) 208 S., Abb. Taf.
(Studi di archeologia pubblicati dalla Soprintendenza archeologica per l'Etruria meridionale, 6)

9438
La Raccolta Giacinto Guglielmi. Mostra Roma, Palazzi Apostolici Vaticani, 23 maggio – 29 luglio 1989.— (Roma 1989) 124 S., Abb.
(Monumenti musei e gallerie pontificie)

9439
Royal-Athena Galleries New York. Gods and mortals. Bronzes of the ancient world from Italy to Iran. [Sales catalog, Beverly Hills – New York, February 10 – June 20, 1989].
ed. J. M. Eisenberg.— (New York 1989) 48 S., Abb.

9440
Rubiera. 'Principi' etruschi in Val di Secchia. [Mostra Reggio Emilia giugno a settembre 1989.].— (Reggio Emilia 1989) 208 S., Abb. Taf.
(Archaeologica Regiensia, 4)

9441
Sant'Ilario d'Enza. L'età della colonizzazione etrusca. Strade, villaggi, sepolcreti. [Catalogo della mostra, Reggio Emilia giugno a settembre 1989.].— (Reggio Emilia 1989) 225 S., Abb. Taf.
(Archaeologica regiensia, 3)

9442
Il viver quotidiano in Roma arcaica. Materiali dagli scavi del tempio arcaico nell'area sacra di S. Omobono.— Mostra Roma 24 maggio – 2 luglio 1989 (Roma 1989) 79 S., Abb.

9443
Adam, R.; Flouder, J.; u. a.: Répertoire des importations étrusques et italiques en Gaule, 1.—
Caesarodunum, suppl. 57, 1987, 130 S., Abb.

9444
Adembri, B.: The earliest Faliscan red-figured workshops and their relationship with Attic and South Italian vase-painting.— Proceedings of the 3rd Symposium on ancient Greek and related pottery (København 1988) 7–16, Abb.
KB København 1987

9445
Aigner-Foresti, L.: Zeugnisse etruskischer Kultur im Nordwesten Italiens und in Südfrankreich. Zur Geschichte der Ausbreitung etruskischer Einflüsse und der etruskisch-griechischen Auseinandersetzung.—
SBWien 507, 1988, 1–279, Taf.

9446
Baglione, M. P.: Il santuario di Portonaccio a Veio. Precisazioni sugli scavi Stefani.—
SciAnt 1, 1987, 381–417, Abb.

9447
Bartoloni, G.; Baglione, M. P.: Elementi scultorei decorativi nelle tombe tarquiniesi del primo ellenismo.— Tarquinia. Ricerche, scavi e prospettive (Milano 1987) 233–242 Taf.
KB Milano 1986

9448
Bartoloni, G.: La cultura villanoviana. All'inizio della storia etrusca.— (Roma 1989) 224 S., Abb.
(Studie NIS archeologia, 9)

9449
Bartoloni, G.; Grottanelli, C.: I carri a due ruote nelle tombe femminili del Lazio e dell'Etruria.— Le donne in Etruria (Roma 1989) 55–73
SB

9450
Bartoloni, G.: Marriage, sale and gift. A proposito di alcuni corredi femminili dalle necropoli populoniesi della prima età del ferro.— Le donne in Etruria (Roma 1989) 35–54, Taf.
SB

9451
Bloch, R.: Problèmes religieux étrusques.—
Ktema 10, 1985 [1988], 143–147, Taf.

9452
Bonamici, M.: Necropoli della Cannicella. Le ceramiche di importazione e il bucchero.—
AnnFaina 3, 1987, 99–110, Taf.

9453
Bonfante, L.; Grummond, N. T. de: Wounded souls. Etruscan ghosts and Michelangelo's 'Slaves'.—
AnalRom 17–18, 1989, 99–116, Abb.

9454
Bonfante, L.: Iconografia delle madri. Etruria e Italia antica.— Le donne in Etruria (Roma 1989) 85–106, Taf.
SB

9455
Bonghi Jovino, M.: Gli scavi nell'abitato di Tarquinia e la scoperta dei bronzi in un preliminare inquadramento.— Tarquinia. Ricerche, scavi e prospettive (Milano 1987) 59–77, Taf.
KB Milano 1986

9456
Briguet, M. F.: Remarques sur les plaques de coffret de Tarquinies du Musée du Louvre.— Studia Tarquiniensia (Roma 1988) 7–11, Taf.
SB

9457
Brijder, H.: Op één been kan men niet lopen.—
VerAmstMeded 43, 1988, 27–30, Abb.

9458
Brijder, H. A. G.: An Etruscan terracotta footstool from the fifth century B.C. in Amsterdam.—
BABesch 62, 1987, 67–74, Abb.

9459
Brijder, H. A. G.: The shapes of Etruscan bronze kantharoi from the seventh century B.C. and the earliest Attic black-figure kantharoi.—
BABesch 63, 1988, 103–144, Abb.

9460
Briquel, D.: Regards étrusques sur l'au-delà.— La mort, les morts et l'au-delà dans le monde romain (Caen 1987) 263–277
KB Caen 1985

9461
Bruni, S.; u. a.: Antiquarium di Poggio Civitate.— (Firenze 1988) 66 S., Abb.
(Comune di Murlo)

9462
Bruni, S.: Rilievi vulcenti dell'Orientalizzante recente.—
MEFRA 100, 1988, 245–282, Abb.

9463
Bruni, S.: Autour d'un groupe de vases étrusques surpeints.— Proceedings of the 3rd Symposium on ancient Greek and related pottery (København 1988) 88–98, Abb.
KB København 1987

9464
Camporeale, G.: Presenze hallstattiane nell'Orientalizzante vetuloniese.—
StEtr 54, 1986, 3–14, Abb. Taf.

9465
Caruso, I.: Collezione Castellani. Le oreficerie.— (Roma 1988) 57 S., Abb.
(Museo nazionale etrusco di Villa Giulia)

9466
Cataldi Dini, M.: La Tomba dei demoni azzurri.— Tarquinia. Ricerche, scavi e prospettive (Milano 1987) 37–42, Taf.
KB Milano 1986

9467
Cavagnaro Vanoni, L.; Serra Ridgway, F. R.: Vasi etruschi a figure rosse. Dagli scavi della Fondazione Lerici nella necropoli dei Monterozzi a Tarquinia.— (Roma 1989) 123 S., Abb. Taf.
(Studia archaeologica, 51)

9468
Cenciaioli, L.: Archeologia urbana. Le cisterne di Palazzetto Faina.—
AnnFaina 3, 1987, 119–125, Abb. Taf.

9469
Chateigner, C.: Cortèges en armes en Etrurie. Une étude iconographique de plaques de revêtement architectoniques étrusques du VIe siècle.—
RBPhil 67, 1989, 122–138, Abb.

9470
Chiaramonte Treré, C.: Altri dati dagli scavi alla Civita sugli aspetti cultuali e rituali.— Tarquinia. Ricerche, scavi e prospettive (Milano 1987) 79–89, Taf.
KB Milano 1986

9471
Chiaramonte Treré, C.: I depositi all'ingresso dell'edificio tarquiniese. Nuovi dati sui costumi rituali etruschi.—
MEFRA 100, 1988, 565–590, Taf.

9472
Christiansen, J.: En etruskisk Afrodite.—
MeddelelsGlyptKøb 44, 1988, 47–68, Abb.

9473
Christiansen, J.: Comments on the iconography of some early Etruscan revetment plaques.—
AnalRom 17–18, 1989, 43–51, Abb.

9474
Colonna, G.: I culti del santuario della Cannicella.—
AnnFaina 3, 1987, 11–24, Taf.

9475
Colonna, G.: Note preliminari sui culti del santuario di Portonaccio a Veio.—
SciAnt 1, 1987, 419–446, Abb.

9476
Colonna, G.: Una proposta per il supposto elogio tarquiniese di Tarchon.— Tarquinia. Ricerche, scavi e prospettive (Milano 1987) 153–157, Abb.
KB Milano 1986

9477
Colonna, G.: Una nuova dedica alla etrusca Uni.—
BdA 73, 1988, Nr. 48, 23–26, Abb.

9478
Colonna, G.: Riflessi dell'epos greco nell'arte degli Etruschi.— L'epos greco in Occidente (Taranto 1980 [1989]) 303–320, Taf.
KB Taranto 1979

9479
Cristofani, M.; Nardi, G.; u. a.: Caere, 1. Il parco archeologico.— (Roma 1988) 115 S., Abb. Taf.
(Consiglio nazionale delle ricerche)

9480
Cristofani, M.: La 'Venere' della Cannicella.—
AnnFaina 3, 1987, 27–39, Taf.

9481
Cristofani, M.: Pittura funeraria e celebrazione della morte. Il caso della Tomba dell'Orco.— Tarquinia. Ricerche, scavi e prospettive (Milano 1987) 191–202, Taf.
KB Milano 1986

9482
Cristofani, M.: L'ara Guglielmi.— Per C. Guglielmi. Scritti di allievi (Roma 1989) 54–59, Abb.

9483
De Puma, R. D.: Etruscan gold jewelry techniques.—
Field Museum of Natural History Bulletin 58, 1987, Nr. 9, 7–15, Abb.)
SD

9484
De Puma, R. D.: Nude dancers. A group of bucchero pesante oinochoai from Tarquinia.— Proceedings of the 3rd Symposium on ancient Greek and related pottery (København 1988) 130–143, Abb.
KB København 1987

9485
De Puma, R. D.: Roman portraits. Exhibition, The Unviersity of Iowa Museum of Art, September 10 – October 30, 1988.— (Iowa City 1988) 92 S., Abb.

9486
Del Chiaro, M.: A Clusium-Group stamnos by the Hesione Painter.—
NumAntCl 17, 1988, 131–135, Taf.

9487
Del Chiaro, M. A.: An Etruscan (Caeretan) kylix rediscovered.—
ArchCl 38–40, 1986–88, 67–69, Taf.

9488
Di Gennaro, F.: Primi risultati degli scavi nella necropoli di Crustumerium. Tre complessi funerari della fase IV A.— Archeologia laziale, 9 (Roma 1988) 113–123, Abb.
KB Roma 1987

9489
Donati, L.: Roselle (Grosseto). Le ceramiche di due pozzetti in roccia sulla collina settentrionale.—
NSc 38–39, 1984–85, 69–94, Abb.

9490
Donati, P.: La Schnabelkanne di Ascona.—
NumAntCl 16, 1987, 111–118, Abb.

9491
Drukker, A.: Dansers en fladderaars.—
VerAmstMeded 43, 1988, 24–27, Abb.

9492
Emiliozzi, A.: Nuovi documenti d'archivio per la Tomba Bernardini di Palestrina.— Archeologia laziale, 9 (Roma 1988) 288–311, Abb.
KB Roma 1987

9493
Fabre, P.: Trésors des Etrusques.—
ArcheologiaParis 1989, Nr. 242, 42–46, Abb.

9494
Fatti, S.: Notizie e considerazioni sul cinerario bronzeo perugino dell'Ermitage.—
AnnPerugia 23, 1985–86, Nr. 1, 139–151, Taf.

9495
Fiaccadori, A.: Etruschi a occhio nudo.—
Antiqua 13, 1988, Nr. 3, 32–35, Abb.

9496
Gasperini, L.: Gli Etruschi e le sorgenti termali.— Etruria meridionale (Roma 1988) 27–35, Abb. Taf.
KB Viterbo 1985

9497
Gaultier, F.: Dal Gruppo della Tolfa alla Tomba dei tori. Tra ceramica e pittura parietale.— Tarquinia. Ricerche, scavi e prospettive (Milano 1987) 209–218, Taf.
KB Milano 1986

9498
Gilotta, F.: Notes on some early Etruscan red-figure workshops.— Proceedings of the 3rd Symposium on ancient Greek and related pottery (København 1988) 195–200, Abb.
KB København 1987

9499
Ginge, B.: A new evaluation of the origins of Tyrrhenian pottery. Etruscan precursors of Pontic ceramics.— Proceedings of the 3rd Symposium on ancient Greek and related pottery (København 1988) 201–210, Abb.
KB København 1987

9500
Giraud, E.: A propos de la 'Dispute du trépied'. Un serpent énigmatique sur un scarabée italique au musée de Boston. Communication au colloque de Lourmarin 'Les problèmes de l'image dans le monde méditerranéen antique'.—
BSocBiblReinach 3, 1985, 9–14, Abb.

9501
Gran-Aymerich, J. M. J.: Le bucchero de Tarquinia et quelques vases conservés au Musée du Louvre.— Studia Tarquiniensia (Roma 1988) 41–51, Abb. Taf.
SB

9502
Guidi, A.; u. a.: Cures Sabini. Risultati della sesta campagna di scavo.— Archeologia laziale, 9 (Roma 1988) 319–333, Abb.
KB Roma 1987

9503
Guzzo, P. G.: Taranto a Vulci?—
Taras 7, 1987, 35–39

9504
Harari, M.: Les gardiens du paradis. Iconographie funéraire et allégorie mythologique dans la céramique étrusque à figures rouges tardive.—
NumAntCl 17, 1988, 169–193, Abb.

9505
Harari, M.: Iconographie funéraire et allégorie mythologique dans la céramique étrusque à figures rouges tardive.— Proceedings of the 3rd Symposium on ancient Greek and related pottery (København 1988) 231–241, Abb.
KB København 1987

9506
Heilmeyer, W. D.: Holz und Leder. Reste einer Praenestiner Ciste in Berlin.—
AA 1989, 251–260, Abb.

9507
Jannot, J. R.: Les cités étrusques et la guerre. Remarques sur la fonction militaire dans la cité étrusque.—
Ktema 10, 1985 [1988], 127–141, Abb. Taf.

9508
Jannot, J. R.: Le monde des Etrusques.—
ArcheologiaParis 1989, Nr. 242, 48–57, Abb.

9509
Jannot, J. R.: A propos de la Tombe du lit funèbre.— Studia Tarquiniensia (Roma 1988) 53–67, Abb. Taf.
SB

9510
Jannot, J. R.: Sur la representation étrusque des morts.— La mort, les morts et l'au-delà dans le monde romain (Caen 1987) 279–291
KB Caen 1985

9511
Jannot, J. R.: Musiques et musiciens étrusques.—
CRAI 1988, 311–334, Abb.

9512
Jucker, I.: Die Geburt der Turan.—
NumAntCl 17, 1988, 101–123, Abb.

9513
Jurgeit, F.: Piedi di ciste. Prodotti della bronzistica prenestina.—
BStorArt 31, 1988, 39–46, Abb.

9514
Kromer, K.: Una brocca tipo 'Schnabelkanne' di Adria nel Museo di scienze naturali a Vienna.—
AquilNost 57, 1986, 197–208, Abb.

9515
La Genière, J. de: Rituali funebri e produzione di vasi.— Tarquinia. Ricerche, scavi e prospettive (Milano 1987) 203–208, Taf.
KB Milano 1986

9516
La Genière, J. de: Images attiques et religiosité étrusque.— Proceedings of the 3rd Symposium on ancient Greek and related pottery (København 1988) 161–169, Abb.
KB København 1987

9517
Levi, M. A.: La città antica. Morfologia e biografia dell'aggregazione urbana nell'antichità.— (Roma 1989) 514 S., Abb.
(Problemi e ricerche di storica antica, 12)

9518
Lund, J.; Rathje, A.: Italic gods and deities on Pontic vases.—
Proceedings of the 3rd Symposium on ancient Greek and related pottery (København 1988) 352–368, Abb.
KB København 1987

9519
Mansuelli, G. A.: L'ultima Etruria. Aspetti della romanizzazione del paese etrusco. Gli aspetti culturali e sacrali.— (Bologna 1988) 210 S., Abb.
(Studi di storia, 3)

9520
Marzoli, D.: Doppelfeldflasche und Waffen aus einem frühetruskischen Kriegergrab.—
JbKuSammlBadWürt 25, 1988, 7–15, Abb.

9521
Marzoli, D.: Bronzefeldflaschen in Italien.— (München 1989) 93 S., Abb. Taf.
(Prähistorische Bronzefunde, 2, 4)

9522
Massa-Pairault, F. H.: Lasa Vecu, Lasa Vecuvia.—
DArch 6, 1988, Nr. 1, 133–143, Abb.

9523
Massabò, B.; Ricciardi, L.: Vulci, 2. Nuove scoperte nel santuario etrusco di Fontanile di Legnisina. Il tempio, l'altare e il deposito votivo.—
BdA 73, 1988, Nr. 48, 27–42, Abb. Taf.

9524
Maule, Q.: The Montaguragazza style.—
StEtr 54, 1986, 61–74, Taf.

9525
Meer, L. B. van der: Mariś' birth, life and death on two Etruscan mirrors.—
BABesch 63, 1988, 115–128, Abb.

9526
Moltesen, M.: A group of late-Etruscan silver-imitating vases.—
Proceedings of the 3rd Symposium on ancient Greek and related pottery (København 1988) 435–444, Abb.
KB København 1987

9527
Moscati, P.: Studi su Falerii Veteres, 2. La necropoli delle Colonnette.—
RendLinc 42, 1987, 39–70, Abb. Taf.

9528
Moscati, S.: Dimensione tirrenica.—
RStFen 16, 1988, 133–144

9529
Mugione, E.: La punizione di Atteone. Immagini di un mito tra VI e IV sec. a. C.—
DArch 6, 1988, Nr. 1, 11–132, Abb.

9530
Nagy, H.: Votive terracottas from the 'Vignaccia', Cerveteri, in the Lowie Museum of Anthropology.— (Roma 1988) XVI, 317 S., Taf.
(Archaeologica, 75)

9531
Negroni Catacchio, N.: La fase di transizione Bronzo-Ferro in Etruria alla luce degli scavi di Tarquinia.— Tarquinia. Ricerche, scavi e prospettive (Milano 1987) 219–232
KB Milano 1986

9532
Nielsen, M.: Women and family in a changing society. A quantitative approach to late Etruscan burials.—
AnalRom 17–18, 1989, 53–98, Abb.

9533
Ortalli, J.; Bermond Montanari, G.: Il complesso monumentale protofelsineo di via Fondazza a Bologna.—
StEtr 54, 1986, 15–45, Abb. Taf.

9534
Pairault-Massa, F. H.: De Préneste à Volsinii. Minerve, le fatum et la constitution de la société.—
PP 42, 1987, 200–235, Abb.

9535
Pairault-Massa, F. H.: La Tombe Giglioli ou l'espoir déçu de Vel Pinie. Un tournant dans la société étrusque.— Studia Tarquiniensia (Roma 1988) 69–100, Taf.
SB

9536
Pallottino, M.: Esquisse d'une histoire des idées modernes sur les Etrusques. Images, théories, certitudes.—
Ktema 10, 1985 [1988], 107–110

9537
Papi, R.: Materiali sporadici dalla necropoli della Vaccareccia di Veio.—
QuadChieti 4, [1988], 87–144, Abb.

9538
Papuci-Władyka, E.: Corinthian and Italo-Corinthian pottery from the Polish collections.—
PraceA 44, 1989, 1–74, Taf.

9539
Phillips Jr., K. M.: Greek objects at Poggio Civitate.—
AnalRom 17–18, 1989, 29–42, Abb.

9540
Pianu, G.: Ceramiche etrusche sovradipinte di Tarquinia. Un addendum.— Studia Tarquiniensia (Roma 1988) 101–107, Taf.
SB

9541
Quilici Gigli, S.: L'acquedotto di Ponte del Ponte nell'antico paesaggio agrario della zona di Corchiano.—
Xenia 17, 1989, 55–64, Abb.

9542
Radke, G.: Beobachtungen zur Religion der Etrusker.—
WürzbJbAltWiss 14, 1988, 93–107

9543
Rasmussen, T. B.; Horie, V.: Etruscan incised impasto. A case of partial authenticity.— Proceedings of the 3rd Symposium on ancient Greek and related pottery (København 1988) 478–485, Abb.
KB København 1987

9544
Rathje, A.: Alcune considerazioni sulle lastre da Poggio Civitate con figure femminili.— Le donne in Etruria (Roma 1989) 75–84, Taf.
SB

9545
Regter, W.: Fascinating fans.— Proceedings of the 3rd Symposium on ancient Greek and related pottery (København 1988) 486–488
KB København 1987

9546
Reusser, C.: Antikenmuseum Basel und Sammlung Ludwig. Etruskische Kunst.— (Basel 1988) 135 S., Abb.

9547
Ridgway, D.: Western Geometric pottery. New light on interactions in Italy.— Proceedings of the 3rd Symposium on ancient Greek and related pottery (København 1988) 489–505, Abb.
KB København 1987

9548
Romanelli, R.: Necropoli dell'Etruria rupestre. Architettura.— (Viterbo 1986) 166 S., Abb. Taf.

9549
Romualdi, A.: Populonia (Livorno). Località Le Grotte. Relazione preliminare sulle campagne di scavo 1965–1967 e 1979 nella necropoli.—
NSc 38–39, 1984–85, 5–68, Abb. Taf.

9550
Roncalli, F.: Le strutture del santuario e le tecniche edilizie.—
AnnFaina 3, 1987, 47–60, Taf.

9551
Scarpignato, M.: Bronzetti votivi da Bettona.—
AnnPerugia 23, 1985–86, Nr. 1, 241–255, Taf.

9552
Schäfer, T.: Imperii insignia. Sella curulis und Fasces. Zur Repräsentation römischer Magistrate.— (Mainz 1989) 457 S., Abb. Taf.
(RM, Ergh. 29)

9553
Serra Ridgway, F. R.: Aspetti della necropoli ellenistica nel fondo Scataglini ai Monterozzi.— Tarquinia. Ricerche, scavi e prospettive (Milano 1987) 255–259, Taf.
KB Milano 1986

9554
Simon, E.: Kybele in Etrurien.—
Anadolu 21, 1978–80 [1987], 29–36 Taf.

9555
Śliwa, J.: Egyptian and Egyptianizing objects from the Leo D. Kostka Collection in the National Museum in Cracow.— From the archaeological collections of Cracow and Jena (Warszawa 1988) 7–15, Abb. Taf.
SB

9556
Smithers, S. G.: The typology and iconography of Etruscan terracotta curotrophic votives. The heads and bambini. Diss. The University of Iowa 1988.— (Ann Arbor 1989) XX, 384 S., Abb.
(University Microfilms International)

9557
Spivey, N.: The armed dance on Etruscan vases.— Proceedings of the 3rd Symposium on ancient Greek and related pottery (København 1988) 592–603, Abb.
KB København 1987

9558
Stopponi, S.: Note sulla topografia della necropoli.—
AnnFaina 3, 1987, 61–82, Taf.

9559
Strøm, I.: Orientalising bronze reliefs from Chiusi.—
AnalRom 17–18, 1989, 7–27, Abb.

9560
Tamburini, P.: Contributo preliminare alla definizione della ceramica d'impasto volsiniese e qualche nota sul bucchero mal cotto di produzione locale.—
AnnFaina 3, 1987, 83–98, Taf.

9561
Tamburini, P.: Todi. La produzione locale del bucchero grigio.—
ArchCl 37, 1985, 84–100, Taf.

9562
Torelli, M.: 'Etruria principes disciplinam doceto'. Il mito normativo dello specchio di Tuscania.— Studia Tarquiniensia (Roma 1988) 109–118, Abb.
SB

9563
Torelli, M.: Appunti per una storia di Tarquinia.— Tarquinia. Ricerche, scavi e prospettive (Milano 1987) 129–140
KB Milano 1986

9564
Tronchetti, C.: La Sardegna e gli Etruschi.—
MedA 1, 1988, 66–82, Abb.

9565
Valvo, A.: La 'Profezia di Vegoia'. Proprietá fondiaria e aruspicina in Etruria nel I secolo a. C.— (Roma 1988) 166 S., Taf.
(Studi pubblicati dall'Istituto italiano per la storia antica, 43)

9566
Venuti, L.: Un nuovo 'cilindretto' chiusino.—
StEtr 54, 1986, 47–50, Abb. Taf.

9567
Walberg, G.: The Tomb of the Baron reconsidered.—
StEtr 54, 1986, 51–59, Taf.

9568
Wikander, C.: The Pescia Romana Painter in Stockholm.—
MedelhavsMusB 23, 1988, 33–40, Abb.

9569
Woudhuizen, F. C.: The recently discovered Greek-Etruscan bilingue from Delphi. Two rivaling Etruscan coalitions in the paintings of the François tomb from Vulci.—
Talanta 18–19, 1986–87, 125–153, Abb.

9570
Zanovello, P.: L'Herakles di Contarina.—
AquilNost 58, 1987, 153–188, Abb.

Frühchristlich-frühbyzantinische Kultur

9571
Ambrogio e la cruciforme 'Romana' basilica degli Apostoli nei milleseicento anni della sua storia.— (Milano 1986) 460 S., Abb.

9572
Aquileia e le Venezie nell'alto medioevo. Atti della XVIII Settimana di studi aquileiesi, [Aquileia] 30 aprile – 5 maggio 1987.— (Udine 1988) 480 S., Abb. Taf.
(Antichità altoadriatiche, 32)

9573
Atti del VI Congresso nazionale di archeologia cristiana, Pesaro-Ancona 19–23 settembre 1983. 2 Bde.— (Firenze 1986) 870 S., Abb.

9574
De vera effigie Mariae. Antiche icone romane. [Catalogo della mostra] Roma, Basilica S. Maria Maggiore, 18 giugno – 3 luglio 1988.— (Milano 1988) 60 S., Abb.
(Comitato centrale per l'Anno Mariano. Progetto arte e cultura.)

9575
Società romana e impero tardoantico, 4. Tradizione dei classici trasformazioni della cultura.
ed. A. Giardina.— (Bari 1986) 282 S., Taf.

9576
Trésors d'orfèvrerie gallo-romains. [Exposition] Musée du Luxembourg, Paris 8 février – 23 avril 1989.— (Paris 1989) 302 S., Abb.

9577
Vetri dei cesari. [Catalogo della mostra Roma, Musei Capitolini, novembre 1988.]
ed. D. B. Harden.— (Milano 1988) XV, 310 S., Abb.

9578
Adamesteanu, D.: Sofiana. Scavi 1954 e 1961.—
CronA 23, 1984, 74–83

9579
Alfieri, N.: Aspetti topografici della vicenda di San Marone protomartire piceno.— Atti del VI Congresso nazionale di archeologia cristiana (Firenze 1986) 363–386, Abb.
KB Pesaro-Ancona 1983

9580
Alliata, E.: Iscrizioni di Um er-Rasas. Nota sulla ceramica dello scavo.—
StBiFranc 37, 1987, 221–231, Abb. Taf.

9581
Alram-Stern, E.: Die römischen Lampen aus Carnuntum.— (Wien 1989) 332 S., Abb. Taf.
(Der römische Limes in Österreich, 35)

9582
Anabolu, M. U.: Batı Anadolu'da bulunmuş olan yayımlanmamış tavus kuşu motifli mimarlık elemanları. (Türk.) [Unveröffentlichte Architekturglieder mit Pfauenmotiv aus Westanatolien.].—
TürkAD 27, 1988, 101–105, Taf.

9583
Anderson, G.: Celibacy or consummation in the Garden? Reflections on early Jewish and Christian interpretations of the Garden of Eden.—
HarvTheolR 82, 1989, 121–148

9584
Apollonj Ghetti, B. M.: Le cattedrali di Milano ed i relativi battisteri. Nota sulla basilica di S. Lorenzo Maggiore.—
RACrist 63, 1987, 23–89, Abb. Taf.

9585
Arias, P. E.: L'anfora argentea di Conçesti.— Beiträge zur Ikonographie und Hermeneutik. Festschrift für N. Himmelmann (Mainz 1989) 473–479, Taf.

9586
Augenti, A.: Richiami cristologici tra organicità e astrazione. Una scultura da S. Paolo f.l.m.—
(Bessarione 5, 1986, 269–280, Abb.)
SD

9587
Azkarate Garai-Olaun, A.: Arqueología cristiana de la antigüedad tardía en Alava, Guipúzcoa y Vizcaya.— (Vitoria-Gasteiz 1988) XXI, 553 S., Abb. Taf. Beil.
(Arqueología vasca, 1)

9588
Bakirtzis, C.: Western Thrace in the early Christian and Byzantine periods. Results of archaeological research and the prospects, 1973–87.—
ByzF 14, 1989, 41–58, Taf.

9589
Ballet, P.; Picon, M.: Recherches préliminaires sur les origines de la céramique des Kellia (Egypte). Importations et productions égyptiennes.—
CahCérEg 1, 1987, 17–48, Abb.

9590
Barkóczi, L.: Pannonische Glasfunde in Ungarn.— (Budapest 1988) 223 S., Abb. Taf.
(Studia archaeologica, 9)

9591
Barnea, I.: Romanismul şi creştinismul daco-romanilor.—
Thraco-Dacica 9, 1988, 119–126

9592
Barnes, T. D.: The Constantinian reformation.— The Crake Lectures 1984 (Sackville 1986) 39–57
KB Sackville 1984

9593
Barnish, S. J. B.: The work of Cassiodorus after his conversion.—
Latomus 48, 1989, 157–187

9594
Barsanti, C.: Testimonianze bizantine in Ancona. Le spoglie paleocristiane del S. Ciriaco.— Atti del VI Congresso nazionale di archeologia cristiana (Firenze 1986) 387–404, Abb.
KB Pesaro-Ancona 1983

9595
Basler, Đ.: Krščanska arheologija. (Kroat. m. lat. Res.) Archaeologia christiana.— (Mostar 1986) 140 S., Abb. Taf.

9596
Basler, Đ.: Krščanska arheologija. (Kroat. m. lat. Res.) Archaeologia christiana.— (Mostar 1986) 140 S., Abb. Taf.

9597
Baumeister, T.: Die christlich geprägte Höhe. Zu einigen Aspekten der Michaelsverehrung.—
RömQSchr 83, 1988, 195–210

9598
Beckwith, J.: The Andrews diptych.— Studies in Byzantine and medieval Western art (London 1989) 71–108, Abb. Taf.
SB

9599
Benko, S.: Pagan Rome and the early Christians.— (London 1985) XI, 180 S.

9600
Berczelly, L.: The date and significance of the Menander mosaics at Mytilene.—
BICS 35, 1988, 119–126, Taf.

9601
Bergamini, M.: La sigillata africana e orientale di Sepino. Scavo 1976.—
AnnPerugia 23, 1985–86, Nr. 1, 89–109, Abb. Taf.

9602
Bertacchi, L.: Contributo allo studio dei palazzi episcopali paleocristiani. I casi di Aquileia, Parenzo e Salona.—
AquilNost 56, 1985, 361–412, Abb.

9603
Betancourt, P. P.: Excavations at Pseira, 1985 and 1986.—
Hesperia 57, 1988, 207–225, Abb. Taf.

9604
Bianchi, U.: Mystery cult and gnostic religiosity in antiquity.—
Rethinking religion (Copenhagen 1989) 11–22
SB

9605
Biarne, J.: Maître spirituel et règle cénobitique en Occident (IV–VIe siècle).— Sociabilité, pouvoirs et société (Rouen 1987) 223–233
KB Rouen 1983

9606
Biarne, J.: Le temps du moine d'après les premières règles monastiques d'Occident, IV–VIe siècles.— Le temps chrétien de la fin de l'antiquité au moyen-âge (Paris 1984) 99–128
KB Paris 1981

9607
Billod, C.: Les encensoirs en argent d'époque protobyzantine. Kanon. Festschrift E. Berger.—
AntK 15. Bh, 1988, 366–369, Abb. Taf.

9608
Binazzi, G.: Catacomba di Villa S. Faustino (Massa Martana, Todi). Saggi di scavo 1981.— Atti del VI Congresso nazionale di archeologia cristiana (Firenze 1986) 637–643, Abb.
KB Pesaro-Ancona 1983

9609
Bisconti, F.: La rappresentazione dei defunti nelle incisioni sulle lastre funerarie paleocristiane aquileiesi e romane.— Aquileia e Roma (Udine 1987) 289–308, Taf.
KB Aquileia 1986

9610
Bisconti, F.; De Maria Bisconti, L.: Temi paleocristiani nei rilievi altomedievali altoadriatici. Dagli animali simbolici all'immaginario zoomorfo.— Aquileia e le Venezie nell'alto medioevo (Udine 1988) 441–463, Taf.
KB Aquileia 1987

9611
Bocian, M.; u. a.: Lexikon der biblischen Personen.— (Stuttgart 1989) VIII, 510 S.
(Kröners Taschenausgabe, 460)

9612
Böhlig, A.: Zum Selbstverständnis des Manichäismus.— A green leaf. Papers in honour of J. P. Asmussen (Leiden 1988) 317–338

9613
Böttger, B.: Zur Lebensmittelversorgung der Kastelle am unteren Donaulimes in der Spätantike.—
Ratiariensia 3–4, 1987, 225–229, Taf.

9614
Boguniowski, J.: Domus Ecclesiae. Der Ort der Eucharistiefeier in den ersten Jahrhunderten. Tatsachen und theologische Sicht und Folgerungen daraus für heute. Diss. Rom 1987.— (Kraków 1987) XXXVIII, 510 S., Abb.

9615
Bonacasa Carra, R. M.; Macaluso, R.; Lima, M. A.: Nuove indagini nella necropoli paleocristiana di Agrigento. Scavi 1985.—
Kokalos 32, 1986, 305–331, Abb. Taf.

9616
Bonamente, G.: Apoteosi e imperatori cristiani.— I Cristiani e l'impero nel IV secolo (Macerata 1988) 107–142
KB Macerata 1987

9617
Bonifay, M.: Observations sur les amphores tardives à Marseille d'après les fouilles de la Bourse, 1980–1984.—
RANarb 19, 1986, 269–304, Abb. Taf.

9618
Boraccesi, G.: Un frammento bizantino nella matrice di Rutigliano.—
VeteraChr 26, 1989, 169–174, Taf.

9619
Borisov, B. D.: Basiliques chrétiennes antiques (IVe–VIe s.) près du village Karanovo, région de Bourgas. (Bulg. m. franz. Res.).—
ArcheologijaSof 30, 1988, Nr. 3, 38–46, Abb.

9620
Boulhol, P.: Ricerche sul culto di S. Gorgonio in Occidente fino al X secolo.—
RACrist 63, 1987, 107–165, Abb. Taf.

9621
Bowman, J.: Elijah and the Pauline Jesus Christ.—
Abr-Nahrain 26, 1988, 1–18

9622
Boyer, R.; u. a.: Vie et mort à Marseille à la fin de l'antiquité. Inhumations habillés des Ve et VIe siècles et sarcophage reliquaire trouvés à l'abbaye de Saint-Victor.— [Paris 1987] 123 S., Abb. Taf.

9623
Bremmer, J.: An imperial palace guard in heaven. The date of the vision of Dorotheus.—
ZPE 75, 1988, 82–88

9624
Brill, R. H.; Whitehouse, D.: The Thomas panel.—
JGS 30, 1988, 34–50, Abb.

9625
Buora, M.; Tavano, S.; Gaberscek, C.; u. a.: La scultura nel Friuli-Venezia Giulia, 1. Dall'epoca romana al Gotico. 2. ed.— (Pordenone 1988) 392 S., Abb.

9626
Burian, J.: Konstantin, nepokřtěný křest'an. (Tschech. m. dtsch. Res.) Konstantin, ein ungetaufter Christ.—
SborBrno E 33, 1988, 63–68

9627
Bussagli, M.: Il disco 'battriano' del museo dell'Ermitage. Su un'-analogia iconografica con talune figure angeliche posteriori al V secolo.—
RivStOr 60, 1986, 134, Abb.

9628
Calderone, S.: Il pensiero politico di Eusebio di Cesarea.— I Cristiani e l'impero nel IV secolo (Macerata 1988) 45–54
KB Macerata 1987

9629
Cameron, A.: Flavius. A nicety of protocol.—
Latomus 47, 1988, 26–33

9630
Campione, A.: Note sulla 'Vita' di Sabino di Canosa. Inventio e translatio.—
VeteraChr 25, 1988, 617–639

9631
Canivet, P.; Canivet, M. T.; u. a.: Ḥūarte. Sanctuaire chrétien d'Apamène, IVe–VIe s. Textbd.; Tafelbd.— (Paris 1987) 401 S., Abb. Taf.; Beil.
(Institut français d'archéologie du Proche-Orient. Bibliothèque archéologique et historique, 122)

9632
Canova Dal Zio, R.: Le chiese delle Tre Venezie anteriori al Mille.— (Padova 1987) VIII, 312 S., Abb.

9633
Caprara, R.: La necropoli di S. Andrea Priu.— (Sassari 1986) 73 S., Abb.
(Sardegna archeologica. Guide e itinerari, 3)

9634
Caprara, R.: L'età altomedievale nel territorio del Logudoro-Meilogu.— Il nuraghe S. Antine nel Logudoro-Meilogu (Sassari 1988) 397–441, Abb. Taf.
SB

9635
Carini, M.: Due città per un poeta. Saggi su Magno Felice Ennodio.— (Catania 1989) 142 S.

9636
Carletti, C.: Graffiti di Trani.—
VeteraChr 25, 1988, 585–604, Abb. Taf.

9637
Carletti, C.: Iscrizioni cristiane di Roma. Testimonianze di vita cristiana, secoli III–VII.— (Firenze 1986) 181 S.
(Biblioteca patristica, 7)

9638
Castelletti, L.; Brogiolo, G. P.; u. a.: Scavi di Monte Barro, comune di Galbiate, Como, 1986–87.—
AMediev 15, 1988, 177–252, Abb.

9639
Cavallo, G.: Culture et circulation des livres à l'époque de Justinien.—
Faventia 9, 1987, Nr. 1, 51–64

9640
Cavallo, G.; Gribomont, J.; Loerke, W. C.: Codex purpureus Rossanensis. Museo dell'Arcivescovado, Rossano Calabro. Commentarium.— (Roma 1987) XIV, 213 S., Taf.
(Codices selecti phototypice impressi, 81)

9641
Cecconi, G. A.: Un evergete mancato. Piniano a Ippona.—
AthenaeumPavìa 66, 1988, 371–389

9642
Cerova, Y.: Kështjella e Qafës në krahinën e Sulovës. (Alban. m. franz. Res.) La forteresse de Qafa dans la région de Sulova.—
Iliria 17, 1987, Nr. 2, 155–175, Abb. Taf.

9643
Chadwick, H.: Augustine.— (Oxford 1986) 122 S.
(Past masters)

9644
Chamay, J.: Quelques inédits à Genève.—
NumAntCl 17, 1988, 125–127, Taf.

9645
Chaumont, M. L.: Sur l'origine de Saint Grégoire d'Arménie.—
Muséon 102, 1989, 115–130

9646
Chevalier, P.: Les baptistères paléochrétiens de la province romaine de Dalmatie.—
Diadora 10, 1988, 111–163, Abb.

9647
Childs, W. A. P.: First preliminary report on the excavations at Polis Chrysochous by Princeton University.—
RDAC 1988, Nr. 2, 121–130, Abb. Taf.

9648
Ciampoltrini, G.; Rendini, P.: L'agro Cosano fra tarda antichità e alto medioevo. Segnalazioni e contributi.—
AMediev 15, 1988, 519–534, Abb.

9649
Ciglenečki, S.: Höhenbefestigungen aus der Zeit vom 3. bis 6. Jh. im Ostalpenraum.— (Ljubljana 1987) 182 S., Abb.
(Academia scientiarum et artium slovenica. Classis I, historia et sociologia. Opera, 31. Institutum archaeologicum, 15)

9650
Cliante, T.; Radulescu, A.: Le trésor de Sucidava en Mésie Seconde.—
RA 1988, 357–380, Abb.

9651
Cocchini, F.: La basilica paleocristiana di Fermo.— Atti del VI Congresso nazionale di archeologia cristiana (Firenze 1986) 443–455, Abb.
KB Pesaro-Ancona 1983

9652
Corbo, V. C.: La chiesa-sinagoga dell'Annunziata a Nazaret.— StBiFranc 37, 1987, 333–348, Abb.

9653
Corrigan, K.: The witness of John the Baptist on an early Byzantine icon in Kiev.—
DOP 42, 1988, 1–11, Taf.

9654
Cracco Ruggini, L.: 'Felix temporum reparatio'. Realtà socio-economiche in movimento durante un ventennio di regno. Costanzo II Augusto, 337–361 d. C.— L'église et l'empire au IVe siècle (Genève 1989) 179–243
KB Vandœuvres 1987

9655
Cuscito, G.: Scoperte paleocristiane tra Piave e Livenza.— Atti del VI Congresso nazionale di archeologia cristiana (Firenze 1986) 645–658, Abb.
KB Pesaro-Ancona 1983

9656
Cuscito, G.: Il culto di S. Crisogono fra Aquileia e Roma.— Aquileia e Roma (Udine 1987) 255–274, Taf.
KB Aquileia 1986

9657
Cuscito, G.: Il patriarca Paolino e la liturgia di Aquileia.— Aquileia e le Venezie nell'alto medioevo (Udine 1988) 149–172
KB Aquileia 1987

9658
Dall'Aglio, P.: Problemi storico-topografici in Agazia.—
Padusa 23, 1987, 57–63, Taf.

9659
Daniel, R. W.: It started with Eve.—
ZPE 74, 1988, 249–251

9660
Dassmann, E.: Archäologische Spuren frühchristlicher Paulusverehrung.—
RömQSchr 84, 1989, 271–298

9661
David-Roy, M.: Sur les pas de Saint Germain d'Auxerre.—
ArcheologiaParis 1989, Nr. 243, 58–66, Abb.

9662
Davite, C.: Scavi e ricognizione nel sito rurale tardo antico di Gronda (Luscignano, Massa Carrara).—
AMediev 15, 1988, 397–406, Abb.

9663
De Franciscis, A.; u. a.: La villa romana del Naniglio di Gioiosa Ionica. Relazione preliminare delle campagne di scavo 1981–86.— (Napoli 1988) 119 S., Taf.
Archaia. Monumenti, 1)

9664
De' Maffei, F.: Tradizione ed inovazione nei dittici eburnei. Giuliano, Pulcheria, Giustiniano.—
RivStOr 60, 1986, 89–139, Taf.

9665
De Miro, E.: Ricerche e valorizzazione dei monumenti paleocristiani e bizantini in Agrigento e nel territorio.—
Kokalos 32, 1986, 285–296, Abb. Taf.

9666
Deckers, J. G.: Kult und Kirchen der Märtyrer in Köln. Begann die Verehrung der Jungfrauen und der Legionäre erst im 6. Jahrhundert?—
RömQSchr 83, 1988, 25–43, Abb. Taf.

9667
Degli Agosti, D. G.: Radici paleocristiane della comunità cremasca.—
InsFulc 18, 1988, 9–27, Abb.

9668
Deichmann, F. W.; Grossmann, P.: Nubische Forschungen.— (Berlin 1988) XIV, 187 S., Abb. Taf.
(Deutsches Archäologisches Institut. Archäologische Forschungen, 17)

9669
Deichmann, F. W.: Ravenna. Hauptstadt des spätantiken Abendlandes. Kommentar, 3. Geschichte, Topographie, Kunst und Kultur. Indices zum Gesamtwerk.— (Stuttgart 1989) 384 S., Taf. Beil.

9670
Della Corte, F.: Agostino catecumeno.— Opuscula, 11 (Genova 1988) 199–208

9671
Dello Preite, A.: Le importazioni di ceramica fine a Gortina e a Creta tra il IV e il VII sec. d. C.—
ASAtene 46, 1984 [1988], 177–198, Abb.

9672
Demandt, A.: Die Spätantike. Römische Geschichte von Diocletian bis Justinian, 284–565 n. Chr.— (München 1989) XVIII, 612 S., Taf.
(Handbuch der Altertumswissenschaft, 3,6)

9673
Deroo, C.; Durliat, M.; Scelles, M.: Recueil général des monuments sculptés en France pendant le haut moyen-âge, IVe–Xe siècles, 4. Haute-Garonne.— (Paris 1987) 187 S., Abb. Taf.

9674
Desreumaux, A.: La Jordanie byzantine.— La Jordanie de l'âge de la pierre à l'époque byzantine (Paris 1987) 109–119, Abb.
SB

9675
Di Bitonto Kasser, A.: Ostraca scolastici copti a Deir el Gizāz.—
Aegyptus 68, 1988, 167–175, Taf.

9676
Di Maio Jr., M.; Zeuge, J.; Zotov, N.: Ambiguitas Constantiniana. The 'caeleste signum dei' of Constantine the Great.—
Byzantion 58, 1988, 333–360, Abb.

9677
Di Stefano, G.: Recenti lavori di manutenzione nelle catacombe dell'altopiano ibleo e nuove scoperte nel territorio.— Atti del VI Congresso nazionale di archeologia cristiana (Firenze 1986) 673–692, Abb.
KB Pesaro-Ancona 1983

9678
Di Stefano, G.: Ricerche a Camarina e nel territorio della provincia di Ragusa, 1980–1984.—
Kokalos 30–31, 1984–85, Nr. 2,2, 727–799, Abb. Taf.

9679
Dihle, A.: L'ambassade de Théophile l'Indien ré-examinée.— L'Arabie préislamique et son environnement historique et culturel (Leiden 1989) 461–468
KB Strasbourg 1987

9680
Dobrzeniecki, T.: St. Anne from Faras in the National Museum in Warsaw.—
BMusVars 28, 1987, 49–75, Abb.

9681
Donabédian, P.: Le portail dans l'architecture arménienne du haut moyen-âge.—
REtArm 20, 1986–87, 337–361, Taf.

9682
Donceel-Voûte, P.: La carte de Madaba. Cosmographie, anachronisme et propagande.—
RBibl 95, 1988, 518–542, Abb.

9683
Drandakes, N. B.: Οι παλαιοχριστιανικές τοιχογραφίες στη Δροσιανή της Νάξου.— (Αθήμα 1988) 99 S., Abb. Taf.
(Δημοσιεύματα του Αρχαιολογικού δελτίου, 36)

9684
Drew-Bear, T.; Koder, J.; Sodini, J. P.: Ein byzantinisches Kloster am Berg Tmolos.—
JbÖByz 38, 1988, 197–215, Taf.

9685
Drijvers, H. J. W.: Marcion's reading of Gal. 4,8. Philosophical background and influence on Manichaeism.— A green leaf. Papers in honour of J. P. Asmussen (Leiden 1988) 339–348

9686
Drobner, H. R.: Die Anfänge der Verehrung des römischen Märtyrers Pankratius in Deutschland.—
RömQSchr 83, 1988, 76–98, Abb.

9687
Duerden, P.: PIXE-PIGME analysis of a series of Byzantine painted bowls from Northern Jordan.—
MedA 1, 1988, 96–111, Abb.

9688
Dufourcq, A.: Etude sur les 'Gesta martyrum' romains, 5. Les légendes grecques et les légendes latines.— (Paris 1988) LII, 419 S.
(Bibliothèque des Ecoles françaises d'Athènes et de Rome, 83)

9689
Effenberger, A.: Die Situation der Kirche im 3. Jh. Zu den Entstehungsbedingungen der frühchristlichen Kunst.— Krise. Krisenbewußtsein. Krisenbewältigung (Halle 1988) 14–18
KB Halle 1984

9690
Elliott, T. G.: Constantine's conversion. Do we really need it?—
PhoenixToronto 41, 1987, 420–438

9691
Ellis, S. P.: The end of the Roman house.—
AJA 92, 1988, 565–576, Abb.

9692
Engemann, J.: Die Huldigung der Apostel im Mosaik des ravennatischen Orthodoxenbaptisteriums.— Beiträge zur Ikonographie und Hermeneutik. Festschrift für N. Himmelmann (Mainz 1989) 481–489, Taf.

9693
Episcopo, S.: Il praetorium presso S. Lorenzo f. l. m. Un problema aperto.—
ArchCl 38–40, 1986–88, 162–180, Taf.

9694
Esbroeck, M. van: Une propagande chalcédonienne du début du VIe siècle. L'histoire des saints Nisthéréon et Katianos.—
OrChr 72, 1988, 136–167

9695
Esbroeck, M. van: Saint Grégoire d'Arménie et sa 'Didascalie'.—
Muséon 102, 1989, 131–145

9696
Faedo, L.: Su alcuni vetri dorati della Raccolta Oliveriana di Pesaro. Contributi per l'esegesi iconografica e la cronologia.— Atti del VI Congresso nazionale di archeologia cristiana (Firenze 1986) 473–487, Abb.
KB Pesaro-Ancona 1983

9697
Farioli Campanati, R.: Sulla cattedrale di Pesaro. Dalle testimonianze antiquarie all'evidenza archeologica.— Atti del VI Congresso nazionale di archeologia cristiana (Firenze 1986) 489–502, Abb.
KB Pesaro-Ancona 1983

9698
Fasola, U. M.: La regione cimiteriale del II piano sotto la basilica costantiniana 'ad duas lauros'. Cronologia dell'origine e dello sviluppo.—
RACrist 63, 1987, 7–20, Abb.

9699
Fecht, M.: Untersuchungen zur Herstellungstechnik und Gestaltung einer byzantinischen Goldschnalle in der Prähistorischen Staatssammlung München.—
BayVgBl 53, 1988, 309–312

9700
Ferdière, A.: Les campagnes en Gaule romaine, 1. Les hommes et l'environnement en Gaule rurale, 52 av. J. C. – 486 ap. J. C. 2. les techniques et les productions rurales en Gaule, 52 av. J. C. – 486 ap. J. C.— (Paris 1988) 301 S., Abb.; 284 S., Abb.

9701
Fernández, G.: Osio de Córdoba y la persecución tetrárquica.— Actas. 1er Congreso peninsular de historia antigua (o. O. o. J.) 227–234
(Universidad de Santiago de Compostela)
SD

9702
Fernández, G.: Osio de Córdoba y la persecución tetrárquica.— Actas. 1er Congreso peninsular de historia antigua, 3 (Santiago de Compostela 1988) 227–234
KB Santiago de Compostela 1986

9703
Fevrier, P. A.: La tombe chrétienne et l'au-delà.— Le temps chrétien de la fin de l'antiquité au moyen-âge (Paris 1984) 163–183
KB Paris 1981

9704
Fink, J.: Das Petrusgrab in Rom. Bearbeitet von H. M. Schmidinger.— (Innsbruck 1988) 96 S., Abb. Taf.

9705
Fiocchi Nicolai, V.: Aree cimiteriali e comunità cristiane rurali dell'Etruria Meridionale alla luce di recenti ritrovamenti.— Atti del VI Congresso nazionale di archeologia cristiana (Firenze 1986) 127–146, Abb.
KB Pesaro-Ancona 1983

9706
Fiocchi Nicolai, V.: I cimiteri paleocristiani del Lazio, 1. Etruria meridionale.— (Roma 1988) XVIII, 419 S., Abb. Taf.
(Monumenti di antichità cristiana. Pontificio istituto di archeologia cristiana, 2. Ser., 10)

9707
Fiore Cavaliere, M. G.; Caretta, L.: Fara Sabina, Monte Motilla, oratorio di S. Martino. Indagini archeologiche.— Archeologia laziale, 9 (Roma 1988) 441–451, Abb.
KB Roma 1987

9708
Fiorentini, G.: Testimonianze e documenti di età paleocristiana e bizantina nel territorio di Gela.—
Kokalos 32, 1986, 297–304, Taf.

9709
Flamant, J.: Temps sacré et comput astronomique.— Le temps chrétien de la fin de l'antiquité au moyen-âge (Paris 1984) 31–43
KB Paris 1981

9710
Foss, C.: Strobilos and related sites.—
AnatSt 38, 1988, 147–174, Abb. Taf.

9711
Fotiou, A.: Recruitment shortages in sixth-century Byzantium.—
Byzantion 58, 1988, 65–77

9712
Fowler, D. H.: A catalogue of tables.—
ZPE 75, 1988, 273–280

9713
Fox, R. L.: Pagans and Christians.— (London 1986) 799 S., Abb.

9714
Frantz, A.: The Athenian Agora, 24. Late antiquity A.D. 267–700.— (Princeton 1988) XXI, 156 S., Taf.

9715
Frend, W. H. C.: Montanism. Research and problems.— Archaeology and history in the study of early Christianity (London 1988) VII (17 S.)

9716
Frend, W. H. C.: The family of Augustine. A microcosm of religious change in North Africa.— Archaeology and history in the study of early Christianity (London 1988) VIII (17 S.)

9717
Frézouls, E.: Cosmas Indicopleustes et l'Arabie.— L'Arabie préislamique et son environnement historique et culturel (Leiden 1989) 441–460
KB Strasbourg 1987

9718
Friedman, M.: More on the Vienna Genesis.—
Byzantion 59, 1989, 64–77, Taf.

9719
Gabra, G.: Hatre (Hīdra), Heiliger und Bischof von Aswan im 4. Jahrhundert.—
MDIK 44, 1988, 91–94

9720
Gärtner, M.: Die Familienerziehung in der alten Kirche. Eine Untersuchung über die ersten vier Jahrhunderte des Christentums mit einer Übersetzung und einem Kommentar zu der Schrift des Johannes Chrysostomus über Geltungssucht und Kindererziehung.— (Köln 1985) VIII, 487 S.
(Kölner Veröffentlichungen zur Religionsgeschichte, 7)

9721
Galante, G. A.: La catacomba di San Severo in Napoli.— (Napoli 1987) 104 S., Abb. Taf.
(Storie e testi, 7)

9722
Garašanin, M.; Koračević, D.: Archaeological excavations in Skupi performed in the period from 1978 to 1981. (Maked. m. engl. Res.).—
MacActaA 7–8, 1981–82 [1987], 79–96, Abb. Taf.

9723
Gardner, I.: Coptic theological papyri, 2. Edition, commentary, translation. With an appendix The docetic Jesus. Textbd., Tafelbd.— (Wien 1988) 85 S.
(Mitteilungen aus der Papyrussammlung der Österreichischen Nationalbibliothek. Neue Serie, 21)

9724
Geertman, H.: Le capacità di 'metretae', 'amae' e 'scyphi' nel Liber Pontificalis.—
RACrist 63, 1987, 193–201, Abb.

9725
Gessel, W.: Das Öl der Märtyrer. Zur Funktion und Interpretation der Ölsarkophage von Apamea in Syrien.—
OrChr 72, 1988, 183–202, Abb.

9726
Ghadban, C.: Monuments des Hammara (Béqa'-Sud, Liban). Nova et vetera.—
Ktema 10, 1985 [1988], 287–309, Abb. Taf.

9727
Giardina, A.: Amor civicus. Formule e immagini dell'evergetismo romano nella tradizione epigrafica.— La terza età dell'epigrafia (Faenza 1988) 67–85
KB Bologna 1986

9728
Gignoux, P.: Les antécédents nestoriens de la 'chahāda'.— A green leaf. Papers in honour of J. P. Asmussen (Leiden 1988) 403–406

9729
Giorgetti, D.: Rapporti ideologici ed osmosi commerciale lungo le rotte danubiane fra III e V secolo d. C. Nuovi elementi di conferma dagli scavi di Ratiaria (Bulgaria).—
RStorAnt 16, 1986, 167–175, Taf.

9730
Giorgetti, D.: Trésor de parures d'or et d'objets d'argent. (Bulg. m. franz. Res.).—
ArcheologijaSof 30, 1988, Nr. 3, 30–38, Abb.

9731
Giorgetti, D.: Res ad topographiam veteris urbis Ratiariae pertinentes. Prolegomeni all'urbanistica della città romana.—
Ratiariensia 3–4, 1987, 33–84, Taf.

9732
Giovagnetti, C.: Lucerne tardo-antiche inedite da Santarcangelo di Romagna (Forlì). Recuperi vari.—
Padusa 23, 1987, 263–273, Taf.

9733
Gouillard, J.: Le temps du pénitent à la haute époque byzantine.— Le temps chrétien de la fin de l'antiquité au moyen-âge (Paris 1984) 469–477
KB Paris 1981

9734
Gratien, B.; Soulié, D.: La céramique de Tell el-Herr. Campagnes 1986 et 1987. Etude préliminaire.—
CahPEg 10, 1988, 23–55, Abb.

9735
Grossmann, P.: Abū Mīnā, 1. Die Gruftkirche und die Gruft.— (Mainz 1989) 285 S., Abb. Taf. Beil.
(Archäologische Veröffentlichungen, 44)

9736
Guarducci, M.: Riflessioni sulla statua bronzea di San Pietro nella Basilica Vaticana.—
Xenia 16, 1988, 57–72, Abb.

9737
Guarducci, M.: Il 29 giugno. Festa degli apostoli Pietro e Paolo.—
RendPontAcc 58, 1985–86, 115–127, Abb.

9738
Guarino, V.; Mauro, D.; Peduto, P.: Un tentativo di recupero di una stratigrafia e materiali vari da collezione. Il caso del complesso ecclesiastico di S. Restituta a Lacco Ameno di Ischia.—
AMediev 15, 1988, 439–469, Abb.

9739
Guidoni Guidi, G.: Due frammenti di sarcofagi inediti della collezione Luzi (Treia).— Atti del VI Congresso nazionale di archeologia cristiana (Firenze 1986) 517–528, Abb.
KB Pesaro-Ancona 1983

9740
Guyon, J.: Les représentations du cimetière 'Aux deux lauriers'.— La mort, les morts et l'au-delà dans le monde romain (Caen 1987) 293–309, Abb.
KB Caen 1985

9741
Haldimann, M. A.: Vallon des Vaux. La céramique.—
JbSchwGesUrgesch 72, 1989, 178–180, Abb.

9742
Hansen, J. V.: Adamas and the four illuminators in Sethian gnosticism.— Rethinking religion (Copenhagen 1989) 55–71
SB

9743
Harvey, S. A.: The sense of a stylite. Perspectives on Simeon the Elder.—
VigChr 42, 1988, 376–394

9744
Hebert, B.: Philosophenbildnisse bei Sidonius Apollinaris. Eine Ekphrasis zwischen Kunstbeschreibung und Philosophiekritik.—
Klio 70, 1988, 519–538

9745
Heim, F.: L'expérience mystique des pèlerins occidentaux en Terre Sainte aux alentours de 400.—
Ktema 10, 1985 [1988], 193–208

9746
Herrmann Jr., J. J.: The Ionic capital in late antique Rome.— (Roma 1988) X, 215 S., Abb. Taf.
(Archaeologica, 56)

9747
Hidri, S.: Varret e bazilikës së Arapajt. (Alban. m. franz. Res.) Tombes de la basilique d'Arapaj.—
Iliria 17, 1987, Nr. 2, 187–205, Abb. Taf.

9748
Hill, S.: The early Christian churches of Cilicia. Text; Illustrations. Diss. University of Newcastle upon Tyne 1984.— (Boston Spa 1984) XXI, 556 S., Taf.; 21 S., Taf.
(British thesis. The British Library document supply centre)

9749
Hinz, W.: Chronologie des Lebens Jesu.—
ZDMG 139, 1989, 301–309

9750
Holum, K. G.; Hohlfelder, R. L.; u. a.: King Herod's dream. Caesarea on the Sea.— (New York 1988) 244 S., Abb. Taf.

9751
Hopkins, K.: Contraception in the Roman empire.— Sexualität und Erotik in der Antike (Darmstadt 1988) 168–205
SB

9752
Hunger, H.: Schreiben und Lesen in Byzanz. Die byzantinische Buchkultur.— (München 1989) 174 S., Abb.
(Beck's archäologische Bibliothek)

9753
Jackson, H. M.: The origin in ancient incantatory 'voces magicae' of some names in the Sethian Gnostic system.—
VigChr 43, 1989, 69–79

9754
James, S.: The fabricae. State arms factories of the later Roman empire.— Military equipment and the identity of Roman soldiers (Oxford 1988) 257–322, Taf.
KB Newcastle 1986

9755
Járrega Domínguez, R.: Notas sobre la importación de cerámicas finas norteafricanas (sigillata clara D) en la costa oriental de Hispania durante el siglo VI e inicios del VII d. de C.— Arqueología medieval española, 2 (Madrid 1987) 337–344, Abb.
KB Madrid 1987

9756
Jiménez Garnica, A. M.: El arte 'oficial' de Toulouse bajo soberanía visigoda. La Daurade.—
AEsp 61, 1988, 179–196, Abb.

9757
Jördens, A.: P. Prag. I 34. Ein Arbeitsvertrag.—
ZPE 75, 1988, 164–166

9758
Johnson, M. J.: Toward a history of Theoderic's building program.—
DOP 42, 1988, 73–96, Taf.

9759
Jurlaro, R.: Urbanistica nuova e recuperi dell'antico nelle 'Variae' di Cassiodoro.— Atti del VI Congresso nazionale di archeologia cristiana (Firenze 1986) 147–150
KB Pesaro-Ancona 1983

9760
Karavias-Grivas, K.: Ἑρμηνεία τῶν μαρμαροθετημάτων τῆς Ἁγίας Σοφίας Κωνσταντινουπόλεως.—
ByzF 14, 1989, 237–244, Taf.

9761
Kardulias, P. N.: The Byzantine fortress at Isthmia, Greece and the transition from late antiquity to the medieval period in the Aegean. Diss. The Ohio State University 1988.— (Ann Arbor 1989) XVI, 322 S., Abb.
(University Microfilms International)

9762
Karwiese, S.: Erster vorläufiger Gesamtbericht über die Wiederaufnahme der archäologischen Untersuchung der Marienkirche in Ephesos.— (Wien 1989) 48 S., Taf.
(DenkschrWien 200)

9763
Keenan, J.: On languages and literacy in Byzantine Aphrodito.— Proceedings of the XVIII International congress of papyrology, 2 (Athens 1988) 161–167
KB Athenai 1986

9764
Khoury, W.: Deir Seta. Prospection et analyse d'une ville morte inédite en Syrie. Diss Genève 1985. Textbd.; Tafelbd.— (Damas 1987) 160 S., Taf.

9765
Khrouchkova, L. G.: Les édifices paléochrétiens en Transcaucasie occidentale.—
Byzantion 59, 1989, 88–127, Abb. Taf.

9766
King, G. R. D.; u. a.: Some churches of the Byzantine period in the Jordanian Ḥawrān.—
DaM 3, 1988, 35–75, Abb. Taf.

9767
Kirova, T. K.; Saiu Deidda, A.: L'uso cristiano delle grotte e delle architetture rupestri in Sardegna.— Atti del VI Congresso nazionale di archeologia cristiana (Firenze 1986) 151–170, Abb.
KB Pesaro-Ancona 1983

9768
Kislinger, E.: Symeon Salos' Hund.—
JbÖByz 38, 1988, 165–170

9769
Kitzinger, E.: Reflections on the feast cycle in Byzantine art.—
CArch 36, 1988, 51–73, Abb.

9770
Kötting, B.: Die Bewertung der Wiederverheiratung (der zweiten Ehe) in der Antike und in der frühen Kirche.— (Opladen 1988) 43 S.
(Rheinisch-Westfälische Akademie der Wissenschaften. Geisteswissenschaften. Vorträge, G 292)

9771
Kolias, T. G.: Byzantinische Waffen. Ein Beitrag zur byzantinischen Waffenkunde von den Anfängen bis zur lateinischen Eroberung.— (Wien 1988) 285 S., Abb. Taf.
(Byzantina Vindobonensia, 17)

9772
Korol, D.: Il cimitero paleocristiano e gli edifici soprastanti le tombe dei Santi Felice e Paolino a Cimitile, Nola.— (Cimitile 1988) 30 S., Taf.

9773
Kotula, T.: Modicam terram habes, id est villam. Sur une notion de 'villa' chez Saint Augustin.— L'Africa romana (Sassari 1988) 339–344
KB Sassari 19877

9774
Krautheimer, R.: Die karolingische Wiederbelebung der frühchristlichen Architektur.— Ausgewählte Aufsätze zur europäischen Kunstgeschichte (Köln 1988) 198–276, Taf.

9775
Krautheimer, R.: Die konstantinische Basilika.— Ausgewählte Aufsätze zur europäischen Kunstgeschichte (Köln 1988) 40–80, Taf.

9776
Kuzmanov, G.: Ceramica del primo periodo bizantino a Ratiaria.—
Ratiariensia 3–4, 1987, 111–117, Taf.

9777
La Lomia, M. R.: Ricerche archeologiche nel territorio di Naro (AG). Esplorazione e scavo di ipogei paleocristiani in contrada Canale e saggio di scavo in contrada Paradiso.—
Kokalos 32, 1986, 333–361, Abb. Taf.

9778
Lafontaine-Dosogne, J.: Histoire de l'art byzantin et chrétien d'Orient.— (Louvain-la-Neuve 1987) XXVII, 287 S., Taf.
(Université catholique de Louvain. Publications de l'Institut d'études médiévales. Textes, études, congrès, 7)

9779
Laporte, J. P.: Le trésor des saints de Chelles.— (Chelles 1988) V, 290 S., Abb. Taf.
(Bulletin de la Société archéologique et historique de Chelles, 8–9)

9780
Le Goff, J.: Le temps du purgatoire, IIIe–XIIIe siècles.— Le temps chrétien de la fin de l'antiquité au moyen-âge (Paris 1984) 517–529
KB Paris 1981

9781
Leyge, F.: Mosaïques byzantines de Jordanie.—
ArcheologiaParis 1989, Nr. 246, 28–37, Abb.

9782
Lilčič, V.: Early Christian vaulted tomb near Orman Village, vicinity of Skopje and a review of other Macedonian findings. (Maked. m. engl. Res.).—
MacActaA 7–8, 1981–82 [1987], 143–151, Abb. Taf.

9783
Lipinsky, A.: La reliquia di San Basilio nella chiesa di San Francesco in Oristano, giudicato di Arborea, Sardegna.—
StSard 27, 1986–87, 349–359, Taf.

9784
Lith, S. M. E. van: Late Roman and early Merovingian glass from a settlement site at Maastricht (Dutch South Limburg), 2.—
JGS 30, 1988, 62–76, Abb.

9785
Lohuizen-Mulder, M. van: Early Christian lotus-panel capitals and other so-called impost capitals.—
BABesch 62, 1987, 131–151, Abb.

9786
Loos-Dietz, E. P. de: L'oiseau au ruban rouge autour du cou. La fonction apotropéique des motifs naturalistes et géométriques.— BABesch 63, 1988, 141–164, Abb.

9787
Lopreato, P.: Capitelli figurati paleobizantini nel Lapidario di Grado.—
AquilNost 57, 1986, 889–904, Abb.

9788
Lopreato, P.: Lo scavo dell'episcopio di Grado.— Aquileia e le Venezie nell'alto medioevo (Udine 1988) 325–333, Taf.
KB Aquileia 1987

9789
Łukaszewicz, A.: A travesty of signa Christi reconsidered.— Nubia et Oriens christianus. Festschrift für C. D. G. Müller (Köln 1988) 29–32

9790
MacDonald, B.; Clark, G. A.; Neeley, M.: Southern Ghors and northeast 'Araba. Archaeological survey 1985 and 1986, Jordan. A preliminary report.—
BASOR 1988, Nr. 272, 23–45, Abb.

9791
Maguire, E. D.: A revolution in northern Justinianic capital design. The axial void in Constantinople and Philippi.—
ByzF 14, 1989, 159–175, Taf.

9792
Maguire, H.: The mantle of earth.—
IllinClSt 12, 1987, 221–228, Taf.

9793
Maguire, H.: Earth and ocean. The terrestrial world in early Byzantine art.— (University Park 1987) XIV, 109 S., Taf.
(Monographs on the fine arts, 43)

9794
Maneva, E.: The results of the protective excavations extra muros in Heraclea. (Maked. m. engl. Res.).—
MacActaA 7–8, 1981–82 [1987], 125–142, Abb.

9795
Mansuelli, G. A.: Trasformazione cristiana della città antica.— Atti del VI Congresso nazionale di archeologia cristiana (Firenze 1986) 51–61
KB Pesaro-Ancona 1983

9796
Mansuelli, G. A.: La fine del mondo antico.— (Torino 1988) VII, 273 S., Abb.
(Storia universale dell'arte, 3. Le civiltà dell'occidente)

9797
Maraval, P.: Le temps du pèlerin, IVe–VIIe siècles.— Le temps chrétien de la fin de l'antiquité au moyen-âge (Paris 1984) 479–488
KB Paris 1981

9798
Marcenaro, M.: Alfredo D'Andrade e il mosaico del battistero di Albenga. Un restauro scientifico del primo Novecento.—
RACrist 63, 1987, 203–243, Abb. Taf.

9799
Marcovich, M.: Monoimus' letter to Theophrastus.— Studies in Graeco-Roman religions and gnosticism (Leiden 1988) 134–143

9800
Marcovich, M.: Justin's 'Baruch'. A showcase of gnostic syncretism.— Studies in Graeco-Roman religions and gnosticism (Leiden 1988) 93–119

9801
Marcovich, M.: Phanes, Phicola, and the Sethians.— Studies in Graeco-Roman religions and gnosticism (Leiden 1988) 89–92

9802
Mare, W. H.; Fuller, M. J.; Hummel, H. D.; u. a.: The 1986 season at Abila of the Decapolis.—
AAJ 31, 1987, 205–219, Abb. Taf.

9803
Marin, E.: La datation indictionelle en Dalmatie.— Le temps chrétien de la fin de l'antiquité au moyen-âge (Paris 1984) 149–162
KB Paris 1981

9804
Marke, E.: Οἱ παλαιοχριστιανικοὶ τάφοι τῆς Θράκης.—
ByzF 14, 1989, 343–358, Taf.

9805
Martin, L. H.: Hellenistic religions. An introduction.— (Oxford 1987) XV, 170 S., Abb.

9806
Martin, M.: Grabfunde des 6. Jahrhunderts aus der Kirche St. Peter und Paul in Mels SG.—
ASchw 11, 1988, 167–181, Abb.

9807
Martínez Salcedo, A.; Unzueta Portilla, M.: Estudio del material romano de la cueva de Peña Forua (Forua-Vizcaya).— (Bilbao 1988) 171 S., Abb. Taf.
(Cuadernos de arqueología de Deusto, 11)

9808
Maselli Scotti, F.: La ceramica nelle fortificazioni di età romana in Friuli.— I sette castra di Paolo Diacono ed altri studi castellologici (o. O. 1988) 261–294, Abb.
SB

9809
Mazal, O.: Handbuch der Byzantinistik.— (Graz 1989) 279 s.

9810
Mazzarino, S.: Storia sociale del vescovo Ambrogio.— (Roma 1989) 101 S., Taf.
(Problemi e ricerche di storia antica, 4)

9811
Mazzoleni, D.: La mariologia nell'epigrafia cristiana antica.—
VeteraChr 26, 1989, 59–68, Taf.

9812
McCormick, M.: Eternal victory. Triumphal rulership in late antiquity, Byzantium, and the early medieval West.— (Cambridge 1986) XVI, 452 S.

9813
McCormick, M.: Clovis at Tours, Byzantine public ritual and the origins of medieval ruler symbolism.— Das Reich und die Barbaren (Wien 1989) 155–180
KB Dumbarton Oaks 1985

9814
Meates, G. W.; u. a.: The Roman villa at Lullingstone, Kent, 2. The wall paintings and finds.— (Maidstone 1987) XXIX, 330 S., Abb. Taf.
(Monograph series of the Kent Archaeological Society, 3)

9815
Mepisaschwili, R.; Zinzadse, W.: Georgien. Kirchen und Wehrbauten.— (Weinheim 1987) 388 S., Abb.

9816
Mercogliano, A.: Le basiliche paleocristiane di Cimitile.— (Roma 1988) 311 S., Abb.

9817
Milošević, G.: Architecture paléobyzantine de Svetinja à Kostolac. (Serb. m. franz. Res.).—
Starinar 38, 1987, 39–58, Abb.

9818
Minguzzi, S.: Una mensa marmorea a Novara.— Atti del VI Congresso nazionale di archeologia cristiana (Firenze 1986) 769–775, Abb.
KB Pesaro-Ancona 1983

9819
Mirabella Roberti, M.: La basilica paleocristiana di Concordia.— Rufino di Concordia e il suo tempo, 2 (Udine 1987) 93–106, Abb. Taf.
KB Concordia 1986

9820
Montlivault, E. de: Gargoulettes byzantines de Jerash.—
Berytus 34, 1986, 139–144, Abb.

9821
Muçaj, S.: Bazilika A e Bylisit. (Alban. m. franz. Res.) La basilique A de Bylis.—
Iliria 17, 1987, Nr. 1, 167–193, Abb. Taf.

9822
Müller-Wiener, W.: Das 'Sigma'. Eine spätantike Bauform.—
Anadolu 21, 1978–80 [1987], 121–129, Taf.

9823
Murialdo, G.; Fossati, A.; Bonora, E.; u. a.: Il castrum tardo-antico di S. Antonino, Finale Ligure. Considerazioni preliminari dopo le campagne di scavo 1984–1985.—
RIngIntem 40, 1985, 13–16, Abb.

9824
Murialdo, G.; u. a.: Il 'castrum' tardo-antico di S. Antonino di Perti, Finale Ligure (Savona). Fasi stratigrafiche e reperti dell'area D. Seconde notizie preliminari sulle campagne di scavo 1982–1987.—
AMediev 15, 1988, 335–396, Abb.

9825
Nagasawa, T.: Notes sur l'évolution de l'iconographie du 'combat de David contre Goliath' des origines au Xe siècle.—
Byzantion 58, 1988, 123–139, Taf.

9826
Natali, A.: Mariages chrétiens à Antioche au IVe siècle.— Sociabilité, pouvoirs et société (Rouen 1987) 111–116
KB Rouen 1983

9827
Neeft, K.: Van Burdur tot Abcoude.—
VerAmstMeded 43, 1988, 4–6, Abb.

9828
Nestori, A.: Eusebio e il luogo di culto cristiano.— I Cristiani e l'impero nel IV secolo (Macerata 1988) 55–61
KB Macerata 1987

9829
Newman, J. K.: Domitian, Justinian and Peter the Great. The ambivalent iconography of the mounted king.—
IllinClSt 12, 1987, 315–335

9830
Novara, P.: La chiesa dello Spirito Santo e la legenda dei 'vescovi colombini'.— (Bollettino economico della Camera di commercio di Ravenna 1988, Nr. 3, 1–7, Abb.)
SD

9831
Olmo Enciso, L.: Arquitectura religiosa y organización litúrgica en época visigoda. La basílica de Recópolis.—
AEsp 61, 1988, 157–178, Abb. Taf.

9832
Otranto, G.: Tra letteratura e iconografia. Note sul Buon Pastore e sull'Orante nell'arte cristiana antica, II–III secolo.—
VeteraChr 26, 1989, 69–87, Taf.

9833
Paliouras, A. D.: Βυζαντινή Αιτωλοακαρνανία. Συμβολή στη βυζαντινή και μεταβυζαντινή μνημειακή τέχνη.— (Αθήνα 1985) 405 S., Abb. Taf.

9834
Pani Ermini, L.: Le città sarde tra tarda antichità e medioevo. Uno studio appena iniziato.— L'Africa romana (Sassari 1988) 431–438
KB Sassari 1987

9835
Pani, G. G.: Ecclesia mater. Fonti epigrafiche romane e fonti patristiche aquileiesi.— Aquileia e Roma (Udine 1987) 275–287
KB Aquileia 1986

9836
Papanicolaou Christensen, A.; Thomsen, R.; Ploug, G.: Hama. Fouilles et recherches 1931–1939, 3, 3. The Graeco-Roman objects of clay, the coins and the necropolis.— (Copenhague 1986) 113 S., Abb.
(Nationalmuseets skrifter. Større beretninger, 10)

9837
Papathanase-Mousiopoulou, K.: Συμβολὴ στὴ διερεύνηση τῆς οἰκονομίας τῆς Θράκης κατὰ τὴ βυζαντινὴ περίοδο.—
ByzF 14, 1989, 511–526

9838
Partyka, J. S.: L'épitaphe de Veratius Nikatoras. Notes archéologiques, épigraphiques et iconographiques.—
RACrist 63, 1987, 257–291, Abb.

9839
Pasi, S.: L'iconografia regale in età teodericiana.— XXXVI Corso di cultura sull'arte ravennate e bizantina (Ravenna 1989) 253–268, Abb.
KB Ravenna 1989

9840
Pavan, V.: A proposito della riforma liturgica e del senso dinamico dell'antica colletta.—
VeteraChr 25, 1988, 677–687

9841
Peleg, M.: A chapel with mosaic pavements near Tel Shiqmona (Tell es-Samak).—
IsrExplJ 38, 1988, 25–30, Abb. Taf.

9842
Peña, I.; Castellana, P.; Fernández, R.: Inventaire du Jébel Baricha. Recherches archéologiques dans la région des Villes Mortes de la Syrie du Nord.— (o. O. [1987]) 212 S., Abb. Taf.
(Studium Biblicum Franciscanum. Collectio minor, 33)

9843
Peña, I.: Un estilita en Biblos.—
StBiFranc 36, 1986, 247–252, Taf.

9844
Pergola, P.: L'origine della regione detta dello 'scalone del 1897' nella catacomba di Domitilla.—
RendPontAcc 58, 1985–86, 49–60, Abb.

9845
Pergola, P.; Vismara, C.; u. a.: Castellu (Haute-Corse). Un établissement rural de l'antiquité tardive. Fouilles récentes, 1981–1985.— (Paris 1989) 189 S., Abb.
(Documents d'archéologie française, 18)

9846
Perinetti, R.: Gli edifici paleocristiani di Villeneuve (Aosta).— Atti del VI Congresso nazionale di archeologia cristiana (Firenze 1986) 809–823, Abb.
KB Pesaro-Ancona 1983

9847
Piccirillo, M.: Le iscrizioni di Um er-Rasas/Kastron Mefaa in Giordania, 1. 1986–1987.—
StBiFranc 37, 1987, 177–220; 232–239, Abb. Taf.

9848
Piccirillo, M.; Alliata, E.: Il palazzo bruciato di Madaba.—
StBiFranc 36, 1986, 317–334, Taf.

9849
Pietri, C.: D'Alexandrie à Rome. Jean Talaïa, émule d'Athanase au Ve siècle.— Ἀλεξανδρινά. Mélanges offerts à C. Mondésert (Paris 1987) 277–295

9850
Pietri, C.: Le temps de la semaine à Rome et dans l'Italie chrétienne, IV–VIe s.— Le temps chrétien de la fin de l'antiquité au moyen-âge (Paris 1984) 63–97
KB Paris 1981

9851
Pietri, L.: Calendrier liturgique et temps vécu. L'exemple de Tours au VIe siècle.— Le temps chrétien de la fin de l'antiquité au moyen-âge (Paris 1984) 129–141
KB Paris 1981

9852
Pirani, S.: Considerazioni sui resti del sarcofago e sui monumenti epigrafici relativi ai Ss. Pellegrino e Flaviano ad Ancona.— Atti del VI Congresso nazionale di archeologia cristiana (Firenze 1986) 551–564, Abb.
KB Pesaro-Ancona 1983

9853
Pirani, V.: Ricognizione della salma di S. Ciriaco.— Atti del VI Congresso nazionale di archeologia cristiana (Firenze 1986) 565–580, Abb.
KB Pesaro-Ancona 1983

9854
Podskalsky, G.: Représentation du temps dans l'eschatologie impériale byzantine.— Le temps chrétien de la fin de l'antiquité au moyen-âge (Paris 1984) 439–450
KB Paris 1981

9855
Polacco, R.; Traversari, G.: Sculture romane e avori tardo-antichi e medievali del Museo archeologico di Venezia.— (Roma 1988) 71 S., Abb.
(Collezioni e musei archeologici del Veneto, 31)

9856
Popescu, E.: Theophilus Gothiae, Bischof in der Krim oder an der unteren Donau?—
Byzantina 14, 1988, 237–249

9857
Popović, M.: Svetinja. Contribution to the study of the early Byzantine Viminacium. (Serb. m. engl. Res.).—
Starinar 38, 1987, 1–37, Abb.

9858
Popović, V.: Albanija u kasnoj antici. L'Albanie pendant la basse antiquité.— Iliri i Albanci. Les Illyriens et les Albanais (Beograd 1988) 201–283, Abb.
SB

9859
Pouderon, B.: La chaîne alimentaire chez Athénagore. Confrontation de sa théorie digestive avec la science médicale de son temps.—
Orpheus 9, 1988, 219–237

9860
Poulter, A.: Nicopolis ad Istrum, Bulgaria. An interim report on the excavations 1985–87.—
AntJ 68, 1988, 69–89, Abb. Taf.

9861
Prete, S.: Motivi ascetici e letterari in Paolino di Nola.— (Napoli 1987) 164 S.
(Strenae nolanae, 1)

9862
Prevot, F.; Barral i Altet, X.: Topographie chrétienne des cités de la Gaule des origines au milieu du VIIIe siècle, 6. Province ecclésiastique de Bourges (Aquitania Prima).— (Paris 1989) 91 S., Abb.

9863
Quacquarelli, A.: 'Ut rhetorica pictura' nella sequenza degli schemi. Una riflessione interdisciplinare fra letteratura cristiana antica e iconologia.— Filologia e forme letterarie. Studi offerti a F. Della Corte, 4 (Urbino 1987) 335–348, Taf.

9864
Rahmani, L. Y.: A Christian lead coffin from Caesarea.—
IsrExplJ 38, 1988, 246–248, Taf.

9865
Ratkowska, P.: Un chapiteau byzantin dans les collections du Musée national de Varsovie.—
BMusVars 27, 1986, 89–94, Abb.

9866
Reekmans, L.: Le complexe cémétérial du pape Gaius dans la catacombe de Callixte.— (Città del Vaticano 1988) XVI, 232 S., Abb. Taf.
(Roma sotterranea cristiana, 8)

9867
Riccioni, G.: Due matrici di lucerne da Santarcangelo di Romagna (Forlì).—
Padusa 23, 1987, 255–258, Taf.

9868
Rigoir, Y.; Rigoir, J.: Des dérivées-des-sigillées paléochrétiennes.— Céramiques hellénistiques et romaines, 2 (Paris 1987) 329–337, Taf.
SB

9869
Rizzardi, C.: La pisside eburnea del tesoro della cattedrale di Pesaro.— Atti del VI Congresso nazionale di archeologia cristiana (Firenze 1986) 609–620, Abb.
KB Pesaro-Ancona 1983

9870
Rizzardi, C.: L'arte dei Goti a Ravenna. Motivi ideologici, aspetti iconografici e formali nella decorazione musiva.— XXXVI Corso di cultura sull'arte ravennate e bizantina (Ravenna 1989) 365–388, Abb.
KB Ravenna 1989

9871
Rodríguez Martín, F. G.: La villa romana de la dehesa de Torre Aguila en Barbaño-Montijo (Badajoz).—
ExtremA 1, 1988, 201–219, Abb.

9872
Rodziewicz, M.: Introduction à la céramique à engobe rouge de Kharga.—
CahCérEg 1, 1987, 123–136, Taf.

9873
Roques, D.: Synésios de Cyrène et la Cyrénaïque du Bas-Empire.— (Paris 1987) 492 S., Abb.
(Etudes d'antiquités africaines)

9874
Roques, D.: Etudes sur la correspondance de Synésios de Cyrène.— (Bruxelles 1989) 274 S., Taf.
(Collection Latomus, 205)

9875
Rosen, K.: Ilario di Poitiers e la relazione tra la chiesa e lo stato.— I Cristiani e l'impero nel IV secolo (Macerata 1988) 63–74
KB Macerata 1987

9876
Rossiter, J.: Lamps from the late Roman middens at San Giovanni di Ruoti.—
AMediev 15, 1988, 553–560, Abb.

9877
Rougé, J.: Irénée de Lyon.—
BSocBiblReinach 3, 1985, 55–59

9878
Rougé, J.: Les débuts de l'épiscopat de Cyrille d'Alexandrie et le Code Théodosien.— Ἀλεξανδρινά. Mélanges offerts à C. Mondésert (Paris 1987) 339–349

9879
Ruggieri, V.: Rilievi di architettura bizantina nel golfo di Simi, 1.—
OrChrPer 55, 1989, 75–100, Abb. Taf.

9880
Ruprechtsberger, E. M.: Byzantinische Befestigungen in Algerien und Tunesien.—
AW 20, 1989, Nr. 1, 2–21, Abb.

9881
Sáenz y Velasco, M. d. P.: Tapa de un sarcófago paleocristiano de plomo procedente de Andújar (Jaén) en el Museo arqueológico nacional.—
BMusMadrid 5, 1987, 53–59, Abb.

9882
Salvatore, M.: La Ss. Trinità di Venosa e la cattedrale paleocristiana. Recenti scoperte.— Atti des VI Congresso nazionale di archeologia cristiana (Firenze 1986) 825–842, Abb.
KB Pesaro-Ancona 1983

9883
Salvi, D.: Un tardo capitello composito in piazza Trento, a Cagliari.—
StSard 26, 1981–85, 347–357, Abb. Taf.

9884
Sanders, G.: La tombe et l'éternité. Catégories distinctes ou domaines contigus? Le dossier épigraphique latin de la Rome chrétienne.— Le temps chrétien de la fin de l'antiquité au moyen-âge (Paris 1984) 185–218
KB Paris 1981

9885
Saxer, V.: Les rites de l'initiation chrétienne du IIe au VIe siècle. Esquisse historique et signification d'après leurs principaux témoins.— (Spoleto 1988) 698 S.
(Centro italiano di studi sull'alto medioevo, 7)

9886
Schindler, A.: Quelques remarques sur l'attitude des donatistes envers le temps.— Le temps chrétien de la fin de l'antiquité au moyen-âge (Paris 1984) 143–147
KB Paris 1981

9887
Schlunk, H.: Die Mosaikkuppel von Centcelles. Textbd., Tafelbd.— (Mainz 1988) LVIII, 210 S, Abb.; 10 S., Taf. Beil.
(Madrider Beiträge, 13)

9888
Scholten, C.: Gibt es Quellen zur Sozialgeschichte der Valentinianer Roms?—
ZNW 79, 1988, 244–261

9889
Scholz, P. O.: Christlicher Orient und Irland. Bemerkungen zu möglichen Kontakten und einem möglichen religionskulturellen Austausch zwischen dem christlichen Orient und Irland, unter besonderer Berücksichtigung der insularen Buchmalerei.— Nubia et Oriens christianus. Festschrift für C. D. G. Müller (Köln 1988) 387–431, Taf.

9890
Schrunk, I. D.: Late Roman red slipped wares from Diocletian's palace at Split, Yugoslavia. Diss. University of Minnesota 1984.— (Ann Arbor 1989) XXIII, 456 S., Abb. Taf.
(University Microfilms International)

9891
Schumacher, W. N.: Die Grabungen unter S. Sebastiano 95 Jahre nach den Entdeckungen Anton de Waals.—
RömQSchr 83, 1988, 134–166, Abb. Taf.

9892
Schuring, J. M.: Supplementary note to 'The Roman, early medieval and medieval coarse kitchen wares from the San Sisto Vecchio in Rome'. The distribution of the fabrics.—
BABesch 62, 1987, 109–129, Abb.

9893
Schuring, J. M.; Kars, H.: Terra sigillata africana from the San Sisto Vecchio in Rome.—
BABesch 63, 1988, 1–62, Abb. Taf.

9894
Scortecci, D.: Il tema iconografico del battesimo di Cristo nella cultura cristiana del III secolo a Roma.—
AnnPerugia 23, 1985–86, Nr. 1, 257–275, Taf.

9895
Seeliger, H. R.: Einhards römische Reliquien. Zur Übertragung der Heiligen Marzellinus und Petrus ins Frankenreich.—
RömQSchr 83, 1988, 58–75, Abb. Taf.

9896
Selesnow, W.: Liebieghaus-Museum Alter Plastik. Bildwerke der Sammlung Kaufmann, 2. Lampen aus Ton und Bronze.— (Melsungen 1988) 205 S., Abb. Taf.

9897
Shelton, J.: A division table at Trier.—
ZPE 77, 1989, 209–210

9898
Sivan, H.: Holy Land pilgrimage and western audiences. Some reflections on Egeria and her circle.—
ClQu 38, 1988, 528–535

9899
Smith, J. C.: A study of architectural form and function. The side chambers of fifth and sixth century churches in Ravenna and Classe. Diss. University of Pennsylvania 1987.— (Ann Arbor 1987) XXX, 368 S., Abb.
(University Microfilms International)

9900
Spaer, M.: The pre-Islamic glass bracelets of Palestine.—
JGS 30, 1988, 51–61, Abb.

9901
Spasovska-Dimitrioska, G.: The archaeological investigations of the Gradište 'Venec' at the village of Miokazi in the district of Kičevo. (Maked. m. engl. Res.).—
MacActaA 7–8, 1981–82 [1987], 167–175, Abb.

9902
Špidlík, T.: Rufino e l'Oriente.— Rufino di Concordia e il suo tempo, 1 (Udine 1987) 115–124
KB Concordia 1986

9903
Spiess, A.: Studien zu den römischen Reliefsarkophagen aus den Provinzen Germania Inferior und Superior, Belgica und Raetia.—
KölnJbVFrühGesch 21, 1988, 253–324, Abb.

9904
Spitzing, G.: Lexikon byzantinisch-christlicher Symbole. Die Bilderwelt Griechenlands und Kleinasiens.— (München 1989) 344 S., Abb Taf.

9905
Stemberger, G.: Juden und Christen im Heiligen Land. Palästina unter Konstantin und Theodosius.— (München 1987) 298 S., Abb.

9906
Stevenson, J.: Glass lamps from San Vincenzo al Volturno, Molise.—
BSR 56, 1988, 198–209, Abb. Taf.

9907
Stichel, R. H. W.: Zum Bronzekoloß Justinians I. vom Augusteion in Konstantinopel.— Griechische und römische Statuetten und Großbronzen (Wien 1988) 130–136, Abb.
KB Wien 1986

9908
Stierlin, H.: Byzantinischer Orient. Von Konstantinopel bis Armenien und von Syrien bis Äthiopien.— (Stuttgart 1988) 231 S., Abb.
(Antike Kunst im Vorderen Orient)

9909
Tardieu, M.: Sebastianus étiqueté comme manichéen.—
Klio 70, 1988, 494–500

9910
Tate, G.: Mutabilité des économies antiques. L'exemple de la Syrie du Nord, IVe–VIe siècles.— Géographie historique au Proche-Orient (Paris 1988) 249–256
KB Valbonne 1985

9911
Tavano, S.: Arte provinciale bizantina a Grado e a Jesolo?—
MemStorFriuli 67, 1987, 163–166, Taf.

9912
Tavano, S.: Sculture e mosaici tardoantichi a Concordia.— Rufino di Concordia e il suo tempo, 2 (Udine 1987) 107–134, Taf.
KB Concordia 1986

9913
Tavano, S.: Tensioni culturali e religiose in Aquileia.— Vita sociale artistica e commerciale di Aquileia romana, 1 (Udine 1987) 211–245
KB Aquileia 1985

9914
Tavano, S.: San Paolino e la sede patriarcale.— Aquileia e le Venezie nell'alto medioevo (Udine 1988) 255–279, Abb.
KB Aquileia 1987

9915
Terry, A.: The sculpture at the cathedral of Eufrasius in Poreč.—
DOP 42, 1988, 13–64, Taf.

9916
Testini, P.: Spazio cristiano nella tarda antichità e nell'alto medioevo.— Atti del VI Congresso nazionale di archeologia cristiana (Firenze 1986) 31–48
KB Pesaro-Ancona 1983

9917
Testini, P.: Frammenti di sarcofago paleocristiano inedito a Cerveteri.—
RendPontAcc 58, 1985–86, 61–73, Abb.

9918
Teteriatnikov, N.: Upper-story chapels near the sanctuary in churches of the Christian East.—
DOP 42, 1988, 65–72, Taf.

9919
Theoharidou, K.: The architecture of Hagia Sophia, Thessaloniki. From its erection up to the Turkish conquest.— (Oxford 1988) XVI, 292 S., Abb. Taf.
(British archaeological reports. International series, 399)

9920
Thierry, J. M.: Armenische Kunst.— (Freiburg i. Br. 1988) 625 S., Abb.
(Ars antiqua)

9921
Thomas, E. B.: Bronzebüsten der Licinia Eudoxia in Ungarn.— Ritratto ufficiale e ritratto privato (Roma 1988) 501–516, Abb.
KB Roma 1984

9922
Thomas, E. B.: Bronzebüsten der Licinia Eudoxia in Ungarn.— Ritratto ufficiale e ritratto privato (Roma 1988) 501–516, Abb.
KB Roma 1984

9923
Tortorella, S.: La ceramica africana. Un riesame della problematica.— Céramiques hellénistiques et romaines, 2 (Paris 1987) 279–314, Taf.
SB

9924
Tóth, E.: Az alsóhetényi 4. századi erőd és temető kutatása, 1981–1986. Eredmények és vitás kérdések. (Ung. m. dtsch. Res.) Vorbericht über die Ausgrabung der Festung und des Gräberfeldes von Alsóhetény 1981–1986. Ergebnisse und umstrittene Fragen.—
ArchErt 114–115, 1987–88, 22–61, Abb.

9925
Trojani, M.; Marchese, G.: Teatro antico di Siracusa. Il santuario 'in summis'. Campagna 1986. Relazione preliminare, 3. I reperti. La necropoli paleocristiana.—
AttiVenezia 145, 1986–87, 53–68, Abb. Taf

9926
Tsafrir, Y.; Holum, K. G.: Reḥovot-in-the-Negev. Preliminary report, 1986.—
IsrExplJ 38, 1988, 117–127, Abb. Taf.

9927
Vaklinova, M.: L'église rouge de Pérouchtitsa (Bulgarie) et sa périodisation.—
ByzF 14, 1989, 637–656, Taf.

9928
Vecchi, A.: Il sermone XXVI di Cromazio.— Rufino di Concordia e il suo tempo, 2 (Udine 1987) 135–155
KB Concordia 1986

9929
Vemi, V.: Les chapiteaux ioniques à imposte de Grèce à l'époque paléochrétienne.— (Athènes 1989) XI, 238 S., Abb. Taf.
(BCH suppl. 17)

9930
Verrando, G. N.: Il santuario di S. Felice sulla via Portuense.—
MEFRA 100, 1988, 331–366

9931
Verrando, G. N.: Analisi topografica degli antichi cimiteri sotterranei ubicati nei pressi delle due vie Aurelie.—
RACrist 63, 1987, 293–357, Abb. Taf.

9932
Vetters, H.: Neues zu den Hanghäusern in Ephesos.—
Anadolu 21, 1978–80 [1987], 229–236, Taf.

9933
Vežić, P.: Starokršćanski sloj katedrale u Zadru (Kroat. m. ital. Res.) Lo strato paleocristiano della cattedrale a Zara.—
Diadora 10, 1988, 165–183, Abb. Taf.

9934
Vidulli Torlo, M.: Considerazioni sull'unità di misura utilizzata nella Basilica Eufrasiana di Parenzo.—
AquilNost 55, 1984, 185–188

9935
Vidulli Torlo, M.: Analisi spaziale della basilica di Santa Maria Formosa in Pola.—
AttiMemSocIstriana 36, 1988, 5–21, Abb.

9936
Vikan, G.: Early Christian and Byzantine rings in the Zucker Family Collection.—
JWaltersArtGal 45, 1987, 32–43, Abb.

9937
Watts, D. J.: The Thetford treasure. A reappraisal.—
AntJ 68, 1988, 55–68, Abb.

9938
Werner, J.: Eine goldene byzantinische Gürtelschnalle in der Prähistorischen Staatssammlung München. Motive des Physiologus auf byzantinischen Schnallen des 6.–7. Jahrhunderts.—
BayVgBl 53, 1988, 301–308, Abb. Taf.

9939
Werner, J.: Nuovi dati sull'origine degli 'Spangenhelme' altomedioevali del tipo Baldenheim.— XXXVI Corso di cultura sull'arte ravennate e bizantina (Ravenna 1989) 410–430, Abb.
KB Ravenna 1989

9940
White, R. H.: Roman and Celtic objects from Anglo-Saxon graves. A catalogue and an interpretation of their use.— (Oxford 1988) 365 S., Abb.
(British archaeological reports. British series, 191)

9941
Wiedemann, T.: Adults and children in the Roman empire.— (London 1989) XII, 221 S., Taf.

9942
Wilson, P. R.: The Richborough font. Some additional structural detail.—
Britannia 19, 1988, 411, Taf.

9943
Winbladh, M. L.: Two Roman mosaic fragments.—
MedelhavsMusB 23, 1988, 41–48, Abb.

9944
Wolff, A.: Vermutungen über die frühesten christlichen Bauanlagen unter dem Kölner Dom.—
RömQSchr 83, 1988, 44–57, Abb.

9945
Worp, K. A.: Bemerkungen zur Höhe der Wohnungsmiete in einigen Papyri aus dem byzantinischen Ägypten.—
Tyche 3, 1988, 273–275

9946
Yannopoulos, P. A.: Inflation, dévaluation et réévaluation à la transition des mondes romain et byzantin.— Histoire économique de l'antiquité (Louvain-la-Neuve 1987) 123–133
KB Antwerpen 1985

9947
Younger, J. G.; Boynton, B. N.: Five Roman lamps with inscriptions.— Studies in honour of T. B. L. Webster, 2 (Bristol 1988) 159–161, Taf.

9948
Zalesskaya, V.: Homilies of Gregory of Nyssa and early-Byzantine 'strenae'. (Russ. m. engl. Res.).—
SoobErmit 52, 1987, 38–40, Abb.

9949
Zayadine, F.; Najjar, M.; Greene, J. A.: Recent excavations on the citadel of Amman, lower terrace. A preliminary report.—
AAJ 31, 1987, 299–311, Abb. Taf.

Frühmittelalter

9950
Archäologische Feldforschungen in Sachsen. Fünfzig Jahre Landesmuseum für Vorgeschichte Dresden.— (Berlin 1988) 583 S., Abb.
(Arbeits- und Forschungsberichte zur sächsischen Bodendenkmalpflege, 18)

9951
L'archéologie en Wallonie 1980–1985. Découvertes des cercles archéologiques. Exposition organisée par la Fédération des archéologues de Wallonie 1987.
ed. A. Cahen-Delhaye.— (Namur 1987) 322 S., Abb.

9952
Arqueología medieval española. Bd. 2–3. II Congreso, Madrid 19–24 enero 1987.— (Madrid 1987) 772 S., Abb.; 762 S., Abb.

9953
Atti del VI Congresso nazionale di archeologia cristiana, Pesaro-Ancona 19–23 settembre 1983. 2 Bde.— (Firenze 1986) 870 S., Abb.

9954
Die Langobarden. Von der Unterelbe nach Italien. [Ausstellung Hamburg 1988.].— (Neumünster 1988) 342 S., Abb. Taf.
(Veröffentlichung des Hamburger Museums für Archäologie und die Geschichte Harburgs, Helms-Museum, 54)

9955
Longobardi a Romans d'Isonzo. Itinerario attraverso le tombe altomedievali. Mostra Romans d'Isonzo, Villa del Torre 15 luglio – 17 settembre 1989.— ([Romans d'Isonzo] 1989) 155 S., Abb.

9956
Modena dalle origini all'anno Mille. Studi di archeologia e storia. 2 Bde. [Mostra] Modena, Galleria civica, gennaio-giugno 1989.— (Modena 1988) 612 S., Abb. Beil.; 533 S., Abb.

9957
Trésors d'orfèvrerie gallo-romains. [Exposition] Musée du Luxembourg, Paris 8 février – 23 avril 1989.— (Paris 1989) 302 S., Abb.

9958
Un village au temps de Charlemagne. Moines et paysans de l'abbaye de Saint-Denis du VIIe siècle à l'an mil. [Exposition] Musée national des arts et traditions populaires, Paris 29 novembre 1988 – 30 avril 1989.— (Paris 1988) 357 S., Abb. Taf.

9959
'Amr, A. J.: Umayyad painted pottery bowls from Rujm al-Kursi, Jordan.—
Berytus 34, 1986, 145–159, Abb.

9960
'Amr, A. J.: Two early Abbasid inscribed pottery lamps from Ǧeraš.—
ZDPV 104, 1988, 146–149, Abb. Taf.

9961
Arndt, M. B.: Lucerne arabe con decorazione 'a vite' dallo scavo della Probatica, 1956–1967.—
StBiFranc 37, 1987, 241–289, Taf.

9962
Arnold, C. J.: Early Anglo-Saxon pottery of the Illington-Lackford type.—
OxfJA 7, 1988, 343–359, Abb.

9963
Aupert, P.: Les Slaves à Argos.—
BCH 113, 1989, 417–419

9964
Azkarate Garai-Olaun, A.: Arqueología cristiana de la antigüedad tardía en Alava, Guipúzcoa y Vizcaya.— (Vitoria-Gasteiz 1988) XXI, 553 S., Abb. Taf. Beil.
(Arqueología vasca, 1)

9965
Baggio Bernardoni, E.; Dal Ri, L.: Una campagna di scavo a Castelfeder. Notizia preliminare.—
AquilNost 57, 1986, 849–864, Abb.

9966
Bailey, R. N.: The cultural and social setting.— The Cambridge guide to the arts in Britain, 1 (Cambridge 1988) 101–120, Taf.
SB

9967
Bálint, C.: Die Archäologie der Steppe. Steppenvölker zwischen Volga und Donau vom 6. bis zum 10. Jahrhundert.— (Wien 1989) 304 S., Abb.

9968
Baran, V. D.: Die frühslawische Siedlung von Raškov, Ukraine.—
BeitrAllgA 8, 1986, 73–175, Abb. Taf.

9969
Bender Jørgensen, L.: A Coptic tapestry and other textile remains from the royal Frankish graves of Cologne Cathedral.—
ActaArch 56, 1985, 85–100, Abb.

9970
Bergmann, R.: Die Wüstungen des Geseker Hellwegraumes. Studien zur mittelalterlichen Siedlungsgenese einer westfälischen Getreidebaulandschaft.— (Münster 1989) 449 S., Abb. Taf. Beil.
(Bodenaltertümer Westfalens, 23)

9971
Bichir, G.: Continuitatea în Dacia după retragerea romană. Aşezarea din secolele III–IV de la Stolniceni-Rîmnicu Vîlcea (Buridava romană).—
Thraco-Dacica 9, 1988, 101–117, Abb. Taf.

9972
Bierbrauer, V.: Situazione della ricerca sugli insediamenti nell'Italia settentrionale in epoca tardo-antica e nell'alto medio evo, V–VII sec., Fonti, metodo, prospettive.—
AMediev 15, 1988, 501–515

9973
Biton, R.; Gaillard de Sémainville, H.: Une plaque-boucle mérovingienne en os à Bierry-les-Belles-Fontaines (Yonne).—
RAE 39, 1988, 291–296, Abb.

9974
Blockley, P.; u. a.: Excavations at no. 41 St. George's Street, Canterbury, 1985.—
ACant 105, 1988, 59–172, Abb. Taf.

9975
Böhner, K.: Heidenheim und das Brenztal im frühen Mittelalter.— Zivile und militärische Strukturen im Nordwesten der römischen Provinz Raetien (Heidenheim 1988) 139–171, Abb.
KB Heidenheim 1987

9976
Boube, J.: Chapiteaux de l'antiquité tardive et du haut moyen-âge dans le Comminges et le Toulousain.— Mélanges offerts à M. Labrousse (Toulouse 1987) 413–443, Taf.

9977
Boube-Piccot, C.: Une phalère de mors à décor animalier du Musée de Lectoure (Gers).— Mélanges offerts à M. Labrousse (Toulouse 1987) 385–389, Taf.

9978
Brochado de Almeida, C. A.; Recarey, M. A. F.: A conta visigótica do Forte de Lovelhe, Vila Nova de Cerveira.—
Portugalia 6–7, 1985–86, 123–124, Taf.

9979
Brown, K. R.: The Langobardic bow fibula in New York. Product of a workshop in Nocera Umbra.—
AMediev 15, 1988, 517–518, Abb.

9980
Brozzi, M.: Scoperta una tomba longobarda a Magnano in Riviera.—
AquilNost 56, 1985, 413–420, Abb.

9981
Brun, J. P.; Congès, G.; Prothro, K.: Un foyer d'époque mérovingienne dans la villa de Pardigon 2 (Var, La Croix-Valmer).—
RANarb 19, 1986, 307–317, Abb.

9982
Budny, M.: The visual arts and crafts.— The Cambridge guide to the arts in Britain, 1 (Cambridge 1988) 123–177, Abb. Taf.
SB

9983
Buora, M.; Tavano, S.; Gaberscek, C.; u. a.: La scultura nel Friuli-Venezia Giulia, 1. Dall'epoca romana al Gotico. 2. ed.— (Pordenone 1988) 392 S., Abb.

9984
Busch, U.; Korteweg, W. K.: Ein merowingerzeitliches Kindergrab aus Aulnizeux. Überlegungen zu Bergkristallobjekten aus merowingerzeitlichen Gräbern.—
BSocAChamp 81, 1988, Nr. 4, 9–22, Abb.

9985
Caballero Zoreda, L.; Rosco Madruga, J.: Iglesia de El Gatillo de Arriba, finca de la Matallana (municipio y provincia de Cáceres). Informe preliminar de la primera campaña de excavaciones arqueológicas, octubre–noviembre 1985.—
ExtremA 1, 1988, 251–261, Abb.

9986
Caballero Zoreda, L.; Rosco Madruga, J.: Iglesia visigoda de Santa Lucía del Trampal, Alcuéscar (provincia de Cáceres). Primera campaña de trabajos arqueológicos, 1983–84.—
ExtremA 1, 1988, 231–249, Abb.

9987
Cantino Wataghin, G.: Monasteri di età longobarda. Spunti per una ricerca.— XXXVI Corso di cultura sull'arte ravennate e bizantina (Ravenna 1989) 73–100, Abb.
KB Ravenna 1989

9988
Caprara, R.: L'età altomedievale nel territorio del Logudoro-Meilogu.— Il nuraghe S. Antine nel Logudoro-Meilogu (Sassari 1988) 397–441, Abb. Taf.
SB

9989
Carlier, P.; Morin, F.: Archaeological researches at Qasṭal. Second mission, 1985.—
AAJ 31, 1987, 221–246, Abb. Taf.

9990
Casartelli Novelli, S.: Il decoro geometrico delle inedite emergenze scultoree a 'pietra fitta' individuate nella Sardegna centro-orientale.— XXXVI Corso di cultura sull'arte ravennate e bizantina (Ravenna 1989) 101–112, Abb.
KB Ravenna 1989

9991
Castelletti, L.; Brogiolo, G. P.; u. a.: Scavi di Monte Barro, comune di Galbiate, Como, 1986–87.—
AMediev 15, 1988, 177–252, Abb.

9992
Chossenot, D.; Poulain, C.: Inhumations mérovingiennes à Chaintrix-Bierges (Marne) lieudit 'Le chemin de Trécon'.—
BSocAChamp 81, 1988, Nr. 4, 31–38, Abb.

9993
Chossenot, D.; Chossenot, F.; Chossenot, M.; u. a.: Fouille de deux sarcophages mérovingiens à St-Chéron. 'Le buisson de l'homme mort' (Marne).—
BSocAChamp 81, 1988, Nr. 4, 23–30, Abb.

9994
Ciglenečki, S.: Höhenbefestigungen aus der Zeit vom 3. bis 6. Jh. im Ostalpenraum.— (Ljubljana 1987) 182 S., Abb.
(Academia scientiarum et artium slovenica. Classis I, historia et sociologia. Opera, 31. Institutum archaeologicum, 15)

9995
Crosetto, A.: Una necropoli longobarda presso Acqui Terme.—
QuadAPiem 6, [1987], 191–209, Taf.

9996
Cuvelier, P.; Delestre, X.; Héber-Suffrin, F.: La Lorraine mérovingienne.—
ArcheologiaParis 1989, Nr. 244, 36–39, Abb.

9997
Cuvelier, P.; Guillaume, J.; Héber-Suffrin, F.; u. a.: Lorraine mérovingienne, Ve–VIIIe siècle. [Exposition Metz 20–23 octobre 1988.]— (Metz 1988) 130 S., Abb. Taf.

9998
Czysz, W.; Endres, W.: Archäologie und Geschichte der Keramik in Schwaben. Ausstellung des Schwäbischen Volkskundemuseums Oberschönenfeld, des Bayerischen Landesamts für Denkmalpflege und der Stadt Neusäss, 25. Juni bis 2. Oktober 1988.— (Neusäss 1988) 291 S., Abb.
(Neusässer Schriften, 6)

9999
De Marchi, P. M.: Catalogo dei materiali altomedioevali delle Civiche raccolte archeologiche di Milano.— (Milano 1988) 159 S., Taf.
(NotMilano, suppl. 4)

10000
Deichmann, F. W.: Ravenna. Hauptstadt des spätantiken Abendlandes. Kommentar, 3. Geschichte, Topographie, Kunst und Kultur. Indices zum Gesamtwerk.— (Stuttgart 1989) 384 S., Taf. Beil.

10001
Deroo, C.; Durliat, M.; Scelles, M.: Recueil général des monuments sculptés en France pendant le haut moyen-âge, IVe–Xe siècles, 4. Haute-Garonne.— (Paris 1987) 187 S., Abb. Taf.

10002
Dohrn-Ihmig, M.; Hampel, A.; u. a.: Frankfurter Fundchronik der Jahre 1980–1986.— (Bonn 1987) 211 S., Abb.
(Schriften des Frankfurter Museums für Vor- und Frühgeschichte, 11)

10003
Donat, P.: Zur Entstehung von Bodeneigentum und Grundherrschaft im mittleren Europa.— Familie, Staat und Gesellschaftsformation (Berlin 1988) 561–570, Abb.
KB Dresden 1984

10004
Eggenberger P.; Jaton, P.; Sarott, J.: Romainmôtier. Structures monastiques du haut moyen-âge. Première synthèse des fouilles archéologiques, de 1971 à 1988.—
JbSchwGesUrgesch 72, 1989, 295–296, Abb.

10005
Erdélyi, I.: A section of the Csolnok Avar cemetery.—
ActaArchHung 40, 1988, 191–206, Abb.

10006
Evans, H.: The potential for the analysis of early medieval pottery in Dalmatia.— Recent developments in Yugoslav archaeology (Oxford 1988) 85–93, Taf.
SB

10007
Falla Castelfranchi, M.: Contributo alla conoscenza dell'edilizia religiosa nella Longobardia meridionale. Canosa e Monte Sant'Angelo tra Romualdo e Arechi II, 2. La chiesa inedita di San Salvatore a Monte Sant'Angelo.—
QuadChieti 4, [1988], 183–207, Abb.

10008
Farrell, R. T.; Kelly, E. P.; Gowan, M.; u. a.: The Crannóg archaeological project (CAP), Republic of Ireland, 1. A pre-preliminary report.—
IntJNautA 18, 1989, 123–136, Abb.

10009
Fei, F.: Per un corpus della scultura altomedioevale delle Marche.— Atti del VI Congresso nazionale di archeologia cristiana (Firenze 1986) 503–516, Abb.
KB Pesaro-Ancona 1983

10010
Feihl, O.: L'habitat de falaise du Vallon des Vaux, relevé et étude 1985–1988.—
JbSchwGesUrgesch 72, 1989, 155–177, Abb.

10011
Fitz, G.: Feinschmiedemodelle des 5. und 6. Jahrhunderts aus Ostösterreich in privaten Sammlungen.—
RömÖ 15–16, 1987–88, 27–57, Taf.

10012
Fouet, G.: Une sépulture wisigothique à Valentine (Haute-Garonne).— Mélanges offerts à M. Labrousse (Toulouse 1987) 393–402, Taf.

10013
Fülöp, G.: Awarenzeitliche Fürstenfunde von Igar.—
ActaArchHung 40, 1988, 151–190, Abb.

10014
Galliou, P.: Les tombes romaines d'Armorique. Essai de sociologie et d'économie de la mort.— (Paris 1989) 204 S., Abb.
(Documents d'archéologie française, 17)

10015
Gelichi, S.: Testimonianze archeologiche di età longobarda in Emilia-Romagna. Le sepolture.— XXXVI Corso di cultura sull'arte ravennate e bizantina (Ravenna 1989) 149–188, Abb.
KB Ravenna 1989

10016
Gem, R.: Architecture.— The Cambridge guide to the arts in Britain, 1 (Cambridge 1988) 221–245, Abb. Taf.
SB

10017
Gilchrist, R.: A reappraisal of Dinas Powys. Local exchange and specialized livestock production in the 5th- to 7th-century Wales.—
MedievA 32, 1988, 50–62, Abb.

10018
Gilles, K. J.: Ein neues merowingisches Gewicht.—
TrZ 51, 1988, 511–512, Abb.

10019
Gjuzelev, V.: Medieval Bulgaria. Byzantine empire. Black Sea, Venice, Genoa.— (Villach 1988) 373 S., Abb.
(Centre culturel du monde byzantin, 1)

10020
Glaser, F.; Karpf, K.: Ein karolingisches Kloster. Baierisches Missionszentrum in Kärnten.— (Wien 1989) 12 S., Abb.

10021
Göldner, H.: Studien zu rhein- und moselfränkischen Bügelfibeln. 2 Bde.— (Marburg 1987) XII, 388 S., Abb.; 223 S.
(Marburger Studien zur Vor- und Frühgeschichte, 8. 1–2)

10022
Grabar, O.: La place de Qusayr Amrah dans l'art profane du haut moyen-âge.—
CArch 36, 1988, 75–83, Abb.

10023
Grodde, B.: Hölzernes Mobiliar im vor- und frühgeschichtlichen Mittel- und Nordeuropa.— (Frankfurt a. M. 1989) IX, 479 S., Abb.
(Europäische Hochschulschriften. Reihe 38. Archäologie, 26)

10024
Grünberg, J. M.: Untersuchungen zur Besiedlungsgeschichte von Köln-Blumenberg.—
KölnJbVFrühGesch 21, 1988, 211–241, Abb.

10025
Grünewald, C.: Das alamannische Gräberfeld von Unterthürheim, Bayerisch-Schwaben.— (Kallmünz 1988) 293 S., Abb. Taf.
(Materialhefte zur bayerischen Vorgeschichte. Reihe A, 59)

10026
Grüninger, I.; Kaufmann, B.; u. a.: Ausgrabung in der Pfarrkirche St. Peter und Paul in Mels SG.—
ASchw 11, 1988, 155–166, Abb.

10027
Gürçay Damm, I.: Goldschmiedearbeiten der Völkerwanderungszeit aus dem nördlichen Schwarzmeergebiet. Katalog der Sammlung Diergardt, 2.—
KölnJbVFrühGesch 21, 1988, 65–210, Abb.

10028
Gutiérrez Lloret, S.: Cerámica común paleoandalusí del sur de Alicante, siglos VII–X.— (Alicante 1988) 288 S., Abb.
(Publicaciones de la Caja de ahorros provincial, 147)

10029
Hall, D.; Lane, T.; Hayes, P. P.; u. a.: Survey, environment and excavation in the English Fenland.—
Antiquity 62, 1988, 305–380, Abb.

10030
Harhoiu, R.: Das Kurzschwert von Micia.—
Dacia 32, 1988, 79–90, Abb.

10031
Hauck, K.: Zur Ikonologie der Goldbrakteaten, 40. Zwanzig Jahre Brakteatenforschung in Münster, Westfalen.—
FrühMitAltSt 22, 1988, 17–52, Abb. Taf.

10032
Henderson, I.: The arts of late Celtic Britain (AD 600–900).— The Cambridge guide to the arts in Britain, 1 (Cambridge 1988) 207–219, Abb. Taf.
SB

10033
Hood, S.: Some exotic pottery from prehistoric Greece.—
SlovA 36, 1988, 93–97

10034
Huggett, J. W.: Imported grave goods and the early Anglo-Saxon economy.—
MedievA 32, 1988, 63–96, Abb.

10035
Iannelli, M. A.: Agro sarnese. Evidenze archeologiche medievali.—
RassStorSalern 5, 1988, Nr. 2, 281–293, Abb.

10036
Jacobsen, W.: Gab es die karolingische 'Renaissance' in der Baukunst?—
ZKuGesch 51, 1988, 313–347, Abb.

10037
Jiménez Garnica, A. M.: El arte 'oficial' de Toulouse bajo soberanía visigoda. La Daurade.—
AEsp 61, 1988, 179–196, Abb.

10038
Kaufmann, H.: Langobardische S-förmige Zellenmosaikfibel vom Beginn des 7. Jahrhunderts aus Wiedemar, Kreis Delitzsch.— Archäologische Feldforschungen in Sachsen (Berlin 1988) 285–287, Abb. Taf.
SB

10039
Keller, E.: Die Germanenpolitik Roms im bayerischen Anteil der Raetia secunda während des 4. und 5. Jahrhunderts.— Die Römer in den Alpen (Bozen 1989) 205–219
KB Salzburg 1986

10040
Kiss, A.: Frühmittelalterliche byzantinische Schwerter im Karpatenbecken.—
ActaArchHung 39, 1987, 193–210, Abb.

10041
Kiss, A.: Der Zeitpunkt der Verbergung der Schatzfunde I und II von Szilágysomlyó.—
ActaAntHung 30, 1982–84, 401–416

10042
Klug, J.: Ein spätmerowingerzeitlicher Friedhof aus Bremgarten, Gemeinde Hartheim, Kreis Breisgau-Hochschwarzwald.—
AAusgrBadWürt 1988, 218–219, Abb.

10043
Knaut, M.: Weinstadt-Endersbach, 'Heerberge'. Ein weiteres spätmerowingerzeitliches Gräberfeld.—
AAusgrBadWürt 1988, 223–224, Abb.

10044
Knaut, M.: Spätmerowingerzeitliches Gräberfeld und Siedlung von Weinstadt-Endersbach, Rems-Murr-Kreis.—
AAusgrBadWürt 1988, 219–222, Abb.

10045
Koch, U.: Ein Depotfund vom Runden Berg. Gerätschaften eines alamannischen Wirtschaftsbetriebes der Terrassensiedlung.—
AKorrBl 18, 1988, 205–208, Taf.

10046
Krause, R.: Überraschende Ergebnisse neuer archäologischer Ausgrabungen an der Südecke des Kastells in Aalen, Ostalbkreis.—
AAusgrBadWürt 1988, 87–91, Abb.

10047
Krautheimer, R.: Die karolingische Wiederbelebung der frühchristlichen Architektur.— Ausgewählte Aufsätze zur europäischen Kunstgeschichte (Köln 1988) 198–276, Taf.

10048
Kyzlasov, I. L.: Gunnskij napil'nik. (Russ.) [Eine hunnische Feile.].—
KraSoob 1985, Nr. 184, 27–30, Abb.

10049
La Niece, S.: White inlays in Anglo-Saxon jewellery.— Science and archaeology, Glasgow 1987, 1 (Oxford 1988) 235–245, Taf.
KB Glasgow 1987

10050
Laporte, J. P.: Le trésor des saints de Chelles.— (Chelles 1988) V, 290 S., Abb. Taf.
(Bulletin de la Société archéologique et historique de Chelles, 8–9)

10051
Lavarra, C.: Il sacro cristiano nella Gallia merovingia tra folklore e medicina professionale.—
AnnBari 31, 1988, 149–204

10052
Lith, S. M. E. van: Late Roman and early Merovingian glass from a settlement site at Maastricht (Dutch South Limburg), 2.—
JGS 30, 1988, 62–76, Abb.

10053
Liversage, D.: An unpublished Irish grave group from Norway.—
ActaArch 54, 1983, 147–151, Abb.

10054
Lusse, J.: Une tombe du Ve siècle dans l'église de Melette (Marne).—
BSocAChamp 81, 1988, Nr. 4, 3–7, Abb.

10055
Lusuardi Siena, S.: Insediamenti goti e longobardi in Italia settentrionale.— XXXVI Corso di cultura sull'arte ravennate e bizantina (Ravenna 1989) 191–226, Abb.
KB Ravenna 1989

10056
Maioli, M. G.: Nuovi dati sulle necropoli gote in Emilia-Romagna.— XXXVI Corso di cultura sull'arte ravennate e bizantina (Ravenna 1989) 227–252, Abb.
KB Ravenna 1989

10057
Malagola, G.: Nuovi reperti altomedievali dall'Agordino.— MemStorFriuli 67, 1987, 135–142, Taf.

10058
Mansuelli, G. A.: La fine del mondo antico.— (Torino 1988) VII, 273 S., Abb.
(Storia universale dell'arte, 3. Le civiltà dell'occidente)

10059
Martin, M.: Grabfunde des 6. Jahrhunderts aus der Kirche St. Peter und Paul in Mels SG.—
ASchw 11, 1988, 167–181, Abb.

10060
Martin, M.: Bemerkungen zur chronologischen Gliederung der frühen Merowingerzeit.—
Germania 67, 1989, Nr. 1, 121–141, Abb.

10061
McCormick, M.: Eternal victory. Triumphal rulership in late antiquity, Byzantium, and the early medieval West.— (Cambridge 1986) XVI, 452 S.

10062
McCormick, M.: Clovis at Tours, Byzantine public ritual and the origins of medieval ruler symbolism.— Das Reich und die Barbaren (Wien 1989) 155–180
KB Dumbarton Oaks 1985

10063
Métayer, J.: Anais. Histoire et archéologie.—
RSaintonge 14, 1988, 7–48, Abb.

10064
Metcalf, D. M.: North Italian coinage carried across the Alps. The Ostrogothic and Carolingian evidence compared.—
RivItNum 90, 1988, 449–456

10065
Meyer, E.: Zwei langobardische Körpergräber des 6. Jahrhunderts von Dresden-Nickern.— Archäologische Feldforschungen in Sachsen (Berlin 1988) 282–284, Abb.
SB

10066
Miotti, T.; Šribar, V.; Visentini, S.; u. a.: I sette castra di Paolo Diacono.— I sette castra di Paolo Diacono ed altri studi castellologici (o. O. 1988) 325–520, Abb.
SB

10067
Miotti, T.: Le fortificazioni in Friuli dalle origini al tardo medioevo. Sintesi delle tecniche e delle vicende difensive.— I sette castra di Paolo Diacono ed altri studi castellologici (o. O. 1988) 43–84, Abb.
SB

10068
Mitrea, B.: La nécropole birituelle de Sultana. Résultats et problèmes.—
Dacia 32, 1988, 91–123, Abb. Taf.

10069
Mitrea, I.: Remarcabile rezultate ale cercetărilor arheologice în ultimele două decenii, privind etnogeneza şi continuitatea românilor, la est de Carpaţi.—
Carpica 17, 1985, 17–26

10070
Morel, J.; Castella, D.: Nouvelles données sur l'urbanisme d'Aventicum. Les fouilles 'St-Martin' et 'Mur des Sarrazins' de 1986.—
BAssProAventico 30, 1988, 3–96, Abb. Taf.

10071
Mortimer, C.: Anglo-Saxon copper alloys from Lechlade, Gloucestershire.—
OxfJA 7, 1988, 227–233, Abb.

10072
Murialdo, G.; Fossati, A.; Bonora, E.; u. a.: Il castrum tardo-antico di S. Antonino, Finale Ligure. Considerazioni preliminari dopo le campagne di scavo 1984–1985.—
RIngIntem 40, 1985, 13–16, Abb.

10073
Näsman, U.: Vendel period glass from Eketorp-II, Öland, Sweden. On glass and trade from the late 6th to the late 8th centuries A.D.—
ActaArch 55, 1984, 55–116, Abb.

10074
Negro Ponzi Mancini, M. M.: S. Michele di Trino (Vc). Una chiesa altomedievale e un castellum. Campagne di scavo 1980–1981.— Atti del VI Congresso nazionale di archeologia cristiana (Firenze 1986) 785–808, Abb.
KB Pesaro-Ancona 1983

10075
Niederstätter, A.: Frühes Christentum in Vorarlberg.— Die Römer in den Alpen (Bozen 1989) 221–227
KB Salzburg 1986

10076
Nothdurfter, H.: Das südalpine Rätien in Spätantike und Frühmittelalter aus archäologischer Sicht.— Die Römer in den Alpen (Bozen 1989) 197–203
KB Salzburg 1986

10077
Ørsnes, M.: Ejsbøl, 1. Waffenopferfunde des 4.–5. Jahrhunderts nach Chr.— (København 1988) 158 S., Abb. Taf.
(Nordiske fortidsminder, B, 11)

10078
Pasi, S.: L'iconografia regale in età teodericiana.— XXXVI Corso di cultura sull'arte ravennate e bizantina (Ravenna 1989) 253–268, Abb.
KB Ravenna 1989

10079
Patitucci Uggeri, S.: Il Delta Padano nell'età dei Goti.— XXXVI Corso di cultura sull'arte ravennate e bizantina (Ravenna 1989) 269–322, Abb.
KB Ravenna 1989

10080
Peroni, A.: Architettura dell'Italia settentrionale in epoca longobarda. Problemi e prospettive.— XXXVI Corso di cultura sull'arte ravennate e bizantina (Ravenna 1989) 323–345, Abb.
KB Ravenna 1989

10081
Pirling, R.; u. a.: Das römisch-fränkische Gräberfeld von Krefeld-Gellep 1966–1974.— (Stuttgart 1989) 163 S., Taf.
(Germanische Denkmäler der Völkerwanderungszeit. Serie B, 13)

10082
Pohl, W.: Die Awaren. Ein Steppenvolk in Mitteleuropa, 567–822 n. Chr.— (München 1988) X, 529 S., Abb.
(Frühe Völker)

10083
Popović, V.: Albanija u kasnoj antici. L'Albanie pendant la basse antiquité.— Iliri i Albanci. Les Illyriens et les Albanais (Beograd 1988) 201–283, Abb.
SB

10084
Porta, P.: Corrispondenza tra fonti storiche e documenti iconografici in epoca longobarda. Note sul costume.— XXXVI Corso di cultura sull'arte ravennate e bizantina (Ravenna 1989) 347–364, Abb.
KB Ravenna 1989

10085
Potter, T. W.; King, A. C.; u. a.: Scavi a Mola di Monte Gelato presso Mazzano Romano, Etruria Meridionale. Primo rapporto preliminare.—
AMediev 15, 1988, 253–311, Abb.

10086
Poulain, C.: Le peuplement des cantons de Fismes et de Ville-en-Tardenois pendant le haut moyen-âge, Ve–Xe siècle.—
BSocAChamp 81, 1988, Nr. 4, 39–87, Abb.

10087
Profumo, M. C.: Rinvenimenti archeologici paleocristiani e altomedievali nelle Marche.— Atti del VI Congresso nazionale di archeologia cristiana (Firenze 1986) 581–594, Abb.
KB Pesaro-Ancona 1983

10088
Pugačenkova, G. A.: Ob ėftalitskoj čaše iz Čileka. (Russ.) [Zur hephthalitischen Schale aus Čilek.].— Problemy antičnoj kul'tury (Moskva 1986) 273–279, Abb.
SB

10089
Ringstedt, N.: Pirennes tes rörande handeln, islam m.m. Kommentarer i anledning av 1900-talets forskardebatt.—
Fornvännen 83, 1988, 167–176, Abb.

10090
Rosada, G.; u. a.: Stevenà di Càneva (Pordenone). Saggio di scavo 1986. Materiali di età protostorica e tombe tardoantiche-altomedioevali.—
AquilNost 58, 1987, 13–66, Abb. Taf.

10091
Roth, H.: Zweifel an Aregunde.— Gedenkschrift für G. v. Merhart (Marburg/Lahn 1986) 267–276, Abb.

10092
Roth, U.: Zur Datierung des 'Book of Durrow'.— Gedenkschrift für G. v. Merhart (Marburg/Lahn 1986) 277–292, Abb.

10093
Sack, D.: Damaskus. Entwicklung und Struktur einer orientalisch-islamischen Stadt.— (Mainz 1989) XIII, 142 S., Abb. Taf. Beil.
(Damaszener Forschungen, 1)

10094
Scapula, J.: Compléments concernant la nécropole mérovingienne d'Isle-Aumont (Aube).—
BSocAChamp 81, 1988, Nr. 4, 89–91, Abb.

10095
Schneider, J. E.: Zürich im Mittelalter. Neue Erkenntnisse der Stadtkernforschung.—
ASchw 11, 1988, 124–135, Abb.

10096
Scholz, P. O.: Christlicher Orient und Irland. Bemerkungen zu möglichen Kontakten und einem möglichen religionskulturellen Austausch zwischen dem christlichen Orient und Irland, unter besonderer Berücksichtigung der insularen Buchmalerei.— Nubia et Oriens christianus. Festschrift für C. D. G. Müller (Köln 1988) 387–431, Taf.

10097
Seeden, H.: Busra 1983–84. Second archaeological report.—
DaM 3, 1988, 387–411, Abb. Taf.

10098
Shchukin, M.: Three lines in the discovery of the ancestors of the early historical Slavs. Perspectives of the third line. (Russ. m. engl. Res.).—
ASbor 28, 1987, 103–118, Abb.

10099
Siegmund, F.; Weiss, M.: Perlen aus Muschelscheibchen im merowingerzeitlichen Mitteleuropa.—
AKorrBl 19, 1989, 297–307, Abb. Taf.

10100
Sternberg, T.: Der vermeintliche Ursprung der westlichen Diakonien in Ägypten und die Conlationes des Johannes Cassian.—
JbAChr 31, 1988, 173–209, Abb. Taf.

10101
Steuer, H.: Der Zähringer Burgberg bei Freiburg im Breisgau, eine Höhensiedlung des 4.–5. Jahrhunderts.—
AKorrBl 19, 1989, 169–184, Abb. Taf.

10102
Stork, I.: Ein frühmittelalterliches Dorf bei Renningen, Kreis Böblingen.—
AAusgrBadWürt 1988, 224–228, Abb.

10103
Stork, I.: Neues vom Gräberfeld Lauchheim, Ostalbkreis.—
AAusgrBadWürt 1988, 215–217, Abb.

10104
Sunter, N.; Woodward, P. J.; u. a.: Romano-British industries in Purbeck. Excavations at Norden. Excavations at Ower and Rope Lake Hole.— (Dorchester 1987) 184 S., Abb.
(Dorset Natural History and Archaeological Society. Monograph series, 6)

10105
Sydow, W.: Die frühchristliche Kirche von Oberlienz und ihre Nachfolgebauten.—
FuBerÖ 26, 1987, 151–168, Abb. Taf.

10106
Sydow, W.: Die Ausgrabungen bei und in der Filialkirche zum hl. Georg, Oberlangkampfen, Tirol.—
FuBerÖ 26, 1987, 127–148, Abb. Taf.

10107
Theune-Grosskopf, B.: Ein frühmittelalterlicher Kirchenbau mit 'Gründergrab' in Cognin (Savoyen)?—
AKorrBl 19, 1989, 283–296, Abb. Taf.

10108
Tomadin, V.: Le ceramiche medioevali e rinascimentali dagli scavi archeologici e dai rinvenimenti del Friuli-Venezia Giulia.— I sette castra di Paolo Diacono ed altri studi castellologici (o. O. 1988) 295–324, Abb.
SB

10109
Tomadin, V.: Le ceramiche altomedievali nelle Venezie.— Aquileia e le Venezie nell'alto medioevo (Udine 1988) 465–476, Taf.
KB Aquileia 1987

10110
Tomasson, R.: L'époque paléochrétienne en territoires tricasse et lingon du Nord-Ouest, IIIe–VIIIe siècles.—
BSocAChamp 81, 1988, Nr. 4, 93–112, Abb.

10111
Unz, C.: Urgeschichte, Römerzeit, frühes Mittelalter im Raum Tuttlingen.— Archäologie, Kunst und Landschaft im Landkreis Tuttlingen (Sigmaringen 1988) 9–60, Abb.

10112
Vaday, A. H.: Der Grabfund von Gyulavári.—
CommunicAHung 1987, 73–82, Abb.

10113
Walmsley, A.: Pella – Fiḥl after the Islamic conquest, AD 635–c. 900. A convergence of literary and archaeologial evidence.—
MedA 1, 1988, 142–157, Abb. Taf.

10114
Werner, J.: Neues zur Herkunft der frühmittelalterlichen Spangenhelme vom Baldenheimer Typus.—
Germania 66, 1988, 521–528, Abb.

10115
Werner, J.: Adelsgräber von Niederstotzingen bei Ulm und von Bokchondong in Südkorea. Jenseitsvorstellungen vor Rezeption von Christentum und Buddhismus im Lichte vergleichender Archäologie.—
AbhMünchen Nr. 100, 1988, 1–20, Taf.

10116
Werner, J.: Nuovi dati sull'origine degli 'Spangenhelme' altomedioevali del tipo Baldenheim.— XXXVI Corso di cultura sull'arte ravennate e bizantina (Ravenna 1989) 410–430, Abb.
KB Ravenna 1989

10117
Whitcomb, D.: Khirbet al-Mafjar reconsidered. The ceramic evidence.—
BASOR 1988, Nr. 271, 51–67, Abb.

10118
Whitcomb, D.: Excavations in 'Aqaba. First preliminary report.—
AAJ 31, 1987, 247–266, Abb. Taf.

10119
White, A. J.: Copper-alloy combs from Britain and Frisia.—
MedievA 32, 1988, 212–213, Abb.

10120
White, R. H.: Roman and Celtic objects from Anglo-Saxon graves. A catalogue and an interpretation of their use.— (Oxford 1988) 365 S., Abb.
(British archaeological reports. British series, 191)

10121
Whitehouse, D.: Dark age Naples.— Neapolis (Taranto [1988]) 285–288
KB Taranto 1985

10122
Windler, R.: Ein frühmittelalterliches Männergrab aus Elgg (ZH). Bemerkungen zu einem filigranverzierten Schnallentyp.—
JbSchwGesUrgesch 72, 1989, 181–200, Abb.

10123
Winter, H.: Die römisch-kaiserzeitlichen und 'romanischen' Vogelfibeln der Antikensammlung des Kunsthistorischen Museums in Wien.—
RömÖ 15–16, 1987–88, 253–277, Abb. Taf.

10124
Zsidi, P.: A Budapest XI. kerületi Gazdagréten feltárt 4.–5 századi temető. (Ung. m. dtsch. Res.) Das auf dem Gazdagrét (Budapest XI. Bezirk) freigelegte Gräberfeld aus dem 4.–5. Jahrhundert.—
CommunicAHung 1987, 45–72, Abb.

Orientalische Kulturen

10125
Archaeological activities in the Yemen Arab Republic, 1986.—
EastWest 36, 1986, 376–422, Abb.

10126
The archaeology of Western Iran. Settlement and society from prehistory to the Islamic conquest.
ed. F. Hole.— (Washington 1987) 332 S., Abb.

10127
Die Bibel und ihre Welt. Eine Enzyklopädie zur Heiligen Schrift in drei Bänden.
ed. G. Cornfeld.— (Bergisch Gladbach 1988) 1590 S., Abb.

10128
Charles Ede Ltd.— Antiquities, 146 (London 1988) o. Pagin., Abb.

10129
La civilisation de l'Indus.—
ArcheologiaParis 1989, Nr. 242, 28–39, Abb.

10130
Etudes sur le judaïsme hellénistique. Congrès de Strasbourg 5–9 septembre 1983.— (Paris 1984) 354 S., Taf.
(Lectio divina, 119)

10131
Les cités oubliées de l'Indus.—
ArcheologiaParis 1988, Nr. 240, 12–13, Abb.

10132
Momenti precoloniali nel Mediterraneo antico. Questioni di metodo, aree d'indagine, evidenze a confronto. Atti del Convegno internazionale, Roma 14–16 marzo 1985.— (Roma 1988) 297 S., Abb.
(Accademia belgica. Collezione di studi fenici, 28)

10133
Museum of Jordanian Heritage.— (Irbid 1988) 102 S., Abb.
(Yarmouk University. Institute of Archaeology and Anthropology)

10134
The prehistory of Jordan. The state of research in 1986. 2 Bde.
ed. A. N. Garrard.— (Oxford 1988) IX, 601 S., Abb.
(British archaeological reports. International series, 396)

10135
Restauration de trois fresques assyriennes.—
ArcheologiaParis 1988, Nr. 239, 42–45, Ab.

10136
Royal-Athena Galleries New York. Gods and mortals. Bronzes of the ancient world from Italy to Iran. [Sales catalog, Beverly Hills - New York, February 10 - June 20, 1989].
ed. J. M. Eisenberg.— (New York 1989) 48 S., Abb.

10137
Tappeh Hesār. Reports of the restudy project, 1976.— (Firenze 1989) 151 S., Abb. Taf.
(Monografie di Mesopotamia, 2)

10138
Akkermans, P. M. M. G.: An updated chronology for the northern Ubaid and late chalcolithic periods in Syria. New evidence from Tell Hammam et-Turkman.—
Iraq 50, 1988, 109–136, Abb. Taf.

10139
Akkermans, P. M. M. G.: Excavations at Tell Damishliyya. A neolithic settlement in the Balikh Valley, Northern Syria.—
AAS 36–37, 1986–87, 40–46, Taf.

10140
Akkermans, P. M. M. G.: Halaf mortuary practices. A survey.— To the Euphrates and beyond. Archaeological studies in honour of M. N. van Loon (Rotterdam 1989) 75–88

10141
Albenda, P.: The gateway and portal stone reliefs from Arslan Tash.—
BASOR 1988, Nr. 271, 5–30, Abb.

10142
Alexander, R. L.: The sculpture and sculptors of Yazılıkaya.— (Newark 1986) 167 S., Abb.

10143
Algaze, G.: Tepe Chenchi. An important settlement near Khorsabad.— Essays in ancient civilization presented to H. J. Kantor (Chicago 1989) 1–25, Abb. Taf.

10144
Alizadeh, A.: Socio-economic complexity in southwestern Iran during the fifth and fourth millennia B.C. The evidence form Tall-i Bakun A.—
Iran 26, 1988, 17–34, Abb. Taf.

10145
Alp, S.: Einige weitere Bemerkungen zum Hirschrhyton der Norbert-Schimmel-Sammlung.— Studi di storia e di filologia anatolica dedicati a G. Pugliese Carratelli (Firenze 1988) 17–23, Abb.

10146
Alp, S.: Eine Sphinxvase aus Karahöyük bei Konya.—
Anadolu 21, 1978–80 [1987], 9–16, Taf.

10147
Amadasi Guzzo, M. G.: Fenici o Aramei in Occidente nell'VIII sec. a. C.?— Phoenicia and the East Mediterranean in the first millennium B.C. (Leuven 1987) 35–47
KB Louvain 1985

10148
Amiet, P.: Le problème de l'iconographie divine en Mésopotamie dans la glyptique antérieure à l'époque d'Agade.—
CMatAOr 1, 1986, 1–62, Abb. Taf.

10149
Amiet, P.: Antiquités élamites et trans-élamites au Musée du Louvre.—
RLouvre 38, 1988, 361–369, Abb.

10150
Amiran, R.: Re-examination of a cult-and-art object from Beth Yerah.— Essays in ancient civilization presented to H. J. Kantor (Chicago 1989) 31–33, Taf.

10151
'Amr, A. J.: Ten human clay figurines from Jerusalem.—
Levant 20, 1988, 185–196, Abb.

10152
Anati, E.: New discoveries at Har Karkom, the Negev desert, Israel, 1986.—
BCamunoStPrIstor 24, 1988, 113–117, Abb.

10153
Anderson, G.: Celibacy or consummation in the Garden? Reflections on early Jewish and Christian interpretations of the Garden of Eden.—
HarvTheolR 82, 1989, 121–148

10154
André, B.; Salvini, M.: Réflexions sur Puzur-Inšušinak.—
IrAnt 24, 1989, 53–72, Abb. Taf.

10155
Antonini, S.: Nuovi incensieri iscritti yemeniti.—
OA 27, 1988, 133–140, Taf.

10156
Archi, A.: Société des hommes et société des animaux.— Studi di storia e di filologia anatolica dedicati a G. Pugliese Carratelli (Firenze 1988) 25–37

10157
Artzy, M.: Development of war-fighting boats of the 2nd millennium B.C. in the Eastern Mediterranean.—
RDAC 1988, Nr. 1, 181–186, Abb.

10158
As, A. van; Jacobs, L.: Second millennium B.C. goblet bases from Tell ed-Deir. The relationship between form and technique.— A knapsack full of pottery. Archaeo-ceramological miscellanea dedicated to H. J. Franken (Leiden 1987) 39–53, Abb.

10159
Åström, P.: Inverted vases in Old World religion.—
JPrehistRel 1, 1987, 7–16, Abb.

10160
Athanassakes, A.: Gods, heroes, and saints against the dragon.—
AncWorld 17, 1988, 41–63

10161
Aubet, M. E.: Tiro y las colonías fenicias de Occidente.— (Barcelona 1987) VIII, 323 S., Abb.

10162
Avanzini, A.: Alcune osservazioni in margine all'iscrizione di Zakir.—
EgVicOr 10, 1987, Nr. 2, 113–119

10163
Avanzini, A.: Brevi osservazioni sui rapporti tra cultura sudarabica e le culture vicine.—
EgVicOr 11, 1988, 185–193

10164
Ayaso Martínez, J. R.: Justino y las posturas judías frente a los cristianos. La Birkat ha-Minim.— Actas. 1er Congreso peninsular de historia antigua, 3 (Santiago de Compostela 1988) 167–175
KB Santiago de Compostela 1986

10165
Azarpay, G.: Proportional guidelines in ancient Near Eastern art.—
JNES 46, 1987, 183–203, Abb.

10166
Badalì, E.: Beziehungen zwischen Musik und kultischen Rufen innerhalb der hethitischen Feste.—
ZDMG Suppl. 7, 1989, 282–292

10167
Baird, D.: A preliminary analysis of the chipped stone from the 1985 excavations at Tell esh-Shuna North.—
AAJ 31, 1987, 461–480, Abb.

10168
Bar-Yosef, O.; Alon, D.; u. a.: Naḥal Ḥemar cave.—
'Atiqot, Engl. Ser. 18, 1988, 1–81, Abb. Taf.

10169
Bardinet, T.: Remarques sur les maladies de la peau, la lèpre, et le châtiment divin dans l'Egypte ancienne.—
REgypt 39, 1988, 3–36

10170
Bartl, K.: Zur Datierung der altmonochromen Ware von Tell Halaf.— To the Euphrates and beyond. Archaeological studies in honour of M. N. van Loon (Rotterdam 1989) 257–274, Abb.

10171
Bartoloni, P.: Anfore fenicie e puniche da Sulcis.—
RStFen 16, 1988, 91–99, Taf.

10172
Bartoloni, P.: Urne cinerarie arcaiche a Sulcis.—
RStFen 16, 1988, 165–172, Taf.

10173
Bartoloni, P.: Orizzonti commerciali sulcitani tra l'VIII e il VII sec. a. C.—
RendLinc 41, 1986, 219–226, Abb.

10174
Bartoloni, P.: Le anfore fenicie e puniche di Sardegna.— (Roma 1988) 74 S., Taf.
(Studia punica, 4)

10175
Baslez, M. F.: Le rôle et la place des Phéniciens dans la vie économique des ports de l'Egée.— Phoenicia and the East Mediterranean in the first millennium B.C. (Leuven 1987) 267–285
KB Louvain 1985

10176
Baudot, M. P.: 'Steatite' vessels in the third millennium in the ancient Orient.— India and the ancient world. P. H. L. Eggermont jubilee volume (Leuven 1987) 1–22, Taf.

10177
Bawden, G.; Edens, C.: Tayma painted ware and the Hejaz iron age ceramic tradition.—
Levant 20, 1988, 197–213, Abb.

10178
Baylis, S. F.: Victorian stained glass and Biblical archaeology. The 'Jonah' window in Ely Cathedral.—
ApolloLond 129, 1989, 162–167, Abb.

10179
Beck, P.: Notes on the style and iconography of the chalcolithic hoard from Naḥal Mishmar.— Essays in ancient civilization presented to H. J. Kantor (Chicago 1989) 39–47, Taf.

10180
Bellelli, G. M.: Reflections on an 'unexcavated' precious vase with zoomorphic decoration.—
IrAnt 24, 1989, 87–105, Abb. Taf.

10181
Beran, T.: Leben und Tod der Bilder.— Ad bene et fideliter seminandum. Festgabe für K. Deller (Kevelaer 1988) 55–60

10182
Bergamini, G.: Sigilli a stampo e a cilindro mesopotamici di collezione privata.—
Mesopotamia 23, 1988, 63–90, Taf.

10183
Bergamini, G.: Excavations in Shu-Anna, Babylon 1987.—
Mesopotamia 23, 1988, 5–17, Abb. Taf.

10184
Bernardini, P.: S. Antioco. Area del Cronicario. Campagne di scavo 1983–86. L'insediamento fenicio.—
RStFen 16, 1988, 75–85, Abb. Taf.

10185
Betts, A.: 1986 excavations at Dhuweila, Eastern Jordan. A preliminary report.—
Levant 20, 1988, 7–21, Abb.

10186
Betts, A.: 1986 excavations at Dhuweila, Eastern Jordan. A preliminary report.—
AAJ 31, 1987, 121–128, Abb.

10187
Betz, O.: Miracles in the writings of Flavius Josephus.— Josephus, Judaism, and Christianity (Leiden 1987) 212–235
SB

10188
Beyer, D.: Un nouveau témoin des relations entre Mari et le monde iranien au IIIème millénaire.—
IrAnt 24, 1989, 109–120, Abb.

10189
Bienkowski, P.; Chapman III, R. L.: The division of Middle Bronze IIB-C in Palestine.—
Levant 21, 1989, 169–179, Abb.

10190
Bietak, M.: Canaanites in the eastern Nile Delta.— Egypt, Israel, Sinai (Tel Aviv 1987) 41–56, Abb.
KB Tel Aviv 1982

10191
Biggs, R. D.: A recut Old Babylonian seal with a Sumerian prayer of the Kassite period.— Essays in ancient civilization presented to H. J. Kantor (Chicago 1989) 55–56, Taf.

10192
Bisi, A. M.: Ateliers phéniciens dans le monde égéen.— Phoenicia and the East Mediterranean in the first millennium B.C. (Leuven 1987) 225–237
KB Louvain 1985

10193
Bittel, K.: Der Schwertgott in Yazılıkaya.—
Anadolu 21, 1978–80 [1987], 21–28, Taf.

10194
Bivar, A. D. H.: The allegory of Astyages.— A green leaf. Papers in honour of J. P. Asmussen (Leiden 1988) 509–520

10195
Blázquez, J. M.: Los templos de Lixus (Mauritania Tingitana) y su relación con los templos de ciudades semitas representados en las monedas.— Congreso internacional 'El estrecho de Gibraltar', Ceuta noviembre 1987 (o. O. o. J.) o. Pagin., Abb.
(Actas separatas. Universidad nacional de educación a distancia)
SD

10196
Blázquez Martínez, J. M.; García-Gelabert Pérez, M.: The sanctuary of La Muela (Cástulo, Jaén). One of the units of the oldest pebble-mosaics in Spain.—
AfO 34, 1987, 243–247, Abb.

10197
Blocher, F.: Untersuchungen zum Motiv der nackten Frau in der altbabylonischen Zeit.— (München 1987) 233 S., Taf. Beil.
(Münchener Vorderasiatische Studien, 4)

10198
Blocher, F.: Einige altbabylonische Siegelabrollungen aus Kiš im Louvre.—
RAssyr 82, 1988, 33–46, Abb.

10199
Boehmer, R. M.; Güterbock, H. G.: Glyptik aus dem Stadtgebiet von Boğazköy. Grabungskampagnen 1931–1939, 1952–1978.— (Berlin 1987) 131 S., Abb. Taf.
Boğazköy-Hattuša, 14. Die Glyptik von Boğazköy, 2.)

10200
Boehmer, R. M.: Früheste Darstellung des orientalischen Wisents.—
IrAnt 24, 1989, 1–8, Abb. Taf.

10201
Börker-Klähn, J.: Die archäologische Problematik der Hurriter-Frage und eine mögliche Lösung.— Hurriter und hurritisch (Konstanz 1988) 211–247, Taf.
SB

10202
Boese, J.: Excavations at Tell Sheikh Hassan. Preliminary report on the 1987 campaign in the Euphrates Valley.—
AAS 36–37, 1986–87, 67–77, Taf.

10203
Bonnet, C.: Typhon et Baal Ṣaphon.— Phoenicia and the East Mediterranean in the first millennium B.C. (Leuven 1987) 101–143
KB Louvain 1985

10204
Bonnet, C.: Le dieu solaire Shamash dans le monde phénico-punique.—
StEpigrLing 6, 1989, 97–115

10205
Boorn, G. P. F. van den; Houtkamp, J. M.; Verhart, L. B. M.: Surface finds from KS-sites east of Haft Tepe (Khuzistan).—
IrAnt 24, 1989, 13–43, Abb. Taf.

10206
Bordreuil, P.: Tanit du Liban. Nouveaux documents religieux phéniciens, 3.— Phoenicia and the East Mediterranean in the first millennium B.C. (Leuven 1987) 79–85, Abb.
KB Louvain 1985

10207
Bordreuil, P.: Catalogue des sceaux ouest-sémitiques inscrits de la Bibliothèque nationale, du Musée du Louvre et du Musée biblique de Bible et Terre Sainte.— (Paris 1986,) X, 130 S., Abb.

10208
Born, H.: Herstellung und Gebrauch bronzener Rundschilde aus Nordwest-Iran.—
ActaPrHistA 20, 1988, 159–172, Abb.

10209
Botto, M.: L'attività economica dei Fenici in Oriente tra il IX e la prima metà dell'VIII sec. a. C.—
EgVicOr 11, 1988, 117–154

10210
Bounni, A.: Découvertes archéologiques récentes en Syrie.—
CRAI 1988, 361–378, Abb.

10211
Bowman, J.: Elijah and the Pauline Jesus Christ.—
Abr-Nahrain 26, 1988, 1–18

10212
Boyce, M.: The lady and the scribe. Some further reflections on Anāhīt and Tīr.— A green leaf. Papers in honour of J. P. Asmussen (Leiden 1988) 277–282

10213
Boyce, M.: The religion of Cyrus the Great.— Achaemenid history, 3 (Leiden 1988) 15–31
KB London 1985

10214
Braemer, F.: Two campaigns of excavations on the ancient tell of Jarash.—
AAJ 31, 1987, 525–530, Abb.

10215
Brentjes, B.: Die 'baktrischen Bronzen', ihre Datierung und die Mitanni-Kunst.— Orient und Okzident im Spiegel der Kunst. Festschrift H. G. Franz (Graz 1986) 15–20, Taf.

10216
Brentjes, B.: Die 'baktrischen Bronzen' und Vorderasien. Probleme der Kunstgeschichte des 2. Jahrtausends v. u. Z.—
IrAnt 23, 1988, 163–167

10217
Brentjes, B.: Stempel- und Rollsiegel aus Baktrien und Chorasan.—
BaM 20, 1989, 315–335, Taf.

10218
Briant, P.: Le nomadisme du Grand Roi.—
IrAnt 23, 1988, 253–273

10219
Brinkman, J. A.; Dalley, S.: A royal kudurru from the reign of Aš-šur-nādin-šumi.—
ZA 78, 1988, 76–98, Abb. Taf.

10220
Brommer, F.: Eine achaemenidische Silberschale mit Besitzerzeichen.—
Anadolu 21, 1978–80 [1987], 105–112, Taf.

10221
Buccellati, G.: On the distribution of epigraphic finds at Terqa.—
AAS 36–37, 1986–87, 102–103, Taf.

10222
Bueller, J.: A microwear analysis of sampled borers from Netiv Hagdud, a PPNA settlement in the Jordan Valley.— To the Euphrates and beyond. Archaeological studies in honour of M. N. van Loon (Rotterdam 1989) 21–28, Abb. Taf.

10223
Buhl, M. L.: Les sarcophages anthropoïdes phéniciens en dehors de la Phénicie.—
ActaArch 58, 1987, 213–221, Abb.

10224
Bulgarelli, G. M.; Vidale, M.; Cucarzi, M.: Protohistorical investigations in the Indus Valley.—
EastWest 36, 1986, 517–529, Abb.

10225
Calderone, S.: Comunità ebraiche e cristianesimo in Sicilia nei primi secoli dell'èra volgare.— Il cristianesimo in Sicilia dalle origini a Gregorio Magno (Caltanissetta 1987) 41–60
KB Caltanissetta 1985

10226
Calmeyer, P.: Beobachtungen an der Silbervase aus Persepolis.—
IrAnt 24, 1989, 79–83, Taf.

10227
Calmeyer, P.: Greek historiography and Achaemenid reliefs.—
Achaemenid history, 2 (Leiden 1987) 11–20, Taf.
KB Groningen 1984

10228
Calmeyer, P.: Aufreihung, Duplik, Kopie, Umbildung.— Achaemenid history, 3 (Leiden 1988) 101–111, Taf.
KB London 1985

10229
Calvet, Y.: Le pays de Dilmoun au 2e millénaire. Découvertes récentes.— L'Arabie préislamique et son environnement historique et culturel (Leiden 1989) 15–24, Abb. Taf.
KB Strasbourg 1987

10230
Carruba, O.: Dall'immagine alla scrittura nel Mediterraneo orientale.— Benaco '85. La cultura figurativa rupestre (Torino 1986) 37–65, Abb.
KB Torri del Benaco 1985

10231
Caspers, E. C. L. D.: Was the dancing girl from Moenjo-daro a Nubian?—
AnnOrNap 47, 1987, 99–105, Abb. Taf.

10232
Caspers, E. C. L. D.: Of 'liṅga' stones and gaming boards.—
AnnOrNap 47, 1987, 67–74, Taf.

10233
Caspers, E. C. L. D.: Mackay's ivory figurine from tumulus 12 at 'Ali, Bahrain.—
IrAnt 24, 1989, 159–173, Taf.

10234
Caubet, A.: La musique à Ougarit.—
CRAI 1987, 731–754, Abb.

10235
Cecchini, S. M.: Tell Afis. Il sondaggio stratigrafico.—
EgVicOr 10, 1987, Nr. 2, 85–91, Taf.

10236
Çelikel, S.: Anadolu medeniyetleri müzesindeki bir grup Urartu mührü. (Türk. m. engl. Res.) Urartian seals.—
AnadoluYıl 1987, 68–75, Taf.

10237
Chevalier, N.: Hamadan 1913. Une mission oubliée.—
IrAnt 24, 1989, 245–251, Taf.

10238
Ciafardoni, P.: Tell Afis. Un insediamento del Ferro nella regione di Idlib.—
EgVicOr 10, 1987, Nr. 2, 5–23, Abb.

10239
Cifola, B.: A kudurru fragment from the reign of Enlil-nādin-aḫi.—
VicOr 7, 1988, 249–252, Taf.

10240
Clark, G. A.; Lindly, J. H.; Donaldson, M.; u. a.: Paleolithic archaeology in the southern Levant. A preliminary report of excavations at middle, upper and epipaleolithic sites in Wadi el-Ḥasa, west-central Jordan.—
AAJ 31, 1987, 19–78, Abb. Taf.

10241
Colbow, G.: Zur Rundplastik des Gudea von Lagaš.— (München 1987) 160 S., Abb. Taf.
(Münchener Vorderasiatische Studien, 5)

10242
Colless, B. E.: Recent discoveries illuminating the origin of the alphabet.—
Abr-Nahrain 26, 1988, 30–67, Abb.

10243
Collon, D.: Some cylinder seals from Tell Mohammed Arab.—
Iraq 50, 1988, 59–76, Abb. Taf.

10244
Constantini, L.; Constantini Biasini, L.: Palaeoethnobotanical investigations in the Middle East and Arabian peninsula, 1986.—
EastWest 36, 1986, 354–365, Abb.

10245
Cooper, A.: Two exegetical notes on Aqht.—
UgaritF 20, 1988, 19–26

10246
Córdoba, J. M.: Prospección en el valle de río Balīḫ (Siria). Informe provisional.—
AulaOr 6, 1988, 149–188, Abb.

10247
Curtis, J.; u. a.: Excavations at Qasrij Cliff and Khirbet Qasrij.— (London 1989) 75 S., Taf.
(British Museum Western Asiatic excavations, 1. Saddam dam report, 10)

10248
Curtis, J.: A reconsideration of the cemetery at Khinaman, South-East Iran.—
IrAnt 23, 1988, 97–124, Abb. Taf.

10249
Curvers, H. H.: The beginning of the third millennium in Syria.— To the Euphrates and beyond. Archaeological studies in honour of M. N. van Loon (Rotterdam 1989) 173–193, Abb.

10250
Daffinà, P.: Senso del tempo e senso della storia. Computi cronologici e storicizzazione del tempo.—
RivStOr 61, 1987, 1–71

10251
Damerji, M. S. B.: The development of the achitecture of doors and gates in ancient Mesopotamia.— (Tokyo 1987) XX, 250 S., Abb. Taf.

10252
D'Amore, P.: Oggetti iranici del Museo nazionale d'arte orientale di Roma. Nuove acquisizioni.—
VicOr 7, 1988, 201–209, Taf.

10253
Dandamayev, M.; Livshits, V.: Zattumēšu, a magus in Babylonia.— A green leaf. Papers in honour of J. P. Asmussen (Leiden 1988) 457–459

10254
D'Angelo, M. C.: Analisi morfologica di un motivo araldico vicino-orientale.—
EgVicOr 11, 1988, 155–164, Abb. Taf.

10255
Davidović, V.: The women's ration system in Ebla.—
OA 26, 1987, 229–307

10256
De Martino, S.: L'atto di baciare nel culto e nella vita quotidiana degli Ittiti.— Studi di storia e di filologia anatolica dedicati a G. Pugliese Carratelli (Firenze 1988) 57–65

10257
De Martino, S.: Il lessico musicale ittita, 2. Giš dinanna = cetra.—
OA 26, 1987, 171–185

10258
Deblauwe, F.: The sculpture in the round of the principality of Guzana. A bibliography of the sculptures from the 1st mill. B.C., found at Tell Ḥalaf, Tell Feḫeriye and Tell Ḥerbe.—
AnnOrNap 47, 1987, 333–359

10259
Décréaux, J.: Le culte de Mithra en Orient.—
ArcheologiaParis 1989, Nr. 243, 48–57, Abb.

10260
Del Monte, G. F.: Il mese hittita.— Studi di storia e di filologia anatolica dedicati a G. Pugliese Carratelli (Firenze 1988) 51–56

10261
Del Olmo Lete, G.: Un ritual funerario de Ugarit (KTU 1.105).—
AulaOr 6, 1988, 189–194, Abb.

10262
Del Olmo Lete, G.: Figuras femeninas en la mitología y la épica del antiguo Oriente.— La dona en l'antiguitat (Sabadell o. J.) 7–25
KB Barcelona 1985

10263
Delcor, M.: Reflexions sobre la festa de la xilofòria al 'Rotlle del temple' i els textos parallels.— Miscellània papirològica R. Roca-Puig (Barcelona 1987) 115–122

10264
Dietrich, M.; Loretz, O.: Die Alphabettafel aus Bet Šemeš und die ursprüngliche Heimat der Ugariter.— Ad bene et fideliter seminandum. Festgabe für K. Deller (Kevelaer 1988) 61–85, Abb.

10265
Dijkstra, M.: The legend of Danel and the Rephaim.—
UgaritF 20, 1988, 35–51, Taf.

10266
Dittmann, R.: Bemerkungen zum protoelamischen Horizont.—
AMI 20, 1987, 31–63, Abb.

10267
Dolce, R.: Per una riconsiderazione delle opere figurative da Gebelet el-Beyda.—
CMatAOr 1, 1986, 307–331, Taf.

10268
Dolce, R.: I rilievi decorativi a mattoni modanati. Continuità o innovazione?—
VicOr 7, 1988, 39–58, Taf.

10269
Dollfus, G.; Kafafi, Z.; Rewerski, J.; u. a.: Abu Hamid, an early fourth millennium site in the Jordan Valley.— The prehistory of Jordan (Oxford 1988) 567–601, Abb.
SB

10270
Dollfus, G.: La préhistoire récente en Jordanie.— La Jordanie de l'âge de la pierre à l'époque byzantine (Paris 1987) 11–26, Abb.
SB

10271
Dornemann, R. H.: Tell Hadidi. One bronze age site among many in the Tabqa Dam salvage area.—
BASOR 1988, Nr. 270, 13–42, Abb.

10272
Dornemann, R. H.: Comments on small finds and items of artistic significance from Tell Hadidi and nearby sites in the Euphrates Valley, Syria.— Essays in ancient civilization presented to H. J. Kantor (Chicago 1989) 59–75, Abb.

10273
Downey, S. B.: Mesopotamian religious architecture. Alexander through the Parthians.— (Princeton 1988) XVII, 197 S., Abb. Taf.

10274
Dunham, S.: Metal animal headed cups at Mari.— To the Euphrates and beyond. Archaeological studies in honour of M. N. van Loon (Rotterdam 1989) 213–220

10275
Elayi, J.: Les sarcophages phéniciens d'époque perse.—
IrAnt 23, 1988, 275–322, Abb.

10276
Ellison, R.: Table manners in Mesopotamia.—
BInstALondon 23, 1986, 151–159, Abb.

10277
Engel, B. J.: Darstellungen von Dämonen und Tieren in assyrischen Palästen und Tempeln nach den schriftlichen Quellen.— (Mönchengladbach 1987) XI, 316 S.

10278
Epstein, C.: Basalt pillar figures from the Golan and the Ḥuleh region.—
IsrExplJ 38, 1988, 205–223, Abb. Taf.

10279
Erzen, A.: Doğu Anadolu ve Urartular. Eastern Anatolia and Urartians. 2. ed.— (Ankara 1986) 96 S., Taf.
(Publications of the Turkish Historical Society. Serial 20, 8a)

10280
Esse, D.: Village potters in early bronze Palestine. A case study.— Essays in ancient civilization presented to H. J. Kantor (Chicago 1989) 77–92, Abb.

10281
Falsone, G.: La Fenicia come centro di lavorazione del bronzo nell'età del ferro.—
DArch 6, 1988, Nr. 1, 79–110, Abb.

10282
Falsone, G.: La coupe phénicienne de Fortetsa, Crète. Une reconsidération.— Phoenicia and the East Mediterranean in the first millennium B.C. (Leuven 1987) 191–194, Abb.
KB Louvain 1985

10283
Farber, W.: Neues aus Uruk. Zur 'Bibliothek des Iqīša'.—
WO 18, 1987, 26–42

10284
Farber, W.: Dämonen ohne Stammbaum. Zu einigen mesopotamischen Amuletten aus dem Kunsthandel.— Essays in ancient civilization presented to H. J. Kantor (Chicago 1989) 93–108, Abb. Taf.

10285
Faure, P.: Parfums et aromates de l'antiquité.— ([Paris] 1987) 357 S., Abb. Taf.
(Nouvelles études historiques)

10286
Fauth, W.: Sakrale Prostitution im Vorderen Orient und im Mittelmeerraum.—
JbAChr 31, 1988, 24–39

10287
Ferioli, P.; Fiandra, E.: The importance of clay sealings in the ancient administration.— Fragen und Probleme der bronzezeitlichen ägäischen Glyptik (Berlin 1989) 41–53, Abb.
KB Marburg 1985

10288
Feyter, T. de: The 'Aussenstadt' settlement of Munbaqa, Syria.— To the Euphrates and beyond. Archaeological studies in honour of M. N. van Loon (Rotterdam 1989) 237–256, Abb.

10289
Finkel, I. L.: The Hanging Gardens of Babylon.— The Seven Wonders of the ancient world (London 1988) 38–58, Abb.
SB

10290
Finkelstein, I.: Further observations on the socio-demographic structure of the intermediate bronze age.—
Levant 21, 1989, 129–140

10291
Finkelstein, I.; Brandl, B.: A group of metal objects from Shiloh.—
IsrMusJ 4, 1985, 17–26, Abb.

10292
Firpo, G.: Il tentativo di Caligola di profanare il tempio di Gerusalemme e la datazione di 'IV Maccabei'.—
QuadChieti 4, [1988], 1–23

10293
Fortin, M.: Résultats de la première saison de fouilles de la mission canadienne à Tell Atij, sur le moyen Khabour, printemps 1986.—
AAS 36–37, 1986–87, 144–150, Taf.

10294
Foster, B. R.: People, land, and produce at Sargonic Gasur.— Studies on the civilization and culture of Nuzi and the Hurrians, 2 (Winona Lake (Ind.) 1987) 89–107, Abb.
SB

10295
Fritz, V.: Die Verbreitung des sog. Amarna-Wohnhauses in Kanaan.—
DaM 3, 1988, 27–34, Abb.

10296
Fronzaroli, P.: Tre scongiuri eblaiti (ARET 5, 1–3).—
VicOr 7, 1988, 11–23

10297
al-Gailani Werr, L.: Cylinder seals made of clay.—
Iraq 50, 1988, 1–7, Taf.

10298
Gal, Z.: Ḥurvat Shaḥal Taḥtit and the 'early enclosures'.—
IsrExplJ 38, 1988, 1–5, Abb.

10299
Gates, M. H.: Dialogues between ancient Near Eastern texts and the archaeological record. Test cases from bronze age Syria.—
BASOR 1988, Nr. 270, 63–91, Abb.

10300
Gerardi, P.: Epigraphs and Assyrian palace reliefs. The development of the epigraphic text.—
JCunSt 40, 1988, 1–35, Abb.

10301
Geraty, L. T.; Herr, L. G.; LaBianca, Ø. S.: The Madaba Plains project. A preliminary report on the first season at Tell el-'Umeiri and vicinity.—
AAJ 31, 1987, 187–199, Abb. Taf.

10302
Gesuato, M. K.: Il palazzo neo-assiro. Istruzioni per l'uso e percorsi.—
OA 26, 1987, 257–278, Taf.

10303
Gnoli, G.: A note on the Magi and Eudemus of Rhodes.— A green leaf. Papers in honour of J. P. Asmussen (Leiden 1988) 283–288

10304
Gonnet, H.: Dieux fugueurs, dieux captés chez les Hittites.—
RHistRel 205, 1988, 385–398

10305
Gordon Jr., R. L.; Knauf, E. A.: Er-Rumman survey 1985.—
AAJ 31, 1987, 289–298, Abb.

10306
Green, A.: A note on the 'lion-demon'.—
Iraq 50, 1988, 167–168, Taf.

10307
Gregori, B.: Sullo sviluppo delle fortificazioni a casematte in Anatolia e Siria-Palestina.—
CMatAOr 1, 1986, 213–260, Abb.

10308
Grottanelli, C.: La religione fenicio-punica. Vecchi problemi e studi recenti.—
SteMat 12, 1988, 171–184

10309
Gubel, E.: 'Syro-Cypriote' cubical stamps. The Phoenician connection (CGPH 2).— Phoenicia and the East Mediterranean in the first millennium B.C. (Leuven 1987) 195–224, Abb.
KB Louvain 1985

10310
Gubel, E.: Phoenician seals in the Allard Pierson Museum, Amsterdam (CGPH 3).—
RStFen 16, 1988, 145–163, Taf.

10311
Günel, T.: Müzemizce satın alınan bir grup Urartu çağı süs eşyası. (Türk. m. engl. Res.) Urartian jewelry.—
AnadoluYıl 1987, 38–41, Taf.

10312
Güterbock, H. G.: Hittite kursa 'hunting bag'.— Essays in ancient civilization presented to H. J. Kantor (Chicago 1989) 113–119, Taf.

10313
Guidotti, M. C.: Un pendente di vetro del Museo egizio di Firenze.—
EgVicOr 11, 1988, 33–36, Taf.

10314
Guinot, J. N.: Sur le vêtement du grand prêtre. Le δῆλος était-il une pierre divinatoire?—
VeteraChr 26, 1989, 23–48

10315
Haas, V.: Die hurritisch-hethitischen Rituale der Beschwörerin Allaituraḫ(ḫ)i und ihr literarhistorischer Hintergrund.— Hurriter und hurritisch (Konstanz 1988) 117–143
SB

10316
Haas, V.: Betrachtungen zur Rekonstruktion des hethitischen Frühjahrsfestes (ezen purulliyaš).—
ZA 78, 1988, 284–298

10317
Haas, V.: Das Ritual gegen den Zugriff der Dämonin Dimnunme und die Sammeltafel KUB XLIII 55.—
OA 27, 1988, 85–104, Abb.

10318
Hagenbuchner, A.: Die Korrespondenz der Hethiter, 1. Die Briefe unter ihren kulturellen, sprachlichen und thematischen Gesichtspunkten.— (Heidelberg 1989,) XXIX, 175 S., Taf.
(Texte der Hethiter, 15)

10319
Hanbury-Tenison, J. W.: Jarash region survey 1984.—
AAJ 31, 1987, 129–157, Abb. Taf.

10320
Handy, L. K.: A solution for many 'mlkm'.—
UgaritF 20, 1988, 57–59

10321
Harl, M.: Le nom de l'arche de Noé dans la Septante. Les choix lexicaux des traducteurs alexandrins, indices d'interprétations théologiques?— Ἀλεξανδρινά. Mélanges offerts à C. Mondésert (Paris 1987) 15–40, Taf.

10322
Harrak, A.: Another specimen of an Assyrian game.—
AfO 34, 1987, 56–57, Abb.

10323
Harrison, R. J.: Spain at the dawn of history. Iberians, Phoenicians and Greeks.— (London 1988) 176 S., Abb. Taf.
(Ancient peoples and places, 105)

10324
Hart, S.: Excavations at Ghrareh, 1986. Preliminary report.—
Levant 20, 1988, 89–99, Abb.

10325
Hartman, S. S.: Questions au sujet du 'temps' de l'Avesta.— A green leaf. Papers in honour of J. P. Asmussen (Leiden 1988) 289–297

10326
Hauptmann, A.; Weisgerber, G.: Archaeometallurgical and mining-archaeological investigations in the area of Feinan, Wadi 'Arabah (Jordan).—
AAJ 31, 1987, 419–437, Abb. Taf.

10327
Hawkins, J. D.: The lower part of the Meharde stele.—
AnatSt 38, 1988, 187–190, Abb.

10328
Heider, G. C.: The cult of Molek. A reassessment.— (Sheffield 1985) XVII, 446 S.
(Journal for the study of the Old Testament. Supplement series, 43)

10329
Heimpel, W.: Gudea's fated brick.—
JNES 46, 1987, 205–211

10330
Heinrichs, J.: 'Asiens König'. Die Inschriften des Kyrosgrabs und das achämenidische Reichsverständnis.— Zu Alexander d. Gr. Festschrift G. Wirth (Amsterdam 1987) 487–540

10331
Heinz, M.: Die Steingefäße aus Süd- und Mittelmesopotamien als Inschriftenträger der frühdynastischen Zeit.—
BaM 20, 1989, 197–224, Abb.

10332
Helms, S.: Jawa at the beginning of the middle bronze age.—
Levant 21, 1989, 141–168, Abb.

10333
Henninger, J.: Über das Problem des Totemismus bei den Semiten.— Arabica varia (Göttingen 1989) 351–392

10334
Henrickson, E. F.: Chalcolithic seals and sealings from Seh Gabi, Central Western Iran.—
IrAnt 23, 1988, 1–19, Abb. Taf.

10335
Hermary, A.: Amathonte de Chypre et les Phéniciens.— Phoenicia and the East Mediterranean in the first millennium B.C. (Leuven 1987) 375–388, Abb.
KB Louvain 1985

10336
Herr, L. G.: Tripartite pillared buildings and the market place in iron age Palestine.—
BASOR 1988, Nr. 272, 47–67, Abb.

10337
Hestrin, R.: A note on the 'lion bowls' and the Asherah.—
IsrMusJ 7, 1988, 115–118, Abb.

10338
Hestrin, R.: The cult stand from Ta'anach and its religious background.— Phoenicia and the East Mediterranean in the first millennium B.C. (Leuven 1987) 61–77, Abb.
KB Louvain 1985

10339
Hoffmeier, J. K.: Reconsidering Egypt's part in the termination of the middle bronze age in Palestine.—
Levant 21, 1989, 181–193

10340
Hole, F.; Johnson, G. A.: Umm Qseir on the Khabur. Preliminary report on the 1986 excavation.—
AAS 36–37, 1986–87, 172–191, Taf.

10341
Hopkins, D. C.: The Highlands of Canaan. Agricultural life in the early iron age.— (Sheffield 1985) 323 S., Taf.
(The social world of biblical antiquity series, 3)

10342
Horowitz, W.: The Babylonian map of the world.—
Iraq 50, 1988, 147–165, Abb. Taf.

10343
Hruška, B.: Zu den Produktionsverhältnissen in der altsumerischen Landwirtschaft.— Familie, Staat und Gesellschaftsformation (Berlin 1988) 328–334
KB Dresden 1984

10344
Hruška, B.: Überlegungen zum Pflug und Ackerbau in der altsumerischen Zeit.—
ArOr 56, 1988, 137–158, Abb.

10345
Hübner, U.: Ein nordsyrisches Stempelsiegel aus Galiläa.—
UgaritF 20, 1988, 89–92, Ab.

10346
Huff, D.: Säulenbasen aus Deh Bozan und Taq-i Bustan.—
IrAnt 24, 1988, 285–295, Abb. Taf.

10347
Hunger, H.; Pingree, D.: 'Mul.apin'. An astronomical compendium in cuneiform.— (Horn 1989) 164 S., Taf.
(AfO, Beih. 24)

10348
Hutter, M.: Der Gott Surmubel in Sanchunjatons Kosmogonie.—
UgaritF 20, 1988, 93–96

10349
Illingworth, N. J. J.: Inscriptions from Tell Brak 1986.—
Iraq 50, 1988, 87–108, Abb. Taf.

10350
Jacobsen, T.: God or worshipper.— Essays in ancient civilization presented to H. J. Kantor (Chicago 1989) 125–130, Taf.

10351
Johns, J.; McQuitty, A.; Falkner, R.: The Fāris project. Preliminary report upon the 1986 and 1988 seasons.—
Levant 21, 1989, 63–95, Abb.

10352
Johnson, B.: Lady of the beasts. Ancient images of the goddess and her sacred animals.— (San Francisco 1988) XI, 386 S., Abb. Taf.

10353
Kammenhuber, A.: On Hittites, Mitanni-Hurrians, Indo-Aryans and horse tablets in the 2nd millennium B.C.— Essays on Anatolian studies in the second millennium B.C. (Wiesbaden 1988) 35–51
SB

10354
Kelly-Buccellati, M.: A new third millennium sculpture from Mozan.— Essays in ancient civilization presented to H. J. Kantor (Chicago 1989) 149–154, Taf.

10355
Kempinski, A.: Megiddo. A city-state and royal centre in north Israel.— (München 1989) 262 S., Abb. Beil.
(Materialien zur allgemeinen und vergleichenden Archäologie, 40)

10356
Kepinski, C.: Note d'anthropologie religieuse. A propos de différents types de supports en céramique.—
RAssyr 82, 1988, 47–57, Abb.

10357
Khalil, L.: Preliminary report on the 1985 season of excavation at el-Maqaṣṣ, 'Aqaba.—
AAJ 31, 1987, 481–483, Abb. Taf.

10358
Khalil, L. A.: Metallurgy of some bronze utensils from Fara'.—
BInstALondon 23, 1986, 171–178, Abb.

10359
Kilmer, A. D.: The 'brick of birth'.—
JNES 46, 1987, 211–213

10360
Kingery, W. D.; Vandiver, P. B.; Prickett, M.: The beginnings of pyrotechnology, 2. Production and use of lime and gypsum plaster in the pre-pottery neolithic Near East.—
JFieldA 15, 1988, 219–244, Abb.

10361
Kirwan, L. P.: A pre-Islamic settlement from al-Yaman on the Tanzanian coast.— L'Arabie préislamique et son environnement historique et culturel (Leiden 1989) 431–437
KB Strasbourg 1987

10362
Kleiss, W.: Aspekte urartäischer Architektur.—
IrAnt 23, 1988, 181–191, Taf.

10363
Kleiss, W.: Staudämme bei Qaderabad (Fars) und südwestlich von Kashan.—
AMI 20, 1987, 99–106, Abb. Taf.

10364
Klengel, H.: Papaja, Kataḫzipuri und der 'eja'-Baum. Erwägungen zum Verständnis von KUB LVI 17.— Studi di storia e di filologia anatolica dedicati a G. Pugliese Carratelli (Firenze 1988) 101–110, Abb.

10365
Klengel, H.: Die Keilschriftarchive von Boğazköy. Probleme der Textüberlieferung und der historischen Interpretation.—
SBBerlin 1987, Nr. 11 G, 1–22

10366
Knapp, A. B.; Duerden, P.; Wrigth, R. V. S.; u. a.: Ceramic production and social change. Archaeometric analysis of bronze age pottery from Jordan.—
JMedA 2, 1988, 57–113, Abb.

10367
Knauff, E. A.: Ein ṣafāitisches Felsbild vom Ǧebel Qurma und die 'Meder' in Bosra.—
DaM 3, 1988, 77–82, Abb. Taf.

10368
Koch, H.: Zur Religion der Achämeniden.—
ZAW 100, 1988, 393–405, Abb.

10369
Koch, H.: Einige Überlegungen zur Bauplanung in Persepolis.—
AMI 20, 1987, 147–159, Abb. Taf.

10370
Koch, K: Aschera als Himmelskönigin in Jerusalem.—
UgaritF 20, 1988, 97–120

10371
Kohl, P.: The ancient economy, transferable technologies and the bronze age world-system. A view from the northeastern frontier of the ancient Near East.— Centre and periphery in the ancient world (Cambridge 1987) 13–24, Abb.
SB

10372
Kohl, P. L.: The northern 'frontier' of the ancient Near East. Transcaucasia and Central Asia compared.—
AJA 92, 1988, 591–596

10373
Kohl, P. L.: Sumer and the Indus Valley civilization compared. Towards an historical understanding of the evolution of early states.— Familie, Staat und Gesellschaftsformation (Berlin 1988) 344–356
KB Dresden 1984

10374
Kossack, G.: Fremdlinge in Fars.—
AMI 20, 1987, 107–127, Abb.

10375
Kühne, H.; Schneider, G.; u. a.: Neue Untersuchungen zur 'metallischen Ware'.—
DaM 3, 1988, 83–139, Abb. Taf.

10376
Kühne, H.: Preliminary report on the excavation at Tell Schech Hamad - Dur-Katlimmu in 1986.—
AAS 36–37, 1986–87, 242–247, Taf.

10377
Kühne, H.: Preliminary report on the excavation in Tell Schech Hamad - Dur-Katlimmu in 1985.—
AAS 36–37, 1986–87, 221–225, Taf.

10378
Kull, B.; u. a.: Demircihüyük. Die Ergebnisse der Ausgrabungen 1975–1978, 5. Die mittelbronzezeitliche Siedlung.— (Mainz 1988) XIV, 276 S., Abb. Taf.

10379
Kyrieleis, H.; Röllig, W.: Ein altorientalischer Pferdeschmuck aus dem Heraion von Samos.—
AM 103, 1988, 37–75, Abb. Taf.

10380
LaGro, T.; Noordhuizen, D.: Iron age pottery from Jerusalem. A preliminary classification of the pottery found in two caves during the 1961–1967 Kenyon excavations.— A knapsack full of pottery. Archaeo-ceramological miscellanea dedicated to H. J. Franken (Leiden 1987) 1–24, Abb.

10381
Lamberg-Karlovsky, C. C.: The 'intercultural style' carved vessels.—
IrAnt 23, 1988, 45–95, Abb.

10382
Lambert, W. G.: The Sumero-Babylonian brick-god Kulla.—
JNES 46, 1987, 203–204

10383
Larsen, M. T.: Commercial networks in the ancient Near East.— Centre and periphery in the ancient world (Cambridge 1987) 47–56, Abb.
SB

10384
Lasserre, F.: Musica babilonese e musica greca.— La musica in Grecia (Bari 1988) 72–95
SB

10385
Lazzari, A.: Per una classificazione tipologica degli spilloni dell'Anatolia nell'età del bronzo.—
CMatAOr 1, 1986, 67–211, Abb.

10386
Le Mière, M.: Les débuts de la céramique sur le Moyen-Euphrate, 6500-5500 B.C.— To the Euphrates and beyond. Archaeological studies in honour of M. N. van Loon (Rotterdam 1989) 53–64, Abb.

10387
Lebrun, R.: L'Anatolie et le monde phénicien du Xe au IVe siècle av. J.-C.— Phoenicia and the East Mediterranean in the first millennium B.C. (Leuven 1987) 23–33
KB Louvain 1985

10388
Lebrun, R.: Divinités louvites et hourrites des rituels anatoliens en langue akkadienne provenant de Meskene.— Hethitica, 9 (Louvain-la-Neuve 1988) 147–155
SB

10389
Leenders, R.: The red wash ware ceramic assemblage in Syria. A review.— To the Euphrates and beyond. Archaeological studies in honour of M. N. van Loon (Rotterdam 1989) 89–101

10390
Lemaire, A.: Les Phéniciens et le commerce entre la mer Rouge et la mer Méditerranée.— Phoenicia and the East Mediterranean in the first millennium B.C. (Leuven 1987) 49–60
KB Louvain 1985

10391
Lemaire, A.: Ammon, Moab, Edom. l'époque du fer en Jordanie.— La Jordanie de l'âge de la pierre à l'époque byzantine (Paris 1987) 47–74, Abb.
SB

10392
Leonard Jr., A.: The Jarash – Tell el-Ḥuṣn highway survey.—
AAJ 31, 1987, 343–390, Abb. Taf.

10393
Levi, M. A.: La città antica. Morfologia e biografia dell'aggregazione urbana nell'antichità.— (Roma 1989) 514 S., Abb.
(Problemi e ricerche di storica antica, 12)

10394
Levine, B. A.; Tarragon, J. M. de: 'Shapshu cries out in heaven'. Dealing with snake-bites at Ugarit (KTU 1.100, 1.107).—
RBibl 95, 1988, 481–518, Abb.

10395
Levy, T. E.; Shalev, S.: Prehistoric metalworking in the southern Levant. Archaeometallurgical and social perspectives.—
WorldA 20, 1989, 352–372, Abb.

10396
Lindemeyer, E.: Bemerkungen zu den Bestattungssitten des Vorderen Orients vom 10. bis 6. Jt. v. u. Z.—
AltorF 15, 1988, 367–373

10397
Linder, E.: The so-called Phoenician hippos merchantmen. The case of a local boat misinterpreted.— Local boats, 2 (Oxford 1988) 293–303, Abb.
KB Porto 1985

10398
Lindner, M.; Farajat, S.: An Edomite mountain stronghold north of Petra. Ba'ja, 3.—
AAJ 31, 1987, 175–185, Abb. Taf.

10399
Lipiński, E.: Resheph Amyklos.— Phoenicia and the East Mediterranean in the first millennium B.C. (Leuven 1987) 87–99, Abb.
KB Louvain 1985

10400
Lipiński, E.: Société et économie d'Ugarit aux XIVe–XIIIe siècles avant notre ère.— Histoire économique de l'antiquité (Louvain-la-Neuve 1987) 9–27
KB Antwerpen 1985

10401
Lipiński, E.: Ea, Kothar et El.—
UgaritF 20, 1988, 137–143

10402
Littauer, M. A.; Crouwel, J. H.: A pair of horse bits of the second millenium B.C. from Iraq.—
Iraq 50, 1988, 169–171, Abb. Taf.

10403
Littauer, M. A.; Crouwel, J. H.: New type of bit from Iran?—
IrAnt 23, 1988, 323–327, Abb. Taf.

10404
Liverani, M.: The collapse of the Near Eastern regional system at the end of the bronze age. The case of Syria.— Centre and periphery in the ancient world (Cambridge 1987) 66–73, Abb.
SB

10405
Liverani, M.: Antico oriente. Storia, società, economia.— (Bari 1988) X, 1031 S., Abb.

10406
Livingstone, A.: The Isin 'dog house' revisited.—
JCunSt 40, 1988, 54–60, Abb.

10407
Lloyd, S.: Palaces of the second millennium B.C.—
Anadolu 21, 1978–80 [1987], 195–201, Taf.

10408
Lohof, E.: A lesser known figurine from the Near Eastern neolithic.— To the Euphrates and beyond. Archaeological studies in honour of M. N. van Loon (Rotterdam 1989) 65–74, Abb.

10409
Lombard, P.: Ages du fer sans fer. Le cas de la péninsule d'Oman au 1er millénaire avant J. C.— L'Arabie préislamique et son environnement historique et culturel (Leiden 1989) 25–37, Abb.
KB Strasbourg 1987

10410
Lombardo, G.: Bronzi iranici del Museo nazionale d'arte orientale di Roma. Nuove acquisizioni.—
VicOr 7, 1988, 189–200, Taf.

10411
Loon, M. N. van: Two neo-Elamite cylinder seals with mounted huntsmen.—
IrAnt 23, 1988, 221–226, Taf.

10412
Loon, M. N. van; Meijer, D. J. W.; Akkermans, P. M. M. G.: Hammam et-Turkman and Sabi Abyad on the Balikh. The University of Amsterdam's 1986 excavations.—
AAS 36–37, 1986–87, 309–312, Taf.

10413
Loon, M. van: New evidence for North Syrian chronology from Hammam et-Turkman.—
AJA 92, 1988, 582–587, Abb.

10414
Loon, M. van: Urartian bronze formerly in the Oriental Institute Museum.— Essays in ancient civilization presented to H. J. Kantor (Chicago 1989) 263–270, Abb.

10415
Loucas, I.: La déesse de la prospérité dans les mythes mésopotamien et égéen de la descente aux enfers.—
RHistRel 205, 1988, 227–244

10416
Lüth, F.: Ein Neuer Typus halbmondförmiger Axtklingen aus Nordsyrien.— To the Euphrates and beyond. Archaeological studies in honour of M. N. van Loon (Rotterdam 1989) 167–172, Abb.

10417
Maass, M.: Helme, Zubehör von Wagen und Pferdegeschirr aus Urartu.—
AMI 20, 1987, 65–92, Abb. Taf.

10418
MacDonald, B.; Clark, G. A.; Neeley, M.: Southern Ghors and northeast 'Araba. Archaeological survey 1985 and 1986, Jordan. A preliminary report.—
BASOR 1988, Nr. 272, 23–45, Abb.

10419
MacDonald, B.; Clark, G. A.; Neeley, M.; u. a.: Southern Ghors and northeast 'Arabah archaeological survey 1986, Jordan. A preliminary report.—
AAJ 31, 1987, 391–418, Abb. Taf.

10420
Madau, M.: Nota sui rapporti tra mondo nuragico e mondo fenicio e punico nella Sardegna nord-occidentale.—
RStFen 16, 1988, 181–190, Taf.

10421
Mahmoud, A.; Bernbeck, R.; Kühne, H.; u. a.: Die Ausgrabung auf dem Tell 'Ağāğa-Šadikanni 1982.—
DaM 3, 1988, 141–184, Abb. Taf.

10422
Maier III, W. A.: 'Ašerah. Extrabiblical evidence.— (Atlanta 1986) XIV, 260 S., Abb.
(Harvard Semitic monographs, 37)

10423
Makkay, J.: Angaben zur Archäologie der Indogermanenfrage, 2–4.—
ActaArchHung 40, 1988, 3–25, Abb.

10424
Mallet, J.: Tell el-Fâr'ah, 2, 1–2. Le Bronze Moyen. Stratigraphie des vestiges du Bronze Moyen II, 1re moitié du IIe millénaire av. J. C., dans les chantiers principaux II nord et IV. Texte; illustration.— (Paris 1987; 1988) 153 S.; 343 S., Beil.
(Editions recherche sur les civilisations. Mémoire, 66)

10425
Mann, U.: Die göttliche Wegscheide. Abzweigung, Abweichung, Abirrung.—
EranosJb 56, 1987, 1–44

10426
Marfoe, L.: Cedar forest to silver mountain. Social change and the development of long-distance trade in early Near Eastern societies.— Centre and periphery in the ancient world (Cambridge 1987) 25–35
SB

10427
Margueron, J. C.: Quelques principes méthodologiques pour une approche analytique de l'architecture de l'Orient antique.—
CMatAOr 1, 1986, 261–285, Abb.

10428
Markoe, G. E.: A terracotta warrior from Kazaphani, Cyprus, with stamped decoration in the Cypro-Phoenician tradition.—
RStFen 16, 1988, 15–19, Taf.

10429
Martin, H. P.: A monster mirrored.— Essays in ancient civilization presented to H. J. Kantor (Chicago 1989) 175–180, Abb.

10430
Mascheroni, L. M.: A proposito delle cosiddette Sammeltafeln etee.— Studi di storia e di filologia anatolica dedicati a G. Pugliese Carratelli (Firenze 1988) 131–145

10431
Masson, E.: La formule 'aimé des dieux' dans les hiéroglyphes louvites.— Studi di storia e di filologia anatolica dedicati a G. Pugliese Carratelli (Firenze 1988) 147–153, Abb. Taf.

10432
Mathias, V. T.; Parr, P. J.: The early phases at Tell Nebi Mend. A preliminary account.—
Levant 21, 1989, 13–32, Abb.

10433
Matthiae, P.: Una stele paleosiriana arcaica da Ebla e la cultura figurativa della Siria attorno al 1800 a. C.—
SciAnt 1, 1987, 447–495, Abb.

10434
Matthiae, P.: Sull'identità degli dèi titolari dei templi paleosiriani di Ebla.—
CMatAOr 1, 1986, 335–362, Abb.

10435
Matthiae, P.: Ebla. Un impero ritrovato. Dai primi scavi alle ultime scoperte.— (Torino 1989) XXVII, 365 S., Abb. Taf.
(Saggi, 719)

10436
Maxwell-Hyslop, K. R.: A comment on the finds from Khinaman.—
IrAnt 23, 1988, 129–138

10437
Mayer, W. R.: Ein neues Königsritual gegen feindliche Bedrohung.—
Orientalia 57, 1988, 145–164

10438
Mayer-Opificius, R.: Gedanken zur Bedeutung frühdynastischer Rundbilder.— Ad bene et fideliter seminandum. Festgabe für K. Deller (Kevelaer 1988) 247–268, Taf.

10439
Mayer-Opificius, R.: Ein seltenes assyrisches Siegel.—
UgaritF 20, 1988, 145–147, Taf.

10440
Mazar, A.: A note on Canaanite jars from Enkomi.—
IsrExplJ 38, 1988, 224–226, Abb.

10441
Mazzoleni, D.: Un Ebreo di Aquileia in un'iscrizione romana.—
Aquileia e Roma (Udine 1987) 309–315, Taf.
KB Aquileia 1986

10442
Mazzoni, S.: Tell Afis. Lo scavo dell'edificio del settore D.—
EgVicOr 10, 1987, Nr. 2, 25–40, Taf.

10443
Mazzoni, S.: La crisi dell'arte narrativa neoassira. Riflessioni in margine.—
EgVicOr 11, 1988, 111–116

10444
Mazzoni, S.: A sculptures quarry at Sıkızlar.—
AAS 36–37, 1986–87, 268–272, Taf.

10445
Mazzoni, S.: 'Problèmes et questions ouvertes' nell'archeologia orientale.—
VicOr 7, 1988, 59–69

10446
McClellan, T. L.: The chronology and ceramic assemblages of Alalakh.— Essays in ancient civilization presented to H. J. Kantor (Chicago 1989) 181–212, Abb.

10447
McGovern, P. E.; u. a.: The late bronze and early iron ages of Central Transjordan. The Baq'ah Valley Project, 1977–1981.— (Philadelphia 1986) XXII, 365 S., Abb. Taf.
(University Museum monograph, 65)

10448
Medvedskaya, I.: Who destroyed Hasanlu IV?—
Iran 26, 1988, 1–15, Abb.

10449
Meier, S.: House fungus. Mesopotamia and Israel (Lev 14, 33–53).—
RBibl 96, 1989, 184–192

10450
Meijer, D. J. W.: Ground plans and archaeologists. On similarities and comparisons.— To the Euphrates and beyond. Archaeological studies in honour of M. N. van Loon (Rotterdam 1989) 221–236, Abb.

10451
Mellaart, J.: Some thoughts on the interpretation of Anatolia's cultural development.—
Anadolu 21, 1978–80 [1987], 223–227

10452
Merhav, R.: The stele of the 'serpent goddess' from Tell Beit Mirsim and the plaque from Shechem reconsidered.—
IsrMusJ 4, 1985, 27–42, Abb.

10453
Messerschmidt, W.: Der ägäische Streitwagen und seine Beziehungen zum nordeurasisch-vorderasiatischen Raum.—
ActaPrHistA 20, 1988, 31–44, Abb.

10454
Meyer, J. W.: Die Silberschale VA 14 117. Ägyptisch oder phönizisch?— Phoenicia and the East Mediterranean in the first millennium B.C. (Leuven 1987) 167–180, Abb.
KB Louvain 1985

10455
Meyers, E. M.; White, L. M.: Jews and Christians in a Roman world.—
Archaeology 42, 1989, Nr. 2, 26–33, Abb.

10456
Mieroop, M. van de: The archive of Balmunamḫe.—
AfO 34, 1987, 1–29, Abb.

10457
Millard, A. R.: The bevelled-rim bowls. Their purpose and significance.—
Iraq 50, 1988, 49–57, Abb.

10458
Milson, D.: The design of the early bronze age temples at Megiddo.—
BASOR 1988, Nr. 272, 75–78, Abb.

10459
Miroschedji, P. de: Yarmouth, 1. Rapport sur les trois premières campagnes de fouilles à Tel Yarmouth (Israël), 1980–1982.— (Paris 1988) 281 S., Abb.
(Editions recherche sur les civilisations. Mémoire, 76)

10460
Miroschedji, P. de: Données nouvelles sur le Bronze Ancien de Palestine. Les fouilles de Tel Yarmouth.—
CRAI 1988, 186–211, Abb.

10461
Moore, A. M. T.: The prehistory of Syria.—
BASOR 1988, Nr. 270, 3–12, Abb.

10462
Moorey, P. R. S.: The chalcolithic hoard from Nahal Mishmar, Israel, in context.—
WorldA 20, 1988, 171–189, Abb.

10463
Moorey, P. R. S.: On tracking cultural transfers in prehistory. The case of Egypt and Lower Mesopotamia in the fourth millennium BC.— Centre and periphery in the ancient world (Cambridge 1987) 36–46, Abb.
SB

10464
Moorey, P. R. S.: The technique of gold-figure decoration on Achaemenid silver vessels and its antecedents.—
IrAnt 23, 1988, 231–246, Taf.

10465
Moortgat-Correns, U.; u. a.: Tell Chuēra in Nordost-Syrien. Vorläufiger Bericht über die elfte Grabungskampagne 1985.— (Berlin 1988) 68 S., Abb. Beil

10466
Mora, C.: Halpaziti e Kukulana. Indagine sui sigilli ittiti a doppia intestazione.— Studi di storia e di filologia anatolica dedicati a G. Pugliese Carratelli (Firenze 1988) 159–167, Abb.

10467
Morandi, D.: Stele e statue reali assire. Localizzazione, diffusione e implicazioni ideologiche.—
Mesopotamia 23, 1988, 105–155, Abb.

10468
Morrison, M. A.: The southwest archives at Nuzi.— Studies on the civilization and culture of Nuzi and the Hurrians, 2 (Winona Lake (Ind.) 1987) 167–201
SB

10469
Moscati, S.: Fenicio o punico o cartaginese.—
RStFen 16, 1988, 3–13

10470
Moscati, S.: Dimensione tirrenica.—
RStFen 16, 1988, 133–144

10471
Moscati, S.; Uberti, M. L.: Testimonianze fenicio-puniche a Oristano.—
MemAccLinc 31, 1988, 1–63, Abb. Taf.

10472
Moscati, S.: Tra Tiro e Cadice. Temi e problemi degli studi fenici.— (Roma 1989) 155 S.
(Studia punica, 5)

10473
Mousli, M.: Ein Räucherständer aus Terrakotta im Museum zu Homs.—
ActaPrHistA 20, 1988, 27–30, Abb.

10474
Moutsopoulos, N.; Demetrokalles, G.: Ἡ ἑλληνικὴ ἡμισέληνος.— (Ἀθῆναι 1988) 125 S., Abb.

10475
Müller, H. P.: Pygmaion, Pygmalion und Pumaijaton. Aus der Geschichte einer mythischen Gestalt.—
Orientalia 57, 1988, 192–205

10476
Müller, H. W.: Der 'Armreif' des Königs Ahmose und der Handgelenkschutz des Bogenschützen im alten Ägypten und Vorderasien.— (Mainz 1989) X, 49 S., Abb. Taf.
(Deutsches Archäologisches Institut, Abteilung Kairo. Sonderschrift, 25)

10477
Munchayev, R. M.; Merpert, N. Y.; Bader, N. O.; u. a.: A Soviet archaeological expedition to Syria. The first results of research. (Russ.).—
VesDrevIstor 1989, Nr. 1, 181–185, Abb.

10478
Nagel, W.; Jacobs, B.: Königsgötter und Sonnengottheit bei altiranischen Dynastien.—
IrAnt 24, 1989, 337–389, Taf.

10479
Naveh, J.: Lamp inscriptions and inverted writing.—
IsrExplJ 38, 1988, 36–43, Taf.

10480
Negahban, E. O.: Pendants from Marlik.—
IrAnt 24, 1989, 175–198, Taf.

10481
Negahban, E. O.: Mosaic, glass, and frit vessels from Marlik.— Essays in ancient civilization presented to H. J. Kantor (Chicago 1989) 221–227, Abb. Taf.

10482
Negri Scafa, P.: Criteri e metodologie per uno studio degli scribi di Nuzi.— Studies on the civilization and culture of Nuzi and the Hurrians, 2 (Winona Lake (Ind.) 1987) 215–223
SB

10483
Nesbitt, M.; Sumers, G. D.: Some recent discoveries of millet (Panicum miliaceum L. and Setaria italica (L.) P. Beauv.) at excavations in Turkey and Iran.—
AnatSt 38, 1988, 85–97, Abb.

10484
Neumann, H.: Bemerkungen zu den Eigentums- und Wirtschaftsverhältnissen in Mesopotamien gegen Ende des 3. Jahrtausends v. u. Z.— Familie, Staat und Gesellschaftsformation (Berlin 1988) 335–343
KB Dresden 1984

10485
Neusner, J.: Josephus' Pharisees. A complete repertoire.— Josephus, Judaism, and Christianity (Leiden 1987) 274–292
SB

10486
Nissen, H. J.; Muheisen, M.; Gebel, H. G.; u. a.: Report on the first two seasons of excavations at Basṭa, 1986–1987.—
AAJ 31, 1987, 79–119, Abb. Taf.

10487
Noy, T.: Gilgal I. An early village in the Lower Jordan Valley. Preliminary Report of the 1987 winter season.—
IsrMusJ 7, 1988, 113–114, Abb.

10488
Noy, T.: A radial decoration on human face images from the PPNB period.—
IsrMusJ 7, 1988, 109–112, Abb.

10489
Noy, T.: Ten years of research in the area of Gilgal, Lower Jordan Valley.—
IsrMusJ 4, 1985, 13–16, Abb.

10490
Oates, D.; Oates, J.: An Urartian stamp cylinder from North-Eastern Syria.—
IrAnt 23, 1988, 217–218, Taf.

10491
Oelsner, J.: Materialien zur babylonischen Gesellschaft und Kultur in hellenistischer Zeit.— (Budapest 1986) 546 S., Abb.
(Assyriologia, 7)

10492
Özgüç, N.: Anatolian cylinder seals and impressions from Kültepe and Acemhöyük in the second millennium B.C.— Essays on Anatolian studies in the second millennium B.C. (Wiesbaden 1988) 22–29, Taf.
SB

10493
Palumbo, G.: Per un'analisi delle sepolture contratte del Bronzo antico IV di Gerico.—
CMatAOr 1, 1986, 287–306, Abb.

10494
Pangas, J. C.: Aspectos de la sexualidad en la antigua Mesopotamia.—
AulaOr 6, 1988, 211–226

10495
Pardee, D.: An evaluation of the proper names from Ebla from a West Semitic perspective. Pantheon distribution according to genre.— Eblaite personal names and Semitic name-giving (Roma 1988) 119–151
KB Roma 1985

10496
Pardee, D.: Tukamuna wa Šunama.—
UgaritF 20, 1988, 195–199

10497
Parr, P. J.: Aspects of the archaeology of North-West Arabia in the first millennium B.C.— L'Arabie préislamique et son environnement historique et culturel (Leiden 1989) 39–66, Abb.
KB Strasbourg 1987

10498
Pecchioli Daddi, F.: A proposito di CTH 649.— Studi di storia e di filologia anatolica dedicati a G. Pugliese Carratelli (Firenze 1988) 193–206

10499
Petersmann, H.: Le culte du soleil chez les Arabes selon les témoignages gréco-romains.— L'Arabie préislamique et son environnement historique et culturel (Leiden 1989) 401–412
KB Strasbourg 1987

10500
Petschow, H.: Das Unterkönigtum des Cambyses als 'König von Babylon'.—
RAssyr 82, 1988, 78–82

10501
Pfälzner, P.; u. a.: Tell Bdēri 1985. Bericht über die erste Kampagne.—
DaM 3, 1988, 223–386, Abb. Taf.

10502
Pfälzner, P.: The excavations at Tell Bderi 1986.—
AAS 36–37, 1986–87, 292–296, Taf.

10503
Pfälzner, P.: A short account of the excavation in Tell Bderi 1985.—
AAS 36–37, 1986–87, 276–279, Taf.

10504
Philip, G.: Hoards of the early and middle bronze ages in the Levant.—
WorldA 20, 1988, 190–208, Abb.

10505
Pirenne, J.: Des Grecs à l'aurore de la culture monumentale sabéenne.— L'Arabie préislamique et son environnement historique et culturel (Leiden 1989) 257–269
KB Strasbourg 1987

10506
Pitard, W. T.: The identity of the Bir-Hadad of the Melqart stela.—
BASOR 1988, Nr. 272, 3–21, Abb.

10507
Pittman, H.: Ancient art in miniature. Near Eastern seals from the Collection of Martin and Sarah Cherkasky.— Exhibition catalog, The Metropolitan Museum of Art New York [1987].2. ed. (New York 1988) 80 S., Abb.

10508
Podella, T.: Ṣôm-Fasten. Kollektive Trauer um den verborgenen Gott im Alten Testament.— (Kevelaer 1989) XI, 327 S.
(Alter Orient und Altes Testament, 224)

10509
Polvani, A. M.: Un oggetto del culto ittita, (giš) zahurti.— Studi di storia e di filologia anatolica dedicati a G. Pugliese Carratelli (Firenze 1988) 209–219

10510
Polvani, A. M.: Appunti per una storia della musica cultuale ittita. Lo strumento 'huhupal'.— Hethitica, 9 (Louvain-la-Neuve 1988) 171–179
SB

10511
Poplin, F.; Cauvin, M. C.: A propos d'une occupation préhistorique à Gerada.—
AAS 36–37, 1986–87, 304–306, Taf.

10512
Porada, E.: Discussion of a cylinder seal, probably from Southeast Iran.—
IrAnt 23, 1988, 139–143, Taf.

10513
Porada, E.: Problems of late Assyrian reliefs.— Essays in ancient civilization presented to H. J. Kantor (Chicago 1989) 233–248, Abb.

10514
Prag, K.: Preliminary report on the excavations at Tell Iktanu, Jordan, 1987.—
Levant 21, 1988, 33–45, Abb.

10515
Puhvel, J.: Hittite athletics as prefigurations of ancient Greek games.— The archaeology of the Olympics (Madison 1988) 26–31
KB Los Angeles 1984

10516
Renfroe, F.: Diagnosing long-dead patients. The equine ailments in KTU 1.85.—
Orientalia 57, 1988, 181–191

10517
Rey-Coquais, J. P.: Sur une comparaison entre le clergé phénicien et le clergé 'africain'.— L'Africa romana (Sassari 1988) 397–402
KB Sassari 1987

10518
Rissman, P.: Public displays and private values. A guide to buried wealth in Harappan archaeology.—
WorldA 20, 1988, 209–228, Abb.

10519
Roaf, M.: Problems in the chronology of Ninevite 5.—
AJA 92, 1988, 589–591

10520
Römer, W. H. P.: Aus einem Schulstreitgespräch in sumerischer Sprache.—
UgaritF 20, 1988, 233–245

10521
Rollefson, G. O.: Observations on the neolithic village in Wadi Shu'eib.—
AAJ 31, 1987, 521–524, Abb.

10522
Rosen, S. A.: A preliminary note on the Egyptian component of the chipped stone assemblage from Tel 'Erani.—
IsrExplJ 38, 1988, 105–116, Abb.

10523
Rossner, E. P.: Die hethitischen Felsreliefs in der Türkei. Ein archäologischer Führer. 2. ed.— (München 1988) 252 S., Abb.
(Felsdenkmäler in der Türkei, 1)

10524
Rova, E.: Die sogenannte 'smeared-wash ware'. Ein Beitrag zur syrischen Keramik des 3. Jahrtausends v. Chr.—
BaM 20, 1989, 139–196, Abb.

10525
Rüterswörden, U.: Der Bogen in Genesis 9. Militärhistorische und traditionsgeschichtliche Erwägungen zu einem biblischen Symbol.—
UgaritF 20, 1988, 247–263

10526
Runnels, C.; Andel, T. H. van: Trade and the origins of agriculture in the Eastern Mediterranean.—
JMedA 1, 1988, 83–109, Abb.

10527
Ryckmans, J.: Le panthéon de l'Arabie du Sud préislamique. Etat des problèmes et brève synthèse.—
RHistRel 206, 1989, 151–169

10528
Sagona, A. G.; Sagona, C.: Prehistoric finds from Jebel Haloula and Khirbet Meushrag, Northern Syria.—
MedA 1, 1988, 114–140, Abb.

10529
Sajjadi, S. M. S.: Prehistoric settlements in the Bardsir Plain, South-Eastern Iran.—
EastWest 37, 1987, 11–137, Abb.

10530
Sajko, Z. V.: Techniko-technologičeskie faktory v razvitii rannezemledel'českogo obščestva. (Russ.) [Technisch-technologische Faktoren in der Entwicklung früher Agrargesellschaften.].—
KraSoob 1988, Nr. 193, 32–38, Abb.

10531
Salles, J. F.: Les échanges commerciaux dans le Golfe arabo-persique au 1er millénaire avant J. C. Réflexions sur Makkan et Meluhha.— L'Arabie préislamique et son environnement historique et culturel (Leiden 1989) 67–96, Abb.
KB Strasbourg 1987

10532
Salvini, M.: Le panthéon de l'Urartu et le fondement de l'état.—
StEpigrLing 6, 1989, 79–88, Taf.

10533
Samuel, D.: Plant remains from the northwest tell at Buṣrā.—
Berytus 34, 1986, 83–96, Abb.

10534
Sanati-Müller, S.: Texte aus dem Sînkāšid-Palast, 2. Fischtexte und Bürgschaftsurkunden.—
BaM 20, 1989, 225–313, Taf.

10535
Sanmartín Ascaso, J.: Die Gilde der 'yṣḥm' in Ugarit.—
AfO 34, 1987, 54–56

10536
Sarianidi, V. I.; u. a.: A proto-Zoroastrian temple in the Karakum desert and the problem of Zoroastrianism in Central Asia. (Russ. m. engl. Res.).—
VesDrevIstor 1989, Nr. 1, 152–181, Abb. Taf.

10537
Schick, T.: A neolithic cult headdress from the Nahal Hemar Cave.—
IsrMusJ 7, 1988, 25–33

10538
Schiffman, L. H.: The conversion of the royal house of Abiabene in Josephus and rabbinic sources.— Josephus, Judaism, and Christianity (Leiden 1987) 293–312
SB

10539
Schirmer, W.: Zur Entstehung von Bauformen. Beobachtungen an einer Reihe von Bauten des präkeramischen Neolithikums in Südostanatolien.— Bathron. Beiträge zur Architektur und verwandten Künsten für H. Drerup (Saarbrücken 1988) 367–373, Abb.

10540
Schmandt-Besserat, D.: Tokens as funerary offerings.—
VicOr 7, 1988, 3–9, Abb. Taf.

10541
Schmidt, J.: Die Ruinen von Ṣirwāḥ-Arḥab und der Tempel des 'Attar Ḏū-Ḏībān.—
ABerYem 4, 1987, 195–201, Abb. Taf.

10542
Schmidt, J.: Der Tempel des Waddum Ḏū-Masma'im.—
ABerYem 4, 1987, 179–184, Abb. Taf.

10543
Schmidt, J.: Hypäthrale Bauanlagen und andere Steinstrukturen.—
ABerYem 4, 1987, 143–178, Abb. Taf.

10544
Schmidt, J.; Herberg, W.: Mārib. Dritter vorläufiger Bericht über die Ausgrabungen und Forschungen in der Sabäerhauptstadt und Umgebung.—
ABerYem 4, 1987, 97–142, Abb. Taf.

10545
Schneider, G.: A technological study of North-Mesopotamian Stone Ware.—
WorldA 21, 1989, 30–50, Abb.

10546
Schubart, H.: Endbronzezeitliche und phönizische Siedlungsfunde von der Guadiaro-Mündung, Prov. Cádiz. Probegrabung 1986.—
MM 29, 1988, 132–165, Abb. Taf.

10547
Schürer, E.: The history of the Jewish people in the age of Jesus Christ (175 BC – AD 135), 3,1. New English version.— (Edinburgh 1986) XXI, 704 S.

10548
Schuler, E. v.: Das 'gute Rohr'.— Studi di storia e di filologia anatolica dedicati a G. Pugliese Carratelli (Firenze 1988) 243–249

10549
Scurlock, J. A.: How to lock a gate. A new interpretation of CT 40 12.—
Orientalia 57, 1988, 421–433, Abb.

10550
Seeden, H.: Bronze age village occupation at Busra. AUB excavations on the northwest Tell 1983–84.—
Berytus 34, 1986, 11–43, Abb. Taf.

10551
Seeden, H.: Busra 1983–84. Second archaeological report.—
DaM 3, 1988, 387–411, Abb. Taf.

10552
Seger, J. D.; u. a.: Gezer, 5. The field I caves.— (Jerusalem 1988) XV, 243 S., Abb. Taf. Beil.
(Annual of the Hebrew Union College – Nelson Glueck School of Biblical Archaeology, 5)

10553
Sevin, V.: The oldest highway. Between the regions of Van and Elazığ in Eastern Anatolia.—
Antiquity 62, 1988, 547–551, Abb.

10554
Shalev, S.: Redating the 'Philistine sword' at the British Museum. A case study in typology and technology.—
OxfJA 7, 1988, 303–311, Abb.

10555
Shaw, J. W.: Phoenicians in southern Crete.—
AJA 93, 1989, 165–183, Abb.

10556
Shea, M. O.: A small cube-shaped incense-burner from Tell Fara in southern Palestine.—
BInstALondon 23, 1986, 161–169, Abb.

10557
Simpson, K.: Qraya modular reports, 1. Early soundings.—
SyrMesopSt 4, 1988, Nr. 4, 1–44, Abb.

10558
Sjöberg, Å.: A hymn to Inanna and her self-praise.—
JCunSt 40, 1988, 165–178, Taf.

10559
Smith, M. S.: Divine form and size in Ugaritic and pre-exilic Israelite religion.—
ZAW 100, 1988, 424–427

10560
Spaer, A.: Jaddua the High Priest?—
IsrNumJ 9, 1986–87, 1–3, Taf.

10561
Spycket, A.: Lions en terre cuite de Suse.—
IrAnt 23, 1988, 149–156, Abb. Taf.

10562
Stein, D. L.: Seal impressions on texts from Arrapḫa and Nuzi in the Yale Babylonian Collection.— Studies on the civilization and culture of Nuzi and the Hurrians, 2 (Winona Lake (Ind.) 1987) 225–310, Abb. Taf.
SB

10563
Stein, D. L.: Mythologische Inhalte der Nuzi-Glyptik.— Hurriter und hurritisch (Konstanz 1988) 173–209, Abb.
SB

10564
Steinkeller, P.: Sale documents of the Ur-III-period.— (Stuttgart 1989) XVI, 393 S., Taf.
(Freiburger altorientalische Studien, 17)

10565
Stemberger, G.: Juden und Christen im Heiligen Land. Palästina unter Konstantin und Theodosius.— (München 1987) 298 S., Abb.

10566
Stern, E.: The walls of Dor.—
IsrExplJ 38, 1988, 6–14, Abb. Taf.

10567
Stolper, M. W.: The Kasr archive.—
AJA 92, 1988, 587–588

10568
Stolper, M. W.: The 'šaknu' of Nippur.—
JCunSt 40, 1988, 127–155, Abb.

10569
Stricker, B. H.: De praehelleense ascese.—
OudhMeded 67, 1987, Suppl., 1–60

10570
Stronach, D.: Early Achaemenid coinage. Perspectives from the homeland.—
IrAnt 24, 1989, 255–279, Abb. Taf.

10571
Stucky, R.: Kleinplastiken. Nachträge zu AMI 18, 1985, 119 ff. und AntK 28, 1985, 7 ff.—
AMI 20, 1987, 161–165, Abb. Taf.

10572
Stucky, R. A.: Drei Sidonierinnen in Basel.—
AntK 32, 1989, 147–150, Taf.

10573
Sumner, W. M.: Prelude to proto-Elamite Anshan. The Lapui phase.—
IrAnt 23, 1988, 23–43, Abb.

10574
Sznycer, M.: Nouvelle lecture d'un mot à la première ligne de l'inscription phénicienne de Larnaca-tis-Lapithou conservée au musée de Nicosie.—
RDAC 1988, Nr. 2, 59–61, Taf.

10575
Tadmor, M.: The Judean Desert treasure from Naḥal Mishmar. A chalcolithic traders' hoard?— Essays in ancient civilization presented to H. J. Kantor (Chicago 1989) 249–261, Abb.

10576
Tallon, F.; Hurtel, L.; Drilhon, F.: Un aspect de la métallurgie du cuivre à Suse. La petite statuaire du IIe millénaire avant J. C.—
IrAnt 24, 1989, 121–151, Abb. Taf.

10577
Teixidor, J.: Dieu de la tribu ou seigneur du lieu? Aspects de la divinité chez les Sémites de l'Ouest.—
RHistRel 205, 1988, 415–424

10578
Teixidor, J.: A propos d'une inscription araméenne de Failaka.— L'Arabie préislamique et son environnement historique et culturel (Leiden 1989) 169–171, Taf.
KB Strasbourg 1987

10579
Thalmann, J. P.: Le IIIe millénaire. Les premières villes de Jordanie.— La Jordanie de l'âge de la pierre à l'époque byzantine (Paris 1987) 27–40, Abb.
SB

10580
Thissen, L. C.: An Early Bronze III pottery region between the Middle Euphrates and Ḫabur. New evidence from Tell Hammam et-Turkman.— To the Euphrates and beyond. Archaeological studies in honour of M. N. van Loon (Rotterdam 1989) 195–211, Abb.

10581
Thuesen, I.: Hama. Fouilles et recherches 1931–1938, 1. The pre- and protohistoric periods.— (Copenhague 1988) 279 S., Abb.
(Nationalmuseets skrifter. Større beretninger, 11)

10582
Tourovetz, A.: Observations concernant le matériel archéologique des nécropoles A et B de Sialk.—
IrAnt 24, 1989, 209–237, Taf.

10583
Trümpelmann, L.: Die Pyra Alexanders des Großen.— Πρακτικά του XII Διεθνούς συνεδρίου κλασικής αρχαιολογίας, 4 (Αθήνα 1988) 293–297, Taf.
KB Athenai 1983

10584
Tubach, J.: Im Schatten des Sonnengottes. Der Sonnenkult in Edessa, Ḥarrān und Ḥaṭrā am Vorabend der christlichen Mission.— (Wiesbaden 1986) XVIII, 546 S., Taf.

10585
Tubach, J.: Spuren des astronomischen Henochbuches bei den Manichäern Mittelasiens.— Nubia et Oriens christianus. Festschrift für C. D. G. Müller (Köln 1988) 73–95

10586
Tubb, J. N.: Tell es-Sa'idiyeh. Preliminary report on the first three seasons of renewed excavations.—
Levant 20, 1988, 23–88, Abb.

10587
Tuplin, C.: Xenophon and the garrisons of the Achaemenid empire.—
AMI 20, 1987, 167–241, Taf.

10588
Tusa, S.: The Italian archaeological mission in Pakistan.—
EastWest 36, 1986, 473–495, Abb.

10589
Uehlinger, C.: Der Amun-Tempel Ramses' III. in pꜣ-Knꜥn, seine südpalästinischen Tempelgüter und der Übergang von der Ägypter- zur Philisterherrschaft. Ein Hinweis auf einige wenig beachtete Skarabäen.—
ZDPV 104, 1988, 6–25, Abb. Taf.

10590
Ünal, A.: 'You should build for eternity'. New light on the Hittite architects and their work.—
JCunSt 40, 1988, 97–106

10591
Ünal, A.: The role of magic in the ancient Anatolian religions according to the cuneiform texts from Boğazköy-Hattuša.— Essays on Anatolian studies in the second millennium B.C. (Wiesbaden 1988) 52–85
SB

10592
Ünal, A.: Hittite architect and a rope-climbing ritual.—
Belleten 52, 1988, 1469–1503

10593
Ussishkin, D.: The date of the Judaean shrine at Arad.—
IsrExplJ 38, 1988, 142–157, Abb. Taf.

10594
Vajman, A. A.; u. a.: Beiträge zur Entzifferung der archaischen Schriften Vorderasiens, 1.—
BaM 20, 1989, 91–138, Abb.

10595
Veenhof, K. R.: Prices and trade. The old Assyrian evidence.—
AltorF 15, 1988, 243–263, Abb.

10596
Vértesalji, P. P.: Das Ende der Uruk-Zeit im Lichte der Grabungsergebnisse der sogenannten 'archaischen' Siedlung bei Uruk-Warka.—
ActaPrHistA 20, 1988, 9–26, Abb.

10597
Vickers, M.: Demus's gold phiale (Lysias 19.25).—
AmJAncHist 9, 1984, 48–53, Taf.

10598
Vidale, M.: Some observations and conjectures on a group of steatite-debitage concentrations on the surface of Moenjodaro.—
AnnOrNap 47, 1987, 113–129, Abb. Taf.

10599
Vidale, M.: The paste plaques and cylinders of Chanhudaro. A descriptive report.—
AnnOrNap 47, 1987, 57–66, Abb. Taf.

10600
Vogelsang, W.: Some observations on Achaemenid Hyrcania. A combination of sources.— Achaemenid history, 3 (Leiden 1988) 121–133, Taf.
KB London 1985

10601
Vogt, B.; Häser, J.; Velde, C.: Archäologische Forchungen in Shimal, Ras al-Khaimah (Vereinigte Arabische Emirate).—
AfO 34, 1987, 237–242, Abb.

10602
Vogt, B.: Zur Chronologie und Entwicklung der Gräber des späten 4.–2. Jahrtausends v. Chr. auf der Halbinsel Oman. Zusammenfassung, Analyse und Würdigung publizierter wie auch unveröffentlichter Grabungsergebnisse. Diss. Göttingen 1986.— (Göttingen 1985) III, 305 S., Taf.

10603
Waschkies, H. J.: Anfänge der Arithmetik im alten Orient und bei den Griechen.— (Amsterdam 1989) 386 S., Abb.

10604
Waterston, A.: The kingdom of ʿAṯtar and his role in the AB cycle.—
UgaritF 20, 1988, 357–364

10605
Weinholt, K.: The gateways of Judaism from Simon the Just to rabbi Akiba.— Rethinking religion (Copenhagen 1989) 87–101
SB

10606
Weippert, M.: Aspekte israelitischer Prophetie im Lichte verwandter Erscheinungen des alten Orients.— Ad bene et fideliter seminandum. Festgabe für K. Deller (Kevelaer 1988) 287–319

10607
Westenholz, A.: Personal names in Ebla and in pre-Sargonic Babylonia.— Eblaite personal names and Semitic name-giving (Roma 1988) 99–117
KB Roma 1985

10608
Wiggermann, F. A. M.: Tišpak, his seal, and the dragon Mušhuššu.— To the Euphrates and beyond. Archaeological studies in honour of M. N. von Loon (Rotterdam 1989) 117–133

10609
Wightman, G. J.: An EB IV cemetery in the north Jordan Valley.—
Levant 20, 1988, 139–159, Abb.

10610
Wilhelm, G.: Zu den Wollmassen in Nuzi.—
ZA 78, 1988, 276–283

10611
Will, E.; Orrieux, C.: Ioudaïsmos-hellènismos. Essai sur le judaïsme judéen à l'époque hellénistique.— (Nancy 1986) 228 S., Abb.

10612
Wimmer, D. H.: Tell Ṣāfūṭ excavations, 1982–1985. Preliminary report.—
AAJ 31, 1987, 159–174, Abb. Taf.

10613
Winter, I. J.: North Syrian ivories and Tell Halaf reliefs. The impact of luxury goods upon 'major' arts.— Essays in ancient civilization presented to H. J. Kantor (Chicago 1989) 321–332, Taf.

10614
Worschech, U.: Der assyrisch-babylonische Löwenmensch und der menschliche Löwe aus 'Daniel' 7,4.— Ad bene et fideliter seminandum. Festgabe für K. Deller (Kevelaer 1988) 321–332, Taf.

10615
Wright, G. R. H.: Some preliminary observations on the masonry work at Mārib.—
ABerYem 4, 1987, 63–78, Abb.

10616
Wyatt, N.: The source of the Ugaritic myth of the conflict of Ba'al and Yam.—
UgaritF 20, 1988, 375–385

10617
Zaccagnini, C.: Aspects of ceremonial exchange in the Near East during the late second millennium BC.— Centre and periphery in the ancient world (Cambridge 1987) 57–65
SB

10618
Zagarell, A.: Institutional leadership among nomadic groups.— Familie, Staat und Gesellschaftsformation (Berlin 1988) 357–364
KB Dresden 1984

10619
Zarins, J.: Jebel Bishri and the Amorite homeland. The PPNB phase.— To the Euphrates and beyond. Archaeological studies in honour of M. N. van Loon (Rotterdam 1989) 29–51, Abb. Taf.

10620
Zayadine, F.; Najjar, M.; Greene, J. A.: Recent excavations on the citadel of Amman, lower terrace. A preliminary report.—
AAJ 31, 1987, 299–311, Abb. Taf.

10621
Zeist, W. van; Bakker-Heeres, J. A. H.: Archaeobotanical studies in the Levant, 4. Bronze age sites on the north Syrian Euphrates.—
Palaeohistoria 27, 1985, 247–316, Abb.

10622
Zettler, R. L.: Pottery profiles reconstructed from jar sealings in the lower seal impression strata (SIS 8–4) at Ur. New evidence for dating.— Essays in ancient civilization presented to H. J. Kantor (Chicago 1989) 369–387, Abb. Taf.

Ägyptische Kultur

10623
Charles Ede Ltd. Antiquities 147.— (London 1989) o. Pagin., Abb.

10624
Charles Ede Ltd. Egyptian sculpture, 16. Small sculpture from ancient Egypt.— (London o. J.) o. Pagin., Abb.

10625
Christie's South Kensington. Antiquities and souveniers of the grand tour. For sale by auction, Tuesday, october 25, 1988.— (London 1988) 25 S., Taf.

10626
Christie's South Kensington. Antiquities and souvenirs of the Grand Tour for sale by auction Monday, May 8, 1989.— (London 1989) 36 S., Abb.

10627
Das Alte Reich. Ägypten im Zeitalter der Pyramiden. Römer- und Pelizaeus-Museum Hildesheim.
ed. A. Eggebrecht.— (Mainz 1986) 112 S., Abb. Taf.

10628
Galerie Günter Puhze. Kunst der Antike. Katalog 8.— (Freiburg i. Br. [1989]) 35 S., Taf.

10629
Gatti nell'arte. Il magico e il quotidiano. [Catalogo della mostra] Roma, Palazzo Barberini, 3 giugno – 19 luglio 1987.— (Roma 1987) 175 S., Abb.

10630
Kleopatra. Ägypten um die Zeitenwende. Ausstellung in der Kunsthalle der Hypo-Kulturstiftung, München 16. Juni – 10. September 1989.— (Mainz 1989) 324 S., Abb.

10631
Ein Leib für Leben und Ewigkeit. Medizin im alten Ägypten. Katalog. Ausstellung von Leihgaben der Staatlichen Sammlung ägyptischer Kunst München im Deutschen medizinhistorischen Museum Ingolstadt 17. Juli – 15. September 1985.
ed. C. Habrich.— (Ingolstadt 1985) 54 S., Abb.
(Kataloge des Deutschen medizinhistorischen Museums Ingolstadt, 7)

10632
Il Museo dell'Accademia etrusca di Cortona. Catalogo delle collezioni.— (Cortona 1988) 97 S., Abb.

10633
Royal-Athena Galleries New York. Art of the ancient world, 5, 2. The age of Cleopatra. The art of late dynastic and Graeco-Roman Egypt. [Sales catalog, New York – Beverly Hills, October 5, 1988 – February 4, 1989.]— (New York 1988) 31 S., Abb.

10634
Sotheby's London. Ancient glass, ancient jewellery, Middle Eastern, Egyptian, Greek, Etruscan and Roman antiquities, also art reference books. Day of sale Monday 12th December 1988.— (London 1988) 160 S., Abb.

10635
Sotheby's. Middle Eastern, Egyptian, ancient jewellery, Greek, Etruscan and Roman antiquities also ancient glass. Day of sale Monday 11th July 1988 Conduit Street Gallery, London.— (London 1988) 183 S., Abb.

10636
Les statues découvertes à Louxor.—
ArcheologiaParis 1989, Nr. 246, 12–15, Abb.

10637
Vögel im alten Ägypten. Informationen zum Thema und Kurzführer durch die Ausstellung Hildesheim [1987].— (Hildesheim 1987) 54 S., Abb.
(Informationen und Einführungen für den Museumsbesucher, 3)

10638
Abd el-Hamid, S.: Discovery of a new foundation deposit of Thutmosis III at the east of Karnak. A preliminary report (with an annex about a stela of Pareemheb).—
CahKarnak 8, 1982–85, 41–46, Abb. Taf.

10639
Abdalla, A.: A group of Osiris-cloths of the twenty-first dynasty in the Cairo Museum.—
JEA 74, 1988, 157–164, Taf.

10640
Adams, N. K.: Meroitic high fashions. Examples from art and archaeology.— Studia meroitica 1984 (Berlin 1989) 747–752, Taf.
KB Roma 1984

10641
Ahmed, S. M.: A Napatan residential building at Kerma.— Studia meroitica 1984 (Berlin 1989) 843–848, Taf.
KB Roma 1984

10642
Ali Hakem, A. M.: Napatan-Meroitic continuity. Reflections on basic conceptions on Meroitic culture.— Studia meroitica 1984 (Berlin 1989) 885–894
KB Roma 1984

10643
Allam, S.: A propos de quelques décrets royaux de l'Ancien Empire.—
ChrEg 63, 1988, 36–41

10644
Altenmüller, H.: Die Vereinigung des Schu mit dem Urgott Atum. Bemerkungen zu CT I 385d – 393b.—
StAltägKul 15, 1988, 1–16, Abb.

10645
Ampolo, C.; Bresciani, E.: Psammetico re d'Egitto e il mercenario Pedon.—
EgVicOr 11, 1988, 237–252, Taf.

10646
Artzy, M.: Development of war-fighting boats of the 2nd millennium B.C. in the Eastern Mediterranean.—
RDAC 1988, Nr. 1, 181–186, Abb.

10647
Assmann, J.: Stein und Zeit. Das 'monumentale' Gedächtnis der altägyptischen Kultur.— Kultur und Gedächtnis (Frankfurt a. M. 1988) 87–114
SB

10648
Azim, M.: A propos du pylône du temple d'Opet à Karnak.—
CahKarnak 8, 1982–85, 51–71, Abb. Taf.

10649
Badawy, A.: Ancient constructional diagrams in Egyptian architecture.—
GazBA 107, 1986, 51–56, Abb.

10650
Badawy, A.: Mosquito-nets in ancient Egypt.—
GazBA 105, 1985, 47–54, Abb.

10651
Ballet, P.; Picon, M.: Recherches préliminaires sur les origines de la céramique des Kellia (Egypte). Importations et productions égyptiennes.—
CahCérEg 1, 1987, 17–48, Abb.

10652
Ballet, P.: Essai de classification des coupes type Maidum-bowl du sondage nord de 'Ayn-Aṣīl (oasis de Dakhla). Typologie et évolution.—
CahCérEg 1, 1987, 1–16, Abb. Taf.

10653
Bard, K.: A quantitative analysis of the predynastic burials in Armant cemetery, 1400–1500.—
JEA 74, 1988, 39–55

10654
Bard, K. A.: The geography of excavated predynastic sites and the rise of complex society.—
JARCE 24, 1987, 81–93, Abb.

10655
Bardinet, T.: Remarques sur les maladies de la peau, la lèpre, et le châtiment divin dans l'Egypte ancienne.—
REgypt 39, 1988, 3–36

10656
Barta, W.: Zur Konstruktion der ägyptischen Königsnamen, 3. Die Horus-, Herrinnen- und Goldnamen von der Herakleopolitenzeit bis zu den Argeaden.—
ZÄS 115, 1988, 1–8

10657
Barta, W.: Zur Konstruktion der ägyptischen Königsnamen, 4. Die Königsnamen der Ptolemäer und Römer sowie der späteren Kuschiten.—
ZÄS 115, 1988, 87–95

10658
Beaux, N.: The representation of polygonum senegalense Meisn. in ancient Egyptian reliefs and paintings.—
JEA 74, 1988, 248–252, Abb. Taf.

10659
Behrmann, A.: Das Nilpferd in der Vorstellungswelt der alten Ägypter, 1. Katalog.— (Frankfurt a. M. 1989) o. Pagin., Abb. (Europäische Hochschulschriften. Reihe 38. Archäologie, 22)

10660
Beinlich, H.: Fragmente dreier geographischer Listen.—
ZÄS 115, 1988, 96–107, Abb. Taf.

10661
Bell, M.: Regional variation in polychrome pottery of the 19th dynasty.—
CahCérEg 1, 1987, 49–76, Taf.

10662
Ben-Tor, D.: Scarabs bearing titles and private names of officials from the Middle Kingdom and the second intermediate period (c. 2050–1550 B.C.E.).—
IsrMusJ 7, 1988, 35–43, Taf.

10663
Bénazeth, D.: Les encensoirs de la collection copte du Louvre.—
RLouvre 38, 1988, 294–300, Abb.

10664
Bender Jørgensen, L.: A Coptic tapestry and other textile remains from the royal Frankish graves of Cologne Cathedral.—
ActaArch 56, 1985, 85–100, Abb.

10665
Berg, D.: The 29th dynasty storehouse at Karnak.—
JARCE 24, 1987, 47–52, Abb.

10666
Berger, C.: Fouilles récentes à Sedeinga.— Studia meroitica 1984 (Berlin 1989) 773–776
KB Roma 1984

10667
Betrò, M. C.: Erbari nell'antico Egitto.—
EgVicOr 11, 1988, 71–110

10668
Bickel, S.: Furcht und Schrecken in den Sargtexten.—
StAltägKul 15, 1988, 17–25

10669
Bietak, M.: Canaanites in the eastern Nile Delta.— Egypt, Israel, Sinai (Tel Aviv 1987) 41–56, Abb.
KB Tel Aviv 1982

10670
Boessneck, J.: Tierknochenfunde aus der Spätzeit (6.–4. Jh. v. Chr.) aus Minshat Abu Omar (Ägypten).—
FontAPos 36, 1987–88, 217–220

10671
Boessneck, J.: Die Tierwelt des alten Ägypten. Untersucht anhand kulturgeschichtlicher und zoologischer Quellen.— (München 1988) 197 S., Abb. Taf.

10672
Bonnet, C.: Les fouilles archéologiques de Kerma (Soudan).— Genava 36, 1988, 5–20, Abb. Taf.

10673
Bonnet, C.: Le territoire du royaume de Kerma. Cent quarante ans après l'expédition de Karl Richard Lepsius.— Karl Richard Lepsius, 1810–1884 (Berlin 1988) 328–334, Taf.
KB Halle 1984

10674
Bonnet, C.: Un bâtiment résidentiel d'époque napatéenne à Kerma. Premières interprétations.— Studia meroitica 1984 (Berlin 1989) 853–861
KB Roma 1984

10675
Bosticco, S.: Les récentes fouilles du complexe 1500 au Gebel Barkal.— Studia meroitica 1984 (Berlin 1989) 777–782
KB Roma 1984

10676
Bosticco, S.: Il tempio B 200 al Gebel Barkal.— VicOr 7, 1988, 217–220, Taf.

10677
Bothmer, B. v.: Egyptian antecedents of Roman republican verism.— Ritratto ufficiale e ritratto privato (Roma 1988) 47–65, Abb.
KB Roma 1984

10678
Bourriau, J.: Pottery figure vases of the New Kingdom.— CahCérEg 1, 1987, 81–96, Taf.

10679
Brissaud, P.: Tanis. Ancienne capitale du Delta.— ArcheologiaParis 1989, Nr. 243, 22–38, Abb.

10680
Brissaud, P.: Répertoire préliminaire de la poterie trouvée à San el-Hagar, 1.—
CahCérEg 1, 1987, 77–80, Taf.

10681
Brissaud, P.: Notes sur le secteur au sud de la porte sud.— Cahiers de Tanis, 1 (Paris 1987) 155–159, Taf.
SB

10682
Brissaud, P.: Les prétendus sacrifices humains de Tanis.— Cahiers de Tanis, 1 (Paris 1987) 129–138, Taf.
SB

10683
Brissaud, P.; Cotelle, L.: A propos de tessons retaillés en forme de jetons.— Cahiers de Tanis, 1 (Paris 1987) 101–104, Taf.
SB

10684
Brissaud, P.; Carpano, V.; Cotelle, L.; u. a.: Répertoire préliminaire de la poterie trouvée à Sān el-Hagar, 2.— Cahiers de Tanis, 1 (Paris 1987) 75–78, Taf.
SB

10685
Brissaud, P.: Les fouilles dans le secteur de la nécropole royale, 1984–1986.— Cahiers de Tanis, 1 (Paris 1987) 7–26, Taf.
SB

10686
Brunner, H.: Buchführung über Leben und Tod.—
ZÄS 115, 1988, 14–19

10687
Brunner, H.: Altägyptische Religion. Grundzüge. 3. ed.— (Darmstadt 1989) VII, 159 S.

10688
Brunner-Traut, E.: Altägypten. Ursprungsland des mittelalterlich-europäischen Drachen?— Gelebte Mythen (Darmstadt 1988) 109–116, Abb.

10689
Brunner-Traut, E.: Altägyptische und mittelalterlich-christliche Vorstellungen von Himmel und Hölle, Gericht und Auferstehung.— Gelebte Mythen (Darmstadt 1988) 60–85, Abb.

10690
Brunner-Traut, E.: Der menschliche Körper. Eine Gliederpuppe.—
ZÄS 115, 1988, 8–14

10691
Bryan, B. M.: Portrait sculpture of Thutmose IV.—
JARCE 24, 1987, 3–20, Abb.

10692
Buhl, M. L.: Eleven scarabs and one fragment of a faience figurine acquired at Lindos.—
ActaArch 56, 1985, 197–200, Abb.

10693
Bulté, J.: Fragments de figurines en 'faïence' à pois découvertes à Tanis.— Cahiers de Tanis, 1 (Paris 1987) 163–169, Taf.
SB

10694
Buschhausen, H.: Die Ausgrabungen von Dayr Abū Fāna in Mittelägypten im Jahre 1987.—
JbÖByz 38, 1988, 353–362, Taf.

10695
Caneva, I.: Meroitic graves at Geili (Khartoum).— Studia meroitica 1984 (Berlin 1989) 783–786, Taf.
KB Roma 1984

10696
Carruba, O.: Dall'immagine alla scrittura nel Mediterraneo orientale.— Benaco '85. La cultura figurativa rupestre (Torino 1986) 37–65, Abb.
KB Torri del Benaco 1985

10697
Caselitz, P.: Zur Klassifikation der prädynastischen Keramik von Heliopolis, Unterägypten.—
StAltägKul 15, 1988, 27–52, Abb.

10698
Casini, M.: Figurine in selce, ritagliate a forma di animali e loro probabile valore totemico.—
BCamunoStPrIstor 24, 1988, 127–132, Abb.

10699
Cenival, F. de: Papyrus Seymour de Ricci. Le plus ancien des règlements d'association religieuse, 4ème siècle av. J. C. (Pap. Bibl. nat. E 241).—
REgypt 39, 1988, 37–46, Taf.

10700
Červíček, P.: Zur religiösen Bedeutung der Giraffengazelle.— Nubia et Oriens christianus. Festschrift für C. D. G. Müller (Köln 1988) 271–276, Taf.

10701
Cesaretti, M. P.: Aspetti della religione egiziana. Il pantheon di Kher-Aha.—
StEgAntPun 1, 1987, 31–45

10702
Cesaretti, M. P.: Ancora su Petamenofi. Gli usciabti del Museo civico archeologico di Bologna.—
StEgAntPun 3, 1988, 27–58, Taf.

10703
Cesaretti, M. P.: Nerone e l'Egitto. Messaggio politico e continuità culturale.— (Bologna 1989) 120 S. Abb.
(Studi di storia antica, 12)

10704
Chadefaud, C.: Le groupe social et la mort dans l'Egypte ancienne. Organisation sociale des rites funéraires.— Sociabilité, pouvoirs et société (Rouen 1987) 81–88, Taf.
KB Rouen 1983

10705
Chaix, L.: Cinquième note sur la faune de Kerma (Soudan). Campagnes 1987 et 1988.—
Genava 36, 1988, 27–29

10706
Chappaz, J. L.: Un nouvel assemblage de talâtât. Une paroi du Rwd-mnw d'Aton.—
CahKarnak 8, 1982–85, 81–119, Abb. Taf.

10707
Chartier-Raymond, M.: Notes sur Maghara (Sinaï).—
CahPEg 10, 1988, 13–22, Abb. Taf.

10708
Cherf, W. J.: Some forked staves in the Tut'ankhamūn collection.—
ZÄS 115, 1988, 107–110

10709
Cialowicz, K. M.: Les têtes de massues des premières civilisations de la Nubie et du Soudan Central.— Nubia et Oriens christianus. Festschrift für C. D. G. Müller (Köln 1988) 353–361

10710
Clarysse, W.: A demotic self-dedication to Anubis.—
Enchoria 16, 1988, 7–10, Taf.

10711
Clayton, P. A.: The great pyramid of Giza.— The Seven Wonders of th ancient world (London 1988) 13–37, Abb.
SB

10712
Costa, B.: Preparazione per un corpus dei poggiatesta nell'antico Egitto. Classificazione tipologica.—
EgVicOr 11, 1988, 39–50, Abb.

10713
Cruz-Uribe, E.: Oasis of the spirit.—
Archaeology 42, 1989, Nr. 5, 48–53, Abb.

10714
Daffinà, P.: Senso del tempo e senso della storia. Computi cronologici e storicizzazione del tempo.—
RivStOr 61, 1987, 1–71

10715
D'Amicone, E.: Vetri di Deir el Medina e 'sacra' in faience da Eliopoli nel Museo egizio di Torino.— Le vie del vetro. Egitto e Sudan (Pisa 1988) 73–79, Abb.
KB Pisa 1988

10716
Danneskiold-Samsøe, I.: The abomination of the fish in Egyptian religion.— Karl Richard Lepsius, 1810–1884 (Berlin 1988) 185–190
KB Halle 1984

10717
Dasen, V.: Dwarfism in Egypt and classical antiquity. Iconography and medical history.—
(Medical history 32, 1988, 253–276, Abb. Taf.)
SD

10718
De Salvia, F.: Un nuovo esemplare di stele di 'Horo sui coccodrilli' rinvenuto in Italia.—
OA 27, 1988, 127–131, Taf.

10719
Debono, F.: Rapport de clôture sur les résultats et études des objets du sondage à l'est du Lac Sacré de Karnak.—
CahKarnak 8, 1982–85, 121–127, Taf.

10720
Deichmann, F. W.; Grossmann, P.: Nubische Forschungen.— (Berlin 1988) XIV, 187 S., Abb. Taf.
(Deutsches Archäologisches Institut. Archäologische Forschungen, 17)

10721
Delvaux, L.: La statue Louvre A 134 du premier prophète d'Amon Hapouseneb.—
StAltägKul 15, 1988, 53–67, Taf.

10722
Dobrzeniecki, T.: St. Anne from Faras in the National Museum in Warsaw.—
BMusVars 28, 1987, 49–75, Abb.

10723
Dodson, A.: Egypt's first antiquarians?—
Antiquity 62, 1988, 513–517, Abb.

10724
Dodson, A.; Reeves, C. N.: A casket fragment of Ramesses IX in the Museum of Archaeology and Anthropology, Cambridge.—
JEA 74, 1988, 223–226, Abb. Taf.

10725
Dodson, A.: Two royal reliefs from the temple of Deir el-Bahari.—
JEA 74, 1988, 212–214, Taf.

10726
Dodson, A. M.: The tombs of the queens of the Middle Kingdom.—
ZÄS 115, 1988, 123–136, Abb.

10727
Dodson, A. M.: The tombs of the kings of the early eighteenth dynasty at Thebes.—
ZÄS 115, 1988, 110–123, Abb.

10728
Donadoni, A. M.; Leospo, E.; D'Amicone, E.; u. a.: Il Museo egizio di Torino. Guida alla lettura di una civiltà.— (Novara 1988) 233 S., Abb.

10729
Donadoni, S.: L'Egitto e il Sudan. Modi dell'incontro fra due culture.— Le vie del vetro. Egitto e Sudan (Pisa 1988) 17–20
KB Pisa 1988

10730
Donadoni, S.: Una piasterella-phylakterion dal Gebel Barkal.— Nubia et Oriens christianus. Festschrift für C. D. G. Müller (Köln 1988) 363–364, Taf.

10731
Dorman, P. F.: The monuments of Senenmut. Problems in historical methodology.— (London 1988) XVI, 247 S., Taf.

10732
Drenkhahn, R.: Ägyptische Reliefs im Kestner-Museum Hannover.— (Hannover 1989) 154 S., Abb.
(Kestner-Museum Hannover. Sammlungskatalog, 5)

10733
Dunand, F.; Lichtenberg, R.: Les momies de la nécropole de Douch.—
ArcheologiaParis 1988, Nr. 240, 30–42, Abb.

10734
Eaton-Krauss, M.: Tutankhamun at Karnak.—
MDIK 44, 1988, 1–11, Abb. Taf.

10735
Eichmann, R.: Zwei Schalen-Spießlauten aus einer spätzeitlichen Nekropole bei Abusir el-Meleq.—
JbBerlMus 29–30, 1987–88, 7–36, Abb.

10736
Fahd, T.: Rapports de la Mekke préislamique avec l'Abyssinie. Le cas des Aḥâbîš.— L'Arabie préslamique et son environnement historique et culturel (Leiden 1989) 539–548
KB Strasbourg 1987

10737
Farid, A.: Die Denkmäler des Parthenios, des Verwalters der Isis von Koptos.—
MDIK 44, 1988, 13–65, Abb. Taf.

10738
Fattovich, R.: Il contributo dei Testi delle piramidi alla conoscenza della preistoria e protostoria egiziana.—
AnnOrNap 47, 1987, 1–14

10739
Fattovich, R.: The Gash delta between 1000 B.C. and A.D. 1000.— Studia meroitica 1984 (Berlin 1989) 797–805, Taf.
KB Roma 1984

10740
Faure, P.: Parfums et aromates de l'antiquité.— ([Paris] 1987) 357 S., Abb. Taf.
(Nouvelles études historiques)

10741
Fay, B.: Amenemhat V, Vienna-Assuan.—
MDIK 44, 1988, 67–77, Abb. Taf.

10742
Fowler, D. H.: A catalogue of tables.—
ZPE 75, 1988, 273–280

10743
Franke, D.: Zur Chronologie des Mittleren Reiches (12.–18. Dynastie), 1. Die 12. Dynasti.—
Orientalia 57, 1988, 113–138

10744
Franke, D.: Die Hockerstatue des Sonbso-mei in Leiden und Statuen mit nach oben gerichteten Handflächen.—
OudhMeded 68, 1988, 59–73, Taf.

10745
French, P.: Late dynastic pottery from the Berlin-Hannover excavations at Saqqara, 1986.—
MDIK 44, 1988, 79–89, Abb.

10746
Fritz, V.: Die Verbreitung des sog. Amarna-Wohnhauses in Kanaan.—
DaM 3, 1988, 27–34, Abb.

10747
Fuchs, G.: Die arabische Wüste (Ägypten) und ihre historische Bedeutung von der Vorgeschichte bis in die Römerzeit.—
AW 19, 1988, Nr. 4, 15–30, Abb.

10748
Gabolde, L.; Lefur, D.; Ma'arouf, A.: Fragments divers découverts dans l'Akh-Menou. Un groupe statuaire de Séthi I.—
CahKarnak 8, 1982–85, 167–183, Abb. Taf.

10749
Gabolde, L.: A propos de deux obélisques de Thoutmosis II, dédiés à son père Thoutmosis I et érigés sous le règne d'Hatshepsout-Pharaon à l'ouest du IVe pylône.—
CahKarnak 8, 1982–85, 143–153, Abb. Taf.

10750
Gallo, P.: Nestor l'Hôte e Behbeit el Hagar.—
EgVicOr 11, 1988, 25–30, Abb. Taf.

10751
Germer, R.: Die Pflanzenmaterialien aus dem Grab des Tutanchamun.— (Hildesheim 1989) IX, 94 S., Abb. Taf.
(Hildesheimer ägyptologische Beiträge, 28)

10752
Gilbert, A. S.: Zooarchaeological observations on the slaughterhouse of Meketre.—
JEA 74, 1988, 69–89, Abb. Taf.

10753
Ginter, B.; Kozłowski, J. K.; Lityńska, M.; u. a.: Field report from the excavation of the sites MA 21/83 and MA 21a/83 near Armant in Upper Egypt in 1986.—
MDIK 44, 1988, 95–104, Abb.

10754
Giveon, R.: The impact of Egypt on Canaan in the middle bronze age.— Egypt, Israel, Sinai (Tel Aviv 1987) 23–40, Abb.
KB Tel Aviv 1982

10755
Golvin, J. C.: La restauration antique du passage du IIIe pylône.—
CahKarnak 8, 1982–85, 189–195, Taf.

10756
Golvin, J. C.: Quelques travaux récents du Centre franco-égyptien de Karnak, 1985–1988.—
CRAI 1988, 575–598, Abb.

10757
Gophna, R.: Egyptian trading posts in southern Canaan at the dawn of the archaic period.— Egypt, Israel, Sinai (Tel Aviv 1987) 13–21, Abb.
KB Tel Aviv 1982

10758
Gratien, B.; Soulié, D.: La céramique de Tell el-Herr. Campagnes 1986 et 1987. Etude préliminaire.—
CahPEg 10, 1988, 23–55, Abb.

10759
Grenier, J. C.: Notes sur l'Egypte romaine, 1, 1–7.—
ChrEg 63, 1988, 57–76, Abb.

10760
Grossmann, P.: Le chiese CH D 87, CH G 88 e CH H 88 di Medinet Madi.—
EgVicOr 11, 1988, 13–17, Taf.

10761
Grunert, S.; Volke, K.: Zur altägyptischen Mumifizierung.—
Altertum 34, 1988, 197–209, Abb.

10762
Gubel, E.: A group of Egyptian scarabs from Tell Rechidiyeh.—
StEgAntPun 3, 1988, 67–88, Taf.

10763
Guidotti, M. C.: La produzione vascolare di vetro in epoca faraonica.— Le vie del vetro. Egitto e Sudan (Pisa 1988) 21–29, Abb.
KB Pisa 1988

10764
Haarlem, W. M. van: De egyptische staatsgodsdienst.—
VerAmstMeded 44, 1988, 8–16, Abb.

10765
Haarlem, W. M. van: Aegyptiaca diversa.—
VerAmstMeded 43, 1988, 35–36, Abb.

10766
Haider, P. W.: Griechenland – Nordafrika. Ihre Beziehungen zwischen 1500 und 600 v. Chr.— (Darmstadt 1988) XI, 262 S., Taf.
(Impulse der Forschung, 53)

10767
Haider, P. W.: Zu den ägyptisch-ägäischen Handelsbeziehungen zwischen ca. 1370 und 1200 v. Chr., 1. Das Handelssystem.—
MünstBeitr 7, 1988, Nr. 2, 12–24, Abb.

10768
Haider, P. W.: Trainingsanlagen im alten Ägypten?—
Nikephoros 1, 1988, 1–27, Abb.

10769
Handoussa, T.: Fish offering in the Old Kingdom.—
MDIK 44, 1988, 105–109, Abb. Taf.

10770
Harting, D.: Bericht über die Arbeiten am Gebäude M 292 in Meroe.— Studia meroitica 1984 (Berlin 1989) 821–826, Taf.
KB Roma 1984

10771
Hawass, Z.; Hassan, F. A.; Gautier, A.: Chronology, sediments, and subsistence at Merimda Beni Salama.—
JEA 74, 1988, 31–38, Abb.

10772
Helck, W.: Erneut das angebliche Sothis-Datum des Pap. Ebers und die Chronologie der 18. Dynastie.—
StAltägKul 15, 1988, 149–164

10773
Hinkel, F. W.: Säule und Interkolumnium in der meroitischen Architektur. Metrologische Vorstudien zu einer Klassifikation der Bauwerke.— Studia meroitica 1984 (Berlin 1989) 231–252, Taf.
KB Roma 1984

10774
Hodjash, S. I.: Zwei Gegenstände aus dem Grabinventar des Wesirs Paser.— Karl Richard Lepsius, 1810–1884 (Berlin 1988) 314–316, Taf.
KB Halle 1984

10775
Hoffman, M. A.: Packaged funerals and the rise of Egypt.—
Archaeology 42, 1989, Nr. 2, 48–51, Abb.

10776
Hoffmeier, J. K.: A relief of a Chief of the Gang from Deir el-Medineh at Wheaton College, Illinois.—
JEA 74, 1988, 217–220, Taf.

10777
Hofmann, I.: Überlegungen zur 'Venus von Meroe' ÄS 1334.—
BeitrSudanF 3, 1988, 25–38, Abb.

10778
Holmen, B.: P. Carlsberg 53 back.—
ZPE 78, 1989, 132, Taf.

10779
Hope, C. A.: Innovation in the decoration of ceramics in the mid-18th dynasty.—
CahCérEg 1, 1987, 97–122, Abb. Taf.

10780
Hornung, E.: Maat. Gerechtigkeit für alle? Zur altägyptischen Ethik.—
EranosJb 56, 1987, 385–427, Abb.

10781
Hübner, U.: Aegyptiaca vom Tell el-'Orēme.—
StBiFranc 36, 1986, 253–263, Taf.

10782
Hugonot, J. C.: Le jardin dans l'Egypte ancienne.— (Frankfurt a. M. 1989) X, 321 S., Abb. Taf.
(Europäische Hochschulschriften. Reihe 38. Archäologie, 27)

10783
Hurschmann, R.: Zu ägyptischen Mehrzweckgeräten.—
StAltägKul 15, 1988, 165–169, Taf.

10784
Inconnu-Bocquillon, D.: Thot de Pnoubs (la ville) ou Thot du Nébès (l'arbre).—
REgypt 39, 1988, 47–62

10785
Isler, M.: On pyramid building, 2.—
JARCE 24, 1987, 95–112, Abb.

10786
Jansen-Winkeln, K.: Bemerkungen zur Stele des Merer in Krakau.—
JEA 74, 1988, 204–207

10787
Jørgensen, M.: Et portraet af Kija i Ny Carlsberg Glyptotek.—
MeddelelsGlyptKøb 44, 1988, 7–26, Abb.

10788
Johnson, B.: Lady of the beasts. Ancient images of the goddess and her sacred animals.— (San Francisco 1988) XI, 386 S., Abb. Taf.

10789
Johnson, J. H.; Whitcomb, D.: A royal head from Luxor.— Essays in ancient civilization presented to H. J. Kantor (Chicago 1989) 135–141, Taf.

10790
Jones, M.; Jones, A. M.: The Apis House project at Mit Rahinah. Preliminary report of the fifth season, 1984–1985.—
JARCE 24, 1987, 35–44, Abb. Taf.

10791
Josephson, J. A.: An altered royal head of the twenty-sixth dynasty.—
JEA 74, 1988, 232–235, Taf.

10792
Känel, F. v.: Notes épigraphiques.— Cahiers de Tanis, 1 (Paris 1987) 45–52, Taf.
SB

10793
Kaiser, W.; Dreyer, G.; Jaritz, H.; u. a.: Stadt und Tempel von Elephantine. 15.–16. Grabungsbericht.—
MDIK 44, 1988, 135–182, Abb. Taf.

10794
Kaiser, W.: Zum 'ḥb Ḥḏ.t'.—
MDIK 44, 1988, 125–134, Abb. Taf.

10795
Kaiser, W.; Zaugg, A.: Zum Fundplatz der Maadikultur bei Tura.—
MDIK 44, 1988, 121–124, Taf.

10796
Kákosy, L.: Third preliminary report on the Hungarian excavation in the Theban tomb 32, season 1985–86.—
ActaArchHung 39, 1987, 145–152, Abb.

10797
Kakovkin, A.: Early Coptic embroideries in the Hermitage. (Russ. m. engl. Res.).—
SoobErmit 52, 1987, 40–42, Abb.

10798
Kamil, J.: Coptic Egypt. History and guide.— (Cairo 1988) XII-I S., S. 15–149, Abb.

10799
Kawanishi, H.; Tsujimura, S.; u. a.: Preliminary report. Seventh season of the excavations at the site of Akoris, Egypt, 1987.—
(Kyoto 1988) V, 66 S., Abb. Taf.
(The Paleological Association of Japan)

10800
Kendall, T.: Ethnoarchaeology in Meroitic studies.— Studia meroitica 1984 (Berlin 1989) 625–733, Taf.
KB Roma 1984

10801
Kessler, D.: Der satirisch-erotische Papyrus Turin 55001 und das 'Verbringen des schönen Tages'.—
StAltägKul 15, 1988, 171–196, Abb.

10802
el-Khouli, A.; Kanawati, N.: Excavations at Saqqara. North-west of Teti's pyramid, 2.— (Sydney 1988) 48 S., Taf.

10803
Klemm, R.: Vom Steinbruch zum Tempel. Beobachtungen zur Baustruktur einiger Felstempel der 18. und 19. Dynastie im ägyptischen Mutterland.—
ZÄS 115, 1988, 41–51, Abb.

10804
Kooij, G. van der: Artifactual aspects of papyrus RMO F 1976 11.4.—
OudhMeded 68, 1988, 49–57, Abb.

10805
Lambert, J. N.: Hermopolis, Memphis, Latopolis et les Dogon.—
RHistRel 205, 1988, 133–149

10806
Le Saout, F.: Un magasin à onguents de Karnak et le problème du nom de Tyr. Mise au point.—
CahKarnak 8, 1982–85, 325–335, Abb. Taf.

10807
Le Saout, F.; Ma'arouf, A.; Zimmer, T.: Le Moyen Empire à Karnak. Varia, 1.—
CahKarnak 8, 1982–85, 293–313, Abb. Taf.

10808
Le Saout, F.; Ma'arouf, A.: Un nouveau fragment de stèle de Toutânkhamon.—
CahKarnak 8, 1982–85, 285–289, Taf.

10809
Leahy, A.: More light on a Saite official of the god's wife of Amun.—
JEA 74, 1988, 236–239, Abb. Taf.

10810
Leahy, A.: The earliest dated monument of Amasis and the end of the reign of Apries.—
JEA 74, 1988, 183–199, Abb. Taf.

10811
Leclant, J.: Vetri dalla necropoli meroitica di Sedeinga nella Nubia sudanese.— Le vie del vetro. Egitto e Sudan (Pisa 1988) 44–57, Abb.
KB Pisa 1988

10812
Leclant, J.: Méroé et Rome.— Studia meroitica 1984 (Berlin 1989) 29–45
KB Roma 1984

10813
Leclant, J.: A propos du scarabée d'Amathonte T. 243/15.—
RDAC 1988, Nr. 1, 337–338, Abb.

10814
Lenoble, P.: Développement rural comparé des régions de Shendi et de Khartoum pendant l'époque méroïtique.— Studia meroitica 1984 (Berlin 1989) 835–841
KB Roma 1984

10815
Leospo, E.: Piccoli ornamenti e amuleti di vetro nell'Egitto antico.— Le vie del vetro. Egitto e Sudan (Pisa 1988) 70–72
KB Pisa 1988

10816
Levi, M. A.: La città antica. Morfologia e biografia dell'aggregazione urbana nell'antichità.— (Roma 1989) 514 S., Abb.
(Problemi e ricerche di storica antica, 12)

10817
Lindblad, I.: An unidentified statue of Ahmose.—
StAltägKul 15, 1988, 197–201, Taf.

10818
Lindblad, I.: Three private statuettes from the Middle Kingdom at Stockholm.—
MedelhavsMusB 23, 1988, 9–20, Abb.

10819
Loeben, C.: Amon à la place d'Aménophis I. Le relief de la porte des magasins nord de Thoutmosis III.—
CahKarnak 8, 1982–85, 233–240, Abb. Taf.

10820
Loeben, C.: La porte sud-est de la salle-w3d͗ jt.—
CahKarnak 8, 1982–85, 207–230, Abb. Taf.

10821
Lohuizen-Mulder, M. van: Early Christian lotus-panel capitals and other so-called impost capitals.—
BABesch 62, 1987, 131–151, Abb.

10822
Lohuizen-Mulder, M. van: The cathedra of St. Mark in Venice.—
BABesch 63, 1988, 165–179, Abb.

10823
Lopez, J.: Inscriptions hiératiques sur les talâtât provenant des temples d'Akhénaton à Karnak.—
CahKarnak 8, 1982–85, 245–258, Taf.

10824
Luft, U.: Eine Stele des späten Mittleren Reiches in Krakau.—
ZÄS 115, 1988, 147–153, Taf.

10825
Lunsingh Scheurleer, R. A.: Een vis in zijn element.—
VerAmstMeded 40, 1987, 17–20, Abb.

10826
Lunsingh Scheurleer, R. A.: Een koningskop kompleet.—
VerAmstMeded 40, 1987, 1–3, Abb.

10827
Maguire, H.: The mantle of earth.—
IllinClSt 12, 1987, 221–228, Taf.

10828
Malek, J.: Merib-ptah Psamtek-meryptah ('Surnom' no. 39).—
JEA 74, 1988, 235–236, Abb. Taf.

10829
Malek, J.: The royal butler Hori at northern Saqqāra.—
JEA 74, 1988, 125–136, Abb. Taf.

10830
Manniche, L.: The wall decoration of three Theban tombs. TT 77, 175, and 249.— (Copenhagen 1988) 65 S., Abb.
(The Carsten Niebuhr Institute of Ancient Near Eastern Studies. Publication, 4)

10831
Manniche, L.: An ancient Egyptian herbal.— (London 1989) 176 S., Abb.

10832
Marfoe, L.: Cedar forest to silver mountain. Social change and the development of long-distance trade in early Near Eastern societies.— Centre and periphery in the ancient world (Cambridge 1987) 25–35
SB

10833
Martin, G. T.; Raven, M. J.; Aston, B. G.; u. a.: The tomb of Maya and Meryt. Preliminary report on the Saqqāra excavations, 1987–88.—
JEA 74, 1988, 1–14, Abb. Taf.

10834
Masson, O.; Yoyotte, J.: Une inscription ionienne mentionnant Psammétique Ier.—
EpigrAnat 11, 1988, 171–179, Abb. Taf.

10835
Meeks, D.: Notion de 'dieu' et structure du panthéon dans l'Egypte ancienne.—
RHistRel 205, 1988, 425–446

10836
Moorey, P. R. S.: On tracking cultural transfers in prehistory. The case of Egypt and Lower Mesopotamia in the fourth millennium BC.— Centre and periphery in the ancient world (Cambridge 1987) 36–46, Abb.
SB

10837
Morkot, R.: The excavations at Sesebi (Sudla) 1936–1938.—
BetrSudanF 3, 1988, 159–166

10838
Moussa, A. M.: A Saite-period anthropoid stone sarcophagus from the south-field at Giza.—
StAltägKul 15, 1988, 225–231, Abb. Taf.

10839
Müller, H. W.: Der 'Armreif' des Königs Ahmose und der Handgelenkschutz des Bogenschützen im alten Ägypten und Vorderasien.— (Mainz 1989) X, 49 S., Abb. Taf.
(Deutsches Archäologisches Institut, Abteilung Kairo. Sonderschrift, 25)

10840
Munro-Hay, S. C.; u. a.: Excavations at Aksum. An account of research at the ancient Ethiopian capital directed in 1972–74 by the late Dr Neville Chittick.— (London 1989) XVI, 359 S., Abb.
(Memoirs of the British Institute in Eastern Africa, 10)

10841
Nasr, M.: The Theban tomb 261 of Kha^{c}emwese in Dra^{c} Abu el-Naga^{c}.—
StAltägKul 15, 1988, 233–242, Abb. Taf.

10842
Obsomer, S.: Les campagnes de Sésostris dans Hérodote. Essai d'interprétation du texte grec à la lumière des réalités égyptiennes.— (Bruxelles 1989) 215 S., Abb. Taf.
(Connaissance de l'Egypte ancienne)

10843
Oren, E. D.: The 'Ways of Horus' in North Sinai.— Egypt, Israel, Sinai (Tel Aviv 1987) 69–119, Abb.
KB Tel Aviv 1982

10844
Pérez Díe, M. d. C.: Excavaciones de la misión arqueológica española en Heracleópolis Magna.—
AEsp 61, 1988, 337–341, Abb.

10845
Pérez Largacha, A.: La sociedad predinástica egipcia.— Actas. 1er Congreso peninsular de historia antigua, 1 (Santiago de Compostela 1988) 43–53
KB Santiago de Compostela 1986

10846
Pernigotti, S.: Una tavola per offerte nel museo di Reggio Emilia.—
StEgAntPun 3, 1988, 1–9, Taf.

10847
Pernigotti, S.: Gli dei di Luxor.—
Archeo 53, 1989, 24–35, Abb.

10848
Piacentini, P.: Egiziani e Asiatici su un rilievo della VI dinastia a Deshasheh.—
StEgAntPun 1, 1987, 7–27, Taf.

10849
Pirenne, J.: Des Grecs à l'aurore de la culture monumentale sabéenne.— L'Arabie préislamique et son environnement historique et culturel (Leiden 1989) 257–269
KB Strasbourg 1987

10850
Pomerantseva, N. A.: Some principles of architectural-sculptural composition observed at two temples in Musawwarat es Sufra.— Studia meroitica 1984 (Berlin 1989) 503–507, Taf.
KB Roma 1984

10851
Porat, N.; Seeher, J.: Petrographic analyses of pottery and basalt from predynastic Maadi.—
MDIK 44, 1988, 215–228, Taf.

10852
Preuss, K.: Keramikfunde aus dem Pyramidentempel des Raneferef.—
ZÄS 115, 1988, 69–76, Abb.

10853
Privati, B.: La céramique de l'établissement pré-Kerma.—
Genava 36, 1988, 21–24, Abb.

10854
Quaegebeur, J.: Une statue égyptienne représentant Héraclès-Melqart?— Phoenicia and the East Mediterranean in the first millennium B.C. (Leuven 1987) 157–164, Taf.
KB Louvain 1985

10855
Raban, A.: The Medinet Habu ships. Another interpretation.— Local boats, 2 (Oxford 1988) 305–329, Abb.
KB Porto 1985

10856
Raban, A.: The Medinet Habu ships. Another interpretation.—
IntJNautA 18, 1989, 163–171, Abb.

10857
Rantz, B.: A propos de l'Egyptien au geste 'perse'.—
RBPhil 67, 1989, 103–121, Abb. Taf.

10858
Rassart-Debergh, M.: Quelques croix kelliotes.— Nubia et Oriens christianus. Festschrift für C. D. G. Müller (Köln 1988) 373–378, Taf.

10859
Raven, M. J.: The Antef diadem reconsidered.—
OudhMeded 68, 1988, 77–86, Taf.

10860
Renner-Volbach, D.: Die koptischen Textilien im Museo missionario etnologico der Vatikanischen Museen.— (Wiesbaden 1988) 61 S., Taf.

10861
Réveillac, L.; Dewachter, M.: Les deux momies égyptiennes mises en dépôt à Figeac par le musée de Cahors.—
CahMusChampollion 1, 1988, 16–19, Abb. Taf.

10862
Rizkana, I.; Seeher, J.; u. a.: Maadi, 3. The non-lithic small finds and the structural remains of the predynastic settlement.— (Mainz 1989) 141 S., Abb. Taf.
(Archäologische Veröffentlichungen, 80)

10863
Robertson, R.; Marks, A. E.: Shaqadud cave. The organization of the 3rd mil. B.C. ceramics.— Studia meroitica 1984 (Berlin 1989) 515–529, Taf.
KB Roma 1984

10864
Rodziewicz, M.: Archaeological evidence on the chronology of the Sunnarti church.—
BeitrSudanF 3, 1988, 56–83, Abb. Taf.

10865
Rosen, S. A.: A preliminary note on the Egyptian component of the chipped stone assemblage from Tel 'Erani.—
IsrExplJ 38, 1988, 105–116, Abb.

10866
Rothenberg, B.; u. a.: The Egyptian mining temple at Timna.— (London 1988) VIII, 317 S., Abb. Taf.
(Researches in the Arabah 1959–1984, 1)

10867
Rowley-Conwy, P.: The camel in the Nile Valley. New radiocarbon accelerator (AMS) dates from Qaṣr Ibrīm.—
JEA 74, 1988, 245–248, Taf.

10868
Ryan, D. P.; Hansen, D. H.: A study of ancient Egyptian cordage in the British Museum.— (London 1987) VI, 35 S., Abb.
(British Museum. Occasional paper, 62)

10869
Sadek, A. I.: Popular religion in Egypt during the New Kingdom.— (Hildesheim 1988) XXX, 311 S., Taf.
(Hildesheimer ägyptologische Beiträge, 27)

10870
Sambin, C.: L'offrande de la soi-disant 'clepsydre'. Le symbole šbt-wnšb-wtt.—
StAeg 11, 1988, 5–436, Abb. Taf.

10871
Sambin, C.: Génie minoen et génie égyptien. Un emprunt raisonné.—
BCH 113, 1989, 77–96, Abb.

10872
el-Sayed Hegazy, A.; el-Badry, R.; Martínez, P.: A preliminary report on the excavation at Hagir Armant.—
MDIK 44, 1988, 117–119, Taf.

10873
Schaden, O. J.: A Tutankhamun stela at Karnak.—
ChaKarnak 8, 1982–85, 279–282, Taf.

10874
Schlott, A.: Schrift und Schreiber im alten Ägypten.— (München 1989) 280 S., Abb.
(Beck's archäologische Bibliothek)

10875
Scholten, C.: Die Nag-Hammadi-Texte als Buchbesitz der Pachomianer.—
JbAChr 31, 1988, 144–172

10876
Scholz, P. O.: Kann die kuschitische Umwelt nur auf Ägypten und die Mittelmeerländer bechränkt werden? Randbemerkungen zu dem Hauptreferat von L. Török, Kush and the external world.—
Studia meroitica 1984 (Berlin 1989) 317–346, Taf.
KB Roma 1984

10877
Schoske, S.: Staatliche Sammlung Ägyptischer Kunst.—
MüJb 39, 1988, 203–212, Abb.

10878
Schulman, A. R.: Ceremonial execution and public rewards. Some historical scenes on New Kingdom private stelae.— (Freiburg (Schweiz) 1988) XXIX, 223 S., Taf.
(Orbis biblicus et orientalis, 75)

10879
Séguenny, E.: Méroé et les oasis du deert occidental.— Studia meroitica 1984 (Berlin 1989) 863–867
KB Roma 1984

10880
Sharawi, G.; Harpur, Y.: The identity and positions of relief fragments in museums and private collections. Reliefs from various tombs at Saqqāra.—
JEA 74, 1988, 57–67, Abb. Taf.

10881
Simpson, W. K.: A protocol of dress. The royal and private fold of the kilt.—
JEA 74, 1988, 203–204

10882
Śliwa, J.: Qasr el-Sagha. Studies on the Middle Kingdom and the second intermediate period settlements in 1979–1985.—
FontAPos 36, 1987–88, 189–216, Abb. Taf.

10883
Śliwa, J.: Egyptian and Egyptianizing objects from the Leo D. Kostka Collection in the National Museum in Cracow.— From the archaeological collections of Cracow and Jena (Warszawa 1988) 7–15, Abb. Taf.
SB

10884
Snape, S.; Bailey, D.: British Museum expedition to Middle Egypt. The great portico at Hermopolis Magna. Present state and past prospects.— (London 1988) IX, 122 S., Abb.
(British Museum. Occasional paper, 63)

10885
Sørensen, J. P.: Attis or Osiris? Firmicus Maternus, De errore 22.— Rethinking religion (Copenhagen 1989) 73–86, Abb.
SB

10886
Sourouzian, H.: Standing royal colossi of the Middle Kingdom reused by Ramesses II.—
MDIK 44, 1988, 229–254, Abb. Taf.

10887
Spalinger, A.: Dates in ancient Egypt.—
StAltägKul 15, 1988, 255–276

10888
Spencer, A. J.: A glazed composition sistrum handle inscribed for Amenrud.—
JEA 74, 1988, 232, Abb. Taf.

10889
Spencer, A. J.; u. a.: Excavations at el-Ashmunein, 2. The temple area.— (London 1989) 90 S., Abb. Taf.
(British Museum expedition to Middle Egypt)

10890
Stadelmann, R.; Osing, J.: Königliche Votivstelen aus dem Torraum des Totentempels Sethos' I. in Gurna. Gebet Sethos' I. an Re-Harachte.—
MDIK 44, 1988, 255–274, Abb. Taf.

10891
Stierlin, H.: Byzantinischer Orient. Von Konstantinopel bis Armenien und von Syrien bis Äthiopien.— (Stuttgart 1988) 231 S., Abb.
(Antike Kunst im Vorderen Orient)

10892
Stricker, B. H.: De praehelleense ascese.—
OudhMeded 67, 1987, Suppl., 1–60

10893
Tait, W. J.: Rush and reed. The pens of Egyptian and Greek scribes.— Proceedings of the XVIII International congress of papyrology, 2 (Athens 1988) 477–481
KB Athenai 1986

10894
Tawfik, S.: Aton studies, 7. Did any daily cult ritual exist in Aton temples at Thebes? An attempt to trace it.—
MDIK 44, 1988, 275–281, Abb. Taf.

10895
Thirion, M.: La table d'offrandes de Psousennès I.— Cahiers de Tanis, 1 (Paris 1987) 115–118, Taf.
SB

10896
Thompson, D. J.: Memphis under the Ptolemies.— (Princeton 1988) XVII, 342 S., Abb. Taf.

10897
Tietze, C.: Zur Ägypten-Rezeption in der bildenden Kunst des 19. Jahrhunderts.— Karl Richard Lepsius, 1810–1884 (Berlin 1988) 87–96, Abb.
KB Halle 1984

10898
Tigani el-Mahi, A.: Zooarchaeology in the Middle Nile Valley. A study of four neolithic sites near Khartoum.— (Oxford 1988) 157 S., Abb.
(British archaeological reports. International series, 418)

10899
Török, L.: Geschichte Meroes. Ein Beitrag über die Quellenlage und den Forschungsstand.— Aufstieg und Niedergang der römischen Welt, 2, 10,1. [Festschrift Vogt] (Berlin 1988) 107–341, Abb. Taf.

10900
Török, L.: Meroitic art. Informations and illusions.— Studia meroitica 1984 (Berlin 1989) 535–548
KB Roma 1984

10901
Török, L.: Kush and the external world.— Studia meroitica 1984 (Berlin 1989) 49–162, Taf.
KB Roma 1984

10902
Tomandl, H.: Die Ikonographie der Pyramidenkapellenreliefs von Beg N 10 als Datierungskriterium.—
BeitrSudanF 3, 1988, 96–117, Abb.

10903
Tooley, A. M. J.: Coffin of a dog from Beni Hasan.—
JEA 74, 1988, 207–211, Taf.

10904
Traunecker, C.: Les maisons du domaine d'Aton à Karnak.—
CahPEg 10, 1988, 73–93, Abb.

10905
Traunecker, C.: La chapelle de Khonsou du mur d'enceinte et les travaux d'Alexandre.—
CahKarnak 8, 1982–85, 347–353, Abb. Taf.

10906
Tyldesley, J. A.; Snape, S. R.: Nazlet Tuna. An archaeological survey in Middle Egypt.— (Oxford 1988) VI, 163 S., Abb.
(British archaeological reports. International series, 414)

10907
Uehlinger, C.: Der Amun-Tempel Ramses' III. in pꜣ-Kn'n, seine südpalästinischen Tempelgüter und der Übergang von der Ägypter- zur Philisterherrschaft. Ein Hinweis auf einige wenig beachtete Skarabäen.—
ZDPV 104, 1988, 6–25, Abb. Taf.

10908
Ventura, R.: Bent axis or wrong direction? Studies on the temple of Serabit-el-Khadim.—
IsrExplJ 38, 1988, 128–138, Abb. Taf.

10909
Ventura, R.: The largest project for a royal tomb in the Valley of the Kings.—
JEA 74, 1988, 137–156

10910
Verner, M.: Excavations at Abusir. Season 1985/1986. Preliminary Report.—
ZÄS 115, 1988, 77–84, Abb.

10911
Verner, M.: Excavations at Abusir. Season 1987. Preliminary report.—
ZÄS 115, 1988, 163–171, Abb.

10912
Vila, A.: Une hypothèse consolidée. Les populations à insérer entre méroïtique et ballanéen.— Studia meroitica 1984 (Berlin 1989) 763–770
KB Roma 1984

10913
Vila, A.: Le cimetière kermaïque d'Ukma Ouest. La prospection archéologique de la vallée du Nil en Nubie soudanaise.— (Paris 1987) 279 S., Abb. Taf.

10914
Vincentelli Liverani, I.: A civil building in Meroitic Napata.— Studia meroitica 1984 (Berlin 1989) 869–870, Taf.
KB Roma 1984

10915
Wachsmann, S.: Aegeans in the Theban tombs.— (Leuven 1987) XX, 146 S., Taf.
(Orientalia Lovaniensia analecta, 20)

10916
Walberg, G.: Kamares imitations in Egypt and their social and economic implications.— Proceedings of the 3rd Symposium on ancient Greek and related pottery (København 1988) 633–639
KB København 1987

10917
Way, T. von der; Schmidt, K.: Tell el-Fara'in – Buto. 3. Bericht.—
MDIK 44, 1988, 283–306, Abb. Taf.

10918
Wehausen, J. V.; Mansour, A.; Ximenes, M. C.; u. a.: The colossi of Memnon and Egyptian barges.—
IntJNautA 17, 1988, 295–310, Abb.

10919
Wenke, R. J.; Long, J. E.; Buck, P. E.: Epipaleolithic and neolithic subsistence and settlement in the Fayyum Oasis of Egypt.—
JFieldA 15, 1988, 29–51, Abb.

10920
Willems, H.: Chests of life. A study of the typology and conceptual development of Middle Kingdom standard class coffins.— (Leiden 1988) 249 S., Abb. Taf.
(Mededelingen en verhandelingen van het Vooraziatisch-Egyptisch Genootschap 'Ex Oriente Lux', 25)

10921
Williams, B. B.: An early pottery jar with incised decoration from Egypt.— Essays in ancient civilization presented to H. J. Kantor (Chicago 1989) 305–320, Abb.

10922
Williams, B. B.: Excavations between Abu Simbel and the Sudan frontier, 1. The A-group royal cemetery at Qustul. Cemetery L.— (Chicago 1986) XXXVIII, 388 S., Abb. Taf.
(The University of Chicago Oriental Institute Nubian expedition, 3)

10923
Wilson, H.: A recipe for offering loaves?—
JEA 74, 1988, 214–217

10924
Yoyotte, J.: A propos de la titulature de Chéchanq V.— Cahiers de Tanis, 1 (Paris 1987) 145–148, Taf.
SB

10925
Yoyotte, J.: La datation de la cuve et du couvercle du prince Hornakht. Une remise en question.— Cahiers de Tanis, 1 (Paris 1987) 121–124, Taf.
SB

10926
Yoyotte, J.: Tells oubliés de la région de Sān.— Cahiers de Tanis, 1 (Paris 1987) 107–112, Taf.
SB

10927
Yoyotte, J.: Une nouvelle figurine d'Amon voilé et le culte d'Amenopé à Tanis.— Cahiers de Tanis, 1 (Paris 1987) 61–65, Taf.
SB

10928
Zach, M.: Die gestempelte meroitische Keramik.—
BeitrSudanF 3, 1988, 121–150, Abb.

10929
Zarins, J.: Ancient Egypt and the Red Sea trade. The case for obsidian in the predynastic and archaic periods.— Essays in ancient civilization presented to H. J. Kantor (Chicago 1989) 339–368, Abb.

10930
Zibelius-Chen, K.: Kategorien und Rolle des Traumes in Ägypten.—
StAltägKul 15, 1988, 277–293

10931
Zimmer, T.: Quelques trouvailles effectuées lors de l'aménagement du musée de plein air de Karnak.—
CahKarnak 8, 1982–85, 381–385, Taf.

10932
Zivie, A. P.: Portrait de femme. Une tête en bois stuqué récemment découverte à Saqqarah.—
REgypt 39, 1988, 179–195, Abb. Taf.

Rezensionen

Rezensionen von Monographien über:
Mittelmeerische Archäologie, griech.-röm. Epigraphik, Numismatik und Religionsgeschichte, europäische Vorgeschichte (außer Urgeschichte, Vorgesch. Britanniens, der Beneluxländer, Mitteleuropas, Nordeuropas, Osteuropas), Frühmittelalter in Auswahl. Berücksichtigt werden Rezensionen in folgenden Sprachen: Englisch, Französisch, Deutsch, Italienisch, Spanisch, Griechisch, Lateinisch, Holländisch.

10933
Abd el-Raziq, M.: Die Darstellungen und Texte des Sanktuars Alexanders des Großen im Tempel von Luxor.—
Winter, E. JEA 74, 1988, 288–289

10934
Abitz, F.: König und Gott. Die Götterszenen in den ägyptischen Königsgräbern von Thutmosis IV bis Ramses III.—
Lorton, D. ChrEg 63, 1988, 86–90

10935
Abou-Assaf, A.: La statue de Tell Fekherye et son inscription bilingue assyro-araméenne.—
Bunnens, G. RBPhil 67, 1989, 229–231

10936
Adam, J. P.: La construction romaine. Matériaux et techniques.—
Debergh, J. Latomus 48, 1989, 470–471

10937
Adamo Muscettola, S.: Benevento. L'arco e la città.—
Pfanner, M. Gnomon 60, 1988, 567–569

10938
Aigner, H.: Der Selbstmord im Mythos.—
Luppe, W. GrazBeitr 15, 1988, 231–237

10939
Åkerström, Å.: Berbati, 2. The pictorial pottery.—
Barber, R. L. N. ClRev 38, 1988, 446–447

10940
Akurgal, E.: Alt-Smyrna, 1. Wohnschichten und Athenatempel.—
Schiering, W. Gnomon 60, 1988, 249–253

10941
Albenda, P.: The palace of Sargon, king of Assyria.—
Seidl, U. Orientalia 57, 1988, 230–234
Bunnens, G. Abr-Nahrain 26, 1988, 112–113

10942
Alfaro Giner, C.: Tejido y cestería en la península ibérica.—
Gallay, G. BJb 188, 1988, 554–555

10943
Alföldy, G.: Römisches Städtewesen auf der neukastilischen Hochebene. Ein Testfall für die Romanisierung.—
Abascal Palazón, J. M. AEsp 61, 1988, 363–365

10944
Allason-Jones, L.: The catalogue of small finds from South Shields Roman fort.—
Haalebos, J. K. BJb 188, 1988, 658

10945
Allason-Jones, L.: Coventina's Well.—
Cleary, A. S. E. BJb 188, 1988, 659–660

10946
Amandry, M.: Le monnayage des duovirs corinthiens.—
Moucharte, G. RBNum 134, 1988, 200–202

10947
Amiet, P.: L'âge des échanges interiraniens.—
Masson, V. M. Antiquity 62, 1988, 536–541, Abb.

10948
Amouretti, M. C.: Le pain et l'huile dans la Grèce antique.—
Hanson, V. AJA 92, 1988, 448–449
Mattingly, D. J. JRomA 1, 1988, 153–161, Abb.

10949
Anati, E.: Rock art in Central Arabia.—
Henninger, J. Arabica varia 1989, 468–471

10950
Anderson Jr., J. C.: The Historical Topography of the Imperial Fora.—
Tortorici, E. ArchCl 38–40, 1986–88, 275–276

10951
André, J.: Etre médecin à Rome.—
Flobert, P. RevPhil 61, 1987, 344–345

10952
Andreae, B.: Die Symbolik der Löwenjagd.—
Smith, R. R. R. ClRev 38, 1988, 362–363

10953
Andreau, J.: La vie financière dans le monde romain.—
Maselli, G. QuadStor 29, 1989, 179–187

10954
Andrikopoulou-Strack, J. N.: Grabbauten des 1. Jahrhunderts n. Chr. im Rheingebiet.—
Ternes, C. M. BALux 19, 1988, 117–120

10955
Antonetti, C.: Sigle epigrafiche greche di Tauromenio.—
Roesch, P. Epigraphica 50, 1988, 311–312

10956
Armayor, O. K.: Herodotus' autopsy of the Fayoum. Lake Moeris and the Labyrinth of Egypt.—
Malaise, M. BiOr 44, 1987, 656–657

10957
Arnold, D.: Gräber des Alten und Mittleren Reiches in el-Tarif.—
Blumenthal, E. OLZ 84, 1989, 5–12

10958
Arnold, D.: Der Tempel des Königs Mentuhotep von Deir el-Bahari.—
Blumenthal, E. OLZ 84, 1989, 5–12

10959
Arnold, D.: The temple of Mentuhotep at Deir el-Bahari.—
Blumenthal, E. OLZ 84, 1989, 5–12

10960
Aslanis, I.: Kastanas. Ausgrabungen in einem Siedlungshügel der Bronze- und Eisenzeit Makedoniens 1975–1979. Die frühbronzezeitlichen Funde und Befunde.—
Kilian, I. BJb 188, 1988, 540–542

10961
Assmann, J.: Re und Amun. Die Krise des polytheistischen Weltbilds im Ägypten der 18.–20. Dynastie.—
Derchain, P. ChrEg 63, 1988, 77–85

10962
Ausbüttel, F. M.: Untersuchungen zu den Vereinen im Westen des römischen Reiches.—
Andreau, J. RevPhil 61, 1987, 336–337
Lintott, A. JRS 78, 1988, 249–250

10963
Avetta, L.: Roma. Via Imperiale. Scavi e scoperte (1937–1950) nella costruzione di via delle Terme di Caracalla e di via Cristoforo Colombo.—
Salomies, O. Arctos 21, 1987, 223–226
Kepartová, J. Klio 70, 1988, 584–586
Janon, M. PhoenixToronto 42, 1988, 278–281

10964
Avigad, N.: Discovering Jerusalem.—
Bourke, S. J. BInstALondon 23, 1986, Review Suppl., 47–48

10965
Bacchielli, L.: L'agorà di Cirene, 2, 1. L'area settentrionale del lato ovest della platea inferiore.—
Mertens, D. ArchCl 37, 1985, 320–324

10966
Bagnall, R. S.: Currency and inflation in fourth century Egypt.—
Brandt, H. Gnomon 60, 1988, 425–430

10967
Bailey, D. M.: Excavations at Sidi Khrebish, Benghazi (Berenice), 3, 2. The lamps.—
Williams, H. LibSt 19, 1988, 147–151

10968
Baines, J.: Fecundity figures. Egyptian personification and the iconology of a genre.—
Stewart, H. M. BInstALondon 23, 1986, Review Suppl., 57

10969
Bakhuizen, S. C.: Studies in the topography of Chalcis on Euboea.—
Charon, A. RA 1988, 398–400

10970
Baldi, P.: Settefinestre. Una villa schiavistica nell'Etruria romana, 2. La villa nelle sue parti.—
Purcell, N. JRS 78, 1988, 195–198

10971
Ballabriga, A.: Le soleil et le Tartare. L'image mythique du monde en Grèce archaïque.—
Goyens-Slezakowa, C. REG 101, 1988, 551–552
Lejeune, A. RBPhil 67, 1989, 216–217

10972
Balmelle, C.: Le décor géométrique de la mosaïque romaine.—
Foucher, L. Latomus 48, 1989, 250–252
Gozlan, S. RA 1988, 416–420

10973
Balmelle, C.: Recueil général des mosaïques de la Gaule, 4. Province d'Aquitaine, 2.—
Laet, S. J. de Helinium 28, 1988, 296–297
Dunbabin, K. M. D. ClRev 39, 1989, 120–122

10974
Bammer, A.: Das Heiligtum der Artemis von Ephesos.—
Hemelrijk, J. M. BiOr 45, 1988, 186–189

10975
Barag, D.: Catalogue of Western Asiatic glass in the British Museum, 1.—
Caubet, A. RAssyr 82, 1988, 83–84
Wartke, R. B. OLZ 83, 1988, 551–554

10976
Baratte, F.: Musée du Louvre. Catalogue des sarcophages en pierre d'époques romaine et paléochrétienne.—
Turcan, R. RA 1988, 190–193

10977
Barber, R. L. N.: The Cyclades in the bronze age.—
Renfrew, C. Antiquity 62, 1988, 820

10978
Barbet, A.: Fouilles de l'Ecole française de Rome à Bolsena (Poggio Moscini), 5, 2.—
Moormann, E. M. Latomus 47, 1988, 202–204
Delplace, C. RBPhil 67, 1989, 162–164

10979
Barbet, A.: La peinture murale romaine. Les styles décoratifs pompéiens.—
Moormann, E. M. BABesch 62, 1987, 153–165
Bragantini, I. ArchCl 38–40, 1986–88, 290–292

10980
Barkoczi, L.: Pannonische Glasfunde in Ungarn.—
Bourgeois, J. Helinium 28, 1988, 298–299

10981
Barra Bagnasco, M.: Protomi in terracotta da Locri Epizefiri.—
Bonghi Jovino, M. AthenaeumPavia 66, 1988, 615–618

10982
Basch, L.: Le musée imaginaire de la marine antique.—
Göttlicher, A. Gnomon 60, 1988, 759–761

10983
Bastien, P.: Le monnayage de l'atelier de Lyon. De la mort de Constantin à la mort de Julien (337–363).—
Callu, J. P. Latomus 47, 1988, 461–462
Kent, J. P. C. NumChron 148, 1988, 262–266
Amandry, M. RevNum 30, 1988, 282–284

10984
Bastien, P.: Le monnayage de l'atelier de Lyon. De la mort de Julien à la mort de Jovin.—
Metcalf, W. E. JRomA 1, 1988, 174–175

10985
Bastien, P.: Le monnayage de l'atelier de Lyon. Du règne de Jovien à la mort de Jovin (363–413).—
King, C. E. NumChron 148, 1988, 266–267
Metcalf, W. E. AJA 92, 1988, 623–624

10986
Bauchhenss, G.: Die Iupitersäulen in den germanischen Provinzen.—
Bianchi, L. ArchCl 37, 1985, 324–329

10987
Baudy, G. J.: Adonisgärten. Studien zur antiken Samensymbolik.—
Meillier, C. REG 101, 1988, 526–527

10988
Beck, F. A. G.: Bibliography of Greek education and related topics.—
Delaunois, M. RBPhil 67, 1989, 179

10989
Becker, C.: Kastanas. Ausgrabungen in einem Siedlungshügel der Bronze- und Eisenzeit Makedoniens 1975–1979. Die Tierknochenfunde.—
Nobis, G. BJb 188, 1988, 544–545
Kokabi, M. PZ 63, 1988, 208–212

10990
Becker-Bertau, F.: Die Inschriften von Klaudiu Polis.—
Jones, C. P. Gnomon 60, 1988, 272–273

10991
Beinlich, H.: Die Osirisreliquien.—
Barta, W. OLZ 83, 1988, 405–407

10992
Bell III, M.: Morgantina studies, 1. The terracottas.—
Besques, S. RA 1989, 182–183

10993
Beltran Lloris, F.: Epigrafía latina de Saguntum y su territorium.—
Di Stefano Manzella, I. ArchCl 38–40, 1986–88, 198–202

10994
Belvedere, O.: L'acquedotto Cornelio di Termini Imerese.—
Tarditi, C. Aevum 62, 1988, 149–150
Bejor, G. AthenaeumPavia 66, 1988, 624–626

10995
Ben Abed-Ben Khader, A.: Corpus des mosaïques de Tunisie, 2. Thuburbo Majus, 2.—
Foucher, L. Latomus 48, 1989, 500–501

10996
Benseddik, N.: Fouilles du forum de Cherchel. Rapport préliminaire.—
Hurst, H. LibSt 19, 1988, 157–158

10997
Benzina Ben Abdallah, Z.: Catalogue des inscriptions latines païennes du Musée du Bardo.—
Reynolds, J. M. LibSt 19, 1988, 157

10998
Bérard, F.: Guide de l'épigraphiste. Bibliographie choisie des épigraphies antiques et médiévales.—
Gatier, P. L. RevPhil 61, 1987, 317–320

10999
Bernabó Brea, L.: Menandro e il teatro greco nelle terracotte liparesi.—
Simon, E. Gnomon 60, 1988, 637–640

11000
Bernabò Brea, L.: Il tempio di Afrodite di Akrai.—
Vallet, G. RA 1988, 148–149

11001
Bernand, E.: Inscriptions grecques d'Egypte et de Nubie. Répertoire bibliographique des OGIS.—
Dobias-Lalou, C. REG 101, 1988, 542

11002
Bernand, E.: Inscriptions grecques et latines d'Akôris.—
Bingen, J. ChrEg 63, 1988, 165–172

11003
Bernard, P.: Fouilles d'Aï Khanoum, 4. Les monnaies hors trésors.—
Fischer, T. Gnomon 60, 1988, 261–263

11004
Bernard, P.: Fouilles d'Aï Khanoum, 5.—
Garlan, Y. RA 1988, 146–148

11005
Bertrandy, F.: Les stèles puniques de Constantine.—
Röllig, W. WO 18, 1987, 207–208

11006
Besques, S.: Musée du Louvre. Catalogue raisonné des figurines et reliefs grecs, étrusques et romains, 4, 1.—
Rolley, C. RA 1988, 410–412

11007
Besutti, S.: Settefinestre. Una Villa schiavistica nell'Etruria romana, 3. La villa e i suoi reperti.—
Purcell, N. JRS 78, 1988, 195–198

11008
Betancourt, P. P.: The history of Minoan pottery.—
Branigan, K. JHS 108, 1988, 256–257

11009
Betancourt, P. P.: Vasilike Ware. An Early Bronze Age Pottery Style in Crete. Results of the Philadelphia Vasilike Ware Project.—
Carinci, F. ArchCl 37, 1985, 308–313

11010
Betlyon, J. W.: The Coinage and Mints of Phoenicia. The Pre-Alexandrine Period.—
Price, M. IsrNumJ 9, 1986–87, 92–93

11011
Bettini, M.: Antropologia e cultura romana. Parentela, tempo, immagini dell'anima.—
Lugli, U. Maia 40, 1988, 187–188

11012
Bezantakos, N. P.: Ἡ ἀρχαῖα ἑλληνική μίτρα. Ἑρμηνεία τῶν σχετικῶν κειμένων ἀπό τόν Ὅμηρο ὥς τόν Νόννο.—
Geddes, A. G. ClRev 39, 1989, 101–103

11013
Bianchi, L.: Le stele funerarie della Dacia.—
Skupinska-Løvset, I. Gnomon 60, 1988, 378–380

11014
Bianchin Citton, E.: I reperti della necropoli di San Giorgio di Angarano nel Museo civico di Bassano del Grappa.—
Bergonzi, G. ArchCl 38–40, 1986–88, 223–227, Abb.

11015
Bidwell, P. T.: The Roman Fort of Vindolanda at Chesterholm, Northumberland.—
Maxfield, V. A. Britannia 19, 1988, 510–512
Lutz, M. BJb 188, 1988, 653–655

11016
Bienkowski, P.: Egyptian antiquities in the Liverpool Museum, 1.—
Adams, B. BiOr 44, 1987, 666–669

11017
Bienkowski, P.: Jericho in the late bronze age.—
Hachmann, R. ZDMG 138, 1988, 372–373
Thompson, H. O. AJA 92, 1988, 444–445

11018
Bikai, P. M.: The Phoenician pottery of Cyprus.—
Peltenburg, E. J. AntJ 68, 1988, 142–143

11019
Blaauw, S. L. de: Cultus et decor. Liturgie in architectuur en laatantiek en middeleeuws Rome. Basilica Salvatoris, Sanctae Mariae, Sancti Petri.—
Saxer, V. RACrist 63, 1987, 407–416

11020
Blanck, H.: La Tomba dei rilievi di Cerveteri.—
Jannot, J. R. RA 1988, 171–172

11021
Blomberg, M.: Observations on the Dodwell Painter.—
Kourou, N. Archaiognosia 3, 1982–84, 276–279

11022
Blome, P.: Die figürliche Bildwelt Kretas in der geometrischen und früharchaischen Periode.—
Szabó, M. ActaArchHung 40, 1988, 332–333

11023
Boardman, J.: Greek sculpture. The classical period.—
Tarditi, C. Aevum 62, 1988, 126–128

11024
Boatwright, M. T.: Hadrian and the city of Rome.—
Wiseman, T. P. ClRev 38, 1988, 357–358
Gros, P. RA 1988, 435–437
Vanderleest, J. PhoenixToronto 42, 1988, 276–278

11025
Bober, P. P.: Renaissance artists and antique sculpture.—
Sheard, W. S. ZKuGesch 51, 1988, 281–288

11026
Bocci Pacini, P.: Museo nazionale archeologico di Arezzo. Catalogo delle sculture romane.—
Euwe-Beaufort, J. BABesch 63, 1988, 202–203

11027
Bodel, J. P.: Roman brick stamps in the Kelsey Museum.—
Taglietti, F. ArchCl 38–40, 1986–88, 227–231

11028
Böhr, E.: CVA. Deutschland, 52. Tübingen, 4. Antikensammlung des Archäologischen Instituts der Universität.—
Paul, E. DLZ 109, 1988, 438–440

11029
Böhr, E.: Der Schaukelmaler.—
Schwarz, G. AnzAW 41, 1988, 73–75

11030
Boersma, J. S.: Amoenissima civitas. Block V, II at Ostia. Description and Analysis of Its Visible Remains.—
Bakker, J. T. BABesch 62, 1987, 174–175

11031
Bogoslovskij, E. S.: Drevne-egipeckie mastera, po materialam iz Der el-Medina.—
Stoof, M. OLZ 83, 1988, 660–662

11032
Bohtz, C. H.: Altertümer von Pergamon, 13. Das Demeter-Heiligtum.—
Hemelrijk, J. M. BiOr 44, 1987, 770–772

11033
Bol, P. C.: Antike Bronzetechnik. Kunst und Handwerk antiker Erzbildner.—
Boucher, S. Latomus 47, 1988, 460–461
Rolley, C. RA 1988, 341–343

11034
Bol, P. C.: Liebieghaus-Museum Alter Plastik. Antike Bildwerke, 1.—
Lattimore, S. AJA 92, 1988, 609–610

11035
Bonfante, L.: Out of Etruria, Etruscan Influence North and South.—
MacNamara, E. BInstALondon 23, 1986, Review Suppl., 34–35

11036
Bonghi Jovino, M.: Ricerche a Pompei. L'insula 5 della regio VI dalle origini al 79 d. C., 1. Campagne di scavo 1976–1979.—
Ling, R. JRS 78, 1988, 222–223
Delplace, C. RA 1988, 407–408

11037
Bonnet, C.: Melqart. Cultes et mythes de l'Héraclès tyrien en Méditerranée.—
Moscati, S. RStFen 16, 1988, 253–256
Huss, W. Gnomon 61, 1989, 142–147

11038
Boosen, M.: Etruskische Meeresmischwesen.—
Del Chiaro, M. A. AJA 92, 1988, 451

11039
Bordreuil, P.: Catalogue des sceaux ouest-sémitiques inscrits de la Bibliothèque nationale, du Musée du Louvre et du Musée biblique de Bible et Terre Sainte.—
Naveh, J. JSemSt 33, 1988, 115–116

11040
Borowski, O.: Agriculture in iron age Israel.—
Weippert, H. ZDPV 104, 1988, 163–167

11041
Bottéro, J.: Mythes et rites de Babylone.—
Soden, W. v. AfO 34, 1987, 66–69
Livingstone, A. BiOr 44, 1987, 702–705

11042
Boulter C. G.: CVA USA, 20. The Toledo Museum of Art, 2.—
Hemelrijk, J. M. BABesch 63, 1988, 197–199

11043
Bovio Marconi, J.: La grotta del Vecchiuzzo presso Petralia Sottana.—
Bernabò Brea, L. RivScPr 40, 1985–86, 363–364

11044
Bowman, A. K.: Egypt after the pharaohs, 332 B.C. - A.D. 642. From Alexander to the Arab conquest.—
Bagnall, R. S. JRomA 1, 1988, 197–201

11045
Bowman, A. K.: Vindolanda. The latin writing tablets.—
Galsterer-Kröll, B. BJb 188, 1988, 655–658

11046
Boyce, M.: A history of Zoroastrianism, 2. Under the Achaemenians.—
Gyselen, R. RHistRel 206, 1989, 188–193

11047
Boysan, N.: Sammlung hieroglyphischer Siegel, 1. Vorarbeiten.—
Dinçol, A. M. BiOr 44, 1987, 733–734

11048
Braccesi, L.: La leggenda di Antenore da Troia a Padova.—
Vannicelli, P. RivFil 116, 1988, 76–81
Adam, R. REL 65, 1987, 341–343

11049
Braemer, F.: L'architecture domestique du Levant à l'âge du fer.—
Fantar, M. H. Reppal 4, 1988, 277–285
Weippert, H. ZDPV 104, 1988, 171–174

11050
Bragantini, I.: Le decorazioni della villa romana della Farnesina.—
Blanckenhagen, P. H. v. Gnomon 60, 1988, 356–359

11051
Brijder, H. A. G.: Siana Cups I and Komast Cups.—
Isler, H. P. RA 1988, 132–136
Pierro, E. ArchCl 38–40, 1986–88, 252–257

11052
Brixhe, C.: Corpus des inscriptions paléo-phrygiennes.—
Frei, P. BiOr 44, 1987, 734–741

11053
Brogan, O.: Ghirza, a Libyan settlement in the Roman period.—
Wilson, R. J. A. Antiquity 63, 1989, 173

11054
Broilo, F.: Iscrizioni lapidarie latine del Museo nazionale concordiese di Portogruaro (I a. C. – III d. C.), 2.—
Di Stefano Manzella, I. ArchCl 38–40, 1986–88, 276–277

11055
Brulé, P.: La fille d'Athènes. La religion des filles à Athènes à l'époque classique.—
Pirenne-Delforge, V. Kernos 2, 1989, 260–262

11056
Brun, J. P.: L'oléiculture antique en Provence. Les huileries du département du Var.—
Mattingly, D. J. JRomA 1, 1988, 153–161, Abb.

11057
Brun, P.: La civilisation des Champs d'urnes, étude critique dans le Bassin parisien.—
Ruiz Zapatero, G. TrabPrHist 44, 1987, 333–335
Cahen-Delhaye, A. RBPhil 67, 1989, 228–229

11058
Bruneau, P.: Guide de Délos. 3. éd.—
Le Roy, C. REG 101, 1988, 501–504

11059
Bruneau, P.: Le sanctuaire et le culte des divinités égyptiennes à Erétrie.—
Steinmann, F. OLZ 83, 1988, 403–404

11060
Bruni, S.: I lastroni a scala.—
Weber, S. Gnomon 60, 1988, 742–745
Jannot, J. R. RA 1988, 412–414

11061
Bruni, S.: Materiali del Museo archeologico nazionale di Tarquinia, 9. I lastroni a scala.—
Lambrechts, R. RBPhil 67, 1989, 240–241

11062
Bruns-Özgan, C.: Lykische Grabreliefs des 5. und 4. Jhs. v. Chr.—
Borchhardt, J. Gnomon 60, 1988, 556–558
Demargne, P. RA 1988, 393–395

11063
Bruun, P. M.: Die spätrömische Münze als Gegenstand der Thesaurierung.—
Callu, J. P. NumChron 148, 1988, 257–258

11064
Bryce, T. R.: The Lycians in literary and epigraphic sources.—
Frei, P. Gnomon 60, 1988, 720–725
Le Roy, C. ClRev 39, 1989, 98–100

11065
Buchsenschutz, O.: Structures d'habitats et fortifications de l'âge du fer en France septentrionale.—
Vitali, D. PreistAlp 21, 1985, 286–288, Abb.

11066
Buonocore, M.: Schiavi e liberti dei Volusi Saturnini. Le iscrizioni del colombario sulla via Appia antica.—
Andreau, J. RA 1988, 189

11067
Buonocore, M.: La tradizione manoscritta dell'epigrafia classica abruzzese nei codici della Biblioteca Apostolica Vaticana.—
Calabi Limentani, I. Epigraphica 50, 1988, 322–326

11068
Buranelli, F.: L'urna Calabresi di Cerveteri.—
Steingräber, S. BJb 188, 1988, 569–571

11069
Burkert, W.: Mito e rituale in Grecia. Struttura e storia.—
Borgo, A. Orpheus 9, 1988, 372–375

11070
Burkert, W.: Ancient mystery cults.—
Beck, R. PhoenixToronto 42, 1988, 266–270
Dietrich, B. C. ClRev 39, 1989, 58–61

11071
Burn, L.: The Meidias Painter.—
Rasmussen, T. Antiquity 62, 1988, 610–611
Metzger, H. RA 1989, 163–165

11072
Burnett, A.: Coinage in the Roman world.—
Heesch, J. van RBNum 134, 1988, 207–208

11073
Burow, J.: CVA Deutschland, 47. Tübingen, 3.—
Metzger, H. RA 1988, 136–137

11074
Burow, J.: CVA. Deutschland, 54. Tübingen, 5. Antikensammlung des Archäologischen Instituts der Universität.—
Paul, E. DLZ 109, 1988, 438–441

11075
Caduff, G. A.: Antike Sintflutsagen.—
Fauth, W. Gnomon 60, 1988, 531–532

11076
Caillet, J. P.: L'antiquité classique, le haut moyen-âge et Byzance au Musée de Cluny.—
Pardyová, M. Byzantinoslavica 49, 1988, 184

11077
Cain, H. U.: Römische Marmorkandelaber.—
Moormann, E. M. BABesch 62, 1987, 178–179

11078
Calciati, R.: Corpus nummorum siculorum. La monetazione di bronzo.—
Manganaro, G. Gnomon 60, 1988, 455–457
Morcom, J. NumChron 148, 1988, 227–229

11079
Caldera de Castro, M. d. P.: Augusta Emerita, 1.—
Reimer, H. Klio 70, 1988, 275–278

11080
Calderone, A.: CVA Italia, 61. Agrigento, Museo archeologico nazionale, 1.—
Metzger, H. RA 1988, 151–152

11081
Callot, O.: Une maison à Ougarit.—
Sobolewski, R. AfO 34, 1987, 96–97
Heres, T. L. BABesch 62, 1987, 169

11082
Calvet, Y.: Failaka. Fouilles françaises 1984–1985.—
Invernizzi, A. Mesopotamia 23, 1988, 191–195

11083
Cambitoglou, A.: Le Peintre de Darius et son milieu.—
Arias, P. E. Gnomon 60, 1988, 631–637

11084
Cammarata, E.: Da Dionisio a Timoleonte. Problemi di numismatica della Sicilia antica.—
Morcom, J. NumChron 148, 1988, 229–231

11085
Camp, J. M.: The Athenian agora. Excavations in the heart of classical Athens.—
Bleicken, J. HZ 248, 1989, 409–410

11086
Caputo, G.: Il teatro augusteo di Leptis Magna.—
Dodge, H. LibSt 19, 1988, 155

11087
Carancini, G. L.: Le asce nell'Italia continentale, 2.—
Weber, T. JSchrVgHalle 71, 1988, 305–306

11088
Carandini, A.: Settefinestre. Una villa chiavistica nell'Etruria romana, 1. La villa nel suo insieme.—
Purcell, N. JRS 78, 1988, 195–198

11089
Carettoni, G.: Das Haus des Augustus auf dem Palatin.—
Ehrhardt, W. Gnomon 60, 1988, 640–649
Felten, F. AnzAW 41, 1988, 214–217

11090
Carter, J. C.: The sculpture of the sanctuary of Athena Polias at Priene.—
Vafopoulou-Richardson, C. E. ClRev 38, 1988, 347–349

11091
Carver, M.: Underneath English towns. Interpreting urban archaeology.—
Hobley, B. Antiquity 62, 1988, 396–398

11092
Cassin, E.: Le semblable et le différent. Symbolismes du pouvoir dans le Proche-Orient ancien.—
Stol, M. BiOr 45, 1988, 81–84

11093
Cauville, S.: La théologie d'Osiris à Edfou.—
Kákosy, L. OLZ 83, 1988, 658–660

11094
Cavallo, G.: Greek bookhands of the early Byzantine period A.D. 300–800.—
Wilson, N. G. ClRev 39, 1989, 127–128

11095
Cavallo, G.: Libri, scritture, scribi a Ercolano.—
Maehler, H. Gnomon 60, 1988, 398–401

11096
Cermanović-Kuzmanović, A.: Corpus cultus Equitis Thracii, 5. Monumenta intra fines Iugosloviae reperta.—
Giacchero, M. Ratiariensia 2, [1984], 52–53

11097
Chadwick, J.: Corpus of Mycenaean inscriptions from Knossos, 1.—
Palaima, T. G. AJA 93, 1989, 294–296

11098
Chaisemartin, N. de: Les documents sculptés de Silahtarağa.—
Koch, G. BJb 188, 1988, 619–621
Floriani Squarciapino, M. ArchCl 38–40, 1986–88, 278–282

11099
Chambon, A.: Tell el-Far'ah, 1. L'âge du fer.—
Kleiss, W. OLZ 83, 1988, 431–432

11100
Chappaz, J. L.: Les figurines funéraires égyptiennes du Musée d'art et d'histoire et de quelques collections privées.—
Stoof, M. OLZ 84, 1989, 21–22

11101
Charalampides, K. P.: Οι δενδρίτες στην προχριστιανική και χριστιανική ιστορικοφιλολογική παράδοση και εικονογραφία.—
Albani, J. JbÖByz 38, 1988, 514–515

11102
Charpin, D.: Archives familiales et propriété en Babylonie ancienne. Etude des documents de 'Tell Sifr'.—
Oelsner, J. OLZ 83, 1988, 294–298

11103
Chéhab, M.: Fouilles de Tyr. La nécropole, 1–4.—
Salamé-Sarkis, Ḥ. Berytus 34, 1986, 195–205

11104
Chelotti, M.: Le epigrafi romane di Canosa, 1.—
Heene, K. Latomus 47, 1988, 898–899

11105
Chevallier, R.: Ostie antique, ville et port.—
Vidman, L. Gnomon 60, 1988, 563–564
Pavolini, C. JRomA 1, 1988, 133–136
Delplace, C. RBPhil 67, 1989, 238–240

11106
Chevallier, R.: La romanisation de la Celtique du Pô.—
Rosada, G. AquilNost 55, 1984, 247–252

11107
Chieco Bianchi, A. M.: Este, 1. Le necropoli Casa di Ricovero, Casa Muletti Prosdocimi e Casa Alfonsi.—
Adam, A. M. RA 1989, 180–182

11108
Christiansen, E.: The Roman coins of Alexandria.—
Savio, A. Aegyptus 68, 1988, 276–279

11109
Cimino, L.: La Collezione Mieli nel Museo archeologico di Siena.—
Moretus, J. RBPhil 67, 1989, 236–238
Adam, A. M. RA 1989, 184–185

11110
Clottès, J.: Inventaire des mégalithes de la France, 5. Lot.—
Revedin Arborio Mella, A. RivScPr 40, 1985–86, 365

11111
Coarelli, F.: Il Foro Romano, 2. Periodo repubblicano e augusteo.—
Euwe-Beaufort, J. BABesch 63, 1988, 203–204
Kepartová, J. Klio 70, 1988, 299–300

11112
Coarelli, F.: Fregellae II. Il santuario di Esculapio.—
Potter, T. W. JRS 78, 1988, 210

11113
Colafrancesco, P.: Concordanze dei Carmina latina epigraphica.—
Solin, H. Gnomon 60, 1988, 619–624

11114
Coles, J. M.: Meare Village East. The excavations of A. Bulleid and H. St. George Gray 1932–1956.—
Pryor, F. ProcPrHistSoc 54, 1988, 353–354
Todd, M. Antiquity 63, 1989, 190–191

11115
Collon, D.: Catalogue of the Western Asiatic seals in the British Museum. Cylinder seals, 2. Akkadian, post-Akkadian and Ur III periods.—
Porada, E. BiOr 45, 1988, 191–193

11116
Collon, D.: Catalogue of the Western Asiatic seals in the British Museum. Cylinder seals, 3. Isin-Larsa and old Babylonian periods.—
Charpin, D. RAssyr 82, 1988, 89–90
Klengel-Brandt, E. OLZ 83, 1988, 672–675
Porada, E. BiOr 45, 1988, 193–203, Abb.
Seidl, U. ZA 78, 1988, 158–159
Boehmer, R. M. AfO 34, 1987, 76–77

11117
Collon, D.: First impressions. Cylinder seals in the ancient Near East.—
Porada, E. AJA 92, 1988, 602–604
Moorey, P. R. S. AntJ 68, 1988, 141–142

11118
Comella, A.: Il deposito votivo presso l'Ara della Regina.—
Fenelli, M. ArchCl 38–40, 1986–88, 232–234

11119
Comella, A.: I materiali votivi di Falerii.—
Thuillier, J. P. Latomus 47, 1988, 487–488
Larcher, A. AnzAW 41, 1988, 114–116
Girardon, S. P. BABesch 63, 1988, 199–200

11120
Conta, G.: Asculum, 2, 1. Il territorio di Asculum in età romana.—
Desy, P. Latomus 46, 1987, 639–640
Galsterer, H. Gnomon 60, 1988, 266–267

11121
Conticello De' Spagnolis, M.: Il tempio dei Dioscuri nel Circo Flaminio.—
Rodríguez-Almeida, E. JRomA 1, 1988, 120–131, Abb.

11122
Cotton, M. A.: The San Rocco Villa at Francolise.—
Dobbins, J. J. AJA 92, 1988, 619–620
Desy, P. Latomus 48, 1989, 247–248

11123
Coulson, W. D. E.: The dark age pottery of Messenia.—
Popham, M. JHS 108, 1988, 267–268

11124
Coulson, W. D. E.: Palestinian objects at the University of Minnesota.—
Arata Mantovani, P. Mesopotamia 23, 1988, 190–191

11125
Courtois, J. C.: Alasia, 3. Les objets des niveaux stratifiés d'Enkomi.—
Peltenburg, E. J. ProcPrHistSoc 54, 1988, 346–347

11126
Crawford, M. H.: Coinage and Money under the Roman Republic. Italy and the Mediterranean Economy.—
Kinns, P. NumChron 148, 1988, 241–243
Giard, J. B. RevNum 30, 1988, 280–281
Buttrey, T. V. ClPh 84, 1989, 68–76

11127
Crozzoli Aite, L.: I tre templi del Foro Olitorio.—
Muzzioli, M. P. ArchCl 38–40, 1986–88, 215–217

11128
Cuadrado Díaz, E.: La necrópolis ibérica de 'El Cigarralejo' (Mula, Murcia).—
Chapa Brunet, T. TrabPrHist 44, 1987, 327–331

11129
Cugusi, P.: Aspetti letterari dei 'Carmina latina epigraphica'.—
Gamberale, L. RivFil 116, 1988, 489–502

11130
Cunliffe, B.: Greeks, Romans and barbarians. Spheres of interaction.—
Collis, J. Antiquity 62, 1988, 805

11131
Cunliffe, B.: The temple of Sulis Minerva at Bath, 1. The site.—
Gros, P. RA 1988, 178–180
Ling, R. Britannia 19, 1988, 515–516

11132
Cuomo di Caprio, N.: La ceramica in archeologia. Antiche tecniche di lavorazione e moderni metodi d'indagine.—
Mannoni, T. QuadAVen 4, 1988, 435–437
Vickers, M. DArch 6, 1988, Nr. 2, 139–141

11133
Curto, S.: Le sculture egizie ed egittizanti nelle Ville Torlonia in Roma.—
Budischovsky, M. C. BiOr 45, 1988, 125–128

11134
Cuvigny, H.: Les ostraca grecs de Douch (O. Douch), 1. Le Caire.—
Clarysse, W. Enchoria 16, 1988, 147–149

11135
Dagron, G.: Inscriptions de Cilicie.—
Hild, F. JbÖByz 38, 1988, 433–436

11136
D'Andria, F.: Hierapolis. Scavi e ricerche, 2. Le sculture del teatro. I rilievi con i cicli di Apollo e Artemide.—
Koch, G. BJb 188, 1988, 616–619
Moormann, E. M. BABesch 62, 1987, 180–181

11137
D'Andria, F.: Hierapolis. Scavi e ricerche, 2. Le sculture del teatro. I rilievi con i cicli di Apollo e Artemide.—
Baratte, F. RBPhil 66, 1988, 193–194

11138
Dannell, G. B.: Longthorpe II. The military works-depot. An episode in landscape history.—
Pitts, L. F. AntJ 68, 1988, 149–150

11139
Dantes, S. P.: 'Απειλητικαί ἐκφράσεις εἰς τάς ἑλληνικάς ἐπιτυμβίους παλαιοχριστιανικάς ἐπιγραφάς.—
Drew-Bear, T. JbÖByz 38, 1988, 431–433

11140
Dar, S.: Landscape and pattern. An archaeological survey of Samaria, 800 B.C. E. – 636 C.E.—
Edens, C. AJA 92, 1988, 445–446

11141
Daszewski, W. A.: Corpus of mosaics from Egypt, 1. Hellenistic and early Roman period.—
Belloni, G. G. Aegyptus 68, 1988, 249–251
Balil, A. BVallad 54, 1988, 543–544
Ericsson, C. H. BiOr 45, 1988, 139–143

11142
Dauphin, C.: L'église byzantine de Nahariya (Israël). Etude archéologique.—
Alliata, E. StBiFranc 37, 1987, 476–479

11143
Davey, N.: Wall-painting in Roman Britain.—
Colledge, M. A. R. BInstALondon 23, 1986, Review Suppl., 8–9

11144
Daviault, A.: Un mosaico con inscripciones. Puente Genil (Córdoba).—
Rawson, E. JRomA 1, 1988, 169

11145
Davis, J. L.: Keos, 5. Ayia Irini. Period V.—
Barber, R. L. N. AntJ 67, 1987, 401–402

11146
De Maria, S.: Gli archi onorari di Roma e dell'Italia romana.—
Saletti, C. AthenaeumPavia 67, 1989, 319–321

11147
De Martino, F.: Wirtschaftsgeschichte des alten Rom.—
Wierschowski, L. BJb 188, 1988, 574–578

11148
De Piero, G.: Il Friuli nella preistoria.—
Càssola Guida, P. AquilNost 56, 1985, 441–442

11149
De Puma, R. D.: Corpus speculorum etruscorum, USA 1. Midwestern collections.—
Ridgway, F. R. S. ClRev 38, 1988, 354–355

11150
Decaudin, A. J.: Les antiquités chypriotes dans les collections publiques françaises.—
Masson, O. REG 101, 1988, 537–539

11151
Decker, W.: Sport und Spiel im alten Ägypten.—
Haider, P. W. Nikephoros 1, 1988, 273–278

11152
Deckers, J. G.: Die Katakombe Santi Marcellino e Pietro. Repertorium der Malereien.—
Reekmans, L. JbAChr 31, 1988, 226–230

11153
Deichmann, F. W.: Vom internationalen Privatverein zur preußischen Staatsanstalt. Zur Geschichte des Instituto di corrispondenza archeologica.—
Schindler, W. DLZ 109, 1988, 436–438

11154
Delpino, F.: Cronache Veientane. Storia delle ricerche archeologiche a Veio, 1.—
Liverani, P. ArchCl 38–40, 1986–88, 292–300

11155
Deman, A.: Les inscriptions latines de Belgique.—
Ternes, C. M. RBPhil 66, 1988, 151–153
Pikhaus, D. Helinium 28, 1988, 294–296
Kuhoff, W. Gnomon 61, 1989, 174–176

11156
Depeyrot, G.: Le Bas-Empire romain. Economie et numismatique.—
King, C. E. NumChron 148, 1988, 258–259

11157
Deppert, K.: CVA Deutschland, 50. Frankfurt a. M., 3.—
De Juliis, E. M. ArchCl 38–40, 1986–88, 235–236

11158
Deppert-Lippitz, B.: Die Münzprägung Milets, vom vierten bis ersten Jahrhundert v. Chr.—
Szaivert, W. AnzAW 41, 1988, 235–238

11159
Der Manuelian, P.: Studies in the reign of Amenophis II.—
Decker, W. Nikephoros 1, 1988, 269–272

11160
Descombes, F.: Recueil des inscriptions chrétiennes de la Gaule antérieures à la Renaissance carolingienne, 15. Viennoise du Nord.—
Buonocore, M. Latomus 47, 1988, 450–452

11161
Di Benedetto, V.: Il medico e la malattia. La scienza di Ippocrate.—
Faraggiana di Sarzana, C. Aevum 62, 1988, 128–130
Cambiano, G. RivFil 116, 1988, 471–475

11162
Di Gennaro, F.: Forme d'insediamento tra Tevere e Fiora dal Bronzo Finale al principio dell'età del ferro.—
Gualtieri, M. AJA 92, 1988, 612–613

11163
Di Porto, A.: Impresa collettiva e schiavo 'manager' in Roma antica (II sec. a. C. – II sec. d. C.).—
Sotty, R. Latomus 47, 1988, 192–195

11164
Di Sandro, N.: Le anfore arcaiche dallo scarico Gosetti.—
Johnston, A. ClRev 38, 1988, 447–448

11165
Di Stefano Manzella, I.: Mestiere di epigrafista.—
Vidman, L. LF 112, 1989, 57–58

11166
Didierjean, F.: Belo, 3. Le macellum.—
Pfanner, M. Gnomon 60, 1988, 749–754

11167
Diebner, S.: Reperti funerari in Umbria a sinistra del Tevere. I sec. a. C. – I sec. d. C.—
Cain, H. U. Gnomon 60, 1988, 352–355
Bejor, G. AthenaeumPavia 66, 1988, 622–624
Kepartová, J. Klio 70, 1988, 586–587
Adam, R. REL 65, 1987, 376

11168
Dietrich, B. C.: Tradition in Greek religion.—
Mikalson, J. D. AJPh 109, 1988, 280–281
Graf, F. HZ 247, 1988, 381–382
Sourvinou-Inwood, C. ClRev 39, 1989, 51–58

11169
Dietz, S.: Excavations and Surveys in Southern Rhodes. The Mycenaean Period.—
Vagnetti, L. ArchCl 38–40, 1986–88, 282–284

11170
Dintsis, P.: Hellenistische Helme.—
Schmidt, T. M. Klio 70, 1988, 587–595
Adam, R. REL 65, 1987, 371–373

11171
Dittmann, R.: Eine Randebene des Zagros in der Frühzeit.—
Alizadeh, A. BiOr 44, 1987, 799–806

11172
Dittmar, J.: Blumen und Blumensträuße als Opfergabe im alten Ägypten.—
Feucht, E. WO 18, 1987, 159–161

11173
Dittrich, U. B.: Die Beziehungen Roms zu den Sarmaten und Quaden im vierten Jahrhundert n. Chr. nach der Darstellung des Ammianus Marcellinus.—
Fitz, J. Latomus 47, 1988, 694–696

11174
Dixon, S.: The Roman mother.—
Gardner, J. F. ClRev 39, 1989, 105–107

11175
Djobadze, W.: Archaeological investigations in the region west of Antioch on the Orontes.—
Sodini, J. P. JRomA 1, 1988, 229–234

11176
Dörig, J.: La frise est de l'Héphaisteion.—
Felten, F. Gnomon 60, 1988, 253–256

11177
Dörig, J.: Les trésors d'orfèvrerie thrace.—
Rolley, C. RA 1988, 391

11178
Dohrn, T.: Die etruskische Kunst im Zeitalter der griechischen Klassik. Die Interimsperiode.—
Szilágyi, J. G. ActaArchHung 40, 1988, 339–340

11179
Donbaz, V.: Old Babylonian texts from Kish conserved in the Istanbul Archaeological Museums.—
Kraus, F. R. BiOr 44, 1987, 719–725

11180
Donderer, M.: Die Chronologie der römischen Mosaiken in Venetien und Istrien bis zur Zeit der Antonine.—
Dunbabin, K. M. D. ClRev 38, 1988, 360–361
Clarke, J. R. AJA 92, 1988, 620–621
Ghedini, F. QuadAVen 4, 1988, 427–428

11181
Dornemann, R. H.: A neolithic village at Tell el-Kowm in the Syrian desert.—
Betts, A. ProcPrHistSoc 54, 1988, 340–341

11182
Doyen, J. M.: Les monnaies antiques du tell Abou Danné et d'Oumm el-Marra. Campagnes 1976–1985.—
Callataÿ, F. de RBNum 134, 1988, 196–198
Butcher, K. NumChron 148, 1988, 234–235

11183
Doyen, J. M.: Musées de Charleville-Mézières. Catalogue des monnaies antiques de la réforme monétaire de Dioclétien à la chute de l'empire (294–476).—
King, C. E. NumChron 148, 1988, 259–260

11184
Drack, W.: Die Römer in der Schweiz.—
Schucany, C. JbSchwGesUrgesch 72, 1989, 361–362
Brem, H. ZSchwArch 46, 1989, 187–189

11185
Drewett, P.: The South East to AD 1000. A regional history of England series.—
Thompson, F. H. Antiquity 63, 1989, 185–186

11186
Dreyer, G.: Elephantine, 8. Der Tempel der Satet. Die Funde der Frühzeit und des Alten Reiches.—
Kromer, K. BiOr 45, 1988, 116–118

11187
Drinkwater, J. F.: The Gallic empire. Separatism and continuity in the northwestern provinces of the Roman empire, A.D. 260–274.—
Bland, R. JRS 78, 1988, 258–261

11188
Drössler, R.: Flucht aus dem Paradies. Leben, Ausgrabungen und Entdeckungen Otto Hausers.—
Bandi, H. G. JbSchwGesUrgesch 72, 1989, 354

11189
Droste zu Hülshoff, V. v.: Corpus antiquitatum aegyptiacarum. Museen der Rhein-Main-Region, 1. Aegyptiaca diversa, 1.—
Van Siclen III, C. C. JARCE 24, 1987, 157–159

11190
Drougou, S.: Ἑλληνιστικοὶ λαξευτοὶ τάφοι Βεροίας.—
Moreno, P. ArchCl 38–40, 1986–88, 202–204

11191
Du Bourguet, P.: Les Coptes.—
Coquin, R. G. OrChrPer 55, 1989, 227–228

11192
Ducrey, P.: Guerre et guerriers dans la Grèce antique.—
Gehrke, H. J. Gnomon 60, 1988, 219–222

11193
Duminil, M. P.: Le sang, les vaisseaux, le cœur dans la collection hippocratique.—
Mueller-Goldingen, C. AnzAW 41, 1988, 151–154

11194
Duval, P. M.: Recueil des inscriptions gauloises, 3. Les calendriers (Coligny, Villards d'Héria).—
Harries, J. ClRev 37, 1987, 278–279
Lejeune, M. RA 1988, 194–196
Scheid, J. REL 65, 1987, 382–383

11195
Dwyer, E. J.: Pompeian domestic sculpture.—
Nagy, A. M. ActaArchHung 39, 1987, 370

11196
Eaton-Krauss, M.: The small golden shrine from the tomb of Tutankhamun.—
Schlögl, H. A. BiOr 44, 1987, 648–649

11197
Echt, R.: Kāmid el-Lōz, 5. Die Stratigraphie.—
Gubel, E. BiOr 44, 1987, 780–781

11198
Eck, W.: Heer und Integrationspolitik. Die römischen Militärdiplome als historische Quelle.—
Vidman, L. BayVgBl 53, 1988, 332–334

11199
Edlund, I. E. M.: The gods and the place, location and function of sanctuaries in the countryside of Etruria and Magna Graecia, 700–400 B.C.—
Jannot, J. R. JRomA 1, 1988, 95–96

11200
Effenberger, A.: Frühchristliche Kunst und Kultur. Von den Anfängen bis zum 7. Jahrhundert.—
Pardyová, M. Byzantinoslavica 49, 1988, 253–254

11201
Egg, M.: Italische Helme. Studien zu den ältereisenzeitlichen Helmen Italiens und der Alpen.—
Parzinger, H. BayVgBl 53, 1988, 324–326

11202
Eggebrecht, E.: Spätantike und koptische Textilien. Pelizaeus-Museum Hildesheim, 2.—
Török, L. ActaArchHung 39, 1987, 357–358

11203
Eichberg, M.: Scutum. Die Entwicklung einer italisch-etruskischen Schildform von den Anfängen bis zur Zeit Caesars.—
Freis, H. HZ 248, 1989, 671–672

11204
Eichler, S.: Götter, Genien und Mischwesen in der urartäischen Kunst.—
Amiet, P. RAssyr 82, 1988, 92

11205
Eiseman, C. J.: The Porticello shipwreck. A Mediterranean merchant vessel of 415–385 BC.—
Boardman, J. Antiquity 62, 1988, 388–389

11206
Eisner, M.: Zur Typologie der Grabbauten im Suburbium Roms.—
Davies, G. ClRev 38, 1988, 359–360
Kleiner, D. E. E. AJA 92, 1988, 617–618

11207
Eiwanger, J.: Keramik und Kleinfunde aus der Demokratia-Basilika in Demetrias.—
Martin, A. ArchCl 38–40, 1986–88, 217–220

11208
Ekschmitt, W.: Kunst und Kultur der Kykladen, 1–2.—
Davis, J. L. AJA 93, 1989, 293–294

11209
Eles Masi, P. v.: Le fibule dell'Italia settentrionale.—
Primas, M. Germania 67, 1989, Nr. 1, 203–206

11210
Emiliozzi, A.: Il Museo civico di Viterbo. Storia delle raccolte archeologiche.—
Halbertsma, R. B. BABesch 63, 1988, 201–202

11211
Endert, D. van: Das Osttor des Oppidums von Manching.—
De Laet, S. J. Helinium 28, 1988, 131–133
Waldhauser, J. PZ 63, 1988, 232

11212
Endert, D. van: Die Wagenbestattungen der späten Hallstattzeit und der Latènezeit im Gebiet westlich des Rheins.—
Champion, T. C. ProcPrHistSoc 54, 1988, 351

11213
Equini Schneider, E.: La 'Tomba di Nerone' sulla Via Cassia.—
Halbertsma, R. B. BABesch 62, 1987, 181–182

11214
Ericsson, C. H.: Navis oneraria. The Cargo Carrier of Late Antiquity.—
Bielman, A. MusHelv 45, 1988, 267
Wallinga, H. T. Mnemosyne 42, 1989, 238–239

11215
Eschbach, N.: Statuen auf panathenäischen Preisamphoren des 4. Jhs. v. Chr.—
Metzger, H. RA 1988, 137–138
Heres, H. DLZ 109, 1988, 963–966

11216
Espinosa Ruiz, U.: Epigrafía romana de la Rioja.—
Richardson, J. S. ClRev 38, 1988, 363–364

11217
Etienne, R.: Ténos, 1. Le sanctuaire de Poséidon et d'Amphitrite.—
Hellmann, M. C. RA 1988, 141–143

11218
Etienne, R.: Le trésor de Garonne. Essai sur la circulation monétaire en Aquitaine à la fin du règne d'Antonin le Pieux, 159–161.—
Callataÿ, F. de RBNum 134, 1988, 208–213

11219
Ettlinger, E.: Novaesium, 9. Die italische Sigillata von Novaesium.—
Martin, A. ArchCl 38–40, 1986–88, 245–248

11220
Evans, A.: The god of ecstasy. Sex-roles and the madness of Dionysos.—
Seaford, R. ClRev 39, 1989, 145

11221
Fabre, G.: Inscriptions romaines de Catalogne, 1. Barcelone.—
Dondin-Payre, M. Latomus 47, 1988, 224
d'Encarnação, J. Gnomon 60, 1988, 757–759

11222
Fabre, G.: Inscriptions romaines de Catalogne, 2. Lérida.—
d'Encarnação, J. Gnomon 60, 1988, 757–759
Panciera, S. ArchCl 38–40, 1986–88, 318–319
Martin, J. P. REL 65, 1987, 383–384
Dondin-Payre, M. Latomus 48, 1989, 227–228

11223
Fakhry, A.: Denkmäler der Oase Dachla.—
Rassart-Debergh, M. Latomus 46, 1987, 671–672

11224
Falconi Amorelli, M. T.: Vulci. Scavi Bendinelli, 1919–1923.—
Ridgway, D. ClRev 38, 1988, 352–353

11225
Fantar, M.: Kerkouane, cité punique du Cap Bon (Tunisie), 3.—
Debergh, J. Latomus 48, 1989, 493–494

11226
Fehr, B.: Bewegungsweisen und Verhaltensideale.—
Kenner, H. AnzAW 41, 1988, 70–73

11227
Fellmann, B.: Frühe olympische Gürtelschmuckscheiben aus Bronze.—
Rolley, C. RA 1988, 349–351

11228
Fernández Galiano D.: Mosaicos romanos del Convento Cesaraugustano.—
Torres Carro, M. BVallad 54, 1988, 545–547

11229
Feugère, M.: Les fibules en Gaule Méridionale de la conquête à la fin du Ve siècle après J. C.—
Haalebos, J. K. BJb 188, 1988, 648–650

11230
Fiches, J. L.: Les maisons gallo-romaines d'Ambrussum (Villetelle-Hérault). La fouille du secteur IV, 1976–1980.—
Cahen-Delhaye, A. RBPhil 67, 1989, 234–235

11231
Filgis, M. N.: Altertümer von Pergamon, 15. Die Stadtgrabung, 1. Das Heroon.—
Hemelrijk, J. M. BiOr 44, 1987, 775–778

11232
Fingerlin, G.: Dangstetten, 1. Katalog der Funde.—
Webster, G. Britannia 19, 1988, 516–517
Roth-Rubi, K. BJb 188, 1988, 631–633

11233
Finkelstein, I.: The archaeology of the Israelite settlement.—
Frendo, A. J. Orientalia 57, 1988, 410–412
Edens, C. AJA 93, 1989, 289–292

11234
Finster-Hotz, U.: Der Bauschmuck des Athenatempels von Assos. Studien zur Ikonographie.—
Szabó, M. ActaArchHung 40, 1988, 334–335

11235
Fischer, T.: Römer und Bajuwaren an der Donau.—
Ruprechtsberger, E. M. OstbGrenzm 30, 1988, 171–172

11236
Fishwick, D.: The imperial cult in the Latin West.—
Dobesch, G. AnzAW 41, 1988, 48–51

11237
Fittschen, K.: Katalog der römischen Porträts in den Capitolinischen Museen und den anderen kommunalen Sammlungen der Stadt Rom, 1. Kaiser- und Prinzenbildnisse.—
Kind, R. de BABesch 62, 1987, 175–176
Foucher, L. Latomus 48, 1989, 248–249

11238
Fleischer, R.: Der Klagefrauensarkophag aus Sidon.—
Buchholz, H. G. ZDMG 138, 1988, 370–371

11239
Flury-Lemberg, M.: Textile conservation and research.—
Blair, C. ApolloLond 129, 1989, 434–435

11240
Foissy-Aufrère, M. P.: Epypte et Provence. Civilisation survivances et 'cabinetz de curiositez'.—
Bierbrier, M. L. BiOr 45, 1988, 124–125

11241
Fontaine, P. F. M.: The light and the dark. A cultural history of dualism, 1. Dualism in the archaic and early classical periods of Greek history.—
Jordan, R. W. ClRev 38, 1988, 424

11242
Fossey, J. M.: The ancient topography of Eastern Phokis.—
Bintliff, J. AntJ 68, 1988, 139–140

11243
Fowden, G.: The Egyptian Hermes. A historical approach to the late pagan mind.—
Griffiths, J. G. ClRev 38, 1988, 293–295
Geraci, G. Aegyptus 68, 1988, 275–276

11244
Fowler, D. H.: The mathematics of Plato's Academy. A new reconstruction.—
Dorandi, T. Aegyptus 68, 1988, 251–253

11245
Fox, R. L.: Pagans and Christians.—
Fowden, G. JRS 78, 1988, 173–182
Potter, D. JRomA 1, 1988, 207–214

11246
Franke, P.: Sylloge nummorum graecorum. Deutschland. Sammlung v. Aulock. Index.—
Szaivert, W. Gnomon 60, 1988, 548–550

11247
Franz, H. G.: Palast, Moschee und Wüstenschloß. Das Werden der islamischen Kunst, 7.–9. Jh.—
Baer, E. OLZ 83, 1988, 590–592

11248
Frederiksen, M.: Campania.—
Johnston, A. BInstALondon 23, 1986, Review Suppl., 35–36

11249
Frenz, H. G.: Römische Grabreliefs in Mittel- und Süditalien.—
Cazanove, O. de RA 1988, 430–432

11250
Frere, S.: Britannia. A history of Roman Britain.—
Salway, P. AntJ 68, 1988, 147–148

11251
Frere, S.: Tabula imperii romani. Britannia septentrionalis.—
Keppie, L. ClRev 38, 1988, 439–440

11252
Frere, S.: Verulamium Excavations, 2.—
Thompson, I. BInstALondon 23, 1986, Review Suppl., 10

11253
Freyburger, G.: Fides. Etude sémantique et religieuse depuis les origines jusqu'à l'époque augustéenne.—
Richard, J. C. REL 65, 1987, 368–370
Bardon, H. RBPhil 67, 1989, 182–183

11254
Freyburger-Galland, M. L.: Sectes religieuses en Grèces et à Rome dans l'antiquité païenne.—
Richard, J. C. REL 65, 1987, 367–368
Treu, K. Klio 70, 1988, 298–299

11255
Frisch, P.: Zehn agonistische Papyri.—
Thomas, J. D. ClRev 38, 1988, 453–454

11256
Fritz, V.: Ergebnisse der Ausgrabungen auf der Ḫirbet el-Mšāš (Tēl Māśōś, 1972–1975.—
Helms, S. W. BInstALondon 23, 1986, Review Suppl., 45–46
Geus, C. H. J. de ZDPV 104, 1988, 167–171
Stern, E. IsrExplJ 38, 1988, 281–282

11257
Frizell, B. S.: Asine, 2. Results of the excavations east of the acropolis, 1970–1974, 3. The late and final Mycenaean periods.—
French, E. ClRev 38, 1988, 444–445

11258
Fuchs, M.: Il teatro romano di Fiesole. Corpus delle sculture.—
Thuillier, J. P. Latomus 48, 1989, 473–474

11259
Fülep, F.: Sopianae.—
Lippold, A. AnzAW 41, 1988, 56–58

11260
Gabelmann, H.: Antike Audienz- und Tribunalszenen.—
Kolb, F. HZ 247, 1988, 131–132
Kleiner, D. E. E. BJb 188, 1988, 584–585
Felten, F. AnzAW 41, 1988, 217–219

11261
Gabler, D.: Terra sigillata im Barbaricum zwischen Pannonien und Dazien.—
Wielowiejski, J. BJb 188, 1988, 626–629

11262
Gallay, A.: L'archéologie demain.—
Courbin, P. RA 1988, 381–385

11263
Gallo, L.: Alimentazione e demografia della Grecia antica.—
Faraguna, M. RivFil 116, 1988, 475–480

11264
Garnsey, P.: The Roman empire. Economy, society and culture.—
Pekáry, T. HZ 247, 1988, 648–649

11265
Garnsey, P.: Famine and food supply in the Graeco-Roman world.—
Bruun, C. Arctos 22, 1988, 230–232
Herz, P. Gnomon 61, 1989, 135–142
Fisher, N. R. E. GaR 35, 1988, 200–201

11266
Garzetti, A.: Inscriptiones Italiae, 10. Regio 10, 5. Brixia, 1–3.—
Salomies O. Arctos 21, 1987, 226–228
Kepartová, J. Klio 70, 1988, 583–584
Valvo, A. Aevum 62, 1988, 135–137
Vidman, L. LF 111, 1988, 184–185

11267
Gascou, J.: Inscriptions latines de Narbonnaise, Fréjus.—
Pleket, H. W. BABesch 62, 1987, 183–184

11268
Gassner, V.: Die Kaufläden in Pompeji.—
Kepartová, J. Klio 70, 1988, 581–583

11269
Gatier, P. L.: Inscriptions de la Jordanie, 2.—
Piccirillo, M. StBiFranc 36, 1986, 386–392

11270
Gauthier, N.: Province ecclesiastique de Trèves (Belgica prima).—
Merten, H. TrZ 51, 1988, 566–567

11271
Gelsomino, R.: Ferentinum nel sistema viario romano.—
Herzig, H. E. Gnomon 60, 1988, 460–461
Manfredi, V. Aevum 62, 1988, 147–148

11272
Genser, K.: Der österreichische Donau-Limes in der Römerzeit.—
Ulbert, G. HZ 249, 1989, 144–146

11273
Gesell, G. C.: Town, Palace and House Cult in Minoan Crete.—
Hägg, R. JPrehistRel 1, 1987, 45–48

11274
Gessler-Löhr, B.: Die heiligen Seen ägyptischer Tempel.—
Jaritz, H. JEA 74, 1988, 256–259

11275
Getz-Preziosi, P.: Sculptors of the Cyclades. Individual and tradition in the third millennium B.C.—
Renfrew, C. Antiquity 62, 1988, 818–820

11276
Gibson, M.: Uch Tepe, 1. Tell Razuk, Tell Ahmed al-Mughir, Tell Ajamat.—
Meyer, J. W. AfO 34, 1987, 77–82

11277
Gigante, M.: La bibliothèque de Philodème et l'épicurisme romain.—
Capasso, M. Orpheus 10, 1989, 207–210

11278
Gilles, K. J.: Spätrömische Höhensiedlungen in Eifel und Hunsrück.—
Brulet, R. Helinium 28, 1988, 139–140
Klee, M. FuBerBadWürt 13, 1988, 800–804
Mertens, J. BJb 188, 1988, 635–636
Bóna, I. ActaArchHung 40, 1988, 347–348
Brulet, R. Germania 66, 1988, 585–588

11279
Ginouvès, R.: Dictionnaire méthodique de l'architecture grecque et romaine, 1.—
Bommelaer, J. F. RA 1988, 128–130
Kienast, H. J. Germania 66, 1988, 577–579
Giuliani, C. F. ArchCl 38–40, 1986–88, 301–302
Sauron, G. REL 65, 1987, 377–378

11280
Gitton, M.: Les divines épouses de la 18e dynastie.—
Hari, R. ChrEg 63, 1988, 96–98
Schmitz, B. BiOr 44, 1987, 658–663

11281
Giuliani, L.: Bildnis und Botschaft. Hermeneutische Untersuchungen zur Bildniskunst der römischen Republik.—
Hertel, D. BJb 188, 1988, 588–597
Smith, R. R. R. Gnomon 60, 1988, 761–763
Laubscher, H. P. HZ 249, 1989, 137–138

11282
Giustolisi, V.: Nakone ed Entelle alla luce degli antichi decreti recentemente apparsi e di un nuovo decreto inedito.—
Lomas, P. A. JHS 108, 1988, 262–263

11283
Giveon, R.: Egyptian Scarabs from Western Asia from the collections of the British Museum.—
Stoof, M. OLZ 83, 1988, 285–286
Scandone Matthiae, G. RStFen 16, 1988, 126–127

11284
Glaser, F.: Die römische Stadt Teurnia.—
Pochmarski, E. GrazBeitr 15, 1988, 312–315

11285
Gočeva, Z.: Corpus cultus Equitis Thracii, 1. Monumenta orae Ponti Euxini Bulgariae.—
Giacchero, M. Ratiariensia 2, [1984], 50–51

11286
Gočeva, Z.: Corpus cultus Equitis Thracii, 2, 1.—
Giacchero, M. Ratiariensia 2, [1984], 50–51

11287
Göbl, R.: System und Chronologie der Münzprägung des Kušānreiches.—
Davary, G. D. ZDMG 139, 1989, 252–257

11288
Göttlicher, A.: Die Schiffe der Antike.—
Kracht, P. MünstBeitr 6, 1987, Nr. 2, 124–130

11289
Gold, B. K.: Literary patronage in Greece and Rome.—
Kenney, E. J. Gnomon 61, 1989, 164–166

11290
Goring, E.: A mischievous pastime. Digging in Cyprus in the nineteenth century. With a catalogue of the exhibition 'Aphrodite's island. Art and archaeology of ancient Cyprus'.—
Hunt, D. ClRev 39, 1989, 111–112

11291
Gounaropoulou, L.: Les milliaires de la Voie Egnatienne entre Héraclée des Lyncestes et Thessalonique.—
Aichinger, A. Gnomon 60, 1988, 241–245

11292
Graf, F.: Nordionische Kulte. Religionsgeschichtliche und epigraphische Untersuchungen zu den Kulten von Chios, Erythrai, Klazomenai und Phokaia.—
Ritti, T. Epigraphica 50, 1988, 308–310

11293
Gras, M.: Traffics tyrrhéniens archaïques.—
Domínguez Monedero, A. J. AEsp 60, 1987, 290–292
Gallo, L. RassStorSalern 5, 1988, Nr. 2, 211–240
Briquel, D. REL 65, 1987, 340–341

11294
Greco, E.: Poseidonia-Paestum, 3. Forum nord.—
Pedley, J. G. AJA 92, 1988, 452–454

11295
Green, C. I.: The temple furniture from the sacred animal necropolis at North Saqqâra 1964–1976.—
Meulenaere, H. J. A. de BiOr 45, 1988, 118–119

11296
Green, C. S.: Excavations at Poundbury, Dorchester, Dorset 1966–1982, 1. The settlements.—
Sharples, N. ProcPrHistSoc 54, 1988, 352–353

11297
Green, J. R.: CVA United States of America, 22. The University Museum, Philadelphia. South Italian pottery, 1.—
Metzger, H. RA 1988, 414–415

11298
Greene, K.: The Archaeology of the Roman Economy.—
Prachner, G. MünstBeitr 7, 1988, Nr. 2, 95–101

11299
Gregorio, A.: Epigrafía romana de Itálica.—
d'Ors, A. Jura 36, 1985, 122–123

11300
Grewe, K.: Atlas der römischen Wasserleitungen nach Köln.—
Garbsch, J. BayVgBl 53, 1988, 329–330

11301
Grierson, P.: Medieval European coinage, 1. The early middle ages (5th–10th centuries).—
Metcalf, D. M. NumChron 148, 1988, 271–272
Metcalf, D. M. MedievA 32, 1988, 315–316

11302
Grierson, P.: Byzantine coins.—
Hahn, W. NumChron 148, 1988, 270–271

11303
Grmek, M. D.: Les maladies à l'aube de la civilisation occidentale.—
Debru, A. RevPhil 61, 1987, 345–346

11304
Gruel, K.: Etudes de numismatique celtique, 1. Le trésor de Trébry (Côtes-du-Nord).—
Mays, M. NumChron 148, 1988, 246–248

11305
Gualandi Benito, M. C.: Le lucerne antiche del Trentino.—
Balil, A. BVallad 54, 1988, 547

11306
Guéry, R.: La nécropole orientale de Sitifis (Sétif, Algérie). Fouilles de 1966–1967.—
Fentress, E. JRS 78, 1988, 255
Lassère, J. M. Latomus 48, 1989, 472–473

11307
Guillaume, O.: L'analyse de raisonnements en archéologie. Le cas de la numismatique gréco-bactrienne et indo-grecque.—
Lévêque, P. DialHistAnc 13, 1987, 377–378

11308
Guillaume, O.: Fouilles d'Aï Khanoum, 7. Les petits objets.—
Hellmann, M. C. RA 1989, 177–178

11309
Habicht, C.: Pausanias und seine 'Beschreibung Griechenlands'.—
Bultrighini, U. ArchCl 38–40, 1986–88, 302–305

11310
Habicht, C.: Pausanias' guide to ancient Greece.—
Tracy, S. V. AJPh 109, 1988, 278–280

11311
Hachmann, R.: Bericht über die Ergebnisse der Ausgrabungen in Kāmid el-Lōz in den Jahren 1971–1974.—
Pfeifer, G. OLZ 83, 1988, 562–564

11312
Hadot, I.: Arts libéraux et philosophie dans la pensée antique.—
Savon, H. Latomus 47, 1988, 698–701

11313
Hänlein-Schäfer, H.: Veneratio Augusti. Eine Studie zu den Tempeln des ersten römischen Kaisers.—
Zanker, P. HZ 247, 1988, 139–141

11314
Haerinck, E.: Preislamic archaeology of Kuwait, Northeastern Arabia, Bahrain, Qatar, United Arab Emirates and Oman. A bibliography.—
Brentjes, B. DLZ 109, 1988, 731–732

11315
Haevernick, T. E.: Glasperlen der vorrömischen Eisenzeit, 2.—
Schmid-Sikimić, B. ZSchwArch 46, 1989, 185–187

11316
Hainzmann, M.: CIL. Inscriptionum lapidariarum latinarum provinciae Norici usque ad annum MCMLXXXIV repertarum indices, 1–3.—
Dobesch, G. AnzAW 41, 1988, 212–214

11317
Hajjar, Y.: La triade d'Héliopolis-Baalbek. Iconographie, théologie, culte et sanctuaires.—
Malaise, M. Latomus 47, 1988, 239–241
Turcan, R. PhoenixToronto 41, 1987, 204–207

11318
Halfmann, H.: Itinera principum. Geschichte und Typologie der Kaiserreisen im römischen Reich.—
Hellegouarc'h, J. REL 65, 1987, 356–358

11319
Hallager, E.: The Master Impression. A clay sealing from the Greek-Swedish excavations at Kastelli, Khania.—
Warren, P. JPrehistRel 1, 1987, 48–50

11320
Hampartumian, N.: Corpus cultus Equitis Thracii, 4. Moesia Inferior (Romanian section) and Dacia.—
Giacchero, M. Ratiariensia 2, [1984], 51–52

11321
Hannestad, N.: Roman art and imperial policy.—
Schneider, R. M. Gnomon 60, 1988, 438–444
Schumacher, L. Gymnasium 95, 1988, 463–465
Brilliant, R. JRomA 1, 1988, 110–111

11322
Hanson, V. D.: Warfare and agriculture in classical Greece.—
Moggi, M. RivFil 116, 1988, 81–85

11323
Hari, R.: La tombe thébaine du père divin Neferhotep (TT 50).—
Altenmüller, H. OLZ 83, 1988, 398–402
Feucht, E. BiOr 45, 1988, 120–124

11324
Harrauer, C.: Meliouchos. Studien zur Entwicklung religiöser Vorstellungen in griechischen synkretistischen Zaubertexten.—
Griffiths, J. G. ClRev 39, 1989, 62–63

11325
Harrison, R. M.: Excavations at Saraçhane in Istanbul, 1.—
Hodges, R. AJA 92, 1988, 458–459

11326
Hartmann, M.: Die Römer im Aargau.—
Gomolka-Fuchs, G. Klio 70, 1988, 611–613

11327
Haselgrove, C.: Iron age coinage in South-East England.—
Burnett, A. NumChron 148, 1988, 245–246
Robinson, P. H. ProcPrHistSoc 54, 1988, 354–355

11328
Hassel, F. J.: Die Münzen der römischen Republik im Römisch-Germanischen Zentralmuseum.—
Lichocka, B. Germania 66, 1988, 579–580

11329
Hatzopoulos, M. B.: Actes de vente de la Chalcidique centrale.—
Doukellis, P. N. DialHistAnc 14, 1988, 155–158

11330
Hatzopoulos, M. B.: Une donation du roi Lysimaque.—
Doukellis, P. N. DialHistAnc 14, 1988, 155–158

11331
Hauck, K.: Die Goldbrakteaten der Völkerwanderungszeit, 1.—
Gschwantler, O. GGA 240, 1988, 245–262

11332
Haudry, J.: La religion cosmique des Indo-Européens.—
West, M. L. ClRev 39, 1989, 144–145

11333
Hayes, J. W.: Etruscan and Italic Pottery in the Royal Ontario Museum.—
Edlund-Berry, I. E. M. PhoenixToronto 41, 1987, 337–339
Heldring, B. BABesch 62, 1987, 169–170

11334
Haynes, S.: Etruscan bronzes.—
Macnamara, E. AntJ 68, 1988, 144

11335
Healy, J. F.: Sylloge nummorum graecorum, 7. Manchester University Museum. The Raby and Güterbock collections.—
Kinns, P. NumChron 148, 1988, 223–224

11336
Hegazy, E. S. A.: A Theban Private Tomb. Tomb No. 295.—
Strudwick, N. JEA 74, 1988, 273–274

11337
Heider, G. C.: The cult of Molek. A Reassessment.—
Ribichini, S. RStFen 16, 1988, 122–125
Barstad, H. M. BiOr 44, 1987, 750–752

11338
Heinen, H.: Trier und das Trevererland in römischer Zeit.—
Mertens, J. Germania 66, 1988, 582–585
Ternes, C. M. BALux 19, 1988, 165–215, Abb.
Maass, H. Klio 70, 1988, 279–282

11339
Heinrich, E.: Die Paläste im alten Mesopotamien.—
Schirmer, W. ZA 78, 1988, 151–154

11340
Hellenkemper, H.: Neue Forschungen in Kilikien.—
Edwards, R. W. ByzZ 81, 1988, 80–82

11341
Hellmann, M. C.: Lampes antiques de la Bibliothèque nationale, 2. Fonds général. Lampes préromaines et romaines.—
Bailey, D. M. ClRev 39, 1989, 116–117

11342
Hemelrijk, J. M.: Caeretan Hydriae.—
Emmanuel-Rebuffat, D. Latomus 47, 1988, 702–703
Szilágyi, J. G. ActaArchHung 40, 1988, 337–339

11343
Hendy, M. F.: Studies in the Byzantine monetary economy, c. 300–1450.—
Millar, F. JRS 78, 1988, 198–202
Kent, J. P. C. NumChron 148, 1988, 269–270

11344
Henning, J.: Südosteuropa zwischen Antike und Mittelalter. Archäologische Beiträge zur Landwirtschaft des 1. Jahrtausends u. Z.—
Fiedler, U. PZ 63, 1988, 233–235

11345
Heres, G.: Corpus speculorum etruscorum. Deutsche Demokratische Republik, 1. Berlin, Staatliche Museen, Antikenabteilung.—
Höckmann, U. Gnomon 60, 1988, 558–560

11346
Herfort-Koch, M.: Archaische Bronzeplastik Lakoniens.—
Cartledge, P. ClRev 38, 1988, 342–345

11347
Hermary, A.: La sculpture archaïque et classique, 1. Catalogue des sculptures classiques de Délos.—
Tomlinson, R. A. JHS 108, 1988, 267

11348
Herzog, Z.: Das Stadttor in Israel und in den Nachbarländern.—
Wright, G. R. H. ZA 78, 1988, 154–156
Arata Mantovani, P. RStFen 16, 1988, 257–258
Margueron, J. C. WO 18, 1987, 195–197
Arata Mantovani, P. Mesopotamia 23, 1988, 189–190

11349
Hesberg, H. v.: Konsolengeisa des Hellenismus und der frühen Kaiserzeit.—
Pensabene, P. ArchCl 37, 1985, 316–319

11350
Higgins, R.: Tanagra and the figurines.—
Ammerman, R. M. AJA 92, 1988, 449–451
Stoop, M. BABesch 63, 1988, 190–191

11351
Himmelmann, N.: Antike Götter im Mittelalter.—
Nees, L. AJA 92, 1988, 624–625

11352
Hobson, C.: Exploring the world of the Pharaohs.—
Baines, J. Antiquity 62, 1988, 806

11353
Hochstetter, A.: Kastanas. Ausgrabungen in einem Siedlungshügel der Bronze- und Eisenzeit Makedoniens 1975–1979. Die Kleinfunde.—
Furmánek, V. PZ 63, 1988, 207–208
Kilian, I. BJb 188, 1988, 542–544

11354
Hodder, I.: Reading the past. Current approaches to interpretation in archaeology.—
Hodges, R. MedievA 32, 1988, 324–325

11355
Höckmann, O.: Antike Seefahrt.—
Martin, A. Latomus 47, 1988, 905–906

11356
Högemann, P.: Alexander der Große und Arabien.—
Buraselis, K. GGA 240, 1988, 224–245

11357
Højlund, F.: Failaka, Dilmun. The second millennium settlement, 2. The bronze age pottery.—
Valtz, E. Mesopotamia 23, 1988, 199–201

11358
Hölbl, G.: Ägyptisches Kulturgut im phönikischen und punischen Sardinien.—
Rowland Jr., R. J. AJA 92, 1988, 601–602
Huss, W. ZDMG 139, 1989, 228

11359
Hölbl, G.: Museo archeologico nazionale di Napoli. Le stele funerarie della collezione egizia.—
De Salvia, F. OA 27, 1988, 155–157

11360
Hölscher, T.: Staatsdenkmal und Publikum. Vom Untergang der Republik bis zur Festigung des Kaisertums in Rom.—
Brilliant, R. JRomA 1, 1988, 111–112

11361
Hoepfner, W.: Arsameia am Nymphaios, 2. Das Hierothesion des Mithradates von Kommagene nach den Ausgrabungen von 1963–1967.—
Lauter, H. BJb 186, 1986, 760–762

11362
Hoepfner, W.: Haus und Stadt im klassischen Griechenland.—
Knell, H. BJb 188, 1988, 560–562
Bommelaer, J. F. RA 1988, 395–397

11363
Hoepfner, W.: Das Hierothesion des Königs Mithradates I. Kallinikos von Kommagene nach den Ausgrabungen von 1963 bis 1967.—
Buchholz, H. G. ZDMG 138, 1988, 368–370

11364
Hörig, M.: Corpus cultus Iovis Dolicheni.—
Price, S. R. F. ClRev 39, 1989, 146

11365
Hoffman, M. A.: The predynastic of Hierakonpolis. An interim report.—
Lacovara, P. JEA 74, 1988, 265–268

11366
Hofter, M. R.: Untersuchungen zu Stil und Chronologie der mittelitalischen Terrakotta-Votivköpfe.—
Comella, A. ArchCl 38–40, 1986–88, 305–310

11367
Holder, P. A.: The Roman army in Britain.—
Wilkes, J. J. BInstALondon 23, 1986, Review Suppl., 7–8

11368
Holmberg, E. J.: A Mycenaean chamber tomb near Berbati in Argolis.—
Darcque, P. RA 1988, 127

11369
Hopkins, D. C.: The highlands of Canaan. Agricultural life in the early iron age.—
Liverani, M. OA 27, 1988, 145–147
Weippert, H. ZDPV 104, 1988, 163–167

11370
Hornung, E.: Das Buch von den Pforten des Jenseits.—
Götte, K. OLZ 84, 1989, 13–15

11371
Horváth, L.: Corpus of Celtic finds in Hungary, 1. Transdanubia, 1.—
Müller, F. Germania 66, 1988, 575–577

11372
Hošek, R.: Tituli latini Pannoniae Superioris annis 1967–1982 in Slovacia reperti.—
Lőrincz, B. ActaArchHung 40, 1988, 346

11373
Hostetter, E.: Bronzes from Spina, 1. The figural classes.—
Del Chiaro, M. A. AJA 92, 1988, 613–614

11374
Houghton, A.: Coins of the Seleucid empire from the collection of Arthur Houghton.—
Kindler, A. IsrNumJ 9, 1986–87, 93–94
Weiss, P. JNG 36, 1986, 173

11375
Howgego, C. J.: Greek Imperial Countermarks.—
Callataÿ, F. de RBNum 134, 1988, 202–204

11376
Huber, P. J.: Astronomical dating of Babylon I and Ur III.—
Oelsner, J. OLZ 83, 1988, 554–558

11377
Hult, G.: Bronze age ashlar in the Eastern Mediterranean. Cyprus, Ugarit, and neighbouring regions.—
Molist Montaña, M. AulaOr 6, 1988, 278–279

11378
Humphrey, J. H.: Roman circuses. Arenas for chariot racing.—
Gros, P. RA 1988, 184–186
Fedak, J. PhoenixToronto 41, 1987, 452–455

11379
Huot, J. L.: Larsa, 8ème et 9ème campagnes 1978 et 1981, et 'Oueili, 2ème et 3ème campagnes 1978 et 1981. Rapport préliminaire.—
Invernizzi, A. Mesopotamia 23, 1988, 182–187

11380
Huot, J. L.: Larsa, 10ème campagne 1983, et 'Oueili, 4ème campagne 1983. Rapport préliminaire.—
Invernizzi, A. Mesopotamia 23, 1988, 182–187

11381
Husson, G.: Οἰκία. Le vocabulaire de la maison privée en Egypte d'après les papyrus grecs.—
Thomas, J. D. JEA 74, 1988, 292–293
Mussies, G. Mnemosyne 42, 1989, 153–155
Maehler, H. BiOr 44, 1987, 687–691

11382
Hutter, M.: Altorientalische Vorstellungen von der Unterwelt. Literatur- und religionsgeschichtliche Überlegungen zu 'Nergal und Ereskigal'.—
Groneberg, B. WO 18, 1987, 175–179

11383
Ihm, P.: Statistik in der Archäologie.—
Salamon, A. ActaArchHung 39, 1987, 371–372

11384
Ireland, S.: Roman Britain. A sourcebook.—
Keppie, L. BInstALondon 24, 1987, Review Suppl., 7–8

11385
Ireland, S.: Roman Britain.—
Jehne, M. Gnomon 60, 1988, 273–275

11386
Isaac, B.: The Greek settlements in Thrace until the Macedonian conquest.—
Burstein, S. M. AJA 92, 1988, 611–612
Asheri, D. MedHistR 3, 1988, Nr. 2, 130–131
Braund, D. ClRev 39, 1989, 148

11387
Jaeger, B.: Essai de classification et datation des scarabées Menkhéperrê.—
Peck, W. H. JNES 46, 1987, 235–236

11388
Jannot, J. R.: A la rencontre des Etrusques.—
Heurgon, J. Latomus 48, 1989, 233–235

11389
Jantzen, U.: Einhundert Jahre Athener Institut 1874 bis 1974.—
Schindler, W. DLZ 109, 1988, 436–438

11390
Jaroš-Deckert, B.: Das Grab des Jnj-jtj·f. Die Wandmalereien der XI. Dynastie.—
Eaton-Krauss, M. JEA 74, 1988, 269–273

11391
Jasim, S. A.: The Ubaid period in Iraq. Recent excavations in the Hamrin region.—
Crawford, H. BInstALondon 23, 1986, Review Suppl., 52–53

11392
Jequier, G.: Tombeaux de particuliers contemporains de Pepi II. Ed. photographique.—
Martin-Pardey, E. OLZ 83, 1988, 532–534

11393
Johne, K. P.: Die Kolonen in Italien und den westlichen Provinzen des römischen Reiches.—
Straus, J. A. Latomus 46, 1987, 642–644

11394
Johns, C.: The Thetford treasure. Roman jewellery and silver.—
Künzl, E. BJb 188, 1988, 660–664

11395
Jolivet, V.: CVA France, 33. Musée du Louvre, 22.—
Metzger, H. RA 1988, 170–171

11396
Jolivet, V.: Recherches sur la céramique étrusque à figures rouges tardive du Musée du Louvre.—
Gilotta, F. ArchCl 38–40, 1986–88, 236–242, Taf.

11397
Jones, G. D. B.: Apulia, 1. Neolithic settlement in the Tavoliere.—
Malone, C. Antiquity 62, 1988, 813–814

11398
Jones, J. M.: A dictionary of ancient Greek coins.—
Warren, J. NumChron 148, 1988, 225–226
Le Rider, G. RevNum 30, 1988, 290–291

11399
Jones, R. E.: Greek and Cypriot pottery. A review of scientific studies.—
Johnston, A. ClRev 39, 1989, 109–110

11400
Jonsson, M.: La cura dei monumenti alle origini. Restauro e scavo di monumenti antichi a Roma 1800–1930.—
Maccabruni, C. AthenaeumPavìa 66, 1988, 626–627
Gasparri, C. Gnomon 60, 1988, 527–531

11401
Jost, M.: Sanctuaires et cultes d'Arcadie.—
Riele, G. J. M. J. te Mnemosyne 42, 1989, 240–242

11402
Käfer, M.: Winckelmanns hermeneutische Prinzipien.—
Sichtermann, H. Gymnasium 96, 1989, 91–93

11403
Känel, F. v.: Les prêtres-ouâb de Sekhmet et les conjurateurs de Serket.—
Raven, M. J. ChrEg 63, 1988, 90–96

11404
Kaenel, G.: Nouvelles recherches sur le vicus gallo-romain de Lausanne (Vidy-Lausanne).—
Daubigney, A. DialHistAnc 13, 1987, 378–379

11405
Kaenel, H. M. v.: Münzprägung und Münzbildnis des Claudius.—
Metcalf, W. E. JRomA 1, 1988, 174–175

11406
Kaiser-Raiss, M. R.: Die stadtrömische Münzprägung während der Alleinherrschaft des Commodus.—
Serafin Petrillo, P. ArchCl 38–40, 1986–88, 208–210

11407
Kalpaxis, T. E.: Hemiteles. Akzidentelle Unfertigkeit und 'Bossen-Stil' in der griechischen Baukunst.—
Tomlinson, R. A. JHS 108, 1988, 265

11408
Kaltofen, A.: Studien zur Chronologie der Völkerwanderungszeit im südöstlichen Mitteleuropa.—
Bierbrauer, V. BJb 188, 1988, 665–674

11409
Kanta, A.: The late Minoan III period in Crete. A survey of sites, pottery and their distribution.—
Aravantinos, V. ArchCl 38–40, 1986–88, 204–208

11410
Karg, N.: Untersuchungen zur älteren frühdynastischen Glyptik Babyloniens.—
Tunca, Ö. BiOr 44, 1987, 795–799

11411
Kawami, T. S.: Monumental art of the Parthian period in Iran.—
De Waele, E. RBPhil 67, 1989, 241–242

11412
Keay, S. J.: Late Roman Amphorae in the Western Mediterranean.—
Vanderhoeven, M. Latomus 47, 1988, 204–205

11413
Keay, S. J.: Roman Spain.—
Mierse, W. E. Archaeology 42, 1989, Nr. 5, 76–77

11414
Kebric, R. B.: The paintings in the Cnidian Lesche at Delphi and their historical context.—
Hölscher, T. Gnomon 60, 1988, 465–467

11415
Keel, O.: Studien zu den Stempelsiegeln aus Palästina-Israel, 1.—
Röllig, W. WO 18, 1987, 197–198

11416
Keel, O.: Orte und Landschaften der Bibel, 1.—
Pfeifer, G. OLZ 84, 1989, 47–49

11417
Kemenczei, T.: Die Spätbronzezeit Nordostungarns.—
Pălincaş, N. Dacia 32, 1988, 242–243

11418
Kemp, B. J.: Amarna reports, 1.—
Mode, M. OLZ 83, 1988, 271–274

11419
Kemp, B. J.: Amarna reports, 2.—
Eaton-Krauss, M. BiOr 44, 1987, 664–666

11420
Kenk, R.: Grabfunde der Skythenzeit aus Tuva, Süd-Sibirien.—
Taylor, T. F. Antiquity 62, 1988, 601–603

11421
Kenk, R.: Das Gräberfeld der hunno-sarmatischen Zeit von Kokėl', Tuva, Süd-Sibirien.—
Taylor, T. F. Antiquity 62, 1988, 601–603

11422
Kenrick, P. M.: Excavations at Sabratha 1948–1951. A report on the excavations conducted by Dame Kathleen Kenyon and John Ward-Perkins.—
Potter, T. W. AntJ 67, 1987, 410–411
Clay, T. JRS 78, 1988, 254–255

11423
Kenyon, K.: The Bible and recent Archaeology. Rev. ed.—
Wright, G. R. H. ZA 78, 1988, 156–157
Hruška, B. ArOr 56, 1988, 371–372

11424
Kenyon, K. M.: Excavations at Jericho, 4. The pottery type series and other finds.—
Watkins, T. BInstALondon 23, 1986, Review Suppl., 38–42

11425
Kenyon, K. M.: Excavations at Jericho, 5. The pottery phases of the tell and other finds.—
Watkins, T. BInstALondon 23, 1986, Review Suppl., 38–42

11426
Khouri, R. G.: Aqaba 'port of Palestine on the China Sea'.—
Knauf, E. A. ZDPV 104, 1988, 179–181, Abb.

11427
Kilian-Dirlmeier, I.: Nadeln der frühhelladischen bis archaischen Zeit von der Peloponnes.—
Szabó, M. ActaArchHung 40, 1988, 329–330
Rolley, C. RA 1988, 345–349

11428
King, C. E.: Roman silver coins, 5. Carausius to Romulus Augustus.—
Kent, J. P. C. NumChron 148, 1988, 260–262

11429
King, K. C.: Achilles. Paradigms of the war hero from Homer to the middle ages.—
Vessey, D. W. T. ClRev 39, 1989, 40–41

11430
Kjærum, P.: Failaka-Dilmun. The second millennium settlements, 1, 1. The stamp and cylinder seals.—
Seidl, U. ZA 78, 1988, 316–320

11431
Klee, M.: Arae Flaviae, 3. Der Nordvicus von Arae Flaviae. Neue Untersuchungen am nördlichen Stadtrand des römischen Rottweil.—
Haalebos, J. K. Germania 66, 1988, 580–582

11432
Kleemann, I.: Frühe Bewegung. Untersuchungen zur archaischen Form bis zum Aufkommen der Ponderation in der griechischen Kunst.—
Guralnick, E. Gnomon 60, 1988, 463–465

11433
Kleiner, D. E. E.: Roman imperial funerary altars with portraits.—
Kajava, M. Arctos 22, 1988, 248–256
Goette, H. R. Gnomon 61, 1989, 160–164
Turcan, R. RA 1989, 188–189

11434
Kleiner, F. S.: The Arch of Nero in Rome. A study of the Roman honorary arch before and under Nero.—
Brilliant, R. JRomA 1, 1988, 113–114
Boschung, D. Gnomon 61, 1989, 186–188

11435
Kleiss, W.: Bastam, 1. Ausgrabungen in den urartäischen Anlagen 1972–1975.—
Wright, R. H. OLZ 83, 1988, 597–600

11436
Klejn, L. S.: Archaeological typology.—
Orton, C. BInstALondon 24, 1987, Review Suppl., 48–49

11437
Knauss, J.: Die Melioration des Kopaisbeckens durch die Minyer im 2. Jt. v. Chr.—
Garbrecht, G. Gnomon 60, 1988, 754–756

11438
Koenigs, W.: Die Echohalle.—
Courtils, J. des RA 1988, 138–139

11439
Kolb, F.: Agora und Theater, Volks- und Festversammlung.—
Mitsopoulos-Leon, V. AnzAW 41, 1988, 75–78

11440
Kolb, F.: Die Stadt im Altertum.—
Witte, R. Sileno 13, 1987, 257–258
Woloch, M. PhoenixToronto 42, 1988, 85–86

11441
Konikoff, A.: Sarcophagi from the Jewish catacombs of ancient Rome.—
Kant, L. H. Gnomon 60, 1988, 376–378
Finney, P. C. JbAChr 31, 1988, 230–232
Vismara, C. ArchCl 38–40, 1986–88, 150–152

11442
Koppel, E. M.: Die römischen Skulpturen von Tarraco.—
Keay, S. JRS 78, 1988, 253–254
Nagy, T. ActaArchHung 40, 1988, 343–345
Foucher, L. Latomus 48, 1989, 249–250

11443
Korol, D.: Die frühchristlichen Wandmalereien aus den Grabbauten in Cimitile, Nola.—
Pillinger R. JbÖByz 38, 1988, 494–496
Prigent, P. Rev. d'hist. et de phil. relig. 3, 1988, 340–343

11444
Kos, P.: The monetary circulation in the southeastern Alpine region ca. 300 B.C. – A.D. 1000.—
Doyen, J. M. BCercleNum 25, 1988, 42–43
Mirnik, I. A. D. NumChron 148, 1988, 248–249
Gorini, G. RivItNum 90, 1988, 623–625

11445
Kovács, T.: Corpus of Celtic finds in Hungary, 1. Transdanubia, 1.—
Megaw, J. V. S. AntJ 68, 1988, 144–146

11446
Krämer, W.: Die Grabfunde von Manching und die latènezeitlichen Flachgräber in Südbayern.—
Szabó, M. ActaArchHung 40, 1988, 340–341
Cahen-Delhaye, A. RBPhil 67, 1989, 233–234
Nortmann, H. TrZ 51, 1988, 559–560

11447
Krummrey, I.: CIL voluminis primi pars posterior, 4.—
Buonocore, M. Klio 70, 1988, 568–577
Vidman, L. LF 111, 1988, 235–237
Ferrary, J. L. REL 65, 1987, 380–381

11448
Krummrey, I.: CIL voluminis primi pars II, 4.—
Kajanto, I. Arctos 22, 1988, 219–221

11449
Künzl, E.: Medizinische Instrumente aus Sepulkralfunden der römischen Kaiserzeit.—
Dufková, M. PamA 80, 1989, 229–230

11450
Kuhlmann, K. P.: Materialien zur Archäologie und Geschichte des Raumes von Achmim.—
Kanawati, N. JEA 74, 1988, 259–261

11451
Kuhnen, H. P.: Nordwest-Palästina in hellenistisch-römischer Zeit. Bauten und Gräber im Karmelgebiet.—
Saherwala, G. ActaPrHistA 20, 1988, 208–209
Schmidt-Colinet, A. BJb 188, 1988, 608–609

11452
Kunow, J.: Der römische Import in der Germania libera bis zu den Markomannenkriegen.—
Schmidt, B. JSchrVgHalle 71, 1988, 310–312

11453
Kunst, M.: Zambujal, 2. Glockenbecher und kerbblattverzierte Keramik aus den Grabungen 1964 bis 1973.—
Fischer, U. Germania 66, 1988, 549–554
Harrison, R. J. ProcPrHistSoc 54, 1988, 345–346
Wey, O. JbSchwGesUrgesch 72, 1989, 355–356

11454
Kuziščin, V. I.: La grande proprietà agraria nell'Italia romana, II sec. a. C. – I sec. d. C.—
Desy, P. Latomus 47, 1988, 691–692

11455
Kyle, D. G.: Athletics in ancient Athens.—
Weiss, P. HZ 248, 1989, 140–142
Leclercq, H. EtCl 57, 1989, 186–187

11456
La Rocca, E.: L'età d'oro di Cleopatra.—
Belloni, G. G. Aegyptus 68, 1988, 247–249
Arias, P. E. ArchCl 38–40, 1986–88, 284–286

11457
La Rocca, E.: La Riva a Mezzaluna, Culti, agoni, monumenti funerari presso il Tevere nel Campo Marzio occidentale.—
Palmer, R. E. A. AJA 92, 1988, 618–619

11458
Lacam, G.: La fin de l'empire romain et le monnayage or en Italie, 455–493.—
Giard, J. B. NumChron 148, 1988, 268

11459
Lagarce, J.: Alasia, 4. Deux tombes du Chypriote Récent d'Enkomi.—
Peltenburg, E. J. ProcPrHistSoc 54, 1988, 346–347

11460
Lahusen, G.: Untersuchungen zur Ehrenstatue in Rom.—
Gabelmann, H. AnzAW 41, 1988, 81–84

11461
Laidlaw, A.: The First Style in Pompeii. Painting and architecture.—
Caputo, M. DArch 6, 1988, Nr. 1, 147–149
Bragantini, I. ArchCl 38–40, 1986–88, 310–313
Delplace, C. RBPhil 67, 1989, 161–162

11462
Lambrechts, R.: Corpus speculorum etruscorum, Belgique 1.—
Ridgway, F. R. S. ClRev 38, 1988, 354–355
Belloni, G. G. Aevum 62, 1988, 143

11463
Lambrechts, R.: Artena, 1.—
Poucet, J. Latomus 46, 1987, 672–674

11464
Landwehr, C.: Die antiken Gipsabgüsse von Baiae. Griechische Bronzestatuen in Abgüssen römischer Zeit.—
Rolley, C. RA 1988, 343–344

11465
Larese, A.: Le lucerne fittili e bronzee del Museo concordiese di Portogruaro.—
Goethert, K. TrZ 51, 1988, 561–563
Anselmino, L. ArchCl 38–40, 1986–88, 214–215

11466
Laronde, A.: Cirène et la Libye hellénistique. Libykai historiai. De l'époque républicaine au principat d'Auguste.—
Moretti, L. ArchCl 38–40, 1986–88, 319–323

11467
Laser, S.: Archaeologia homerica, T. Sport und Spiel.—
Decker, W. Nikephoros 1, 1988, 278–283

11468
Laubenheimer, F.: La production des amphores en Gaule Narbonnaise.—
Paterson, J. J. JRS 78, 1988, 241–244

11469
Lauter, H.: Die Architektur des Hellenismus.—
Gros, P. Gnomon 60, 1988, 279–281
Ganzert, J. BJb 188, 1988, 562–566

11470
Lauter, H.: Lathuresa.—
Tomlinson, R. A. JHS 108, 1988, 264

11471
Lauter-Bufe, H.: Die Geschichte des sikeliotisch-korinthischen Kapitells. Der sogenannte italisch-republikanische Typus.—
Gutiérrez Behemerid, M. A. BVallad 54, 1988, 537–540

11472
Lauwerier, R.: Animals in Roman times in the Dutch eastern river area.—
Gautier, A. Helinium 28, 1988, 300–301

11473
Le Ny, F.: Les fours tuiliers gallo-romains.—
Bourgeois, J. Helinium 28, 1988, 299–300

11474
Lebeau, M.: La céramique de l'âge du fer II–III à Tell Abou Danné et ses rapports avec la céramique contemporaine en Syrie.—
Hachmann, R. ZDMG 138, 1988, 371–372
Pittioni, R. AfO 34, 1987, 94–95

11475
Leclant, J.: Inventaire bibliographique des Isiaca. Répertoire analytique des travaux relatifs à la diffusion des cultes isiaques, 1940–1969.—
Griffiths, J. G. ClRev 38, 1988, 430

11476
Lehmann, G. A.: Die mykenisch-frühgriechische Welt und der östliche Mittelmeerraum in der Zeit der 'Seevölker'-Invasionen um 1200 v. Chr.—
Easton, D. F. JHS 108, 1988, 259–260

11477
Lehmann, U.: Quibus locis inveniantur additamenta titulorum voluminis VI Corporis inscriptionum latinarum.—
Panciera, S. Klio 70, 1988, 228–230

11478
Lempese, A.: Τὸ ἱερὸ τοῦ Ἑρμῆ καὶ τῆς Ἀφροδίτης στὴ Σύμη Βιάννου, 1. Χάλκινα κρητικὰ τορεύματα.—
Rolley, C. RA 1988, 354–355

11479
Leschhorn, W.: 'Gründer der Stadt'. Studien zu einem politisch-religiösen Phänomen der griechischen Geschichte.—
Casevitz, M. RevPhil 61, 1987, 299–300

11480
Levante, E.: Sylloge nummorum graecorum. Switzerland, 1.—
Johnston, A. NumChron 148, 1988, 243–244

11481
Leveau, P.: Caesarea de Maurétanie. Une ville romaine et ses campagnes.—
Foucher, L. Latomus 46, 1987, 640–642
Potter, T. W. JRomA 1, 1988, 190–196

11482
Levy, B. E.: Roman coins in the Princeton University Library, 1. Republic to Commodus.—
Burnett, A. NumChron 148, 1988, 249–250

11483
Lewis, N.: Life in Egypt under Roman rule.—
Heinen, H. Gnomon 61, 1989, 176–178

11484
Lilliu, G.: La civiltà nuragica.—
Torelli, M. StSard 26, 1981–85, 369–372

11485
Linant de Bellefonds, P.: Sarcophages attiques de la nécropole de Tyr.—
Davies, G. JHS 108, 1988, 269–270
Ghiron-Bistagne, P. REG 101, 1988, 539–540

11486
Lissi Caronna, E.: Il mitreo dei Castra Peregrinorum (S. Stefano Rotondo).—
Turcan, R. BJb 188, 1988, 599–600

11487
Littauer, M.: Chariots and related equipment from the tomb of Tut'ankhamūn.—
Decker, W. BiOr 45, 1988, 128–134

11488
Llorens Forcada, M. d. M.: La ceca de Ilici.—
Nony, D. RevNum 30, 1988, 279–280

11489
Long, C. R.: The twelve gods of Greece and Rome.—
Mora, F. Kernos 2, 1989, 264–266
Graf, F. HZ 249, 1989, 131–133

11490
Loon, M. N. van: Anatolia in the second millennium B.C.—
Bittel, K. OLZ 84, 1989, 33–35

11491
Loukas, I.: Η Ρέα-Κυβέλη και οι γονιμικές λατρείες της Φλύας.—
Papachatzis, N. Kernos 2, 1989, 266–268

11492
Lowenstam, S.: The extramural sanctuary of Demeter and Persephone at Cyrene. Libya final reports, 3.—
Fulford, M. LibSt 19, 1988, 154

11493
Luck, G.: Arcana Mundi. Magic and the Occult in the Greek and Roman Worlds.—
Le Bœuffle, A. RevPhil 61, 1987, 340–341

11494
Lund Hansen, U.: Römischer Import im Norden.—
Laser, R. Germania 67, 1989, Nr. 1, 236–242

11495
Lund, J.: Sukas, 8. The habitation quarters.—
Stucky, R. A. RA 1988, 392–393

11496
Maaskant-Kleibrink, M.: Description of the collections in the Rijksmuseum G. M. Kam at Nijmegen, 10. The engraved gems. Roman and non-Roman.—
Henig, M. JRomA 1, 1988, 145
Weber, I. S. JNG 36, 1986, 176–177
Platz-Horster, G. Gnomon 60, 1988, 564–567

11497
MacDonald, W. L.: The architecture of the Roman empire, 2. An urban appraisal.—
Mierse, W. E. Archaeology 41, 1988, Nr. 4, 70–72
Sear, F. B. JRomA 1, 1988, 162–165
Gros, P. RA 1988, 420–422

11498
MacKendrick, P.: The North-African stones speak.—
Picard, G. C. RA 1989, 186

11499
Mackensen, M.: Frühkaiserzeitliche Kleinkastelle bei Nersingen und Burlafingen an der Oberen Donau.—
Bourgeois, J. Helinium 28, 1988, 133–135

11500
Mackensen, M.: Resafa, 1. Eine befestigte spätantike Anlage vor den Stadtmauern von Resafa.—
Weber, T. AnzAW 41, 1988, 226–233

11501
MacMullen, R.: Le paganisme dans l'empire romain.—
Turcan, R. RHistRel 205, 1988, 198–202
Fredouille, J. C. REL 65, 1987, 359–362

11502
Makkay, J.: Early Stamp Seals in South-East Europe.—
Comşa, E. PZ 63, 1988, 119–120

11503
Malkin, I.: Religion and colonization in ancient Greece.—
Pirenne-Delforge, V. Kernos 2, 1989, 268–269

11504
Maltiel-Gerstenfeld, J.: New catalogue of ancient Jewish coins.—
Burnett, A. NumChron 148, 1988, 233

11505
Mañanes, T.: Astorga romana y su entorno. Estudio arqueológico.—
Knapp, R. C. AJA 92, 1988, 457

11506
Mandrioli Bizzarri, A. R.: La collezione di gemme del Museo civico archeologico di Bologna.—
Pernigotti, S. RStFen 16, 1988, 265–268

11507
Mangani, E.: CVA Italia, 62. Grosseto, Museo archeologico e d'arte della Maremma, 1–2.—
Metzger, H. RA 1988, 150–151

11508
Mango, C.: Le développement urbain de Constantinople (IVe–VIIe s.).—
Brandes, W. Byzantinoslavica 49, 1988, 59–63
Dagron, G. JRomA 1, 1988, 223–225

11509
Mango, M. M.: Silver from early Byzantium. The Kaper Koraon and related treasures.—
Baratte, F. JRomA 1, 1988, 226–228

11510
Mansuelli, G. A.: La fine del mondo antico.—
Saletti, C. AthenaeumPavia 67, 1989, 318–319

11511
Manton, E. L.: Roman North Africa.—
Mattingly, D. J. LibSt 19, 1988, 159

11512
Marek, V.: Roman republican coins in the collection of the Charles University.—
Deissmann, M. Gnomon 60, 1988, 368

11513
Marinatos, N.: Minoan sacrificial ritual. Cult practice and symbolism.—
Dietrich, B. C. ClRev 38, 1988, 340–342

11514
Marschak, B.: Silberschätze des Orients. Metallkunst des 3.–13. Jahrhunderts und ihre Kontinuität.—
Haussig, H. W. PZ 63, 1988, 236–237

11515
Marsden, P.: The Roman forum site in London. Discoveries before 1985.—
Merrifield, R. AntJ 68, 1988, 150–151
Cunliffe, B. Antiquity 63, 1989, 180–181

11516
Martin, G. T.: Corpus of reliefs of the New Kingdom from the Memphite necropolis and Lower Egypt, 1.—
Bierbrier, M. L. AntJ 68, 1988, 142

11517
Martin, G. T.: The royal tomb at el-'Amarna, 1. The objects.—
Mode, M. OLZ 83, 1988, 268–271

11518
Martin, L. H.: Hellenistic religions. An introduction.—
Graf, F. HZ 248, 1989, 412–414

11519
Martin, T. R.: Sovereignty and coinage in classical Greece.—
Ellis, J. R. PhoenixToronto 41, 1987, 322–324
Mattingly, H. NumChron 148, 1988, 231–233
Ostwald, M. ClPh 83, 1988, 237–245

11520
Martin-Kilcher, S.: Die römischen Amphoren aus Augst und Kaiseraugst. Die südspanischen Ölamphoren, Gruppe 1.—
Chausa, A. AEsp 61, 1988, 362–363

11521
Martiniani-Reber, M.: Lyon. Musée historique des tissus. Soieries sassanides, coptes et byzantines, Ve–XIe siècles.—
Baratte, F. RA 1988, 437–438

11522
Maselli, G.: Argentaria. Banche e banchieri nella Roma repubblicana. Organizzazione, prosopografia, terminologia.—
Gregori, G. L. RivFil 116, 1988, 225–229

11523
Mason, P.: The city of men.—
Nippel, W. Gnomon 60, 1988, 756–757

11524
Massa-Pairault, F. H.: Recherches sur l'art et l'artisanat étrusco-italiques à l'époque hellénistique.—
Nagy, H. AJA 92, 1988, 614–615
Harari, M. AthenaeumPavia 67, 1989, 326–328
Briquel, D. REL 65, 1987, 373–374

11525
Masson, O.: Les inscriptions syllabiques de Kouklia-Paphos. Ausgrabungen in Alt-Paphos auf Cypern, 4.—
Hermary, A. RA 1988, 149–151

11526
Mastrocinque, A.: Santuari e divinità dei Paleoveneti.—
Fogolari, G. QuadAVen 4, 1988, 415

11527
Matangou, L.: Bone carvings from Egypt, 1, Graeco-Roman period. Benaki Museum Athens.—
Török, L. ActaArchHung 39, 1987, 356–357

11528
Matthäus, H.: Metallgefäße und Gefäßuntersätze der Bronzezeit, der geometrischen und archaischen Periode auf Cypern.—
Weber, T. JSchrVgHalle 71, 1988, 301–302
Szabó, M. ActaArchHung 40, 1988, 326–327

11529
Matzker, I.: Die letzten Könige der 12. Dynastie.—
Leprohon, R. J. BiOr 45, 1988, 111–116

11530
Mazzoleni, D.: Ricerche nell'area di S. Ippolito all'Isola Sacra. I reperti epigrafici.—
Pergola, P. RACrist 63, 1987, 439–441

11531
McCann, A. M.: The Roman port and fishery of Cosa. A center of ancient trade.—
Parker, A. J. ClRev 38, 1988, 356–357
Rougé, J. PhoenixToronto 42, 1988, 91–94

11532
McEwan, G. J. P.: Priest and temple in Hellenistic Babylonia.—
Funck, B. WO 18, 1987, 180–187

11533
McIntosh, J.: Guía práctica de arqueología.—
Balil, A. BVallad 54, 1988, 533

11534
McKee, A.: Tarquin's ship.—
Bound, M. IntJNautA 17, 1988, 191–194

11535
Mee, C.: Rhodes in the bronze age.—
Darcque, P. RA 1988, 126

11536
Meer, L. B. van der: The bronze liver of Piacenza.—
Cristofani, M. Gnomon 60, 1988, 561–563
Bonfante, L. JRS 78, 1988, 208–209

11537
Megow, W. R.: Kameen von Augustus bis Alexander Severus.—
Henig, M. JRomA 1, 1988, 143–145

11538
Meiggs, R.: Trees and timber in the ancient Mediterranean world.—
Burleigh, R. JEA 74, 1988, 301–304

11539
Meimaris, Y. E.: Sacred names, saints, martyrs and church officials in the Greek inscriptions and papyri pertaining to the Christian church of Palestine.—
Flusin, B. REByz 46, 1988, 260–262
Orselli, A. M. Epigraphica 50, 1988, 319–321
Wischmeyer, W. Gnomon 60, 1988, 664–665

11540
Mello Beirão, C. M. de: Une civilisation protohistorique du Sud du Portugal (Ier âge du fer).—
Kalb, P. Germania 66, 1988, 567–569

11541
Menghin, W.: Das Schwert im frühen Mittelalter.—
Martin, M. BayVgBl 53, 1988, 337–340

11542
Menzel, H.: Die römischen Bronzen aus Deutschland, 3. Bonn.—
Boucher, S. RA 1988, 175–176
Rolley, C. BJb 188, 1988, 647–648

11543
Merkel Guldan, M.: Die Tagebücher von Ludwig Pollak. Kennerschaft und Kunsthandel in Rom 1893–1934.—
Musso, L. BdA 73, 1988, Nr. 52, 100–103

11544
Merkelbach, R.: Mithras.—
Beck, R. PhoenixToronto 41, 1987, 296–316
Beaujeu, J. REL 65, 1987, 363–367

11545
Merrifield, R.: The archaeology of ritual and magic.—
Davidson, H. R. E. AntJ 68, 1988, 129

11546
Merrillees, R. S.: Alashia revisited.—
Passoni Dell'Acqua, A. Aegyptus 68, 1988, 280–281

11547
Merten, E. W.: Bäder und Badegepflogenheiten in der Darstellung der Historia Augusta.—
Hiltbrunner, O. AnzAW 41, 1988, 64–66

11548
Mertens, D.: Der Tempel von Segesta und die dorische Tempelbaukunst des griechischen Westens in klassischer Zeit.—
Peterse, C. L. J. BABesch 63, 1988, 192–196

11549
Metzger, I. R.: Eretria, 7. Das Thesmophorion von Eretria.—
Muller, A. RA 1989, 165–169

11550
Metzger, M.: Königsthron und Gottesthron.—
Soggin, J. A. RivStOr 61, 1987, 237

11551
Metzler, J.: Ausgrabungen in Echternach.—
Hoffmann, A. BJb 188, 1988, 637–646

11552
Meyer, H.: Medeia und die Peliaden. Eine attische Novelle und ihre Entstehung.—
Szabó, M. ActaArchHung 40, 1988, 333–334

11553
Michaelides, D.: Cypriot mosaics.—
Guimier-Sorbets, A. M. RA 1988, 389–390

11554
Mielsch, H.: Die heidnische Nekropole unter St. Peter in Rom. Die Mausoleen A–D.—
Kovacsovics, W. K. AnzAW 41, 1988, 84–85
Tammisto, A. Arctos 22, 1988, 259–260

11555
Mielsch, H.: Die römische Villa. Architektur und Lebensform.—
Wilson, R. J. A. JRS 78, 1988, 244–245
Percival, J. ClRev 39, 1989, 158–159

11556
Mildenberg, L.: The Coinage of the Bar Kokhba War.—
Szaivert, W. AnzAW 41, 1988, 238–239

11557
Mildenberg, L.: The Arthur S. Dewing Collection of Greek coins.—
Rebuffat, F. RevNum 30, 1988, 276–277

11558
Miller, L.: The Roman quay at St Magnus House, London. Excavations at New Fresh Wharf, Lower Thames Street, London 1974–78.—
Cleere, H. IntJNautA 18, 1989, 77–78

11559
Miller, S. S.: Studies in the history and traditions of Sepphoris.—
Wiefel, W. OLZ 83, 1988, 312–313

11560
Mohen, J. P.: L'âge du bronze en France, 4. La vie quotidienne. Les fouilles de Fort-Harrouard.—
De Laet, S. J. Helinium 28, 1988, 124–126

11561
Mokhtar, M. G. D.: Ihnâsya el-Medina (Herakleopolis Magna). Its importance and its role in pharaonic history.—
Gomaà, F. BiOr 45, 1988, 108–110

11562
Mommsen, H.: Archäometrie. Neuere naturwissenschaftliche Methoden und Erfolge in der Archäologie.—
Eggert, G. BJb 188, 1988, 531–533
Schneider, G. PZ 63, 1988, 181–184

11563
Moore, M. B.: The Athenian Agora, 23. Attic black-figured pottery.—
Brownlee, A. B. AJA 93, 1989, 298–299

11564
Moosdorf-Ottinger, I.: Der Goldberg bei Türkheim. Bericht über die Grabungen in den Jahren 1942–1944 und 1958–1961.—
Oldenstein, J. Germania 67, 1989, Nr. 1, 246–249

11565
Morandi, A.: Le pitture della Tomba del Cardinale.—
Moreno, P. ArchCl 38–40, 1986–88, 260–263

11566
Moreira Azevedo, C. A.: O milagre de Cana na iconografía paleo-cristiana.—
Recio Veganzones, A. RACrist 63, 1987, 452–456

11567
Morel, J. P.: Céramique campanienne. Les formes.—
Maes, K. RBPhil 67, 1989, 243–246

11568
Moret, A.: Patrimonio culturale veneto friulano. Tombe e iscrizioni romane nell'antico Cenedese.—
Visintini, M. AquilNost 56, 1985, 446–448

11569
Morris, D.: The Art of Ancient Cyprus.—
Merrillees, R. S. JPrehistRel 1, 1987, 50–54

11570
Morris, I.: Burial and ancient society. The rise of the Greek city-state.—
Bradley, R. Antiquity 62, 1988, 410–412
Stahl, M. HZ 248, 1989, 138–140
Garland, R. ClRev 39, 1989, 66–67

11571
Morrison, J. S.: The Athenian trireme. The history and reconstruction of an ancient Greek warship.—
Lazenby, J. F. JHS 108, 1988, 250

11572
Mountjoy, P. A.: Four Early Mycenaean Wells from the South Slope of the Acropolis at Athens.—
Carinci, F. ArchCl 37, 1985, 335–337

11573
Mozsolics, A.: Bronzefunde aus Ungarn.—
Primas, M. BJb 188, 1988, 545–547
Furmánek, V. Germania 67, 1989, Nr. 1, 206–208
Wanzek, B. PZ 64, 1989, 74–85

11574
Mrozek, S.: Les distributions d'argent et de nourriture dans les villes italiennes du Haut-Empire romain.—
Cenerini, F. Epigraphica 50, 1988, 316–318

11575
Muffatti Musselli, G.: Rinvenimenti archeologici nelle valli dell'Adda e della Mera.—
Gorini, G. AquilNost 56, 1985, 443–444

11576
Muss, U.: Die Akropolis von Athen.—
Stahl, M. HZ 248, 1989, 410–411

11577
Muth, R.: Einführung in die griechische und römische Religion.—
Loucas, I. Kernos 2, 1989, 269–270

11578
Muthmann, H. O.: Mehrfachgefäße in ur- und frühgeschichtlicher Zeit.—
Hänsel, A. ActaPrHistA 20, 1988, 209–210
Mayer, E. F. BJb 188, 1988, 553–554

11579
Myres, J. N. L.: The English settlements.—
Bantelmann, N. PZ 63, 1988, 240–242

11580
Naguib, S. A.: Corpus antiquitatum aegyptiacarum. Etnografisk Museum Oslo, 1. Funerary statuettes.—
Haynes, J. L. BiOr 44, 1987, 670–673

11581
Nash, D.: Coinage in the Celtic world.—
Burnett, A. NumChron 148, 1988, 245–246

11582
Naveh, J.: Amulets and magic bowls. Aramaic incantations of late antiquity.—
Puech, E. RBibl 95, 1988, 585–588
Oelsner, J. OLZ 84, 1988, 38–41

11583
Needler, W.: Predynastic and archaic Egypt in the Brooklyn Museum.—
Spencer, A. J. JEA 74, 1988, 268–269
Strouhal, E. ArOr 56, 1988, 289–290

11584
Neeft, C. W.: Protocorinthian subgeometric aryballoi.—
Byvanck-Quarles van Ufford, L. BABesch 63, 1988, 191–192
Johnston, A. ClRev 39, 1989, 112–114

11585
Negahban, E. O.: Metal vessels from Marlik.—
Makkay, J. ActaArchHung 40, 1988, 325–326

11586
Negev, A.: Nabatean archaeology today.—
Wenning, R. BJb 188, 1988, 606–607

11587
Neils, J.: The youthful deeds of Theseus.—
Hitzl, K. Gnomon 61, 1989, 148–152

11588
Neumann, H.: Handwerk in Mesopotamien.—
Limet, H. OLZ 83, 1988, 667–669

11589
Nibbi, A.: Ancient Byblos Reconsidered.—
Meltzer, E. S. JARCE 24, 1987, 151–153
Hallof, J. Klio 70, 1988, 566–568

11590
Nicolet, C.: L'inventaire du monde. Géographie et politique aux origines de l'empire romain.—
Millar, F. JRomA 1, 1988, 137–141

11591
Nicolet, H.: Sylloge nummorum graecorum. France. Bibliothèque nationale. Cabinet des médailles. Collection Jean et Marie Delepierre.—
Amandry, M. RA 1988, 140

11592
Nielsen, K.: Incense in ancient Israel.—
Müller, W. W. BiOr 44, 1987, 743–750
Reventlow, H. OLZ 84, 1989, 45–47

11593
Niemeier, J. P.: Kopien und Nachahmungen im Hellenismus. Ein Beitrag zum Klassizismus des 2. und frühen 1. Jhs. v. Chr.—
Schindler, W. DLZ 109, 1988, 853–856
Kranz, P. Gnomon 61, 1989, 182–184

11594
Nitowski, E.: The luchnaria. Inscribed lamps of the Byzantine period.—
Loffreda, S. StBiFranc 37, 1987, 353–358

11595
Noel, M.: Les hommes et le bois. Histoire et technologie du bois de la préhistoire à nos jours.—
Taylor, M. Antiquity 63, 1989, 177–178

11596
Noll, R.: Die griechischen und lateinischen Inschriften der Wiener Antikensammlung. 2. ed.—
Donati, A. Gnomon 60, 1988, 550–551

11597
Novara, A.: Les idées romaines sur le progrès d'après les écrivains de la République, 1.—
Dehon, P. J. Latomus 47, 1988, 678–683

11598
Oberleitner, W.: Geschnittene Steine. Die Prunkkameen der Wiener Antikensammlung.—
Zwierlein-Diehl, E. Gnomon 60, 1988, 469–471
Dembski, G. RömÖ 15–16, 1987–88, 279–280

11599
O'Brien, J.: In the beginning. Creation myths from ancient Mesopotamia, Israel and Greece.—
Olmo Lete, G. del AulaOr 6, 1988, 280–281

11600
Oggiano-Bitar, H.: Bronzes figurés antiques des Bouches-du-Rhône.—
Doyen, J. M. Latomus 47, 1988, 262–263

11601
Olbrich, G.: Archaische Statuetten eines Metapontiner Heiligtums.—
Besques, S. RA 1989, 161–162

11602
Oleson, J. P.: The Sources of Innovation in Later Etruscan Tomb Design.—
Briguet, M. F. RA 1988, 172–175

11603
Oleson, J. P.: Bronze age, Greek and Roman technology. A select annotated bibliography.—
Hodge, A. T. PhoenixToronto 41, 1987, 214–215

11604
Orrieux, C.: Zénon de Caunos, parépidémos, et le destin grec.—
Criscuolo, L. Aegyptus 68, 1988, 264–269

11605
Osborne, R.: Classical landscape with figures. The ancient Greek city and its countryside.—
Knox, R. A. ClRev 38, 1988, 312–314

11606
Oster, R. E.: A bibliography of ancient Ephesus.—
Brandes, W. Klio 70, 1988, 622

11607
Otto, B.: Die verzierte Keramik der Sesklo- und Diminikultur Thessaliens.—
Todorová, H. Germania 66, 1988, 544–546
Wijnen, M. BABesch 63, 1988, 189

11608
Ovadiah, R.: Hellenistic, Roman and early Byzantine mosaic pavements in Israel.—
Hellenkemper Salies, G. BJb 188, 1988, 610–611
Balty, J. Byzantion 59, 1989, 545–548

11609
Owen-Crocker, G. R.: Dress in Anglo-Saxon England.—
Samson, R. MedievA 32, 1988, 327–328

11610
Pagnotta, W.: L'antiquarium di Castiglione del Lago e l'ager Clusinus orientale.—
Moretus, J. RBPhil 66, 1988, 197–203

11611
Paliouras, A. D.: Βυζαντινή Αιτωλοακαρνανία. Συμβολή στη βυζαντινή και μεταβυζαντινή μνημειακή τέχνη.—
Garidis, M. ByzZ 81, 1988, 87–90

11612
Pani Ermini, L.: Catalogo dei materiali paleocristiani e altomedievali. Museo archeologico nazionale di Cagliari.—
Giordani, R. StSard 26, 1981–85, 373–374

11613
Pani, G.: Inscriptiones christianae Italiae septimo saeculo antiquiores, 3. Regio IV.—
Kepartová, J. LF 112, 1989, 59

11614
Parke, H. W.: Athenische Feste.—
Burkert, W. HZ 249, 1989, 133–134

11615
Parke, H. W.: The oracles of Apollo in Asia Minor.—
Pouilloux, J. RevPhil 61, 1987, 304–305

11616
Parker, R. A.: The edifice of Taharqa by the Sacred Lake of Karnak.—
Smith, M. JEA 74, 1988, 281–288

11617
Parlasca, K.: Syrische Grabreliefs hellenistischer und römischer Zeit. Fundgruppen und Probleme.—
Equini Schneider, E. ArchCl 38–40, 1986–88, 242–244

11618
Paroussis, M.: Les listes de champs de Pylos et Hattuša et le régime foncier mycénien et hittite.—
Hooker, J. T. ClRev 38, 1988, 451

11619
Patay, P.: Kupferzeitliche Meißel, Beile und Äxte in Ungarn.—
Müller, D. W. JSchrVgHalle 71, 1988, 306–307
Todorová, H. Germania 67, 1989, Nr. 1, 198–200

11620
Patzer, H.: Die griechische Knabenliebe.—
Skiadas, A. D. Archaiognosia 3, 1982–84, 266–267

11621
Peacock, D. P. S.: Amphorae and the Roman economy. An introductory guide.—
Falkner, R. K. Berytus 34, 1986, 211–212
Paterson, J. J. JRS 78, 1988, 241–244
Empereur, J. Y. RA 1988, 423

11622
Peacock, D. P. S.: Pottery in the Roman world. An ethnoarchaeological approach.—
Paterson, J. J. JRS 78, 1988, 241–244

11623
Pekridou, A.: Das Alketas-Grab in Termessos.—
Gossel-Raeck, B. BJb 188, 1988, 566–569

11624
Pelletier, A.: L'urbanisme romain sous l'Empire.—
Mansuelli, G. A. RStorAnt 16, 1986, 210–216

11625
Pelletier, A.: Vienne antique. De la conquête romaine aux invasions alamanniques (IIe siècle av. – III siècle après J. C.).—
Cahen-Delhaye, A. Latomus 47, 1988, 229–230

11626
Peltenburg, E. J.: Lemba Archaeological Project, 1.—
Matthäus, H. Gnomon 60, 1988, 553–554

11627
Pérez, C.: Monnaie du pouvoir, pouvoir de la monnaie. Une pratique discursive originale. Le discours figuratif monétaire, 1er s. av. J. C. – 14 ap. J. C.—
Zehnacker, H. REL 65, 1987, 385–386

11628
Petzl, G.: Die Inschriften von Smyrna, 2, 1.—
Thür, G. ZSav 105, 1988, 959–961

11629
Pfrommer, M.: Studien zu alexandrinischer und großgriechischer Toreutik frühhellenistischer Zeit.—
Gill, D. W. J. ClRev 39, 1989, 114–116

11630
Philipp, H.: Mira et magica. Gemmen im Ägyptischen Museum der Staatlichen Museen Preußischer Kulturbesitz, Berlin-Charlottenburg.—
Henig, M. ClRev 38, 1988, 450–451
Lloyd-Morgan, G. AntJ 68, 1988, 147

11631
Piccarreta, F.: Manuale di fotografia aerea. Uso archeologico.—
Tarditi, C. Aevum 62, 1988, 124–126
Potter, T. W. AJA 92, 1988, 597

11632
Piccottini, G.: Die kultischen und mythologischen Reliefs des Stadtgebietes von Virunum.—
Diez, E. AnzAW 41, 1988, 220–221

11633
Pietilä-Castrén, L.: Magnificentia publica. The victory monuments of the Roman generals in the era of the Punic wars.—
Briscoe, J. ClRev 39, 1989, 149

11634
Pigeaud, J.: Folie et cures de la folie chez les médecins de l'antiquité gréco-romaine. La manie.—
Nutton, V. ClRev 38, 1988, 375–376
Boudon, V. REG 101, 1988, 570–571

11635
Pilali-Papasteriou, A.: Die bronzenen Tierfiguren aus Kreta.—
Matthäus, H. PZ 63, 1988, 203–207

11636
Piotrovsky, B.: Scythian art.—
Taylor, T. F. Antiquity 62, 1988, 600–601

11637
Pipili, M.: Laconian iconography of the sixth century B.C.—
Cartledge, P. ClRev 38, 1988, 342–345

11638
Pirling, R.: Römer und Franken am Niederrhein.—
Young, B. K. AJA 92, 1988, 622–623

11639
Pirling, R.: Römer und Franken in Krefeld-Gellep.—
Henning, J. Klio 70, 1988, 285–287

11640
Pitts, L. F.: Inchtuthil. The Roman Legionary Fortress.—
Keppie, L. BInstALondon 23, 1986, Review Suppl., 11
Cleary, A. S. E. BJb 188, 1988, 650–653

11641
Platon, N.: Corpus der minoischen und mykenischen Siegel, 2. Iraklion, Archäologisches Museum, 4.—
Schiering, W. Gnomon 60, 1988, 430–435

11642
Platz-Horster, G.: Die antiken Gemmen im Rheinischen Landesmuseum Bonn.—
Sena Chiesa, G. ArchCl 38–40, 1986–88, 286–289

11643
Pleket, H. W.: Supplementum epigraphicum graecum, 31–33.—
Knoepfler, D. Gnomon 60, 1988, 222–235

11644
Ploug, G.: Hama. Fouilles et recherches de la Fondation Carlsberg 1931–1938. The Graeco-Roman town.—
Leriche, P. RA 1988, 144–146

11645
Polacco, L.: Il teatro antico di Siracusa.—
Ghiron-Bistagne, P. REG 101, 1988, 555–556

11646
Poliakoff, M. B.: Combat sports in the ancient world.—
Thuillier, J. P. JRomA 1, 1988, 97–103, Abb.
Pleket, H. W. ClRev 39, 1989, 107–109
Matthews, V. J. PhoenixToronto 42, 1988, 270–272

11647
Pollard, R. J.: The Roman pottery of Kent.—
Webster, G. ACant 105, 1988, 322–324

11648
Pollini, J.: The portraiture of Gaius and Lucius Caesar.—
Fullerton, M. D. AJA 92, 1988, 615–617
Hannah, R. ClRev 39, 1989, 119–120

11649
Pollitt, J. J.: Art in the Hellenistic age.—
Chamoux, F. REG 101, 1988, 540–541

11650
Pollitt, J. J.: Art in the hellenistic age.—
Alcock, S. E. AntJ 68, 1988, 146–147

11651
Postgate, J. N.: Abu Salabikh excavations, 2.—
Lindemeyer, E. OLZ 84, 1989, 31–32

11652
Potter, T. W.: Roman Italy.—
Evans, J. K. AJA 92, 1988, 451–452
Cornell, T. J. JRS 78, 1988, 202–203

11653
Prag, A. J. N. W.: The Oresteia. Iconographic and narrative tradition.—
Hammond, N. G. L. PhoenixToronto 41, 1987, 335–336

11654
Prévot, F.: Recherches archéologiques franco-tunisiennes à Mactar, 5. Les inscriptions chrétiennes.—
Gauthier, N. BJb 188, 1988, 605–606

11655
Preziosi, D.: Minoan architectural design. Formation and signification.—
Hood, S. BInstALondon 24, 1987, Review Suppl., 15–17

11656
Price, S. R. F.: Rituals and Power. The Roman Imperial Cult in Asia Minor.—
Le Glay, M. Latomus 47, 1988, 196–198

11657
Prieur, J.: La mort dans l'antiquité romaine.—
Fredouille, J. C. REL 65, 1987, 370

11658
Prosdocimi, A.: Le Tavole Iguvine, 1.—
Marchese, M. P. Epigraphica 50, 1988, 305–308

11659
Rachet, G.: Dictionnaire de l'archéologie.—
Roobaert, A. Latomus 47, 1988, 701–702

11660
al-Radi, S. M. S.: Phlamoudhi Vounari. A sanctuary site in Cyprus.—
Hermary, A. REG 101, 1988, 190–191

11661
Radke, G.: Zur Entwicklung der Gottesvorstellung und der Gottesverehrung in Rom.—
Classen, C. J. HZ 248, 1989, 672–674

11662
Radt, W.: Pergamon.—
Rohde, E. DLZ 110, 1989, 208–210

11663
Radwan, A.: Die Kupfer- und Bronzegefäße Ägyptens.—
Eiwanger, J. PZ 63, 1988, 202–203

11664
Raeder, J.: Die statuarische Ausstattung der Villa Hadriana bei Tivoli.—
Meyer, H. BJb 188, 1988, 600–602

11665
Raev, B. A.: Roman imports in the Lower Don Basin.—
Ioniţă, I. Germania 67, 1989, Nr. 1, 243–246

11666
Rainini, I.: Il santuario di Mefite in valle d'Ansanto.—
Van Wonterghem, V. RBPhil 67, 1989, 232

11667
Rankin, H. D.: Celts and the classical world.—
Drinkwater, J. F. ClRev 39, 1989, 100–101

11668
Rasch, J. J.: Das Maxentius-Mausoleum an der Via Appia in Rom.—
Fine Licht, K. de Gnomon 60, 1988, 569–571

11669
Rashid, S. A.: Musikgeschichte in Bildern, 2, 2. Mesopotamien.—
Elsner, J. OLZ 83, 1988, 418–422

11670
Rawson, E.: Intellectual life in the late Roman republic.—
Wallace-Hadrill, A. ClPh 83, 1988, 224–233
Bowersock, G. W. PhoenixToronto 42, 1988, 272–274

11671
Reddé, M.: Mare nostrum. Les infrastructures, le dispositif et l'histoire de la marine militaire sous l'empire romain.—
Campbell, B. JRS 78, 1988, 239
Llewellyn, P. IntJNautA 18, 1989, 76–77
Rougé, J. REL 65, 1987, 354–356

11672
Redford, D. B.: Akhenaten, the heretic king.—
Mode, M. OLZ 84, 1989, 16–18

11673
Reece, R.: Coinage in Roman Britain.—
Carradice, I. NumChron 148, 1988, 251–253

11674
Remesal Rodríguez, J.: La annona militaris y la exportación de aceite bético a Germania.—
Vidman, L. LF 111, 1988, 185–186

11675
Renfrew, C.: The archaeology of cult. The sanctuary at Phylakopi.—
Dickinson, O. T. P. K. AntJ 67, 1987, 402–403
Dietrich, B. BInstALondon 24, 1987, Review Suppl., 17–21

11676
Renfrew, C.: Archaeology and language. The puzzle of Indo-European origins.—
Campanile, E. Kratylos 33, 1988, 53–56

11677
Renfrew, C.: Excavations at Sitagroi. A prehistoric village in Northeast Greece, 1.—
Chapman, J. ProcPrHistSoc 54, 1988, 341–342

11678
Renner, D.: Die spätantiken und koptischen Textilien im Hessischen Landesmuseum in Darmstadt.—
Török, L. ActaArchHung 39, 1987, 358–359
Cauderlier, P. BiOr 44, 1987, 698–702

11679
Reynolds, J.: Jews and god-fearers at Aphrodisias.—
Pouilloux, J. RevPhil 61, 1987, 314–315
Troiani, L. AthenaeumPavia 66, 1988, 631–632
Goodman, M. JRS 78, 1988, 261–262

11680
Ribichini, S.: La terminologia dei tessili nei testi di Ugarit.—
Pardee, D. RStFen 16, 1988, 121

11681
Rice, E. E.: The grand procession of Ptolemy Philadelphus.—
Maehler, H. JEA 74, 1988, 290–292

11682
Richmond, I.: Trajan's army on Trajan's column.—
Fuentes, N. BInstALondon 23, 1986, Review Suppl., 32–33

11683
Ricke, H.: Untersuchungen im Totentempel Amenophis' III.—
Murnane, W. J. BiOr 45, 1988, 119–120

11684
Ridgway, B. S.: Roman copies of Greek sculpture. The problem of the originals.—
Pochmarski, E. MAGesGraz 1, 1987, 84–86

11685
Riegl, A.: Late Roman art industry.—
Kind, R. de BABesch 62, 1987, 184–185

11686
Riha, E.: Römisches Toilettgerät und medizinische Instrumente aus Augst und Kaiseraugst.—
Niffeler, U. ZSchwArch 45, 1988, 318–319

11687
Říhovský, J.: Die Nadeln in Westungarn, 1.—
Szathmári, I. ActaArchHung 40, 1988, 330–331

11688
Riis, P. J.: Etruscan types of heads. A revised chronology of the archaic and classical terracottas of Etruscan Campania and Central Italy.—
Briguet, M. F. RA 1988, 166–168

11689
Riley, D. N.: Air photography and archaeology.—
Bewley, R. Antiquity 62, 1988, 384–385
Wilson, D. R. AntJ 68, 1988, 130–131

11690
Ritti, T.: Hierapolis. Scavi e ricerche, 1. Fonti letterarie ed epigrafiche.—
Pleket, H. W. BABesch 62, 1987, 182–183

11691
Rizakes, T.: Ἐπιγραφὲς Ἄνω Μακεδονίας, 1.—
Solin, H. Arctos 22, 1988, 218–219

11692
Rizkana, I.: Maadi, 1. The pottery of predynastic settlement.—
Tutundžić, S. P. Starinar 38, 1987, 139–142

11693
Robert, J. N.: La vie à la campagne dans l'antiquité romaine.—
Salmon, P. Latomus 47, 1988, 225–226

11694
Roda, S.: Iscrizioni latine di Vercelli.—
Kajava, M. Arctos 22, 1988, 225–226

11695
Rodwell, K. A.: The prehistoric and Roman settlement at Kelvedon, Essex.—
Bourgeois, J. Helinium 28, 1988, 293–294

11696
Rodwell, W. J.: Rivenhall. Investigations of a villa, church, and village, 1950–1977.—
Hayfield, C. MedievA 32, 1988, 322–324

11697
Rodziewicz, M.: Alexandrie, 3. Les habitations romaines tardives d'Alexandrie à la lumière des fouilles polonaises à Kôm el-Dikka.—
Martin, A. Latomus 47, 1988, 201–202

11698
Romano, E.: La capanna e il tempio. Vitruvio o dell'architettura.—
Polara, G. Orpheus 9, 1988, 354–358

11699
Roth-Rubi, K.: Verenamünster Zurzach. Ausgrabungen und Bauuntersuchung, 1. Römische Straße und Gräber.—
Martin-Kilcher, S. JbSchwGesUrgesch 72, 1989, 362–364

11700
Roth-Rubi, K.: Die Villa von Stutheien-Hüttwilen TG. Ein Gutshof der mittleren Kaiserzeit.—
Gaitzsch, W. BJb 188, 1988, 633–635

11701
Roux, G.: Fouilles de Delphes, 2. Topographie et architecture. La terrasse d'Attale I.—
Schalles, H. J. Gnomon 60, 1988, 738–742

11702
Rozoy, J. G.: Les Celtes en Champagne. Les Ardennes au second âge du fer. Le mont Troté, les Rouliers.—
Stead, I. Antiquity 62, 1988, 622

11703
Ruano Ruiz, E.: La escultura humana de piedra en el mundo ibérico.—
Ruiz Bremón, M. AEsp 61, 1988, 356–357

11704
Russell, J.: The mosaic inscriptions of Anemurium.—
Nollé, J. Gnomon 60, 1988, 662–664

11705
Rychner, V.: Auvernier 1968–1975. Le mobilier métallique du Bronze Final. Formes et techniques.—
Warmenbol, E. Helinium 28, 1988, 126

11706
Rystedt, E.: Acquarossa, 4. Early Etruscan Akroteria from Acquarossa and Poggio Civitate (Murlo).—
Briguet, M. F. RA 1988, 162–163

11707
Sabrié, M.: La maison à portiques du Clos de la Lombarde à Narbonne et sa décoration murale.—
Delplace, C. RBPhil 67, 1989, 164–165

11708
Saghieh, M.: Byblos in the third millennium B.C. A reconstruction of the stratigraphy and a study of the cultural connections.—
Huot, J. L. RA 1988, 121–122
Watkins, T. BInstALondon 24, 1987, Review Suppl., 30–31

11709
Şahin, S.: Katalog der antiken Inschriften des Museums von Iznik (Nikaia), 1; 2, 1.2.—
Thür, G. ZSav 105, 1988, 958–959

11710
Salles, J. F.: Failaka. Fouilles françaises 1983.—
Invernizzi, A. Mesopotamia 23, 1988, 191–195

11711
Salomies, O.: Die römischen Vornamen. Studien zur römischen Namengebung.—
Birley, A. R. ClRev 39, 1989, 93–95

11712
Salvioli, G.: Il capitalismo antico. Storia dell'economia romana.—
Neri, V. RStorAnt 16, 1986, 221–222

11713
Samsaris, D. C.: Recherches sur l'histoire, la topographie et les cultes des provinces romaines de Macédoine et de Thrace.—
Bertrand, J. M. Latomus 47, 1988, 693–694

11714
Samuel, A. E.: From Athens to Alexandria. Hellenism and Social Goals in Ptolemaic Egypt.—
Criscuolo, L. Aegyptus 68, 1988, 263–264

11715
Sarianidi, V. I.: Baktrisches Gold. Aus den Ausgrabungen der Nekropole von Tillja-Tepe in Nordafghanistan.—
Haussig, H. W. PZ 63, 1988, 235–236

11716
Sartre, M.: Bostra. Des origines à l'Islam.—
Macadam, H. I. Berytus 34, 1986, 169–192

11717
Sartre, M.: Inscriptions grecques et latines de la Syrie, 13, 1. Bostra.—
Macadam, H. I. Berytus 34, 1986, 169–192

11718
Šašel, A.: Inscriptiones latinae quae in Iugoslavia inter annos MCMII et MCMXL repertae et editae sunt.—
Clauss, M. Gnomon 60, 1988, 661–662

11719
Sassatelli, G.: Corpus speculorum etruscorum. Italia, 1. Bologna, Museo civico, 1–2.—
Baglione, M. P. ArchCl 37, 1985, 329–335

11720
Sassi, M. M.: La scienza dell'uomo nella Grecia antica.—
Corcella, A. QuadStor 29, 1989, 195–203

11721
Scatozza Höricht, L. A.: I vetri romani di Ercolano.—
Goethert-Polaschek, K. Gnomon 60, 1988, 745–748

11722
Scatozza Höricht, L. A.: Il volto dei filosofi antichi.—
Smith, R. R. R. ClRev 38, 1988, 449

11723
Schachermeyr, F.: Griechische Frühgeschichte.—
Schlager, N. AnzAW 41, 1988, 37–40

11724
Schachermeyr, F.: Die ägäische Frühzeit, 4. Griechenland im Zeitalter der Wanderungen vom Ende der mykenischen Ära bis auf die Dorier.—
Kourou, N. Archaiognosia 3, 1982–84, 279–283

11725
Schachermeyr, F.: Mykene und das Hethiterreich.—
Easton, D. F. ClRev 38, 1988, 303–305
Easton, D. F. JHS 108, 1988, 259–260
Güterbock, H. G. Gnomon 60, 1988, 360–361

11726
Schäfer, H.: Principles of Egyptian art.—
Foster, K. P. AJA 92, 1988, 446–447

11727
Schalles, H. J.: Untersuchungen zur Kulturpolitik der pergamenischen Herrscher im dritten Jahrhundert vor Christus.—
Queyrel, F. RA 1988, 404–407

11728
Schefold, K.: Die Bedeutung der griechischen Kunst für das Verständnis des Evangeliums.—
Stock, K. AnzAW 41, 1988, 78–81

11729
Schindler, W.: Römische Kaiser. Herrscherbild und Imperium.—
Rössler, D. Klio 70, 1988, 595–607

11730
Schlick-Nolte, B.: Corpus antiquitatum aegyptiacarum. Museen der Rhein-Main-Region, 2.—
Leclant, J. RA 1988, 386

11731
Schlögl, H. A.: Echnaton, Tutanchamun. Fakten und Texte.—
Hari, R. ChrEg 63, 1988, 98–102

11732
Schmidt-Dounas, B.: Der Lykische Sarkophag aus Sidon.—
Hermary, A. REG 101, 1988, 191–193
Davies, G. JHS 108, 1988, 269–270

11733
Schneider, R. M.: Bunte Barbaren. Orientalenstatuen aus farbigem Marmor in der römischen Repräsentationskunst.—
Wissemann, M. BJb 188, 1988, 587–588
Brilliant, R. JRomA 1, 1988, 112–113

11734
Schnurbein, S. v.: Die unverzierte Terra Sigillata aus Haltern.—
Martin, A. ArchCl 38–40, 1986–88, 245–248

11735
Schön, D.: Orientalische Kulte im römischen Österreich.—
Garbsch, J. BayVgBl 53, 1988, 335–336

11736
Schrijvers, P. H.: Eine medizinische Erklärung der männlichen Homosexualität aus der Antike.—
Bremmer, J. Mnemosyne 42, 1989, 234–235

11737
Schuchhardt, W. H.: Griechische und römische Antike. Architektur, Skulptur, Malerei.—
Voit, L. Gymnasium 96, 1989, 73–74

11738
Schürmann, W.: Untersuchungen zu Typologie und Bedeutung der stadtrömischen Minerva-Kultbilder.—
Moormann, E. M. BABesch 62, 1987, 179–180

11739
Schulte, B.: Die Goldprägung der gallischen Kaiser von Postumus bis Tetricus.—
Bland, R. JRS 78, 1988, 258–261

11740
Schutz, H.: The Romans in Central Europe.—
Baratte, F. RA 1988, 177–178

11741
Schwandner, E. L.: Der ältere Porostempel der Aphaia auf Aigina.—
Tomlinson, R. A. JHS 108, 1988, 264–265

11742
Sériadès, M.: Troie, 1. Matériaux pour l'étude des sociétés du Nord-Est egéen au début du Bronze ancien.—
Spanos, P. Z. PZ 63, 1988, 123–125

11743
Seiler, F.: Die griechische Tholos. Untersuchungen zur Entwicklung, Typologie und Funktion kunstmäßiger Rundbauten.—
Tomlinson, R. A. ClRev 38, 1988, 350–352

11744
Seiler, F.: Die griechische Tholos. Untersuchungen zur Entwicklung, Typologie und Funktion kunstmäßiger Rundbauten.—
Bejor, G. AthenaeumPavia 66, 1988, 620–621

11745
Selz, G.: Die Bankettszene. Entwicklung eines 'überzeitlichen' Bildmotivs in Mesopotamien von der frühdynastischen bis zur Akkad-Zeit.—
Asher-Greve, J. M. BiOr 44, 1987, 787–795

11746
Sena Chiesa, G.: Angera romana. Scavi nella necropoli 1970–1979.—
Delplace, C. RBPhil 66, 1988, 189–192

11747
Sergent, B.: L'homosexualité initiatique dans l'Europe ancienne.—
Cantarella, E. DialHistAnc 13, 1987, 365–375

11748
Settis, S.: La Colonna Traiana.—
Saletti, C. AthenaeumPavia 67, 1989, 313–316

11749
Sfameni Gasparro, G.: Misteri e culti mistici di Demetra.—
Kearns, E. ClRev 39, 1989, 61–62

11750
Shanks, M.: Reconstructing archaeology. Theory and practice.—
Kristiansen, K. Antiquity 62, 1988, 473–482
Bruun, C. Arctos 22, 1988, 243–245

11751
Shanks, M.: Social theory and archaeology.—
Kristiansen, K. Antiquity 62, 1988, 473–482

11752
Shennan, S.: Quantifying archaeology.—
Whallon, R. Antiquity 62, 1988, 598–599

11753
Simon, E.: Augustus. Kunst und Leben in Rom um die Zeitenwende.—
Carter, J. JRS 78, 1988, 226–227
Sauron, G. RA 1988, 427–430
Kienast, D. HZ 247, 1988, 137–139

11754
Simon, E.: Festivals of Attica.—
Chamoux, F. REG 101, 1988, 536–537

11755
Sinclair, T. A.: Eastern Turkey. An architectural and archaeological survey, 1.—
Delvoye, C. Byzantion 59, 1989, 537–539

11756
Sinn, F.: Stadtrömische Marmorurnen.—
Tammisto, A. Arctos 22, 1988, 256–259

11757
Sirat, J.: Recueil général des monuments sculptés en France pendant le haut moyen âge (IVe–XIe siècles), 3.—
Dierkens, A. Latomus 46, 1987, 681–682

11758
Small, J. P.: Cacus and Marsyas in Etrusco-Roman legends.—
Briguet, M. F. RA 1988, 163–164

11759
Small, J. P.: Studies related to the Theban cycle on late Etruscan urns.—
Pairault Massa, F. H. ArchCl 37, 1985, 337–342

11760
Smith, T. R.: Mycenaean trade and interaction in the west central Mediterranean 1600–1000 BC.—
Harding, A. F. ProcPrHistSoc 54, 1988, 347–348

11761
Snodgrass, A.: An archaeology of Greece. The present state and future scope of a discipline.—
Boardman, J. Antiquity 62, 1988, 795–797

11762
Snodgrass, A.: La Grèce archaïque. Le temps des apprentissages.—
Chamoux, F. REG 101, 1988, 531–532

11763
Sodini, J. P.: Aliki, 2. La basilique double.—
Peschlow, U. ByzZ 80, 1987, 407–410

11764
Söldner, M.: Untersuchungen zu liegenden Eroten in der hellenistischen und römischen Kunst.—
Schmaltz, B. Gnomon 60, 1988, 346–351

11765
Solin, H.: Die griechischen Personennamen in Rom. Ein Namenbuch.—
Dobias-Lalou, C. REG 101, 1988, 509–514

11766
Sophocleous, S.: Atlas des représentations chypro-archaïques des divinités.—
Senff, R. Gnomon 60, 1988, 372–373
Bergman, J. JPrehistRel 1, 1987, 55–57

11767
Soproni, S.: Die letzten Jahrzehnte des pannonischen Limes.—
Todd, M. AntJ 67, 1987, 415–416
Wachtel, K. BJb 188, 1988, 629–631
Bülow, G. v. Klio 70, 1988, 282–284
Gabler, D. CommunicAHung 1987, 185–187

11768
Soren, D.: Excavations at Kourion, Cyprus. The sanctuary of Apollo Hylates at Kourion, Cyprus.—
Peltenburg, E. J. ClRev 38, 1988, 445–446

11769
Sourdive, C.: La main dans l'Egypte pharaonique.—
Robins, G. JEA 74, 1988, 261–263

11770
Sperber, D.: Nautica talmudica.—
Isserlin, B. S. J. IntJNautA 18, 1989, 80–81

11771
Spindler, K.: Die frühen Kelten.—
Dobesch, G. AnzAW 41, 1988, 60–61

11772
Spivey, N. J.: The Micali Painter and his followers.—
Rasmussen, T. Antiquity 62, 1988, 610–611

11773
Stähli, H. P.: Solare Elemente im Jahweglauben des Alten Testaments.—
Mulder, M. J. BiOr 45, 1988, 168–169

11774
Starcky, J.: Palmyre. Edition revue.—
Heimberg, U. BJb 188, 1988, 612–614

11775
Stary, P. F.: Zur eisenzeitlichen Bewaffnung und Kampfesweise in Mittelitalien, ca. 9.–6. Jh. v. Chr.—
Van Wonterghem, F. RBPhil 67, 1989, 242–243

11776
Staviskij, B. J.: La Bactriane sous les Kushans.—
Invernizzi, A. Mesopotamia 23, 1988, 195–199

11777
Steinby, M.: Indici complementari ai bolli doliari urbani (CIL, XV, 1).—
Righini Cantelli, V. Epigraphica 50, 1988, 312–316

11778
Stichel, R. H. W.: Die römische Kaiserstatue am Ausgang der Antike.—
Hebert, B. AnzAW 41, 1988, 222–224

11779
Stoessl, F.: Die Vorgeschichte des griechischen Theaters.—
Kuch, H. DLZ 109, 1988, 651–654

11780
Stoian, I.: Inscripţiile din Scythia Minor greceşti şi latine, 2. Tomis şi teritoriul său.—
Bărbulescu, M. Dacia 32, 1988, 244–245

11781
Stopponi, S.: La Tomba della scrofa nera.—
Dieleman, C. BABesch 62, 1987, 171

11782
Strazzulla, M. J.: Le terrecotte architettoniche della Venetia romana.—
Buora, M. MemStorFriuli 67, 1987, 187–190

11783
Strocka, V. M.: Casa del Principe di Napoli (VI 15, 7. 8).—
Allroggen-Bedel, A. Gymnasium 95, 1988, 476–477

11784
Strocka, V. M.: Häuser in Pompeji, 1. Casa del principe di Napoli.—
Mielsch, H. GGA 240, 1988, 96–103

11785
Strömberg Krantz, E.: Des Schiffes Weg mitten im Meer.—
Aḥituv, S. IsrExplJ 38, 1988, 94–96

11786
Strouhal, E.: Wadi Qitna and Kalabsha South, Late Roman – early Byzantine tumuli cemeteries in Egyptian Nubia, 1. Archaeology.—
Mills, A. J. JEA 74, 1988, 304–305
Curto, S. OA 27, 1988, 157–158

11787
Strube, C.: Polyeuktoskirche und Hagia Sophia. Umbildung und Auflösung antiker Formen, Entstehung des Kämpferkapitells.—
Farioli Campanati, R. ByzZ 80, 1987, 405–407

11788
Stucchi, S.: L'agorà di Cirene, 2, 4. Il lato sud della platea inferiore e il lato nord della terrazza superiore.—
Mertens, D. ArchCl 37, 1985, 320–324

11789
Stutzinger, D.: Die frühchristlichen Sarkophagreliefs aus Rom.—
Koch, G. AnzAW 41, 1988, 85–87
Recio Veganzones, A. RACrist 63, 1987, 448–452

11790
Süssenbach, U.: Christuskult und kaiserliche Baupolitik bei Konstantin.—
Finney, P. C. HarvTheolR 81, 1988, 323–324

11791
Sunter, N.: Romano-British industries in Purbeck.—
Fulford, M. AntJ 68, 1988, 148–149

11792
Sussman, V.: Ornamented Jewish oil-lamps. From the destruction of the Second Temple to the Bar-Kokhba revolt.—
Isserlin, B. S. J. BInstALondon 24, 1987, Review Suppl., 32–33

11793
Sutherland, C. H. V.: The Roman imperial coinage, 1. From 31 BC to AD 69. Rev. ed.—
Metcalf, W. E. JRomA 1, 1988, 170–171

11794
Sutherland, C. H. V.: Roman history and coinage 44 B.C. – A.D. 69. Fifty points of relation from Julius Caesar to Vespasian.—
Boon, G. C. AntJ 67, 1987, 411–412
Wallace-Hadrill, A. NumChron 148, 1988, 254–256

11795
Symeonoglou, S.: The Topography of Thebes from the Bronze Age to Modern Times.—
Dickinson, O. T. P. K. BiOr 44, 1987, 772–775

11796
Szaivert, W.: Moneta imperii romani, 18. Die Münzprägung der Kaiser Marcus Aurelius, Lucius Verus und Commodus.—
Metcalf, W. E. JRomA 1, 1988, 171–174

11797
Sztetyłło, Z.: Nea Paphos, 1. Les timbres céramiques (1965–1973).—
Buchholz, H. G. ZDMG 138, 1988, 365–368

11798
Tatton-Brown, V.: Ancient Cyprus.—
Bolger, D. ClRev 39, 1989, 155

11799
Taylor, R. E.: Radiocarbon dating. An archaeological perspective.—
Waterbolk, H. T. Antiquity 62, 1988, 620–622

11800
Tchernia, A.: Le vin de l'Italie romaine. Essai d'histoire économique d'après les amphores.—
Rebuffat, R. RA 1988, 182–184
Foraboschi, D. AthenaeumPavia 66, 1988, 637–640
Paterson, J. Gnomon 60, 1988, 655–657
Chausa Saez, A. AEsp 61, 1988, 357–359

11801
Teissier, B.: Ancient Near Eastern cylinder seals from the Marcopoli Collection.—
Klengel-Brandt, E. OLZ 83, 1988, 549–551

11802
Teitler, H. C.: Notarii and exceptores.—
Freis, H. Mnemosyne 42, 1989, 252–255

11803
Teixidor, J.: Un port romain du désert. Palmyre et son commerce d'Auguste à Caracalla.—
Schwartz, J. Latomus 47, 1988, 454–455

11804
Tellenbach, M.: Materialien zum präkeramischen Neolithikum in Süd-Ost-Europa.—
Lazarovici, G. PZ 63, 1988, 191–193

11805
Tempelmann-Mączyńská, M.: Die Perlen der römischen Kaiserzeit und der frühen Phase der Völkerwanderungszeit im mitteleuropäischen Barbaricum.—
Peschel, K. ZfA 22, 1988, 126–127

11806
Thierry, J. M.: Les arts arméniens.—
Delvoye, C. Byzantion 59, 1989, 528–537

11807
Thomasson, B. B.: Laterculi praesidum, 1.—
Fitz, J. CommunicAHung 1987, 183–185

11808
Thuillier, J. P.: Les jeux athlétiques dans la civilisation étrusque.—
Jannot, J. R. RA 1988, 155–157
Cherici, A. StEtr 54, 1986, 425–430
Decker, W. Nikephoros 1, 1988, 284–291

11809
Tigay, J. H.: You shall have no other gods. Israelite religion in the light of Hebrew inscriptions.—
Mulder, M. J. BiOr 45, 1988, 166–168

11810
Timm, S.: Das christlich-koptische Ägypten in arabischer Zeit, 1.—
Grossmann, P. OLZ 83, 1988, 282–285

11811
Tiné Bertocchi, F.: Le necropoli daunie di Ascoli Satriano e Arpi.—
Van Wonterghem-Maes, K. RBPhil 66, 1988, 186–189
Mazzei, M. Taras 6, 1986, 179–185
De Juliis, E. M. ArchCl 38–40, 1986–88, 313–317

11812
Tinè, S.: Passo di Corvo e la civiltà neolitica del Tavoliere.—
Lilliu, G. StSard 26, 1981–85, 361–368

11813
Tölle-Kastenbein, R.: Frühklassische Peplosfiguren, Originale.—
Neumann, G. Gnomon 59, 1987, 524–527
Szabó, M. ActaArchHung 40, 1988, 335–337

11814
Toorn, K. van der: Sin and sanction in Israel and Mesopotamia.—
Herrmann, W. OLZ 83, 1988, 567–569
Soden, W. v. AfO 34, 1987, 69–72

11815
Traill, J. S.: Demos and Trittys. Epigraphical and topographical studies in the organization of Attica.—
Whitehead, D. PhoenixToronto 41, 1987, 441–443

11816
Traunecker, C.: Karnak. Résurrection d'un site.—
Meulenaere, H. de ChrEg 63, 1988, 111–112

11817
Travaglini, A.: Inventario dei rinvenimenti monetali del Salento. Problemi di circolazione.—
Serafin Petrillo, P. ArchCl 38–40, 1986–88, 248–249
Dembski, G. AnzAW 41, 1988, 243–244

11818
Traversari, G.: La statuaria ellenistica del Museo archeologico di Venezia.—
Saletti, C. AthenaeumPavia 66, 1988, 618–619

11819
Trendall, A. D.: The red-figured vases of Apulia, 2. Late Apulian.—
Aellen, C. RA 1987, 407–412
De Juliis, E. M. ArchCl 38–40, 1986–88, 250–252

11820
Tsukimoto, A.: Untersuchungen zur Totenpflege (kispum) im alten Mesopotamien.—
Galter, H. D. BiOr 44, 1987, 705–707

11821
Tubach, J.: Im Schatten des Sonnengottes. Der Sonnenkult in Edessa, Ḥarrān und Ḥaṭrā am Vorabend der christlichen Mission.—
Knauf, E. A. ZDMG 138, 1988, 374–375

11822
Tufnell, O.: Studies on scarab seals, 2. Scarab seals and their contribution to history in the early second millennium BC.—
Uphill, E. P. BInstALondon 23, 1986, Review Suppl., 49–50

11823
Tunca, Ö.: L'architecture religieuse protodynastique en Mésopotamie.—
Seidl, U. OLZ 84, 1989, 29–31

11824
Turner, H.: From temple to meeting house.—
Finney, P. C. HarvTheolR 81, 1988, 325–328

11825
Ueblacker, M.: Das Teatro Marittimo in der Villa Hadriana.—
Gros, P. RA 1988, 186–188

11826
Ulbert, G.: Cáceres el Viejo. Ein spätrepublikanisches Legionslager in Spanisch-Extremadura.—
Krämer, W. BayVgBl 53, 1988, 327–328
Szabó, M. ActaArchHung 40, 1988, 342–343
Wiechen, A. van BABesch 62, 1987, 173–174

11827
Ulbert, T.: Resafa, 2. Die Basilika des Heiligen Kreuzes in Resafa-Sergiupolis.—
Koch, G. WO 18, 1987, 216–219
Buschhausen, H. JbÖByz 38, 1988, 499–501
Kramer, J. Gnomon 60, 1988, 281–283

11828
Ussishkin, D.: The conquest of Lachish by Sennacherib.—
Chapman, R. BInstALondon 23, 1986, Review Suppl., 46–47

11829
Vacano, O. v.: Typenkatalog der antiken Münzen Kleinasiens.—
Rebuffat, F. RevNum 30, 1988, 278
Klose, D. O. A. JNG 36, 1986, 173–174

11830
Varinlioğlu, E.: Die Inschriften von Keramos.—
Crampa, J. Gnomon 60, 1988, 603–609

11831
Velázquez Jiménez, A.: El tesorillo 'Torecaños', Guareña (Badajoz).—
Reimer, H. Klio 70, 1988, 276–278

11832
Verhoeven, U.: Grillen, Kochen, Backen im Alltag und im Ritual Altägyptens.—
Graefe, E. JEA 74, 1988, 263–264

11833
Vérilhac, A. M.: Παίδες ἄωροι. Poésie funéraire.—
Devijver, H. RBPhil 67, 1989, 207–208

11834
Verlinden, C.: Les statuettes anthropomorphes crétoises en bronze et en plomb, du IIIe millénaire au VIIe siècle av. J. C.—
Rolley, C. RA 1988, 353
Pelon, O. RA 1989, 152–156

11835
Vermaseren, M.: Corpus cultus Cybelae Attidisque, 1. Asia Minor.—
Turcan, R. RA 1989, 186–187

11836
Vernant, J. P.: Mythe et tragédie en Grèce ancienne, 2.—
Miralles, C. Gnomon 60, 1988, 577–583

11837
Vértesalji, P. P.: Babylonien zur Kupfersteinzeit.—
Breniquet, C. RAssyr 82, 1988, 91–92

11838
Veuve, S.: Fouilles d'Aï Khanoum, 6. Le gymnase.—
Hellmann, M. C. RA 1989, 178–179

11839
Veyne, P.: Il pane e il circo. Sociologia storica e pluralismo politico.—
Vatteone, A. Maia 39, 1987, 260–262

11840
Veyne, P.: Les Grecs ont-ils cru à leurs mythes? Essai sur l'imagination constituante.—
Bescond, L. Politique dans l'antiquité 1986, 129–132

11841
Vigneron, B.: Divodurum Mediomatricorum, Metz antique.—
Lafon, X. RA 1988, 193–194

11842
Villedieu, F.: Turris Libisonis. Fouille d'un site romain tardif à Porto Torres, Sardaigne.—
Guidoni Guidi, G. BJb 188, 1988, 602–604

11843
Vollenweider M. L.: Musée d'art et d'histoire de Genève. Catalogue raisonné des sceaux, cylindres, intailles et camées, 3.—
Veljovic, E. RA 1988, 387–388

11844
Wacher, J.: The Roman empire.—
Wilson, R. J. A. Antiquity 62, 1988, 405–406

11845
Wachsmann, S.: Aegeans in the Theban tombs.—
Hankey, V. JHS 108, 1988, 260–261
Heltzer, M. Kadmos 27, 1988, 167–169
Hankey, V. IntJNautA 18, 1989, 188

11846
Wachter, R.: Altlateinische Inschriften.—
Salomies, O. Arctos 22, 1988, 221–223
Freis, H. HZ 248, 1989, 674–675
Lejeune, M. REL 65, 1987, 285–287

11847
Waelkens, M.: Die kleinasiatischen Türsteine. Typologische und epigraphische Untersuchungen der kleinasiatischen Grabreliefs mit Scheintür.—
Smith, R. R. R. ClRev 38, 1988, 349–350
Diebner, S. BJb 188, 1988, 614–616
Gros, P. RBPhil 67, 1989, 227–228

11848
Waggoner, N. M.: Early Greek Coins from the Collection of Jonathan P. Rosen.—
Spier, J. NumChron 148, 1988, 220–222

11849
Waggoner, N. M.: Sylloge nummorum graecorum. The collection of the American Numismatic Society, 7. Macedonia, 1. Cities, Thraco-Macedonian tribes, Paeonian kings.—
Callataÿ, F. de RBNum 134, 1988, 194–196

11850
Wahl, J.: Der römische Militärstützpunkt auf dem Frankfurter Domhügel.—
Baatz, D. Germania 67, 1989, Nr. 1, 225–232

11851
Walberg, G.: Tradition and innovation. Essays in Minoan art.—
Shaw, M. C. AJA 92, 1988, 604–605

11852
Walser, G.: Corpus inscriptionum latinarum, 17, 2.—
Doruţiu-Boilă, E. Dacia 32, 1988, 239

11853
Walser, G.: Via per Alpes Graias. Beiträge zur Geschichte des Kleinen St. Bernhard-Passes in römischer Zeit.—
Halfmann, H. MünstBeitr 6, 1987, Nr. 2, 122–124

11854
Walter, H.: Alt-Ägina 3, 1. Die vorgeschichtliche Stadt. Befestigungen, Häuser, Funde.—
Korres, G. Archaiognosia 3, 1982–84, 251–262

11855
Walter-Karydi, E.: Die äginetische Bildhauerschule. Werke und schriftliche Quellen.—
Arias, P. E. Gnomon 60, 1988, 435–438
Balil, A. BVallad 54, 1988, 541–542

11856
Warden, P. G.: The metal finds from Poggio Civitate (Murlo), 1966–1978.—
Van Wonterghem, F. RBPhil 67, 1989, 231
Adam, A. M. REL 65, 1987, 374–376

11857
Warland, R.: Das Brustbild Christi. Studien zur spätantiken und frühbyzantinischen Bildgeschichte.—
Saxer, V. RACrist 63, 1987, 421–426

11858
Waywell, G. B.: The Lever and Hope sculptures.—
Vermeule III, C. C. BJb 188, 1988, 585–586

11859
Webster G.: The British Celts and their gods under Rome.—
Boon, G. C. AntJ 67, 1987, 426–427

11860
Wehgartner, I.: Ein Grabbild des Achilleusmalers.—
Metzger, H. RA 1988, 397–398

11861
Weiler, I.: Der Sport bei den Völkern der Alten Welt.—
Skiadas, A. D. Archaiognosia 3, 1982–84, 267–268

11862
Weill, N.: La plastique archaïque de Thasos. Figurines et statues de l'Artémision, 1. Le haut archaïsme.—
Rolley, C. RA 1988, 130–132

11863
Weimert, H.: Wirtschaft als landschaftsgebundenes Phänomen. Die antike Landschaft Pontos.—
Schneider, H. C. MünstBeitr 7, 1988, Nr. 2, 92–95

11864
Weiss, G.: Byzanz. Kritischer Forschungs- und Literaturbericht 1968–1985.—
Matschke, K. P. DLZ 110, 1989, 50–53

11865
Wells, P. S.: Farms, villages and cities. Commerce and urban origins in late prehistoric Europe.—
Hodges, R. AJA 92, 1988, 446

11866
Wendel, M.: Iatrus – Krivina. Spätantike Befestigung und frühmittelalterliche Siedlung an der unteren Donau, 3.—
Diaconu, P. Dacia 32, 1988, 195–204

11867
Wenning, R.: Die Nabatäer. Denkmäler und Geschichte. Eine Bestandesaufnahme des archäologischen Befundes.—
Kettenhofen, E. HZ 247, 1988, 388–389
Knauf, E. A. ZDPV 104, 1988, 176–178
Sartre, M. RA 1989, 170–171

11868
Whitcomb, D. S.: Before the roses and nightingales. Excavations at Qasr-i Abu Nasr, ancient Shiraz.—
Valtz, E. Mesopotamia 23, 1988, 201–205

11869
White, M.: Domus Ecclesiae, Domus Dei.—
Finney, P. C. HarvTheolR 81, 1988, 333–336

11870
Wiegels, R.: Die Tribusinschriften des römischen Hispanien.—
Mackie, N. JRS 78, 1988, 269
Gascou, J. Latomus 48, 1989, 228–229
Galsterer, H. BJb 188, 1988, 604–605

11871
Wightman, E. M.: Gallia Belgica.—
Reece, R. BInstALondon 23, 1986, Review Suppl., 33–34
Chevallier, R. PhoenixToronto 41, 1987, 336–337

11872
Wikander, C.: Sicilian architectural terracottas. A reappraisal.—
Billot, M. F. RA 1988, 149–150

11873
Williams, B.: Excavations between Abu Simbel and the Sudan frontier, 1. The A-group royal cemetery at Qustul. Cemetery L.—
Vercoutter, J. Orientalia 57, 1988, 406–408

11874
Williams, B.: Excavations between Abu Simbel and the Sudan frontier, 5. C-group, Pan Grave, and Kerma remains at Adindan cemeteries T, K, U and J.—
Bietak, M. BiOr 44, 1987, 673–677

11875
Williams, H.: Kenchreai, eastern port of Corinth, 5. The lamps.—
Mercando, L. ArchCl 38–40, 1986–88, 221–223

11876
Wistrand, E.: Felicitas imperatoria.—
Kajanto, I. Arctos 22, 1988, 242–243

11877
Wolkstein, D.: Inanna, queen of heaven and earth. Her stories and hymns from Sumer.—
Hruška, B. ArOr 56, 1988, 95–97

11878
Wood, M.: In search of the Trojan War.—
Young, L. M. ActaAntHung 31, 1985–88, 176–178

11879
Wood, S.: Roman portrait sculpture 217–260 A.D. The transformation of an artistic tradition.—
Smith, R. R. R. JRS 78, 1988, 257–258
Kind, R. de BABesch 63, 1988, 208–209

11880
Woods, P. J.: Rushden. The Early Fine Wares.—
Szabó, M. ActaArchHung 40, 1988, 341–342

11881
Woysch-Méautis, D.: La représentation des animaux et des êtres fabuleux sur les monuments funéraires grecs de l'époque archaïque à la fin du IVe siècle av. J. C.—
Vedder, U. Gnomon 61, 1989, 152–157

11882
Wrede, H.: Der Antikengarten der Del Bufalo bei der Fontana Trevi.—
Gasparri, C. ArchCl 38–40, 1986–88, 264–268

11883
Wrede, H.: Die antike Herme.—
Beijer, W. de BABesch 62, 1987, 176–178

11884
Wright, G. R. H.: Ancient building in South Syria and Palestine.—
Helms, S. W. BInstALondon 23, 1986, Review Suppl., 50–51
Strommenger, E. AfO 34, 1987, 85–87

11885
Xénaki-Sakellariou, A.: Les tombes à chambre de Mycènes. Fouilles de Chr. Tsountas 1887–1898.—
Pelon, O. RA 1989, 157–159

11886
Yakar, J.: The later prehistory of Anatolia. The late chalcolithic and early bronze age.—
Mellaart, J. BInstALondon 24, 1987, Review Suppl., 26–28

11887
Young, D. C.: The Olympic myth of Greek amateur athletics.—
Poliakoff, M. B. AJPh 110, 1989, 166–171

11888
Young, R. S.: The Gordion excavations final reports, 1. Three great early tumuli.—
Boehmer, R. M. BiOr 45, 1988, 190–191

11889
Youroukova, J.: Le monnayage des villes en Mésie Inférieure et en Thrace pendant le 2e–3e s. Hadrianopolis.—
Naster, P. RBNum 134, 1988, 205–206

11890
Yule, P.: Figuren, Schmuckformen und Täfelchen der Harappa-Kultur.—
Bánffy, E. ActaArchHung 40, 1988, 324–325

11891
Yule, P.: Early Cretan Seals. A Study of Chronology.—
Krzyszkowska, O. H. BInstALondon 23, 1986, Review Suppl., 32
Younger, J. G. GGA 240, 1988, 188–224

11892
Zaccaria Ruggiu, A.: Le lucerne fittili del Museo civico di Treviso.—
Anselmino, L. ArchCl 38–40, 1986–88, 210–214

11893
Zaïtsev, A. I.: The cultural upheaval in ancient Greece in the 8th–5th centuries B.C.—
Liberman, A. JHS 108, 1988, 250–251

11894
Zampieri, G.: Bronzetti figurati etruschi italici paleoveneti e romani del Museo civico di Padova.—
Fogolari, G. QuadAVen 4, 1988, 416–417

11895
Zanker, P.: Augustus und die Macht der Bilder.—
Schindler, W. DLZ 109, 1988, 966–968
Kienast, D. HZ 248, 1989, 415–418

11896
Zazoff, P.: Die antiken Gemmen.—
Maaskant-Kleibrink, M. BJb 188, 1988, 597–598
Krug, A. Germania 67, 1989, Nr. 1, 219–223
Sena Chiesa, G. ArchCl 38–40, 1986–88, 268–272

11897
Zazoff, P.: Gemmensammler und Gemmenforscher.—
Giard, J. B. RevNum 30, 1988, 288–290
Krug, A. Germania 67, 1989, Nr. 1, 223–224
Sena Chiesa, G. ArchCl 38–40, 1986–88, 272–274

11898
Ziegler, R.: Städtisches Prestige und kaiserliche Politik. Studien zum Festwesen in Ostkilikien im 2. und 3. Jh. n. Chr.—
Halfmann, H. Gnomon 60, 1988, 520–523
Nony, D. RevNum 30, 1988, 279
Johnston, A. NumChron 148, 1988, 240
Klose, D. O. A. JNG 36, 1986, 174–175
Grassl, H. Nikephoros 1, 1988, 292–294

11899
Ziegler, R.: Der Schatzfund von Brauweiler. Untersuchungen zur Münzprägung und zum Geldumlauf im gallischen Sonderreich.—
Bland, R. JRS 78, 1988, 258–261

11900
Zienkiewicz, J. D.: The legionary fortress baths at Caerleon, 1. The buildings.—
Yegul, F. K. AJA 92, 1988, 455–457
Reddé, M. RA 1988, 425–426

11901
Zienkiewicz, J. D.: The legionary fortress baths at Caerleon, 1. The buildings, 2. The finds.—
Petch, D. F. AntJ 67, 1987, 418–419

11902
Zienkiewicz, J. D.: The legionary fortress baths at Caerleon, 2. The finds.—
Yegul, F. K. AJA 92, 1988, 455–457

11903
Zwierlein-Diehl, E.: Glaspasten im Martin-von-Wagner-Museum der Universität Würzburg, 1.—
Maderna-Lauter, C. Gnomon 60, 1988, 373–376

SYSTEMATISCHE GLIEDERUNG

SYSTEMATISCHE GLIEDERUNG

Wenn einer Rubrik kein Titel zugeordnet ist, wird sie nicht gestrichen, sondern mit dem Vermerk "kN" = "keine Nennung" versehen.

Praxis und Institutionen der Altertumskunde

Bibliographien, Literaturberichte, Gesamtindizes

Bibliographien einzelner Autoren s. Personalia
Sammelbände einzelner Verfasser Festschriften.

-allgemein
s. laufend
Deutsche Bibliographie
Internationale Bibliographie der Zeitschriftenliteratur
Internationale Bibliographie der Rezensionen
Jahresverzeichnis der deutschen Hochschulschriften
kN

-Altertumswissenschaft
s. laufend
L'Année philologique. Bibliographie critique et analythique de l'antiquité gréco-latine
Gnomon. Bibliographische Beilage
3, 10, 27

-Länder, Gebiete und Orte
s. laufend
Archéologie de l'Afrique antique
Bibliographie analytique de l'Afrique antique
British Archaeological Abstracts
Zugangsverzeichnis der Bibliotheken Madrid und Lissabon von Veröffentlichungen zur Archäologie der Iberischen Halbinsel. Beilage zu Madrider Mitteilungen
Afghanistan 19, Albanien 9, Belgien 23, Deutschland 4, Frankreich 14, Griechenland 33, Italien 9, 16, 29, Jugoslawien 9, Luxembourg 2, Rumänien 15, Schweiz 1, Sowjetunion 20, Spanien 28, Sudan 5

-Archäologie
s. laufend
Annuario bibliografico di archeologia
Aquileia nostra ('Bibliografia della X regio') Archéologie de l'Afrique antique
British Archaeological Abstracts
Bulletin de liaison du Centre international d'étude des textiles anciens
Bulletin d'Information de l'Association internationale pour l'étude de la mosaïque antique
Communicationes rei cretariae romanae fautorum
Fasti archaeologici
Germania ('Zugänge der Bibliothek der Römisch-Germanischen Kommission')
Journal of Glass Studies ('Check List of Recently Published Articles and Books on Glass')
Répertoire d'art et d'archéologie
Revue archéologique du Centre ('Fichier de la céramique antique')
Revue des études grecques ('Bulletin archéologique')
Revue des études latines ('Bulletin archéologique')
7, 22, 35

-Praxis und Institutionen 21

-Technik und Material kN

-Antiquaria 12, 26, 30

-Numismatik
s. laufend
Annali. Istituto italiano di numismatica ('Schede bibliografiche')
Chiron. ('Literaturüberblicke der griechischen Numismatik')
Numismatic Literature
31-32

-Epigraphik
s. laufend
L'Année épigraphique
Revue des études grecques ('Bulletin épigraphique')
24

-Religion
s. laufend
International Bibliography of the History of Religions
kN

-Vorgeschichte
s. laufend
Bulletin signalétique
4, 8

-kretisch-mykenische Kultur
s. laufend
Nestor kN

-etruskische Kultur kN

-frühchristliche Kultur und Frühmittelalter
s. laufend
Bericht der Römisch-Germanischen Kommission mission mission ('Archäologie des Merowingerreiches')
Bulletin d'information et de liaison. Association internationale d'études patristiques (Suppl. à Vigiliae christianae)
Byzantinische Zeitschrift
Elenchus Internationale Zeitschriftenschau für Bibelwissenschaft und Grenzgebiete
Theologische Rundschau
Zeitschrift für die neutestamentliche Wissenschaft ('Zeitschriften- Bibliographie')
13, 18, 25

-Orient
s. laufend
Archiv für Orientforschung
Elenchus Internationale Zeitschriftenschau für Bibelwissenschaft und Grenzgebiete
Orientalia
Syria ('Bulletin d'épigraphie sémitique')
Theologische Rundschau
Zeitschrift für die alttestamentliche Wissenschaft ('Zeitschriften- und Bücherschau')
6, 11, 25, 34

-Ägypten
s. laufend
Aegyptus ('Bibliografia metodica degli studi di egittologia e di papirologia')
Annual Egyptological Bibliography, Leiden
5, 17

Handbücher

-allgemein kN
-Altertumswissenschaft 37, 43, 48, 50
-Länder 38, 52
-Archäologie 45, 53
-Praxis und Institutionen 40
-Antiquaria 39
-Epigraphik 42
-Religion 46
-Vorgeschichte 39
-frühchristliche Kultur und Frühmittelalter 41, 44, 47, 49, 51
-Orient 36, 41, 44
-Ägypten kN

Geschichte der Altertumskunde

-umfassend 55, 72

Sammelbände

Personalia

Technik und Material

Topographie

Alpenländer

Arabien
Arabische Halbinsel ohne Unterteilung nach Staaten und Gebietens. laufend
Atlal ('Comprehensive archaeological research program', 'Saudi Arabian archaeological reconnaissance 19xx')

Armenia
Antikes Armenien unabhängig von modernen Staatsgrenzen

Belgien
s. laufend
Antiquité classique ('Chroniques')
Archéologie, Chronique sémestrielle
Helinium

Bulgarien

Deutschland
s. laufend
Archäologische Ausgrabungen in Baden-Württemberg
Ausgrabungen im Rheinland 19xx
Bonner Jahrbücher ('Jahresbericht')
Fundberichte aus Baden-Württemberg ('Fundschau')
Mainzer Zeitschrift

Frankreich
einschließlich der Provinz Gallien mit ihren über Frankreich hinausgehenden Abgrenzungens. laufend
Archéologie en Bretagne ('Chronique des fouilles archéologiques en Bretagne')
Gallia ('Informations archéologiques')
Gallia Préhistoire
Revue des études anciennes ('Chronique galloromaine')

Gallia
s. Belgien
Frankreich
Luxemburg
Niederlande

Germania

Griechenland
s. laufend
American Journal of Archeology ('Newsletter from Greece')
Archaeological Reports ('Archaeology in Greece')
Bulletin de correspondance hellénique ('Chronique des fouilles et découvertes archéologiques en Grèce' 'Rapports sur les travaux de l'Ecole française en Grèce')
Tὸ ἔργον τῆς Ἀρχαιολογικῆς Ἑταιρείας

Großbritannien
s. laufend
The Antiquaries Journal ('Notes')
Archaeologia Cantiana ('Researches and Discoveries in Kent')
Britannia ('Roman Britain')
Medieval Archaeology ('Medieval Britain')

Illyria

Indien, Pakistan

Iran
s. laufend
Iran ('Survey of Excavations in Iran')

Iraq
s. laufend
Iraq ('Excavations in Iraq 19xx') Sumer ('News and Correspondence')

Israel
s. laufend
Biblical Archaeologist ('Archaeological News and Views')
Israel Exploration Journal ('Notes and News')
Qadmoniot
Revue Biblique ('Chronique archéologique')

Italien
s. laufend
Aquileia nostra ('Notiziario degli scavi archeologici nell' ambito della X regio')
Archaeological Reports ('Magna Grecia', 'Sicilia')
Beni culturali e ambientali, Sicilia
Klearchos ('Attività della Soprintendenza alle antichità della Calabria')
Notiziario. Soprintendenza archeologica della Lombardia
Quaderni di archeologia del Veneto ('Notiziario degli scavi e dei rinvenimenti') Studi e documenti di archeologia ('Notiziario Soprintendenza')
Studi Etruschi ('Scavi e scoperte')

Jordanien
s. laufend
Biblical Archaeologist ('Archaeological News and Views')
Revue Biblique ('Chronique archéologique')
Syria ('Chronique archéologique')

Jugoslawien
s. laufend
Arheološki pregled
Varstvo spomenikov ('Konservatorska Poročila')

Kypros
s. laufend
American Journal of Archaeology ('Archaeological News from Cyprus')
Annual Report of the Director of Antiquities, Cyprus ('Archaeological Research and Discoveries')
Archaeological Reports ('Archaeology in Cyprus')
Bulletin de correspondance hellénique ('Chronique des fouilles et découvertes archéologiques à Chypre')

Libanon
s. laufend
Syria ('Chronique archéologique')

Libyen

Luxemburg
s. laufend
Bulletin d'archéologie luxembourgeoise

Makedonia

Malta
s. a. Vorgeschichte, Malta

Marokko
s. laufend
Bulletin d'archéologie marocaine ('Chroniques')

Mauretania

Moesia

Niederlande
s. laufend
Palaeohistoria

Nordafrika

Noricum

Nubien
s. Ägypten
Sudan

Plastik und Skulptur

Geräte

Schmuck

Bildthemen

Antiquaria

Numismatik

Epigraphik

Religion

Religion der Griechen und Römer

Kultur- und Geistesgeschichte

Vorgeschichte und Randkulturen

Außer Mittel-, Nord- und Osteuropa
Die Laufendverweise betreffen nur die Vorgeschichte

Kretisch-Mykenische Kultur

Etruskische Kultur

Frühchristlich-frühbyzantinische Kultur

Orientalische Kulturen

Ägyptische Kultur

Geräte 10708, 10712, 10724, 10868

Schmuck 10815, 10859

Bildthemen 10658-10660, 10706, 10716, 10769, 10792, 10794, 10801, 10819-10820, 10825, 10841, 10848, 10855-10856, 10870-10871, 10878, 10904, 10915, 10923

Antiquaria
Ernährung 10752, 10923, Gestik 10857, Haartracht 10932, Handwerk 10823, Haus u. Wohnen 10782, Haus und Wohnen 10904, Herrschertitulatur 10657, 10703, 10924, Hygiene 10650, Individuelles Erleben 10930, Kalender 10714, 10743, 10772, Kleidung 10881, Kosmetik 10740, 10783, Landwirtschaft 10752, Medizin 10631, 10655, 10717, Metrologie 10870, 10887, Musik 10735, Pflanzen 10658, 10751, 10782, 10831, Schiffahrt 10646, 10855-10856, 10918, Schriftwesen 10696, 10874, 10893, Schriftwesesn 10804, Sitten 10650, Spiele 10683, Sport 10768, Tiere 10629, 10637, 10670-10671, 10716, Titulatur 10656, Waffen 10839, Wirtschaft 10747, 10757, 10767, 10832, 10929, Wissenschaft 10742, Wissenschaften 10667, 10887, Zeremoniell 10820, 10878

Beziehungen
Beziehungen zu vorderasiatischen und vorgeschichtlichen Kulturen;
Beziehungen zur griechisch-römischen Kultur, s. Kunstgeschichte, Beziehungen, Ägypten
10669, 10766-10767, 10832, 10865, 10901, 10915

Religion 10638-10639, 10643-10644, 10668, 10682, 10686-10689, 10699, 10701, 10704, 10706, 10708, 10710, 10715, 10723, 10726, 10737, 10764, 10769, 10780, 10782, 10784, 10786, 10788, 10794, 10805, 10835, 10846, 10869-10870, 10885, 10888, 10892, 10894-10896, 10903, 10907, 10920

Varia 10690, 10761, 10861, 10897

Kopten 10651, 10663-10664, 10680, 10694, 10760, 10797-10799, 10821-10822, 10827, 10858, 10860, 10872, 10875, 10891, 10906

Nubien 10640-10642, 10666, 10672-10676, 10695, 10700, 10705, 10709, 10720, 10722, 10729-10730, 10739, 10770, 10773, 10777, 10800, 10811-10812, 10814, 10837, 10850, 10853, 10863-10864, 10867, 10876, 10879, 10898-10902, 10912-10914, 10922, 10928

Äthiopien 10736, 10840, 10849, 10891

Rezensionen

Rezensionen von Monographien über: Mittelmeerische Archäologie, griech.-röm. Epigraphik, Numismatik und Religionsgeschichte, europäische Vorgeschichte (außer Urgeschichte, Vorgesch. Britanniens, der Beneluxländer, Mitteleuropas, Nordeuropas, Osteuropas), Frühmittelalter in Auswahl.
Berücksichtigt werden Rezensionen in folgenden Sprachen: Englisch, Französisch, Deutsch, Italienisch, Spanisch, Griechisch, Lateinisch, Holländisch.
10933-11903

REGISTER

VERFASSER

A

B

C

E

F

H

I

M

P

Q

R

S

T

X

Y

Z

REZENSENTEN

A

B

C

I

J

K

L

M

ORTSVERWEISUNGEN

Sind Orte unter verschiedenen Namen bekannt, erscheinen sie im Falle einer Nennung nur einmal unter dem Namen, auf den hier verwiesen wird.

Abel-Beth Maachah → Tell Abil
Abodiacum → Epfach
Abrittus → Razgrad
Abu Habbah → Sippar
Abu Matar → Beersheba
Abusir ↔ Taposiris Magna
Acci → Guadix
Acheron → Ephyra
Açruvium → Kotor
Adamclisi [Adamklissi] → Tropaeum Traiani
Ad Piscinas → Calignaia
Aduatica → Tongres
Aeminium → Coimbra
Aenona → Nin
Aféq → Aphek
→ Aphek-Antipatris
Afrasiab → Samarkand
Agedabia → Ajdabiyah
Aghurmi → Siwa
Agrileza → Laurion
Ahnas → Herakleopolis
Aidone → Morgantina
Aigeai (Kilikia) → Yumurtalık
'Ain Aşīl → Balat
'Ain el-Asker → Sutunurca
Ain-el-Bordj → Tigisis
Ain Khudeira → Kadesh-Barnea
Ain-Nechma → Thabarbusis
Ain Qudeirat → Kadesh-Barnea
Ainos → Enez
'Ain ez-Zara → Kallirrhoe
Aix (Charente Maritime) → Portus Santonum
Ake → Akko
Akkisse → Gorgoromeis
Akshaph → Tell Keisan
Alba Julia → Apulum
Albintimilium → Ventimiglia
Alburnus Maior → Roşia Montană
Alcudía → Mallorca
Alet → Saint-Malo
Alexandropolis Arachosias → Kandahar
Alise-Sainte-Reine → Alesia
Alkomena → Bučin
Alléan → Baugy
Allifae → Piedimonte d'Alife
Altbachtal → Trier
Amelin → Gezer
Amisos → Samsun
Ammonion → Siwa
Amphiareion ↔ Oropos
Amplero → Collelongo
'Amwās → Emmaus
Anagyrus ↔ Varkiza
Anastasiupolis → Dara
Anchialos → Pomorie
Andesina → Martigny-les-Bains
Announa → Thibilis
Ansedonia → Cosa
Anshan → Tall-i Malyan
Antinoe → Antinoupolis
Antiochia (Orontes) → Antakya
Apameia (Bithynia) → Mudanya
Aphytis → Kallithea
Apollonia (Krete) → Hagia Pelagia Herakleiu
Apollonia (Lydia) → Tripolis (Lydia)
Apollonia (Thrake) → Sozopol
Apsoros → Osor
Apta Julia → Apt
Aquae Apollinares → Stigliano
Aquae Helveticae → Baden
Aquae Iasae → Varaždinske Toplice
Aquae Segestanae → Ponte Bagni
Aquae Sextiae → Aix-en-Provence
Aquilonia → San Vittore del Lazio
Aquincum → Budapest
Arabissos → Afşin
Arad → Tell Arad
'Arban → Šadikanni
Arbor Felix → Arbon
Arcinazzo → Altipiani di Arcinazzo
Arin-Berd → Erebuni
Armavir → Argištichinili
Arne → Gla
Arrabona → Győr
Arslantepe → Malatya
Artena → Civita d'Artena
Arwad → Arados
Asarcik Hüyük → Ilica
Asasif → Thebai (Ägypten)
Ashara → Terqa
Ashmunein → Hermopolis Magna
Asklepieion Epidauru → Epidauros
Assuan → Aswan
Athiainou → Golgoi
Athribis → Tell Atrib
Aufugum → Montalto Uffùgo
Augusta Traiana → Stara Zagora
Augustodunum → Autun
Augustomagus → Senlis
Ausa → Vic
Auzia → Sour el-Ghozlane
Avdat → Eboda
Ayaklı → Eurhomos

Bacoli → Baiae
→ Bauli
Badabat → Germa
Baetulo → Badalona
Bagendon → Cirencester
el-Bahariya → Länder-Gebiete, Ägypten, Wahat el-Bahariya
Balabolu → Adrassos
Balatah → Sichem
Baloia → Šipovo
Bašdağ → Karadağ
Bata → Novorossijsk
Bayraklı → Palaia Smyrna
Bedaium → Seebruck
Bedriacum → Calvatone
Beersheba → Tell es-Seba'
Beisan → Beth Shean
Beit... ↔ Beth...
Beit Ibrim → Eleutheropolis
Beitin → Bethel
Beit Ras → Kapitolias
Belgorod → Tyras
Besara → Beth She'arim
Beth... ↔ Beit...
Beth Jibrin → Beth Govrin
Bibân el-Molûk → Thebai (Ägypten)
Bigeste → Humac
Bilachinium → Camporosso
Binbirkilise → Karadağ
Bin Tepe → Sardis

Ortsverweisungen

Bisenzio → Visentium
Bisericuţa → Dinogetia
Bithynion → Bolu
Bizone → Kavarna
Boğazköy → Hattuša
Boii → Lamothe
Boiţa → Caput Stenarum
Bolonia → Baelo
Bône → Annaba
Bononia → Banoštor
→ Bologna
→ Boulogne-sur-Mer
→ Vidin
Boretto → Brescello
Boscéaz → Orbe
Botorrita → Contrebia Belaisca
Botria → Acholla
Botromagno → Gravina
Boutae → Annecy
Boutria → Acholla
Bovianum (Undecimanorum) → Boiano
Bovianum Vetus → Pietrabbondante
Breviglieri → El Ḳhadra
Brough-on-Humber → Petuaria
Brugg → Vindonissa
Brylleion → Mudanya
Butrinto → Buthroton
Buxentum → Policastro

Cabeza del Griego → Segobriga
Caerwent → Venta Silurum
Caesaromagus → Chelmsford
Caistor-by-Norwich → Venta Icenorum
Calacta → Caronia
Calcaria → Marignane
Calḫu → Kalḫu
Callatis → Mangalia
Camarina → Kamarina
Cambodonum → Kempten
Campona → Nagytétény
Candidiana → Nigrinianis
Cannita → Soluntum
Capo Colonna [Capo delle Colonne] → Crotone
Carciae → Galeria
Carini → Hykkara
Carrodunum → Kraków
Cassinomagus → Chassenon
Castromao → Caeliobriga
Castrum Novum → Santa Marinella
Castrum Novum Piceni → Giulianova
Čatalar → Car Krum
Celamantia → Iža
Celeiu → Sucidava
Celsa → Velilla de Ebro
Cemenelum → Nice
Centocelle → Roma
Centumcellae → Civitavecchia
Černomorskoe → Kalos Limen
Cerro del Mar → Torre del Mar
Cerro del Minguillar → Iponoba
Cetamura → Cetramura
Chalkedon → Kadıköy
Champallement → Compierre
Chemtou → Simitthu
Chol → Bu Njem
Chorreras → Torre del Mar
Chott Maria → Themetra
Cibalae → Vinkovci
Cífer-Pác → Pác
Cimiez → Nice
Cioroiul Nou → Aquae
Cirta Sittianorum → el-Kef
Cissi → Cap Djinet
Classe → Ravenna
Claudiopolis → Bolu
Clausentum → Bitterne
Colbert → Ain Oulmène
Collatia → Lunghezza
Collippo → São Sebastião do Freixo
Colonia Equestris → Nyon
Colonia Julia Augusta [Apollinaris Reiorum] → Riez
Complutum → Alcalá de Henares
Condate ↔ Seyssel
↔ Cosne-sur-Loire
Condatomagus → Millau
Condeixa-a-Velha → Conimbriga
Contrebia Leucada → Inestrillas
Copia → Sybaris
Corniculum → Montecelio
Cornu → Syam-Cornu
↔ Alesia
Cotilia → Aquae Cutiliae

Daedalium → Palma di Montechiaro
Daīr... → Deir...
Dakerman → Sidon
el-Dakhla → Länder-Gebiete, Ägypten, Wahat el-Dakhla
Dar Buc Ammèra → Zliten
Daryána → Hadrianopolis (Libyen)
Dchar Jdid → Zilil
Debir → Khirbet Rabûd
Deir al-Abiad → Sohâg
Deir al-Ahmar → Sohâg
Deir el-Bahari → Thebai (Ägypten)
Deir Chellouit → Thebai (Ägypten)
Deir el-Medineh → Thebai (Ägypten)
Demre → Myra
Dendra → Midea
Dertona → Tortona
Deva → Chester
Dierna → Orşova
Dilmun → Bahrein
Dioskurias → Sukhumi
Djebel Fureidis → Herodion
Djebel Seis → Usais
Djebelet el-Bēḍā → Ras et-Tell
El-Djem → Thysdrus
Djemila → Cuicul
Djerdap → Länder-Gebiete, Jugoslawien, Djerdap
Dolojman → Argamum
Donji Milanovac → Taliatae
Dougga → Thugga
Dra' Abu'l Naga' → Thebai (Ägypten)
Dramesi → Graia
Drobeta → Turnu Severin
Duensis → Doue
Dunapentele → Dunaújváros
Durazzo → Durrës
Durobrivae → Chesterton
Durostorum → Silistra
Durovernum Cantiacorum → Canterbury
Dursunbey → Hadrianeia
Dur-Untashi → Tchoga-Zanbil
Dush → Douch
Duvno → Delminium
Dyrrhachium → Durrës

Eburomagus → Bram
Edessa (Türkei) → Urfa
Eglon → Tell-el-Hesi
Egnatia → Gnathia
Ein Gedi → Ain Gedi
Eitea → Grammatiko
Elath → 'Aqaba
Eleutheropolis (Israel) → Beth Govrin
Elkab → el-Kab
Emar → Meskeneh
Emesa → Homs
Emmatha → Hammat Gader
Emona → Ljubljana
Emporium Piretensium → Butovo
En Gedi → Ain Gedi
Engehalbinsel → Bern
Englianos → Pylos
Epidaurum → Cavtat
Epomanduodorum → Mandeure
Eporedia → Ivrea
Ercolano → Herculaneum
Eretum ↔ Colle del Forno
Ergili → Daskyleion
Esenkent Höyük → Han İbrahim Şah

FSC
www.fsc.org
MIX
Papier | Fördert
gute Waldnutzung
FSC® C083411

Kolibri 360 GmbH
Ferdinand-Jühlke-Straße 7
99095 Erfurt, Deutschland
produktsicherheit@kolibri360.de